中国“水-能源-粮食”纽带系统研究

孙才志　郝　帅　安志英　著

科学出版社
北　京

内 容 简 介

水、能源与粮食作为基础性自然资源和战略性经济资源，在保障经济、社会发展和国家安全中具有极其重要的地位，而开展水-能源-粮食纽带系统研究已成为可持续发展领域的重要课题。本书围绕水、能源、粮食三大关键资源的纽带关系展开深入研究，结合地理学与经济学理论，以中国各省（区、市）及"一带一路"共建国家为研究对象，通过投入产出法、系统耦合模型、可变模糊评价模型等多种方法，系统探讨了水-能源-粮食纽带系统的关联机制及其演化规律，提出了针对全国及不同区域的协同安全对策，为资源的高效利用与可持续发展提供了科学依据。

本书可为地理学、区域经济学、水资源经济学、资源环境科学等领域的科研人员和高校相关专业师生提供参考，也可为政府及管理部门制定相关政策提供借鉴。

审图号：GS 京（2025）0172 号

图书在版编目（CIP）数据

中国"水-能源-粮食"纽带系统研究 / 孙才志，郝帅，安志英著. —北京：科学出版社，2025.8

ISBN 978-7-03-078088-1

Ⅰ. ①中… Ⅱ. ①孙… ②郝… ③安… Ⅲ. ①水资源管理-研究-中国 Ⅳ. ①TV213.4

中国国家版本馆 CIP 数据核字（2024）第 046254 号

责任编辑：孟莹莹 程雷星 / 责任校对：崔向琳

责任印制：徐晓晨 / 封面设计：无极书装

科学出版社 出版

北京东黄城根北街 16 号

邮政编码：100717

http://www.sciencep.com

北京中科印刷有限公司印刷

科学出版社发行 各地新华书店经销

*

2025 年 8 月第 一 版 开本：720 × 1000 1/16

2025 年 8 月第一次印刷 印张：39 1/2

字数：796 000

定价：356.00 元

（如有印装质量问题，我社负责调换）

前　言

水资源、能源、粮食是人类生存发展的重要基础物质，三者之间存在相互关联、制约、依存的复杂关系。水资源从抽取到使用全周期都需要能源提供保障，此外，能源生产过程中的不当操作也会打破水资源系统的平衡状态，导致当地水资源流失；水资源又是工业和农业生产的基础条件要素，能源和粮食从生产到消费全过程都需要稳定充足的水资源作保障；粮食从田间生产到居民消费全周期均离不开能源的支持；合理地调整农业灌溉用地规模、粮食种植结构可以提高单位水资源和能源的利用效率，提供多元化的粮食安全选择。粮食为国家发展提供基础物质；但粮食生产过程中，过量的化肥、农药及其他化学物质参与到水循环过程中，使得水资源遭到破坏。粮食同时也为能源生产提供生物质原料。2011 年，在德国波恩召开的“水、能源与粮食安全纽带：绿色经济解决方案”（The Water，Energy and Food Security Nexus—Solutions for a Green Economy）国际会议（波恩会议），首次系统性提出了“水-能源-粮食纽带”（Water-Energy-Food Nexus）概念，强调三者之间相互依赖、相互制约的关系，呼吁通过整体性管理促进可持续发展；2015 年，联合国发展峰会审议通过 2030 年可持续发展议程，将水资源（目标 6：清洁饮用水和环境卫生）、能源资源（目标 7：经济适用的清洁能源）和粮食安全（目标 2：零饥饿）等 17 个目标设立为可持续发展目标，体现出对水、能源与粮食系统协调发展的高度重视；2017 年，山东大学联合上海国际问题研究院等机构举办了“2030 可持续发展议程视域下的能源-粮食-水纽带安全及中国应对”学术研讨会，探讨如何将 2030 可持续发展目标的实现同能源-粮食-水纽带安全构建全面融合，从而推动基于可持续发展理念的人类命运共同体建设。由此看来，水-能源-粮食纽带系统对人类可持续发展具有至关重要的意义，对实现人类社会的高质量发展具有重要意义，但随着人口增长、城市化速度加快以及自然环境的变化，人类社会对水资源、能源、粮食的需求逐渐增加，能否保障相关资源的安全供应成为大众的普遍关注点。如何正确认识水资源、能源、粮食之间的纽带关系，进而探究三者之间的演化机制，为确保资源安全提供正确的应对策略，成为亟待解答的关键问题。但当前尚未构建完整的有关水-能源-粮食系统研究的理论框架体系，在研究方法、研究视角及维度等方面仍需深入探究。

本书基于地理学和经济学相关理论，分别以中国各省（区、市）（未包括西藏、香港、澳门和台湾）、“一带一路”共建国家，东北三省、西北地区、西南四省（市）、沿海地区、山西省为研究对象，结合投入产出法、可变模糊评价模型、系统耦合模型、系统动力学模型、位序-规模法则及分形模型、城市首位度、哈肯模型、突变级数法等方法，从不同角度探究了水-能源-粮食纽带系统关联关系并进行评价，最后有针对性地提出了适用于全国和不同区域的水-能源-粮食纽带系统协同安全对策。研究结果能为水资源、能源及粮食的协同、可持续发展提供参考与借鉴，为实现中国省际水-能源-粮食纽带系统协同安全制定科学合理的管理政策提供决策依据。

本书共 15 章。第 1 章为绪论，主要介绍了水-能源-粮食纽带系统的研究背景与意义，以及国内外研究进展。第 2 章为地理学基础理论，主要介绍了自组织理论、自然资源重建理论和资源流动理论。第 3 章为经济学基础理论，主要包括博弈论、比较优势理论、资源替代理论、生命周期理论等内容。第 4 章为中国水-能源-粮食纽带系统关系辨析，主要包括四方面内容：①基于水足迹视角分析了中国能源-粮食生产对水资源的竞争关系；②基于投入产出理论探讨了地区间及部门间的水资源、能源转移情况，采用生态网络分析方法对地区及部门间的能源-水资源耦合系统属性及动力学特征进行了分析；③基于自组织理论、协同学理论及 logistic（逻辑斯谛）模型对水资源-能源、水资源-粮食、粮食-能源关系进行了协同竞争关系评价；④采用力学均衡模型探讨了中国水-能源-粮食纽带系统耦合关系、协调性、差异性。第 5 章为基于网络数据包络分析（data envelopment analysis，DEA）模型及社会网络分析（social network analysis，SNA）法的中国水-能源-粮食纽带系统效率测度，探讨了水资源-能源、水资源-粮食及能源-粮食不同要素的空间关联关系，对中国省际水-能源-粮食纽带系统效率的空间关联网络结构特征进行了分析。第 6 章为基于时空地理加权回归（geographically and temporally weighted regression，GTWR）模型的中国水-能源-粮食纽带系统效率驱动机理分析，分析了区域水-能源-粮食纽带系统效率的驱动机理，对中国省际水-能源-粮食纽带系统效率进行了空间相关性分析，探讨了空间坐标对模型拟合结果的影响，并分析了各影响因素的时空演化特征。第 7 章为中国水-能源-粮食纽带系统韧性测度，运用可变模糊评价模型对中国水-能源-粮食纽带系统的韧性进行测度，在此基础上，采用探索时空数据分析（exploratory time-space data analysis，ESTDA）模型对中国水-能源-粮食纽带系统韧性的时空交互特征进行了分析。第 8 章为中国水-能源-粮食纽带系统韧性与效率耦合分析，探讨了中国水-能源-粮食纽带系统韧性和效率的变化速率以及韧性和效率随年份的变化趋势，分析了中国水-能源-粮食纽带系统韧性与效率的协同演化状态。第 9 章为中国与“一带一路”共建国家农产品和能源贸易下的水资源流动研究，分析了中国与“一带一路”共建国家农产品和能源虚拟水贸易的时空特征、农产品结构、虚拟水类型，探讨了中国与“一带一路”共建国家农产品和能源水足迹贸易结构体系的合理性，选取进出口两个视角对影响粮食和能源虚拟水贸易的驱动因素进行了详细深入研究。第 10 章为基于足迹视角的东北三省水-能源-粮食纽带系统评价，分析了粮食作物从播种、生长、收获到运输全生命周期的碳足迹和水足迹的时空特征，并探究了其影响机制，进而分析了当地粮食作物产量以及整个农业的可持续发展能力。第 11 章为中国西北地区水-能源-粮食纽带系统协同演化研究，运用哈肯模型分阶段对中国西北地区水-能源-粮食纽带系统协同发展的演化机制进行了探究，并在此基础上，利用演化博弈论，探究了在水-能源-粮食纽带系统协同演化过程中，地方政府部门与生产部门之间的博弈。第 12 章为中国西南四省（市）水-能源-粮食纽带系统关系研究，以水资源要素为关键视角，采用生命周期评价法分析电力生产，评估电力水足迹贸易流动特征，在多种情景仿真的基础上分析水资源压力的时空变化特征。第 13 章为中国沿海地区水-能源-粮食纽带系统压力和韧性探究，提出海洋等效粮食、海洋等效能源和海洋等效水资源的概念和计算方法，探究了海洋资源对中国沿海地区的水-能源-粮食纽带系统压力和韧性的影响。第 14 章为山西省水-能源-粮食纽带系统效率研究，采用超效率 SBM（基于松弛变量的测量，slack-based measure）模型对山西省水-能源-粮食纽带系统效率进行了测度，引入社会网络分析方法分析其网络结构特征，探究了水-能源-粮食纽带系统效率协调度影响因素。第 15 章为中国水-能源-粮食纽带系统协同安全对策，从产业协同、规划协同、创新协同、改革协同、环境协同等方面对中国水-能源-粮食纽带系统协同安全提出政策建议。

本书是在课题组成员多年从事地理学、水资源经济学、区域经济学研究成果的基础上撰写而成的。全书由孙才志、郝帅、安志英统稿，课题组成员邹玮、郑德凤、赵良仕、郝帅、周舟、朱琪钰、高春阳、魏亚琼、范景森等在部分研究专题中进行了相关问题的计算工作，郝帅、安志英参与了资料整理与编排工作。本书的相关研究工作获得国家社会科学基金重点项目“中国‘水-能源-粮食’纽带系统韧性测度及协同安全对策研究”（项目编号：19AJY010）的资助。

由于作者水平有限，关于水-能源-粮食纽带系统的研究仍有许多方面有待深入探讨，书中难免有不足与疏漏之处，敬请广大读者批评指正。

作　者

2025 年 1 月

目　　录

第二篇 实证——国家篇

第三篇　实证——区域篇

第四篇 政 策 篇

第 1 章　绪　　论

1.1　研究背景与意义

1.1.1　研究背景

水、能源和粮食作为基础性、战略性资源，是满足人类生存和保障社会经济发展的重要物质基础，而满足粮食、能源和水资源需求，缓解水资源、能源及粮食压力已经成为社会发展所面临的重大挑战（Bazilian et al.，2011）。2015 年，联合国通过以 17 个可持续发展目标为核心的 2030 年可持续发展议程，其中，目标 2、目标 6 和目标 7 重点阐述了粮食、水与能源对未来各国实现可持续发展的重要意义。目前，随着全球人口、经济的发展，资源短缺、生态环境承载力下降等问题日益凸显，加之气候变化的影响不断加剧，致使保障以“水资源”“能源”“粮食”为核心的资源的供给面临着严峻的挑战，同时也加剧了水资源、能源及粮食系统的不确定性风险。因此，以三种资源为核心的资源环境问题得到越来越多的国家、学者及研究机构的重视（彭少明等，2017）。然而，水资源、能源及粮食系统的安全不仅仅是单个资源系统的安全问题，原因在于三者相互联系、相互作用构成了一个动态开放的复合体，该复合体具有高度非线性特点，系统内部存在着复杂的协同竞争关系（图 1.1）。

水资源为能源生产提供了必要的物质基础，能源在开采、洗选、冷却等过程中均需要水资源的参与。2014 年，一次能源的开采与电力的生产大约消耗了全球 10%的水资源量（International Renewable Energy Agency，2015），但水资源空间分布的不均衡性也限制了能源的生产；水资源在开发、传输、净化等过程中需要消耗大量能源，能源的开采则会对区域水资源环境产生负面影响。农作物的生长及粮食的生产、加工等均需要将水资源作为投入要素，如全球粮食生产分别占取水量的 70%和用水总量的 90%（Liu Y T et al.，2017），但水资源的分布不均限制了粮食生产。粮食的生产、加工及运输过程需要能源的支撑，能源的开发也会导致耕地资源数量减少、质量下降；粮食为能源生产，特别是生物质能源的生产提供了物质基础。当前，随着农业生产的机械化、规模化程度的不断提升，水资源、能源的消耗也日益增加；而能源工业的发展必须建立在水资源、能源及粮食的消耗利用基础之上（毕博等，2018），与此同时，相关研究也表明，世界上约 30%的能源被用于粮食的生产及其供应链，而约有 8%的能源被用于水资源的开采、传输及

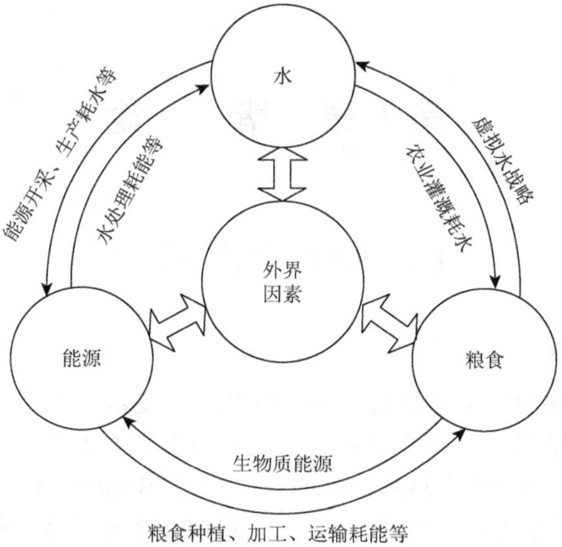

图 1.1　水、能源与粮食之间的相互作用关系

废水的处理（United Nations Economic and Social Commission for Asia and the Pacific，2013）；水资源的开发利用也离不开三者的相互作用、协同促进（李良等，2018）。因此，只有厘清水资源、能源及粮食之间的关系，充分利用三者之间相互促进的一面，减少阻碍，才能实现三者的协同发展。

目前，我国存在着水资源、能源和粮食生产的地区分布不平衡、生产地与消费区不匹配的现象。同时，工业化建设和城镇化建设对能源、资源的需求持续上升，致使资源约束趋紧、环境污染严重、生态系统退化日趋严重。相关数据表明，我国人均水、能源和土地占有量分别仅占世界平均水平的 25%、50%和 29%，进而使得三种资源之间的平衡关系更加脆弱、彼此之间的纽带关系更为复杂。在此条件下，我国水安全、能源安全与粮食安全形势严峻，这给生态环境带来了极大的压力。然而，随着经济增长，国民生活水平不断提高，人均消耗资源的数量将持续攀升，但是与此相对应，资源的供应量却难以以同样的速度增长，这就为经济社会的可持续发展带来挑战。

在水资源方面，我国水资源的空间分布极不均衡，具有"南多北少，东南多西北少"的空间分布特点，时间上降水主要集中于夏季。而我国能源的分布则具有"西多东少，北丰南贫"的特点，尤其是黄河中游区及西北地区，将是未来我国能源的主产区。与此同时，受地形、气候等因素的影响，我国的粮食主要生产区分布在华北平原及东北平原，而南方地区耕地面积相对较小。相关数据表明，2019 年我国水资源总量达 29041 亿 m^3，位居世界第六位，而人均水资源量为 2062.9m^3，人均水资源量仅为世界平均水平的四分之一（国家统计局，2023）。同时，相关研究也表明，我国多数地区的水资源供给与需求矛盾增加、地下水超采率普遍较高（赖玉珮，2019）。当前，中国作为世界能源生产与消费大国，2019 年能源生产量与消费量分别达到 39.7 亿 t 标准煤与 48.7 亿 t 标准煤，分别是 1978 年的 6 倍与 8 倍，而中国能源对外依赖度超过 20%。与此同时，中国能源消费总量已占世界能源消费总量的 20%以上；2019 年我国粮食生产量达到 66384 万 t，而粮食进口量也超过了 1 亿 t，达到 11144 万 t，粮食生产与消耗处于“紧平衡”的状态。综合来看，我国水资源、能源及粮食生产区与消费地之间存在着不匹配的现象。同时，水资源、能源及粮食的生产也对区域资源环境产生了一定的影响，如我国西北地区及黄河流域，作为重要的粮食和能源生产区，水资源相对贫乏，生态环境较为脆弱，因此为保障粮食及能源生产，将不可避免地加剧区域水资源的竞争、增大生态环境的压力。

2019 年 2 月 1 日，《求是》杂志发表了习近平总书记重要文章《推动我国生态文明建设迈上新台阶》。文章指出，生态文明建设是关系中华民族永续发展的根本大计，要自觉把经济社会发展同生态文明建设统筹起来。水、能源与粮食均是核心生态因子，因此，理顺三者之间的纽带关系对推动生态文明建设具有一定的作用。加之我国社会经济发展格局与资源要素错位严重，水-能源-粮食纽带关系更具典型性、复杂性与综合性。目前，水-能源-粮食纽带风险已严重影响我国社会经济的可持续发展，韧性也成为国家与各级政府高度关注的问题；水-能源-粮食问题具有明显的“跨层级”与“跨部门”特征，协同安全对策也逐渐成为公共政策研究的热点。此外，保障能源安全、粮食安全与水资源安全，同时转变能源生产与消费结构，成为中国经济向高质量转变的重要挑战。党的十九大报告将“推进能源生产和消费革命，构建清洁低碳、安全高效的能源体系。推进资源全面节约和循环利用，实施国家节水行动”纳入生态文明体制改革；2020 年《政府工作报告》将“保粮食能源安全”纳入“六保”工作。

粮食、淡水、能源作为关系国计民生的基础性、战略性资源，能否满足人口增长与经济发展的需要，这直接影响国家的总体安全与社会稳定。因此，在中国经济向高质量发展转变的背景下，辨识水-能源-粮食纽带系统的韧性、效率、子系统安全以及耦合协调等问题，实现水资源节约利用、能源结构的优化升级及粮食稳产高产三者之间的协调可持续发展，成为当前研究的热点与前沿。

1.1.2 研究意义

水资源、能源及粮食作为维持人类生存和社会经济发展的基础资源，它们构成了一个复杂、动态的系统，三种资源之间相互作用、相互影响，形成了牵一发而动全身的关系，这个系统已经成为当前国家安全的重要组成部分。与此同时，随着经济的发展、气候的变化及外部环境等因素的影响，水资源系统、能源系统及粮食系统均面临严峻的挑战，迫切需要对水-能源-粮食纽带（water-energy-food nexus，WEF nexus）系统进行深入研究，以制定有效的可持续发展战略和政策，避免资源相互关联带来的风险。

目前，虽然国内外关于水-能源-粮食纽带系统的研究尺度各异、研究方法多样，并取得了丰富的研究成果，但仍有不足之处。首先，必须厘清水、能源与粮食之间的相互作用关系，这是研究水-能源-粮食纽带系统的关键，同时需要进一步探讨三者之间的协同竞争关系，充分利用三者之间相互促进的一面，减少阻碍，实现三者的协同发展。其次，需要将水-能源-粮食纽带系统作为一个相互依赖、相互作用的系统进而构建水-能源-粮食纽带系统效率评价指标体系。同时，在辩证分析其效率、可持续发展的基础上，从社会、经济、环境、产业等方面丰富水-能源-粮食纽带系统韧性的概念内涵。最后，需要进一步探讨水-能源-粮食纽带系统中效率与韧性的相互作用关系。综上，针对当前社会经济的不断发展以及资源需求的日渐增长，水资源、能源和粮食之间的矛盾日益凸显，需要对中国水-能源-粮食纽带系统效率、协同竞争及耦合关系、韧性及韧性与效率的耦合协同演化进行探讨，详细考察这些因素在综合资源系统中的功能行为和相互影响机制，进而为区域制定和实施可持续发展战略提供理论支持。

1.2 国内外研究进展

1.2.1 水足迹与碳足迹研究进展

1. 国外研究进展

2011年在德国召开的波恩会议，明确提出了"水-能源-粮食"纽带这一概念，该概念一经提出便引起了国际社会的广泛关注（Smajgl et al.，2016；联合国环境规划署，2011；世界经济论坛，2011）。环境足迹是衡量人类对地球生态系统需求的指标（Vanham et al.，2019）。水和能源的足迹可以用来描述谷物生产中的水以及能源的消耗情况（Hoekstra，2003）。水足迹的第一位提出者是 Hoekstra（胡克斯特拉），Hoekstra 和 Chapagain（2007）由水足迹（water footprint）进一步开发水足迹网络。随后，基于生命周期评价（life cycle assessment，LCA）的水足迹得到了生命周期评价界的赞扬（Bayart et al.，2010），水足迹方法在国际标准中拥有了具体的框架（ISO，2014）。基于水足迹网络提出的方法主要针对水生产力计算与水资源管理分配，而基于生命周期评价的方法旨在说明与目标活动用水相关的潜在环境影响的整个生命周期（Borsato et al.，2019；Pfister et al.，2017）。水资源有效性分析是对区域水分胁迫情况的评估，即衡量水资源利用效率与环境质量之间的比值（Mekonnen and Hoekstra，2016；Vanham and Leip，2020；Pfister et al.，2009）。鉴于以前的研究只考虑了流域水资源的可利用性，Berger 等（2018a）提议增加湖泊、湿地和水坝水资源有效性的核算，可以提供准确的水资源利用率稀缺性分析。

投入产出分析是以部门为单位，每个部门所有的投入，一部分用于整个产业系统的中间使用，一部分用于最终消费和出口（Leontief，1949）。投入产出分析能够方便地追踪生产以及最终消费整个过程中直接和间接的水足迹和能源足迹。目前，世界上多个国家投入产出表的编制已经趋于成熟并定期发布，投入产出分析多被用于区域要素流通和要素耦合关联的研究。Cazcarro 等（2013）采用多区域投入产出模型分析了西班牙水足迹流通。另外，一些学者采用生命周期评价的方法分析评价不同过程（Mannan et al.，2018）或者不同区域（Jeswani et al.，2015）的水-能源-粮食关联程度。Al-Ansari 等（2015）利用生命周期评价分析了水-能源-粮食对环境的影响。此外，也有部分学者利用其他方法研究区域多种要素的关联问题。

水足迹和碳足迹都来源于生态足迹的相关概念（Rees，1992；Wackenagel and William，1996）。生态足迹的概念最早是由加拿大的生态经济学家 William（威廉）提出的，通过地域面积的大小来反映资源消耗和人类的生产生活的相关活动对地球的自然环境所产生的破坏和占用状况。生态足迹可以理解为一种“适当的承载力”，其被后续研究者进一步分解为碳足迹和水足迹等。作为衡量人们的生产生活等相关行为对自然环境影响水平的关键标准，这些年，水足迹和碳足迹已经逐渐成为诸多相关理论科学和实践科学的讨论核心之一。在碳足迹的研究方面，广大专家、学者从大的自然或行政区域、某个国家，小的行业、产业和家庭等差异很大的尺度或者采用风格迥异的方法对碳排放和碳排放产生的各种问题做了很多研究（Mujica et al.，2016）。Sommer 和 Kratena（2017）使用投入产出的核算方法，从小尺度的家庭探索了欧盟的个人碳足迹消费情况。水足迹的相关研究方法与碳足迹有相似之处。Chapagain 等（2006）从水足迹角度出发探究了水足迹对区域的影响，具体计算了全球棉花的消费水足迹及其对棉花生产国的影响，结果表明棉花的消费水足迹对棉花出口国印度、乌兹别克斯坦的水资源影响较大。Ali 和 Kumar（2017）使用生命周期评价（LCA）的方法对加拿大艾伯塔省的油砂从开采到生产、运输整个周期所产生的水足迹展开讨论。Hoekstra（2016）认为基于 LCA 的水足迹评价方法会受到水资源日益短缺的影响。

经过一段时间的发展，国外相关研究无论是在研究内容还是在研究方法上都取得了相当的成果：在研究内容上从早期的定性研究到定量研究，从大范围的区域、国家到小范围的地区、家庭；在研究方法上除了用地理学、统计学方法外，还陆续借鉴了一些物理学、数学的方法。

2. 国内研究进展

水、能源和粮食是社会经济发展的基础，与人类的生产、生活紧密相关。近年来，国内诸多学者将焦点聚集在三种资源的某一视角上，形成了大量的研究成果，如杜梦娇等（2016）、郑德凤等（2016）、Wang B 等（2018）、胡志丁等（2014）、刘立涛等（2012）、Wang X J 等（2018）、Chen 等（2016）、韩雪和孙才志（2013）、孙才志等（2014）。在实际发展中，这些研究成果确实对社会和经济的发展提供了一些有益的建议，然而，对单一资源的研究已经不能满足现实的需要，甚至会对其他资源造成巨大的浪费。所以，对能源、粮食、水之间两两关系和三者关系的研究逐渐成为主流。

鲍淑君等（2015）从“水-能源”角度出发，紧跟能源和水资源关联关系的国际动向，阐述了我国能源和水资源协同发展的视角。胡德胜和许胜晴（2015）从政治学角度出发探讨能源和水与政治之间的关系问题。关伟等（2019）通过能源水足迹分析方法，对能源水足迹的时间变化规律和空间演化格局进行了探讨，研究了中国水资源和能源的时空匹配情况。刘博（2019）对水-能源-粮食纽带系统的发展演变进程做了整理，相应地总结了其他国家学者应对关联关系的举措。白景锋和张海军（2018）使用主成分分析法，分析了能源、粮食、水的压力指数。李桂君等（2017）使用数据包络方法，对我国 30 个省（区、市）能源、粮食、水的投入产出效率进行了阐述。经过多年发展，目前使用的投入产出表发展为三类：价值型、实物型和混合型。在要素流通研究中，王艳阳等（2013）利用投入产出分析研究了中国水足迹走势；Yang 等（2018）利用投入产出分析研究了北京和上海两市的部门间“水-能-碳”关联情况，结果表明，在城市可持续发展中上海比北京面临更大的环境挑战；Cao 等（2018）基于生产和消费两个视角分析了中国区域内不同地区之间“水-能”关联和区域外其他地区“水-能”关联。随着生态网络分析被广泛用于城市资源流通（Fang and Chen，2015；Chen S and Chen B，2015）、物质代谢（吴波等，2020）、生态环境（史芳宁等，2019）等方面研究，生态网络分析与投入产出分析的结合成为趋势，这样不仅可以计算系统内不同要素的足迹大小，还可以揭示不同要素之间的相互关系。因此，也有部分学者将投入产出分析与生态网络分析相结合揭示区域多种要素的流通关系（Zhang et al.，2016）。Wang 和 Chen（2016）将多区域投入产出分析和生态网络分析相结合分析了京津冀城市群“水-能”关联，结果表明，在水资源、能源相互流通过程中河北属于自我满足型，而北京、天津的发展则需要依赖河北。

另外，部分学者采用 LCA 及其他研究方法探究区域多要素关联程度。LCA 方法是指评价产品从原料的取得、生产最后到产品的使用和处置的全过程对生态环境所产生影响的方法（翟一杰等，2021）。多数学者将 LCA 用于“水-能-粮食”

关联研究（孟祥海等，2014）。水足迹和碳足迹已逐渐成为国内外公认的水消耗和碳排放评价方法（黄雨生等，2016）。在碳足迹的研究上，现有的研究涉及范围非常广泛，小到家庭（刘晔等，2016）、行业（张丹等，2016；Zhang W et al.，2018），大到区域（胡登峰和闵静静，2017）、国家（郑德凤等，2020）层面都有相应的进展。Zhang D 等（2017）采用 LCA 方法，从我国不同的地域出发经过计算和分析得到的结论是：区域碳排放的主要影响因素并不相同，其中，机械动力、化肥等都可能是主要驱动因素。王钰乔等（2018）使用 LCA 方法计算了我国不同谷物行业的碳排放情况，通过场景假设得出：对小麦的碳足迹而言，可以通过减少农药化肥的使用和减少播种面积来降低。Chen 等（2016）尝试用不同尺度的投入产出模型对澳大利亚五座城市和我国的五座城市建立网络关系来探讨碳足迹的相关情况。庞军等（2017）通过 LCA 与多区域投入产出（multiregional input-output，MRIO）模型的联合对我国 31 个不同的省（自治区、直辖市）相关碳足迹状况展开了讨论。钟章奇等（2018）利用扩充的人口、技术和财富影响模型和投入产出模型测算了 39 个国家消费责任制方面的碳排放，并研究了环境压力的主要影响因素，得出人口因素和贫富程度是影响环境压力的两个主要因素。孙才志等（2010）对绿水指数的研究表明，我国近年来绿水指数空间集聚性的程度正在逐渐减弱。秦丽杰等（2012）通过比较玉米在不同播种时间绿水消耗量和来源的差异，得出适当晚播对提高雨养农业区雨水的利用率有重要作用。孙才志和张智雄（2017）对我国 31 个省（自治区、直辖市）的水足迹进行了相关讨论，发现水足迹在广度和深度的视角上有明显的空间集聚。

国内相关研究虽然相对国外比较滞后，但与国外经历的过程相似，也经历了从定性研究到定量研究，从国家层面逐渐扩展到省级或者具体地区的研究，并陆续引进了一些方法。但是与国外的研究相比，具体区域的研究还相对较少，尤其是对特色区域的突出因素研究有所欠缺。

1.2.2 虚拟水研究进展

近年来，能源和粮食的供需失衡和时空不匹配导致基于贸易流动的虚拟水转移研究成果丰富。在研究尺度上，有学者研究了国家（Okadera et al.，2014）、区域（Feng et al.，2012）、省域（刘秀丽等，2020；Liu S et al.，2017）、市域（Han et al.，2015）尺度的能源水足迹测度。Feng 等（2012）发现水资源总体上短缺的黄河流域体现为虚拟水净出口区，但技术进步导致虚拟水出口呈减少态势；Qian 等（2018）以中国富水省份——云南省为例，从部门角度探讨了富水区的可持续发展政策；Feng 等（2019）以投入产出分析法量化粮食-能源-水的流量，然后通过结构路径确定了影响驱动因素的关键部门；Li 和 Ma（2020）通过 LCA 方法量化了水-能源-粮食的直接消耗与间接消耗及其造成的环境影响；Lu 等（2019）

利用 MRIO 模型，发现中国省际能源虚拟水呈由北向南、由西向东的流动特征；Chen S 和 Chen B（2015）基于生态网络分析法从三个角度评估了城市的能源消耗，并开发出一种“可控能源”的新概念；Zhao 等（2015）基于多区域投入产出分析，通过综合考虑实体水和虚拟水，分析了水资源输入区与输出区的水压力变化。

1.2.3 水-能源-粮食纽带系统关系研究进展

1. 水-能源-粮食纽带系统关系梳理

1）水-能源-粮食关联关系的提出

水-能源-粮食关联关系的相关研究最早可追溯到 20 世纪 70 年代。Meadows 等（1972）在《增长的极限》中，探讨了人口、资源、环境及发展之间的问题，同时也阐述了水资源、能源及粮食之间的供需关系。此后，各国学者和相关研究机构开始对水资源、能源及粮食的二元关联关系进行研究（表 1.1）（Levinson et al.，1977；Allan，2003），同时也借助足迹理论，探讨能源、粮食在全球及区域贸易中所带来的虚拟水流动等问题（Allan，1993），然而缺乏对水-能源-粮食的协同演化及相互作用方面的定量研究。2011 年，《全球风险报告》正式提出“水-能源-粮食风险群”的概念，认为水资源安全问题已经成为最重要的非传统安全问题。同年，波恩会议首次提出“nexus”（纽带），认为需要把水资源、能源及粮食作为一个纽带系统进行研究（Martin-Nagle et al.，2011；Hoff，2011）。而波恩会议也成为水-能源-粮食关联关系研究的里程碑式事件（World Economic Forum，2011；United Nations Economic Commission for Europe，2017；FAO，2014）。之后，有关机构开始对水-能源-粮食纽带关系进行研究（United States Department of Energy，2012；United Nations Economic and Social Commission for Asia and the Pacific，2013；Taniguchi et al.，2013）。水-能源-粮食研究的里程碑事件见图 1.2。目前，水-能源-粮食纽带关系研究已经成为各国学者及研究机构研究的热点。

表 1.1 水、能源、粮食二元局部关联相关研究

二元关联	相关研究内容
水-粮食关联系统	1. 基于定性视角探讨粮食生产与水资源之间的关系 2. 基于定量视角探讨粮食生产与水资源之间的关系，主要采用水足迹计算模型、LCA 方法等
水-能源关联系统	1. 探讨水资源开发利用过程中的能源消耗情况 2. 探讨能源开发利用过程中的水资源消耗情况
粮食-能源关联系统	主要关注生物质能的生产与粮食生产之间的关系，以及由此带来的粮食生产、土地利用等问题

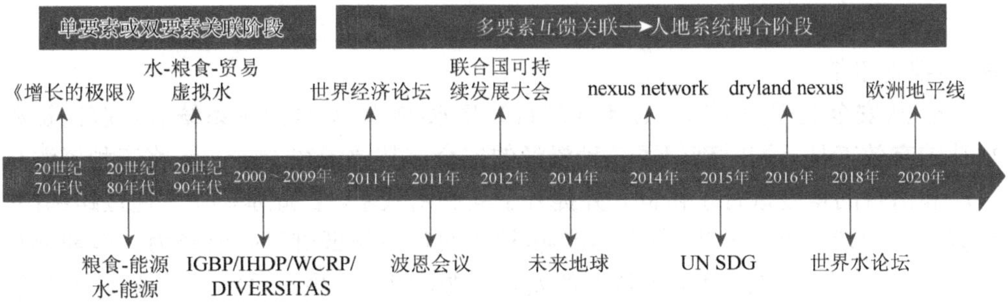

图 1.2 水-能源-粮食研究的里程碑事件（林志慧等，2021）

IGBP（International Geosphere-Biosphere Programme，国际地圈-生物圈计划）；IHDP（International Human Dimension Programme on Global Environmental Change，全球环境变化的人文因素计划）；WCRP（World Climate Research Programme，世界气候研究计划）；DIVERSITAS（国际生物多样性科学研究规划）；UN SDG（United Nations Sustainable Development Goals，联合国可持续发展目标）；nexus network，纽带网络；dryland nexus，干旱区纽带

2）水-能源-粮食纽带系统的概念界定与发展

（1）水-能源-粮食纽带系统的概念界定。研究初期，相关学者将“关联关系”界定为水-能源-粮食纽带之间的相互依存关系（Hellegers et al.，2008；Siddiqi and Anadon，2011；Hamiche et al.，2016）。目前，研究主要侧重从三者之间的相互影响和相互制约方面进行界定(Howarth and Monasterolo，2016；Al-Saidi and Elagib，2017)。但是，由于研究视角的不同，学者及相关机构对水-能源-粮食纽带系统的概念界定也呈现多样化的特点。例如，斯德哥尔摩环境研究院(Stockholm Environmental Institute，SEI）和亚洲开发银行（Asian Development Bank，ADB）、联合国粮食及农业组织（Food and Agriculture Organization of the United Nations，FAO）、国际可再生能源署（International Renewable Energy Agency，IRENA）分别从“水资源”“粮食”“能源”对水-能源-粮食纽带关联关系进行了探讨（ADB，2013；FAO，2014；IRENA，2015）。此外，Fang 和 Chen（2017）、Schlör 等（2018）则从资源供给角度解析了水-能源-粮食纽带的关联关系；White 等（2018）强调“关联关系”不仅包括水-能源-粮食纽带之间的资源环境足迹，还需考虑水-能源-粮食纽带与区域生态系统之间的相互依存关系；Owen 等（2018）基于消费视角，衡量社会经济需求驱动下的水-能源-粮食纽带资源环境足迹变化及其与经济、政策之间的密切联系。水-能源-粮食纽带目前并不存在一个学术界共同认可的定义，甚至研究人员对 nexus 的基本理解也存在差异，基于此而衍生出“联系论”（Allouche et al.，2015；Biba，2016）；Endo 等（2017）则将“联系论”进一步扩展为“过程论”。此外，Conway 等（2015）将 nexus 视为资源间的悖论，以反映水、能源和粮食间的权衡取舍与潜在冲突。虽然关于 nexus 的定义较多，但相关学者均认为，相比于 relationship、network 与 linkage 等词汇，nexus 更能表达水资源、能源及粮食系统之间的相互作用关系（Ringler et al.，2013）。

在实践操作中，从安全、管理和功能三个视角进行界定，更有助于理解水-能源-粮食纽带。

a. 从安全的视角而言，Hoff（2011）将水-能源-粮食纽带系统看作解决资源短缺的有效工具，同时确保了三种资源的安全，其原因在于 nexus 将三种资源从生产和消费的角度进行了协同，并提升了其利用效率，在此基础上，通过跨部门、跨区域的管理，可进一步增强水-能源-粮食纽带系统抵御风险的能力。但需要注意的是，由于该定义过度注重资源的安全问题，忽视了生态系统及其他安全问题，该定义是一个狭义的观点。

b. 从管理的视角而言，FAO（2014）则将生态系统安全纳入 nexus 系统中，与此同时把人作为相关利益受益者纳入资源管理。该定义丰富了 Hoff（2011）定义的内涵，但关于资源的公平性问题仍未得到有效解决。

c. 从功能的视角而言，López-Gunn（2009）从资源的适应性角度对 nexus 的含义进行了阐述，而 Endo 等（2017）则从资源的治理角度探讨了 nexus 的含义，但前者更加强调在适应气候变化的过程中，水-能源-粮食纽带是最佳路径，而后者则重点阐述资源的全生命周期处理，进而提升资源的利用效率。两者的缺点均是基于某种资源的功能实现的需要，本质上讲仍然较为片面。

综上所述，水资源、能源及粮食在其纽带关系中的研究地位虽然因研究内容侧重点的不同而有所差异，基于过程视角的水-能源-粮食纽带系统评估能够准确地对系统中的关键过程进行分析，但不可否认的是，该视角并未全面、综合考虑系统内部各个要素的整体性问题，因此这里认为三种资源均是支撑人类生存和社会经济发展不可或缺的基础性资源，三者之间相互作用、相互影响，不仅要考虑三者之间紧密的相互消耗关系，还需特别关注水-能源-粮食纽带与区域生态系统、经济发展程度等之间的相互依存关系。在此，本书将基于"联系论"的观点，对中国水-能源-粮食纽带系统开展相关研究。

（2）水-能源-粮食纽带系统研究的两大观点。三种资源既是人类社会和区域发展不可或缺的物质基础，同时作为可持续发展系统中的"慢变量"，通过提升协同、减少权衡来实现资源的高效利用和社会的可持续发展。与此同时，仅仅对系统内部两两关系进行研究，已经不足以支撑制定科学的决策（Sharma et al.，2006）。此外，以单一资源为导向的研究（"单中心"）无法应对未来的气候变化、经济和人口的增加（Muller，2015）。在此背景下，就需要研究对象从单一资源向多资源转变，即从"单中心"向"多中心"转变，对资源整体的研究，可有效提升资源的利用效率，为区域的可持续发展提供高效、科学的决策支撑（Hoff，2011），进而衍生出"慢变量观"与"资源整合观"两种观点。

a. 慢变量观。该观点认为，水资源、能源及粮食作为保障人类生存及区域可持续发展的"慢变量"或"短板"，具有稀缺性的特点，与此同时，三者之间的相互作用、相互制约也在一定程度上对区域的可持续发展产生了影响。该观点的诞生伴随着社会动荡，其理论基础是协同学理论与可持续发展理论，主要体现在受全球气候及政策、制度的影响，水资源、粮食、能源逐渐成为稀缺资源，逐渐威胁人类的生存与发展（Hoff，2011；罗叶，2012）。外部环境的冲击使得人类深刻认识到水资源、能源及粮食之间存在着复杂的关系，而外界环境不确定性的增加，必然加剧三者之间的竞争（Lawford et al.，2013）。此外，相关研究也表明，到2030年全球对能源、粮食和水资源的需求量将大幅增加，但随着区域生态环境的变化，水资源及粮食的供给将受到巨大挑战（Allouche et al.，2014）。

b. 资源整合观。该观点强调水资源、能源及粮食在整个生命周期中存在着复杂的非线性关系，而单纯只考虑单一资源则会对区域的社会经济发展产生重大影响。与此同时，该观点也认为水-能源-粮食纽带是在水资源治理的基础上，实现从“流域治理”向“问题治理”转变的关键（Muller，2015），同时也是继综合水资源管理和适应性水资源管理之后水资源治理的新阶段。由于综合水资源管理与适应性水资源管理无法应对来自 PRED［population（人口）、resources（资源）、environment（环境）、development（发展）］等问题的挑战（Muller，2015），也无法实现人类社会和环境保护的预期目标，因此，需要以“纽带”为理念，通过将水资源、能源及粮食的有效整合（Molle，2008），使其内部结构不断优化，进而实现水资源管理由“综合”（integrated）向“协同”（synergy）转变，从而保障水资源的可持续利用（Allan et al.，2015）。

（3）水-能源-粮食纽带系统发展的重要阶段。综合来看，水-能源-粮食纽带的发展过程并不是简单的水资源、能源及粮食逐渐趋于整合的过程，而是系统由两种资源相互作用逐步演变成三种资源相互作用的一个过程（Kurian and Ardakanian，2015）。

a. 起步阶段（2006～2011 年）。此时，学者的研究重点主要集中在印度，具体关注农田灌溉过程中地下水的抽取与电力消耗之间的直接关系，即“groundwater-electricity nexus”（Shah et al.，2007），粮食生产过程中对水资源及能源的消耗问题（Khan and Hanjra，2009；Jackson，2009）。2008 年，水-能源-粮食纽带相关概念被正式提出（Hellegers et al.，2008；Siegfried et al.，2008；Kurian and Ardakanian，2015），但此时，水-能源-粮食纽带主要关注点集中在适应气候变化（López-Gunn，2009）、提高农业产量（Lazarus，2010）、确保资源安全（Hoff，2011）。与此同时，相关学者开始关注土地-气候-能源纽带（land-climate-energy nexus）关系、水资源-能源-气候纽带（water-energy-climate nexus）关系等（Dale et al.，2011；Scott，2011）。需要注意的是，虽然该阶段的研究仍主要侧重于两种资源之间的相互作用关系，但不可否认的是，此时的研究重点正逐步向三种资源相互作用关系过渡（Bazilian et al.，2011）。此外，该阶段的研究方法多以定性研究为主（McCornick et al.，2008），而定量研究相对较少。

b. 共识阶段（2012 年至今）。波恩会议的召开，标志着水-能源-粮食纽带的相关研究进入了一个新阶段，使得相关研究成果逐渐增多。例如，亚太经济合作组织对亚洲及太平洋地区的水-能源-粮食纽带系统进行了评价（Taniguchi et al.，2017），国际可持续准则理事会对水-能源-粮食纽带的执行计划与决策支持框架进行了探讨与分析（Endo et al.，2017）。与此同时，虽然相关学者从不同的角度阐述了“nexus”的含义，但并未形成统一的认识（Endo et al.，2017）。例如，FAO（2014）、IRENA（2015）分别从各自领域对“nexus”进行了定义。相关研究的不断开展及研究成果的不断丰富，表明了有关水-能源-粮食纽带系统的研究已经逐渐被学者认可并重视，但此时制约水-能源-粮食纽带系统研究的关键在于该系统的边界较为模糊，且难以界定。同时，水资源、能源及粮食三者之间也存在着复杂的关系。

3）水-能源-粮食纽带系统的研究方法

目前，相关领域的学者就水资源、能源、粮食三者之间的内在联系开展了一系列研究，并取得了丰富的研究成果（Zhang T et al.，2020；Naw et al.，2019；Moioli et al.，2018），具体的研究方法如表 1.2 所示。

表 1.2　水-能源-粮食纽带系统研究方法

类别	方法	用途	文献
关键过程分析	LEAP 模型	基于情景分析视角，自上而下和自下而上核算能源-环境系统	Dai et al.，2017
	WEAP 模型	由 SEI 开发，常被用于水资源的模拟及优化配置分析	Ge and Lei，2017
关键过程分析	SWAT 模型	常被用于径流、土壤水及地下水的模拟与预测	Zhao et al.，2016
	CGE 模型	重点关注商品及生产要素的价格，并根据供需关系进行分析	Zhou et al.，2016
	计量经济分析模型	通过分析非实验性经济数据，为经济关系提供实证内容	Allard et al.，2018
	虚拟水	用于定量刻画粮食或能源流动过程中所包含的虚拟水的流动	Allan，1993
整体性分析	指标体系法	通过构建指标体系对系统进行评价分析	de Strasser et al.，2016
	LCA 法	用于衡量产品在整个生命周期中的作用	Kurian and Ardakanian，2015
	IOA 法	基于投入产出时间，衡量某一部门与其他部门的潜在关系	Soliev et al.，2015
	SNA 法	常被用于衡量要素的空间网络关联结构	Stein et al.，2014
	DEA 模型	基于线性规划的视角，解决多投入、多产出的系统问题	Han et al.，2020
	ENA 法	将系统视为由代谢流连接的多个实体的集成，对生产和消费交织链中体现的直接和间接流进行统一分析	Chen S and Chen B，2015
系统与外部因素综合分析	CLEWs 模型	常被用于探讨气候变化、土地利用、能源消耗及社会经济发展之间的相互作用关系	Hermann et al.，2011
	WEFO 模型	常被用于模拟优化水资源系统、能源系统及粮食系统之间的关联关系	Zhang X D et al.，2017
	LIPSON 模型	本地化集成生产系统模型，用于探讨水-能源-粮食纽带系统与其外部环境之间的相互作用关系	Leung et al.，2016

续表

类别	方法	用途	文献
系统与外部因素综合分析	WEF nexus Tool 2.0	一款用于专门分析水资源系统、能源系统及粮食系统之间关联关系的工具	Daher and Mohtar，2015
	WEFSiM 模型	用于定量刻画水-能源-粮食模拟和优化分析的工具	Wicaksono et al.，2019
	MuSIASEM	用于定量分析多尺度水资源利用引起的社会-生态系统的响应特征	Madrid et al.，2013
	SD 模型	主要用于分析和模拟复杂反馈系统的计算机仿真方法	Ravar et al.，2020
	多部门系统分析	用于研究部门间的协同作用和物质能量的流动，提出不同配置方案	Walker et al.，2014
	MARKAL/TIMES 模型	可用于预测多地理尺度的能源-经济-环境演变	Pastore et al.，2000
其他	调查和数理统计	通过专家小组、地方机构和政府发布的公共数据、实地调查以及相关文献来说明水-能源-粮食纽带系统之间的问题	Smajgl et al.，2016
	ABM	通过对代理单独建模，可以在底层观察到代理之间属性和行为多样性的全部影响	Du et al.，2017

注：LEAP（long-range energy alternatives planning，长期能源替代规划）；WEAP（water evaluation and planning，水资源评价与规划）；SWAT（soil and water assessment tool，土壤-水资源评估工具）；CGE（computable general equilibrium，可计算一般均衡）；IOA（input output analysis，投入产出分析）；ENA（ecological network analysis，生态网络分析）；CLEWs（climate，land-use，energy and water strategies，气候-土地利用-能源-水战略）；WEFO（water，energy and food security nexus optimization，水-能源-粮食安全纽带优化）；LIPSON（locally integrated production system onion，本地化集成生产系统洋葱）；WEF nexus Tool 2.0（水-能源-粮食纽带关系工具 2.0）；WEFSiM（water energy food simulation and optimization，水-能源-粮食模拟优化）；MuSIASEM（multi-scale integrated analysis of societal and ecosystem metabolism，社会-生态系统代谢多尺度集成分析）；MARKAL/TIMES（market allocation/the integrated MARKAL-EFOM system，市场配置/市场配置-能流优化系统集成）；SD（system dynamic，系统动力学）；ABM（agent-based modeling，基于主体建模）。

（1）水-能源-粮食纽带系统关键过程分析。在该类别中，系统的关键过程被看作是维持水-能源-粮食纽带系统运行，并实现可持续发展的重要组成部分，因此，对于关键过程分析，均是以部分优先原则进行计算，重点探讨水-能源-粮食纽带系统中起关键作用的单要素或双要素，并提出相应的优化管理措施（Veldhuis and Yang，2017；Dai et al.，2017）。目前常用的集成方法主要有 LEAP 模型、WEAP 模型、CGE 模型（Zhou et al.，2016；Ge and Lei，2017）、SWAT 模型（Zhao et al.，2016）等。其中，WEAP 模型主要是对水资源的供给和需求方面进行综合评价，其优点在于操作界面简洁，用户可以根据自己的需求选择合适的参数及模型。LEAP 模型不仅可以从两个角度（自上而下和自下而上）构建模型，还可以对能源政策、减排计划等进行模型分析，使用者可以根据自身的需求对模块进行组合，同时还可以考虑其他社会经济发展等因素，使模拟结果更加科学、准确。虽然两种模型能分别对水资源及能源系统进行全面分析，但却无法对多系统之间的关联关系进行研究，因此，相关学者常常将两者结合使用（Karlberg et al.，2015）。

在水-能源-粮食纽带系统的研究中，CGE 模型常被用来进行关键过程分析。

该模型主要是基于一般均衡理论发展而来的，目前常被用于政策分析，是一种宏观的经济模型（Silviu，2015）。经典的 CGE 模型是基于线性优化的视角，通过多组方程对资源的供给、需求及市场之间的关系进行表述，最后对方程组求解（Ge et al.，2014）。该模型的优点在于能够通过评估价格机制对水-能源-粮食纽带系统进行评价，可以用于研究水资源与经济、社会之间的复杂关系（王喜峰，2017）。目前，通过 CGE 模型的研究已经衍生出更多的相关模型，主要有 IMPACT 模型（农产品贸易政策分析国际模型）（Rosegrant et al.，2002）、GTAPW[global trade analysis project—water（全球贸易分析项目——水资源版）]模型（Calzadilla et al.，2011）及 GEM-E3 模型（用于能源-经济-环境系统的一般均衡模型）（Kancs and Wohlgemuth，2008；Németh et al.，2011）等，虽然采用 CGE 模型对水-能源-粮食纽带系统的研究已经取得了丰富的研究成果，但该模型涉及大量的参数，因此模型结果的准确性在很大程度上取决于参数的选取与数据的质量。与此同时，CGE 模型中存在很多经济假设，这些假设可能与现实情况不符，这也在一定程度上致使研究结果存在不确定性。

计量经济分析（econometric analysis）模型是采用统计方法，通过分析非实验性经济数据，为经济关系提供实证内容的计量经济分析工具（Wooldridge，2012）。在纽带研究领域，计量经济学技术方法已被广泛用于推断因果关系（Huang et al.，2008）和检验经济理论（Pao and Tsai，2011；Allard et al.，2018）。例如，Zaman 等（2016）的回归结果从经验上揭示了巴基斯坦农业增长和能源消耗之间的双向因果关系，证明与促进能源效率和能源多样化有关的行动确实有助于巴基斯坦经济的持续增长；Pao 和 Tsai（2011）证实了巴西、俄罗斯、印度、中国的环境库兹涅茨曲线，指出二氧化碳排放量与国内生产总值之间的关系符合倒 U 曲线。Ozturk（2015）通过同时对单独与多元回归相关的各个部门进行建模，研究结果表明经济环境政策对于刺激金砖国家的长期可持续发展至关重要。Yu 等（2020）提出一种多层次区间模糊可信性约束规划方法对河南省的水-能源-粮食纽带系统进行分析；Zhang Y Y 等（2020）构建了协同优化模型，对巴彦淖尔市水-能源-粮食纽带系统进行了协同优化分析；Yan 等（2020）从产业关联的视角分析了中国水-能源-粮食纽带系统关系的内在机制，并构建了结构向量自回归模型对机制进行检验，结果显示粮食生产对能源生产产生负面影响。但与 CGE 模型类似，计量经济分析模型严重依赖数据（Semertzidis，2015），一些基本假设可能不合理（Hamiche et al.，2016）。此外，由于研究忽略计量经济分析模型中的关键变量和小数据样本的应用，可能会得出误导性结论（Pao and Tsai，2011）。因此，为了获得更可靠的结果，需要使用大样本量、面板数据（Huang et al.，2008）和多变量模型进行计量经济分析（Zachariadis，2007；Ozturk，2015）。同时，在计量经济分析模型中做出假设时，应考虑到未记录的经济更接近实体经济。

基于粮食贸易视角，虚拟水的概念应运而生（Allan，1993），该概念最初被用于表征农产品在生产过程中水资源的消耗情况，随后被逐渐扩展到表征其他产品与服务过程中水资源的消耗情况。例如，Salmoral 和 Yan（2018）基于生命周期视角，对英国泰马河流域（Tamar catchment）的粮食生产与消费过程中产生的虚拟水进行了测度，并对粮食供应链中的关键投入进行了评估；Chu 等（2019）、Ding 等（2018）、Xie 等（2020）则从水足迹的视角探讨了中国能源（化石能源及电能）消费与区域水资源之间的关系，为研究水-能源-粮食纽带系统提供了一种新的视角；Lu 等（2021）基于水足迹视角测算了 2001～2016 年华中地区（河南、湖北、湖南）能源、粮食生产的水足迹及虚拟水贸易情况，同时利用修正后的水分胁迫指数（modified water stress index，MWSI）评估了虚拟水外流对区域水资源的压力及贸易对水资源系统的影响。

（2）水-能源-粮食纽带系统整体性分析。为克服关键过程分析存在的弊端，整体性分析应运而生，整体性分析的视角将系统内部各个要素视为同等重要，其目的在于对系统的整体协调性进行测度。因此，指标体系法作为测度复杂系统各个要素之间的协调性的有效方法，已经被应用于水-能源-粮食纽带系统的协调性、安全性及可持续性的测度。例如，Willis 等（2016）构建了水-能源-粮食纽带安全指数，并测度了水-能源-粮食纽带的安全性及可持续性；Abbott 等（2017）同样基于水-能源-粮食纽带安全指数，对 166 个国家水-能源-粮食纽带安全性与其政治稳定性之间的相互关系进行了测度；Schlör 等（2018）则基于联合国人居署提出的城市繁荣指数构建了城市“纽带关系指数”，评估了全球 69 个城市和地区水-能源-粮食纽带关系发展的可持续性；Zhang 等（2019）基于“资源依赖”“资源供给”“资源集成”三个视角构建了城市水-能源-粮食纽带系统之间关联关系的基本框架；Flörke 等（2018）将城市地表水短缺作为一个指标，指出气候变化和人口增长可能加剧城市和农业部门之间的水资源竞争；随着城市成为水-能源-食品关系讨论的中心（Duic et al.，2014；Wang and Chen，2016；Brandoni and Bonjakovi，2017；Schlör et al.，2018），纽带系统的有效管理需要考虑多维度（社会学、生态学、经济等），因此应引入更多综合指标，以整体方式衡量纽带系统的发展水平。

LCA 法的基本核心是通过整个产品的“生命周期”视角，对相关产品的资源消耗进行测度分析，常被用于量化某一地区某种产品、工艺或服务在其整个生命周期中对区域环境、资源及社会产生的影响（Zhang P P et al.，2018）。其评价过程可分为目标范围的确定、评价清单的制定、影响因素的选取与评估、模型参数调整四部分（Keys，1988；Nair et al.，2014）。LCA 法在水-能源-粮食纽带系统研究中，常被用于量化各个系统与环境之间的相互作用关系，以此来实现对水-能源-粮食纽带系统可持续发展的评价。例如，Al-Ansari 等（2015）基于水-能源-粮食纽带系统视角，对 LCA 法进行改进，并以卡塔尔为研究对象，对其水-能源-粮食纽带系统进行评价，同时基于多种情景探讨了在满足粮食自给的前提下水-能源-粮食纽带系统对环境的影响程度；Jeswani 等（2015）以家乐氏（Kellogg）欧洲公司为研究对象，采用 LCA 法对该公司生产的两种产品（早餐麦片、谷物类零食）在生产、运输及销售等整个生产供应链中所消耗的碳足迹、水足迹及能源足迹进行了核算；Li 等（2012）以中国发电系统为研究对象，采用 LCA 法对该系统中的重要环节（设备制造、施工建设、后期维护等）的能-水关系进行了研究。虽然 LCA 法被广泛应用于水-能源-粮食纽带系统研究，并取得了丰富的研究成果，但该方法仍存在一定的缺点：一是 LCA 法对数据的完整性要求较高，对于数据难以获取的地区或系统，评价效果较差（Hamiche et al.，2016）；二是由于评价需要涉及研究对象的整个生命周期过程，不可避免地增加了时间和经济成本；三是目前 LCA 法在应用中主要侧重系统对自然环境的影响，而对社会环境影响的评价尚不完善（Balkema et al.，2002）；四是该方法难以适用于复杂系统的动态分析；五是该方法在评价过程中需要明确研究边界，但对边界的确定仍然存在一定的主观性，致使最后的研究结果误差较大（Nair et al.，2014）。

IOA 法的核心是基于经济结构矩阵，从定量的角度解析水资源、能源及粮食在经济活动中的投入产出过程，跟踪三种资源在整个国民经济生产活动中所形成的复杂的相互作用关系（Leontief，1936；Zhang et al.，2014），并据此探究水资源、能源及粮食的空间流动格局（Chen et al.，2017；Zhang X D et al.，2017；Zhang C et al.，2018）。与此同时，相关学者基于投入产出（input-output，IO）模型构建了 MRIO 模型，可以对水资源、能源及粮食三种资源效率的空间差异性进行分析，更加细致、准确地描述由多区域贸易所引起的资源之间的关联关系（Liang et al.，2007；Huysman et al.，2016）。例如，Owen 等（2018）采用 IOA 法对 1997～2013 年英国能源、水和食品消费账户中的不同产品从原料生产到最终消费过程中水资源、能源及粮食之间的相互作用关系进行了研究；Han 等（2020）基于乘数型环境数据包络分析方法对 2005～2017 年中国 30 个省（区、市）的水-能源-粮食纽带系统效率进行了分析，同时基于耦合度及耦合协调度模型、*K* 均值聚类等方法对水-能源-粮食纽带系统效率进行了进一步探究；Liu Y T 等（2017）基于多区域投入产出模型，对中国水-能源-粮食之间的关联进行了研究，在此基础上识别、确定了水-能源-粮食纽带系统中的关键区域和流量，研究结果可为研究水-能源-粮食纽带系统之间的相互作用及区域水-能源-粮食纽带系统的协调管理提供借鉴。

生态网络分析（ENA）的核心思想源于 IOA 法（Chen S and Chen B，2015），是评估经济和自然成分之间相互作用的主要方法之一。ENA 将系统视为由代谢流连接的多个实体的集成，可以对生产和消费交织链中体现的直接流和间接流进行统一分析，进而探讨多种因素之间的权衡与协同关系（Chen et al.，2016），目前已被用于剖析城市新陈代谢（Chen et al.，2016，2017）、全球能源贸易（Duan and Chen，2017）以及虚拟水流动等（Yang et al.，2012），通过分析代谢流来揭示不同系统中资源与能量的转化与分配过程。同时，结合其他指标，如关联分析（Lenzen，2003；Fang and Chen，2017）、芬恩循环指数（Finn，1976）和系统鲁棒性（Fath，2015），ENA 能够检测部门的角色转换并量化系统性能（循环和恢复力）。例如，Chen 等（2016）以北京市为例，发现多数行业依赖水-能源纽带，其中制造业在水资源和能源消耗方面具有较强的关联性。水-能源纽带对能源网络的影响约为±200%，远大于对水资源网络的影响（±30%）。此外，与自然生态系统相比，能源-水关系网络的平均鲁棒性似乎较低，因为其具有更密集的物质交换（Chen et al.，2016）。同时，Chen 等（2017）利用投入产出模型及网络分析模型，分析了北京市各部门水资源与能源的消耗状况，结果表明水资源网络的再循环率为 22%～23%，低于能源网络（28%～29%）。此外，控制分配和依赖性分配等 ENA 指标可以通过跟踪代谢流（或物质流）来确定多个部门（或组成部分）之间的控制或依赖作用（Chen S and Chen B，2015）。该分析对于定位不断变化的纽带系统的驱动因素以及从系统和部门层面激发新的资源管理解决方案至关重要（Chen et al.，2016）。尽管 ENA 在分析复杂的相互作用方面很强大，但 ENA 本质上是一种静态方法，因为其稳态假设是输入必须等于每个组件和整个网络的输出，除非进行纵向研究，否则无法获取网络系统的动态特性（Yang et al.，2012）。

（3）水-能源-粮食纽带系统与外部因素综合分析。气候变化的影响不断加剧以及人类活动对土地利用类型的不断改变，不可避免地对水-能源-粮食纽带系统的关联关系产生重要的影响，基于此，相关学者开始将气候与土地要素加入水-能源-粮食纽带系统，将三要素扩展到水-土地-能源-粮食（water-land-energy-food）四要素或水-土地-能源-粮食-气候（water-land-energy-food-climate）五要素进行相关研究。与此同时，社会经济的不断发展、人口的增加及城镇化的快速推进，也势必会对水-能源-粮食纽带系统中各要素的相互作用关系及互馈机制产生重要影响。因此，耦合外部要素的同时要注重自然系统与社会系统中的各个要素对系统的影响。当前，相关学者和机构针对该问题开发了一系列工具、模型用于更加科学准确地评价水-能源-粮食纽带系统，如集成 LEAP 模型、WEAP 模型和 AEZ（agro-ecological zone，农业生态区）模型开发的气候-土地利用-能源-水战略（CLEWs）模型，能够有效地评估水-能源-粮食纽带系统中各类资源安全问题与区域政策之间的相互影响（Bazilian et al.，2011；Howells et al.，2013）；Daher 和 Mohtar（2015）开发了专门用于测度水-能源-粮食纽带关系的工具，即 WEF nexus Tool 2.0，其常被用于线性测度水-能源-粮食纽带系统及其和外部环境之间的相互作用关系，研究结果可为决策者提供资源分配方案，以实现资源环境的可持续发展。Zhang X D 等（2017）从生产系统视角出发，构建了水-能源-粮食安全关联关系优化（WEFO）模型，同时结合 LIPSON 模型分别在生产成本、社会经济发展需求以及资源环境约束下，对水-能源-粮食纽带系统的需求程度进行了优化模拟，可为降低资源环境利用成本、实现资源的高效利用提供参考。

WEFSiM 模型综合考虑了水资源系统、能源系统及粮食系统之间的相互作用及互馈机制，可以从定量的角度评价区域资源供给与需求之间的关系。与此同时，该模型中的优化模块可为决策者提供科学、合理的资源管理及配置的相关政策与建议，不仅能够协助区域政策制定者选择适宜本地区的资源分配管理方案，也可以对国家能源、水资源及粮食安全的长期规划进行相应的指导（Hellegers et al.，2008）。此外，由欧盟委员会提出的“欧洲地平线”项目，也是将土地利用与气候变化两个要素作为变化环境（外部环境）纳入水-能源-粮食纽带系统进行相关研究。

CLEWs 模型作为集成模型，通过对系统内部水资源、能源消耗、土地利用方式及外部环境变化之间的相互作用关系的研究，从定量的视角评价了资源利用、温室气体排放以及达到水-能源-粮食纽带系统可持续发展目标所需要的成本，可以协助政策的制定者制定有效措施，整体而言，该模型同时具备灵活性与复杂性，为研究水-能源-粮食纽带系统提供了一个新的切入点（Dai et al.，2017；Sa’d et al.，2018）。与此同时，该模型具有以下优点：一方面，该模型针对以往单系统建模存在的弊端，基于多系统的思路，集成多种模型，可更好地探究各个系统内部之间的复杂关系；另一方面，该模型对数据的要求有所降低，可以对缺少数据的地区进行有效评估（Bazilian et al.，2011）。目前，该模型已经被应用于解决非洲、岛屿国家及流域盆地等关于水资源可持续开发利用、水电的发展及生态系统之间的相互作用关系问题的研究（Dargin et al.，2018），并取得了一定的研究成果。尽管如此，该模型仍然存在一定的不足之处，例如，虽然该模型在应用过程中考虑了社会经济系统的影响，但关于社会经济系统对实现区域未来可持续发展的影响未能进行有效的测度，在一定程度上也致使社会经济系统框架模拟存在问题（Kaddoura and Khatib，2017）。

WEF nexus Tool 2.0 是在 WEF nexus Tool 1.0 的基础上更新得到的，WEF nexus Tool 2.0 的基本原理是投入产出理念，在此基础上结合情景分析对水-能纽带系统进行研究，其基本计算过程为首先输入研究区的相关参数（如水资源供给、能源供给、粮食生产量、农业生产结构及资源的进出口情况），然后基于投入产出的视角计算水资源系统、能源系统及粮食系统之间的相互作用关系（如能源-粮食的生产对区域水资源的影响、水的生产过程中能源消耗与粮食生产能耗之间的关系等），在此基础上还可以对研究资源消耗所产生的二氧化碳排放量进行核算，最后基于情景分析的视角对研究区的“可持续发展程度”及发展模式进行评估。该模型已被广泛应用，例如，Alrebei 等（2023）以卡塔尔为研究对象，通过研究发现，对卡塔尔粮食生产与供给产生较大影响的为水资源、能源及土地等因素。该研究成果比传统的区域水-能源-粮食纽带系统研究有更大突破，主要原因是该模型不再将水资源系统、能源系统及粮食系统作为单独的子系统进行分析，其可以有效识别影响水-能源-粮食纽带系统的主要因素，为干旱、半干旱国家或地区的水-能源-粮食纽带系统研究提供了新的见解，也为全球水-能源-粮食纽带系统研究提供了新的研究思路与研究视角。与以往水-能源-粮食纽带定量研究方法不同，WEF nexus Tool 2.0 可在网页端进行操作，同时对操作人员的专业性要求不高，具有操作简单、界面友好等特点。与此同时，该工具不仅考虑了区域资源环境的限制，也充分考虑了决策者的主观偏好，因此能适应不同国家和地区水-能源-粮食纽带系统的研究，这也有助于该工具的普及。但需要注意的是，该工具也存在一些不足：一是该工具无法对动态时间下（如经济、人口的增长、气候变化等）的水-能源-粮食纽带系统进行有效评估；二是该工具在情景模拟过程中可能会丢失关键因素（如仅考虑碳排放对环境的影响，忽略了水资源及粮食生产过程中所产生的环境污染问题），因此难以满足微观尺度下的精细化模型研究的需求。

纽带关系的建立不仅实现了科学知识与区域决策之间的沟通，也不可避免地将两者结合了起来。目前，相关学者及机构在水-能源-粮食纽带系统综合评估方面取得了丰富的研究成果，Hellegers 等（2008）探讨了三种资源之间的竞争关系。Bojic 和 Vallee（2019）的研究结果表明在对水-能源-粮食纽带系统进行探讨时需要考虑研究区的政策实施情况。而由 Giampietro 和 Mayumi（2000）提出的 MuSIASEM 模型最为典型，该模型最初常被用于对社会能力代谢模式进行探究，如今作为代表性的综合评价模型已经被广泛应用于资源、环境及政策之间的相互关系研究，该模型的核心是基于代谢理论分析社会经济的可持续发展状况，具体表现为基于社会经济系统的“代谢”过程与资源、社会、经济、人口及生态的特点，计算水-能源-粮食纽带系统中的相关要素，进而对水-能源-粮食纽带系统的可持续发展进行评估（Pastore et al.，2000）。Giampietro 等（2013）以 3 个典型代表区域（毛里求斯共和国、印度旁遮普及南非共和国）为研究对象，采用 MuSIASEM 模型对水-能源-粮食纽带系统问题进行了评价，研究结果表明将该模型完全应用于水-能源-粮食纽带系统研究仍然存在一定的难度，原因在于 MuSIASEM 模型涉及跨学科的相关知识，同时在数据的预处理过程中及将三种资源向“虚拟流”转换的过程中，均存在一定的误差。但不可否认的是，该项研究对于丰富水-能源-粮食纽带系统的研究成果具有重要意义，此外，该模型不仅涉及水资源、能源及粮食三种资源本身，同时也将一些外部因素（如土地利用、气候变化、经济发展及资源生态等）纳入研究框架，从社会、自然两个维度对水-能源-粮食纽带系统内部的相互作用关系进行了定量分析。在当前关于水-能源-粮食纽带系统研究过程中，MuSIASEM 模型可以基于复杂的理论概念及其他学科概念，对社会、经济、资源、环境及生态相关的水-能源-粮食纽带系统的"代谢"方式进行描述，并根据用户需求提供相应的解决方法，同时该模型可应用于不同尺度下的水-能源-粮食纽带系统的研究。尽管如此，该模型也存在着相应的不足之处：一是对数据质量、精度要求较高，致使在数据结构方面存在不足；二是该模型的输出信息较为繁多，难以总结与解释相应的结果；三是该模型中存在着很多难以建立的纽带关系；四是目前无法提供收益与成本的核算结果，也难以对未来的结果进行预测模拟，动态性较差。

SD 模型的本质是基于系统内部的因果机制进行模型构建，由 Forrester 于 1997 年创建。该模型首先根据系统内部之间各要素的相互因果机制建立反馈回路，进而从宏观、微观两个维度对系统进行全面、综合分析。目前，与系统动力学相关的软件主要有 STELLA、POWERSIM、iThink、Vensim 及 Dynamo 等。当前，相关学者采用 SD 模型对水-能源-粮食纽带系统的评估已经取得了丰富的研究成果，例如，Halbe 等（2015）采用 SD 模型对塞浦路斯的水-能源-粮食纽带系统进行了评估，并根据研究结果探讨了基于不同利益者的视角促进水-能源-粮食纽带系统实现可持续发展的可能性；Hussien 等（2017）基于自下而上的视角，构建了基于家庭尺度的 SD 模型，在此基础上以伊拉克杜胡克 419 户家庭为研究对象，测度了有关要素对水-能源-粮食纽带系统终端使用的影响程度；Ravar 等（2020）利用 SD 模型对伊朗加乌胡尼盐沼盆地的水-粮食-能源的资源安全与纽带进行了测度；Newell 等（2011）通过建立气候-能源-水关系的主要因果循环图发现，技术创新、配电和输电网络冗余的增加以及决策中的动态系统思维有助于提高澳大利亚国家电力市场的弹性；El-Gafy（2014）研究表明，与 2010 年的基准情景相比，在通过小麦贸易模式政策提高埃及小麦自给率的情景下，有望在 2010～2050 年增加小麦种植面积以及小麦生产的水足迹。SD 模型有助于克服可能阻碍整体政策制定的困难（Newell et al.，2005）。由 SD 模型开发的因果反馈回路有助于识别问题行为的来源和理解系统的反馈结构。基于不同情景下的动态分析，SD 模型可以提供最优的系统结构，协调系统内的各种因素，为决策提供科学依据。然而，需要注意的是，为了确保模型能够建立，常常需要对实际系统进行简化，但不可避免的是在简化过程中极易受到研究者主观因素的影响，使得模型的建立与最终结果和现实情况存在一定的出入。因此，一方面有必要尽可能让相关利益者参与 SD 建模过程，另一方面也需要对模型参数进行不断优化调整，使人为主观因素对模型精度的影响降到最小。与此同时，数据的需求量大也增加了 SD 模型构建的难度。

20 世纪 70 年代，国际能源署开发了用于探究和评估综合能源系统优化的模拟模型——MARKAL 和 TIMES 模型。MARKAL 模型常用于预测和分析不同空间尺度下能源系统、经济系统及环境变化之间的相互作用关系，而 TIMES 模型则是在 MARKAL 模型的基础上进一步发展而来的，与原有模型（MARKAL 模型）

相比，TIMES 模型可以根据用户的实际需求来自行定义设置仿真时间的步长，并对系统内部各要素的使用时间做了更加细化、灵活的处理，不仅可以使用户根据需求对系统内部各要素的使用时间进行选择，还可以计算其最低成本模式，进而找到各个时间段上的最佳结果。此外，TIMES 模型常被用于探究不同能源发展技术及政策选择对水资源系统利用的影响程度（Connolly et al.，2010）。因此，该模型在对水资源-能源纽带关系研究方面取得了丰富的研究成果。例如，Semertzidis（2015）探讨了水资源短缺的背景下，能源系统对水资源系统需求变动的影响。

但需要注意的是，虽然 MARKAL 模型和 TIMES 模型能够有效地对复杂的水资源-能源系统进行评价，但囿于研究对象的制约，目前仍然无法对水资源系统-粮食系统之间的复杂关系进行定量分析，致使其不能作为单独的水-能源-粮食纽带系统评价方法使用。与此同时，国内关于 MARKAL 模型和 TIMES 模型的应用多集中于能源-气候变化领域。但不可否认的是，相关研究成果也丰富了水-能源-粮食纽带系统研究，研究成果也为实现区域资源环境与社会经济的协调可持续发展提供了借鉴。然而，MARKAL 模型和 TIMES 模型也存在一定的不足之处：一是模型对数据的质量和精度要求较高，尤其是在对气候模拟过程中，需要有较为准确、可靠的历史数据；二是模型虽然对未来情景分析具有良好的效果，但却难以进行短时期内的规划研究。

（4）其他。调查和数理统计，通过专家小组、地方机构和政府发布的公共数据、实地调查以及相关文献来说明关系问题，是探索关系部门之间互动的最广泛使用的方法。Machell 等（2014）确定发电用水量约占全球淡水总取水量的 15%，约 70%的全球水用于粮食生产。Ramirez 等（2006）研究发现，用于清洁和消毒的水的温度从 1990 年的 60℃上升到 2001 年的 82℃，严格的卫生法规可能导致四个欧洲国家肉类行业能源消耗总量增加 1/3 或 2/3。通过实地调查，Alimagham 等（2017）发现，与机械化方案相比，传统大豆生产方案更环保，因为其能耗和温室气体排放量更低。Lawford 等（2013）汇总了所有受访者的问卷调查结果，得出了可能影响水-能源-粮食关系的不同因素的重要性排名，并根据排名提出了一些改善各个部门可持续性的建议。Smajgl 等（2016）依赖于有关领域的专家组调查数据，运用德尔菲法识别了不同部门之间的相互作用关系，并以此构建了湄公河流域水-能源-粮食关系的动态评估框架。上述研究表明，水、能源和粮食相关部门之间存在复杂的相互关联，定性分析可以为决策分析提供一些有价值的见解。此外，关键变量可以在各种尺度（全球、国家和地方尺度）下对广泛的影响类别进行潜在估计，为综合关系建模和评估铺平道路（Liu et al.，2016）。然而，统计方法无法深入了解水、能源和粮食之间相互作用的内部机制，这给政策制定和评估带来了巨大困难。

基于主体建模（ABM）是一种“自下而上”的方法，其中每个主体都是一个离散的自治实体，在特定的社会环境中具有不同的目标和行为。通过对代理单独建模，可以在底层观察到代理之间属性和行为多样性的全部变化（Macal et al.，2010）。此外，还可以通过聚合所有主体的行为来调查系统级的紧急现象（Du et al.，2017）。因此，基于主体建模突破了单一层次和个人视角的局限性，通过提供一种方法对由众多代理组成的社会系统进行建模，从而为描述和研究复杂系统提供了更现实、更有效的建模框架。Ng 等（2011）建立了一个基于主体的水文地质模型，以探讨在考虑碳配额交易和作物（包括生物燃料作物）市场时，农民的种植决策及其对河流硝酸盐负荷的相关影响之间的相互联系，结果表明了这种模型对流域内耦合的人类-环境关系的有效性。此后，Khan 等（2017）通过更广义的 ABM 框架，将水系统模型与 SWAT 模型耦合，研究了主体的水资源管理决策对流域尺度水-粮食-能源-环境关系系统的影响，认为农药偏好对作物生产的影响比水力发电的影响更为显著。然而，由于该方法对数据的要求更高、非经济行为的定义限制以及计算要求的约束，其在纽带相关问题上的应用目前受到一定限制，但在进一步研究中仍具有广阔的前景。

2. 水-能源-粮食纽带系统关系相关研究

当前国内学者关于水-能源-粮食纽带系统的研究多集中于水资源-能源（water-energy）、水资源-粮食（water-food）两系统之间的关系研究以及水-能源-粮食（water-energy-food）纽带系统的关系研究上（王红瑞等，2022；张宗勇等，2020）。

1）水-能源-粮食纽带系统关系研究

米红和周伟（2010）基于 SD 模型，对中国未来的经济发展状况及人口情况进行了相关预测，最后通过灵敏度分析发现，研究结果可为保障中国未来资源安全及可持续发展提供参考与借鉴；常远等（2016）通过相关文献分析梳理了“nexus”这一概念的发展历程，在此基础上对其核心概念进行了相关阐述，同时对当前国外有关“nexus”的研究进行了总结；李桂君等（2016a）通过对 2006 年以来的相关研究成果的分析，对水-能源-粮食纽带相关的定义重新进行了相应的界定，重点阐释了水-能源-粮食纽带的发展历程并提出了相应的观点；彭少明等（2017）以黄河流域为研究对象，基于协同学原理建立了具有互馈机制的协调演化模型，探讨了研究区能源、粮食生产与水资源配置的优化协同方案；邓鹏等（2017）、毕博等（2018）构建了水-能源-粮食纽带系统耦合协调度评价指标体系，通过熵权法对指标进行权重确定，最后采用耦合协调度模型分别对江苏省和辽宁省的水-能源-粮食纽带系统耦合协调情况及其时空演变特征进行了评价；李桂君等（2016b）通过社会、经济和环境三个维度之间的关联关系，构建了水-能源-粮食纽带系统评价指标体系，在此基础上采用 SD 仿真技术模型，对北京市的水-能源-粮食纽带系统的动力学特征进行了仿真模拟；李东林等（2018）以“一带一路”共建国家中六个非洲国家为研究对象，基于2015年六个国家水资源、能源及粮食的相关数据，构建了水-能源-粮食纽带系统评价指标体系，对研究区水-能源-粮食纽带系统中三个子系统的安全指数及整个系统的安全指数进行了测度评价；李良等（2018）在梳理现有研究成果的基础上，从“两要素关联”“三要素关联”“三要素系统风险”三个方面对水-能源-粮食纽带系统及相应的风险研究现状进行了归纳总结；孙才志等（2018）基于逻辑斯谛模型、耦合协调度模型和探索空间数据分析等方法，对中国水-能源-粮食耦合系统进行了安全评价及空间关联分析；郑人瑞等（2018）梳理了纽带关系的提出与发展，认为其发展经历了从“单一中心”向“双双关联”，再到三者“纽带关系”的整合过程；白景锋和张海军（2018）首先构建了水资源系统、能源系统及粮食系统压力评价模型，并采用主成分分析法将三个系统的压力指数进行正交分解，最后采用矢量合成的方法对1997～2015年中国省际水-能源-粮食纽带系统压力状况进行了评价，在此基础上，采用地理加权回归模型对水-能源-粮食纽带系统压力的驱动机理进行了分析；刘倩等（2018）通过科学网络数据库（Web of Science Database），采用文献聚类、文献计量等研究方法，对现有关于城市纽带（urban nexus）系统的文献进行了梳理与总结；王慧敏等（2019）采用系统分析的方法，构建“水-能源-粮食-经济社会”压力-状态-响应（pressure-state-response，PSR）模型和SD模型，以山东省为例，开展“水-能源-粮食”纽带关系下区域绿色发展政策仿真研究；张杰等（2020）以中国31个省（区、市）为研究对象，将实测与推算两种方法相结合，对2015年中国省际能源、粮食生产对区域水资源的消耗过程进行了核算；刘晶等（2020）基于PSR模型对2007～2016年中国30个省（区、市）的水-能源-粮食纽带关系的协同安全进行了测度分析；李成宇和张士强（2020）采用耦合协调模型、探索空间数据分析（exploratory spatial data analysis，ESDA）及相关空间计量方法对中国2003～2015年水-能源-粮食纽带系统的耦合协调情况进行分析，并对其时空演变特征进行了探讨，最后采用相关空间计量方法对其驱动因素进行了解析；支彦玲等（2020）基于共生理论，构建了水-能源-粮食纽带系统的共生框架，在此基础上，提出了水-能源-粮食纽带系统适配度的概念，并将其分解为三个维度（即稳定性、协调性和可持续性），与此同时，采用压力-状态-影响-响应（pressure-state-influence-response，PSIR）模型构建了基于适配性视角的水-能源-粮食纽带系统评价指标体系，最后对中国2000～2016年省际水-能源-粮食纽带系统的适配性进行了测度；周露明等（2020）基于农业生产中水-能源-粮食纽带关系，采用DEA模型对中国2010～2017年31个省份的农业资源投入产出效率进行了研究；陈军飞和晏霄云（2020）基于人力资本差异的视角，构建了耦合模型及面板门槛回归模型，并以中国40个农业区为研究对象，对其2012～2016年水-能源-粮食纽带系统中三种资源之间的协调适配程度进行了测度分析；施海洋等（2020）基于“水-能源-粮食-生态”纽带因果关系和贝叶斯网络，对锡尔河流域的用水状况进行了分析，结果表明贝叶斯网络能有效模拟纽带中因果关系的强弱与不确定性；王雨等（2020b）、张宗勇等（2020）、张同等（2019）、黄雅丽和邓晓军（2020）、王奕佳等（2021）对水-能源-粮食纽带关系定量研究方法进行了总结；孙才志等（2021）、王雨等（2020a）分别以中国西南的省（市）及黑龙江省为例，建立了水-能源-粮食纽带关系仿真模型，并采用系统动力学模型对其进行了仿真模拟；孙杰和解小爽（2020）基于生态系统理论及生态系统服务价值相关概念及测度方法，构建了水-能源-粮食纽带系统服务价值核算框架，在此基础上，对2013～2017年贵州省水-能源-粮食纽带系统对区域社会经济价值、自然生态系统服务价值及关联关系产生的服务价值进行了测度分析；林咏园等（2020）基于水资源安全及高效利用的视角，以水资源、能源匮乏典型区——宿州市为研究对象，构建了基于水-能源-粮食纽带关系的水资源供给流矩阵，揭示了研究区水资源服务流的供给与最终受益者之间的相互作用关系；刘凌燕等（2020）基于资源风险概念，以东北三省为例，同时基于PSR研究范式构建了水-能源-粮食-响应（water-energy-food-response，WEF-R）模型分析结构，在此基础上，采用SD仿真模型，构建了系统动力学方程组，从三种资源供给与需求视角阐述了东北三省WEF-R的因果关系、演化特征及影响因素；林志慧等（2021）通过对现有纽带关系研究成果的总结，梳理了纽带关系的概念内涵，研究结果表明，当前关于纽带系统的概念界定及研究框架并未形成共识，现有的研究方法主要集中于关键过程、整体系统及耦合关系三个方面；孙才志等（2021）、孙成双和沈自豪（2021）、陈哲轩等（2021）基于DEA模型对中国省际水-能源-粮食纽带系统的效率进行了研究；于磊等（2021）以河南省为研究对象，基于水-能源-粮食纽带系统和谐发展的视角，构建了水-能源-粮食纽带耦合系统评价指标体系，采用模糊决策、和谐化量化方法对研究区2011～2018年水-能源-粮食纽带耦合系统的发展水平及和谐化水平进行了测度；李红芳等（2021）基于共生理论，从系统的稳定性（stability，S）、协调性（coordination，C）和可持续性（sustainability，Su）的角度构建了水-能源-粮食纽带系统协同安全评价指标体系，在此基础上以辽宁省为研究对象，对其水-能源-粮食纽带系统协同安全水平进行了测度、分析、预测，同时，基于Copula函数对研究区联合风险率进行了计算；韩昕雪琦（2021）从水-能源-粮食纽带关系的角度探寻缺水地区水资源优化配置的理论和方法，详细解析了榆林市水资源开发利用现状并对未来水平年（2025年）水资源供需情况进行了预测；郝帅等（2021）基于水足迹视角探讨了1990～2017年中国31个地区能源-粮食生产对水资源的竞争关系，并借助ESTDA模型框架对其时空动态特征进行了分析；盖美和翟羽茜（2021）以中国31个省（区、市）作为研究对象，构建了水-能源-粮食-支撑系统测度评价指标体系，在此基础上，运用模糊物元、耦合协调分析及其他空间分析方法，对研究区2004～2017年的水-能源-粮食-支撑系统的安全水平、耦合协调程度、空间差异等进行了测度、分析；汪中华和田宇薇（2022）构建了水-能源-粮食纽带系统，利用耦合协调度模型对我国30个省（区、市）进行了测算，并利用空间杜宾模型分析了主要影响因素；秦腾和佟金萍（2021）以长江经济带为研究对象，构建了水-能源-粮食纽带系统耦合协调评价指标体系，在此基础上，运用超效率SBM模型、核密度及空间计量模型对长江经济带水-能源-粮食耦合效率及影响因素进行了探讨；徐辉等（2021）、赵良仕等（2021）以黄河流域为研究对象，采用耦合协调度模型、灰色预测模型对研究区2008～2018年的水-能源-粮食耦合机理进行了分析；王勇和孙瑞欣（2022）将土地利用变化纳入水-能源-粮食纽带系统，并采用耦合协调度模型对2005～2018年京津冀城市群的水-能源-粮食-土地耦合关系进行了定量分析；孙才志等（2022）基于自组织理论，构建了水-能源-粮食评价模型，并采用哈肯模型分阶段对2000～2018年中国西北地区水-能源-粮食纽带系统的协同演化机制进行了探究；毛源远等（2022）从水-能源-粮食三个维度对粤港澳大湾区的生态系统服务进行了评价，利用珞珈一号夜光数据修正生态阻力面，在此基础上，采用最小累积阻力模型对粤港澳大湾区的生态安全格局进行了构建及优化；张静静等（2022）基于绿色发展理念构建了多维度的投入产出模型，对2004～2018年中国30个地区的水-能源-粮食绿色效率及影响因素进行了测度分析。

2）水资源-能源关系研究

目前，关于水资源-能源关系的研究主要集中在四个方面：一是能源生产过程中对区域水资源的消耗量，二是区域水资源开发过程中对能源的消耗量，三是区域发展过程中水资源-能源协同关系，四是水资源系统与能源系统的耦合分析。

（1）能源生产过程中对区域水资源的消耗量。21世纪初，荷兰学者Hoekstra（2003）基于虚拟水的视角提出了水足迹的概念。此后，水足迹常被用于表征一个国家或地区，在一定的时间内所消耗的某种产品或服务在其生产过程中对该区域的水资源的消耗情况（Hoekstra and Chapagain，2007）。目前，在水资源-能源系统研究中，水足迹常被用于衡量能源开采、电力及燃料生产过程中（如煤炭、石油及天然气和生物燃料的生产过程）对区域水资源的消耗情况（Okadera et al.，2014）；宋轩等（2008）基于传统能源开发利用的视角，对中国未来火力发电过程中的水资源消耗情况进行了测度、分析，研究表明，未来中国火力发电过程中水资源消耗为16.8kg/kWh；左建兵等（2008）以北京市五家电力企业为研究对象，通过调查研究发现在整个电力行业中，火力发电过程中冷却用水占该行业用水量的95%，因此，未来应重点发展高效冷却技术，进而提升火力发电过程中冷却用水的使用效率。姜珊等（2016）以中国十四大煤炭生产基地为研究对象，发现研究区2020年采用煤炭发电后，耗水量将达到19.32亿m^3，14个煤炭生产基地除神东、晋东、黄陇及河南4个外，其余均可以相应地满足水利工程区域煤炭生产对水资源消耗的需求；王婷等（2013）采用生命周期评价方法对生物质能源生产过程中产生的水资源扰动风险进行了评价，结果表明，油菜籽生物柴油生命周期全过程万元产值的总耗水量为 4391.39t。

（2）区域水资源开发过程中对能源的消耗量。区域水资源的生产过程主要分为水资源的开采、运输、分配及废水回收处理等阶段（Twomey and Webber，2011），而区域水资源开发利用过程中，能源的消耗量受水资源的开采难易程度、距离等因素的影响（Stillwell et al.，2011）。目前，中国对在水资源开发利用过程中能源消耗情况的研究成果较为丰富。例如，Li 等（2016）计算得出中国水资源开发利用过程中（主要包括开采、处理、运输及废水处理）的能源消耗量为 193TWh，占同期全国用电总量的 4%，最后采用桑基图从定量的视角刻画了中国水资源-能源流动格局；高津京（2012）的研究成果表明，中国在水资源开发利用过程中（主要包括开采、处理、运输及废水处理）的能源消耗量为 2964 亿 kWh，并对未来的水资源开发能源消耗进行了预测，结果表明，相比 2010 年，2050 年中国水资源开采量将增加 34%，相应地，能源消耗量将增加 61%。此外，现有研究也在关注水资源开发过程中某一具体过程对能源的消耗程度。例如，沈恬等（2015）基于典型测试法及发放调查问卷的形式，对中国 9 个城市中的家庭用水能耗进行了分析，结果表明家庭用水能耗一般介于 11.04～20.78kWh/m^3；Lu 和 Chen（2016）以中国城镇工业系统为研究对象，发现在该系统中，制造业的耗水量较大，约为 54.35m^3/t；杨凌波等（2008）以 2006 年中国 559 个城镇污水处理厂为研究对象，重点分析了污水处理过程中的能源消耗，研究结果表明，污水处理厂平均电力消耗约为 0.29kWh/m^3。

（3）区域发展过程中水资源-能源协同关系。水资源系统与能源系统之间的相互作用关系主要体现在三个环节（生产、运输及消费），而且伴随着社会经济的发展、人口的增加及气候变化，两者之间的相互作用关系将更为复杂。2011 年中央一号文件就明确提出实行最严格的水资源管理制度，这标志着水资源系统与社会经济系统和生态环境系统被纳入一个整体进行全面考虑（王伟荣和张玲玲，2014）。目前，国内学者对如何在保障社会经济平稳运行的前提下，实现水资源系统与能源系统协同发展展开了相关研究，在当前中国能源消费结构中，煤炭仍然占据主导地位，虽然煤炭在开采、洗选、运输及使用的过程中对区域的水资源量消耗较大，减少煤炭的消耗能降低区域水资源的消耗量（Feng et al.，2014；Chang et al.，2015），但作为替代能源的其他能源在其生产过程中，同样需要消耗大量的水资源。例如，曹永旺和杨天伟（2012）的研究结果表明，内陆核电厂在电力生产过程中的冷却用水量是同容量火力发电耗水量的 1.5 倍左右，而滨海核电厂在电力生产过程中的冷却用水量约为每年 225 万 m^3。另外，中国在天然气和页岩气开发过程中需要关注水资源消耗问题，尤其是页岩气的开采对水资源的需求较为显著。但需要注意的是，天然气仅开采过程每年约消耗水资源量为 150 亿 m^3。与此同时，虽然风能、水能、太阳能等清洁能源的使用将减少二氧化碳的排放量，实现节能减排的目标，降低区域水资源的消耗量，但不同地区、不同部门之间水资源消耗情况差异较大，因此，为了实现水资源系统与能源系统的协同发展，未来需要对节水技术、节能技术进行大力推广。

（4）水资源系统与能源系统的耦合分析。在水资源系统与能源系统耦合分析中，主要采用两种方法：一是基于水-能源关系视角构建两者之间的相互关系模型框架；二是以水足迹为研究视角，采用 LCA 方法对水资源及能源进行全生命周期评价。在构建水-能源关系模型框架中，Niza 等（2009）、Kennedy 等（2011）基于投入产出模型，调查、分析了资源环境及社会经济在水资源系统与能源系统耦合中的压力，并对其生产过程中所消耗（直接消耗和间接消耗）的资源进行了核算；而国内学者在借鉴国外学者研究成果的基础上，利用投入产出模型对水资源系统与能源系统耦合状况开展了一系列的相关研究，并取得了丰富的研究成果。例如，Zhu 等（2015）从虚拟水的视角出发，对中国电力生产过程中的水资源消耗进行了分析，研究结果表明，由于跨区域输电，电力虚拟水从水资源短缺的地区向经济发达的地区转移；Guo 等（2016）在对跨区域输电研究成果的基础上，运用 ENA 法分析了中国现有的六大电网之间的虚拟水的空间流动状况，结果发现，北方电网是最大的虚拟水输出网络，而南方电网则为最大的虚拟水输入网络；Zhou 等（2013）基于“流”的视角，探讨了气候与水资源系统之间的关系，结果表明，优化城市供水系统对降低能源消耗、减少温室气体排放具有重要作用；Duan 和 Chen（2017）基于投入产出模型和 ENA 法，对中国贸易中的水资源和能源进行了测度、分析，认为虽然加大从国外进口能源在一定程度上有助于缓解中国水资源短缺的压力，但需要注意的是，此情况将不可避免地加剧对国外能源的依赖性，对于我国未来能源安全具有一定的风险；Wang 和 Chen（2016）基于投入产出模型构建了京津冀地区的水-能源网络结构，探讨了研究区水资源系统与能源系统之间的网络结构和系统之间的相互作用关系，研究结果可为实现京津冀地区水资源系统与能源系统的协同发展提供参考与借鉴。

3）水资源-粮食关系研究

丁雪丽等（2018）基于虚拟水的双重价值，利用中国各地区粮食产销平衡数据，构建了线性优化模型，对中国省际粮食贸易的虚拟水的综合效益进行了分析，研究结果可为构建区域之间的虚拟水补偿机制提供参考；张启楠等（2018）通过引入距离分量对 2006 年、2015 年中国省际粮食虚拟水贸易空间格局及驱动机理进行了分析；王浩等（2018）在系统梳理我国农业用水、粮食生产与消费及粮食作物种植的基础上，以保障未来粮食安全、不超过用水红线为目标，采用定额法核算了 2025 年、2030 年中国农田灌溉水量，并为我国农业用水高效利用提出了相应的战略举措；李玲和周玉玺（2018）采用 DEA-Malmquist 模型对中国 31 个地区的粮食生产用水效率进行了测度分析，认为国家未来应加大粮食灌溉设施的投资，优化粮食生产空间布局；李明辉等（2019）构建了粮食生产对水资源阻尼系数函数，并以 2001～2016 年山东各地级市为研究对象进行了实证分析；杨鑫和穆月英（2019）基于基尼系数和不平衡系数对中国 2000～2017 年的粮食生产与水资源的空间匹配状况进行了测度；常明等（2019）采用投入导向型 DEA 模型和面板托宾（Tobit）模型，对 2008～2017 年中国稻谷、小麦及玉米的灌溉用水效率及影响机理进行了探讨，结果表明经济社会发展对三种粮食作物的灌溉用水效率均具有较大的影响；喻朝庆（2019）结合 1955～2014 年全国粮食的灌溉发展和氮元素平衡方面的研究，探讨了水-氮耦合机制下中国粮食安全、水资源和水环境之间的关系；杨鑫和穆月英（2020）采用变系数纳洛夫（Nerlove）模型，基于 2002～2017 年中国 27 个地区面板数据，探讨了灌溉水压力、供给弹性与粮食生产结构之间的相互作用关系；徐依婷和穆月英（2020）基于水足迹理论构建了粮-水匹配系数，研究结果表明粮食生产水足迹变动经历了小幅下降—快速回升—稳定上升三个阶段，并采用对数平均迪氏指数（logarithmic mean Divisia index，LMDI）法进行了效应分解；崔宁波等（2020）将粮食生产过程中的灰水足迹纳入评价指标体系，并将其作为非期望产出，采用超效率 SBM 模型对 2009～2018 年黑龙江垦区的粮食生产水资源利用效率进行了评价；陈红等（2020）基于水足迹理论，运用三阶段超效率 SBM-Malmquist 指数方法对 2000～2017 年黑龙江 14 个地区的粮食生产用水绿水效率进行了评价；封丽和赵又霖（2021）采用塔皮奥（Tapio）脱钩模型、LMDI 分解模型及空间自相关方法分别从省、市两个维度对华北地区地下水开采与粮食生产之间的脱钩关系进行了分析；罗海平和罗逸伦（2021）采用 PSR 模型构建了粮食安全与水资源安全的耦合评价模型，并以 2008～2017 年中国粮食主产区为研究对象进行了评价；黄丽和王武林（2021）采用 CropWat 模型、核密度方法及马尔可夫链方法，对 1992～2017 年中亚五国（哈萨克斯坦、吉尔吉斯斯坦、塔吉克斯坦、土库曼斯坦、乌兹别克斯坦）的粮食作物水足迹和水资源消耗量及其转换概率进行了评价；汪艺晗等（2021）基于联合国商品贸易统计数据库、联合国粮农组织统计数据库和水价值研究报告的数据，构建了以"一带一路"共建国家为主的粮食贸易及其隐含虚拟水和灌溉用能的流动网络，并考察了各国在网络中的地位和资源流动模式，分析了网络社团结构；华坚和盛晓涵（2021）以 2009～2018 年沿黄九省（区）为研究对象，将水资源、土地资源及水土匹配特征同时纳入增长阻尼模型，针对粮食生产机械化发展水平特点，利用岭回归测度了水资源、土地资源及水土匹配对研究区粮食生产的阻尼效应；王婕等（2021）以汾河流域的冬小麦和夏玉米为研究对象，采用线性回归方法、人工神经网络、支持向量机、随机森林、径向基网络、极限学习机六种算法，构建了研究区粮食生产模型，对流域尺度上的粮食生产对气候变化驱动水资源变化响应进行了研究；刘楚杰等（2021）采用重心模型对1999～2018年全国维度、区域维度的粮食生产重心与水资源重心的演变趋势和时空耦合进行了分析；赵伟静等（2021）以中国粮食主产区为研究对象，构建了粮食生产区水资源承载力评价指标体系，并采用集对分析和偏联系数对研究区2013～2017年的水资源承载力进行了评价；夏文雪等（2022）基于水足迹理论，分析了1980～2018年京津冀县域五种粮食作物的水-土资源匹配的空间格局；张家欣等（2022）基于水足迹和虚拟水的视角，定量分析了2000～2018年中国西北地区农业生产和贸易特征，进而探讨了区域虚拟水流动对当地水资源的影响；赵勇等（2022）基于水足迹和虚拟水理论方法，对黄河流域2011～2016年的粮食生产水足迹及其虚拟水流动格局进行了定量分析。

1.2.4 韧性研究进展

韧性，即resilience，起源于拉丁词“resilio”，用来反映系统或个体在被扰动或经历冲击之后恢复原状的能力（Rose，2007；Martin，2012；Reggiani，2013）。其概念最初应用于物理学领域（李连刚等，2019），而后由生态学家Holling在1973年将其引入生态学领域，并给出了进一步解释，用以描述系统自组织、学习和适应的程度。但学术界对韧性的定义至今仍未统一，即使是在相同的研究领域也有着不同的含义（李在上等，2016；Deppisch and Dittmer，2015）。韧性联盟（Resilience Alliance）认为它是社会-生态系统在吸收或抵抗扰动后保持原有结构和功能的能力。随着其不断发展和演变，现有对韧性概念的阐释和理解可分为三种：一是工程韧性（engineering resilience），认为系统存在单一均衡状态，注重系统在受到冲击时的抵抗力以及恢复稳态的速度（Eraydin，2016；Martin and Sunley，2015）；二是生态韧性（ecological resilience），认为系统具有多重均衡状态，系统在受到冲击后能到达另一个均衡状态，强调的是系统所受到的最大冲击（Fingleton et al.，2012；McGlade et al.，2006）；三是演化韧性（evolutionary resilience），也称适应韧性（adaptive resilience），最先在心理学领域被用来反映个体在受到压力、创伤等影响后保持或快速恢复心理健康的适应力（李连刚等，2019）。这一视角与前两者的单一和多重均衡状态不同，它强调的是系统为适应扰动、长期发展，而对内部经济、社会等进行不断的、持续的调整能力（Pendall et al.，2010），是一个长期的动态过程（Hudson，2009）。由于演化韧性摒弃均衡论的思想，强调的是系统动态的、非均衡的演化特征，注重适应和学习能力而获得学界的广泛认可（李连刚等，2019）。国内外专家学者对韧性展开了诸多研究，成果主要集中在两方面：一方面是理论研究，如国外学者Manyena（2006）对韧性概念的起源和发展历程展开了追溯，并提出韧性思维在处理灾害问题方面的重要意义。Gunderson和Holling

（2002）通过对社会-经济-生态系统复杂性的探究，进一步提出扰沌（panarchy）理论，并用其来解释韧性。Folke（2006）将韧性分为工程韧性、生态系统韧性、社会韧性以及社会-生态韧性四种，并系统论述了其概念和适用领域。Gallopin（2006）对社会技术背景下系统的脆弱性及韧性的联系和区别进行了探究，认为系统韧性包含脆弱性。Saurin 和 Junior（2011）则从工程韧性的角度提出安全管理系统的评价方式。Martin 等（2016）从产业结构、制度和劳动力等方面构建了区域经济韧性的驱动因素分析框架，以此分析区域的脆弱性和适应恢复能力。国内相关研究虽然起步较晚，但发展速度快，一方面是理论研究，主要是综述类研究，侧重引进国外相关理论。例如，苏杭（2015）梳理了国外学者的研究成果，认为经济韧性已经成为经济学领域的新兴和热点话题；陈梦远（2017）则基于演化论的框架，综述了国际区域经济韧性研究进展。另一方面是实证研究，主要集中在经济韧性、区域韧性和社会韧性三方面，例如，Hassink（2010）探究了区域韧性对区域经济适应能力差异的影响机理。Davies（2011）从产业结构的角度对区域经济韧性进行探究，认为金融业比重大的区域的经济韧性要优于制造业比重大的区域。Brakman 等（2015）应用失业人数和地区生产总值对 2008 年金融危机后欧洲地区各国家的区域韧性进行了测算。李亚和翟国方（2017）对国内外韧性评价指标体系的研究概况进行了综述，并结合中国城市现状提出针对性评价体系。彭翀等（2018）构建经济-信息-交通联系网络，评估了我国长江中游城市群的结构韧性和空间特征。谭俊涛等（2020）从经济维持性和恢复性两方面对中国 31 个省（区、市）在 1997 年亚洲金融危机和 2008 年全球金融危机中的经济韧性特征进行了量化分析，认为所有影响因素中区位条件和人均 GDP 对两次危机中的韧性能力的解释力都较强。胡晓辉等（2021）和刘逸等（2021）都从战略耦合视角对区域经济韧性展开分析，前者将战略耦合概念纳入区域经济韧性的思想中，对其进行文献计量和分析对比；后者运用回归分析和地理探测器的方法对广东 21 市的区域经济韧性进行探究，测度了战略耦合程度对其产生的影响。曾冰（2021）则以新冠肺炎这一全球公共卫生突发事件为背景，从抵抗力和恢复力的角度评价了我国各省（区、市）的经济韧性情况。总的来说，关于韧性的国内外研究较为丰富，但国内在理论方面还处于跟踪阶段，也有一定的实证研究成果。

综上所述，有关韧性方面的研究尚存在几点不足：①概念仍需完善，目前在不同研究领域的韧性概念仍较模糊，有待从多方面丰富其内涵；②测度方法需要丰富，目前的韧性评价以指标体系为主，在指标选择、权重确定等方面不同学者之间还存在一定争议，使得评价模型不能广泛适用；③研究领域需要拓展，如何减少不确定因素对区域的负面影响，实现其持续的、健康的发展是当前韧性理论研究和政策实践的关注热点（鲁飞宇等，2021）。经济地理学家将韧性的概念引入地理学领域，探究不同空间尺度的区域经济韧性及其影响因素，这就展开了一个新的视角以解释不同地区应对冲击和经济复苏能力的区域异质性（Brown and Greenbaum，2017）。水-能源-粮食纽带起源于自然生态系统，服务于社会经济系统，是开展韧性研究的极佳对象，但目前尚缺少水-能源-粮食纽带韧性方面的研究成果。因而本书对中国沿海11省（市）的水-能源-粮食纽带展开韧性方面的探究，评估其系统韧性以及海洋资源对其韧性的影响。

参考文献

白景锋，张海军. 2018. 中国水-能源-粮食压力时空变动及驱动力分析[J]. 地理科学，38（10）：1653-1660.

鲍淑君，贾仰文，高学睿，等. 2015. 水资源与能源纽带关系国际动态及启示[J]. 中国水利，（11）：6-9.

毕博，陈丹，邓鹏，等. 2018. 区域水资源-能源-粮食系统耦合协调演化特征研究[J]. 中国农村水利水电，（2）：72-77.

曹永旺，杨天伟. 2012. CPR1000 滨海核电站用水量分析[J]. 给水排水，48（S1）：318-321.

常明，王西琴，贾宝珍. 2019. 中国粮食作物灌溉用水效率时空特征及驱动因素：以稻谷、小麦、玉米为例[J]. 资源科学，41（11）：2032-2042.

常远，夏朋，王建平. 2016. 水-能源-粮食纽带关系概述及对我国的启示[J]. 水利发展研究，16（5）：67-70.

陈红，王浩坤，秦帅. 2020. 水足迹视角下黑龙江粮食生产用水绿色效率研究：基于三阶段 SBM-Malmquist 指数分析法[J]. 长江流域资源与环境，29（12）：2790-2804.

陈军飞，晏霄云. 2020. 我国农业区水资源-能源-粮食系统协调适配与农业产出：基于人力资本门槛效应的实证[J]. 科技管理研究，40（5）：215-223.

陈梦远. 2017. 国际区域经济韧性研究进展：基于演化论的理论分析框架介绍[J]. 地理科学进展，36（11）：1435-1444.

陈哲轩，张士强，李成宇. 2021. 中国省际水-能源-粮食综合利用效率研究[J]. 山东科技大学学报（社会科学版），23（2）：84-93.

崔宁波，于尊，姜兴睿. 2020. 黑龙江垦区粮食生产水资源利用效率研究[J]. 农业经济与管理，5：54-63.

邓鹏，陈菁，陈丹，等. 2017. 区域水-能源-粮食耦合协调演化特征研究：以江苏省为例[J]. 水资源与水工程学报，28（6）：232-238.

丁雪丽，张玲玲，王宗志. 2018. 基于省际间粮食贸易的虚拟水综合效益分析[J]. 长江流域资源与环境，27（5）：978-987.

杜梦娇，田贵良，吴茜，等. 2016. 基于系统动力学的江苏水资源系统安全仿真与控制[J]. 水资源保护，32（4）：67-73.

封丽，赵又霖. 2021. 华北地下水开采与粮食生产的脱钩效应及其空间差异性研究[J]. 中国农村水利水电，1：132-138，146.

盖美，翟羽茜. 2021. 中国水资源-能源-粮食-支撑系统安全测度及协调发展[J]. 生态学报，41（12）：4746-4756.

高津京. 2012. 我国水资源利用与电力生产关联分析[D]. 天津：天津大学.

关伟，赵湘宁，许淑婷. 2019. 中国能源水足迹时空特征及其与水资源匹配关系[J]. 资源科学，41（11）：2008-2019.

国家统计局. 2023. 中国统计年鉴 2023[M]. 北京：中国统计出版社.

韩昕雪琦. 2021. 水-能源-粮食关联视角下区域水资源优化配置[D]. 咸阳：西北农林科技大学.

韩雪，孙才志. 2013. 中国主要农产品虚拟水流动格局形成机理研究[J]. 资源科学，35（8）：1567-1576.

郝帅，孙才志，宋强敏. 2021. 中国能源-粮食生产对水资源竞争的关系：基于水足迹的视角[J]. 地理研究，40（6）：1565-1581.

胡德胜，许胜晴. 2015. 能-水关联及我国能源和水资源政策法律的完善[J]. 西安交通大学学报（社会科学版），35（4）：115-119.

胡登峰，闵静静. 2017. 长江经济带省际碳排放的区域差异及因素贡献度研究[J]. 华北电力大学学报(社会科学版)，3：21-28.
胡晓辉，董柯，杨宇. 2021. 战略耦合演化视角下的区域经济韧性分析框架[J]. 地理研究，40（12）：3272-3286.
胡志丁，葛岳静，徐建伟. 2014. 尺度政治视角下的地缘能源安全评价方法及应用[J]. 地理研究，33（5）：853-862.
华坚，盛晓涵. 2021. 沿黄九省水土资源对粮食生产的阻尼效应测度及时空分异特征[J]. 中国人口·资源与环境，31（8）：148-156.
黄丽，王武林. 2021. 中亚五国粮食生产水足迹及水消耗量预测[J]. 经济地理，41（4）：118-126.
黄雅丽，邓晓军. 2020. 基于Citespace的"水-能源-粮食"纽带关系研究进展[J]. 中国农业资源与区划，41（9）：172-181.
黄雨生，曲建升，刘莉娜. 2016. 中国各省份碳足迹与碳承载力差异研究[J]. 生态经济，32（6）：38-43.
姜珊，赵勇，尚毅梓，等. 2016. 中国煤炭基地水与能源协同发展评估[J]. 水电能源科学，34（11）：40-43，67.
赖玉珮. 2019. 中国水-能源-粮食协同需求的区域特征研究[J]. 北京规划建设，1：74-77.
李成宇，张士强. 2020. 中国省际水-能源-粮食耦合协调度及影响因素研究[J]. 中国人口·资源与环境，30（1）：120-128.
李东林，刘建华，郝林钢，等. 2018. "一带一路"非洲区水-粮-能安全分析[J]. 水资源保护，34（4）：22-28.
李桂君，黄道涵，李玉龙. 2016a. 水-能源-粮食关联关系：区域可持续发展研究的新视角[J]. 中央财经大学学报，12：76-90.
李桂君，黄道涵，李玉龙. 2017. 中国不同地区水-能源-粮食投入产出效率评价研究[J]. 经济社会体制比较，3：138-148.
李桂君，李玉龙，贾晓菁，等. 2016b. 北京市水-能源-粮食可持续发展系统动力学模型构建与仿真[J]. 管理评论，28（10）：11-26.
李红芳，王会肖，赵茹欣，等. 2021. 基于Copula函数的水-能源-粮食共生安全风险概率[J]. 农业工程学报，37（8）：332-340.
李连刚，张平宇，谭俊涛，等. 2019. 韧性概念演变与区域经济韧性研究进展[J]. 人文地理，34（2）：1-7，151.
李良，毕军，周元春，等. 2018. 基于粮食-能源-水关联关系的风险管控研究进展[J]. 中国人口·资源与环境，28（7）：85-92.
李玲，周玉玺. 2018. 基于DEA-Malmquist模型的中国粮食生产用水效率研究[J]. 中国农业资源与区划，39(11)：192-199.
李明辉，周林，周玉玺. 2019. 水资源对粮食生产的阻尼效应研究：基于山东2001～2016年数据的计量检验[J]. 干旱区资源与环境，33（7）：16-23.
李亚，翟国方. 2017. 我国城市灾害韧性评估及其提升策略研究[J]. 规划师，8：5-11.
李在上，李楠，方东平. 2016. 韧性：城市防灾减灾的新视角[C]//中国土木工程学会2016年学术年会论文集，北京.
梁赛，王亚菲，徐明，等. 2016. 环境投入产出分析在产业生态学中的应用[J]. 生态学报，36（22）：7217-7227.
林咏园，税伟，李志攀，等. 2020. 基于水-粮食-能源级联关系的水服务流矩阵构建[J]. 福州大学学报（自然科学版），48（5）：646-652.
林志慧，刘宪锋，陈瑛，等. 2021. 水-粮食-能源纽带关系研究进展与展望[J]. 地理学报，76（7）：1591-1604.
刘博. 2019. 水-能源-粮食纽带关系的研究[J]. 河北水利，（4）：22-23.
刘楚杰，李晓云，聂媛. 2021. 基于重心模型的粮食生产与水资源时空耦合分析[J]. 农业现代化研究，42（6）：1026-1036.
刘晶，刘翠善，李潇，等. 2020. 中国水-能源-粮食关联系统协同安全评价[J]. 水利水运工程学报，4：24-32.
刘立涛，沈镭，高天明，等. 2012. 中国能源安全评价及时空演进特征[J]. 地理学报，67（12）：1634-1644.
刘凌燕，王慧敏，刘钢，等. 2020. 供需视角下水-能源-粮食系统风险的驱动机理与政策仿真：面向东北三省的系统动力学分析[J]. 软科学，34（12）：52-60.
刘倩，张苑，汪永生，等. 2018. 城市水-能源-粮食关联关系（WEF-Nexus）研究进展：基于文献计量的述评[J]. 城市发展研究，25（10）：4-17，25.

刘秀丽，郭丕斌，王昕. 2020. 煤炭资源型地区产业能-水足迹效率及影响因素[J]. 生态学报，40（24）：8999-9010.
刘晔，刘丹，张林秀. 2016. 基于收入和消费差异的中国城镇居民碳足迹研究[J]. 生态科学，35（1）：194-199.
刘逸，纪捷韩，许汀汀，等. 2021. 战略耦合对区域经济韧性的影响研究：以广东省为例[J]. 地理研究，40（12）：3382-3398.
鲁飞宇，殷为华，刘楠楠. 2021. 长三角城市群工业韧性的时空演变及影响因素研究[J]. 世界地理研究，30（3）：589-600.
罗海平，罗逸伦. 2021. 中国粮食主产区水资源安全与粮食安全耦合关系的实证研究及预警[J]. 农业经济，2：3-5.
罗叶. 2012. 粮食危机、粮食公共危机与粮食安全辨析[J]. 粮食问题研究，1：21-27.
毛源远，张正栋，董剑彬，等. 2022. "水-能源-粮食"视角下粤港澳大湾区生态安全格局的构建及优化[J]. 热带地理，42（2）：328-338.
孟祥海，程国强，张俊飚. 2014. 中国畜牧业全生命周期温室气体排放时空特征分析[J]. 中国环境科学，34（8）：2167-2176.
米红，周伟. 2010. 未来30年我国粮食、淡水、能源需求的系统仿真[J]. 人口与经济，1：1-7.
庞军，高笑默，石媛昌. 2017. 基于MRIO模型的中国省级区域碳足迹及碳转移研究[J]. 环境科学学报，37（5）：2012-2020.
彭翀，林樱子，顾朝林. 2018. 长江中游城市网络结构韧性评估及其优化策略[J]. 地理研究，37（6）：1193-1207.
彭少明，郑小康，王煜，等. 2017. 黄河流域水资源-能源-粮食的协同优化[J]. 水科学进展，28（5）：681-690.
秦腾，佟金萍. 2021. 长江经济带水-能源-粮食耦合效率的时空演化及影响因素[J]. 资源科学，43（10）：2068-2080.
秦丽杰，靳英华，段佩利. 2012. 不同播种时间对吉林省西部玉米绿水足迹的影响[J]. 生态学报，32(23)：7375-7382.
沈恬，陈远生，杨琪. 2015. 城市家庭用水能耗强度及其影响因素分析[J]. 资源科学，4：744-753.
施海洋，罗格平，郑宏伟，等. 2020. 基于"水-能源-食物-生态"纽带因果关系和贝叶斯网络的锡尔河流域用水分析[J]. 地理学报，75（5）：1036-1052.
史芳宁，刘世梁，安毅，等. 2019. 基于生态网络的山水林田湖草生物多样性保护研究：以广西左右江为例[J]. 生态学报，39（23）：8930-8938.
世界经济论坛. 2011. 2011年全球风险报告[R].6版. 日内瓦：世界经济论坛.
宋轩，耿雷华，杜霞，等. 2008. 我国火电工业取用水量及其定额分析[J]. 水资源与水工程学报，19（6）：64-66，70.
苏杭. 2015. 经济韧性问题研究进展[J]. 经济学动态，8：144-151.
孙才志，陈丽新，刘玉玉. 2010. 中国农作物绿水占用指数估算及时空差异分析[J]. 水科学进展，505(21)：637-643.
孙才志，韩雪，秦晓楠. 2014. 中国区际间主要农产品虚拟水流动格局稳定性[J]. 地理研究，33（3）：478-489.
孙才志，马奇飞，赵良仕. 2018. 中国东、中、西三大地区水资源绿色效率时空演变特征与收敛性分析[J]. 地理科学进展，37（7）：901-911.
孙才志，魏亚琼，赵良仕. 2022. 干旱区水-能源-粮食纽带系统协同演化：以中国西北地区为例[J]. 自然资源学报，37（2）：320-333.
孙才志，张智雄. 2017. 中国水生态足迹广度、深度评价及空间格局[J]. 生态学报，37（21）：7048-7060.
孙才志，郑靖伟. 2021. 基于投入产出表的中国水资源消耗结构路径分析[J]. 地理科学进展，40（3）：370-381.
孙才志，周舟，赵良仕. 2021. 基于SD模型的中国西南水-能源-粮食纽带系统仿真模拟[J]. 经济地理，41(6)：20-29.
孙成双，沈自豪. 2021. 基于DEA模型的水-能源-粮食投入产出效率研究[J]. 北京建筑大学学报，37（1）：87-95.
孙杰，解小爽. 2020. "水-能源-粮食"服务价值核算研究：以贵州省为例[J]. 资源与产业，22（5）：37-47.
谭俊涛，赵宏波，刘文新，等. 2020. 中国区域经济韧性特征与影响因素分析[J]. 地理科学，40（2）：173-181.
汪艺晗，杨谨，刘其芸，等. 2021. "一带一路"国家粮食贸易下虚拟水和隐含能源流动[J]. 资源科学，43（5）：974-986.
汪中华，田宇薇. 2022. 我国水-能源-粮食耦合关系及影响因素[J]. 南水北调与水利科技（中文），20（2）：1-14.

王浩，汪林，杨贵羽，等. 2018. 我国农业水资源形势与高效利用战略举措[J]. 中国工程科学，20（5）：9-15.
王红瑞，赵伟静，邓彩云，等. 2022. 水-能源-粮食纽带关系若干问题解析[J]. 自然资源学报，37（2）：307-319.
王慧敏，洪俊，刘钢. 2019. “水-能源-粮食”纽带关系下区域绿色发展政策仿真研究[J]. 中国人口·资源与环境，29（6）：74-84.
王婕，张建云，鲍振鑫，等. 2021. 粮食产量对气候变化驱动水资源变化的响应[J]. 水科学进展，32（6）：855-866.
王婷，田秉晖，闫浩文，等. 2013. 基于全生命周期的生物质能水资源扰动风险评价：以油菜籽生物柴油为例[J]. 可再生能源，31（2）：84-89.
王伟荣，张玲玲. 2014. 最严格水资源管理制度背景下的水资源配置分析[J]. 水电能源科学，32（2）：38-41.
王喜峰. 2017. 水资源经济学的发展逻辑及进展[J]. 重庆理工大学学报（社会科学版），31（1）：37-44.
王艳阳，王会肖，张昕. 2013. 基于投入产出表的中国水足迹走势分析[J]. 生态学报，33（11）：3488-3498.
王奕佳，刘焱序，宋爽，等. 2021. 水-粮食-能源-生态系统关联研究进展[J]. 地球科学进展，36（7）：684-693.
王勇，孙瑞欣. 2022. 土地利用变化对区域水-能源-粮食系统耦合协调度的影响：以京津冀城市群为研究对象[J]. 自然资源学报，37（3）：582-599.
王雨，王会肖，杨雅雪，等. 2020a. 黑龙江省水-能源-粮食系统动力学模拟[J]. 水利水电科技进展，40（4）：8-15.
王雨，王会肖，杨雅雪，等. 2020b. 水-能源-粮食纽带关系定量研究方法综述[J]. 南水北调与水利科技（中英文），18（6）：42-63.
王钰乔，濮超，赵鑫. 2018. 中国小麦、玉米碳足迹历史动态及未来趋势[J]. 资源科学，40（9）：1800-1811.
王正友，赵伟. 2010. 2050 年全球粮食问题展望[J]. 中国粮食经济，3：37-38.
吴波，赵越，陈岩，等. 2020. 昆明市水代谢系统中的水质代谢状况评估[J]. 水资源保护，36（2）：145-151.
夏文雪，张兵，何明霞，等. 2022. 水足迹视角下京津冀县域粮食作物水土资源匹配格局[J]. 中国农业资源与区划，（9）：1-12.
徐辉，王亿文，张宗艳，等. 2021. 黄河流域水-能源-粮食耦合机理及协调发展时空演变[J]. 资源科学，43（12）：2526-2537.
徐依婷，穆月英. 2020. 粮食生产水足迹动态演变及分解效应[J]. 华南农业大学学报（社会科学版），19（3）：70-83.
杨凌波，曾思育，鞠宇平，等. 2008. 我国城市污水处理厂能耗规律的统计分析与定量识别[J]. 给水排水，34（10）：42-45.
杨鑫，穆月英. 2019. 中国粮食生产与水资源的时空匹配格局[J]. 华南农业大学学报（社会科学版），18（4）：91-100.
杨鑫，穆月英. 2020. 灌溉水压力、供给弹性与粮食生产结构：基于变系数 Nerlove 模型[J]. 自然资源学报，35（3）：728-742.
于磊，郭佳航，王慧丽. 2021. 区域水资源-能源-粮食耦合系统和谐评价[J]. 南水北调与水利科技（中英文），19（3）：437-445.
喻朝庆. 2019. 水-氮耦合机制下的中国粮食与环境安全[J]. 中国科学：地球科学，49（12）：2018-2036.
曾冰. 2021. 新冠肺炎疫情冲击下中国省域经济韧性发展评价[J]. 工业技术经济，40（7）：127-133.
翟一杰，张天祚，申晓旭，等. 2021. 生命周期评价方法研究进展[J]. 资源科学，43（3）：446-455.
张家欣，邓铭江，李鹏，等. 2022. 虚拟水流视角下西北地区农业水资源安全格局与调控[J]. 中国工程科学，24（1）：131-140.
张杰，郝春沣，刘海滢，等. 2020. 基于用水总量的水-能源-粮食关系解析[J]. 南水北调与水利科技，18（1）：194-201.
张静静，汪文生，李杨. 2022. 区域水-能源-粮食绿色效率、地区差异及影响因素[J]. 中国环境科学，42（1）：483-496.
张启楠，张凡凡，李福夺，等. 2018. 粮食虚拟水流动对水资源和区域经济的影响研究[J]. 中国农业资源与区划，39（7）：21-28.
张同，谭倩，林金柱，等. 2019. 水、能源和食品纽带关系研究现状与热点分析[J]. 中国农业大学学报，24（9）：114-126.
张宗勇，刘俊国，王凯，等. 2020. 水-粮食-能源关联系统述评：文献计量及解析[J]. 科学通报，65（16）：1569-1581.

张丹，成升魁，高利伟. 2016. 城市餐饮业食物浪费碳足迹：以北京市为例[J]. 生态学报，36（18）：5937-5948.
赵良仕，刘思佳，孙才志. 2021. 黄河流域水-能源-粮食安全系统的耦合协调发展研究[J]. 水资源保护，37（1）：69-78.
赵伟静，王红瑞，杨亚锋，等. 2021. 中国粮食主产区水资源承载力评价及动态演化分析[J]. 水电能源科学，39（11）：56-60.
赵勇，黄可静，高学睿，等. 2022. 黄河流域粮食生产水足迹及虚拟水流动影响评价[J]. 水资源保护，38（4）：39-47.
郑人瑞，唐金荣，金玺. 2018. 水-能源-粮食纽带关系：地球科学的认知与解决方案[J]. 中国矿业，27（10）：36-41.
郑德凤，张雨，魏秋蕊，等. 2016. 基于可持续能力和协调状态的水资源系统评价方法探讨[J]. 水资源保护，32（3）：24-32.
郑德凤，刘晓星，王燕燕. 2020. 中国省际碳足迹广度、深度评价及时空格局[J]. 生态学报，40（2）：447-458.
支彦玲，陈军飞，王慧敏，等. 2020. 共生视角下中国区域“水-能源-粮食”复合系统适配性评估[J]. 中国人口·资源与环境，30（1）：129-139.
钟章奇，姜磊，何凌云，等. 2018. 基于消费责任制的碳排放核算及全球环境压力[J]. 地理学报，73（3）：442-459.
周露明，谢兴华，朱珍德，等. 2020. 基于水-能源-粮食纽带关系的农业资源投入产出效率研究[J]. 农业资源与环境学报，37（6）：875-881.
左建兵，刘昌明，郑红星. 2008. 北京市电力行业用水分析与节水对策[J]. 给水排水，（6）：56-60.
Abbott M，Bazilian M，Egel D，et al. 2017. Examining the food-energy-water and conflict nexus[J]. Current Opinion in Chemical Engineering，18：55-60.
Al-Ansari T，Korre A，Nie Z，et al. 2015. Development of a life cycle assessment tool for the assessment of food production systems within the energy，water and food nexus[J]. Sustainable Production and Consumption，2：52-66.
Ali B，Kumar A. 2017. Development of life cycle water footprints for oil sands-based transportation fuel production[J]. Energy，131：41-49.
Alimagham S M，Soltani A，Zeinali E K，et al. 2017. Energy flow analysis and estimation of greenhouse gases（GHG）emissions in different scenarios of soybean production（Case study：Gorgan region，Iran）[J]. Journal of Cleaner Production，149：621-628.
Allan J A. 1993. Fortunately there are substitutes for water otherwise our hydro-political futures would be impossible[R]. London：ODA. Priorities for Water Resources Allocation and Management.
Allan J A. 2003. Virtual water-the water，food，and trade nexus. Useful concept or misleading metaphor? [J]. Water International，28（1）：106-113.
Allan T，Keulertz M，Woertz E. 2015. The water-food-energy nexus：An introduction to nexus concepts and some conceptual and operational problems[J]. International Journal of Water Resources Development，31（3）：301-311.
Allard A，Takman J，Uddin G S，et al. 2018. The N-shaped environmental Kuznets curve：An empirical evaluation using a panel quantile regression approach[J]. Environmental Science and Pollution Research，25：5848-5861.
Allouche J，Middleton C，Gyawali D. 2014. Nexus Nirvana or Nexus Nullity? A Dynamic Approach to Security and Sustainability in the Water-Energy-Food Nexus[Z]. STEPS Working Paper 63，Brighton：STEPS Centre.
Allouche J，Middleton C，Gyawali D. 2015. Technical veil，hidden politics：Interrogating the power linkages behind the nexus[J]. Water Alternatives，8（1）：610-626.
Alrebei O F，Al-Ansari T，Al-Kuwari M S，et al. 2023. Evaluating the food profile in Qatar within the energy-water-food nexus approach. Foods，12（2）：230.
Al-Saidi M，Elagib N A. 2017. Towards understanding the integrative approach of the water，energy and food nexus[J]. Science of the Total Environment，574：1131-1139.
Asian Development Bank（ADB）. 2013. Asian water development outlook 2013[R]. Manila：Asian Development Bank.

Balkema A J，Preising H A，Otterpohl R. 2002. Indicators for the sustainability assessment of wastewater treatment systems[J]. Urban Water，4（2）：153-161.

Bayart J B，Bulle C，Deschenes L，et al. 2010. A framework for assessing off-stream freshwater use in LCA[J]. International Journal of Life Cycle Assessment，15：439-453.

Bazilian M，Rogner H，Howells M，et al. 2011. Considering the energy，water and food nexus：Towards an integrated modelling approach[J]. Energy Policy，39（12）：7896-7906.

Berger M，Eisner S，Ent R，et al. 2018a. Water accounting and vulnerability evaluation（WAVE）：Considering atmospheric evaporation recycling and the risk of freshwater depletion in water footprinting[J]. Environmental Science & Technology，48：4521-4528.

Berger M，Eisner S，Ent R，et al. 2018b. Enhancing the water accounting and vulnerability evaluation model：WAVE + [J]. Environmental Science & Technology，52：10757-10766.

Biba S. 2016. The Goal and reality of the water-energy-food security nexus：The case of china and its southern neighbours[J]. Third World Quarterly，37（1）：51-70.

Bizikova L，Roy D，Swanson D，et al. 2013. The water-energy-food security nexus towards a practical planning and decision：Support framework for landscape investment and risk management[R]. Winnipeg：International Institute for Sustainable Development（IISD）.

Bojic D，Vallee D. 2019. Managing complexity for sustainability. Experience from governance of water-food-energy nexus[R]. World Irrigation Forum（WIF3）.

Borsato E，Giubilato E，Zabeo A，et al. 2019. Comparison of water-focused life cycle assessment and water footprint assessment：The case of an Italian wine[J]. Science of the Total Environment，666：1220-1231.

Brakman S，Garretsen H，van Marrewijk C. 2015. Regional resilience across Europe：On urbanisation and the initial impact of the Great Recession[J]. Cambridge Journal of Regions，Economy and Society，8（2）：309-312.

Brandoni C，Bonjakovi B. 2017. Homer analysis of the water and renewable energy nexus for water-stressed urban areas in Sub-Saharan Africa[J]. Journal of Cleaner Production，155：105-118.

Brown L，Greenbaum R T. 2017. The role of industrial diversity in economic resilience：An empirical examination across 35 years[J]. Urban Studies，54（6）：1347-1366.

Calzadilla A，Rehdanz K，Tol R S J. 2011. Trade liberalization and climate change：A computable general equilibrium analysis of the impacts on global agriculture[J]. Water，3：526-550.

Cao T，Wang S，Chen B. 2018. The energy-water nexus in interregional economic trade from both consumption and production perspectives[J]. Energy Procedia，152：281-286.

Cazcarro I，Duarte R，Sánchez Chóliz J. 2013. Multiregional input-output model for the evaluation of spanish water flows[J]. Environmental Science & Technology，47（21）：12275-12283.

Chang Y，Huang R，Ries R J，et al. 2015. Life-cycle comparison of greenhouse gas emissions and water consumption for coal and shale gas fired power generation in China[J]. Energy，86：335-343.

Chapagain A K，Hoekstra A Y，Savenije H H G，et al. 2006. The water footprint of cotton consumption：An assessment of the impact of worldwide consumption of cotton products on the water resources in the cotton producing countries[J]. Ecological Economics，60：186-203.

Chen G，Wiedmann T，Wang Y，et al. 2016. Transnational city carbon footprint networks-exploring carbon links between Australian and Chinese cities[J]. Applied Energy，184：1082-1092.

Chen S，Chen B. 2015. Urban energy consumption：Different insights from energy low analysis，input-output analysis and ecological network analysis[J]. Applied Energy，138（4）：99-107.

Chen S，Chen B. 2016. Urban energy-water nexus：A network perspective[J]. Applied Energy，184：905-914.

Chen S，Chen B. 2017. Coupling of carbon and energy flows in cities：A meta-analysis and nexus modelling[J]. Applied Energy，194：774-783.

Chen W M，Wu S M，Lei Y L，et al. 2017. China's water footprint by province，and inter-provincial transfer of virtual water[J]. Ecological Indicators，74：321-333.

Chu C，Ritter W，Sun X H. 2019. Spatial variances of water-energy nexus in China and its implications for provincial resource interdependence[J]. Energy Policy，125：487-502.

Connolly D，Lund H，Mathiesen B V，et al. 2010. A review of computer tools for analyzing the integration of renewable energy into various energy systems[J]. Applied Energy，87（4）：1059-1082.

Conway D，Van Garderen E A，Deryng D，et al. 2015. Climate and Southern Africa's water-energy-food nexus[J]. Nature Climate Change，5：837-846.

Daher B T，Mohtar R H. 2015. Water-energy-food（WEF） Nexus Tool 2.0：Guiding integrative resource planning and decision making[J]. Water International，40（5/6）：748-771.

Dai J Y，Wu S Q，Han G Y，et al. 2017. Water-energy nexus：A review of methods and tools for macro-assessment[J]. Applied Energy，210：393-408.

Dale V H，Efroymson R A，Kline K L. 2011. The land use-climate change-energy nexus[J]. Landscape Ecology，26：755-773.

Dargin J，Daher B，Mohtar R H. 2018. Complexity versus simplicity in water energy food nexus（WEF） assessment tools[J]. Science of the Total Environment，650：1566-1575.

Davies S. 2011. Regional resilience in the 2008-2010 downturn：Comparative evidence from European countries[J]. Cambridge Journal of Regions，Economy and Society，4（3）：369-382.

Deppisch S，Dittmer D. 2015. Urban planning dealing with change and infrastucture[J]. Tema-Journal of Land Use Mobility and Environment，8（2）：131-144.

de Strasser L，Lipponen A，Howells M，et al. 2016. A methodology to assess the water energy food ecosystems nexus in transboundary river basins[J]. Water，8：59.

Ding N，Liu J R，Yang J X，et al. 2018. Water footprints of energy sources in China：Exploring options to improve water efficiency[J]. Journal of Cleaner Production，174：1021-1031.

Du E，Cai X，Brozovi N，et al. 2017. Evaluating the impacts of farmers' behaviors on a hypothetical agricultural water market based on double auction[J]. Water Resources Research，53：4053-4072.

Duan C，Chen B. 2017. Energy-water nexus of international energy trade of China[J]. Applied Energy，194：725-734.

Duic N，Guzovic Z，Kafarov V，et al. 2014. Sustainable development of energy，water and environment systems[J]. Energy，76：1-3.

El-Gafy I K. 2014. System dynamic model for crop production，water footprint，and virtual water nexus[J]. Water Resources Management，28：4467-4490.

Endo A，Tsurita I，Burnett K，et al. 2017. A review of the current state of research on the water，energy，and food nexus[J]. Journal of Hydrology：Regional Studies，11（6）：20-30.

Eraydin A. 2016. Attributes and characteristics of regional resilience：Defining and measuring the resilience of Turkish regions[J]. Regional Studies，50（4）：600-614.

Fang D L，Chen B. 2015. Ecological network analysis for a virtual water network[J]. Environmental Science & Technology，49（11）：6722-6730.

Fang D L，Chen B. 2017. Linkage analysis for the water-energy nexus of city[J]. Applied Energy，189：770-779.

Fath B D. 2015. Quantifying economic and ecological sustainability[J]. Ocean & Coastal Management，108：13-19.

Feng C Y，Qu S，Jin Y，et al. 2019. Uncovering urban food-energy-water nexus based on physical input-output analysis：The case of the Detroit Metropolitan Area[J]. Applied Energy，252：113422.

Feng K，Hubacek K，Siu Y L，et al. 2014. The energy and water nexus in Chinese electricity production：A hybrid life cycle analysis[J]. Renewable and Sustainable Energy Reviews，39（6）：342-355.

Feng K，Siu Y L，Guan D，et al. 2012. Assessing regional virtual water flows and water footprints in the Yellow River Basin，China：A consumption based approach[J]. Applied geography，32（2）：691-701.

Fingleton B，Garretsen H，Martin R. 2012. Recessionary shocks and regional employment：Evidence on the resilience of UK regions[J]. Journal of Regional Science，52（1）：109-133.

Finn J T. 1976. Measures of ecosystem structure and function derived from analysis of flows[J]. Journal of Theoretical Biology，56：363-380.

Flörke M，Schneider C，McDonald R I. 2018. Water competition between cities and agriculture driven by climate change and urban growth[J]. Nature Sustainability，1：51-58.

Folke C. 2006. Resilience：The emergence of a perspective for social-ecological systems analyses[J]. Global Environmental Change，16（3）：253-267.

Food and Agriculture Organization of the United Nations（FAO）. 2014. The water-energy-food nexus：A new approach in support of food security and sustainable agriculture[R]. Rome：FAO.

Forrester J W. 1997. Industrial dynamic[J]. Journal of the Operational Research Society，48（10）：1037-1041.

Fotheringham A S，Charlton M E，Brunsdon C. 1996. The geography of parameter space：An investigation of spatial non-stationarity[J]. International Journal of Geographical Information Science，10（1）：605-627.

Fotheringham A S，Brunsdon C，Charlto M. 2002. Geographically Weighted Regression[M]. Chichester：John Wiley and Sons.

Fotheringham A S，Charlton M E，Brunsdon C. 1998. Geographically weighted regression：A natural evolution of the expansion method for spatial data analysis[J]. Environment and Planning A，30：1905-1927.

Gallopin G C. 2006. Linkages between vulnerability，resilience，and adaptive capacity[J]. Global Environmental Change，16（3）：293-303.

Ge J P，Lei Y L. 2017. Policy options for non-grain bioethanol in China：Insights from an economy-energy-environment CGE model[J]. Energy Policy，105（6）：502-511.

Ge J，Lei Y，Tokunaga S. 2014. Non-grain fuel ethanol expansion and its effects on food security：A computable general equilibrium analysis for China[J]. Energy，65：346-356.

Giampietro M，Aspinall R，Bukkens S G F，et al. 2013. An innovative accounting framework for the food-energy-water nexus[J]. Application of the Musiasem Approach to Three Case Studies，105（6）：346-356.

Giampietro M，Mayumi K. 2000. Multiple-scale integrated assessment of societal metabolism：Introducing the approach[J]. Population and Environment，22（2）：109-153.

Gunderson L H，Holling C S. 2002. Panarchy：Understanding Transformations in Human and Natural Systems[M]. Washington，D. C.：Island Press.

Guo R，Zhu X，Chen B，et al. 2016. Ecological network analysis of the virtual water network within China's electric power system during 2007-2012[J]. Applied Energy，168：110-121.

Halbe J，Pahl-Wostl C，Lange M A，et al. 2015. Governance of transitions towards sustainable development-the water-energy-food nexus in Cyprus[J]. Water International，50（3）：877-894.

Hamiche A M，Stambouli A B，Flazi S. 2016. A review of the water-energy nexus[J]. Renewable and Sustainable Energy Reviews，65：319-331.

Han D N，Yu D Y，Cao Q. 2020. Assessment on the features of coupling interaction of the food-energy-water nexus in China[J]. Journal of Cleaner Production，249：119379.

Han M Y，Chen G Q，Mustafa M T，et al. 2015. Embodied water for urban economy：A three-scale input-output analysis for Beijing 2010[J]. Ecological modelling，318：19-25.

Hassink R. 2010. Regional resilience：A promising concept to explain differences in regional economic adaptability？[J]. Cambridge Journal of Regions，Economy and Society，3（1）：45-58.

Hellegers P J G J，Zilberman D，Steduto P，et al. 2008. Interactions between water，energy，food and environment：Evolving perspectives and policy issues[J]. Water Policy，10（S1）：1-10.

Hermann S，Rogner H H，Howells M，et al. 2011. In the CLEW model-developing an integrated tool for modelling the interrelated effects of climate，land use，energy，and water（CLEW）[C]//Proceedings of the 6th Dubrovnik Conference on Sustainable Development of Energy，Water and Environment Systems. Dubrovnik，Croatia：UNESCO.

Hoekstra A Y. 2003. Virtual water trade proceedings of the international expert meeting on virtual water trade[C]//The Netherlands：IHE Delft.

Hoekstra A Y. 2016. A critique on the water-scarcity weighted water footprint in LCA[J]. Ecological Indicators，66：564-573.

Hoekstra A Y，Chapagain A K. 2007. Water Footprints of Nations：Water Use by People as a Function of Their Consumption Patter[M]. Bertin：Springer Netherlands.

Hoff H. 2011. Understanding the nexus：Background paper for the Bonn 2011 conference—The water energy and food security nexus[R]. Stockholm：Stockholm Environment Institute.

Holling C S. 1973. Resilience and stability of ecological systems[J]. Annual Review of Ecology and Systematics，4：1-23.

Howarth C，Monasterolo I. 2016. Understanding barriers to decision making in the UK energy-food-water nexus：The added value of interdisciplinary Approaches[J]. Environmental Science & Policy，61：53-60.

Howells M，Hermann S，Welsch M，et al. 2013. Integrated analysis of climate change，land-use，energy and water strategies[J]. Nature Climate Change，3（7）：621-626.

Hua E，Wang X Y，Engel B A. 2020. The competitive relationship between food and energy production for water in China[J]. Journal of Cleaner Production，247：119103.

Huang B N，Wang M J，Yang C W. 2008. Causal relationship between energy consumption and GDP growth revisited：A dynamic panel data approach[J]. Ecological Economics，67：41-54.

Hudson R. 2009. Resilient regions in an uncertain world：Wishful thinking or a practical reality？[J]. Cambridge Journal of Regions，Economy and Society，3（1）：11-25.

Hussien W A，Memon F A，Savic D A. 2017. An integrated model to evaluate water-energy-food nexus at a household scale[J]. Environmental Modelling & Software，45（4）：383-401.

Huysman S，Schaubroeck T，Goralczyk M，et al. 2016. Quantifying the environmental impacts of a European citizen through a macroeconomic approach，a focus on climate change and resource consumption[J]. Journal of Cleaner Production，124：217-225.

International Renewable Energy Agency（IRENA）. 2015. Renewable energy in the water，energy & food nexus[R]. Abu Dhabi：IRENA.

ISO. 2014. ISO 14046：Environmental management-water footprint-principles，requirements and guidelines[S]. Geneva：International Organization for Standardization（ISO）.

Jackson T. 2009. An appraisal of the on-farm water and energy nexus in irrigated agriculture[D]. Melbourne：Charles Sturt University.

Jeswani H，Burkinshaw R，Azapagic A. 2015. Environmental sustainability issues in the food-energy-water nexus：Breakfast cereals and snacks[J]. Sustainable Production and Consumption，2：17-28.

Kaddoura S，Khatib S E. 2017. Review of water-energy-food Nexus tools to improve the Nexus modelling approach for integrated policy making[J]. Environmental Science & Policy，77：114-121.

Kancs D，Wohlgemuth N. 2008. Evaluation of renewable energy policies in an integrated economic-energy-environment model[J]. Forest Policy and Economics，10：128-139.

Karlberg L，Hoff H，Amsalu T，et al. 2015. Tackling complexity：Understanding the food-energy-environment nexus in Ethiopia's lake Tana sub-basin[J]. Water Alternatives，8（1）：710-734.

Kennedy C，Pincetl S，Bunje P. 2011. The study of urban metabolism and its applications to urban planning and design[J]. Environmental Pollution，159（9）：1965-1973.

Keys L K. 1988. Design for manufacture；design for the life-cycle；systems life-cycle engineering[C]//International Electronic Manufacturing Technology Symposium. IEEE.

Khan H F，Yang Y C E，Xie H，et al. 2017. A coupled modeling framework for sustainable watershed management in transboundary river basins[J]. Hydrology and Earth System Sciences，21：6275-6288.

Khan S，Hanjra M A. 2009. Footprints of water and energy inputs in food production-global perspectives[J]. Food Policy，34：130-140.

Kurian M，Ardakanian R. 2015. Governing the Nexus：Water，Soil and Waste Resources Considering Global Change[M]. Cham：Springer International Publishing.

Lawford R，Bogardi J，Marx S，et al. 2013. Basin perspectives on the water-energy-food security nexus[J]. Current Opinion in Environmental Sustainability，5：607-616.

Lazarus J. 2010. Water energy food nexus：Sustaining agricultural production[J]. Water Resources Impact，12（3）：12-15.

Lenzen M. 2003. Environmentally important paths，linkages and key sectors in the Australian economy[J]. Structural Change and Economic，14：1-34.

Leontief W W. 1936. Quantitative input and output relations in the economic systems of the United States[J]. The Review of Economics and Statistics，18（3）：105-125.

Leontief W W. 1949. Recent developments in the study of inter industrial relationships[J]. American Economic Review，39（3）：211-225.

Leung Pah Hang M Y，Martinez-Hernandez E，Leach M，et al. 2016. Designing integrated local production systems：A study on the food-energy-water nexus[J]. Journal of Cleaner Production，135（11）：1065-1084.

Levinson A，Rosenberg C，Yansane A. 1977. The Political Economy of Energy and Agriculture in the Third World[M]//Lockeretz W. Agriculture and Energy. New York：Academic Press.

Li P C，Ma H W. 2020. Evaluating the environmental impacts of the water-energy-food nexus with a life-cycle approach[J]. Resources，Conservation & Recycling，157：104789.

Li X，Feng K S，Siu Y L，et al. 2012. Energy-water nexus of wind power in China：The balancing act between CO_2 emissions and water consumption[J]. Energy Policy，45：440-448.

Li X，Liu J，Zheng C，et al. 2016. Energy for water utilization in China and policy implications for integrated planning[J]. International Journal of Water Resources Development，32（3）：477-494.

Liang Q M，Fan Y，Wei Y M. 2007. Multi-regional input-output model for regional energy requirements and CO_2 emissions in China[J]. Energy Policy，35（3）：1685-1700.

Liu S，Wu X，Han M，et al. 2017. A three-scale input-output analysis of water use in a regional economy：Hebei Province in China[J]. Journal of Cleaner Production，156：962-974.

Liu Y，Hejazi M，Kyle P，et al. 2016. Global and regional evaluation of energy for water[J]. Environmental Science & Technology，50（17）：9736-9745.

Liu Y T，Wang S G，Chen B. 2017. Regional water-energy-food nexus in China based on multiregional input-output analysis[J]. Energy Procedia，142：3108-3114.

López-Gunn E. 2009. Spain，Water and Climate Change in COP 15 and Beyond: Aligning Mitigation and Adaptation through Innovation[R]. Madrid：Real Instituto Elcano.

Lu L，Yong Q，David C，et al. 2019. Provincial virtual energy-water use and its flows within China：A multiregional input-output approach[J]. Resources，Conservation & Recycling，151：1-12.

Lu S，Zhang X，Peng H，et al. 2021. The energy-food-water nexus：Water footprint of Henan-Hubei-Hunan in China[J]. Renewable and Sustainable Energy Reviews，135：110417.

Lu Y，Chen B. 2016. Energy-water nexus in urban industrial system[J]. Energy Procedia，88：212-217.

Macal C M，North M J. 2010. Tutorial on agent-based modelling and simulation[J]. Journal of Statistical Computation and Simulation，4：151-162.

Machell J，Prior K，Allan R，et al. 2014. The water energy food nexus-challenges and emerging solutions[J]. Environmental Science：Water Research & Technology，1：15-16.

Madrid C，Cabello V，Giampietro M. 2013. Water-use sustainability in socioecological systems：A multiscale integrated approach[J]. Bioscience，63（1）：14-24.

Mannan M，Al-Ansari T，Mackey H R，et al. 2018. Quantifying the energy，water and food nexus：A review of the latest developments based on life-cycle assessment[J]. Journal of Cleaner Production，193：300-314.

Manyena S B. 2006. The concept of resilience revisited[J]. Disasters，30（4）：33-50.

Martin R. 2012. Regional economic resilience，hysteresis and recessionary shocks[J]. Journal of Economic Geography，12（1）：1-32.

Martin R，Sunley P. 2015. On the notion of regional economic resilience：Conceptualization and explanation[J]. Journal of Economic Geography，15（1）：1-42.

Martin R，Sunley P，Gardiner B，et al. 2016. How regions react to recessions：Resilience and the role of economic structure[J]. Regional Studies，50（4）：561-585.

Martin-Nagle R，Howard E，Wiltse A，et al. 2011. The water，energy and food security nexus-solutions for the green economy[R]. Bonn：Bonn 2011 conference.

McCornick P G，Awulachew S B，Abebe M. 2008. Water-food-energy-environment synergies and tradeoffs：Major issues and case studies[J]. Water Policy，10（S1）：23-36.

McGlade J，Murray R，Baldwin J，et al. 2006. Industrial resilience and decline：A co-evolutionary framework[M]// Garnsey E，McGlade J. Complexity and Co-evolution：Continuity and Change in Socio-economic Systems. Cheltenham：Edward Elgar.

Meadows D H，Meadows D L，Randers J，et al. 1972. The limits to growth：A report for the club of Rome's project on the predicament of mankind[R]. 5th ed. New York：Universe Books.

Mekonnen M M，Hoekstra A Y. 2016. Four billion people facing severe water scarcity[J]. Advanced Science，2：311-323.

Moioli E，Salvati F，Chies M，et al. 2018. Analysis of the current world biofuel production under a water-food-energy nexus perspective[J]. Advances in Water Resources，121（11）：22-31.

Molle F. 2008. Nirvana concepts，narratives and policy models：Insight from the water sector[J]. Water Alternatives，1（1）：131-156.

Mujica M，Blanco G，Santalla E. 2016. Carbon footprint of honey produced in Argentina[J]. Journal of Cleaner

Production，116：50-60.

Muller M. 2015. The “nexus” as a step back towards a more coherent water resource management paradigm[J]. Water Alternatives，8（1）：675-694.

Nair S，Georfe B，Malano H M，et al. 2014. Water-energy-greenhouse gas nexus of urban water systems：Review of concepts，state-of-art and methods[J]. Resources，Conservation and Recycling，89：1-10.

Naw A，Liu G Y，Meng F X，et al. 2019. Exploring urban energy-water nexus embodied in domestic and international trade：A case of Shanghai[J]. Journal of Cleaner Production，223：522-535.

Németh G，Szabó L，Ciscar J. 2011. Estimation of Armington elasticities in a CGE economy-energy-environment model for Europe[J]. Economic Modelling，28：1993-1999.

Newell B，Crumley C L，Hassan N，et al. 2005. A conceptual template for integrative human-environment research[J]. Global Environmental Change，15：299-307.

Newell B，Marsh D，Sharma D. 2011. Enhancing the resilience of the Australian national electricity market：Taking a systems approach in policy development[J]. Ecology and Society，16：5-15.

Ng T L，Eheart J W，Cai X，et al. 2011. An agent-based model of farmer decision-making and water quality impacts at the watershed scale under markets for carbon allowances and a second-generation biofuel crop[J]. Water Resources Research，47（9）：W09519.

Niza S，Rosado L，Paulo F. 2009. Urban metabolism：Methodological advances in urban material flow accounting based on the Lisbon case study[J]. Journal of Industrial Ecology，57（10）：115-127.

Okadera T，Chontanawat J，Gheewala S H，et al. 2014. Water footprint for energy production and supply in Thailand[J]. Energy，77：49-56.

Owen A，Scott K，Barrett J. 2018. Identifying critical supply chains and final products：An input-output approach to exploring the energy-water-food nexus[J]. Applied Energy，210：632-642.

Ozturk I. 2015. Sustainability in the food-energy-water nexus：Evidence from BRICS（Brazil，the Russian Federation，India，China，and South Africa） countries[J]. Energy，93：999-1010.

Pao H T，Tsai C M. 2011. Multivariate Granger causality between CO_2 emissions，energy consumption，FDI（foreign direct investment） and GDP（gross domestic product）：Evidence from a panel of BRIC（Brazil，Russian Federation，India，and China） countries[J]. Energy，36：685-693.

Pastore G，Giampietro M，Mayumi K. 2000. Societal metabolism and multiple-scale integrated assessment：Empirical validation and examples of application[J]. Population & Environment，22（11）：155-210.

Pendall R，Foster K A，Cowell M. 2010. Resilience and regions：Building understanding of the metaphor[J]. Cambridge Journal of Regions，Economy and Society，3（1）：71-84.

Pfister S，Boulay A M，Berger M，et al. 2017. Understanding the LCA and ISO water footprint：A response to Hoekstra（2016），a critique on the water-scarcity weighted water footprint in LCA[J]. Ecological Indicators，72：352-359.

Pfister S，Koehler A，Hellweg S. 2009. Assessing the environmental impacts of freshwater consumption in LCA[J]. Environmental Science & Technology，43：4098-4104.

Qian Y，Dong H，Geng Y，et al. 2018. Water footprint characteristic of less developed water-rich regions：Case of Yunnan，China[J]. Water Research，141：208-216.

Ramirez C A，Patel M，Blok K. 2006. How much energy to process one pound of meat？A comparison of energy use and specific energy consumption in the meat industry of four European countries[J]. Energy，31：2047-2063.

Rasul G，Sharma B. 2016. The nexus approach to water-energy-food security：An option for adaptation to climate change[J]. Climate Policy，16（6）：682-702.

Ravar Z, Zahraie B, Sharifnejad A, et al. 2020. System dynamics modeling for assessment of water-food-energy resources security and nexus in Gavkhuni basin in Iran[J]. Ecological Indicators, 108: 105682.

Rees E W. 1992. Ecological footprints and appropriated carrying capacity: What urban economics leaves out[J]. Environment and Urbanization, 4 (2): 121-130.

Reggiani A. 2013. Network resilience for transport security: Some methodological considerations[J]. Transport Policy, 28: 63-68.

Ringler C, Bhaduri A, Lawford R. 2013. The nexus across water, energy, land and food (WELF): Potential for improved resource use efficiency? [J]. Current Opinion Environment Sustainability, 5 (6): 617-624.

Rose A. 2007. Economic resilience to natural and man-made disasters: Multidisciplinary origins and contextual dimensions[J]. Environmental Hazards, 7 (4): 383-398.

Rosegrant M W, Cai X, Cline S A. 2002. World water and food to 2025: Dealing with scarcity[R]. Washington, D. C: International Food Policy Research Institute.

Sa'd S, Daniel M, Michele V. 2018. Moving from theory to practice in the water-energy-food nexus: An evaluation of existing models and frameworks[J]. Water-Energy Nexus, 1: 17-25.

Salmoral G, Yan X Y. 2018. Food-energy-water nexus: A life cycle analysis on virtual water and embodied energy in food consumption in the Tamar catchment, UK[J]. Resources, Conservation and Recycling, 133: 320-330.

Sarni W. 2015. Deflecting the scarcity trajectory: Innovation at the water, energy, and food nexus[J]. Deloitte Review, 17: 130-147.

Saurin T A, Junior G C. 2011. Evaluation and improvement of a method for assessing HSMS from the resilience engineering perspective: A case study of an electricity distributor[J]. Safety Science, 49 (2): 355-368.

Schlör H, Venghaus S, Hake J F. 2018. The FEW-Nexus city index: Measuring urban resilience[J]. Applied Energy, 210: 382-392.

Scott C A. 2011. The water-energy-climate nexus: Resources and policy outlook for aquifers in Mexico[J]. Water Resources Research, 47 (6): W00L04.

Semertzidis T. 2015. Can energy systems models address the resource nexus? [J]. Energy Procedia, 83: 279-288.

Shah T, Scott C A, Berkoff J, et al. 2007. Energy-irrigation nexus in South Asia: Pricing versus rationing as practical tool for efficient resource allocation[M]//Molle F, Berkoff J. Irrigation Water Pricing: The Gap Between Theory and Practice. Wallingford: CAB International.

Sharma B R, Villholth K G, Sharma K D. 2006. Groundwater Research and Management: Integrating Science into Management Decisions[R]. Colombo: International Water Management Institute.

Siddiqi A, Anadon L D. 2011. The water-energy nexus in Middle East and North Africa[J]. Energy Policy, 39 (8): 4529-4540.

Siegfried T U, Fishman R, Modi V, et al. 2008. An entitlement approach to address the water-energy-food nexus in Rural India[C]//AGU Fall Meeting Abstracts.

Silviu D A. 2015. Simulating the economic impact of resources depletion using a computable general equilibrium model for Romania[J]. Procedia Econ Finance, 22: 618-626.

Smajgl A, Ward J, Pluschke L. 2016. The water-food-energy nexus-realising a new paradigm[J]. Journal of Hydrology, 533: 533-540.

Soliev I, Wegerich K, Kazbekov J. 2015. The costs of benefit sharing: Historical and institutional analysis of shared water development in the Ferghana Valley, the Syr Darya Basin[J]. Water, 7 (6): 2728-2752.

Sommer M, Kratena K. 2017. The carbon footprint of european households and income distribution[J]. Ecological Economics, 136: 62-72.

Stein C，Barron J，Nigussie L，et al. 2014. Advancing the water-energy-food nexus：Social networks and institutional interplay in the Blue Nile[R]. Colombo：International Water Management Institute.

Stillwell A S，King C W，Webber M E，et al. 2011. The energy-water nexus in Texas[J]. Ecology & Society，16（1）：209-225.

Taniguchi M，Allen D，Gurdak J. 2013. Optimizing the water-energy-food nexus in the Asia-Pacific ring of fire：Inaugural Water-Energy-Food Nexus Workshop[J]. Eos，Transactions American Geophysical Union，94（47）：435-435.

Taniguchi M，Masuhara N，Burnett K. 2017. Water energy and food security in the Asia Pacific region [J]. Journal of Hydrology：Regional Studies，11（6）：9-19.

Twomey K M，Webber M E. 2011. Evaluating the energy intensity of the US public water system[J]. Energy Sustainability，54686：1735-1748.

United Nations Economic and Social Commission for Asia and the Pacific. 2013. Water，food and energy nexus in Asia and the Pacific[R]. Bangkok：UNESCAP.

United Nations Economic Commission for Europe. 2017. Reconciling resource uses in transboundary basins：Assessment of the water-food-energy ecosystems nexus[R]. Genva：UNECE.

United States Department of Energy. 2012. Climate and energy-water-land system interactions[R]. Washington：United States Department of Energy.

Vanham D，Leip A. 2020. Sustainable food system policies need to address environmental pressures and impacts：The example of water use and water stress[J]. Science of the Total Environment，730：139-151.

Vanham D，Leip A，Galli A，et al. 2019. Environmental footprint family to address local to planetary sustainability and deliver on the SDGs[J]. Science of the Total Environment，693：1336-1342.

Veldhuis A J，Yang A D. 2017. Integrated approaches to the optimization of regional and local food-energy-water systems[J]. Current Opinion in Chemical Engineering，18：38-44.

Wackenagel M，William E R. 1996. Our ecological footprint：Reducing human impact on the earth[M].Gabriola Island，B C：New Society Publishers.

Walker R V，Beck M B，Hall J W，et al. 2014. The energy-water-food nexus：Strategic analysis of technologies for transforming the urban metabolism[J]. Journal of Environmental Management，141：104-115.

Wang B，Wang Q，Wei Y M，et al. 2018. Role of renewable energy in China's energy security and climate change mitigation：An index decomposition analysis[J]. Renewable and Sustainable Energy Reviews，90：187-194.

Wang S，Chen B. 2016. Energy-water nexus of urban agglomeration based on multiregional input-output tables and ecological network analysis：A case study of the Beijing-Tianjin-Hebei region[J]. Applied Energy，178：773-783.

Wang X J，Zhang J Y，Gao J，et al. 2018. The new concept of water resources management in China：Ensuring water security in changing environment[J]. Environment，Development and Sustainability，20（2）：897-909.

White D J，Hubacek K，Feng K S，et al. 2018. The water-energy-food nexus in East Asia：A tele-connected value chain analysis using interregional input-output analysis[J]. Applied Energy，210：550-567.

Wicaksono A，Jeong G，Kang D. 2019. WEFSiM：A model for water-energy-food nexus simulation and optimization[M]// Naddeo V，Balakrishnan M，Choo K H. Frontiers in Water-Energy-Nexus-Nature-Based Solutions，Advanced Technologies and Best Practices for Environmental Sustainability：Advances in Science，Technology & Innovation（IEREK Interdisciplinary Series for Sustainable Development）. Cham：Springer.

Willis H H，Groves D G，Ringel J S，et al. 2016. Developing the pardee RAND food-energy-water security index：Toward a global standardized，quantitative，and transparent resource assessment[R]. Santa Monica：RAND Corporation.

Wooldridge J M. 2012. Introductory econometrics：A modern approach[M]Mason：South Western Cengage Learning.

World Economic Forum. 2011. Water security：The water-food-energy-climate nexus[R]. Washington，D. C.：World Economic Forum.

Xie X M，Jiang X Y，Zhang T T，et al. 2020. Study on impact of electricity production on regional water resource in China by water footprint[J]. Renewable Energy，152：165-178.

Yan X C，Fang L，Mu L. 2020. How does the water-energy-food nexus work in developing countries？An empirical study of China[J]. Science of the Total Environment，716：134791.

Yang X，Wang Y，Sun M，et al. 2018. Exploring the environmental pressures in urban sectors：An energy-water-carbon nexus perspective[J]. Applied Energy，228：2298-2307.

Yang Z，Mao X，Zhao X，et al. 2012. Ecological network analysis on global virtual water trade[J]. Environmental Science & Technology，46：1796-803.

Yu L，Xiao Y，Zeng X T，et al. 2020. Planning water-energy-food nexus system management under multi-level and uncertainty[J]. Journal of Cleaner Production，251：119658.

Zachariadis T. 2007. Exploring the relationship between energy use and economic growth with bivariate models：New evidence from G-7 countries[J]. Energy Economics，29：1233-1253.

Zaman K，Awan U，Islam T，et al. 2016. Econometric applications for measuring the environmental impacts of biofuel production in the panel of worlds' largest region[J]. International Journal of Hydrogen Energy，41：4305-4325.

Zhang B，Qu X，Meng J，et al. 2017. Identifying primary energy requirements in structural path analysis：A case study of China 2012[J]. Applied Energy，191：425-435.

Zhang C，Chen X X，Li Y，et al. 2018. Water-energy-food nexus：Concepts，questions and methodologies[J]. Journal of Cleaner Production，195：625-639.

Zhang D，Shen J B，Zhang F S，et al. 2017. Carbon footprint of grain production in China[J]. Scientific Reports，7（1）：789-813.

Zhang L X，Hu Q H，Zhang F. 2014. Input-output modeling for urban energy consumption in Beijing：Dynamics and comparison[J]. PLoS One，9（3）：e89850.

Zhang P P，Zhang L X，Chang Y，et al. 2019. Food-energy-water（FEW）nexus for urban sustainability：A comprehensive review[J]. Resources，Conservation and Recycling，142：215-224.

Zhang P P，Zhang L X，Tian X，et al. 2018. Urban energy transition in China：Insights from trends，socioeconomic drivers，and environmental impacts of Beijing[J]. Energy Policy，117：173-183.

Zhang T，Tan Q，Yu X N，et al. 2020. Synergy assessment and optimization for water-energy-food nexus：Modeling and application[J]. Renewable and Sustainable Energy Reviews，134：110059.

Zhang W，He X，Zhang Z，et al. 2018. Carbon footprint assessment for irrigated and rain fed maize（*Zea mays* L.）production on the Loess Plateau of China[J]. Biosystems Engineering，167：75-86.

Zhang X D，Vesselinov V V. 2017. Integrated modeling approach for optimal management of water，energy and food security nexus[J]. Advances in Water Resources，101（3）：1-10.

Zhang Y，Zheng H，Yang Z，et al. 2016. Urban energy flow processes in the Beijing-Tianjin-Hebei（Jing-Jin-Ji）urban agglomeration：Combining multi-regional input-output tables with ecological network analysis[J]. Journal of Cleaner Production，114：243-256.

Zhang Y Y，Fang J K，Wang S G，et al. 2020. Energy-water nexus in electricity trade network：A case study of inter-provincial electricity trade in China[J]. Applied Energy，257：113685.

Zhao A Z，Zhu X F，Liu X F，et al. 2016. Impacts of land use change and climate variability on green and blue water resources in the Weihe River Basin of northwest China[J]. Catena，137：318-327.

Zhao X，Liu J，Liu Q，et al. 2015. Physical and virtual water transfers for regional water stress alleviation in China[J].

Proceedings of the National Academy of Sciences，112（4）：1031-1035.

Zhou Y，Bing Z，Wang H，et al. 2013. Drops of energy：Conserving urban water to reduce greenhouse gas emissions[J]. Environmental Science & Technology，47（19）：10753-10761.

Zhou Y C，Li H P，Wang K，et al. 2016. China's energy-water nexus：Spillover effects of energy and water policy[J]. Global Environmental Change，40（9）：92-100.

Zhu X，Guo R，Chen B，et al. 2015. Embodiment of virtual water of power generation in the electric power system in China[J]. Applied Energy，151：345-354.

第一篇

理 论 篇

第2章　地理学基础理论

2.1　自组织理论

自组织理论是20世纪60年代兴起的一种系统理论（胡金星，2007），该理论在众多学者围绕自组织问题得出成果的基础上逐渐形成了自己的理论体系。比利时物理化学家普里戈金[①]在其耗散结构理论中提出了自组织现象，用以描述开放系统在远离平衡态条件下通过与环境交换能量和物质，自发形成有序结构的过程（普里戈金，1986）。在此基础上，自组织的概念得到众多学者的完善。例如，德国物理学家、协同学理论创始人哈肯（Haken）认为，自组织是相对于他组织而言的，当系统不存在人为给出的外部指令时，系统内部各个子系统按照相互默契的某种规则，各尽其职而又协同地形成有序结构，就是自组织（许立达等，2011）。也就是说，系统的演变是其内部要素通过自我组织、自我排序而进行的自发的有序化过程，并不完全依赖于外部指令（孙才志等，2022）。弗兰克·施魏策尔则将自组织定义为：它是复杂结构在非线性动力系统中通过自发演变形成的，系统获得了额外的能量、物质或者信息，使得系统本身突破了静态平衡的临界点，摆脱了原有的自身结构，获得了更高级的系统组织的过程，整个过程依赖于系统内部要素之间的反馈机制（成静，2021）。简而言之，自组织是指系统在仅依靠内部要素之间的相互作用下，通过自我管理、发展或相互影响，促使自身良性演化，并最终进入"自我维系"的有序状态（成静，2021）。

自组织理论主要用来研究复杂自组织系统的形成和发展机制问题，即在一定条件下，系统如何由低级的协同无序状态走向高度协同的过程，如何由自我竞争走向协同合作。自组织理论并非一种单一的理论，它主要由耗散结构理论、协同学理论、突变论、超循环理论等组成，但基本思想和理论内核可以完全由耗散结构理论和协同学阐明（富金鑫，2020）。

水-能源-粮食纽带系统是一个复杂的系统，我们将这一复杂系统分为三个子系统：水资源子系统、能源子系统、粮食子系统。这三个子系统之间相互作用，对水-能源-粮食纽带系统的协同演化起着至关重要的作用。这三大子系统

---

① 书中"普里戈金、普里高津、普利高津、普里戈京"不同译法均指代同一人物——比利时物理化学家和理论物理学家 Ilya Prigogine。因译者习惯不同、出版年代差异及翻译规范不统一，书中出现多种中文译名。为忠实呈现各文献原貌，本书未对参考文献中的不同译法进行统一修改，特此说明。

由多个个体要素组成，每个个体要素都有着自身独特的组织结构，并且每个单独要素又是相互独立的。但是在纽带关系系统的统一约束条件下，这些单独的要素之间又受到某种规律作用的约束，实现彼此之间要素的关联与运动，最终形成一个不可分割的整体。需要强调的是，各要素效用并不是简单地加总，而是彼此之间存在相互补充、相互促进的内在有机联系，在有限的资源环境条件下尽可能发挥出最大效用，表现出系统的整体效用大于各要素效用之和的特征（孙才志等，2022）。

2.1.1 耗散结构理论

1969年，普里高津提出耗散结构理论。其著作《结构、稳定与涨落的热力学理论》中十分详尽地阐述了耗散结构理论的基本原理，并且主张将其应用到化学、力学和生态学等领域。起初，学术界普遍认为混乱无序的系统无法通过自身的演化形成稳定有序的结构。然而，普利高津研究发现，混乱无序的开放系统在与周围环境的物质交换过程中不断地产生量变，当积累到一定的阈值时，这些量变便会引起系统自身突变，推动着混乱无序的系统走向有序化，这种从低级无序向高级协同的演化过程中形成的稳定的系统结构称为耗散结构（尼科里斯[①]和普利高津，1986；杨柳君，2018）。普里戈金认为“一个开放系统在达到远离平衡态的非线性区时，一旦系统的某个参量的变化达到一定的阈值，通过涨落，系统可能发生突变，由原来的无序的混沌状态转变到一种时间、空间或功能有序的新的状态；这种在远离平衡的非线性区形成的宏观有序结构，需要不断与外界交换物质和能量才能维持，并保持一定的稳定性，不再因外界微小的扰动而消失”（许立达等，2011；尼科利斯和普里戈京，1986；普里戈金和斯唐热，1987；沈小峰，2008）。

耗散结构理论的诞生，阐明了系统的自组织现象的发生必须要同时具备以下四个条件：第一，必须是开放的系统。一个完全封闭、无法与外界环境产生能量、物质交换的系统不能产生系统演化所需要的量变。只有完全开放的系统，在自身的发展过程中受到外界条件的影响，才能促使系统内部各要素形成稳定机制。第二，系统必须远离平衡态。系统处于非平衡状态是其发展演化的必要条件，只有处于不稳定的非平衡状态，系统内部的能量、物质转移才会发生倾斜，各个子系统才会产生不同程度的合作或者竞争，从而促进系统的协同演化。第三，系统内必须存在非线性相互作用。系统的非线性作用主要是指系统内部的各个要素都可以单独作为一个子系统独立存在，在各个子系统之间互相反馈机制和与外界环境

① 书中“尼科里斯、尼科利斯”不同译法均指代同一人物比利时的Nicolis。因译者习惯不同，书中出现不同中文译名。为忠实呈现各文献原貌，本书未对参考文献中的不同译法进行统一修改，特此说明。

的交流下，各个子系统又可以组成一个整体系统，而这一整体系统并非简单的子系统加和，其作用力远超各个独立的子系统。第四，系统要有涨落的触发。涨落的发生不具备规律性，它是某一子系统的某一要素随机发生的偏离正常值的现象。这种随机的小涨落极有可能在系统内部作用和外部环境影响下形成巨涨落，进而推动整个系统向协同有序状态演化。

2.1.2　协同学理论

协同学于 20 世纪 70 年代由赫尔曼·哈肯（Hermann Haken）创立，它是在耗散结构理论等相关理论观点经验的基础上逐渐形成和发展起来的一门新兴学科（侯宝柱，2019）。赫尔曼·哈肯在其著作《协同学导论》中对“协同”一词提出了明确具体的概念界定。协同学认为，任意系统在内部要素之间的作用力下，系统内部会产生一种有足够能量支配或者役使其他系统要素的序参量，并且序参量可以同时存在多种类型，它们之间通过互相合作或者竞争放大系统内部产生的涨落，使得系统产生从无序向有序的演化动力（哈肯，1981）。协同学理论具有一般意义，对无机界或者有机界同样适用，具有普遍性。

协同学理论的基本概念包括系统、协同、序参量。基本原理包括协同效应、自组织原理、伺服原理（解芳，2016；叶双双，2018）。系统都是物质的，且系统能够划分成封闭系统与开放系统（孙才志等，2022）。封闭系统不与外界产生任何物质、能量的交换。外界系统的环境变动很难影响封闭系统，封闭系统只能自发地趋向于平衡有序。而开放系统则无时无刻不与外界系统产生着千丝万缕的联系，从而与外界产生“熵值”的变化，推动着系统从简单到复杂、从无序到有序，进而产生协同效应。协同效应是协同学理论的核心内容，它是对协同学理论纲领性的概括。对复杂系统而言，协同是与生俱来的内部有序化自组织能力，复杂开放系统可以通过子系统的非线性相干效应产生协同，从而形成有序稳定的耗散结构（余雪杰，2016）。有序的关键在于序参量的产生，序参量能够预测和描述系统在时间的进程中各个有序状态，也能描述系统的性能和发展状态。序参量能够决定子系统的有序状态、结构性能和有序度变化。序参量主导着系统的演化方向与演化进程。协同学认为系统的稳定性受快变量和慢变量两类变量的影响。当系统受到外界作用影响时，系统将呈现某种不稳定状态，此时系统内部快变量将会从不稳定状态快速向稳定状态演变，从而促使系统整体回到稳定状态。而慢变量则常常从稳定状态向非稳定状态运动，促使系统向更高级的稳定状态演变。因此，快变量存在着阻尼大、衰减快的特点，在系统从稳定状态向非稳定状态演变的过程中处于从属地位。相反，慢变量阻尼小、衰减慢，在系统演进中占据主要地位，促使系统变化演进（富金鑫，2020；周航，2017）。因此，系统中的慢变量往往成为系统协同演化的序参量，其他变量则“服从”于序参量，即伺服原理。

2.1.3 水-能源-粮食纽带系统协同演化的自组织特征

由于水资源、能源、粮食自身对人类社会发展的重要性及三者相互之间的紧密联系，它们形成了一个具有自组织特征的协同系统。水-能源-粮食纽带系统的内部演化是以水资源子系统、能源子系统、粮食子系统及其内部各要素之间物质与能量的流动作为基本动力的，各个子系统之间的物质能量流动不均衡造成了系统内的竞争，而系统内的竞争会导致系统自身的协同演化，进而引发更高层次的竞争，竞争与协同相互依存、相互转化。

首先，水-能源-粮食纽带系统并不是完全闭合的封闭系统，它是一个与社会经济、生态环境相互作用、相互影响的动态系统，是一个时刻与外界环境进行物质、能量交换的开放系统。在资源环境要素方面，水-能源-粮食纽带系统的发展离不开人力、资本、土地、生态等资源环境要素的支持，某一要素的稀缺会导致各要素在发展过程中对其他自然资源的竞争。一方面，水-能源-粮食纽带系统作为人类社会经济发展的重要保障，推动着人类社会的高速发展；另一方面，水-能源-粮食纽带系统受到社会经济、生态环境的影响，来自系统外部的压力可能引起系统本身的量变。

其次，水-能源-粮食纽带系统在每一时刻的实际观测值与平均值之间的偏差，具有随机性（于丽丽，2016）。由于水-能源-粮食纽带系统是一个开放性的动态系统，时刻受到外界环境的影响，因此水-能源-粮食纽带系统的状态变量时刻发生着涨落，当水-能源-粮食纽带系统状态变量的涨落累计达到一定量，系统状态变量越过系统演化的临界值时，这一变量就会获得更多的能量熵值，从而演化为序参量，主导着系统的演化进程，促使系统发生质变，进而使系统形成新的有序结构。

最后，水-能源-粮食纽带系统各个子系统的演变并非简单的线性关系，即一个状态变量的变化引起的整个系统变量的变化并不是成比例的直线关系。由于水-能源-粮食纽带系统本身的复杂性与开放性，水-能源-粮食纽带系统各要素之间存在着错综复杂的非线性相互作用。在这样的系统中，任意子系统状态的细微变化都可能引起整个系统的巨大变化，而较大的变化也可能只引起细微的变动。哈肯的系统学为探究自组织系统的演化过程提供了研究方法，他认为，任何系统都是由不同的子系统及其组成要素构成的，在系统的演化过程中，由于各个子系统中的参数阻尼值不同，参数状态的变化速度也不相同。阻尼值越大、衰减越快的参数，称为快变量。阻尼值越小、衰减越慢的参数，称为慢变量，即序参量。在系统的演化过程中，序参量通常有一个或者几个，主导着系统的演化方向，支配其他快变量。在水-能源-粮食纽带系统中，当系统序参量的状态变量超过系统稳定点时，系统就会发生变化，形成新的有序结构。

2.2　自然资源重建理论

Allan 和 Court（1996）为了达到水资源管理的目的，提出了自然资源重建理论，该理论要求自然资源的利用率低于自然资源可持续更新水平。程国栋（2003）为了实现自然资源的恢复重建，解决水资源短缺的问题，在自然资源重建理论基础上提出水资源管理，包括供给管理、技术性节水管理、内部结构性管理和社会化管理。当社会在出现水资源短缺的初始阶段，可利用供给管理，通过一些工程措施，增加缺水地区的水资源供给；但当社会进一步发展，区域调水的这些水资源也无法满足当地的用水需求时，就要采取技术性节水管理和内部结构性管理来缓解当地的水资源短缺问题；如果供给管理、技术性节水管理和内部结构管理都不能解决水资源短缺的问题时，就说明水资源短缺的现象日益严重，要运用到社会化管理，利用社会资源把不可持续的水资源变成可持续的水资源，充分利用社会资源来解决水资源短缺的问题。区别于解决水资源短缺问题的传统方法，虚拟水贸易属于社会管理的范畴，是水资源管理的一种创新。

2.3　资源流动理论

工业化和城镇化的不断发展，自然资源供需矛盾的不断出现和由此带来的一系列生态环境问题，促使我们深入研究自然资源与社会发展的关系，以社会经济发展对于本地区自然资源的消耗量和对外部自然资源的依赖程度为基础，制定合理的资源开发和利用政策。资源流动（resources flow）是由区域经济发展对资源的需求不同和地区资源禀赋的空间差异，产生资源的供需矛盾，进而导致资源在不同的地域空间和生产过程中流动的现象。在此基础上的资源流动理论，主要关注资源的流动过程和状态，探究资源的流动规律，为区域资源管理和调度提供理论支持，协调社会、经济、资源和环境之间的关系（苏筠和成升魁，2003；成升魁和甄霖，2007），Chamber 等（2005）提出的资源流动包括显性流动和隐性流动，显性流动中的原材料和产品真实地在生产和消费中流动，而在隐性流动中，原材料和产品并不是真正地出现在生产和消费环节，而是间接地依附于其他的用于生产和消费的产品中。虚拟水贸易是隐含在产品中的水资源流动，虚拟水贸易以区域水资源紧缺为导向，通过区域之间的农产品贸易来满足水资源供需平衡，提高水资源的利用效率，为区域的水资源问题提供合理的决策。

人类活动离不开对物质和资源的利用与消耗，资源的开发利用实际上是人类运用社会经济资源开发与利用自然资源的过程。在这个过程中，资源在形态、价值、能量等各个方面发生了一系列质的变化。这个过程既是一个生态过程，也是一个经济过程和社会过程。资源流动理论是当前资源科学重点关注和研究的新理论，资源流动既包括“横向流动”，即资源在不同地理空间资源优势的作用下发生的空间位移，也包括“纵向流动”，即资源在原态、加工、消费、废弃这一链条运动过程中形态、功能、价值的转化过程。因此，资源流动不仅涵盖了资源在地理空间上的位移，也包含了资源在经济范畴上以不同形态流转于各产业群组间的流动。资源“横向流动”的研究，有助于正确分析区域差异，进而为国家和地区的公平持续发展提供决策依据。“南水北调”是一种典型的资源横向流动工程，与之同理，“北粮南运”所隐含的也正是水资源与土地资源的横向流动。资源“纵向流动”不仅关注资源形态与价值的变化过程，更关注包括物质循环效率、能量转化效率和经济运行效率在内的资源利用效率。资源“纵向流动”的深入研究，有助于分析资源要素之间的关系，评价资源系统的运转效率，进而为以该资源为链条的不同部门的高效发展提供依据。

在理论基础方面，比较优势理论认为虚拟水贸易中水资源从丰富的国家流向短缺国家，缓解缺水国家的水资源短缺的问题；自然资源重建理论认为虚拟水贸易作为水资源管理的创新，从社会管理的角度，扩大解决水资源短缺的范围；资源替代理论认为虚拟水贸易超越传统水资源替代，是一种资源功能的替代；资源流动理论认为虚拟水贸易优化水资源的配置，提高水资源的利用效率，缓解水资源短缺问题。这些理论都从不同的方面解释了虚拟水贸易对解决区域水资源短缺的重要作用，但值得注意的是，当理论应用于实践中时，虚拟水贸易的实施还要考虑其他社会经济因素，而不是单纯地只考虑水资源，这样才能达到更好的效果。

资源流动研究在国家资源环境管理决策中起到举足轻重的作用，有助于制定资源有效管理的政策机制，确定可持续发展度量的指标体系，解决资源短缺与资源优化配置等关键问题。国际上许多发达国家对经济发展过程的主要资源的横向流动和纵向流动进行了研究，这些研究大多集中于经济系统中的资源流动。例如，Bartelmus 和 Vesper（2000）认为资源流动分析涵盖所有投入及产出部分的资源的时空流动。以德国为例，德国经济发展需求的总资源包含：投入部分，如矿产资源、能源、水、空气、生物量、农作物收获量、渔业资源、牧业资源；产出部分，如废弃物处理、废水与废气排放、化肥和农药使用，以及资源消耗与损失。随着经济增长，欧洲地区的物质总需求（total material requirement，TMR）总体呈上升趋势，其资源流动形式主要表现为两大特点：一是不可再生资源消耗居多和进口物质比例增加；二是环境包袱在区域间转移，一般从资源输入地转到资源输出地，将环境包袱转嫁到经济欠发达国家。Krausmann 等（2004）在对澳大利亚经济发展中物质和能源的流动与消费状况进行研究后得出与 Bartelmus 和 Vesper 相似的研究结论。Chamber 等（2005）对企业生产的资源流动进行了研究，英国 36 家工业企业的资源消耗数据（包括直接能源、农产品、加工产品、食品、运输人数、水资源开采和土地资源利用的消耗数据，还包括隐形流动资源，如资源开采过程造成的其他消耗数据，以及产生的废料和废气），反映出工业生产过程的资源利用状况和生态效益，其有针对性地对资源流动具体环节的资源消费管理和减少资源消耗提出了建议。Kytzia 等（2004）研究了瑞典粮食生产中以经济发展为导向的资源流动，试图探讨人类活动与资源消费间的关系，为提高资源流动效率提供了理论依据和指导。

国内较早开展资源流动方面研究的专家是成升魁。成升魁和甄霖（2007）认为资源流动是资源在人类活动的作用下，在产业、消费链和在不同区域间产生的运动、转移和转化，可以分为横向流动（即空间位移）和纵向流动（即形态、功能和价值的转化）。资源流动理论主要从经济学的视角阐释作为经济要素的资源在区域间的优化再配置过程（张新林和赵媛，2016）。资源流动的形态可以分为物质、能量、价值和劳动力四种（沈镭和刘晓洁，2006）。各种资源以不同形态在系统间的流动能够给地区的资源禀赋带来改变（李素丽等，2011），水、能源和粮食等资源在陆域和海域间的流动和转化是缓解区域资源压力的重要方式之一，对促进区域资源协调发展具有重要意义（王宜强和赵媛，2013）。

参 考 文 献

程国栋. 2003. 虚拟水：中国水资源安全战略的新思路[J]. 中国科学院院刊，18（4）：260-265.

成静. 2021. 基于自组织理论的轨道交通站点地区商业空间演变研究[D]. 北京：北京交通大学.

成升魁，甄霖. 2007. 资源流动研究的理论框架与决策应用[J]. 资源科学，29（3）：37-44.

富金鑫. 2020. 基于自组织理论的我国互联网社群电商的演化研究[D]. 长春：吉林大学.

哈肯. 1981. 协同学导论[M]. 张纪岳，郭治安，译. 西安：西北大学科研处.

侯宝柱. 2019. 协同学视角的网络舆情自组织演化建模与机理研究[J]. 情报工程，4：53-61.

胡金星. 2007. 产业融合的内在机制研究：基于自组织理论的视角[D]. 上海：复旦大学.

李素丽，苗慧英，邢九平，等. 2011. 虚拟水理论在河北省农业用水管理中的战略应用分析[J]. 水资源与水工程学报，22（4）：153-156.

尼科里斯，普利高津. 1986. 探索复杂性[M]. 罗久里，陈奎宁，译. 成都：四川教育出版社.

尼科利斯，普里戈京. 1986. 非平衡系统的自组织[M]. 徐锡申，陈式刚，王光瑞，等，译. 北京：科学出版社.

普里戈金. 1986. 从存在到演化：自然科学中的时间及复杂性[M]. 曾庆宏，严士健，马本堃，等，译. 上海：上海科学技术出版社.

普里戈金，斯唐热. 1987. 从混沌到有序[M]. 曾庆宏，沈小峰，译. 上海：上海译文出版社.

沈镭，刘晓洁. 2006. 资源流研究的理论与方法探析[J]. 资源科学，28（3）：9-16.

沈小峰. 2008. 混沌初开：自组织理论的哲学探索[M]. 北京：北京师范大学出版社.

苏筠，成升魁. 2003. 我国森林资源及其产品流动特征分析[J]. 自然资源学报，18（6）：734-741.

孙才志，魏亚琼，赵良仕. 2022. 干旱区水-能源-粮食纽带系统协同演化：以中国西北地区为例[J]. 自然资源学报，37（2）：320-333.

王宜强，赵媛. 2013. 资源流动研究现状及其主要研究领域[J]. 资源科学，35（1）：89-101.

解芳. 2016. 协同学视角下大学生创业教育研究[D]. 保定：河北大学.

许立达，樊瑛，狄增如. 2011. 自组织理论的概念、方法和应用[J]. 上海理工大学学报，32（2）：8.

杨柳君. 2018. 基于耗散结构理论的高中生物知识转化的策略研究[D]. 桂林：广西师范大学.

叶双双. 2018. 协同学要义下赫钦斯高等教育思想探究[D]. 上海：华东师范大学.

于丽丽. 2016. 中国海陆经济一体化及驱动机理研究：基于耦合模型和哈肯模型[D]. 上海：上海大学.

余雪杰. 2016. 基于自组织理论视角的肉羊产业链系统形成与演化研究：以内蒙古为例[D]. 呼和浩特：内蒙古农业大学.

张新林，赵媛. 2016. 基于空间视角的资源流动内涵与构成要素的再思考[J]. 自然资源学报，31（10）：1611-1623.

周航. 2017. 基于协同理论的农产品物流企业运营能力评价研究[D]. 成都：西南交通大学.

Allan J A，Court J H. 1996. Water，Peace and the Middle East：Negotiating Resources in the Jordan Basin[M]. London：Tauris Academic Studies.

Bartelmus P，Vesper A. 2000. Green accounting and material flow analysis：Alternatives or complements？[R]. Wuppertal Institut für Klima，Umwelt，Energie.

Chamber N，Child R，Jenkin N，et al. 2005. Stepping Forward：A Resource Flow and Ecological Footprint Analysis of the Southwest of England[R]. Oxford：Resource Flow Report.

Krausmann F，Haberl H，Erb K H，et al. 2004. Resource flows and land use in Austria 1950-2000：Using the MEFA framework to monitor society-nature interaction for sustainability[J]. Land Use Policy，21（3）：215-230.

Kytzia S，Faist M，Baccini P. 2004. Economically extended—MFA：A material flow approach for a better understanding of food production chain[J]. Journal of Cleaner Production，12（8-10）：877-889.

第 3 章　经济学基础理论

3.1 博　弈　论

3.1.1 传统博弈论

博弈论作为数理分析的分支学科，是研究决策主体行为发生直接相互作用时的决策以及谋求这种决策均衡问题的方法论（von Neumann and Morgenstern，1944）。1944 年，冯•诺伊曼（von Neumann）和莫根施特恩（Morgenstern）提出系统的博弈论概念（李妍，2017）。博弈论是研究在策略性环境中如何进行决策和采取行动的理论（张维迎，2012）。它是现代经济学基础理论的组成部分（刁勤华等，2001），其基础定义包含参与者、行动、信息、策略、支付、结果和均衡。其中，参与者、行动、结果合称“博弈规则”，可以用来求解多方博弈主体的最优均衡解（李刚等，2021；王增，2018）。20 世纪 50 年代初，约翰 •纳什（John Nash）为博弈论的发展奠定了坚实的理论基础，纳什的主要贡献之一就是采用不动点定理证明了博弈均衡的存在，即“纳什均衡”，“纳什均衡”的提出对博弈论的发展具有里程碑式的意义，并为后续研究提供了重要指导（何春艳，2013）。博弈论在经济学、政治学、国际关系学等多领域中都有广泛应用（von Neumann and Morgenstern，1944）。但是，在应用到实际问题中时，传统博弈论有着明显的理论缺陷，其中最严重的问题是传统博弈论关于人的理性和行为能力的完备性的基本假设，它假设参与者是完全理性的。完全理性的假设不仅要求人们自己要完全理性，而且要求人们相互信任对方的理性，即要有“理性的常识”（郑悦龙，2015）。这种完全理性的假设对现实的人或者部门要求极为苛刻，因为绝大多数参与者都只能在目前已有的信息基础上凭借自身的有限理性进行最优决策，甚至有些时候参与者还会受到感情等其他因素的影响。因此在实践中传统博弈论的基本假设是难以实现的，在这种情况下，演化博弈论逐渐发展起来。

3.1.2 演化博弈论

演化博弈论是对传统博弈论的发展和完善。它通过系统的视角，将不同主体之间的博弈行为视作一个动态过程，从而展现不同主体在系统发展过程中的演化机制。它是一种通过微观个体行为而映射宏观群体行为的模型（刘旭升，2018）。演化博弈论最早可以追溯到纳什对均衡概念的阐述。纳什认为均衡的实现并不一定要假设参与者对博弈结构拥有全部知识，以及个体拥有复杂的推理能力，假设参与者在决策时都能够从具有相对优势的各种纯策略中积累相关经验信息，经过一段时间的策略调整，也能达到均衡状态。由此可见，最初的博弈思想就已经具有演化意识的萌芽了（黄凯南，2009）。尽管如此，演化博弈论首先在生物学领域得到大量的运用，为了研究生物在竞争演化过程中的行为选择，费希尔（Fisher）等遗传生态学家发现，在不需要任何理性假设的前提下，博弈论可以更好地解释动植物演化结果，这便是演化博弈论的雏形（谭黎阳和夏帅，2020）。1973 年，史密斯（Smith）和普赖斯（Price）首次提出演化稳定策略的概念，演化博弈论自此正式诞生（谭黎阳和夏帅，2020；Maynard and Price，1973；苏奇，2019）。Taylor 和 Jonker（1978）首次提出了演化博弈论的基本动态概念——模仿者动态，再次丰富和发展了演化博弈的方法和理论。鉴于演化博弈论在生物学领域的成功应用，经济学家又借鉴生物学家的思想，将演化博弈论应用于经济学领域中。

演化博弈论与传统博弈论主要有四个方面的区别：第一，理性的假设。传统博弈论假设参与者是完全理性的，而演化博弈论假设参与者是有限理性的。第二，参与者的转变。传统博弈论主要研究的是两个个体之间的策略博弈，而演化博弈论则将“种群”概念引入博弈中，研究的主体可以是多个个体组成的种群，也可以是一个个体与多个种群之间的博弈。第三，策略的转变。传统博弈论中的策略一般指博弈主体的行为，而演化博弈论的策略既可以指行为，也可以是个体的表现型。第四，收益的转变。在传统博弈论中，博弈策略是单次或者简单重复的。博弈主体的收益基于各博弈主体单一的策略选择，不具备动态性。而在演化博弈论中，每个博弈主体的收益都是经过多次不同的策略改变而带来的结果（Taylor and Jonker，1978）。演化博弈分析模型能够研究系统存在多个有限理性主体、主体之间存在竞争均衡关系的群体演化动态选择过程，目前已在生态安全、食品安全、协同创新等领域得到成功运用（杜元伟等，2021；殷辉，2014）。

演化博弈论的一个重要假设条件是不同的参与主体具有有限理性，博弈分析的关键是参与主体之间基于不同的利益条件而进行的策略调整，但由于参与主体之间的自身利益与理性存在差异，信息掌握并不完整。因此，需要用不同的选择机制表示参与主体的策略动态调整过程。其中，被广泛应用的选择机制是由泰勒和乔克提出的复制动态方程（谢识予，2010）。

$$\frac{\mathrm{d}x_i(t)}{\mathrm{d}t}=x_i[f(s_i,x)-f(x,x)] \tag{3.1}$$

式中，$x_i(t)$为在某一时刻 t，选择纯策略 i 的个体占群体总数量的比率；$f(s_i, x)$为选择纯策略 s_i 的个体可获得的适应度或期望收益；$f(x, x)$为群体的适应度或平均期望收益（易余胤，2010；李小莉，2017）。

3.1.3　水-能源-粮食纽带系统的演化博弈特征

从利益博弈的角度分析水-能源-粮食纽带系统管理体制的发展，其中一个思路是通过分析参与水-能源-粮食纽带系统生产管理的不同决策部门和生产管理部门各自的利益需求，将水-能源-粮食纽带系统的演进解释为地方政府部门、生产部门之间的利益博弈过程。水-能源-粮食纽带系统的协同演化，仅仅依靠生产部门的自觉行为或者管理部门的强制性法规制度的实施往往不可持续。该系统的高质量发展与资源安全性，根本上取决于相关部门能否在共同利益驱使下建立均衡的生产管理策略。资源监管、生产部门的独立发展与联合行为的选择，决定着水-能源-粮食纽带系统协同演化的方向。

水资源、能源、粮食作为重要的资源，三者之间具有复杂的纽带联系。从风险理论的视角来说，任一子系统的风险都将有机会通过纽带关系转嫁到其他子系统，进而影响整个系统的安全。这些“风险”主要来源于三个方面：第一，系统本身的风险。水资源的开发利用需要石油、电力等基础能源提供基本动力；粮食生产过程中不断消耗水资源，使得水资源以水足迹的形式在不同地区之间流通或者直接储存在粮食组织内（任绪燕等，2021）。然而，能源的开发以及传统农业都属于高耗水资源行业，过度的资源消耗可能会导致三者之间出现恶性循环的风险。第二，生态环境的转变风险。水资源、能源、粮食都属于可再生资源，但是可再生周期差距过大，并且过程复杂，在短期无法经过自然再生或净化。因此，生态环境的转变时刻影响这些资源的循环过程，稍有不慎都有可能造成不可挽回的损失。第三，管理制度以及国际政治形势变化所带来的风险。人类的管理经验与制度的制定、生产利用策略的实施将会对水-能源-粮食纽带系统造成直接影响。例如，苏联解体前，咸海流域用水统一分配与管理，以保障该流域下游地区农业用水资源，同时上游地区得到下游地区能源、粮食的补偿。该流域水资源、能源、粮食三者之间存在着动态平衡。苏联解体后，下游国家出于自身利益考虑，不再补偿上游区域短缺的能源，导致上游国家能源短缺，被迫通过增加水库蓄水来保证能源安全，减少向下游提供水资源，进而影响下游地区农业生产，造成了地区水-能源-粮食纽带系统的失衡（施海洋等，2020）。另外，国际形势的变化也常常引起能源价格、粮食价格大幅变动，进而给地区水-能源-粮食纽带系统带来较大风险。

在多重风险的冲击下，地区水-能源-粮食纽带系统的安全性保障问题就变得十分严峻，这就需要地方政府部门与生产部门寻找共同利益，施行均衡的生产管理策略。然而，在理性的驱使下，为了追求自身利益最大化，地方政府部门与生产部门做到“完全牺牲”是不切实际的。这就需要借助演化博弈论来探究二者之间的策略选择。在二者博弈中，信息并不是完全对称的，地方政府部门具有保障资源安全的责任以及保障公众安全利益的义务，通过社会统计，它能够对水资源子系统、能源子系统、粮食子系统的基本情况进行良好的把握。但是地方政府部门对于每个生产部门是否在生产过程中落实了政府的政策，是否具备良好的资源安全意识却难以掌握。同时，保障水-能源-粮食纽带系统安全还需考虑是否能够承担资源安全的治理成本。生产部门则以水资源、能源、粮食作为生产原料，通过生产出售产品获利。生产部门无法获得资源的整体安全状况且无法获悉地方政府的政策制定趋向，在生产过程中还需要考虑资源安全的治理成本是否超出了自身的产品利润。因此，地方政府部门与生产部门之间只能通过不断地试错，寻找到能够实现自身利益最大化的策略。此外，地方政府在行使自身权力的同时，需要受到上级政府和社会公众的监督，地方政府的政策制定需要对上级政府与社会公众负责。具体关系如图 3.1 所示。

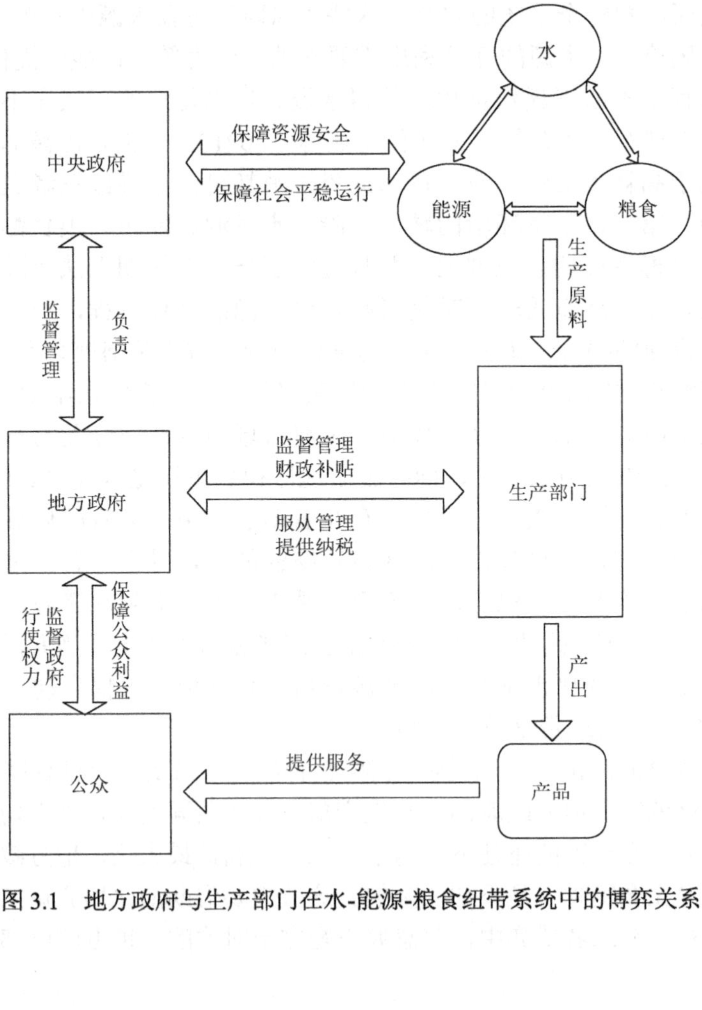

图 3.1　地方政府与生产部门在水-能源-粮食纽带系统中的博弈关系

3.2　比较优势理论

比较优势理论是英国经济学家大卫·里嘉图[①]提出的国际贸易领域的著名理论，以英国和葡萄牙的例子展开分析，认为国家之间应依据比较优势进行分工（里嘉图，2008），而不是亚当·斯密所提出的绝对优势。一个国家应出口其具有比较优势的产品，而不具有比较优势的产品应当进口。比较优势理论合理地解释了国家间的产业分工和贸易产生的原因，同时表明若某个国家或地区不具有区域间的绝对优势时，仍然可能参与国际贸易并从中获利。可以这么认为，区域要素禀赋的差异导致比较优势的产生（欧玉芳，2007）。沿海地区既属于陆地生态系统，又属于海洋生态系统，它所具有的临海属性使其与内陆地区相比更易获得海洋产品及服务，因此，海洋资源禀赋也是沿海地区的重要比较优势之一。

比较优势理论作为国际贸易的基本理论，由亚当·斯密的绝对成本论、大卫·李嘉图的比较成本论和赫克歇尔-俄林的要素禀赋论三部分构成（马惠兰，2004），其中的比较成本论是核心。比较优势理论认为各个国家和地区会拥有不同的要素禀赋，导致在生产中投入的成本是不同的，就会出现不同的生产成本和价格，每个国家和地区都应该生产本国具有“比较优势”的产品并出口，而去进口本国处于“比较劣势”的产品。与虚拟水贸易的概念联系起来，虚拟水贸易就是水资源短缺的国家从水资源丰富的国家进口高耗水的产品，从而使水资源富裕国家的虚拟水资源流向水资源短缺国家，进而在全球层面上实现水资源的高效配置，提高水资源利用效率。随着虚拟水贸易研究的发展，关于虚拟水贸易理论基础的争议也随之而来，Wicheins（2003）认为从单一的比较优势的角度去解释虚拟水贸易是不科学的，比较优势只考虑水资源的禀赋。Qadir 等（2007）对这些争议进行了反驳，认为用比较优势理论来解释虚拟水贸易的流动是合理的，符合要素禀赋从富裕到缺乏的流动配置，高的成本和贸易壁垒是造成比较优势的根本原因，这也会对水资源禀赋的比较优势造成一定的影响。Antonelli 和 Sartori（2015）认为虚拟水的概念为水资源短缺的国家解决粮食安全和水安全提供了一种新的工具方法，其本质上经济的内在理念使它所提供的数据没有全面地体现出生产、消费和贸易之间的联系。

3.3　资源替代理论

资源替代理论是人类社会可持续发展的基本理论之一。广义上的资源替代包

① 此处“里嘉图”指的是著名的经济学家 David Ricardo（大卫·李嘉图），为忠实呈现文献原貌，本书未对参考文献中的不同译法进行统一修改，特此说明。

括了在生产过程中外部资源对自身资源的替代以及较高层次资源对较低层次资源的替代（范辉等，2012）。随着社会的发展，这种替代已超越原本资源本身的替代，进而包含资源的功能和服务的替代（徐岩和王彤彤，2013）。随着人们对海洋意识的增强以及陆海统筹观念的普及，人们越来越意识到海洋蕴藏着丰富的资源，具有巨大的开发潜力，可以为陆域地区的社会生产生活提供诸多资源和便利，以补充和替代陆地所紧缺的部分资源，弥补陆域资源的不足，如海水淡化对陆地淡水资源的补充和替代，围海造田对陆地土壤的补充和替代，潮汐能发电对陆地火力发电的补充和替代等。海洋为陆域提供丰富的资源，这可以看作是对相应的陆域产品和服务的等效替代。

3.4 生命周期评价理论

3.4.1 生命周期评价法核算能源水足迹

本书基于生命周期评价的方法界定电力（火电、水电、核电、风电和太阳能发电）能源水足迹核算边界（图 3.2）。生命周期评价法主要用于核算两类水足迹：直接水足迹，指能源生产过程中所消耗的水资源量；间接水足迹，指能源生产过程中所投入的物质资料（如材料、能源及其他资源）带来的水足迹（Ding et al.，2018）。

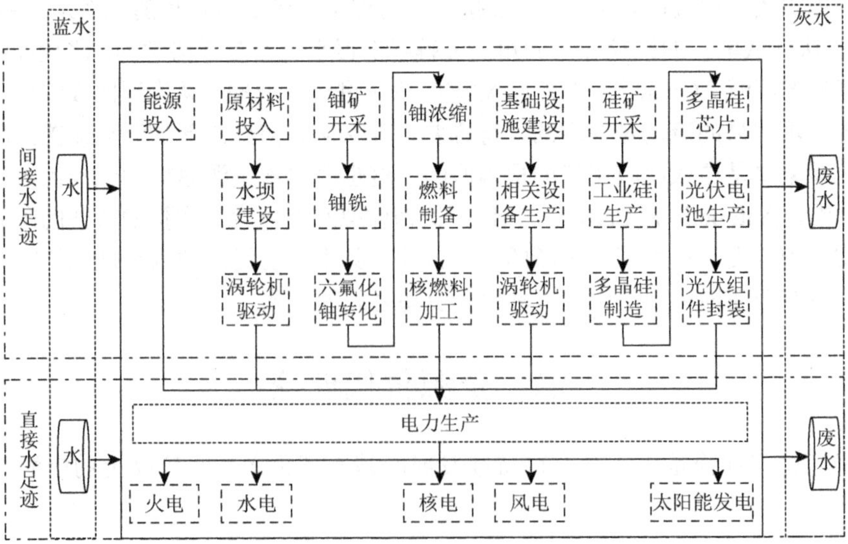

图 3.2 电力能源水足迹核算边界

化石能源蓝水足迹是指在化石能源生产过程中对地表径流及地下水资源的使用量；化石能源灰水足迹是指将化石能源生产过程中所排放的污染物吸收同化所需要的淡水体积（图 3.3）。

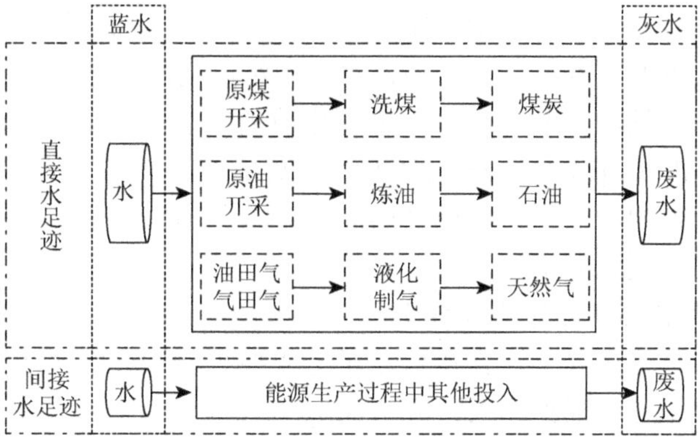

图 3.3　化石能源水足迹核算边界

基于国际标准化组织（International Organization for Standardization，ISO）建立的能源水足迹评价模型，本书从能源全生命周期的视角出发，对各个生产过程（主要包括采掘、筛选、加工、使用及废弃物处理等）进行水足迹计算。能源水足迹的计算主要包括两部分，即直接水足迹的计算和间接水足迹的计算。能源生产水足迹可分为两个部分：①直接水足迹，指能源生产生命周期过程中的水资源消耗；②间接水足迹，指能源生产过程中所消耗的外部投入（如外部材料、能源等生产资料）所产生的水资源消耗。而这两部分的水足迹分别由蓝水足迹和灰水足迹构成（关伟等，2019）。其中，蓝水足迹是指煤炭、石油、天然气在整个生命周期过程中所消耗的实体水，即地表水、地下水和中水等；而灰水足迹则指三种能源在生产过程中产生的污染物被稀释到自然界某种标准之内理论上所需要消耗的水资源，具有“虚拟水”的内涵。相关计算公式为

$$W_{\mathrm{E}} = W_{\text{direct}} + W_{\text{indirect}} = W_{\text{blue,direct}} + W_{\text{grey,direct}} + W_{\text{blue,indirect}} + W_{\text{grey,indirect}} \tag{3.2}$$

式中，W_{E} 为能源水足迹（亿 m^3）；W_{direct}、W_{indirect} 分别为直接水足迹、间接水足迹（亿 m^3）；$W_{\text{blue, direct}}$、$W_{\text{grey, direct}}$ 分别为直接蓝水足迹、直接灰水足迹（亿 m^3）；$W_{\text{blue, indirect}}$、$W_{\text{grey, indirect}}$ 分别为间接蓝水足迹、间接灰水足迹（亿 m^3）。

考虑能源生产整个生命周期过程，上述公式可进一步表达为

$$W_{\mathrm{E}} = \sum_{i=1}^{n}\left(W_{i(\text{blue,direct})} + W_{i(\text{grey,direct})}\right) + \sum_{j=1}^{n}\left(W_{j(\text{blue,indirect})} + W_{j(\text{grey,indirect})}\right) \tag{3.3}$$

式中，i 为生产过程；j 为能源类别。

能源灰水足迹计算公式如下：

$$W_{\text{grey,direct}} = \frac{G}{C_{\max} - C_{\text{nat}}} = \frac{L \times V_{\text{p}}}{C_{\max} - C_{\text{nat}}} \tag{3.4}$$

式中，G 为生产单位能源所排放的污染物量（mg/GJ）；L 为生产单位能源所排放的废水量（m^3/GJ）；V_p 为废水中污染物浓度（mg/m^3）；C_{max} 为水质标准中允许排放的污染物最大浓度（mg/m^3）；C_{nat} 为水体中污染物的初始浓度（mg/m^3），以 0 计入。需要说明的是，工业生产过程中所排放的废水中含有多种污染物，但化学需氧量（chemical oxygen demand，COD）是衡量工业部门（尤其是能源部门）废水排放中有机污染的一个重要指标（Ding et al.，2018），因此，在计算灰水足迹时选取 COD 作为评价指标。

1. 电力能源水足迹计算参数确定

（1）火电水足迹计算中，直接蓝水足迹主要指冷却系统用水，但考虑装机容量及冷却系统的差异，根据相关研究（Ding et al.，2018），采用 2.45m^3/MWh 作为火电直接蓝水足迹计算当量。火电直接灰水足迹根据火电行业主要污染物排放系数表进行计算，火电行业能源投入数据来源于历年《中国能源统计年鉴》中的全国及各地区能源平衡表。火电间接水足迹是指火电生产过程中能源投入的蓝水足迹和灰水足迹。

（2）水电水足迹主要包括水电生产阶段的直接水足迹和大坝建设过程中的间接水足迹。中国水电站平均直接蓝水足迹取 6.75m^3/GJ，间接蓝水足迹取 0.00168m^3/GJ（Ding et al.，2018；李何，2003）。

（3）核电水足迹直接部分仅涉及核电生产环节，核电直接蓝水足迹取 0.015m^3/GJ（郭磊等，2013），且在该过程中 COD 产生量为 36.62mg/MWh。核电水足迹间接部分涉及铀矿开采与转化、浓缩、核燃料制备与加工等阶段，核电间接蓝水足迹为 0.086m^3/GJ（Gerbens-Leenes et al.，2008），且在该过程中 COD 产生量为 874mg/MWh。此外，由于缺乏核电行业废水排放标准，故在计算核电灰水足迹时，依据《地表水环境质量标准》（GB 3838—2002）中Ⅲ类水质标准，选取 COD 排放标准为 20mg/L。

（4）风电与太阳能发电水足迹计算。通常来看，风电与太阳能发电一般不涉及水资源的消耗。但相关研究表明，设计寿命为 20 年的风力发电设备，在其年限内消耗水资源量 41967m^3，发电量为 81.54GWh；而设计寿命为 30 年的太阳能发电设备，在其年限内消耗水资源量 1742.5m^3，发电量为 66000kWh，并参考 Gerbens-Leenes 等（2008）的研究成果，得出风电与太阳能发电的间接蓝水足迹分别为 0.0005m^3/kWh 与 0.265m^3/GJ。

2. 化石能源水足迹计算参数确定

（1）原煤水足迹计算相关参数。原煤水足迹计算分为开采和选煤两部分，根据《清洁生产标准 煤炭采选业》（HJ 446—2008），原煤生产过程及选煤过程耗水量分别为 0.3m^3/t 及 0.15m^3/t，且该过程中废水 COD 产生量分别为 300g/t 及 40g/t，并根据《煤炭工业污染物排放标准》（GB 20426—2006），采煤及选煤过程中废水的 COD 排放限值分别为 50mg/L 及 70mg/L。

（2）原油水足迹计算相关参数。原油水足迹计算分为开采和加工两部分，根据《清洁生产技术要求 石油天然气开采业——稠油开采》（征求意见稿），原油开采过程中新鲜水消耗量为 7t/t，并根据相关文献（Gerbens-Leenes et al.，2008），加工过程中水资源消耗量为 0.068m^3/GJ。根据《石油炼制工业污染物排放标准》（GB 31570—2015），石油炼制工业废水排放中 COD 排放限值为 60mg/L。由于缺乏相关数据，本书将不涉及原油加工直接灰水足迹计算。

（3）天然气水足迹计算相关参数。天然气蓝水足迹主要与天然气开采井的位置和加工工厂的水消耗量有关；天然气灰水足迹主要与去除 H_2S 和 CO_2 净化过程中废水排放量有关。天然气开采过程中直接蓝水足迹为 0.003m^3/m^3，加工过程中直接蓝水足迹为 0.109m^3/GJ（四川省人民政府，2021；Gerbens-Leenes et al.，2008）。由于缺乏天然气行业污染物排放标准，我们参考《地表水环境质量标准》（GB 3838—2002）中Ⅲ类水质标准，选取 COD 排放标准为 20mg/L。此外，囿于数据限制，不涉及天然气加工部分直接灰水足迹核算。

由于《中国环境统计年鉴》将石油开采业 COD 排放量与天然气开采业 COD 排放量作为一个总值进行统计，因此，我们将石油和天然气开采过程中直接蓝水足迹占比作为石油和天然气开采过程中 COD 排放量比例。

3.4.2　电力虚拟水转移

本章借鉴图论模型（Aviso et al.，2014；Zhang et al.，2017）的研究成果，结合 2009 年和 2018 年《电力工业统计资料汇编》，建立省际电力传输模型。以西南四个省（市）为节点，"西电东送"中部和南部的输电通道为线，构建省际输电网络。因此，电力输出区和输入区的电力平衡可以表示为

$$G_k + \sum_{j \neq i}^{j=N} (1 - p_{ij}) T_{ij} = C_k + \sum_{j \neq i}^{j=N} T_{ij} \tag{3.5}$$

式中，G_k 为节点 k 的总发电量；C_k 为节点 k 的总电量消耗；T_{ij} 为从 i 省（区、市）到 j 省（区、市）的电力传输；p_{ij} 为从 j 省（区、市）到 i 省（区、市）的电力传输损失率；N 为节点省（区、市）的个数。

Bialek（1996）的研究阐述了电网中节点的电力流入和流出之间的关系。借助比例共享原理，电流在各节点之间的传输方式与混合输电系统中源节点的输电方式相同。因此，电力输出区的水强度等于输出区所在省（区、市）的综合水强

度。因此，根据先前的研究（Guo et al.，2016），虚拟水的传输量可以通过式（3.6）表示：

$$VWT_{ij} = T_{ij} \times WF_E \tag{3.6}$$

式中，VWT_{ij} 为从 i 省（区、市）转移到 j 省（区、市）的虚拟水量；T_{ij} 为从 i 省（区、市）到 j 省（区、市）的电力传输；WF_E 为单位电力传输所含虚拟水量。

参 考 文 献

成升魁，甄霖. 2007. 资源流动研究的理论框架与决策应用[J]. 资源科学，29（3）：37-44.

刁勤华，林济铿，倪以信，等. 2001. 博弈论及其在电力市场中的应用[J]. 电力系统自动化，25（1）：19-23.

杜元伟，孙浩然，王一凡，等. 2021. 海洋牧场生态安全监管的演化博弈模型及仿真[J]. 生态学报，12（41）：1-11.

范辉，朱红波，周晋，等. 2012. 虚拟土的基本理论问题研究[J]. 水土保持研究，19（3）：294-298.

关伟，赵湘宁，许淑婷. 2019. 中国能源水足迹时空特征及其与水资源匹配关系[J]. 资源科学，41（11）：2008-2019.

郭磊，黄本胜，邱静，等. 2013. 核电站淡水用水特征综合分析研究[J]. 水利学报，44（5）：615-621.

何春艳. 2013. 基于博弈论的我国稀土出口政策研究[D]. 北京：中国地质大学.

黄凯南. 2009. 演化博弈与演化经济学[J]. 经济研究，44（2）：132-145.

李刚，赵琳颖，关雪，等. 2021. 基于博弈策略的能源区块链安全交易机制[J]. 电力建设，12（42）：127-135.

李何. 2003. 石油天然气开采业（稠油）清洁生产指标体系的研究[J]. 油气田环境保护，13（1）：16-18.

李磊，吴晓华. 2008. 黑龙江省农产品虚拟水状况分析及对策研究[J]. 科学经济社会，26（4）：41-46.

李素丽，苗慧英，邢九平，等. 2011. 虚拟水理论在河北省农业用水管理中的战略应用分析[J]. 水资源与水工程学报，22（4）：153-156.

李小莉. 2017. PPP 项目私人部门行为监管演化博弈机制研究[D]. 广州：暨南大学.

李妍. 2017. 基于博弈论的基础设施 PPP 模式风险分担研究[D]. 徐州：中国矿业大学.

里嘉图. 2008. 经济学及赋税之原理[M]. 郭大力，王亚南，译. 上海：上海三联书店.

刘旭升. 2018. 复杂网络上的演化博弈与观点动力学研究[D]. 兰州：兰州大学.

马惠兰. 2004. 区域农产品比较优势理论分析[J]. 农业现代化研究，25（4）：246-250.

欧玉芳. 2007. 比较优势理论发展的文献综述[J]. 特区经济，9：268-270.

任绪燕，任永泰，武方宸，等. 2021. 区域水-能源-粮食关联系统协同发展模型[J]. 水土保持通报，41（5）：218-225.

沈镭，刘晓洁. 2006. 资源流研究的理论与方法探析[J]. 资源科学，（3）：9-16.

施海洋，罗格平，郑宏伟，等. 2020. 基于"水-能源-食物-生态"纽带因果关系和贝叶斯网络的锡尔河流域用水分析[J]. 地理学报，75（5）：1036-1052.

四川省人民政府. 2021. 四川省用水定额[S]. [2025-06-10].https://www.sc.gov.cn/zfgbdb/detail/b5e8613a4c9e4e8690639ae000624d36.shtml.

苏奇. 2019. 复杂网络上的合作演化和博弈动力学研究[D]. 北京：北京大学.

谭黎阳，夏帅. 2020. 基于演化博弈模型的长三角城市产业协同竞争关系研究[J]. 金融管理研究，13：91-107.

王宜强，赵媛. 2013. 资源流动研究现状及其主要研究领域[J]. 资源科学，35（1）：89-101.

王增. 2018. 基于博弈论的蜂窝网络功率控制与多维效率优化研究[D]. 北京：北京邮电大学.

谢识予. 2010. 经济博弈论[M]. 3 版. 上海：复旦大学出版社.

徐岩，王彤彤. 2013. 区域虚拟水贸易发展状况及对策分析[J]. 水利发展研究，13（12）：35-38.

易余胤. 2010. 基于演化博弈论的企业合作与背叛行为研究[M]. 北京：经济科学出版社.

殷辉. 2014. 基于演化博弈理论的产学研合作形成机制研究[D]. 杭州：浙江大学.

张维迎. 2012. 博弈论与信息经济学[M]. 上海：格致出版社，上海三联书店，上海人民出版社.

张新林，赵媛. 2016. 基于空间视角的资源流动内涵与构成要素的再思考[J]. 自然资源学报，31（10）：1611-1623.

郑悦龙. 2015. 基于演化博弈论的企业共性技术合作研发形成机制研究[D]. 重庆：重庆大学.

Antonelli M，Sartori M. 2015. Unfolding the potential of the virtual water concept. What is still under debate？[J]. Environmental Science & Policy，50：240-251.

Aviso K B，Cayamanda C，Solis F D，et al. 2014. P-graph approach to optimal allocation of electricity to economic sectors in crisis conditions[J]. Energy Procedia，International Conference on Applied Energy，61：675-678.

Bialek J W. 1996. Tracing the flow of electricity[J]. IEE Proceedings：Generation，Transmission and Distribution，143（4）：313-320.

Ding N，Liu J R，Yang J X，et al. 2018. Water footprints of energy sources in China：Exploring options to improve water efficiency[J]. Journal of Cleaner Production，174（10）：1021-1031.

Gerbens-Leenes P W，Hoekstra A Y，Meer T H. 2008. Water footprint of bioenergy and other primary energy carriers[R]. Value of water research report series NO. 29，UNESCO-IEH，Institute for Water Education，University of Twente，Enschede，The Netherlands.

Guo R P，Zhu X J，Chen B，et al. 2016. Ecological network analysis of the virtual water network within China's electric power system during 2007-2012[J]. Applied Energy，168：110-121.

Maynard S J，Price G R. 1973. The logic of animal conflict[J]. Nature，246（5427）：15-18.

Qadir M，Sharma B R，Bruggeman A，et al. 2007. Non-conventional water resources and opportunities for water augmentation to achieve food security in water scarce countries[J]. Agricultural Water Management，87（1）：222.

Taylor P D，Jonker L B. 1978. Evolutionary stable strategies and game dynamics[J]. Mathematical Biosciences，40（1）：145-156.

von Neumann J，Morgenstern O. 1944. Theory of Games and Economic Behavior [M]. Princeton：Princeton University Press.

Wicheins D. 2003. The role of "virtual water" in efforts to achieve food security and other national goals，with an example from Egypt[J]. Agricultural Water Management，49：131-151.

Zhang X，Liu J，Tang Y，et al. 2017. China's coal-fired power plants impose pressure on water resources[J]. Journal of Cleaner Production，161：1171-1179.

2017, 2014. [illegible]. 北京: [illegible].
[illegible] 2012. [illegible]
[illegible] 2014. [illegible] 1611-1675.
[illegible]
Antonelli M, Sartori M. 2015. Unfolding the potential of the virtual water concept. What is still under debate? [J]. Environmental Science & Policy, 50: 240-251.
[illegible]
[illegible]
[illegible] J W. 1956. [illegible] Dimensions and Distribution [M]. [illegible]
Deng N, [illegible] 2018. Water [illegible] sources in China: Exploring [illegible] [J]. Journal of Cleaner Production, [illegible].
[illegible] 2008. [illegible]
[illegible] Value of [illegible]
[illegible] The Netherlands.
[illegible]
[illegible] [J]. [illegible]
[illegible]
[illegible]
[illegible] 1975. [illegible] [J]. [illegible]
[illegible]
[illegible] [M]. [illegible] Press.
[illegible]
[illegible]
[illegible]
[illegible]

第二篇

实证——国家篇

第 4 章　中国水-能源-粮食纽带系统关系辨析

4.1　研究方法与数据来源

4.1.1　粮食生产水足迹测算

粮食生产水足迹主要包括蓝水足迹、绿水足迹和灰水足迹。蓝水足迹是指粮食生产过程中农作物对区域地表水或地下水的消耗量；绿水足迹则通常指粮食生产过程中消耗的降水及储存在作物中的水；灰水足迹表示粮食生产过程中用于稀释该过程产生的污染物的新鲜水的体积。根据现有的研究（Hua et al.，2020；Liu et al.，2020），本章仅计算粮食（谷物、豆类及薯类）生产的蓝水足迹，相关公式如下：

$$W_{i,\text{blue}}^{f} = \text{IR}_i^{f} S_{i,\text{IR}}^{f} = \frac{\text{IR}_i S_i}{S_i^{f} + \alpha_i S_i^{E}} \times \frac{S_{i,\text{IR}} S_i^{f}}{S_i} \tag{4.1}$$

式中，$W_{i,\text{blue}}^{f}$ 为区域 i 粮食生产蓝水足迹（m^3）；IR_i^{f}、$S_{i,\text{IR}}^{f}$ 分别为单位粮食面积灌溉用水（m^3/hm^2）、粮食灌溉面积（10^3hm^2）；IR_i、S_i 分别为 i 区域平均灌溉水量（m^3）、农作物播种面积（10^3hm^2）；S_i^{f}、S_i^{E}、α_i 分别为区域 i 粮食播种面积（10^3hm^2）、其他农作物播种面积（10^3hm^2）、经济作物与粮食作物灌溉比例；$S_{i,\text{IR}}$ 为区域 i 有效灌溉面积（10^3hm^2）。

4.1.2　能源、粮食生产对水资源的竞争模型

根据相关研究（Hua et al.，2020；Liu et al.，2020；Xie et al.，2020），引入能源、粮食生产对水资源竞争指数模型，计算公式如下：

$$\text{EFCI} = 2\sqrt{I_\text{E} \times I_\text{F}} \tag{4.2}$$

$$\begin{aligned} I_\text{E} &= W_\text{E} / W_\text{total} \\ I_\text{F} &= W_{i,\text{blue}}^{f} / W_\text{total} \end{aligned} \tag{4.3}$$

式中，EFCI 为能源-粮食生产对水资源竞争指数（量纲一）；I_E 为区域能源水足迹与区域总用水量比率（量纲一）；W_E 为能源水足迹；W_total 为区域总用水量（m^3）；I_F 为区域粮食生产蓝水足迹与区域总用水量比率（量纲一）。

4.1.3　投入产出模型

1. 投入产出表

投入产出模型作为一种衡量不同区域之间和不同部门之间经济联系的工具，其本质核心是以矩阵的形式（投入产出表）来表征社会经济发展过程中各个行业部门之间的相互关系。投入产出表主要由三部分构成：①中间使用矩阵（$\boldsymbol{Z}=[Z_1, Z_2,\cdots,Z_n]$），用于表征部门之间生产资料的直接投入产出关系；②最终使用矩阵（$\boldsymbol{Y}=[Y_1,Y_2,\cdots,Y_n]$），主要用于表征三个方面，即最终消费、资本形成总额及出口，但需要指出的是，其中最终消费包括居民消费和政府消费两个部分；③增加值矩阵（$\boldsymbol{V}=[V_1,V_2,\cdots,V_n]$），常用于表征各个行业部门在社会经济发展过程中所需要的最原始的投入，即初始投入情况，主要包括四部分，即劳动者报酬、生产税净额、固定资产折旧、营业盈余。投入产出表结构如表 4.1 所示。

表 4.1　投入产出表结构

<table>
<tr><td colspan="2" rowspan="5">投入</td><td colspan="12">产出</td></tr>
<tr><td colspan="4">中间使用</td><td colspan="7">最终使用</td><td rowspan="4">总产出</td></tr>
<tr><td rowspan="3">部门 1</td><td rowspan="3">…</td><td rowspan="3">部门 n</td><td rowspan="3">中间使用合计</td><td colspan="3">最终消费</td><td colspan="2">资本形成总额</td><td rowspan="3">出口</td><td rowspan="3">最终使用合计</td></tr>
<tr><td colspan="2">居民消费</td><td rowspan="2">政府消费支出</td><td rowspan="2">固定资本形成总额</td><td rowspan="2">存货增加</td></tr>
<tr><td>农村居民</td><td>城镇居民</td></tr>
<tr><td rowspan="4">中间投入</td><td>部门 1</td><td>z_{11}</td><td>…</td><td>z_{1n}</td><td>Z_1</td><td>y_{1m}</td><td>y_{1c}</td><td>y_{1z}</td><td>y_{1g}</td><td>y_{1h}</td><td>E_1</td><td>Y_1</td><td>X_1</td></tr>
<tr><td>⋮</td><td>⋮</td><td>…</td><td>⋮</td><td>⋮</td><td>⋮</td><td>⋮</td><td>⋮</td><td>⋮</td><td>⋮</td><td>⋮</td><td>⋮</td><td>⋮</td></tr>
<tr><td>部门 n</td><td>z_{n1}</td><td>…</td><td>z_{nn}</td><td>Z_n</td><td>y_{nm}</td><td>y_{nc}</td><td>y_{nz}</td><td>y_{ng}</td><td>y_{nh}</td><td>E_n</td><td>Y_n</td><td>X_n</td></tr>
<tr><td>中间投入合计</td><td>Z_1</td><td>…</td><td>Z_n</td><td></td><td>y_m</td><td>y_c</td><td>y_z</td><td>y_g</td><td>y_h</td><td>E</td><td></td><td></td></tr>
<tr><td rowspan="5">增加值</td><td>劳动者报酬</td><td>v_{1d}</td><td>…</td><td>v_{nd}</td><td>V_d</td><td></td><td></td><td></td><td></td><td></td><td></td><td></td><td></td></tr>
<tr><td>生产税净额</td><td>v_{1s}</td><td>…</td><td>v_{ns}</td><td>V_s</td><td></td><td></td><td></td><td></td><td></td><td></td><td></td><td></td></tr>
<tr><td>固定资产折旧</td><td>v_{1g}</td><td>…</td><td>v_{ng}</td><td>V_g</td><td></td><td></td><td></td><td></td><td></td><td></td><td></td><td></td></tr>
<tr><td>营业盈余</td><td>v_{1y}</td><td>…</td><td>v_{ny}</td><td>V_y</td><td></td><td></td><td></td><td></td><td></td><td></td><td></td><td></td></tr>
<tr><td>增加值合计</td><td>V_1</td><td>…</td><td>V_n</td><td></td><td></td><td></td><td></td><td></td><td></td><td></td><td></td><td></td></tr>
<tr><td colspan="2">总投入</td><td>X_1</td><td>…</td><td>X_n</td><td></td><td></td><td></td><td></td><td></td><td></td><td></td><td></td><td></td></tr>
</table>

表 4.1 中，总产出矩阵（$\boldsymbol{X}$）可以表示为中间使用矩阵（$\boldsymbol{Z}$）和最终使用矩阵（$\boldsymbol{Y}$）之和：

$$X = Z + Y \tag{4.4}$$

式中，$Z = AX$，A 为直接使用矩阵，表征每个部门每个产业产出的投入，相关计算公式如下：

$$A = \frac{Z}{X} \qquad X = AX + Y \tag{4.5}$$

可得

$$X = (I - A)^{-1} Y \tag{4.6}$$

式中，I 为单位矩阵；$(I–A)^{-1}$ 为里昂惕夫（Leontief）逆矩阵。

2. 投入产出模型主要类型

艾萨德（Isard）等于 1951 年率先提出了区域间投入产出（interregional input-output，IRIO）模型。然而随着相关研究的不断深入，目前常用的投入产出模型主要有三种：一是最初的艾萨德模型，即 IRIO 模型；二是钱纳里-摩西（Chenery-Moses）模型，即 MRIO（多区域投入产出）模型；三是里昂易夫-斯特劳特（Leontief-Strout）模型，即 Pool 模型（孙才志等，2020）。

本章主要采用 MRIO 模型进行计算。MRIO 模型的前提假设是某一地区某行业的产品对其他任意地区（也包括对自身）各个行业之间的供应比例是相同的，即对于产业 i，T_i^{rs} 表示产业 i 的产品从区域 r 流向区域 s，在流动的过程中也包括对区域 s 的中间需求和最终需求的流出。在此，定义区域间贸易流量为 T，如 T_i^{rs} 或简写为 T^{rs}，区域间贸易系数为 t，如 t_i^{rs} 或简写为 t^{rs}。对于每个产业 i，均可建立一个产品流动矩阵，流动转移形式如表 4.2 所示。需要指出的是，其中列数据的合计表示模型中所有区域产业 i 的产品对应该区域的流入。

表 4.2　产业 i 产品的区域间流动矩阵

流出区域	流入区域				
	1	2	…	s	…
1	z_i^{11}	z_i^{12}	…	z_i^{1s}	…
2	z_i^{21}	z_i^{22}	…	z_i^{2s}	…
⋮	⋮	⋮	⋮	⋮	⋮
r	z_i^{r1}	z_i^{r2}	…	z_i^{rs}	…
⋮	⋮	⋮	⋮	⋮	⋮

对于列区域 s 的产业 i，其列的和用 T_i^{os} 表示，公式如下：

$$T_i^{os} = T_i^{1s} + T_i^{2s} + \cdots + T_i^{rs} + \cdots = \sum_r T_i^{rs} \tag{4.7}$$

进一步可得到产业 i 中区域 r 对区域 s 的产品流出所占的比例，即区域间的贸易系数（interregional trade coefficient），相关公式如下：

$$t_i^{rs} = \frac{T_i^{rs}}{T_i^{os}} = \frac{T_i^{rs}}{\sum_r T_i^{rs}} \tag{4.8}$$

显然，每一个产业都可以得到一组区域间贸易系数 t_i^{rs}，其中元素的个数由区域的数量决定。在此，将区域间贸易系数改写成按照不同区域进行组合的矩阵形式，记为 $\boldsymbol{t}^{rs}$，元素个数则由产业数量 n 决定，相关公式如下：

$$\boldsymbol{t}^{rs} = \begin{pmatrix} t_1^{rs} \\ \vdots \\ t_n^{rs} \end{pmatrix} \tag{4.9}$$

式中，元素表示来自区域 r 的任意一产业的产品投入在区域 s 的比例，在此基础上，构造对角矩阵 $\hat{\boldsymbol{t}}^{rs}$，其中对角线上的元素为 MRIO 模型中产业的区域间贸易系数，相关公式如下：

$$\hat{\boldsymbol{t}}^{rs} = \begin{bmatrix} t_1^{rs} & 0 & \cdots & 0 \\ 0 & t_2^{rs} & \cdots & 0 \\ \vdots & 0 & \vdots & 0 \\ 0 & 0 & \cdots & t_n^{rs} \end{bmatrix} \tag{4.10}$$

如果 $r = s$，则 $\hat{\boldsymbol{t}}^{rs}$ 将成为一个“区域内贸易系数”矩阵，其中元素表示由本区域生产的各产业产品在本区域内使用的比例。

3. MRIO 模型

MRIO 模型的基本结构与投入产出表类似，如表 4.3 所示。

表 4.3 MRIO 模型结构

			中间使用							最终使用			出口	总产出
			区域 1			…	区域 m			区域 1	…	区域 m		
			产业 1	…	产业 n		产业 1	…	产业 n					
中间投入	区域 1	产业 1	z_{11}^{11}	…	z_{1n}^{11}	…	z_{11}^{1m}	…	z_{1n}^{1m}	F_1^{11}	…	F_1^{1m}	E_1^1	X_1^1
		⋮	⋮		⋮	⋮	⋮		⋮	⋮	⋮	⋮	⋮	⋮
		产业 n	z_{n1}^{11}	…	z_{nm}^{11}	…	z_{n1}^{1m}	…	z_{nm}^{1m}	F_n^{11}	…	F_n^{1m}	E_n^1	X_n^1
	⋮	⋮		⋮		⋮		⋮		⋮	⋮	⋮		⋮
	区域 m	产业 1	z_{11}^{m1}	…	z_{1n}^{m1}	…	z_{11}^{mn}	…	z_{1n}^{mn}	F_1^{m1}		F_1^{mn}	E_1^m	X_1^m
		⋮	⋮		⋮	⋮	⋮		⋮	⋮		⋮	⋮	⋮
		产业 n	z_{n1}^{m1}	…	z_{nm}^{m1}	…	z_{n1}^{mm}	…	z_{nn}^{mm}	F_n^{m1}	…	F_n^{mn}	E_n^m	X_n^m
进口			AM_1^1	…	AM_n^1	…	AM_1^m	…	AM_n^m	FM^1	…	FM^m		
增加值			V_1^1	…	V_n^1	…	V_1^m	…	V_n^m					
总投入			X_1^1	…	X_n^1	…	X_1^m	…	X_n^m					

根据表4.1和表4.3，MRIO模型的每一行可表示为

$$\boldsymbol{X}=\boldsymbol{Z}+\boldsymbol{Y}=\boldsymbol{Z}+(\boldsymbol{F}+\boldsymbol{E}) \tag{4.11}$$

式中，$\boldsymbol{X}$、$\boldsymbol{Z}$ 和 $\boldsymbol{Y}$ 分别为总产出、中间使用和最终使用矩阵，进而可得直接消耗系数，公式如下：

$$\boldsymbol{A}=\boldsymbol{A}^{rs} \tag{4.12}$$

$$\boldsymbol{A}^{rs}=\left[\frac{Z_{ij}^{rs}}{X_j^s}\right] \tag{4.13}$$

式中，$\boldsymbol{A}$ 为直接消耗系数矩阵；Z_{ij}^{rs} 为区域 r 中的 i 部门对区域 s 中的 j 部门的中间使用；X_j^s 为区域 s 中部门 j 的最终产出。

因此，水资源、能源的直接消耗系数向量（$\boldsymbol{d}_j^r$）可表示为

$$\boldsymbol{d}_j^r=\left[\frac{w_j^r}{x_j^r}\right] \tag{4.14}$$

$$\boldsymbol{D}^r=\left[d_j^r\right] \tag{4.15}$$

式中，$\boldsymbol{D}^r$ 为区域 r 的水资源、能源的直接消耗系数向量；w_j^r 为区域 r 部门 j 的水资源、能源的直接消耗总量；x_j^r 为区域 r 部门 j 的总产出。

虚拟水资源和虚拟能源的转移矩阵为

$$\boldsymbol{W}=\boldsymbol{D}(\boldsymbol{I}-\boldsymbol{A})^{-1}\boldsymbol{Y} \tag{4.16}$$

式中，$\boldsymbol{W}$ 为虚拟水资源和能源的转移矩阵。

区域 r 的水足迹与能源足迹为

$$W_{\text{local}}^r=W^{rr} \tag{4.17}$$

$$W_{\text{external}}^r=\sum_{r=1,r\neq s}^{n}W^{sr} \tag{4.18}$$

$$W_{\text{sum}}^r=W_{\text{local}}^r+W_{\text{external}}^r \tag{4.19}$$

式中，W_{external}^r、W_{local}^r、W_{sum}^r 分别为区域 r 的外部水足迹和能源足迹、内部水足迹和能源足迹、区域总的水足迹和能源足迹；$\boldsymbol{W}^{rr}$ 为区域 r 内部水足迹和能源足迹；$\boldsymbol{W}^{sr}$ 为区域 r 到区域 s 的水足迹和能源足迹。

区域 r 的水资源和能源交换可以由下列式子计算：

$$W_{\text{export}}^{r} = \sum_{r=1,r\neq s}^{n} W^{sr} \tag{4.20}$$

$$W_{\text{import}}^{r} = \sum_{r=1,r\neq s}^{n} W^{sr} \tag{4.21}$$

式中，W_{export}^{r}、W_{import}^{r} 分别为区域 r 的虚拟水资源和能源的净流出量、净流入量。

4.1.4 能源相关的水资源消耗量和水资源相关的能源消耗量计算

根据能源和水资源的种类计算各个部门直接能源和水资源的消耗量（V_i^{e} 和 V_i^{w}），其中能源主要包括煤炭、石油、天然气以及电力能源（其中电力能源包括火能、水能、核能、风能、太阳能）（彭焜等，2018），水资源则包括地表水、地下水及回收利用水，相关计算公式为

$$V_i^{\text{e}} = \sum_{k=1} e_i^k \tag{4.22}$$

$$V_i^{\text{w}} = \sum_{k=1} w_i^k \tag{4.23}$$

式中，i 为部门；k 为第 k 种能源或者水资源；e 为能源消耗量；w 为水资源消耗量。

需要说明的是，能源相关的水资源消耗量主要是指能源开采过程中各个部门的直接水资源消耗量，相应地，水资源相关的能源消耗量主要是指水的生产过程中（包括水资源的开采、运输、回收等过程）所直接消耗的能源。本章主要涉及三种化石能源（即煤炭、石油、天然气），分别用 $V_i^{\text{ec-w}}$、$V_i^{\text{eo-w}}$、$V_i^{\text{ee-w}}$ 表示煤炭、石油、天然气生产过中的水资源消耗量；同时分别用 $V_i^{\text{wp-e}}$、$V_i^{\text{wu-e}}$、$V_i^{\text{ww-e}}$ 表示水资源生产过程中的能源消耗量，即供应、消费、回收三个阶段。因此，存在以下关系：

$$V_i^{\text{he}} = V_i^{\text{e}} + V_i^{\text{wp-e}} + V_i^{\text{wu-e}} + V_i^{\text{ww-e}} \tag{4.24}$$

$$V_i^{\text{hw}} = V_i^{\text{w}} + V_i^{\text{ec-w}} + V_i^{\text{eo-w}} + V_i^{\text{ee-w}} \tag{4.25}$$

式中，V_i^{he} 为直接能源消耗量与水资源生产过程中的能源消耗量之和，即为混合能源消耗量；V_i^{hw} 为直接水资源消耗量与能源生产过程中的水资源消耗量之和，即为混合水资源消耗量。

4.1.5 生态网络分析方法

在生态网络分析中，“该系统”通常指的是研究对象所涉及的整体生态-经济系统，即一个由多个区域、部门或生态功能单元组成的网络系统。这些单元通过

资源、物质、信息或能量的流动相互作用。在能-水耦合系统中，芬恩循环指数用于表征系统中能源和水资源的循环利用情况；控制分配系数和依赖分配系数分别用于描述系统中各个要素或部门间的相互控制和相互依赖关系；系统鲁棒性用于表征整个系统的循环效率及冗余情况。相关计算公式如下。

（1）芬恩循环指数 FCI：

$$\boldsymbol{N} = [n_{ij}] = \sum_{n=0}^{\infty} \boldsymbol{G}^n = (\boldsymbol{I} - \boldsymbol{G})^{-1} \tag{4.26}$$

$$\boldsymbol{N}' = \left[n'_{ij}\right] = \sum_{n=0}^{\infty} \boldsymbol{G}'^n = (\boldsymbol{I} - \boldsymbol{G}')^{-1} \tag{4.27}$$

式中，$\boldsymbol{N} = [n_{ij}]$为系统中各个要素或部门间的流动矩阵；$\boldsymbol{G} = [G_{ij}]$为系统中各个要素或部门间的间接流动矩阵；$\boldsymbol{G}' = [G'_{ij}]$为系统中各个要素或部门间的直接流动矩阵；$G_{ij} = f_{ij}/T_j$，$G'_{ij} = f_{ij}/T_i$，$f_{ij}$为从部门 i 流向部门 j 的水足迹或能源足迹，T_i、T_j分别为部门 i、部门 j 的输入与输出。

$$\text{FCI} = \sum_{i=0}^{n} \left(\frac{n_{ii} - 1}{n_{ii}} T_i \right) \Big/ \text{TST} \tag{4.28}$$

$$\text{TST} = \sum_{i=1}^{n} T_i \quad \text{或} \quad \text{TST} = \sum_{j=1}^{n} T_j \tag{4.29}$$

式中，TST 为系统的总输入或总输出。

（2）控制分配系数 CA 和依赖分配系数 DA：

$$\text{CR} = (cr_{ij}) = n_{ij} - n'_{ji} \tag{4.30}$$

$$\text{CA} = (ca_{ij}) = \begin{cases} \dfrac{n_{ij} - n'_{ji}}{\sum_{i=1}^{m} \left(n_{ij} - n'_{ji}\right)} & n_{ij} - n'_{ji} > 0 \\ 0 & n_{ij} - n'_{ji} \leqslant 0 \end{cases} \tag{4.31}$$

$$\text{DA} = (da_{ij}) = \begin{cases} \dfrac{n_{ij} - n'_{ji}}{\sum_{j=1}^{m} \left(n_{ij} - n'_{ji}\right)} & n_{ij} - n'_{ji} > 0 \\ 0 & n_{ij} - n'_{ji} \leqslant 0 \end{cases} \tag{4.32}$$

式中，CR 为控制差异系数；cr_{ij}为区域 i 和区域 j 之间的控制差异，若 $cr_{ij}>0$，则表示区域 i 依赖 j 地区，若 $cr_{ij}\leqslant 0$，则表示区域 i 控制 j 地区（Fang and Chen，2015；Yang et al.，2016；阎晓东和孙才志，2021）。

（3）系统鲁棒性 SR：

系统鲁棒性常通过网络系统中的发展能力指数 C 和上升性指数 A 来表示，相关计算公式如下：

$$\mathrm{SR}=-\alpha\ln\alpha \qquad \alpha=A/C \tag{4.33}$$

$$A=\mathrm{TST}^2\sum_{i=1,j=1}^{n}\frac{f_{ij}}{\mathrm{TST}}\ln\frac{f_{ij}\mathrm{TST}}{T_iT_j} \tag{4.34}$$

$$C=-\mathrm{TST}^2\sum_{i=1,j=1}^{n}\frac{f_{ij}}{\mathrm{TST}}\ln\frac{f_{ij}}{\mathrm{TST}} \tag{4.35}$$

4.1.6　协同演化模型

1. 中国水-能源-粮食纽带系统协同竞争关系

水-能源-粮食纽带系统的进化过程中存在物质、能量和信息的交换，系统最终通过诞生、成长、成熟、衰退和死亡的过程达到平衡状态。由于过程符合 S 曲线，逻辑斯谛模型可以表达系统的协同进化过程。如式（4.36）所示：

$$\frac{\mathrm{d}X}{\mathrm{d}t}=-\alpha X(1-X) \tag{4.36}$$

式中，$\frac{\mathrm{d}X}{\mathrm{d}t}$ 为复合系统的发展水平；α 为复合系统的增殖系数；方程右侧 X 为随时间增长的动态因子；$1-X$ 为减速因子，且随时间推移而减小。

综上所述，中国水-能源-粮食纽带系统协同竞争关系计算流程如图 4.1 所示。

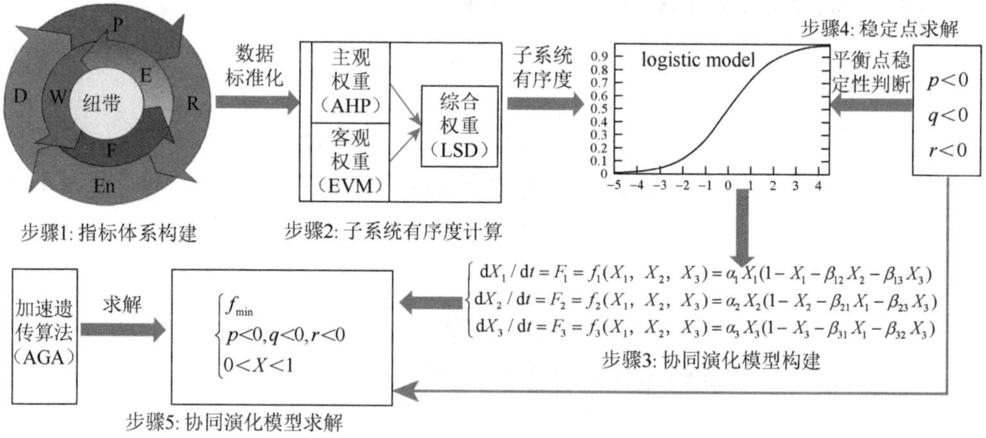

图 4.1　中国水-能源-粮食纽带系统协同竞争关系计算流程

步骤 1 中，P 指人口（population），R 指资源（resources），En 指环境（environment），D 指发展（development），W 指水资源（water），E 指能源（energy），F 指粮食（food）；步骤 2 中，AHP 即层次分析法（analytic hierarchy process），EVM 即熵值权重法（entropy weight method），LSD 指最小二乘法（least square method）；步骤 4 中，logistic model 即逻辑斯谛模型；步骤 5 中，AGA 即加速遗传算法（accelerated genetic algorithm）

2. 中国水-能源-粮食纽带系统有序度构建

水资源为能源生产提供了必要的物质基础，能源在开采、洗选、冷却等过程中均需要水资源的参与，但水资源空间分布的不均衡性也限制了能源的生产；水资源在开发、传输、净化等过程中需要消耗大量能源，能源的开采则会对区域水资源环境产生负面影响。农作物的生长及粮食的生产、加工等均需要将水资源作为投入要素，但水资源的分布不均则限制了粮食生产。一方面，粮食为一切生产活动提供了必要的物质基础，而且粮食的跨区域流动以虚拟水的形式在一定程度上能够缓解区域水资源压力；另一方面，农业面源污染也必将影响区域水资源状况。粮食生产的机械化程度、加工及运输过程需要能源的支撑，但能源的开发会导致耕地资源数量减少、质量下降；粮食则为能源生产，特别是生物质能源的生产提供了物质基础。当前，随着农业生产的机械化、规模化程度的不断提升，对水资源、能源的消耗也日益剧增；而能源工业的发展则必须建立在水资源、能源及粮食的消耗利用基础之上；水资源的开发利用过程中，也离不开三者的相互作用，协同促进。

由此可见，水资源、能源及粮食三者之间既存在相互对立的情况，又存在相互统一的情况，是一种竞争与合作的关系。三者之间的协同作用是可持续协调发展的内在因素，只有厘清三者之间的关系，充分利用水资源、能源及粮食相互促进的一面，减少其相互制约的一面，才能实现三者的协同发展。

设变量 $u_{ij}(i = 1, 2, 3)$分别表示水资源系统、能源系统和粮食系统的第 i 个序参量的第 j 个指标的标准化值。$\max X_{ij}$、$\min X_{ij}$ 分别表示系统序参量的上限值、下限值，相关计算公式如下：

$$u_{ij} = (X_{ij} - \min X_{ij}) / (\max X_{ij} - \min X_{ij}) \quad \text{正向指标} \tag{4.37}$$

$$u_{ij} = (\min X_{ij} - X_{ij}) / (\max X_{ij} - \min X_{ij}) \quad \text{负向指标} \tag{4.38}$$

此外，由于水资源系统、能源系统及粮食系统之间存在着复杂的相互作用关系，在此，本书将标准化值与指标权重进行线性运算得到三个系统的有序度，相关计算公式如下：

$$U_{ij} = \sum_{j=1}^{n} w_j u_{ij} \tag{4.39}$$

式中，U_{ij} 为各系统的有序度；w_j 为综合权重。

为了使所计算的权重更加全面，本章研究将熵值权重法（EVM）与层次分析法（AHP）相结合，在此基础上，建立了基于最小二乘法的决策模型，其主要目的是将两种方法计算得到的结果进行决策判断，同时需要保证决策结果的偏差度在一定的范围之内（孙才志和孟程程，2020），据此得到综合权重 w_j，相关公式如下：

$$\min H(\boldsymbol{w})=\sum_{i=1}^{m}\sum_{j=1}^{n}\{[(u_j-w_j)X_{ij}]^2+[(v_j-w_j)X_{ij}]^2\} \tag{4.40}$$

式中，主观权重向量 $\boldsymbol{v}=(v_1, v_2, \cdots, v_n)^{\mathrm{T}}$；客观权重向量 $\boldsymbol{u}=(u_1, u_2, \cdots, u_n)^{\mathrm{T}}$；综合权重向量 $\boldsymbol{w}=(w_1, w_2, \cdots, w_n)^{\mathrm{T}}$；$\sum_{j=1}^{n}w_j=1$，$w_j \geqslant 0(j=1, 2, \cdots, n)$。

3. 中国水-能源-粮食纽带系统协同演化模型构建

设 F_1、F_2、F_3 分别表示水资源系统、能源系统、粮食系统，同时为表征三个系统之间的相互竞争作用，在此引入 $\beta_{ij}(i, j=1, 2, 3)$ 用于表示系统 j 对系统 i 的竞争影响系数，进而得到三个系统的协同演化模型，相关公式如下：

$$\frac{\mathrm{d}X_1}{\mathrm{d}t}=f_1(X_1,X_2,X_3)=\alpha_1X_1(1-X_1-\beta_{12}X_2-\beta_{13}X_3) \tag{4.41}$$

$$\frac{\mathrm{d}X_2}{\mathrm{d}t}=f_2(X_1,X_2,X_3)=\alpha_2X_2(1-X_2-\beta_{21}X_1-\beta_{23}X_3) \tag{4.42}$$

$$\frac{\mathrm{d}X_3}{\mathrm{d}t}=f_3(X_1,X_2,X_3)=\alpha_3X_3(1-X_3-\beta_{31}X_1-\beta_{32}X_3) \tag{4.43}$$

式中，X_1、X_2、X_3 分别为水资源系统（F_1）、能源系统（F_2）、粮食系统（F_3）有序度的发展状态；α_1、α_2、α_3 分别为水资源系统（F_1）、能源系统（F_2）、粮食系统（F_3）有序度的增殖系数，体现了水资源系统、能源系统、粮食系统在复合系统中的发展程度。

式（4.41）中通过影响参数 β_{12} 与 β_{13} 进而反映粮食系统、能源系统对水资源系统的影响程度；式（4.42）中则通过影响参数 β_{21} 与 β_{23} 进而体现粮食系统、水资源系统对能源系统的影响；式（4.43）中则通过影响参数 β_{31} 与 β_{32} 进而体现能源系统、水资源系统对粮食系统的影响。需要说明的是，若 $\alpha_i(i=1, 2, 3)>0$，则说明系统自身处于进化状态；若 $\alpha_i(i=1, 2, 3)<0$，则处于衰退状态。若 $\beta_{ij}(i, j=1, 2, 3)>0$，则表明 j 系统与 i 系统之间存在竞争关系，此时系统之间呈现两种关系：一是两个系统呈双输关系（两者均为正），定义为竞争关系；二是两个系统之间存在此消彼长的情形，为输赢互补关系（一正一负），定义为制约关系。若 $\beta_{ij}(i, j=1, 2, 3)<0$，则两个系统之间为协同关系（两者均为负），即两个系统存在相互促进的协同作用。具体判断准则如表 4.4 所示。

表 4.4　中国水-能源-粮食纽带系统协同演化判断标准

系统	β_{ij}						状态	状态描述
	β_{12}	β_{21}	β_{13}	β_{31}	β_{23}	β_{32}		
水-能	+	+					相互竞争	当 $\beta_{12}>0, \beta_{21}>0$ 时，表明水资源系统与能源系统之间存在竞争关系
	–/+	+/–					相互制约	当 $\beta_{12}>0$ 且 $\beta_{21}<0$，或 $\beta_{12}<0$ 且 $\beta_{21}>0$ 时，表明水资源系统与能源系统之间存在相互制约关系，即水资源系统（能源系统）有序度的提升将会限制能源系统（水资源系统）有序度的提升
	–	–					协同作用	当 $\beta_{12}<0, \beta_{21}<0$ 时，表示水资源系统和能源系统将会相互促进，两个系统将会发展成为协同状态
水-粮			+	+			相互竞争	当 $\beta_{13}>0, \beta_{31}>0$ 时，表明水资源系统与粮食系统之间存在竞争关系
			–/+	+/–			相互制约	当 $\beta_{13}>0$ 且 $\beta_{31}<0$，或 $\beta_{13}<0$ 且 $\beta_{31}>0$ 时，表明水资源系统与粮食系统之间存在相互制约关系，即水资源系统（粮食系统）有序度的提升将会限制粮食系统（水资源系统）有序度的提升
			–	–			协同作用	当 $\beta_{13}<0$，$\beta_{31}<0$ 时，表示水资源系统和粮食系统将会相互促进，两个系统将会发展成为协同状态
能-粮					+	+	相互竞争	当 $\beta_{23}>0, \beta_{32}>0$ 时，表明能源系统与粮食系统之间存在竞争关系
					–/+	+/–	相互制约	当 $\beta_{23}>0$ 且 $\beta_{32}<0$，或 $\beta_{23}<0$ 且 $\beta_{32}>0$ 时，表明能源系统与粮食系统之间存在相互制约关系，即能源系统（粮食系统）有序度的提升将会限制粮食系统（能源系统）有序度的提升
					–	–	协同作用	当 $\beta_{23}<0, \beta_{32}<0$ 时，表示能源系统和粮食系统将会相互促进，两个系统将会发展成为协同状态

注：+/–分别表示参数 $\beta_{ij}>0$ 或 $\beta_{ij}<0$。

4. 中国水-能源-粮食纽带系统协同演化模型稳定点求解

在协同学理论中，如果所有解最初都在足够近的环境中开始并保持在特定的环境 $u_j(t)$中，则 $u_j(t)$是稳定的。此外，如果 $v_j(t)$随着时间的推移接近 $u_j(t)$，那么 $v_j(t)$和 $u_j(t)$之间的距离最终会消失（Haken，1980；Zhang et al.，2020）。当稳态判据满足以下条件时，$u_j(t)$的轨迹是渐近稳定的：

$$\left|u_j(t)-v_j(t)\right| \to 0(t \to \infty) \tag{4.44}$$

当各系统处于平衡点时，其序参量应处于一个相对稳固的发展水平。令 $f_1(X_1, X_2, X_3)=0$，$f_2(X_1, X_2, X_3)=0$，$f_3(X_1, X_2, X_3)=0$，从而得到五个平衡点：$Q_1(0, 0, 0)$、$Q_2(0, 0, 1)$、$Q_3(0, 1, 0)$、$Q_4(1, 0, 0)$、$Q_5(X_1^0, X_2^0, X_3^0)=Q_5(\boldsymbol{A}_1/\boldsymbol{A}, \boldsymbol{A}_2/\boldsymbol{A}, \boldsymbol{A}_3/\boldsymbol{A})$，其中，

$$\boldsymbol{A}=\begin{vmatrix}1 & \beta_{12} & \beta_{13}\\ \beta_{21} & 1 & \beta_{23}\\ \beta_{31} & \beta_{32} & 1\end{vmatrix},\quad \boldsymbol{A}_1=\begin{vmatrix}1 & \beta_{12} & \beta_{13}\\ 1 & 1 & \beta_{23}\\ 1 & \beta_{32} & 1\end{vmatrix},\quad \boldsymbol{A}_2=\begin{vmatrix}1 & 1 & \beta_{13}\\ \beta_{21} & 1 & \beta_{23}\\ \beta_{31} & 1 & 1\end{vmatrix},\quad \boldsymbol{A}_3=\begin{vmatrix}1 & \beta_{12} & 1\\ \beta_{21} & 1 & 1\\ \beta_{31} & \beta_{32} & 1\end{vmatrix}$$

为求解水-能源-粮食纽带系统的稳定点，将得到参数 β 和奇点坐标。该等式表示如下：

$$f_1 = A_{11}(X - X_1^0) + A_{12}(X - X_2^0) + A_{13}(X - X_3^0) = 0 \tag{4.45}$$

$$f_2 = A_{21}(X - X_1^0) + A_{22}(X - X_2^0) + A_{23}(X - X_3^0) = 0 \tag{4.46}$$

$$f_3 = A_{31}(X - X_1^0) + A_{32}(X - X_2^0) + A_{33}(X - X_3^0) = 0 \tag{4.47}$$

$$\boldsymbol{A} = \begin{bmatrix} A_{11} & A_{12} & A_{13} \\ A_{21} & A_{22} & A_{23} \\ A_{31} & A_{32} & A_{33} \end{bmatrix} \tag{4.48}$$

设 $\alpha = (\alpha_1, \alpha_2, \alpha_3)$的特征值集，则可通过矩阵 $\boldsymbol{A}$ 得到解如下：

$$\left|\alpha \boldsymbol{E} - \boldsymbol{A}\right| = \alpha^3 - p\alpha^2 + r\alpha - q = 0 \tag{4.49}$$

同时，根据克拉默法则，则 Q_5 的坐标为

$$\begin{cases} X_1^0 = \dfrac{1 - \beta_{23}\beta_{32} + \beta_{12}\beta_{21} - \beta_{12} + \beta_{13}\beta_{31} - \beta_{13}}{1 + \beta_{12}\beta_{23}\beta_{31} + \beta_{13}\beta_{21}\beta_{32} - \beta_{23}\beta_{32} - \beta_{12}\beta_{21} - \beta_{13}\beta_{31}} \\ X_2^0 = \dfrac{1 - \beta_{23} + \beta_{23}\beta_{31} - \beta_{21} + \beta_{13}\beta_{21} - \beta_{13}\beta_{31}}{1 + \beta_{12}\beta_{23}\beta_{31} + \beta_{13}\beta_{21}\beta_{32} - \beta_{23}\beta_{32} - \beta_{12}\beta_{21} - \beta_{13}\beta_{31}} \\ X_3^0 = \dfrac{1 - \beta_{32} + \beta_{31}\beta_{12} - \beta_{12}\beta_{21} + \beta_{13}\beta_{31} - \beta_{31}}{1 + \beta_{12}\beta_{23}\beta_{31} + \beta_{13}\beta_{21}\beta_{32} - \beta_{23}\beta_{32} - \beta_{12}\beta_{21} - \beta_{13}\beta_{31}} \end{cases} \tag{4.50}$$

微分方程平衡点 $Q_5(X_1^0, X_2^0, X_3^0)$稳定性判断准则为

$$p = \frac{\partial f_1(X_1^0, X_2^0, X_3^0)}{\partial X_1^0} + \frac{\partial f_2(X_1^0, X_2^0, X_3^0)}{\partial X_2^0} + \frac{\partial f_3(X_1^0, X_2^0, X_3^0)}{\partial X_3^0} \tag{4.51}$$

$$q = \begin{vmatrix} \dfrac{\partial f_1(X_1^0, X_2^0, X_3^0)}{\partial f_1^0} & \dfrac{\partial f_1(X_1^0, X_2^0, X_3^0)}{\partial f_2^0} & \dfrac{\partial f_1(X_1^0, X_2^0, X_3^0)}{\partial f_3^0} \\ \dfrac{\partial f_2(X_1^0, X_2^0, X_3^0)}{\partial f_1^0} & \dfrac{\partial f_2(X_1^0, X_2^0, X_3^0)}{\partial f_2^0} & \dfrac{\partial f_2(X_1^0, X_2^0, X_3^0)}{\partial f_3^0} \\ \dfrac{\partial f_3(X_1^0, X_2^0, X_3^0)}{\partial f_1^0} & \dfrac{\partial f_3(X_1^0, X_2^0, X_3^0)}{\partial f_2^0} & \dfrac{\partial f_3(X_1^0, X_2^0, X_3^0)}{\partial f_3^0} \end{vmatrix} \tag{4.52}$$

$$\begin{aligned} r = &-\frac{\partial f_1(X_1^0, X_2^0, X_3^0)}{\partial X_1^0} \cdot \frac{\partial f_2(X_1^0, X_2^0, X_3^0)}{\partial X_2^0} - \frac{\partial f_1(X_1^0, X_2^0, X_3^0)}{\partial X_1^0} \cdot \frac{\partial f_3(X_1^0, X_2^0, X_3^0)}{\partial X_3^0} \\ &- \frac{\partial f_2(X_1^0, X_2^0, X_3^0)}{\partial X_2^0} \cdot \frac{\partial f_3(X_1^0, X_2^0, X_3^0)}{\partial X_3^0} + \frac{\partial f_2(X_1^0, X_2^0, X_3^0)}{\partial X_3^0} \cdot \frac{\partial f_3(X_1^0, X_2^0, X_3^0)}{\partial X_2^0} \\ &+ \frac{\partial f_1(X_1^0, X_2^0, X_3^0)}{\partial X_2^0} \cdot \frac{\partial f_2(X_1^0, X_2^0, X_3^0)}{\partial X_1^0} + \frac{\partial f_1(X_1^0, X_2^0, X_3^0)}{\partial X_3^0} \cdot \frac{\partial f_3(X_1^0, X_2^0, X_3^0)}{\partial X_1^0} \end{aligned} \tag{4.53}$$

其中，

$$\frac{\partial f_1}{\partial X_1}=\alpha_1(1-2X_1-\beta_{12}X_2-\beta_{13}X_3),\frac{\partial f_1}{\partial X_2}=-\alpha_1\beta_{12}X_1,\frac{\partial f_1}{\partial X_3}=-\alpha_1\beta_{13}X_1$$

$$\frac{\partial f_2}{\partial X_2}=\alpha_2(1-2X_2-\beta_{21}X_1-\beta_{23}X_3),\frac{\partial f_2}{\partial X_1}=-\alpha_2\beta_{21}X_2,\frac{\partial f_2}{\partial X_3}=-\alpha_2\beta_{23}X_2$$

$$\frac{\partial f_3}{\partial X_3}=\alpha_3(1-2X_3-\beta_{31}X_1-\beta_{32}X_2),\frac{\partial f_3}{\partial X_1}=-\alpha_3\beta_{31}X_3,\frac{\partial f_3}{\partial X_2}=-\alpha_3\beta_{32}X_3$$

其余四个平衡点的 p、q、r 的计算过程如表 4.5 所示。

表 4.5　平衡点稳定性判断计算公式

平衡点	p	q	r
$Q_1(0, 0, 0)$	$\alpha_1+\alpha_2+\alpha_3$	$\alpha_1\alpha_2\alpha_3$	$-(\alpha_1\alpha_2+\alpha_1\alpha_3+\alpha_2\alpha_3)$
$Q_2(0, 0, 1)$	$(\alpha_1+\alpha_2+\alpha_3)-(2\alpha_3+\alpha_1\beta_{13}+\alpha_2\beta_{23})$	$-\alpha_1\alpha_2\alpha_3(1-\beta_{13})(1-\beta_{23})$	$\alpha_2(1-\beta_{21})[\alpha_1-\alpha_3(1-\beta_{31})]+\alpha_1\alpha_3(1-\beta_{31})$
$Q_3(0, 1, 0)$	$(\alpha_1+\alpha_2+\alpha_3)-(2\alpha_2+\alpha_1\beta_{12}+\alpha_3\beta_{32})$	$-\alpha_1\alpha_2\alpha_3(1-\beta_{12})(1-\beta_{32})$	$\alpha_1(1-\beta_{12})[\alpha_2-\alpha_3(1-\beta_{32})]+\alpha_2\alpha_3(1-\beta_{32})$
$Q_4(1, 0, 0)$	$(\alpha_1+\alpha_2+\alpha_3)-(2\alpha_1+\alpha_2\beta_{21}+\alpha_3\beta_{31})$	$-\alpha_1\alpha_2\alpha_3(1-\beta_{21})(1-\beta_{31})$	$\alpha_1(1-\beta_{13})[\alpha_3-\alpha_2(1-\beta_{23})]+\alpha_2\alpha_3(1-\beta_{23})$

当 $p<0$、$q<0$、$r<0$ 时，平衡点 (X_1, X_2, X_3) 稳定；当 $p\geqslant0$ 时，则平衡点 (X_1, X_2, X_3) 不稳定。

系统的发展状态随时间的推移将逐渐趋于稳定状态，而平衡点则代表着系统的发展方向。当系统处于 $Q_1(0, 0, 0)$ 时，三个系统将处于无序状态，并不能向稳定状态发展，因此，$Q_1(0, 0, 0)$是不平衡点；$Q_2(0, 0, 1)$、$Q_3(0, 1, 0)$、$Q_4(1, 0, 0)$分别为水资源系统、能源系统、粮食系统达到极值的点，表明此时在该状态下各子系统要达到最大值，必须挤占其余两个系统，即一个系统达到极限状态 1，另外两个系统为 0（意味着系统的消亡）。因此，Q_2、Q_3、Q_4 这三个平衡点反映了系统的完全独立状态。平衡点 $Q_5(X_1^0, X_2^0, X_3^0)$则对应水资源系统、能源系统、粮食系统都在进行协同演化的状态，此种演化模式也对应着系统有序度的增减变化，对该平衡点分析可得两个协同进化情形。

（1）部分竞争替代状态。该状态对应平衡点 $Q_2(0, 0, 1)$、$Q_3(0, 1, 0)$、$Q_4(1, 0, 0)$。当 $\beta_{12}>1$ 且 $\beta_{13}>1$ 时，反映了能源系统、粮食系统对水资源系统的竞争影响力较为强烈，说明能源系统及粮食系统的过快发展，必将制约水资源系统的发展；当 $\beta_{21}>1$ 且 $\beta_{23}>1$ 时，反映了水资源系统、粮食系统对能源系统的竞争力影响较为强烈，表明此时水资源系统及粮食系统的过度发展，将导致能源系统的衰退；当 $\beta_{31}>1$ 且 $\beta_{32}>1$ 时，说明水资源系统、能源系统对粮食系统的竞争程度较为强烈，粮食系统的有序度将逐渐下降。

（2）部分竞争合作状态。该状态对应平衡点 $Q_5(X_1^0, X_2^0, X_3^0)$，此时水资源系统、能源系统和粮食系统之间既存在竞争关系又存在合作关系，当满足某一特定条件时，三个系统可以达到最优状态，即向一个稳定的状态 $Q_5(X_1^0, X_2^0, X_3^0)$协同进化。

5. 基于加速遗传算法的模型参数求解

为了得到各个系统的有序度参数，基于逻辑斯谛模型建立了一个差异最小的协同模型。该等式可以表示如下：

$$f = \min \frac{1}{3}\left[\sum_{y=1}^{22}(F_1^y - f_1^y)^2 + \sum_{y=1}^{22}(F_2^y - f_2^y)^2 + \sum_{y=1}^{22}(F_3^y - f_3^y)^2\right] \tag{4.54}$$

$$\text{s.t.}\begin{cases} p < 0 \\ q < 0 \\ r < 0 \\ p < X < 0 \end{cases} \tag{4.55}$$

式中，F_1^y、F_2^y、F_3^y 分别为水资源、能源、粮食系统年际变化的有序度；f_1^y、f_2^y、f_3^y 分别为水资源、能源、粮食系统达到稳定点时，参数 β 与奇点的坐标。

由于式（4.45）～式（4.47）为非线性方程，而目前常用的方法存在一定的弊端（如最小二乘法计算结果精度较低，最大似然则需要掌握参数的确切分布），而加速遗传算法具有适用性强、全局优化、计算结果精度高等优点，基于此，采用加速遗传算法对复合系统模型进行参数求解，相关公式如下：

$$\begin{cases} \min f(z_1, z_2, \cdots, z_l) \\ a_j \leqslant z_j \leqslant b_j \end{cases} \quad j = 1, 2, \cdots, l \tag{4.56}$$

式中，z_j 为优化变量；$[a_j, b_j]$为 z_j 的初始变化区间；$f(\cdot)$为非负的优化准则函数。相关原理及该模型的具体计算步骤见文献（Zhang et al.，2020；范斐等，2013；金菊良等，2001）。

4.1.7　力学均衡模型

协调性常用于表征一定时期内、某一区域内各要素之间达到的某种平衡状态，通过协调性探究系统内部不同要素之间的相互作用关系、相互影响的发展规律，促使系统或系统内部各要素从无序的发展状态逐渐趋向于有序状态，使彼此之间配合得当、协调发展。现有研究结果表明，在系统中评价多要素协调性时，相比传统的耦合协调度模型（孙才志等，2020），在物理学领域，合力求解思想、力学平衡模型常被用于刻画多要素之间的均衡关系，体现各要素相互作用下系统的整体平衡状态。力学平衡模型在评价多要素协调性时，一方面能够较为客观地反映出多个不同方向力量作用下的评价对象状态和结果；另一方面能动态识别出各个要素之间的协调程度及匹配问题，便于有针对性地提出调控措施（张玉臻等，2021；康庆等，2021）。中国水-能源-粮食纽带系统的协调性的本质是实现水资源系统、能源系统及粮食系统之间资源的高效利用、高效联动及三者的协调可持续发展，但在实际的社会发展过程中，各子系统之间往往会出现相互制约的现象，如能源、粮食的生产一方面需要水资源的支撑，另一方面则会对区域水资源产生竞争，同时不可避免地加剧区域水环境污染。因此，为实现三者之间的协调发展，本章采用力学均衡模型对中国水-能源-粮食纽带系统的协调关系进行判断。相关计算过程及公式如下。

如图 4.2 所示，假设其他条件为均质条件，则可以将“水资源系统-能源系统-粮食系统”之间的关系抽象为笛卡儿坐标系（Cartesian coordinate）中三个方向上的作用力，三个作用力达到平衡状态时，合力 $\boldsymbol{F}$ 为 0，即 $\boldsymbol{F}$ 位于坐标原点（即均衡点），表明此时三个系统之间达到了均衡，处于协调状态；反之，若一个或几个系统未达到或超过目标值，此时得到的 F 则偏离均衡点，表明三个系统之间未达到协调状态。

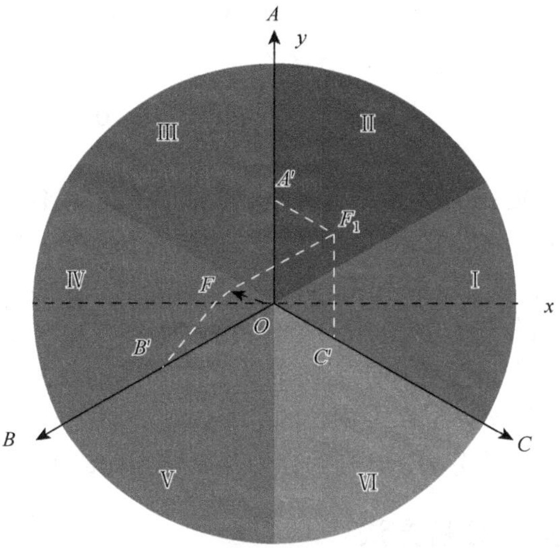

图 4.2　水-能源-粮食纽带系统协调度判断模型

OA、OB、OC 依次表示水资源系统、能源系统、粮食系统的强度效率；$\overrightarrow{OA'}$、$\overrightarrow{OB'}$、$\overrightarrow{OC'}$ 依次表示其对应方向的分力；$\overrightarrow{OF_1}$ 表示水资源系统和粮食系统作用力的合力；$\overrightarrow{OF}$ 表示 $\overrightarrow{OF_1}$ 与能源系统作用力的合力

图 4.2 中，将计算得到的三个系统观测值分别抽象为三个等角度（均为 2π/3）间隔的不同方向上的分力。在此基础上，根据式（4.57）～式（4.61）计算得到水-能源-粮食纽带系统综合作用力的强度和方向，并采用极坐标表示为(F, θ)。相关公式如下：

$$\mathrm{OA}=\frac{OA'_{1i}-X_{1S}}{X_{1S}}\qquad \mathrm{OB}=\frac{OB'_{2i}-X_{2S}}{X_{2S}}\qquad \mathrm{OC}=\frac{OC'_{3i}-X_{3S}}{X_{3S}} \tag{4.57}$$

$$\overrightarrow{OA}=(x_A, y_A)=(0,\mathrm{OA}) \tag{4.58}$$

$$\overrightarrow{OB}=(x_B,y_B)=\left[\cos\left(\frac{1-\frac{|OB|}{OB}}{2}\pi-\frac{5\pi}{6}\right)|\mathrm{OB}|,\sin\left(\frac{1-\frac{|OB|}{OB}}{2}\pi-\frac{5\pi}{6}\right)|\mathrm{OB}|\right] \tag{4.59}$$

$$\overrightarrow{OC}=(x_C,y_C)=\left[\cos\left(\frac{1-\frac{|OC|}{OC}}{2}\pi-\frac{\pi}{6}\right)|\mathrm{OC}|,\sin\left(\frac{1-\frac{|OC|}{OC}}{2}\pi-\frac{\pi}{6}\right)|\mathrm{OC}|\right] \tag{4.60}$$

$$\boldsymbol{F}=\overrightarrow{OA}+\overrightarrow{OB}+\overrightarrow{OC}=(x_F,y_F)=(x_A+x_B+x_C,y_A+y_B+y_C) \tag{4.61}$$

$$|\boldsymbol{F}|=\sqrt{x_F^2+y_F^2} \tag{4.62}$$

$$\theta=\begin{cases}\arctan\left(\dfrac{y_F}{x_F}\right)+2\pi, & x_F\geqslant 0\\ \arctan\left(\dfrac{y_F}{x_F}\right)+\pi, & x_F<0\end{cases} \tag{4.63}$$

式中，OA、OB、OC分别为水资源系统、能源系统、粮食系统对应方向上的强度效率；OA'_{1i}、OB'_{2i}、OC'_{3i}分别为研究区 i 的水资源系统、能源系统、粮食系统实际值；X_{1S}、X_{2S}、X_{3S}分别为某一年份水资源系统、能源系统、粮食系统的标准值，采用某系统该年份全国的平均值作为标准值；$\overrightarrow{OA}$、$\overrightarrow{OB}$、$\overrightarrow{OC}$分别为水资源系统、能源系统、粮食系统的作用力；$\boldsymbol{F}$为三个系统的合力；x_A、x_B、x_C和x_F分别为$\overrightarrow{OA}$、$\overrightarrow{OB}$、$\overrightarrow{OC}$和$\boldsymbol{F}$在 x 轴方向上的分力；y_A、y_B、y_C和y_F分别为$\overrightarrow{OA}$、$\overrightarrow{OB}$、$\overrightarrow{OC}$和$\boldsymbol{F}$在 y 轴方向上的分力；θ则为合力与 x 轴正向的夹角。

4.1.8 探索时空数据分析方法

当前，区域差异性研究主要体现在地理要素不均衡性分析中的时空思维运用，有关地理要素空间分布的动态性特征研究仅注重空间维度，忽视了时间因素对地理要素空间分布状态的影响，而只有将地理要素的时间属性与空间属性相结合，才能更加准确地揭示地理要素空间分布的动态规律（黄睿等，2018；郝帅等，2021）。Rey等（2006，2011）在原有的偏重空间维度的探索空间数据分析（ESDA）框架中加入时间维度，进而提出了探索时空数据分析（ESTDA）框架，从而实现了时间与空间的良性耦合，该模型已在地理要素时空动态性分析中得以运用，并取得了理想结果（黄睿等，2018；夏四友等，2019；范擎宇等，2020）。

1. LISA时间路径

局部空间自相关指数（local indicators of spatial association，LISA）时间路径将时间维度纳入传统的静态LISA，从而使其实现了动态的连续表达，该时间路径也是 LISA 空间马尔可夫转移矩阵的一种连续表达。常用于反映地理要素的局部时空协同变化特征，揭示区域地理要素时空交互作用的程度、方向（竞合态势）以及时空依赖效应对区域系统演化的影响程度。LISA 时间路径的几何特征常用相对长度和弯曲度表示，计算公式如下：

$$\mathrm{Rl}_i=\frac{n\times\sum_{t=1}^{T-1}d(L_{i,t},L_{i,t+1})}{\sum_{i=1}^{n}\sum_{t=1}^{T-1}d(L_{i,t},L_{i,t+1})},\quad D_i=\frac{\sum_{t=1}^{T-1}d(L_{i,t},L_{i,t+1})}{d(L_{i,t},L_{i,T})}\tag{4.64}$$

式中，Rl_i、D_i 分别为相对长度、弯曲度；n 为区域数量；T 为研究时间序列；$L_{i,t}$、$L_{i,t+1}$ 分别为 t、$t+1$ 年份区域 i 在 Moran I(莫兰 I 数)散点图中的位置；$d(L_{i,t},L_{i,t+1})$、$d(L_{i,t},L_{i,T})$ 分别为区域 i 从 t 年移动到 $t+1$ 年以及研究末期的距离。需要注意的是，如果区域 i 在研究时段内的移动长度超过平均水平，则 $\mathrm{Rl}_i>1$；反之，$\mathrm{Rl}_i<1$。Rl_i 越大，表明区域地理要素的局部空间依赖性和空间结构更具有动态性，同时也说明地理要素 Moran I 散点随时间推移，其移动路径稳定性较差；D_i 越大，表明区域 i 的移动路径越弯曲，反映出一个更加动态的局部空间依赖方向和更加波动的增长过程，也说明该区域受局部结构的时空依赖影响越大，即区域 i 自身受邻域空间（溢出/极化）效应影响越大，同时自身随时间推移增幅越显著或遇特殊时段波动越剧烈，反之则受到的影响越小，波动越平稳。

2. LISA 时空跃迁

LISA 常被用于揭示地理要素的空间依赖特征，Rey 和 Janikas（2006）在此基础上将 Moran I 散点图中各空间单元在特定时间间隔内的移动距离、方向、凝聚等属性与传统马尔可夫转移矩阵相结合，提出了局部马尔可夫转移矩阵和时空跃迁，并将跃迁划分为 Type_0、Type_1、Type_2、Type_3 四种类型。其中，Type_0 型表示区域自身和邻域均不发生状态转移；Type_1 型表示区域自身跃迁，邻域不变，包括高高→低高、高低→低低、低高→高高、低低→高低；Type_2 型表示区域自身不变，邻域发生跃迁，包括高高→高低、高低→高高、低高→低低、低低→低高；Type_3 型表示区域自身与邻域均发生跃迁，其中，若自身与邻域跃迁方向一致称为 $\mathrm{Type}_{3\mathrm{A}}$（包括高高→低低、低低→高高），否则称为 $\mathrm{Type}_{3\mathrm{B}}$（包括高低→低高、低高→高低）。Rey 和 Janikas（2006）用区域系统中的时空流动和凝聚来表征研究对象的空间格局路径依赖和锁定特征，计算公式如下：

$$\mathrm{SF}=\frac{m(\mathrm{Type}_1)+m(\mathrm{Type}_2)}{m}\quad \mathrm{SC}=\frac{m(\mathrm{Type}_0)+m(\mathrm{Type}_{3\mathrm{A}})}{m}\tag{4.65}$$

$$p=1-\frac{\sum_i P_{i,i}}{K}\tag{4.66}$$

式中，SF、SC 分别为研究对象的时空流动、时空凝聚概率；$m(\mathrm{Type}_0)$、$m(\mathrm{Type}_1)$、

$m(\text{Type}_2)$和$m(\text{Type}_{3A})$分别为各自的跃迁数量；m为跃迁的总数量；p为相对移动率；$P_{i,i}$为时空跃迁矩阵对角线元素；$K=4$，为跃迁类型的总数。当$p=1$时，表示所有区域均发生状态跃迁；当$p=0$时，表示没有区域发生跃迁，p越大表明状态转移越剧烈。

4.1.9 数据来源

（1）化石能源生产量来源于1998～2020年的《中国能源统计年鉴》，电力数据来源于1998～2020年的《中国电力年鉴》及国际可再生能源署网站（https://www.irena.org/）。各种能源发热量数据来源于1998～2020年的《中国能源统计年鉴》平均低位发热量；区域用水量来源于相应年份的《中国统计年鉴》及《中国水资源公报》。

（2）涉及粮食蓝水计算数据来源于相应年份的《中国统计年鉴》及《中国农村统计年鉴》。

（3）涉及能源生产过程中直接和间接蓝水计算参考文献（Ding et al.，2018；郝帅等，2021），农业生产过程中的能源投入包括农业用电量、农用柴油使用量、农药使用量及化肥使用量，其中，电、柴油的发热量数据来源于相应年份的《中国统计年鉴》，农药、化肥的转换系数来源于《农业技术经济手册》。

（4）由于当前投入产出表为五年一期，同时为了确保数据的统计口径一致，本书在计算能源-水耦合关系分析时，仅选取了三期（2012年、2015年及2017年）的投入产出表，相关数据来源于中国投入产出学会所编制的多区域投入产出表。

（5）需要说明的是，囿于数据限制，本章仅在计算能源-粮食生产对水资源竞争关系中选取了31个省级行政区（未包括香港、澳门、台湾地区）作为研究区，而在其他计算过程中选取了30个省级行政区（未包括西藏、香港、澳门、台湾地区）作为研究区。

4.2 基于水足迹视角的中国能源-粮食生产对水资源竞争关系研究

水-能源-粮食纽带系统是一个动态开放的复杂系统，存在复杂的协同竞争关系。当前的研究主要在于探讨三者之间的相互关系及食物或能源生产过程中对水资源的占用和消耗，以及如何提高资源利用效率等，尚未构建完整的有关水-能源-粮食纽带系统研究的理论框架体系，因此在研究方法、研究视角及维度等方面仍需进一步探究。经济的发展、粮食与能源生产量的逐年提升以及水污染问题的日益凸显，势必对水-能源-粮食纽带系统产生深远的影响。此外，中国水资源分布与粮食生产、化石能源分布存在空间不匹配现象，也必将加剧能源-粮食生产过程中对水资源的竞争。厘清水、能源与粮食之间的相互作用关系是研究水-能源-粮食纽带系统的关键，而水足迹作为衡量区域产品或服务中水资源真实含量的有效指标，能够有效地将区域经济发展过程中能源消耗、粮食生产与水资源状况联系在一起（Ding et al.，2018；Chu et al.，2019；Hua et al.，2020），进而成为研究能源-粮食生产对水资源竞争关系的主要指标，如 Liu 等（2020）基于水足迹的视角定量分析了 2000～2016 年中国西北地区水资源安全与粮食安全；Zhang 等（2020）、Xie 等（2020）基于虚拟水及水足迹观点，分别探讨了中国跨省电力交易对区域（输出区、输入区）水资源的影响以及中国区域电力生产与水资源之间的关系。鉴于此，本章基于水足迹的视角，首先对 1990～2019 年中国 31 个省（区、市）的三种化石能源（煤炭、石油、天然气）和五种电力能源（火能、水能、核能、风能和太阳能）及粮食生产过程中的水资源消耗情况进行核算，在此基础上定量测度能源-粮食对水资源的竞争状态，最后利用 ESTDA 模型框架探讨其时空动态特征，以期揭示中国能源-粮食对水资源竞争的时空变化特征，为实现区域能源、粮食生产与水资源的协调发展提供参考与借鉴。

4.2.1　中国能源-粮食水足迹时空演变特征分析

1. 中国能源-粮食水足迹时间序列演变分析

根据已获取的相关数据，由相关公式计算得出 1997～2019 年中国 31 个省（区、市）能源水足迹与粮食水足迹，结果如图 4.3 所示。

图 4.3（a）显示，中国化石能源水足迹总量变化趋势可分为三个阶段：第一阶段（1997～2002 年）内化石能源水足迹呈现波动下降态势，从 91.26 亿 m^3 降至

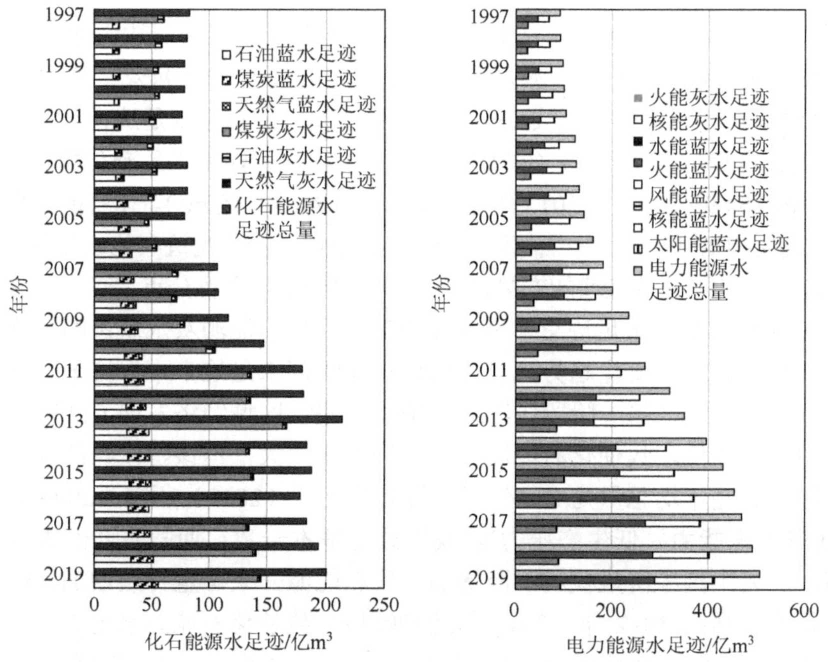

(a) 化石能源水足迹　　(b) 电力能源水足迹

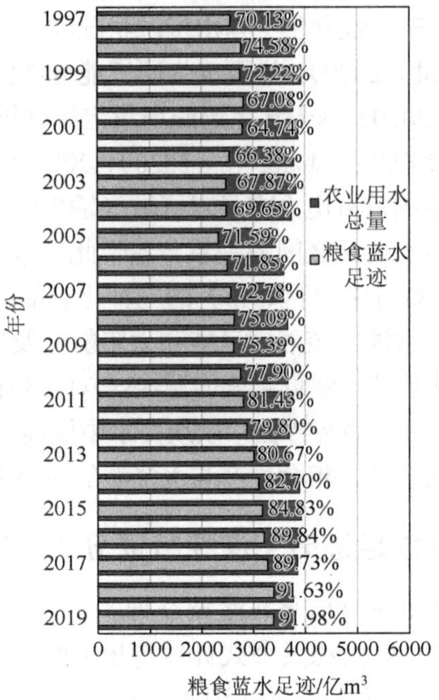

(c) 粮食蓝水足迹

图 4.3　1997～2019 年中国能源与粮食水足迹变化趋势

75.47 亿 m^3，降幅 17.3%。从结构来看，化石能源灰水足迹年均占比超过 75%，其中，煤炭灰水足迹占化石能源水足迹总量的比例最大（57.94%），石油灰水足迹次之（3.91%），天然气灰水足迹最小（0.6%）。化石能源蓝水足迹在该阶段呈增加趋势，增幅 38.6%。第二阶段（2003～2013 年）内化石能源水足迹总量呈明显上升态势（增幅 164.9%），并在 2013 年达到最大值（213.67 亿 m^3）。化石能源灰水足迹总量增加超过 100 亿 m^3，增幅超过 200%，其中煤炭灰水足迹年均占比达到 94%。化石能源蓝水足迹呈持续增加态势，较第一阶段增加 44 个百分点。第三阶段（2014～2019 年）内化石能源水足迹总体呈增加趋势，且化石能源灰水足迹的变化趋势与化石能源水足迹总量变化趋势一致，而化石能源蓝水足迹基本保持平稳态势，增幅较小。究其原因：第一阶段中国经济增速较快，区域经济发展方式较为粗放，资源利用效率较低，致使化石能源灰水足迹占比较大，但该阶段经济规模较小，化石能源水足迹年均总量为 83 亿 m^3，与樊新刚等（2019）所得"2005 年以前中国属'低自组织能力、低生态压力'阶段"结论基本一致；而随着西部大开发战略的实施，加之中国经济规模的不断增加，化石能源开采总量持续增加，煤炭、石油开采总量分别在 2012 年、2013 年达到峰值，致使化石能源水足迹与灰水足迹总量持续增加，生态环境压力凸显。但随着《能源发展"十二五"规划》《能源发展战略行动计划（2014～2020 年）》的发布，以及推动能源生产和利用方式转变、调整优化能源结构、推进能源科技创新等一系列措施的实施，加之党的十八大以来中国在绿色经济转型、生态环境治理等方面取得的显著成效，化石能源水足迹总量、化石能源灰水足迹总量呈现下降态势，但由于中国经济社会发展对能源的刚性需求较大，节能、降耗、减排的压力仍然巨大。

图 4.3（b）显示，1997～2019 年中国电力能源水足迹总量呈持续增长态势，由 64.99 亿 m^3 增加至 506.75 亿 m^3，增幅 679.74%。从结构来看，电力能源蓝水足迹平均占比 77%，2019 年中国电力能源蓝水足迹总量为 413.39 亿 m^3，是研究初期的 9 倍以上；而水能蓝水足迹平均占比最大（65.54%），火能次之（34.28%），其他电力能源蓝水足迹平均占比不足 0.2%。电力能源灰水足迹平均占比在 20%左右，同时火能灰水足迹的变化主导着电力能源灰水足迹的变化，核能灰水足迹平均占比不足 0.1%。综合来看，水能作为一种清洁能源，其水足迹占比的不断提升，反映了中国在能源结构调整方面成效显著；根据《水电发展“十三五”规划》，水电对于调整优化能源消费结构，缓解由化石能源灰水足迹带来的水生态环境问题具有重要意义。

图 4.3（c）显示，1997～2019 年中国粮食蓝水足迹由研究初期的 2496.45 亿 m^3 增加至末期的 3379.63 亿 m^3，增幅 35.38%，平均蓝水足迹为 2753.74 亿 m^3，且平均占农业用水总量的 70%以上，单位粮食生产蓝水足迹则呈逐年下降的趋势，研究期间由 0.56m^3/kg 降至 0.51m^3/kg。在中国粮食产量“十二连增”（2003～2015 年）期间，粮食蓝水足迹平均超过 2800 亿 m^3，单位粮食生产蓝水足迹平均为 0.52m^3/kg，这一方面反映出中国粮食产量的提升很大程度上依赖于农田灌溉，另一方面也反映出中国农田灌溉水有效利用系数整体偏低的事实。因此，有必要进一步发展节水农业、建设高标准农田、提高农田灌溉有效利用系数，进而缓解农业用水压力、保障粮食安全。

2. 中国能源-粮食水足迹空间格局分析

为进一步揭示中国能源、粮食水足迹的空间差异，根据 1997～2019 年中国能源、粮食水足迹计算结果，运用 ArcGIS 10.5、Adobe Illustrator CC 2019 软件，参考现有的研究成果（Hua et al.，2020；Liu et al.，2020），选取 1997 年、2004 年、2012 年和 2019 年的数据。在此基础上，采用自然断点与人工辅助相结合的方法，将水足迹总量与粮食蓝水足迹均划分五个级别，进而绘制中国能源-粮食水足迹空间分布图，如图 4.4 所示。

由图 4.4 可知，1997 年，西藏的水足迹总量最低，仅 8.40 亿 m^3，天津次之（11.36 亿 m^3），江苏、广东的水足迹总量均超过 200 亿 m^3，其中广东的水足迹总量最高，达到 274.46 亿 m^3，是西藏水足迹总量的 30 倍以上。水足迹总量在 77.43 亿 m^3 以内的地区数量达到 18 个，占比超过 58%，说明研究初期中国水足迹普遍较低。

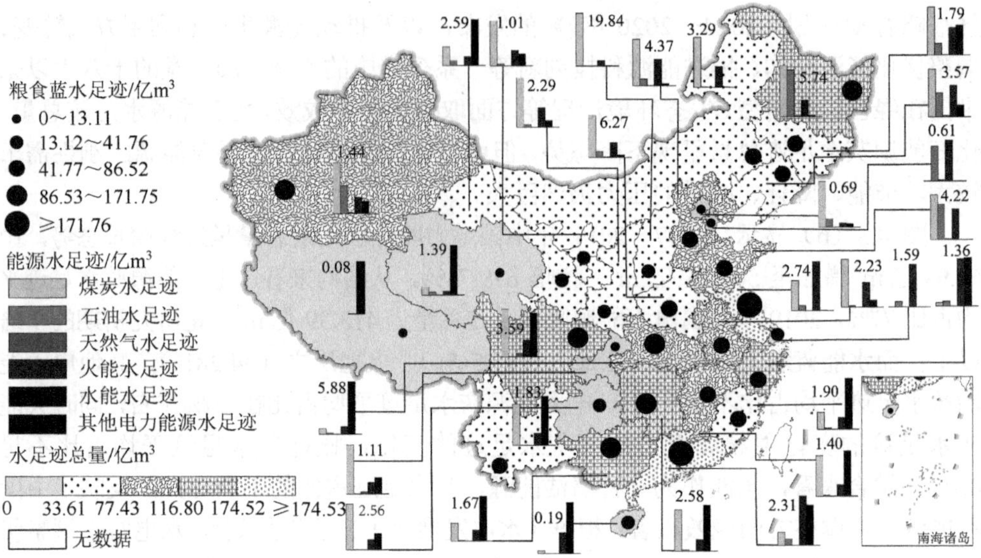

(a) 1997年

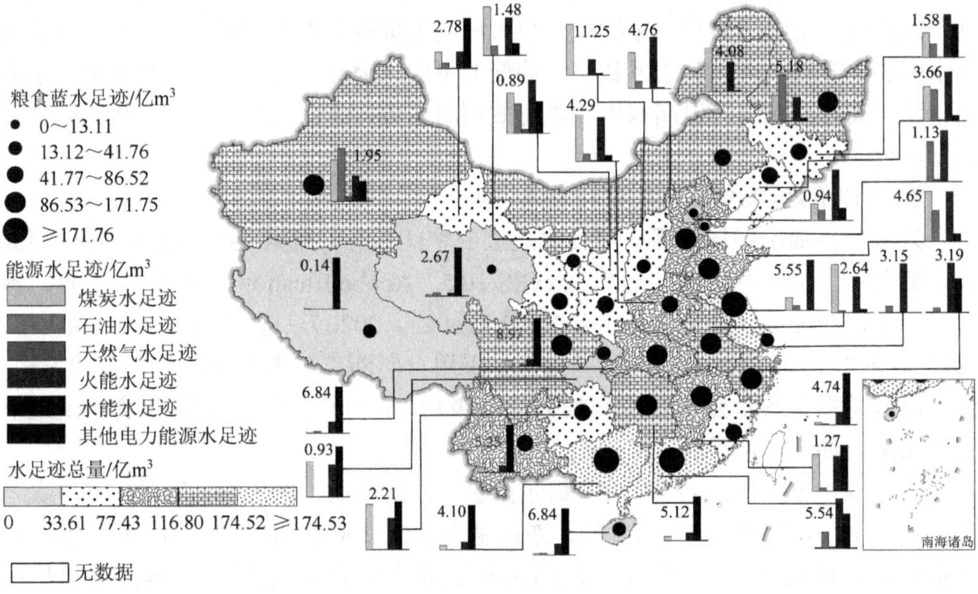

(b) 2004年

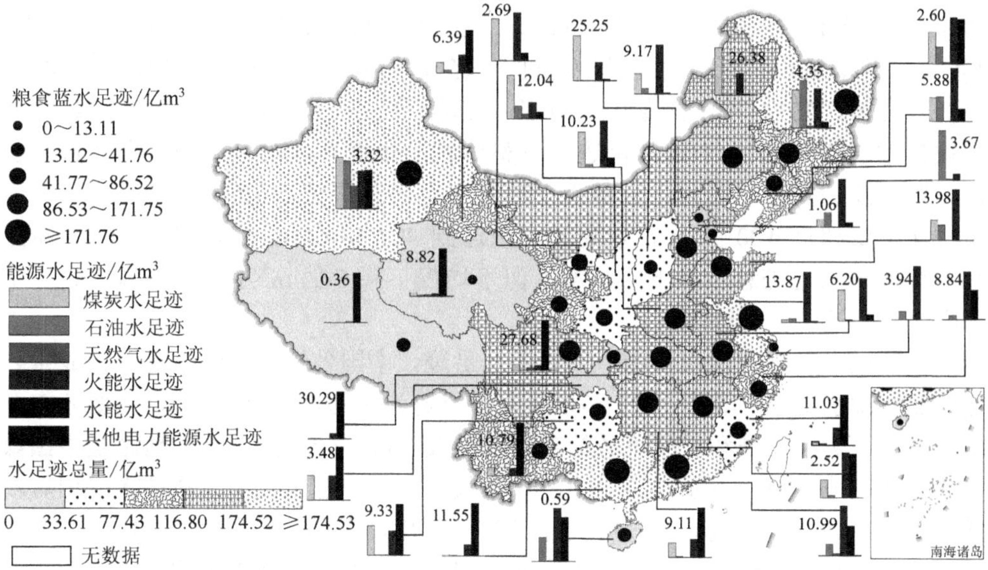

(c) 2012年

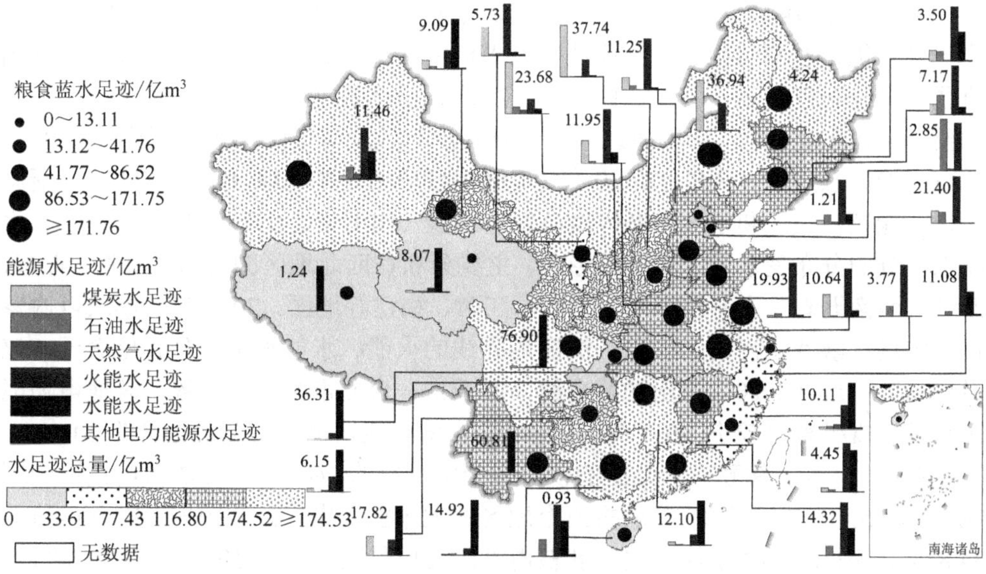

(d) 2019年

图 4.4　中国能源-粮食水足迹空间分布

图中数字表示六类能源水足迹中的最大值；其他电力能源水足迹包括核能、风能和太阳能水足迹

2004 年，新疆、内蒙古、云南、贵州、广西六个地区水足迹总量增量相对较大，其中，广西、云南、新疆的增量均超过 20 亿 m^3，中国水足迹总量整体较 1997 年呈上升态势。2012 年，黑龙江、新疆、江苏、广东、广西五个地区的水足迹总量均超过 200 亿 m^3，中国水足迹总量整体进一步提升。研究末期，内蒙古、吉林、黑龙江、安徽、四川、云南六个地区水足迹总量较 2012 年增量明显，其中黑龙江增量超过 100 亿 m^3，水足迹总量达到 403.58 亿 m^3，北京、上海、浙江等八个地区水足迹总量呈下降状态，但平均仅下降 6 亿 m^3 左右，整体而言，中国区域水足迹总量持续增加。

从区域水足迹的构成来看：①能源水足迹。中国各地区能源水足迹构成主要是化石能源水足迹，其中 1997 年以煤炭水足迹为主的地区有 17 个，主要分布在东北三省、黄河流域和长江流域的部分省份及新疆：一方面，上述地区是中国煤炭的主要产地；另一方面，20 世纪 90 年代中国经济总量较小，科技水平相对较低，相比石油、天然气而言，煤炭开采难度、开采成本相对较低，致使中国在该时期煤炭水足迹占化石能源水足迹比例普遍偏高。随着科技水平的提升及西部大开发等区域发展战略的实施，化石能源水足迹呈持续上升态势。2012 年，党的十八大把生态文明建设纳入中国特色社会主义事业“五位一体”总体布局，同年国务院印发《节能减排“十二五”规划》；2013 年，国务院印发《能源发展“十二五”规划》；2014 年，国务院印发《能源发展战略行动计划（2014—2020 年）》。这一系列优化能源结构的措施促使研究末期中国各地煤炭水足迹增幅降低，其高值区主要分布在新疆、宁夏、内蒙古、陕西、山西等地区，而石油水足迹高值区主要分布在东北地区、环渤海地区及新疆等油气资源富集区，分布范围相对稳定。②电力能源水足迹。火能水足迹的高值区主要分布在华北地区、东北地区、新疆等化石能源富集区和东部沿海等经济发达地区（如山东、江苏、浙江、广东）。水能水足迹的分布受水资源丰度的影响，主要分布在西北地区的甘肃、新疆、青海、西藏，西南五省（市）及湖北、湖南、江西、福建等地区。2019 年，形成以内蒙古、宁夏、陕西、河南、安徽、浙江为界线的火能、水能水足迹分布集聚区，该界线与方创琳（2020）提出的博台线（博乐市—台北市）基本一致。其他电力能源水足迹规模整体较小，2019 年，核电、风电、太阳能发电仅占总发电量的 10.41%，其中浙江、广东、福建三个地区的核电占全国核电的 3/4，内蒙古的风电接近全国风电的 1/5，新疆、青海、内蒙古三个地区的太阳能发电量占全国太阳能发电量的 34.85%。中国可再生能源发电量和核电站总发电量的比例由 1997 年的 20.34%提升到 2019 年的 29%，原因在于中国清洁能源技术扩散较为缓慢（Chen and Lin，2020），未来大力发展清洁能源技术、提高清洁能源消费占比，成为实现区域能源消费可持续发展的关键所在。③粮食蓝水足迹。研究期内，中国各地区粮食蓝水足迹除个别地区外，均呈现不同程度的上升态势，其中粮食蓝水足迹超过

100 亿 m^3 的地区个数由 1997 年的 9 个增加至 2019 年的 14 个，其中黑龙江、新疆的粮食蓝水足迹超过了 200 亿 m^3。整体而言，粮食蓝水足迹高值区主要集中在中国第三级阶梯及内蒙古、新疆、四川等地区。这主要取决于区域耕地资源与水热条件的匹配程度。

4.2.2　中国能源-粮食生产对水资源的竞争关系时空演变特征分析

1. 中国能源-粮食生产对水资源竞争时间序列分析

根据相关公式计算得出 1997～2019 年中国能源-粮食生产对水资源的竞争指数，并根据武红（2014）将中国分为八大区域，并以此绘制其时间变化趋势图（图 4.5）。

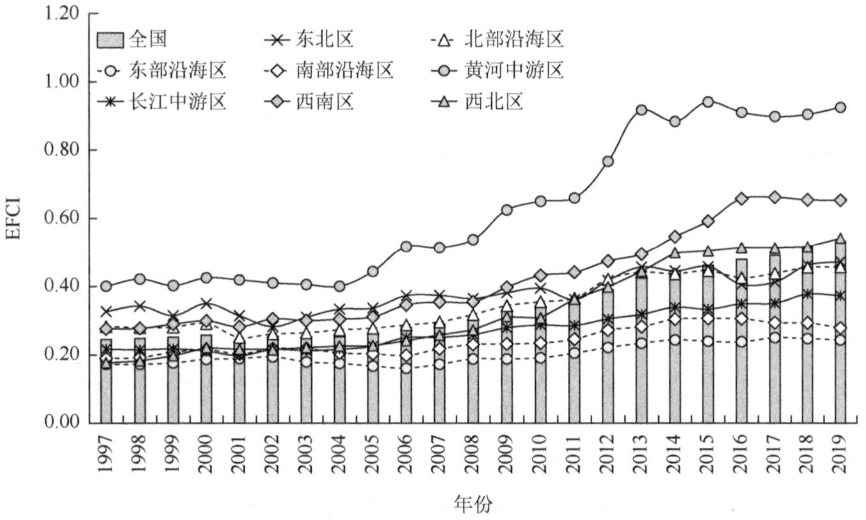

图 4.5　中国能源-粮食生产对水资源的竞争指数变化趋势

图 4.5 显示，1997～2019 年，中国能源-粮食生产对水资源的竞争指数总体呈上升趋势，由研究初期的 0.22 上升至末期的 0.53。分时段来看，1997～2005 年变动幅度较小，相比 1997 年，2005 年竞争指数增加 27%，整体处于 0.3 以内。2006～2019 年竞争指数增幅超过 70%，上升速度较快。其原因在于，2005 年之前，中国生态压力较小，区域水资源能够兼顾能源开发利用与粮食生产的需要，但随着经济规模的持续增加，能源需求不断扩大，加之粮食产量的逐年提升，竞争指数持续上升。从区域来看，长江中游区、南部沿海区及东部沿海区的竞争指数均低于相同时间内的全国平均值，东北区及北部沿海区的变化趋势较为一致，西北区自

2011～2014 年增幅较大，西南区及黄河中游区的竞争指数在研究时段内一直高于尤其是自 2013 年以来，黄河中游区的竞争指数一直处于 0.8 以上的高位。整体来看，竞争指数高值区主要集中在水能、化石能源富集及灌溉农业区的西北区、黄河中游区和西南区；而化石能源相对匮乏且属于雨养农业区的南部沿海区、东部沿海区和长江中游区则为竞争指数低值区。

2. 中国能源-粮食生产对水资源竞争空间格局分析

为能够科学地揭示中国能源-粮食生产对水资源竞争的空间分布特征及其演变规律，选取 1997 年、2004 年、2012 年及 2019 年数据，根据相关研究（Hua et al., 2020; Liu et al., 2020），将竞争指数划分为七级，即Ⅰ级（0＜EFCI≤0.20）、Ⅱ级（0.20＜EFCI≤0.40）、Ⅲ级（0.40＜EFCI≤0.60）、Ⅳ级（0.60＜EFCI≤0.80）、Ⅴ级（0.80＜EFCI≤1.00）、Ⅵ级（1.00＜EFCI≤1.20）、Ⅶ级（1.2＜EFCI≤1.40），并据此绘制空间分布图（图 4.6）。

图 4.6 显示，1997 年，中国能源-粮食生产对水资源竞争指数处于Ⅰ级水平的地区有 14 个，主要分布于长江以南等地区，处于Ⅱ级水平的地区有 16 个，主要分布在东北、黄淮海平原及西部的陕西、甘肃、青海、四川等地区，仅山

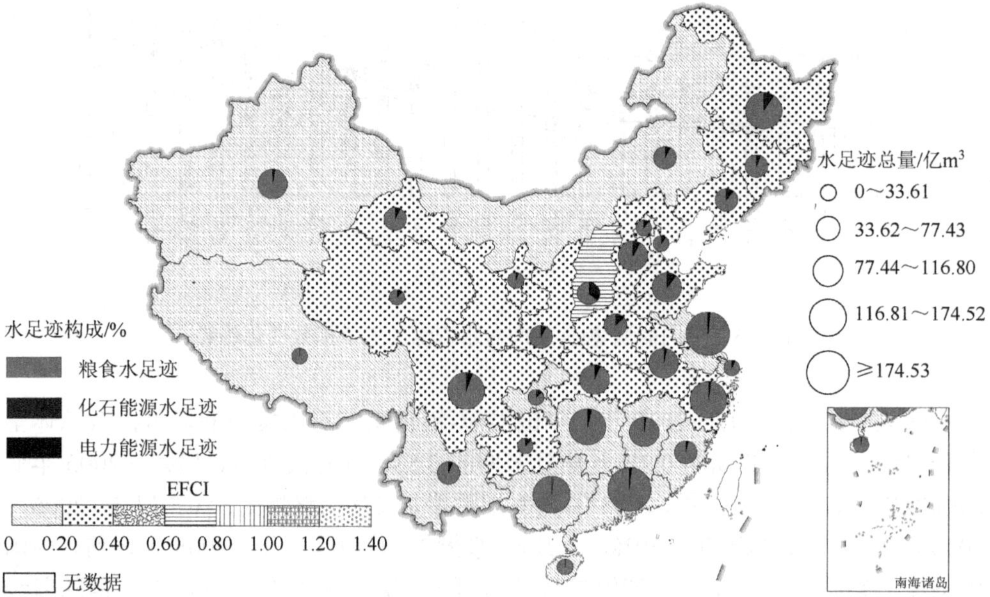

(a) 1997年

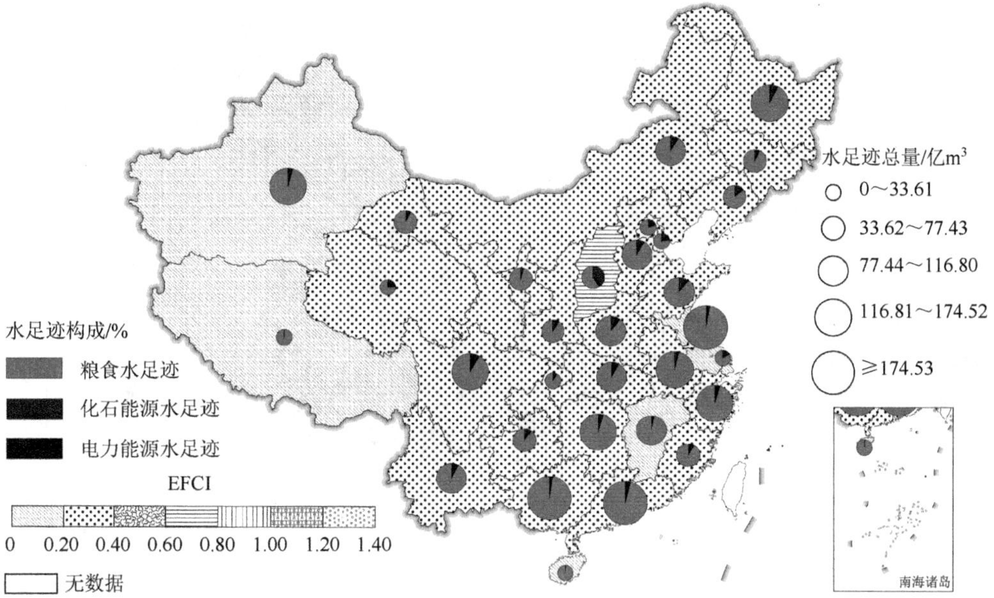

(b) 2004年

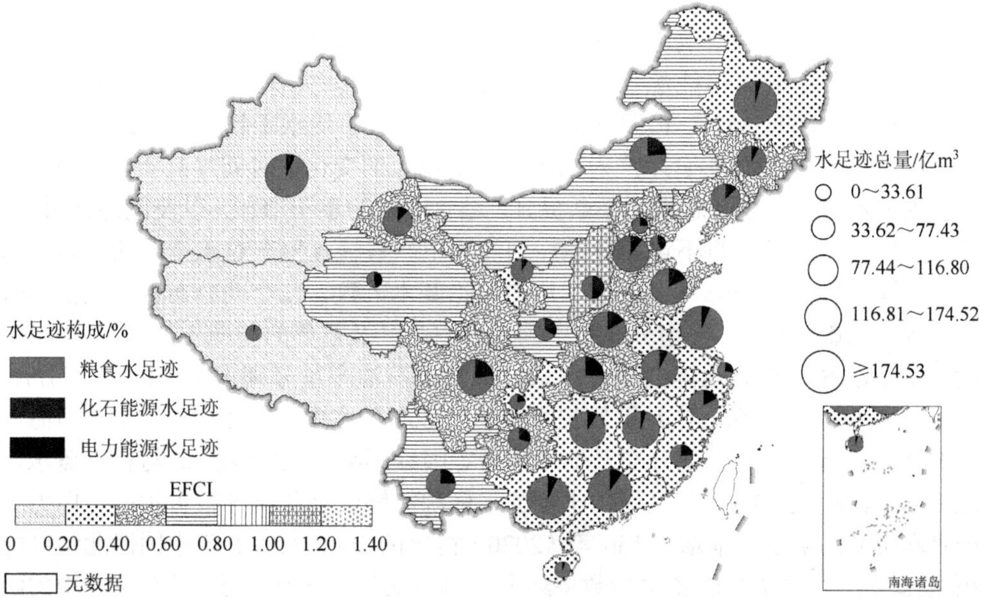

(c) 2012年

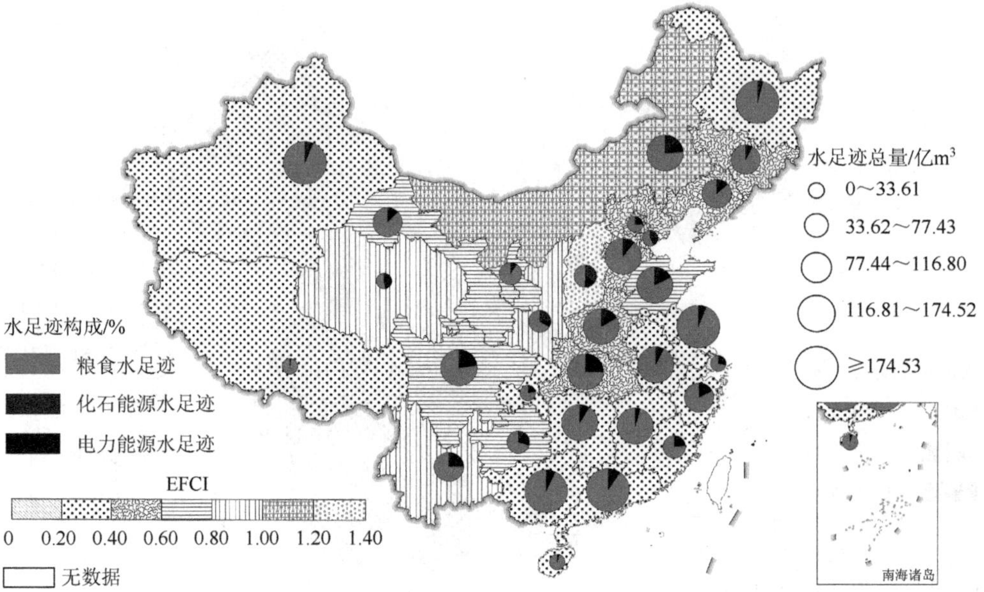

(d) 2019年

图 4.6　中国能源-粮食生产对水资源竞争空间分布

西为Ⅳ级水平，竞争指数达到 0.72。辽宁、山西、河南、山东等九个地区水足迹平均为 42.64 亿 m^3，但能源水足迹占比超过 10%，其中山西能源水足迹占山西总水足迹的比例超过 35%，但整体而言全国竞争指数平均水平较低（0.23）。

综合来看，能源-粮食生产对水资源竞争指数的变化在时间序列上，与中国经济发展密不可分。经济总量的不断提升，粮食产量的逐年增加，以及能源开采量、发电量的逐年攀升，将不可避免地加剧能源生产与粮食生产对水资源的竞争，这与 Liu 等（2020）、Hua 等（2020）所得结论基本一致。在空间分布上，竞争指数受资源导向影响较大，集中分布在中国粮食主产区及重要的能源生产区。2019 年，黄河中下游区、东北地区的粮食产量、煤炭及石油产量分别占全国的 47.76%、80.66%及 56.94%，而西南地区则提供了超过 60%的水电；长江中游、东部沿海及南部沿海地区受化石能源分布及地形地势等因素影响，火能水足迹与粮食蓝水足迹平均占比超过 93%，但区域内丰富的水资源能够满足其自身粮食生产与电力生产对水资源的需求。本章与 Liu 等（2020）得出的 2000～2015 年中国西北地区能源-粮食生产对水资源的竞争指数持续上升的结论基本一致，而且均认为，中国经济的增长，尤其是能源行业的发展，对中国各地区能源-粮食生产对水资源竞争压力在一定程度上加剧了中国各地区能源-粮食生产对水资源的竞争压力。虽然与

Hua 等（2020）所得结果一致，但在空间分布格局上存在差异，原因可能在于一方面 Hua 等（2020）所计算的结果未包含能源灰水足迹，同时电力水足迹仅包括水电和火电，另一方面级别划分标准也存在差异。

4.2.3　中国能源-粮食生产对水资源竞争指数时空交互特征分析

1. LISA 时间路径变化分析

根据相关公式计算得到中国能源-粮食生产对水资源竞争指数的 LISA 时间路径的相对长度和弯曲度，同时采用自然断点法将其分为四类，并分别对比 1990 年和 2019 年能源-粮食生产对水资源竞争指数 Moran *I* 散点图的位置，计算得到各地区能源-粮食生产对水资源竞争指数 LISA 坐标点的移动方向，并将其分为四类，其中，0°～90°表示某区域的地理要素与其相邻区域具有协同高增长趋势；90°～180°和 270°～360°表示呈反向增长趋势；180°～270°表示具有协同低增长趋势，如图 4.7 所示。

LISA 时间路径的相对长度体现了地理要素局部空间结构的动态性特征。从图 4.7（a）来看，相对长度小于均值的地区数量有 19 个，占区域总数的 61.29%，表明中国能源-粮食生产对水资源竞争指数的整体空间格局具有较强的稳定性。相对长度的高值区主要集中在东北、华北及西北等中国北方地区，低值区则主要集中在中国西南、长江流域及南部沿海等南方地区。原因在于，北方地区

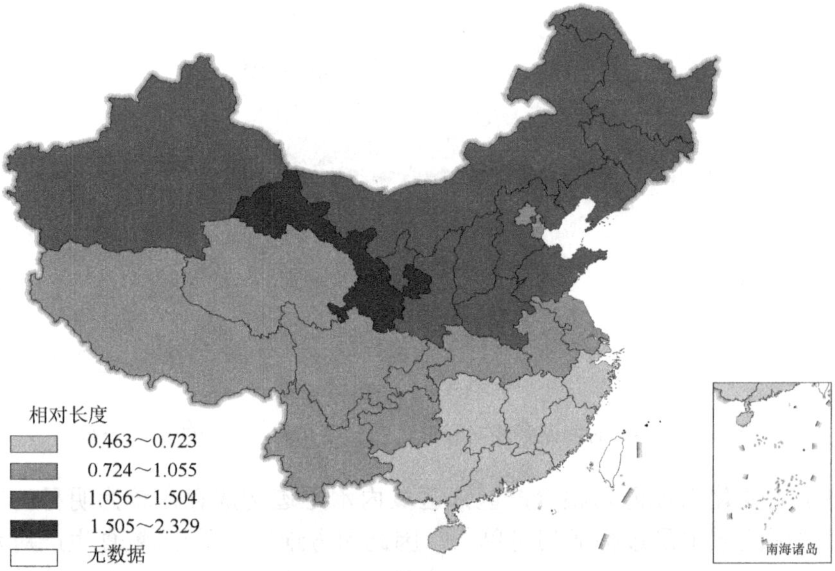

(a) 相对长度

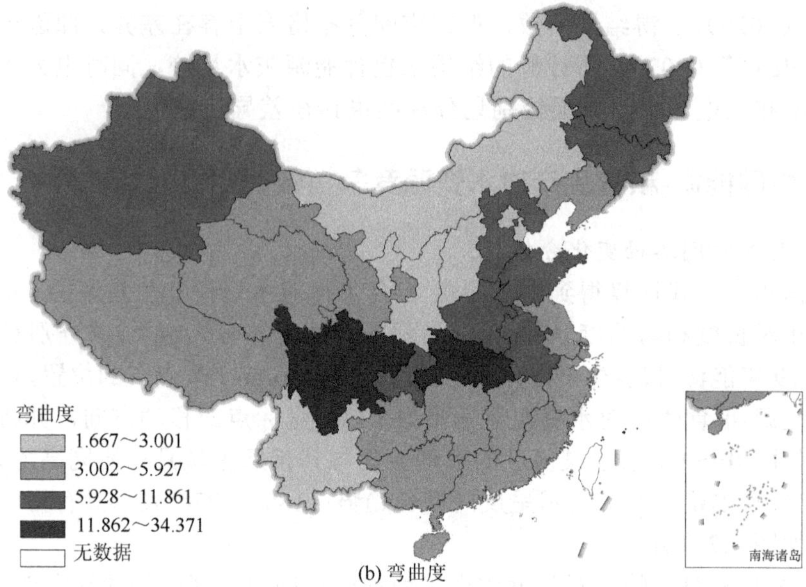

(b) 弯曲度

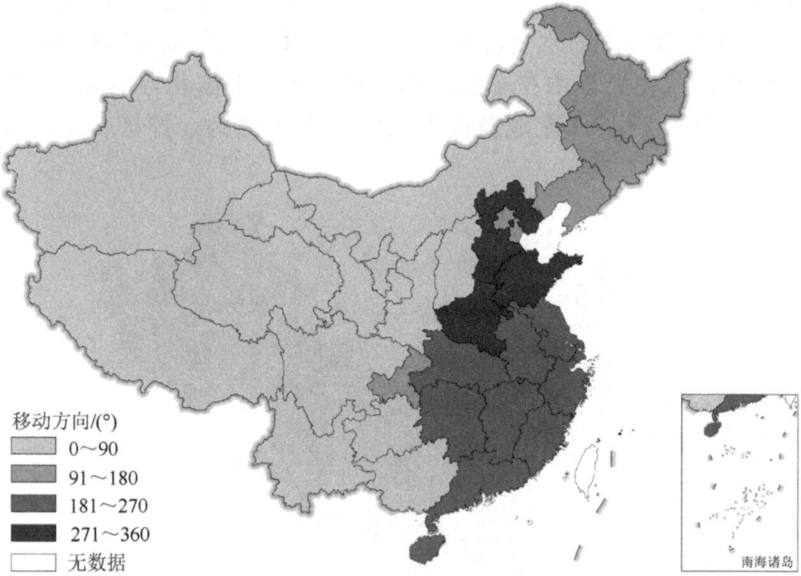

(c) 移动方向

图 4.7　LISA 时间路径相对长度、弯曲度和移动方向的空间分布

作为中国主要化石能源与粮食产区，区域内水足迹构成存在较为明显的差异，而南方地区区域水足迹构成相对单一，因此南方地区的能源-粮食生产对水资源竞争指数的空间格局相比北方而言稳定性更强，北方地区局部空间结构的动态性差异则更加明显。

LISA 时间路径的弯曲度可用于揭示地理要素局部空间结构在空间依赖方向上的动态性特征。图 4.7（b）显示，各地区弯曲度均大于 1，说明研究时段内各地区能源-粮食生产对水资源竞争指数的 Moran *I* 散点移动路径呈现非直线状态，表明各地区在不同程度上均受局部结构的时空依赖效应影响，其中四川、湖北、华北、东北等地区的弯曲度较大，反映出这些地区对其邻近地区的空间依赖方向具有较大的波动性，其空间变迁过程呈现较强的动态性特征。弯曲度较小的地区主要集中在内蒙古、山西、陕西及南部沿海地区，表明其空间依赖方向的稳定性较强，而且随着时间推移其空间变迁过程的动态性较弱。

LISA 时间路径的移动方向可以反映区域地理要素局部空间格局演变的整合性特征。从图 4.7（c）来看，1990 年以来，中国能源-粮食生产对水资源竞争指数协同增长的地区有 21 个，表明在研究时段内竞争指数空间格局变化具有较强的整合性，即各地区与其相邻区域能源-粮食生产对水资源竞争整体呈明显的高（低）协同增长趋势。其中协同高增长的地区有 12 个，主要分布在胡焕庸线的西侧，而协同低增长的地区主要分布在长江中下游区及南部沿海地区。未来，中国能源-粮食生产对水资源竞争压力将大致以胡焕庸线为界，其西侧地区的竞争压力短期内难以得到缓解，且有加剧的趋势，东侧区域竞争压力则能得到一定程度的缓解。

2. LISA 时空跃迁分析

LISA 时空跃迁能进一步揭示地理要素 Moran *I* 散点在不同局部空间相关类型间的转移状况。根据 Moran *I* 散点图，分别计算得到地理要素时空跃迁概率，由相关公式计算得出各要素的时空流动、时空凝聚和相对移动率 p，结果如表 4.6 所示（HH：高-高集聚；HL：高-低集聚；LH：低-高集聚；LL：低-低集聚）。

表 4.6　Moran *I* 散点图的时空跃迁

要素		HH	HL	LH	LL	类型	数量	比例	SF	SC	p
EFCI	HH	0.839	0.041	0.115	0.005	$Type_0$	760	0.908	0.088	0.910	0.097
	HL	0.087	0.889	0.006	0.016	$Type_1$	42	0.050			
	LH	0.054	0.000	0.923	0.023	$Type_2$	32	0.038			
	LL	0.004	0.011	0.026	0.960	$Type_3$	3	0.004			

表 4.6 显示：①从空间状态转移来看，对角线上的元素均远大于非对角线上的元素，即最为普遍的时空跃迁类型为 $Type_0$ 型。②时间遍历情况表明，有 32.3%的地区保持在 LL 状态，低值空间集聚相对明显。③时空转移概率显示，研究时期内各地区 Moran *I* 散点保持在原象限的概率为 90.8%，时空凝聚概率达到 91%，时空流动概率仅为 8.8%，说明中国各地区能源-粮食生产对水资源竞争指数分布的空间凝聚性较强，其状态相对稳定，存在一定的路径依赖和锁定特征。④对相对移动率而

言，相对移动率用于表征状态转移程度，其值越大表明状态转移越剧烈，p 值仅为0.097，说明在研究时段内各地理要素的状态转移程度较弱。整体而言，水资源竞争指数的空间分布存在较强的转移惰性，反映出当前中国各地区能源-粮食生产对水资源的竞争态势仍将持续，水资源竞争压力高值区在短时间内难以得到本质性缓解。综合来看，LISA 时间路径相对长度表明中国南方地区的能源-粮食生产对水资源竞争指数的空间格局比北方稳定性更强；弯曲度表明中国各地区在不同程度上均受局部结构的时空依赖效应影响；移动方向显示研究时段内竞争指数空间格局变化具有较强的整合性。LISA 时空跃迁显示中国各地区能源-粮食生产对水资源竞争指数分布的空间凝聚性较强，其状态相对稳定，存在一定的路径依赖和锁定特征。

4.3 基于 IO 模型和 ENA 法的能源-水资源耦合关系分析

根据《国民经济行业分类》（GB/T 4754—2017），结合研究实际，本书将2012 年、2015 年及 2017 年国民经济行业分为 42 个部门，并在此基础上，将 42 个部门进行合并，分为：①农业；②采矿业；③制造业；④电力、热力、燃气及水生产和供应业；⑤建筑业；⑥服务业。具体分类情况如表 4.7 所示。

表 4.7 本书的国民经济行业分类

部门分类	42 部门分类	部门代码
农业	农、林、牧、渔业	1
采矿业	煤炭开采和洗选业	2
	石油和天然气开采业	3
	黑色/有色金属矿采选业	4
	非金属矿及其他矿采选业	5
制造业	食品制造及烟草加工业	6
	纺织业	7
	纺织服装、鞋帽、皮革、羽绒及其制品业	8
	木材加工品及家具制造业	9
	造纸、印刷和文教、体育用品制造业	10
	石油加工、炼焦及核燃料加工业	11
	化学工业	12
	非金属矿物制造业	13
	金属冶炼及压延加工业	14
	金属制品业	15
	通用设备制造业	16
	专用设备制造业	17

续表

部门分类	42 部门分类	部门代码
制造业	交通运输设备制造业	18
	电气机械和器材制造业	19
	通信设备、计算机和其他电子设备制造业	20
	仪器仪表制造业	21
	其他制造业	22
	废品废料业	23
	金属制品、机械和设备修理业	24
电力、热力、燃气及水生产和供应业	电力、热力生产和供应业	25
	燃气生产和供应业	26
	水的生产和供应业	27
建筑业	建筑业	28
服务业	批发和零售业	29
	交通运输、仓储和邮政业	30
	住宿和餐饮业	31
	信息传输、软件和信息技术服务业	32
	金融业	33
	房地产业	34
	租赁和商务服务业	35
	科学研究和技术服务业	36
	水利、环境和公共设施管理业	37
	居民服务、修理和其他服务业	38
	教育	39
	卫生和社会工作	40
	文化、体育和娱乐业	41
	公共管理、社会保障和社会组织	42

4.3.1　中国能源、水资源消耗分析

根据相关公式计算得到 2012 年、2015 年及 2017 年各省及各部门水资源消耗、能源消耗及混合水资源消耗、混合能源消耗，结果如表 4.8～表 4.11 所示。表中 FU101、FU102、FU103、FU201、FU202 分别表示农村居民消费、城镇居民消费、政府消费、固定资本形成总额、存货增加的水资源或能源消耗，Ag、Mi、Ma、Ew、Co、St 分别表示农业，采矿业，制造业，电力、热力、燃气及水生产和供应业，建筑业，服务业。

表 4.8　2012～2017 年中国各省水资源及混合水资源消耗情况　　（单位：亿 m³）

		2012 年水资源消耗					2012 年混合水资源消耗					2015 年水资源消耗					2015 年混合水资源消耗					2017 年水资源消耗					2017 年混合水资源消耗				
		FU101	FU102	FU103	FU201	FU202	FU101	FU102	FU103	FU201	FU202	FU101	FU102	FU103	FU201	FU202	FU101	FU102	FU103	FU201	FU202	FU101	FU102	FU103	FU201	FU202	FU101	FU102	FU103	FU201	FU202
北京	Ag	0.38	8.45	0.17	0.24	0.41	0.37	8.07	0.16	0.23	0.39	0.17	3.73	0.04	0.05	0.11	0.21	4.65	0.05	0.06	0.14	0.33	3.81	0.01	0.03	0.05	0.38	4.31	0.01	0.04	0.06
	Mi	0.02	0.01	0.00	0.00	0.02	0.04	0.02	0.00	0.00	0.10	0.00	0.00	0.00	0.00	0.00	0.00	0.00	0.00	0.00	0.01	0.00	0.00	0.00	0.00	0.00	0.00	0.00	0.00	0.00	0.00
	Ma	0.13	1.25	0.00	0.22	–0.10	0.13	1.27	0.00	0.25	–0.17	0.05	0.73	0.00	0.19	0.09	0.07	0.76	0.00	0.11	0.13	0.05	0.71	0.00	0.02	0.07	0.05	0.76	0.00	0.05	0.08
	Ew	0.07	0.67	0.00	0.00	–0.01	0.11	0.99	0.00	0.00	–0.01	0.01	0.15	0.00	0.00	0.00	0.03	0.32	0.00	0.00	0.00	0.01	0.13	0.00	0.00	0.00	0.03	0.29	0.00	0.00	0.00
	Co	0.00	0.00	0.00	0.20	0.00	0.00	0.00	0.00	0.29	0.00	0.00	0.02	0.00	0.70	0.00	0.00	0.02	0.00	0.69	0.00	0.00	0.00	0.00	0.29	0.00	0.00	0.00	0.00	0.34	0.00
	St	0.08	0.72	0.88	0.42	0.00	0.11	1.01	1.26	0.59	–0.01	0.11	1.82	1.58	0.63	0.01	0.13	2.28	1.23	0.73	0.01	0.10	1.28	0.79	0.89	0.01	0.12	1.53	0.90	1.07	0.02
天津	Ag	0.08	0.74	0.01	0.01	0.07	0.10	0.91	0.02	0.01	0.08	0.77	7.20	0.06	0.02	0.48	0.01	0.10	0.00	0.00	0.01	0.59	5.61	0.64	0.04	0.54	0.01	0.08	0.01	0.00	0.01
	Mi	0.00	0.00	0.00	0.00	0.00	0.00	0.00	0.00	0.00	0.03	0.00	0.00	0.00	0.00	0.02	0.00	0.00	0.00	0.00	0.00	0.00	0.00	0.00	0.00	0.00	0.00	0.00	0.00	0.00	0.00
	Ma	0.03	0.28	0.00	0.48	–0.08	0.03	0.35	0.00	0.66	–0.08	0.14	1.57	0.00	1.23	0.81	0.05	0.51	0.00	0.08	0.25	0.30	2.40	0.00	0.71	0.13	0.11	0.70	0.00	0.17	0.08
	Ew	0.01	0.19	0.00	0.00	0.00	0.01	0.32	0.00	0.00	0.00	0.02	0.71	0.00	0.00	0.00	0.00	0.03	0.00	0.00	0.00	0.03	0.40	0.00	0.00	0.03	0.00	0.03	0.00	0.00	0.00
	Co	0.00	0.00	0.00	0.08	0.00	0.00	0.00	0.00	0.10	0.00	0.00	0.01	0.00	0.83	0.00	0.00	0.01	0.00	0.66	0.00	0.00	0.00	0.00	0.51	0.00	0.00	0.00	0.00	0.40	0.00
	St	0.27	2.35	12.07	0.21	0.00	0.32	2.86	14.59	0.27	0.00	0.36	2.09	0.70	0.64	0.12	0.66	5.61	13.32	0.58	0.05	0.23	1.92	0.53	1.55	0.03	0.64	3.63	13.36	0.77	0.02
河北	Ag	16.93	40.88	3.75	35.75	9.57	15.99	38.62	3.54	33.77	9.08	17.79	46.10	3.47	40.84	3.66	16.46	42.66	3.21	37.80	3.39	13.53	34.25	5.84	16.94	–0.31	13.80	34.94	5.96	17.28	–0.31
	Mi	0.09	0.06	0.00	0.00	0.38	0.17	0.10	0.00	0.00	0.70	0.01	0.01	0.00	0.00	0.00	0.05	0.04	0.00	0.00	0.02	0.01	0.00	0.00	0.0	0.03	0.03	0.01	0.00	0.00	0.06
	Ma	7.09	18.15	0.00	7.42	–0.91	7.07	18.30	0.00	10.08	–0.80	4.49	12.84	0.00	3.94	0.49	3.63	10.24	0.00	7.58	0.42	9.73	20.00	0.00	8.34	0.38	10.02	20.59	0.00	8.72	0.39
	Ew	2.03	12.62	0.00	0.00	0.00	2.96	18.08	0.00	0.00	0.00	0.52	4.38	0.00	0.00	0.00	0.65	4.57	0.00	0.00	0.00	1.80	7.46	0.00	0.00	0.00	2.36	9.51	0.00	0.00	0.00
	Co	0.00	0.00	0.00	0.13	0.00	0.00	0.00	0.00	0.16	0.00	0.00	0.00	0.00	0.62	0.00	0.00	0.04	0.00	6.78	0.00	0.00	0.00	0.00	7.90	0.00	0.00	0.00	0.00	8.37	0.00
	St	1.51	5.88	4.20	2.52	0.07	1.86	7.44	5.07	2.89	0.08	1.67	7.39	7.22	2.05	0.33	2.36	10.23	10.14	3.70	0.59	2.54	9.34	3.96	4.61	0.03	2.73	10.03	4.28	5.04	0.03
山西	Ag	1.96	3.65	0.09	1.76	6.62	2.12	3.96	0.10	1.91	7.15	5.65	10.67	0.05	3.41	6.26	9.39	17.73	0.08	5.67	10.40	11.38	24.78	0.39	1.70	4.35	13.28	28.92	0.46	1.99	5.07
	Mi	0.04	0.03	0.00	0.00	3.16	0.05	0.04	0.00	0.00	5.34	0.01	0.01	0.00	0.00	1.45	0.05	0.04	0.00	0.00	5.72	0.06	0.06	0.00	0.00	0.43	0.10	0.09	0.00	0.00	0.72
	Ma	4.24	6.43	0.00	6.55	–1.24	4.64	7.11	0.00	7.85	–1.47	0.52	1.18	0.00	2.65	1.01	0.56	1.20	0.00	1.96	1.48	0.64	1.42	0.00	0.30	0.22	0.74	1.62	0.00	0.36	0.29

续表

		2012 年水资源消耗					2012 年混合水资源消耗					2015 年水资源消耗					2015 年混合水资源消耗					2017 年水资源消耗					2017 年混合水资源消耗				
		FU101	FU102	FU103	FU201	FU202	FU101	FU102	FU103	FU201	FU202	FU101	FU102	FU103	FU201	FU202	FU101	FU102	FU103	FU201	FU202	FU101	FU102	FU103	FU201	FU202	FU101	FU102	FU103	FU201	FU202
山西	Ew	1.25	1.93	0.00	0.00	0.00	1.81	2.79	0.00	0.00	0.00	0.47	0.81	0.00	0.00	0.00	0.57	0.92	0.00	0.00	0.00	0.77	1.21	0.00	0.00	0.02	1.29	2.01	0.00	0.00	0.02
	Co	0.00	0.00	0.00	1.57	0.00	0.00	0.00	0.00	1.99	0.00	0.00	0.00	0.00	14.89	0.00	0.00	0.00	0.00	1.25	0.00	0.00	0.00	0.00	0.92	0.00	0.00	0.00	0.00	1.16	0.00
	St	3.65	10.46	2.63	3.50	−0.06	4.26	12.40	3.15	4.24	−0.07	2.10	5.92	1.05	0.97	−0.28	1.87	5.96	4.63	1.11	−0.41	1.31	4.97	3.23	0.79	0.06	1.65	6.26	3.82	1.07	0.07
内蒙古	Ag	10.49	23.40	25.67	5.24	26.35	10.25	22.87	25.10	5.10	25.62	10.17	28.60	11.81	3.27	40.23	12.06	33.94	14.01	3.88	47.74	25.38	30.10	13.80	39.77	9.16	27.13	32.17	14.76	42.52	9.79
	Mi	0.27	0.08	0.00	0.00	0.63	0.52	0.15	0.00	0.00	1.55	0.04	0.02	0.00	0.00	0.40	0.14	0.05	0.00	0.00	1.24	0.00	0.00	0.00	0.00	−0.15	0.00	0.00	0.00	0.00	−0.29
	Ma	7.00	22.52	0.00	4.68	−0.34	7.19	23.34	0.00	5.96	−0.14	8.75	33.93	0.00	3.96	6.31	3.41	13.76	0.00	2.59	3.11	1.50	4.71	0.00	0.45	−2.00	1.63	5.08	0.00	0.46	−2.16
	Ew	1.24	10.68	0.00	0.00	0.00	1.87	16.07	0.00	0.00	0.00	0.20	2.15	0.00	0.00	0.00	0.62	6.81	0.00	0.00	0.00	0.91	4.79	0.00	0.00	1.70	1.27	6.63	0.00	0.00	2.40
	Co	0.00	0.00	0.00	0.50	0.00	0.00	0.00	0.00	0.53	0.00	0.00	0.00	0.00	1.04	0.00	0.02	0.02	0.00	18.21	0.00	0.04	0.07	0.00	7.16	0.00	0.05	0.07	0.00	7.91	0.00
	St	2.86	10.30	5.66	1.66	0.00	3.48	13.38	6.64	2.25	0.00	0.86	2.85	2.93	1.41	0.00	1.56	5.39	2.81	1.20	0.00	2.25	9.30	3.34	1.81	−0.31	2.58	10.65	3.77	2.07	−0.35
辽宁	Ag	7.69	31.91	3.44	2.26	16.90	8.07	33.51	3.62	−10.8	17.75	9.10	38.73	2.39	3.49	−3.71	10.49	44.63	2.75	4.02	−4.28	4.26	28.03	3.32	15.06	3.22	4.32	28.40	3.36	15.26	3.26
	Mi	0.01	0.01	0.00	0.00	0.05	0.02	0.02	0.00	0.00	0.53	0.00	0.00	0.00	0.00	0.05	0.01	0.01	0.00	0.00	0.14	0.00	0.00	0.00	0.00	0.29	0.00	0.00	0.00	0.00	0.49
	Ma	3.51	13.87	0.00	9.09	−0.05	3.87	15.43	0.00	12.47	0.07	3.79	15.20	0.00	9.25	1.91	2.27	9.05	0.00	9.15	1.24	1.83	7.69	0.00	1.07	0.58	1.99	8.39	0.00	1.36	0.60
	Ew	0.69	6.27	0.00	0.00	0.00	1.11	10.04	0.00	0.00	0.00	0.20	1.91	0.00	0.00	0.00	0.54	5.19	0.00	0.00	0.00	1.06	8.53	0.00	0.00	0.02	1.29	10.27	0.00	0.00	0.02
	Co	0.00	0.00	0.00	1.31	0.00	0.00	0.00	0.00	1.86	0.00	0.01	0.06	0.00	7.33	0.00	0.01	0.08	0.00	9.55	0.00	0.05	0.05	0.00	3.33	0.00	0.05	0.05	0.00	3.49	0.00
	St	1.67	9.12	2.85	3.86	0.03	2.21	12.05	3.83	4.98	0.04	1.83	10.21	3.31	4.48	0.65	1.99	11.17	0.91	5.56	1.07	2.25	15.42	1.08	2.87	0.20	2.40	16.55	1.13	3.06	0.21
吉林	Ag	2.49	2.69	0.92	4.97	0.44	2.60	2.81	0.97	5.19	0.46	11.39	12.60	2.84	13.41	−1.16	0.87	0.97	0.22	1.03	−0.09	11.12	29.61	9.61	3.64	−0.62	0.49	1.31	0.42	0.16	−0.03
	Mi	0.02	0.01	0.00	0.00	0.00	0.04	0.01	0.00	0.00	0.03	0.01	0.01	0.00	0.00	0.00	0.00	0.00	0.00	0.00	0.00	0.00	0.00	0.00	0.00	0.00	0.00	0.00	0.00	0.00	0.00
	Ma	0.98	2.19	0.00	2.64	0.01	1.04	2.34	0.00	3.12	0.02	5.01	11.97	0.00	14.82	2.36	0.66	1.64	0.00	0.41	0.20	6.19	10.57	0.00	2.93	2.36	0.94	1.60	0.00	0.69	0.26
	Ew	0.21	2.61	0.00	0.00	0.00	0.26	3.18	0.00	0.00	0.00	0.44	6.29	0.00	0.00	−0.01	0.04	0.49	0.00	0.00	0.00	2.60	7.02	0.00	0.00	0.47	0.26	0.61	0.00	0.00	0.08
	Co	0.00	0.00	0.00	1.32	0.00	0.00	0.00	0.00	1.41	0.00	0.00	0.01	0.00	3.12	0.00	0.00	0.01	0.00	2.39	0.00	0.03	0.03	0.00	7.68	0.00	0.02	0.02	0.00	4.47	0.00
	St	1.64	5.40	80.64	2.62	0.00	1.75	5.78	82.27	2.93	0.00	3.57	12.37	3.39	10.54	0.41	1.67	5.40	97.87	3.12	0.03	1.78	4.18	1.86	7.93	−1.09	1.36	3.18	93.65	2.71	−0.31
黑龙江	Ag	21.68	77.51	7.46	64.03	34.69	21.48	76.82	7.40	63.47	35.03	21.16	77.49	2.43	93.97	23.99	24.14	88.39	2.77	107.2	27.37	28.06	136.6	35.86	0.00	−1.16	28.11	136.8	35.91	0.00	−1.16

续表

		2012 年水资源消耗					2012 年混合水资源消耗					2015 年水资源消耗					2015 年混合水资源消耗					2017 年水资源消耗					2017 年混合水资源消耗				
		FU101	FU102	FU103	FU201	FU202	FU101	FU102	FU103	FU201	FU202	FU101	FU102	FU103	FU201	FU202	FU101	FU102	FU103	FU201	FU202	FU101	FU102	FU103	FU201	FU202	FU101	FU102	FU103	FU201	FU202
黑龙江	Mi	0.64	0.27	0.00	0.00	0.05	0.86	0.36	0.00	0.00	0.16	0.12	0.05	0.00	0.00	0.06	0.20	0.09	0.00	0.00	0.10	0.28	0.05	0.00	0.00	0.03	0.85	0.13	0.00	0.00	0.08
	Ma	13.33	33.68	0.00	7.82	−0.48	13.30	33.68	0.00	8.56	−0.31	7.97	19.56	0.00	6.06	3.46	4.14	10.49	0.00	3.60	1.80	9.34	20.26	0.00	2.91	1.66	9.46	20.49	0.00	2.85	1.69
	Ew	3.92	23.73	0.00	0.00	0.00	4.33	25.82	0.00	0.00	0.00	2.20	12.26	0.00	0.00	0.00	1.30	7.50	0.00	0.00	0.00	1.51	6.60	0.00	0.00	0.48	2.23	10.38	0.00	0.00	0.78
	Co	0.00	0.00	0.00	2.14	0.00	0.00	0.00	0.00	2.23	0.00	0.00	0.00	0.00	0.96	0.00	0.00	0.00	0.00	0.94	0.00	0.01	0.01	0.00	1.97	0.00	0.01	0.01	0.00	2.05	0.00
	St	6.30	20.44	5.56	13.82	0.03	6.73	21.90	6.05	14.57	0.04	6.92	24.03	7.27	25.48	0.86	5.05	19.71	17.42	18.98	0.85	11.45	38.40	23.70	17.09	1.03	11.68	39.08	21.70	17.59	1.06
上海	Ag	1.88	34.16	0.68	0.06	0.33	1.84	33.45	0.67	0.06	0.33	0.94	17.40	0.20	0.00	−0.02	1.17	21.79	0.25	0.00	−0.02	0.52	6.71	0.63	0.00	0.00	0.52	6.62	0.62	0.00	0.00
	Mi	0.00	0.00	0.00	0.00	0.17	0.00	0.00	0.00	0.00	2.65	0.00	0.00	0.00	0.00	0.00	0.00	0.00	0.00	0.00	0.01	0.00	0.00	0.00	0.00	0.00	0.00	0.00	0.00	0.00	0.01
	Ma	0.32	7.32	0.00	1.95	0.13	0.31	7.03	0.00	1.90	0.44	0.06	1.21	0.00	0.20	0.24	0.10	2.07	0.00	0.36	0.33	0.15	1.60	0.00	0.49	0.16	0.15	1.64	0.00	0.51	0.17
	Ew	3.32	26.17	0.00	0.00	0.00	3.44	27.00	0.00	0.00	0.00	0.64	5.87	0.00	0.00	−0.02	0.74	6.67	0.00	0.00	−0.02	0.53	5.02	0.00	0.00	0.28	0.55	5.28	0.00	0.00	0.29
	Co	0.00	0.00	0.00	0.92	0.00	0.00	0.00	0.00	0.92	0.00	0.01	0.14	0.00	6.56	0.00	0.01	0.14	0.00	6.39	0.00	0.03	0.24	0.00	4.95	0.00	0.03	0.25	0.00	5.09	0.00
	St	0.65	8.81	0.72	2.74	0.06	0.65	8.73	0.70	2.75	0.06	2.35	31.69	0.98	9.81	0.64	1.94	30.17	1.85	6.59	0.51	2.24	46.02	2.13	7.52	0.19	2.31	47.48	2.20	7.75	0.20
江苏	Ag	47.18	92.99	33.35	24.13	0.25	45.98	90.63	32.50	23.52	0.26	17.44	34.25	6.46	5.27	0.09	51.91	101.9	19.24	15.69	0.27	53.47	152.9	23.29	2.44	−0.72	52.74	150.9	22.98	2.41	−0.71
	Mi	0.01	0.04	0.00	0.00	0.25	0.02	0.08	0.00	0.00	0.40	0.01	0.03	0.00	0.00	0.00	0.49	2.16	0.00	0.00	0.07	0.02	0.14	0.00	0.00	−0.03	0.63	5.47	0.00	0.00	−0.38
	Ma	21.03	51.43	0.00	54.43	0.45	20.90	51.18	0.00	57.79	1.63	17.86	44.06	0.00	31.57	16.43	22.01	57.28	0.00	51.69	19.86	19.23	67.46	0.00	16.21	2.95	19.32	67.78	0.00	16.39	2.95
	Ew	29.38	35.38	0.00	0.00	0.00	31.67	37.97	0.00	0.00	0.00	7.46	9.06	0.00	0.00	0.00	11.98	20.43	0.00	0.00	0.00	6.30	20.63	0.00	0.00	0.0	6.94	22.32	0.00	0.00	0.06
	Co	0.00	0.00	0.00	3.05	0.00	0.00	0.00	0.00	3.15	0.00	0.24	0.18	0.00	18.44	0.01	0.21	0.16	0.00	16.03	0.01	0.15	0.39	0.00	25.12	0.00	0.15	0.40	0.00	25.51	0.00
	St	17.19	47.42	25.80	14.74	0.00	18.25	50.23	27.70	15.60	0.00	80.27	183.3	14.6	31.05	0.00	23.28	69.39	27.45	18.09	0.00	17.36	85.09	18.68	15.70	3.82	18.45	90.18	19.05	16.26	3.96
浙江	Ag	8.10	61.76	0.85	13.81	2.35	7.95	60.59	0.84	13.55	2.31	5.48	45.42	0.35	4.03	0.67	9.99	82.72	0.64	7.33	1.22	7.25	28.09	0.45	1.93	−0.07	14.45	55.96	0.90	3.84	−0.13
	Mi	0.01	0.00	0.00	0.00	0.16	0.02	0.01	0.00	0.00	0.29	0.00	0.00	0.00	0.00	0.01	0.01	0.00	0.00	0.00	0.09	0.00	0.00	0.00	0.00	0.01	0.01	0.00	0.00	0.00	0.02
	Ma	2.50	8.18	0.00	6.20	1.12	2.60	8.88	0.00	6.86	1.80	2.49	9.37	0.00	1.08	3.12	1.59	6.52	0.00	1.39	2.63	1.70	5.30	0.00	2.07	25.48	1.46	4.81	0.00	3.64	23.68
	Ew	8.32	18.77	0.00	0.00	0.00	11.16	23.12	0.00	0.00	0.00	3.18	9.54	0.00	0.00	0.00	2.54	10.72	0.00	0.00	0.00	1.71	5.91	0.00	0.00	0.39	1.48	5.74	0.00	0.00	0.70
	Co	0.00	0.00	0.00	0.52	0.00	0.00	0.00	0.00	0.66	0.00	0.27	0.00	0.00	33.75	0.00	0.08	0.00	0.00	9.91	0.00	0.17	0.65	0.00	19.25	0.00	0.06	0.21	0.00	6.35	0.00
	St	2.19	9.97	5.91	1.24	0.01	2.67	12.14	6.46	1.52	0.02	2.18	11.26	2.67	1.24	0.20	1.49	7.63	1.33	0.03	0.04	3.18	10.88	5.16	7.36	0.12	2.99	7.29	2.36	3.23	0.02

续表

		2012 年水资源消耗					2012 年混合水资源消耗					2015 年水资源消耗					2015 年混合水资源消耗					2017 年水资源消耗					2017 年混合水资源消耗				
		FU101	FU102	FU103	FU201	FU202	FU101	FU102	FU103	FU201	FU202	FU101	FU102	FU103	FU201	FU202	FU101	FU102	FU103	FU201	FU202	FU101	FU102	FU103	FU201	FU202	FU101	FU102	FU103	FU201	FU202
安徽	Ag	17.86	42.30	2.07	6.39	7.37	17.74	42.01	2.06	6.35	7.45	30.29	71.54	2.01	13.25	5.88	23.81	56.24	1.58	10.42	4.62	11.92	23.32	2.35	31.02	0.24	16.74	32.76	3.31	43.57	0.34
	Mi	0.25	0.02	0.00	0.00	0.25	0.28	0.02	0.00	0.00	0.27	0.02	0.00	0.00	0.00	–0.01	0.05	0.00	0.00	0.00	–0.01	0.00	0.00	0.00	0.00	0.00	0.00	0.00	0.00	0.00	0.00
	Ma	10.90	22.39	0.00	42.83	1.76	11.07	22.73	0.00	44.47	2.19	9.19	19.71	0.00	21.90	8.45	14.34	28.40	0.00	20.10	14.13	15.69	34.39	0.00	19.16	0.66	15.38	32.98	0.00	16.50	0.63
	Ew	9.10	38.75	0.00	0.00	0.00	9.58	40.77	0.00	0.00	0.00	2.73	13.45	0.00	0.00	0.00	2.96	14.92	0.00	0.00	0.00	3.13	6.92	0.00	0.00	1.58	5.01	11.07	0.00	0.00	2.48
	Co	0.00	0.00	0.00	4.59	0.00	0.00	0.00	0.00	4.75	0.00	0.02	0.07	0.00	18.81	0.00	0.02	0.06	0.00	17.15	0.00	0.27	0.38	0.00	22.42	0.00	0.13	0.18	0.00	10.54	0.00
	St	8.32	25.58	6.66	10.44	–0.62	8.52	26.23	6.75	10.67	–0.61	4.96	17.71	5.06	5.57	0.40	6.00	21.43	12.63	8.33	0.74	8.74	35.64	13.67	18.66	0.25	6.95	33.06	11.08	15.43	0.23
福建	Ag	9.13	25.66	3.57	12.94	0.28	8.30	23.33	3.24	11.76	0.27	8.60	24.51	2.91	1.19	0.08	8.33	23.74	2.82	1.15	0.08	8.02	17.82	8.58	9.72	0.52	8.32	18.50	8.91	10.09	0.54
	Mi	0.01	0.01	0.00	0.00	0.02	0.02	0.02	0.00	0.00	0.04	0.00	0.00	0.00	0.00	0.00	0.00	0.00	0.00	0.00	0.02	0.00	0.00	0.00	0.00	–0.01	0.00	0.00	0.00	0.00	–0.01
	Ma	4.96	14.76	0.00	9.33	–1.12	4.84	14.43	0.00	10.40	–0.50	7.96	23.87	0.00	4.74	8.78	5.98	18.01	0.00	3.51	6.63	4.90	13.91	0.00	4.28	2.72	5.27	15.08	0.00	4.97	2.92
	Ew	6.30	21.84	0.00	0.00	0.00	7.74	26.31	0.00	0.00	0.00	1.34	5.83	0.00	0.00	0.00	1.16	4.42	0.00	0.00	0.00	0.35	1.24	0.00	0.00	0.04	0.50	1.76	0.00	0.00	0.04
	Co	0.00	0.00	0.00	5.00	0.00	0.00	0.00	0.00	5.73	0.00	0.14	0.29	0.00	44.81	0.00	0.24	0.51	0.00	78.30	0.00	0.00	0.00	0.00	42.94	0.00	0.00	0.00	0.00	46.54	0.00
	St	9.13	23.78	11.38	11.05	0.45	11.08	28.81	13.30	13.42	0.61	4.35	12.14	3.20	7.69	3.38	2.41	8.55	5.01	6.44	2.30	2.78	9.21	5.70	21.97	0.92	3.11	10.27	6.43	24.76	1.02
江西	Ag	31.23	44.09	3.33	5.34	11.20	30.08	42.47	3.21	5.15	10.97	45.66	64.65	4.45	7.92	9.94	41.06	58.14	4.00	7.12	8.94	12.19	40.73	6.45	63.96	5.44	12.40	41.43	6.56	65.06	5.54
	Mi	0.00	0.00	0.00	0.00	0.12	0.00	0.01	0.00	0.00	0.28	0.00	0.00	0.00	0.00	0.03	0.00	0.00	0.00	0.00	0.06	0.00	0.00	0.00	0.00	0.03	0.00	0.00	0.00	0.00	0.27
	Ma	10.19	21.67	0.00	13.54	–0.22	10.07	21.44	0.00	14.36	–0.05	10.69	22.53	0.00	13.68	2.59	7.39	15.71	0.00	23.50	1.54	8.27	17.43	0.00	6.30	1.37	8.53	17.99	0.00	6.59	1.43
	Ew	9.02	18.80	0.00	0.00	0.00	10.53	21.94	0.00	0.00	0.00	1.29	2.70	0.00	0.00	0.00	3.22	6.73	0.00	0.00	0.01	2.76	8.90	0.00	0.00	0.68	3.20	9.91	0.00	0.00	0.70
	Co	0.00	0.00	0.00	2.57	0.00	0.00	0.00	0.00	2.84	0.00	0.01	0.02	0.00	4.47	0.00	0.03	0.07	0.00	14.22	0.00	0.15	0.35	0.00	20.06	0.00	0.15	0.36	0.00	20.72	0.00
	St	6.35	14.94	16.95	5.25	0.01	6.84	16.14	17.64	5.71	0.02	3.44	7.74	9.96	3.50	0.42	4.71	11.11	10.42	3.69	0.33	3.01	9.66	6.93	2.02	0.12	3.11	10.01	7.09	2.10	0.13
山东	Ag	19.05	47.43	10.91	20.45	0.00	16.44	40.93	9.42	17.65	0.00	13.56	33.36	4.03	10.61	–0.09	18.69	46.00	5.55	14.63	–0.12	5.40	14.99	1.08	0.36	0.67	11.89	33.01	2.37	0.79	1.47
	Mi	0.10	0.11	0.00	0.00	0.00	0.26	0.30	0.00	0.00	0.00	0.01	0.01	0.00	0.00	–0.04	0.02	0.07	0.00	0.00	–0.40	0.04	0.13	0.00	0.00	0.15	0.05	0.15	0.00	0.00	0.18
	Ma	8.06	23.45	0.00	17.89	0.00	8.12	23.40	0.00	26.97	0.00	12.50	36.52	0.00	14.23	0.58	11.34	32.83	0.00	16.31	0.01	11.66	29.69	0.00	8.59	4.10	14.23	35.80	0.00	7.62	3.71
	Ew	0.46	7.90	0.00	0.00	0.00	0.60	10.70	0.00	0.00	0.00	0.15	1.90	0.00	0.00	–0.08	0.18	2.37	0.00	0.00	–0.09	0.92	3.42	0.00	0.00	0.03	1.15	4.08	0.00	0.00	0.02
	Co	0.00	0.00	0.00	3.63	0.00	0.00	0.00	0.00	8.04	0.00	0.04	0.06	0.00	11.67	–0.41	0.00	0.00	0.00	0.42	–0.01	0.00	0.00	0.00	0.62	0.00	0.00	0.00	0.00	0.56	0.00

续表

		2012 年水资源消耗					2012 年混合水资源消耗				
		FU101	FU102	FU103	FU201	FU202	FU101	FU102	FU103	FU201	FU202
山东	St	2.79	9.16	3.27	4.91	0.00	3.63	12.67	3.81	5.95	0.00
河南	Ag	26.13	33.33	6.90	4.20	10.70	24.81	31.64	6.55	3.98	10.28
	Mi	0.32	0.11	0.00	0.00	0.28	0.44	0.15	0.00	0.00	0.73
	Ma	9.14	20.90	0.00	19.62	2.10	9.16	20.97	0.00	23.22	2.60
	Ew	5.36	19.10	0.00	0.00	0.00	6.33	22.06	0.00	0.00	0.00
	Co	0.00	0.00	0.00	3.56	0.00	0.00	0.00	0.00	4.05	0.00
	St	6.19	15.82	4.51	7.72	0.00	7.20	18.46	5.30	8.74	0.00
湖北	Ag	15.82	24.58	0.85	25.44	136.14	18.58	28.86	0.99	29.88	6.53
	Mi	0.16	0.10	0.00	0.00	0.45	0.04	0.03	0.00	0.00	0.06
	Ma	3.06	10.16	0.71	8.09	−8.82	15.09	38.25	0.46	39.58	0.04
	Ew	8.24	28.37	0.00	0.00	0.00	8.24	31.23	0.00	0.00	0.00
	Co	0.00	0.00	0.00	3.34	0.00	0.00	0.00	0.00	32.64	0.00
	St	0.95	3.65	3.03	3.64	0.04	4.08	16.35	18.45	14.46	0.05
湖南	Ag	28.62	58.52	2.78	33.48	0.47	27.67	56.58	2.69	32.37	0.46
	Mi	0.32	0.43	0.00	0.00	0.07	0.50	0.67	0.00	0.00	0.10
	Ma	15.18	32.98	0.00	15.72	−0.09	15.09	32.87	0.00	17.62	0.19
	Ew	8.78	40.01	0.00	0.00	0.00	10.46	46.36	0.00	0.00	0.00
	Co	0.00	0.00	0.00	1.30	0.00	0.00	0.00	0.00	1.45	0.00
	St	7.96	25.04	4.29	10.12	0.11	9.12	28.65	4.85	11.44	0.14

		2015 年水资源消耗					2015 年混合水资源消耗				
		FU101	FU102	FU103	FU201	FU202	FU101	FU102	FU103	FU201	FU202
山东	St	2.88	12.26	13.56	4.49	1.07	1.35	4.89	2.24	29.56	1.47
河南	Ag	19.33	25.35	3.58	0.90	4.63	26.38	34.60	4.89	1.23	6.31
	Mi	0.10	0.03	0.00	0.00	0.44	0.17	0.15	0.00	0.00	−1.91
	Ma	12.94	31.05	0.00	30.56	3.61	10.40	24.26	0.00	34.55	4.04
	Ew	1.70	6.22	0.00	0.00	0.00	3.00	9.15	0.00	0.00	−0.09
	Co	0.16	0.30	0.00	11.62	0.00	0.06	0.11	0.00	4.15	0.00
	St	5.09	12.78	2.96	5.02	0.03	4.94	12.18	2.72	7.04	0.04
湖北	Ag	6.67	10.88	0.42	48.80	2.10	9.17	14.97	0.58	67.16	2.89
	Mi	0.00	0.00	0.00	0.00	0.00	0.00	0.00	0.00	0.00	0.02
	Ma	20.60	51.27	0.80	20.87	6.86	23.52	60.87	0.41	25.34	7.22
	Ew	1.47	8.49	0.00	0.00	0.00	2.34	11.27	0.00	0.00	0.00
	Co	0.00	0.00	0.00	29.29	0.00	0.00	0.00	0.00	7.75	0.00
	St	2.10	7.32	11.87	20.64	0.94	3.57	12.16	15.69	20.18	0.76
湖南	Ag	30.25	63.15	1.47	1.82	0.24	43.10	89.98	2.10	2.59	0.34
	Mi	0.03	0.04	0.00	0.00	0.01	0.09	0.21	0.00	0.00	0.02
	Ma	15.19	32.43	0.00	10.96	3.78	22.25	45.76	0.00	18.16	4.55
	Ew	1.95	10.50	0.00	0.00	0.00	2.87	13.00	0.00	0.00	0.00
	Co	0.00	0.04	0.00	11.42	0.00	0.00	0.02	0.00	5.32	0.00
	St	13.12	55.30	10.51	19.22	3.97	5.73	28.49	6.05	7.73	1.68

		2017 年水资源消耗					2017 年混合水资源消耗				
		FU101	FU102	FU103	FU201	FU202	FU101	FU102	FU103	FU201	FU202
山东	St	3.07	13.84	1.32	62.01	0.70	2.40	10.76	3.10	43.46	0.50
河南	Ag	30.89	62.59	7.22	3.88	7.92	21.14	42.83	4.94	2.66	5.42
	Mi	0.01	0.00	0.00	0.00	0.05	0.05	0.01	0.00	0.00	0.09
	Ma	9.08	16.52	0.00	11.33	1.04	14.78	27.01	0.00	19.05	1.72
	Ew	0.70	3.69	0.00	0.00	0.27	1.54	8.22	0.00	0.00	0.43
	Co	0.00	0.00	0.00	3.32	0.00	0.00	0.00	0.00	6.24	0.00
	St	2.66	8.64	1.60	2.31	0.07	4.71	15.48	2.81	4.43	0.13
湖北	Ag	15.80	50.85	2.74	14.34	0.86	17.39	55.96	3.02	15.78	0.95
	Mi	0.00	0.00	0.00	0.00	0.02	0.00	0.00	0.00	0.00	0.04
	Ma	14.97	47.42	0.00	15.09	2.23	17.11	54.21	0.00	18.30	2.55
	Ew	2.42	6.77	0.00	0.00	0.17	3.68	10.02	0.00	0.00	0.19
	Co	0.04	0.10	0.00	10.23	0.00	0.05	0.12	0.00	12.42	0.00
	St	6.07	28.61	4.54	12.45	0.17	7.45	35.31	5.39	15.01	0.20
湖南	Ag	28.75	59.67	3.83	34.39	1.07	29.37	60.97	3.91	35.13	1.10
	Mi	0.05	0.02	0.00	0.00	−0.03	0.09	0.04	0.00	0.00	−0.04
	Ma	16.81	46.24	0.00	4.83	3.33	17.40	47.91	0.00	5.21	3.59
	Ew	4.53	12.42	0.00	0.00	0.06	6.05	15.76	0.00	0.00	0.06
	Co	0.01	0.03	0.00	4.56	0.00	0.02	0.04	0.00	4.95	0.00
	St	7.57	32.41	8.07	10.02	1.05	8.00	34.23	8.39	10.66	1.11

续表

		2012年水资源消耗					2012年混合水资源消耗					2015年水资源消耗					2015年混合水资源消耗					2017年水资源消耗					2017年混合水资源消耗				
		FU101	FU102	FU103	FU201	FU202	FU101	FU102	FU103	FU201	FU202	FU101	FU102	FU103	FU201	FU202	FU101	FU102	FU103	FU201	FU202	FU101	FU102	FU103	FU201	FU202	FU101	FU102	FU103	FU201	FU202
广东	Ag	33.23	121.9	1.22	0.00	1.80	33.14	121.6	1.21	0.00	1.81	38.18	151.2	0.59	0.00	−0.35	52.99	209.9	0.82	0.00	−0.48	65.23	126.9	7.55	39.59	0.00	65.45	127.3	7.58	39.73	0.00
	Mi	0.02	0.00	0.00	0.00	0.25	0.04	0.00	0.00	0.00	0.79	0.00	0.00	0.00	0.00	0.02	0.01	0.00	0.00	0.00	0.04	0.00	0.00	0.00	0.00	0.00	0.00	0.00	0.00	0.00	0.00
	Ma	6.25	42.24	0.0	22.07	−5.78	6.28	42.36	0.00	22.12	−5.16	6.98	44.92	0.00	5.96	3.28	7.88	54.47	0.00	4.85	3.05	8.43	42.81	0.00	2.28	0.05	8.49	44.82	0.00	2.40	0.05
	Ew	7.71	44.33	0.00	0.00	0.00	9.42	52.03	0.00	0.00	0.00	1.79	9.93	0.00	0.00	0.00	0.59	3.05	0.00	0.00	0.00	0.89	5.57	0.00	0.00	0.00	4.86	14.07	0.00	0.00	0.00
	Co	0.00	0.00	0.00	16.07	0.00	0.00	0.00	0.00	16.78	0.00	0.01	0.02	0.00	4.00	0.00	0.00	0.00	0.00	0.03	0.00	0.00	0.00	0.00	0.18	0.00	0.00	0.00	0.00	0.18	0.00
	St	6.13	37.61	2.94	11.06	0.07	6.69	41.13	3.15	11.78	0.07	7.74	50.56	3.02	11.17	0.43	1.62	10.82	2.16	3.55	0.29	2.47	14.00	6.79	3.79	0.75	2.70	15.59	6.75	3.96	0.77
广西	Ag	38.35	58.87	5.30	23.09	12.11	36.41	55.90	5.03	21.92	11.70	49.49	76.14	3.86	18.66	8.72	34.74	53.45	2.71	13.10	6.12	35.51	54.32	3.54	16.90	2.25	36.79	56.29	3.66	17.51	2.33
	Mi	0.00	0.01	0.00	0.00	0.02	0.01	0.01	0.00	0.00	0.03	0.00	0.00	0.00	0.00	0.01	0.00	0.00	0.00	0.00	0.01	0.00	0.00	0.00	0.00	0.00	0.00	0.00	0.00	0.00	0.02
	Ma	11.04	27.96	0.00	12.27	−0.07	10.99	28.10	0.00	14.60	0.05	11.15	29.13	0.00	18.16	7.23	8.30	21.59	0.00	11.77	5.56	8.60	18.28	0.00	5.89	−1.27	9.03	19.22	0.00	6.17	−1.43
	Ew	18.42	25.63	0.00	0.00	0.00	23.78	32.89	0.00	0.00	0.00	2.84	4.43	0.00	0.00	0.00	5.98	15.07	0.00	0.00	0.00	4.31	6.99	0.00	0.00	2.11	5.70	8.87	0.00	0.00	2.17
	Co	0.00	0.00	0.00	0.93	0.00	0.00	0.00	0.00	1.12	0.00	0.03	0.03	0.00	5.32	0.03	0.11	0.09	0.00	18.82	0.11	0.00	0.00	0.00	9.64	0.00	0.00	0.00	0.00	10.69	0.00
	St	6.14	18.08	1.55	3.61	0.09	7.36	21.84	1.83	4.20	0.09	4.44	12.45	1.87	2.38	0.84	15.85	42.87	7.10	11.67	2.18	13.36	44.45	7.81	11.17	−2.05	14.51	48.35	8.42	12.21	−2.23
海南	Ag	6.42	18.51	0.48	0.26	1.54	6.01	17.33	0.45	0.25	1.45	6.74	19.96	0.40	0.03	0.61	7.02	20.79	0.41	0.03	0.63	7.82	18.95	1.50	0.00	0.03	7.83	18.97	1.51	0.00	0.03
	Mi	0.00	0.00	0.00	0.00	0.00	0.00	0.00	0.00	0.00	0.02	0.00	0.00	0.00	0.00	0.00	0.00	0.00	0.00	0.00	0.00	0.00	0.00	0.00	0.00	0.00	0.00	0.00	0.00	0.00	0.00
	Ma	0.87	2.04	0.00	0.45	−0.08	0.84	1.96	0.00	0.47	−0.04	0.17	0.46	0.00	0.16	0.14	0.17	0.49	0.00	0.10	0.15	0.33	0.56	0.00	0.09	0.07	0.34	0.57	0.00	0.08	0.07
	Ew	0.53	1.26	0.00	0.00	0.00	0.91	1.96	0.00	0.00	0.00	0.31	1.22	0.00	0.00	0.00	0.45	1.30	0.00	0.00	0.00	0.24	0.83	0.00	0.00	0.07	0.34	1.11	0.00	0.00	0.12
	Co	0.00	0.00	0.00	0.33	0.00	0.00	0.00	0.00	0.47	0.00	0.01	0.01	0.00	1.86	0.00	0.01	0.01	0.00	2.30	0.00	0.00	0.01	0.00	0.30	0.00	0.00	0.01	0.00	0.34	0.00
	St	0.72	2.69	1.01	1.46	0.00	0.95	3.64	1.12	1.80	0.00	0.72	2.83	0.79	1.13	0.06	0.71	2.73	0.37	0.69	0.09	0.54	3.27	0.65	1.05	0.00	0.61	3.70	0.67	1.20	0.00
重庆	Ag	7.07	21.70	0.22	0.05	1.74	6.96	21.36	0.22	0.05	1.69	6.92	22.28	0.08	0.03	0.75	7.85	25.24	0.09	0.03	0.85	5.86	25.25	3.11	3.31	0.15	7.81	33.68	4.15	4.42	0.21
	Mi	0.05	0.00	0.00	0.00	0.02	0.07	0.01	0.00	0.00	0.03	0.01	0.00	0.00	0.00	0.01	0.01	0.00	0.00	0.00	0.02	0.00	0.00	0.00	0.00	0.11	0.00	0.00	0.00	0.00	0.14
	Ma	1.03	5.23	0.00	2.92	−1.34	1.02	5.21	0.00	3.19	−1.10	0.62	3.12	0.00	1.34	0.90	0.69	3.34	0.00	1.49	1.09	0.49	2.19	0.00	0.88	0.30	0.58	3.36	0.00	3.55	0.41
	Ew	2.34	15.94	0.00	0.00	0.00	3.04	20.24	0.00	0.00	0.00	0.49	6.58	0.00	0.00	1.29	0.67	5.76	0.00	0.00	0.42	0.18	0.76	0.00	0.00	0.13	0.27	1.16	0.00	0.00	0.20

续表

		2012 年水资源消耗					2012 年混合水资源消耗					2015 年水资源消耗					2015 年混合水资源消耗					2017 年水资源消耗					2017 年混合水资源消耗				
		FU101	FU102	FU103	FU201	FU202	FU101	FU102	FU103	FU201	FU202	FU101	FU102	FU103	FU201	FU202	FU101	FU102	FU103	FU201	FU202	FU101	FU102	FU103	FU201	FU202	FU101	FU102	FU103	FU201	FU202
重庆	Co	0.00	0.00	0.00	0.55	0.00	0.00	0.00	0.00	0.67	0.00	0.01	0.03	0.00	6.25	0.00	0.01	0.04	0.00	7.76	0.00	0.00	0.00	0.00	4.88	0.00	0.00	0.00	0.00	0.17	0.00
	St	0.83	4.67	0.46	1.10	0.00	0.95	5.35	0.52	1.26	0.00	0.80	5.10	0.44	1.15	0.12	1.06	6.74	0.53	1.48	0.15	0.58	4.08	1.68	1.54	0.32	0.13	0.91	1.78	0.33	0.16
四川	Ag	27.26	41.40	1.11	12.90	15.37	23.73	36.03	0.96	11.23	13.26	37.47	56.39	1.22	19.84	4.45	47.89	72.06	1.56	25.35	5.68	35.53	59.15	5.22	20.50	−2.60	42.04	69.99	6.17	24.26	−3.08
	Mi	0.58	0.21	0.00	0.00	0.02	1.14	0.42	0.00	0.00	0.24	0.09	0.03	0.00	0.00	0.02	0.25	0.09	0.00	0.00	0.05	0.00	0.00	0.00	0.00	−0.01	0.00	0.00	0.00	0.00	−0.01
	Ma	9.45	16.95	0.00	20.26	−0.04	10.46	19.04	0.00	32.15	0.11	14.76	26.09	0.00	18.69	2.80	17.95	31.25	0.00	15.60	3.20	15.85	23.32	0.00	7.49	2.02	20.71	30.53	0.00	11.62	2.69
	Ew	8.47	13.91	0.00	0.00	0.00	16.00	24.23	0.00	0.00	0.00	1.94	3.63	0.00	0.00	0.01	6.39	10.28	0.00	0.00	0.01	1.79	3.63	0.00	0.00	0.00	6.43	12.46	0.00	0.00	0.00
	Co	0.00	0.00	0.00	1.58	0.00	0.00	0.00	0.00	2.56	0.00	0.02	0.05	0.00	5.28	0.00	0.02	0.04	0.00	4.68	0.00	0.00	0.00	0.00	2.59	0.00	0.00	0.00	0.00	5.62	0.00
	St	6.48	12.08	5.70	6.79	0.02	10.41	19.50	8.47	10.74	0.03	3.85	7.50	3.18	4.52	0.27	8.10	14.84	5.94	9.77	0.62	9.83	17.63	4.13	5.73	0.10	16.51	29.28	5.88	9.83	0.17
贵州	Ag	11.48	7.92	1.47	1.31	6.03	10.55	7.28	1.35	1.20	5.52	25.57	17.96	2.46	2.90	2.81	44.44	31.22	4.28	5.04	4.88	28.78	21.96	1.98	3.47	4.31	43.21	32.96	2.98	5.20	6.47
	Mi	0.66	0.14	0.00	0.00	0.01	1.03	0.22	0.00	0.00	0.04	0.11	0.02	0.00	0.00	0.02	0.06	0.07	0.00	0.00	0.02	0.35	0.08	0.00	0.00	0.08	0.10	0.02	0.00	0.00	0.03
	Ma	1.56	4.54	0.00	5.09	−0.03	1.65	4.74	0.00	5.26	0.00	1.49	4.98	0.00	2.47	0.29	0.83	2.96	0.00	1.89	0.16	1.13	3.98	0.00	1.45	0.34	0.67	2.52	0.00	1.49	0.19
	Ew	3.21	14.09	0.00	0.00	0.00	4.52	19.84	0.00	0.00	0.00	0.43	1.91	0.00	0.00	0.00	0.90	4.04	0.00	0.00	0.00	0.50	2.46	0.00	0.00	0.00	1.16	5.56	0.00	0.00	0.00
	Co	0.00	0.00	0.00	3.67	0.00	0.00	0.00	0.00	5.17	0.00	0.00	0.01	0.00	2.96	0.00	0.00	0.00	0.00	0.50	0.00	0.00	0.01	0.00	2.14	0.00	0.00	0.00	0.00	0.55	0.00
	St	4.43	10.94	2.93	7.93	0.00	6.12	15.08	4.04	10.87	0.00	1.57	4.01	0.90	6.85	0.06	0.22	0.70	0.86	0.36	0.00	1.23	3.29	0.86	5.26	0.05	0.25	0.83	0.70	0.51	0.01
云南	Ag	26.61	25.84	0.03	12.03	14.50	23.71	23.02	0.02	10.72	12.97	38.94	37.63	0.03	12.22	4.27	66.31	64.08	0.05	20.81	7.28	31.65	24.22	1.59	12.77	4.71	63.85	48.87	3.20	25.77	9.51
	Mi	0.15	0.07	0.00	0.00	0.13	0.33	0.14	0.00	0.00	0.27	0.02	0.01	0.00	0.00	0.06	0.03	0.01	0.00	0.00	0.06	0.05	0.03	0.00	0.00	0.11	0.07	0.04	0.00	0.00	0.14
	Ma	2.41	4.84	0.00	2.56	2.14	2.78	5.61	0.00	3.92	2.25	1.89	3.99	0.00	0.78	2.64	0.83	2.28	0.00	1.03	1.83	3.01	7.27	0.00	1.38	2.73	2.02	5.82	0.00	2.93	1.44
	Ew	5.92	10.71	0.00	0.00	0.01	12.50	20.85	0.00	0.00	0.01	1.72	3.80	0.00	0.00	0.02	5.82	9.87	0.00	0.00	0.07	1.59	3.12	0.00	0.00	−0.02	9.79	17.05	0.00	0.00	−0.05
	Co	0.00	0.00	0.00	0.53	0.00	0.00	0.00	0.00	0.98	0.00	0.01	0.03	0.00	4.90	0.00	0.00	0.00	0.00	0.09	0.00	0.00	0.00	0.00	1.66	0.00	0.00	0.00	0.00	0.08	0.00
	St	4.60	9.22	3.91	5.37	0.02	8.87	17.63	6.79	10.03	0.04	2.97	5.65	2.13	3.50	0.39	0.10	0.38	0.57	0.05	0.01	5.03	15.95	3.94	10.55	0.57	0.20	0.88	1.47	0.59	0.03
陕西	Ag	7.22	24.84	0.39	0.00	4.04	5.33	18.33	0.29	0.00	3.00	6.88	24.37	0.22	0.00	1.99	9.25	32.75	0.30	0.00	2.67	8.92	35.09	4.02	0.00	3.93	8.04	31.66	3.63	0.00	3.54
	Mi	0.02	0.04	0.00	0.00	0.04	0.07	0.14	0.00	0.00	0.10	0.01	0.02	0.00	0.00	0.04	0.04	0.09	0.00	0.00	0.22	0.00	0.00	0.00	0.00	0.01	0.00	0.00	0.00	0.00	0.07

续表

		2012 年水资源消耗					2012 年混合水资源消耗					2015 年水资源消耗					2015 年混合水资源消耗					2017 年水资源消耗					2017 年混合水资源消耗				
		FU101	FU102	FU103	FU201	FU202	FU101	FU102	FU103	FU201	FU202	FU101	FU102	FU103	FU201	FU202	FU101	FU102	FU103	FU201	FU202	FU101	FU102	FU103	FU201	FU202	FU101	FU102	FU103	FU201	FU202
陕西	Ma	1.75	5.59	0.00	5.16	−1.17	1.81	5.74	0.00	9.79	−0.77	2.00	7.15	0.00	3.55	0.69	2.27	7.55	0.00	3.10	0.63	2.78	8.72	0.00	0.74	0.44	2.41	8.31	0.00	2.37	0.59
	Ew	3.70	7.47	0.00	0.00	0.00	4.71	9.51	0.00	0.00	0.00	1.87	3.90	0.00	0.00	0.00	2.14	4.45	0.00	0.00	0.00	0.27	0.73	0.00	0.00	0.36	1.82	4.94	0.00	0.00	2.30
	Co	0.00	0.00	0.00	0.56	0.00	0.00	0.00	0.00	1.23	0.00	0.00	0.01	0.00	3.09	0.00	0.00	0.01	0.00	4.35	0.00	0.00	0.00	0.00	1.18	0.00	0.00	0.00	0.00	2.81	0.00
	St	1.42	5.09	3.01	2.31	0.01	3.05	11.17	3.44	4.65	0.01	1.84	7.20	4.35	2.82	0.12	1.61	6.95	2.30	2.35	0.16	0.52	2.16	1.14	1.50	0.02	1.53	6.30	1.54	2.72	0.03
甘肃	Ag	15.04	16.61	7.54	0.09	18.08	12.43	13.73	6.24	0.07	15.07	23.19	26.84	5.18	0.08	21.15	23.61	27.33	5.27	0.08	21.54	26.35	31.87	3.38	2.36	4.79	27.93	33.79	3.59	2.51	5.08
	Mi	1.95	0.29	0.00	0.00	0.16	3.03	0.45	0.00	0.00	1.32	0.08	0.01	0.00	0.00	0.09	0.10	0.02	0.00	0.00	0.14	0.06	0.03	0.00	0.00	−0.07	0.11	0.07	0.00	0.00	−0.09
	Ma	3.37	5.78	0.00	6.63	−0.08	3.40	5.86	0.00	9.61	0.00	2.55	4.26	0.00	0.59	1.56	1.58	2.69	0.00	0.62	1.24	1.34	2.65	0.00	0.21	0.54	1.45	2.86	0.00	0.24	0.59
	Ew	0.42	6.31	0.00	0.00	0.00	0.55	9.07	0.00	0.00	0.00	0.45	2.83	0.00	0.00	0.00	0.63	3.99	0.00	0.00	0.00	0.93	3.99	0.00	0.00	0.06	1.46	6.10	0.00	0.00	0.06
	Co	0.00	0.00	0.00	2.19	0.00	0.00	0.00	0.00	3.20	0.00	0.04	0.05	0.00	8.90	0.00	0.03	0.04	0.00	6.47	0.00	0.00	0.00	0.00	2.64	0.00	0.00	0.00	0.00	2.95	0.00
	St	5.49	14.76	1.84	4.30	0.02	7.77	20.89	2.59	5.87	0.03	1.85	5.62	1.07	1.06	0.36	3.72	11.18	5.06	2.09	0.72	4.17	11.09	3.29	2.52	0.48	4.97	13.14	3.63	2.98	0.57
青海	Ag	1.32	5.22	4.04	5.03	1.13	1.26	4.96	3.84	4.78	1.07	1.71	5.71	1.50	12.28	−0.14	2.03	6.79	1.79	14.59	−0.16	1.92	7.13	1.08	3.37	0.47	2.45	9.13	1.38	4.32	0.60
	Mi	0.35	0.55	0.00	0.00	0.01	0.64	1.00	0.00	0.00	0.24	0.01	0.01	0.00	0.00	0.00	0.21	0.22	0.00	0.00	0.05	0.00	0.00	0.00	0.00	−0.01	0.00	0.00	0.00	0.00	−0.03
	Ma	0.93	1.80	0.00	0.42	−0.02	1.09	2.10	0.00	0.82	−0.01	0.55	1.05	0.00	0.16	0.09	0.59	1.13	0.00	0.18	0.12	1.01	2.04	0.00	0.12	0.08	1.37	2.80	0.00	0.15	0.58
	Ew	0.45	0.75	0.00	0.00	0.00	3.66	5.37	0.00	0.00	0.00	0.09	0.32	0.00	0.00	0.00	1.70	2.13	0.00	0.00	0.00	0.08	0.33	0.00	0.00	0.00	0.39	1.28	0.00	0.00	0.00
	Co	0.00	0.00	0.00	0.17	0.00	0.00	0.00	0.00	0.41	0.00	0.00	0.00	0.00	0.04	−0.01	0.00	0.00	0.00	0.43	−0.11	0.01	0.01	0.00	1.50	0.00	0.01	0.01	0.00	2.10	0.00
	St	0.35	0.69	0.33	1.46	0.01	0.70	1.39	0.62	2.89	0.01	0.02	0.05	0.06	0.26	0.01	0.06	0.14	0.12	1.53	0.07	0.27	0.68	0.77	1.35	−0.47	0.46	1.12	1.30	1.97	−0.72
宁夏	Ag	11.56	28.11	2.92	1.85	2.71	10.54	25.64	2.66	1.69	2.49	14.35	34.95	1.66	1.87	5.67	15.41	37.52	1.78	2.01	6.09	10.68	23.22	1.08	4.62	5.42	11.22	24.40	1.13	4.85	5.70
	Mi	0.01	0.02	0.00	0.00	0.03	0.03	0.04	0.00	0.00	0.12	0.00	0.00	0.00	0.00	0.01	0.00	0.00	0.00	0.00	0.04	0.00	0.00	0.00	0.00	0.08	0.00	0.00	0.00	0.00	0.11
	Ma	2.13	5.03	0.00	1.01	0.30	2.13	5.24	0.00	1.45	0.35	1.65	3.44	0.00	0.05	1.05	0.98	2.14	0.00	0.04	0.88	2.10	4.01	0.00	0.52	0.84	2.21	4.21	0.00	0.50	0.88
	Ew	1.09	1.75	0.00	0.00	0.00	1.83	2.97	0.00	0.00	0.00	0.05	0.08	0.00	0.00	0.01	0.19	0.30	0.00	0.00	0.01	0.37	1.30	0.00	0.00	0.03	0.49	1.72	0.00	0.00	0.04
	Co	0.00	0.00	0.00	0.11	0.00	0.00	0.00	0.00	0.20	0.00	0.00	0.00	0.00	0.58	0.00	0.00	0.00	0.00	0.92	0.00	0.00	0.00	0.00	1.06	0.00	0.00	0.00	0.00	1.24	0.00
	St	1.24	3.98	1.86	0.58	0.01	1.97	6.36	2.98	0.92	0.02	0.14	0.45	0.20	0.15	0.05	0.20	0.68	0.42	0.22	0.05	0.61	3.13	0.61	1.46	0.07	0.66	3.48	0.65	1.55	0.08

续表

		2012 年水资源消耗					2012 年混合水资源消耗					2015 年水资源消耗					2015 年混合水资源消耗					2017 年水资源消耗					2017 年混合水资源消耗				
		FU101	FU102	FU103	FU201	FU202	FU101	FU102	FU103	FU201	FU202	FU101	FU102	FU103	FU201	FU202	FU101	FU102	FU103	FU201	FU202	FU101	FU102	FU103	FU201	FU202	FU101	FU102	FU103	FU201	FU202
新疆	Ag	114.2	262.0	13.69	26.01	20.48	108.8	249.6	13.04	24.77	19.86	115.7	269.3	6.56	34.42	49.45	123.7	287.8	7.02	36.79	52.85	136.5	265.9	30.34	22.43	21.31	138.8	270.3	30.84	22.80	21.66
	Mi	0.66	0.18	0.00	0.00	0.74	1.27	0.34	0.00	0.00	2.14	0.09	0.02	0.00	0.00	0.09	0.19	0.05	0.00	0.00	0.40	0.08	0.01	0.00	0.00	−0.07	0.25	0.03	0.00	0.00	−0.23
	Ma	13.76	31.65	0.00	5.25	0.87	13.50	31.16	0.00	7.20	0.97	5.44	11.59	0.00	5.07	9.17	6.76	14.17	0.00	4.01	12.01	5.88	14.11	0.00	1.92	0.78	6.08	14.58	0.00	1.93	0.82
	Ew	3.35	11.26	0.00	0.00	0.00	4.98	19.23	0.00	0.00	0.00	0.45	1.56	0.00	0.00	0.00	0.65	2.36	0.00	0.00	0.00	0.53	1.49	0.00	0.00	0.01	1.45	4.25	0.00	0.00	0.01
	Co	0.00	0.00	0.00	2.75	0.00	0.00	0.00	0.00	4.19	0.00	0.00	0.01	0.00	4.23	0.00	0.00	0.01	0.00	2.02	0.00	0.00	0.00	0.00	2.13	0.00	0.00	0.00	0.00	2.43	0.00
	St	6.92	19.18	22.31	18.78	0.00	9.72	26.29	24.35	21.97	0.00	3.51	8.42	13.65	18.11	1.35	1.90	4.40	5.32	8.94	0.78	0.99	3.58	7.14	11.95	0.42	1.14	4.23	8.09	13.56	0.46

表 4.9　2012～2017 年中国各省能源及混合能源消耗情况　（单位：万 t）

省份	部门	2012 年能源消耗 FU101	FU102	FU103	FU201	FU202	2012 年混合能源消耗 FU101	FU102	FU103	FU201	FU202	2015 年能源消耗 FU101	FU102	FU103	FU201	FU202
北京	Ag	7.73	170.40	3.35	4.85	2.15	7.66	168.74	3.32	4.80	2.14	30.17	660.06	7.07	9.15	19.35
	Mi	23.91	8.12	0.00	0.00	108.29	23.67	8.04	0.00	0.00	107.20	89.32	30.12	0.00	0.00	167.37
	Ma	172.78	1973.70	0.00	172.52	104.22	171.55	1960.75	0.00	188.07	118.08	150.09	2181.1	0.00	37.02	1403.8
	Ew	42.03	380.15	0.00	0.00	−4.61	41.84	379.60	0.00	0.00	−4.45	8.79	85.32	0.00	0.00	0.17
	Co	0.00	0.00	0.00	260.45	0.00	0.00	0.00	0.00	257.95	0.00	0.04	0.83	0.00	38.18	0.00
	St	89.08	928.25	803.02	533.11	−4.56	88.80	930.10	798.44	530.69	2.08	10.24	173.97	88.60	103.13	3.92
天津	Ag	1.22	11.01	0.21	0.10	−0.03	1.22	11.02	0.21	0.10	−0.03	0.47	4.39	0.04	0.01	0.29
	Mi	0.04	0.02	0.00	0.00	0.73	0.04	0.02	0.00	0.00	0.73	0.02	0.01	0.00	0.00	1.20
	Ma	10.35	104.34	0.00	174.63	−1.97	10.35	104.40	0.00	175.02	−1.64	14.20	145.75	0.00	81.83	102.14
	Ew	0.52	14.06	0.00	0.00	0.00	0.52	14.08	0.00	0.00	0.00	0.17	6.00	0.00	0.00	0.00
	Co	0.00	0.00	0.00	34.94	0.00	0.00	0.00	0.00	34.96	0.00	0.11	2.45	0.00	310.70	0.00
	St	115.61	1030.91	5381.5	88.72	0.72	115.65	1031.31	5383.6	88.76	0.73	206.24	1784.2	4150.9	132.95	15.17
河北	Ag	227.44	549.23	50.39	480.30	11.61	220.27	531.92	48.80	465.16	11.36	224.34	581.38	43.72	515.07	46.17
	Mi	88.15	54.03	0.00	0.00	387.24	85.36	52.31	0.00	0.00	389.64	315.85	207.74	0.00	0.00	111.84
	Ma	1794.19	4416.81	0.00	4578.4	28.47	1765.14	4415.97	0.00	4448.63	106.04	1112.9	3337.8	0.00	1195.1	139.39
	Ew	540.74	3044.04	0.00	0.00	0.00	529.50	3002.84	0.00	0.00	0.00	112.46	695.70	0.00	0.00	0.00
	Co	0.00	0.00	0.00	360.40	0.00	0.00	0.00	0.00	348.97	0.00	0.00	71.18	0.00	12501.	0.00
	St	1148.38	4502.43	3611.5	1652.9	48.92	1154.50	4724.06	3702.1	1601.44	57.84	540.72	1807.1	1754.5	608.85	81.30
山西	Ag	113.69	212.09	5.15	102.16	15.81	111.85	208.65	5.07	100.51	15.96	281.58	531.93	2.52	169.94	311.85
	Mi	14.55	11.66	0.00	0.00	1302.55	14.31	11.47	0.00	0.00	1281.6	12.00	9.74	0.00	0.00	1556.1
	Ma	1814.86	2661.53	0.00	2383.1	−281.79	1788.74	2628.46	0.00	2637.92	−275.90	533.81	1549.2	0.00	1540.3	7234.2
	Ew	277.31	423.92	0.00	0.00	0.00	273.17	417.76	0.00	0.00	0.00	68.80	106.35	0.00	0.00	0.00
	Co	0.00	0.00	0.00	585.53	0.00	0.00	0.00	0.00	576.06	0.00	0.00	0.00	0.00	1084.1	0.00
	St	1511.02	4247.73	1060.2	1419.5	−23.65	1488.64	4186.80	1044.9	1402.11	−14.46	517.48	1654.1	416.99	500.22	−198.70

省份	部门	2015 年混合能源消耗 FU101	FU102	FU103	FU201	FU202	2017 年能源消耗 FU101	FU102	FU103	FU201	FU202	2017 年混合能源消耗 FU101	FU102	FU103	FU201	FU202
北京	Ag	2.19	48.00	0.51	0.67	1.41	9.23	105.31	0.22	0.90	1.45	9.16	104.48	0.22	0.89	1.44
	Mi	105.39	35.54	0.00	0.00	197.49	0.27	0.12	0.00	0.00	−0.24	0.27	0.12	0.00	0.00	−0.24
	Ma	173.47	2539.9	0.00	29.64	1607.2	53.73	763.15	0.00	100.18	144.59	53.26	757.29	0.00	98.61	143.16
	Ew	7.44	72.21	0.00	0.00	0.21	8.65	97.18	0.00	0.00	0.00	8.84	100.08	0.00	0.00	0.00
	Co	0.05	1.02	0.00	46.48	0.00	0.00	0.00	0.00	208.54	0.00	0.00	0.00	0.00	210.83	0.00
	St	11.63	196.33	104.55	122.06	4.14	126.82	1882.2	803.34	1093.9	36.18	127.73	1891.3	805.45	1096.2	35.91
天津	Ag	0.37	3.47	0.03	0.01	0.23	0.18	1.75	0.20	0.01	0.17	0.18	1.75	0.20	0.01	0.17
	Mi	0.02	0.01	0.00	0.00	1.20	0.00	0.00	0.00	0.00	0.33	0.00	0.00	0.00	0.00	0.34
	Ma	14.21	145.83	0.00	81.88	102.20	31.93	211.32	0.00	49.41	25.11	31.94	211.39	0.00	49.36	25.11
	Ew	0.17	6.00	0.00	0.00	0.00	0.62	6.79	0.00	0.00	0.02	0.62	6.79	0.00	0.00	0.02
	Co	0.11	2.45	0.00	310.89	0.00	0.00	0.00	0.00	125.87	0.00	0.00	0.00	0.00	125.93	0.00
	St	206.36	1785.3	4153.5	133.02	15.18	201.45	1142.1	4226.0	237.49	5.65	201.55	1142.6	4228.1	237.60	5.66
河北	Ag	214.10	554.84	41.73	491.55	44.06	446.86	1130.9	192.96	559.49	−10.11	435.53	1102.2	188.06	545.29	−9.86
	Mi	313.01	205.87	0.00	0.00	110.82	41.49	13.31	0.00	0.00	92.33	40.61	13.02	0.00	0.00	90.23
	Ma	1122.0	3355.9	0.00	1208.6	140.13	1974.1	3843.2	0.00	2269.1	129.74	1958.7	3829.1	0.00	2259.8	129.34
	Ew	117.58	736.14	0.00	0.00	0.00	688.27	2486.3	0.00	0.00	0.29	691.22	2517.5	0.00	0.00	0.28
	Co	0.00	70.54	0.00	12389.	0.00	0.00	0.00	0.00	3488.3	0.00	0.00	0.00	0.00	3568.0	0.00
	St	555.83	1882.1	1820.3	622.53	83.77	1107.5	3816.4	1917.1	2379.8	13.78	1118.7	3873.7	1913.9	2370.3	13.89
山西	Ag	282.75	534.13	2.53	170.64	313.13	262.40	571.48	9.07	39.24	100.26	264.87	576.87	9.15	39.61	101.20
	Mi	11.87	9.64	0.00	0.00	1538.9	41.26	37.99	0.00	0.00	288.06	42.03	38.70	0.00	0.00	293.63
	Ma	518.21	1505.5	0.00	1474.9	7080.9	858.62	2286.8	0.00	1276.6	470.24	843.65	2243.2	0.00	1245.1	460.98
	Ew	73.93	115.82	0.00	0.00	0.00	248.25	385.78	0.00	0.00	3.72	267.86	417.35	0.00	0.00	4.41
	Co	0.00	0.00	0.00	1326.9	0.00	0.00	0.00	0.00	446.18	0.00	0.00	0.00	0.00	472.74	0.00
	St	537.40	1702.2	423.85	501.66	−197.75	1609.9	6453.8	1934.2	836.97	252.40	1617.7	6471.9	1963.4	836.21	246.79

续表

		2012年能源消耗					2012年混合能源消耗					2015年能源消耗					2015年混合能源消耗					2017年能源消耗					2017年混合能源消耗				
		FU101	FU102	FU103	FU201	FU202	FU101	FU102	FU103	FU201	FU202	FU101	FU102	FU103	FU201	FU202	FU101	FU102	FU103	FU201	FU202	FU101	FU102	FU103	FU201	FU202	FU101	FU102	FU103	FU201	FU202
内蒙古	Ag	146.15	326.01	357.73	73.08	91.20	171.99	383.64	420.96	86.00	142.91	164.33	462.22	190.86	52.88	650.20	154.27	433.94	179.19	49.64	610.42	552.59	655.38	300.61	866.04	199.47	520.69	617.55	283.26	816.05	187.96
	Mi	134.48	38.30	0.00	0.00	810.98	157.20	44.77	0.00	0.00	922.38	27.00	11.66	0.00	0.00	224.80	27.31	11.68	0.00	0.00	229.77	0.00	0.00	0.00	0.00	−81.47	0.00	0.00	0.00	0.00	−81.65
	Ma	1328.62	4592.25	0.00	1450.5	711.26	1747.24	6130.20	0.00	3522.15	−5101.0	1239.8	4890.0	0.00	1606.8	4473.5	1278.1	5046.1	0.00	1549.0	4363.3	1179.7	3725.9	0.00	1598.4	−1754.3	1111.5	3504.3	0.00	1486.9	−1668.8
	Ew	192.39	1658.71	0.00	0.00	0.13	231.96	2004.70	0.00	0.00	0.70	15.47	167.77	0.00	0.00	0.20	23.76	259.11	0.00	0.00	0.19	164.52	839.15	0.00	0.00	300.08	201.93	1039.6	0.00	0.00	369.40
	Co	0.00	0.00	0.00	233.16	0.00	0.00	0.00	0.00	272.49	0.00	0.95	1.56	0.00	1148.7	0.00	0.92	1.50	0.00	1107.1	0.00	14.00	21.78	0.00	2312.7	0.00	15.37	23.91	0.00	2538.2	0.00
	St	828.81	3059.56	1346.1	377.83	0.00	987.41	3758.15	1582.0	442.37	0.00	177.78	547.71	582.06	610.21	0.00	187.94	609.35	643.13	635.79	0.00	893.82	3705.9	1272.8	1330.5	−107.86	912.91	3786.0	1303.7	1291.6	−112.52
辽宁	Ag	69.73	289.46	31.24	−143.9	56.09	69.93	290.29	31.33	−142.55	64.62	109.53	465.97	28.74	42.02	−44.68	111.71	475.24	29.31	42.85	−45.57	69.28	455.65	53.95	244.86	52.32	69.12	454.62	53.83	244.31	52.20
	Mi	11.15	12.18	0.00	0.00	904.56	11.11	12.14	0.00	0.00	909.97	158.94	177.95	0.00	0.00	4395.7	158.57	177.53	0.00	0.00	4438.5	0.00	0.00	0.00	0.00	131.02	0.00	0.00	0.00	0.00	129.39
	Ma	313.26	1553.56	0.00	3188.5	340.69	314.57	1560.42	0.00	3197.34	318.15	354.99	1634.2	0.00	1723.9	203.62	351.31	1625.1	0.00	1692.0	205.48	671.41	2644.2	0.00	468.98	812.65	656.00	2565.6	0.00	418.45	812.54
	Ew	199.56	1822.35	0.00	0.00	0.00	200.47	1831.83	0.00	0.00	0.00	42.82	412.64	0.00	0.00	0.00	43.89	423.18	0.00	0.00	0.00	285.95	2135.8	0.00	0.00	0.82	290.54	2179.5	0.00	0.00	0.98
	Co	0.00	0.00	0.00	677.00	0.00	0.00	0.00	0.00	675.05	0.00	3.18	17.77	0.00	2038.1	0.00	3.27	18.24	0.00	2092.9	0.00	10.82	10.48	0.00	775.51	0.00	11.16	10.81	0.00	799.93	0.00
	St	629.36	3458.86	1130.3	1548.4	29.16	628.40	3454.43	1129.8	1548.22	37.44	383.78	2084.4	585.64	967.47	118.02	380.77	2057.3	608.73	913.39	121.59	640.20	3717.2	1171.6	1372.2	58.53	651.55	3804.7	1160.2	1377.9	59.46
吉林	Ag	12.50	13.49	4.63	24.94	−0.02	12.56	13.55	4.66	25.06	−0.02	29.52	32.67	7.37	34.76	−3.01	29.68	32.85	7.41	34.95	−3.02	2.78	7.42	2.41	0.91	−0.16	2.80	7.46	2.42	0.92	−0.16
	Mi	0.22	0.08	0.00	0.00	0.07	0.22	0.08	0.00	0.00	0.07	0.28	0.12	0.00	0.00	0.06	0.28	0.12	0.00	0.00	0.06	0.00	0.00	0.00	0.00	0.01	0.00	0.00	0.00	0.00	0.01
	Ma	39.83	88.09	0.00	48.31	0.50	40.02	88.53	0.00	48.82	0.50	113.16	258.34	0.00	113.92	35.51	113.78	259.75	0.00	114.54	35.70	36.91	62.83	0.00	30.46	8.73	37.11	63.17	0.00	30.53	8.78
	Ew	1.88	19.76	0.00	0.00	0.00	1.89	19.88	0.00	0.00	0.00	0.92	11.36	0.00	0.00	0.00	0.92	11.42	0.00	0.00	0.00	7.07	15.18	0.00	0.00	2.58	7.11	15.28	0.00	0.00	2.59
	Co	0.00	0.00	0.00	76.90	0.00	0.00	0.00	0.00	77.27	0.00	0.03	0.22	0.00	73.10	0.00	0.03	0.22	0.00	73.50	0.00	0.76	0.92	0.00	223.01	0.00	0.77	0.93	0.00	224.26	0.00
	St	90.45	291.34	5856.7	113.61	0.08	90.89	292.81	5884.6	114.17	0.08	79.55	256.07	4964.8	136.54	3.78	79.98	257.45	4991.6	137.26	3.80	68.90	161.13	5012.3	127.74	−14.06	69.27	161.99	5040.1	128.22	−14.13
黑龙江	Ag	41.30	147.65	14.22	121.99	43.28	39.75	142.11	13.69	117.41	48.05	37.47	137.18	4.30	166.36	42.48	37.46	137.15	4.30	166.32	42.47	96.45	469.30	123.23	0.00	−3.98	94.07	457.72	120.18	0.00	−3.88
	Mi	174.07	72.44	0.00	0.00	88.17	167.50	69.70	0.00	0.00	84.85	684.82	291.81	0.00	0.00	335.39	659.04	280.82	0.00	0.00	322.76	89.96	14.30	0.00	0.00	7.92	85.46	13.58	0.00	0.00	7.52
	Ma	542.29	1324.05	0.00	722.86	283.71	532.05	1305.98	0.00	1062.45	254.02	439.77	1332.9	0.00	856.03	2181.7	416.71	1244.6	0.00	830.46	2005.9	510.32	1108.1	0.00	1312.5	−15.51	494.97	1074.9	0.00	1232.7	−11.61
	Ew	276.35	1431.27	0.00	0.00	0.00	268.86	1412.26	0.00	0.00	0.00	75.15	391.74	0.00	0.00	0.00	85.84	455.36	0.00	0.00	0.00	86.77	458.02	0.00	0.00	36.03	91.17	462.38	0.00	0.00	36.02
	Co	0.00	0.00	0.00	171.69	0.00	0.00	0.00	0.00	165.43	0.00	0.38	0.62	0.00	274.04	0.00	0.37	0.60	0.00	269.38	0.00	1.08	1.66	0.00	415.09	0.00	1.03	1.60	0.00	399.61	0.00
	St	686.27	2241.63	756.45	1489.4	18.22	666.56	2175.02	734.36	1446.00	19.30	288.99	1022.0	615.43	1087.6	48.16	347.39	1218.1	568.83	1247.2	50.27	777.86	2402.6	1147.0	1478.9	95.57	803.34	2518.8	1264.8	1453.3	92.61

续表

		2012 年能源消耗					2012 年混合能源消耗					2015 年能源消耗					2015 年混合能源消耗					2017 年能源消耗					2017 年混合能源消耗				
		FU101	FU102	FU103	FU201	FU202	FU101	FU102	FU103	FU201	FU202	FU101	FU102	FU103	FU201	FU202	FU101	FU102	FU103	FU201	FU202	FU101	FU102	FU103	FU201	FU202	FU101	FU102	FU103	FU201	FU202
上海	Ag	9.96	180.74	3.60	0.09	1.14	10.24	185.68	3.70	0.09	1.17	9.81	182.49	2.10	0.01	−0.18	9.79	182.02	2.10	0.01	−0.18	16.86	215.63	20.27	0.00	−0.04	16.77	214.47	20.16	0.00	−0.04
	Mi	0.00	0.00	0.00	0.00	985.66	0.00	0.00	0.00	0.00	1015.8	0.00	0.00	0.00	0.00	46.10	0.00	0.00	0.00	0.00	48.00	0.00	0.00	0.00	0.00	5.20	0.00	0.00	0.00	0.00	5.17
	Ma	142.96	2494.40	0.00	730.10	1221.43	146.88	2562.66	0.00	750.07	983.44	221.28	3435.9	0.00	112.68	4312.9	230.89	3576.6	0.00	117.67	4505.4	105.02	1227.9	0.00	480.41	395.69	104.42	1220.8	0.00	477.77	393.43
	Ew	78.99	593.77	0.00	0.00	1.98	81.62	614.60	0.00	0.00	2.01	16.19	124.60	0.00	0.00	0.18	14.19	110.01	0.00	0.00	0.17	21.05	193.77	0.00	0.00	2.92	22.76	210.60	0.00	0.00	4.50
	Co	0.00	0.00	0.00	277.77	0.00	0.00	0.00	0.00	285.39	0.00	0.12	2.81	0.00	131.64	0.00	0.12	2.96	0.00	138.33	0.00	4.15	36.79	0.00	748.45	0.00	4.14	36.70	0.00	746.56	0.00
	St	104.67	1988.83	296.99	507.26	43.49	107.54	2043.33	305.12	521.16	44.68	42.41	755.32	141.23	541.96	28.19	36.78	628.17	141.82	334.79	29.35	210.12	4149.7	724.10	1696.9	82.29	210.22	4154.8	722.26	1691.0	81.90
江苏	Ag	377.97	745.00	267.16	193.34	0.79	387.50	763.77	273.89	198.21	0.83	76.47	150.19	28.35	23.11	0.39	75.69	148.66	28.06	22.88	0.39	355.18	1015.8	154.72	16.20	−4.80	226.70	648.37	98.75	10.34	−3.06
	Mi	22.31	98.43	0.00	0.00	808.44	22.87	100.88	0.00	0.00	828.89	1231.9	5415.7	0.00	0.00	25.12	1249.9	5495.0	0.00	0.00	25.35	92.68	808.80	0.00	0.00	−58.68	188.40	1644.2	0.00	0.00	−119.16
	Ma	1732.39	4291.36	0.00	6666.8	1940.75	1776.40	4400.37	0.00	6848.11	1291.8	3370.7	6441.7	0.00	1986.4	1251.8	3395.4	6455.9	0.00	2022.4	1164.7	1829.7	6502.5	0.00	3355.0	176.34	1891.7	6731.0	0.00	3979.5	212.75
	Ew	570.63	746.99	0.00	0.00	0.00	596.37	782.90	0.00	0.00	0.00	40.15	93.33	0.00	0.00	0.00	42.98	97.30	0.00	0.00	0.00	100.04	305.19	0.00	0.00	0.48	139.16	467.23	0.00	0.00	1.89
	Co	0.00	0.00	0.00	363.01	−0.26	0.00	0.00	0.00	372.17	−0.27	59.45	44.50	0.00	4560.5	3.50	60.42	45.23	0.00	4635.1	3.56	12.43	31.91	0.00	2049.7	0.00	16.33	41.93	0.00	2693.0	0.00
	St	1132.14	3517.62	1711.6	1460.3	0.00	1162.68	3612.01	1757.4	1499.55	0.00	497.35	1568.3	450.47	452.99	0.00	491.09	1504.0	371.48	466.91	0.00	1354.7	6245.0	1739.5	1982.3	407.81	903.76	3808.2	2572.3	2048.2	301.74
浙江	Ag	108.78	829.14	11.46	185.45	7.40	108.89	830.03	11.47	185.65	7.41	49.44	409.46	3.18	36.29	6.04	8.16	67.56	0.52	5.99	1.00	13.35	51.68	0.83	3.54	−0.12	12.11	46.91	0.76	3.22	−0.11
	Mi	30.75	8.78	0.00	0.00	655.57	30.78	8.79	0.00	0.00	640.72	284.35	88.24	0.00	0.00	3081.7	276.26	85.73	0.00	0.00	2994.0	0.40	0.12	0.00	0.00	0.20	0.36	0.11	0.00	0.00	0.17
	Ma	815.08	2773.55	0.00	1412.3	1793.50	815.98	2776.63	0.00	1414.02	1825.4	696.22	2327.3	0.00	307.95	−977.01	968.06	2945.9	0.00	308.68	−850.57	166.90	657.37	0.00	999.71	2339.2	577.79	1811.4	0.00	960.52	2656.9
	Ew	338.97	556.62	0.00	0.00	0.00	340.73	564.32	0.00	0.00	0.00	32.08	75.04	0.00	0.00	0.00	23.36	31.07	0.00	0.00	0.00	39.92	106.76	0.00	0.00	18.60	29.85	68.60	0.00	0.00	12.30
	Co	0.00	0.00	0.00	886.82	0.00	0.00	0.00	0.00	887.79	0.00	94.08	0.00	0.00	119.27	0.00	91.42	0.00	0.00	11589	0.00	123.57	471.03	0.00	139.32	0.00	110.78	422.29	0.00	12490	0.00
	St	956.26	4081.11	1583.4	997.32	43.52	957.50	4086.55	1585.2	998.55	7.41	81.86	699.81	252.70	129.07	4.12	71.85	658.20	225.39	111.13	3.76	156.61	865.47	713.72	364.87	3.27	137.22	773.90	607.21	310.23	3.19
安徽	Ag	55.16	130.64	6.39	19.73	2.21	55.14	130.60	6.39	19.73	2.40	1426.1	3368.8	94.79	623.88	276.73	173.01	408.68	11.50	75.68	33.57	109.39	214.07	21.62	284.71	2.24	110.09	215.44	21.75	286.53	2.25
	Mi	17.10	1.05	0.00	0.00	74.12	17.09	1.05	0.00	0.00	74.09	75.30	4.60	0.00	0.00	36.87	173.46	10.60	0.00	0.00	84.93	0.00	0.00	0.00	0.00	0.00	0.00	0.00	0.00	0.00	0.00
	Ma	417.52	927.69	0.00	2365.7	−22.99	417.67	928.14	0.00	2367.79	−22.40	674.28	1022.0	0.00	87.47	1508.5	1510.5	2328.2	0.00	203.82	3265.0	562.51	1326.1	0.00	1687.4	92.50	568.90	1336.6	0.00	1665.9	91.25
	Ew	179.62	759.25	0.00	0.00	0.00	179.67	760.93	0.00	0.00	0.00	126.80	496.44	0.00	0.00	0.00	236.87	929.97	0.00	0.00	0.00	297.46	565.40	0.00	0.00	24.88	299.56	575.25	0.00	0.00	32.67
	Co	0.00	0.00	0.00	319.63	0.00	0.00	0.00	0.00	319.45	0.00	0.06	0.22	0.00	59.40	0.00	0.14	0.54	0.00	146.32	0.00	11.52	16.28	0.00	966.21	0.00	11.48	16.22	0.00	963.04	0.00
	St	888.45	2676.99	485.49	1206.6	−78.85	891.96	2691.53	485.62	1210.81	−71.85	169.15	364.00	61.35	285.63	25.21	214.76	525.24	76.17	371.54	40.88	665.25	2462.7	371.82	1554.8	16.00	662.38	2477.4	391.90	1541.7	15.97

续表

		2012年能源消耗					2012年混合能源消耗					2015年能源消耗					2015年混合能源消耗					2017年能源消耗					2017年混合能源消耗				
		FU101	FU102	FU103	FU201	FU202	FU101	FU102	FU103	FU201	FU202	FU101	FU102	FU103	FU201	FU202	FU101	FU102	FU103	FU201	FU202	FU101	FU102	FU103	FU201	FU202	FU101	FU102	FU103	FU201	FU202
福建	Ag	59.17	166.30	23.13	83.84	0.51	59.13	166.19	23.11	83.79	0.52	117.39	334.63	39.73	16.18	1.08	125.57	357.95	42.50	17.31	1.16	159.13	353.81	170.32	192.94	10.27	150.96	335.64	161.58	183.03	9.74
	Mi	1.51	1.38	0.00	0.00	48.88	1.50	1.37	0.00	0.00	48.83	12.06	11.17	0.00	0.00	83.83	12.40	11.49	0.00	0.00	86.17	0.12	0.11	0.00	0.00	−2.58	0.11	0.10	0.00	0.00	−2.38
	Ma	322.00	887.29	0.00	728.45	901.11	321.79	886.86	0.00	735.86	892.00	985.06	2928.5	0.00	482.12	1666.4	977.64	2907.5	0.00	502.74	1666.0	658.75	1833.2	0.00	519.06	409.74	627.99	1749.2	0.00	492.02	391.48
	Ew	372.33	1172.26	0.00	0.00	0.00	373.96	1186.90	0.00	0.00	0.00	58.06	188.96	0.00	0.00	0.00	63.88	213.68	0.00	0.00	0.00	78.94	271.03	0.00	0.00	0.29	74.25	255.97	0.00	0.00	0.71
	Co	0.00	0.00	0.00	406.15	0.00	0.00	0.00	0.00	405.95	0.00	3.96	8.30	0.00	1282.5	0.00	4.57	9.57	0.00	1480.0	0.00	0.00	0.00	0.00	1646.9	0.00	0.00	0.00	0.00	2010.5	0.00
	St	792.00	2036.61	740.32	1016.6	194.54	794.36	2041.85	741.50	1020.09	206.63	330.07	939.60	357.73	844.06	169.49	295.14	799.33	319.80	818.86	185.46	355.78	1149.2	624.54	2812.7	120.43	348.55	1128.9	623.43	2741.9	117.09
江西	Ag	123.24	174.00	13.13	21.08	9.10	122.29	172.65	13.03	20.92	11.16	303.77	430.07	29.62	52.67	66.13	280.15	396.63	27.31	48.57	60.99	103.70	346.48	54.83	544.07	46.30	103.15	344.64	54.54	541.18	46.05
	Mi	1.87	3.90	0.00	0.00	109.87	1.86	3.86	0.00	0.00	108.84	6.55	13.68	0.00	0.00	242.06	6.76	14.11	0.00	0.00	249.47	0.00	0.00	0.00	0.00	110.37	0.00	0.00	0.00	0.00	109.05
	Ma	379.34	806.85	0.00	988.61	65.89	376.26	800.41	0.00	989.63	81.16	502.47	1063.5	0.00	643.30	97.01	525.11	1111.5	0.00	667.21	101.89	527.25	1153.8	0.00	634.51	184.39	524.20	1147.1	0.00	631.72	183.32
	Ew	249.68	520.41	0.00	0.00	0.01	252.09	525.41	0.00	0.00	0.01	318.26	665.12	0.00	0.00	0.01	262.21	548.07	0.00	0.00	0.03	187.09	396.39	0.00	0.00	0.07	189.35	407.87	0.00	0.00	1.56
	Co	0.00	0.00	0.00	204.91	0.00	0.00	0.00	0.00	203.01	0.00	1.19	2.48	0.00	528.31	0.00	1.29	2.70	0.00	576.86	0.00	6.16	14.70	0.00	851.70	0.00	6.36	15.16	0.00	878.68	0.00
	St	461.02	1103.12	864.47	379.12	2.65	462.21	1106.94	866.74	384.23	8.14	370.99	856.14	787.31	414.60	50.71	389.59	900.27	820.58	431.29	51.83	483.59	1190.5	563.44	259.14	18.06	483.36	1193.9	567.58	258.43	17.95
山东	Ag	175.99	438.19	100.84	188.94	0.00	176.06	438.36	100.88	189.02	0.00	2196.0	5404.4	652.45	1719.0	−13.85	559.24	1376.3	166.15	437.76	−3.53	404.44	1122.7	80.69	26.74	49.99	403.20	1119.2	80.44	26.65	49.84
	Mi	52.30	59.96	0.00	0.00	0.00	52.29	59.94	0.00	0.00	0.00	245.26	910.41	0.00	0.00	−2469.9	256.52	952.04	0.00	0.00	−6404.1	13.37	39.61	0.00	0.00	50.59	13.32	39.43	0.00	0.00	50.37
	Ma	1656.86	4282.24	0.00	15513	0.00	1656.75	4282.19	0.00	15514.3	0.00	2379.	6623.9	0.00	7670.0	801.13	2526.3	7029.6	0.00	8098.2	840.91	4459.9	10740	0.00	6568.5	1860.6	4446.6	10712	0.00	6533.5	1853.4
	Ew	36.27	668.20	0.00	0.00	0.00	37.15	680.11	0.00	0.00	0.00	10.07	185.44	0.00	0.00	−0.71	10.75	190.44	0.00	0.00	−1.36	81.92	278.88	0.00	0.00	0.10	82.88	282.88	0.00	0.00	0.18
	Co	0.00	0.00	0.00	2425.8	0.00	0.00	0.00	0.00	2425.41	0.00	8.08	12.30	0.00	2228.6	−77.38	8.73	13.29	0.00	2408.3	−83.62	4.76	10.50	0.00	1463.2	0.00	4.73	10.44	0.00	1454.3	0.00
	St	1024.50	3600.34	1338.7	1438.7	0.00	1025.57	3604.94	1342.7	1439.11	0.00	479.15	1764.5	943.17	1846.2	1099.0	501.05	1851.5	1053.4	1846.4	1001.4	607.88	2869.1	771.65	3335.9	70.16	610.18	2877.6	768.78	3454.0	71.24
河南	Ag	275.51	351.38	72.77	44.25	16.25	271.69	346.51	71.76	43.63	17.73	2472.6	3242.9	458.44	115.22	591.83	394.61	517.54	73.16	18.39	94.45	264.82	536.51	61.85	33.26	67.86	264.90	536.68	61.87	33.27	67.88
	Mi	63.94	21.47	0.00	0.00	273.45	62.97	21.15	0.00	0.00	271.72	36.37	18.44	0.00	0.00	19.90	61.41	30.41	0.00	0.00	52.43	11.58	2.43	0.00	0.00	0.84	11.56	2.43	0.00	0.00	19.47
	Ma	1162.09	2694.80	0.00	5232.7	245.43	1148.23	2665.47	0.00	5291.13	263.24	1638.6	5751.0	0.00	4408.0	−4165.3	2649.9	9442.5	0.00	6317.8	−7253.0	1174.5	2448.7	0.00	6029.8	403.32	1180.6	2455.6	0.00	6005.4	402.08
	Ew	339.69	1108.21	0.00	0.00	0.39	335.32	1102.83	0.00	0.00	0.47	72.69	230.15	0.00	0.00	−0.20	110.11	351.74	0.00	0.00	−0.33	235.56	1109.1	0.00	0.00	12.75	240.17	1125.0	0.00	0.00	13.77
	Co	0.00	0.00	0.00	481.11	0.00	0.00	0.00	0.00	473.93	0.00	23.79	45.77	0.00	1777.7	0.00	40.88	78.65	0.00	3054.9	0.00	0.00	0.00	0.00	1698.9	0.00	0.00	0.00	0.00	1696.3	0.00
	St	1389.08	3421.84	994.88	2516.1	−0.07	1391.61	3406.83	987.40	2590.98	−1.20	310.79	703.23	1375.1	1372.6	5.02	507.79	1115.9	615.95	2276.3	7.14	1185.7	3140.0	610.49	871.49	57.39	1191.3	3157.3	610.36	878.94	57.47

续表

		2012 年能源消耗					2012 年混合能源消耗				
		FU101	FU102	FU103	FU201	FU202	FU101	FU102	FU103	FU201	FU202
湖北	Ag	265.51	412.38	14.19	426.84	9.59	263.99	410.03	14.11	424.40	9.79
	Mi	19.27	12.83	0.00	0.00	24.28	19.16	12.75	0.00	0.00	24.42
	Ma	757.25	2105.25	293.91	2159.0	907.16	752.99	2093.59	292.20	2147.17	1008.7
	Ew	449.09	1531.19	0.00	0.00	0.00	447.83	1529.89	0.00	0.00	0.00
	Co	0.00	0.00	0.00	2401.5	0.00	0.00	0.00	0.00	2387.97	0.00
	St	358.68	1384.00	1156.9	1391.9	15.09	356.70	1376.40	1150.5	1384.21	16.84
湖南	Ag	226.00	462.10	21.97	264.36	0.40	225.65	461.39	21.93	263.96	0.47
	Mi	159.41	213.09	0.00	0.00	19.48	159.02	212.57	0.00	0.00	19.47
	Ma	727.38	1622.01	0.00	1709.8	477.36	726.46	1620.79	0.00	1713.57	491.46
	Ew	288.73	1143.29	0.00	0.00	0.00	289.32	1154.71	0.00	0.00	0.00
	Co	0.00	0.00	0.00	200.61	0.00	0.00	0.00	0.00	200.23	0.00
	St	1134.50	3528.64	739.83	1375.4	40.36	1135.60	3530.80	742.27	1382.30	64.53
广东	Ag	222.60	817.07	8.14	0.00	6.45	222.29	815.95	8.13	0.00	6.44
	Mi	78.29	3.88	0.00	0.00	1149.57	78.18	3.87	0.00	0.00	1150.3
	Ma	842.86	5165.28	0.00	1829.8	1373.13	841.70	5158.17	0.00	1827.35	1409.8
	Ew	575.79	2774.65	0.00	0.00	2.54	575.45	2774.63	0.00	0.00	2.53
	Co	0.00	0.00	0.00	1210.9	0.00	0.00	0.00	0.00	1209.31	0.00
	St	936.84	5341.64	628.43	2255.9	85.46	935.55	5334.29	627.56	2252.80	84.20
广西	Ag	106.66	163.74	14.73	64.22	18.67	106.12	162.91	14.65	63.90	18.76
	Mi	1.91	3.25	0.00	0.00	65.75	1.90	3.23	0.00	0.00	65.38
	Ma	507.86	1302.33	0.00	897.89	829.43	506.02	1298.75	0.00	931.00	841.05
	Ew	296.30	434.41	0.00	0.00	0.31	298.56	459.65	0.00	0.00	0.31
	Co	0.00	0.00	0.00	97.15	−0.86	0.00	0.00	0.00	96.90	−0.86
	St	554.60	1406.90	185.57	628.66	47.70	552.62	1402.30	185.68	626.08	48.69

		2015 年能源消耗					2015 年混合能源消耗				
		FU101	FU102	FU103	FU201	FU202	FU101	FU102	FU103	FU201	FU202
湖北	Ag	101.93	166.33	6.44	746.24	32.07	110.08	179.61	6.95	805.83	34.63
	Mi	1310.8	916.65	0.00	0.00	125.81	1413.2	988.21	0.00	0.00	135.63
	Ma	569.72	1514.8	111.81	622.21	1181.4	626.28	1664.0	120.99	677.91	1259.2
	Ew	668.23	2350.4	0.00	0.00	0.00	501.64	1771.7	0.00	0.00	0.00
	Co	0.00	0.00	0.00	1210.8	0.00	0.00	0.00	0.00	1334.6	0.00
	St	177.55	553.33	963.20	1035.2	46.85	174.66	551.75	949.64	1082.8	49.98
湖南	Ag	88.74	185.28	4.31	5.34	0.70	55.89	116.68	2.72	3.36	0.44
	Mi	366.68	832.66	0.00	0.00	16.29	233.78	391.22	0.00	0.00	17.58
	Ma	1025.5	3727.4	0.00	90.47	5753.6	1098.5	3998.5	0.00	98.80	6187.0
	Ew	69.23	232.05	0.00	0.00	0.00	61.50	207.90	0.00	0.00	0.00
	Co	0.04	0.49	0.00	131.12	0.00	0.04	0.54	0.00	144.54	0.00
	St	77.54	258.03	88.75	140.63	36.01	75.26	245.05	92.00	129.44	31.96
广东	Ag	444.55	1761.0	6.88	0.00	−4.03	109.03	431.91	1.69	0.00	−0.99
	Mi	546.33	29.20	0.00	0.00	2745.1	623.31	33.32	0.00	0.00	3131.9
	Ma	1796.3	1656.3	0.00	557.51	−1165.7	1980.6	178.07	0.00	450.26	−1418.2
	Ew	22.68	115.92	0.00	0.00	0.05	25.09	128.53	0.00	0.00	0.06
	Co	0.85	2.33	0.00	432.64	0.00	0.97	2.66	0.00	493.89	0.00
	St	163.48	982.05	221.27	530.91	28.12	167.89	1013.9	237.74	540.95	27.92
广西	Ag	202.71	311.87	15.81	76.42	35.72	204.07	313.96	15.91	76.93	35.95
	Mi	9.24	15.74	0.00	0.00	56.91	8.95	15.24	0.00	0.00	55.12
	Ma	965.51	2604.0	0.00	703.52	1809.3	936.57	2523.0	0.00	687.23	1751.7
	Ew	38.04	93.52	0.00	0.00	0.30	46.08	120.97	0.00	0.00	0.29
	Co	2.48	2.15	0.00	445.26	2.69	2.83	2.45	0.00	507.95	3.07
	St	227.62	561.71	162.38	237.80	54.06	259.42	655.18	170.96	241.60	55.05

		2017 年能源消耗					2017 年混合能源消耗				
		FU101	FU102	FU103	FU201	FU202	FU101	FU102	FU103	FU201	FU202
湖北	Ag	293.74	945.20	50.94	266.50	16.07	294.25	946.82	51.03	266.96	16.10
	Mi	0.51	9.68	0.00	0.00	18.93	0.50	9.54	0.00	0.00	18.66
	Ma	830.17	2569.2	0.00	2183.9	143.38	837.52	2592.7	0.00	2168.1	144.25
	Ew	232.96	588.25	0.00	0.00	0.51	233.37	590.77	0.00	0.00	0.85
	Co	4.58	10.99	0.00	1179.9	0.00	4.58	11.01	0.00	1181.7	0.00
	St	624.41	2578.1	811.57	1595.4	27.98	625.46	2588.6	807.13	1591.5	27.83
湖南	Ag	426.92	886.15	56.81	510.69	15.94	421.27	874.43	56.06	503.93	15.73
	Mi	32.57	15.47	0.00	0.00	−13.58	31.52	14.97	0.00	0.00	−13.15
	Ma	785.99	2233.2	0.00	341.71	243.58	797.24	2261.6	0.00	338.79	242.31
	Ew	330.71	719.09	0.00	0.00	−0.07	331.86	738.41	0.00	0.00	0.36
	Co	4.59	10.59	0.00	1431.2	0.00	4.50	10.36	0.00	1400.8	0.00
	St	800.64	2537.9	960.45	1263.4	159.69	803.76	2601.0	967.18	1254.6	157.37
广东	Ag	399.35	776.96	46.23	242.42	0.00	393.33	765.25	45.53	238.76	0.00
	Mi	0.00	0.00	0.00	0.00	0.00	0.00	0.00	0.00	0.00	0.00
	Ma	308.12	4452.3	0.00	1362.8	188.03	302.90	4394.2	0.00	1337.2	184.49
	Ew	954.64	2514.6	0.00	0.00	0.00	938.56	2922.3	0.00	0.00	0.00
	Co	0.00	0.00	0.00	3671.0	0.00	0.00	0.00	0.00	3608.2	0.00
	St	1233.6	6830.3	1568.6	2560.1	232.27	1213.2	6716.8	1541.9	2518.2	228.78
广西	Ag	642.63	983.18	64.01	305.93	40.65	604.71	925.15	60.23	287.87	38.25
	Mi	1.47	2.25	0.00	0.00	9.97	1.32	2.02	0.00	0.00	8.93
	Ma	782.28	1739.9	0.00	850.43	−1578.6	742.88	1648.2	0.00	786.12	−1429.4
	Ew	136.66	238.20	0.00	0.00	17.22	149.73	260.83	0.00	0.00	35.45
	Co	0.00	0.00	0.00	610.53	0.00	0.00	0.00	0.00	626.99	0.00
	St	798.30	2392.6	554.88	953.49	−314.86	824.19	2508.2	559.27	941.01	−297.82

续表

		2012 年能源消耗					2012 年混合能源消耗					2015 年能源消耗					2015 年混合能源消耗					2017 年能源消耗					2017 年混合能源消耗				
		FU101	FU102	FU103	FU201	FU202	FU101	FU102	FU103	FU201	FU202	FU101	FU102	FU103	FU201	FU202	FU101	FU102	FU103	FU201	FU202	FU101	FU102	FU103	FU201	FU202	FU101	FU102	FU103	FU201	FU202
海南	Ag	13.71	39.54	1.02	0.56	1.67	13.72	39.58	1.02	0.56	1.67	23.71	70.19	1.39	0.09	2.14	23.67	70.07	1.39	0.09	2.14	49.71	120.50	9.56	0.00	0.18	48.95	118.66	9.42	0.00	0.18
	Mi	0.18	0.07	0.00	0.00	11.69	0.18	0.07	0.00	0.00	11.70	5.00	1.97	0.00	0.00	−9.52	4.96	1.95	0.00	0.00	−9.43	0.00	0.02	0.00	0.00	−0.50	0.00	0.02	0.00	0.00	−0.49
	Ma	67.95	162.06	0.00	34.24	65.49	68.02	162.21	0.00	34.27	65.55	91.10	247.70	0.00	51.70	329.49	90.34	245.62	0.00	51.22	326.55	85.87	154.13	0.00	37.38	0.39	84.69	151.92	0.00	36.63	0.52
	Ew	76.66	151.18	0.00	0.00	0.04	77.03	155.39	0.00	0.00	0.04	25.23	51.98	0.00	0.00	−0.01	25.68	54.72	0.00	0.00	−0.01	32.32	93.87	0.00	0.00	15.64	33.07	97.11	0.00	0.00	15.61
	Co	0.00	0.00	0.00	65.08	0.00	0.00	0.00	0.00	65.14	0.00	1.48	1.41	0.00	274.30	0.00	1.50	1.43	0.00	277.09	0.00	0.41	1.67	0.00	52.14	0.00	0.42	1.71	0.00	53.43	0.00
	St	109.44	397.46	154.13	294.16	2.15	109.55	397.89	154.28	294.46	3.05	83.29	288.94	143.33	197.94	13.58	84.50	294.25	143.16	198.87	13.51	98.50	467.97	221.48	459.74	2.70	99.94	480.90	217.81	457.45	2.66
重庆	Ag	62.18	190.70	1.93	0.48	3.88	61.38	188.24	1.91	0.48	3.86	46.78	150.49	0.54	0.19	5.07	14.24	45.80	0.16	0.06	1.54	60.32	260.11	32.03	34.14	1.59	59.65	257.22	31.68	33.76	1.57
	Mi	9.75	0.78	0.00	0.00	27.99	9.62	0.77	0.00	0.00	27.63	0.34	0.03	0.00	0.00	1.97	0.36	0.03	0.00	0.00	2.04	1.31	1.09	0.00	0.00	23.59	1.30	1.08	0.00	0.00	23.29
	Ma	228.67	895.81	0.00	323.43	593.24	227.60	891.39	0.00	334.62	609.79	562.59	1520.2	0.00	60.03	2469.5	582.33	1567.4	0.00	59.54	2538.3	177.34	851.80	0.00	228.86	127.96	174.91	839.98	0.00	226.64	126.17
	Ew	129.46	823.88	0.00	0.00	1.72	131.53	861.32	0.00	0.00	4.41	15.64	110.72	0.00	0.00	2.93	14.01	119.89	0.00	0.00	11.07	11.54	48.93	0.00	0.00	0.47	12.44	52.73	0.00	0.00	1.33
	Co	0.00	0.00	0.00	943.82	0.00	0.00	0.00	0.00	931.19	0.00	0.44	2.43	0.00	513.02	0.00	0.47	2.58	0.00	545.90	0.00	0.00	0.00	0.00	1684.5	0.00	0.00	0.00	0.00	1735.2	0.00
	St	206.63	1122.59	237.87	356.34	4.92	205.05	1113.34	235.61	353.87	10.14	36.34	181.13	133.48	102.22	3.72	37.25	185.89	116.64	106.36	3.74	178.24	1033.6	467.24	833.80	133.92	179.03	1044.6	462.64	829.44	132.83
四川	Ag	391.35	594.30	15.87	185.24	26.15	387.58	588.57	15.72	183.45	25.95	886.58	1334.0	28.92	469.33	105.22	914.43	1375.9	29.83	484.07	108.52	810.43	1349.1	119.01	467.69	−59.37	816.45	1359.1	119.90	471.17	−59.82
	Mi	72.66	26.75	0.00	0.00	50.56	71.96	26.50	0.00	0.00	50.15	98.47	35.92	0.00	0.00	16.10	100.27	36.58	0.00	0.00	16.40	0.00	0.00	0.00	0.00	−3.58	0.00	0.00	0.00	0.00	−3.50
	Ma	1396.81	2598.40	0.00	5124.7	89.69	1391.54	2589.43	0.00	5246.81	57.19	2040.6	3817.2	0.00	4116.8	473.69	2066.8	3872.4	0.00	3997.1	477.96	2057.6	3296.0	0.00	3317.2	349.99	2068.2	3303.6	0.00	3249.5	348.91
	Ew	365.07	757.45	0.00	0.00	1.93	364.27	766.04	0.00	0.00	2.13	67.18	113.95	0.00	0.00	0.56	75.94	135.59	0.00	0.00	0.58	71.93	136.26	0.00	0.00	0.52	78.33	151.39	0.00	0.00	0.51
	Co	0.00	0.00	0.00	404.75	0.00	0.00	0.00	0.00	400.92	0.00	2.58	7.11	0.00	775.37	0.00	2.71	7.46	0.00	813.56	0.00	0.00	0.00	0.00	862.88	0.00	0.00	0.00	0.00	853.80	0.00
	St	1199.29	2193.84	1035.8	1402.8	19.48	1193.82	2180.24	1031.6	1399.04	41.80	613.54	1124.1	565.48	771.94	57.87	602.74	1091.1	540.80	784.70	54.74	1367.2	2389.0	504.21	988.32	22.07	1391.8	2435.4	514.69	993.60	21.92
贵州	Ag	165.43	114.15	21.17	18.85	11.72	158.71	109.51	20.31	18.09	9.80	334.25	234.79	32.20	37.91	36.70	378.63	265.96	36.47	42.94	41.57	3163.9	2413.7	218.00	380.92	473.72	1014.5	773.99	69.90	122.15	151.90
	Mi	151.43	32.94	0.00	0.00	23.77	145.00	31.54	0.00	0.00	22.34	28.33	232.80	0.00	0.00	5.98	30.77	224.71	0.00	0.00	6.35	1.68	0.39	0.00	0.00	2.07	5.37	1.26	0.00	0.00	6.64
	Ma	271.06	656.61	0.00	324.12	66.21	270.85	664.05	0.00	656.99	62.49	616.59	2284.0	0.00	927.02	500.50	609.62	2260.2	0.00	519.34	504.29	29.10	80.33	0.00	423.43	9.20	93.84	252.91	0.00	1356.4	46.13
	Ew	135.10	609.61	0.00	0.00	0.00	142.43	633.05	0.00	0.00	0.00	18.92	88.08	0.00	0.00	0.00	38.68	170.30	0.00	0.00	0.00	1.19	7.09	0.00	0.00	0.00	13.92	63.64	0.00	0.00	0.00
	Co	0.00	0.00	0.00	497.08	0.00	0.00	0.00	0.00	476.50	0.00	0.48	2.22	0.00	530.78	0.00	0.56	2.60	0.00	620.41	0.00	0.00	5.37	0.00	1297.8	0.00	0.01	17.19	0.00	4155.5	0.00
	St	679.50	1732.68	449.28	1587.3	2.87	659.12	1678.82	436.38	1538.44	4.54	298.15	749.45	322.06	1335.4	11.26	355.84	887.49	359.96	1454.9	12.37	31.85	113.42	52.74	84.55	1.10	97.72	350.19	141.14	268.00	3.52

续表

		2012年能源消耗					2012年混合能源消耗					2015年能源消耗					2015年混合能源消耗					2017年能源消耗					2017年混合能源消耗				
		FU101	FU102	FU103	FU201	FU202	FU101	FU102	FU103	FU201	FU202	FU101	FU102	FU103	FU201	FU202	FU101	FU102	FU103	FU201	FU202	FU101	FU102	FU103	FU201	FU202	FU101	FU102	FU103	FU201	FU202
云南	Ag	136.28	132.33	0.13	61.59	15.53	136.22	132.28	0.13	61.57	14.17	170.28	164.54	0.13	53.45	18.69	182.02	175.88	0.14	57.13	19.98	68.54	52.46	3.44	27.66	10.21	69.56	53.23	3.49	28.07	10.36
	Mi	21.14	9.13	0.00	0.00	160.06	21.12	9.12	0.00	0.00	159.64	7.62	3.25	0.00	0.00	20.15	7.80	3.33	0.00	0.00	20.36	12.22	7.24	0.00	0.00	34.08	12.40	7.35	0.00	0.00	34.59
	Ma	427.89	860.43	0.00	526.62	296.59	445.02	907.69	0.00	788.87	224.92	2036.3	4503.1	0.00	181.78	867.79	1967.4	4343.2	0.00	151.93	847.82	810.02	2470.5	0.00	1416.9	912.05	822.25	2507.6	0.00	1438.2	925.79
	Ew	293.82	536.36	0.00	0.00	3.73	307.68	638.66	0.00	0.00	12.37	31.84	56.20	0.00	0.00	1.18	73.14	168.77	0.00	0.00	1.38	51.15	95.35	0.00	0.00	−0.38	87.19	343.51	0.00	0.00	2.33
	Co	0.00	0.00	0.00	212.36	0.00	0.00	0.00	0.00	212.39	0.00	0.52	2.53	0.00	366.99	0.00	0.73	3.50	0.00	508.67	0.00	0.00	0.00	0.00	891.11	0.00	0.00	0.00	0.00	904.46	0.00
	St	1092.45	2224.76	701.48	1805.6	7.65	1098.23	2239.76	708.78	1815.24	15.41	142.17	267.63	96.15	186.04	20.77	219.66	418.02	153.24	266.61	29.69	250.19	748.58	324.19	1591.3	87.37	254.28	760.85	329.03	1616.9	88.78
陕西	Ag	34.69	119.31	1.90	0.00	2.88	33.16	114.04	1.81	0.00	3.22	52.37	185.41	1.68	0.00	15.12	52.70	186.59	1.69	0.00	15.22	35.80	140.91	16.14	0.00	15.77	36.06	141.93	16.25	0.00	15.88
	Mi	21.94	44.31	0.00	0.00	39.68	20.96	42.33	0.00	0.00	38.88	14.93	31.03	0.00	0.00	86.09	14.97	31.12	0.00	0.00	86.33	0.00	0.00	0.00	0.00	3.04	0.00	0.00	0.00	0.00	2.96
	Ma	273.72	823.03	0.00	1921.9	66.45	272.71	827.39	0.00	2171.55	41.50	588.03	1944.8	0.00	509.38	1127.1	590.01	1951.6	0.00	511.64	1130.2	485.01	1924.9	0.00	3958.6	121.04	478.77	1896.1	0.00	3845.1	119.85
	Ew	324.53	655.41	0.00	0.00	0.00	318.90	644.02	0.00	0.00	0.00	132.90	276.29	0.00	0.00	0.00	134.14	278.88	0.00	0.00	0.00	94.25	248.34	0.00	0.00	105.08	103.69	274.74	0.00	0.00	119.81
	Co	0.00	0.00	0.00	345.51	0.00	0.00	0.00	0.00	330.14	0.00	0.96	1.99	0.00	918.92	0.00	0.96	2.00	0.00	923.83	0.00	0.00	0.00	0.00	642.66	0.00	0.00	0.00	0.00	664.39	0.00
	St	515.98	1808.40	549.51	1076.4	6.91	496.95	1742.05	531.57	1034.17	10.45	434.98	1745.7	520.27	841.99	50.80	437.41	1755.3	523.90	845.67	50.99	205.31	802.28	527.62	481.16	8.51	223.70	880.03	526.54	507.29	8.61
甘肃	Ag	53.81	59.44	27.00	0.32	11.96	55.35	61.15	27.78	0.33	12.30	95.40	110.45	21.31	0.33	87.04	104.15	120.58	23.26	0.36	95.02	279.46	338.02	35.89	25.07	50.83	260.54	315.13	33.46	23.37	47.39
	Mi	84.01	12.42	0.00	0.00	81.82	86.40	12.78	0.00	0.00	84.11	142.52	22.09	0.00	0.00	133.84	132.34	20.51	0.00	0.00	124.67	39.77	24.65	0.00	0.00	−33.06	32.78	20.31	0.00	0.00	−26.57
	Ma	288.40	430.47	0.00	682.04	184.20	297.53	445.04	0.00	714.39	185.98	570.20	1127.6	0.00	332.61	2202.2	511.28	999.46	0.00	250.16	1994.9	346.67	666.13	0.00	125.91	436.23	288.27	553.12	0.00	97.32	346.77
	Ew	10.99	198.57	0.00	0.00	0.00	15.71	229.92	0.00	0.00	0.00	28.55	178.52	0.00	0.00	0.00	38.66	241.76	0.00	0.00	0.00	66.19	266.33	0.00	0.00	0.21	107.99	453.82	0.00	0.00	5.12
	Co	0.00	0.00	0.00	204.48	0.00	0.00	0.00	0.00	210.45	0.00	2.52	3.43	0.00	620.29	0.00	4.19	5.72	0.00	1033.5	0.00	0.00	0.00	0.00	512.89	0.00	0.00	0.00	0.00	545.52	0.00
	St	805.37	2064.51	359.94	741.79	7.59	828.51	2124.37	370.25	763.66	8.24	197.58	484.84	251.01	121.54	56.47	234.14	639.23	263.03	124.45	47.85	704.44	1788.2	484.64	444.73	89.36	750.48	1953.9	560.97	445.99	88.23
青海	Ag	4.38	17.32	13.40	16.69	0.36	4.44	17.57	13.59	16.93	0.37	19.54	65.42	17.22	140.57	−1.56	22.07	73.89	19.45	158.77	−1.76	17.83	66.28	10.03	31.35	4.34	16.78	62.41	9.44	29.52	4.09
	Mi	63.99	99.20	0.00	0.00	10.35	64.82	100.48	0.00	0.00	10.49	257.92	329.59	0.00	0.00	284.08	209.86	266.97	0.00	0.00	226.87	0.00	0.00	0.00	0.00	−21.58	0.00	0.00	0.00	0.00	−19.40
	Ma	157.28	426.44	0.00	79.58	5.99	159.51	432.30	0.00	81.13	6.07	236.62	389.49	0.00	342.35	111.25	299.42	474.21	0.00	271.98	119.26	128.65	289.57	0.00	37.00	676.95	121.28	271.47	0.00	34.24	617.82
	Ew	430.77	623.43	0.00	0.00	0.00	436.58	636.67	0.00	0.00	0.00	120.21	167.82	0.00	0.00	0.17	115.59	165.12	0.00	0.00	0.24	23.06	69.30	0.00	0.00	−0.16	29.00	94.09	0.00	0.00	−0.19
	Co	0.00	0.00	0.00	178.49	−0.86	0.00	0.00	0.00	180.83	−0.87	0.40	0.68	0.00	175.93	−44.99	0.38	0.65	0.00	166.23	−42.51	2.36	2.38	0.00	488.86	0.00	3.29	3.32	0.00	681.20	0.00
	St	125.00	247.54	109.27	540.80	2.21	126.70	250.93	110.75	548.32	2.21	43.74	98.92	168.62	820.85	24.77	47.01	106.57	149.41	925.21	40.29	181.39	483.31	498.58	1561.0	−785.90	176.84	477.01	474.62	1437.2	−716.55

续表

		2012年能源消耗					2012年混合能源消耗					2015年能源消耗					2015年混合能源消耗					2017年能源消耗					2017年混合能源消耗				
		FU101	FU102	FU103	FU201	FU202	FU101	FU102	FU103	FU201	FU202	FU101	FU102	FU103	FU201	FU202	FU101	FU102	FU103	FU201	FU202	FU101	FU102	FU103	FU201	FU202	FU101	FU102	FU103	FU201	FU202
宁夏	Ag	61.04	148.48	15.41	9.76	3.49	61.90	150.58	15.63	9.90	4.12	184.38	449.03	21.29	24.00	72.82	174.41	424.76	20.14	22.70	68.89	59.00	128.31	5.95	25.51	29.96	53.26	115.83	5.37	23.03	27.05
	Mi	6.59	10.12	0.00	0.00	78.85	6.66	10.24	0.00	0.00	79.72	7.48	12.02	0.00	0.00	291.30	5.45	8.77	0.00	0.00	213.86	0.00	0.00	0.00	0.00	24.05	0.00	0.00	0.00	0.00	32.85
	Ma	167.96	591.16	0.00	271.33	280.46	171.07	603.21	0.00	314.20	285.82	223.65	668.46	0.00	52.11	1012.4	198.17	580.44	0.00	38.07	793.83	536.59	825.19	0.00	536.26	183.06	450.82	691.16	0.00	434.88	152.82
	Ew	119.10	180.36	0.00	0.00	0.30	150.17	222.16	0.00	0.00	0.30	30.46	38.32	0.00	0.00	3.87	65.02	91.61	0.00	0.00	13.85	39.94	142.87	0.00	0.00	5.74	121.73	427.27	0.00	0.00	5.54
	Co	0.00	0.00	0.00	72.17	0.00	0.00	0.00	0.00	73.14	0.00	0.38	0.97	0.00	977.28	0.00	0.46	1.16	0.00	1176.8	0.00	0.00	0.00	0.00	346.01	0.00	0.00	0.00	0.00	403.04	0.00
	St	295.94	965.64	456.95	149.43	13.86	301.20	982.28	463.92	153.14	13.61	117.36	407.51	187.69	144.52	59.71	183.50	612.04	236.62	174.85	59.25	342.55	1097.5	135.53	1426.4	96.08	360.20	1399.2	125.62	1240.2	81.68
新疆	Ag	96.61	221.53	11.57	21.99	17.33	97.05	222.54	11.63	22.09	19.79	423.17	984.54	24.00	125.86	180.79	438.49	1020.1	24.87	130.42	187.34	629.79	1226.7	139.93	103.46	98.29	600.10	1168.9	133.34	98.58	93.66
	Mi	117.48	31.88	0.00	0.00	358.76	117.92	32.00	0.00	0.00	359.57	15.45	4.25	0.00	0.00	878.05	16.19	4.46	0.00	0.00	874.47	47.40	6.44	0.00	0.00	−41.70	50.48	6.86	0.00	0.00	−44.88
	Ma	364.96	973.27	0.00	495.20	137.02	370.24	987.26	0.00	636.72	133.94	267.37	629.76	0.00	471.01	437.24	278.02	653.55	0.00	477.57	455.39	864.38	2029.5	0.00	1067.5	266.44	720.51	1700.2	0.00	756.42	211.15
	Ew	230.81	997.42	0.00	0.00	0.00	350.14	1171.87	0.00	0.00	0.00	46.93	169.64	0.00	0.00	0.00	56.24	191.74	0.00	0.00	0.00	133.08	400.82	0.00	0.00	1.38	365.14	918.02	0.00	0.00	2.11
	Co	0.00	0.00	0.00	360.08	0.00	0.00	0.00	0.00	363.58	0.00	0.73	2.45	0.00	886.80	0.00	0.79	2.66	0.00	963.77	0.00	0.00	0.00	0.00	1090.2	0.00	0.00	0.00	0.00	1548.9	0.00
	St	968.24	2645.32	1230.8	1523.1	36.11	984.32	2693.38	1255.5	1573.56	51.04	1034.6	2289.2	1262.8	3844.7	339.40	1101.3	2448.9	1310.2	3932.9	345.73	343.27	1184.5	2051.8	4099.6	142.29	381.14	1391.0	2510.5	3719.5	125.62

表 4.10　2012～2017 年中国各行业水资源及混合水资源消耗情况

（单位：亿 m^3）

行业	编号	2012 年水资源消耗					2012 年混合水资源消耗					2015 年水资源消耗					2015 年混合水资源消耗					2017 年水资源消耗					2017 年混合水资源消耗				
		FU101	FU102	FU103	FU201	FU202	FU101	FU102	FU103	FU201	FU202	FU101	FU102	FU103	FU201	FU202	FU101	FU102	FU103	FU201	FU202	FU101	FU102	FU103	FU201	FU202	FU101	FU102	FU103	FU201	FU202
Ag	1	1123.83	1754.80	84.96	432.71	503.14	1123.83	1754.80	84.96	432.71	503.14	1065.48	1979.01	182.21	547.98	76.45	1065.48	1979.01	182.21	547.98	76.45	1133.13	2291.44	161.55	259.83	53.50	1133.13	2291.44	161.55	259.83	53.50
Mi	2	1.07	0.69	0.00	0.00	3.21	4.32	2.78	0.00	0.00	12.94	0.36	0.20	0.00	0.00	1.30	3.29	1.83	0.00	0.00	11.76	1.38	0.92	0.00	0.00	2.67	7.50	5.02	0.00	0.00	14.55
	3	0.00	0.00	0.00	0.00	2.42	0.00	0.00	0.00	0.00	18.65	0.00	0.00	0.00	0.00	1.44	0.00	0.00	0.00	0.00	19.26	0.00	0.00	0.00	0.00	2.42	0.00	0.00	0.00	0.00	59.88
	4	0.00	0.00	0.00	0.00	2.42	0.00	0.00	0.00	0.00	2.42	0.00	0.00	0.00	0.00	0.06	0.00	0.00	0.00	0.00	0.06	0.00	0.00	0.00	0.00	0.01	0.00	0.00	0.00	0.00	0.01
	5	0.00	0.00	0.00	0.00	0.05	0.00	0.00	0.00	0.00	0.05	0.00	0.00	0.00	0.00	2.34	0.00	0.00	0.00	0.00	2.34	0.00	0.00	0.00	0.00	0.05	0.00	0.00	0.00	0.00	0.05
Ma	6	12.87	33.67	0.00	0.00	2.23	12.87	33.67	0.00	0.00	2.23	3.25	7.97	0.00	0.00	0.54	3.25	7.97	0.00	0.00	0.54	12.54	35.08	0.00	0.00	1.14	12.54	35.08	0.00	0.00	1.14
	7	0.10	0.18	0.00	0.00	0.07	0.10	0.18	0.00	0.00	0.07	0.56	1.14	0.00	0.00	0.62	0.56	1.14	0.00	0.00	0.62	0.11	0.30	0.00	0.00	−0.06	0.11	0.30	0.00	0.00	−0.06
	8	3.84	16.63	0.00	0.00	0.23	3.84	16.63	0.00	0.00	0.23	8.16	33.51	0.00	0.00	4.20	8.16	33.51	0.00	0.00	4.20	2.99	17.70	0.00	0.00	0.02	2.99	17.70	0.00	0.00	0.02
	9	0.04	0.15	0.00	0.25	0.02	0.04	0.15	0.00	0.25	0.02	0.38	1.01	0.00	0.87	0.37	0.38	1.01	0.00	0.87	0.37	0.05	0.16	0.00	0.25	0.02	0.05	0.16	0.00	0.25	0.02
	10	1.36	5.68	0.00	1.04	2.18	1.36	5.68	0.00	1.04	2.18	1.98	8.64	0.00	0.58	1.35	1.98	8.64	0.00	0.58	1.35	1.41	7.13	0.00	1.17	0.56	1.41	7.13	0.00	1.17	0.56
	11	0.67	7.01	0.00	0.00	1.46	0.67	7.01	0.00	0.00	1.46	2.62	13.74	0.00	0.00	−1.24	2.62	13.74	0.00	0.00	−1.24	0.67	7.50	0.00	0.00	0.97	0.67	7.50	0.00	0.00	0.97
	12	49.09	220.81	0.00	0.00	10.41	49.09	220.81	0.00	0.00	10.41	72.39	244.35	0.00	0.00	−30.04	72.39	244.35	0.00	0.00	−30.04	50.61	217.52	0.00	0.00	12.19	50.61	217.52	0.00	0.00	12.19
	13	3.18	7.60	0.00	0.00	−1.45	3.18	7.60	0.00	0.00	−1.45	1.95	4.51	0.00	0.00	−1.84	1.95	4.51	0.00	0.00	−1.84	2.02	6.05	0.00	0.00	1.25	2.02	6.05	0.00	0.00	1.25
	14	0.00	0.00	0.00	0.00	0.76	0.00	0.00	0.00	0.00	0.76	0.00	0.00	0.00	0.00	7.85	0.00	0.00	0.00	0.00	7.85	0.00	0.00	0.00	0.00	0.76	0.00	0.00	0.00	0.00	0.76
	15	2.50	11.48	0.00	81.32	2.19	2.50	11.48	0.00	81.32	2.19	0.91	2.24	0.00	24.22	3.01	0.91	2.24	0.00	24.22	3.01	2.31	15.20	0.00	82.21	−2.24	2.31	15.20	0.00	82.21	−2.24
	16	0.08	0.18	0.00	22.08	−0.19	0.08	0.18	0.00	22.08	−0.19	0.04	0.32	0.00	43.93	1.50	0.04	0.32	0.00	43.93	1.50	0.08	0.24	0.00	21.61	0.23	0.08	0.24	0.00	21.61	0.23
	17	0.01	0.05	0.00	8.39	0.04	0.01	0.05	0.00	8.39	0.04	0.02	0.09	0.00	8.93	0.35	0.02	0.09	0.00	8.93	0.35	0.02	0.11	0.00	8.26	0.09	0.02	0.11	0.00	8.26	0.09
	18	0.02	0.14	0.00	0.64	0.00	0.02	0.14	0.00	0.64	0.00	0.33	2.39	0.00	5.55	0.50	0.33	2.39	0.00	5.55	0.50	0.02	0.20	0.00	0.58	0.00	0.02	0.20	0.00	0.58	0.00
	19	0.30	0.93	0.00	2.95	0.14	0.30	0.93	0.00	2.95	0.14	1.52	4.38	0.00	8.38	1.41	1.52	4.38	0.00	8.38	1.41	0.32	1.11	0.00	2.78	0.12	0.32	1.11	0.00	2.78	0.12
	20	0.20	0.73	0.00	1.43	0.19	0.20	0.73	0.00	1.43	0.19	1.20	5.55	0.00	4.91	2.75	1.20	5.55	0.00	4.91	2.75	0.22	0.85	0.00	1.48	0.01	0.22	0.85	0.00	1.48	0.01
	21	0.71	1.81	0.00	14.74	0.53	0.71	1.81	0.00	14.74	0.53	2.32	8.30	0.00	25.33	−0.71	2.32	8.30	0.00	25.33	−0.71	0.88	3.17	0.00	13.21	0.53	0.88	3.17	0.00	13.21	0.53
	22	0.01	0.02	0.00	0.00	0.02	0.01	0.02	0.00	0.00	0.02	0.15	0.30	0.00	0.00	0.14	0.15	0.30	0.00	0.00	0.14	0.01	0.04	0.00	0.00	0.01	0.01	0.04	0.00	0.00	0.01
	23	0.00	0.00	0.00	0.00	0.24	0.00	0.00	0.00	0.00	0.24	0.00	0.00	0.00	0.00	3.48	0.00	0.00	0.00	0.00	3.48	0.00	0.00	0.00	0.00	0.24	0.00	0.00	0.00	0.00	0.24
	24	0.00	0.00	0.00	0.00	0.00	0.00	0.00	0.00	0.00	0.00	0.00	0.00	0.00	0.00	0.00	0.00	0.00	0.00	0.00	0.00	0.00	0.00	0.00	0.00	0.00	0.00	0.00	0.00	0.00	0.00
Ew	25	146.62	501.31	0.00	0.00	0.00	219.28	749.75	0.00	0.00	0.00	167.21	386.59	0.00	0.00	0.00	263.73	609.74	0.00	0.00	0.00	121.90	526.04	0.00	0.00	0.00	144.55	623.77	0.00	0.00	0.00
	26	0.03	0.63	0.00	0.00	0.03	0.12	2.30	0.00	0.00	0.11	0.24	0.78	0.00	0.00	0.01	0.54	1.78	0.00	0.00	0.02	0.03	0.65	0.00	0.00	0.01	0.83	21.15	0.00	0.00	0.49
	27	18.44	161.51	0.00	0.00	0.00	18.06	158.11	0.00	0.00	0.00	29.95	146.52	0.00	0.00	0.00	29.95	146.52	0.00	0.00	0.00	19.16	155.58	0.00	0.00	5.22	19.16	155.58	0.00	0.00	5.22
Co	28	0.00	0.00	0.00	2.21	0.00	0.00	0.00	0.00	2.21	0.00	0.00	0.00	0.00	2.33	0.00	0.00	0.00	0.00	2.33	0.00	0.00	0.00	0.00	2.21	0.00	0.00	0.00	0.00	2.21	0.00
St	29	0.79	2.59	0.00	1.26	0.24	0.79	2.59	0.00	1.26	0.24	0.69	3.05	0.00	1.68	0.39	0.69	3.05	0.00	1.68	0.39	0.75	2.61	0.00	1.43	0.08	0.75	2.61	0.00	1.43	0.08
	30	0.46	1.92	0.73	0.71	0.11	0.46	1.92	0.73	0.71	0.11	0.65	2.42	0.70	0.61	0.06	0.65	2.42	0.70	0.61	0.06	0.55	2.15	0.54	0.66	0.03	0.55	2.15	0.54	0.66	0.03
	31	0.27	1.63	0.00	0.00	0.00	0.27	1.63	0.00	0.00	0.00	0.38	2.17	0.00	0.00	0.00	0.38	2.17	0.00	0.00	0.00	0.20	1.70	0.00	0.00	0.00	0.20	1.70	0.00	0.00	0.00

续表

行业	编号	2012 年水资源消耗					2012 年混合水资源消耗					2015 年水资源消耗					2015 年混合水资源消耗					2017 年水资源消耗					2017 年混合水资源消耗				
		FU101	FU102	FU103	FU201	FU202	FU101	FU102	FU103	FU201	FU202	FU101	FU102	FU103	FU201	FU202	FU101	FU102	FU103	FU201	FU202	FU101	FU102	FU103	FU201	FU202	FU101	FU102	FU103	FU201	FU202
	32	0.24	0.99	0.00	1.64	0.00	0.24	0.99	0.00	1.64	0.00	0.29	1.29	0.00	3.38	0.00	0.29	1.29	0.00	3.38	0.00	0.17	0.71	0.00	1.99	0.00	0.17	0.71	0.00	1.99	0.00
	33	3.20	18.36	2.10	0.00	0.00	3.20	18.36	2.10	0.00	0.00	3.57	22.27	0.26	0.00	0.00	3.57	22.27	0.26	0.00	0.00	2.49	19.89	1.27	0.00	0.00	2.49	19.89	1.27	0.00	0.00
	34	0.01	0.02	0.00	0.01	0.00	0.01	0.02	0.00	0.01	0.00	0.02	0.04	0.00	0.02	0.00	0.02	0.04	0.00	0.02	0.00	0.01	0.03	0.00	0.01	0.00	0.01	0.03	0.00	0.01	0.00
	35	0.03	0.49	0.54	0.00	0.00	0.03	0.49	0.54	0.00	0.00	0.06	1.27	0.19	0.00	0.00	0.06	1.27	0.19	0.00	0.00	0.02	0.73	0.31	0.00	0.00	0.02	0.73	0.31	0.00	0.00
	36	0.00	0.02	0.57	0.10	0.00	0.00	0.02	0.57	0.10	0.00	0.00	0.03	0.63	0.07	0.00	0.00	0.03	0.63	0.07	0.00	0.00	0.01	0.24	0.43	0.00	0.00	0.01	0.24	0.43	0.00
St	37	0.35	2.06	20.62	0.00	0.00	0.35	2.06	20.62	0.00	0.00	0.75	3.22	19.52	0.00	0.00	0.75	3.22	19.52	0.00	0.00	0.40	2.18	20.45	0.00	0.00	0.40	2.18	20.45	0.00	0.00
	38	0.39	1.93	0.00	0.00	0.00	0.39	1.93	0.00	0.00	0.00	0.20	2.46	0.00	0.00	0.00	0.20	2.46	0.00	0.00	0.00	0.33	1.99	0.00	0.00	0.00	0.33	1.99	0.00	0.00	0.00
	39	0.02	0.07	0.18	0.00	0.00	0.02	0.07	0.18	0.00	0.00	0.03	0.11	0.26	0.00	0.00	0.03	0.11	0.26	0.00	0.00	0.03	0.09	0.15	0.00	0.00	0.03	0.09	0.15	0.00	0.00
	40	0.00	0.00	0.00	0.00	0.00	0.00	0.00	0.00	0.00	0.00	0.00	0.01	0.01	0.00	0.00	0.00	0.01	0.01	0.00	0.00	0.00	0.00	0.01	0.00	0.00	0.00	0.00	0.01	0.00	0.00
	41	0.10	0.67	0.49	0.00	0.00	0.10	0.67	0.49	0.00	0.00	0.18	0.94	0.63	0.00	0.00	0.18	0.94	0.63	0.00	0.00	0.09	0.61	0.56	0.00	0.00	0.09	0.61	0.56	0.00	0.00
	42	0.00	0.00	0.14	0.00	0.00	0.00	0.00	0.14	0.00	0.00	0.00	0.00	0.28	0.00	0.00	0.00	0.00	0.28	0.00	0.00	0.00	0.00	0.14	0.00	0.00	0.00	0.00	0.14	0.00	0.00

表 4.11 2012～2017 年中国各行业能源及混合能源消耗情况 （单位：亿 t）

行业	编号	2012 年能源消耗					2012 年混合能源消耗					2015 年能源消耗					2015 年混合能源消耗					2017 年能源消耗					2017 年混合能源消耗				
		FU101	FU102	FU103	FU201	FU202	FU101	FU102	FU103	FU201	FU202	FU101	FU102	FU103	FU201	FU202	FU101	FU102	FU103	FU201	FU202	FU101	FU102	FU103	FU201	FU202	FU101	FU102	FU103	FU201	FU202
Ag	1	0.22	0.35	0.02	0.09	0.10	0.22	0.35	0.02	0.09	0.10	0.23	0.42	0.04	0.12	0.02	0.23	0.42	0.04	0.12	0.02	0.26	0.52	0.04	0.06	0.01	0.26	0.52	0.04	0.06	0.01
Mi	2	0.32	0.21	0.00	0.00	0.97	0.32	0.21	0.00	0.00	0.97	0.20	0.11	0.00	0.00	0.71	0.20	0.11	0.00	0.00	0.71	0.26	0.17	0.00	0.00	0.50	0.26	0.17	0.00	0.00	0.50
	3	0.00	0.00	0.00	0.00	0.39	0.00	0.00	0.00	0.00	0.39	0.00	0.00	0.00	0.00	0.43	0.00	0.00	0.00	0.00	0.43	0.00	0.00	0.00	0.00	0.40	0.00	0.00	0.00	0.00	0.40
	4	0.00	0.00	0.00	0.00	0.33	0.00	0.00	0.00	0.00	0.33	0.00	0.00	0.00	0.00	0.28	0.00	0.00	0.00	0.00	0.28	0.00	0.00	0.00	0.00	0.26	0.00	0.00	0.00	0.00	0.26
	5	0.00	0.00	0.00	0.00	0.23	0.00	0.00	0.00	0.00	0.23	0.00	0.00	0.00	0.00	0.20	0.00	0.00	0.00	0.00	0.20	0.00	0.00	0.00	0.00	0.19	0.00	0.00	0.00	0.00	0.19
Ma	6	0.19	0.51	0.00	0.00	0.03	0.19	0.51	0.00	0.00	0.03	0.21	0.52	0.00	0.00	0.04	0.21	0.52	0.00	0.00	0.04	0.20	0.55	0.00	0.00	0.02	0.20	0.55	0.00	0.00	0.02
	7	0.21	0.36	0.00	0.00	0.15	0.21	0.36	0.00	0.00	0.15	0.17	0.35	0.00	0.00	0.19	0.17	0.35	0.00	0.00	0.19	0.23	0.64	0.00	0.00	−0.12	0.23	0.64	0.00	0.00	−0.12
	8	0.03	0.13	0.00	0.00	0.00	0.03	0.13	0.00	0.00	0.00	0.03	0.11	0.00	0.00	0.01	0.03	0.11	0.00	0.00	0.01	0.02	0.12	0.00	0.00	0.00	0.02	0.12	0.00	0.00	0.00
	9	0.02	0.06	0.00	0.10	0.01	0.02	0.06	0.00	0.10	0.01	0.02	0.07	0.00	0.06	0.02	0.02	0.07	0.00	0.06	0.02	0.01	0.05	0.00	0.08	0.01	0.01	0.05	0.00	0.08	0.01
	10	0.07	0.28	0.00	0.05	0.11	0.07	0.28	0.00	0.05	0.11	0.08	0.34	0.00	0.02	0.05	0.08	0.34	0.00	0.02	0.05	0.07	0.36	0.00	0.06	0.03	0.07	0.36	0.00	0.06	0.03
	11	0.14	1.44	0.00	0.00	0.30	0.14	1.44	0.00	0.00	0.30	0.40	2.11	0.00	0.00	−0.19	0.40	2.11	0.00	0.00	−0.19	0.18	2.00	0.00	0.00	0.26	0.18	2.00	0.00	0.00	0.26
	12	0.89	3.99	0.00	0.00	0.19	0.89	3.99	0.00	0.00	0.19	1.45	4.91	0.00	0.00	−0.60	1.45	4.91	0.00	0.00	−0.60	1.05	4.52	0.00	0.00	0.25	1.05	4.52	0.00	0.00	0.25
	13	1.29	3.08	0.00	0.00	−0.59	1.29	3.08	0.00	0.00	−0.59	1.46	3.37	0.00	0.00	−1.38	1.46	3.37	0.00	0.00	−1.38	0.71	2.13	0.00	0.00	0.44	0.71	2.13	0.00	0.00	0.44
	14	0.00	0.00	0.00	0.00	8.30	0.00	0.00	0.00	0.00	8.30	0.00	0.00	0.00	0.00	8.47	0.00	0.00	0.00	0.00	8.47	0.00	0.00	0.00	0.00	8.31	0.00	0.00	0.00	0.00	8.31
	15	0.01	0.05	0.00	0.35	0.01	0.01	0.05	0.00	0.35	0.01	0.01	0.03	0.00	0.37	0.05	0.01	0.03	0.00	0.37	0.05	0.01	0.08	0.00	0.43	−0.01	0.01	0.08	0.00	0.43	−0.01
	16	0.00	0.00	0.00	0.36	0.00	0.00	0.00	0.00	0.36	0.00	0.00	0.00	0.00	0.34	0.01	0.00	0.00	0.00	0.34	0.01	0.00	0.00	0.00	0.35	0.00	0.00	0.00	0.00	0.35	0.00
	17	0.00	0.00	0.00	0.18	0.00	0.00	0.00	0.00	0.18	0.00	0.00	0.00	0.00	0.18	0.01	0.00	0.00	0.00	0.18	0.01	0.00	0.00	0.00	0.16	0.00	0.00	0.00	0.00	0.16	0.00
	18	0.01	0.07	0.00	0.31	0.00	0.01	0.07	0.00	0.31	0.00	0.02	0.11	0.00	0.26	0.02	0.02	0.11	0.00	0.26	0.02	0.01	0.11	0.00	0.31	0.00	0.01	0.11	0.00	0.31	0.00
	19	0.02	0.05	0.00	0.17	0.01	0.02	0.05	0.00	0.17	0.01	0.03	0.07	0.00	0.14	0.02	0.03	0.07	0.00	0.14	0.02	0.02	0.07	0.00	0.17	0.01	0.02	0.07	0.00	0.17	0.01
	20	0.02	0.08	0.00	0.15	0.02	0.02	0.08	0.00	0.15	0.02	0.03	0.12	0.00	0.11	0.06	0.03	0.12	0.00	0.11	0.06	0.03	0.12	0.00	0.21	0.00	0.03	0.12	0.00	0.21	0.00
	21	0.00	0.00	0.00	0.03	0.00	0.00	0.00	0.00	0.03	0.00	0.00	0.01	0.00	0.02	0.00	0.00	0.01	0.00	0.02	0.00	0.00	0.01	0.00	0.02	0.00	0.00	0.01	0.00	0.02	0.00
	22	0.03	0.07	0.00	0.00	0.07	0.03	0.07	0.00	0.00	0.07	0.04	0.09	0.00	0.00	0.04	0.04	0.09	0.00	0.00	0.04	0.04	0.11	0.00	0.00	0.02	0.04	0.11	0.00	0.00	0.02
	23	0.00	0.00	0.00	0.00	0.02	0.00	0.00	0.00	0.00	0.02	0.00	0.00	0.00	0.00	0.02	0.00	0.00	0.00	0.00	0.02	0.00	0.00	0.00	0.00	0.02	0.00	0.00	0.00	0.00	0.02
	24	0.00	0.00	0.00	0.00	0.00	0.00	0.00	0.00	0.00	0.00	0.00	0.00	0.00	0.00	0.00	0.00	0.00	0.00	0.00	0.00	0.00	0.00	0.00	0.00	0.00	0.00	0.00	0.00	0.00	0.00

续表

行业	编号	2012年能源消耗					2012年混合能源消耗					2015年能源消耗					2015年混合能源消耗					2017年能源消耗					2017年混合能源消耗				
		FU101	FU102	FU103	FU201	FU202	FU101	FU102	FU103	FU201	FU202	FU101	FU102	FU103	FU201	FU202	FU101	FU102	FU103	FU201	FU202	FU101	FU102	FU103	FU201	FU202	FU101	FU102	FU103	FU201	FU202
	25	0.54	1.84	0.00	0.00	0.00	0.54	1.84	0.00	0.00	0.00	0.79	1.82	0.00	0.00	0.00	0.79	1.82	0.00	0.00	0.00	0.55	2.37	0.00	0.00	0.00	0.55	2.37	0.00	0.00	0.00
Ew	26	0.00	0.06	0.00	0.00	0.00	0.00	0.06	0.00	0.00	0.00	0.02	0.05	0.00	0.00	0.00	0.02	0.05	0.00	0.00	0.00	0.00	0.09	0.00	0.00	0.00	0.00	0.09	0.00	0.00	0.00
	27	0.01	0.10	0.00	0.00	0.00	0.04	0.34	0.00	0.00	0.00	0.02	0.11	0.00	0.00	0.00	0.07	0.32	0.00	0.00	0.00	0.02	0.13	0.00	0.00	0.00	0.04	0.35	0.00	0.00	0.01
Co	28	0.00	0.00	0.00	0.63	0.00	0.00	0.00	0.00	0.63	0.00	0.00	0.00	0.00	0.77	0.00	0.00	0.00	0.00	0.77	0.00	0.00	0.00	0.00	0.86	0.00	0.00	0.00	0.00	0.86	0.00
	29	0.14	0.46	0.00	0.22	0.04	0.14	0.46	0.00	0.22	0.04	0.11	0.50	0.00	0.28	0.06	0.11	0.50	0.00	0.28	0.06	0.16	0.56	0.00	0.31	0.02	0.16	0.56	0.00	0.31	0.02
	30	0.38	1.59	0.60	0.59	0.09	0.38	1.59	0.60	0.59	0.09	0.56	2.09	0.61	0.52	0.05	0.56	2.09	0.61	0.52	0.05	0.60	2.30	0.58	0.70	0.03	0.60	2.30	0.58	0.70	0.03
	31	0.02	0.12	0.00	0.00	0.00	0.02	0.12	0.00	0.00	0.00	0.03	0.16	0.00	0.00	0.00	0.03	0.16	0.00	0.00	0.00	0.02	0.17	0.00	0.00	0.00	0.02	0.17	0.00	0.00	0.00
	32	0.02	0.07	0.00	0.12	0.00	0.02	0.07	0.00	0.12	0.00	0.01	0.06	0.00	0.17	0.00	0.01	0.06	0.00	0.17	0.00	0.02	0.07	0.00	0.19	0.00	0.02	0.07	0.00	0.19	0.00
	33	0.05	0.29	0.03	0.00	0.00	0.05	0.29	0.03	0.00	0.00	0.06	0.38	0.00	0.00	0.00	0.06	0.38	0.00	0.00	0.00	0.05	0.42	0.03	0.00	0.00	0.05	0.42	0.03	0.00	0.00
	34	0.06	0.22	0.00	0.13	0.00	0.06	0.22	0.00	0.13	0.00	0.11	0.27	0.00	0.12	0.00	0.11	0.27	0.00	0.12	0.00	0.10	0.33	0.00	0.13	0.00	0.10	0.33	0.00	0.13	0.00
	35	0.00	0.09	0.09	0.00	0.00	0.00	0.09	0.09	0.00	0.00	0.01	0.18	0.03	0.00	0.00	0.01	0.18	0.03	0.00	0.00	0.01	0.17	0.07	0.00	0.00	0.01	0.17	0.07	0.00	0.00
St	36	0.00	0.00	0.07	0.01	0.00	0.00	0.00	0.07	0.01	0.00	0.00	0.00	0.08	0.01	0.00	0.00	0.00	0.08	0.01	0.00	0.00	0.00	0.04	0.07	0.00	0.00	0.00	0.04	0.07	0.00
	37	0.00	0.00	0.03	0.00	0.00	0.00	0.00	0.03	0.00	0.00	0.00	0.01	0.03	0.00	0.00	0.00	0.01	0.03	0.00	0.00	0.00	0.00	0.04	0.00	0.00	0.00	0.00	0.04	0.00	0.00
	38	0.01	0.07	0.00	0.00	0.00	0.01	0.07	0.00	0.00	0.00	0.01	0.09	0.00	0.00	0.00	0.01	0.09	0.00	0.00	0.00	0.02	0.09	0.00	0.00	0.00	0.02	0.09	0.00	0.00	0.00
	39	0.01	0.04	0.11	0.00	0.00	0.01	0.04	0.11	0.00	0.00	0.02	0.05	0.13	0.00	0.00	0.02	0.05	0.13	0.00	0.00	0.02	0.08	0.12	0.00	0.00	0.02	0.08	0.12	0.00	0.00
	40	0.01	0.04	0.05	0.00	0.00	0.01	0.04	0.05	0.00	0.00	0.01	0.04	0.07	0.00	0.00	0.01	0.04	0.07	0.00	0.00	0.01	0.04	0.09	0.00	0.00	0.01	0.04	0.09	0.00	0.00
	41	0.00	0.01	0.01	0.00	0.00	0.00	0.01	0.01	0.00	0.00	0.00	0.02	0.01	0.00	0.00	0.00	0.02	0.01	0.00	0.00	0.00	0.02	0.01	0.00	0.00	0.00	0.02	0.01	0.00	0.00
	42	0.00	0.00	0.17	0.00	0.00	0.00	0.00	0.17	0.00	0.00	0.00	0.00	0.20	0.00	0.00	0.00	0.00	0.20	0.00	0.00	0.00	0.00	0.22	0.00	0.00	0.00	0.00	0.22	0.00	0.00

由表 4.8 可知，研究时期内中国各省水资源消耗与混合水资源消耗情况较为一致，故本章在此仅对研究时期内水资源消耗情况进行分析。2012年、2015年和2017年水资源消耗量分别为 5272.65 亿 m^3、5157.70 亿 m^3 和 5014.60 亿 m^3，研究时段内水资源消耗量呈现逐渐递减的态势，水资源消耗量下降 4.89%。分行业来看，农业水资源消耗量分别为 2705.60 亿 m^3、2598.00 亿 m^3 和 2743.02 亿 m^3，分别占水资源消耗量的 51.31%、50.37%和 54.70%。服务业为第二大耗水行业，2012 年、2015 年和 2017 年服务行业水资源消耗量分别为 941.58 亿 m^3、1054.83 亿 m^3 和 1014.44 亿 m^3，分别占水资源消耗量的 17.86%、20.45%和 20.23%。制造业为第三大耗水行业，2012 年、2015 年和 2017 年制造业水资源消耗量分别为 922.75 亿 m^3、1049.05 亿 m^3 和 843.09 亿 m^3，分别占水资源消耗量的 17.50%、20.34%和 16.81%。2012 年，电力、热力、燃气及水生产和供应业水资源消耗量最大，达到 620.54 亿 m^3，占水资源消耗量的 11.77%，但该行业的水资源消耗量在研究时段内呈现先下降后上升的态势；2015 年，该行业的水资源消耗量为 182.04 亿 m^3，占水资源消耗量的 3.53%；2017 年，该行业的水资源消耗量为 194.99 亿 m^3，占水资源消耗量的 3.89%。建筑业平均水资源消耗量在 200 亿 m^3 以内，研究期内，该行业水资源消耗量呈现先上升后下降的态势，2012 年、2015 年和 2017 年建筑业水资源消耗量分别为 65.19 亿 m^3、269.85 亿 m^3 和 216.41 亿 m^3，分别占水资源消耗量的 1.24%、5.23%和 4.32%。采矿业水资源消耗量在六大行业中最小，平均为 7.85 亿 m^3，且呈逐年下降的趋势，研究时段内，采矿业水资源消耗量分别为 16.99 亿 m^3、3.93 亿 m^3 及 2.64 亿 m^3，分别占水资源消耗量的 0.32%、0.08%及 0.05%。从五种消费类型来看，城镇居民消费量最大，2012 年、2015 年和 2017 年城镇居民消费量分别为 2610.14 亿 m^3、2539.71 亿 m^3 和 2555.34 亿 m^3，分别占水资源消耗量的 49.50%、49.24%、50.96%；农村居民消费量为第二大水资源消耗量，研究时期内水资源平均消耗量为 1018 亿 m^3 左右，占水资源消耗量平均值的 19.77%；固定资本形成总额为第三大水资源消耗来源，平均消耗量为 976.67 亿 m^3，占水资源消耗量平均值的 18.97%；研究时期内政府水资源消耗量分别为 390.78 亿 m^3、208.08 亿 m^3、335.54 亿 m^3，分别占水资源消耗量的 7.41%、4.03%、6.69%；而存货增加水资源消耗量最少，平均水资源消耗量为 273.57 亿 m^3，且呈逐年下降的趋势，占水资源消耗量平均值的 5.31%。

由表 4.9 可知，研究时期内中国各省能源消耗与混合能源消耗情况较为一致，故本章在此仅对研究时期内能源消耗情况进行分析。2012 年、2015 年和 2017 年能源消耗总量分别为 383413.81 万 t、391936.81 万 t 和 404098.23 万 t，研究时段内能源消耗总量呈现逐渐递增的态势，能源消耗总量上升 5.39%。分行业来看，2012 年、2017 年服务业为第一大能源消耗行业，能源消耗量分别为 158480.46 万 t、161271.45 万 t，分别占能源消耗总量的 41.33%、39.91%，而 2015 年制造业为第一大能源消耗行业，能源消耗量为 181845.24 万 t，占能源消耗总量的 46.40%。相应地，除 2015 年以外，制造业为第二大能源消耗行业，2012 年、2017 年能源消耗量分别为 149343.60 万 t、138179.13 万 t，分别占能源消耗总量的 38.95%、34.19%，而 2015 年服务业为第二大能源消耗行业，能源消耗量为 80325.11 万 t，占能源消耗总量的 20.49%。电力、热力、燃气及水生产和供应业为第三大能源消耗行业，2012 年、2015 年和 2017 年该行业能源消耗量分别为 33768.81 万 t、48558.33 万 t 和 46963.43 万 t，分别占能源消耗总量的 8.81%、12.39%和 11.62%。农业为第四大能源消耗行业，研究时段内，能源消耗量分别为 15865.49 万 t、42744.72 万 t 和 35245.08 万 t，分别占能源消耗总量的 4.14%、10.91%和 8.72%。建筑业为第五大能源消耗行业，2012 年、2015 年和 2017 年建筑业能源消耗量分别为 14957.41 万 t、48558.33 万 t、46963.43 万 t，分别占能源消耗总量的 3.90%、12.39%、11.62%。而矿业能源消耗量最少，研究时段内能源消耗量分别为 10998.05 万 t、28160.39 万 t、1957.68 万 t，分别占能源消耗总量的 2.87%、7.18%、0.48%。从五种消费类型来看，城镇居民消费最大，2012 年、2015 年、2017 年城镇居民消费量分别为 159192.89 万 t、153890.57 万 t、167712.17 万 t，分别占能源消耗总量的 41.52%、39.26%、41.50%；固定资本形成总额能源消耗量为第二大能源消耗量，研究时期内能源平均消费量为 117479.41 万 t，平均占比 29.88%；农村居民消费量为第三大能源消费量，能源平均消耗量为 53839.42 万 t，占能源消耗总量平均值的 13.69%；研究时期内政府消费能源分别为 37385.43 万 t、24501.75 万 t、34823.02 万 t，分别占能源消耗总量的 9.75%、6.25%、8.62%；而存货增加能源消耗最少，平均能源消耗量为 29328.84 万 t，占能源消耗总量平均值的 7.46%。

由表 4.10 可知，研究时期全国各行业水资源消耗与混合水资源消耗情况较为一致，故本章在此仅对研究时期内水资源消耗情况进行分析。2012 年、2015 年、2017 年全国水资源消耗量中，农业为第一大耗水行业，分别耗水 3899.44 亿 m^3、3851.12 亿 m^3、3899.44 亿 m^3。在农业耗水中，城镇居民消费耗水量平均为 2008.42 亿 m^3，占农业平均耗水量的 51.72%；农村居民消费耗水量平均为 1107.48 亿 m^3，占农业平均耗水量的 28.52%。电力、热力、燃气及水生产和供应业为第二大耗水行业，2012 年、2015 年、2017 年分别耗水 828.58 亿 m^3、731.29 亿 m^3、828.58 亿 m^3，其中，城镇居民消费耗水量均在 500 亿 m^3 以上。制造业为第三大耗水行业，研究时期内，水资源消耗量分别为 534.00 亿 m^3、553.15 亿 m^3、534.00 亿 m^3，其中城镇居民消费耗水量均在 300 亿 m^3 以上。服务业为第四大耗水行业，平均耗水量为 68.96 亿 m^3，而采矿业、建筑业的平均耗水量分别为 7.67 亿 m^3、2.25 亿 m^3。

由表 4.11 可知，2012 年、2015 年和 2017 年能源消耗总量分别为 35.97 亿 t、37.98 亿 t 和 39.08 亿 t。其中制造业为第一大能源消耗行业，研究时期内能源消耗量分别为 23.45 亿 t、24.49 亿 t 和 24.51 亿 t，分别占能源消耗总量的 65.19%、64.48% 和 62.72%，其中，城镇居民消费支出耗能最大，能源消耗量分别为 10.19 亿 t、12.20 亿 t 和 10.87 亿 t，分别占该行业能源消耗量的 43.45%、49.82%和 44.35%；而存货增加能源消耗量为该行业第二大能源消耗量，分别占该行业能源消耗量的 36.78%、27.94%和 37.68%。此外，并无政府消费支出能源消耗量。服务业为第二大能源消耗行业，研究时期内能源消耗量分别为 6.10 亿 t、7.16 亿 t 和 7.89 亿 t，分别占能源消耗总量的 16.96%、18.85%和 20.19%，其中，城镇居民消费支出能源消耗分别占该行业能源消耗量的 49.37%、53.85%和 53.90%，而存货增加能源消耗量最小，能源消耗量分别为 0.13 亿 t、0.11 亿 t 和 0.05 亿 t，分别占该行业能源消耗量的 2.13%、1.54%和 0.63%。电力、热力、燃气及水生产和供应业为第三大能源消耗行业，能源消耗量分别为 2.56 亿 t、2.81 亿 t 和 3.17 亿 t，其中，居民消费支出能源消耗占该行业能源消耗量的 90%以上。采矿业能源消费量平均为 2.05 亿 t，占能源消耗总量平均值的 5.44%，存货增加能耗为该行业能源消费最大类型，占比均在 75%以上。而农业、建筑业的能源消耗量均在 1 亿 t 以内。2012 年、2015 年和 2017 年混合能源消费情况与相应年份能源消费情况较为一致。

综合来看，2012 年、2015 年和 2017 年水资源消耗量分别为 5272.65 亿 m^3、5157.70 亿 m^3 和 5014.60 亿 m^3，研究时段内水资源消耗量呈现逐渐递减的态势，水资源消耗量下降 4.89%；2012 年、2015 年和 2017 年混合水资源消耗量分别为 5616.81 亿 m^3、5575.28 亿 m^3 和 5459.82 亿 m^3。水资源及混合水资源的消耗形式较为一致，但混合水资源消耗总量相比水资源消耗总量分别增加 6.53%、8.10%、8.88%。2012 年、2015 年和 2017 年能源消耗量分别为 38.34 亿 t、39.19 亿 t 和 40.41 亿 t，研究时段内能源消耗量呈现逐渐递增的态势，能源消耗量上升 5.39%。混合能源消耗量分别为 38.60 亿 t、38.45 亿 t 和 40.66 亿 t，研究时段内混合能源消耗量呈现总体增加的态势，混合能源消耗量上升 5.34%。2012 年、2015 年和 2017 年全国水资源消耗量中，农业耗水最多，研究时期内，混合能源消耗情况与相应年份能源消耗情况较为一致。由此可知，当前我国农业是第一大耗水产业，工业是第一大耗能产业。因此，未来在农业生产方面要坚持以水定地、推广节水灌溉、促进畜牧渔业节水，提高水资源利用效率。而对于工业，要改善生产工艺，提升能源利用效率，降低生产过程中“三废”的排放。

4.3.2　能源-水资源耦合系统属性

芬恩循环指数 FCI 能够用于表征流动网络中的循环流比例，为进一步探讨能源-水资源耦合带来的影响，本小节分析水网络、混合水网络、能源网络及混合能源网络的循环流情况，结果如表 4.12 和表 4.13 所示。表 4.13 中编号所代表的含义见《国民经济行业分类》（GB/T 4754—2017）。

表 4.12　2012～2017 年中国各省水资源及能源循环流情况　　（单位：%）

地区	2012 年				2015 年				2017 年			
	水网络	混合水网络	能源网络	混合能源网络	水网络	混合水网络	能源网络	混合能源网络	水网络	混合水网络	能源网络	混合能源网络
北京	0.11	0.12	1.05	3.44	0.10	0.09	0.07	0.08	0.09	0.11	0.82	0.85
天津	0.29	0.33	1.74	1.70	0.14	0.24	1.07	1.06	0.15	0.36	1.54	1.54
河北	2.36	2.23	8.91	8.00	0.18	14.53	1.12	1.19	2.40	2.20	5.15	5.24
山西	0.95	0.96	6.62	5.68	1.12	1.24	1.34	1.40	0.68	0.82	0.92	1.16
内蒙古	4.95	4.37	0.66	6.02	2.34	2.34	0.88	1.06	2.74	2.63	2.69	2.92
辽宁	5.27	4.77	2.92	6.41	2.06	1.99	1.49	1.56	1.71	1.64	2.69	2.84
吉林	2.16	2.09	1.92	1.97	2.17	2.24	1.63	1.63	1.09	1.92	1.59	1.60
黑龙江	8.21	7.34	2.15	2.22	7.53	7.28	0.63	0.75	5.85	4.98	1.17	1.47
上海	0.79	0.69	0.67	0.20	2.62	3.75	0.16	0.17	1.57	1.59	1.87	1.97
江苏	8.77	8.11	4.31	16.64	10.72	10.05	0.27	0.25	11.51	11.70	5.12	2.98
浙江	1.49	1.53	2.61	2.30	1.63	1.42	2.72	2.94	1.66	1.14	5.88	5.91
安徽	4.00	3.82	2.93	1.91	5.82	7.19	0.04	0.07	4.68	4.16	1.97	2.00
福建	3.17	3.14	1.91	1.83	3.27	3.23	0.94	1.08	2.65	2.68	2.61	2.64
江西	2.86	2.59	1.44	1.51	3.17	3.32	0.94	1.05	3.68	3.60	1.38	1.39
山东	2.24	2.31	10.70	10.20	2.34	1.98	5.00	5.61	2.75	2.90	8.20	8.18
河南	1.42	1.44	2.48	6.17	1.84	0.01	0.41	0.86	0.94	2.44	0.95	1.05
湖北	5.21	5.06	3.47	3.15	4.13	4.73	1.16	1.34	4.36	4.72	3.45	3.45
湖南	5.25	4.99	3.31	10.59	6.31	6.06	0.10	0.12	5.17	5.03	2.87	2.89
广东	1.62	1.45	7.64	20.50	3.56	2.85	0.27	0.28	13.19	11.69	16.68	16.53
广西	0.53	1.15	1.30	0.56	9.33	0.72	0.43	0.48	4.75	4.44	1.71	1.79
海南	0.53	0.50	0.35	0.35	0.36	0.35	0.23	0.24	1.30	1.58	0.40	0.41
重庆	0.66	0.65	0.91	0.91	0.32	0.08	0.08	0.09	0.41	0.32	0.94	0.99
四川	3.19	3.73	4.32	4.51	3.92	4.85	3.16	3.36	3.76	4.87	4.09	4.12
贵州	1.51	1.67	1.64	1.82	1.39	1.70	0.70	0.91	1.17	1.52	2.22	1.83
云南	1.75	2.19	2.09	1.59	2.17	2.59	0.19	0.29	0.24	6.21	0.62	0.52
陕西	1.03	1.12	1.89	1.89	0.90	0.88	21.78	22.73	4.03	0.44	0.25	0.31
甘肃	3.08	4.88	1.58	1.54	1.94	1.39	0.28	0.46	1.81	2.20	1.45	1.57
青海	0.41	0.59	0.84	0.85	0.35	0.48	0.31	0.42	0.43	0.57	0.89	0.90
宁夏	1.26	1.20	0.83	0.82	1.33	1.30	26.30	28.02	1.13	1.13	0.63	0.80
新疆	13.92	12.25	2.46	2.28	12.55	11.92	11.40	4.56	12.60	12.35	2.84	3.40

表 4.13 2012～2017 年中国各行业水资源及能源循环流情况 （单位：%）

行业	编号	2012年				2015年				2017年			
		水网络	混合水网络	能源网络	混合能源网络	水网络	混合水网络	能源网络	混合能源网络	水网络	混合水网络	能源网络	混合能源网络
Ag	1	62.96	66.74	1.09	1.08	62.67	62.94	1.13	1.12	64.66	68.84	1.08	1.06
Mi	2	0.04	0.25	1.04	0.99	0.01	0.13	0.94	0.92	0.04	0.38	0.87	0.85
	3	0.01	0.13	0.18	–0.17	0.01	0.11	0.10	0.11	0.01	0.58	0.47	0.45
	4	0.01	0.01	0.27	0.27	0.00	0.00	0.25	0.24	0.00	0.00	0.21	0.21
	5	0.00	0.00	0.12	0.12	0.01	0.01	0.08	0.08	0.00	0.00	0.06	0.06
Ma	6	0.45	0.68	1.10	1.08	0.07	0.09	1.14	1.13	0.42	0.71	0.97	0.96
	7	0.00	0.00	1.18	1.16	0.01	0.01	1.09	1.08	0.00	0.00	1.06	1.05
	8	0.13	0.11	0.17	0.17	0.32	0.29	0.15	0.14	0.14	0.12	0.12	0.12
	9	0.00	0.00	0.22	0.22	0.02	0.01	0.19	0.19	0.00	0.00	0.15	0.14
	10	0.06	0.05	0.59	0.58	0.07	0.07	0.52	0.52	0.06	0.06	0.54	0.53
	11	0.06	0.06	3.44	3.18	0.09	0.09	2.06	1.83	0.06	0.05	0.84	0.52
	12	0.96	2.57	7.46	7.35	1.63	1.31	7.68	7.57	1.20	3.22	7.33	7.21
	13	0.06	0.05	4.83	4.79	0.03	0.03	4.13	4.09	0.06	0.05	3.78	3.75
	14	0.00	0.00	11.58	11.49	0.05	0.05	13.26	13.14	0.00	0.00	11.39	11.29
	15	1.11	1.03	0.35	0.34	0.24	0.20	0.38	0.37	1.09	1.14	0.39	0.39
	16	0.19	0.17	0.34	0.34	0.48	0.41	0.32	0.32	0.20	0.19	0.32	0.32
	17	0.06	0.05	0.16	0.16	0.06	0.06	0.15	0.15	0.06	0.05	0.13	0.13
	18	0.00	0.00	0.42	0.41	0.06	0.06	0.41	0.41	0.00	0.00	0.42	0.42
	19	0.03	0.03	0.21	0.21	0.11	0.10	0.21	0.21	0.03	0.03	0.20	0.20
	20	0.02	0.02	0.31	0.31	0.13	0.11	0.35	0.35	0.02	0.02	0.41	0.41
	21	0.22	0.20	0.03	0.03	0.48	0.42	0.03	0.03	0.21	0.20	0.03	0.03
	22	0.00	0.00	0.16	0.16	0.00	0.00	0.15	0.15	0.00	0.00	0.14	0.14
	23	0.00	0.00	0.01	0.01	0.02	0.02	0.02	0.02	0.00	0.00	0.02	0.02
	24	0.05	0.05	0.01	0.01	0.05	0.04	0.00	0.00	0.05	0.06	0.01	0.01
Ew	25	11.55	16.54	2.40	2.30	9.29	13.55	3.64	3.57	11.49	13.38	3.62	3.51
	26	0.00	0.02	0.08	0.08	0.01	0.02	0.07	0.07	0.00	0.24	0.09	0.09
	27	2.84	2.53	0.13	0.61	2.46	1.95	0.14	0.57	2.73	2.60	0.17	0.59
Co	28	0.01	0.01	0.39	0.39	0.01	0.01	0.50	0.49	0.01	0.01	0.64	0.64
St	29	0.03	0.03	0.66	0.66	0.03	0.03	0.70	0.69	0.03	0.03	0.50	0.50
	30	0.02	0.02	0.48	0.56	0.03	0.02	0.82	0.87	0.02	0.02	1.54	1.42
	31	0.01	0.01	0.12	0.11	0.01	0.01	0.14	0.14	0.01	0.01	0.15	0.14
	32	0.02	0.02	0.26	0.26	0.04	0.03	0.30	0.30	0.02	0.02	0.32	0.32

续表

行业	编号	2012年				2015年				2017年			
		水网络	混合水网络	能源网络	混合能源网络	水网络	混合水网络	能源网络	混合能源网络	水网络	混合水网络	能源网络	混合能源网络
St	33	0.17	0.15	0.35	0.35	0.18	0.16	0.42	0.41	0.16	0.15	0.50	0.49
	34	0.00	0.00	0.51	0.50	0.00	0.00	0.59	0.58	0.00	0.00	0.65	0.64
	35	0.01	0.01	0.15	0.15	0.01	0.01	0.17	0.17	0.01	0.01	0.19	0.19
	36	0.00	0.00	0.07	0.07	0.00	0.00	0.08	0.08	0.00	0.00	0.09	0.09
	37	0.32	4.47	0.03	0.03	0.16	0.20	0.03	0.03	0.45	2.49	0.04	0.04
	38	0.01	0.01	0.07	0.07	0.02	0.01	0.08	0.08	0.01	0.01	0.09	0.08
	39	0.00	0.00	0.18	0.18	0.00	0.00	0.21	0.21	0.00	0.00	0.22	0.22
	40	0.00	0.00	0.09	0.09	0.00	0.00	0.10	0.10	0.00	0.00	0.10	0.10
	41	0.01	0.01	0.02	0.02	0.01	0.01	0.02	0.02	0.01	0.01	0.03	0.03
	42	0.00	0.00	0.15	0.15	0.00	0.00	0.17	0.17	0.00	0.00	0.24	0.23

水网络中部门间循环流动的水资源占比在各个地区之间存在差异。由表4.12可知，2012年，北京、天津、青海等八个地区的FCI在1%以内，其中北京、天津、青海的FCI排名居后三位，分别为0.11%、0.29%、0.41%；陕西、宁夏、河南、浙江等19个地区的FCI介于1%～6%；新疆、江苏、黑龙江三个地区的FCI排名前三，分别为13.92%、8.77%、8.21%。相比2012年，2015年北京、天津、河北等14个地区的FCI呈下降态势，其中，天津、河北、内蒙古、辽宁、重庆五个地区的下降幅度较大，降幅均在50%以上；而其余16个地区的FCI呈现不同程度的上升态势，其中，广西由0.53%上升至9.33%，广东由1.62%上升至3.56%，上海由0.79%上升至2.62%。2017年，广东、新疆、江苏的FCI排名前三，分别为13.19%、12.60%、11.51%，天津、河北、内蒙古等14个地区相比2015年FCI呈现上升态势，其中，广东、陕西、河北、海南FCI的上升幅度较大，而其余16个地区的FCI则呈不同程度的下降态势，其中广西、云南的下降幅度较大。

而各地区混合水网络的FCI与水网络FCI相比，虽然两者之间的差异较小，但在一定程度上体现了能源-水资源耦合带来的影响，混合水网络中，新疆、江苏、黑龙江、湖南为FCI高值区，而北京、天津、重庆、青海、海南则为FCI低值区。

研究时段内能源网络的FCI平均值分别为2.86%、2.84%及2.79%。2012年，海南、内蒙古、上海、宁夏、青海、重庆的能源网络FCI均在1%以内，而山西、广东、河北、山东的能源网络 FCI 超过 5%，分别为 6.62%、7.64%、8.91%、10.70%，相比 2012 年，2015 年能源网络 FCI 在 1%以内的地区个数增加至 18 个，而 FCI 等于或超过 5%的地区仅有山东、陕西、宁夏、新疆，FCI 分别为 5.00%、21.78%、26.30%、11.40%。研究期末，能源网络 FCI 在 1%以内的地区有陕西、海南、云南、宁夏、北京、青海、山西、重庆、河南九个地区，FCI 在 5%以上的地区为江苏（5.12%）、河北（5.15%）、浙江（5.88%）、山东(8.20%)及广东(16.68%)。研究时期内，混合能源网络 FCI 平均值分别为 4.25%、2.80%与 2.79%，与相应年份能源网络 FCI 相比存在一定差异，但也体现了能源-水资源耦合带来的影响。

从全国各行业 FCI 情况来看（表 4.13），农业水网络 FCI 最大，2012 年、2015 年、2017 年农业水网络 FCI 分别为 62.96%、62.67%、64.66%，电力、热力、燃气及水生产和供应业的水网络 FCI 次之，分别为 14.39%、11.76%、14.22%，而制造业水网络 FCI 平均为 3.4%，而服务业、采矿业及建筑业的水网络 FCI 较小，均在 1%以内，其中，建筑业的水网络 FCI 最小，仅为 0.01%。混合水网络中，六大行业 FCI 与水网络较为一致，但混合水网络 FCI 平均均高于水网络 FCI，农业，采矿业，制造业，电力、热力、燃气及水生产和供应业，建筑业，服务业的 FCI 平均值分别为 66.17%，0.53%，4.78%，16.94%，0.01%，2.65%。在能源网络中，制造业的 FCI 最大，分别为 32.57%、32.24%、28.25%，服务业和电力、热力、燃气及水生产和供应业的 FCI 平均值分别为 3.88%和 3.45%，农业、采矿业的 FCI 平均值则在 2%以内，建筑业的 FCI 最小，分别为 0.39%、0.50%、0.64%，而混合能源网络中六大行业的 FCI 与能源网络各行业的 FCI 较为一致。

图 4.8～图 4.11 展示了研究期内各类水资源及能源网络的系统鲁棒性 SR，用于表征系统的可持续发展性能。指示点在抛物线上越靠右，系统效率越高，但同时也意味着系统越脆弱；指示点越靠左，表明系统的冗余度越高，系统效率越低，也表明系统的脆弱性越低。省际层面，2012 年、2015 年、2017 年水网络系统鲁棒性 SR 分别为 0.3645、0.3224、0.3348，混合水网络系统鲁棒性 SR 分别为 0.3509、0.3385、0.3300，说明在研究时期内水网络及混合水网络逐渐偏向于高冗余度、低效率状态，但系统的抵抗性逐渐增强。2012 年、2015 年、2017 年能源网络的系统鲁棒性 SR 分别为 0.3020、0.3665、0.3385，而混合能源网络的系统鲁棒性 SR 分别为 0.3193、0.3679、0.3404，虽然两者均呈现先增加后减小的趋势，但整体而言，两个网络的系统鲁棒性 SR 逐渐偏向于高效率、高脆弱性的不可持续的状态。在全国层面，2012 年、2015 年、2017 年水网络的系统鲁棒性 SR 分别为 0.2846、0.3013、0.3065，混合水网络的系统鲁棒性 SR 分别为 0.2932、0.3089、0.3129，表明两个系统的鲁棒性 SR 逐渐增加，也反映了水网络及混合水网络都偏向于高效率状态，但系统的脆弱性逐渐增强。研究期内，2012 年、2015 年、2017 年能源网络的系

统鲁棒性 SR 分别为 0.3079、0.3043、0.3028，混合能源网络的系统鲁棒性 SR 分别为 0.3065、0.3035、0.3020，两个系统鲁棒性 SR 逐渐降低，说明两个系统都偏向于高冗余度、低效率的不可持续的状态。另外，系统的抵抗力逐渐增强。总体而言，未来一方面需要提高能源和水资源网络的可持续性；另一方面需要注重系统效率的提升，降低冗余度，即减少系统各要素的流动路径选择，加强系统流动的约束性，提升路径依赖，使系统内各要素流动更加有序、规范。

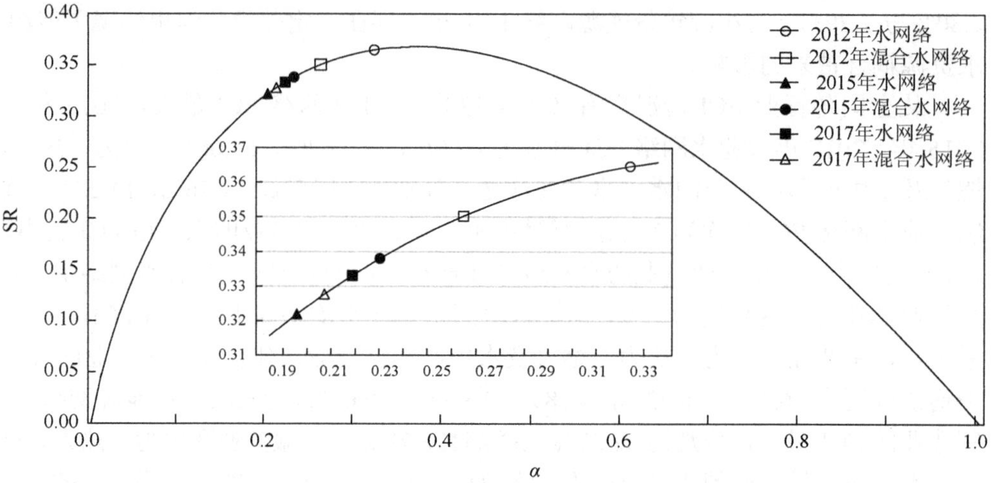

图 4.8　2012～2017 年省际水网络及混合水网络系统鲁棒性

α = 上升性指数/发展能力指数，下同

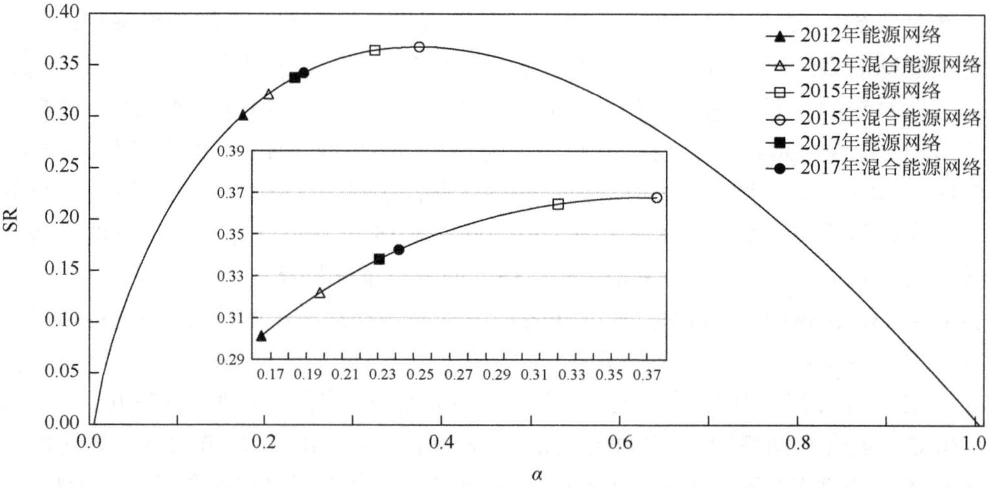

图 4.9　2012～2017 年省际能源网络及混合能源网络系统鲁棒性

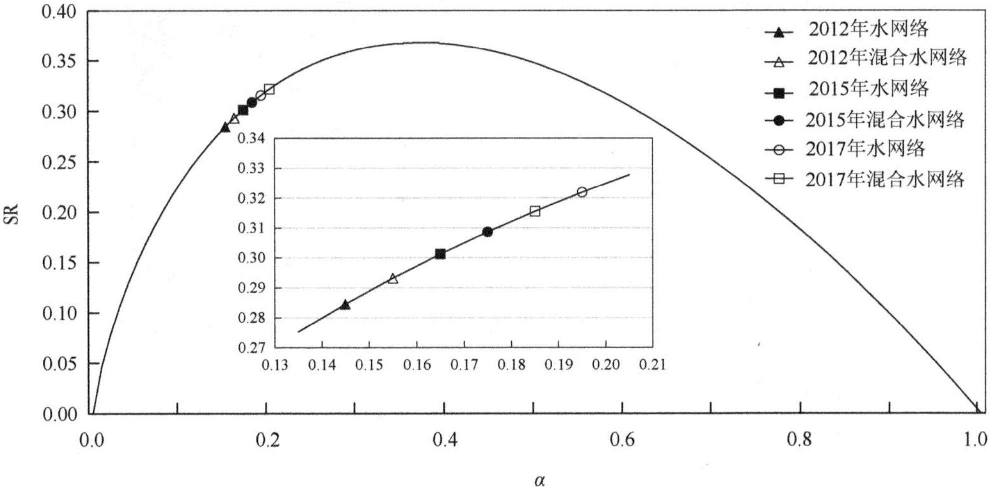

图 4.10　2012～2017 年全国水网络及混合水网络系统鲁棒性

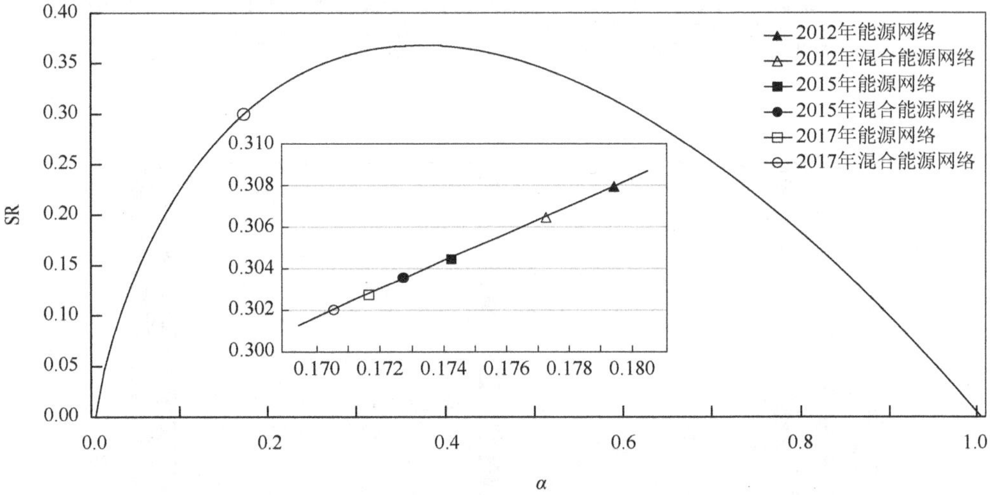

图 4.11　2012～2017 年全国能源网络及混合能源网络系统鲁棒性

4.3.3　能源-水资源耦合系统行业间动力学分析

能源-水资源的耦合关系通过影响区域间及行业间的能源-水资源消耗关系，使区域间和行业间的控制和依赖关系强度发生了改变，根据已经获取的水网络、能源网络及混合水网络、混合能源网络的控制分配系数和依赖分配系数，绘制 2012～2017 年能源-水资源耦合网络区域及行业间的控制和依赖关系图，结果如图 4.12～图 4.17 所示。

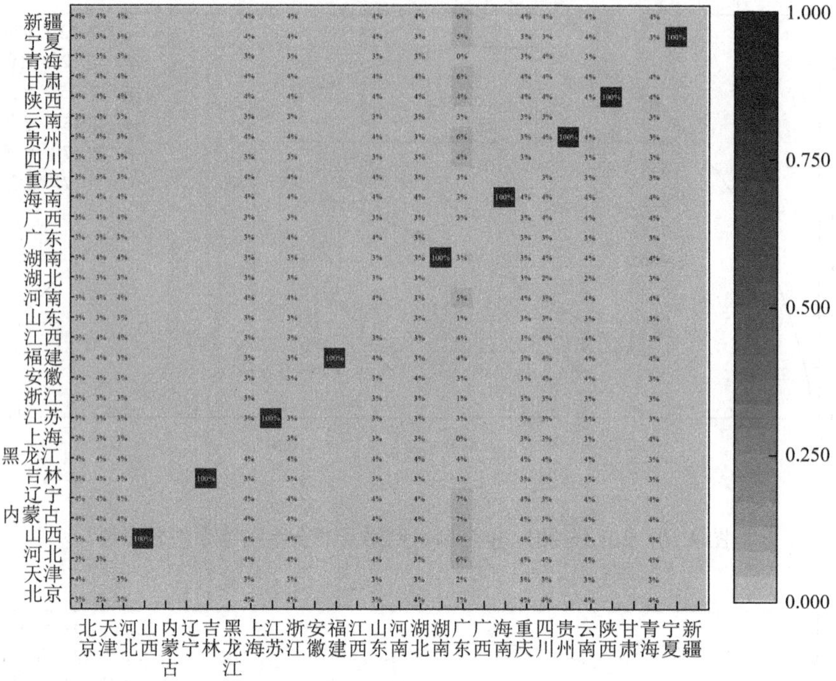

(a) 水网络控制分配系数

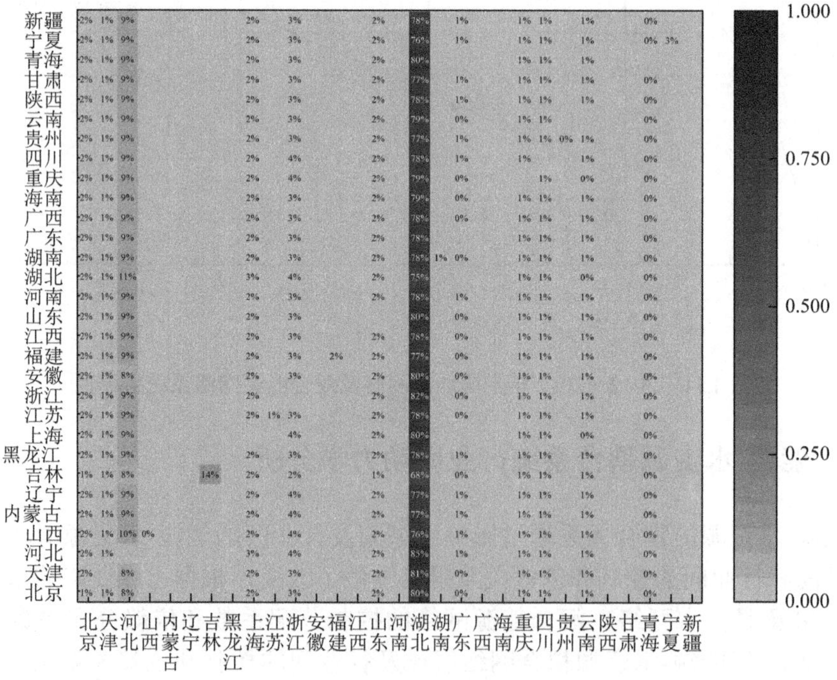

(b) 水网络依赖分配系数

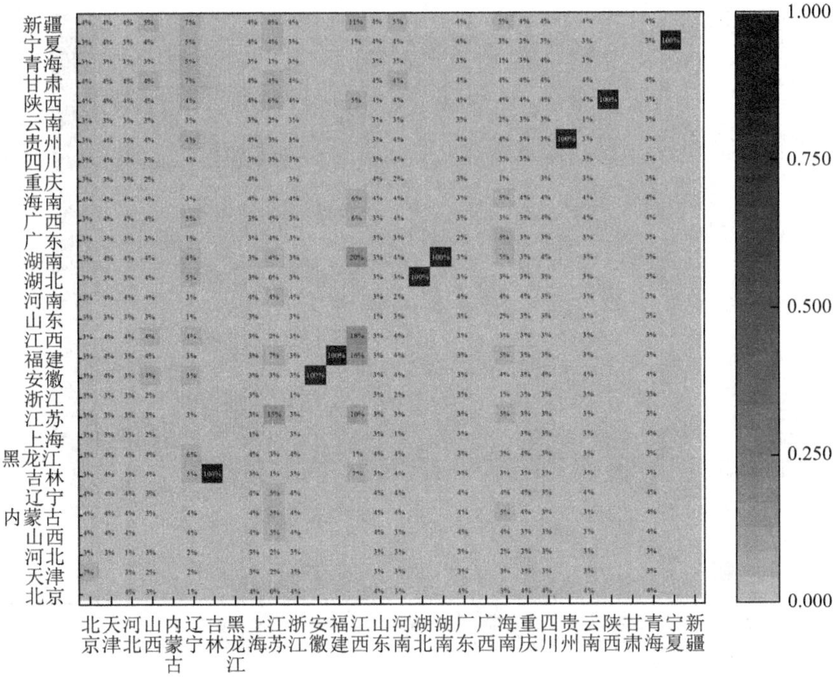

(c) 混合水网络控制分配系数

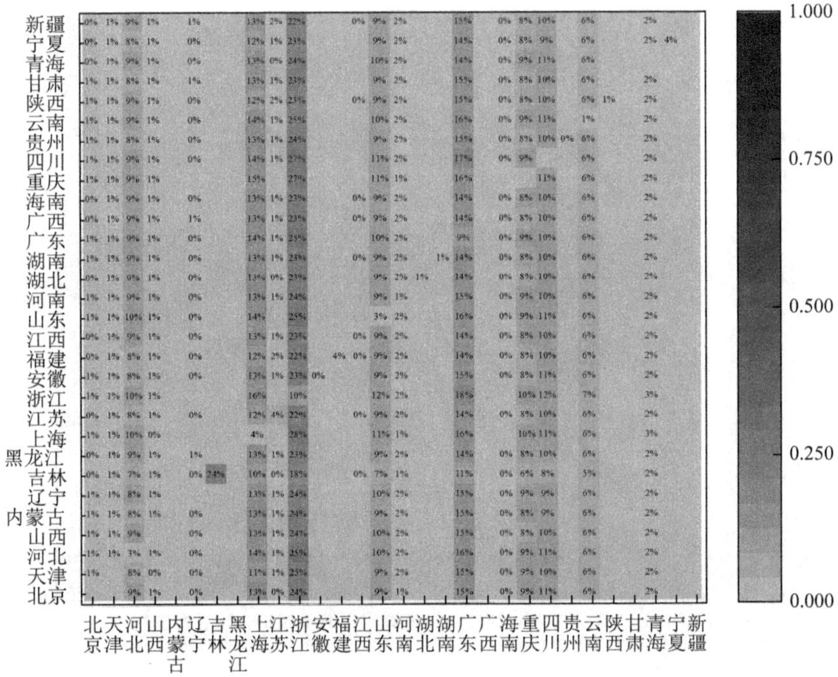

(d) 混合水网络依赖分配系数

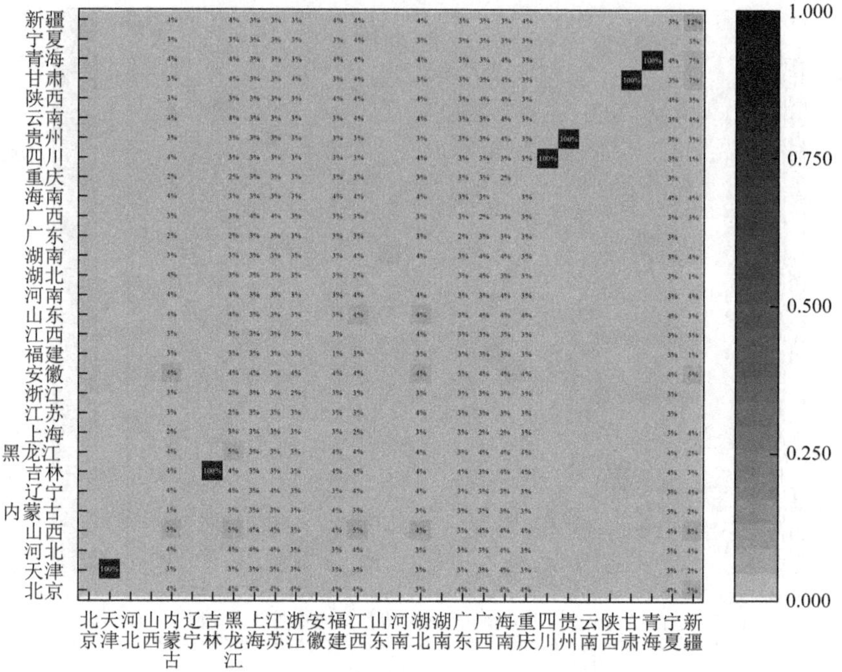

(e) 能源网络控制分配系数

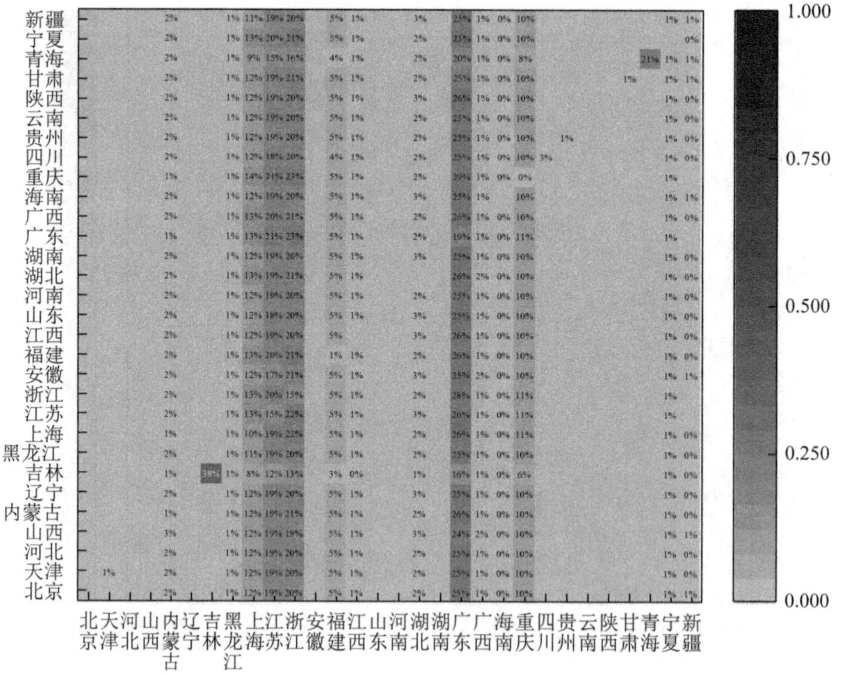

(f) 能源网络依赖分配系数

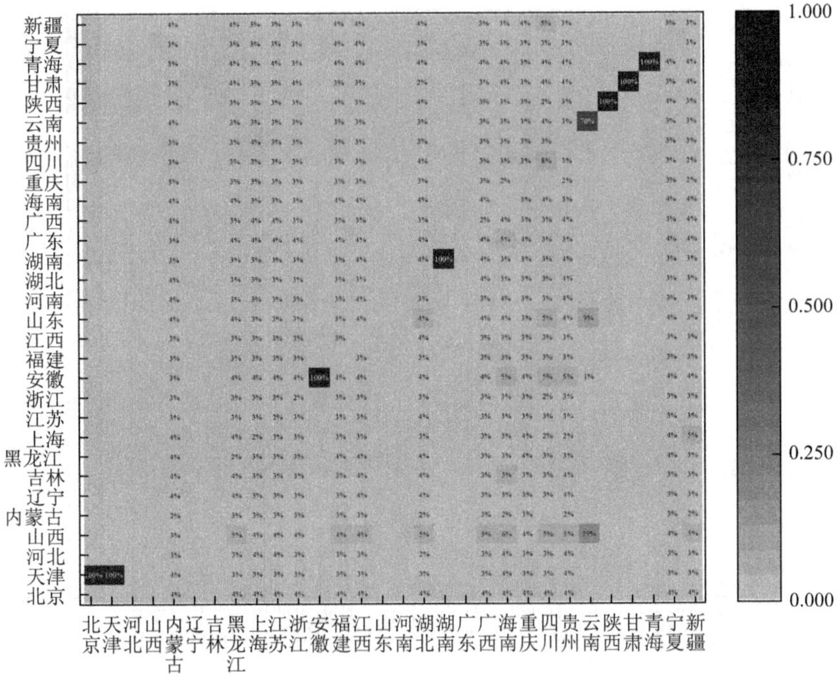

(g) 混合能源网络控制分配系数

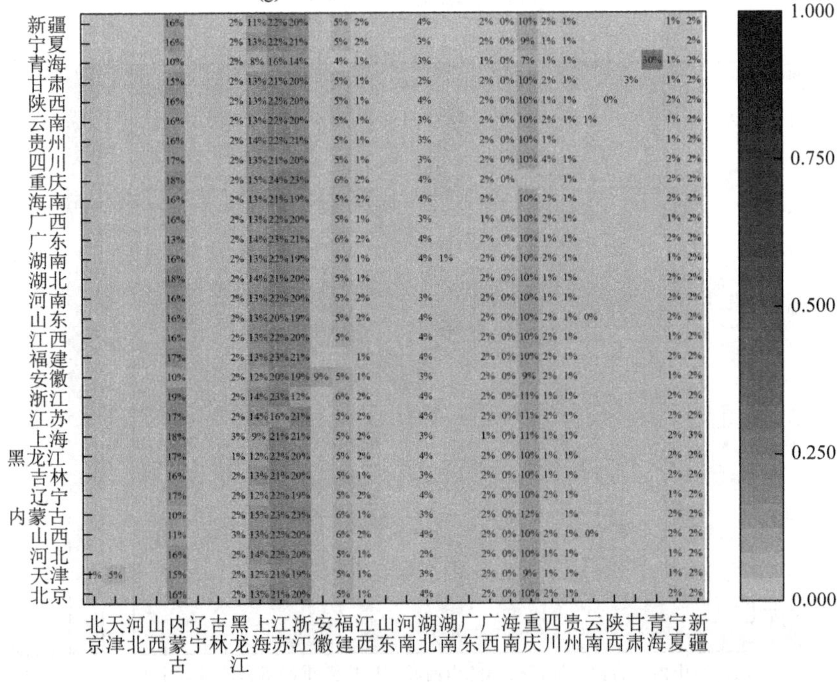

(h) 混合能源网络依赖分配系数

图4.12　2012年中国省际能源-水资源耦合网络控制和依赖关系（扫封底二维码可见彩图）

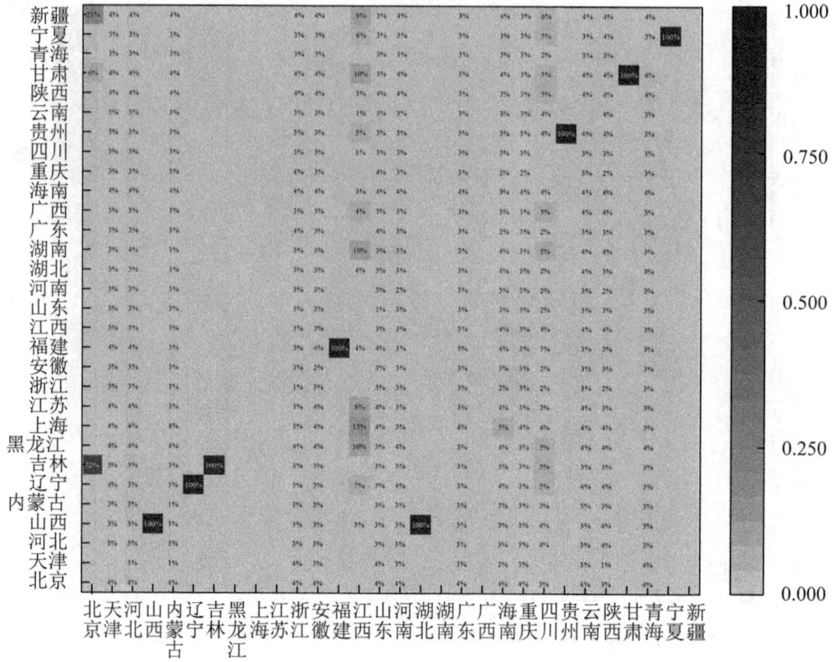

(a) 水网络控制分配系数

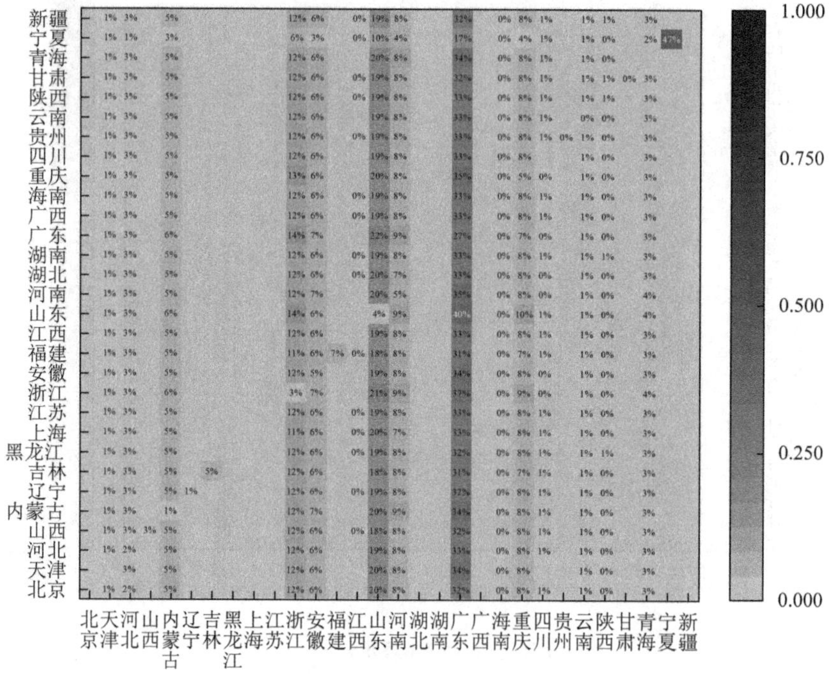

(b) 水网络依赖分配系数

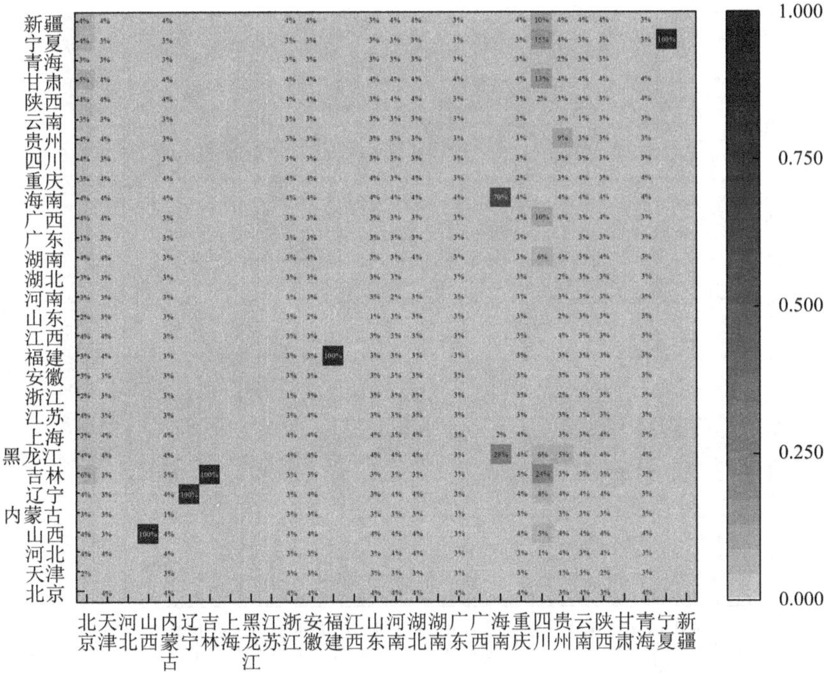

(c) 混合水网络控制分配系数

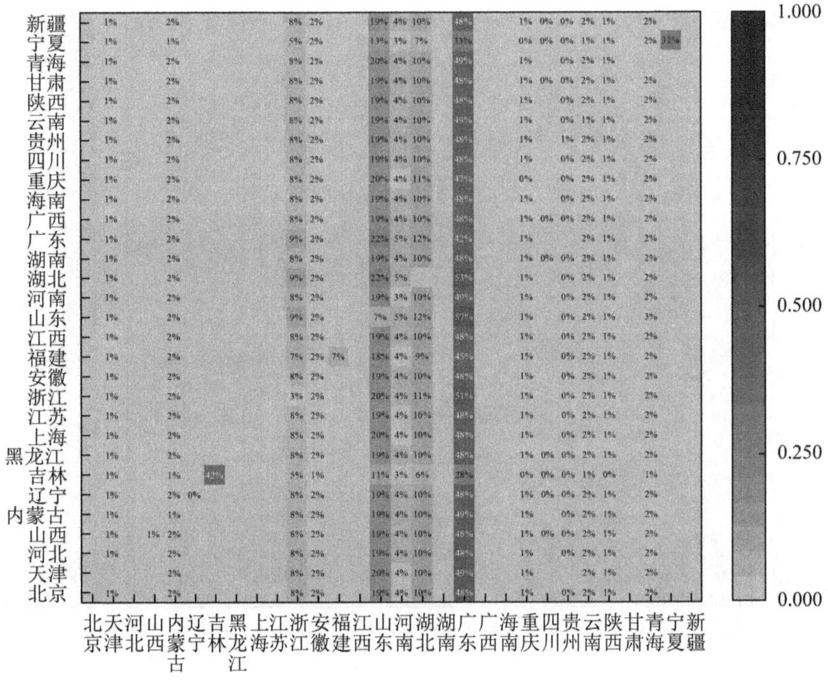

(d) 混合水网络依赖分配系数

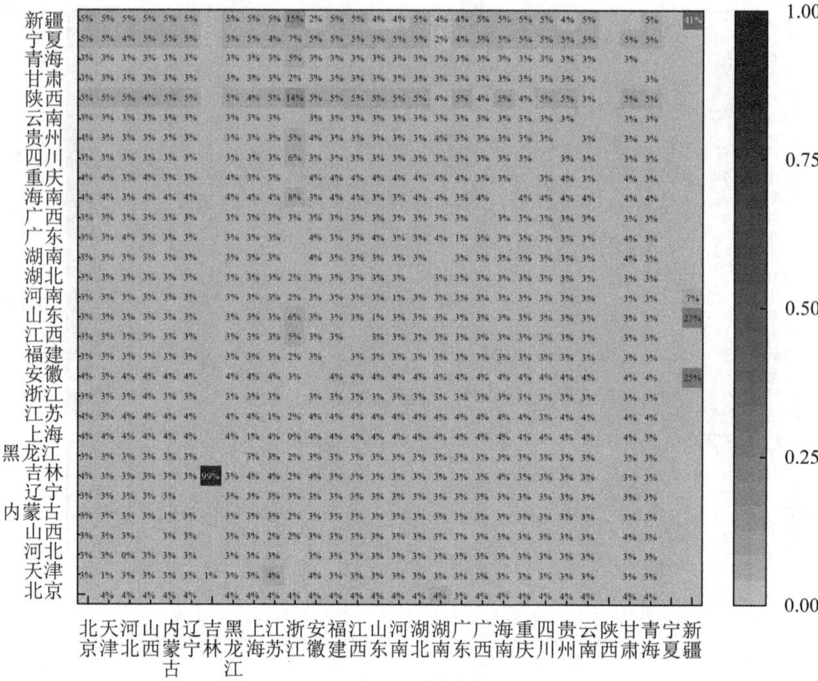

(e) 能源网络控制分配系数

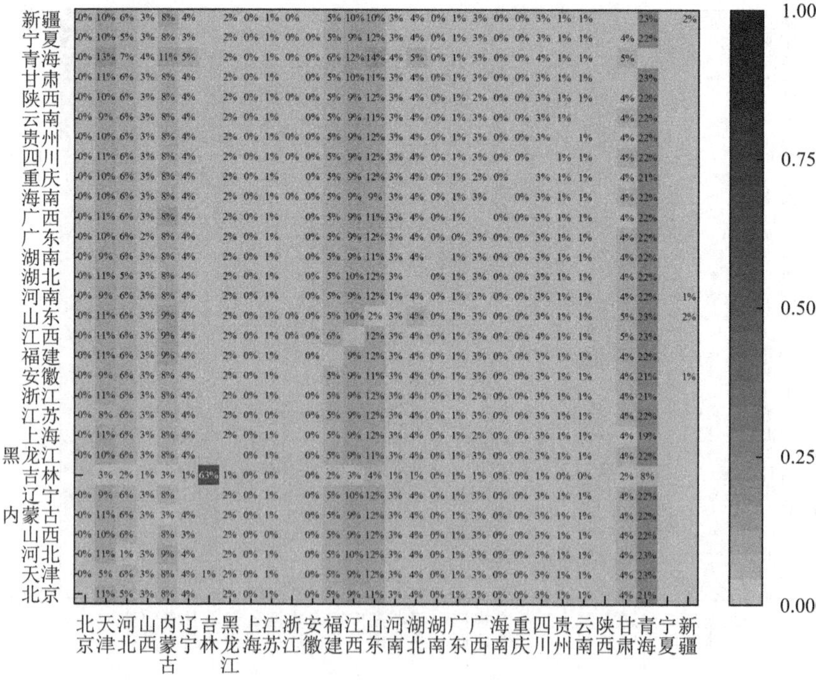

(f) 能源网络依赖分配系数

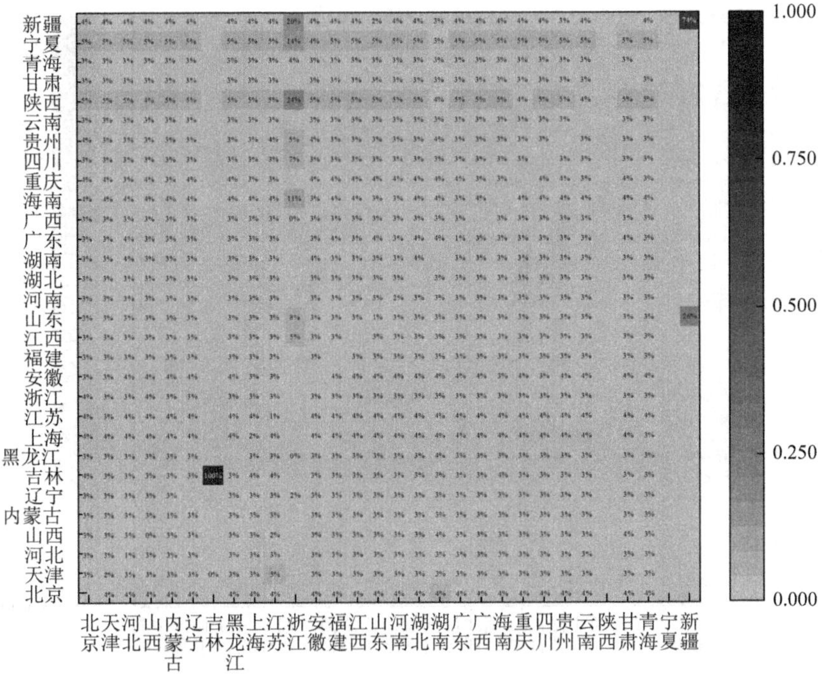

(g) 混合能源网络控制分配系数

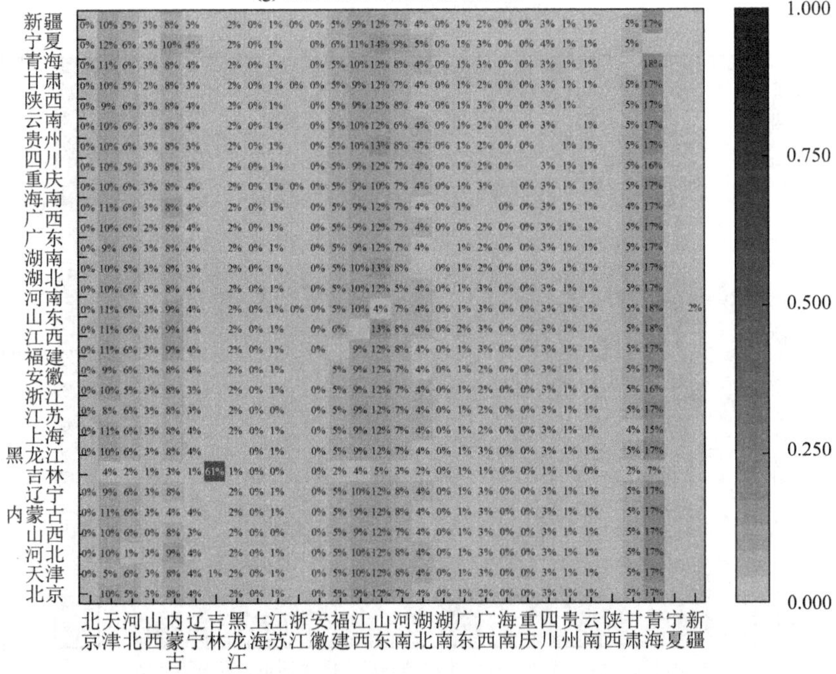

(h) 混合能源网络依赖分配系数

图4.13　2015年中国省际能源-水资源耦合网络控制和依赖关系（扫封底二维码可见彩图）

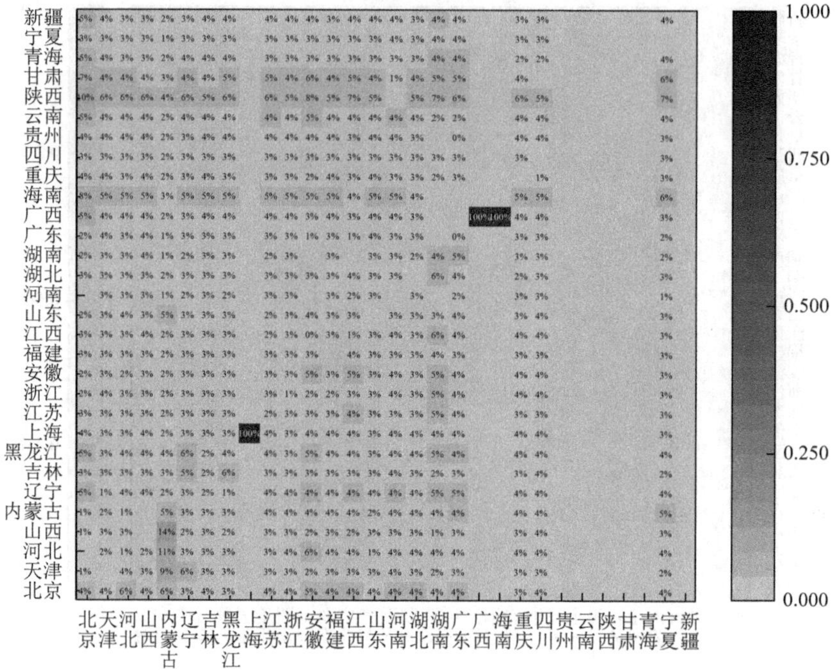

(a) 水网络控制分配系数

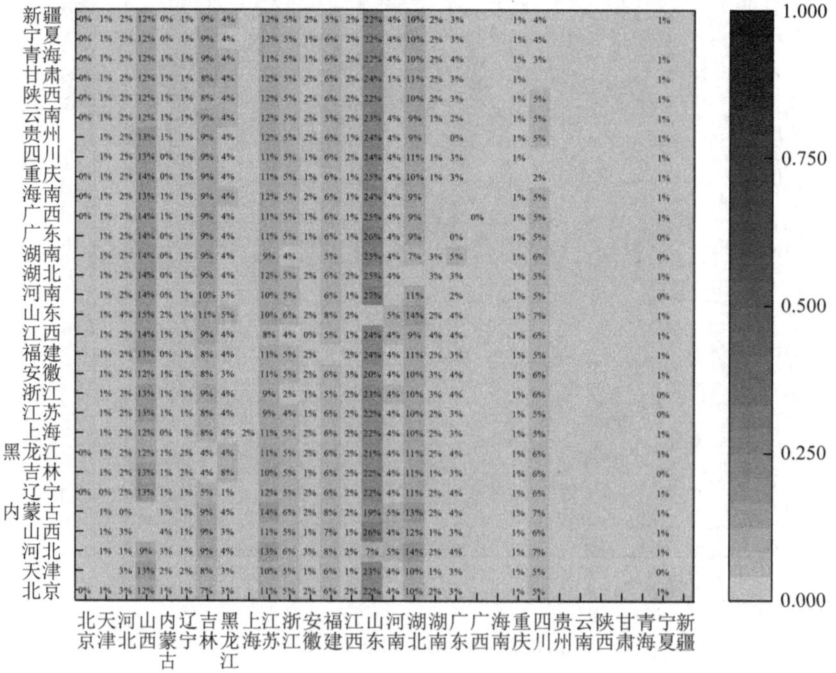

(b) 水网络依赖分配系数

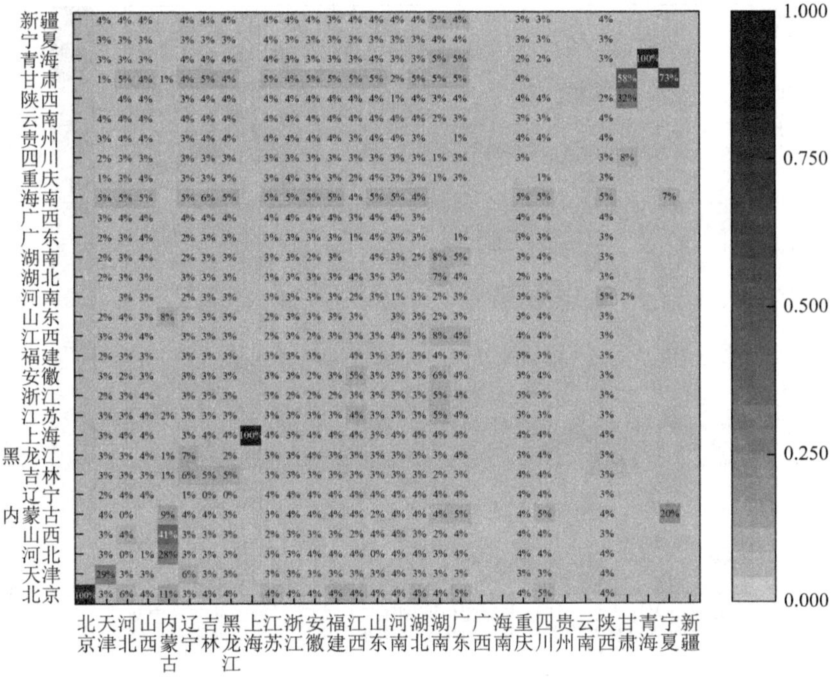

(c) 混合水网络控制分配系数

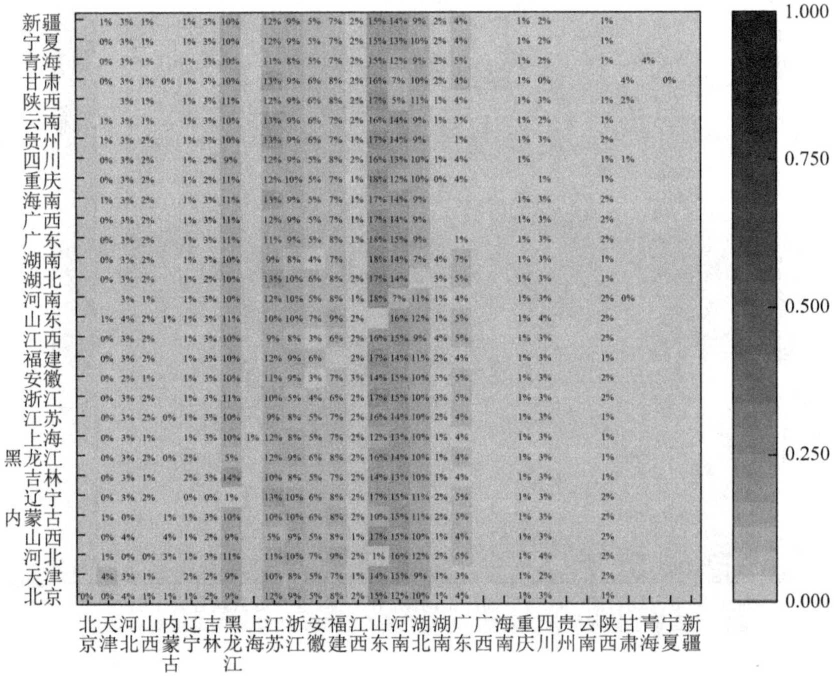

(d) 混合水网络依赖分配系数

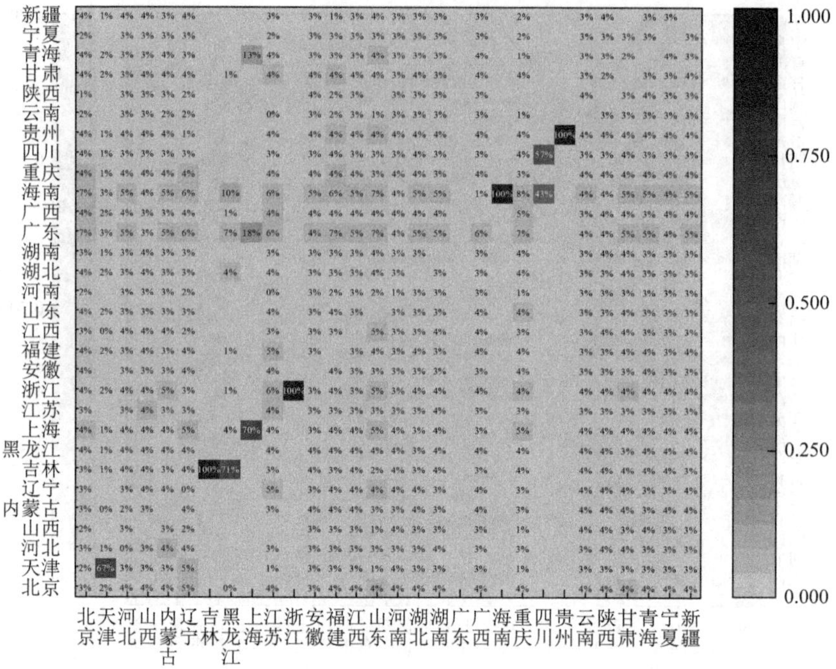

(e) 能源网络控制分配系数

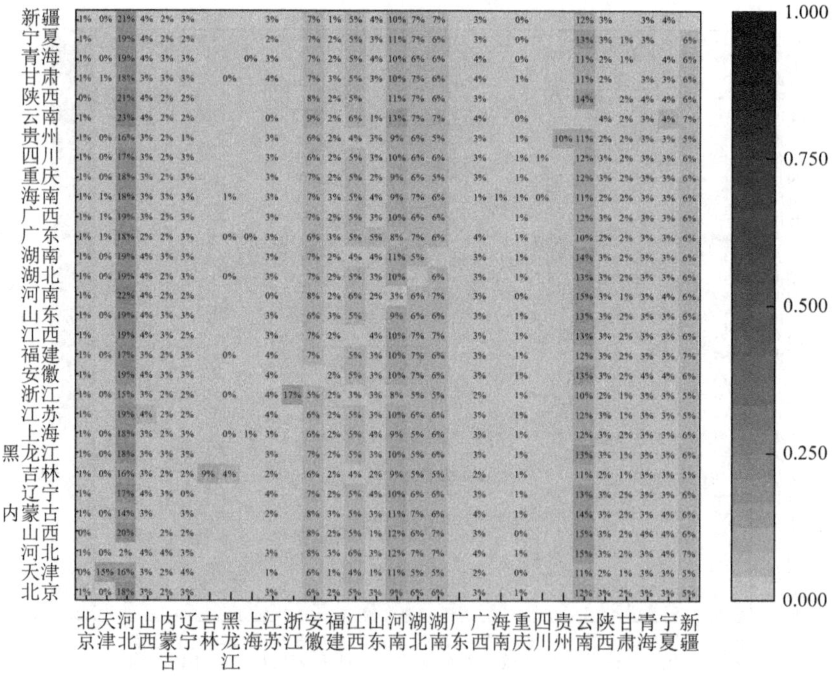

(f) 能源网络依赖分配系数

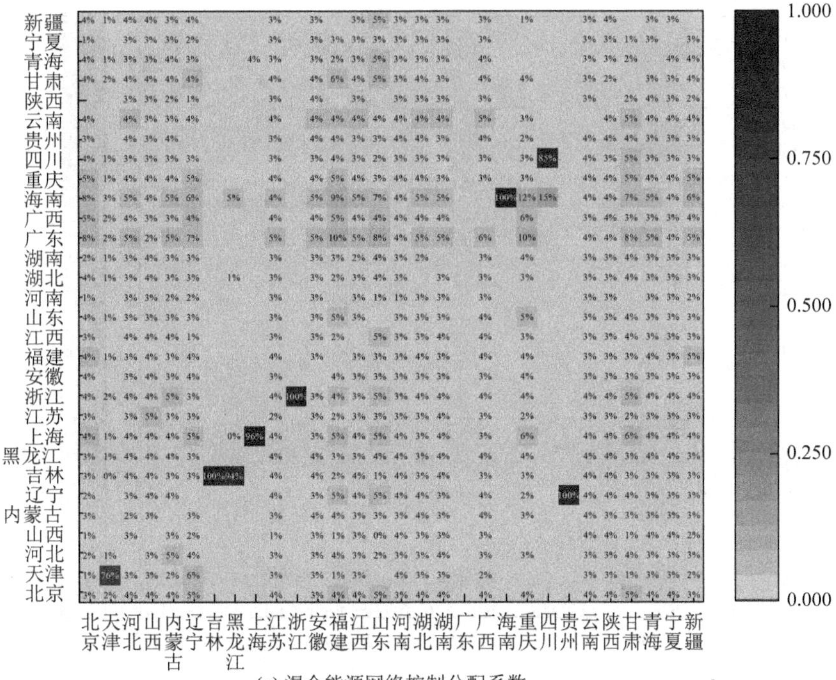

(g) 混合能源网络控制分配系数

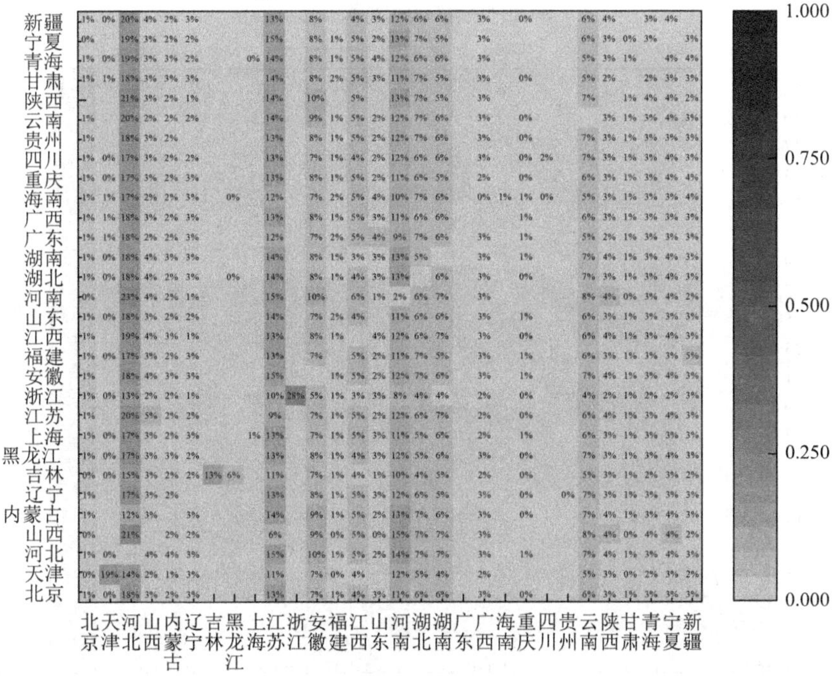

(h) 混合能源网络依赖分配系数

图 4.14　2017 年中国省际能源-水资源耦合网络控制和依赖关系（扫封底二维码可见彩图）

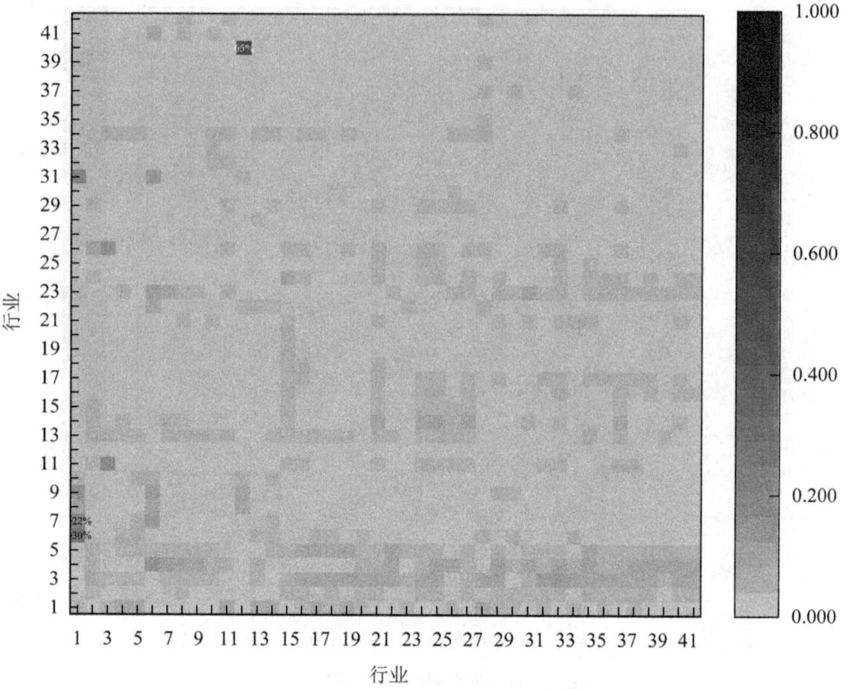

(a) 水网络控制分配系数

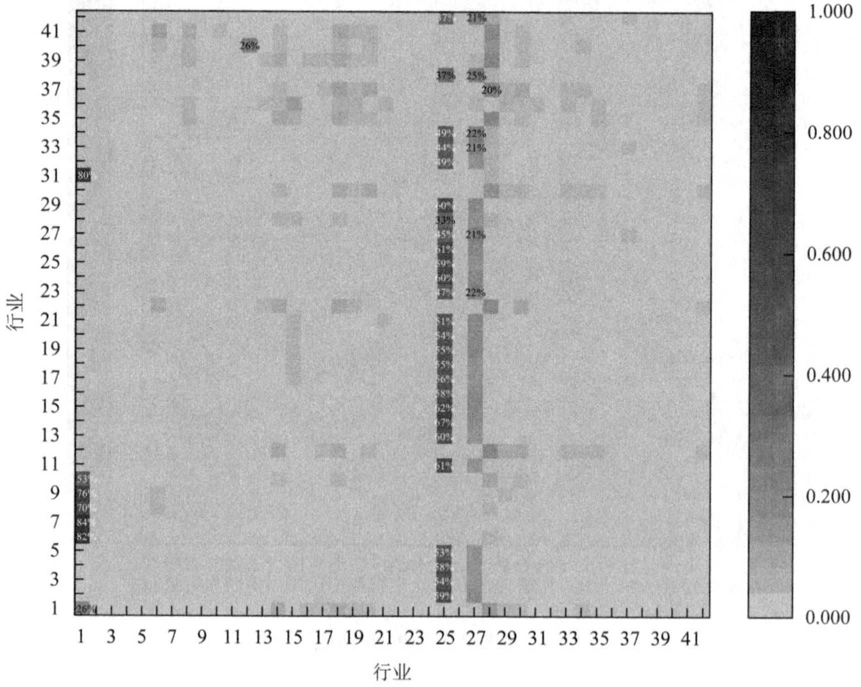

(b) 水网络依赖分配系数

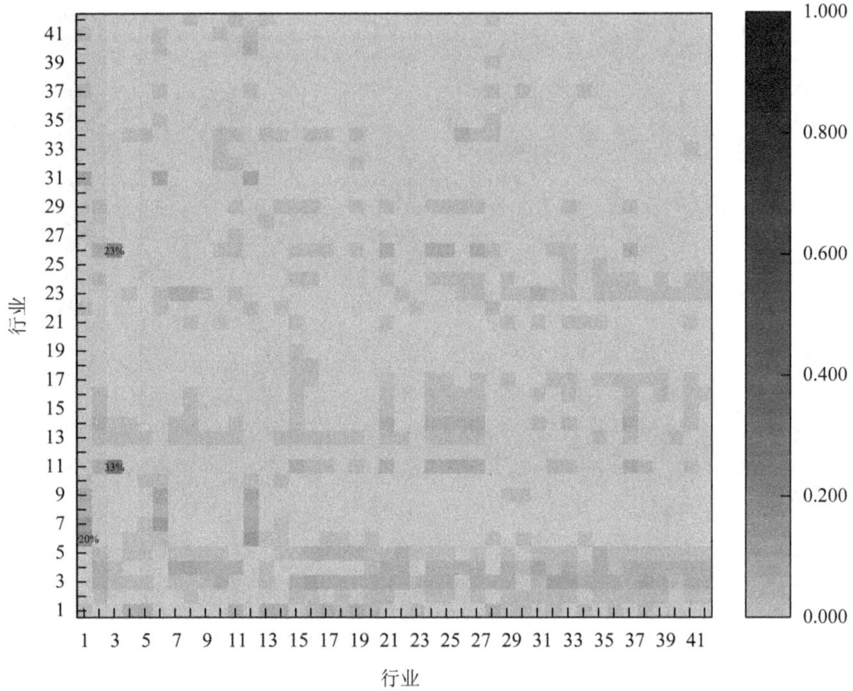

(c) 混合水网络控制分配系数

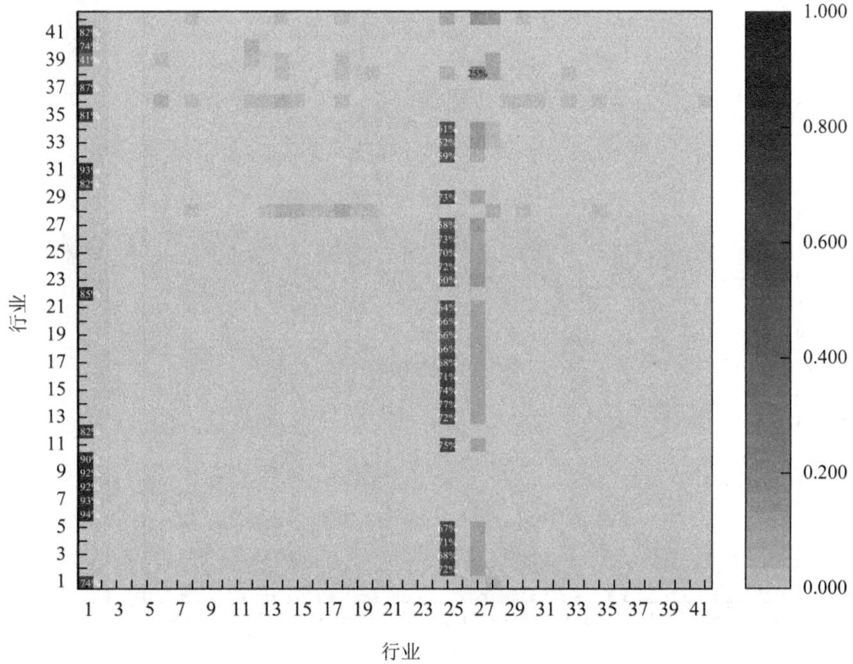

(d) 混合水网络依赖分配系数

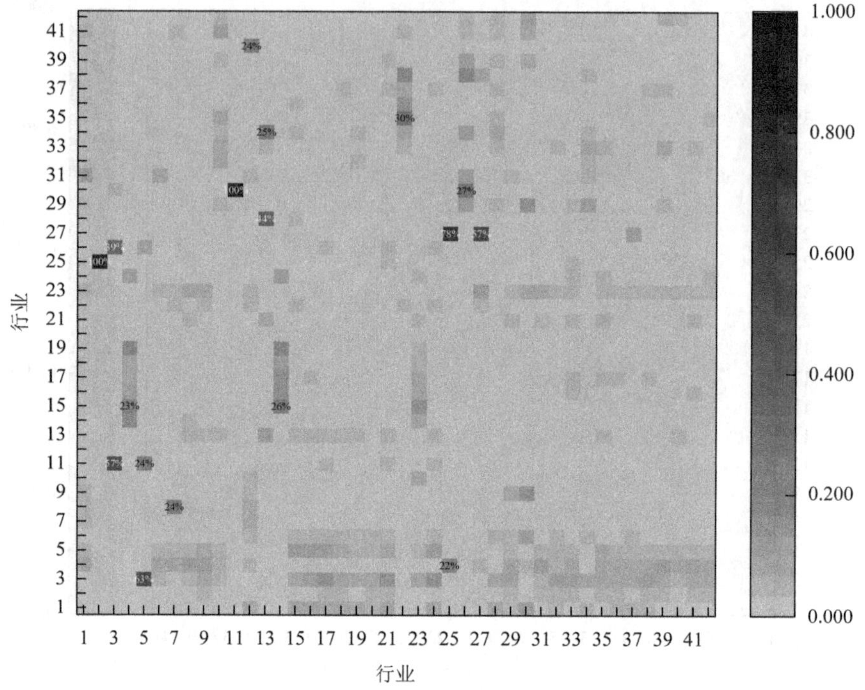

(e) 能源网络控制分配系数

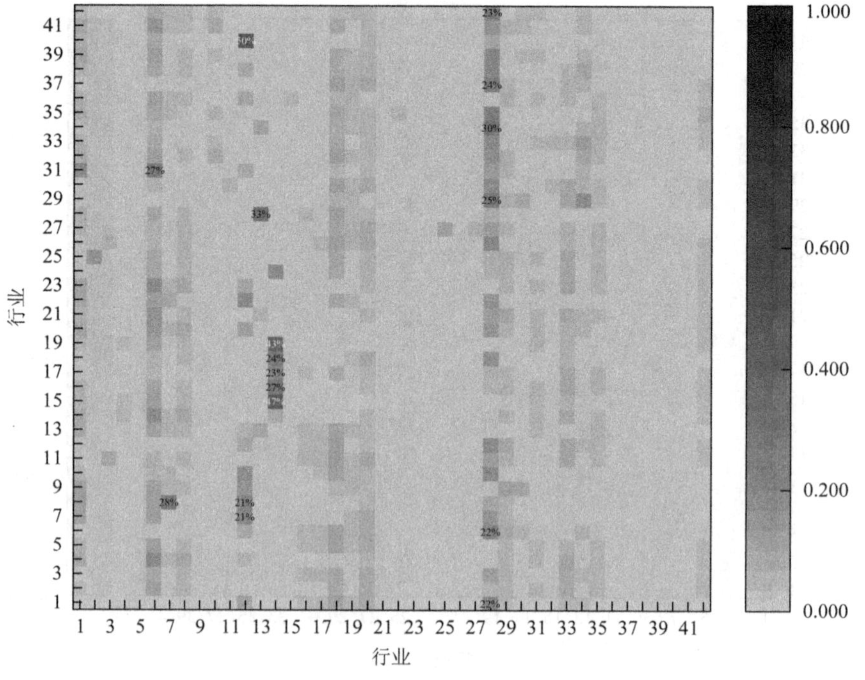

(f) 能源网络依赖分配系数

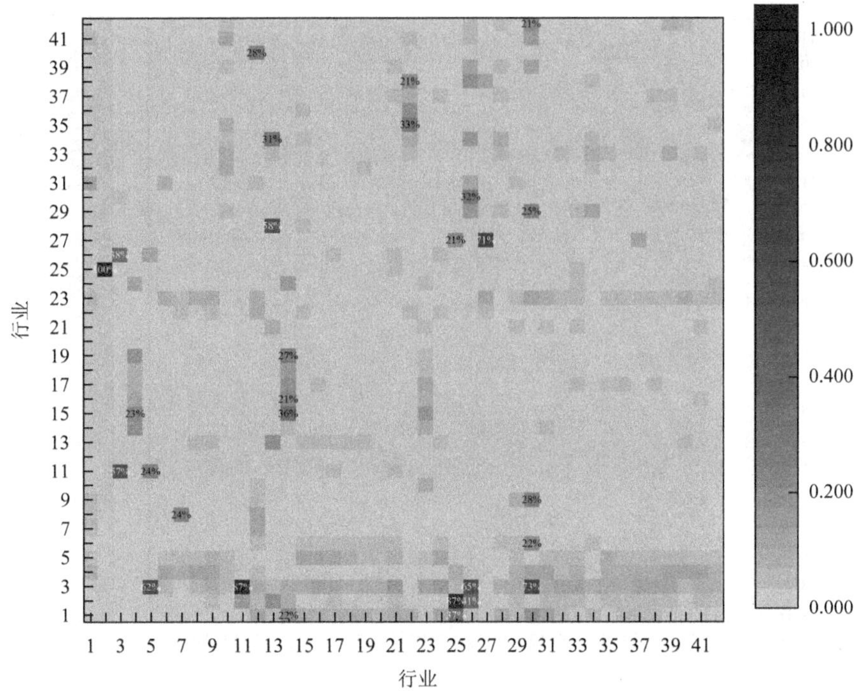

(g) 混合能源网络控制分配系数

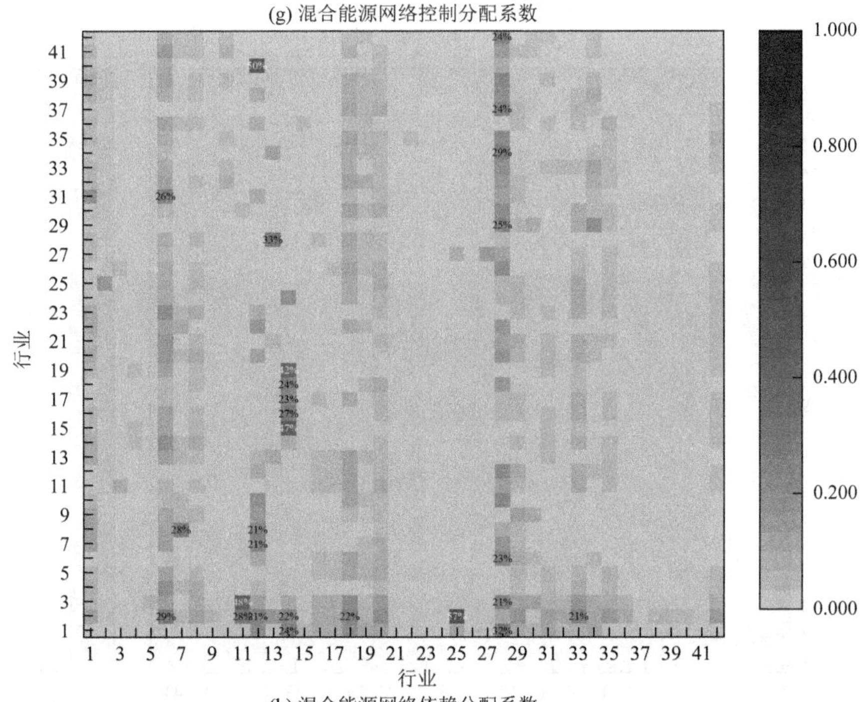

(h) 混合能源网络依赖分配系数

图 4.15　2012 年中国 42 个行业间能源-水资源耦合网络控制和依赖关系（扫封底二维码可见彩图）

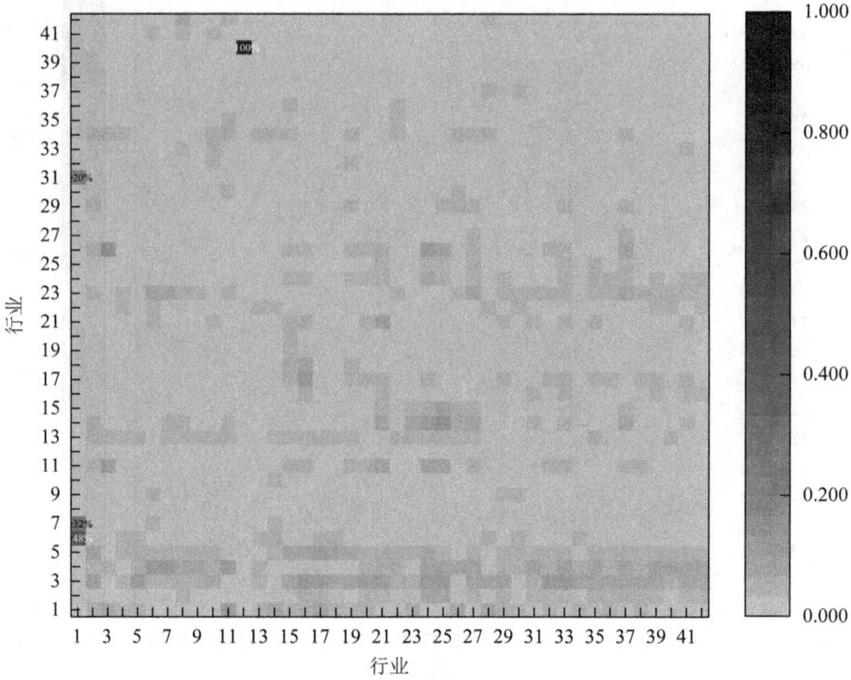

(a) 水网络控制分配系数

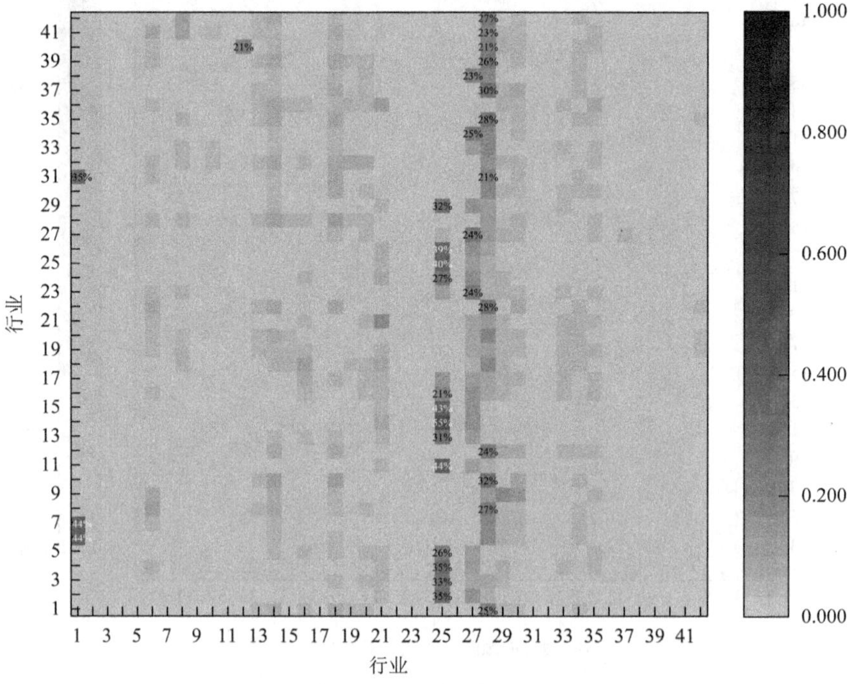

(b) 水网络依赖分配系数

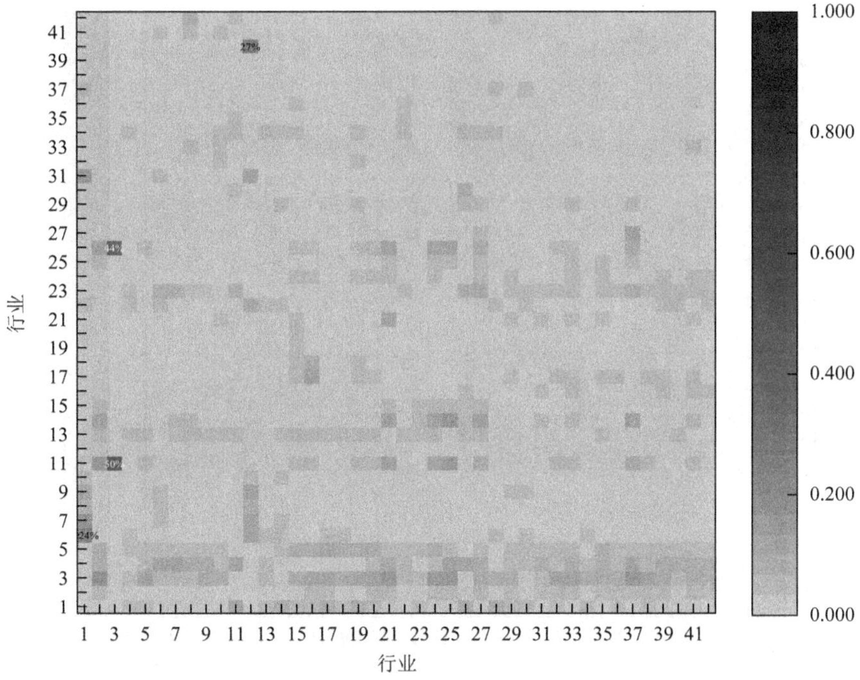

(c) 混合水网络控制分配系数

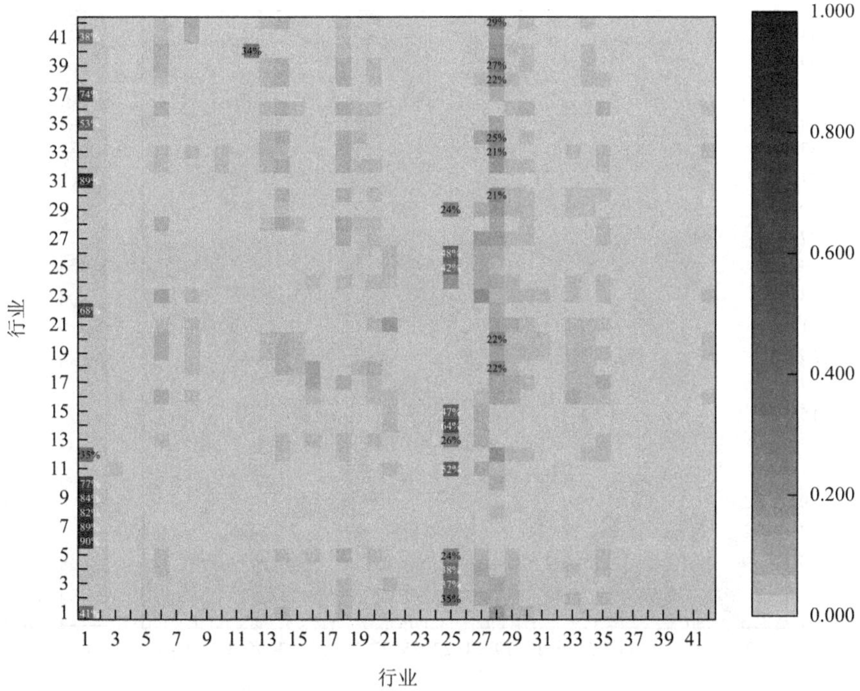

(d) 混合水网络依赖分配系数

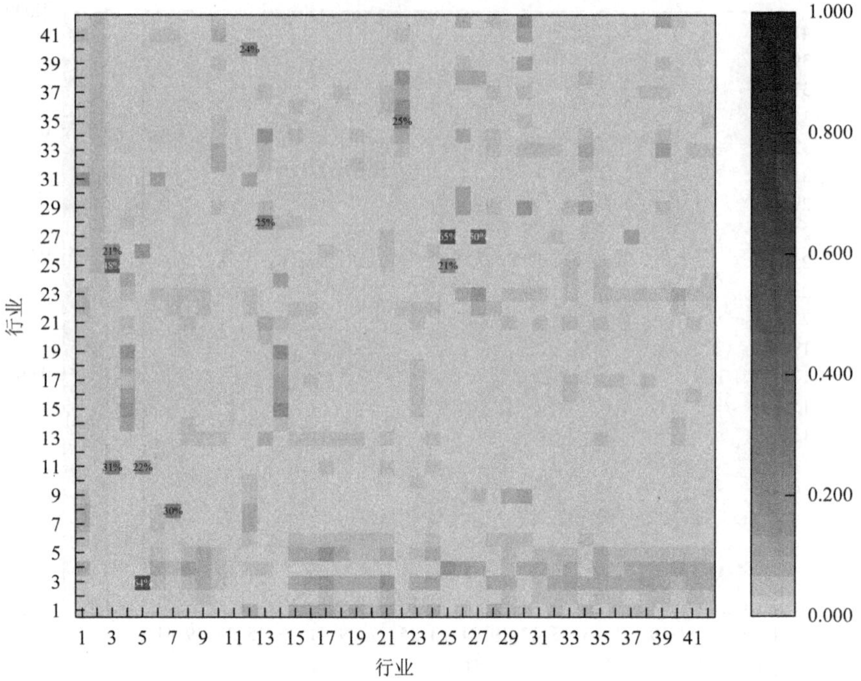

(e) 能源网络控制分配系数

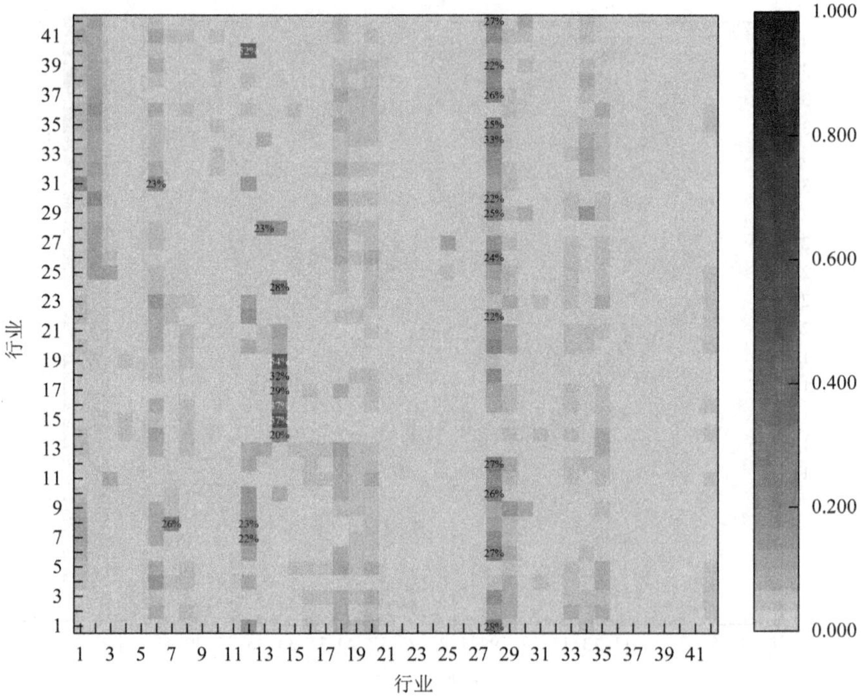

(f) 能源网络依赖分配系数

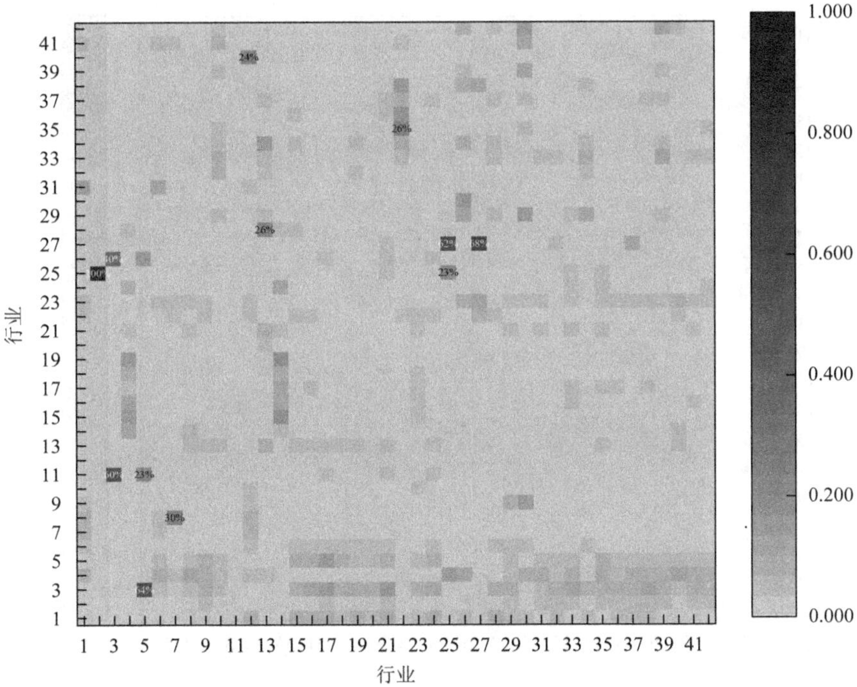

(g) 混合能源网络控制分配系数

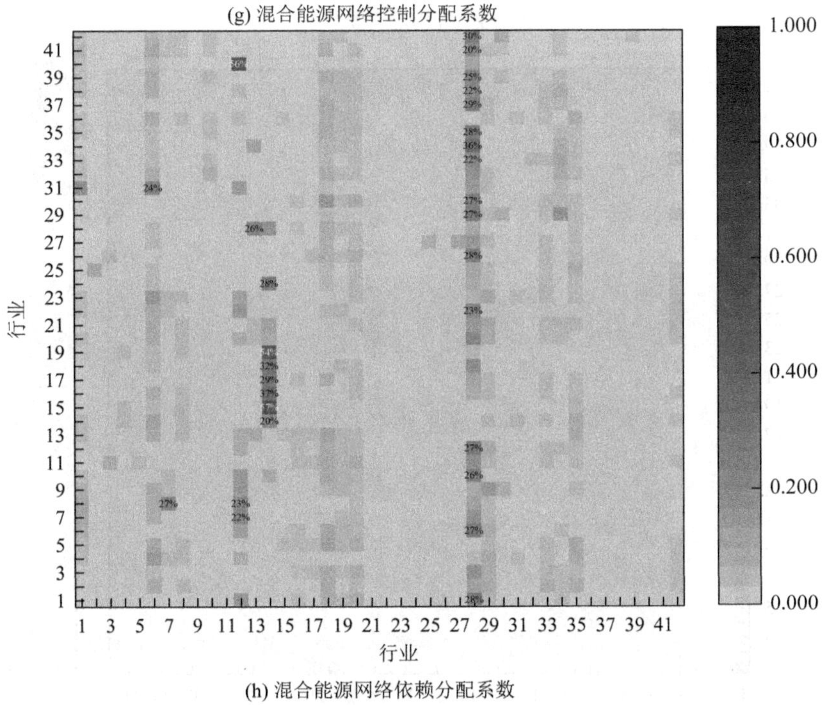

(h) 混合能源网络依赖分配系数

图 4.16　2015 年中国 42 个行业间能源-水资源耦合网络控制和依赖关系（扫封底二维码可见彩图）

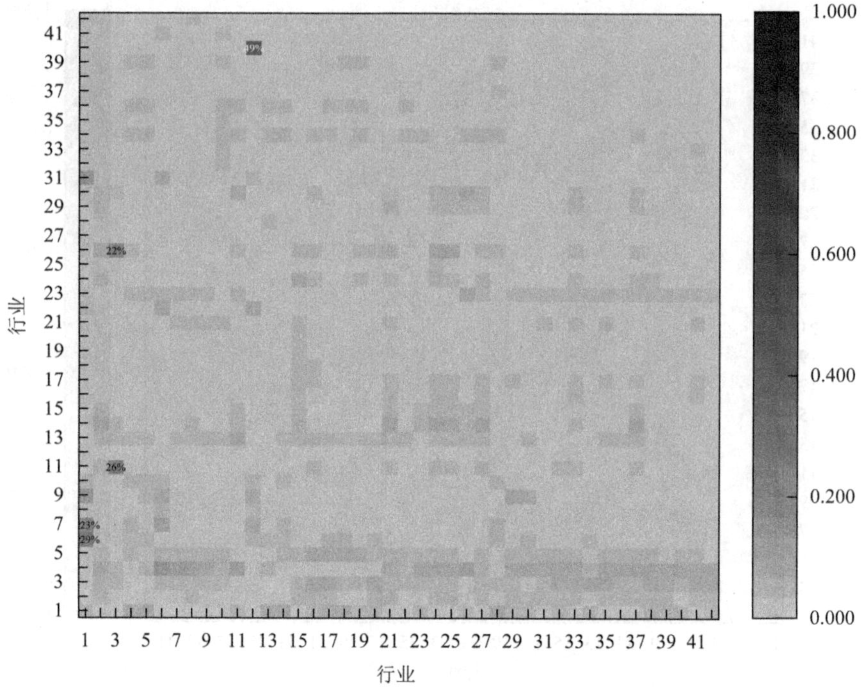

(a) 水网络控制分配系数

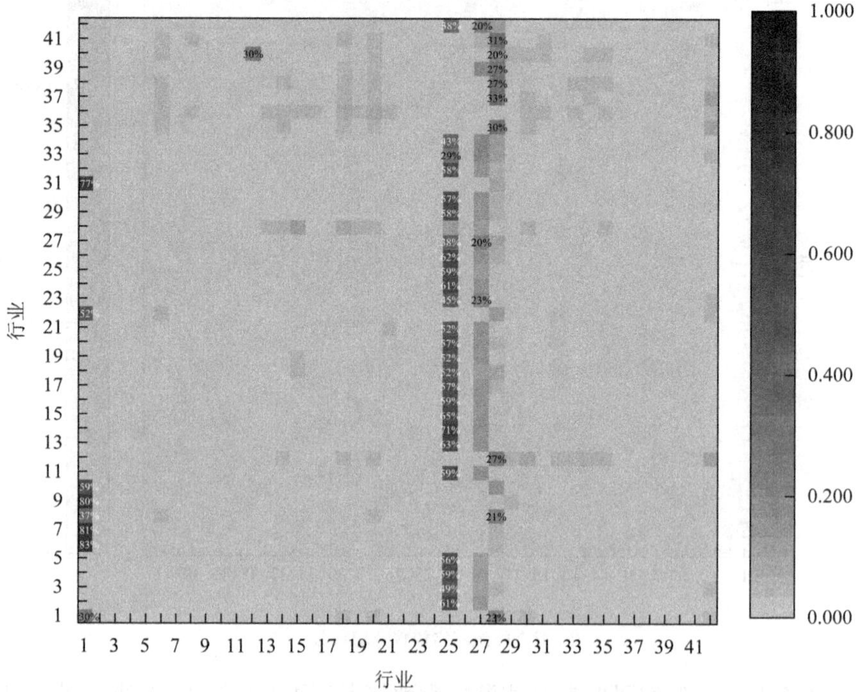

(b) 水网络依赖分配系数

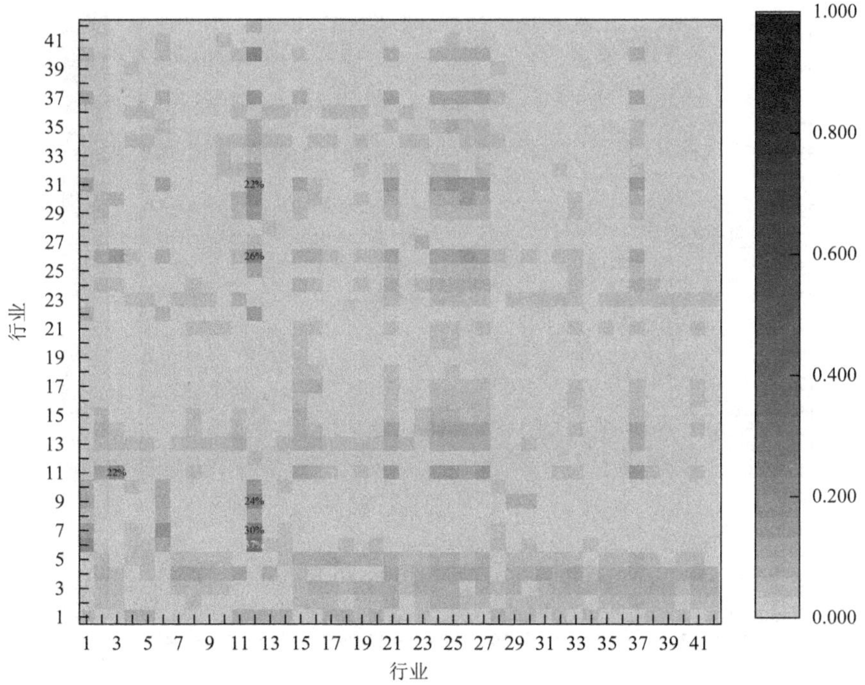

(c) 混合水网络控制分配系数

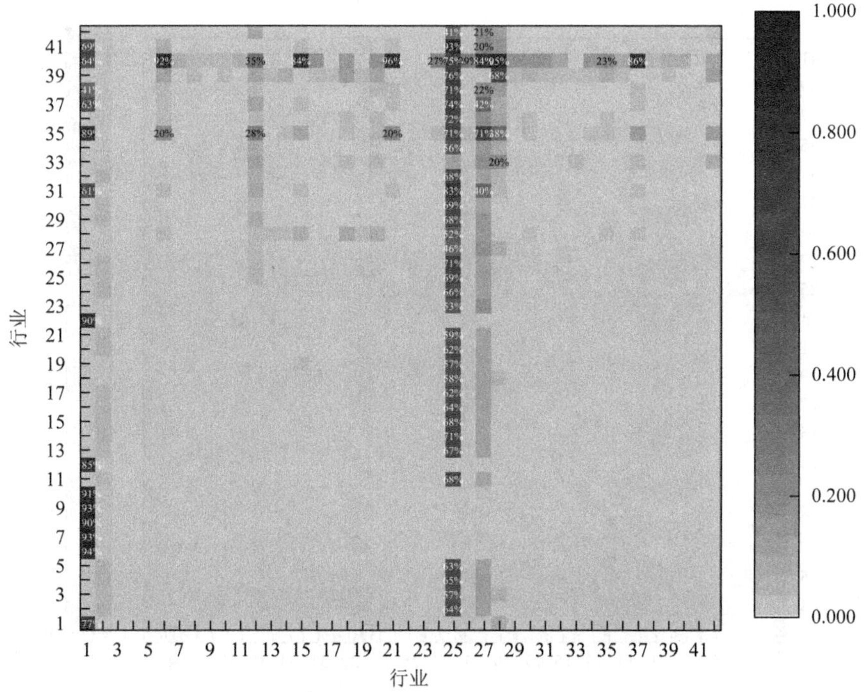

(d) 混合水网络依赖分配系数

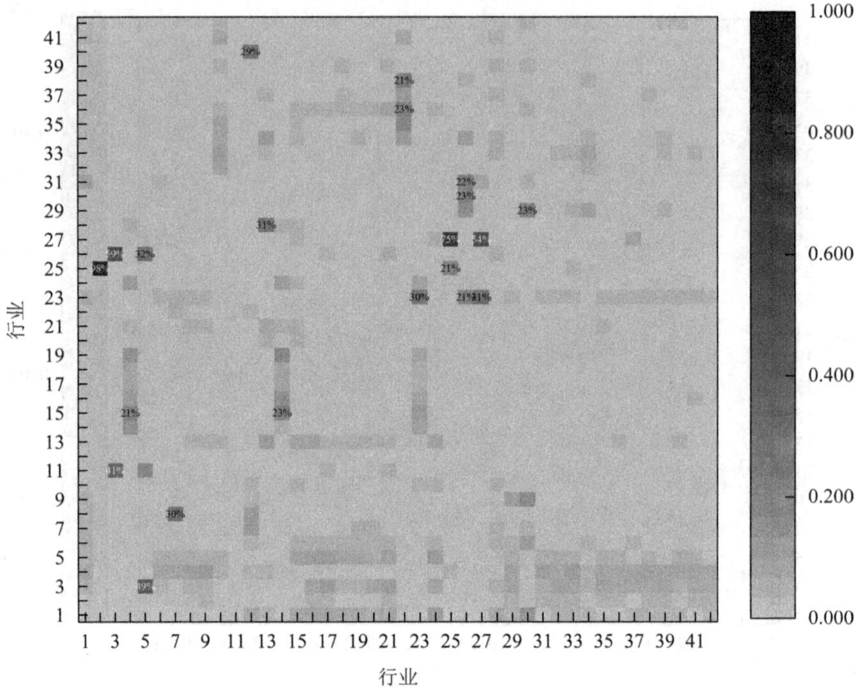

(e) 能源网络控制分配系数

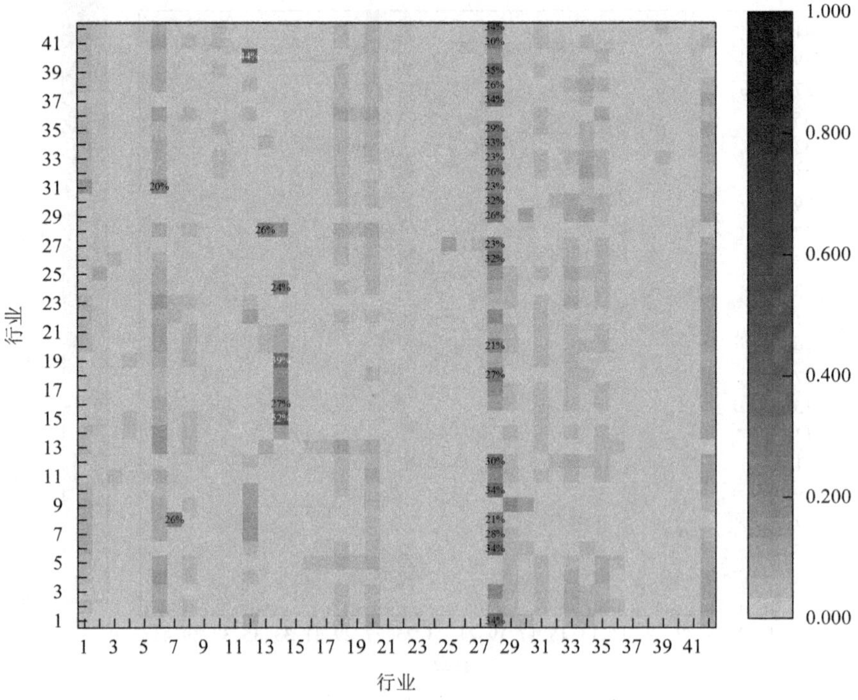

(f) 能源网络依赖分配系数

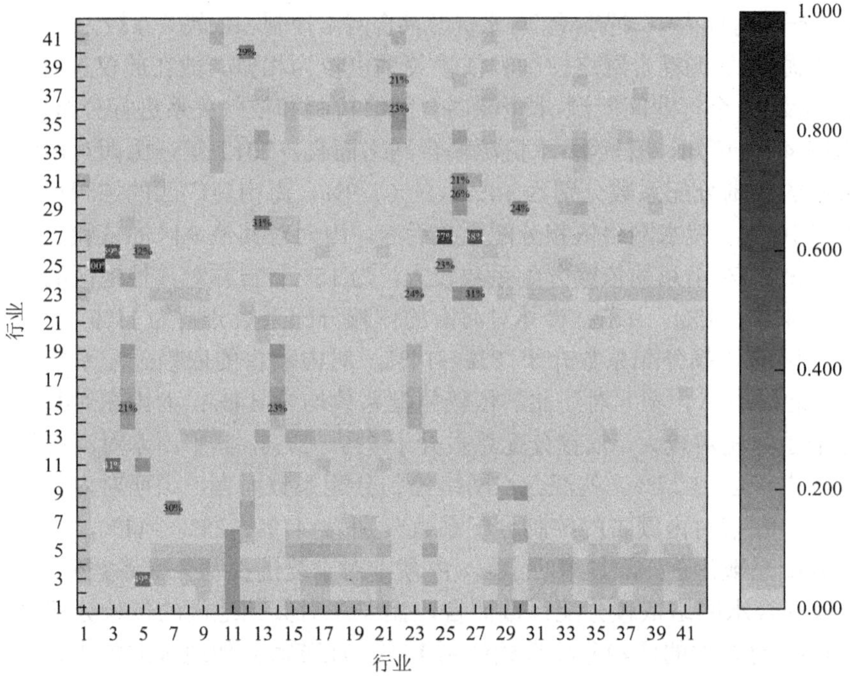

(g) 混合能源网络控制分配系数

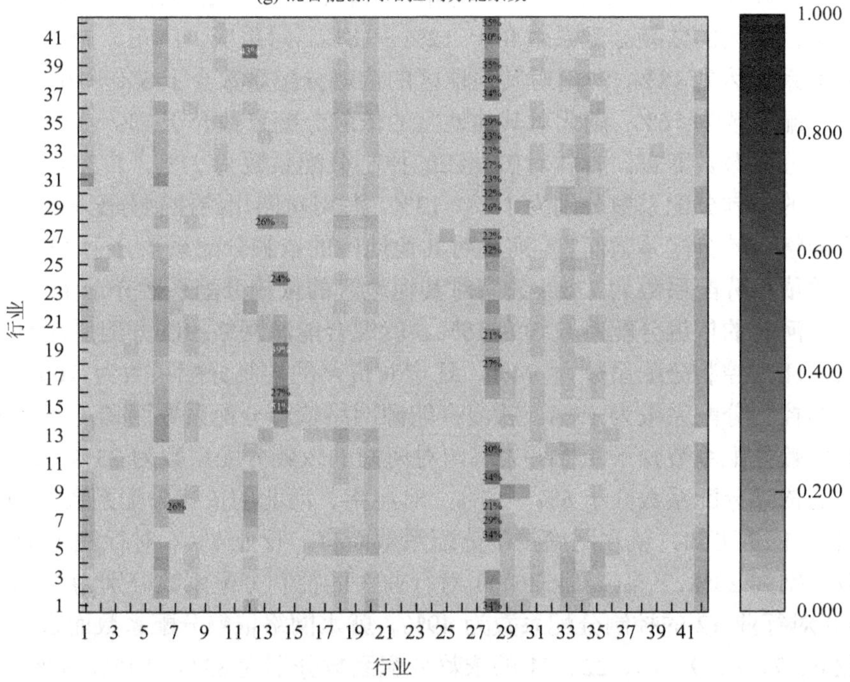

(h) 混合能源网络依赖分配系数

图4.17　2017年中国42个行业间能源-水资源耦合网络控制和依赖关系（扫封底二维码可见彩图）

由于研究时期内中国省际能源-水资源耦合网络控制和依赖关系较为一致，42 个行业间能源-水资源耦合网络控制和依赖关系也较为相似。故在此仅选取 2017 年中国省际及 42 个行业间能源-水资源耦合网络控制和依赖关系进行分析。

由图 4.14 可知，就能源-水资源耦合网络而言，2017 年，山西对内蒙古、河北、天津的控制分配系数分别为 14%、11%、9%，海南对广西的控制分配系数最大，达到 100%。就水网络依赖分配系数而言，山西对其他地区的依赖分配系数介于 9%～15%，对山东的依赖分配系数较大，为 15%；吉林对其他地区的依赖分配系数介于 4%～11%；山东、吉林对河南的依赖分配系数分别为 11%、10%；江苏对其他地区的依赖分配系数介于 8%～14%，对内蒙古的依赖分配系数较大，为 14%；湖北对山东、湖北对河北的依赖分配系数均为 14%；而山东对其他地区的依赖分配系数相对较大，依赖分配系数介于 7%～27%，其中山东对河南的依赖分配系数最大，达到 27%。就混合水网络控制分配系数而言，山西对内蒙古、河北对内蒙古、北京对内蒙古的控制分配系数分别为 41%、28%、11%，陕西对甘肃的控制分配系数为 32%，甘肃对宁夏、内蒙古对宁夏的控制分配系数分别为 73%、20%。就混合水网络依赖分配系数而言，黑龙江对其他地区的依赖分配系数介于 1%～14%，对吉林的依赖分配系数达到 14%；江苏对其他地区的依赖分配系数介于 5%～13%，对甘肃、云南、贵州、海南、湖北、辽宁的依赖分配系数均为 13%；山东对其他地区的依赖分配系数介于 12%～18%，对重庆、广东、湖南及河南的依赖分配系数达到 18%；河南对其他地区的依赖分配系数介于 5%～16%，对河北的依赖分配系数为 16%；湖北对其他地区的依赖分配系数介于 7%～11%。就能源网络控制分配系数而言，吉林对黑龙江的控制分配系数为 71%，广东对上海、青海对上海的控制分配系数分别为 18%、13%，海南对四川的控制分配系数为 43%。就能源网络依赖分配系数而言，河北对其他地区的依赖分配系数介于 15%～23%，对云南的依赖分配系数为 23%；云南对其他地区的依赖分配系数介于 11%～15%，对山西、河北的依赖分配系数均为 15%。就混合能源网络控制分配系数而言，吉林对黑龙江的控制分配系数为 94%，辽宁对贵州的控制分配系数为 100%，海南对四川的控制分配系数为 15%。就混合能源网络依赖分配系数而言，河北对其他地区的依赖分配系数介于 12%～23%，对河南的依赖分配系数为 23%；江苏对其他地区的依赖分配系数介于 6%～15%，对河南、河北的依赖分配系数均为 15%。

由图 4.17 可知，就水网络控制分配系数而言，行业 7、6 对行业 1 的控制分配系数分别为 23%、29%，行业 26、11 对行业 3 的控制分配系数分别为 22%、26%，行业 40 对行业 12 的控制分配系数为 49%。就水网络依赖分配系数而言，行业 1 对行业 6、7、8、9、10、22、31 的依赖分配系数分别为 83%、81%、37%、80%、59%、52%、71%，而行业 25 对其他行业的依赖程度较高，依赖分配系数介于 29%～71%，其中行业 25 对行业 2、13、14、15 的依赖分配系数均超过 60%。就混合水网络控制分配系数而言，行业11对行业3的控制分配系数为22%，行业31、26、9、7、6对行业12的控制分配系数分别为22%、26%、24%、30%、37%。就混合水网络依赖分配系数而言，行业1对行业6、7、8、9、10、12、22、35的依赖分配系数均在80%以上，行业6对行业40的依赖分配系数为92%，行业15、20、27、28对行业40的依赖分配系数均在80%以上，而行业25对多数行业的依赖分配系数均较高，其中行业25对行业31、41的依赖分配系数分别为83%、93%。就能源网络控制分配系数而言，行业25对行业2的控制分配系数最大，达到98%，行业3对行业5的控制分配系数为49%，行业27对行业25的控制分配系数未及75%。就能源网络依赖分配系数而言，行业12对行业15、19的依赖分配系数分别为52%、39%，而行业28对多数行业的依赖分配系数介于21%～34%。就混合能源网络控制分配系数而言，行业25对行业2的控制分配系数最强，达到100%，行业26、11对行业3的控制分配系数分别为59%、41%，行业27对行业25的控制分配系数达到77%。就混合能源网络依赖分配系数而言，行业7对行业8的依赖分配系数为26%，行业12对行业40的依赖分配系数为43%，行业14对行业15、19的依赖分配系数分别为51%、39%，行业28对其他部门的依赖分配系数介于21%～35%。

4.3.4 中国省际及行业间能源和水资源流动

为进一步展示研究期内中国省际及行业间水资源及能源流动状况，根据已获取的数据，绘制2012～2017年中国省际及行业间水资源、混合水资源、能源及混合能源流动图，结果如图4.18～图4.25所示，图中的各省（区、市）采用了字母缩写[①]。

由于研究期内，中国省际水资源与混合水资源流动、中国省际能源与混合能源流动、中国行业间水资源与混合水资源流动、中国行业间能源与混合能源流动较为一致，故在此仅选取中国省际和行业间水资源流动（图4.18和图4.22）、中国省际和行业间能源流动（图4.20和图4.24）情况进行分析。

由图4.18可知，2012年湖北、新疆、黑龙江的水资源流动量较大，均超过100亿m^3，分别为237亿m^3、185亿m^3、119亿m^3，而吉林、青海及天津的水资源流动量较小，均在10亿m^3以内，其中吉林为6.72亿m^3，青海为3.39亿m^3。2012年，就输入输出而言，新疆为最大的水资源输出地，共输出水资源137.361亿m^3，其中向内蒙古、辽宁、黑龙江、浙江、山东、湖北、广东、广西、云南及甘肃输出的水资源量均在5亿m^3以上，向湖北输出的水资源量最大，达到50.144亿m^3，

①BJ北京；TJ天津；HE河北；SX山西；NM内蒙古；LN辽宁；JL吉林；HL黑龙江；SH上海；JS江苏；ZJ浙江；AH安徽；FJ福建；JX江西；SD山东；HA河南；HB湖北；HN湖南；GD广东；GX广西；HI海南；CQ重庆；SC四川；GZ贵州；YN云南；SN陕西；GS甘肃；QH青海；NX宁夏；XJ新疆。

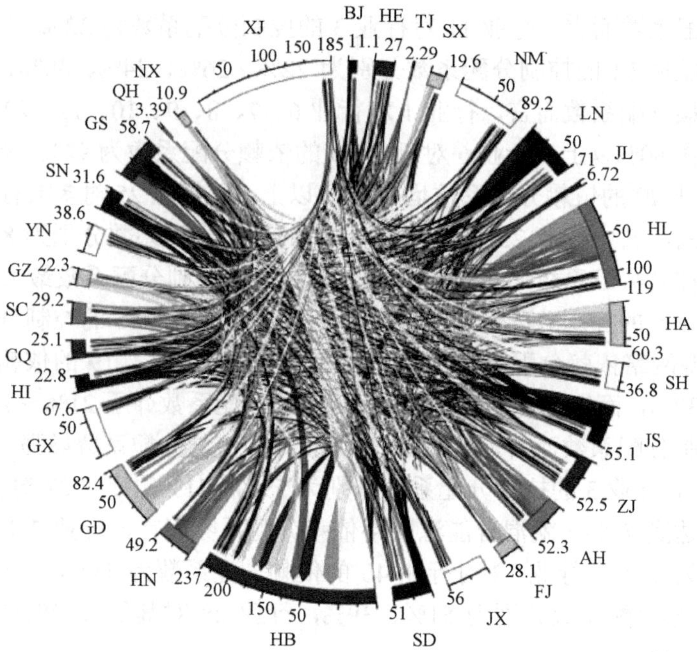

(a) 2012年水资源流动

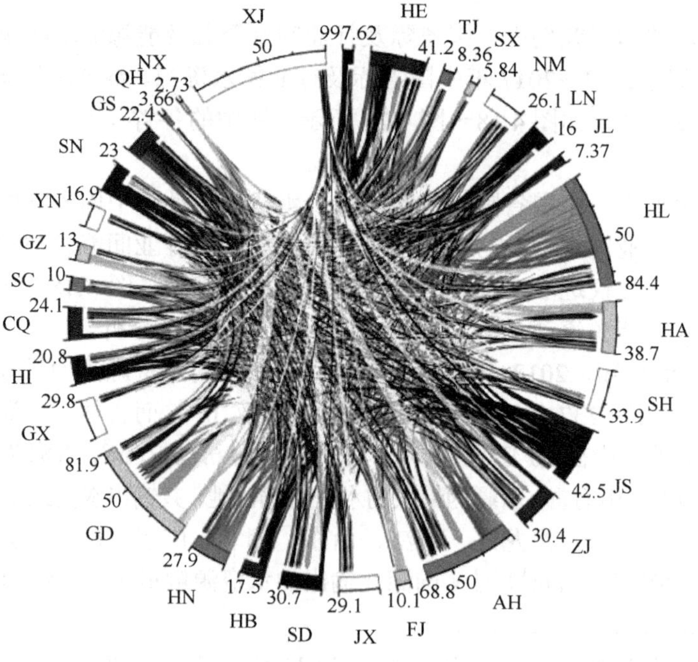

(b) 2015年水资源流动

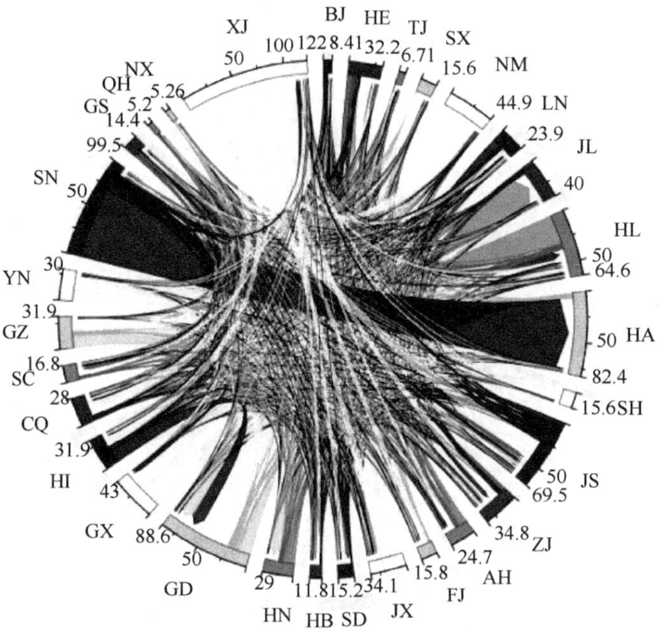

(c) 2017年水资源流动

图 4.18　2012～2017 年中国省际水资源流动（单位：亿 m³）（扫封底二维码可见彩图）

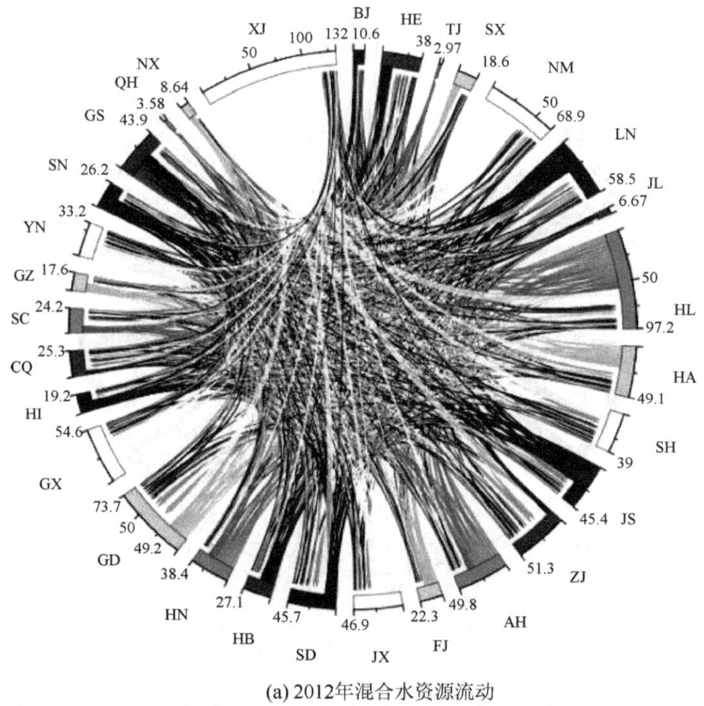

(a) 2012年混合水资源流动

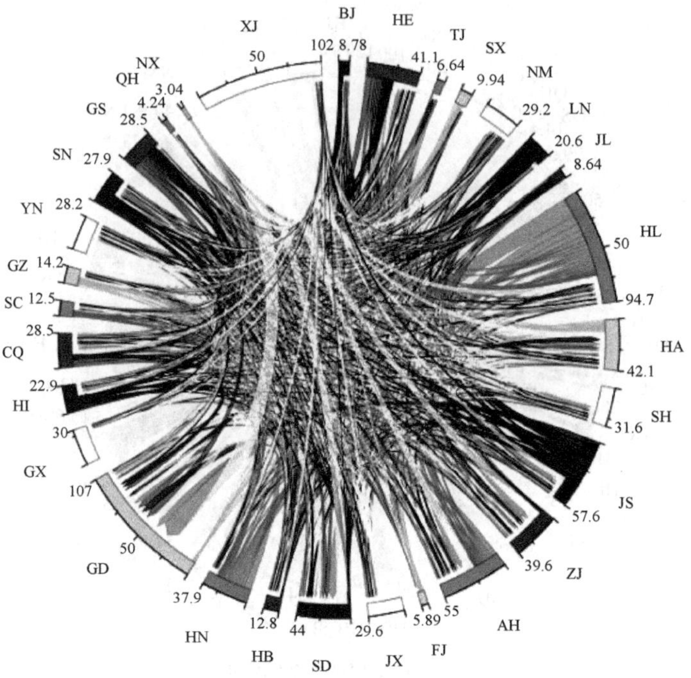

(b) 2015年混合水资源流动

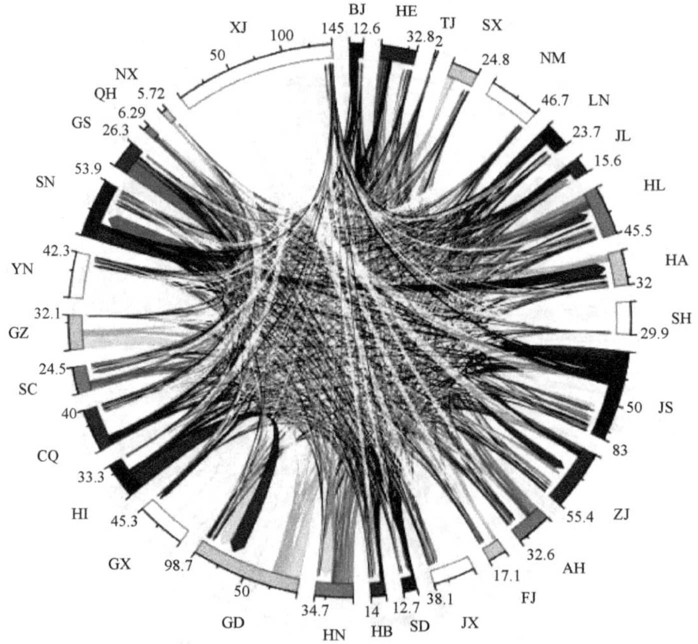

(c) 2017年混合水资源流动

图 4.19　2012～2017 年中国省际混合水资源流动（单位：亿 m^3）（扫封底二维码可见彩图）

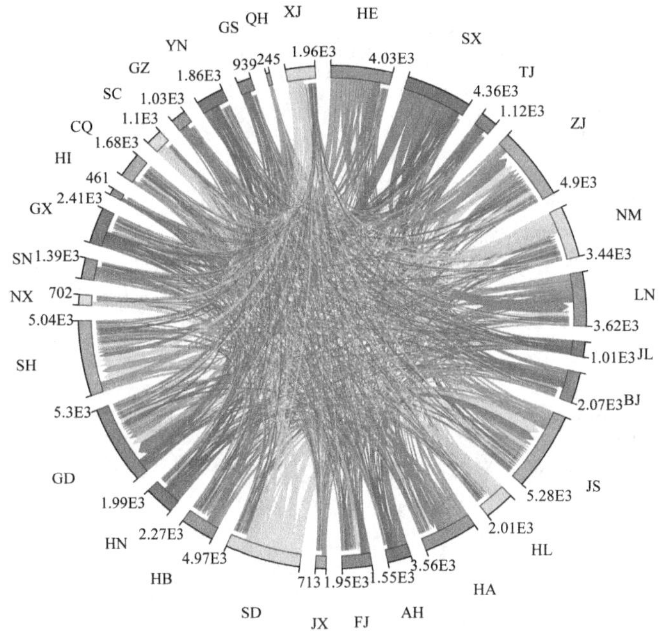

(a) 2012　年能源流动

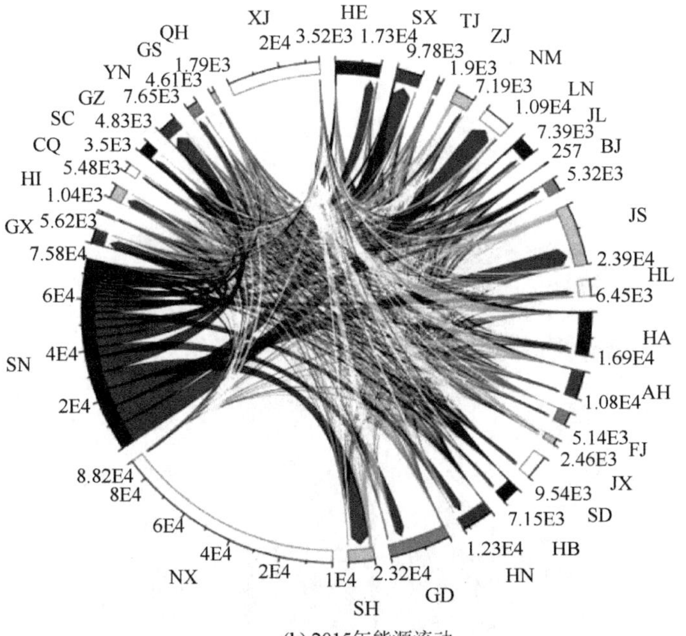

(b) 2015年能源流动

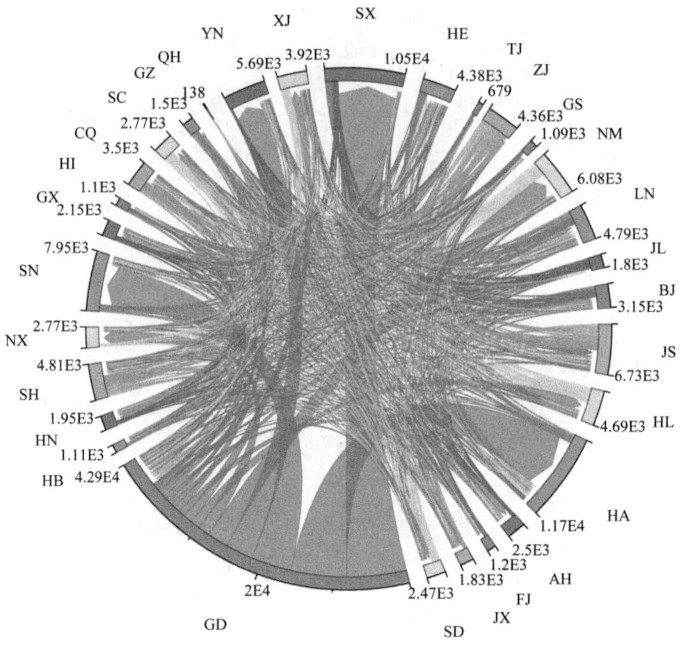

(c) 2017年能源流动

图 4.20　2012～2017 年中国省际能源流动（单位：万 t）（扫封底二维码可见彩图）

E3 表示×10^3，E4 表示×10^4，下同

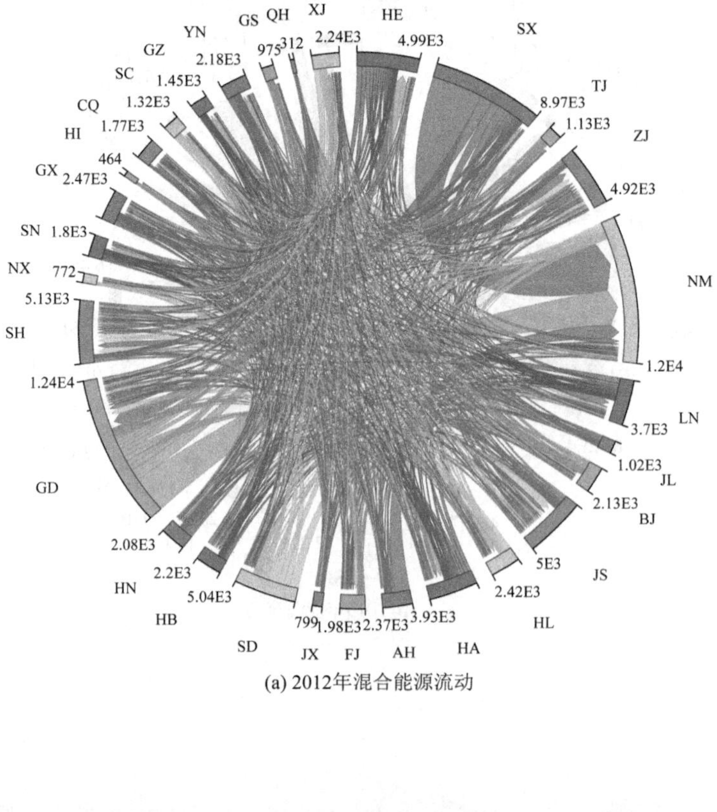

(a) 2012年混合能源流动

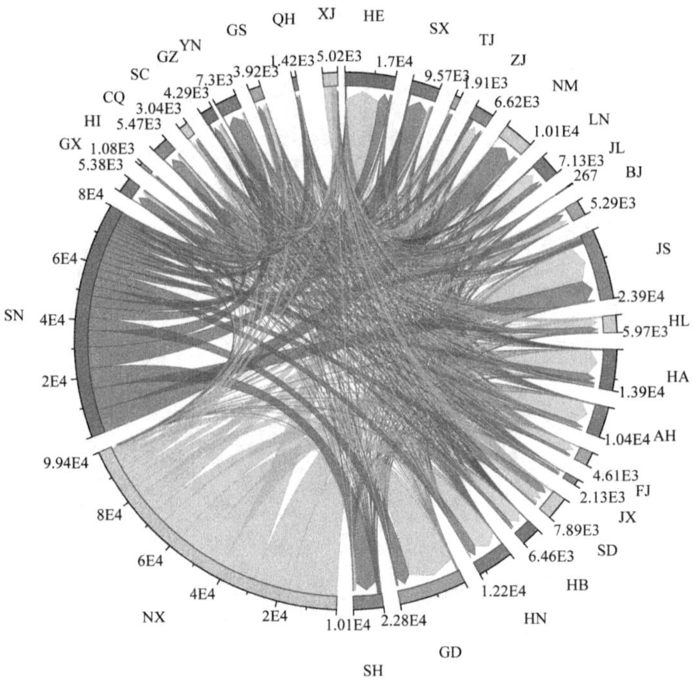

(b) 2015年混合能源流动

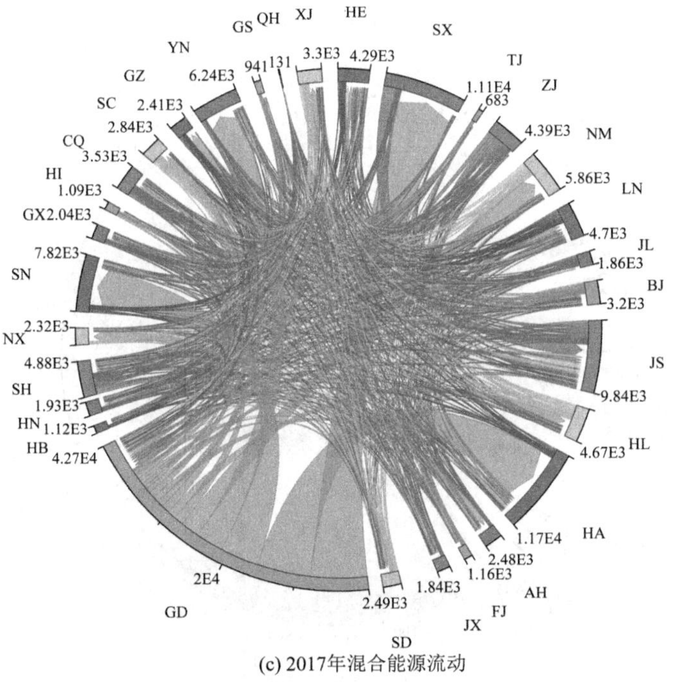

(c) 2017年混合能源流动

图 4.21　2012～2017 年中国省际混合能源流动（单位：万 t）（扫封底二维码可见彩图）

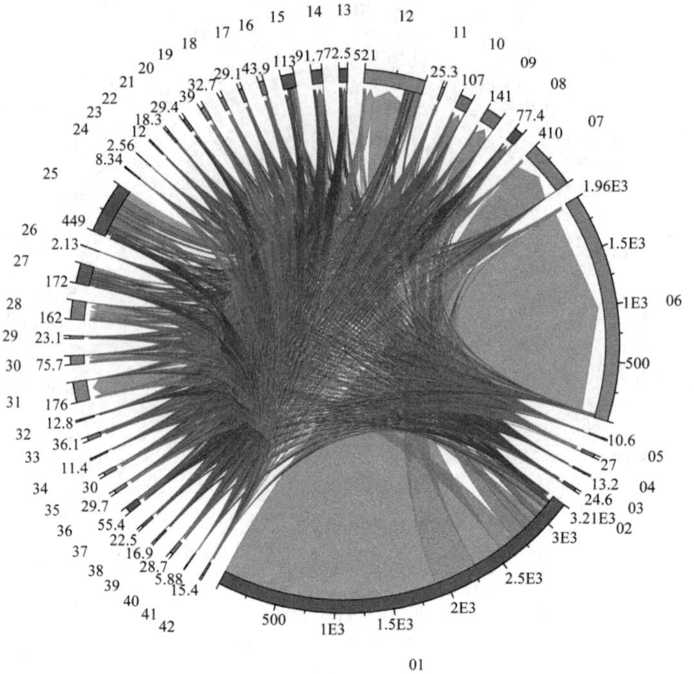

(a) 2012年水资源流动

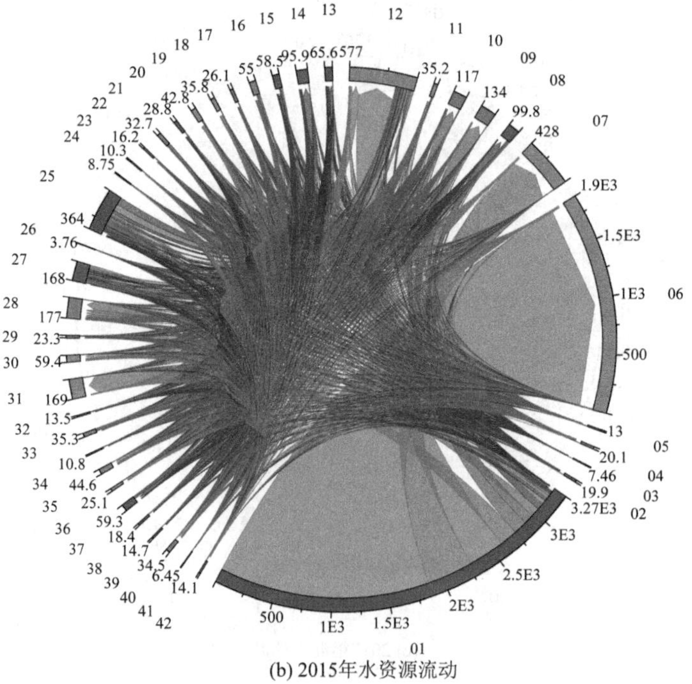

(b) 2015年水资源流动

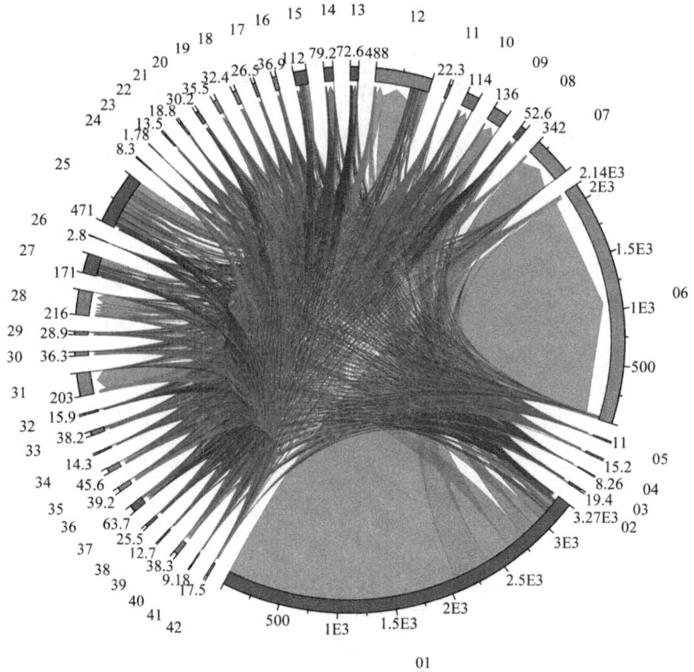

(c) 2017年水资源流动

图 4.22　2012～2017 年中国行业间水资源流动（单位：亿 m^3）（扫封底二维码可见彩图）

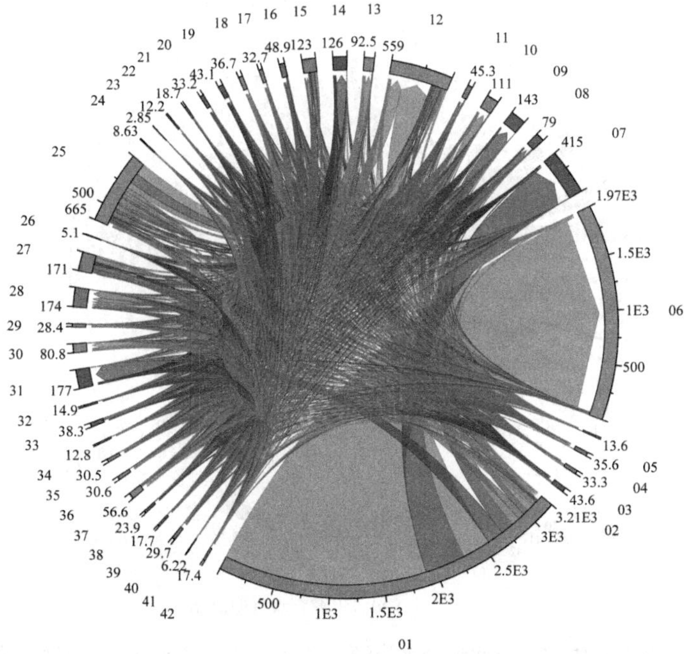

(a) 2012年混合水资源流动

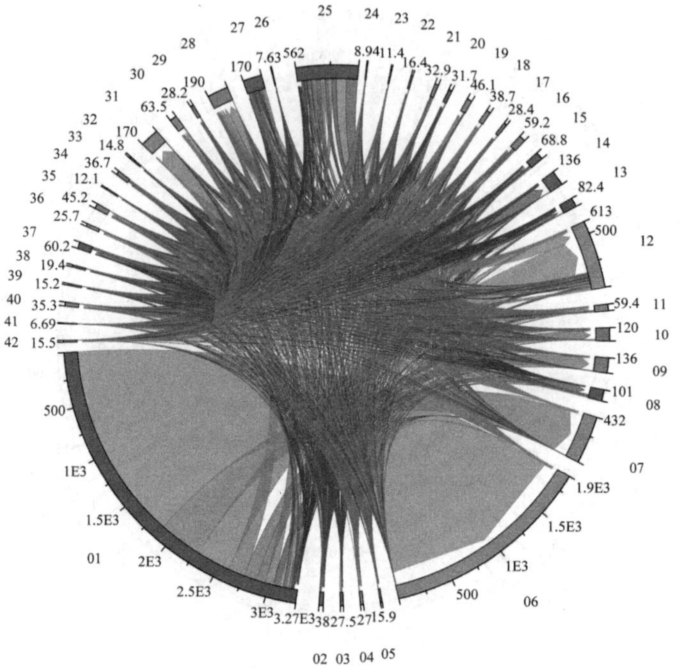

(b) 2015年混合水资源流动

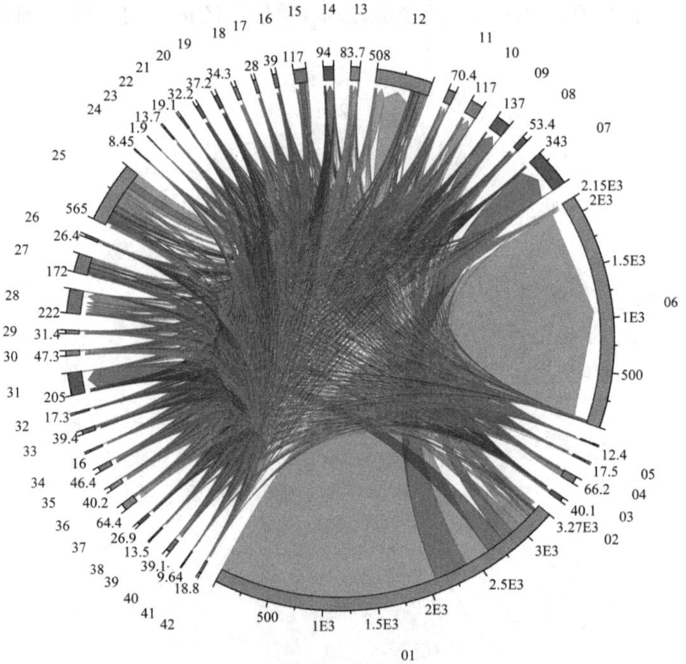

(c) 2017年混合水资源流动

图 4.23　2012～2017 年中国行业间混合水资源流动（单位：亿 m^3）（扫封底二维码可见彩图）

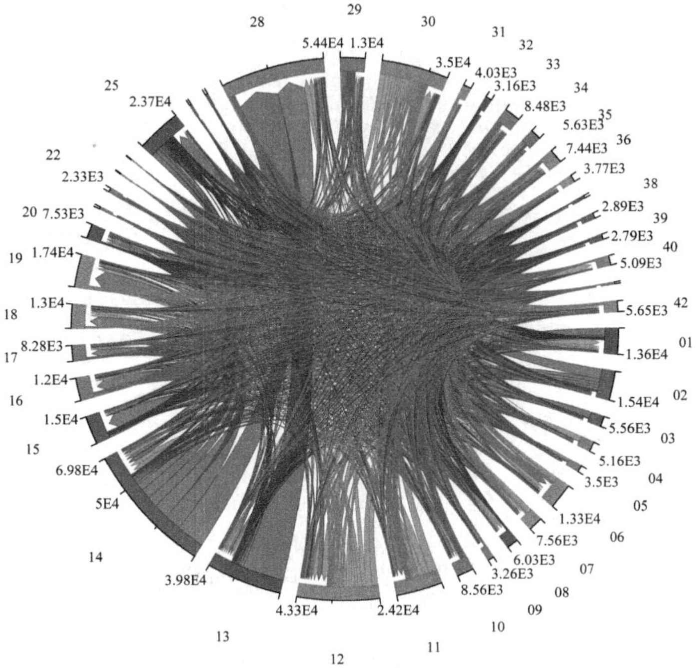

(a) 2012年能源流动

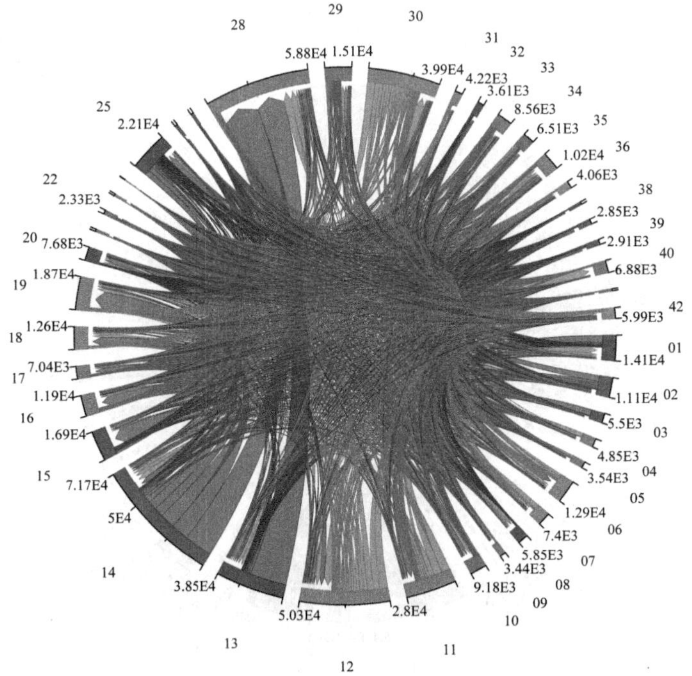

(b) 2015年能源流动

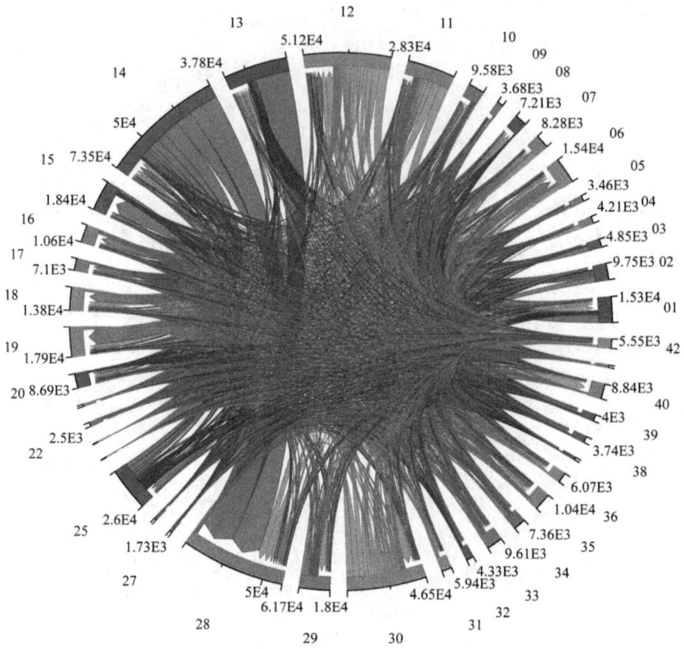

(c) 2017年能源流动

图 4.24　2012～2017 年中国行业间能源流动（单位：万 t）（扫封底二维码可见彩图）

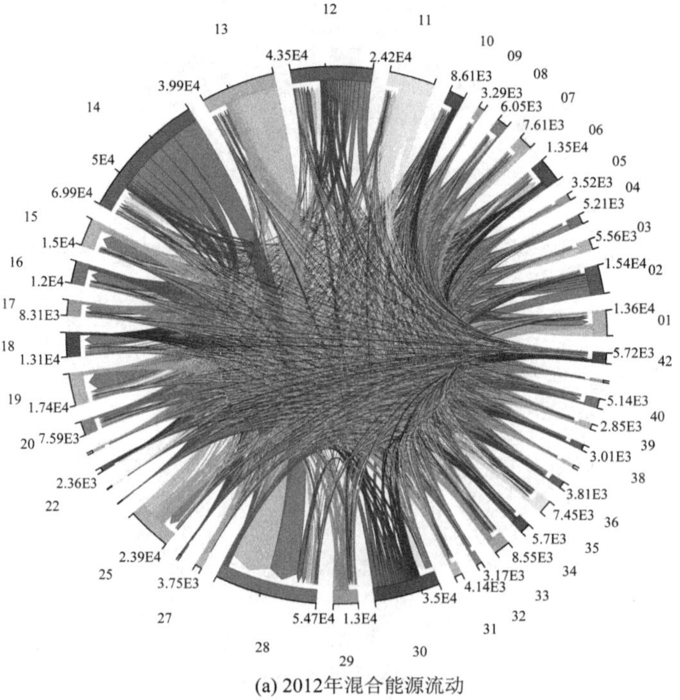

(a) 2012年混合能源流动

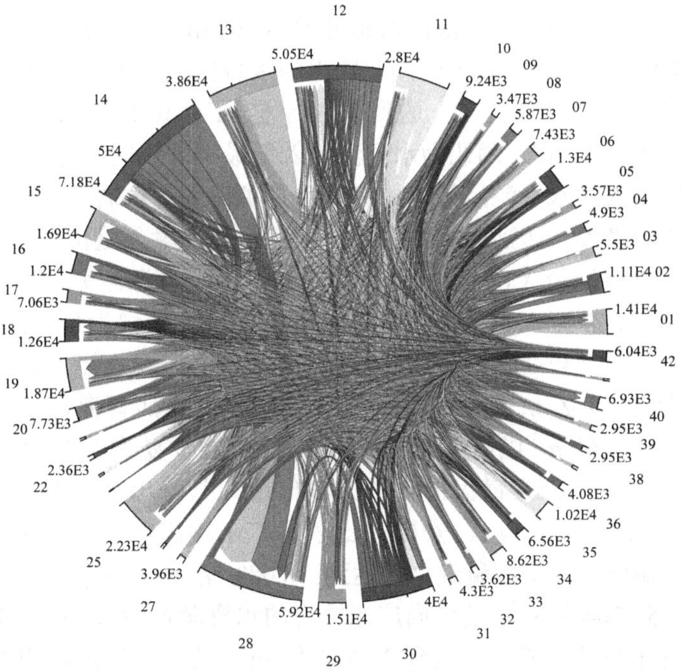

(b) 2015年混合能源流动

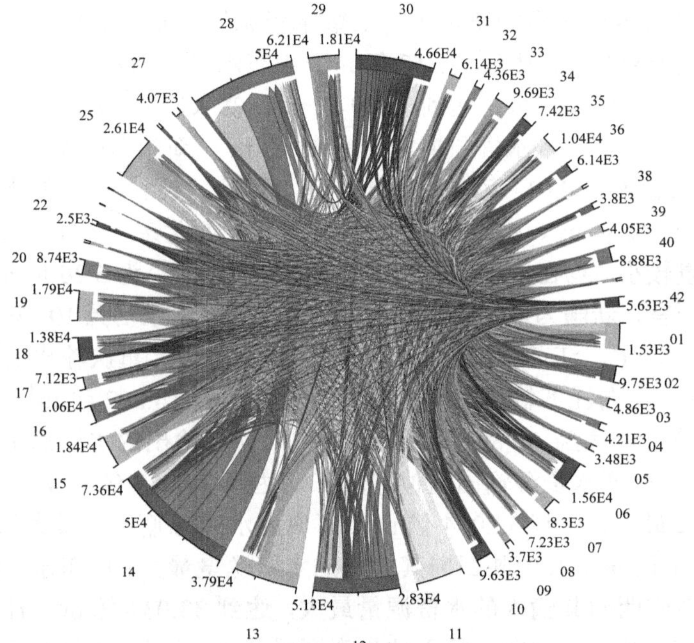

(c) 2017年混合能源流动

图 4.25　2012～2017 年中国行业间混合能源流动（单位：万 t）（扫封底二维码可见彩图）

向黑龙江、浙江输出的水资源量也均超过了 10 亿 m^3；黑龙江水资源输出量位居第二，达到 79.327 亿 m^3，其中向湖北输出的水资源量最大，达到 22.162 亿 m^3；内蒙古水资源输出量位居第三，达到 53.919 亿 m^3，其中向湖北输出的水资源量最大，达到 20.534 亿 m^3。湖北为水资源输入量最大的地区，达到 286.951 亿 m^3，其中新疆向其输入的水资源量最大；广东水资源输入量位居第二，其中新疆向其输入的水资源量最大，达到 8.249 亿 m^3；浙江水资源输入量位居第三，其中新疆向其输入的水资源量最大，达到 10.749 亿 m^3。就水资源净流动而言，湖北为最大的净流入地区，净流入水资源量为 286.490 亿 m^3；新疆为最大的净流出地区，净流出水资源量为 147.273 亿 m^3。2015 年，新疆、广东、黑龙江的水资源流动量较大，分别为 99 亿 m^3、81.9 亿 m^3、84.4 亿 m^3，而青海、宁夏的水资源流动量较小，均在 5 亿 m^3 以内，青海为 3.66 亿 m^3，宁夏为 2.73 亿 m^3。2015 年，就输入输出而言，新疆为最大的水资源输出地，共输出水资源 92.901 亿 m^3，其中向河北、黑龙江、浙江、安徽、山东、广东输出的水资源量均在 5 亿 m^3 以上，向广东输出的水资源量最大，达到 18.083 亿 m^3；黑龙江水资源输出量位居第二，达到 59.204 亿 m^3，其中向广东输出的水资源量最大，达到 12.135 亿 m^3；江苏水资源输出量位居第三，达到 36.744 亿 m^3，其中向河南输出的水资源量最大，达到 4.915 亿 m^3。广东为水资源输入量最大的地区，输入量达到 92.170 亿 m^3，其中新疆向其输入的水资源量最大；安徽水资源输入量位居第二，其中新疆向其输入的水资源量最大，达到 11.352 亿 m^3；山东水资源输入量位居第三，其中新疆向其输入的水资源量最大，达到 7.629 亿 m^3。就水资源净流动而言，广东为最大的净流入地区，净流入水资源量为 58.492 亿 m^3；新疆为最大的净流出地区，净流出水资源量为 160.011 亿 m^3。2017 年，新疆、陕西、广东的水资源流动量较大，分别为 122 亿 m^3、99.5 亿 m^3、88.6 亿 m^3；而北京、天津、青海、宁夏的水资源流动量较小，均在 10 亿 m^3 以内，其中青海最小，为 5.20 亿 m^3。2017 年，就输入输出而言，新疆为最大的水资源输出地，共输出水资源 109.368 亿 m^3，其中向内蒙古、辽宁、江苏、浙江、福建、江西、海南、重庆输出的水资源量均在 5 亿 m^3 以上，向江苏输出的水资源量最大，达到 14.202 亿 m^3；陕西水资源输出量位居第二，达到 90.897 亿 m^3，其中向河南输出的水资源量最大，达到 71.526 亿 m^3；广西水资源输出量位居第三，达到 37.648 亿 m^3，其中向广东输出的水资源量最大，达到 33.034 亿 m^3。河南为水资源输入量最大的地区，输入量达到 76.471 亿 m^3，其中陕西向其输入的水资源量最大；广东水资源输入量位居第二，其中广西向其输入的水资源量最大，达到 33.034 亿 m^3；江苏水资源输入量位居第三，其中新疆向其输入的水资源量最大，达到 14.202 亿 m^3。就水资源净流动而言，河南为最大的净流入地区，净流入水资源量为 70.576 亿 m^3，新疆为最大的净流出地区，净流出水资源量为 96.393 亿 m^3。

由图 4.20 可知，2012 年，广东、江苏、上海的能源流动量较大，分别为 5300 万 t、5280 万 t、5040 万 t；而甘肃、青海、宁夏的能源流动量较小，均在 1000 万 t 以内，其中青海最小，为 245 万 t。就输入输出而言，山西为最大的能源输出地，共输出能源 4127.93 万 t，向内蒙古、辽宁、上海、浙江、河南、广东输出的能源量均在 100 万 t 以上，向广东输出的能源量最大，达到 959.29 万 t；山东能源输出量位居第二，达到 3954.46 万 t，其中向江苏输出的能源量最大，达到 715.85 万 t；河北能源输出量位居第三，达到 3380.01 万 t，其中向广东输出的能源量最大，达到 407.16 万 t。广东为能源输入量最大的地区，达到 4380.68 万 t，其中山西向其输入的能源量最大，达到 959.29 万 t；上海能源输入量位居第二，达到 4374.38 万 t，其中山东向其输入的能源量最大，达到 502.47 万 t；浙江能源输入量位居第三，达到 4149.77 万 t，其中山西向其输入的能源量最大，达到 747.34 万 t。就能源净流动而言，上海为最大的净流入地区，净流入能源量为 3712.82 万 t；山西为最大的净流出地区，净流出能源量为 3893.44 万 t。由图 4.20（b）可知，2015 年，宁夏、陕西、新疆的能源流动量较大，分别为 88200 万 t、75800 万 t、35200 万 t，而青海能源流动量最小，为 1790 万 t。就输入输出而言，宁夏为最大的能源输出地，共输出能源 87176.81 万 t，其中除向天津、山西、内蒙古等 13 个地区输出的能源量在 1000 万 t 以内外，向其余地区输出的能源量均在 1000 万 t 以上，其中向广东输出的能源量最大，达到 14734.01 万 t；陕西能源输出量位居第二，达到 75721.70 万 t，其中向内蒙古输出的能源量最大，达到 8540.4 万 t；新疆能源输出量位居第三，达到 34684.93 万 t，其中向河南输出的能源量最大，达到 8607.07 万 t。广东为能源输入量最大的地区，输入量达到 22532.68 万 t，其中宁夏向其输入的能源量最大，达到 14734.01 万 t；江苏能源输入量位居第二，达到 21071.01 万 t，其中宁夏向其输入的能源量最大，达到 12616.97 万 t；河北能源输入量位居第三，达到 16973.00 万 t，其中宁夏向其输入的能源量最大，达到 12087.46 万 t。就能源净流动而言，广东为最大的净流入地区，净流入能源量为 21905.59 万 t，宁夏为最大的净流出地区，净流出能源量为 86129.78 万 t。由图 4.20（c）可知，2017 年，广东、河南、山西的能源流动量较大，分别为 42900 万 t、11700 万 t、10500 万 t，而青海能源流动量最小，为 138 万 t。就输入输出而言，广东为最大的能源输出地，共输出能源 38471.43 万 t，其中向山西、内蒙古、黑龙江、河南、云南、陕西、宁夏、新疆输出的能源量较大，均超过 1000 万 t，其中向山西输出的能源量最大，达到 8203.28 万 t；浙江能源输出量位居第二，达到 4057.79 万 t，其中向广东输出的能源量最大，达到 555.75 万 t；江苏能源输出量位居第三，达到 3611.86 万 t，其中向河南输出的能源量最大，达到 363.75 万 t。河南为能源输入量最大的地区，达到 10374.86 万 t，其中广东向其输入的能源量最大，达到 7643.60 万 t；山西能源输入量位居第二，达到 8793.44 万 t，其中广东向其输入的能源量最大，达到 8203.28 万 t；陕西能源输入量位居第三，达到 6959.27 万 t，其中广东向其输入的能源量最大，达到 5590.89 万 t。就能源净流动而言，河南是最大的净流入地区，净流入能源量为 9081.36 万 t，广东为最大的净流出地区，净流出能源量为 34082.83 万 t。

由图 4.22 可知，就水资源流动而言，2012～2017 年，行业 1、行业 6 和行业 25 的水资源流动最大。2017 年，三个行业的水资源流动量分别为 3270 亿 m^3、2140 亿 m^3、471 亿 m^3，行业 1 为最大的水资源量输出行业，输出量为 3226.34 亿 m^3，其中向行业 6、行业 7、行业 9、行业 12 和行业 31 的水资源输出量均超过 100 亿 m^3，向行业 6 的水资源输出量最大，达到 2076.76 亿 m^3；行业 25 为第二大水资源量输出行业，为 451.08 亿 m^3，其中向行业 12、行业 14 和行业 13 输出的水资源量较大，向行业 12 的水资源输出量最大，达到 66.24 亿 m^3；行业 27 为第三大水资源量输出行业，输出量为 164.78 亿 m^3，其中向行业 28 的水资源输出量最大，达到 24.81 亿 m^3。行业 6 为最大的水资源量输入行业，输入量为 2115.95 亿 m^3，其中行业 1 向其输入的水资源量最大，达到 2076.76 亿 m^3；行业 7 为第二大水资源量输入行业，输入量为 341.58 亿 m^3，其中行业 1 向其输入的水资源量最大，达到 322.17 亿 m^3；行业 12 为第三大水资源量输入行业，输入量为 323.57 亿 m^3，其中行业 1 向其输入的水资源量最大，达到 235.40 亿 m^3。就水资源净流动而言，行业 6 为最大的净水资源流入行业，达到 2087.54 亿 m^3，而行业 1 为最大的净水资源流出行业，达到 3185.72 亿 m^3。2012 年及 2015 年的变化趋势与 2017 年较为一致。

由图 4.24 可知，就能源流动而言，2012～2017 年，行业 14、行业 28 和行业 12 的能源流动量较大，2017 年，三个行业的能源流动量分别为 73500 万 t、61700 万 t、51200 万 t，行业 14 为最大的能源输出行业，能源输出量为 60197.31 万 t，其中向行业 28 的能源输出量最大，达到 18792.91 万 t；行业 30 为第二大能源输出行业，能源输出量为 36285.13 万 t，其中向行业 29 的能源输出量最大，达到 3869.74 万 t；行业 12 为第三大能源输出行业，能源输出量为 34150.09 万 t，其中向行业 40 的能源输出量最大，达到 5666.96 万 t。行业 28 为最大的能源输入行业，能源输入量为 59142.52 万 t，其中行业 13 向其输入的能源量最大，达到 21237.75 万 t；行业 12 为第二大能源输入行业，能源输入量为 17054.21 万 t，其中行业 11 向其输入的能源量最大，达到 4781.91 万 t；行业 15 为第三大的能源输入行业，能源输入量为 14072.01 万 t，其中行业 14 向其输入的能源量最大，达到 10265.42 万 t。就能源净流动而言，行业 28 为最大的净能源流入行业，净流入量达到 56540.91 万 t，而行业 14 为最大的净能源流出行业，净流出量达到 46860.84 万 t。2012 年及 2015 年的变化趋势与 2017 年较为一致。

4.4　中国水-能源-粮食纽带系统协同竞争关系研究

4.4.1　中国水-能源-粮食纽带系统有序度指标体系构建

科学合理的评价指标体系是准确测度水资源系统、能源系统和粮食系统有序度的前提。参考现有研究成果，本节从水资源供给、水资源消耗、水环境、能源生产、能源消耗、污染气体排放、粮食生产、粮食消耗 8 个方面，选取水资源系统 12 项、能源系统 13 项及粮食系统 14 项，共 39 项指标，构建中国水-能源-粮食纽带系统评价指标体系，以此来表征水资源系统、能源系统和粮食系统的有序度，如表 4.14 所示。

表 4.14　中国水-能源-粮食纽带系统有序度评价指标体系

目标层		序号	指标层	指标属性
水资源系统	水资源供给	1	人均水资源总量（m^3）	+
		2	年均降水量（mm）	+
		3	产水模数（$10^4m^3/km^2$）	+
		4	产水系数（%）	+
		5	水资源开发利用率（%）	−
	水资源消耗	6	人均用水量（m^3）	+
		7	单位面积灌溉用水（m^3/hm^2）	−
		8	生活用水占比（%）	+
		9	万元 GDP 用水量（m^3）	−
		10	万元工业增加值用水量（m^3）	−
	水环境	11	生态用水占比（%）	+
		12	废水排放量（万 t）	−
能源系统	能源生产	13	能源生产量（万 t 标准煤）	+
		14	能源工业投资（亿元）	+
		15	能源生产耗水量（10^8m^3）	−
		16	能源生产多样化指数（量纲一）	−
	能源消耗	17	能源消费量（万 t 标准煤）	−
		18	能源自给率（%）	+
		19	人均生活能源消费量（kg/人）	−
		20	煤炭消费占比（%）	−

续表

目标层		序号	指标层	指标属性
能源系统	能源消耗	21	万元工业增加值能耗（t 标准煤）	–
		22	能源消费弹性系数（量纲一）	–
		23	能源消耗强度（t 标准煤/万元）	–
		24	能源消费价格指数（量纲一）	–
	污染气体排放	25	能碳强度（t/t 标准煤）	–
粮食系统	粮食生产	26	单位农业生产总值耗水量（m^3/万元）	–
		27	单位农业生产总值能耗（10^4kcal/万元）	–
		28	人均粮食产量（kg/人）	+
		29	粮食单产（t/hm^2）	+
		30	单位农作物播种面积机械动力投入（kW/hm^2）	+
		31	单位农作物播种面积能源投入（万 $kcal/hm^2$）	–
		32	农业投资（亿元）	+
		33	粮食播种面积占比（%）	+
	粮食消耗	34	农村人均粮食消费（kg/人）	–
		35	粮食消费价格指数（量纲一）	–
		36	农村恩格尔系数（%）	–
		37	城镇恩格尔系数（%）	–
		38	农林牧渔业中间消耗值（亿元）	–
		39	粮食流动成本（量纲一）	–

注：1kcal = 4186.8J。

4.4.2 中国水-能源-粮食纽带系统有序度时空演变特征

根据已获取的数据，利用相关公式计算得到 1997～2019 年中国 30 个省级行政区（未包含西藏、香港、澳门及台湾）水资源系统、能源系统及粮食系统的有序度，限于篇幅，这里仅列出 1997 年、2004 年、2012 年及 2019 年相关数据（表 4.15），并参考现有研究成果将其分为四个级别，即低水平（0，0.25]、中等水平（0.25，0.50]、较高水平（0.50，0.75]和高水平（0.75，1.00]，同时绘制相应年份的中国水资源系统、能源系统及粮食系统的有序度变化趋势图（图 4.26～图 4.30），研究时期内中国水资源系统、能源系统及粮食系统有序度变异系数图（图 4.31），研究时段内全国及东、中、西三大地区各系统有序度变化趋势图（图 4.32）。

表 4.15 中国水资源系统、能源系统和粮食系统有序度

地区		水资源系统有序度（F_1）					能源系统有序度（F_2）					粮食系统有序度（F_3）				
		1997年	2004年	2012年	2019年	平均	1997年	2004年	2012年	2019年	平均	1997年	2004年	2012年	2019年	平均
东部地区	北京	0.262	0.284	0.453	0.684	0.396	0.220	0.225	0.249	0.319	0.251	0.343	0.330	0.376	0.407	0.360
	天津	0.216	0.248	0.317	0.467	0.286	0.275	0.239	0.280	0.307	0.269	0.328	0.322	0.382	0.410	0.363
	河北	0.191	0.209	0.229	0.306	0.219	0.257	0.236	0.280	0.339	0.269	0.317	0.324	0.472	0.611	0.428
	辽宁	0.223	0.240	0.294	0.282	0.252	0.292	0.276	0.315	0.303	0.295	0.284	0.320	0.431	0.429	0.370
	上海	0.237	0.241	0.263	0.298	0.280	0.217	0.262	0.270	0.301	0.265	0.299	0.294	0.302	0.326	0.300
	江苏	0.215	0.210	0.220	0.241	0.235	0.244	0.268	0.288	0.353	0.282	0.322	0.228	0.378	0.451	0.353
	浙江	0.389	0.349	0.402	0.379	0.378	0.272	0.253	0.255	0.303	0.263	0.271	0.244	0.319	0.291	0.282
	福建	0.364	0.280	0.387	0.350	0.346	0.278	0.259	0.298	0.319	0.291	0.277	0.272	0.328	0.515	0329
	山东	0.204	0.240	0.250	0.285	0.241	0.326	0.325	0.347	0.465	0.356	0.307	0.338	0.483	0.570	0.424
	广东	0.375	0.278	0.339	0.365	0.333	0.288	0.298	0.334	0.381	0.323	0.279	0.283	0.327	0.359	0.309
	海南	0.357	0.263	0.360	0.394	0.359	0.252	0.300	0.308	0.280	0.291	0.243	0.259	0.303	0.334	0.282
	平均	0.276	0.258	0.319	0.368		0.266	0.267	0.293	0.334		0.297	0.292	0.373	0.428	
中部地区	山西	0.200	0.215	0.260	0.273	0.233	0.310	0.382	0.584	0.575	0.453	0.274	0.293	0.407	0.648	0.392
	内蒙古	0.185	0.197	0.284	0.337	0.248	0.270	0.318	0.611	0.556	0.439	0.282	0.305	0.448	0.507	0.394
	吉林	0.221	0.256	0.288	0.290	0.264	0.284	0.258	0.318	0.330	0.297	0.321	0.352	0.479	0.595	0.436
	黑龙江	0.215	0.217	0.234	0.236	0.226	0.337	0.360	0.366	0.324	0.357	0.296	0.326	0.510	0.652	0.434
	安徽	0.226	0.241	0.279	0.303	0.277	0.237	0.244	0.295	0.321	0.271	0.291	0.278	0.396	0.512	0.363
	江西	0.338	0.283	0.392	0.293	0.335	0.244	0.240	0.262	0.297	0.258	0.259	0.268	0.395	0.441	0.336
	河南	0.221	0.257	0.263	0.346	0.267	0.286	0.287	0.299	0.377	0.306	0.297	0.307	0.463	0.785	0.440
	湖北	0.237	0.261	0.255	0.290	0.271	0.260	0.278	0.269	0.281	0.277	0.278	0.279	0.382	0.486	0.349
	湖南	0.317	0.306	0.336	0.300	0.320	0.258	0.260	0.282	0.304	0.271	0.281	0.294	0.389	0.614	0.375
	平均	0.240	0.248	0.288	0.296		0.276	0.292	0.365	0.374		0.287	0.300	0.430	0.582	
西部地区	广西	0.336	0.296	0.338	0.344	0.325	0.268	0.271	0.287	0.314	0.287	0.261	0.254	0.345	0.505	0.332
	重庆	0.291	0.320	0.317	0.350	0.324	0.245	0.264	0.275	0.320	0.269	0.263	0.285	0.356	0.391	0.326
	四川	0.273	0.296	0.327	0.354	0.308	0.287	0.304	0.374	0.389	0.341	0.276	0.283	0.363	0.524	0.357
	贵州	0.301	0.295	0.301	0.314	0.304	0.218	0.228	0.302	0.309	0.269	0.245	0.251	0.310	0.414	0.311
	云南	0.319	0.320	0.298	0.350	0.324	0.245	0.268	0.345	0.337	0.301	0.261	0.265	0.328	0.528	0.333
	陕西	0.210	0.243	0.264	0.291	0.255	0.258	0.368	0.559	0.647	0.455	0.261	0.279	0.389	0.698	0.373
	甘肃	0.163	0.178	0.221	0.257	0.204	0.243	0.245	0.309	0.299	0.273	0.243	0.261	0.341	0.405	0.314
	青海	0.269	0.302	0.368	0.459	0.339	0.283	0.310	0.337	0.333	0.317	0.233	0.275	0.326	0.371	0.303
	宁夏	0.008	0.125	0.154	0.184	0.139	0.263	0.207	0.292	0.295	0.253	0.243	0.281	0.358	0.408	0.324
	新疆	0.202	0.210	0.177	0.232	0.209	0.296	0.309	0.423	0.414	0.374	0.241	0.269	0.332	0.408	0.309
	平均	0.237	0.259	0.277	0.314		0.261	0.277	0.350	0.366		0.253	0.270	0.345	0.465	
平均		0.251	0.255	0.295	0.326		0.267	0.279	0.336	0.358		0.279	0.288	0.383	0.492	

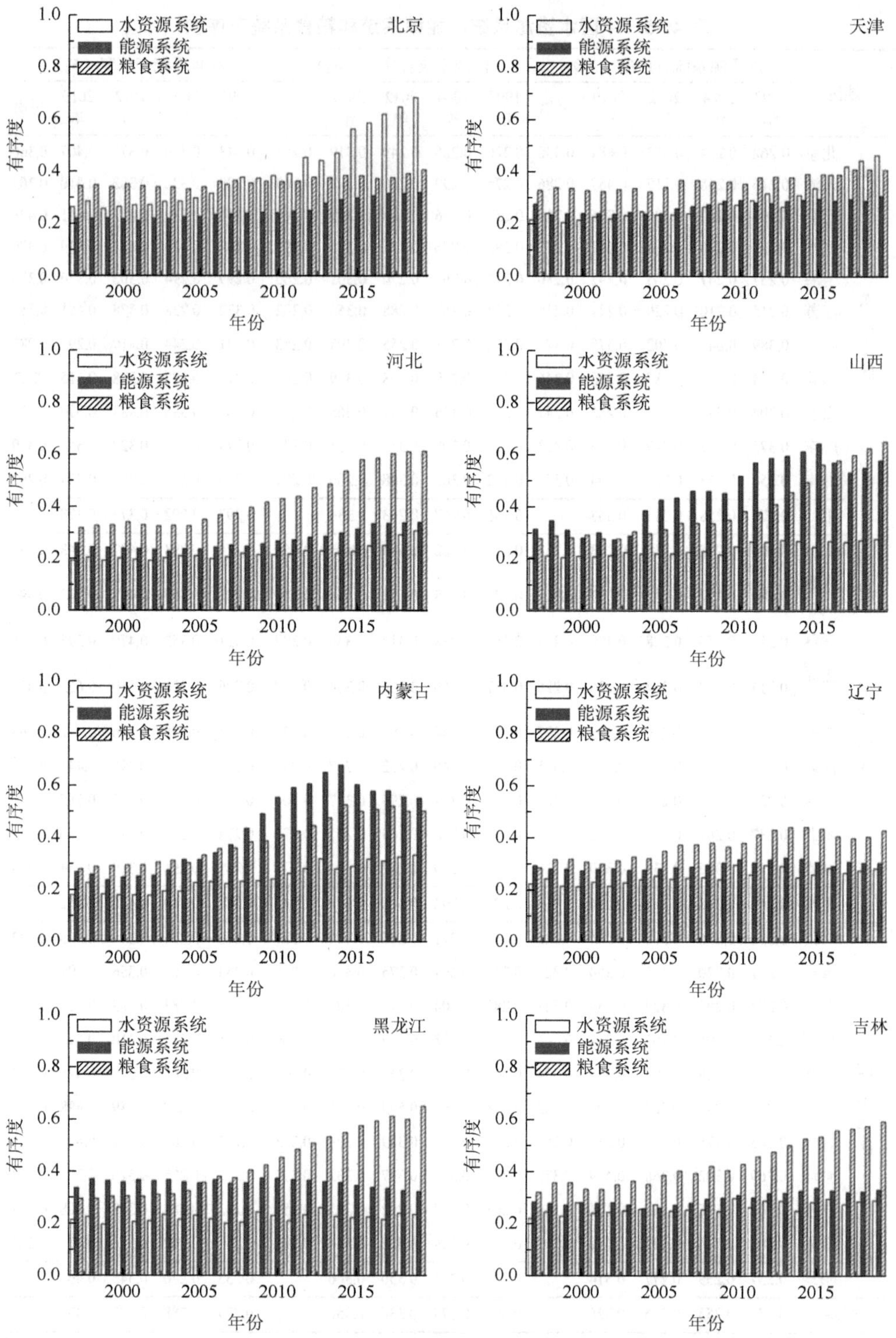
北京
天津
河北
山西
内蒙古
辽宁
黑龙江
吉林
水资源系统
能源系统
粮食系统
有序度
年份
0.0
0.2
0.4
0.6
0.8
1.0
2000
2005
2010
2015

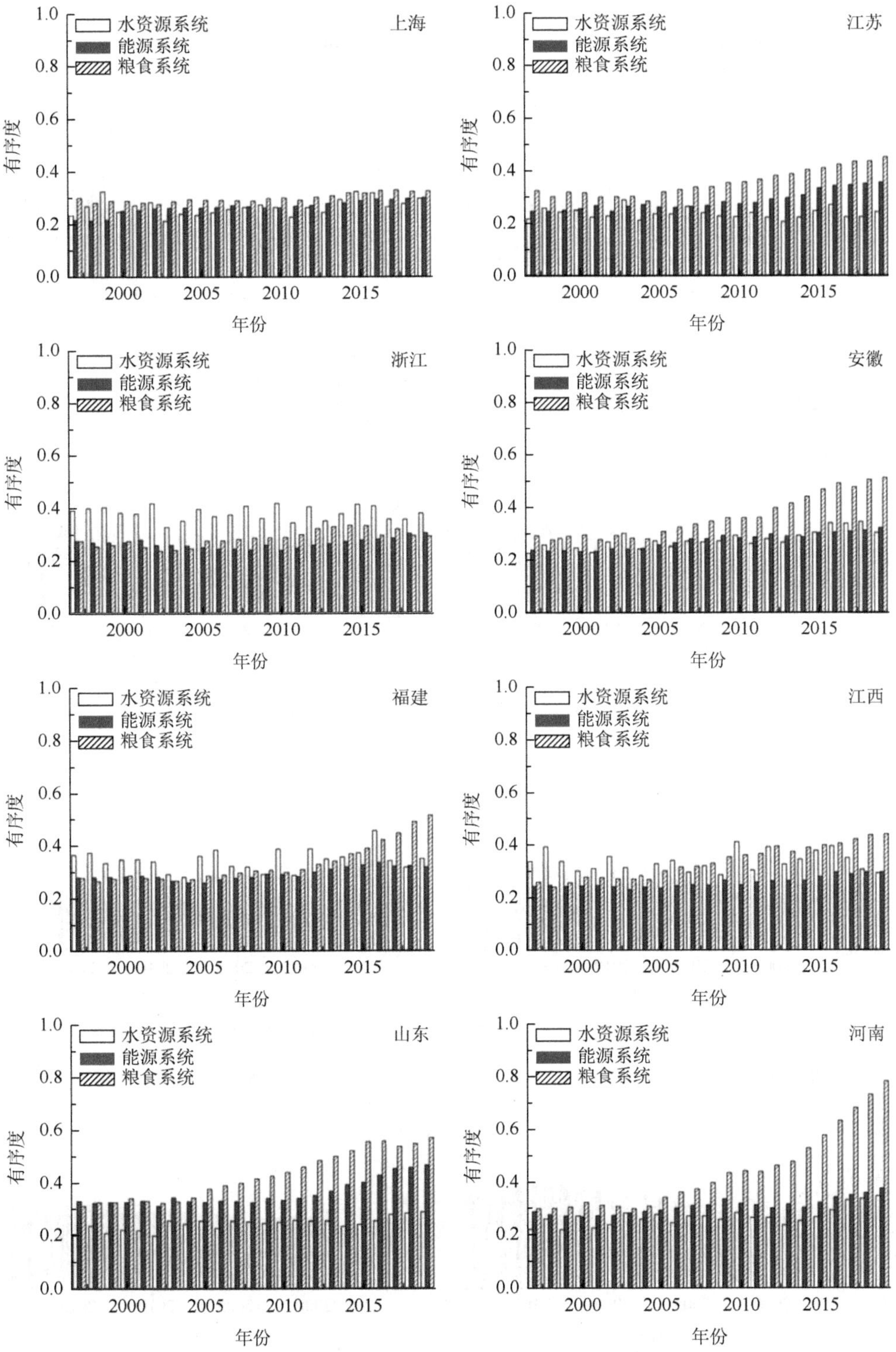
上海
江苏
浙江
安徽
福建
江西
山东
河南
水资源系统
能源系统
粮食系统
有序度
年份
0.0
0.2
0.4
0.6
0.8
1.0
2000
2005
2010
2015

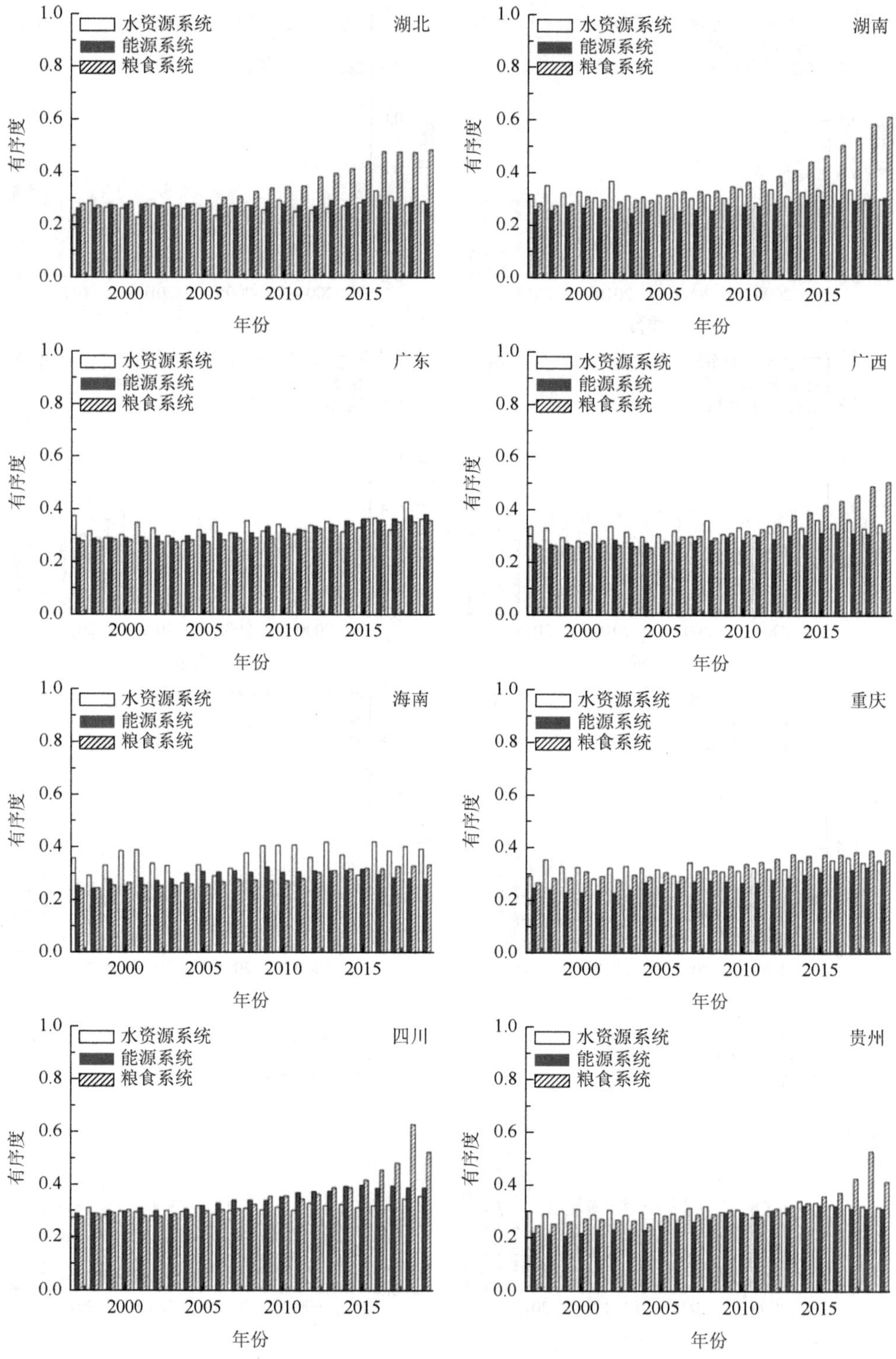
水资源系统
能源系统
粮食系统
湖北
湖南
广东
广西
海南
重庆
四川
贵州
有序度
年份
0.0
0.2
0.4
0.6
0.8
1.0
2000
2005
2010
2015

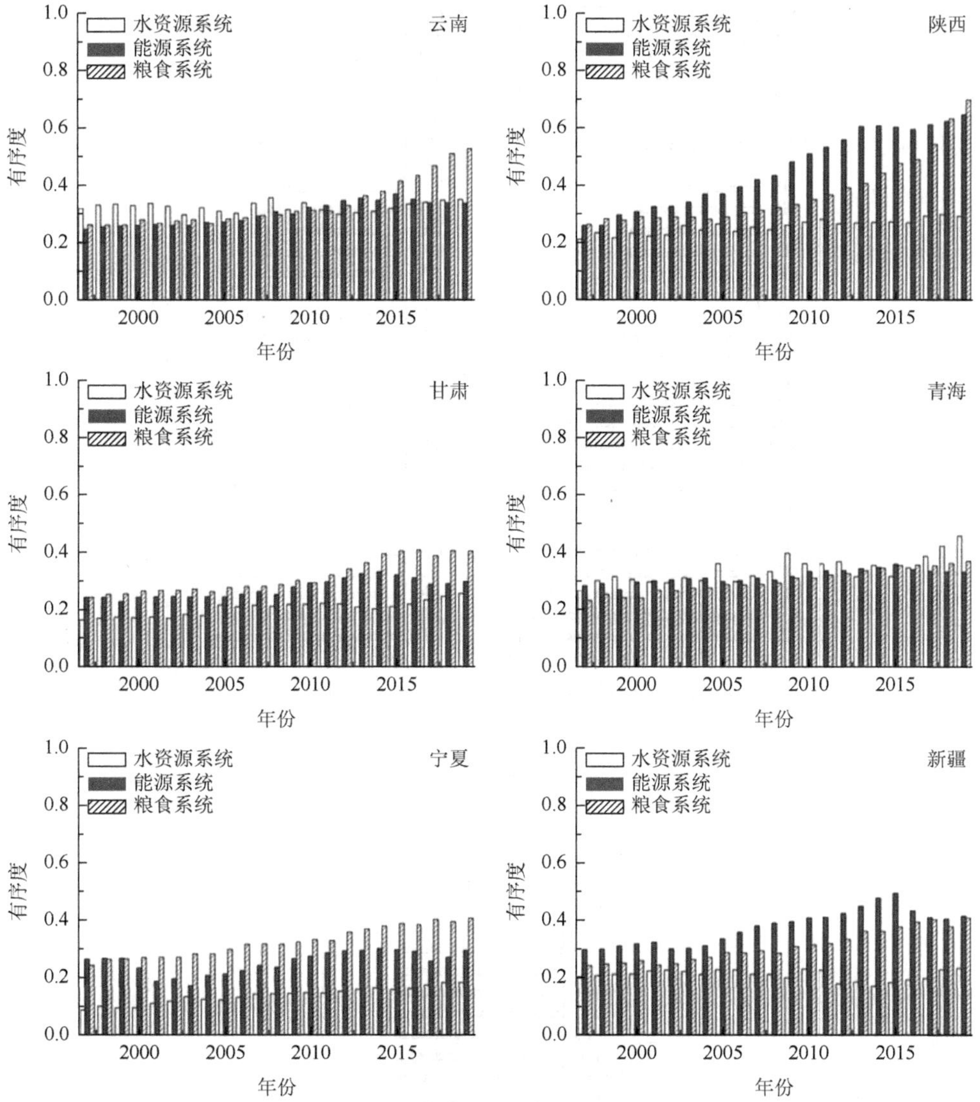

图 4.26　1997～2019 年中国水资源系统、能源系统和粮食系统有序度变化趋势

由表 4.15、图 4.26～图 4.30 可知：

（1）1997 年中国水资源系统有序度的平均值为 0.251，整体处于中等水平，水资源系统有序度大于平均值的地区有 13 个，占研究地区总数的 43.33%。河北、内蒙古、甘肃、宁夏四个省（区）的水资源系统有序度在 0.200 以内，其中宁夏水资源系统有序度最低，仅为 0.008，而浙江、福建、广东、海南四省的有序度则在 0.350 以上，其中浙江最高，达到 0.389，除北京、浙江、福建等 13 个地区的水资源系统有序度处于中等水平外，其余 17 个地区的水资源系统有序度均处

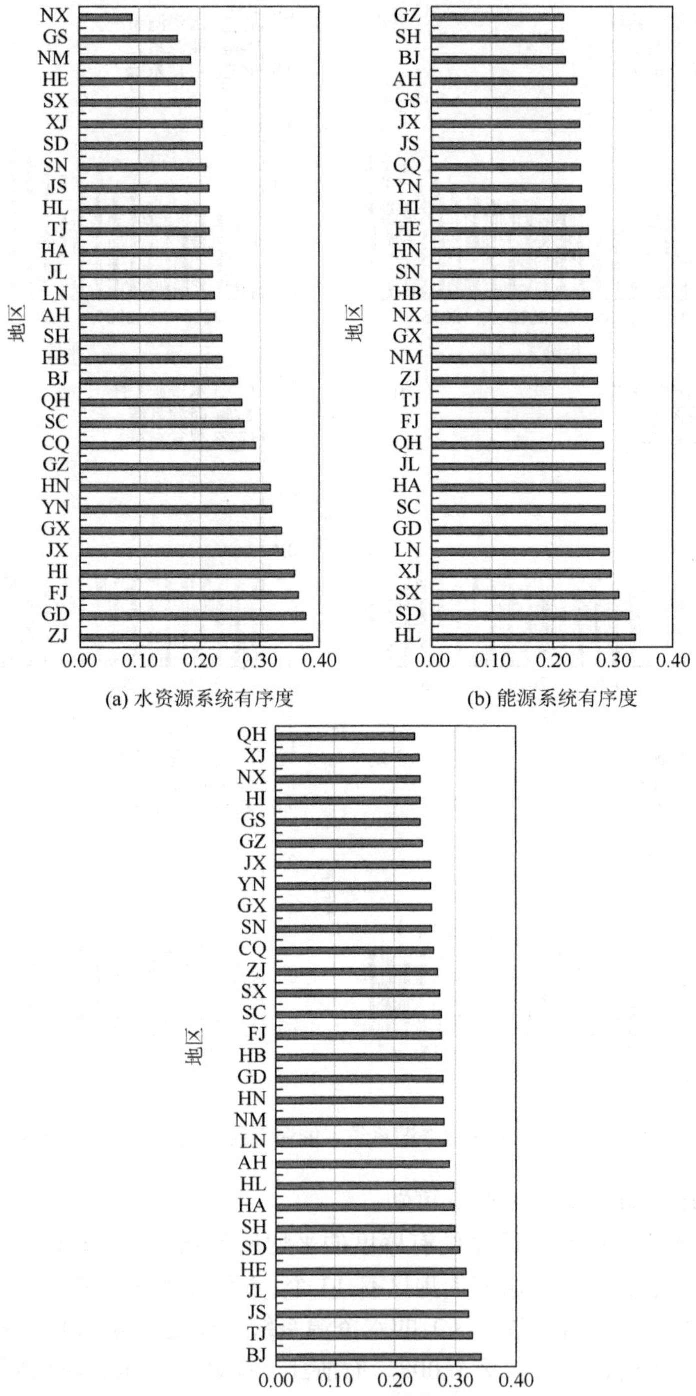

(a) 水资源系统有序度　　(b) 能源系统有序度

(c) 粮食系统有序度

图 4.27　1997 年中国水资源系统、能源系统及粮食系统有序度变化趋势

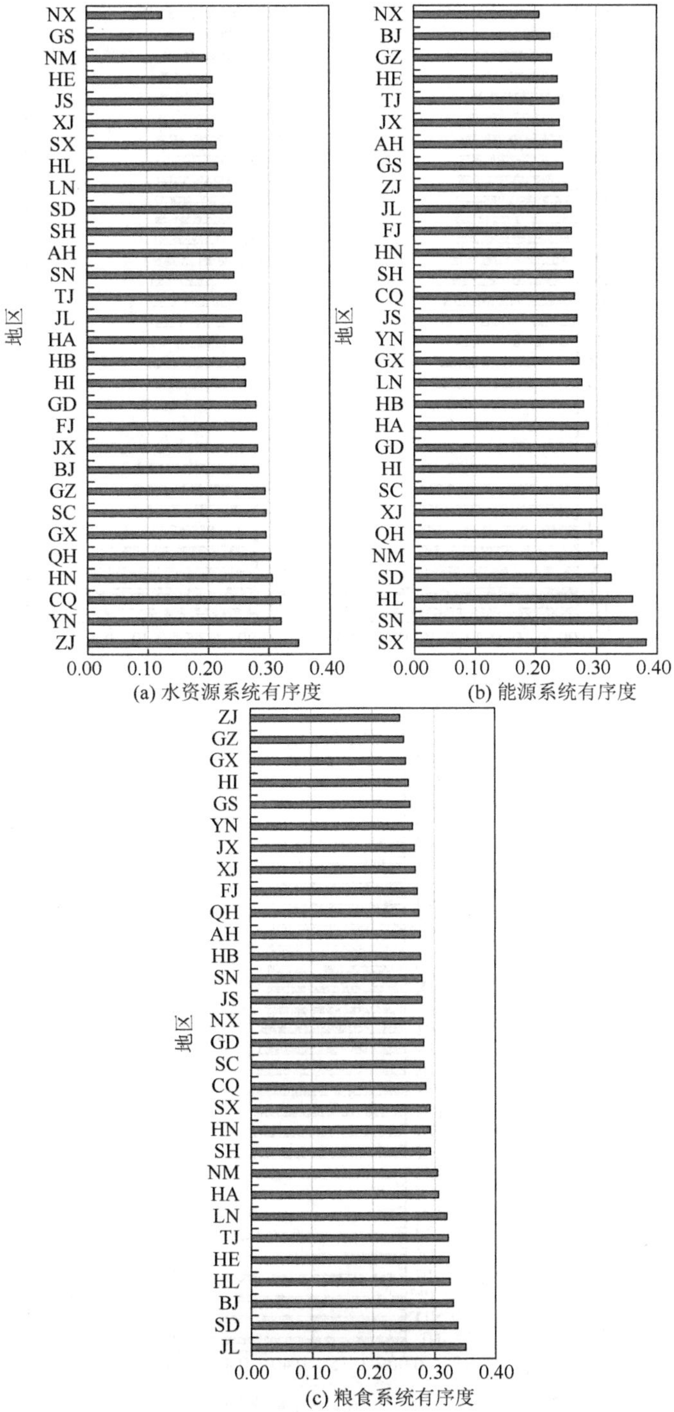

图 4.28　2004 年中国水资源系统、能源系统及粮食系统有序度变化趋势

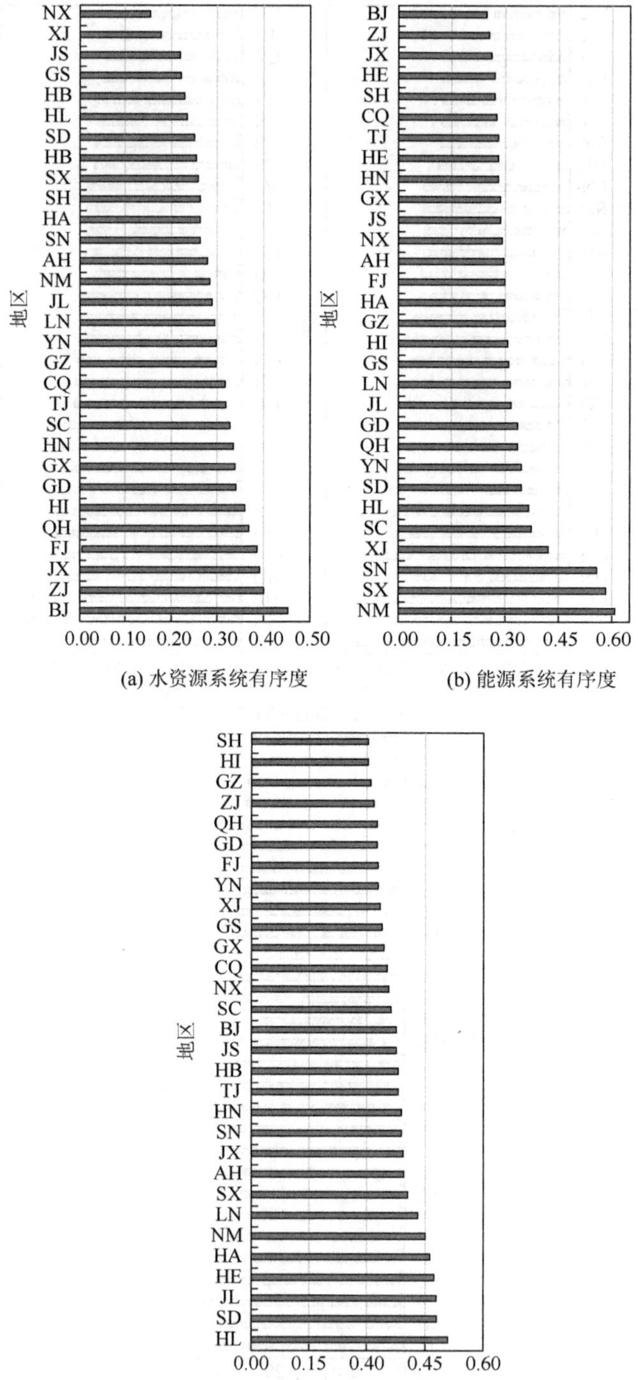

(a) 水资源系统有序度　　(b) 能源系统有序度

(c) 粮食系统有序度

图 4.29　2012 年中国水资源系统、能源系统及粮食系统有序度变化趋势

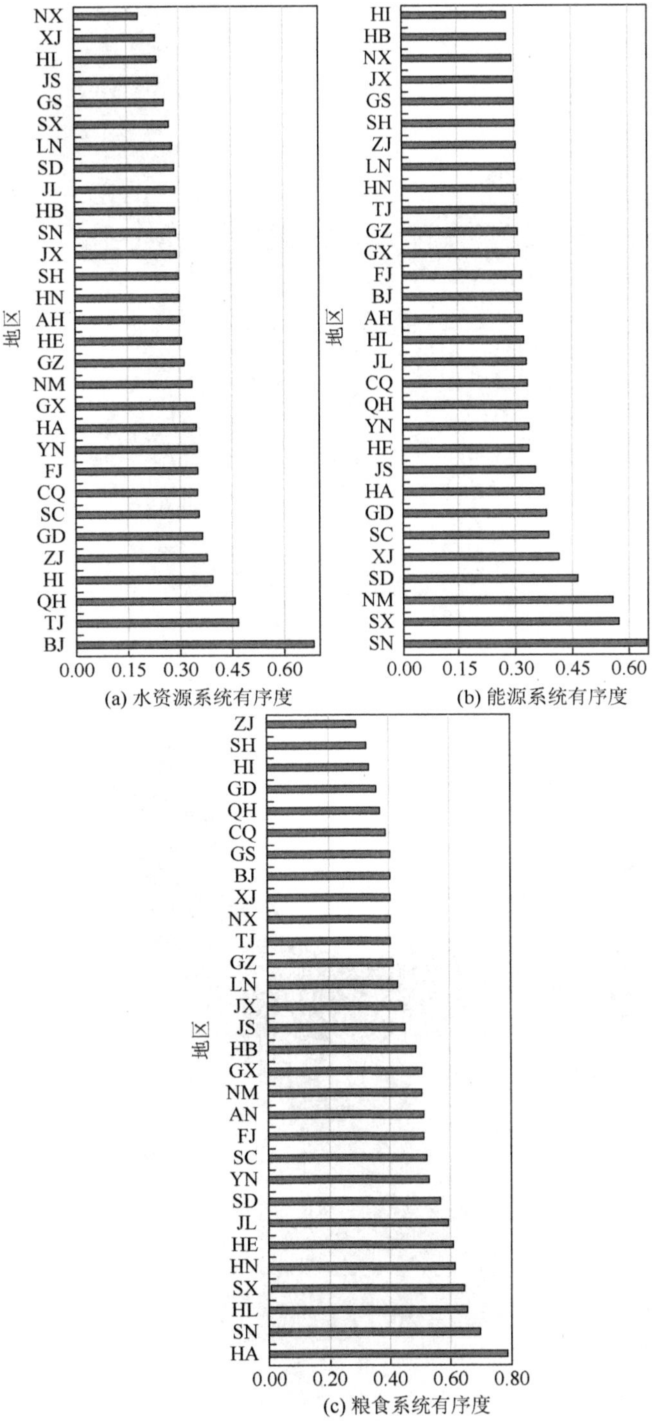

图 4.30　2019 年中国水资源系统、能源系统及粮食系统有序度变化趋势

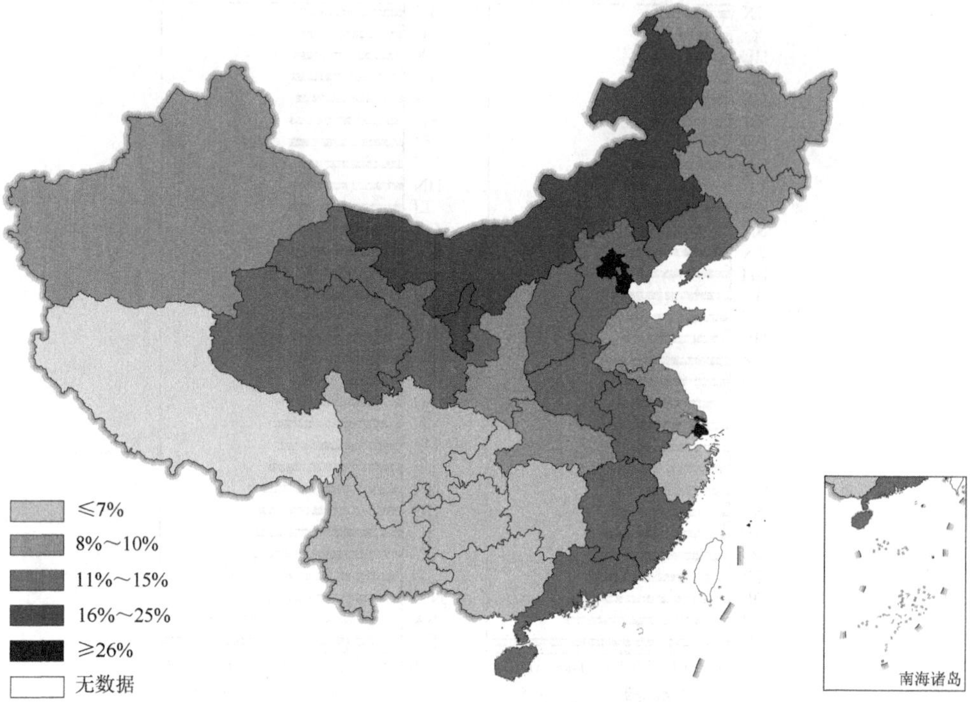

(a) 水资源系统

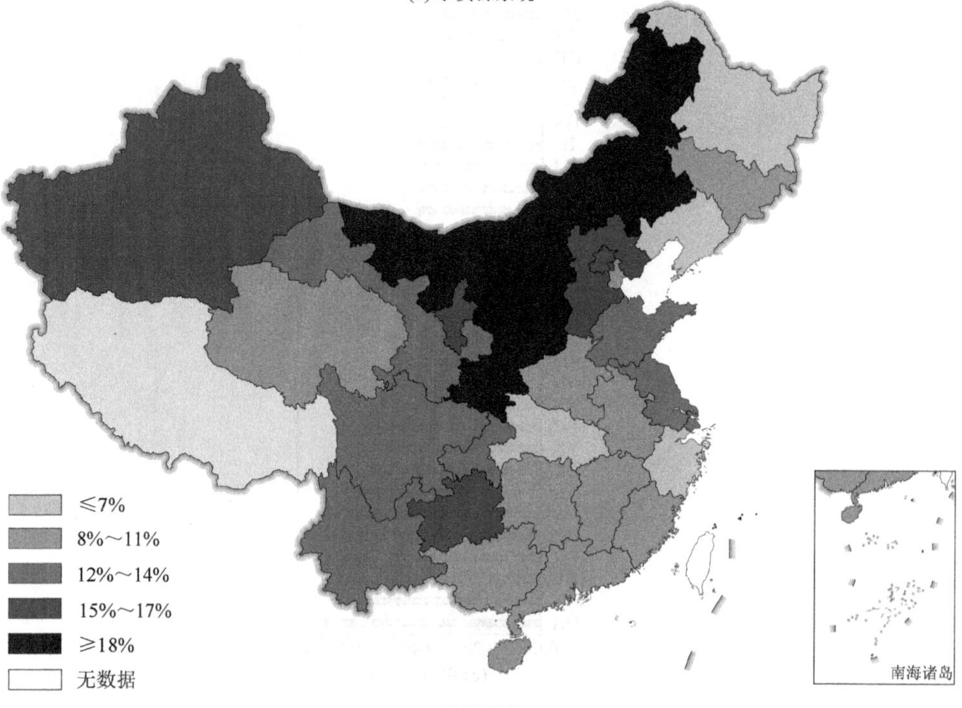

(b) 能源系统

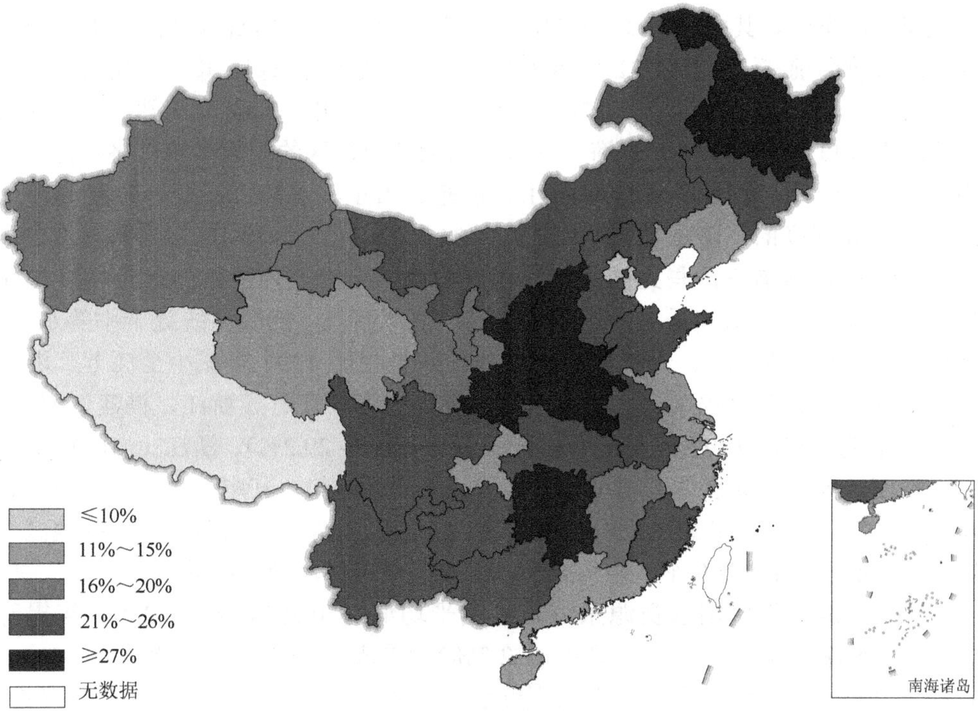

(c) 粮食系统

图4.31　1997～2019年中国水资源系统、能源系统及粮食系统有序度变异系数

于低水平，有序度处于低水平的地区数量占研究地区总数的56.67%。能源系统有序度平均值为0.267，整体介于0.217～0.337，其中北京、河北、上海、江苏等15个地区的能源系统有序度小于平均值，有序度小于平均值的地区数量占研究地区总数的50%，而黑龙江的能源系统有序度最高，达到0.337，上海最低，仅为0.217。天津、河北、辽宁、浙江等21个地区的能源系统有序度处于中等水平，整体而言，全国能源系统有序度处于中等水平。就粮食系统有序度而言，1997年仅甘肃、青海、宁夏、新疆、海南、贵州的粮食系统有序度处于低水平，其中青海最小，仅为0.233；其余地区的粮食系统有序度处于中等水平，其中北京、天津、江苏、吉林、河北、山东六个地区的有序度在0.300以上，而其余地区的有序度均介于0.250～0.300。全国粮食系统有序度平均值为0.279，整体处于中等水平，也均高于同时期的水资源系统有序度和能源系统有序度。

（2）2004年中国水资源系统有序度平均值为0.255，与1997年基本保持一致，就各个地区而言，除吉林、河南、湖北三个地区的水资源系统有序度由1997年的低水平提升至中等水平外，其余地区相比1997年变化幅度较小，其中浙江的水资源系统有序度最大，为0.349。相比1997年，2004年水资源系统有序度有九个地区呈现下降态势，其中海南（–26.3%）、广东（–25.9%）、福建（–23.1%）三个地区的降幅排名前三，而其余 21 个地区则呈现不同的上升态势，其中宁夏的上升幅度最大，但其有序度仍然处于 0.200 以内。相比 1997 年，2004 年天津、河北的能源系统有序度降至低水平，上海、江苏、云南三个地区的能源系统有序度提升至中等水平，天津、河北、辽宁、浙江、福建、山东、吉林、江西、宁夏九个地区呈现不同程度的下降态势，其中宁夏（–21.3%）、天津（–13.1%）、吉林（–9.2%）的下降幅度排名前三，与此同时，陕西、山西、上海及内蒙古的上升幅度均超过 15%，其中陕西增幅最大，达到 42.6%，整体而言，能源系统处于中等水平。就粮食系统有序度而言，处于低水平的地区数量相比 1997 年减少至江苏、浙江两个地区。就其变化幅度而言，北京、天津、上海、江苏、浙江、福建、安徽、广西八个地区相比 1997 年呈下降态势，其中江苏（–29.2%）、浙江（–10.0%）的下降幅度较大，而其余地区则呈现不同程度的上升趋势，其中，山东、黑龙江、辽宁、青海、宁夏、新疆的上升幅度均超过 10%，有序度在 0.300 以上的地区个数相比 1997 年增加至 9 个，整体来看，粮食系统有序度处于中等水平。

（3）2012 年中国水资源系统有序度平均值为 0.295，相比 2004 年提升 15.7%。就各个地区而言，除湖北（–2.3%）、重庆（–0.9%）、云南（–6.9%）、新疆（–15.7%）四个地区呈现不同程度的下降趋势外，其余地区均呈上升态势，提升幅度超过 20%的地区个数达到 12 个，其中北京（59.5%）、内蒙古（44.2%）、江西（38.5%）的提升幅度排名前三。北京的水资源系统有序度最大，达到 0.453，而宁夏虽然相比 2004 年增加 23.2%，但仍然最小（0.154），整体来看，水资源系统有序度仍然处于中等水平。能源系统有序度方面，相比 2004 年，除湖北（–3.2%）呈现小幅度下降以外，其余地区则呈现 0.8%～92.1%的提升幅度，其中内蒙古（92.1%）、山西（52.9%）、陕西（51.9%）提升幅度排名前三，相应地，三个地区的能源系统有序度由 2004 年的中等水平均提升至较高水平。整体而言，2012 年中国能源系统有序度平均值相比 2004 年增加 20.4%，但仍然处于中等水平。就粮食系统有序度而言，相比 2004 年，2012 年各地区粮食系统有序度均处于中等及以上水平，平均值由 2004 年的 0.288 提升至 2012 年的 0.383，增幅 33.0%，就各地区变化幅度而言，17 个地区的粮食系统有序度增幅超过 30%，主要分布在中部地区，江苏（65.8%）、黑龙江（56.4%）、河南（50.8%）的提升幅度排名前三，其中黑龙江的粮食系统有序度由 2004 年的中等水平（0.326）提升至 2012 年的较高水平（0.510），但整体来看，粮食系统有序度处于中等水平。

（4）研究期末，水资源系统有序度方面，除北京由 2012 年的中等水平提升至较高水平，河北、甘肃由低水平提升至中等水平外，其余地区水资源系统有序度状态保持不变。就各地区的变化情况来看，辽宁（–4.1%）、浙江（–5.7%）、福建（–9.6%）、江西（–25.3%）、湖南（–10.7%）呈现不同程度的下降态势，其余地区则呈现 0.7%～51.0%的提升幅度，其中北京（51.0%）、天津（47.3%）、河北（33.6%）、河南（31.6%）、新疆（31.1%）的提升幅度均超过了 30%，仅宁夏水资源系统有序度仍处于 0.200 以内，整体来看，2019 年中国水资源系统有序度平均值由 2012 年的 0.295 提升至 0.326，增幅 10.5%，其整体水平状态与 2012 年保持一致。能源系统有序度方面，相比 2012 年九个地区呈下降态势，降幅介于 1.2%～11.5%，其中黑龙江能源系统有序度降幅最大，21 个地区呈现上升态势，提升幅度在 1.0%～34.0%，其中山东、河南、北京、河北、江苏提升幅度均超过 20%，能源系统有序度处于较高水平的地区相比 2012 年保持不变，平均值由 2012 年的 0.336 提升至 0.358，增幅 6.5%，仍处于中等水平。粮食系统有序度方面，相比 2012 年，2019 年整体粮食系统有序度平均值提升至 0.492，增幅 28.5%。就各个地区的变化情况来看，除辽宁（–0.5%）、浙江（–8.8%）呈小幅度下降以外，其余地区均呈现上升态势，提升幅度在 7.3%～79.4%，其中提升幅度超过 20%的地区个数达到 15 个，陕西（79.4%）、河南（69.5%）、云南（61.0%）、山西（59.2%）、福建（57.0%）的提升幅度较高。与此同时，河北、福建、山西、内蒙古、吉林、湖南、山东、安徽、广西、四川、云南、陕西粮食系统有序度由 2012 年的中等水平提升至较高水平，河南则提升至高水平（0.785）。

由表 4.15、图 4.31 和图 4.32 可知，研究时段内，中国水资源系统、能源系统和粮食系统的有序度均呈现上升态势。水资源系统有序度由研究初期的 0.251 增加至研究末期的 0.326，增幅 29.88%，年均增长率 1.20%；能源系统有序度的变化趋势在 1997～2015 年呈显著增加趋势，但 2016～2019 年则呈现小幅下降态势，整体而言，由研究初期的 0.267 提升至研究末期的 0.358，增幅 34.08%，年均增长率 1.34%；粮食系统有序度在研究时段内增幅明显，由 1997 年的 0.279 上升至 2019 年的 0.492，增幅达到 76.34%，年均增长率 2.61%。就三大地区而言，各系统的有序度水平与全国变化趋势、变化过程基本一致。①水资源系统有序度。东部地区年均增幅最大，为 1.32%，西部地区其次（1.29%），中部地区最小（0.96%）。相比西部地区而言，东部地区与中部地区的水资源系统有序度波动较大，而西部地区的变化幅度则相对平稳，原因在于东部及中部地区受季风影响较大，区域水资源量年际波动较大。②能源系统有序度。东部地区能源系统有序度由研究初期的 0.266 增加至研究末期的 0.334，增幅 25.56%，年均增加 1.04%，但均小于中部（1.39%）及西部（1.55%）的年均增长率。此外，中部与西部地区的能源系统有序度均在 2016～2019 年呈现缓慢下降趋势，与全国变化趋势基本一致。③粮食系统有序度。东部地区粮食系统有序度从 1997 年的 0.297 提升至 2019 年的 0.428，增幅 44.11%，年均增长率 1.67%，而中部和西部地区的粮食系统有序度分别从 0.287 和 0.253 上升至 0.582 和 0.465，年均增长率分别为 3.27%和 2.81%。

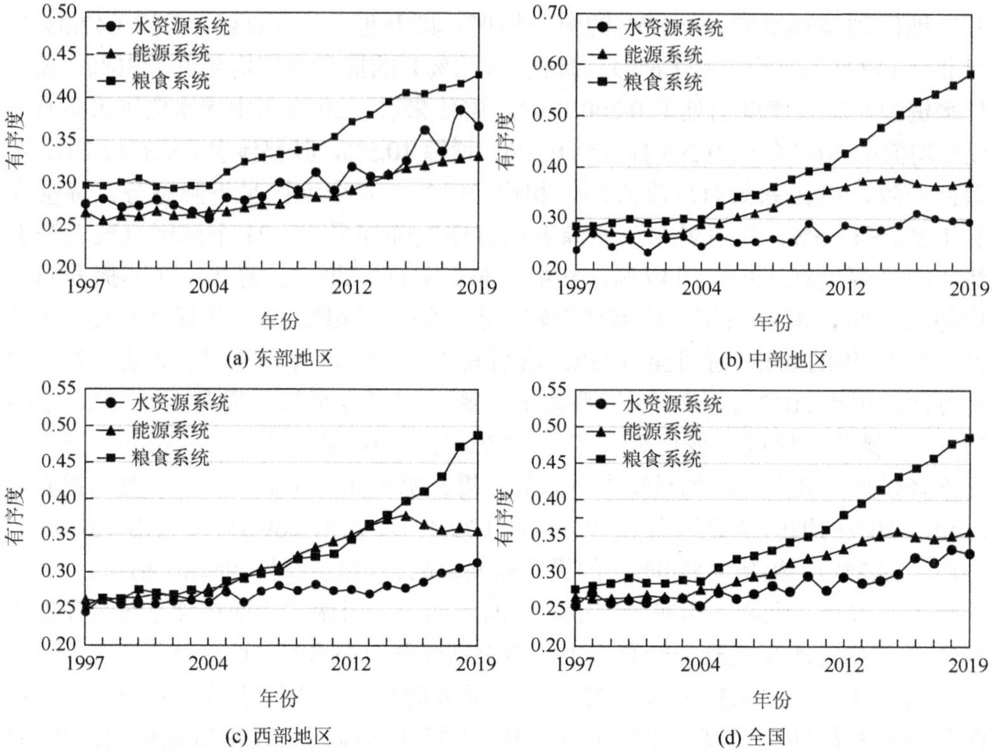

图 4.32　1997～2019 年全国及东、中、西部地区各系统有序度变化趋势

变异系数可以较为直观地反映研究时段内某要素的离散程度。由图 4.31 可知，①水资源系统有序度，变异系数在 7%以内的有浙江、重庆、四川、云南、贵州、湖南、广西七个地区，而北京、天津、上海的变异系数则超过了 25%，这间接表明三个地区在研究时段内水资源有序度提升显著，但整体而言，变异系数在 15%以内的地区有 25 个，占研究地区总数的 83.33%，说明在研究时段内全国水资源系统有序度相对稳定，变化幅度较小。②能源系统有序度，15 个地区的变异系数在 11%以内，主要分布在东北及长江以南地区，说明研究时段内上述地区能源系统有序度变化幅度较小，主要原因在于上述地区能源丰度相对较低，而山西（27.28%）、陕西（29.35%）和内蒙古（35.94%）三个地区的变异系数较大，说明三个地区能源系统有序度在研究时段内变化明显，结合表 4.15 可知，在研究时段内，其能源系统有序度提升幅度依次为 85.5%、150.8%和 105.9%，整体而言，1997～2019 年中国北部地区，尤其是黄河流域地区能源系统有序度提升明显。③粮食系统有序度，14 个地区的变异系数在 20%以内，主要分布在东部沿海省（区、市）及西北地区，表明了上述地区粮食系统有序度变化幅度较小，其余地区中，山西（32.22%）、河南（34.27%）、湖南（27.39%）、陕西（32.45%）、黑龙江（28.25%）

的变异系数超过 26%，说明上述地区在研究时段内粮食系统有序度变化较为明显，结合表 4.15 可知，上述地区在研究时段内，粮食系统有序度的提升幅度依次为 136.5%、164.3%、118.5%、167.4%、120.3%，整体来看，变异系数高值区主要分布在华北、东北及西南地区，这与中国耕地资源禀赋关系较大。

综上所述，研究时段内，全国及东、中、西部三大地区水资源系统、能源系统和粮食系统的有序度整体上呈显著上升态势，表明研究时段内中国水资源系统、能源系统和粮食系统得到了长足的发展。这说明中国在水资源开发利用、能源生产与消费模式、能源结构调整、节能减排及粮食生产等方面成效斐然，但需要注意的是：东部地区人口密集、经济发达，但耕地资源及能源丰度相对较低，今后随着粮食系统与能源系统有序度的逐年提升，要继续提升农业科技水平，在加大能源跨区调动满足本地区利用的基础上，逐步提升风能、潮汐能等清洁能源的占比，提升能源自给率；中部地区及西部地区是中国重要的能源及粮食生产区，但粮食系统和能源系统有序度的快速上升必将加剧该地区能源及粮食生产对区域水资源的竞争，未来，中部及西部地区应进一步提升水资源利用效率及能源利用效率，降低单位 GDP 能耗及水耗，提升农业水资源及农业能源的利用水平，进一步开发西部地区丰富的水电资源，缓解农业生产与能源生产对水资源的竞争压力。

4.4.3　中国水-能源-粮食纽带系统有序度一致性分析

为进一步探究中国 30 个省（区、市）水资源系统、能源系统及粮食系统有序度之间的相互关系，根据表 4.15 选取 1997 年及 2019 年已获取的中国水资源系统、能源系统和粮食系统有序度数据，分别利用水资源系统、能源系统及粮食系统有序度的中位数作为横轴和纵轴，据此将中国 30 个省（区、市）划分成四个象限，如图 4.33 所示。

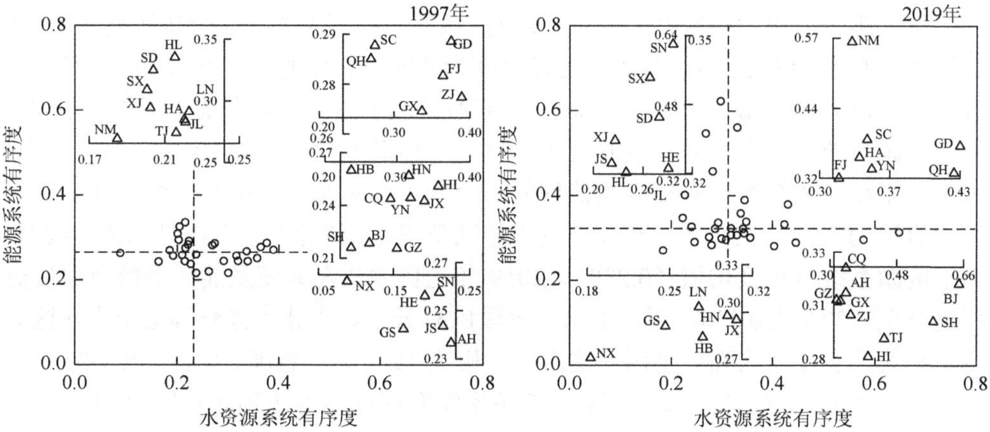

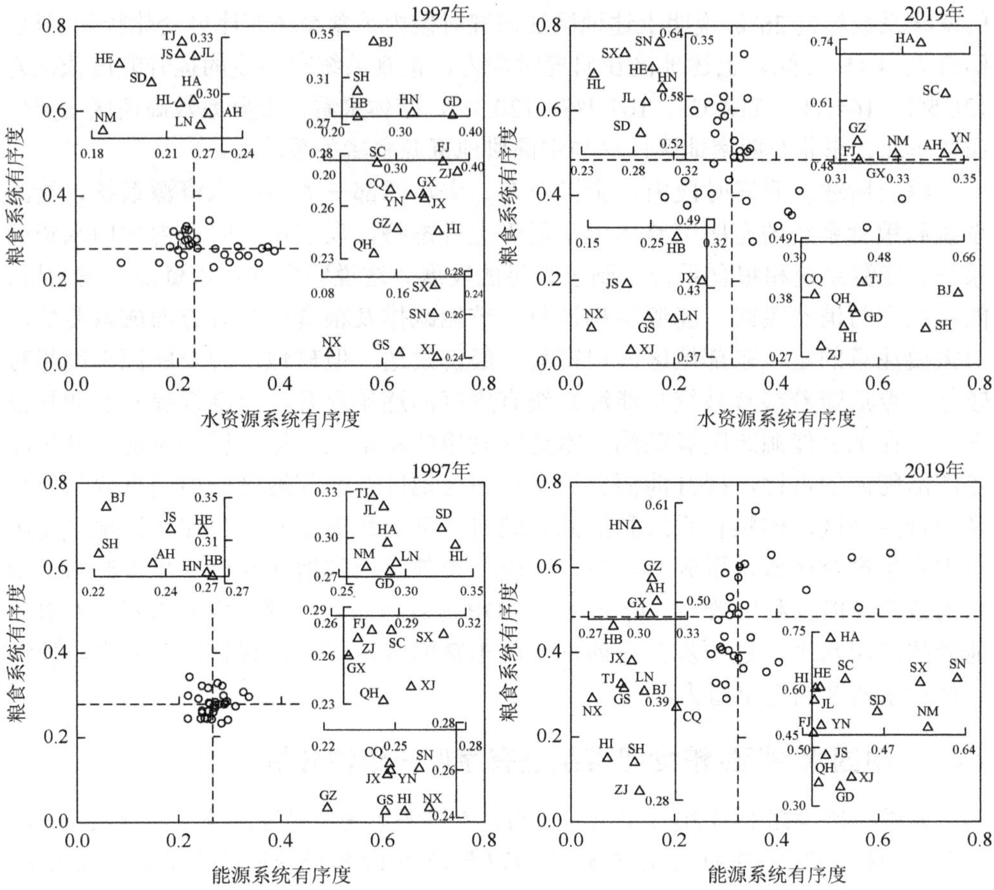

图 4.33　1997 年及 2019 年中国水资源系统、能源系统和粮食系统有序度一致性

（1） 1997 年水资源-能源系统有序度一致性中，四川、广东、青海等六个省（区）位于第一象限，水资源系统有序度及能源系统有序度均高于全国平均水平（水资源系统有序度为 0.251，能源系统有序度为 0.267）；黑龙江、山东、山西等九个省（区、市）位于第二象限，能源系统有序度均值（0.297）高于全国平均水平，但水资源系统有序度仅为 0.210；宁夏、陕西、甘肃等六个省（区）位于第三象限，水资源系统及能源系统有序度均值均低于全国平均水平，其中水资源系统有序度平均值仅为 0.182；其余省（区、市）位于第四象限，水资源系统有序度均值（0.295）高于能源系统有序度均值（0.239）。2019 年全国水资源系统及能源系统有序度分别提升至 0.326 及 0.358，而位于第一象限的有云南、福建、青海等七个省（区），两个系统的有序度均高于全国平均水平；相比 1997 年，新疆、山西、黑龙江、吉林等能源生产大省仍处于第二象限，能源系统有序度均值达到 0.421；甘肃、宁夏、

辽宁等六个省（区）处于第三象限，其中虽然宁夏、甘肃的水资源系统有序度提升显著，但仍远低于全国平均水平；而其余省（区、市）处于第四象限。

（2）研究初期，水资源-粮食系统有序度一致性中，北京、上海、广东等五个省（市）的水资源系统、粮食系统有序度均高于全国平均水平（0.251、0.279）；山东、河南、吉林等中国重要的粮食生产大省位于第二象限，粮食系统有序度均值为 0.304；山西、陕西、新疆、甘肃、宁夏五个省（区）位于第三象限；其余省（区、市）位于第四象限，水资源系统有序度介于 0.270～0.390。研究末期，全国粮食系统有序度平均值增加至 0.492。位于第一象限的省（区、市）数量增加至八个，水资源系统有序度均值与全国水平持平，粮食系统有序度均值达到 0.549，其中河南粮食系统有序度最高（0.785）；山西、陕西、河北等七个省位于第二象限，粮食系统有序度均值达到 0.596；甘肃、宁夏、新疆等七个省（区）位于第三象限，两个系统有序度均小于全国平均水平，其中宁夏水资源系统有序度最低，仅为 0.184；而其余八省（市）位于第四象限，水资源系统有序度均值为 0.453，其中北京最高，达到 0.684。

（3）能源-粮食系统有序度一致性。位于第一象限的省（区、市）数量由研究初期的内蒙古、山东、辽宁等八个省（区、市）增加至研究末期的山西、陕西、四川等 11 个省（区），能源系统、粮食系统有序度均值从 0.295、0.299 分别增加至 0.417、0.587；第二象限地区的数量由 1997 年的北京、上海等七个省（市）减少为 2019 年的四个（湖南、贵州、安徽、广西），两个系统的有序度均值从 0.242、0.304 分别提升至 0.306、0.528；虽然位于第三象限的地区数量由研究初期的陕西、甘肃、宁夏等八个省（区、市）增加至研究末期的 11 个，但两个系统有序度均值分别提升 20.43%、53.33%；相比 1997 年，2019 年第四象限的地区数量由福建、浙江等七个省（区）减少至江苏、新疆、广东、青海四个省（区）。

综合来看，相比 1997 年，2019 年坐标点的集中程度由聚集区域分散，而坐标原点则向右上方向移动，这也表明各系统的有序度呈现逐步提升的态势，但受自然资源禀赋差异、区域发展不平衡及人口分布、经济技术等因素的影响，中国西北、华北地区的能源系统有序度较高，华北平原、东北地区则是粮食系统有序度的高值区，而中国东部及南部地区则是水资源系统有序度的高值区。但需要注意的是，水资源系统、能源系统及粮食系统三者之间既相互促进又相互制约，因此在水资源系统有序度较低，而能源系统、粮食系统有序度较高的地区，如黄河中下游、西北地区和华北平原等兼顾能源及粮食生产的省（区、市），应加强节水技术的普及，提高水资源利用效率，防止能源生产与粮食生产对区域水资源的压力增加，同时也需要对高能耗、高水资源消耗的产业进行升级，减少能源、粮食生产活动中的废水排放，减少农业面源污染对水环境的影响。

4.4.4　中国水-能源-粮食纽带系统协同竞争关系分析

上述研究结果表明，中国 30 个省（区、市）水资源、能源及粮食三个系统的有序度虽然在研究时段内呈逐年提升态势，但在空间分布上存在不匹配现象。因此，为进一步探究各系统之间的竞争和合作关系，利用已获取的历年各地区三个系统的有序度数据（F_1、F_2、F_3），并根据相关公式计算得到 α_1、β_{12} 与 β_{13}，α_2、β_{21} 与 β_{23}，α_3、β_{31} 与 β_{32}，进而得到各平衡点稳定性判断参数，结果如表 4.16 所示。并根据相关数据得出中国 30 个省（区、市）水资源系统、能源系统及粮食系统之间的竞争协同关系表，如表 4.17 所示。

表 4.16　模型参数计算结果及平衡点稳定性判断参数

地区	参数 α	参数 β			平衡点稳定性判断参数					Q_5 坐标
	$\alpha_1/\alpha_2/\alpha_3$	β_{12}/β_{13}	β_{21}/β_{23}	β_{31}/β_{32}	$Q_1(0, 0, 0)$	$Q_2(0, 0, 1)$	$Q_3(0, 1, 0)$	$Q_4(1, 0, 0)$	$Q_5(x_1, x_2, x_3)$	x_1, x_2, x_3
北京	α_1: 0.025 α_2: 0.018 α_3: 0.015	β_{12}: −4.519 β_{13}: −1.012	β_{21}: −2.216 β_{23}: 1.729	β_{31}: −0.973 β_{32}: 1.755	p_1: 0.058 q_1: 6.72×10^{-6} r_1: −0.001	p_2: 0.022 q_2: 9.86×10^{-6} r_2: 0.001	p_3: 0.109 q_3: 2.80×10^{-5} r_3: 0.004	p_4: 0.062 q_4: -4.27×10^{-5} r_4: 0.001	p_5: −0.183 q_5: -1.81×10^{-4} r_5: −0.014	x_1: 4.084 x_2: −0.711 x_3: 6.203
天津	α_1: 0.019 α_2: 0.014 α_3: 0.011	β_{12}: −4.546 β_{13}: −1.674	β_{21}: 0.121 β_{23}: 1.587	β_{31}: −1.545 β_{32}: 0.219	p_1: 0.004 q_1: 2.98×10^{-6} r_1: −0.001	p_2: 0.031 q_2: 4.68×10^{-6} r_2: 4.11×10^{-4}	p_3: 0.099 q_3: -1.29×10^{-5} r_3: 0.004	p: 0.022 q_4: -6.68×10^{-6} r_4: 0.001	p_5: −0.001 q_5: -1.32×10^{-6} r_5: -8.98×10^{-5}	x_1: −0.073 x_2: −0.612 x_3: 1.022
河北	α_1: 0.023 α_2: 0.015 α_3: 0.036	β_{12}: −0.905 β_{13}: −0.927	β_{21}: 0.663 β_{23}: −0.895	β_{31}: 0.633 β_{32}: −0.914	p_1: 0.074 q_1: 1.23×10^{-5} r_1: −0.002	p_2: 0.036 q_2: -4.49×10^{-5} r_2: 3.44×10^{-4}	p_3: 0.097 q_3: -4.49×10^{-5} r_3: −0.001	p_4: −0.004 q_4: -1.52×10^{-6} r_4: 0.001	p_5: -4.81×10^{-2} q_5: -3.39×10^{-6} r_5: -8.69×10^{-4}	x_1: 1.503 x_2: 0.261 x_3: 0.285
山西	α_1: 0.024 α_2: 0.098 α_3: 0.040	β_{12}: 0.466 β_{13}: −0.135	β_{21}: −1.111 β_{23}: 1.128	β_{31}: 2.524 β_{32}: −2.586	p_1: 0.163 q_1: 9.51×10^{-5} r_1: −0.007	p_2: −0.025 q_2: 1.38×10^{-5} r_2: 0.016	p_3: 0.059 q_3: -1.82×10^{-4} r_3: 0.014	p_4: 1.222 q_4: 3.06×10^{-4} r_4: 0.001	p_5: −0.133 q_5: -3.16×10^{-4} r_5: −0.013	x_1: 0.781 x_2: 0.756 x_3: 0.985
内蒙古	α_1: 0.051 α_2: 0.133 α_3: 0.054	β_{12}: −0.429 β_{13}: 0.742	β_{21}: 0.229 β_{23}: 0.480	β_{31}: 0.887 β_{32}: −0.259	p_1: 0.238 q_1: 3.68×10^{-4} r_1: −0.017	p_2: 0.029 q_2: -4.95×10^{-5} r_2: 0.005	p_3: 0.008 q_3: -6.62×10^{-4} r_3: 0.014	p_4: 0.057 q_4: -3.20×10^{-5} r_4: 0.004	p_5: −0.158 q_5: -9.14×10^{-6} r_5: −0.012	x_1: 1.225 x_2: 0.677 x_3: 0.086

续表

地区	参数 α	参数 β			平衡点稳定性判断参数					Q_5 坐标
	$\alpha_1/\alpha_2/\alpha_3$	β_{12}/β_{13}	β_{21}/β_{23}	β_{31}/β_{32}	$Q_1(0, 0, 0)$	$Q_2(0, 0, 1)$	$Q_3(0, 1, 0)$	$Q_4(1, 0, 0)$	$Q_5(x_1, x_2, x_3)$	x_1, x_2, x_3
辽宁	α_1: 0.081 α_2: 0.005 α_3: 0.110	β_{12}: −0.516 β_{13}: 1.988	β_{21}: 1.199 β_{23}: 0.519	β_{31}: −1.067 β_{32}: 2.515	p_1: 0.196 q_1: 4.49 $\times10^{-5}$ r_1: −0.010	p_2: −0.188 q_2: 2.13 $\times10^{-5}$ r_2: 0.019	p_3: −0.049 q: 1.03 $\times10^{-4}$ r_3: 0.020	p_4: 0.145 q_4: 1.85 $\times10^{-5}$ r_4: −0.008	p_5: −0.077 q_5: −2.11 $\times10^{-5}$ r_5: −0.004	x_1: 0.339 x_2: 0.371 x_3: 0.429
吉林	α_1: 0.053 α_2: 0.021 α_3: 0.021	β_{12}: 0.853 β_{13}: 0.506	β_{21}: 2.501 β_{23}: −0.574	β_{31}: −1.621 β_{32}: −1.369	p_1: 0.095 q_1 q_1: 2.35 $\times10^{-5}$ r_1: −0.003	p_2: 0.038 q_2: −1.83 $\times10^{-5}$ r_2: 0.003	p_3: 0.038 q_3: −8.20 $\times10^{-6}$ r_3: 0.001	p_4: −0.029 q_4: 9.25 $\times10^{-5}$ r_4: 3.92 $\times10^{-4}$	p_5: −0.071 q_5: −8.13 $\times10^{-5}$ r_5: −0.004	x_1: 1.143 x_2: −1.026 x_3: 1.448
黑龙江	α_1: 0.174 α_2: 0.054 α_3: 0.039	β_{12}: 2.129 β_{13}: −0.097	β_{21}: 0.812 β_{23}: 0.794	β_{31}: 2.209 β_{32}: −2.249	p_1: 0.267 q_1: 3.69 $\times10^{-4}$ r_1: −0.018	p_2: 0.163 q_2: −8.35 $\times10^{-5}$ r_2: −0.006	p_3: −0.122 q_3: 0.001 r_3: 0.022	p_4: −0.212 q_4: 8.36 $\times10^{-5}$ r_4: 0.006	p_5: −0.119 q_5: −1.03 $\times10^{-4}$ r_5: −0.003	x_1: 0.514 x_2: 0.248 x_3: 0.422
上海	α_1: 0.117 α_2: 0.019 α_3: 0.005	β_{12}: 3.444 β_{13}: −1.007	β_{21}: −1.846 β_{23}: 1.627	β_{31}: 2.493 β_{32}: −1.935	p_1: 0.141 q_1: 1.12 $\times10^{-5}$ r_1: −0.003	p_2: 0.218 q_2: 1.41 $\times10^{-5}$ r_2: 0.006	p_3: −0.291 q_3: 8.03 $\times10^{-5}$ r_3: −0.001	p_4: −0.069 q_4: 4.76 $\times10^{-5}$ r_4: 0.004	p_5: −0.058 q_5: −3.47 $\times10^{-5}$ r_5: −0.004	x_1: 0.396 x_2: 0.412 x_3: 0.811
江苏	α_1: 0.051 α_2: 0.016 α_3: 0.020	β_{12}: 2.513 β_{13}: −0.277	β_{21}: 1.396 β_{23}: −2.272	β_{31}: 2.519 β_{32}: −2.417	p_1: 0.086 q_1: 1.59 $\times10^{-5}$ r_1: −0.002	p_2: 0.096 q_2: −6.62 $\times10^{-5}$ r_2: −0.002	p_3: −0.025 q_3: 8.19 $\times10^{-5}$ r_3: 0.005	p_4: −0.087 q_4: −9.54 $\times10^{-6}$ r_4: −0.001	p_5: −0.031 q_5: −5.27 $\times10^{-5}$ r_5: −1.28 $\times10^{-4}$	x_1: 0.567 x_2: 0.171 x_3: −0.017
浙江	α_1: 0.009 α_2: 0.067 α_3: 0.044	β_{12}: 2.318 β_{13}: −0.180	β_{21}: 2.686 β_{23}: −1.571	β_{31}: 0.822 β_{32}: 1.212	p_1: 0.120 q_1: 2.68 $\times10^{-5}$ r_1: −0.004	p_2: 0.137 q_2: −8.14 $\times10^{-5}$ r_2: −5.81 $\times10^{-5}$	p_3: −0.088 q_3: −7.49 $\times10^{-6}$ r_3: −0.002	p_4: −0.113 q_4: 8.07 $\times10^{-6}$ r_4: 0.006	p_5: −0.035 q_5: −6.66 $\times10^{-6}$ r_5: −2.15 $\times10^{-4}$	x_1: 0.458 x_2: 0.258 x_3: 0.311
安徽	α_1: 0.015 α_2: 0.014 α_3: 0.014	β_{12}: 2.681 β_{13}: −4.196	β_{21}: 1.292 β_{23}: −1.552	β_{31}: −0.399 β_{32}: −5.225	p_1: 0.043 q_1: 2.96 $\times10^{-6}$ r_1: −0.001	p_2: 0.010 q_2: −3.92 $\times10^{-5}$ r_2: 3.22 $\times10^{-4}$	p_3: 0.049 q_3: −3.10 $\times10^{-5}$ r_3: 0.003	p_4: 0.001 q_4: 1.21 $\times10^{-6}$ r_4: −0.001	p_5: −2.72 $\times10^{-3}$ q_5: −2.78 $\times10^{-6}$ r_5: −3.35 $\times10^{-5}$	x_1: 0.686 x_2: −0.294 x_3: −0.263

续表

地区	参数 α	参数 β			平衡点稳定性判断参数					Q_5 坐标
	$\alpha_1/\alpha_2/\alpha_3$	β_{12}/β_{13}	β_{21}/β_{23}	β_{31}/β_{32}	$Q_1(0,0,0)$	$Q_2(0,0,1)$	$Q_3(0,1,0)$	$Q_4(1,0,0)$	$Q_5(x_1,x_2,x_3)$	x_1, x_2, x_3
福建	α_1: 0.006 α_2: 0.005 α_3: 0.022	β_{12}: −0.092 β_{13}: 1.359	β_{21}: −0.840 β_{23}: −1.512	β_{31}: −0.809 β_{32}: −2.732	p_1: 0.033 q_1: 6.54×10^{-7} r_1: -2.70×10^{-4}	p_2: −0.011 q_2: -5.92×10^{-7} r_2: -9.71×10^{-5}	p_3: 0.083 q_3: -2.66×10^{-6} r_3: -5.50×10^{-5}	p_4: 0.044 q_4: -2.18×10^{-6} r_4: 2.69×10^{-4}	p_5: −0.1470 q_5: -2.15×10^{-4} r_5: −0.041	x_1: −9.187 x_2: 5.228 x_3: 7.848
江西	α_1: 0.022 α_2: 0.018 α_3: 0.025	β_{12}: 0.754 β_{13}: 0.943	β_{21}: 2.508 β_{23}: −2.273	β_{31}: 0.614 β_{32}: −2.199	p_1: 0.065 q_1: 9.71×10^{-6} r_1: −0.001	p_2: 0.035 q_2: -1.80×10^{-6} r_2: -1.16×10^{-4}	p_3: 0.067 q_3: -7.64×10^{-6} r_3: 0.001	p_4: −0.039 q_4: 5.65×10^{-6} r_4: 0.001	p_5: −0.023 q_5: -2.87×10^{-6} r_5: -1.25×10^{-4}	x_1: 0.745 x_2: −0.091 x_3: 0.343
山东	α_1: 0.021 α_2: 0.049 α_3: 0.062	β_{12}: −2.758 β_{13}: 1.988	β_{21}: 4.522 β_{23}: −2.050	β_{31}: −2.897 β_{32}: 2.260	p_1: 0.133 q_1: 6.55×10^{-5} r_1: −0.006	p_2: 0.069 q_2: 1.97×10^{-4} r_2: 0.044	p_3: −0.048 q_3: 3.10×10^{-4} r_3: 0.006	p_4: 0.045 q_4: 0.001 r_4: 0.011	p_5: −0.119 q_5: −0.001 r_5: −0.024	x_1: 0.595 x_2: 0.691 x_3: 1.162
河南	α_1: 0.029 α_2: 0.010 α_3: 0.051	β_{12}: −0.755 β_{13}: −0.888	β_{21}: 0.654 β_{23}: −0.954	β_{31}: 0.933 β_{32}: −0.950	p_1: 0.089 q_1: 1.41×10^{-5} r_1: −0.002	p_2: 0.022 q_2: -5.19×10^{-5} r_2: 1.81×10^{-4}	p_3: 0.140 q_3: -4.81×10^{-5} r_3: −0.004	p_4: −0.022 q_4: -3.24×10^{-7} r_4: 0.003	p_5: −0.042 q_5: -8.06×10^{-7} r_5: -4.38×10^{-4}	x_1: 1.250 x_2: 0.249 x_3: 0.070
湖北	α_1: 0.061 α_2: 0.038 α_3: 0.016	β_{12}: 0.978 β_{13}: 0.799	β_{21}: 2.563 β_{23}: −0.287	β_{31}: −1.828 β_{32}: −2.215	p_1: 0.115 q_1: 3.60×10^{-5} r_1: −0.004	p_2: 0.046 q_2: -9.32×10^{-6} r_2: 0.002	p_3: 0.013 q_3: -2.55×10^{-6} r_3: 0.002	p_4: −0.077 q_4: 1.59×10^{-4} r_4: 3.44×10^{-4}	p_5: −0.039 q_5: -7.63×10^{-5} r_5: −0.003	x_1: 0.736 x_2: −0.586 x_3: 1.048
湖南	α_1: 0.014 α_2: 0.060 α_3: 0.021	β_{12}: 1.753 β_{13}: 0.256	β_{21}: 2.432 β_{23}: −0.514	β_{31}: −3.795 β_{32}: −1.659	p_1: 0.095 q_1: 1.75×10^{-5} r_1: −0.002	p_2: 0.080 q_2: -1.98×10^{-5} r_2: 0.009	p_3: −0.015 q_3: 3.51×10^{-6} r_3: 0.003	p_4: 0.001 q_4: 1.20×10^{-4} r_4: 0.001	p_5: −0.087 q_5: −0.002 r_5: −0.097	x_1: 4.211 x_2: −3.472 x_3: 11.220
广东	α_1: 0.010 α_2: 0.018 α_3: 0.032	β_{12}: 1.817 β_{13}: −0.053	β_{21}: 1.102 β_{23}: −1.540	β_{31}: 2.491 β_{32}: −1.515	p_1: 0.061 q: 6.07×10^{-6} r_1: −0.001	p_2: 0.026 q_2: -1.62×10^{-5} r_2: −0.001	p_3: 0.053 q_3: 1.25×10^{-5} r_3: 0.002	p_4: −0.060 q_4: -9.26×10^{-7} r_4: 0.001	p_5: −0.008 q_5: -7.07×10^{-7} r_5: -8.36×10^{-6}	x_1: 0.577 x_2: 0.231 x_3: −0.087

续表

地区	参数 α	参数 β			平衡点稳定性判断参数					Q_5 坐标
	$\alpha_1/\alpha_2/\alpha_3$	β_{12}/β_{13}	β_{21}/β_{23}	β_{31}/β_{32}	$Q_1(0, 0, 0)$	$Q_2(0, 0, 1)$	$Q_3(0, 1, 0)$	$Q_4(1, 0, 0)$	$Q_5(x_1, x_2, x_3)$	x_1, x_2, x_3
广西	α_1: 0.021 α_2: 0.013 α_3: 0.015	β_{12}: 2.812 β_{13}: −0.569	β_{21}: 0.396 β_{23}: 0.374	β_{31}: −4.620 β_{32}: −1.589	p_1: 0.049 q_1: 3.98 $\times 10^{-6}$ r_1: −0.001	p_2: 0.026 q_2: −3.91 $\times 10^{-6}$ r_2: 0.001	p_3: −0.012 q_3: 1.87 $\times 10^{-5}$ r_3: 0.002	p_4: 0.071 q_4: −1.35 $\times 10^{-5}$ r_4: 3.44 $\times 10^{-4}$	p_5: −0.021 q_5: −3.85 $\times 10^{-6}$ r_5: −1.66 $\times 10^{-4}$	x_1: −0.197 x_2: 0.6545 x_3: 1.133
海南	α_1: 0.006 α_2: 0.085 α_3: 0.019	β_{12}: 1.819 β_{13}: −2.259	β_{21}: 0.882 β_{23}: 1.036	β_{31}: 1.530 β_{32}: −2.118	p_1: 0.110 q_1: 1.00 $\times 10^{-5}$ r_1: −0.002	p_2: −0.001 q_2: 1.18 $\times 10^{-6}$ r_2: 1.00 $\times 10^{-4}$	p_3: −0.033 q_3: 2.56 $\times 10^{-5}$ r_3: 0.005	p_4: −0.006 q_4: 6.27 $\times 10^{-7}$ r_4: 3.89 $\times 10^{-4}$	p_5: −0.022 q_5: −1.34 $\times 10^{-6}$ r_5: −1.10 $\times 10^{-4}$	x_1: 0.848 x_2: 0.175 x_3: 0.074
重庆	α_1: 0.070 α_2: 0.020 α_3: 0.017	β_{12}: −0.037 β_{13}: 1.704	β_{21}: 2.299 β_{23}: −2.328	β_{31}: −1.490 β_{32}: 0.172	p_1: 0.108 q_1: 2.41 $\times 10^{-5}$ r_1: −0.003	p_2: 7.24 $\times 10^{-5}$ q_2: 5.66 $\times 10^{-5}$ r_2: 0.002	p_3: 0.067 q_3: −2.07 $\times 10^{-5}$ r_3: 0.001	p_4: −0.054 q_4: 7.81 $\times 10^{-5}$ r_4: 0.004	p_5: −0.061 q_5: −4.02 $\times 10^{-6}$ r_5: −4.42 $\times 10^{-4}$	x_1: 0.024 x_2: 2.397 x_3: 0.624
四川	α_1: 0.036 α_2: 0.057 α_3: 0.030	β_{12}: 1.588 β_{13}: −0.832	β_{21}: 0.896 β_{23}: 0.387	β_{31}: −4.748 β_{32}: −0.836	p_1: 0.123 q_1: 6.19 $\times 10^{-5}$ r_1: −0.005	p_2: 0.070 q_2: −6.96 $\times 10^{-5}$ r_2: 0.006	p_3: −0.022 q_3: 6.68 $\times 10^{-5}$ r_3: 0.003	p_4: 0.144 q_4: −3.71 $\times 10^{-5}$ r_4: 0.001	p_5: −0.065 q_5: −6.16 $\times 10^{-5}$ r_5: −3.89 $\times 10^{-4}$	x_1: −0.296 x_2: 1.075 x_3: 0.493
贵州	α_1: 0.007 α_2: 0.093 α_3: 0.035	β_{12}: 1.342 β_{13}: 0.206	β_{21}: 1.240 β_{23}: 0.563	β_{31}: −2.853 β_{32}: −0.906	p_1: 0.135 q_1: 2.15 $\times 10^{-5}$ r_1: −0.004	p_2: 0.011 q_2: −7.46 $\times 10^{-6}$ r_2: 0.004	p_3: −0.029 q_3: 1.40 $\times 10^{-5}$ r_3: 0.006	p_4: 0.106 q_4: 1.99 $\times 10^{-5}$ r_4: 0.001	p_5: −0.106 q_5: −8.68 $\times 10^{-6}$ r_5: −0.001	x_1: −0.272 x_2: 0.801 x_3: 0.951
云南	α_1: 0.044 α_2: 0.081 α_3: 0.035	β_{12}: 4.424 β_{13}: −2.518	β_{21}: 0.594 β_{23}: 0.891	β_{31}: 1.967 β_{32}: −4.065	p_1: 0.160 q_1: 1.26 $\times 10^{-4}$ r_1: −0.008	p_2: 0.129 q_2: −4.85 $\times 10^{-6}$ r_2: 0.001	p_3: −0.053 q_3: 0.002 r_3: 0.029	p_4: −0.046 q_4: 4.95 $\times 10^{-5}$ r_4: 0.005	p_5: −0.066 q_5: −1.58 $\times 10^{-4}$ r_5: −0.003	x_1: 0.813 x_2: 0.227 x_3: 0.325
陕西	α_1: 0.037 α_2: 0.077 α_3: 0.036	β_{12}: 3.059 β_{13}: −3.174	β_{21}: −1.881 β_{23}: 1.312	β_{31}: 3.686 β_{32}: −4.454	p_1: 0.150 q_1: 1.01 $\times 10^{-4}$ r_1: −0.007	p_2: 0.093 q_2: 1.32 $\times 10^{-4}$ r_2: 0.026	p_3: 0.044 q_3: 0.001 r_3: 0.024	p_4: 0.089 q_4: 0.001 r_4: 0.008	p_5: −0.300 q_5: −0.011 r_5: −0.225	x_1: 2.008 x_2: 1.925 x_3: 2.174

续表

地区	参数α	参数β			平衡点稳定性判断参数					Q_5坐标
	$\alpha_1/\alpha_2/\alpha_3$	β_{12}/β_{13}	β_{21}/β_{23}	β_{31}/β_{32}	$Q_1(0,0,0)$	$Q_2(0,0,1)$	$Q_3(0,1,0)$	$Q_4(1,0,0)$	$Q_5(x_1,x_2,x_3)$	x_1,x_2,x_3
甘肃	α_1: 0.129 α_2: 0.046 α_3: 0.023	β_{12}: 4.609 β_{13}: −2.053	β_{21}: −1.487 β_{23}: 2.455	β_{31}: 2.747 β_{32}: −3.882	p_1: 0.198 q_1: 1.35 $\times10^{-4}$ r_1: −0.010	p_2: 0.305 q_2: 0.001 r_2: 0.014	p_3: −0.403 q_3: 0.002 r_3: 0.035	p_4: −0.054 q_4: 0.001 r_4: 0.034	p_5: −0.115 q_5: −0.001 r_5: −0.023	x_1: 0.645 x_2: 0.366 x_3: 0.649
青海	α_1: 0.044 α_2: 0.053 α_3: 0.058	β_{12}: 2.177 β_{13}: −2.148	β_{21}: −0.493 β_{23}: 2.248	β_{31}: 0.764 β_{32}: 0.198	p_1: 0.155 q_1: 1.34 $\times10^{-4}$ r_1: −0.008	p_2: 0.015 q_2: 0.001 r_2: 0.003	p_3: −0.058 q_3: 1.27 $\times10^{-4}$ r_3: 0.002	p_4: 0.048 q_4: −4.73 $\times10^{-5}$ r_4: 0.013	p_5: −0.077 q_5: −1.26 $\times10^{-4}$ r_5: −0.004	x_1: 0.692 x_2: 0.508 x_3: 0.371
宁夏	α_1: 0.099 α_2: 0.015 α_3: 0.058	β_{12}: 2.656 β_{13}: −0.511	β_{21}: −2.428 β_{23}: 1.971	β_{31}: 2.775 β_{32}: −0.455	p_1: 0.173 q_1: 8.85 $\times10^{-5}$ r_1: −0.008	p_2: 0.077 q_2: 1.30 $\times10^{-4}$ r_2: 4.43 $\times10^{-4}$	p_3: −0.095 q_3: 2.13 $\times10^{-4}$ r_3: 0.013	p_4: −0.149 q_4: 0.001 r_4: 0.010	p_5: −0.061 q_5: −1.07 $\times10^{-4}$ r_5: −0.003	x_1: 0.220 x_2: 0.404 x_3: 0.574
新疆	α_1: 0.009 α_2: 0.090 α_3: 0.109	β_{12}: 2.137 β_{13}: −4.255	β_{21}: 0.363 β_{23}: 1.176	β_{31}: 2.655 β_{32}: −0.095	p_1: 0.208 q_1: 9.03 $\times10^{-5}$ r_1: −0.012	p_2: −0.076 q_2: 8.32 $\times10^{-5}$ r_2: 0.009	p_3: 0.019 q_3: 1.12 $\times10^{-4}$ r_3: 0.011	p_4: −0.132 q_4: 9.52 $\times10^{-5}$ r_4: 0.004	p_5: −0.083 q_5: −6.64 $\times10^{-5}$ r_5: −0.001	x_1: 0.333 x_2: 0.669 x_3: 0.179

表 4.17　中国水资源系统、能源系统和粮食系统竞争协同关系

系统	竞争协同关系	地区
水资源系统-能源系统	竞争关系	吉林、黑龙江、江苏、安徽、湖北、湖南、江西、浙江、贵州、广西、广东、海南、云南、四川、新疆
	制约关系	天津、河北、上海、陕西、河南、山东、山西、重庆、内蒙古、辽宁、宁夏、甘肃、青海
	协同关系	北京、福建
水资源系统-粮食系统	竞争关系	内蒙古、江西
	制约关系	河北、山西、辽宁、吉林、黑龙江、江苏、浙江、福建、山东、河南、湖北、湖南、广东、海南、贵州、云南、陕西、甘肃、青海、宁夏、新疆、上海、重庆
	协同关系	北京、天津、安徽、四川、广西
能源系统-粮食系统	竞争关系	北京、天津、辽宁、吉林、四川、青海
	制约关系	黑龙江、内蒙古、山西、山东、陕西、宁夏、甘肃、新疆、重庆、上海、海南、贵州、云南、广西
	协同关系	河北、河南、江苏、安徽、湖北、湖南、江西、浙江、福建、广东

结合前文可知，可通过参数β_{12}与β_{21}判断水资源系统与能源系统之间的关系，参数β_{13}与β_{31}体现了水资源系统与粮食系统之间的关系，参数β_{23}与β_{32}则反映了能源系统与粮食系统之间的关系。由表 4.16 可知，研究时段内，中国 30 个省（区、市）的参数$\alpha_1>0$、$\alpha_2>0$、$\alpha_3>0$，表明各省（区、市）的水资源系统、能源系统及粮食系统均为进化系统，这反映了各省（区、市）在水资源、能源及粮食系统的可持续发展方面成效显著。在平衡点Q_5，判断参数p_5、q_5、r_5均小于 0，说明Q_5属于稳定点，表明在现有条件下，随着复合系统的发展，水资源系统、能源系统及粮食系统将处于一种协同进化状态。

结合表 4.16 和表 4.17 可知，研究时段内仅北京、福建两个省（市）的水资源系统与能源系统为协同关系（参数β_{12}与β_{21}均为负数），表明两区域水资源系统与能源系统能够实现协调发展。而其余 28 个省（区、市）水资源系统与能源系统处于竞争和制约关系，其中湖北、湖南、安徽等 15 个省（区）两个系统处于竞争关系，说明水资源系统的发展将在一定程度上阻碍能源系统的发展，原因在于，上述地区主要集中于中国南方地区，虽然区域水资源较为丰富，但并没有转化为相对优势促使该地区的能源消费结构发生根本性改变，化石能源仍占据主导地位。此外，上述地区作为中国经济较具活力的地区，其经济规模大、能源消费量大，进而不可避免地加剧了区域水资源环境的压力，致使两个系统形成竞争关系。内蒙古、陕西、山西等 13 个省（区、市）为相互制约关系，上述地区主要集中于中国的黄河流域，是中国重要的化石能源生产基地，但区域水资源相对匮乏，因此能源开发与水资源空间分布的不匹配使得上述地区的水资源系统与能源系统在一定程度上表现出相互制约的关系。

水资源、能源与粮食系统之间的竞争协同关系空间分布表明，水资源系统与能源系统、粮食系统均以竞争关系为主，而能源系统与粮食系统之间的竞争协同关系则呈现明显的东西分布。为缓解水资源系统与能源系统之间的竞争关系，在水资源系统-能源系统中，中国南方地区，尤其是西南地区，应制定切实可行的水电发展规划，发挥其水能资源丰富的优势，增加非化石能源占比的同时大力发展低能、绿色环保产业，继续降低能源消耗强度；而针对中国水资源相对匮乏但能源丰富的北方地区，则应在结合自身产业布局的基础上，在对高耗能、耗水产业进行技术升级改造，降低能源生产耗水的同时减少能源生产过程中的废水排放，降低水资源开发利用程度，进而缓解区域水资源系统的压力。

由表 4.16 和表 4.17 可知，研究期内，仅江西、内蒙古两个省（区）的水资源系统与粮食系统呈现竞争关系，说明该区域两个系统的发展存在彼此制约的现象；而北京、天津、四川、安徽、广西五省（区、市）的水资源系统与粮食系统处于协同关系，其中北京、天津的区域水资源虽然难以支撑大规模的农业生产，但凭借其科技优势，发展精细农业、“藏粮于技”，在一定程度上实现了水资源系统与粮食系统的协调发展；其余 23 个省（区、市）则处于水资源系统与粮食系统的相互制约状态，占区域总数的 76.67%，上述地区主要分布于中国的东北、西北、华北及东南沿海地区，原因在于当前中国的农业生产仍以资源投入型为主，生产方式较为粗放，2019 年中国农业用水量占用水总量的 60%以上，而农田灌溉水有效利用系数仅为 0.54 左右，加之水资源空间分布与农业生产区不匹配、资源及生产技术制约、水污染问题严重、耕地质量退化等因素的影响，在一定程度上中国的水资源系统与粮食系统之间为相互竞争状态。

整体而言，当前中国水资源系统与粮食系统整体处于制约状态，而粮食系统的有序度提升速度远大于水资源系统有序度的提升速度，因此在短时间内两者的竞争关系难以得到有效缓解，因此未来应继续坚持最严格的耕地资源与水资源保护制度，实施“藏粮于地、藏粮于技”战略，加快高标准农田建设与农业节水技术的普及，因地制宜地调整农作物种植结构，在提升粮食产能的同时保护生态环境，以期实现水资源系统与粮食系统的同步提升。

由表 4.16 和表 4.17 可知，能源系统与粮食系统为竞争关系的有北京、天津、辽宁等六个省（市），表明两个系统在发展过程中存在相互制约的现象，能源系统的发展难以对粮食系统的发展起到促进作用，而粮食系统的发展则难以为能源系统的发展提供必要的物质基础，其原因在于生产要素在特定区域的赋存是有限的，将一定数量的资源投入能源系统或粮食系统时，必将引起对另一系统的竞争。河北、河南、安徽等 10 个地区为协同关系，原因在于：一方面，上述地区作为中国重要的粮食生产区及人口密集区，粮食生产在满足基本消耗的同时为能源系统的发展提供了必要的物质基础：另一方面，能源系统得到发展以后必将促进工业化进程的加快，进而提供相应的农业生产资料（如农业机械、能源、电力、农药、化肥等）带动农业系统发展，从而实现能源系统与粮食系统的协同发展。内蒙古、山西、陕西等 14 个省（区、市）能源系统与粮食系统为相互制约关系，其分布范围主要集中于中国西北及西南地区，说明上述地区的两个系统存在此消彼长的现象，原因在于西北地区兼顾能源与粮食生产，但该地区经济规模较小，科技水平、耕地资源的质量以及资金的投入等相比中部及东部地区相对较低，能源系统的快速发展并未能促进粮食系统的提升，相应地，由于地处西北内陆，区域水资源、生态环境在一定程度上难以支撑能源系统与粮食系统的共同提升，而西南地区受地形因素限制，耕地资源匮乏，粮食系统提升缓慢，难以与能源系统实现协同发展。整体来看，西北及西南地区是能源系统与粮食系统竞争的集中分布区，西北地区作为兼顾能源与粮食生产的地区，未来随着中国对能源及粮食需求的不断提升，加之该地区较为脆弱的生态环境，这无疑加剧了能源系统与粮食系统所面临的挑战。因此，未来应严格落实生态脆弱区的能源开采审批制度，坚守耕地红线，坚决制止耕地“非农化”行为。此外，在继续加大农业投资的基础上，应降低单位农业生产总值能耗，制定相应的耕地轮作制度，进而促进能源系统与粮食系统的协调发展。

研究表明，三个系统之间的竞争演化与协同发展是中国各省（区、市）水-能源-粮食复合系统整体提升的动力：竞争，激发了水资源、能源与粮食系统演化的活力；合作，扩大了三个系统的发展空间，最终向稳定点 Q_5 发展。需要说明的是，由于水资源系统、能源系统及粮食系统共同构成了一个具有复杂性、不确定性和开放性特点的系统，但是受数据限制，选取各系统相关指标时仅考虑了定量指标，而一些难以量化且具有重要影响的指标并未涉及，这是今后完善评价指标体系的难点所在。此外，平衡点的计算与稳定性判断、模型精度的选取等问题都需要进一步探究与完善。

4.5　中国水-能源-粮食纽带系统协调性测度及差异化调控

4.5.1　中国水-能源-粮食纽带系统协调性时空分异特征

根据相关公式计算得到各地区合力值 F，进而测度水资源系统有序度、能源系统有序度及粮食系统有序度之间的协调性（以下统称“中国水-能源-粮食纽带系统协调性”）。同时采用自然断点法将中国水-能源-粮食纽带系统协调性分为Ⅰ级、Ⅱ级、Ⅲ级、Ⅳ级，即Ⅰ级高度协调状态（$F<0.194$）、Ⅱ级基本协调状态（$0.194\leqslant F<0.324$）、Ⅲ级拮抗状态（$0.324\leqslant F\leqslant 0.499$）、Ⅳ级失调状态（$F>0.499$）四种类型。

1. 中国水-能源-粮食纽带系统协调度时间演变特征分析

根据已获得的计算结果，1997～2019 年中国水-能源-粮食纽带系统协调度情况统计及研究时段内 30 个地区的协调度情况统计如表 4.18 和表 4.19 所示，同时绘制研究时段内 30 个省（区、市）水-能源-粮食纽带系统协调度变化趋势图（图 4.34），并进一步绘制东部地区、中部地区、西部地区及全国研究时段内中国水-能源-粮食纽带系统协调度变化趋势，如图 4.35 所示，并选取 1997 年、2004 年、2012 年和 2019 年绘制中国水-能源-粮食纽带系统协调度空间分布图，如图 4.36 所示。

表 4.18　1997～2019 年中国省际水-能源-粮食纽带系统协调度

地区	合力值 F 特征						地区	合力值 F 特征					
	平均值	标准差	CV	中位数	最大值	最小值		平均值	标准差	CV	中位数	最大值	最小值
北京	0.574	0.299	0.521	0.462	1.219	0.283	河南	0.268	0.163	0.609	0.217	0.566	0.033
天津	0.270	0.115	0.427	0.255	0.571	0.096	湖北	0.112	0.055	0.491	0.112	0.223	0.014

续表

地区	合力值 F 特征						地区	合力值 F 特征					
	平均值	标准差	CV	中位数	最大值	最小值		平均值	标准差	CV	中位数	最大值	最小值
河北	0.391	0.063	0.161	0.362	0.537	0.290	湖南	0.262	0.056	0.214	0.255	0.394	0.180
山西	0.556	0.195	0.351	0.640	0.850	0.201	广东	0.258	0.095	0.369	0.241	0.481	0.014
内蒙古	0.493	0.209	0.424	0.526	0.858	0.167	广西	0.231	0.066	0.286	0.242	0.362	0.103
辽宁	0.166	0.069	0.414	0.183	0.260	0.028	海南	0.418	0.139	0.332	0.460	0.627	0.165
吉林	0.290	0.062	0.215	0.299	0.386	0.071	重庆	0.259	0.058	0.225	0.232	0.356	0.178
黑龙江	0.458	0.068	0.148	0.474	0.568	0.329	四川	0.137	0.046	0.336	0.130	0.252	0.058
上海	0.136	0.093	0.688	0.098	0.378	0.011	贵州	0.224	0.067	0.296	0.210	0.340	0.097
江苏	0.176	0.054	0.306	0.162	0.292	0.087	云南	0.214	0.091	0.427	0.217	0.354	0.048
浙江	0.515	0.079	0.153	0.521	0.682	0.356	陕西	0.509	0.222	0.437	0.536	0.807	0.129
安徽	0.136	0.047	0.348	0.129	0.223	0.076	甘肃	0.174	0.075	0.432	0.195	0.289	0.054
福建	0.296	0.118	0.398	0.310	0.525	0.092	青海	0.297	0.101	0.341	0.258	0.570	0.195
江西	0.317	0.123	0.389	0.305	0.556	0.070	宁夏	0.407	0.095	0.233	0.394	0.601	0.255
山东	0.347	0.055	0.157	0.354	0.456	0.229	新疆	0.423	0.124	0.292	0.411	0.681	0.252

注：CV 表示变异系数，下同。

表 4.19　1997～2019 年中国水-能源-粮食纽带系统协调度情况统计

年份	合力值 F 特征						各类型地区数量/个（占比/%）			
	平均值	标准差	CV	中位数	最大值	最小值	Ⅰ级	Ⅱ级	Ⅲ级	Ⅳ级
1997	0.301	0.122	0.404	0.286	0.591	0.057	5（16.7%）	11（36.7%）	12（40.0%）	2（6.7%）
1998	0.280	0.141	0.502	0.281	0.596	0.080	10（33.3%）	11（36.7%）	6（20.0%）	3（10.0%）
1999	0.302	0.126	0.418	0.319	0.602	0.074	6（20.0%）	11（36.7%）	10（33.3%）	3（10.0%）
2000	0.253	0.131	0.519	0.260	0.545	0.042	9（30.0%）	13（43.3%）	6（20.0%）	2（6.7%）
2001	0.276	0.119	0.429	0.266	0.554	0.092	9（30.0%）	10（33.3%）	9（30.0%）	2（6.7%）
2002	0.289	0.124	0.430	0.287	0.682	0.089	6（20.0%）	15（50.0%）	8（26.7%）	1（3.3%）
2003	0.240	0.089	0.370	0.245	0.426	0.033	8（26.7%）	18（60.0%）	4（13.3%）	0（0%）
2004	0.240	0.116	0.484	0.231	0.492	0.045	10（33.3%）	14（46.7%）	6（20.0%）	0（0%）
2005	0.264	0.138	0.522	0.263	0.647	0.014	11（36.7%）	9（30.0%）	8（26.7%）	2（6.7%）
2006	0.284	0.142	0.499	0.271	0.600	0.013	8（26.7%）	9（30.0%）	10（33.3%）	3（10.0%）
2007	0.277	0.142	0.512	0.262	0.644	0.045	8（26.7%）	12（40.0%）	8（26.7%）	2（6.7%）

续表

年份	合力值 F 特征						各类型地区数量/个（占比/%）			
	平均值	标准差	CV	中位数	最大值	最小值	Ⅰ级	Ⅱ级	Ⅲ级	Ⅳ级
2008	0.312	0.158	0.508	0.295	0.640	0.060	7（23.3%）	10（33.3%）	8（26.7%）	5（16.7%）
2009	0.294	0.169	0.576	0.241	0.615	0.058	11（36.7%）	8（26.7%）	6（20.0%）	5（16.7%）
2010	0.331	0.198	0.597	0.274	0.802	0.061	9（30.0%）	8（26.7%）	7（23.3%）	6（20.0%）
2011	0.320	0.195	0.609	0.276	0.784	0.011	12（40.0%）	6（20.0%）	6（20.0%）	6（20.0%）
2012	0.356	0.199	0.559	0.310	0.792	0.087	8（26.7%）	8（26.7%）	8（26.7%）	6（20.0%）
2013	0.337	0.198	0.589	0.318	0.786	0.070	8（26.7%）	8（26.7%）	8（26.7%）	6（20.0%）
2014	0.380	0.195	0.513	0.333	0.858	0.127	5（16.7%）	6（20.0%）	10（33.3%）	6（20.0%）
2015	0.373	0.227	0.609	0.296	1.022	0.091	5（16.7%）	12（40.0%）	5（16.7%）	8（26.7%）
2016	0.370	0.216	0.585	0.341	0.966	0.048	6（20.0%）	8（26.7%）	8（26.7%）	8（26.7%）
2017	0.352	0.228	0.648	0.286	1.107	0.036	8（26.7%）	8（26.7%）	8（26.7%）	6（20.0%）
2018	0.349	0.229	0.655	0.338	1.090	0.036	10（33.3%）	5（16.7%）	10（33.3%）	5（16.7%）
2019	0.360	0.253	0.702	0.318	1.219	0.028	9（30.0%）	7（23.3%）	6（20.0%）	8（26.7%）
平均值	0.310	0.168	0.532	0.287	0.742	0.056	8.2（27.2%）	9.9（32.9%）	7.8（25.7%）	4.1（13.8%）

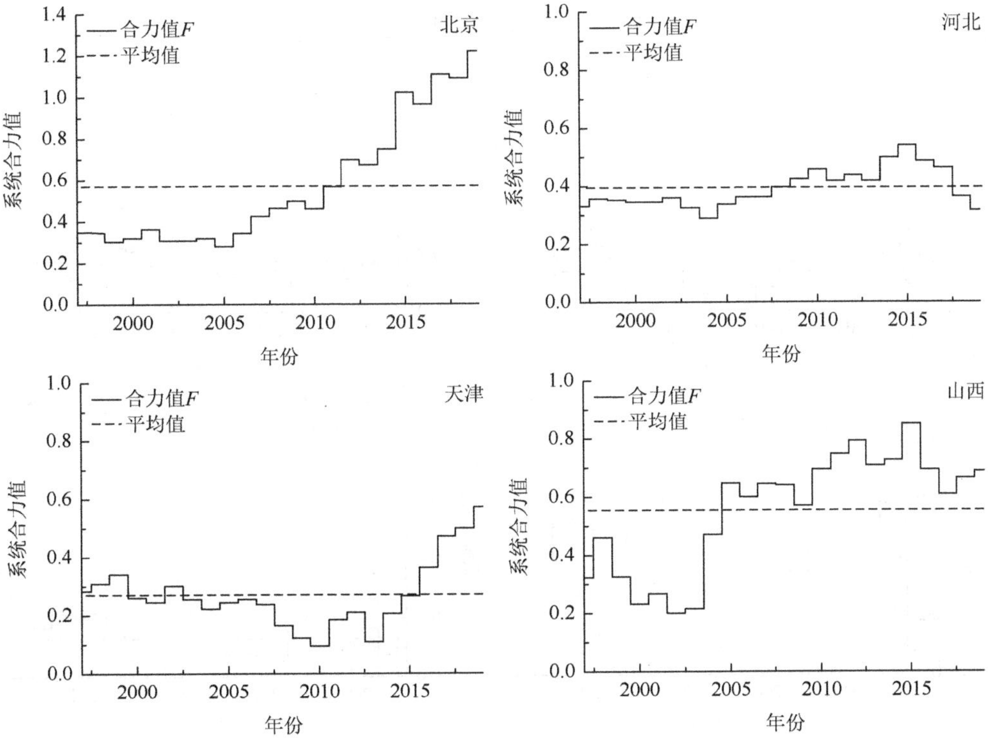

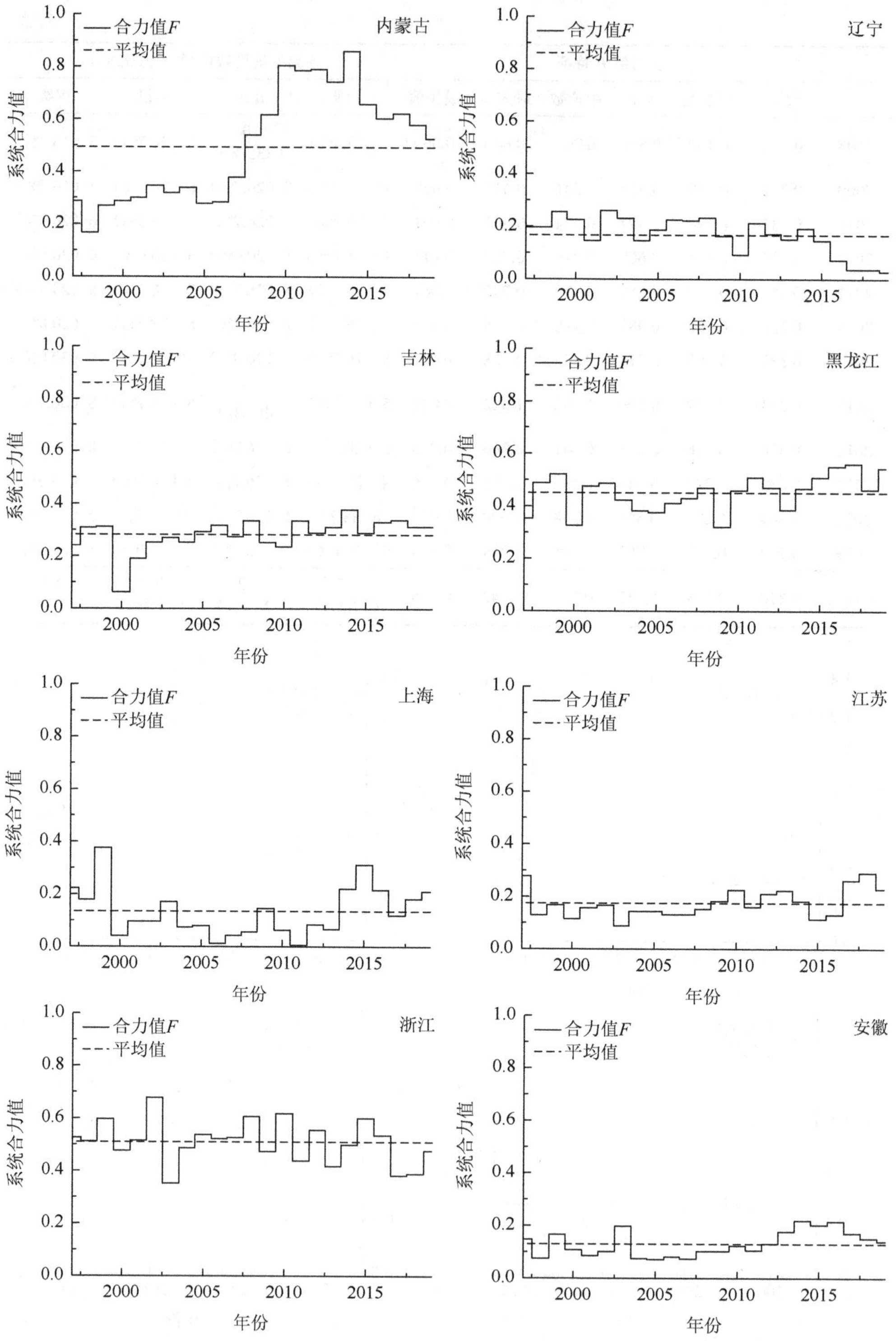
合力值F
平均值
内蒙古
辽宁
吉林
黑龙江
上海
江苏
浙江
安徽
系统合力值
年份
0.0
0.2
0.4
0.6
0.8
1.0
2000
2005
2010
2015

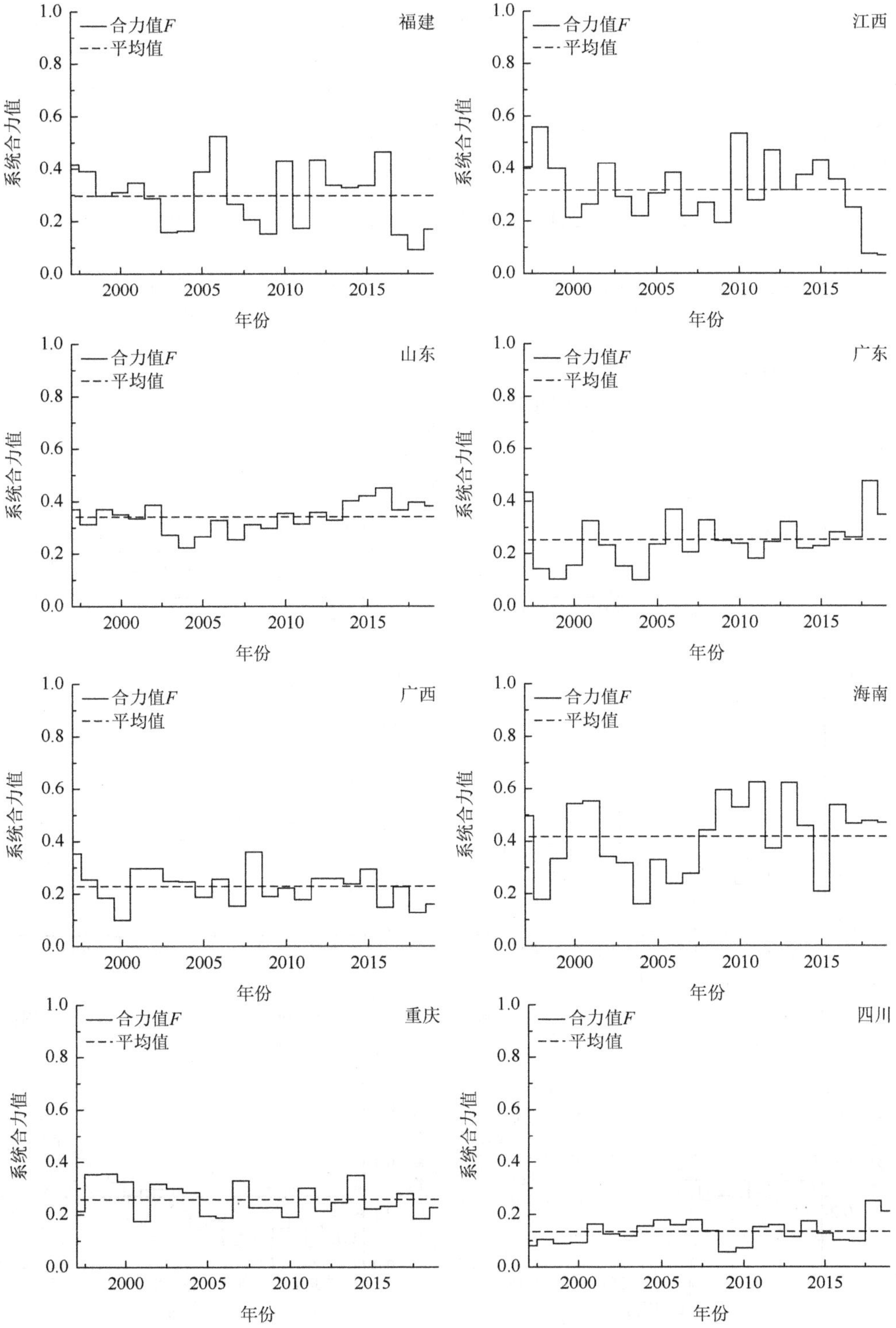
福建
江西
山东
广东
广西
海南
重庆
四川
—— 合力值F
- - - 平均值
系统合力值
年份
0.0
0.2
0.4
0.6
0.8
1.0
2000
2005
2010
2015

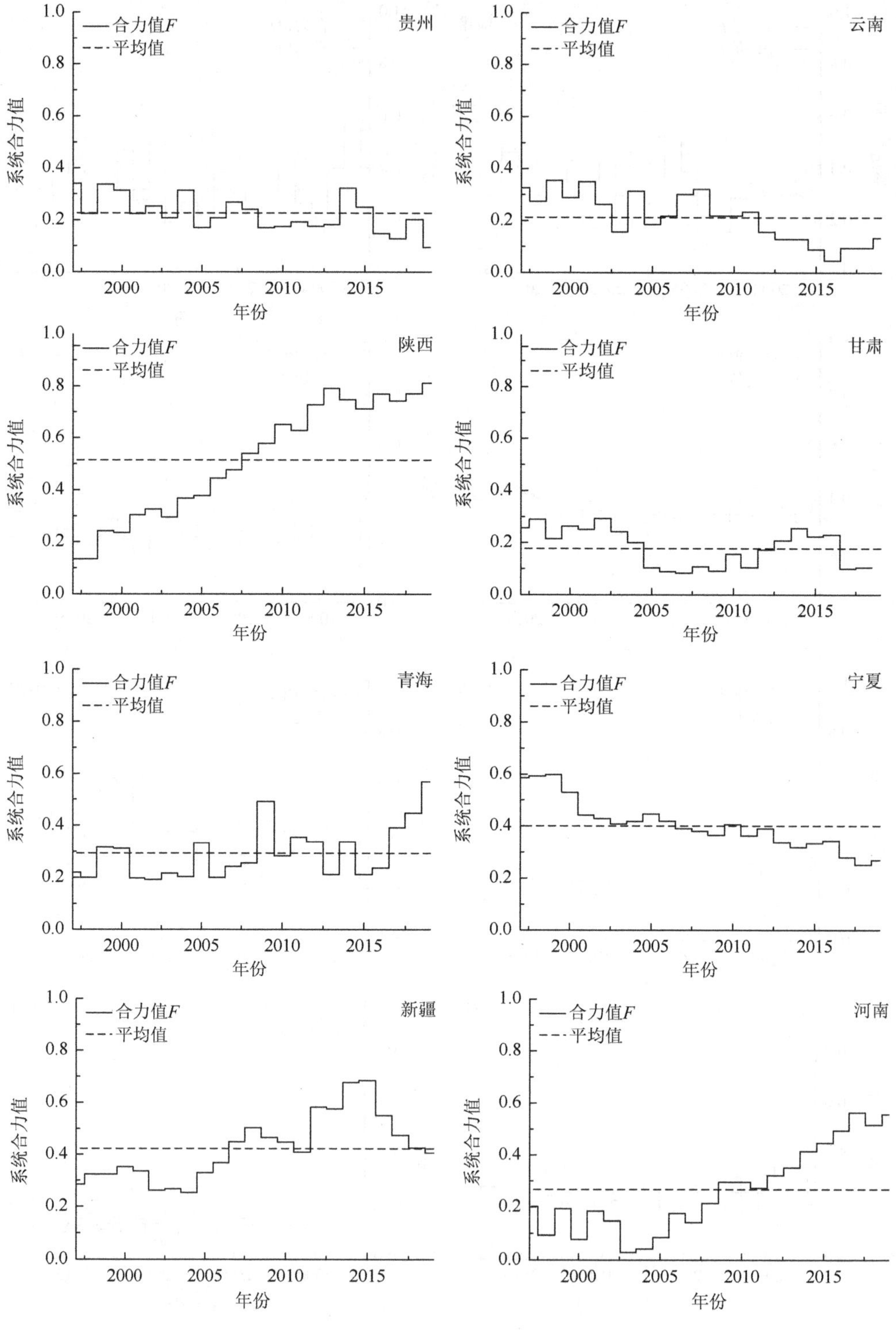
贵州
云南
陕西
甘肃
青海
宁夏
新疆
河南
合力值F
平均值
系统合力值
年份
0.0
0.2
0.4
0.6
0.8
1.0
2000
2005
2010
2015

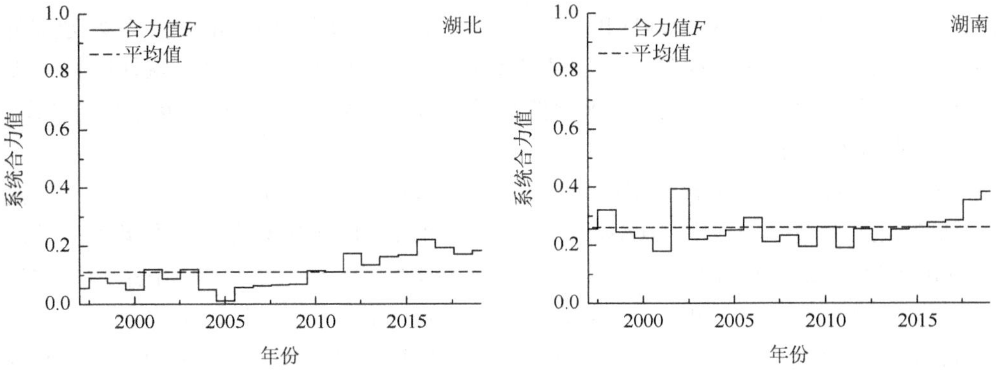

图4.34　1997～2019年中国省际水-能源-粮食纽带系统协调度变化趋势

由表4.18可知，辽宁、上海、江苏、安徽、湖北、四川、甘肃七个地区的协调度介于0.112～0.176，处于Ⅰ级高度协调状态，表明上述地区的纽带系统内部的发展将会趋于协调发展状态。就变异系数而言，结合图4.34可知，虽然研究时段内上述地区的协调度处于高度协调状态，但其变异系数相对较大，其中上海的变异系数达到了0.688，辽宁、湖北、甘肃的变异系数也超过0.400，这也间接表明，上述地区的协调度在研究时段内呈现波动变化趋势。相应地，四川、安徽、江苏的变异系数相对较小，其变化波动程度相对平稳。

天津、吉林、福建、江西、河南、湖南、广东、广西、重庆、贵州、云南、青海12个地区的协调度介于0.214～0.317，占区域总数的40%，表明上述地区的纽带系统处于Ⅱ级基本协调状态，其中除江西以外，其余地区的协调度均在0.300以内，协调程度相对较高。就变异系数而言，结合图4.34可知，除吉林、湖南、广西、重庆、贵州以外，其余地区的变异系数均超过0.300，其中河南（0.609）、云南（0.427）、天津（0.427）排名前三，表明三个地区的协调度在研究期内变化较为剧烈。整体而言，河南、天津、青海的协调度呈波动上升态势，说明其逐渐趋于失调状态，重庆、吉林、湖南、贵州、广西的协调度处于波动状态，云南、宁夏的协调度则处于下降态势，表明水-能源-粮食纽带系统内部逐渐趋于协调发展。

河北、内蒙古、黑龙江、山东、海南、宁夏、新疆七个地区的协调度处于Ⅲ级拮抗状态，表明上述地区纽带系统内部三种资源之间存在着相互制约的情况，阻碍了三者的协调可持续发展态势，而且除河北、山东外，其余五个地区的协调度均超过了0.400。与此同时，上述七个地区的变异系数介于0.148～0.424，同时结合图4.34可知，研究时段内，相比河北、黑龙江、山东而言，内蒙古、海南、宁夏及新疆协调度的变化幅度相对较大。

研究时段内，纽带系统协调度平均值超过0.499的有北京、山西、浙江、陕西四个地区，表明这些地区的纽带系统处于Ⅳ级失调状态，其中北京的协调度最大，即为研究时段内 30 个地区的最大值。此外，上述四个地区的变异系数分别为 0.521、0.351、0.153、0.437，这表明相比山西、浙江而言，北京、陕西的协调度在研究时段内变化剧烈，北京、陕西的协调度在研究时段内呈现逐步提升的状态，即逐渐趋于失调状态。

综合来看，每个状态类型所包含的地区的变异系数存在较大差异，如Ⅰ级高度协调状态类型中的上海（0.688）、四川（0.336）；Ⅱ级基本协调状态类型中的河南（0.609）、湖南（0.214）；Ⅲ级拮抗状态类型中的内蒙古（0.424）、山东（0.157）；Ⅳ级失调状态类型中的北京（0.521）、浙江（0.153），而且图 4.34 也表明，研究时段内中国 30 个地区的协调状态的变化趋势各异，其原因在于，合力值（F）受水资源系统有序度、能源系统有序度和粮食系统有序度共同影响，但这不可避免地存在某一个或两个系统的有序度的作用力大于其余系统有序度的作用力，使得系统的合力呈现多种变化态势。

结合表 4.19 和图 4.35 可知，研究时期内，中国水-能源-粮食纽带系统协调度呈现出波动变化的趋势，具体表现为三个发展阶段：①1997～2004 年的波动下降阶段；②2004～2014 年的波动上升阶段；③2014～2019 年的波动变化态势。就全国而言，协调度由 1997 年的 0.301 下降至 2004 年的 0.240，降幅 20.27%，年均降幅 3.18%，然后系统协调度又呈现波动上升态势，由 2004 年的 0.240 提升至 2014 年的 0.380（研究期内最大值），增幅 58.33%，年均增幅 4.70%，之后系统的协调度呈现缓慢的下降态势，并逐渐降至研究末期的 0.360，降幅 5.26%，年均降幅 1.08%。就三大地区而言，其系统协调度的变化趋势与全国的变化趋势较为一致，即从研究初期开始，系统的协调度呈现逐年下降的态势，并在 2003 年或 2004 年降至最低值，然后逐步提升，并在 2014 年或 2016 年达到最大值，之后转为波动变化态势。就整体变化程度而言，研究时期内，全国协调度增幅 18.42%，年均增加 0.82%。就三大地区而言，中部地区的协调度增幅最大，为 44.17%；其次为东部地区（13.11%）和西部地区（5.06%），年均增长率也呈现中部地区（1.68%）＞东部地区（0.56%）＞西部地区（0.22%）的变化趋势。就协调类型而言，全国在 1997～2009 年间整体处于基本协调状态，2010～2019 年则逐渐转变为拮抗状态，而处于Ⅰ级高度协调状态类型、Ⅱ级基本协调状态类型、Ⅲ级拮抗状态类型及Ⅳ级失调状态类型的地区个数平均分别为 8.2 个、9.9 个、7.8 个及 4.1 个，其占比分别为 27.3%、33.0%、26.0%以及 13.7%。就三大地区而言，东部地区与中部地区除个别年份以外，其状态类型分布情况与全国状态类型分布相对一致，而西部地区则除个别年份以外均处于基本协调状态。然而，需要注意的是，时间特征的分析未能体现中国省际水-能源-粮食纽带系统协调度的空间分布特征，因此，有必要进一步探讨其空间分布格局。

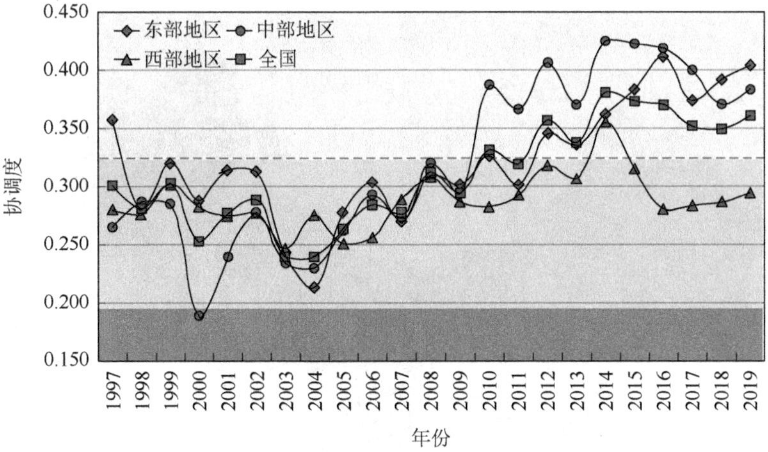

图 4.35　1997～2019 年中国及三大地区水-能源-粮食纽带系统协调度变化趋势

2. 中国水-能源-粮食纽带系统协调度空间特征分析

1997 年、2004 年、2012 年及 2019 年中国水-能源-粮食纽带系统协调度空间分布如图 4.36 所示。

由图 4.36 可知，1997 年，系统协调度处于Ⅰ级高度协调状态的主要有四川、陕西、湖北、安徽四个地区，主要分布在长江流域；系统协调度处于Ⅱ级基本协调状

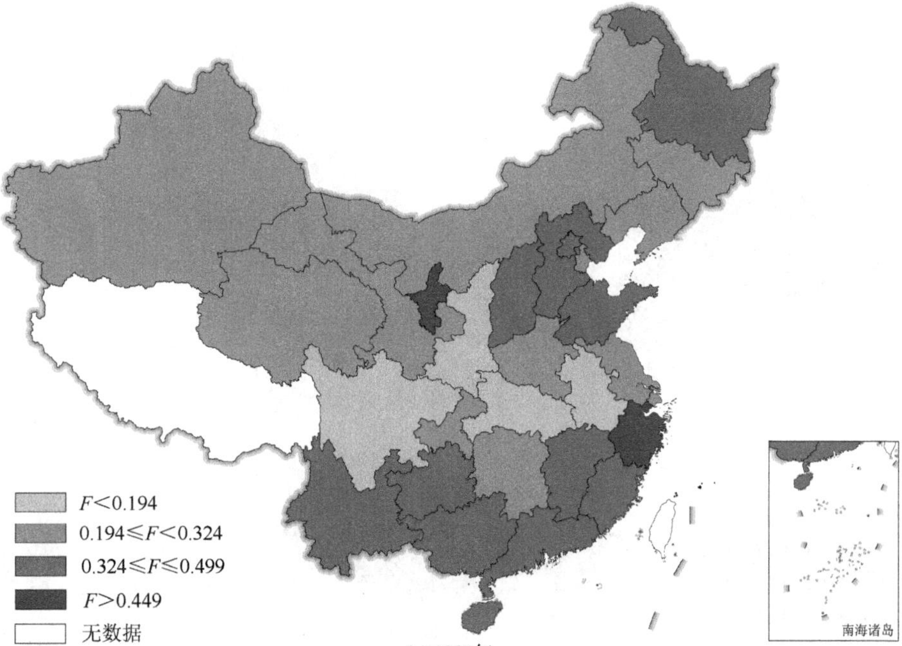

(a) 1997年

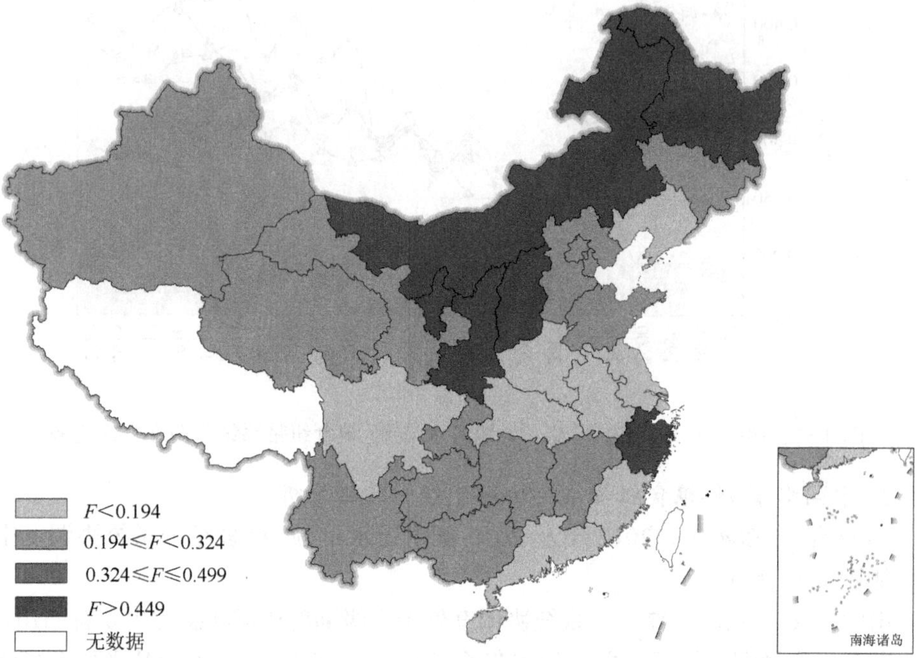

(b) 2004年

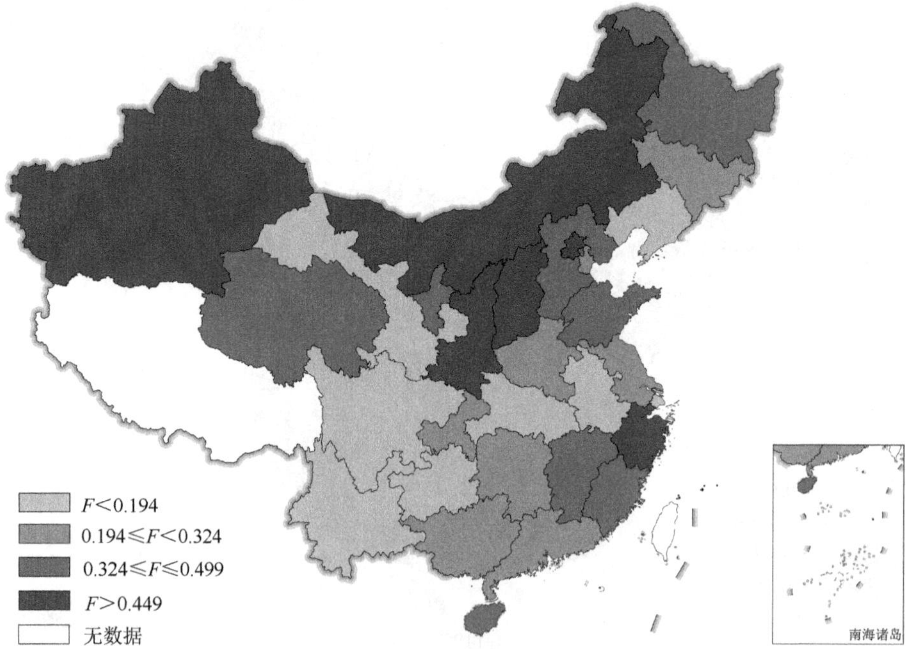

(c) 2012年

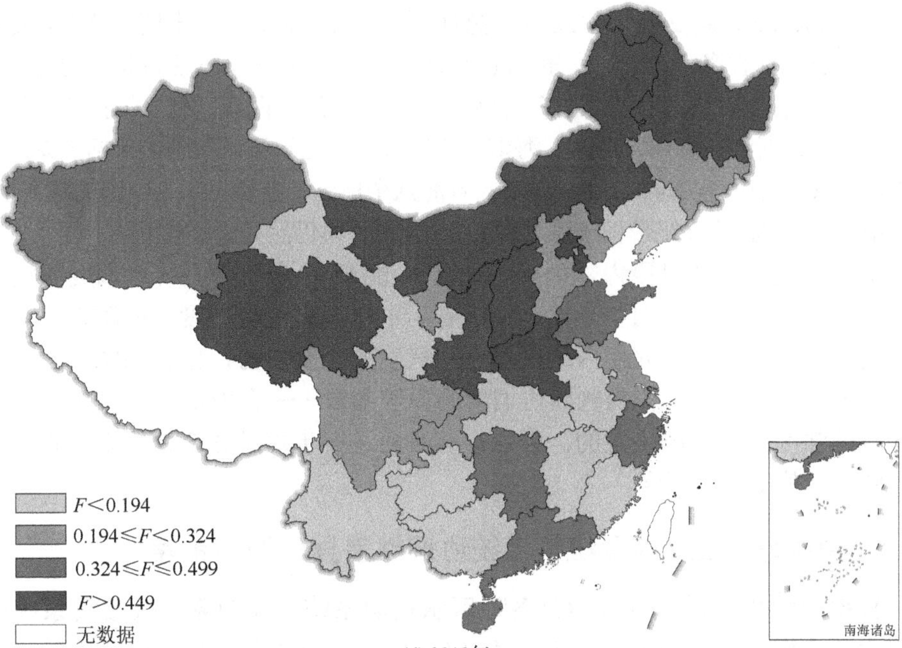

(d) 2019年

图 4.36　中国水-能源-粮食纽带系统协调度空间分布格局

态的有新疆、青海、甘肃、内蒙古、辽宁、吉林、天津、江苏、上海、湖南、河南、重庆 12 个地区，主要分布于中国的西北地区及长江流域地区；处于Ⅲ级拮抗状态的地区有 12 个，主要包括东北地区的黑龙江，华北地区的山西、河北、北京、山东以及长江以南地区的云南、贵州、广西、海南、广东、江西、福建地区；而处于Ⅳ级失调状态的仅有宁夏、浙江两个地区，研究初期中国水-能源-粮食纽带系统的协调度在整体上处于基本协调状态（0.301）。2004 年相比 1997 年，内蒙古由Ⅱ级基本协调状态转变为Ⅳ级失调状态，黑龙江、山西由Ⅲ级拮抗状态转变为Ⅳ级失调状态，陕西则由Ⅰ级高度协调状态转变为Ⅳ级失调状态，辽宁、河南、江苏、上海等七个地区则转变为Ⅰ级高度协调状态，北京、河北、山东、云南、贵州等七个地区由Ⅲ级拮抗状态转为Ⅱ级基本协调状态，浙江、宁夏、新疆等九个地区的协调状态保持不变，此时中国水-能源-粮食纽带系统协调度相比 1997 年进一步下降至 0.240。2012 年，新疆、北京、河北、山东、河南、江苏、青海、江西、福建、广东、海南 11 个地区的协调度呈现上升态势，其中北京、新疆由基本协调状态转变为失调状态，河北、江苏、山东、青海、江西由基本协调状态转变为拮抗状态，福建、海南由高度协调状态转变为拮抗状态，河南、广东则由高度协调状态转变为基本协调状态；黑龙江、宁夏由失调状态转变为拮抗状态，甘肃、云南、贵州则由失调状态转变为高度协调状态，其余地区状态保持不变，此时中国水-能源-粮食纽带系统协调度提升至 0.356，四个状态类型分别占比 26.7%、26.7%、26.7%、20.0%，整体处于拮抗状态。研究末期，处于高度协调状态的主要包括甘肃、辽宁、安徽、湖北等九个地区，处于基本协调状态的地区个数降至七个，包括吉林、河北、江苏、上海、宁夏、重庆、四川，处于拮抗状态的包括新疆、山东、浙江、湖南、广东、海南六个地区，而处于失调状态的包括黑龙江、内蒙古、北京、天津、陕西、山西、河南、青海八个地区，主要集中在中国的北方地区，此时中国水-能源-粮食纽带系统协调度为 0.360，整体仍然处于拮抗状态。

综上所述，研究时段内，中国各地区水-能源-粮食纽带系统协调度在空间分布上具有较为显著的空间差异性，中国省际水资源系统有序度、能源系统有序度及粮食系统有序度在研究期内均呈现不同程度的上升态势，但各系统的变异系数空间差异较大，同时，作为判断协调度的关键参数——合力值 F，是由三个系统有序度的强度效率共同决定的，因此，有必要进一步探讨各个地区影响系统协调度（即合力值 F）的因素。

4.5.2 中国水-能源-粮食纽带系统协调性差异化调控策略

根据力学均衡模型计算得到各地区水资源系统、能源系统及粮食系统综合作用力和方向，可采用极坐标表示为（F，θ），结合现有研究，利用几何间隔法将功能值由大到小划分为六个级别，如表 4.20 所示。同时得到 1997～2019 年中国省际纽带系统有序度偏离度（限于页面，仅列出部分年份），结果如表 4.21 所示，可得研究时期内系统类型作用力状态特征结果（表 4.22）及中国省际水资源系统有序度、能源系统有序度和粮食系统有序度在各自对应方向上的强度效率；同时结合表 4.20、表 4.21 及图 4.37 可将中国 30 个地区进行分类，结果如表 4.23 所示。

表 4.20　中国水资源系统有序度、能源系统有序度及粮食系统有序度偏离度动力状态划分及其特征

象限	角度范围	作用力状态特征			特征状态描述
		水资源系统	能源系统	粮食系统	
Ⅰ	$(11\pi/6, 0]\cup(0, \pi/6]$	+/–	–	+	粮食系统高于既定标准值，能源系统低于既定标准值；水资源系统作用力方向正负均有可能
Ⅱ	$(\pi/6, \pi/2]$	+	–	+/–	水资源系统高于既定标准值，能源系统低于既定标准值；粮食系统作用力方向正负均有可能
Ⅲ	$(\pi/2, 5\pi/6]$	+	+/–	–	水资源系统高于既定标准值，粮食系统低于既定标准值；能源系统作用力方向正负均有可能
Ⅳ	$(5\pi/6, 7\pi/6]$	+/–	+	–	能源系统高于既定标准值，粮食系统低于既定标准值；水资源系统作用力方向正负均有可能

续表

象限	角度范围	作用力状态特征			特征状态描述
		水资源系统	能源系统	粮食系统	
V	(7π/6，3π/2]	–	+	+/–	能源系统高于既定标准值，水资源系统低于既定标准值；粮食系统作用力方向正负均有可能
VI	(3π/2，11π/6]	–	+/–	+	粮食系统高于既定标准值，水资源系统低于既定标准值；能源系统作用力方向正负均有可能

注：“+”“–”“+/–”分别表示作用力方向为正、负、不确定。

表 4.21　1997～2019 年中国省际纽带系统有序度偏离度及类型特征

地区	合力偏离度/(°)				1997～2019 年系统偏离度类型/个数					
	1997 年	2004 年	2014 年	2019 年	象限Ⅰ	象限Ⅱ	象限Ⅲ	象限Ⅳ	象限Ⅴ	象限Ⅵ
北京	0.20	25.28	83.48	92.30	9	**10**	4			
天津	296.05	355.60	60.49	91.72	6	6	1			**10**
河北	296.62	325.03	320.87	327.43						**23**
山西	241.27	228.30	228.90	249.26					**23**	
内蒙古	269.64	256.86	227.94	211.58					**17**	6
辽宁	249.96	311.81	315.67	345.53	6				3	**14**
吉林	287.42	344.12	321.15	323.07	7					**16**
黑龙江	241.02	248.17	304.99	312.74					11	**12**
上海	356.46	329.25	96.02	135.20	2	4	**12**	1		4
江苏	317.32	272.97	300.43	356.16	4	1			4	**14**
浙江	94.22	96.48	86.73	116.91		9	**14**			
安徽	329.86	20.12	17.47	337.69	**19**	3				1
福建	95.99	87.36	92.45	32.21	1	2	**20**			
江西	88.16	75.63	64.27	19.43		**21**	2			
山东	253.61	270.51	287.90	252.83					7	**16**
河南	268.30	304.24	330.94	329.80	2		2		1	**18**
湖北	287.59	127.79	10.82	356.30	**11**	3	4	2	1	2
湖南	82.35	72.11	40.00	337.86	4	**18**	1			
广东	99.10	141.07	133.61	144.00			**22**	1		
广西	99.46	110.15	73.95	32.48	1	8	**14**			
海南	97.15	164.81	103.30	100.34			**22**	1		
重庆	83.93	83.25	82.93	118.85		**15**	8			

续表

地区	合力偏离度/(°)				1997～2019 年系统偏离度类型/个数					
	1997 年	2004 年	2014 年	2019 年	象限 I	象限 II	象限III	象限IV	象限 V	象限VI
四川	151.18	129.17	152.38	199.48			9	**13**		1
贵州	80.37	82.31	107.56	97.45	1	10	12			
云南	87.77	97.43	119.14	22.56	2	2	**18**	1		
陕西	258.26	212.05	219.63	113.87			4	1	**17**	1
甘肃	262.51	275.50	272.02	94.29		1			10	**12**
青海	150.70	133.11	113.43	105.05			**21**	2		
宁夏	260.43	298.25	281.49	280.44					3	**20**
新疆	222.39	231.33	231.39	226.27				1	**22**	

注：表中加粗数字代表该地区出现此象限的次数最多。

表 4.22　1997～2019 年中国省际水资源系统、能源系统及粮食系统协调类型统计结果

一级类	二级类	高度协调	基本协调	拮抗状态	失调状态	合计	占比
粮食系统-能源系统作用类型区	高粮食低能源 I	47	21	7	0	75	10.9%
	高能源低粮食IV	17	4	4	0	25	3.6%
水资源系统-能源系统作用类型区	高水资源低能源 II	24	52	25	13	114	16.5%
	高能源低水资源 V	11	29	39	45	124	18.0%
粮食系统-水资源系统作用类型区	高水资源低粮食III	53	61	47	28	189	27.4%
	高粮食低水资源VI	35	64	55	9	163	23.6%
合计		187 次	231 次	177 次	95 次	690 次	100%
占比		27.1%	33.5%	25.7%	13.8%	100%	

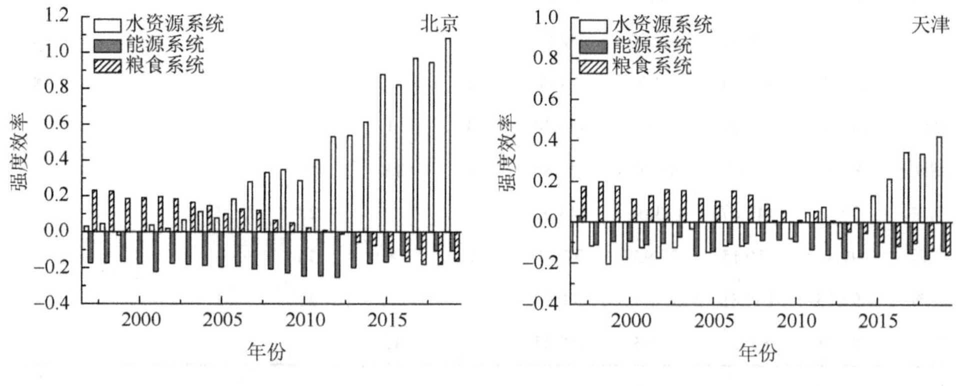

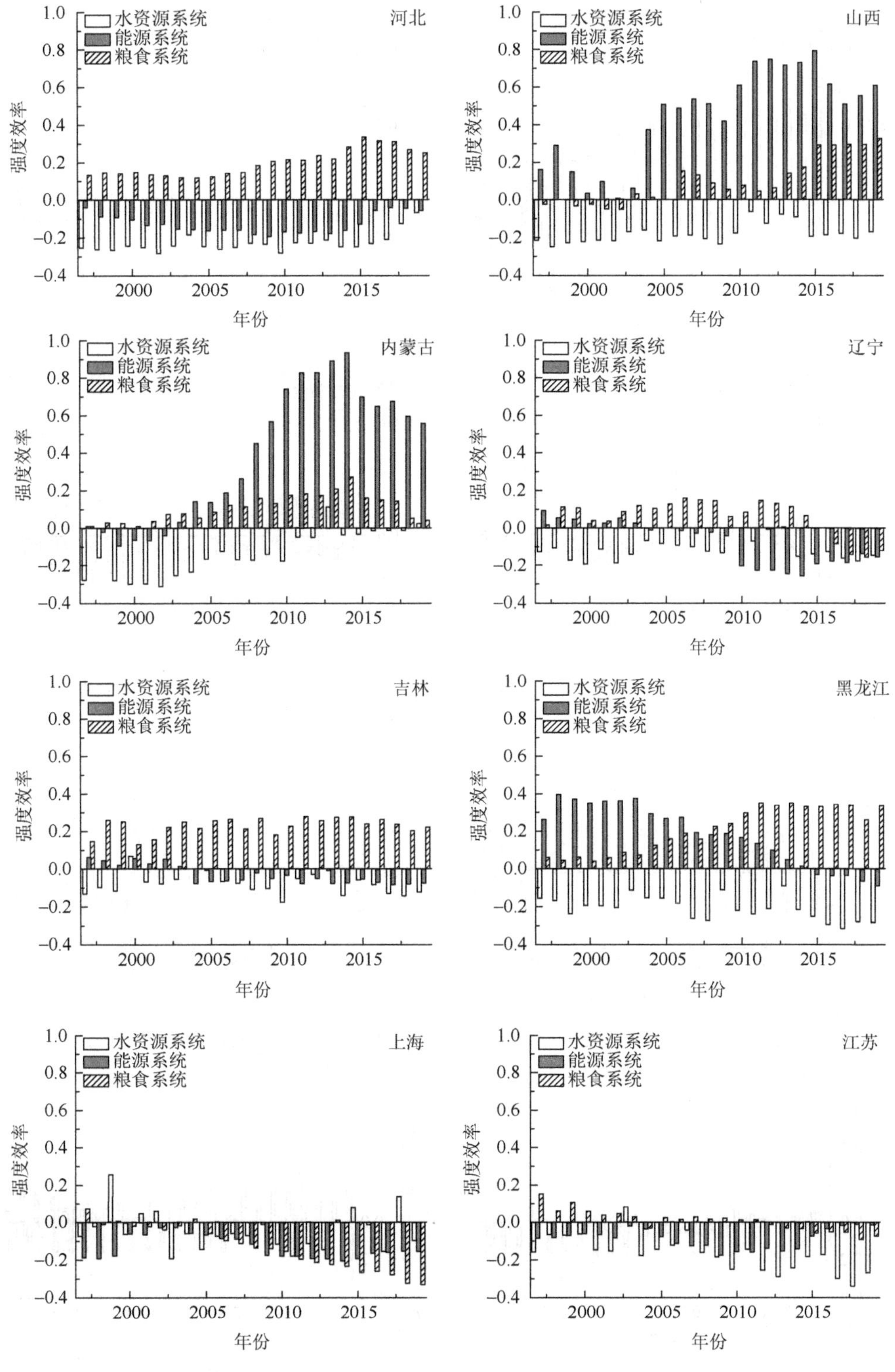
河北
山西
内蒙古
辽宁
吉林
黑龙江
上海
江苏
水资源系统
能源系统
粮食系统
强度效率
年份
1.0
0.8
0.6
0.4
0.2
0.0
−0.2
−0.4
2000
2005
2010
2015

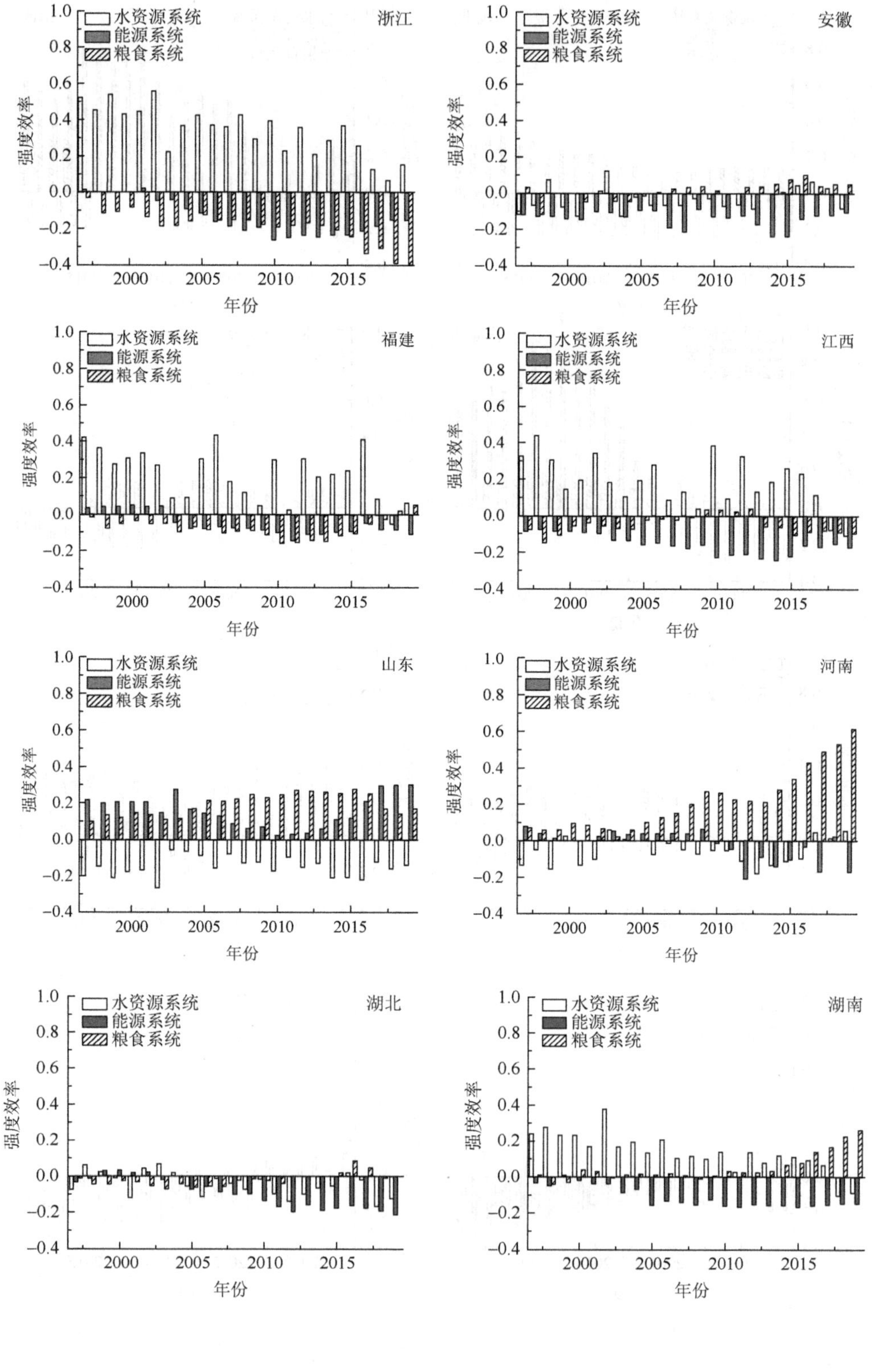
浙江
安徽
福建
江西
山东
河南
湖北
湖南
水资源系统
能源系统
粮食系统
强度效率
年份
1.0
0.8
0.6
0.4
0.2
0.0
−0.2
−0.4
2000
2005
2010
2015

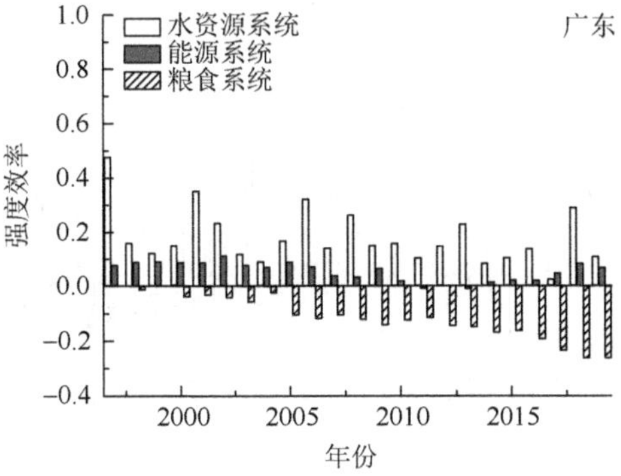
水资源系统
能源系统
粮食系统
广东
强度效率
年份
1.0
0.8
0.6
0.4
0.2
0.0
−0.2
−0.4
2000
2005
2010
2015

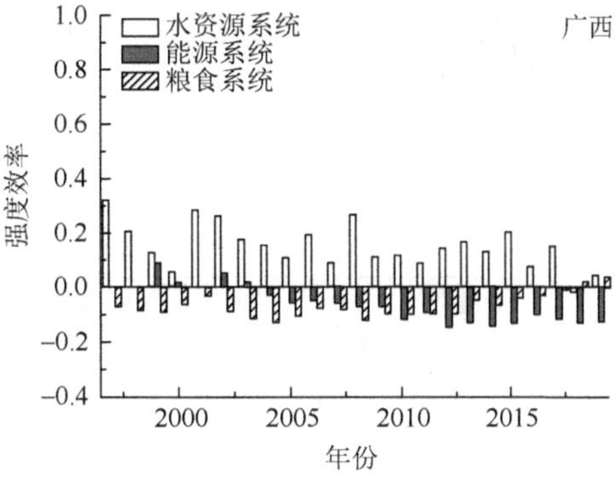
水资源系统
能源系统
粮食系统
广西
强度效率
年份
1.0
0.8
0.6
0.4
0.2
0.0
−0.2
−0.4
2000
2005
2010
2015

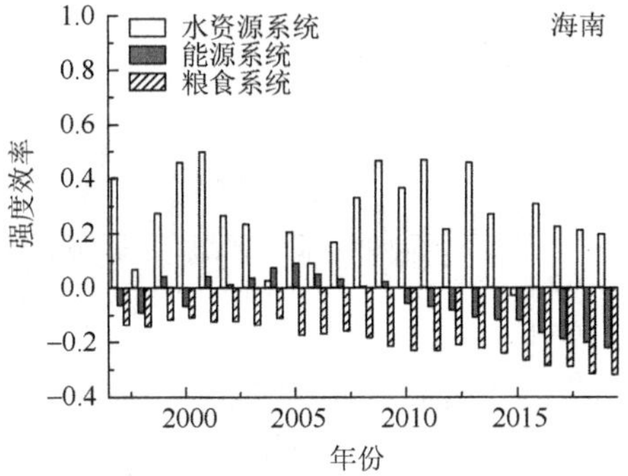
水资源系统
能源系统
粮食系统
海南
强度效率
年份
1.0
0.8
0.6
0.4
0.2
0.0
−0.2
−0.4
2000
2005
2010
2015

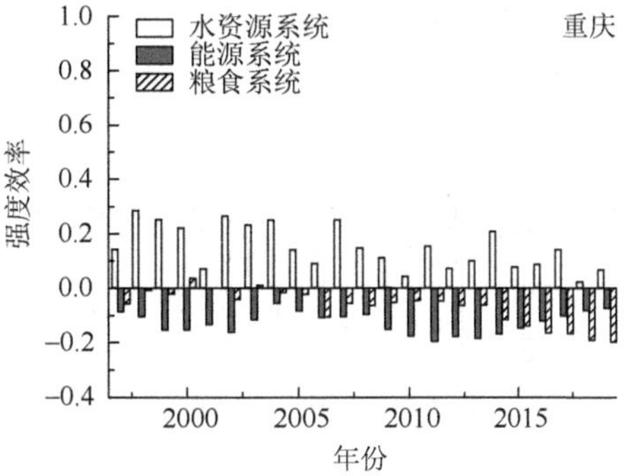
水资源系统
能源系统
粮食系统
重庆
强度效率
年份
1.0
0.8
0.6
0.4
0.2
0.0
−0.2
−0.4
2000
2005
2010
2015

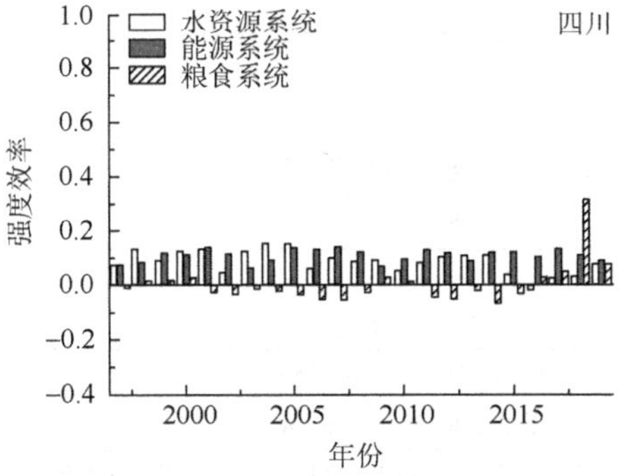
水资源系统
能源系统
粮食系统
四川
强度效率
年份
1.0
0.8
0.6
0.4
0.2
0.0
−0.2
−0.4
2000
2005
2010
2015

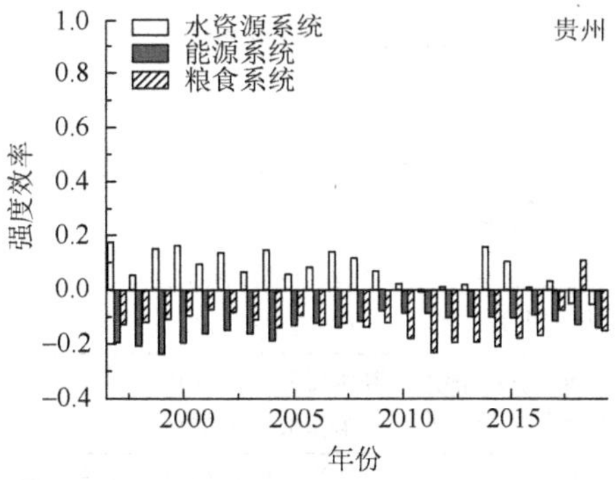
水资源系统
能源系统
粮食系统
贵州
强度效率
年份
1.0
0.8
0.6
0.4
0.2
0.0
−0.2
−0.4
2000
2005
2010
2015

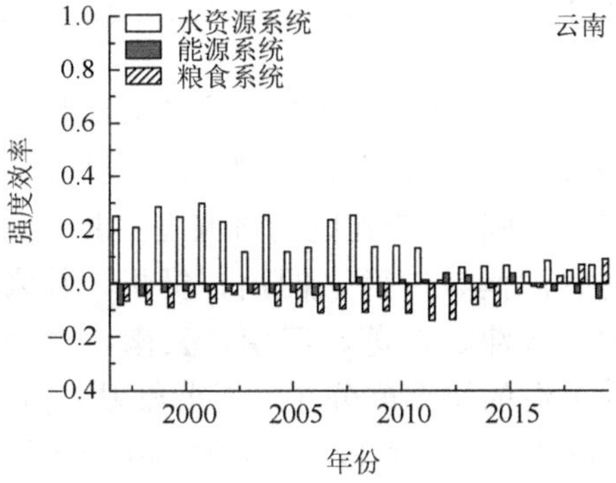
水资源系统
能源系统
粮食系统
云南
强度效率
年份
1.0
0.8
0.6
0.4
0.2
0.0
−0.2
−0.4
2000
2005
2010
2015

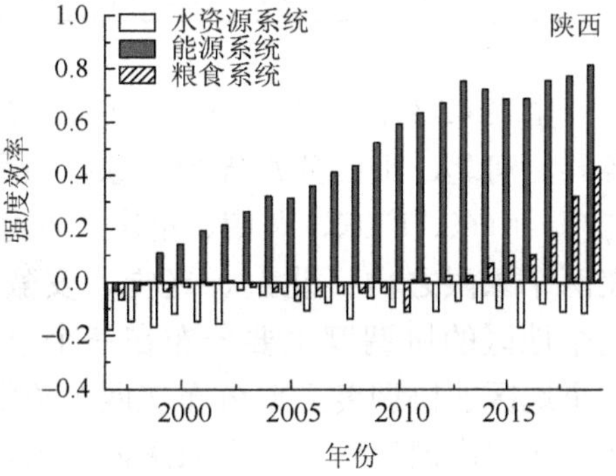
水资源系统
能源系统
粮食系统
陕西
强度效率
年份
1.0
0.8
0.6
0.4
0.2
0.0
−0.2
−0.4
2000
2005
2010
2015

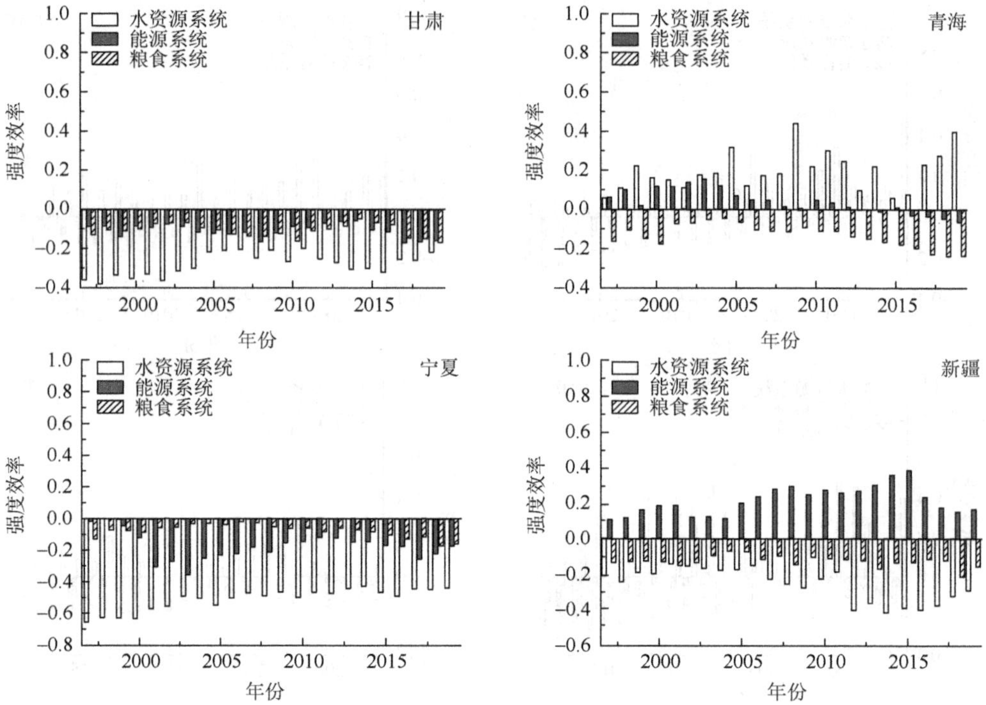

图 4.37　中国省际水资源系统有序度、能源系统有序度及粮食系统有序度在各自对应方向上的强度效率

表 4.23　中国省际水资源系统、能源系统及粮食系统协调度分类

一级类	二级类	地区
粮食系统-能源系统作用类型区	高粮食低能源Ⅰ	安徽、湖北（2 个）
	高能源低粮食Ⅳ	四川（1 个）
水资源系统-能源系统作用类型区	高水资源低能源Ⅱ	北京、江西、湖南、重庆（4 个）
	高能源低水资源Ⅴ	山西、内蒙古、陕西、新疆（4 个）
粮食系统-水资源系统作用类型区	高水资源低粮食Ⅲ	上海、浙江、福建、广东、广西、海南、贵州、云南、青海（9 个）
	高粮食低水资源Ⅵ	天津、河北、辽宁、吉林、黑龙江、江苏、山东、河南、甘肃、宁夏（10 个）

由表 4.21 和表 4.23 可知，中国省际水-能源-粮食纽带系统协调度的分布特征各异，河北、山西分别集中在象限Ⅵ和象限Ⅴ；内蒙古、吉林、黑龙江、浙江、江西、山东、广东、海南、重庆、青海、宁夏、新疆 12 个地区的协调度主要分布在两个象限之内；北京、辽宁、安徽、福建、湖南、广西、四川、贵州、甘肃九个地区的协调度主要分布在三个象限之内；天津、江苏、河南、云南、陕西五个地区的协调度主要分布在四个象限之内；上海的协调度分布于五个象限之内；而湖北的协调度处于六个象限内。由表 4.22 可知，研究时段内，中国 30 个地区

出现高水资源低粮食类型的次数最高，达到 189 次，占比 27.4%；其次为高粮食低水资源的类型次数，为 163 次，占比 23.6%，而高能源低粮食的类型出现次数最少，仅 25 次，占比 3.6%。此外，不论当某一地区处于高粮食低能源还是高能源低粮食的类型并未出现失调状态，仅出现 11 次拮抗状态，说明粮食系统-能源系统之间相互作用并未引起较多的失衡状态，相应地，高能源系统-低水资源系统、高水资源系统-低粮食系统以及高粮食系统-低水资源系统不仅能使某一地区系统处于拮抗或失调状态，也能使某一地区系统处于协调状态。因此，有必要进一步结合各地区系统强度效率，进一步探究影响各地区系统协调类型的主要原因，以便提出相应的调控措施，从而实现区域水资源、能源及粮食的协调可持续发展。

结合表 4.20、图 4.37 及表 4.23 发现，①在粮食系统-能源系统作用类型区，安徽、湖北处于高粮食低能源类型，说明在研究时段内，整体受粮食系统的正向影响，但能源系统的发展在一定程度上表现为限制作用，此时水资源系统则符合既定目标，均可能存在此类象限之中，因此，未来安徽、湖北应注重粮食系统与能源系统的协调发展，可因地制宜地推进生物能源的发展，进而弥补区域能源系统的不足；四川则处于高能源低粮食类型中，说明四川在研究时段内，能源系统的发展符合既定目标，而粮食系统则存在一定的限制作用，因此，未来四川可以在农业生产过程中增加能源投入，进一步提升粮食的生产效率，进而促进粮食系统有序度的快速提升。②在水资源系统-能源系统作用类型区，北京、江西、湖南、重庆四个地区处于高水资源低能源类型，其中，北京虽然地处中国北方地区，但受南水北调以及自身的经济发展水平等影响，水资源系统的发展程度远高于能源系统及粮食系统，其余三个地区则地处中国南方，受气候因素影响，水资源系统发展程度较高，因此，未来四个地区一方面要注重提升能源的利用效率，另一方面要加强能源建设，促使能源系统的提升；山西、内蒙古、陕西、新疆在研究期内，能源系统强度效率均为正值，其中山西、内蒙古、陕西的能源系统强度效率提升显著，这表明随着时间的推移，上述地区受能源系统的影响越来越大，而水资源系统强度效率则为负值，这表明水资源系统低于既定目标值，其原因在于上述四个地区作为中国重要的能源基地，能源资源丰度相比其他地区具有比较优势，但相应地，由于其地处中国北方及西北地区，受气候因素影响，区域水资源较为贫乏，未来需要不断提升能源生产过程中的水资源利用效率，减少污染物排放量，缓解区域水环境及水资源压力。③在粮食系统-水资源系统作用类型区，上海、浙江、福建、广东、广西、海南、贵州、云南、青海 9 个地区属于高水资源低粮食类型，说明在研究时段内，上述地区的协调度类型的变化主要受水资源系统与粮食系统的影响，其中水资源系统强度效率除个别年份以外均为正值，表明高于既定目标值，相反，粮食系统则低于既定目标值，此外上述地区多分布于南方地区，水资源相对丰富，但耕地面积相对较小，这也造成了高水资源低粮食的类型，未来应凭借其在科技、管理、资金等方面的优势，加大农业生产投资、逐步提升单位粮食产量，促进粮食系统的快速发展；天津、河北、辽宁、吉林、黑龙江、江苏、山东、河南、甘肃、宁夏 10 个地区处于高粮食低水资源类型，说明在上述地区的协调度类型变化中，粮食系统处于正向影响，而水资源系统处于负向影响，原因在于上述地区地处中国的华北、东北及西部地区，受气候降水因素影响，区域水资源相对贫乏，但上述地区的耕地分布广，是中国主要的粮食产区，因此，粮食生产将不可避免地加剧区域水资源短缺，未来应逐步加强科技投入，实施“藏粮于地，藏粮于技”战略，加快建设高标准农田，提升农业用水效率，减少农业污染物排放，缓解区域水资源压力，但需要注意的是，甘肃、宁夏在研究时段内，三系统的强度效率均为负值，这一方面说明了甘肃、宁夏的合力值（F）虽然逐年降低，但不可否认的是，这是一种“低效协调”；另一方面也反映了未来两个地区应不断优化产业结构、主动引进先进地区的生产管理经验，促进区域资源的高效利用，进而扭转当前的“低效协调”，实现三者的协调发展。

4.6 结 论

本章在总结现有研究成果的基础上，辨析中国水-能源-粮食纽带系统的关系，得到以下主要结论。

（1）研究期内，中国能源-粮食对水资源的竞争指数在时间序列上呈逐年上升趋势，由研究初期的 0.22 上升至研究末期的 0.53，其中黄河中游区、西南区及西北区在研究时段内上升速度较快；空间分布上，长江中游、东部沿海及南部沿海地区为竞争指数低值集聚区，而同时兼顾能源生产与粮食生产的黄河中下游区、东北地区则为竞争指数高值集聚区。ESTDA 模型分析表明，研究时段内竞争指数空间格局变化具有较强的整合性、时空依赖性和一定的路径依赖与锁定特征。

（2）基于 MRIO 模型和 ENA 法的能源-水资源耦合分析表明：①研究时段内水资源消耗量呈现逐渐递减的态势，水资源消耗量下降 4.89%；水资源及混合水资源的消耗形式较一致，但相比水资源消耗总量，混合水资源消耗总量分别增加 6.13%、7.49%、8.15%。②研究时段内能源消耗量呈现逐渐递增的态势，能源消耗量上升 5.39%，混合能源消耗量呈现递增的态势，混合能源消耗量上升 5.34%。③2012～2017 年，农业为第一大耗水行业，制造业为第一大耗能行业，混合能源消费情况与相应年份能源消费情况较为一致。④各地区混合水网络的 FCI 与水网络 FCI 相比，两者之间的差异较小，但与相应年份能源网络 FCI 相比存在一定差异，但均体现了能源-水资源耦合带来的影响。在水资源及混合水资源网络中农业

FCI 最大，在能源网络及混合能源网络中，制造业的 FCI 最大。⑤系统鲁棒性结果表明，未来需要提高能源和水资源网络的可持续性，提高系统的效率，减少资源流动的路径选择，使资源流动受到的约束更强，系统更加有序、有规则。

（3）中国水-能源-粮食纽带系统协同竞争关系及协调性测度表明：研究期内，水资源系统、能源系统及粮食系统均为进化系统，且均存在平衡点 Q_5，说明在现有条件下，随着复合系统的发展，三个系统将处于一种协同进化状态。空间分布上，水资源系统与能源系统的竞争协同关系呈现南北聚集分布，水资源系统与粮食系统则以相互限制关系竞争为主，能源系统与粮食系统的竞争协同关系则呈现东部协同、西部竞争的空间分布格局，与此同时，中国省际水-能源-粮食纽带系统协调度的分布特征各异。

参考文献

樊新刚，仲俊涛，杨美玲，等. 2019. 区域可持续发展能力的能值与㶲耦合分析模型构建[J]. 地理学报，74（10）：2062-2077.

范斐，孙才志，王雪妮. 2013. 社会、经济与资源环境复合系统协同进化模型的构建及应用：以大连市为例[J]. 系统工程理论与实践，33（2）：413-419.

范擎宇，杨山，胡信. 2020. 耦合视角下长三角地区城镇化协调度的时空特征及交互机制[J]. 地理研究，39（2）：289-302.

方创琳. 2020. 博台线：中国区域发展均衡线的重要功能与建设构想[J]. 地理学报，75（2）：211-225.

郝帅，孙才志，宋强敏. 2021. 中国能源-粮食生产对水资源竞争的关系：基于水足迹的视角[J]. 地理研究，40（6）：1565-1581.

黄睿，王坤，黄震方，等. 2018. 绩效视角下区域旅游发展格局的时空动态及耦合关系：以泛长江三角洲为例[J]. 地理研究，37（5）：995-1008.

金菊良，杨晓华，丁晶. 2001. 标准遗传算法的改进方案：加速遗传算法[J]. 系统工程理论与实践，4：8-13.

康庆，郭青霞，丁一，等. 2021. 山西省“三生”功能协同/权衡关系分析[J]. 自然资源学报，36（5）：1195-1207.

彭焜，朱鹤，王赛鸽，等. 2018. 基于系统投入产出和生态网络分析的能源-水耦合关系与协同管理研究：以湖北省为例[J]. 自然资源学报，33（9）：1514-1528.

孙才志，马奇飞，赵良仕. 2020. 基于 GWR 模型的中国水资源绿色效率驱动机理[J]. 地理学报，75（5）：1022-1035.

孙才志，孟程程. 2020. 中国区域水资源系统韧性与效率的发展协调关系评价[J]. 地理科学，40（12）：2094-2104.

武红. 2014. 中国八大综合经济区碳减排：类型分区与政策建议[N]. 中国经济时报，2014-10-17（005）.

夏四友，赵媛，许昕，等. 2019. 1997～2016 年中国农业碳排放率的时空动态与驱动因素[J]. 生态学报，39（21）：7854-7865.

阎晓东，孙才志. 2021. 中国省际水足迹空间转移网络特征研究[J]. 长江流域资源与环境，30（3）：602-613.

张玉臻，陈阳，王洁，等. 2021. 黄河流域“三生”功能协调性测度及其差异性优化调控[J]. 农业工程学报，37(12)：251-261，321.

Chen Y F，Lin B Q. 2020. Slow diffusion of renewable energy technologies in China：An empirical analysis from the perspective of innovation system[J]. Journal of Cleaner Production，261，121186.

Chu C，Ritter W，Sun X H. 2019. Spatial variances of water-energy nexus in China and its implications for provincial resource interdependence[J]. Energy Policy，125：487-502.

Ding N，Liu J R，Yang J X，et al. 2018. Water footprints of energy sources in China：Exploring options to improve water efficiency[J]. Journal of Cleaner Production，174：1021-1031.

Fang D L，Chen B. 2015. Ecological network analysis for a virtual water network[J]. Environmental Science & Technology，49（1）：6722-6730.

Haken H. 1980. Synergetics：Are cooperative phenomena governed by universal principles？[J]. Naturwissenschaften，67（3）：121-128.

Hua E，Wang X Y，Engel B A. 2020. The competitive relationship between food and energy production for water in China[J]. Journal of Cleaner Production，247：119103.

Liu X，Shi L J，Engel B A，et al. 2020. New challenges of food security in Northwest China：Water footprint and virtual water perspective[J]. Journal of Cleaner Production，245：118939.

Rey S J，Janikas M V. 2006. STARS：Space-time analysis of regional systems[J]. Geographical Analysis，38（1）：67-86.

Rey S J，Murray A T，Anselin L. 2011. Visualizing regional income distribution dynamics[J]. Letters in Spatial and Resource Sciences，4（1）：81-90.

Xie X M，Jiang X Y，Zhang T T，et al. 2020. Study on impact of electricity production on regional water resource in China by water footprint[J]. Renewable Energy，152：165-178.

Yang S Y，Fath B，Chen B. 2016. Ecological network analysis of embodied particulate matter 2.5：A case study of Beijing[J]. Applied Energy，184：882-888.

Zhang Y Y，Fang J K，Wang S G，et al. 2020. Energy-water nexus in electricity trade network：A case study of inter-provincial electricity trade in China[J]. Applied Energy，257：113685.

第5章　基于网络DEA模型及SNA法的中国水-能源-粮食纽带系统效率测度

5.1　研究方法与数据来源

5.1.1　群组前沿模型

以往在采用DEA方法度量不同地区水-能源-粮食纽带系统效率时，通常存在潜在假设，即认为决策单元（decision making unit，DMU）具有相同的或类似的经济发展水平、生产管理模式及资源利用程度，进而以此探究技术无效背后的地区差异性（李静和马潇璨，2014）。但是，在实际情况中，由于多种因素的影响，各个地区之间存在着较大的差异性（如产业结构、生产管理模式、科技水平等），致使各个地区，即DMU存在不同的生产前沿。此时，若不考虑上述差异，仍然采用整体情况下DMU，并对其进行效率评价，将无法准确衡量各区域真实效率值。针对此缺点，Battese和Rao（2002）根据某一标准将DMU划分为不同群组，并采用随机前沿方法（stochastic frontier approach，SFA）对两种生产前沿下的DUM的效率水平进行分析，进而得到两种不同模式下的技术效率，最终计算得到技术落差比率（technology gap ratio，TGR）。但需要注意的是，基于SFA的效率计算过程，其前提是认为DMU均可以由各自的潜力达到共同的生产前沿或技术前沿，但由此带来的是，共同前沿可能无法包络整个生产群组前沿。与此同时，SFA也无法解决多投入多产出的问题（Rao et al.，2003）。因此，Battese等（2004）采用群组前沿DEA模型来解决上述问题。

1. 共同前沿与群组前沿

共同前沿（meta-frontier）是指所有DMU的潜在技术水平，而群组前沿则指每组DMU的实际水平，两者的主要区别在于各自所参照的技术集合不同（孙才志等，2018）。鉴于此，将中国30个省（区、市）按照经济发展水平划分为八大群组。其中东北区群组包括三个地区，辽宁、吉林、黑龙江；北部沿海区群组包括四个地区，北京、天津、河北、山东；东部沿海区群组包括三个地区，上海、江苏、浙江；南部沿海区群组包括三个地区，福建、广东、海南；黄河中游区群组包括四个地区，陕西、山西、河南、内蒙古；长江中游区群组包括四个地区，湖北、湖南、江西、安徽；西南区群组包括五个地区，云南、贵州、四川、重庆、广西；西北区群组包括四个地区，甘肃、青海、宁夏、新疆。虽然八大地区的划分较为粗糙，但也能在一定程度上反映我国区域发展差异。因此，基于单一投入、单一产出的共同前沿模型，以八大群组为研究对象，绘制了共同前沿与群组前沿的位置关系曲线，如图 5.1 所示。

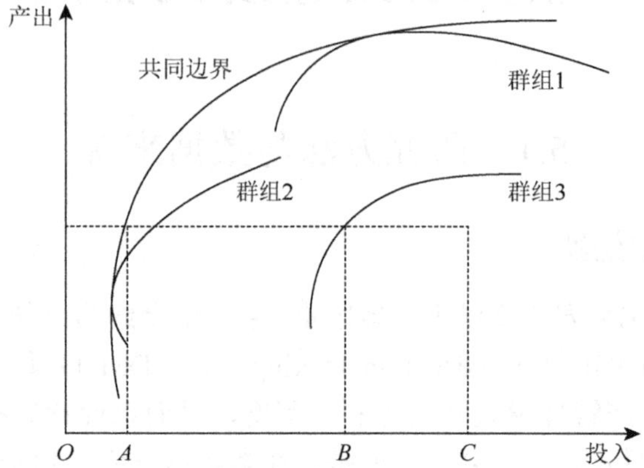

图 5.1　共同前沿与群组前沿

根据 Battese 和 Rao（2002）所建立的共同前沿模型，设考虑非期望产出的共同技术集合为 T^{m}，相关计算公式如下：

$$T^{\mathrm{m}}=\begin{cases}(\boldsymbol{x},\boldsymbol{y}^g,\boldsymbol{y}^b): & x\geqslant 0, y\geqslant 0\\ \boldsymbol{y}^b\geqslant 0; & x\text{能够生产出}(\boldsymbol{y}^g,\boldsymbol{y}^b)\end{cases} \tag{5.1}$$

式中，$\boldsymbol{x}$ 为投入向量；$\boldsymbol{y}^g$、$\boldsymbol{y}^b$ 分别为期望产出向量、非期望产出向量。

记在技术条件 T^{m} 的前提下，DMU 获得一定产出所需要的 $\boldsymbol{x}$ 投入为 $P^{\mathrm{m}}(\boldsymbol{y}^g,\boldsymbol{y}^b)$，此时，对应的共同生产前沿为

$$P^{\mathrm{m}}(\boldsymbol{x})=\{(\boldsymbol{y}^g,\boldsymbol{y}^b):(\boldsymbol{x},\boldsymbol{y}^g,\boldsymbol{y}^b)\in T^{\mathrm{m}}\} \tag{5.2}$$

可以得到 DMU 的共同技术效率的共同距离函数，相关计算公式如下：

$$D^{\mathrm{m}}(\boldsymbol{x},\boldsymbol{y}^g,\boldsymbol{y}^b)=\sup_{\lambda}\{\lambda>0:(\boldsymbol{x},\lambda)\in P^{\mathrm{m}}(\boldsymbol{y}^g,\boldsymbol{y}^b)\} \tag{5.3}$$

依据经济发展水平，将中国 30 个地区划分为八大群组，其群组技术集合为

$$T^i=\left\{(\boldsymbol{x}_i,\boldsymbol{y}_i^g,\boldsymbol{y}_i^b):\boldsymbol{x}_i\geqslant 0,\boldsymbol{y}_i^g\geqslant 0,\boldsymbol{y}_i^b\geqslant 0;\boldsymbol{x}_i\to(\boldsymbol{y}_i^g,\boldsymbol{y}_i^b)\right\},\qquad i=1,2,\cdots,8 \tag{5.4}$$

群组对应的生产可能性集为

$$P^i(\boldsymbol{x}_i)=\left\{(\boldsymbol{y}_i^g,\boldsymbol{y}_i^b):(\boldsymbol{y}_i^g,\boldsymbol{y}_i^b)\in T^i\right\},\qquad i=1,2,\cdots,8 \tag{5.5}$$

可以得到 DMU 的群组技术效率的群组距离函数，相关计算公式如下：

$$D^i(\boldsymbol{x}_i,\boldsymbol{y}_i^g,\boldsymbol{y}_i^b)=\sup_{\lambda}\left\{\lambda>0:(\boldsymbol{x}_i/\lambda)\in P^i(\boldsymbol{y}_i^g,\boldsymbol{y}_i^b)\right\},\qquad i=1,2,\cdots,8 \tag{5.6}$$

式中，$D^i\left(\boldsymbol{x}_i,\boldsymbol{y}_i^g,\boldsymbol{y}_i^b\right)$为在群组技术集合（$T^i$）下的投入距离函数。如果投入向量$\boldsymbol{x}_i$在集合 $P^i(\boldsymbol{y}^g,\boldsymbol{y}^b)$外部时，$D^i\left(\boldsymbol{x}_i,\boldsymbol{y}_i^g,\boldsymbol{y}_i^b\right)>1$；如果投入向量 $\boldsymbol{x}_i$ 在集合 $P^i(\boldsymbol{y}^g,\boldsymbol{y}^b)$边界上时，$D^i\left(\boldsymbol{x}_i,\boldsymbol{y}_i^g,\boldsymbol{y}_i^b\right)=1$，此时，满足$T^m=\{T^1\cup T^2\cup T^3\}$。

2. 技术落差比率

当投入产出组合为$\left(\boldsymbol{x}_i,\boldsymbol{y}_i^g,\boldsymbol{y}_i^b\right)$时，群组投入角度下的技术效率记为$\mathrm{TE}^i\left(\boldsymbol{x}_i,\boldsymbol{y}_i^g,\boldsymbol{y}_i^b\right)$，相关计算公式如下：

$$\mathrm{TE}^i\left(\boldsymbol{x}_i,\boldsymbol{y}_i^g,\boldsymbol{y}_i^b\right)=\frac{1}{D^i\left(\boldsymbol{x}_i,\boldsymbol{y}_i^g,\boldsymbol{y}_i^b\right)},\qquad i=1,2,\cdots,8 \tag{5.7}$$

进而可得投入角度下的技术落差比率，在此可以用共同和群组距离函数计算$\mathrm{TGR}^i\left(\boldsymbol{x}_i,\boldsymbol{y}_i^g,\boldsymbol{y}_i^b\right)$，相关计算公式如下：

$$\mathrm{TGR}^i\left(\boldsymbol{x}_i,\boldsymbol{y}_i^g,\boldsymbol{y}_i^b\right)=\frac{D^i\left(\boldsymbol{x}_i,\boldsymbol{y}_i^g,\boldsymbol{y}_i^b\right)}{D^m\left(\boldsymbol{x}_i,\boldsymbol{y}_i^g,\boldsymbol{y}_i^b\right)}=\frac{\mathrm{TE}^m(\boldsymbol{x},\boldsymbol{y}^g,\boldsymbol{y}^b)}{\mathrm{TE}^i\left(\boldsymbol{x},\boldsymbol{y}_i^g,\boldsymbol{y}_i^b\right)},\qquad i=1,2,\cdots,8 \tag{5.8}$$

例如某地区 R，其对应的技术落差比率计算过程为

$$\mathrm{TE}^m(R)=\frac{OA}{OC},\ \mathrm{TE}^i(R)=\frac{OB}{OC},\ \mathrm{TCR}^i(R)=\frac{\mathrm{TE}^m}{\mathrm{TE}^i}=\frac{OA/OC}{OB/OC}=\frac{OA}{OB} \tag{5.9}$$

式中，TGR 为技术落差比率，其实质是将两个前沿面进行了结合，常用于衡量同一个 DMU 在不同生产前沿下的技术效率之间的差异性。TGR 越大，表明实际情况下的效率越接近潜力效率（刘玉海和武鹏，2011；吴凡等，2016）。与此同时，TGR 小于 1 时，TGR 越小，表明各个 DMU 之间的发展程度差异性越大，也间接表明采用群组前沿的效率值更加符合实际情况。

5.1.2　考虑非期望产出的 SBM 模型

SBM 模型是一种非径向非角度的 DEA 模型，与以往模型相比，其优点在于投入产出为量纲一的量，不影响效率值的测算，且所计算的效率值会根据投入产出松弛程度的变化而严格单调递减（孙才志等，2017；郑德凤等，2018a）。因此，选取 SBM 模型计算水-能源-粮食各子系统的效率值，计算步骤如下。

设一个生产系统存在 n 个决策单元，每个决策单元拥有 3 个向量，即投入要素 $\boldsymbol{x}\in R^m$、$\boldsymbol{y}^g\in R^{s_1}$、$\boldsymbol{y}^b\in R^{s_2}$，则可定义矩阵 $\boldsymbol{X}$、$\boldsymbol{Y}^g$、$\boldsymbol{Y}^b$ 及生产可能性集合 p，具体公式如下：

$$\boldsymbol{X}=[\boldsymbol{x}_1,\boldsymbol{x}_2,\cdots,\boldsymbol{x}_n]\in R^{m\times n}>0 \tag{5.10}$$

$$\boldsymbol{Y}^g=\left[\boldsymbol{y}_1^g,\boldsymbol{y}_2^g,\cdots,\boldsymbol{y}_n^g\right]\in R^{S_1\times n}>0 \tag{5.11}$$

$$Y^b = \left[y_1^b, y_2^b, \cdots, y_n^b \right] \in R^{S_2 \times n} > 0 \tag{5.12}$$

$$p\{(x, y^g, y^b) \big| x \geqslant X\lambda, y^g \geqslant Y^g\lambda, y^b \geqslant Y^b\lambda, \lambda \geqslant 0\} \tag{5.13}$$

考虑非期望产出的 SBM 模型如下：

$$\rho^* = \min \frac{1 - \dfrac{1}{m}\sum_{i=1}^{m} S_i^- / x_{i0}}{1 + \dfrac{1}{S_1 + S_2}\left(\sum_{j=1}^{S_1} S_j^g / y_{j0}^g + \sum_{k=1}^{S_2} S_k^b / z_{k0}^b \right)} \tag{5.14}$$

$$\text{s.t.}\begin{cases} \sum_{l=1}^{L} \lambda_l X_{il} + S_i^- = x_{i0} & i = 1, 2, \cdots, m \\ \sum_{l=1}^{L} \lambda_l Y_{jl} + S_j^g = y_{j0}^g & i = 1, 2, \cdots, S_1 \\ \sum_{l=1}^{L} \lambda_l Z_{kl} + S_k^b = z_{k0}^b & i = 1, 2, \cdots, S_2 \\ S^- \geqslant 0, S^g \geqslant 0, S^b \geqslant 0, \lambda \geqslant 0 \end{cases}$$

式中，ρ^*为效率值，且 $0<\rho^*\leqslant 1$；m、S_1 和 S_2 分别为投入、期望产出和非期望产出要素的个数；S^-、S^g 和 S^b 分别为投入、期望产出和非期望产出的松弛量；x、y^g 和 y^b 分别为投入、期望产出和非期望产出值；λ 为权重向量；X、Y^g 和 Y^b 分别为投入、期望产出和非期望产出构成的矩阵；模型中下标“0”表示被评价单元。当 $\rho^*=1$，即 $S^-=0$，$S^g=0$，$S^b=0$ 时，表示待评价的决策单元完全有效；否则，说明该决策单元存在效率损失，需要对投入量、期望产出量及非期望产出量进行调整来提高效率（郑德凤等，2018b）。

5.1.3　双变量空间自相关

与以往空间自相关仅考虑一个变量相比，双变量空间自相关可对不同地理要素的空间关联关系进行表征，为探讨多个地理要素之间的空间相关性提供了新思路，目前已成为研究不同地理要素空间分布的一种有效方法。双变量空间自相关所得到的 Moran *I*（莫兰 *I* 数）被用于评价一个位置变量与其他变量之间的相关程度（孙才志等，2021；郑德凤等，2020；Anselin et al.，2002；Wartenberg，1985）。采用双变量空间自相关方法探究水、能源及粮食三个子系统之间的空间相互作用，其中，双变量全局空间自相关用来度量空间单元两个属性值在整体上的空间关联程度，计算公式为

$$I_{l,k} = \frac{n\sum_{i=1}^{n}\sum_{j=1}^{n} W_{ij}\left(\dfrac{y_{i,l} - \overline{y}_l}{\sigma_l}\right)\left(\dfrac{y_{i,k} - \overline{y}_k}{\sigma_k}\right)}{(n-1)\sum_{i=1}^{n}\sum_{j=1}^{n} W_{ij}} \tag{5.15}$$

和

$$I_{k,l}=\frac{n\sum_{i=1}^{n}\sum_{j=1}^{n}W_{ij}\left(\frac{y_{i,k}-\overline{y}_k}{\sigma_k}\right)\left(\frac{y_{i,l}-\overline{y}_l}{\sigma_l}\right)}{(n-1)\sum_{i=1}^{n}\sum_{j=1}^{n}W_{ij}} \tag{5.16}$$

式中，$y_{i,l}$、$y_{i,k}$ 分别为地区 i 的属性 l、k 的值；$\overline{y}_l$、$\overline{y}_k$ 分别为属性 l、k 的均值；σ_l、σ_k 分别为属性 l、k 的方差。$I_{l,k}$ 和 $I_{k,l}$ 的阈值范围均为[−1, 1]。$I_{l,k}>0$ 或 $I_{k,l}>0$，且通过显著性检验，表明属性 l、k 在空间分布上具有正相关特征；$I_{l,k}<0$ 或 $I_{k,l}<0$，表明属性 l、k 在空间分布上具有负相关特征；$I_{l,k}=0$ 或 $I_{k,l}=0$，表明属性 l、k 在空间分布上不存在相关性。

双变量局部空间自相关可以表征某一区域的属性与邻近区域的另一个属性的关联程度，相关计算公式如下：

$$I_{i,lk}=\frac{y_{i,l}-\overline{y}_l}{\sigma_l}\sum_{j=1}^{n}W_{ij}\frac{y_{i,k}-\overline{y}_k}{\sigma_k} \tag{5.17}$$

$$I_{i,kl}=\frac{y_{i,k}-\overline{y}_k}{\sigma_k}\sum_{j=1}^{n}W_{ij}\frac{y_{i,l}-\overline{y}_l}{\sigma_l} \tag{5.18}$$

式中，$I_{i,lk}>0$ 且通过显著性检验，说明区域 i 的属性 l 与邻近区域的属性 k 之间存在正向相关关系；$I_{i,lk}<0$ 且通过显著性检验，说明区域 i 的属性 l 与邻近区域的属性 k 之间存在负向相关关系；$I_{i,lk}=0$ 且通过显著性检验，说明区域 i 的属性 l 与邻近区域的属性 k 之间不存在相关关系。相应地，$I_{i,kl}>0$ 且通过显著性检验，说明区域 i 的属性 k 与邻近区域的属性 l 之间存在正向相关关系；$I_{i,kl}<0$ 且通过显著性检验，说明区域 i 的属性 k 与邻近区域的属性 l 之间存在负向相关关系；$I_{i,kl}=0$ 且通过显著性检验，说明区域 i 的属性 k 与邻近区域的属性 l 之间不存在相关关系。

5.1.4　网络 DEA 模型

1. *模型结构*

网络 DEA 模型将评价单元内部过程进行细化，将系统内部投入、产出要素进行整合，克服了传统 DEA 模型中无法考虑系统内部间的输入与输出问题，进而可对系统整体效率进行有效测度（Färe and Grosskopf，1996；程昀和杨印生，2013）。

图 5.2 中子过程 S_1、S_2、S_3 均有各自的外部输入（投入 1、投入 2、投入 3）及外部输出（产出 1、产出 2、产出 3）。鉴于决策单元 DMU_j 的三个子过程具有相对独立的特性，令 x_j^l、y_j^l 分别表示第 j 个决策单元子过程 $S_l(l\in\{1, 2, 3\})$的外部输入、外部输出，同时令 $z_j^{(k,l)}$、$z_j^{(l,k)}$ 分别表示第 j 个决策单元子过程 $S_l(l\in\{1, 2, 3\})$的所有内部输入、内部输出，并定义 $k=l$，$z_j^{(k,l)}=z_j^{(l,k)}=0$。决策单元 DMU_j 的任

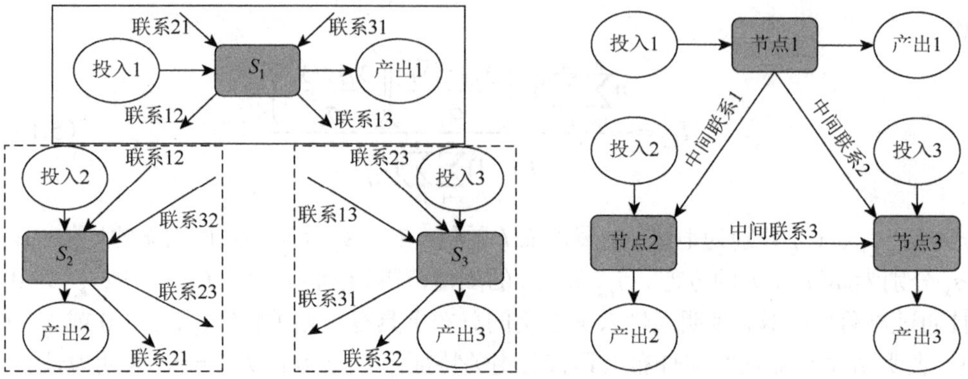

图 5.2　网络 DEA 结构分解及基本框架

意子过程 $S_l(l\in\{1, 2, 3\})$的投入、产出可以记为(x_j^l, $z_j^{(k,l)}$, y_j^l, $z_j^{(l,k)}$)。其中，$x_j^l \in R^{ml}$, $y_j^l \in R^{pl}$, $z_j^{(k,l)} \times z_j^{(l,k)} \in R^{ql}$, $x_j^l>0$，$y_j^l>0$，$z_j^{(k,l)} \times z_j^{(l,k)}>0$，$k=l=1, 2, 3$，$j=1, 2, \cdots, n$。

2. 生产可能集合的构建

子过程 $S_l(l\in\{1, 2, 3\})$的生产可能集 T_l 需要满足以下公理：

（1）平凡性公理。$k=1, 2, 3$；$j=1, 2, \cdots, n$。

（2）凸性公理。若 $\left(x_j^l, z_j^{(k,l)}, y_j^l, z_j^{(l,k)}\right)\in T_l$，$\left(\hat{x}_j^l, \hat{z}_j^{(k,l)}, \hat{y}_j^l, \hat{z}_j^{(l,k)}\right)\in T_l$，$\alpha\in[0, 1]$，则 $\alpha\left(x_j^l, z_j^{(k,l)}, y_j^l, z_j^{(l,k)}\right)+(1-\alpha)\left(\hat{x}_j^l, \hat{z}_j^{(k,l)}, \hat{y}_j^l, \hat{z}_j^{(l,k)}\right)\in T_l$。

（3）锥性公理。若 $\left(x_j^l, z_j^{(k,l)}, y_j^l, z_j^{(l,k)}\right)\in T_l$，则 $\alpha\left(\hat{x}_j^l, \hat{z}_j^{(k,l)}, \hat{y}_j^l, \hat{z}_j^{(l,k)}\right)=\left(\alpha\hat{x}_j^l, \alpha\hat{z}_j^{(k,l)}, \alpha\hat{y}_j^l, \alpha\hat{z}_j^{(l,k)}\right)\in T_l$。

（4）无效性公理。若 $\left(x_j^l, z_j^{(k,l)}, y_j^l, z_j^{(l,k)}\right)\in T_l$，$\hat{x}_j^l \geqslant x_j^l$，$\hat{z}_j^{(k,l)} \geqslant z_j^{(k,l)}$，$\hat{y}_j^l \geqslant y_j^l$，$\hat{z}_j^{(l,k)} \geqslant z_j^{(l,k)}$，$\hat{x}_j^l, \hat{z}_j^{(k,l)}, \hat{y}_j^l, \hat{z}_j^{(l,k)} \in T_l$。

（5）最小性公理。T_l 满足上述公理，并且在所有 T_l 中取最小值，可得

$$T_l = (x^l, z^{(k,l)}, y^l, z^{(l,k)}) \left| \sum_{j=1}^{n} x_j^l \lambda_j^l \leqslant x^l, \sum_{j=1}^{n} z_j^{(k,l)} \lambda_j^l \leqslant z^{(k,l)}, \sum_{j=1}^{n} z_j^{(l,k)} \lambda_j^l \leqslant z^{(l,k)} \right.$$

$$\lambda_j^l \geqslant 0, k=1,2,3; j=1, 2, \cdots, n$$

具有矩阵型网络结构的决策单元的生产可能集为

$$T=\{(x^1, z^{(k,1)}, y^1, z^{(1,k)}, x^2, z^{(k,2)}, y^2, z^{(2,k)}, x^3, z^{(k,3)}, y^3, z^{(3,k)}) \left| \left(x_j^l, z_j^{(k,l)}, y_j^l, z_j^{(l,k)}\right)\in T_l, k=1, 2, 3\right\}$$

3. 矩阵型网络 DEA 模型

考虑决策单元 DMU_{j_0} $(1\leqslant j_0 \leqslant n)$ 任意一个子系统 $s_l(l\in\{1, 2, 3\})$，该子系统效率的 DEA 评价模型如下：

$$
\max \psi_l = \frac{u_l y_0^l + \sum\limits_{\substack{k=1\\k\neq l}}^{m} \xi_{lk} z_0^{(l,k)}}{v_l x_0^l + \sum\limits_{\substack{k=1\\k\neq l}}^{m} \zeta_{kl} z_0^{(k,l)}} \qquad \text{s.t.}\begin{cases} \dfrac{u_l y_j^l + \sum\limits_{\substack{k=1\\k\neq l}}^{m} \xi_{lk} z_j^{(l,k)}}{v_l x_j^l + \sum\limits_{\substack{k=1\\k\neq l}}^{m} \zeta_{kl} z_j^{(k,l)}} \leqslant 1, & j=1,2,\cdots,m \\ u_l, v_l, \xi_{lk}, \zeta_{kl} \geqslant 0, & k=1,2,\cdots,m \end{cases} \tag{5.19}
$$

记 $x_0^l = x_{j0}^l$， $y_0^l = y_{j0}^l$， $z_0^{(k,l)} = z_{j0}^{(k,l)}$， $z_0^{(l,k)} = z_{j0}^{(l,k)}$，其中 $k=1, 2, 3$。

考虑中间输入输出的平衡性（Amatatsu and Ueda，2009），有

$$
\sum_{k=1}^{m} \zeta_{kl} z_j^{(k,l)} = \sum_{k=1}^{m} \xi_{kl} z_j^{(k,l)}
$$

可将式（5.19）整理为式（5.20）：

$$
\max \psi^l = \frac{u_l y_0^l + \sum\limits_{\substack{k=1\\k\neq l}}^{m} \xi_{lk} z_0^{(l,k)}}{v_l x_0^l + \sum\limits_{\substack{k=1\\k\neq l}}^{m} \zeta_{kl} z_0^{(k,l)}} \qquad \text{s.t.}\begin{cases} \dfrac{u_l y_j^l + \sum\limits_{\substack{k=1\\k\neq l}}^{m} \xi_{lk} z_j^{(l,k)}}{v_l x_j^l + \sum\limits_{\substack{k=1\\k\neq l}}^{m} \zeta_{kl} z_j^{(k,l)}} \leqslant 1, & j=1,2,\cdots,m \\ u_l, v_l, \xi_{lk} \geqslant 0, & k=1,2,\cdots,m \end{cases} \tag{5.20}
$$

令 $t = \dfrac{1}{v_l x_j^l + \sum\limits_{\substack{k=1\\k\neq l}}^{m} \xi_{kl} z_j^{(k,l)}}$， $\mu_l = t u_l$， $\omega_l = t v_l$， $\eta_l = t\xi_{lk}\,(k=1, 2, 3)$，式（5.20）可整理成线性规划模型：

$$
\max \mu_l y_0^l + \sum_{\substack{k=l\\k\neq l}}^{m} \eta_{lk} z_0^{(k,l)}
$$

$$
\text{s.t.}\begin{cases} \omega_l x_0^l + \sum\limits_{\substack{k=l\\k\neq l}}^{m} \eta_{kl} z_0^{(k,l)} = 1 \\ \mu_l y_j^l + \sum\limits_{\substack{k=l\\k\neq l}}^{m} \eta_{lk} z_0^{(l,k)} \leqslant \omega_l x_0^l + \sum\limits_{\substack{k=l\\k\neq l}}^{m} \eta_{kl} z_0^{(k,l)}, & j=1,2,\cdots,n \\ \mu_l, \omega_l, \eta_{lk} \geqslant 0, & k=1,2,\cdots,m \end{cases} \tag{5.21}
$$

可得式（5.21）的对偶型：

$$\min\left(\theta_l^1-\theta_l^2\right)$$

$$\text{s.t.}\begin{cases}\sum\limits_{j=1}^{n} y_j^l\lambda_j^l \geqslant y_0^l \\ \sum\limits_{j=1}^{n} z_j^{(k,l)}\lambda_j^l \leqslant \left(\theta_l^1-\theta_l^2\right) z_0^{(k,l)}, \quad k=1,2,3 \\ \sum\limits_{j=1}^{n} z_j^{(k,l)}\lambda_j^l \geqslant z_0^{(l,k)}, \quad k=1,2,3 \\ \lambda_j^l \geqslant 0, \quad j=1,2,\cdots,n \end{cases} \tag{5.22}$$

记 $\theta_l=\theta_l^1-\theta_l^2$，重写式（5.22）可得

$$(D^l)\quad \min\theta=V_D^l$$

$$\text{s.t.}\begin{cases}\sum\limits_{j=1}^{n} x_j^l\lambda_j^l \leqslant \theta_l x_0^l \\ \sum\limits_{j=1}^{n} x_j^l\lambda_j^l \geqslant y_0^l \\ \sum\limits_{j=1}^{n} z_j^{(l,k)}\lambda_j^l \leqslant \theta_l z_0^{(k,l)}, \quad k=1,2,3 \\ \sum\limits_{j=1}^{n} z_j^{(l,k)}\lambda_j^l \geqslant z_0^{(l,k)}, \quad k=1,2,3 \\ \lambda_j^l \geqslant 0, \quad k=1,2,\cdots,n \end{cases} \tag{5.23}$$

模型 $D^l(l\in\{1,2,3\})$（为书写方便，记为模型(D^l)）为评价矩阵型网络决策单元 $\mathrm{DMU}_{j_0}(1\leqslant j_0\leqslant n)$ 的子过程 $s^l(l\in\{1,2,3\})$ 有效性的 CCR（Charnes-Cooper-Rhodes，查恩斯-库珀-罗兹）模型。

决策单元 $\mathrm{DMU}_{j_0}(1\leqslant j_0\leqslant n)$ 的效率可通过子系统效率加权得到（Kao，2009），权重取值为每个子系统的投入占总投入的比重，记权重为

$$\beta_l=\frac{x_0^l}{\sum\limits_{l=1}^{3}x_0^l}\quad(l=1,2,3)\qquad \sum_{l=1}^{3}\beta_l=1 \tag{5.24}$$

则评价矩阵型网络决策单元 $\mathrm{DMU}_{j_0}(1\leqslant j_0\leqslant n)$ 效率的网络 DEA 模型可以表达为

$$\min \beta_1\theta_1 + \beta_2\theta_2 + \beta_3\theta_3 = V_D$$

$$\text{s.t.}\begin{cases} \sum_{j=1}^{n} y_j^l \lambda_j^l \geqslant y_0^l, & l = 1, 2, 3 \\ \sum_{j=1}^{n} z_j^{(k,l)} \lambda_j^l \leqslant \theta_l z_0^{(k,l)}, & l = 1, 2, 3; k = 1, 2, 3 \\ \sum_{j=1}^{n} z_j^{(l,k)} \lambda_j^l \leqslant z_0^{(l,k)}, & l = 1, 2, 3; k = 1, 2, 3 \\ \lambda_j^l \geqslant 0, & l = 1, 2, 3; k = 1, 2, \cdots, n \end{cases} \tag{5.25}$$

5.1.5 SNA 法

“社会网络”通常被认为由两部分组成：一是行动者（actor），二是“社会关系”。其中前者可以抽象为“点”，而后者可以抽象为“线”，因此，“社会网络”可看作是由多个点和多条线组成的集合体。需要注意的是，社会网络中的点由线进行连接，点之间的连接表示点之间的某种关系，关系可以是单向的，也可以是双向的。而社会网络分析（SNA）的本质是将“社会网络”中的点进行实体化，将点与点之间的“关系”进行定量化，该方法已经形成了完整的研究体系，被应用于社会科学和自然科学领域，并取得了丰富的研究成果。

1. 关系的确立

社会网络分析本质是研究要素之间的关系，对各种关系进行定量刻画，因此，空间关联网络结构建立的前提条件是各个要素之间“关系”的确定与建立。现有研究中，主要采用基于“空间距离”视角的贸易引力模型（gravity model of trade）和基于“因果关系”视角的向量自回归（vector autoregressive，VAR）模型来判断各个要素之间的相互作用关系，进而确定要素之间的“关系”（黄杰，2018；孙才志等，2020），但由于水-能源-粮食纽带系统效率是由各投入产出指标计算得到的相对效率，并且涉及参数较多，贸易引力模型难以准确、有效地衡量区域之间效率的“关系”。因此，采用基于 VAR 结构框架下的格兰杰因果检验方法确定中国省际水-能源-粮食纽带系统效率之间的空间关联关系，据此构建中国省际水-能源-粮食纽带系统效率空间关联网络。首先，定义两个地区（地区 A 和地区 B）水-能源-粮食纽带效率时间序列分别为$\{X_t\}$、$\{Y_t\}$，然后构建两个 VAR 模型检验两个地区的水-能源-粮食纽带效率变动是否存在格兰杰因果关系，具体计算公式如下：

$$X_t = \alpha_1 + \sum_{i=1}^{m} \beta_{1,i} X_{t-1} + \sum_{i=1}^{n} \gamma_{1,i} Y_{t-i} + \varepsilon_{1,t} \tag{5.26}$$

$$Y_t = \alpha_2 + \sum_{i=1}^{p} \beta_{2,i} X_{t-1} + \sum_{i=1}^{q} \gamma_{2,i} Y_{t-i} + \varepsilon_{2,t} \tag{5.27}$$

式中，$\alpha_i, \beta_i, \gamma_i\ (i=1,2)$为待估计参数；$\varepsilon_{i,t}(i=1,2)$为残差项，服从正态分布；$m$、$n$、$p$、$q$为自回归项的滞后阶数。若检验结果显示$X$是引起$Y$变化的格兰杰因时，则表示地区 A 对地区 B 存在显著的空间关联效应，并据此得到一条由地区 A 指向地区 B 的连接线，依此类推可构建中国省际水-能源-粮食纽带效率的空间关联网络结构。

2. 中国水-能源-粮食纽带系统效率空间关联网络结构特征

基于“关系数据”，常采用网络密度（network density，ND）、网络关联度（network connectedness，NC）、网络等级（network hierarchy，NH）及网络效率（network efficiency，NE）四个指标对空间关联网络整体结构特征进行衡量（孙才志等，2020），度数中心度（degree centrality，DC）、接近中心度（closeness centrality，CC）和中介中心度（betweenness centrality，BC）常被用于衡量空间关联网络个体结构特征（冯颖等，2020）。基于此，采用上述七个指标对中国水-能源-粮食纽带系统效率空间关联网络结构的整体/个体特征进行分析。

（1）网络密度（ND）。常用于表征中国省际水-能源-粮食纽带系统效率空间关联效应，该数值由小到大表明水-能源-粮食纽带系统效率的空间关联关系趋于紧密，相关公式如下：

$$\mathrm{ND}=\frac{a}{b(b-1)/2} \tag{5.28}$$

式中，ND 为网络密度，取值范围为[0, 1]；a 为实际存在的关系数量；b 为研究区个数。

（2）网络关联度（NC）。用于测度中国省际水-能源-粮食纽带系统效率空间关联网络的稳健性。若该数值为 1，表明所有地区与其他地区之间均存在至少一条关系；否则，表明空间关联网络结构中存在“孤岛”。相关公式如下：

$$\mathrm{NC}=1-\frac{V}{b(b-1)/2} \tag{5.29}$$

式中，V 为可达矩阵对角线上“0”的个数；b 为研究区个数；$b(b-1)/2$ 为理论上区域间存在的最大关系数量。

（3）网络等级（NH）。常被用于衡量网络节点中的非对称可达程度，该数值的大小反映了网络等级的高低，也反映了各地区在水-能源-粮食纽带系统效率空间关联网络中的差异性大小。如果差异性大，则少数地区为网络的核心节点，多数地区处于网络的边缘位置。相关公式如下：

$$\mathrm{NH}=1-\frac{S}{\max(S)} \tag{5.30}$$

式中，S 为空间关联网络结构中对称的节点对数；$\max(S)$为地区 A 可达地区 B 或者地区 B 可达地区 A 的关系数，显然，网络等级是针对有向图来的。

（4）网络效率（NE）。用于反映水-能源-粮食纽带系统效率空间关联渠道的多少，效率值越低，表明水-能源-粮食纽带系统效率空间关联渠道越多，网络结构越稳定。相关公式如下：

$$\mathrm{NE}=\frac{K}{\max(K)} \tag{5.31}$$

式中，K 为空间关联网络结构中实际多余的关系数量；$\max(K)$为最大可能的多余关系数量。

（5）度数中心度（DC）。主要用于表示各地区在空间网络中的地位，数值越大，表明该地区在网络中与其他地区的联系越紧密，同时也说明该地区在水-能源-粮食纽带系统效率网络中处于核心地位。相关公式如下：

$$\mathrm{DC}=d(b-1) \tag{5.32}$$

式中，d 为在空间关联网络中某地区与其他地区之间直接关系的数量；b 为研究区个数。

（6）接近中心度（CC）。主要用于表征各地区水-能源-粮食纽带效率“不受其他地区控制”的程度，数值越大，说明该地区与网络中的其他地区之间的“距离”越近，越容易与其他地区产生直接的联系，是空间关联网络中的中心行动者。相关公式如下：

$$\mathrm{CC}=\sum_{j=1}^{b} l_{ij} \tag{5.33}$$

式中，l_{ij} 为地区 i 与地区 j 之间的捷径距离，即捷径中包含的关系数量；b 为研究区个数。

（7）中介中心度（BC）。常用于表征在空间关联关系中某地区控制其他地区的程度，数值越大，说明该地区越能控制其他地区在水-能源-粮食纽带系统效率方面的空间关联关系，表明该地区在区域水-能源-粮食纽带系统效率的空间关联网络的形成中起着关键的桥梁或中介作用。相关公式如下：

$$\mathrm{BC}=\frac{2\sum_{p}^{b}\sum_{q}^{b} n_{pq}(i)}{b^{3}-b^{2}+2} \tag{5.34}$$

$$n_{pq}(i)=g_{pq}(i)/g_{pq} \tag{5.35}$$

式中，g_{pq} 为节点 p 与 q 之间的捷径数量，$g_{pq}(i)$为节点 p 与 q 经过节点 i 的数量；$n_{pq}(i)$ 为节点 i 处于节点 p、q 之间捷径数量上的概率，$p \neq q \neq i$ 且 $p<q$；b 为研究区个数。

3. 中国水-能源-粮食纽带系统效率空间关联网络块模型分析

块模型（block model）分析常用于揭示和刻画空间关联网络中各个要素（节点）

的聚集现象、各个要素（节点）在板块内及板块间的相互作用关系，其可通过对板块之间的关系发送或接收情况来判断各板块在网络结构中的状态及作用，是社会网络空间聚类分析的重要手段。参考吴志才等（2020）、刘华军和何礼伟（2016）的研究成果，中国省际水-能源-粮食纽带系统效率空间关联网络中的板块分为“净溢出”板块、“双向溢出”板块、“净受益”板块和“中介人”板块四种类型。各个类型板块的含义与具体计算公式见文献黄杰（2018）、刘华军和何礼伟（2016）等。

5.1.6 数据来源

本章以 30 个省级行政区为研究区，在中国水-能源-粮食纽带系统效率评价指标体系中，能源子系统能源生产过程中的水资源消耗量主要包括三种化石能源（煤炭、石油、天然气）以及五种发电能源（火能、水能、核能、风能、太阳能）在其开采、加工、生产过程中对区域水资源的消耗量，相关计算方法见文献郝帅等（2021）。此外，在能源子系统中，利用熵值法对五种污染物（工业二氧化硫排放量、工业固体废弃物产生量、工业废气排放量、工业废水排放量、工业烟粉尘排放量）进行计算，得到污染指数，并将其纳入非期望产出指标。粮食子系统中能源投入主要包括农业用电量、农用柴油使用量、农药使用量、化肥使用量，其中农业用电量来源于《中国电力统计年鉴》。此外，电、柴油的平均低位发热量参考 2020 年《中国能源统计年鉴》，农药及化肥的相关能源折减系数的相关选取参考文献 Sun 等（2021）。

5.2 中国水-能源-粮食纽带系统效率评价指标体系构建

根据网络 DEA 结构分解及基本框架，同时将非期望产出纳入评价指标体系，具体情况如表 5.1 所示。

表 5.1 中国水-能源-粮食纽带系统效率评价指标体系

<table>
<tr><th colspan="2">各子系统</th><th>指标类型</th><th>指标选取</th></tr>
<tr><td rowspan="6">水-能源-粮食纽带系统效率评价指标体系</td><td rowspan="6">水资源子系统（W）</td><td rowspan="4">投入指标</td><td>水的生产及水利管理投资（以 1997 年为基期）（亿元）</td></tr>
<tr><td>生产、生活、生态用水总量（亿 m^3）</td></tr>
<tr><td>水的生产及水利管理从业人员（万人）</td></tr>
<tr><td>水资源生产过程中的能源消耗量（万 t 标准煤）</td></tr>
<tr><td>期望产出指标</td><td>国内生产总值（以 1997 年为基期）（亿元）</td></tr>
<tr><td>非期望产出指标</td><td>废水排放总量（亿 m^3）</td></tr>
</table>

续表

	各子系统	指标类型	指标选取
水-能源-粮食纽带系统效率评价指标体系	能源子系统（E）	投入指标	能源工业投资（亿元）
			能源消费总量（万 t 标准煤）
			采矿业、电力、热力及燃气生产和供应业人数（万人）
			能源生产过程的水资源消耗量（亿 m^3）
		期望产出指标	国内生产总值（以 1997 年为基期）（亿元）
		非期望产出指标	污染指数（量纲一）
	粮食子系统（F）	投入指标	农业生产投资额（亿元）
			农业从业人员（万人）
			粮食灌溉用水量（亿 m^3）
			粮食播种面积（hm^2）
			农业生产过程中的能源消耗（kcal）
			地膜覆盖面积（hm^2）
		期望产出指标	粮食生产总值（亿元）
		非期望产出指标	农业灰水足迹（亿 m^3）

5.3　中国水-能源-粮食纽带系统效率测度及时空格局演变分析

中国是一个区域资源要素禀赋差异极大的国家，各地区在资本、劳动力、科技水平、管理水平、产业结构、能源消费结构及水资源禀赋方面均存在较大差异，致使不同地区拥有不同的技术前沿，若忽视地区差异而采用共同前沿对中国水-能源-粮食纽带系统效率进行测度，则各地区真实水-能源-粮食纽带系统效率的测度不可避免地会产生误差。基于此，通过构造共同前沿与群组前沿函数，对中国水-能源-粮食纽带系统效率的时空差异进行分析，以期能更为准确地反映各地区的资源利用情况。

5.3.1　共同前沿与群组前沿下水-能源-粮食纽带系统效率对比分析

利用共同前沿与群组前沿方法测算了中国八大群组共同前沿和群组前沿下的水-能源-粮食纽带系统效率，同时参考现有研究成果（Han et al.，2020），将水-能源-粮食纽带系统效率值划分为Ⅰ～Ⅴ个级别，即Ⅰ级为低效率水平（0<效率

值≤0.4)，Ⅱ级为较低效率水平（0.4＜效率值≤0.6)，Ⅲ级为中等效率水平（0.6＜效率值≤0.8)，Ⅳ级为较高效率水平（0.8＜效率值＜1)，Ⅴ级为高效率水平（效率值＝1)，结果如图 5.3 和图 5.4 所示。

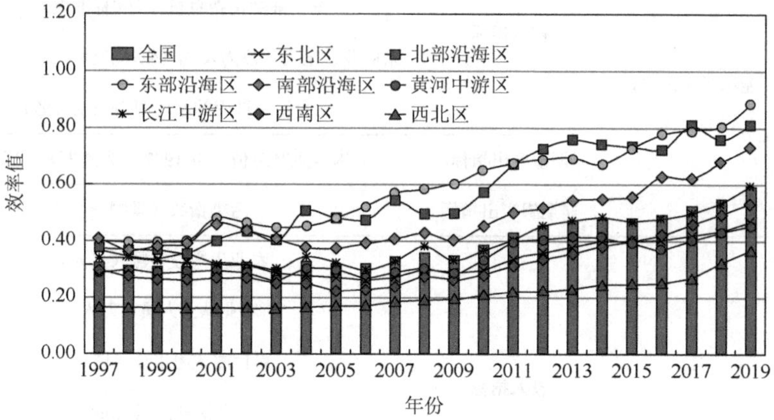

图 5.3　1997～2019 年中国八大群组共同前沿面下水-能源-粮食纽带系统效率

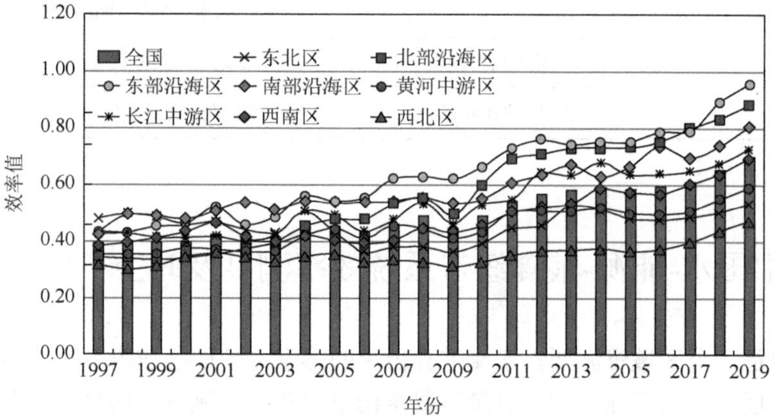

图 5.4　1997～2019 年中国八大群组前沿面下水-能源-粮食纽带系统效率

由图 5.3 可知，共同前沿下，1997～2019 年中国水-能源-粮食纽带系统效率呈逐年上升趋势，由研究初期的 0.32（低效率）上升至研究末期的 0.60（较低效率)，增幅 87.50%，年均增长率 2.90%。分时段来看，1997～2010 年水-能源-粮食纽带系统效率值变动幅度较小，相比 1997 年，2010 年水-能源-粮食纽带系统效率值增加了 19%，整体处于低效率水平（0.4）以内，2011～2019 年水-能源-粮食纽带系统效率值增幅达到 38.54%，上升速度较快。从各区域来看，除个别年份以外，西南区、东北区、黄河中游区及西北区的水-能源-粮食纽带系统效率值均低于相同时期内的全国平均值。其中东北区和西南区的水-能源-粮食纽带系统效率呈现先降后升的变化趋势，研究期内水-能源-粮食纽带系统效率值增幅分别为 37.60% 和 80.04%；西北区水-能源-粮食纽带系统效率值虽然在研究期内的增幅（123.62%）及年均增长率（3.73%）均为最大，但由于该区域经济规模较小、科技水平较低及区域环境较为脆弱等，整个研究期内的水-能源-粮食纽带系统效率均值为低效率水平（0.4）以内；长江中游区的水-能源-粮食纽带系统效率值与全国变化趋势较为一致；而北部沿海区、东部沿海区及南部沿海区的水-能源-粮食纽带系统效率值在研究期内均高于全国平均水平，其中东部沿海区和北部沿海地区的水-能源-粮食纽带系统效率值在研究期内增幅均超过 110%，年均增长率分别为 3.63%和 3.55%。

由图 5.4 可知，在群组前沿下，1997～2019 年中国水-能源-粮食纽带系统效率呈逐年上升的趋势，由研究初期的 0.41（低效率水平）上升至研究末期的 0.71（中等效率水平），增幅 73.17%，年均增长率为 2.53%。分时段来看，1997～2010 年水-能源-粮食纽带系统效率值变动幅度较小，相比 1997 年，2010 年水-能源-粮食纽带系统效率值增加了 25.30%，2011～2019 年水-能源-粮食纽带系统效率值增幅提升至 29.58%，上升速度较快。从各区域来看，除个别年份以外，西南区、东北区、黄河中游区以及西北区的水-能源-粮食纽带系统效率值均低于相同时间内的全国平均值。其中西南区的水-能源-粮食纽带系统效率值与全国变化趋势较为一致。而东北区的水-能源-粮食纽带系统效率呈现先降后升的变化趋势，研究期内水-能源-粮食纽带系统效率值增幅为 11.57%，年均增幅最小，仅为 0.50%；西北区水-能源-粮食纽带系统效率值在研究期内增幅为 48.85%，年均增长率为 1.82%，但由于该区域经济规模较小、科技水平较低及区域环境较为脆弱等，整个研究期内的水-能源-粮食纽带系统效率值处于较低水平；长江中游区、北部沿海区、东部沿海区和南部沿海区的水-能源-粮食纽带系统效率值除个别年份以外均高于全国平均水平，其中东部沿海区和北部沿海区的水-能源-粮食纽带系统效率值在研究期内的增幅均超过 120%，年均增长率分别为 4.39%和 3.65%。此外，由于东都沿海地区经济规模较大，科技水平、管理经验及产业结构等相比其他地区具有比较优势，该地区一方面在水资源、能源及粮食生产过程中资源利用效率较高，另一方面，非期望产出相对较少，因此东部沿海地区的水-能源-粮食纽带系统效率值最高。整体而言，受资源禀赋及经济发展水平等因素的影响，中国水-能源-粮食纽带系统效率值的区域差异显著。

5.3.2　不同前沿下水-能源-粮食纽带系统效率平均值及技术落差比率

在上述结果的基础上，得到 1997～2019 年中国省际不同前沿下水-能源-粮食纽带系统效率平均值及技术落差比率，结果如表 5.2 所示。

表 5.2 1997～2019 年中国省际不同前沿下水-能源-粮食纽带系统效率平均值及技术落差比率

群组	省（区、市）	共同前沿					群组前沿					TGR
		1997年	2004年	2012年	2019年	平均值	1997年	2004年	2012年	2019年	平均值	
东北区	辽宁	0.321	0.289	0.430	0.516	0.365	0.364	0.400	0.467	0.419	0.453	0.871
	吉林	0.282	0.251	0.365	0.415	0.322	0.477	0.460	0.463	0.446	0.477	0.722
	黑龙江	0.499	0.295	0.285	0.475	0.343	0.592	0.648	0.439	0.499	0.547	0.687
	平均值	0.367	0.278	0.360	0.469	0.343	0.478	0.503	0.456	0.455	0.492	0.760
北部沿海区	北京	0.296	0.382	0.753	1.000	0.574	0.340	0.429	0.800	0.603	0.642	0.952
	天津	0.357	0.380	0.742	0.874	0.549	0.406	0.400	0.749	0.572	0.614	0.960
	河北	0.341	0.448	0.484	0.465	0.454	0.359	0.698	0.569	0.654	0.484	0.938
	山东	0.358	0.542	0.807	0.864	0.614	0.428	0.546	0.841	0.638	0.704	0.962
	平均值	0.338	0.438	0.697	0.801	0.548	0.383	0.518	0.740	0.617	0.611	0.953
东部沿海区	上海	0.474	0.544	0.768	1.000	0.675	0.478	0.589	0.907	0.688	0.744	0.981
	江苏	0.342	0.398	0.705	0.801	0.568	0.411	0.698	0.738	0.655	0.712	0.867
	浙江	0.391	0.368	0.594	0.850	0.525	0.418	0.433	0.628	0.557	0.586	0.943
	平均值	0.402	0.437	0.689	0.884	0.589	0.436	0.573	0.758	0.633	0.681	0.930
南部沿海区	福建	0.463	0.442	0.546	0.823	0.552	0.590	0.519	0.585	0.564	0.638	0.979
	广东	0.436	0.461	0.614	0.825	0.760	0.549	0.739	0.928	0.800	0.804	0.950
	海南	0.198	0.230	0.386	0.546	0.323	0.274	0.362	0.387	0.382	0.395	0.846
	平均值	0.366	0.378	0.515	0.731	0.545	0.471	0.540	0.633	0.582	0.612	0.925
黄河中游区	山西	0.257	0.237	0.302	0.380	0.279	0.261	0.320	0.381	0.336	0.360	0.830
	内蒙古	0.194	0.174	0.343	0.368	0.239	0.263	0.230	0.381	0.299	0.324	0.799
	陕西	0.329	0.264	0.380	0.468	0.338	0.529	0.521	0.680	0.630	0.638	0.537
	河南	0.330	0.533	0.584	0.602	0.465	0.427	0.596	0.594	0.510	0.556	0.912
	平均值	0.278	0.302	0.402	0.455	0.330	0.370	0.417	0.509	0.444	0.470	0.770
长江中游区	湖北	0.401	0.592	0.682	0.789	0.549	0.412	0.725	0.966	0.637	0.734	0.862
	湖南	0.336	0.319	0.419	0.512	0.378	0.428	0.45	0.528	0.460	0.500	0.822
	安徽	0.275	0.218	0.309	0.440	0.283	0.443	0.421	0.554	0.551	0.579	0.514
	江西	0.350	0.251	0.411	0.594	0.362	0.411	0.424	0.518	0.465	0.495	0.778
	平均值	0.341	0.345	0.455	0.584	0.393	0.424	0.505	0.642	0.528	0.577	0.744
西南区	广西	0.447	0.334	0.446	0.499	0.423	0.449	0.418	0.513	0.479	0.485	0.883
	贵州	0.131	0.094	0.168	0.326	0.162	0.418	0.411	0.507	0.481	0.498	0.337
	云南	0.155	0.132	0.190	0.297	0.173	0.338	0.364	0.475	0.422	0.445	0.410
	重庆	0.318	0.262	0.363	0.633	0.340	0.356	0.394	0.462	0.427	0.463	0.796
	四川	0.356	0.418	0.513	0.908	0.498	0.429	0.511	0.628	0.590	0.642	0.844
	平均值	0.281	0.248	0.336	0.533	0.319	0.398	0.420	0.517	0.480	0.507	0.654

续表

群组	省（区、市）	共同前沿					群组前沿					TGR
		1997 年	2004 年	2012 年	2019 年	平均值	1997 年	2004 年	2012 年	2019 年	平均值	
西北区	甘肃	0.214	0.141	0.283	0.440	0.282	0.420	0.257	0.377	0.396	0.390	0.712
	青海	0.120	0.133	0.208	0.261	0.170	0.341	0.384	0.439	0.387	0.408	0.439
	宁夏	0.093	0.084	0.157	0.221	0.130	0.297	0.361	0.395	0.377	0.389	0.345
	新疆	0.206	0.193	0.245	0.406	0.247	0.231	0.219	0.247	0.300	0.312	0.823
	平均值	0.158	0.138	0.223	0.332	0.207	0.322	0.305	0.365	0.365	0.375	0.580
全国		0.316	0.320	0.460	0.598	0.409	0.410	0.473	0.577	0.513	0.541	0.789

由表 5.2 可知，八大群组技术落差比率平均值依次为：北部沿海区（0.953）＞东部沿海区（0.930）＞南部沿海区（0.925）＞黄河中游区（0.770）＞东北区（0.760）＞长江中游区（0.744）＞西南区（0.654）＞西北区（0.580）。北部沿海区的技术落差比率平均值最大，达到 0.953，表明其达到共同前沿水-能源-粮食纽带系统效率的 95.3%，东部沿海区和南部沿海区的技术落差比率平均值均在 0.900 以上，表明其达到共同前沿水-能源-粮食纽带系统效率的 92.5%～93.0%，分别存在 7%～7.5%的效率改善空间，黄河中游区、东北区、长江中游区的技术落差比率平均值均在 0.700～0.800，表明上述地区分别达到共同前沿水-能源-粮食纽带系统效率的 77%、76%、74.4%，分别存在 23%、24%和 25.6%的效率改善空间，西南地区的技术落差比率平均值为 0.654，表明其达到共同前沿水-能源-粮食纽带系统效率的 65.4%，存在 34.6%的效率改善空间，而西北区的技术落差比率平均值为 0.789，从群组前沿下水-能源-粮食纽带系统效率来看，存在 21.1%的效率改善空间。

从各地区水-能源-粮食纽带系统效率来看：东北区的辽宁（0.871）、吉林（0.722）、黑龙江（0.687）的技术效率落差比率平均值依次下降，共同前沿下表现最差的是吉林，群组前沿下表现最差的是辽宁，其水-能源-粮食纽带系统效率值分别为 0.322、0.453；北部沿海区各个省（市）的技术效率落差比率平均值均超过了 0.900，其中山东最大，达到了 0.962，而无论在共同前沿下还是群组前沿下，河北的水-能源-粮食纽带系统均表现最差，分别存在 54.6%、51.6%的效率改善空间；东部沿海区的江苏技术效率落差比率平均值最小，为 0.867，但无论在共同前沿下还是群组前沿下，浙江的水-能源-粮食纽带系统均表现最差，分别存在 47.5%、41.4%的效率改善空间；南部沿海区海南的技术效率落差比率平均值最小，为 0.846，同时，在共同前沿和群组前沿下，海南的水-能源-粮食纽带系统效率均为最低，分别为 0.323 和 0.395，分别存在 67.7%和 60.5%的效率改善空间；黄河中游区的陕西技术效率落差比率平均值最小，为 0.537，而内蒙古不论在共同前沿还是群组前沿下，其水-能源-粮食纽带系统效率值均为最低，分别为0.239、0.324，分别存在76.1%和67.6%的效率提升空间；长江中游区安徽的技术效率落差比率平均值最小，为0.514，在共同前沿下，安徽的水-能源-粮食纽带系统效率值最低（0.283），在群组前沿下，江西的水-能源-粮食纽带系统效率值最低（0.495），分别存在71.7%和50.5%的效率提升空间；西南区贵州的技术效率落差比率平均值最小，仅为0.337，在共同前沿下，表现最差的为贵州，在群组前沿下，云南表现最差，其水-能源-粮食纽带系统效率值分别为0.162和0.445，分别存在83.8%和55.5%的效率提升空间；西北区宁夏的技术效率落差比率平均值最小，为0.345，在共同前沿下，宁夏的水-能源-粮食纽带系统效率值最低，为0.130，在群组前沿下，新疆的水-能源-粮食纽带系统效率值最低，为0.312，分别存在87%和68.8%的效率提升空间。

综上所述，中国八大群组共同前沿与群组前沿下的水-能源-粮食纽带系统效率值存在较大的差异性，原因在于中国30个省（区、市）相对于不同技术前沿水-能源-粮食纽带系统效率存在较大的技术缺口。总体而言，中国30个省（区、市）不论是在共同前沿还是群组前沿下，水-能源-粮食纽带系统效率值均小于1，为DEA非有效区，与此同时，很多地区的水-能源-粮食纽带系统效率值均小于全国平均水平，说明中国水-能源-粮食纽带系统效率普遍偏低，这也表明中国各地区在资源利用、环境污染治理、能源消费结构等方面存在较大差异。未来，东部地区应重点帮扶中西部地区，实现产业结构升级，提升资源利用效率，中西部地区需兼顾粮食与能源生产的双重压力，尤其是西北地区，更需要面对水资源短缺所带来的挑战，未来应主动引进东部先进的生产管理经验，降低本区域的生态环境负荷，实现资源、环境与社会的协调发展。

5.4　中国水-能源-粮食纽带系统效率空间关联网络结构研究

5.4.1　中国水-能源-粮食纽带系统效率空间关联网络特征分析

1. 中国水-能源-粮食纽带系统效率空间关联网络整体特征分析

根据相关公式对30个省（区、市）的水-能源-粮食纽带系统效率值进行检验，进而构造了省际水-能源-粮食纽带系统效率空间关联关系矩阵，并据此绘制了中国省际水-能源-粮食纽带系统效率空间关联网络图，结果如图5.5所示。

中国省际水-能源-粮食纽带系统效率空间关联网络整体特征表明：①网络密度。由于30个省（区、市）之间存在的最大关系数为870（30×29），但根据格兰杰因果检验，识别到的关系数（通过5%显著性检验）仅为348，因此中国省际水-能源-粮食纽带系统效率空间关联网络密度为0.400，说明在1997～2019年中国省际水-能源-粮食纽带系统效率存在显著的相关关系，但就数值而言，空间关

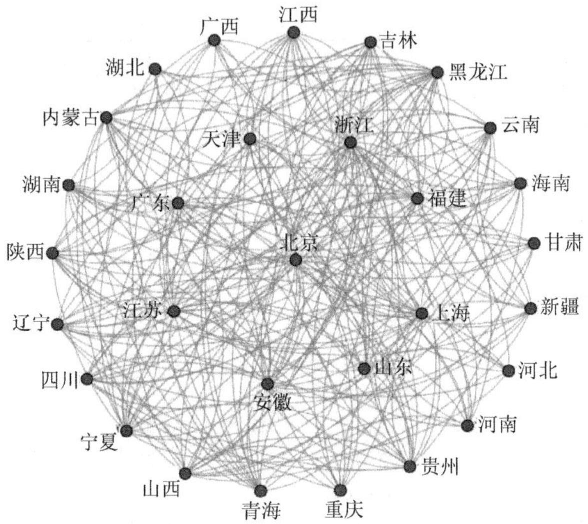

图 5.5　1997～2019 年中国省际水-能源-粮食纽带系统效率空间关联网络

联关系的紧密程度较低。②网络关联度。网络关联度数值为 1，说明所有省（区、市）之间水-能源-粮食纽带系统效率均存在关联关系，即不存在“孤岛”的现象，表明研究期内中国省际水-能源-粮食纽带系统效率在空间关联网络中的连接性较好，也反映出各个省（区、市）之间均存在溢出关系。③网络等级。网络等级数值为 0.741，网络等级较高，表明中国省际水-能源-粮食纽带系统效率空间关联网络中，各个省（区、市）之间存在较为明显的核心-边缘的结构特征，也进一步说明了各省（区、市）水-能源-粮食纽带系统效率的地区差异显著，与表 5.3 所得结论相一致。④网络效率。网络效率值为 0.328，表明空间关联网络中存在较少的冗余关联关系，也说明中国省际水-能源-粮食纽带系统效率空间溢出路径不存在明显的叠加现象，空间关联网络的稳定性较好。

2. 中国水-能源-粮食纽带系统效率空间关联网络个体结构特征分析

为探究中国 30 个省（区、市）在水-能源-粮食纽带系统效率空间关联网络的影响程度，利用相关公式对 30 个省（区、市）的个体网络特征进行测度，在此基础上绘制了中国省际水-能源-粮食纽带系统效率因果关系图及净溢出关系数量图，结果见表 5.3、图 5.6 和图 5.7。

表 5.3　1997～2019 年中国省际水-能源-粮食纽带系统效率空间关联网络的中心性

省（区、市）	度数中心度				接近中心度		中介中心度	
	点出度	点入度	中心度	排序	中心度	排序	中心度	排序
北京	17	6	75.790	6	70.697	5	12.810	5
天津	18	9	79.310	2	71.375	3	12.904	4

续表

省（区、市）	度数中心度				接近中心度		中介中心度	
	点出度	点入度	中心度	排序	中心度	排序	中心度	排序
河北	15	10	75.754	7	69.363	9	11.648	8
山西	9	12	62.069	22	63.759	21	5.150	23
内蒙古	11	12	68.966	16	67.164	15	9.683	13
辽宁	13	11	75.682	9	69.569	8	9.920	12
吉林	8	16	62.009	24	63.215	22	6.138	18
黑龙江	9	8	65.517	20	65.341	19	5.892	19
上海	18	8	75.826	5	71.036	4	13.226	3
江苏	18	10	78.930	3	72.857	2	15.658	1
浙江	22	4	89.655	1	80.625	1	13.906	2
安徽	13	12	75.610	11	68.378	13	11.601	9
福建	12	7	72.414	14	66.716	16	8.173	15
江西	9	12	65.486	21	62.894	23	5.352	21
山东	15	7	75.718	8	70.024	7	12.418	6
河南	13	10	75.646	10	68.378	12	10.445	10
湖北	11	7	72.379	15	67.829	14	8.298	14
湖南	9	17	68.867	19	66.368	17	5.659	20
广东	18	8	75.862	4	70.366	6	12.261	7
广西	8	23	61.979	25	61.704	25	4.946	24
海南	10	11	68.933	17	65.934	18	7.271	17
重庆	12	12	75.538	13	68.705	11	7.952	16
四川	12	7	75.574	12	69.033	10	10.317	11
贵州	7	17	61.949	26	61.359	26	4.820	26
云南	5	17	51.699	29	57.442	28	4.810	27
陕西	10	12	68.900	18	64.359	20	5.164	22
甘肃	7	16	58.621	27	60.732	27	3.892	28
青海	6	17	51.724	28	56.476	29	2.439	30
宁夏	4	16	51.674	30	55.864	30	3.880	29
新疆	9	14	62.039	23	62.379	24	4.927	25
平均值	11.6	11.6	69.337	—	66.331	—	8.385	—

1）关联关系变化情况

由表 5.3 可知，度数中心度的点出度和点入度分别表征该地区向其他地区发出的关系数量和接收来自其他地区的关系数量。研究期内，有 14 个省（区、市）的溢出关系数量大于平均值（11.6），其中浙江、天津、上海、江苏、广东为排名前五的省（市），而青海、云南、宁夏的溢出关系数量较少。从接收关系数量来看，15 个省（区、市）大于平均值（11.6），其中广西、湖南、贵州、青海、云南等地区的接收数量较少，山东、福建、湖北、北京、浙江等地区的接收关系数量较多。结合图 5.6 和图 5.7 可知，净溢出关系数为正值的地区有 15 个，其中浙

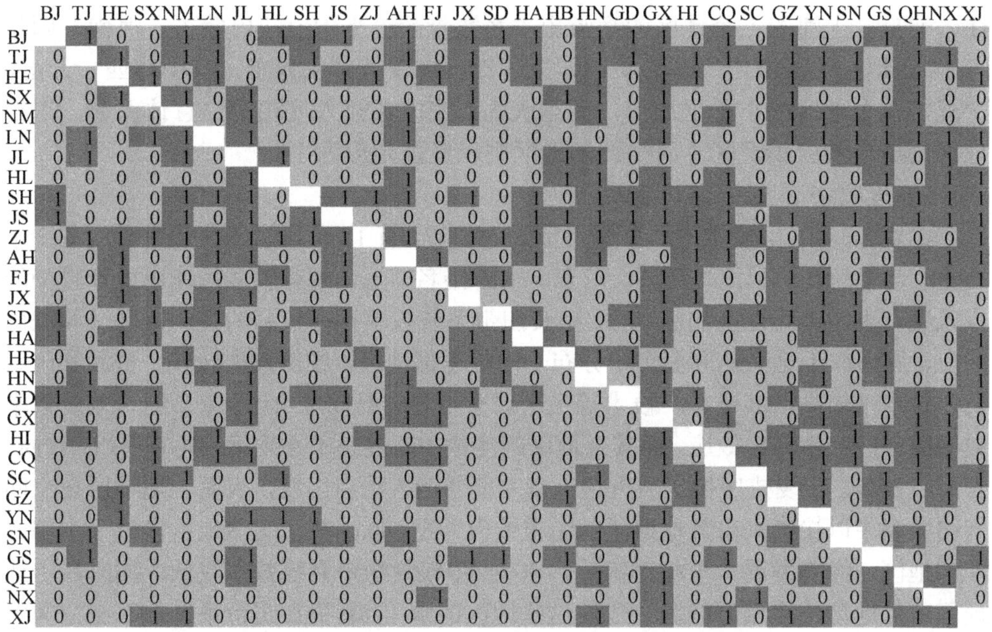

图 5.6　中国省际水-能源-粮食纽带系统效率因果关系

图中 BJ、TJ、HE、SX、NM、LN、JL、HL、SH、JS、ZJ、AH、FJ、JX、SD、HA、HB、HN、GD、GX、HI、CQ、SC、GZ、YN、SN、GS、QH、NX、XJ 分别表示北京、天津、河北、山西、内蒙古、辽宁、吉林、黑龙江、上海、江苏、浙江、安徽、福建、江西、山东、河南、湖北、湖南、广东、广西、海南、重庆、四川、贵州、云南、陕西、甘肃、青海、宁夏、新疆；其中 1 代表两个地区之间存在因果关系，否则为 0，对角线无数据；图中行数据中的 1 代表该地区向其他地区的溢出关系，列数据中的 1 代表该地区接受来自其他地区的溢出关系

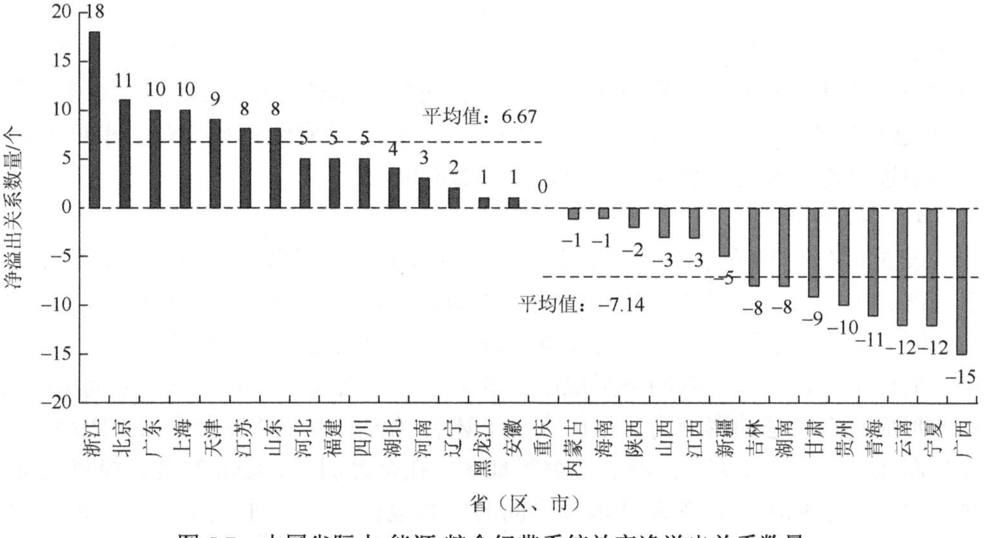

图 5.7　中国省际水-能源-粮食纽带系统效率净溢出关系数量

江、北京、上海等七个地区的净溢出关系数量超过平均值，内蒙古、海南、四川等 14 个地区的净溢出关系为负，即上述地区以受益效应为主，其中广西、云南、宁夏等八个地区的小于平均值，而重庆的点出度与点入度相等。总体而言，东部地区为溢出效应集聚区，而中西部地区则以受益效应为主。

2）度数中心度

由表 5.3 可知，度数中心度平均值为 69.337。有 15 个地区的度数中心度大于平均值，其中浙江、天津、江苏、广东、上海排名前五，拥有较多的点出度和较少的点入度，表明上述地区的水-能源-粮食纽带系统效率存在较高的空间关联性和溢出效应，原因在于这些地区多集中分布于中国东部地区，经济发展较快，资源利用率及科技水平较高，其资本、技术等生产要素则更容易向水-能源-粮食纽带系统效率较低的地区产生溢出效应。而其余地区的度数中心度小于平均值，其中贵州、甘肃、青海、云南、宁夏排序位居后五位，点入度普遍大于点出度，表明上述地区在空间网络关联中以接收来自其他地区的溢出效应为主，原因在于这些地区多位于中国的西部地区，经济发展水平相对落后，水-能源-粮食纽带系统效率较低。同时，上述地区所处地理位置相对偏远，致使这些地区的水-能源-粮食纽带系统效率在空间上与其他地区的关联性较弱，未来应提高与其他地区的关联程度，进而增加水-能源-粮食纽带系统效率的空间溢出路径。

3）接近中心度

由表 5.3 可知，接近中心度平均值为 66.331。浙江、江苏、天津等 17 个地区的度数中心度大于全国平均值，其中浙江、江苏、天津、上海、北京排名前五，说明在省际水-能源-粮食纽带系统效率空间关联网络中，上述地区与其余地区之间的距离相对较短，在网络中扮演者“核心”的角色，具有“引领”作用，原因在于这些地区主要位于中国东部沿海地区，生产要素移动较快，有利于生产效率的提升，能够快速地与其他地区产生密切的联系。海南、黑龙江、陕西、新疆等 13 个地区的接近中心度均小于全国平均值，水-能源-粮食纽带系统效率相对较低，受其地理位置因素的限制在网络中处于边缘地位。

4）中介中心度

表 5.3 显示，中介中心度的平均值为 8.385。而江苏、浙江、上海、天津等 13 个省（区、市）大于全国平均值，说明在中国省际水-能源-粮食纽带系统效率空间关联网络中，上述省（区、市）在空间关联关系的形成过程中起到了“中介”“桥梁”的作用，是空间关联网络形成的关键节点，对其他省（区、市）之间关联关系的形成具有较强的影响力。原因在于上述省（区、市）经济发展水平较高，尤其如浙江、广东、北京、江苏、上海等地区，在金融服务、物流行业、投资融资、科技水平、信息服务、管理技术等方面的中心地位明显，对中国省际水-能源-粮食纽带系统效率空间关联网络具有较强的控制力和支配力。新疆、贵州、云南、

甘肃等 17 个地区的中介中心度均低于全国平均值，这些地区经济发展水平相对滞后且多处于偏远地区，致使其在中国省际水-能源-粮食纽带系统效率空间关联网络形成过程中难以对其他地区产生较强的控制力与影响力。

5.4.2　块模型分析

根据已获取的中国省际水-能源-粮食纽带系统效率空间关系矩阵，基于 Ucinet 软件对中国省际水-能源-粮食纽带系统效率空间关联网络进行块模型分析，以期揭示空间关联网络结构的内部特征，同时绘制板块间的空间关联关系图，并按照现有研究中常用的原则，得到中国省际水-能源-粮食纽带系统效率空间关联板块的密度矩阵和像矩阵，以此探讨板块间水-能源-粮食纽带系统效率的传递规律，结果如表 5.4、图 5.8 及表 5.5 所示。

表 5.4　1997～2019 年中国省际水-能源-粮食纽带系统效率板块间关联关系

项目	接收关系矩阵/个				接收关系数/个		溢出关系数/个		期望内部关系比例/%	实际内部关系比例/%
	板块一	板块二	板块三	板块四	板块内	板块外	板块内	板块外		
板块一	42	26	48	43	42	37	42	117	34.48	26.42
板块二	11	8	29	13	8	38	8	53	10.34	13.11
板块三	17	9	28	10	28	118	28	36	27.59	43.75
板块四	9	3	41	11	11	66	11	53	17.24	17.19

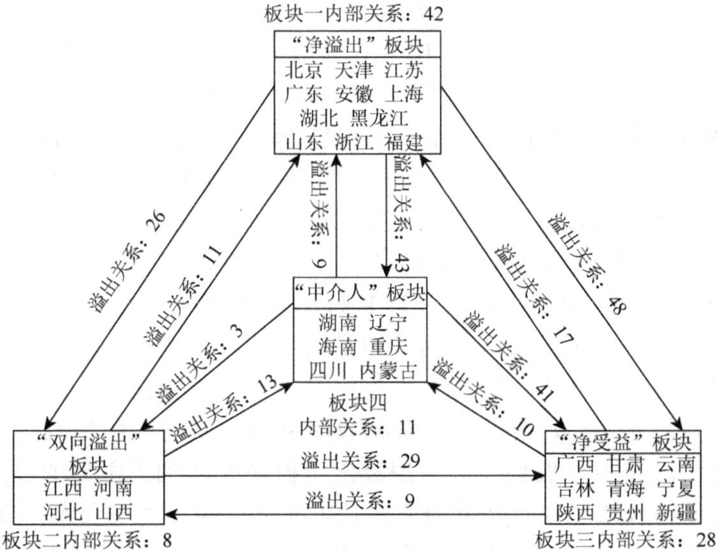

图 5.8　中国水-能源-粮食纽带系统效率四大板块之间的相关关系

表 5.5　1997～2019 年中国省际水-能源-粮食纽带系统效率板块密度矩阵与像矩阵

项目	密度矩阵				像矩阵			
	板块一	板块二	板块三	板块四	板块一	板块二	板块三	板块四
板块一	0.467	0.520	0.533	0.717	1	1	1	1
板块二	0.220	0.389	0.644	0.433	0	0	1	1
板块三	0.189	0.200	0.389	0.185	0	0	0	0
板块四	0.150	0.100	0.759	0.367	0	0	1	0

由表 5.5 和图 5.8 可知，中国省际水-能源-粮食纽带系统效率空间关联网络的 348 条关系中，各个板块内部共有 89 条关联关系，占关系总数的 25.57%，板块间的关联关系为 259 条，占关系总数的 74.43%，说明空间溢出效应在中国省际水-能源-粮食纽带系统效率空间关联网络中起主导作用。板块一由北京、天津、江苏、广东、安徽、上海、湖北、黑龙江、山东、浙江、福建 11 个省（市）构成，其内部关系数量为 42 个，接收来自板块二、三、四的空间溢出关系数量分别为 11 个、17 个、9 个，向其他板块溢出关系数量 117 个，溢出关系数多于接收关系数，期望内部关系比例（34.48%）大于实际内部关系比例（26.42%），具有“净溢出”板块的特征。板块二由江西、河南、河北、山西四省构成，其板块内部关系数量为 8 个，接收来自板块一、三、四的溢出关系数量分别为 26 个、9 个和 3 个，向该三个板块发出的溢出关系数量分别为 11 个、29 个和 13 个，同时，期望内部关系比例（10.34%）小于实际内部关系比例（13.11%），具有“双向溢出”板块的特征。板块三由广西、甘肃、云南、吉林、青海、宁夏、陕西、贵州、新疆九个省（区）构成，板块内部关系数量为 28 个，向板块一、二、四溢出关系数量分别为 17 个、9 个和 10 个，接收该三个板块的溢出关系数量分别为 48 个、29 个和 41 个，接收关系数量远大于溢出关系数量，同时，期望内部关系比例（27.59%）小于实际内部关系比例（43.75%），属于“净受益”板块。板块四由湖南、辽宁、内蒙古、海南、重庆、四川六个省（区、市）构成，板块内部关系数量为 11 个，向板块一、二、三溢出关系数量分别为 9 个、3 个、41 个，接收该三个板块的溢出关系数量分别为 43 个、13 个、10 个，期望内部关系比例（17.24%）大于实际内部关系比例（17.19%），属于“中介人”板块。

整体而言，中国东部地区多为“净溢出”板块，即板块一，其余板块分布于我国中部、西部，其中“净受益”板块多位于西部地区。上述现象表明，研究期间中国省际水-能源-粮食纽带系统效率空间关联网络中板块之间的传递过程存在梯度性。其中，板块一（“净溢出”板块）起到了主导的作用，主要将溢出关系传递给板块三（“净受益”板块）和板块四（“中介人”板块）。而板块四（“中介人”板块）则发挥了其“中介”与“桥梁”的作用，将空间溢出关系传递给具有“双向引领”作用的板块二（“双向溢出”板块）和具有“净受益”效应的板块三。与此同时，板块三则主要接收来自板块一、四的溢出关系，在空间关联网络中主要扮演“受益者”的角色。

综上所述，空间关联网络分析表明，当前中国水-能源-粮食纽带系统效率存在较强的空间关联性，网络结构较为复杂，各个地区均处于网络结构中，均不能做到“独善其身”。因此，未来需要积极探寻能有效促进水-能源-粮食纽带系统效率空间关联的措施或途径，努力增加各个地区之间的关联关系，为水-能源-粮食纽带系统效率的跨区域传输及区域间的协同发展提供更多的通道。与此同时，各地区在制定水-能源-粮食纽带系统效率提升策略时，在注重“属性数据”大小的同时也要更多地关注“关系数据”的强弱，进而不断优化中国省际水-能源-粮食纽带系统效率的空间关联网络结构，实现各地区水-能源-粮食纽带系统效率的协同提升。块模型分析表明，中国省际水-能源-粮食纽带系统效率被划分为四个不同板块，因此，应结合板块的各自特征，制定具体差异化的水-能源-粮食纽带系统效率提升措施。其中，“净溢出”和“双向溢出”板块的省（区、市）具有较强的“引领”作用，未来要充分发挥上述板块中各省（区、市）在资金、技术、科技、管理等方面的优势，积极推动跨区域合作，增加空间溢出通道，从而促进中部及西部地区水-能源-粮食纽带系统效率的提升。而对于具有“中介”“桥梁”作用的省（区、市）而言，一方面要主动调整能源生产方式及消费模式，优化产业结构，提升水资源及能源的利用效率，另一方面要主动积极引进“净溢出”和“双向溢出”板块先进的生产方式及技术、管理模式，从而提升本区域的水-能源-粮食纽带系统效率。西部地区的省（区、市）多为“净受益”板块，未来要在保障经济增长的同时，加强跨区域合作，主动与东部、中部在资金、科技、管理等方面开展合作交流，积极改善阻碍自身发展的不利因素，缩小与东中部地区之间的差距，努力实现从“被动受益”向“主动引导”的角色转变，进而降低水-能源-粮食纽带系统效率的空间非均衡性。

5.4.3　群组前沿下水-能源-粮食纽带系统效率空间分布特征

为进一步揭示中国水-能源-粮食纽带系统效率的演变规律，选取 1997 年、2004 年、2012 年、2019 年相关数据计算中国水-能源-粮食纽带系统效率水平，结果见表 5.6。

表 5.6　中国水-能源-粮食纽带系统效率水平

省（区、市）	效率水平			
	1997 年	2004 年	2012 年	2019 年
辽宁	低	较低	较低	较低
吉林	较低	较低	较低	较低
黑龙江	较低	中等	较低	较低

续表

省（区、市）	效率水平			
	1997年	2004年	2012年	2019年
北京	低	较低	较低	高
天津	低	低	中等	较高
河北	低	较低	中等	中等
山东	较低	较低	较高	高
上海	较低	较低	较高	高
江苏	较低	中等	中等	高
浙江	较低	较低	中等	较高
福建	较低	较低	较低	较高
广东	较低	中等	较高	高
海南	低	低	低	较低
山西	低	低	低	较低
内蒙古	低	低	低	较低
陕西	低	较低	中等	较高
河南	低	较低	较低	中等
湖北	较低	中等	中等	中等
湖南	较低	较低	较低	较低
安徽	较低	较低	较低	较高
江西	较低	较低	较低	中等
广西	较低	较低	较低	较低
贵州	较低	较低	较低	中等
云南	低	低	较低	中等
重庆	低	低	较低	中等
四川	低	较低	中等	中等
甘肃	低	较低	较低	较低
青海	低	低	较低	较低
宁夏	低	较低	低	较低
新疆	低	较低	较低	较低

由表 5.6 可知，1997 年中国水-能源-粮食纽带系统效率空间分布差异明显，处于低效率的省（区、市）为 16 个，占比 53.3%，主要分布在中国的西北地区、黄河中上游地区，较低效率的省（区、市）主要有山东、湖南、江苏等 14 个省（区、市），但整体而言此时中国水-能源-粮食纽带系统效率平均水平较低，仅为 0.39。

2004 年，低效率水平的省（区、市）个数由 1997 年的 16 个减少至 7 个，黑龙江、江苏、湖北、广东的效率水平提升至中等效率水平，中国水-能源-粮食纽带系统效率呈现不同程度的上升，其余省（区、市）的水-能源-粮食纽带系统效率级别与 1997 年基本保持一致，中国水-能源-粮食纽带系统效率较研究初期有所提升，提升幅度为 17.95%，整体处于较低效率水平（0.46）。相比于 2004 年，2012 年除黑龙江由中等效率水平下降至较低效率水平外，其余地区的水-能源-粮食纽带系统效率值不变或有所提升，其中低效率水平区减少至内蒙古、山西、宁夏、海南四个地区，陕西、天津、四川、浙江、河北提升至中等效率水平，山东、上海、广东三个地区则为较高效率水平，中国水-能源-粮食纽带系统效率相比 2004 年提升至 0.57，增幅 23.91%。2019 年，中国各地区的水-能源-粮食纽带系统效率值均处于 0.40 以上，此时，较低水平地区主要分布在中国的东北、西北及西南部分省（区、市），共 12 个省（区、市），河北、河南、湖北等 8 省（市）则为中等效率水平，主要分布于中部地区，陕西、天津、安徽、浙江、福建提升至较高效率水平，北京、山东、江苏、上海、广东 5 个省（市）的水-能源-粮食纽带系统效率值为 1，即达到高效率水平，中国水-能源-粮食纽带系统效率与 2012 年相比整体提升至 0.70，增幅 22.81%。

整体来看，研究时期内中国水-能源-粮食纽带系统效率水平呈逐年提升的态势，原因在于，研究初期，中国经济规模较小，在资金、科技、产业结构、能源消费结构及管理水平上还相对落后，经济仍处于“高投入、高消耗、高污染”的发展模式，资源利用效率较低，而随着中国经济的快速发展，经济发展模式逐渐向集约型转变，产业结构和能源消费结构不断优化，资源利用效率逐步提升，中国水-能源-粮食纽带系统效率在研究末期整体达到中等效率水平。但中国水-能源-粮食纽带系统效率也存在显著的空间差异性。其中东部地区由于在劳动力素质、科技水平、产业结构、投资力度及经济规模等方面比中部及西部地区具有明显的比较优势，成为水-能源-粮食纽带系统效率的高值区；而中部和西部地区虽然在自然资源丰度方面较东部地区具有比较优势，并同时受到来自东部地区资本、技术及管理水平等溢出效应的影响，水-能源-粮食纽带系统效率呈逐年上升趋势，但需要注意的是，由于中西部地区生态环境的脆弱性，加之兼顾能源与粮食生产，不可避免地加剧了对区域水资源的竞争，致使水-能源-粮食纽带系统效率提升缓慢。

5.4.4　基于双变量空间自相关的水-能源-粮食纽带系统效率空间特征分析

根据相关公式计算 1997～2019 年中国水-能源-粮食各系统效率值双变量全局自相关，结果如表 5.7 所示，并选取 1997 年和 2019 年的数据探究各系统之间的 LISA 集聚，结果如表 5.8 所示。

表 5.7　1997～2019 年中国水-能源-粮食各系统效率值双变量全局自相关

年份	水资源系统-能源系统			水资源系统-粮食系统			能源系统-粮食系统		
	Moran *I*	*Z* 值	*P* 值	Moran *I*	*Z* 值	*P* 值	Moran *I*	*Z* 值	*P* 值
1997	0.2438	2.6626	0.008	0.0724	0.7673	0.214	0.2191	2.3241	0.015
1998	0.3213	3.4043	0.002	0.1677	1.8339	0.042	0.1667	1.7743	0.039
1999	0.2890	2.7720	0.004	0.2238	2.3773	0.012	0.2360	2.5196	0.006
2000	0.2658	2.7953	0.009	0.2512	2.5809	0.011	0.2308	2.5046	0.013
2001	0.4045	4.3014	0.001	0.2811	2.8750	0.005	0.2960	3.1510	0.002
2002	0.4443	4.5331	0.001	0.3036	3.1057	0.005	0.3156	3.2857	0.001
2003	0.4064	4.0554	0.001	0.2947	3.0091	0.003	0.2968	3.0334	0.004
2004	0.3720	3.7116	0.001	0.2810	2.8450	0.005	0.3462	3.4830	0.001
2005	0.3301	3.2527	0.003	0.2752	2.7573	0.005	0.3638	3.5988	0.001
2006	0.2953	2.9870	0.008	0.2340	2.3642	0.015	0.3413	3.4130	0.001
2007	0.3162	3.1782	0.002	0.2261	2.3209	0.015	0.3440	3.4931	0.001
2008	0.3482	3.5577	0.001	0.2029	2.0830	0.029	0.3640	3.6806	0.001
2009	0.3017	3.1719	0.002	0.2480	2.5442	0.007	0.3713	3.7538	0.001
2010	0.2744	2.8959	0.003	0.2083	2.1980	0.018	0.3491	3.5650	0.001
2011	0.3204	3.2926	0.002	0.2765	2.8362	0.004	0.3767	3.8006	0.001
2012	0.3919	4.0923	0.001	0.3037	3.0869	0.002	0.3674	3.7519	0.001
2013	0.3383	3.5509	0.001	0.3259	3.3485	0.002	0.3621	3.7622	0.001
2014	0.3359	3.4840	0.0001	0.3137	3.2475	0.002	0.3527	3.6596	0.001
2015	0.3503	3.5914	0.001	0.3760	3.8931	0.001	0.3759	3.8566	0.001
2016	0.3148	3.2120	0.002	0.2805	2.9917	0.001	0.3938	4.1452	0.001
2017	0.2432	2.5537	0.007	0.2623	2.8134	0.003	0.4346	4.6336	0.001
2018	0.2619	2.6917	0.008	0.2569	2.7479	0.005	0.4206	4.4315	0.001
2019	0.2916	2.9401	0.005	0.2936	3.1182	0.001	0.4180	4.4158	0.001

由表 5.7 可知，研究期内，水资源系统、能源系统与粮食系统之间的双变量全局空间自相关 Moran *I* 均为正值，且除个别年份外，均通过了 5%的显著性水平检验，表明各系统之间的效率值存在正相关特征。其中，水资源系统-能源系统效率值全局空间自相关 Moran *I* 整体介于 0.2432～0.4443，呈波动变化态势；水资源系统-粮食系统效率值全局空间自相关 Moran *I* 整体介于 0.0724～0.3760，其呈现先上升后波动的变化趋势；能源系统-粮食系统效率值全局空间自相关 Moran *I* 整体介于 0.1667～0.4346，其变化趋势整体呈波动上升态势。

此外，所选年份（1997 年和 2019 年）中水资源系统-能源系统之间的 Moran *I* 分别为 0.2438、0.2916，水资源系统-粮食系统之间的 Moran *I* 分别为 0.0724、0.2936，能源系统-粮食系统之间的 Moran *I* 分别为 0.2191、0.4180，且上述 Moran

I 除 1997 年水资源系统-粮食系统效率值全局 Moran *I* 以外，均通过了 1%水平的显著性检验，表明各子系统的效率值之间存在正向相关关系。

表 5.8　1997 年、2019 年中国水资源系统效率-能源系统效率、水资源系统效率-粮食系统效率和能源系统效率-粮食系统效率的 LISA 集聚

省（区、市）	LISA 集聚					
	水资源系统效率-能源系统效率		水资源系统效率-粮食系统效率		能源系统效率-粮食系统效率	
	1997 年	2019 年	1997 年	2019 年	1997 年	2019 年
北京	LH	HH	HH	HH	HL	HH
天津	LH	HH	HH	HH	HL	HH
河北	LH	LH	LH	LH	LH	LH
山西	LL	LH	LL	LL	LL	LH
内蒙古	LL	HL	LL	LL	LL	LL
辽宁	LL	HL	HL	LL	HL	LL
吉林	LL	HL	LL	LH	HL	HL
黑龙江	LL	HL	HL	HH	HL	LL
上海	HH	HH	HH	HH	HH	HH
江苏	HH	HH	HH	HH	HH	HH
浙江	HH	HH	LH	HH	HH	HH
安徽	HH	HH	LH	LH	LH	HH
福建	HH	HH	HH	HH	HH	HH
江西	HH	HH	HH	LH	LH	HH
山东	HH	HH	HH	HL	HL	HL
河南	HL	LH	HL	HH	HL	HL
湖北	HL	LH	LL	HH	LH	HL
湖南	HL	HL	LL	LH	LH	HL
广东	HH	HH	HL	HH	HH	HL
广西	HL	LL	HL	HL	HH	LL
海南	HH	HL	HH	HH	HH	HH
重庆	LL	HH	LH	LH	LL	HL
四川	LL	HL	HL	HL	HL	LL
贵州	LL	LL	HL	LH	LH	LL
云南	LL	LL	LL	LH	LL	LL
陕西	LL	LL	LL	LL	LL	LL
甘肃	LL	LL	LL	LL	LL	LL
青海	LL	LL	LL	LL	LL	LL
宁夏	LL	LL	LL	LL	LL	LL
新疆	LL	LL	LL	LL	LL	LL

注：HH 表示高-高集聚；HL 表示高-低集聚；LL 表示低-低集聚；LH 表示低-高集聚。

由表 5.8 可知，水资源系统效率值-能源系统效率值高-高集聚区主要分布在中国东部地区，低-低集聚区主要分布在中国的西北及西南地区，高-低集聚区主要分布在东北，而华北地区则呈现低-高集聚特征。研究时期内，高-高集聚区由 1997 年的山东、江苏、上海、安徽、浙江、福建、江西、广东、海南 9 个地区增加至 2019 年的 11 个地区，其中北京、天津由低-高集聚转变为高-高集聚，海南则转变为高-低集聚。低-低集聚地区由 1997 年的 14 个地区减少至 2019 年的新疆、甘肃、青海、宁夏、陕西、云南、贵州、广西 8 个地区。结合全局 Moran *I* 情况可知两个系统之间的负向作用在减弱，而正向作用在加强，因此西北地区作为中国重要的能源基地，加之区域水资源相对匮乏，未来应加快技术革新，降低能源生产过程中的资源消耗。

水资源系统效率-粮食系统效率值高-高集聚区主要集中在东部地区，其数量从研究初期的北京、天津、山东、江苏、上海、福建、海南、江西 8 个地区增加至研究末期的 11 个地区，其中河南、黑龙江、广东由研究初期的高-低集聚转变为高-高集聚，浙江则由低-高集聚转变为高-高集聚，山东则转变为高-低集聚。低-低集聚区由研究初期的西北、西南地区逐渐集中于黄河流域，其数量从 1997 年的 11 个减少至 2019 年的 8 个，包括辽宁、内蒙古、甘肃、青海、宁夏、陕西、山西、新疆。低-高集聚区主要分布在华南地区，由研究初期的河北、安徽、浙江、重庆四个地区增加至 2019 年的 8 个地区，其中湖南、吉林、云南由低-低集聚区转变为低-高集聚区，贵州则由高-低集聚转变为低-高集聚。高-低集聚区则较为分散，由 1997 年的黑龙江、辽宁、河南、四川、贵州、广西、广东 7 个地区减少至 2019 年的山东、广西、四川 3 个地区。整体而言，水资源系统与粮食系统之间的正向关系在增强，负向关系在减弱。

能源系统效率-粮食系统效率高-高集聚分布全局 Moran *I* 呈上升趋势，其数量由 1997 年的江苏、上海、浙江、福建、广东、广西、海南 7 个地区增加至北京、天津、江苏、安徽、上海、浙江、福建、江西、海南 9 个地区。低-低集聚区则仍以西北、西南地区为主，研究期间其数量由 9 个增加至 12 个。高-低集聚区的分布范围由研究初期的东北地区逐渐转移至华中、华北地区，其数量由 1997 年的 8 个减少至 2019 年的 7 个。低-高集聚区较少，主要分布在河北等地区，研究末期仅河北、山西为低-高集聚区。

综合来看，水-能源-粮食三个系统的效率值两两之间的空间相互作用存在一定的差异，但其协同作用地区（高-高集聚区及低-低集聚区）的分布范围大致相同，即中国东部地区，即使资源丰度相比西部较差，但仍能依靠其强大的经济基础和科技水平使各系统的效率值达到较高水平，而中国西部地区则受自然环境及经济发展水平制约，难以实现资源的高效利用，致使各子系统效率值较低，因此西部地区应在自然生态环境约束背景下，加快产业结构调整，降低单位 GDP 的资源消耗量，提升区域资源综合利用效率，避免水资源、能源及粮食三个系统进入恶性循环。

5.5 结　　论

本章基于网络 DEA 模型及 SNA 法对中国水-能源-粮食纽带系统效率进行测度，得到如下结论。

（1）中国水-能源-粮食纽带系统效率整体呈现阶段性的上升趋势。空间分布上，中国水-能源-粮食纽带系统效率呈现自东向西、从沿海向内陆逐渐递减的趋势，空间差异性显著，具有显著的空间非均衡性。

（2）中国省际水-能源-粮食纽带系统效率空间关联关系整体上呈现较为复杂的网络结构，网络的稳定性和连通性较好。网络个体结构特征表明，中国东部地区为溢出效应集聚区，在水-能源-粮食纽带系统效率网络结构中处于核心位置，起到了关键节点作用，而中西部地区以受益效应为主，在网络结构中处于边缘位置。

参 考 文 献

程昀，杨印生. 2013. 矩阵型网络 DEA 模型及其实证检验[J]. 中国管理科学，10（5）：103-109.

冯颖，侯孟阳，姚顺波. 2020. 中国粮食生产空间关联网络的结构特征及其形成机制[J]. 地理学报，75（11）：2380-2395.

郝帅，孙才志，宋强敏. 2021. 中国能源-粮食生产对水资源竞争的关系：基于水足迹的视角[J]. 地理研究，40（6）：1565-1581.

黄杰. 2018. 中国能源环境效率的空间关联网络结构及其影响因素[J]. 资源科学，40（4）：759-772.

李静，马潇璨. 2014. 资源与环境双重约束下的工业用水效率：基于 SBM-Undesirable 和 Meta-frontier 模型的实证研究[J]. 自然资源学报，29（6）：920-933.

刘华军，何礼伟. 2016. 中国省际经济增长的空间关联网络结构：基于非线性 Granger 因果检验方法的再考察[J]. 财经研究，42（2）：97-107.

刘玉海，武鹏. 2011. 能源消耗、二氧化碳排放与 APEC 地区经济增长：基于 SBM-Undesirable 和 Meta-frontier 模型的实证研究[J]. 经济评论（6）：109-120.

孙才志，马奇飞. 2020. 中国省际水资源绿色效率空间关联网络研究[J]. 地理研究，39（1）：53-63.

孙才志，孟程程. 2020. 中国区域水资源系统韧性与效率的发展协调关系评价[J]. 地理科学，40（12）：2094-2104.

孙才志，姜坤，赵良仕. 2017. 中国水资源绿色效率测度及空间格局研究[J]. 自然资源学报，32（12）：1999-2011.

孙才志，马奇飞，赵良仕. 2018. 中国东、中、西三大地区水资源绿色效率时空演变特征与收敛性分析[J]. 地理科学进展，37（7）：901-911.

孙才志，郝帅，赵良仕. 2021. 中国水资源-能源-粮食纽带系统效率时空分异特征[J]. 水资源保护，37（1）：61-68，78.

孙才志，马奇飞，赵良仕. 2020. 基于 GWR 模型的中国水资源绿色效率驱动机理[J]. 地理学报，75（5）：1022-1035.

吴凡，刘雪娇，谢文秀. 2016. 基于共同前沿 DEA 的中西部地区全要素能源效率研究[J]. 经济问题探索，11：33-38.

吴志才，张凌媛，黄诗卉. 2020. 粤港澳大湾区旅游经济联系的空间结构及协同合作模式[J]. 地理研究，39（6）：

1370-1385.

郑德凤，郝帅，吕乐婷，等. 2020. 三江源国家公园生态系统服务时空变化及权衡-协同关系[J]. 地理研究，39（1）：64-78.

郑德凤，郝帅，孙才志. 2018a. 基于 DEA-ESDA 的农业生态效率评价及时空分异研究[J]. 地理科学，38(3)：419-427.

郑德凤，郝帅，孙才志，等. 2018b. 中国大陆生态效率时空演化分析及其趋势预测[J]. 地理研究，37(5)：1034-1046.

Amatatsu H，Ueda T. 2009. Input-output tables and network DEA：Efficiencies of the 47 prefectures of Japan[C]// Proceedings of DEA Symposium，Osaka，35：1-7.

Anselin L，Syabri I，Smirnov O. 2002. Visualizing multivariate spatial correlation with dynamically linked windows[C]// New Tools for Spatial Data Analysis：Proceedings of the Specialist Meeting，Santa Barbara.

Battese G E，O'Donnell C J，Rao D S P. 2004. A meta-frontier frameworks production function for estimation of technical efficiency and technology gap for firms operating under different technology[J]. Journal of Productivity Analysis，21（1）：91-103.

Battese G E，Rao D S P. 2002. Technology gap，efficiency and a stochastic meta-frontier function[J]. International Journal of Business and Economics，1（2）：87-93.

Ding N，Liu J R，Yang J X，et al. 2018. Water footprints of energy sources in China：Exploring options to improve water efficiency[J]. Journal of Cleaner Production，174：1021-1031.

Färe R，Grosskopf S. 1996. Productivity and intermediate products：A frontier approach[J]. Economics Letters，50（1）：60-70.

Han D N，Yu D Y，Cao Q. 2020. Assessment on the features of coupling interaction of the food-energy-water nexus in China[J]. Journal of Cleaner Production，249：119379.

Kao C. 2009. Efficiency measurement for parallel production systems[J]. European Journal of Operational Research，196：1107-1112.

Rao D S P，O'Donnell C J，Battese G E. 2003. Meta-frontier functions for the study of inter-regional productivity differences[D]. Brisbane：School of Economics，Queensland University.

Sun C Z，Yan X D，Zhao L S. 2021. Coupling efficiency measurement and spatial correlation characteristic of water-energy-food nexus in China[J]. Resources，Conservation and Recycling，164：105151.

Wartenberg D. 1985. Multivariate spatial correlation：A method for exploratory geographical analysis[J]. Geographical Analysis，17（4）：263-283.

第6章　基于GTWR模型的中国水-能源-粮食纽带系统效率驱动机理分析

6.1　研究方法与数据来源

6.1.1　地理加权回归模型

地理加权回归（geographic weighted regression，GWR）模型由Fotheringham等（2002，1998，1996）创建，主要用于探讨影响因素的空间和时间的异质性问题，其核心思想是引入空间位置，并将其作为重要参数之一，通过对相邻样本数据的观测，进而对局部进行回归估计。与此同时，随着空间位置的不断变化，估计参数也将发生变化。因此，GWR模型可以有效反映观测值与其影响因素的空间关系。

GWR模型是对普通线性回归模型的扩展，设随机变量 y 与确定性变量 $x_1, x_2, \cdots, x_n$ 的普通线性回归模型为

$$y = \beta_0 + \beta_1 x_1 + \beta_2 x_2 + \cdots + \beta_n x_n + \varepsilon \tag{6.1}$$

式中，y 为因变量；$x_1, x_2, \cdots, x_n$ 为自变量；β_0 为回归常数，$\beta_1, \beta_2, \cdots, \beta_n$ 为回归系数；ε 为随机误差项。

对于一个实际问题而言，当获取 p 组观测数据$(x_{i1}, x_{i2}, \cdots, x_{in}; y_i)$，$i = 1, 2, \cdots, p$，则普通线性回归模型可表示为

$$\begin{cases} y_1 = \beta_0 + \beta_1 x_{11} + \beta_2 x_{12} + \cdots + \beta_n x_{1n} + \varepsilon_1 \\ y_2 = \beta_0 + \beta_2 x_{21} + \beta_2 x_{22} + \cdots + \beta_n x_{2n} + \varepsilon_2 \\ \vdots \\ y_p = \beta_0 + \beta_p x_{p1} + \beta_2 x_{p2} + \cdots + \beta_n x_{pn} + \varepsilon_p \end{cases} \tag{6.2}$$

矩阵形式为

$$\begin{bmatrix} y_1 \\ y_2 \\ \vdots \\ y_p \end{bmatrix} = \begin{bmatrix} 1 & x_{11} & x_{12} & \cdots & x_{1n} \\ 1 & x_{21} & x_{22} & \cdots & x_{2n} \\ \vdots & \vdots & \vdots & & \vdots \\ 1 & x_{p1} & x_{p2} & \cdots & x_{pn} \end{bmatrix} \times \begin{bmatrix} \beta_0 \\ \beta_1 \\ \vdots \\ \beta_n \end{bmatrix} + \begin{bmatrix} \varepsilon_1 \\ \varepsilon_2 \\ \vdots \\ \varepsilon_p \end{bmatrix} \tag{6.3}$$

将样本数据的地理位置嵌入回归参数之中，相关公式如下：

$$\boldsymbol{Y}_i = \beta_0(\mu_i, v_i) + \sum_k \beta_k(\mu_i, v_i)\boldsymbol{X}_{ik} + \varepsilon_i \qquad i = 1, \cdots, n \tag{6.4}$$

式中，$\boldsymbol{Y}_i$ 为 $n \times 1$ 的因变量矩阵；$\boldsymbol{X}_{ik}$ 为 $n \times k$ 的自变量矩阵；(μ_i, v_i)为点 i 在空间中

的坐标；β_0为截距值；β_k为点 i 的一组参数值；ε_i为独立分布的随机误差项。与全局模型对空间的“固定”系数估计不同，该模型允许参数估计随着空间变化，因此可能得到局部效应。

式（6.1）可以简写为

$$y_i = \beta_{i0} + \sum_{k=1}^{n} \beta_{ik} x_{ik} + \varepsilon_i \qquad i = 1, 2, \cdots, p \tag{6.5}$$

若 $\beta_{1k} = \beta_{2k} = \cdots = \beta_{nk}$，则地理加权回归模型退变为普通线性回归模型。

为了进一步校准该模型，假设靠近点 i 的观测数据比远离点 i 的观测数据对 $\beta_k(\mu_i, v_i)$参数的估计具有更大的影响。参数 $\beta_k(\mu_i, v_i)$的估计如式（6.6）所示：

$$\hat{\beta}(\mu_i, v_i) = [\boldsymbol{X}^{\mathrm{T}} \boldsymbol{W}(\mu_i, v_i) \boldsymbol{X}]^{-1} \boldsymbol{X}^{\mathrm{T}} \boldsymbol{W}(\mu_i, v_i) \boldsymbol{Y} \tag{6.6}$$

式中，$\boldsymbol{W}(\mu_i, v_i)$为一个 $n \times n$ 矩阵，其对角线元素表示观测值 i 的地理权重，非对角线元素为零；权重矩阵由针对每个估计参数的点 i 计算得到。

1. 空间权重的设定

GWR 中的权重矩阵表示在位置 i 时，参数的数据集中每个观测值具有不同权重。一般来说，观测值越接近 i，权重就越大。目前，有两种方法确定空间权重：固定核函数和自适应核函数。对于前者，距离是固定的，但最近邻的数量是变化的；对于后者，距离是变化的，但邻居的数量保持不变。而通常采用的核函数基于高斯距离衰减函数（Fotheringham et al.，2002），公式如下：

$$W_{ij} = \exp\left(-\frac{d_{ij}^2}{h^2}\right) \tag{6.7}$$

$$d_{ij} = \sqrt{(x_i - x_j)^2 + (y_i - y_j)^2} \tag{6.8}$$

式中，h 为一个非负参数，即带宽，它会随着距离产生影响衰减；d_{ij}为位置 i 和 j 之间距离的度量，通过坐标点(x_i, y_i)和(x_j, y_j)，两点之间的直线距离称为欧氏距离。当 $i = j$ 时，则该观测值的权重为 1，其他观测值的权重随着 i 和 j 之间的距离增大而按照高斯曲线减小。其他常用的加权函数包括二次核（bi-square）函数（Fotheringham et al.，2002）和立方体核（tri-cube）函数（McMillen，1996）。

为避免式（6.1）扩大数据稀疏区域中存在的非平稳程度或式（6.2）中掩盖数据密集的细微空间非平稳性（Paez et al.，2002），使用自适应加权函数将内核大小更改为适合局部观察模式。通过调整带宽，每个回归点 i 使用相同数量的非零权重。例如，自适应 bi-square 权重函数如下：

$$W_{ij} = \begin{cases} \left[1 - \left(\dfrac{d_{ij}}{h_j}\right)^2\right]^2 & d_{ij} \leqslant h_j \\ 0 & d_{ij} > h_j \end{cases} \tag{6.9}$$

式中，h_j 表示位置 j 的带宽。

2. 带宽的设定

关于带宽 h 的设定，目前常用的是 Hurvich 等（1998）和 Fotheringham 等（2002）提出的计算方法，假设来自 GWR 的 y_i 的预测值是由 $\hat{y}_i(h)$ 表示为 h 的函数，则平方误差的总和为

$$\mathrm{CVRSS}(h)=\sum_{i}^{n}[y-\hat{y}_{i\neq 1}(h)]^2 \tag{6.10}$$

式中，当 CVRSS(h)为最小时，h 即为对应的带宽。

6.1.2　时空地理加权回归模型

1. 时空非平稳性测度

虽然 GWR 模型能够探讨影响因素的空间和时间的异质性问题，但该模型在处理长时间序列的截面数据时，并不能有效地解决问题，基于此，Huang 等（2009）在 GWR 模型的基础上引入了时间坐标，与原有的空间位置信息共同构成了时空地理加权回归（GTWR）模型，相关计算公式如下：

$$Y_i=\beta_0(u_i,v_i,t_i)+\sum_k\beta_k(u_i,v_i,t_i)X_{ik}+\varepsilon_i \tag{6.11}$$

式中，$\beta_k(u_i,v_i,t_i)$ 为变量 k 第 i 个样本的时空坐标，可进一步表示为

$$\hat{\beta}(\mu_i,v_i,t_i)=[\boldsymbol{X}^{\mathrm{T}}W(\mu_i,v_i,t_i)\boldsymbol{X}]^{-1}\boldsymbol{X}^{\mathrm{T}}W(\mu_i,v_i,t_i)\boldsymbol{Y} \tag{6.12}$$

其中，$W(u_i,v_i,t_i)=\mathrm{diag}(\alpha_{i1},\alpha_{i2},\cdots,\alpha_{in})$，$n$ 为观察值数量，这里对角元素 $\alpha_{ij}(1\leqslant j\leqslant n)$ 是(u, v, t)的时空距离函数。GTWR 模型依赖于时空距离衰减函数 α_{ij}，为了校准模型，仍然假设在时空坐标系中“接近”点 i 的观测数据点对 $\beta_k(u_i, v_i, t_i)$参数的估计比位于远离点 i 的观测数据点具有更大的影响。从这个意义上说，“接近”的定义包含两个变量：时间接近和空间接近。因此，如何定义和测量时空坐标系的接近度是 GTWR 模型中的一个关键问题。

在考虑时空距离函数之前，需要进一步明确“接近度”的内涵。假设观测数据位于三维时空坐标系中，同时考虑那些靠近位置 i 的点，例如，如果时空坐标系对距离具有相同的尺度效应，则可以在特定点周围绘制一个特定半径的球体（图 6.1），并在该球体内的观测值上采用普通最小二乘法（ordinary least square，OLS）对回归模型进行校准，然后将获得的 $\beta_k(u_i, v_i, t_i)$视为对 i 和周围变量之间关联的估计。

然而，现有研究中通常采用不同单位的时间和空间进行测度，因此，存在不同的尺度效应，而相关研究表明，使用椭球坐标系来测量回归点与其周围观测点之间的“接近度”更为合适（图 6.1），图 6.1 提供了对时间距离建模的一种简单直接的方法，即将其与空间距离直接整合到时空距离函数中。

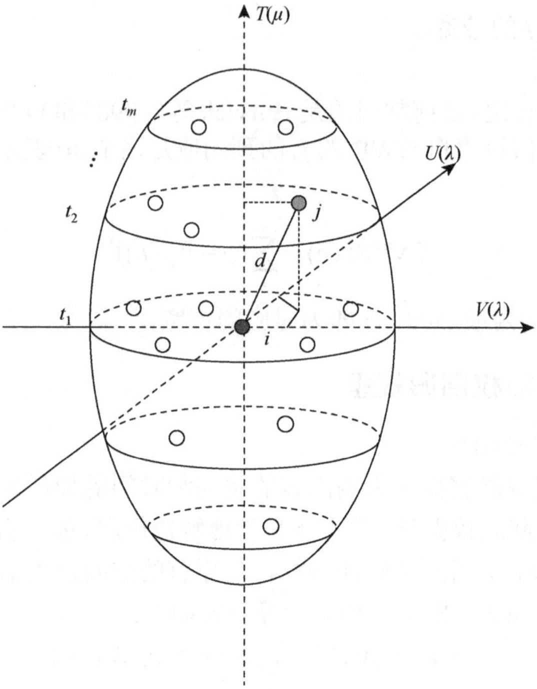

图 6.1　时空距离图

图中深色点即为回归点(u_i, v_i, t_i)；白色点为邻近点(u_j, v_j, t_j)，$j = (1, 2, \cdots, n)(j \neq i)$

$$d_{ij} = \sqrt{\lambda[(u_i - u_j)^2 + (v_i - v_j)^2] + \mu(t_i - t_j)^2} \tag{6.13}$$

令 d^{S}、d^{T} 分别表示空间距离、时间距离，可得时空距离 d^{ST}，相关计算公式如下：

$$d^{\mathrm{ST}} = d^{\mathrm{S}} \otimes d^{\mathrm{T}} \tag{6.14}$$

式中，$\otimes$ 可以表示不同的运算符，如果采用“+”运算符来衡量总的时空距离 d^{ST}，则表示为 d^{S} 和 d^{T} 之间的线性组合，公式如下：

$$d^{\mathrm{ST}} = \lambda d^{\mathrm{S}} + \mu d^{\mathrm{T}} \tag{6.15}$$

其中，λ 和 μ 为比例因子，用于平衡测量各自度量系统中空间和时间距离的不同效果。因此，如果适当调整参数 λ 和 μ，则 d^{ST} 可用于衡量时空空间中“接近度”，需要注意的是，比例因子是必要的，否则，如果 d^{S} 大于 d^{T}，则 d^{ST} 将由 d^{S} 支配，可能会降低时间效果，反之，当 d^{T} 大于 d^{S} 时，则 d^{S} 将由 d^{ST} 支配，可能会降低空间效果。

2. 空间权函数

根据式（6.15），如果使用欧几里得距离和基于高斯距离的衰减函数来构建时空权重矩阵，则有

$$\left(d_{ij}^{\mathrm{ST}}\right)^2=\lambda[(u_i-u_j)^2+(v_i-v_j)^2]+\mu(t_i-t_j)^2 \tag{6.16}$$

式中，t_i和t_j为在位置i和j的观测时间。

$$\begin{aligned}\alpha_{ij}&=\exp\left\{-\left(\frac{\lambda[(u_i-u_j)^2+(v_i-v_j)^2]+\mu(t_i-t_j)^2}{h_{\mathrm{ST}}^2}\right)\right\}\\&=\exp\left\{-\left(\frac{(u_i-u_j)^2+(v_i-v_j)^2}{h_{\mathrm{S}}^2}+\frac{(t_i-t_j)^2}{h_{\mathrm{T}}^2}\right)\right\}\\&=\exp\left\{-\left(\frac{\left(d_{ij}^{\mathrm{S}}\right)^2}{h_{\mathrm{S}}^2}+\frac{\left(d_{ij}^{\mathrm{T}}\right)^2}{h_{\mathrm{T}}^2}\right)\right\}\\&=\exp\left\{-\frac{\left(d_{ij}^{\mathrm{S}}\right)^2}{h_{\mathrm{S}}^2}\right\}\times\exp\left\{-\frac{\left(d_{ij}^{\mathrm{T}}\right)^2}{h_{\mathrm{T}}^2}\right\}\\&=\alpha_{ij}^{\mathrm{S}}\times\alpha_{ij}^{\mathrm{T}}\end{aligned} \tag{6.17}$$

式中，$\alpha_{ij}^{\mathrm{S}}=\exp\left\{-\left(d_{ij}^{\mathrm{S}}\right)/h_{\mathrm{S}}^2\right\}$；$\alpha_{ij}^{\mathrm{T}}=\exp\left\{-\left(d_{ij}^{\mathrm{T}}\right)/h_{\mathrm{S}}^{\mathrm{T}}\right\}$；$\left(d_{ij}^{\mathrm{S}}\right)^2=(u_i-u_j)^2+(v_i-v_j)^2$；$\left(d_{ij}^{\mathrm{T}}\right)^2=(t_i-t_j)^2$；$h^{\mathrm{ST}}$为时空带宽参数，$h_{\mathrm{S}}^2=h_{\mathrm{ST}}^2/\lambda$和$h_{\mathrm{T}}^2=h_{\mathrm{ST}}^2/\mu$分别为空间带宽和时间带宽。GTWR模型的权重结构包含一个对角矩阵，其对角元素为$\alpha_{ij}^{\mathrm{S}}\cdot\alpha_{ij}^{\mathrm{T}}$ $(1\leqslant j\leqslant n)$。据此，可构建空间权重矩阵$\boldsymbol{W}^{\mathrm{S}}$和时间权重矩阵$\boldsymbol{W}^{\mathrm{T}}$，同时将两个矩阵进行结合，可以得到时空权重矩阵$\boldsymbol{W}^{\mathrm{ST}}=\boldsymbol{W}^{\mathrm{S}}\times\boldsymbol{W}^{\mathrm{T}}$。

根据式（6.17），在计算位置i和所有观测值之间的距离后，就可以构建加权函数。理论上，如果观测值没有时间变化，参数μ可为0，即$\mu=0$；反之，则将距离计算降级为传统的GWR模型计算；若参数λ为0，即$\lambda=0$，则仅考虑了时间距离和时间的非平稳性，此时模型则称为TWR（time weighted regression，时间加权回归）模型。然而，在大多数实际情况下，μ和λ均不为0，空间和时间距离都将基于式（6.17）进行建模。

令τ表示参数μ与λ的比率，即$\tau=\mu/\lambda$，$\lambda\neq0$，据此，可以通过对d^{S}的系数进行归一化来重写式（6.17），相关公式如下：

$$\frac{\left(d_{ij}^{\mathrm{ST}}\right)^2}{\lambda}=\left[(u_i-u_j)^2+(v_i-v_j)^2\right]+\tau(t_i-t_j)^2 \tag{6.18}$$

令$\tilde{W}^{\mathrm{ST}}=(1/\lambda)\alpha_{ij}^{\mathrm{S}}\cdot\alpha_{ij}^{\mathrm{T}}=W^{\mathrm{ST}}/\lambda$。由于$W(u_i, v_i, t_i)$乘以式（6.12）中的一个常数不会改变$\beta_k(u_i, v_i, t_i)$的估计，因此，可以看出比率参数$\tau=\mu/\lambda$在权重构建方面发挥着重要的作用。实际上，$\tau$的本质作用是放大/缩小时间距离效果以匹配空间距离。对此，令$\lambda=1$以减少实际中的参数数量，因此只需确定μ，而且可

以根据 R^2 或赤池信息准则（Akaike information criterion，AIC）交叉验证从而对 μ 进行优化。

6.1.3 数据来源

本章所涉及的数据均来源于《中国统计年鉴》《中国能源统计年鉴》《中国固定资产投资统计年鉴》《中国环境统计年鉴》《中国劳动统计年鉴》《中国人口和就业统计年鉴》《中国农村统计年鉴》《中国电力统计年鉴》《中国城市统计年鉴》及各省（区、市）的相关统计年鉴和国际可再生能源署网站（https://www.irena.org/）。

6.2 中国水-能源-粮食纽带系统效率影响因素变量选取

影响水-能源-粮食纽带系统效率的因素繁多且较为复杂，通过对相关研究成果总结，将影响水-能源-粮食纽带系统效率的影响因素归为自然因素、社会经济、环境、科技四类。但由于区域政策和管理能力尚未有量化标准，而政府的影响、政策执行情况及管理能力主要在社会经济、环境及科技方面体现。因此，选取自然、社会经济、环境和科技四类因素（共 34 个变量）对区域水-能源-粮食纽带系统效率的驱动机理进行分析，相关指标如表 6.1 所示，相关指标统计性描述如表 6.2 所示。

表 6.1 影响水-能源-粮食纽带系统效率的变量选取

因素分类	解释变量	变量描述	变量计算
自然因素	水资源禀赋	人均水资源量（m^3）	区域水资源量与年末常住人口之比
		降水量（mm）	统计数据
		水资源开发利用率（%）	区域用水量占水资源总量的比率
	能源禀赋	能源生产量（万 t 标准煤）	统计数据
	粮食供给	人均粮食产量增长率（%）	统计数据
社会经济因素	经济水平	人均 GDP 增长率（%）	统计数据
		城市化率（%）	统计数据
		单位 GDP 水耗（m^3/万元）	用水总量与 GDP 之比
		单位 GDP 能耗（t 标准煤/万元）	能源消费总量与 GDP 之比
	产业结构	产业结构高级化指数（量纲一）	式（6.18）、式（6.19）
		产业结构合理化指数（量纲一）	式（6.21）
	工业发展水平	工业能源消耗强度（t 标准煤/万元）	工业能源消费总量与工业产值之比
		规模以上工业企业主要产品利润总额（亿元）	统计数据

续表

因素分类	解释变量	变量描述	变量计算
社会经济因素	农业发展水平	粮食单产（kg/hm^2）	粮食产量与粮食播种面积之比
		单位农业 GDP 耗水（m^3/万元）	农业用水量与农业生产总值之比
	人口规模	人口密度（人/km^2）	区域总人口与区域面积之比
	人口素质	平均受教育年限（年）	统计数据
	用水结构	生产用水占比（%）	统计数据
		生活用水占比（%）	统计数据
	能源结构	能源生产多样化指数（量纲一）	（孙才志和阎晓东，2018）
		清洁能源生产占比（%）	统计数据
	开放程度	外商直接投资（万元）	统计数据
	交通基础设施	交通密度（km/km^2）	道路网总里程与区域面积之比
		货运量（万 t）	统计数据
		货物周转量（亿 t 公里）	统计数据
环境因素	环境污染程度	灰水足迹载荷系数（量纲一）	（孙才志等，2016）
	污水处理	城市污水处理率（%）	统计数据
	环境保护投入	生态用水量（m^3）	统计数据
		环境污染治理投资总额（万元）	统计数据
科技因素	科技成果	万人专利授权量（件）	统计数据
	科技转化	科技市场成交额（亿元）	统计数据
		专利申请数量效率（量纲一）	R&D 经费投入与专利申请数量之比
	科技投入	R&D 经费投入强度（量纲一）	R&D 经费投入与 GDP 之比
		R&D 人员全时当量（人年）	统计数据

注：R&D 表示研究与发展（research and development）。

表 6.2　指标统计性描述

变量描述	平均值	标准差	最大值	最小值	中位数	样本量	25%分位数	75%分位数
人均水资源量/m^3	2163.04	2492.35	16176.90	25.00	1602.10	690	355.50	3008.55
降水量/mm	940.67	551.44	2555.89	114.88	858.16	690	494.67	1319.17
水资源开发利用率/%	85.37	153.48	1163.69	2.71	32.27	690	15.29	72.22
能源生产量/万 t 标准煤	7865.58	12994.88	79111.73	12.36	3470.34	690	1537.88	8523.05
人均粮食产量增长率/%	−0.07	8.92	38.60	−34.75	0.79	690	−3.31	3.65
人均 GDP 增长率/%	11.88	7.33	56.27	−25.11	10.62	690	7.27	16.65
城市化率/%	48.82	16.43	89.60	19.44	48.03	690	36.15	58.03

续表

变量描述	平均值	标准差	最大值	最小值	中位数	样本量	25%分位数	75%分位数
单位 GDP 水耗/(m^3/万元)	384.60	554.78	4704.82	11.79	193.71	690	91.40	458.47
单位 GDP 能耗/(t 标准煤/万元)	1.34	0.91	6.74	0.21	1.09	690	0.70	1.67
产业高级化指数（量纲一）	6.48	0.35	7.65	5.63	6.43	690	6.25	6.67
产业合理化指数（量纲一）	0.25	0.15	0.88	0.02	0.23	690	0.14	0.33
工业能源消耗强度/(t 标准煤/万元)	2.13	1.42	9.55	0.31	1.74	690	1.05	2.79
规模以上工业企业主要产品利润总额/亿元	1189.43	1747.34	10574.40	1.03	527.55	690	111.54	1595.53
粮食单产/(kg/hm^2)	4.90	1.07	8.17	2.41	4.99	690	3.99	5.69
单位农业 GDP 耗水/(m^3/万元)	1040.72	1429.66	10953.69	107.79	609.47	690	338.27	1139.46
人口密度/(人/km^2)	418.51	584.68	3829.65	6.87	276.03	690	145.68	453.89
平均受教育年限/年	8.37	1.17	12.78	4.69	8.37	690	7.59	9.08
生产用水占比/%	0.84	0.10	0.98	0.17	0.86	690	0.81	0.89
生活用水占比/%	0.14	0.07	0.47	0.02	0.13	690	0.10	0.17
能源生产多样化指数（量纲一）	0.76	0.12	1.00	0.51	0.76	690	0.67	0.85
清洁能源生产占比/%	22.60	26.99	100.00	0.04	8.74	690	2.76	36.55
外商直接投资/万元	50.41	65.62	357.60	0.04	22.15	690	4.53	70.84
交通密度/(km/km^2)	0.69	0.49	2.17	0.02	0.55	690	0.32	1.02
货运量/万 t	9.33	7.97	43.43	0.41	6.66	690	3.41	13.41
货物周转量/亿 t 公里	3510.25	4399.92	30324.90	70.60	1696.80	690	850.55	4249.64
灰水足迹载荷系数（量纲一）	1.59	2.67	30.74	0.11	0.57	690	0.31	1.63
城市污水处理率/%	63.94	26.92	99.30	8.28	67.69	690	39.18	90.10
生态用水量/m^3	3.70	5.13	49.00	0.07	2.06	690	0.80	4.39
环境污染治理投资总额/万元	171.96	196.38	1719.86	2.67	100.48	690	34.26	234.04
万人专利授权量/件	50.84	89.54	611.49	1.04	15.81	690	4.56	51.47
科技市场成交额/亿元	171.14	492.42	5695.28	0.06	31.61	690	9.31	100.62
专利申请数量效率（量纲一）	176.31	95.68	787.17	38.53	153.81	690	113.33	220.15
R&D 经费投入强度（量纲一）	77107.04	104138.34	803208.00	848.00	44175.00	690	18398.75	92942.75
R&D 人员全时当量/人年	1.28	1.14	7.41	0.09	0.95	690	0.59	1.57

1. 产业结构高级化指数

产业结构高级化指数常用于表征随着某地区的经济发展，产业结构之间的规律性变化过程（付凌晖，2010）。其主要表现形式为，随着经济的发展，第一产业、第二产业及第三产业的比重依次上升，即第三产业逐渐占据主导地位，而第一产业的比重逐渐缩小。基于此，定义产业高级化指数为 W（W 越大，说明产业结构高级化水平越高），与此同时，将三次产业均抽象为一个空间向量，据此构成了一组三维空间向量 $\boldsymbol{X}_0=(x_1,0,x_2,0,x_3,0)$，在此基础上分别计算 $\boldsymbol{X}_0$ 与第一产业 $X_1=(1,0,0)$、第二产业 $X_2=(0,1,0)$、第三产业 $X_3=(0,0,1)$的夹角 θ_1、θ_2、θ_3，相关计算公式如下：

$$\theta_j=\arccos\left(\frac{\sum_{i=1}^{3}(x_{i,j}\cdot x_{i,0})}{\sum_{i=1}^{3}\left(x_{i,j}^2\right)^{1/2}\cdot\sum_{i=1}^{3}\left(x_{i,0}^2\right)^{1/2}}\right)\qquad j=1,2,3\qquad(6.19)$$

$$W=\sum_{k=1}^{3}\sum_{j=1}^{3}\theta_j\qquad k=1,2,3\qquad(6.20)$$

2. 产业结构合理化指数

目前，产业结构合理化指数常被用于衡量一定时期内某一地区各个产业之间集聚的质量，不仅可以用于反映各个产业间的协同作用程度，也可以用于反映资源的有效利用情况，已被看作是定量分析某地区要素投入结构与产出结构相互匹配程度的一种有效指标，常采用结构偏离度对其进行表征，相关计算公式如下：

$$E=\sum_{i=1}^{n}\left|\frac{Y_i/L_i}{Y/L}-1\right|=\sum_{i=1}^{n}\left|\frac{Y_i/L}{L_i/L}-1\right|\qquad i=1,2,3\qquad(6.21)$$

式中，E 为结构偏离度；Y 为产值；L 为就业；i 为产业；Y/L 为生产率，因此，当经济均衡时，$Y_i/L_i=Y/L$，从而 $E=0$；同时 Y_i/L 为产出结构，L_i/L 为就业结构。

此外，由式（6.21）可知，E 也可以用于反映两种结构之间的相互协同关系。E 值越大，说明经济越不均衡，产业结构越不合理；反之，则表明产业结构合理。

但需要说明的是，一方面受多种因素影响，经济的非均衡性是一个地区的常态，发展中国家尤为凸显，因此 E 不可能为 0；另一方面，式（6.21）将各个产业“均等化”处理，忽视了各个产业之间的差异性、重要性。此外，绝对值的计算也不可避免地带来计算上的不便，因此，相关学者（干春晖等，2011）在此基础上引入了泰尔指数（即泰尔熵），用于表征产业机构之间的合理程度。相关计算公式如下：

$$\mathrm{TL}=\sum_{i=1}^{n}\left(\frac{Y_i}{Y}\right)\ln\left(\frac{Y_i}{L_i}\bigg/\frac{Y}{L}\right)\qquad(6.22)$$

同样，如果区域经济发展处于均衡状态，也同样存在 TL = 0。此外，式（6.22）不仅将各个产业进行了“非均等化”处理，体现了产业之间的差异，同时也降低了计算上的难度。

6.3　中国水-能源-粮食纽带系统效率空间异质性检验

GTWR 模型可以有效解决由空间与时间要素引起的因变量与自变量之间

的局部变异问题，因此，需要对研究对象是否存在空间相关性和空间异质性进行检验。

6.3.1 中国水-能源-粮食纽带系统效率全局空间自相关

采用 GeoDa 软件平台，利用全局空间自相关方法对 1997～2019 年中国水-能源-粮食纽带系统效率进行全局空间相关性检验，结果如表 6.3 和图 6.2 所示。

表 6.3 1997～2019 年中国水-能源-粮食纽带系统效率全局空间自相关

年份	Moran *I*	*Z*	*P*	年份	Moran *I*	*Z*	*P*
1997	0.1114	1.2057	0.1190	2009	0.2432	2.5537	0.0074
1998	0.1667	1.7743	0.0391	2010	0.2438	2.6626	0.0083
1999	0.1646	1.6793	0.0540	2011	0.2573	2.3775	0.0120
2000	0.2029	2.0830	0.0294	2012	0.2569	2.7479	0.0056
2001	0.2191	2.3241	0.0153	2013	0.2582	2.4023	0.0110
2002	0.2083	2.1980	0.0186	2014	0.2623	2.8134	0.0038
2003	0.2115	2.0316	0.0290	2015	0.2874	2.5851	0.0070
2004	0.2225	2.1471	0.0160	2016	0.2936	3.1182	0.0017
2005	0.2340	2.3642	0.0156	2017	0.3390	3.0218	0.0020
2006	0.2308	2.5046	0.0134	2018	0.3131	2.7775	0.0040
2007	0.2360	2.5196	0.0064	2019	0.3545	3.1297	0.0020
2008	0.2368	2.2023	0.0160				

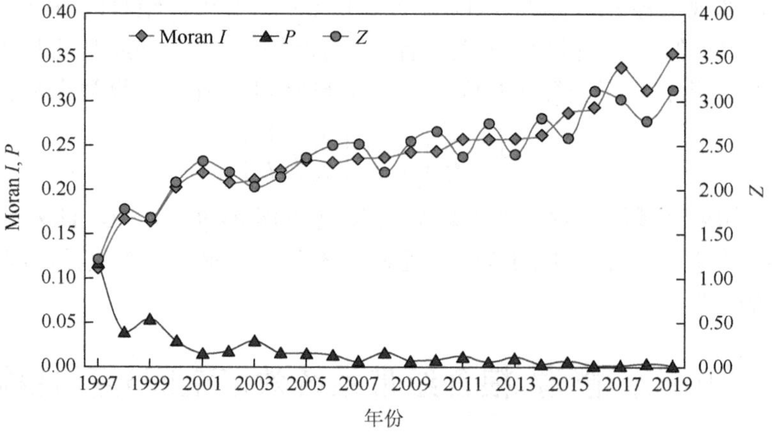

图 6.2 1997～2019 年中国水-能源-粮食纽带系统效率全局空间自相关参数变化趋势

由表 6.3 和图 6.2 可知，中国水-能源-粮食纽带系统效率全局 Moran *I* 的正态统计量 *Z* 值除 1997 年外，均大于 1.65，说明研究时段内除 1997 年外，中国水-能源-粮食纽带系统效率全局 Moran *I* 均通过了 10%的显著性检验。与此同时，研究期内，全局 Moran *I* 均为正值，且呈现逐渐上升态势，说明中国水-能源-粮食纽带系统效率在研究时段内具有显著的正相关关系，即某地区的效率值会受到相邻区域效率水平的正向影响，并且随时间而逐渐呈现加强的趋势。

6.3.2　中国水-能源-粮食纽带系统效率局部空间自相关

由于全局空间自相关及全局 Moran *I* 未能反映中国省际水-能源-粮食纽带系统效率的空间集聚特征，因此，选取 1997 年、2004 年、2012 年及 2019 年数据探究中国水-能源-粮食纽带系统效率是否存在局部空间集聚现象，结果如表 6.4 所示。

表 6.4　中国省际水-能源-粮食纽带系统效率 LISA 集聚

省（区、市）	LISA 集聚			
	1997 年	2004 年	2012 年	2019 年
辽宁	LL	LL	LL	LL
吉林	HL	HL	LL	LL
黑龙江	HL	HL	LL	LL
北京	LL	LL	HH	LH
天津	LL	LL	HH	HH
河北	LL	LL	LH	HH
山东	HH	HH	HH	HH
上海	HH	HH	HH	HH
江苏	HH	HH	HH	HH
浙江	HH	LH	HH	HH
福建	HH	LH	HH	HH
广东	HH	HL	HL	HL
海南	LH	LH	LH	LH
山西	LL	LL	LL	LL
内蒙古	LH	LL	LL	LL
陕西	HL	HL	HL	HL
河南	HH	HH	HH	LH
湖北	HH	HH	HL	HL
湖南	HH	LH	LH	LH
安徽	HH	LH	LH	HH
江西	HH	LH	LH	LH
广西	HH	LH	LH	LH

续表

省（区、市）	LISA 集聚			
	1997 年	2004 年	2012 年	2019 年
贵州	LH	LL	LL	LL
云南	LH	LL	LL	LH
重庆	LH	LH	LH	LH
四川	LH	HL	HL	HL
甘肃	HL	LL	LL	LL
青海	LL	LL	LL	LL
宁夏	LL	LL	LL	LL
新疆	LL	LL	LL	LL

由表 6.4 可知，1997 年中国水-能源-粮食纽带系统效率处于空间正相关（高-高集聚和低-低集聚）的地区个数为 20 个，占比 66.67%。其中高-高集聚地区数量为 12 个，主要分布在中国东部及中部地区的山东、河南、江苏、广东、福建等地区；低-低集聚地区数量为 8 个，主要分布西北及华北的新疆、青海、宁夏、辽宁、河北、北京、天津、山西；高-低集聚区主要有黑龙江、吉林、陕西、甘肃 4 个地区，而低-高集聚区则主要分布在四川、云南、重庆、贵州、海南及内蒙古。2004 年，高-高集聚区由 12 个减少至山东、河南、湖北、江苏、上海 5 个地区，低-低集聚区则由 8 个增加至 12 个，中国水-能源-粮食纽带系统效率处于空间正相关的地区个数为 17 个，占比 56.7%，高-低集聚区则主要有黑龙江、吉林、陕西、四川、广东 5 个地区，低-高集聚区主要有安徽、浙江、江西、湖南、重庆、广西、海南、福建 8 个地区。2012 年高-高集聚区主要分布在北京、天津、山东、河南、江苏、上海、福建、浙江 8 个地区，低-低集聚区相比 2004 年仅增加了黑龙江和吉林两个地区，高-低集聚区则主要有陕西、四川、湖北、广东 4 个地区，而低-高集聚区则主要有河北、安徽、重庆、湖南、江西、广西、海南 7 个地区。2019 年，相比 2012 年高-高集聚区变动较小，低-低集聚区主要分布在西北与东北地区，分布范围与 2012 年较为一致，高-低集聚区与 2012 年相比保持不变，整体而言，研究末期中国水-能源-粮食纽带系统效率的 LISA 集聚与 2012 年较为一致。

6.4 中国水-能源-粮食纽带系统效率时空差异的影响因素分析

6.4.1 传统回归模型检验结果

为进一步掌握各影响因素对中国水-能源-粮食纽带系统的全局及平均影响，

基于最小二乘法（OLS）对中国水-能源-粮食纽带系统进行一般线性回归分析，通过共线性去掉方差膨胀因子较高的变量，剩余方差膨胀因子（variance inflation factor，VIF）均在 10 以内，整体 VIF 为 4.48。结果如表 6.5 和表 6.6 所示。

表 6.5　最小二乘法模型估计结果

类型	相关变量	回归系数	标准差	t 值	P 值
	常数	2.2648	0.1420	3.26	0.01
自然因素	人均水资源量（x_1）	−0.0103	0.0079	−2.51	0.012
	能源生产量（x_2）	0.0246	0.0049	5.00	0.000
社会经济因素	单位 GDP 能耗（x_3）	−0.0155	0.0100	−2.05	0.040
	产业结构合理化指数（x_4）	0.1207	0.0409	2.95	0.003
	工业能源消耗强度（x_5）	−0.0305	0.0062	−4.95	0.000
	粮食单产（x_6）	0.0157	0.0061	2.58	0.010
	单位农业 GDP 耗水（x_7）	−0.0344	0.0093	−3.70	0.000
	人口密度（x_8）	0.0342	0.0086	3.96	0.000
	清洁能源生产占比（x_9）	0.2489	0.0220	11.32	0.000
	外商直接投资（x_{10}）	0.0149	0.0046	3.22	0.001
	交通密度（x_{11}）	0.1750	0.0157	11.14	0.000
环境因素	灰水足迹载荷系数（x_{12}）	−0.0087	0.0023	−3.74	0.000
科技因素	R&D 经费投入强度（x_{13}）	0.3453	0.7293	4.59	0.000
	R^2	0.720			
	调整后的 R^2	0.710			

表 6.6　方差膨胀因子

	x_1	x_2	x_3	x_4	x_5	x_6	x_7	x_8	x_9	x_{10}	x_{11}	x_{12}	x_{13}	整体
VIF	5.19	4.58	6.31	2.83	6.12	3.39	5.93	2.33	2.81	5.52	4.71	3.00	5.53	4.48

由表 6.5 和表 6.6 可知，在 10%的显著性水平条件下，共有 13 个影响因素对中国水-能源-粮食纽带系统效率具有重要影响。通过回归系数的绝对值可知，其重要性由大到小依次为 R&D 经费投入强度（x_{13}）、清洁能源生产占比（x_9）、交通密度（x_{11}）、产业结构合理化指数（x_4）、单位农业 GDP 耗水（x_7）、人口密度（x_8）、工业能源消耗强度（x_5）、能源生产量（x_2）、粮食单产（x_6）、单位 GDP 能耗（x_3）、外商直接投资（x_{10}）、人均水资源量（x_1）、灰水足迹载荷系数（x_{12}）。自然因素中，人均水资源量的增加并不能有效提升水-能源-粮食纽带系统效率。此外，相关研

究表明，人均水资源量的增加不能显著提升水资源效率，也对中国水-能源-粮食纽带系统效率的提升存在一定的负向作用，而能源生产量的提升则有利于提升中国水-能源-粮食纽带系统效率，具体表现为能源生产量每增加 1%，水-能源-粮食纽带系统效率则相应提升约 0.02%。社会经济因素中，单位 GDP 能耗、工业能源消耗强度、单位农业 GDP 耗水对中国水-能源-粮食纽带系统效率的阻碍作用较为明显。相关研究结果也表明，当前，我国工业能源利用效率及农业用水效率水平仍存在较大的提升空间（孙才志等，2020；钱文婧和贺灿飞，2011），尤其是工业生产中高耗能产业所占比重大，加之传统的农业灌溉模式消耗了大量水资源，从而导致我国工农业发展水平远低于西方发达国家，这些均不可避免地在一定程度上阻碍了我国水-能源-粮食纽带系统效率的提升。而其余正向指标中，清洁能源生产占比、交通密度、产业结构合理化指数对水-能源-粮食纽带系统效率的提升作用排名前三，具体表现为三者每增加 1%，水-能源-粮食纽带系统效率依次提升约 0.25%、0.18%、0.12%。粮食单产、人口密度及外商直接投资对水-能源-粮食纽带系统效率的提升作用介于 0.01%～0.04%，影响相对较小。在环境因素中，灰水足迹载荷系数显著为负，这表明削减灰水足迹有利于提升水-能源-粮食纽带系统效率。科技因素中，R&D 经费投入强度显著为正，表明 R&D 经费投入要与区域经济发展水平相适应，才能成为水-能源-粮食纽带系统效率提升的真正驱动力。

6.4.2 时空地理加权回归结果稳健性检验

由 6.4.1 节可知，中国水-能源-粮食纽带系统效率的空间分布具有显著的空间正相关关系和空间异质性，由于传统的 OLS 回归模型忽略了时间和空间地理位置对水-能源-粮食纽带系统效率的影响。作为时空非平稳性回归模型，GTWR 模型常被看作是 GWR 模型的扩展，其核心是在 GWR 模型的基础上引入了时间要素，因此，可以有效解决以往模型忽视时间和空间位置所导致的因变量与自变量之间的局部变异问题。但需要注意的是，相关研究表明，若存在较多重合的空间坐标，则会使得模型的最终评价结果接近于以时间维度进行研究的线性回归结果（Huang et al.，2009；王海军等，2018）。因此，将 GTWR 模型应用到水-能源-粮食纽带系统效率研究中时，需要考虑不同研究单元、不同空间坐标情况下，各个影响因素对水-能源-粮食纽带系统效率的回归结果。对此，采用两种静态空间坐标［省会（首府、直辖市）坐标（方案 1）、各省（区、市）质心坐标（方案 2）］、三种动态空间坐标［各省（自治区、直辖市）GDP 重心坐标（方案 3）、各省（自治区、直辖市）人口重心坐标（方案 4）、各省（自治区、直辖市）人均 GDP 重心坐标（方案 5）］来探讨空间坐标对模型拟合结果的影响，并以固定高斯函数为权属函数，以 AICc（Akaike information criterion corrected，修正的赤池信息量准则）法则确定带宽，并基于 ArcGIS 软件进行回归计算，结果如表 6.7 所示。

表 6.7　时空地理加权回归模型估计结果

指标	方案 1	方案 2	方案 3	方案 4	方案 5
带宽	623125.825	564519.385	608273.507	488307.485	392767.668
残差平方和	1.171	0.827	1.145	1.579	1.175
σ	0.041	0.035	0.041	0.048	0.041
AICc	−2441.104	−2680.847	−2456.976	−2235.113	−2439.017
R^2	0.884	0.916	0.888	0.879	0.853
调整 R^2	0.882	0.914	0.886	0.877	0.850
时空距离比	1.921	1.921	1.748	1.091	1.000

结合表 6.5 和表 6.7 可知，传统 OLS 模型 R^2 为 0.720，调整后 R^2 为 0.710，相比时空地理加权回归模型得到的拟合结果偏小，原因在于 OLS 估计并未考虑时间及空间距离因素，各个观察值之间的差异被“平均化”，所得结果仅表征整体上的相互关系，无法反映参数在不同时间、空间上的非平稳性。由表 6.7 可知，五种空间位置下，时空地理加权回归模型所得到的 R^2 及调整后的 R^2 均介于 0.850～0.916，大于传统 OLS 模型所得到的结果，说明拟合效果较好，同时也说明各因素对水-能源-粮食纽带系统效率的影响存在显著的时空非平稳性。此外，动态空间坐标的拟合系数小于静态空间坐标拟合系数，这也证明较多的坐标重合会使模型结果接近于线性回归分析结果。因此，在选取动态空间坐标的基础上，充分考虑区域的社会经济发展状况，采用方案 5 进行各影响因素时空演化分析。

6.4.3　各影响因素时间演化分析

基于 GTWR 模型对不同时间内中国水-能源-粮食纽带系统效率影响因素进行回归分析，得到各影响因素在不同时空位置上对水-能源-粮食纽带系统效率的回归系数（即贡献系数）后，绘制各系数随时间变化的箱线图，以探讨各个影响因素在时间上的演变特征，结果如图 6.3 所示。

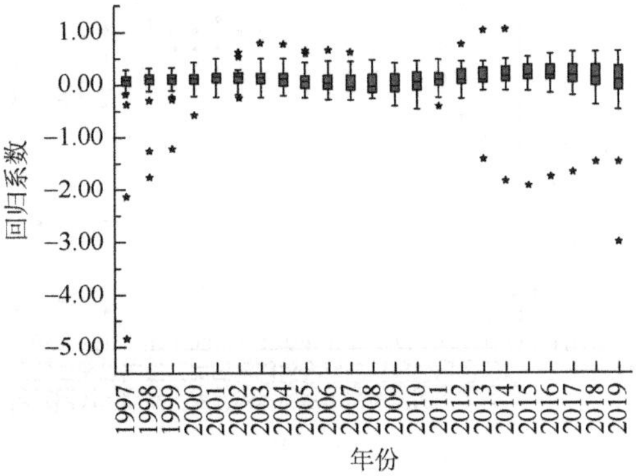

(a) 人均水资源量

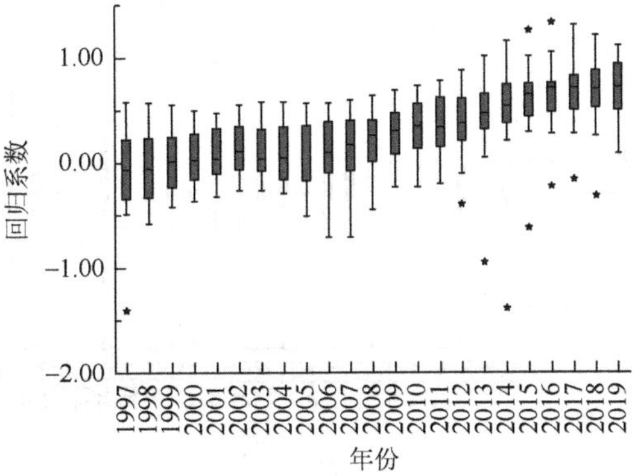

(b) 能源生产量

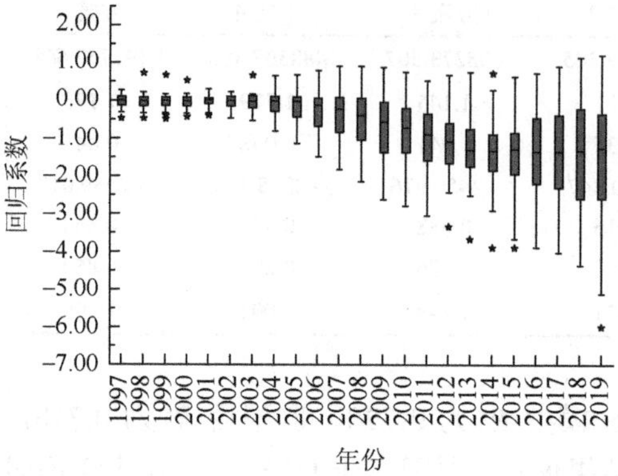

(c) 单位GDP能耗

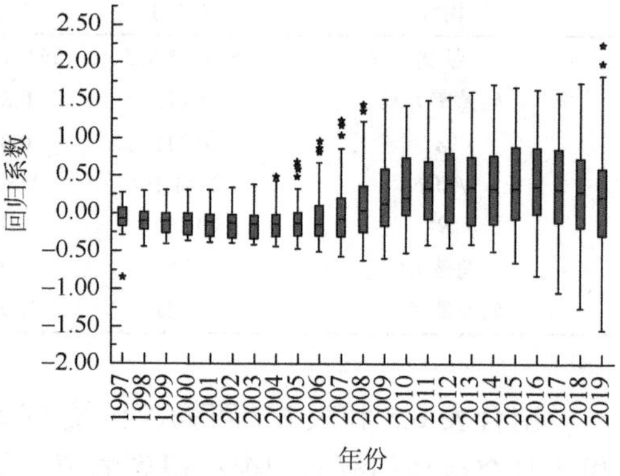

(d) 产业结构合理化指数

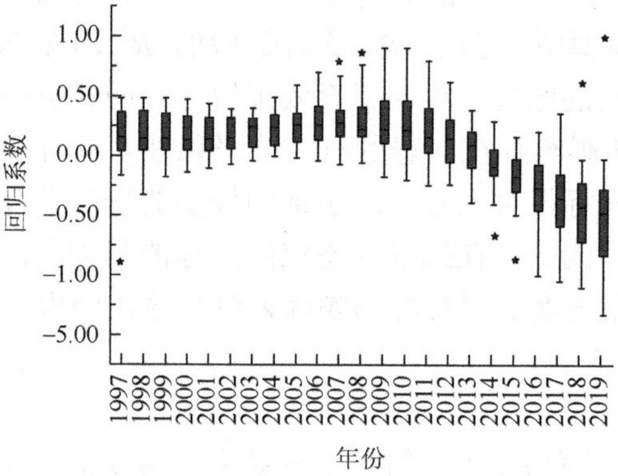

(e) 工业能源消耗强度

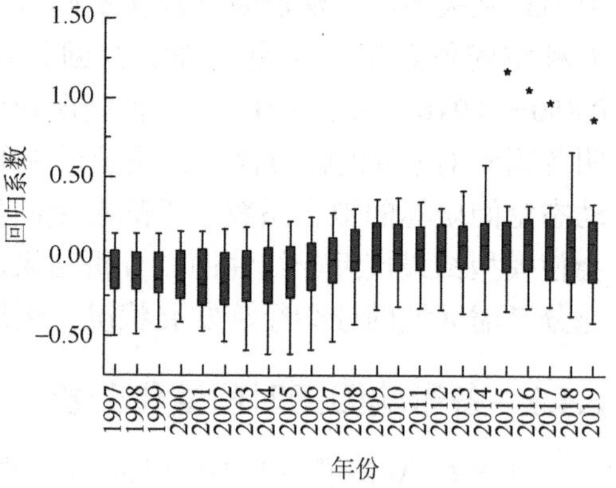

(f) 粮食单产

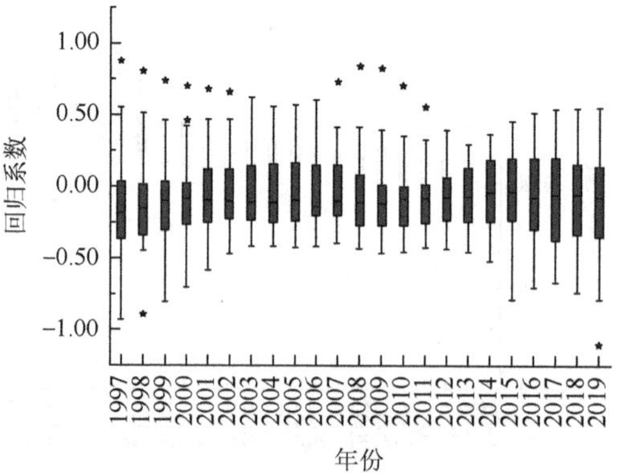

(g) 单位农业GDP耗水

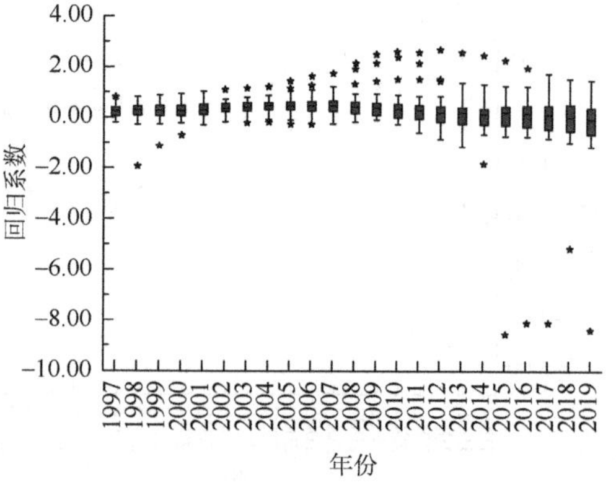

(h) 人口密度

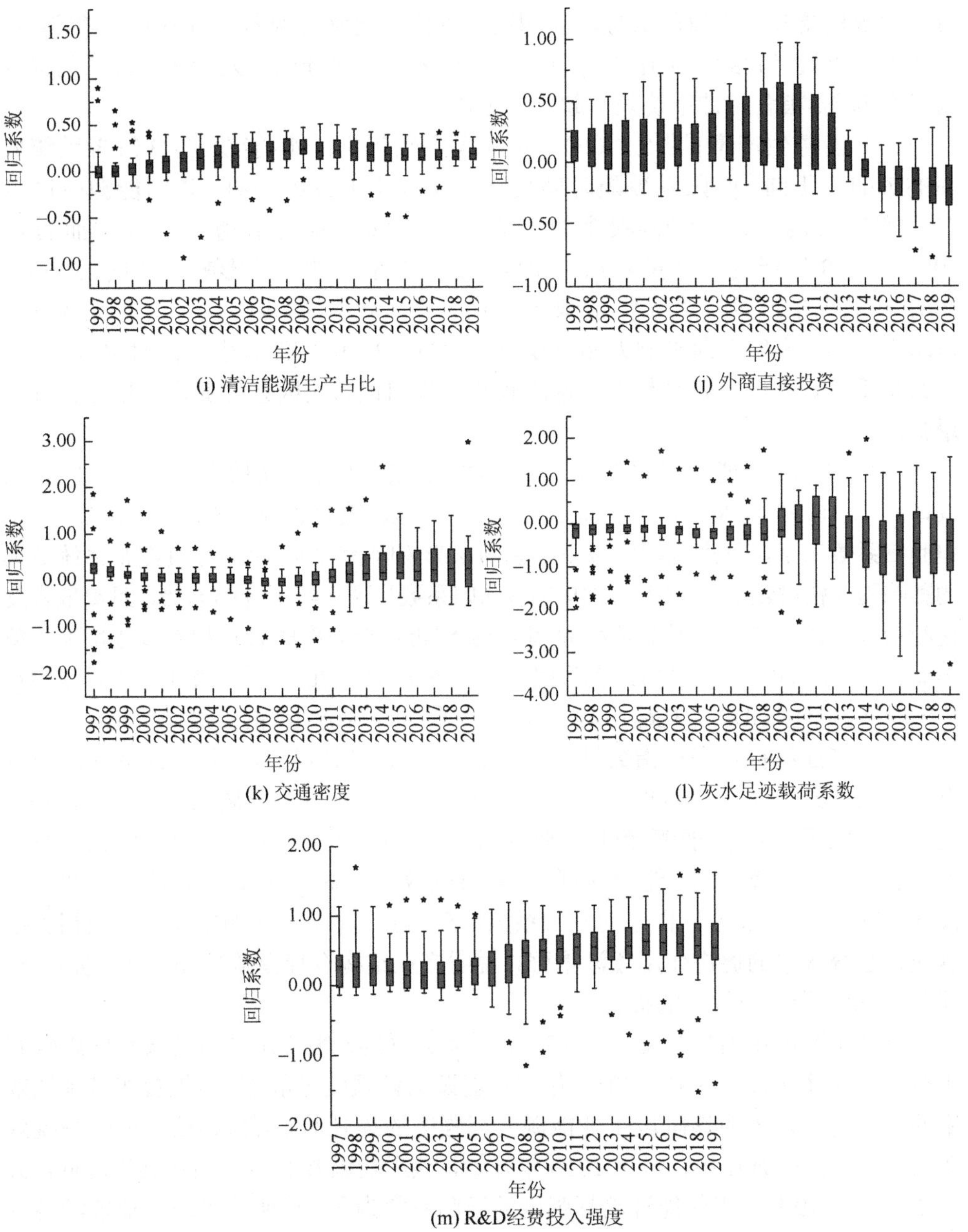

(i) 清洁能源生产占比

(j) 外商直接投资

(k) 交通密度

(l) 灰水足迹载荷系数

(m) R&D经费投入强度

图6.3　GTWR模型回归系数的时间演化趋势

（1）人均水资源量[图 6.3（a）]对水-能源-粮食纽带系统效率的回归系数离散程度影响相对较小，表明研究时期内，该影响因素对水-能源-粮食纽带系统效率的影响程度相对较小，其变化趋势有降有升。此外，就异常值和平均值而言，负值的数量要多于正值的数量，表明研究期内人均水资源量的提升对水-能源-粮食纽带系统效率起到抑制作用的地区数量较多，而部分地区人均水资源量的提升则对水-能源-粮食纽带系统效率起到促进作用。

（2）能源生产量[图 6.3（b）]对绝大多数年份的水-能源-粮食纽带系统效率的影响为正向，回归系数随时间变化呈现逐年上升的趋势，说明能源生产量在研究时段内对水-能源-粮食纽带系统效率的影响逐渐增强。具体而言，1997～1999 年能源生产量对水-能源-粮食纽带系统效率的影响为负向，2000～2007 年能源生产量虽然对水-能源-粮食纽带系统效率的影响为正向，但系数平均值略大于 0，表明正向影响力相对较小，2008～2019 年能源生产量对水-能源-粮食纽带系统效率的回归系数上升速度较快，说明该影响因素的促进作用正在逐步增强。

（3）单位 GDP 能耗[图 6.3（c）]对水-能源-粮食纽带系统效率的影响有正有负。具体而言，1997～2003 年单位 GDP 能耗对水-能源-粮食纽带系统效率的影响为负，但回归系数为正，且离散程度较小，说明该影响因素对水-能源-粮食纽带系统效率的影响程度相对较小，2004～2019 年该回归系数呈现逐年下降的态势，且离散程度逐渐增大，说明该影响因素对水-能源-粮食纽带系统效率的影响程度逐年增加。整体而言，单位 GDP 能耗对水-能源-粮食纽带系统效率的回归系数逐年下降，说明在研究时期内单位 GDP 能耗越小对水-能源-粮食纽带系统效率的促进作用越显著。

（4）产业结构合理化指数[图 6.3（d）]对水-能源-粮食纽带系统效率的影响有正有负。具体而言，1997～2005 年产业结构合理化指数及离散程度相对较小，说明该影响因素对水-能源-粮食纽带系统效率的影响程度较小，也说明该阶段产业结构合理化指数对水-能源-粮食纽带系统效率的促进作用相对较小，2006～2019 年产业结构合理化指数的回归系数逐渐增强，表明该影响因素对水-能源-粮食纽带系统效率的促进作用逐渐增强，说明产业结构合理指数越高，越能促进水-能源-粮食纽带系统效率的提升。

（5）工业能源消耗强度[图 6.3（e）]对水-能源-粮食纽带系统效率的影响有正有负。具体而言，1997～2013 年工业能源消耗强度对水-能源-粮食纽带系统效率的影响为正，表明该阶段工业能源消耗强度的提升对水-能源-粮食纽带系统效率具有一定的提升作用，但从 2010 年开始，该影响因素的回归系数逐年降低，其中 2014～2019 年，工业能源消耗强度的回归系数为负，说明该阶段工业能源消耗强度的下降对水-能源-粮食纽带系统效率具有一定的提升作用。

（6）粮食单产[图 6.3（f）]回归系数在 1997～2012 年为负数，说明在该阶段粮食单产的降低对水-能源-粮食纽带系统效率具有一定程度的提升，但 2013～2019 年，粮食单产回归系数逐渐偏向正向影响，说明该阶段粮食单产的提升对水-能源-粮食纽带系统效率的提升具有一定的促进作用。

（7）单位农业 GDP 耗水[图 6.3（g）]的回归系数多数地区为负，表明研究时期内单位农业 GDP 耗水对水-能源-粮食纽带系统效率的贡献整体为负，也说明单位农业 GDP 耗水越低对水-能源-粮食纽带系统效率的提升越具有一定的促进作用。

（8）人口密度[图 6.3（h）]的回归系数整体离散程度较小，且回归系数随时间变化逐渐趋于平稳，说明人口聚集对水-能源-粮食纽带系统效率具有一定的促进作用，因为人口聚集有利于通过发挥成本优化效应，引导区域经济活动与生产要素在空间上的集聚，共享基础设施，从而提升水-能源-粮食纽带系统效率。

（9）清洁能源生产占比[图 6.3（i）]的回归系数多数地区为正，且离散程度逐渐缩小。说明研究时期内，清洁能源生产占比的提升对水-能源-粮食纽带系统效率的提升具有一定的促进作用，其原因在于清洁能源生产占比的提升，意味着中国能源结构逐渐得到优化，使得太阳能、水能、风能及核能等可再生能源和新能源开始占据一定的消费比例，对保障能源安全、促进水-能源-粮食纽带系统效率的提升具有重要意义。

（10）外商直接投资[图 6.3（j）]在一定程度上反映了对外开放程度，外商直接投资的回归系数有正有负，回归系数随时间呈现先上升后下降的态势。虽然外商投资的增加在一定程度上扩大了生产规模，促进了区域经济发展，但同时也带来了更大的能源、资源消耗。

（11）交通密度[图 6.3（k）]的回归系数随时间呈现先下降后上升的态势，但整体而言，交通密度的回归系数有正有负。其中 1997～2008 年的离散程度较小，说明在该阶段中国各地区交通密度的提升对水-能源-粮食纽带系统效率的提升有限，其原因在于该阶段中国基础交通设施较为薄弱；2009～2019 年，回归系数呈快速增加的态势，说明该阶段中国各地区交通密度的提升对水-能源-粮食纽带系统效率的提升具有一定的促进作用。

（12）灰水足迹载荷系数[图 6.3（l）]能够在一定程度上判断某一地区经济发展的可持续性。灰水足迹载荷系数的回归系数在研究时段内有正有负，表明灰水足迹载荷系数对水-能源-粮食纽带系统效率的影响具有时变性。系数较小时，单位 GDP 对应的水体污染负荷较低，资源利用效率较高，有利于经济与环境协调发展；系数较大则表明水环境压力加剧，可能抑制系统效率，不利于可持续发展。

（13）R&D 经费投入强度[图 6.3（m）]的回归系数均为正值，且在研究时期内回归系数呈逐年上升的态势。R&D 经费投入强度一方面反映了科技研发经费的投入总量，另一方面也反映了科技研发经费与区域经济发展的匹配程度。图 6.3（m）表明 R&D 经费投入强度越高，对区域水-能源-粮食纽带系统效率的提升作用越大。

6.4.4　各影响因素空间差异性分析

GTWR 模型不仅可以计算不同时空影响因素的回归系数，还可以基于 ArcGIS 10.5

平台进行可视化表达，以便能够更加直观地探究局部地区水-能源-粮食纽带系统效率各影响因素的差异性，结果如图 6.4 所示。

（1）人均水资源量[图 6.4（a）]较大的地区主要分布在中国的东南及西南地区，如福建、江西、湖南、广西、海南、云南、青海等地区。而中国北方，尤其是华北平原及黄河中游地区的人均水资源量均在 1000m^3 以内，该地区为中国人口密集区，工农业发达，加之区域水资源量较为匮乏，致使人均水资源量较小。人均水资源量整体呈现南多北少的空间分布状态，这与中国降水量的空间差异具有较大的相关性。就回归系数而言，人均水资源量对各区域水-能源-粮食纽带系统效率的影响有正有负。其中上海、江苏、浙江、安徽、福建、江西、湖北、湖南、广东、广西、海南等地区人均水资源量较少，对水-能源-粮食纽带系统效率的提升具有促进作用，原因在于上述地区多位于中国南方，区域水资源丰富，节水意识普遍较差；而北部及西北的北京、天津、河北、山西、陕西、宁夏、甘肃及内蒙古等地区人均水资源量回归系数为正，表明上述地区人均水资源量的提升有助于水-能源-粮食纽带系统效率的提升。

（2）能源生产量[图 6.4（b）]较大的地区主要分布在中国北方，如内蒙古、山西、陕西、河南、山东及黑龙江等地区，而受资源禀赋的影响，中国南方地区（如福建、江西、湖北、重庆、广西、江苏、上海等地区）能源生产量相对较小。

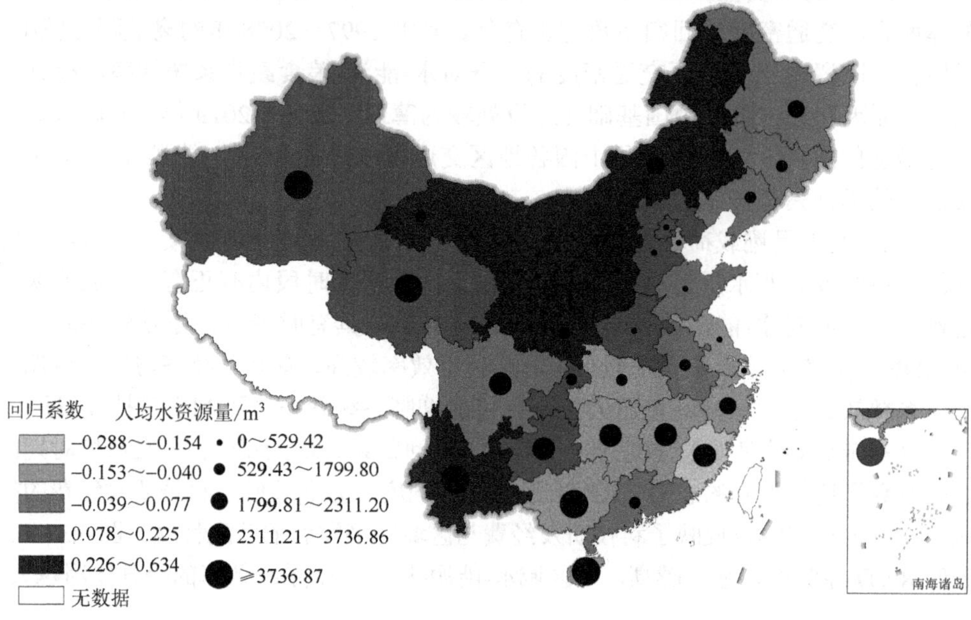

(a) 人均水资源量

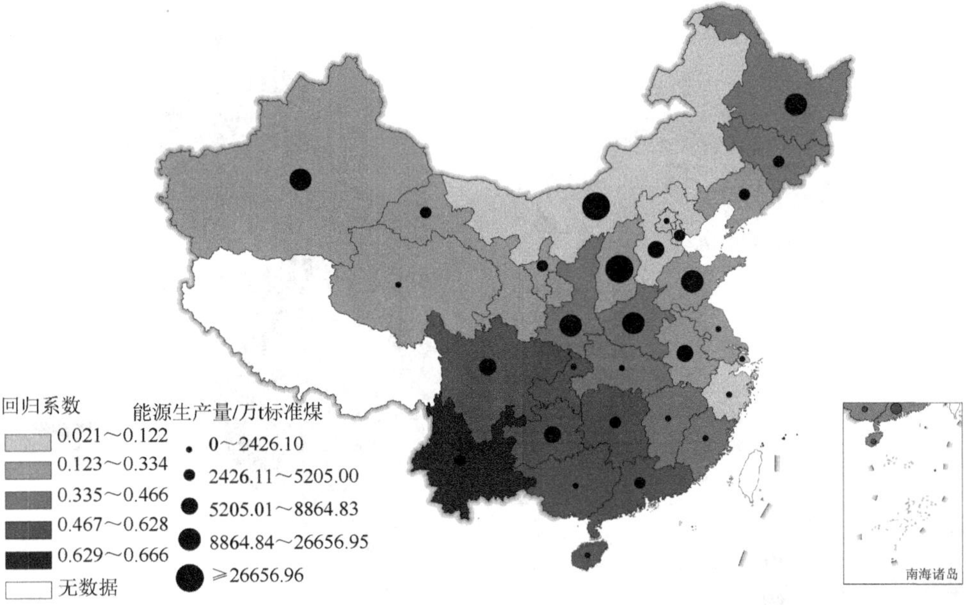

(b) 能源生产量

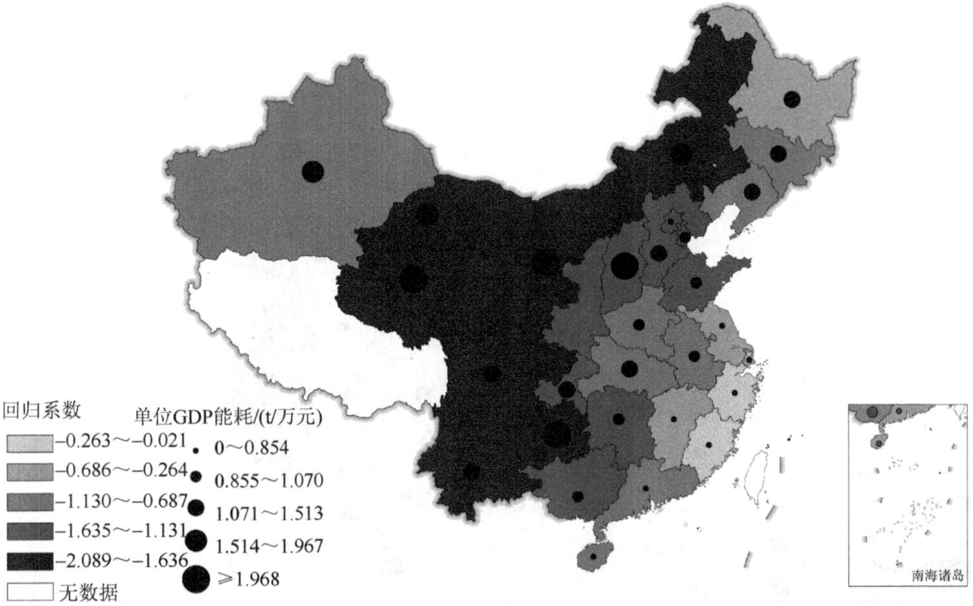

(c) 单位GDP能耗

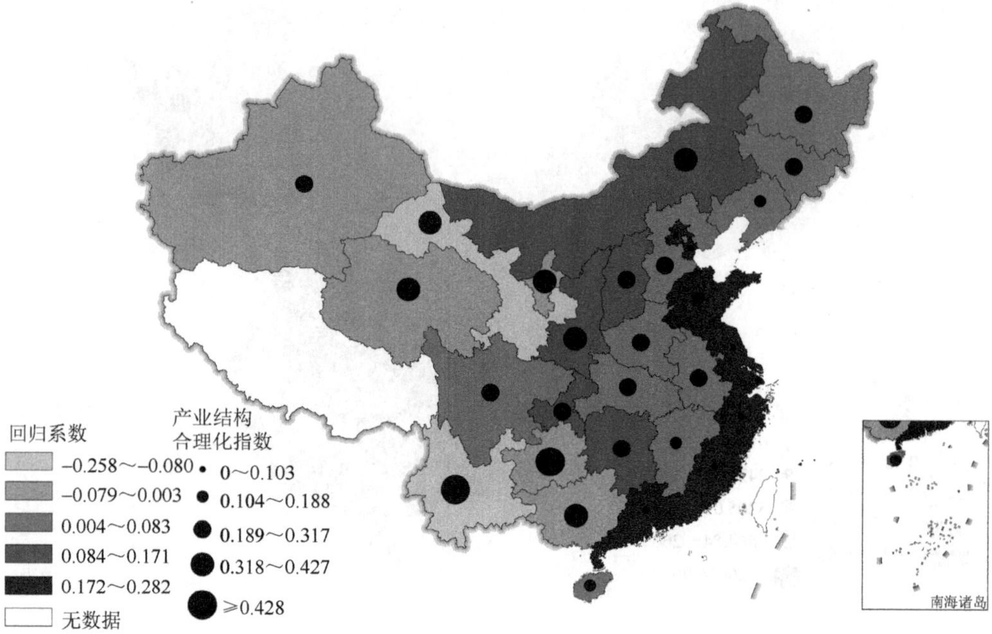

(d) 产业结构合理化指数

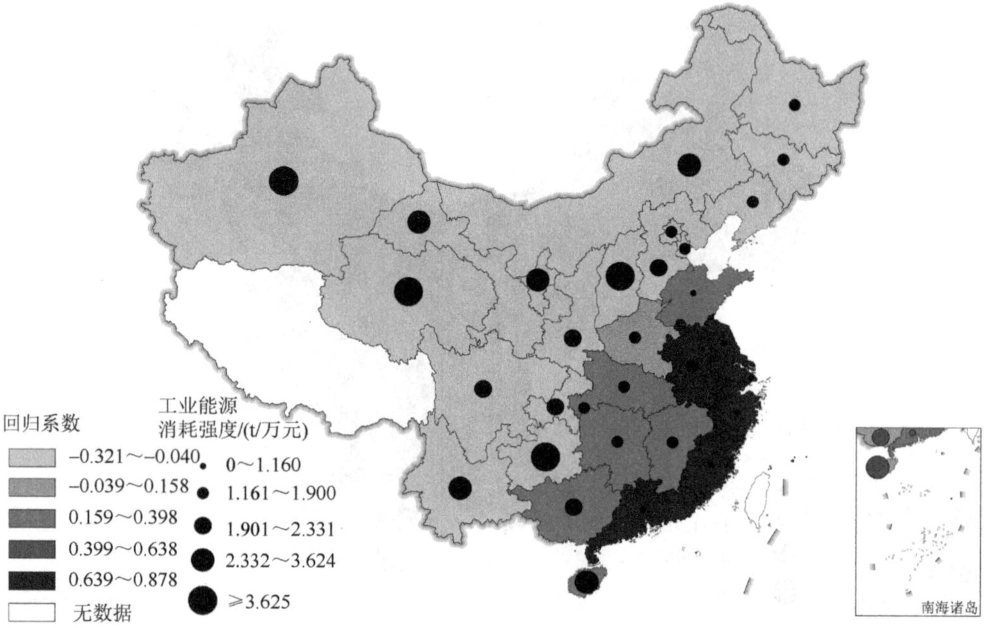

(e) 工业能源消耗强度

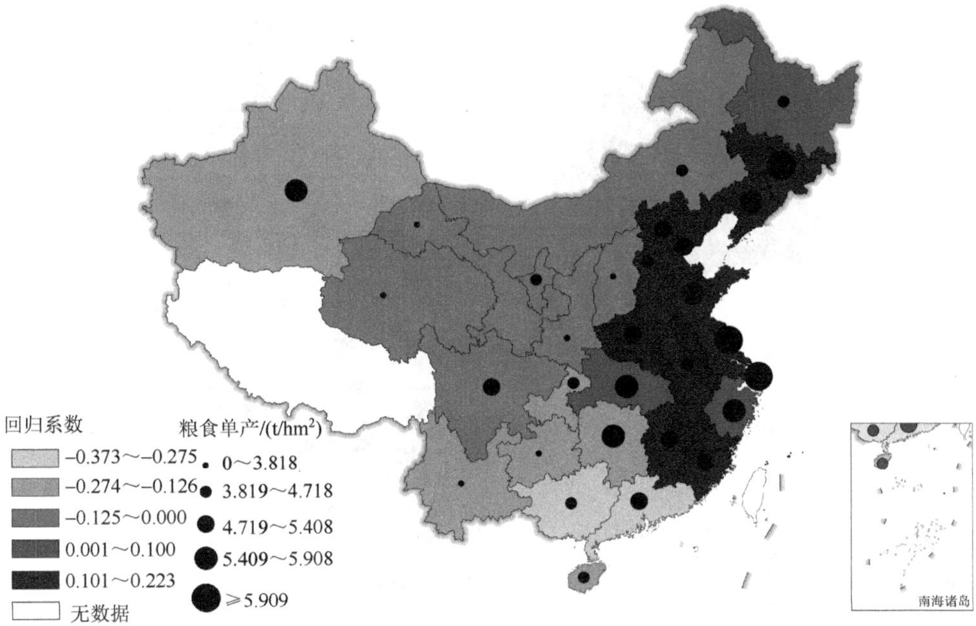

(f) 粮食单产

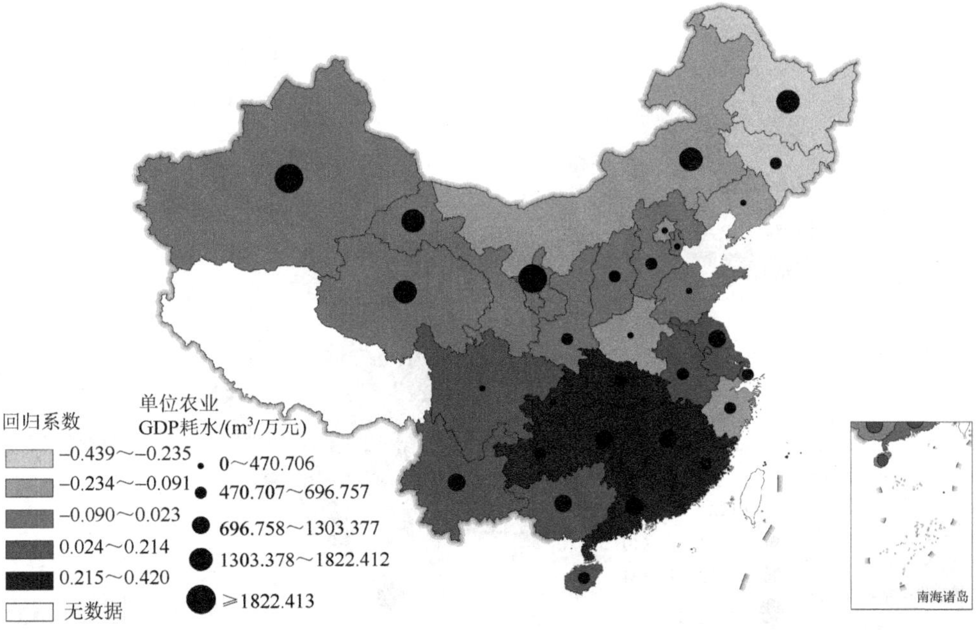

(g) 单位农业GDP耗水

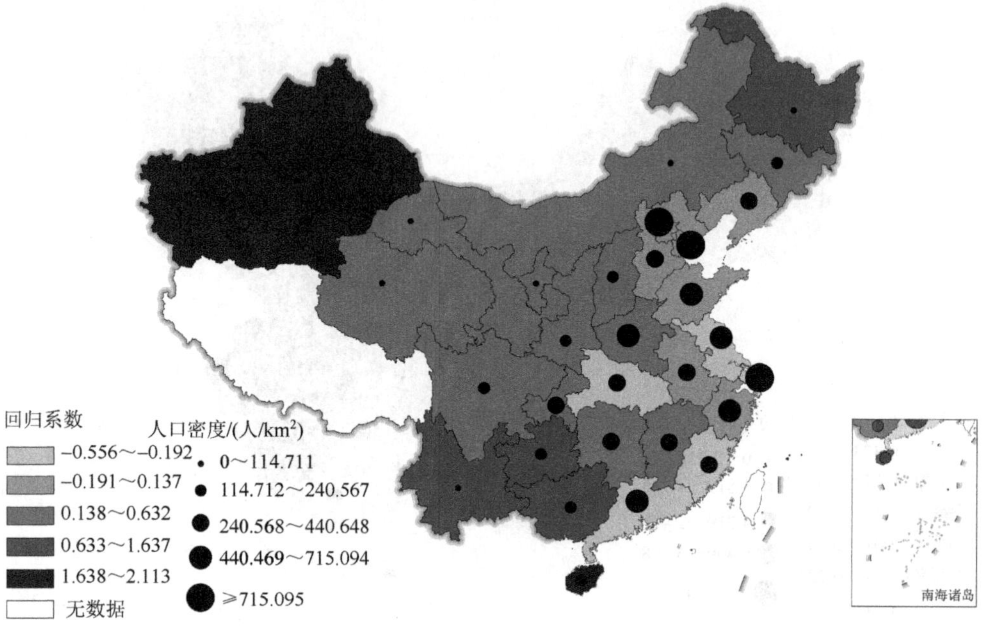

(h) 人口密度

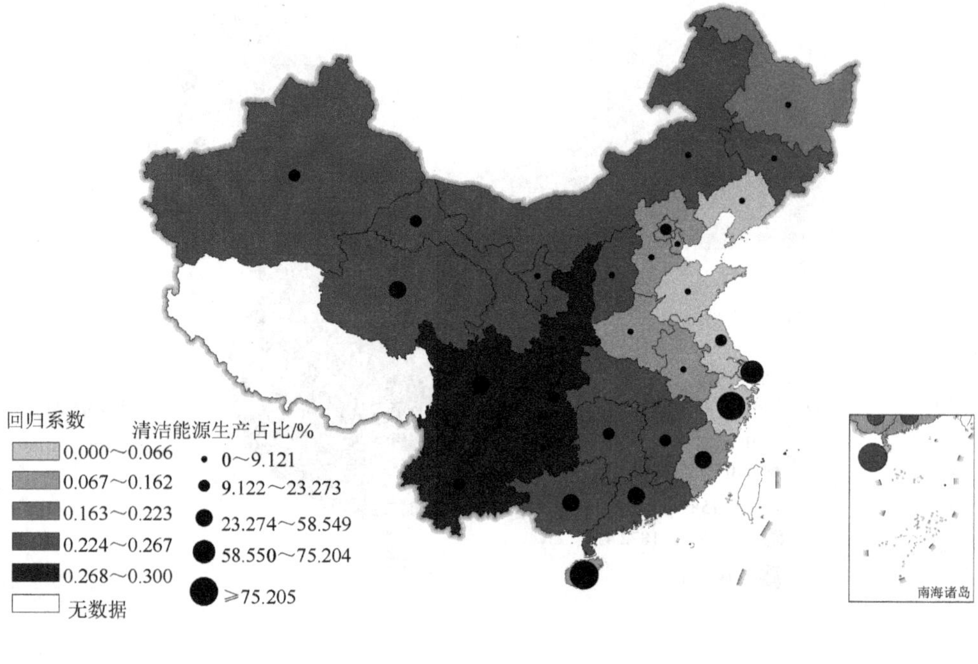

(i) 清洁能源生产占比

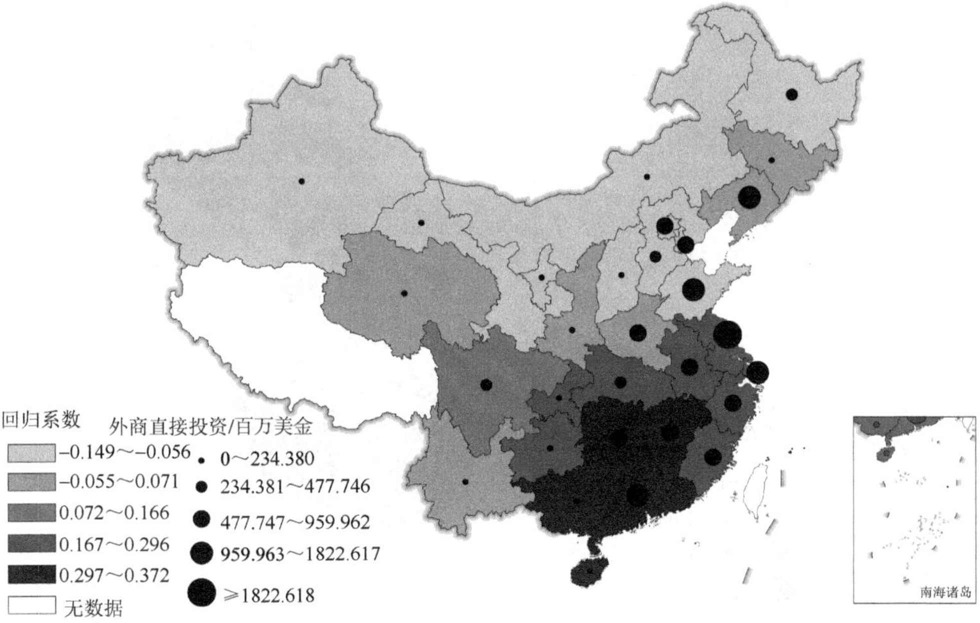

(j) 外商直接投资

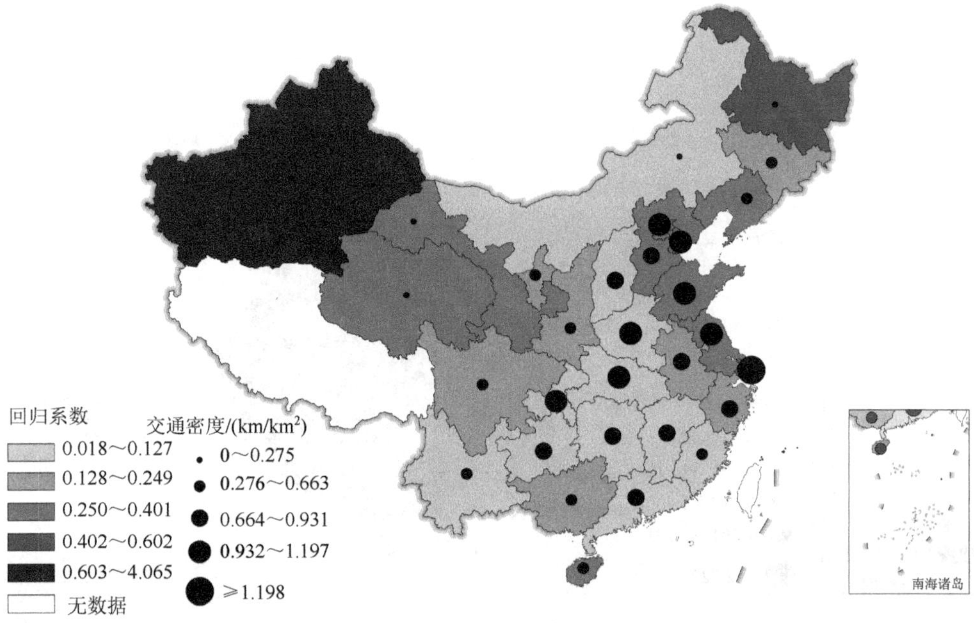

(k) 交通密度

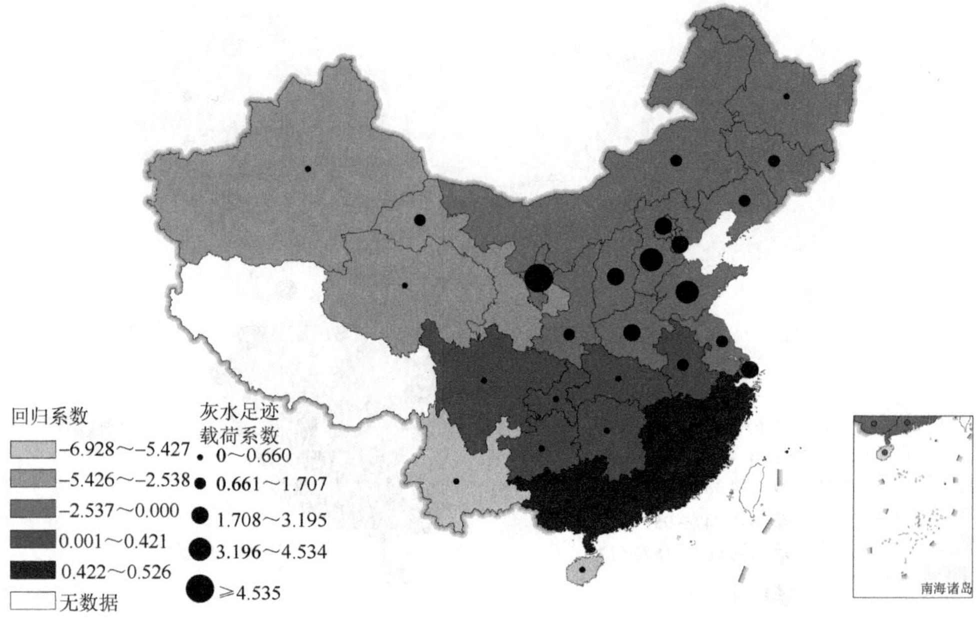

(l) 灰水足迹载荷系数

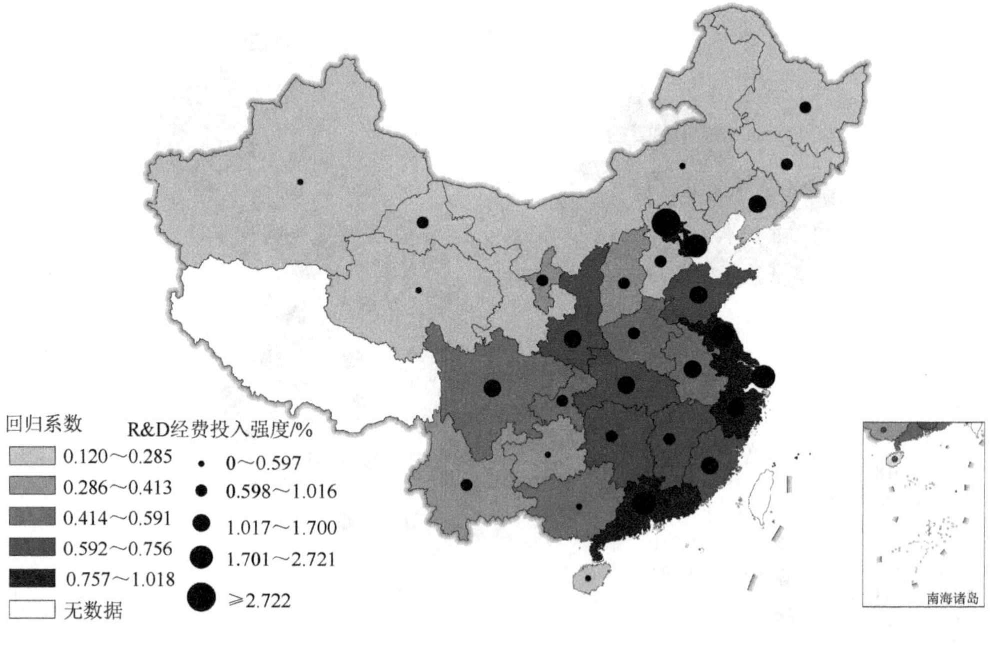

(m) R&D经费投入强度

图 6.4　中国省际水-能源-粮食纽带系统效率影响因素系数空间分布

就回归系数而言，能源生产量对各区域水-能源-粮食纽带系统效率均为正向贡献，即能源生产量的提升，有助于保障中国能源安全，对水-能源-粮食纽带系统效率的提升具有促进作用。内蒙古、河北、北京、天津、辽宁、浙江、上海、新疆、甘肃、宁夏、山西等地区的回归系数较小，而四川、重庆、云南、贵州、湖南、广东、广西、海南等地区的回归系数较大。具体而言，中国北方及东部地区为典型的化石能源集聚区，而西南地区则是以水电为主的清洁能源产区，回归系数大致呈现自东北向西南逐渐增大的态势，这表明传统化石能源的生产对水-能源-粮食纽带系统效率的提升程度不及以水电为主的清洁能源生产对水-能源-粮食纽带系统效率的提升程度。

（3）单位 GDP 能耗［图 6.4（c）］。研究期内，单位 GDP 能耗在 1t/万元以内的地区有北京、上海、江苏、浙江、福建、江西、山东、湖南、广东、广西及海南，而山西、贵州、青海及宁夏等的单位 GDP 能耗超过 1t/万元，其中宁夏最大，达到 3.23t/万元。其整体呈现自东向西逐渐递增的趋势，这也反映了东部地区的资源利用率高于西部地区。就回归系数而言，单位 GDP 能耗对各区域水-能源-粮食纽带系统效率均为负向贡献，即单位 GDP 能耗的降低有助于提升资源利用效率，对水-能源-粮食纽带系统效率的提升具有促进作用。江苏、上海、福建、江西、广东、安徽及湖北等地区的回归系数绝对值相对较小，原因在于上述地区经济发展较快、科技水平及资源利用率较高，因此单位 GDP 能耗的降低对水-能源-粮食纽带系统效率的提升程度也相应较小。而内蒙古、甘肃、宁夏、青海、四川、贵州、云南、广西等地区的回归系数绝对值相对较大，原因在于上述地区经济发展相对落后，资源利用率相对较低，因此，降低单位 GDP 能耗对水-能源-粮食纽带系统效率的提升程度相对较大。

（4）产业结构合理化指数［图 6.4（d）］。研究期内，产业结构合理化指数在 0.150 以内的地区有北京、天津、上海、江苏、浙江、福建、江西、海南等地区，主要分布在中国的东部及东南沿海地区，而山西、内蒙古、广西、贵州、云南、陕西、甘肃、青海、宁夏及新疆等地区的产业结构合理化指数均在 0.300 以上，主要分布在中国的西北及西南地区，产业结构相对落后。就回归系数而言，产业结构合理化指数对各区域水-能源-粮食纽带系统效率的影响有正有负。贵州、云南、甘肃、青海、宁夏及新疆的回归系数为负，表明上述地区产业结构的不合理对区域水-能源-粮食纽带系统效率的提升具有抑制作用，而其余地区的回归系数为正，尤其是北京、天津、山东、江苏、上海、浙江、福建、广东等东部地区的回归系数较大，同时结合产业结构空间分布状况可知，上述地区产业结构较为合理，对区域水-能源-粮食纽带系统效率的提升具有促进作用。

（5）工业能源消耗强度［图 6.4（e）］。研究时期内，工业能源消耗强度在 1.5t/万元以内的地区有北京、天津、黑龙江、上海、江苏、浙江、福建、江西、山东、广东等地区，主要分布在中国的东部地区，而河北、山西、内蒙古、四川、贵州、云南、陕西、甘肃、青海、宁夏、新疆等地区的工业能源消耗强度均超过2t/万元，其中青海最大，达到5.15t/万元。就回归系数而言，工业能源消耗强度对各区域水-能源-粮食纽带系统效率的影响有正有负。其中，河北、山西、内蒙古、辽宁、吉林、黑龙江、重庆、四川、贵州、云南、陕西、甘肃、青海、宁夏及新疆的回归系数为负，而其余地区的回归系数为正，其中江苏、上海、安徽、福建、广东等地区的回归系数较大，整体而言，回归系数呈自东南向西北逐渐降低的趋势。因此，中国的西部及西北地区工业能源消耗强度的下降会促进水-能源-粮食纽带系统效率的提升，而中国东部及东南地区工业能源消耗强度的提升会促进水-能源-粮食纽带系统效率的提升，原因在于，西部地区的经济规模、产业及能源消费结构、科技水平、管理经验要落后于东部地区，降低工业能源消耗强度也意味着工业用能效率的提升，而东部地区增加工业能源消耗强度，并不是降低工业用能效率，而是该地区作为中国经济发展高地，经济发展仍是第一要务，保障该地区经济的高质量发展对提升水-能源-粮食纽带系统效率具有促进作用。

（6）粮食单产[图 6.4（f）]。研究时期内，吉林、辽宁、山东、河南、江苏、上海、福建、湖南等地区的粮食单产较高，而中西部地区的山西、陕西、宁夏、甘肃、青海、云南、贵州等地区的粮食单产相对较低，整体呈现自东向西逐渐降低的趋势。就回归系数而言，粮食单产对各区域水-能源-粮食纽带系统效率的影响有正有负。其中负数主要分布在西南及西北地区，而正数则主要分布在东部地区。原因在于，中国东部地区水热同期，耕地资源丰富，粮食单产较高，增加粮食单产有利于保障国家粮食安全及能源安全，对提升水-能源-粮食纽带系统效率具有促进作用。而西部及西南地区，一方面受水热资源限制，另一方面耕地资源较少，粮食单产的提升相比东部地区需要消耗更多的资源，因此粮食单产的提升不利于该地区水-能源-粮食纽带系统效率的提升。

（7）单位农业 GDP 耗水[图 6.4（g）]。研究时期内，内蒙古、黑龙江、江西、广西、甘肃、青海、宁夏、新疆等地区的单位农业 GDP 耗水量较高，均超过了1000m^3/万元，其中新疆、宁夏则超过 4000m^3/万元。整体而言，受区域水资源禀赋影响，中国南方地区的单位农业 GDP 耗水量低于中国北方地区。就回归系数而言，中国北方地区的回归系数多为负数，因此，未来应在保障粮食产量的基础上进一步提升水资源利用效率，进而提升区域水-能源-粮食纽带系统效率；而中国南方地区的回归系数多为正数，表明单位农业 GDP 耗水量提升有利于促进区域水-能源-粮食纽带系统效率的提升。

（8）人口密度[图 6.4（h）]。研究期内，北京、天津、山东、河南、江苏、上海、浙江及广东的人口密度相对较大，而其余地区的人口密度则相对较小，整体呈自东向西逐渐递减的趋势。但就回归系数而言，人口密度对区域水-能源-粮食纽带系统效率的影响有正有负，其空间分布与人口密度分布相反，人口密度高的地区，其回归系数多为负数，表明人口的集聚并不能有效地提升区域水-能源-粮食纽带系统效率，而人口密度较低的地区，其回归系数多为正数，因此，未来各个地区应结合本地实际情况，因地制宜地制定适合本区域的人口及人才政策，从而降低人口规模对区域水-能源-粮食纽带系统效率的抑制作用。

（9）清洁能源生产占比[图 6.4（i）]。研究时期内，上海、浙江、福建、湖北、广东、广西、海南、四川、青海等地区的清洁能源生产占比均超过了 30%，其中浙江最大，达到 89.84%，而河北、山西、内蒙古、安徽、山东、河南、贵州及宁夏等化石能源丰富的地区清洁能源生产占比较低，均在 5%以内。就回归系数而言，清洁能源生产占比对区域水-能源-粮食纽带系统效率的提升均为正向贡献，但东部及中部地区的回归系数低于西部及西南地区，说明清洁能源生产占比的提升对东部及中部地区水-能源-粮食纽带系统效率的提升不及对西部及西南地区水-能源-粮食纽带系统效率的提升，其原因在于，中国东部、中部，尤其是华北及东北，多以化石能源为主，天然气、水能、风能及太阳能的资源储量远不如西部及西南地区。因此，陕西、四川、重庆、贵州、云南等天然气、水能资源丰富的地区回归系数远大于其他地区。未来应加强清洁能源的跨区域流动，提升清洁能源生产占比，优化能源消费结构，促进地区水-能源-粮食纽带系统效率的提升。

（10）外商直接投资[图 6.4（j）]。研究期内，北京、天津、辽宁、上海、江苏、浙江、安徽、福建、山东、河南、湖南、广东的外商直接投资较大，而广西、贵州、云南、甘肃、青海、宁夏、新疆等地区的外商直接投资较小，整体呈现自东向西逐渐递减的趋势。就回归系数而言，外商直接投资对各区域水-能源-粮食纽带系统效率的影响有正有负，其中云南、陕西、甘肃、青海、宁夏、新疆、黑龙江、吉林、辽宁、河北、山西、内蒙古等中国东北及西部地区的外商直接投资回归系数为负，表明上述地区随着外商直接投资的增加会进一步扩大生产规模，进而带来更大的能源、资源的消耗，加之上述地区的产业结构、科技水平较为落后，因此，对区域水-能源-粮食纽带系统效率的提升存在抑制作用。而中国南方及东南沿海地区的外商直接投资回归系数为正，加之该地区具有经济规模大、对外开放程度高、产业结构合理等优势，外商直接投资的提升会促进水-能源-粮食纽带系统效率的提升。

（11）交通密度[图 6.4（k）]。研究时期内，北京、天津、上海、江苏、山东、河南、湖北、广东等地区由于地势平坦、经济发展较快，区域之间的联系程度较高，因此交通密度相应较大，而黑龙江、内蒙古、甘肃、青海、新疆等地区受地理位置及地形地势因素的影响，交通密度相对较小，其中青海、新疆的交通密度均在 $0.1km/km^2$ 以内。就回归系数而言，交通密度对各区域水-能源-粮食纽带系统效率提升均为正向贡献。具体而言，交通密度的提升对黑龙江、甘肃、青海、新疆等交通密度相对较小的地区的水-能源-粮食纽带系统效率提升程度要高于中部、东部地区。因此，未来应继续加强基础设施建设，提升区域之间资本、技术等的联系。

（12）灰水足迹载荷系数[图 6.4（l）]。研究时期内，北京、天津、河北、山西、内蒙古、辽宁、吉林、上海、江苏、山东、河南、陕西、甘肃、宁夏等地区由于地处中国北方，区域水资源相对较少，加之上述地区农业发达、人口众多，致使灰水足迹载荷系数较大，而中国南方地区由于区域水资源较为丰富，灰水足迹载荷系数相对较小。就回归系数而言，灰水足迹载荷系数对各区域水-能源-粮食纽带系统效率的影响有正有负，其中负数多集中于灰水足迹载荷系数较大的北方地区，说明降低灰水足迹总量对于实现区域水-能源-粮食纽带系统效率的提升具有促进作用，而正数则多集中于灰水足迹载荷系数相对较小的南方地区，表明灰水足迹载荷系数的提升有利于区域水-能源-粮食纽带系统效率的提升，原因在于南方地区凭借其区域本底水资源量，能够有效降低工业、农业及生活灰水的污染程度，但这并不意味着要扩大工业、农业及生活灰水的排放。

（13）R&D 经费投入强度[图 6.4（m）]。研究时期内，北京、天津、辽宁、上海、江苏、浙江、安徽、福建、山东、湖北、广东、重庆、四川、陕西等地区的 R&D 经费投入强度较高，而内蒙古、广西、海南、贵州、云南、青海、新疆等地区的 R&D 经费投入强度较低，整体呈现自东向西逐渐递减的态势。就回归系数而言，R&D 经费投入强度对区域水-能源-粮食纽带系统效率的提升均为正向贡献。其中北京、天津、山东、江苏、上海、浙江、福建、广东、江西、湖北、湖南及陕西的回归系数较大，而东北、西南及西北地区的回归系数相对较小，整体呈现自东南向西北逐渐减小的趋势。原因在于，中国东部尤其是东南沿海地区的经济规模较大、科技水平较高，与此同时，第三产业比重较大，R&D 经费投入强度的提升对区域水-能源-粮食纽带系统效率的提升程度较大，而西部地区经济规模相对较小，科技成果转化率落后于东部地区，因此，R&D 经费投入强度的提升对区域水-能源-粮食纽带系统效率的提升程度较小。未来，各地区尤其是西部地区，应根据自身发展状况调整 R&D 经费投入。

6.5 结　　论

本章基于 GTWR 模型的中国水-能源-粮食纽带系统效率驱动机理分析表明：在 10%的显著性水平条件下，共有 13 个影响因素对中国水-能源-粮食纽带系统效率有重要影响。其中，能源生产量、产业结构合理化指数、人口密度、清洁能源生产占比、交通密度、R&D 经费投入强度对水-能源-粮食纽带系统效率的影响均为正向；粮食单产、灰水足迹载荷系数对水-能源-粮食纽带系统效率的影响均为负向；单位农业 GDP 耗水、人均水资源量、单位 GDP 能耗、工业能源消耗强度、外商直接投资对水-能源-粮食纽带系统效率的正负向影响作用随时间变化而变化。

参考文献

付凌晖. 2010. 我国产业结构高级化与经济增长关系的实证研究[J]. 统计研究，27（8）：79-81.

干春晖，郑若谷，余典范. 2011. 中国产业结构变迁对经济增长和波动的影响[J]. 经济研究，46（5）：4-16，31.

钱文婧，贺灿飞. 2011. 中国水资源利用效率区域差异及影响因素研究[J]. 中国人口•资源与环境，21（2）：54-60.

孙才志，白天骄，韩琴. 2016. 基于基尼系数的中国灰水足迹区域与结构均衡性分析[J]. 自然资源学报，31（12）：2047-2059.

孙才志，马奇飞，赵良仕. 2020. 基于GWR模型的中国水资源绿色效率驱动机理[J]. 地理学报，75（5）：1022-1035.

孙才志，孟程程. 2020. 中国区域水资源系统韧性与效率的发展协调关系评价[J]. 地理科学，40（12）：2094-2104.

孙才志，阎晓东. 2018. 中国水资源-能源-粮食耦合系统安全评价及空间关联分析[J]. 水资源保护，34（5）：1-8.

王海军，张彬，刘耀林，等. 2018. 基于重心-GTWR模型的京津冀城市群城镇扩展格局与驱动力多维解析[J]. 地理学报，73（6）：1076-1092.

Fotheringham A S，Brunsdon C，Charlto M. 2002. Geographically Weighted Regression[M]. Chichester：John Wiley and Sons.

Fotheringham A S，Charlton M E，Brunsdo C. 1996. The geography of parameter space：An investigation of spatial non-stationarity[J]. International Journal of Geographical Information Science，10（1）：605-627.

Fotheringham A S，Charlton M E，Brunsdon C. 1998. Geographically weighted regression：A natural evolution of the expansion method for spatial data analysis[J]. Environment and Planning A，30：1905-1927.

Huang B，Zhang L，Wu B. 2009. Spatio-temporal analysis of rural-urban land conversion[J]. International Journal of Geographical Information Science，23：379-398.

Hurvich C M，Simonoff J S，Tsai C L. 1998. Smoothing parameter selection in nonparametric regression using an improved Akaike information criterion[J]. Journal of the Royal Statistical Society（Series B），60：271-293.

McMillen D P. 1996. One hundred fifty years of land values in Chicago：A nonparametric approach[J]. Journal of Urban Economics，40：100-124.

Paez A，Uchida T，Miyamoto K. 2002. A general framework for estimation and inference of geographically weighted regression models：Location-specific kernel bandwidths and a test for local heterogeneity[J]. Environmental and Planning A，34：733-754.

第 7 章　中国水-能源-粮食纽带系统韧性测度

7.1　研究方法与数据来源

7.1.1　可变模糊评价模型

1. 可变模糊模式识别模型

设有待评价的 n 个样本组成样本集，按照 m 个指标 i 个特征值，根据已知 c 个级别指标标准模式对样本进行识别，因此，指标特征值与指标标准特征值矩阵分别为

$$\boldsymbol{X}=(x_{ij})\qquad i=1,2,\cdots,m;\ j=1,2,\cdots,n \tag{7.1}$$

$$\boldsymbol{Y}=(y_{ih})\qquad i=1,2,\cdots,m;\ h=1,2,\cdots,c \tag{7.2}$$

由于指标特征值、指标标准特征值的量纲不同，需要对其进行标准化处理，通常分为：①递增型（成本型）指标，即由 1 级至 c 级指标的特征值递增；②递减型（效益型）指标，即由 1 级至 c 级指标的特征值递减。标准化公式如下：

$$r_{ij}=\begin{cases}0 & x_{ij}\geqslant y_{ic}(\text{递增型}),\quad x_{ij}\leqslant y_{ic}(\text{递增型})\\ \dfrac{y_{ic}-x_{ij}}{y_{ic}-y_{i1}} & (\text{递增型或递减型})\\ 1 & x_{ij}\leqslant y_{i1}(\text{递减型}),\quad x_{ij}\geqslant y_{i1}(\text{递减型})\end{cases} \tag{7.3}$$

$$s_{ij}=\begin{cases}0 & y_{ih}=y_{ic}(\text{递增型或递减型})\\ \dfrac{y_{ic}-x_{ij}}{y_{ic}-y_{i1}} & (\text{递增型或递减型})\\ 1 & y_{ih}=y_{i1}(\text{递增型或递减型})\end{cases} \tag{7.4}$$

式中，r_{ij} 为样本 j 指标 i 的特征值对待评价模糊概念 $\underset{\sim}{A}$ 的相对隶属度，即标准化数；y_{i1}、y_{ih}、y_{ic} 分别为指标 i 的 1 级、h 级、c 级标准特征值。

据此，可得指标特征值与指标标准特征值标准化矩阵：

$$\boldsymbol{R}=(r_{ij})\qquad i,j=1,2,\cdots,n \tag{7.5}$$

$$\boldsymbol{S}=(s_{ij})\qquad i,j=1,2,\cdots,c \tag{7.6}$$

设 n 个样本依据 c 个级别的标准模式矩阵 $\boldsymbol{S}$ 按 m 个指标特征值矩阵（r_{ij}）进行识别，其模糊模式识别矩阵为

$$\boldsymbol{U}=(u_{ij})\qquad i=1,2,\cdots,c;j=1,2,\cdots,n \tag{7.7}$$

满足条件：

$$\sum_{h=1}^{c}u_{ij}=1,0\leqslant u_{ij}\leqslant 1,\sum_{j=1}^{n}u_{hj}>0 \tag{7.8}$$

设识别指标的权向量为

$$\boldsymbol{w}=(w_1\ w_2\ \cdots\ w_m)=(w_i) \tag{7.9}$$

满足：

$$\sum_{i=1}^{m}w_i=1\qquad 0\leqslant w_i\leqslant 1 \tag{7.10}$$

在模糊模式识别中，级别 $h(h=1,2,\cdots,c)$ 的模糊识别特征值矩阵或标准模式矩阵（s_{ih}）是已知矩阵，因此可变模糊识别模型是可变模糊聚类循环迭代模型的特例，即已知矩阵 $\boldsymbol{S}$。

将样本 j 的 m 个指标相对隶属度 $r_{1j},r_{1j},\cdots,r_{mj}$ 分别与矩阵 $\boldsymbol{S}$ 的行向量（S_{11} $S_{12}\cdots S_{1c}$），（$S_{21}\ S_{22}\cdots S_{2c}$），…，（$S_{m1}\ S_{m2}\cdots S_{mc}$）逐个进行比较，可得样本 j 的级别上限值 b_j 与级别下限值 a_j。因此，可变模糊识别模型为

$$u_{ij}=\begin{cases}\left\{\sum_{k=a_j}^{b_j}\left[\dfrac{\sum_{i=1}^{m}\left(w_i\left|r_{ij}-S_{ih}\right|\right)^{\rho}}{\sum_{i=1}^{m}\left(w_i\left|r_{ij}-S_{ik}\right|\right)^{\rho}}\right]^{\frac{\alpha}{\rho}}\right\}^{-1} & a_j\leqslant h\leqslant b_j\\ 0 & 1\leqslant h<a_j\text{或}b_j<h\leqslant c\end{cases} \tag{7.11}$$

式中，既满足 $\sum_{h=a_j}^{b_j}u_{ij}=1$，也满足 $\sum_{h=1}^{c}u_{ij}=1$ 条件，当识别指标不在 $[a_j,b_j]$ 区间范围内时，符合样本 j 对范围外级别相对隶属度为 0，即 $u_{ij}=0$ 的物理概念。

由于可变模糊识别模型［式（7.11）］在已知 w_i，即正命题时，没有 $\alpha/\rho=1$ 条件的约束，因此，不仅指标权向量 $\boldsymbol{w}$ 可变，且模型参数 α 和 ρ 也可变，突破了传统方法只用一种模型对命题进行识别或评价的做法，提高了对命题识别、评价的可靠性。通常情况下，参数 α 和 ρ 可以有四种组合：①$\alpha=1$，$\rho=1$；②$\alpha=1$，$\rho=2$；③$\alpha=2$，$\rho=1$；④$\alpha=2$，$\rho=2$。

在实际应用中有时候指标标准特征值并无明确规定，r_{ij}、s_{ih} 不能用规格化式（7.3）、式（7.4）计算，可采用下列公式对其进行规格化处理：

$$r_{ij}=\begin{cases}\dfrac{x_{ij}}{\max x_{ij}}\ (\text{效益型指标})\\[2ex] \dfrac{\min x_{ij}}{x_{ij}}\ (\text{成本型指标})\end{cases} \tag{7.12}$$

无论是成本型还是效益型指标，S_{ih} 可以用下列公式计算：

$$S=\begin{pmatrix}1 & \frac{c-2}{c-1} & \frac{c-3}{c-1} & \cdots & 0\end{pmatrix}=(S_{ih})\quad \forall i \tag{7.13}$$

如果 $c=5$，根据传统分级制标准中 60 分为及格的观点，也可采用：

$$S=(1\quad 0.8\quad 0.6\quad 0.3\quad 0)=(S_{ih})\quad \forall i\quad H=(1\quad 2\quad \cdots\quad c)\cdot(u_{ij}) \tag{7.14}$$

对多级模糊模式识别的结果进行归纳，并判断其综合识别或评价的级别。可变模糊模式识别模型[式（7.11）]是可变模糊集理论中十分重要的变化模型，由于模糊概念 $\underset{\sim}{A}$ 的可变性，可应用于众多领域。

2. 可变模糊优选模型

如果将 c 级识别简化为两级识别，α、ρ 的四种组合分别对应着目前国内外四种不同的优选决策模型，因此，当 $c=2$、$a_j=1$、$b_j=2$ 时，可变模糊模式识别模型可以简化为

$$u_{ij}=\left\{\left[\frac{\sum_{i=1}^{m}\left(w_i\left|r_{ij}-S_{ih}\right|\right)^{\rho}}{\sum_{i=1}^{m}\left(w_i\left|r_{ij}-S_{i1}\right|\right)^{\rho}}\right]^{\frac{\alpha}{\rho}}+\left[\frac{\sum_{i=1}^{m}\left(w_i\left|r_{ij}-S_{ih}\right|\right)^{\rho}}{\sum_{i=1}^{m}\left(w_i\left|r_{ij}-S_{i2}\right|\right)^{\rho}}\right]^{\frac{\alpha}{\rho}}\right\}^{-1} \tag{7.15}$$

由式（7.14）知 $S_{i1}=1$，$S_{i2}=0$，当 $h=1$ 时，样本 j 对 1 级（优级）的相对隶属度为

$$u_{1j}=\left\{1+\left[\frac{\sum_{i=1}^{m}\left(w_i\left|r_{ij}-1\right|\right)^{\rho}}{\sum_{i=1}^{m}(w_i,r_{ij})^{\rho}}\right]^{\frac{\alpha}{\rho}}\right\}^{-1} \tag{7.16}$$

当 $h=2$ 时，样本 j 对 2 级（劣级）的相对隶属度为

$$u_{2j}=\left\{1+\left[\frac{\sum_{i=1}^{m}(w_i,r_{ij})^{\rho}}{\sum_{i=1}^{m}\left(w_i\left|r_{ij}-1\right|\right)^{\rho}}\right]^{\frac{\alpha}{\rho}}\right\}^{-1} \tag{7.17}$$

根据式（7.16）、式（7.17）有

$$u_{1j}+u_{2j}=1 \tag{7.18}$$

式（7.16）、式（7.17）满足可变模糊集的对立模糊集定义，应用中求解对 1 级（优级）的相对隶属度即可。

（1）令 $\alpha=1$、$\rho=1$，由于汉明距离为绝对值距离，$\left|r_{ij}-1\right|=(1-r_{ij})$，式（7.16）变为模糊综合评判模型：

$$u_{1j}=\sum_{i=1}^{m}w_i r_{ij} \tag{7.19}$$

（2）令 $\alpha=1$、$\rho=2$，式（7.16）变为逼近理想解排序法的理想点模型：

$$u_{2j}=\left\{1+\sqrt{\frac{\sum_{i=1}^{m}\left[w_i\left|r_{ij}-1\right|\right]^2}{\sum_{i=1}^{m}(w_i r_{ij})^2}}\right\}^{-1} \tag{7.20}$$

（3）令 $\alpha=2$、$\rho=1$，式（7.16）变为描述神经网络系统中神经元的激励函数模型：

$$u_{3j}=\left\{1+\left[\frac{1-\sum_{i=1}^{m}w_i r_{ij}}{\sum_{i=1}^{m}w_i r_{ij}}\right]^2\right\}^{-1} \tag{7.21}$$

（4）令 $\alpha=2$、$\rho=2$，式（7.16）变为模糊优选模型：

$$u_{4j}=\left\{1+\frac{\sum_{i=1}^{m}\left[w_i\left|r_{ij}-1\right|\right]^2}{\sum_{i=1}^{m}(w_i r_{ij})^2}\right\}^{-1} \tag{7.22}$$

式中，u_{1j}、u_{2j}、u_{3j}、u_{4j} 的含义为由（1）～（4）组模型参数求解得到的相对优属度。

因此，可变模糊模式识别两级模型又可以称为可变模糊优选模型，由于其具有计算简洁的特点，在实际领域中具有广泛的应用价值，尤其在工程优化、管理评价等领域。

式（7.19）和式（7.22）之间存在确定的函数关系，即

$$u_{3j}=\left\{1+\left(\frac{1-u_{1j}}{u_{1j}}\right)^2\right\}^{-1} \tag{7.23}$$

可见，u_{3j} 是 u_{1j} 的非线性函数。由式（7.23）得到

$$\frac{\mathrm{d}u_{3j}}{\mathrm{d}u_{1j}}=\frac{2u_{1j}\cdot(1-u_{1j})}{\left[(1-u_{1j})^2+u_{1j}^2\right]^2} \tag{7.24}$$

$0<u_{1j}<1$，因此，$\dfrac{\mathrm{d}u_{3j}}{\mathrm{d}u_{1j}}>0$，同时 u_{3j} 是 u_{1j} 的单调递增函数。u_{3j} 与 u_{1j} 不仅具有相同的排序，且 u_{3j} 可以根据 u_{3j} 由式（7.24）求解。

式（7.20）和式（7.21）之间也存在确定的函数关系，根据式（7.20）、式（7.21）有

$$u_{4j} = \frac{1+\sqrt{\delta_j}}{1+\delta_j} u_{2j} \tag{7.25}$$

$$\delta_j = \frac{\sum_{i=1}^{m}\left[w_i(r_{ij}-1)\right]^2}{\sum_{i=1}^{m}(w_i r_{ij})^2} \tag{7.26}$$

可见，u_{4j}与u_{2j}之间存在线性关系，u_{4j}可以根据u_{2j}由式（7.25）求解。得到

$$k = \frac{\mathrm{d}u_{4j}}{\mathrm{d}u_{2j}} = \frac{1+\sqrt{\delta_j}}{1+\delta_j} \tag{7.27}$$

式中，如果$\delta_j > 1$，即$\sum_{i=1}^{m}\left[w_i(r_{ij}-1)\right]^2 > \sum_{i=1}^{m}(w_i r_{ij})^2$，有$\delta_j > \sqrt{\delta_j}$，则$k<1$，$u_{4j}$随$u_{2j}$的增大而增大，增率小；如果$\delta_j < 1$，即$\sum_{i=1}^{m}\left[w_i(r_{ij}-1)\right]^2 < \sum_{i=1}^{m}(w_i r_{ij})^2$，有$\delta_j < \sqrt{\delta_j}$，则$k>1$，$u_{4j}$随$u_{2j}$的增大而增大，增率大。

7.1.2　评价指标体系构建

根据水-能源-粮食纽带系统韧性的概念，从抵抗力、适应力和恢复力三个方面构建中国水-能源-粮食纽带系统韧性评价指标体系，具体情况如表 7.1 所示。

表 7.1　中国水-能源-粮食纽带系统韧性评价指标体系

目标层	核心层	指标选取	属性
中国水-能源-粮食纽带系统韧性评价指标体系	抵抗力	人均 GDP（万元）	+
		人均水资源量（m^3）	+
		水资源开发利用率（%）	−
		生态用水量（%）	+
		产水模数（万 m^3/km^2）	+
		能源生产量（万 t 标准煤）	+
		能源自给率（%）	+
		能源生产耗水量（亿 m^3）	−
		能源生产多样化指数（量纲一）	+
		粮食单产（t/hm^2）	+
		人均粮食产量（kg/人）	+
		粮食播种面积占比（%）	+
		农作物受灾、成灾面积（10^3hm^2）	−
		农林牧渔中间消耗（亿元）	−

续表

目标层	核心层	指标选取	属性
中国水-能源-粮食纽带系统韧性评价指标体系	适应力	人均用水量（m^3）	–
		万元 GDP 用水量（m^3）	–
		万元工业增加值用水量（m^3）	–
		废水排放量（亿 t）	–
		人均生活能源消耗量（t 标准煤）	–
		万元工业增加值能耗（t）	–
		能源消费弹性系数（量纲一）	–
		能碳强度（量纲一）	–
		单位农业 GDP 耗水（m^3/万元）	–
		单位农业 GDP 能耗（万 kal/万元）	–
		农村人均粮食消费量（kg/人）	–
		粮食消费价格指数（量纲一）	–
	恢复力	水的生产及水利管理业投资（亿元）	+
		水的生产及水利管理业从业人员（万人）	+
		能源工业投资（亿元）	+
		能源生产从业人数（万人）	+
		水土治理面积（10^3hm^2）	+
		农业生产投资额（亿元）	+
		农业从业人员（万人）	+
		产业高级化指数（量纲一）	+
		产业合理化指数（量纲一）	-
		科技市场成交额（亿元）	+
		R&D 经费投入强度（%）	+
		环境污染治理投资总额（亿元）	+
		清洁能源生产占比（%）	+
		交通通达度（km/km^2）	+

7.1.3　探索时空数据分析方法

区域差异性研究主要体现在地理要素不均衡性分析中的时空思维运用，而当前有关水-能源-粮食纽带系统韧性空间分布的动态性研究仅注重空间维度，忽视了时间因素对地理要素空间分布状态的影响，只有将地理要素的时间属性与空间属性相结合，才能更加准确地揭示地理要素空间分布的动态规律（郝帅等，2021）。探索时空数据分析（ESTDA），突破了传统探索空间数据分析（ESDA）仅考虑截面数据而忽视时间维度的局限，从而实现了时间与空间的良性耦合，该模型已在研究地理要素时空动态性分析中得到运用。鉴于此，基于 ESTDA 模型，借助 LISA 时间路径及时空跃迁等分析方法，对中国水-能源-粮食纽带系统韧性时空交互特征进行分析。具体的公式如式（4.68）～式（4.70）所示。

7.1.4　数据来源

本章所涉及的数据均来源于《中国统计年鉴》《中国能源统计年鉴》《中国固定资产投资统计年鉴》《中国环境统计年鉴》《中国劳动统计年鉴》《中国人口和就业统计年鉴》《中国农村统计年鉴》《中国电力年鉴》《中国城市统计年鉴》及各省（区、市）的相关统计年鉴及国际可再生能源署网站（https://www.irena.org/）。

7.2　中国水-能源-粮食纽带系统韧性时空演变特征分析

水-能源-粮食纽带系统韧性可被理解为该系统受到外部干扰后，依然能够依靠恢复和适应来保障水资源、能源及粮食可持续发展的能力，通常被认为是系统抵抗风险、维持长期可持续发展的一种重要手段，同时也是抵抗力、适应力和恢复力的组合力。其中，抵抗力是指水-能源-粮食纽带系统抵抗风险干扰、维持安全的能力；适应力是指水-能源-粮食纽带系统为抵抗外部风险、保障系统安全而不断自我调整、自我适应的能力；恢复力是指水-能源-粮食纽带系统受到干扰后的自我恢复能力。基于此，从抵抗力、适应力和恢复力三个方面构建水-能源-粮食纽带系统韧性评价指标体系，在此基础上运用可变模糊综合评价方法对中国水-能源-粮食纽带系统的韧性进行测度。

7.2.1　中国水-能源-粮食纽带系统韧性时间序列分析

根据已获取的数据，绘制 1997～2019 年中国水-能源-粮食纽带系统的抵抗力水平、适应力水平、恢复力水平及韧性变化趋势图，结果如图 7.1 所示。

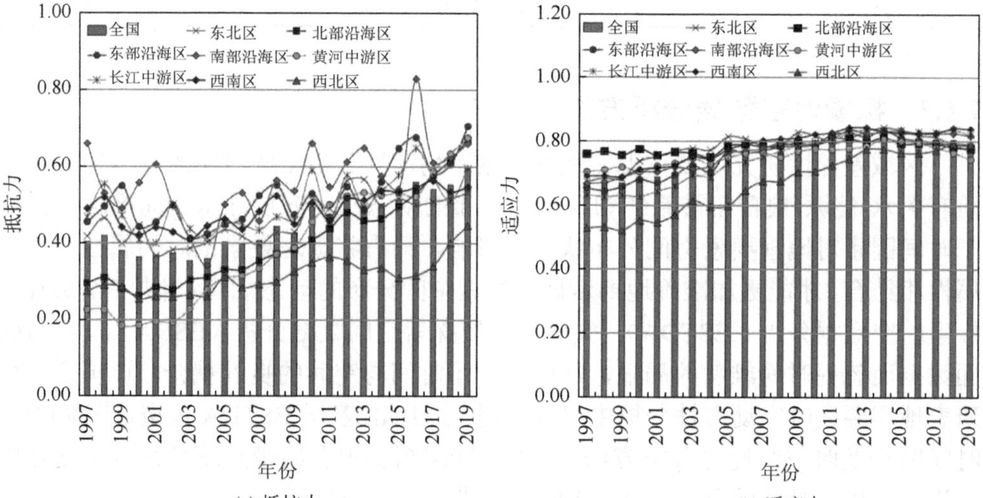

(a) 抵抗力　　(b) 适应力

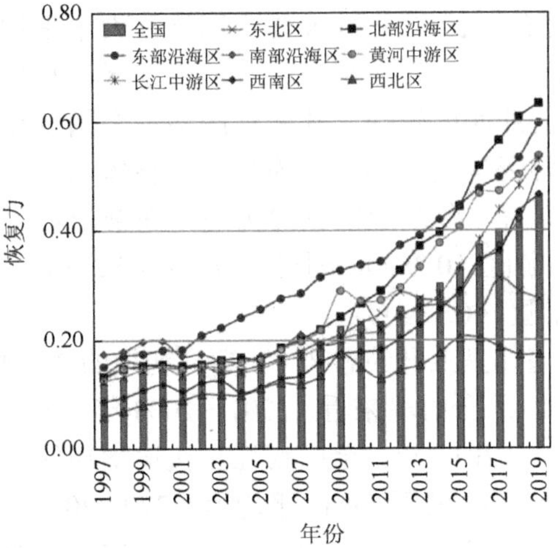

(c) 恢复力

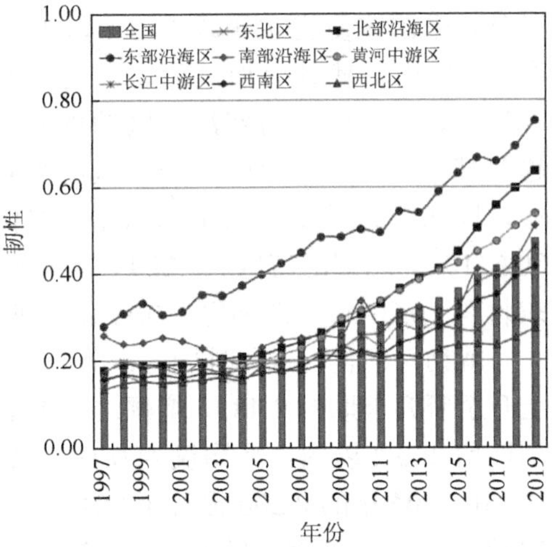

(d) 韧性

图 7.1　1997～2019 年中国水-能源-粮食纽带系统的抵抗力水平、适应力水平、恢复力水平及韧性变化趋势

由图 7.1 可知，1997～2019 年，抵抗力整体呈现先下降后上升的变化趋势，由研究初期的 0.402 上升至研究末期的 0.598，增幅为 48.76%。分时段来看，1997～2003 年整体呈现下降态势，降幅为 12.44%，整体在 0.4 以内，2004～2019 年抵抗力上升速度较快，增幅达到 67.19%。分区域来看，东北区、东部沿海区、南部沿海区、长江中游区及西南区的抵抗力变化趋势与全国变化趋势较为一致，且在大多数年份高于全国平均值，而北部沿海区、黄河中游区及西北区的抵抗力则呈现波动上升的态势，其中北部沿海区、黄河中游区的提升速度较快，增幅较大，分别达到 127.63%、200.02%，虽然西北区的抵抗力水平增幅为 62.78%，高于全国水平，但西北区的抵抗水平相对较低，研究时段内均低于全国平均水平。

就适应力水平而言，1997～2014 年适应力水平呈现缓慢上升的态势，由研究初期的 0.663 提升至 0.819，增幅为 23.53%，2015～2019 年适应力水平呈现下降的态势，由 0.809 下降至研究末期的 0.794，降幅为 1.85%。就各个地区而言，除西北区以外，其余六个地区的适应力水平变化趋势与全国变化趋势相一致，其中大多数年份的适应力水平高于全国平均水平。与此同时，研究时期内六个地区的适应力水平平均值均介于 0.740～0.785，而西北区的适应力水平相对较小，整体呈波动上升的态势，由研究初期的 0.526 提升至研究末期的 0.790，增幅为 50.19%，但适应力水平整体低于全国平均值，研究时段内，西北区的适应力水平平均值为 0.667，低于其他地区。

就恢复力而言，1997～2019 年，恢复力整体呈现上升态势，由研究初期的 0.120 上升至研究末期的 0.465，增幅 287.50%，但整体水平较低，除 2018 年及 2019 年以外，全国恢复力水平均在 0.4 以内。此外，1997～2008 年全国恢复力水平均在 0.2 以内。就各个地区而言，北部沿海区、东部沿海区、黄河中游区、长江中游区、西南区、南部沿海区的恢复力上升速度较快，其变化趋势与全国变化趋势基本一致，东北区与西北区的恢复力则呈现波动上升态势，但整体水平较低，均低于同时期全国平均水平。整体而言，各个地区恢复力呈现东部沿海区（0.321）＞北部沿海区（0.289）＞黄河中游区（0.268）＞长江中游区（0.233）＞东北区（0.207）＞西南区（0.196）＞西北区（0.131）。

就韧性而言，研究时期内，全国韧性整体呈上升的态势，由研究初期的 0.184 上升至研究末期的 0.481，增幅达到 161.41%。分时段来看，1997～2003 年，全国韧性均在 0.2 以内，平均仅为 0.194，2004～2015 年，全国韧性呈快速增加的态势，由 2004 年的 0.200 提升至 2015 年的 0.366，增幅 83%，平均为 0.279，2016～2019 年，全国韧性突破 0.4，由 2016 年的 0.401 提升至研究末期的 0.481，增幅 19.95%，平均为 0.437。就各个地区而言，研究期内，南部沿海区的韧性呈现 1997～2004 年的下降阶段及 2005～2019 年的上升阶段，东部沿海区、北部沿海区、黄河中游区、长江中游区及西南区的韧性在研究时期内的变化趋势与全国变化趋势较为一致，而东北区、西北区的韧性较低，均低于相同年份的全国平均水平。各地区韧性呈现东部沿海区（0.476）＞北部沿海区（0.320）＞南部沿海区（0.294）＞黄河中游区（0.291）＞长江中游区（0.255）＞东北区（0.233）＞西南区（0.230）＞西北区（0.195）。与此同时，东部沿海区的韧性于 2006 年突破 0.4，于 2015 年突破 0.6。相比而言，北部沿海区、黄河中游区的韧性均在 2014 年突破 0.4，其中，北部沿海区的韧性在研究末期突破 0.6，而南部沿海区、长江中游区及西南区的韧性分别在 2016 年、2018 年及 2019 年突破 0.4，东北区和西北区的韧性分别在 2007 年和 2009 年突破 0.2。

7.2.2　中国水-能源-粮食纽带系统韧性空间格局分析

根据可变模糊优选模型计算得到中国水-能源-粮食纽带系统的抵抗力水平、适应力水平、恢复力水平及韧性。为能够进一步揭示中国水-能源-粮食纽带系统抵抗力水平、适应力水平、恢复力水平及韧性的空间分布特征及其演变规律，选取 1997 年、2008 年及 2019 年数据，绘制其空间分布图，结果如图 7.2 所示。

由图 7.2 可知，1997 年，内蒙古、陕西两个地区的抵抗力水平介于 0～0.200 以内，吉林、辽宁、河北、北京、天津、山西、山东、上海、安徽、湖北、宁夏、甘肃、新疆、青海 14 个地区的抵抗力水平介于 0.200～0.400，主要分布在中国的华北和西北地区，四川、重庆、云南、贵州、湖南、广西、河南、江苏、浙江九个地区的抵抗力水平介于 0.400～0.600，主要分布在中国的西南地区，而黑龙江、江西、福建、广东、海南五个地区的抵抗力水平介于 0.600～0.800，整体而言全国抵抗力水平为 0.402。

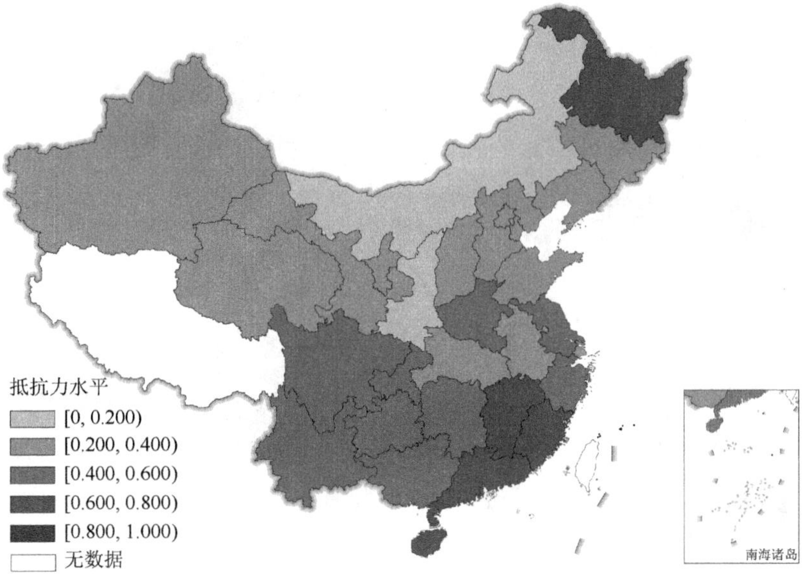

(a) 1997年抵抗力水平

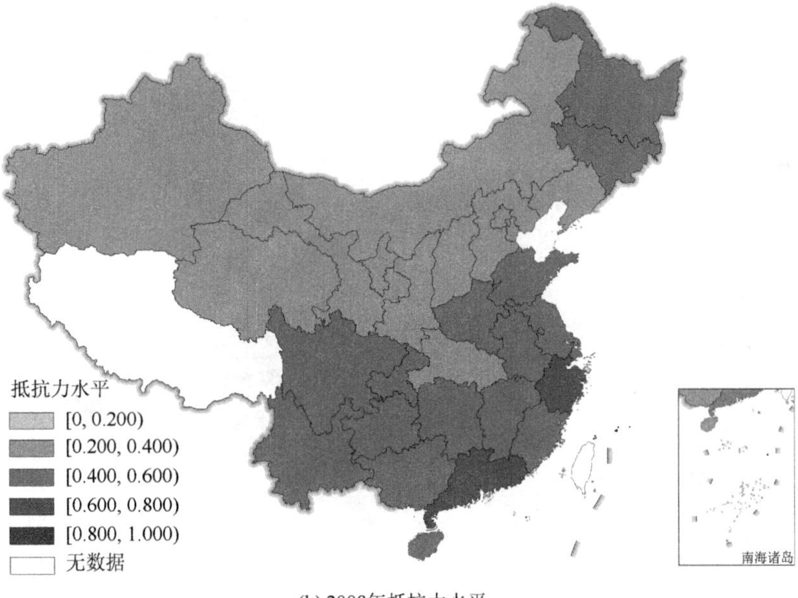

(b) 2008年抵抗力水平

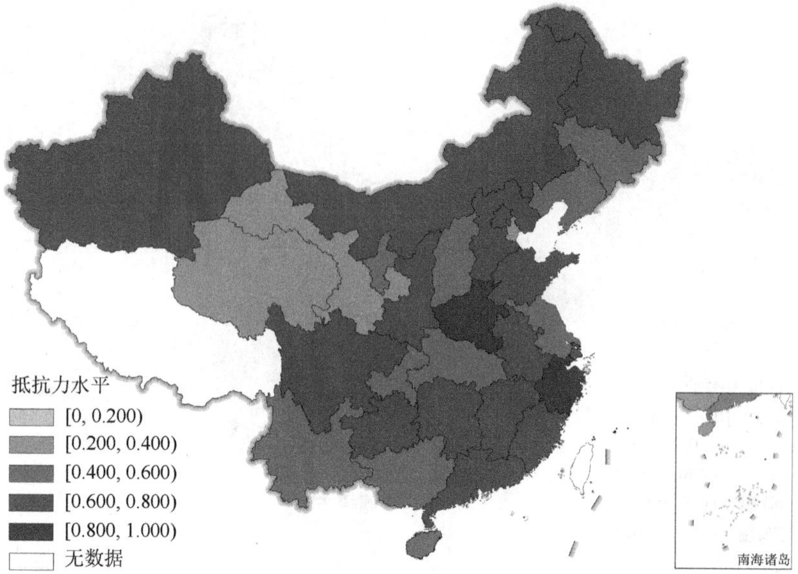

(c) 2019年抵抗力水平

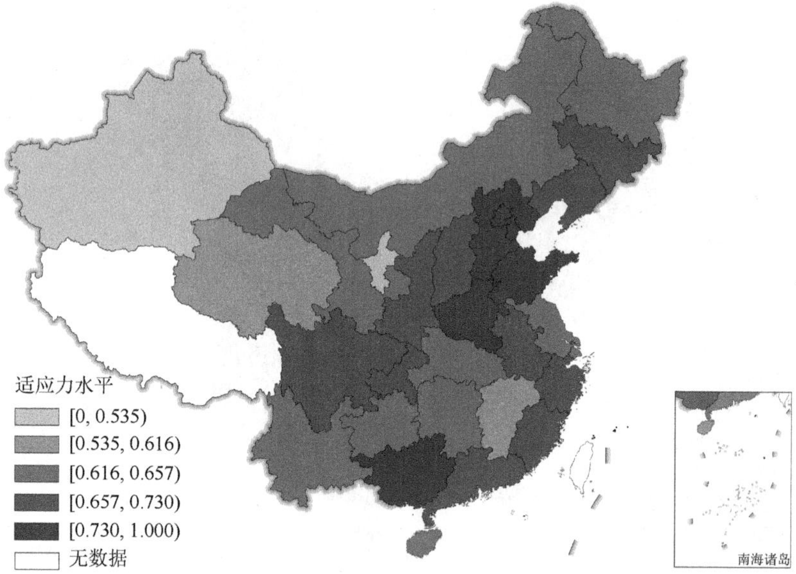

(d) 1997年适应力水平

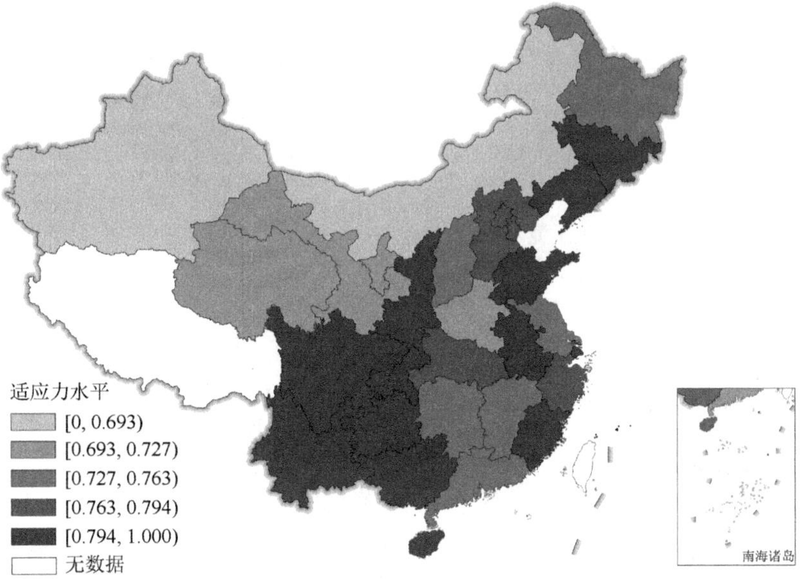

(e) 2008年适应力水平

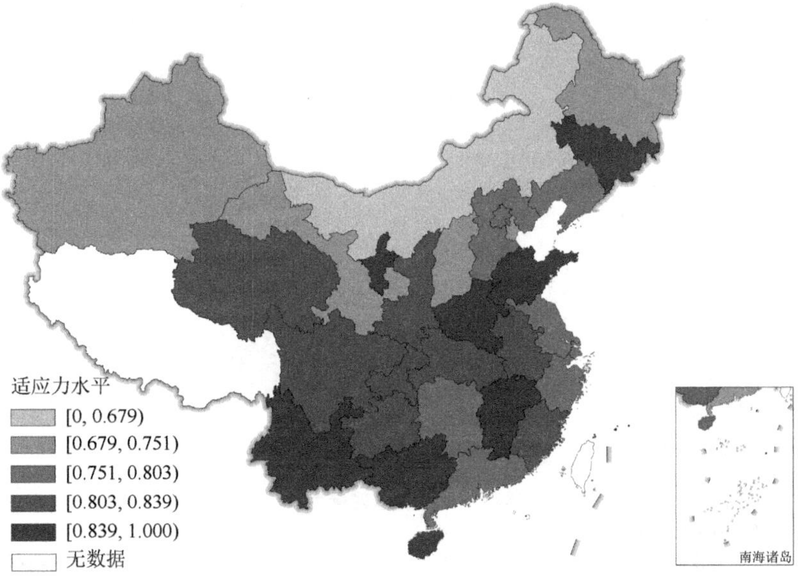

(f) 2019年适应力水平

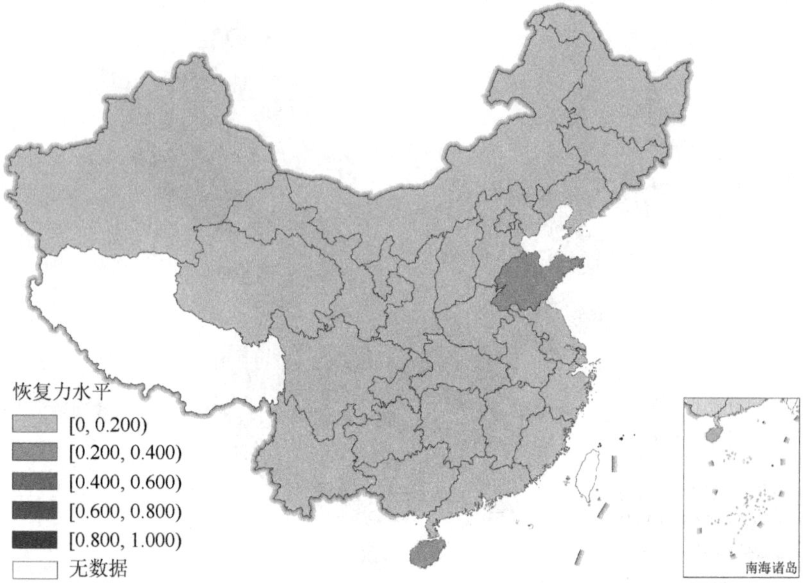

(g) 1997年恢复力水平

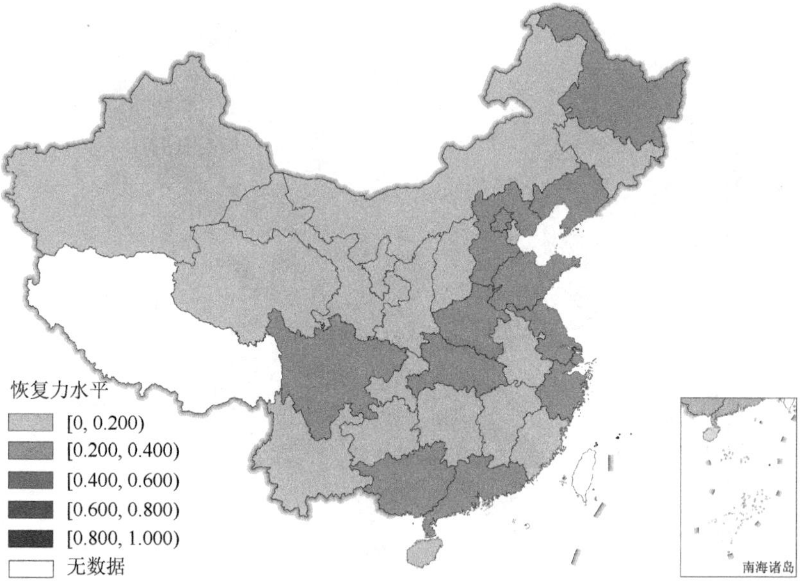

(h) 2008年恢复力水平

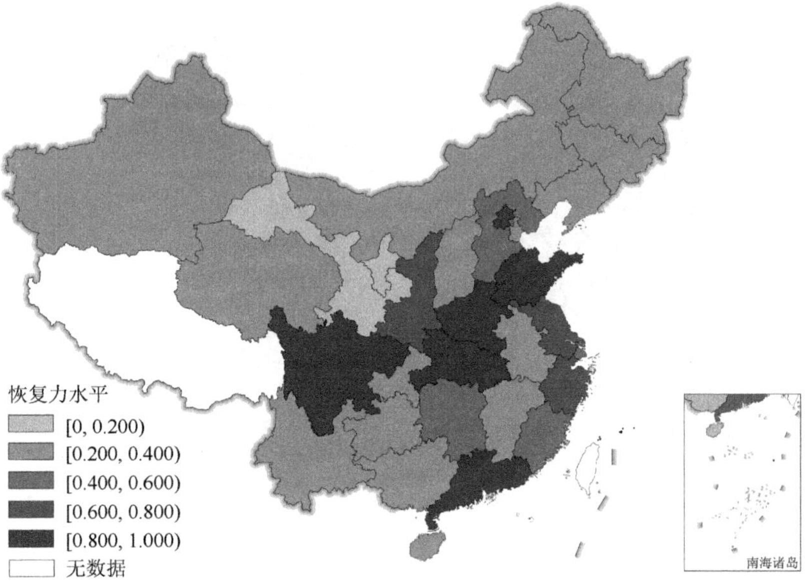

(i) 2019年恢复力水平

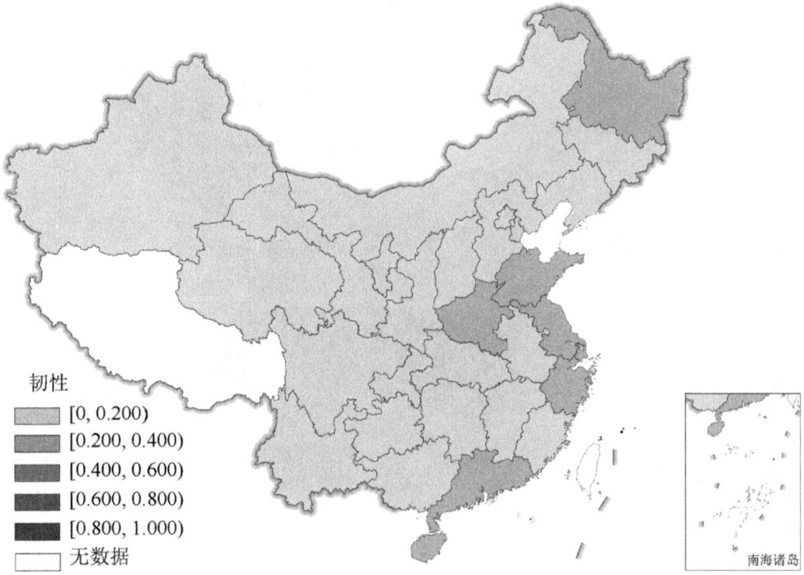

(j) 1997年韧性

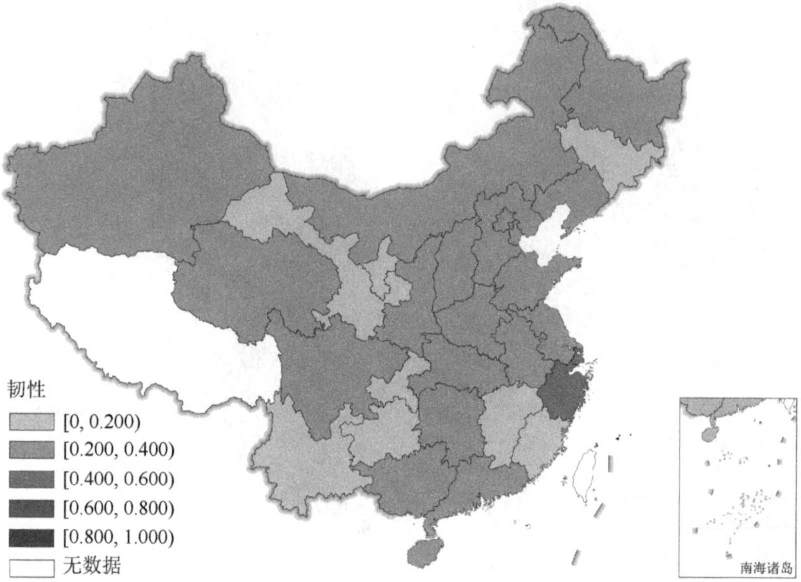

(k) 2008年韧性

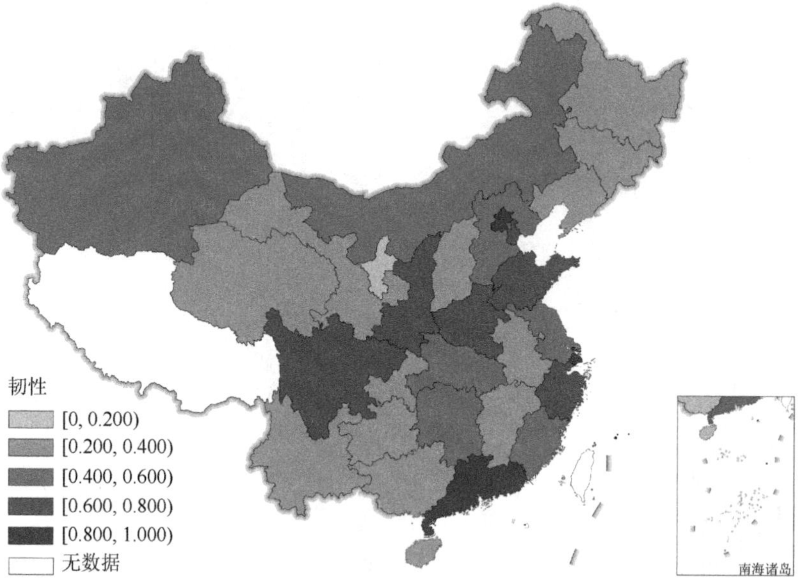

(l) 2019年韧性

图 7.2　中国水-能源-粮食纽带系统的抵抗力水平、适应力水平、恢复力水平及韧性空间分布

相比 1997 年，2008 年内蒙古、陕西的抵抗力水平有所提升，抵抗力水平介于 0.200～0.400 的地区个数为 12 个，多集中于中国的华北及西北地区，抵抗力水平介于 0.400～

0.600 的地区个数增加至 16 个，而介于 0.600～0.800 的地区仅为广东和浙江，全国抵抗力水平提升至 0.442，较 1997 年增加 9.95%。研究末期，抵抗力水平介于 0.200～0.400 的仅有甘肃、青海两个地区，而吉林、辽宁、天津、江苏、山西、宁夏、湖北、重庆、云南、广西及海南 11 个地区的抵抗力水平介于 0.400～0.600，抵抗力水平介于 0.600～0.800 的地区个数相比 2008 年增加至 15 个，河南、浙江的抵抗力水平则介于 0.800～1.0，整体而言，全国抵抗力水平为 0.598，相比 2008 年提升了 35.29%。

就适应力水平而言，研究初期，仅宁夏和新疆介于 0～0.535，分别为 0.498 和 0.445，青海、江西两个地区的适应力水平介于 0.535～0.616，而适应力水平介于 0.616～0.657 的有黑龙江、内蒙古、甘肃、湖北、湖南等 8 个地区，适应力水平介于 0.657～0.730 的有辽宁、吉林、山西、陕西、四川、重庆、安徽、福建、浙江、广东等地区，而适应力高值区主要分布在广西及华北的北京、天津、河北、山东、河南等地区，全国平均水平为 0.646；2008 年，适应力水平的低值区主要分布在新疆、内蒙古、甘肃、宁夏、青海等地区，而高值区则主要分布在东部的辽宁、山东、安徽、上海、福建、海南及西南地区的四川、重庆、云南、贵州、广西等地区，全国平均水平（0.768）相比 1997 年增加 15.84%；2019 年全国适应力水平提升至 0.794，其中吉林、宁夏、山东、河南、江西、云南、广西、海南等地区的适应力水平均在 0.839 以上。

就恢复力水平而言，研究初期，仅山东、海南的恢复力介于 0.200～0.400，分别为 0.202、0.252，而其余 28 个地区的恢复力则介于 0～0.200，该时期全国恢复力水平平均值为 0.120；相比 1997 年，2008 年恢复力水平位于 0.200～0.400 的地区有黑龙江、辽宁、河北、北京、山东、河南、江苏、上海、浙江、湖北、四川、广西、广东 13 个地区，较 1997 年增加了 11 个地区，而其余地区的恢复力仍介于 0～0.200，该时期全国恢复力水平平均值为 0.197，相比研究初期提升了 64.17%；研究末期，恢复力介于 0～0.200 的地区仅有甘肃（0.196）、宁夏（0.090），黑龙江、吉林、辽宁、山西等 15 个地区的恢复力水平介于 0.200～0.400，河北、湖南、福建、上海的恢复力水平介于 0.400～0.600，陕西、江苏、浙江的恢复力介于 0.600～0.800，而北京、山东、河南、湖北、四川、广东的恢复力介于 0.800～1.000，该时期全国恢复力水平平均值提升至 0.465，相比 2008 年增加 136.04%。

就韧性而言，1997 年，黑龙江、山东、河南、江苏、上海、浙江、广东及海南的韧性介于 0.200～0.400，其余 22 个地区的韧性则均介于 0～0.200，该时期全国韧性平均值为 0.184；2008 年，韧性介于 0～0.200 的地区个数较少，包括吉林、宁夏、甘肃、重庆、贵州、云南、江西及福建八个地区，上海、浙江的韧性提升至 0.400～0.600，其余地区的韧性介于 0.200～0.400，该时期全国韧性平均值为 0.256，相比研究初期增加 39.13%；研究末期，仅宁夏的韧性介于 0～0.200，黑龙江、吉林、辽宁、山西、甘肃、青海、江西、重庆、贵州、广西、海南等地区的韧性介于 0.200～0.400，内蒙古、新疆、河北、湖南等地区的韧性介于 0.400～

0.600，山东、河南、四川、浙江等地区的韧性介于 0.600～0.800，而北京、上海、广东的韧性介于 0.800～1.000，该时期全国韧性平均值为 0.482，较 2008 年增幅 88.28%。

7.3 中国水-能源-粮食纽带系统韧性时空交互特征分析

7.3.1 中国水-能源-粮食纽带系统韧性 LISA 时间路径变化分析

LISA 时间路径的长度、弯曲度和移动方向能够更好地反映区域水-能源-粮食纽带系统抵抗力、适应力、恢复力及韧性的局部空间结构动态性、空间依赖方向上的动态性和整合性的特点。根据相关公式计算得到中国水-能源-粮食纽带系统抵抗力、适应力、恢复力及韧性的 LISA 时间路径的相对长度及弯曲度，在此基础上，采用自然断点法将其分为四类（高相对长度、较高相对长度、中等相对长度、低相对长度；高弯曲度、较高弯曲度、中等弯曲度、低弯曲度）。同时分别对比 1997 年及 2019 年各要素的 Moran *I* 散点图的位置，计算得到各区域水-能源-粮食纽带系统抵抗力、适应力、恢复力及韧性的 LISA 坐标点的移动方向，并将其分为四类。其中，0°～90°表示某地区的地理要素与相邻区域之间具有协同高增长的特点；91°～180°及 271°～360°表示两者之间呈反向增长趋势；181°～270°表示两者存在协同低增长的趋势。结果如图 7.3～图 7.6 所示。

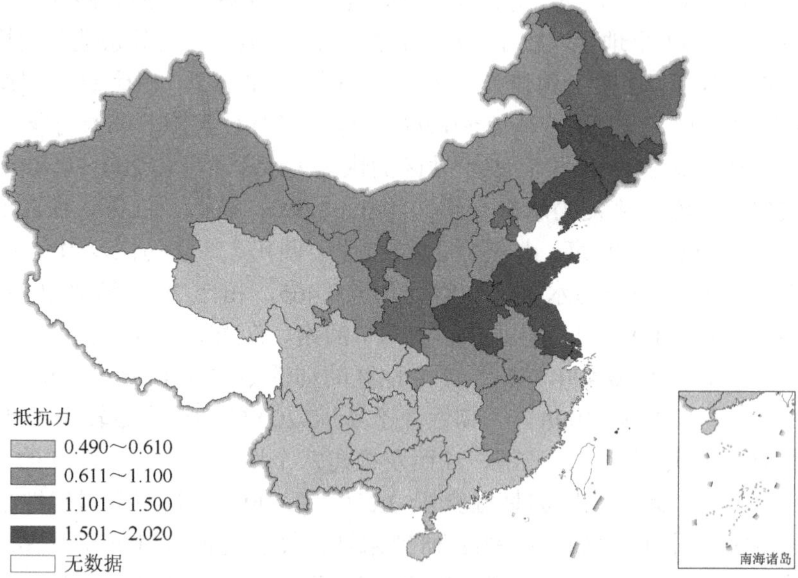

(a) 抵抗力

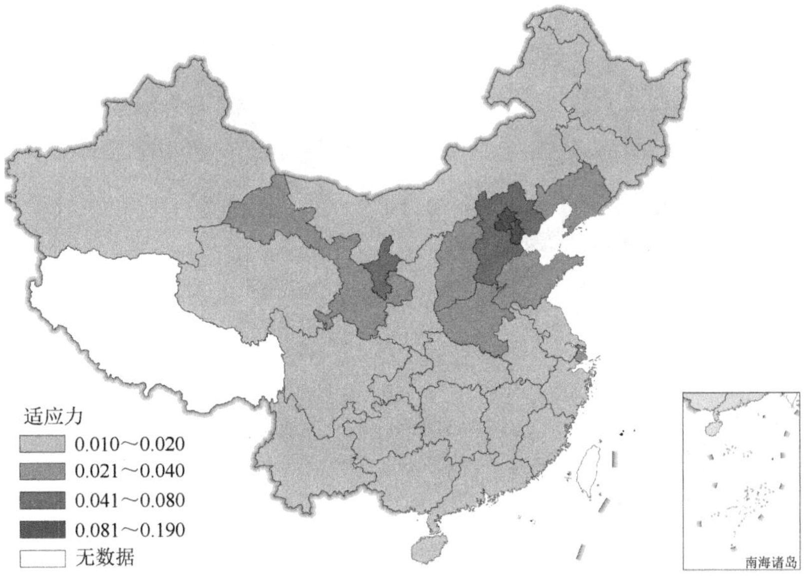

(b) 适应力

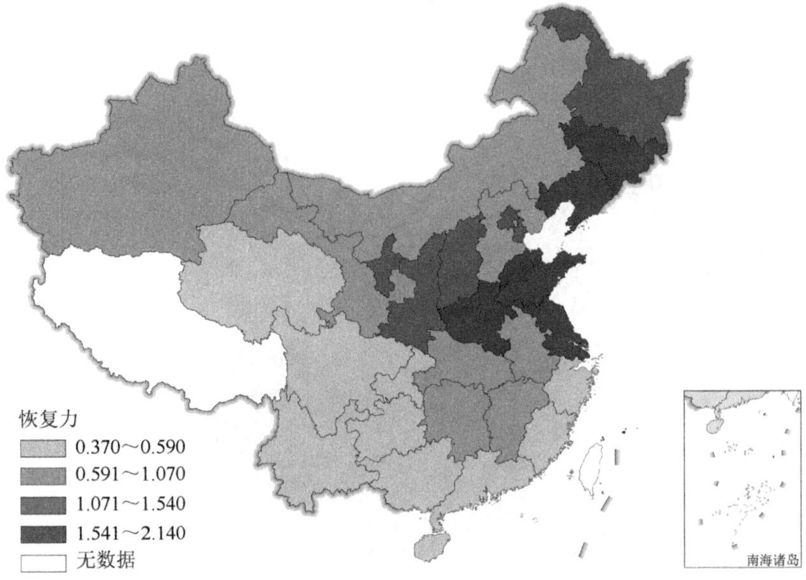

(c) 恢复力

图 7.3　中国水-能源-粮食纽带系统抵抗力、适应力、恢复力 LISA 时间路径相对长度的空间分布

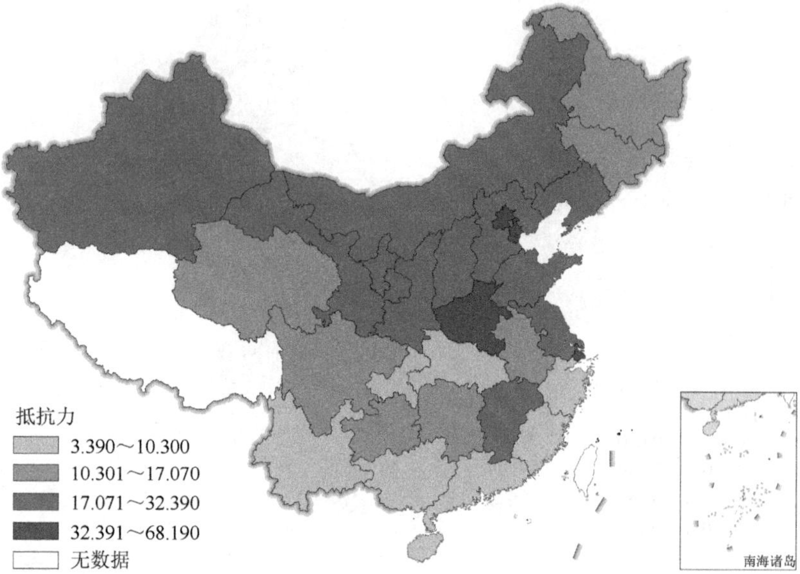
抵抗力
3.390～10.300
10.301～17.070
17.071～32.390
32.391～68.190
无数据
南海诸岛

(a) 抵抗力

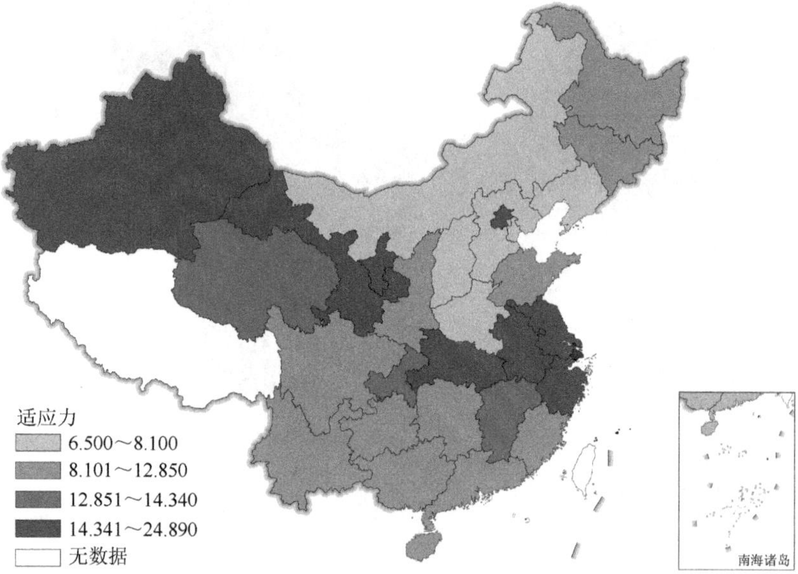
适应力
6.500～8.100
8.101～12.850
12.851～14.340
14.341～24.890
无数据
南海诸岛

(b) 适应力

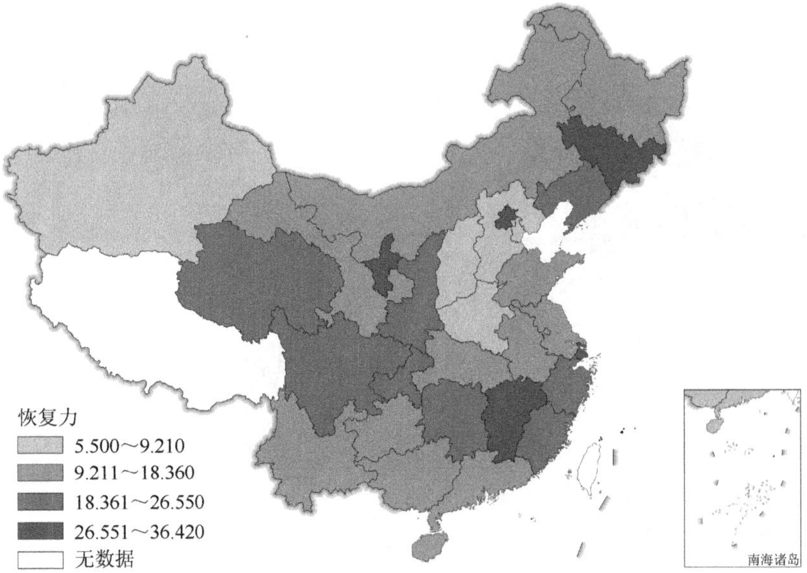

(c) 恢复力

图 7.4　中国水-能源-粮食纽带系统抵抗力、适应力、恢复力 LISA 时间路径弯曲度的空间分布

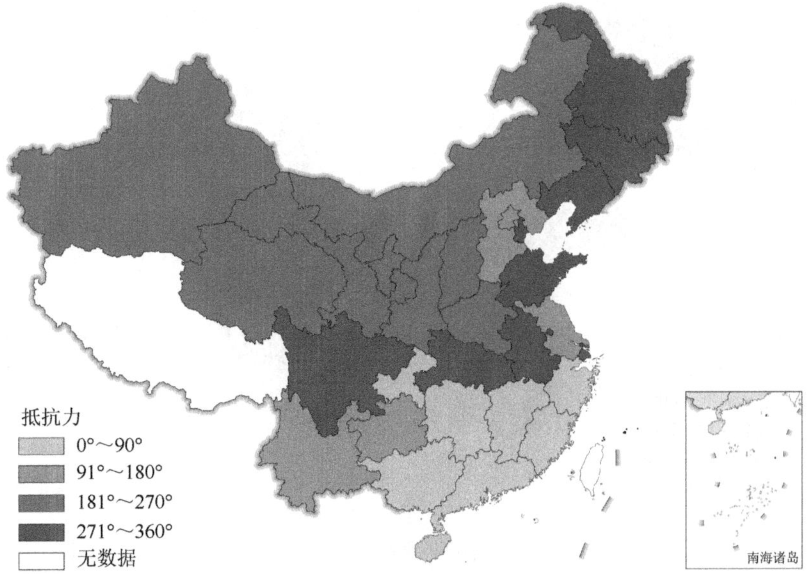

(a) 抵抗力

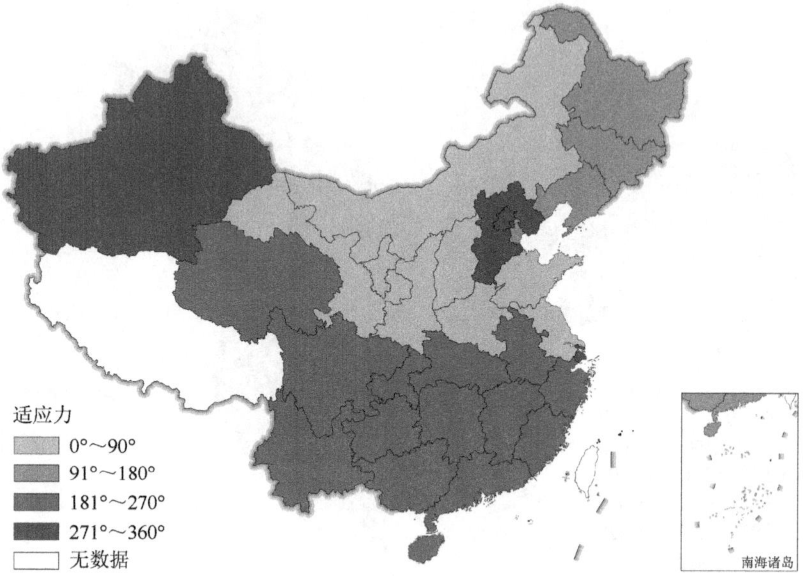

(b) 适应力

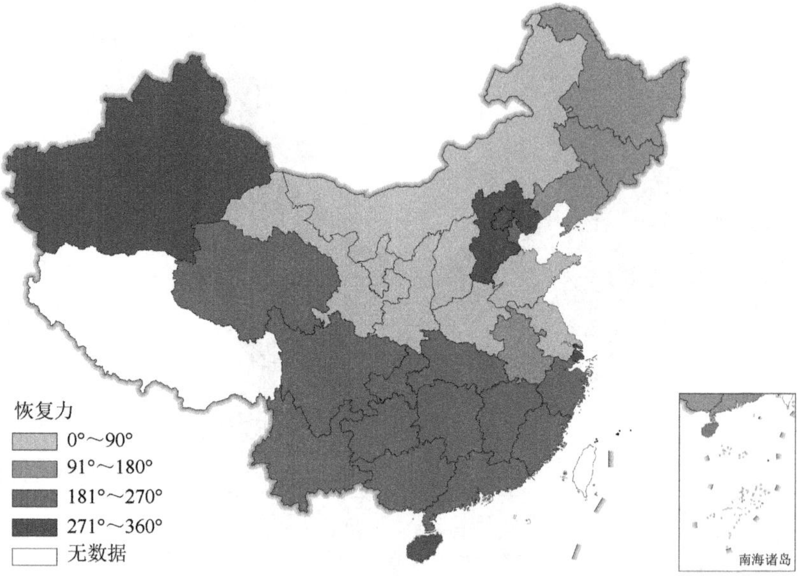

(c) 恢复力

图 7.5　中国水-能源-粮食纽带系统抵抗力、适应力、恢复力 LISA 时间路径移动方向的空间分布

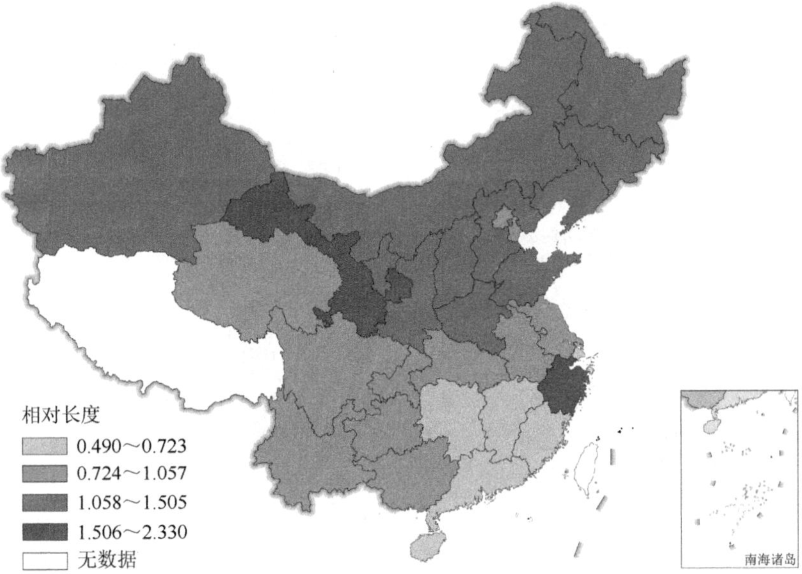
相对长度
0.490～0.723
0.724～1.057
1.058～1.505
1.506～2.330
无数据
南海诸岛

(a) 相对长度

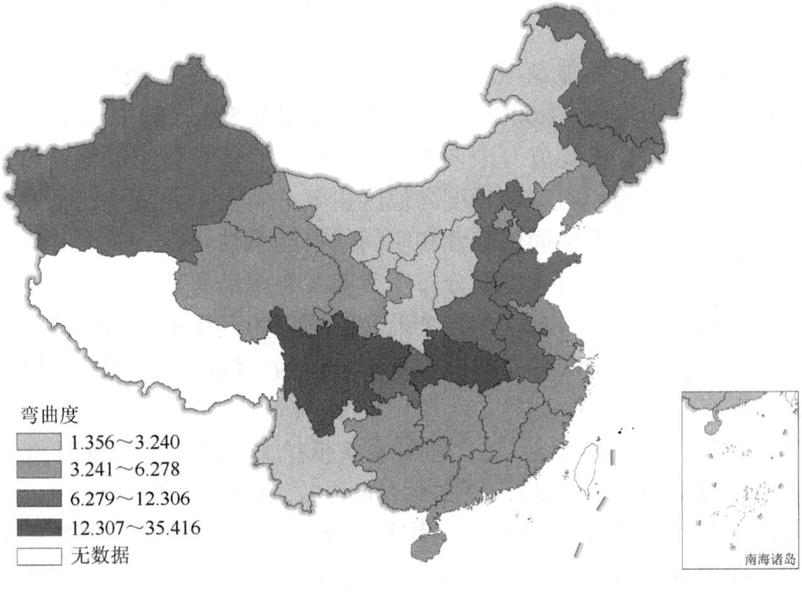
弯曲度
1.356～3.240
3.241～6.278
6.279～12.306
12.307～35.416
无数据
南海诸岛

(b) 弯曲度

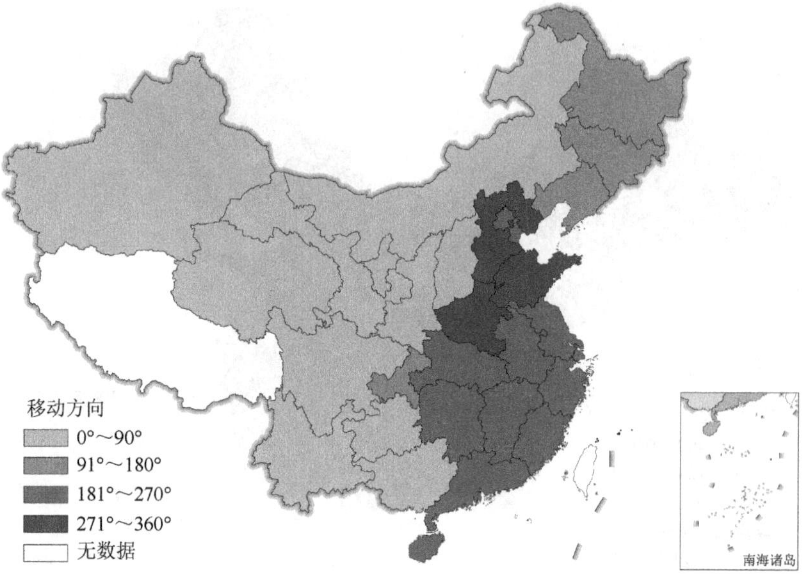

(c) 移动方向

图 7.6　中国水-能源-粮食纽带系统韧性 LISA 时间路径长度、弯曲度和方向的空间分布

图 7.3 显示，中国水-能源-粮食纽带系统抵抗力、适应力及恢复力的 LISA 时间路径相对长度小于均值（1.000）的地区数量均超过 50%（其中，适应力的 LISA 时间路径相对长度均小于均值），表明在研究期内三者的整体空间格局均具有较强的稳定性。①抵抗力的相对移动长度高值区主要分布在东北及华北平原地区，说明上述地区抵抗力的局部空间依赖性和空间结果动态性较强，研究时段内其移动路径的稳定性较差，而低值区主要分布在西南及东南沿海地区。②适应力在研究时段内的相对长度均小于 1，说明各个地区的适应力变化的空间结构较为稳定。③恢复力的相对长度的空间分布状况与抵抗力较为一致，但相对长度整体高于抵抗力的相对长度。

图 7.4 显示，中国水-能源-粮食纽带系统抵抗力、适应力、恢复力的时间路径的平均弯曲度分别为 20.327、12.579、18.437，表明三者的局部空间结构在空间依赖方向上的稳定性呈现适应力＞恢复力＞抵抗力。从空间分布情况来看，抵抗力的弯曲度高值区主要分布在中国的北方地区，其中河南、北京、天津的弯曲度较大，表明上述地区的抵抗力水平时空依赖效应较强，受外界的影响较大，低值区主要分布在中国的西南及东南沿海地区，说明其空间依赖方向上的稳定性较大。适应力的弯曲度处于低弯曲度和中等弯曲度状态的地区个数为 18 个，说明整体上中国水-能源-粮食纽带系统适应力水平呈现更加稳定的局部空间依赖方向，其中弯曲度高值区主要分布在西北及长江中下游地区，表明该

区域的适应力水平在空间依赖方向上具有较强的波动性。恢复力的弯曲度高值区主要有北京、吉林、上海、宁夏、江西、辽宁、浙江、青海等 13 个地区，表明上述地区的恢复力在其邻近地区的空间依赖方向上具有较大的波动性，同时自身的恢复力水平随时间推移波动性较强，恢复力时间路径弯曲度处于低弯曲度和中等弯曲度类型的地区个数有 17 个，表明中国水-能源-粮食纽带系统的恢复力在空间依赖方向上的波动性更加稳定。

由图 7.5 可知，研究期内，中国水-能源-粮食纽带系统抵抗力、适应力、恢复力呈现协同增长的地区个数分别为 16 个、22 个和 20 个，表明中国水-能源-粮食纽带系统适应力的空间格局演化的空间整合性最强，恢复力次之，抵抗力最小。其中，呈现协同正向增长（0°～90°）的地区个数均为 8 个，分别占抵抗力、适应力和恢复力的 47%、36%和 40%。抵抗力的协同正向增长区主要集中在中国南方地区，而适应力、恢复力的协同正向增长区主要分布于中国的北方地区。中国水-能源-粮食纽带系统抵抗力、适应力、恢复力呈现负向协同增长（181°～270°）的地区个数分别为 8 个、14 个和 12 个，其中抵抗力的协同负向增长区主要集中于中国的西北地区，而适应力和恢复力的协同负向增长区主要分布于中国的南方地区。

图 7.6（a）显示，研究时段内中国水-能源-粮食纽带系统韧性整体空间格局具有较强的稳定性，相对长度的高值区主要集中在中国的西北及北方，而南方地区则为相对长度低值区，说明中国水-能源-粮食纽带系统韧性的空间格局南方比北方更加稳定，北方的局部空间结构动态差异性较为明显。图 7.6（b）显示，研究期内，中国水-能源-粮食纽带系统韧性 LISA 时间路径弯曲度均大于 1.000，说明研究时期内，中国水-能源-粮食纽带系统韧性的 Moran I 散点移动路径呈非直线状态，表明各个地区受局部结构的时空依赖效应不一致，其中，华北地区及长江流域地区的弯曲度较大，说明空间依赖方向上具有较大的波动性，而其余地区的弯曲度相对较小，说明其空间依赖方向上具有较强的稳定性。图 7.6（c）显示，研究期内，中国水-能源-粮食纽带系统韧性呈协同增长的地区个数达到 22 个，表明在研究时段内韧性的空间格局变化具有较强的整合性，其中呈现协同正向增长的地区个数为 11 个，主要分布在中国的西部地区，而协同负向增长的地区主要分布在中国的东南沿海地区。

7.3.2　中国水-能源-粮食纽带系统韧性 LISA 时空跃迁分析

为进一步解释各地理要素 Moran I 散点在不同局部空间相关类型间的转移状况，根据 Moran I 散点图，计算得到中国水-能源-粮食纽带系统抵抗力、适应力、恢复力及韧性的时空跃迁概率，并计算得到其时空流动性（SF）、时空凝聚（SC）和相对移动率（p），结果如表 7.2 所示。

表 7.2 中国水-能源-粮食纽带系统的抵抗力、适应力、恢复力及韧性 Moran *I* 散点图的时空跃迁矩阵

要素		HH	LH	LL	HL	SF	SC	*p*
抵抗力	HH	0.944	0.032	0.008	0.016	0.082	0.918	0.118
	LH	0.136	0.864	0.000	0.000			
	LL	0.000	0.000	0.940	0.060			
	HL	0.074	0.000	0.147	0.779			
适应力	HH	0.961	0.022	0.006	0.011	0.041	0.955	0.090
	LH	0.121	0.828	0.051	0.000			
	LL	0.003	0.010	0.977	0.010			
	HL	0.000	0.083	0.042	0.875			
恢复力	HH	0.871	0.086	0.000	0.043	0.073	0.927	0.150
	LH	0.107	0.804	0.089	0.000			
	LL	0.000	0.018	0.970	0.012			
	HL	0.108	0.000	0.135	0.757			
韧性	HH	0.839	0.115	0.005	0.041	0.087	0.930	0.110
	LH	0.054	0.923	0.023	0.000			
	LL	0.004	0.026	0.960	0.011			
	HL	0.087	0.006	0.016	0.889			

由表 7.2 可知，研究时期内，中国水-能源-粮食纽带系统的抵抗力、适应力、恢复力及韧性最普遍的跃迁类型为 $Type_0$ 型，所占比例分别为 0.914、0.952、0.927 及 0.910，表明多数地区在 1997～2019 年内并未发生显著的状态转移，即 Moran *I* 散点处于同一现象内的概率均超过了 90%。就 $Type_3$ 型跃迁而言，抵抗力仅发生 HH→LL（概率 0.008），适应力发生 HH→LL、LL→HH、HL→LH 的概率分别为 0.006、0.003、0.083，恢复力则未发生 $Type_3$ 型跃迁。与此同时，四者的时空凝聚（SC）均超过 0.9，其中适应力的时空凝聚最大，为 0.955，而时空流动性（SF）均在 0.1 以内，表明在研究期内的状态转移均具有一定的惰性，即表现出一定的路径依赖和锁定特征。相对移动率（*p*）用于揭示状态转移程度，其中，恢复力的相对移动率为 0.150，相比抵抗力、适应力及韧性，恢复力的状态转移程度相对较大，而其余三者在研究期内状态转移程度相对较弱。

7.4 结　论

本章构建了水-能源-粮食纽带系统韧性评价指标体系，并基于可变模糊评价模型对中国水-能源-粮食纽带系统韧性进行了系统分析，最后采用探索时空数据方法探究了水-能源-粮食纽带系统韧性时空交互特征，结果表明：

（1）研究期内，中国水-能源-粮食纽带系统抵抗力整体呈现先下降后上升的变化趋势，由研究初期的0.402上升至研究末期的0.598，增幅为48.76%；适应力呈现先上升后下降的变化趋势；恢复力整体呈现上升态势，由研究初期的0.120上升至研究末期的0.465，增幅287.50%，但整体水平较低；就韧性水平而言，研究时期内，全国韧性水平整体呈上升的态势。

（2）中国水-能源-粮食纽带系统的抵抗力、适应力、恢复力及韧性最普遍的跃迁类型为$Type_0$型，就相对移动率而言，相比抵抗力、适应力及韧性，恢复力的状态转移程度相对较大，而其余三者在研究期内的状态转移程度相对较弱。

参考文献

郝帅，孙才志，宋强敏. 2021. 基于ESTDA模型的中国水生态足迹及水生态压力评价[J]. 生态学报，41（12）：4651-4662.

第 8 章　中国水-能源-粮食纽带系统韧性与效率耦合分析

8.1　研究方法与数据来源

8.1.1　系统耦合模型

1. *剪刀差方法*

剪刀差方法常用于反映两种要素变化趋势之间的差异性（马亚亚等，2019；王明全等，2009），采用该方法来探讨中国水-能源-粮食纽带系统韧性 $F(x)$和效率 $F(y)$随年份的变化趋势。在此基础上，对 $F(x)$和 $F(y)$曲线在给定时刻 t_0 的两切线夹角 α 进行表示，α 越小，表示 $F(x)$和 $F(y)$两条曲线的变化趋势越小（图 8.1）。其中，$F(x)$和 $F(y)$的变化速率 $V(x)$和 $V(y)$可以通过曲线的切线斜率 $F'(x)$ 和 $F'(y)$ 来表示，相关公式如下：

$$V(x) = F'(x) = \mathrm{d}x / \mathrm{d}t \tag{8.1}$$

$$V(y) = F'(y) = \mathrm{d}y / \mathrm{d}t \tag{8.2}$$

$$\alpha = \arctan\left|\frac{F'(x) - F'(y)}{1 + F'(x)F'(y)}\right| \quad (0 \leqslant \alpha < \pi/2) \tag{8.3}$$

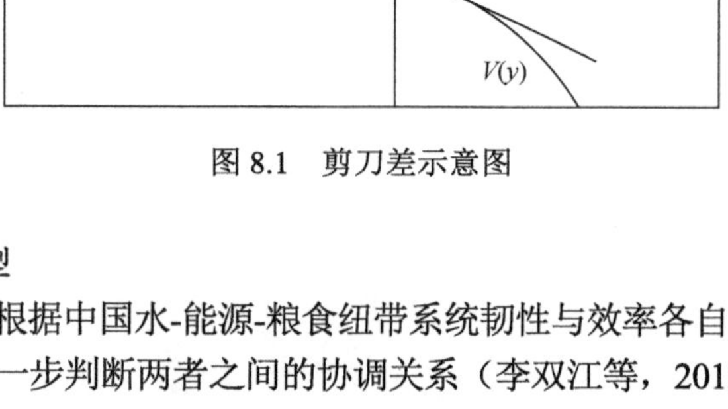

图 8.1　剪刀差示意图

2. *耦合度模型*

耦合度模型可根据中国水-能源-粮食纽带系统韧性与效率各自的耦合元素产生相互影响的程度，进一步判断两者之间的协调关系（李双江等，2013）。若将两者看作一个整体，假设该整体仅有 $F(x)$和 $F(y)$两个要素，按照贝塔兰菲德一般系统论（黄金川和方创琳，2003），当整体内的各要素协调时，整体也是协调的，即整体的演化速度 V 可以认为是 $V(x)$和 $V(y)$的函数，有 $V=f(V(x), V(y))$（韩瑞玲等，2011）。因此，首先建立 V 的简单模型，假设韧性系统与效率系统的变化具有周期性的特点，在每个周期内，V 的变化受 $V(x)$和 $V(y)$的共同影响，因此可以将其纳入二维平面[$V(x)$，$V(y)$]进而分析 V，以 $V(x)$和 $V(y)$为变量建立平面坐标系，则 V 的变化轨迹为如图 8.2 所示。$V(x)$和 $V(y)$的夹角 β 满足 $\tan\beta = V(x)/V(y)$，在此基础上，可以根据 β 的取值判断系统韧性与效率的动态耦合程度（熊建新等，2014），相关判断标准如表 8.1 所示。

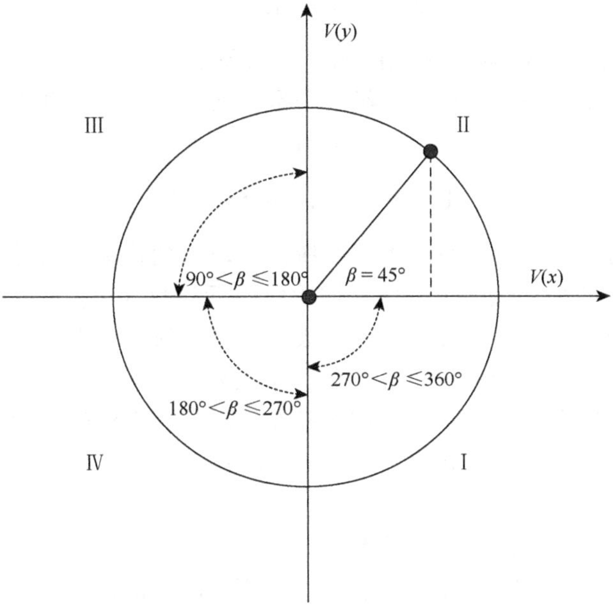

图 8.2　韧性与效率耦合模型

表 8.1　中国水-能源-粮食纽带系统韧性与效率耦合度判断标准

β 范围	区域	阶段	状态阶段	作用表现
$-90° \leqslant \beta < 0°$	Ⅰ	一	低级协调共生阶段	两者发展缓慢，相互影响较小
$0° < \beta < 45°$		二	初级协调发展阶段	$V(x) < V(y)$韧性提升速度小于效率提升速度，两者之间的相互影响增强
$\beta = 45°$	Ⅱ	三	和谐发展阶段	$V(x) = V(y)$两者提升速度较为一致
$45° < \beta \leqslant 90°$		四	共同发展阶段	$V(x) > V(y)$韧性提升速度大于效率提升速度，两者之间的矛盾显现
$90° < \beta \leqslant 180°$	Ⅲ	五	极限发展阶段	两者之间的矛盾日益凸显
$-180° < \beta < -90°$	Ⅳ	六	过渡发展阶段	两者由交互胁迫转为相互促进关系，逐渐趋向于协调发展阶段

8.1.2 复合系统协同演化状态动力学模型

1. 模型构建

中国水-能源-粮食纽带系统的韧性与效率共同构成了一个复杂系统，假设韧性系统为 $X = X(t)$，效率系统为 $Y = Y(t)$，且 $X(t)$与 $Y(t)$在时间 t 上连续可导。因此，按照系统动力学思想，可建立两个系统间相互作用的系统动力学模型，相关计算公式如下：

$$\mathrm{d}X / \mathrm{d}t = X(t) f(X,Y) \tag{8.4}$$

$$\mathrm{d}Y / \mathrm{d}t = Y(t) g(X,Y) \tag{8.5}$$

式中，$f(X, Y)$、$g(X, Y)$为两者之间的相互作用关系。

式（8.4）、式（8.5）可进一步经过变量替换使其转为逻辑斯谛模型形式，即

$$\mathrm{d}X / \mathrm{d}t = \alpha_1 X(1 - X - \beta_1 Y) \tag{8.6}$$

$$\mathrm{d}Y / \mathrm{d}t = \alpha_2 X(1 - X - \beta_2 Y) \tag{8.7}$$

式中，α_1、α_2 分别为韧性系统、效率系统的自适应变化率，为进一步提升计算效率，在此取两者的平均值增长率作为初始值进行参数求解；β_1 为水-能源-粮食纽带系统韧性对效率的作用系数，$\beta_1 > 0$，表明韧性系统对效率系统的阻碍作用大于提升作用，此时阻碍作用占据主导地位，反之亦然；β_2 为水-能源-粮食纽带系统效率对韧性的作用系数，$\beta_2 > 0$，表明效率系统对韧性系统的阻碍作用大于提升作用，反之亦然。模型反映了水-能源-粮食纽带系统韧性对效率之间既存在相互阻碍又相互促进的协同演化关系。

令 $f_1(X, Y) = 0$、$f_2(X, Y) = 0$ 得到四个定态解：$A_1(0, 0)$，$A_2(1, 0)$，$A_3(0, 1)$，$A_4(xy_1, xy_2)$。显然，系统不会在点 $A_1(0, 0)$达到稳定，而 $A_2(1, 0)$、$A_3(0, 1)$分别表示韧性系统 $X(t)$和效率系统为 $Y = Y(t)$的消亡，显然也不符合实际状态，而点 $A_4(xy_1, xy_2)$则表示两个系统的共生演化状态。

2. 复合系统协同演化状态动力学模型求解

1）存在稳定点判断标准及稳定点坐标求解

$$tt_1 = 1 - \beta_1 \tag{8.8}$$

$$tt_2 = 1 - \beta_2 \tag{8.9}$$

$$tt_3 = 1 - \beta_1 \cdot \beta_2 \tag{8.10}$$

$$tt_4 = \alpha_1 \cdot (1 - \beta_1) + \alpha_2 \cdot (1 - \beta_2) \tag{8.11}$$

$$tt_5 = \alpha_1 \cdot \alpha_2 \cdot (1 - \beta_1) \cdot (1 - \beta_2) \tag{8.12}$$

$$p = -(tt_4 / tt_3) \qquad q = -(tt_5 / tt_3) \tag{8.13}$$

$$xy_1 = tt_1 / tt_3 \qquad xy_2 = tt_2 / tt_3 \tag{8.14}$$

当$p<0$、$q<0$时，点A_4达到稳定。

根据参数变化，在此把中国水-能源-粮食纽带系统韧性与效率的协同演化状态分为三类，结果如表8.2所示。

表8.2　中国水-能源-粮食纽带系统韧性与效率协同演化判断标准

协同演化类型	参数	状态描述
竞争型	$\beta_1>0$，$\beta_2>0$	系统之间处于相互对立的状态，协同发展被限制在相对较小范围内
制约型	$\beta_1>0$，$\beta_2<0$或$\beta_1<0$，$\beta_2>0$	系统之间协同发展的基础基本具备，但局部存在过度竞争的现象
协同型	$\beta_1<0$，$\beta_2<0$	系统之间处于相互促进的状态，相互对立被限制在相对较小范围内

2）加速遗传算法对复合系统模型参数求解

由于式（8.4）、式（8.5）为非线性方程，而目前常用的方法存在一定的弊端（如最小二乘法计算结果精度较低；最大似然则需要掌握参数的确切分布），加速遗传算法（AGA）具有适用性强、全局优化、计算结果精度高等优点。基于此，采用加速遗传算法对复合系统模型参数求解，相关公式见式（4.60）。

8.1.3　数据来源

本章所涉及的数据均来源于《中国统计年鉴》《中国能源统计年鉴》《中国固定资产投资统计年鉴》《中国环境统计年鉴》《中国劳动统计年鉴》《中国人口和就业统计年鉴》《中国农村统计年鉴》《中国电力年鉴》《中国城市统计年鉴》，以及各省（区、市）的相关统计年鉴和国际可再生能源署网站（https://www.irena.org/）的相关数据。

8.2　中国水-能源-粮食纽带系统韧性与效率演化分析

8.2.1　中国水-能源-粮食纽带系统韧性与效率演化的剪刀差分析

根据已获取的数据及相关公式计算得到中国水-能源-粮食纽带系统韧性与效率的变化趋势、剪刀差，结果如图8.3和表8.3所示，囿于页面限制，表8.3仅列出部分年份。

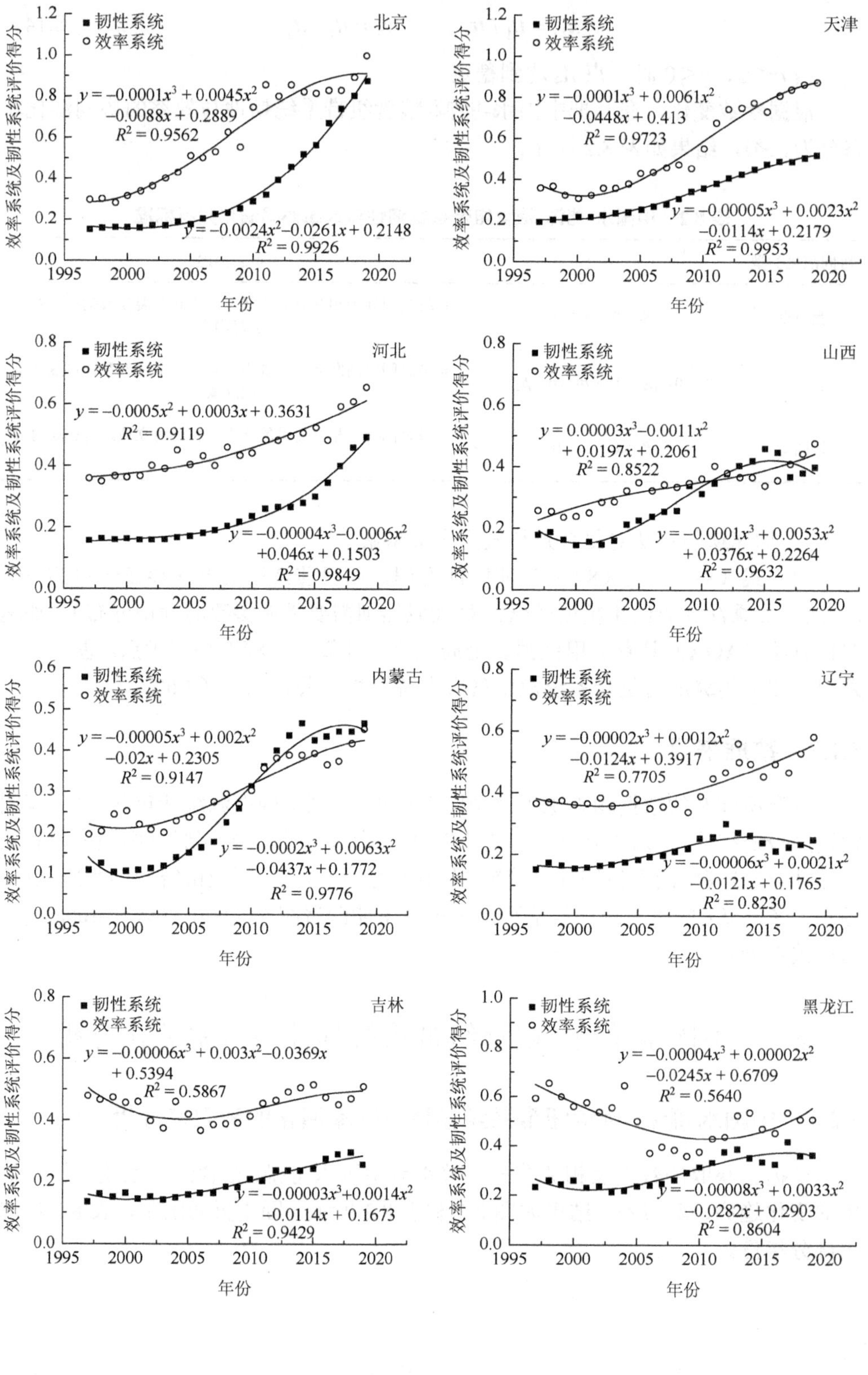
北京
■ 韧性系统
○ 效率系统
y = −0.0001x³ + 0.0045x² −0.0088x + 0.2889
R² = 0.9562
y = −0.0024x²−0.0261x + 0.2148
R² = 0.9926
天津
y = −0.0001x³ + 0.0061x² −0.0448x + 0.413
R² = 0.9723
y = −0.00005x³ + 0.0023x² −0.0114x + 0.2179
R² = 0.9953
河北
y = −0.0005x² + 0.0003x + 0.3631
R² = 0.9119
y = −0.00004x³−0.0006x² +0.046x + 0.1503
R² = 0.9849
山西
y = 0.00003x³−0.0011x² + 0.0197x + 0.2061
R² = 0.8522
y = −0.0001x³ + 0.0053x² + 0.0376x + 0.2264
R² = 0.9632
内蒙古
y = −0.00005x³ + 0.002x² −0.02x + 0.2305
R² = 0.9147
y = −0.0002x³ + 0.0063x² −0.0437x + 0.1772
R² = 0.9776
辽宁
y = −0.00002x³ + 0.0012x² −0.0124x + 0.3917
R² = 0.7705
y = −0.00006x³ + 0.0021x² −0.0121x + 0.1765
R² = 0.8230
吉林
y = −0.00006x³ + 0.003x²−0.0369x + 0.5394
R² = 0.5867
y = −0.00003x³+0.0014x² −0.0114x + 0.1673
R² = 0.9429
黑龙江
y = −0.00004x³ + 0.00002x² −0.0245x + 0.6709
R² = 0.5640
y = −0.00008x³ + 0.0033x² −0.0282x + 0.2903
R² = 0.8604
效率系统及韧性系统评价得分
年份

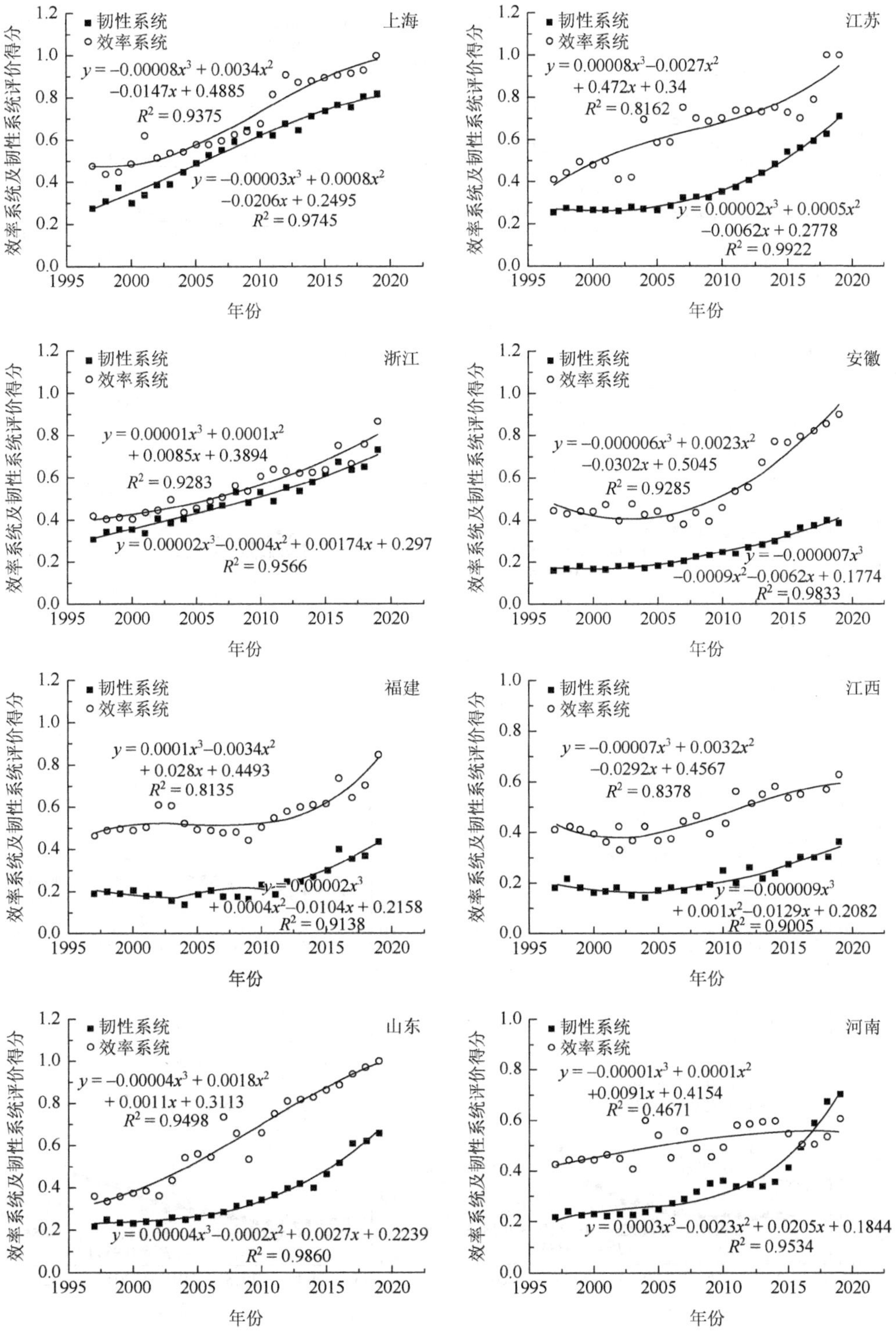

上海
■ 韧性系统
○ 效率系统
y = −0.00008x³ + 0.0034x²
−0.0147x + 0.4885
R² = 0.9375
y = −0.00003x³ + 0.0008x²
−0.0206x + 0.2495
R² = 0.9745
江苏
y = 0.00008x³−0.0027x²
+ 0.472x + 0.34
R² = 0.8162
y = 0.00002x³ + 0.0005x²
−0.0062x + 0.2778
R² = 0.9922
浙江
y = 0.00001x³ + 0.0001x²
+ 0.0085x + 0.3894
R² = 0.9283
y = 0.00002x³−0.0004x² + 0.00174x + 0.297
R² = 0.9566
安徽
y = −0.000006x³ + 0.0023x²
−0.0302x + 0.5045
R² = 0.9285
y = −0.000007x³
−0.0009x²−0.0062x + 0.1774
R² = 0.9833
福建
y = 0.0001x³−0.0034x²
+ 0.028x + 0.4493
R² = 0.8135
y = 0.00002x³
+ 0.0004x²−0.0104x + 0.2158
R² = 0.9138
江西
y = −0.00007x³ + 0.0032x²
−0.0292x + 0.4567
R² = 0.8378
y = −0.000009x³
+ 0.001x²−0.0129x + 0.2082
R² = 0.9005
山东
y = −0.00004x³ + 0.0018x²
+ 0.0011x + 0.3113
R² = 0.9498
y = 0.00004x³−0.0002x² + 0.0027x + 0.2239
R² = 0.9860
河南
y = −0.00001x³ + 0.0001x²
+0.0091x + 0.4154
R² = 0.4671
y = 0.0003x³−0.0023x² + 0.0205x + 0.1844
R² = 0.9534
效率系统及韧性系统评价得分
年份

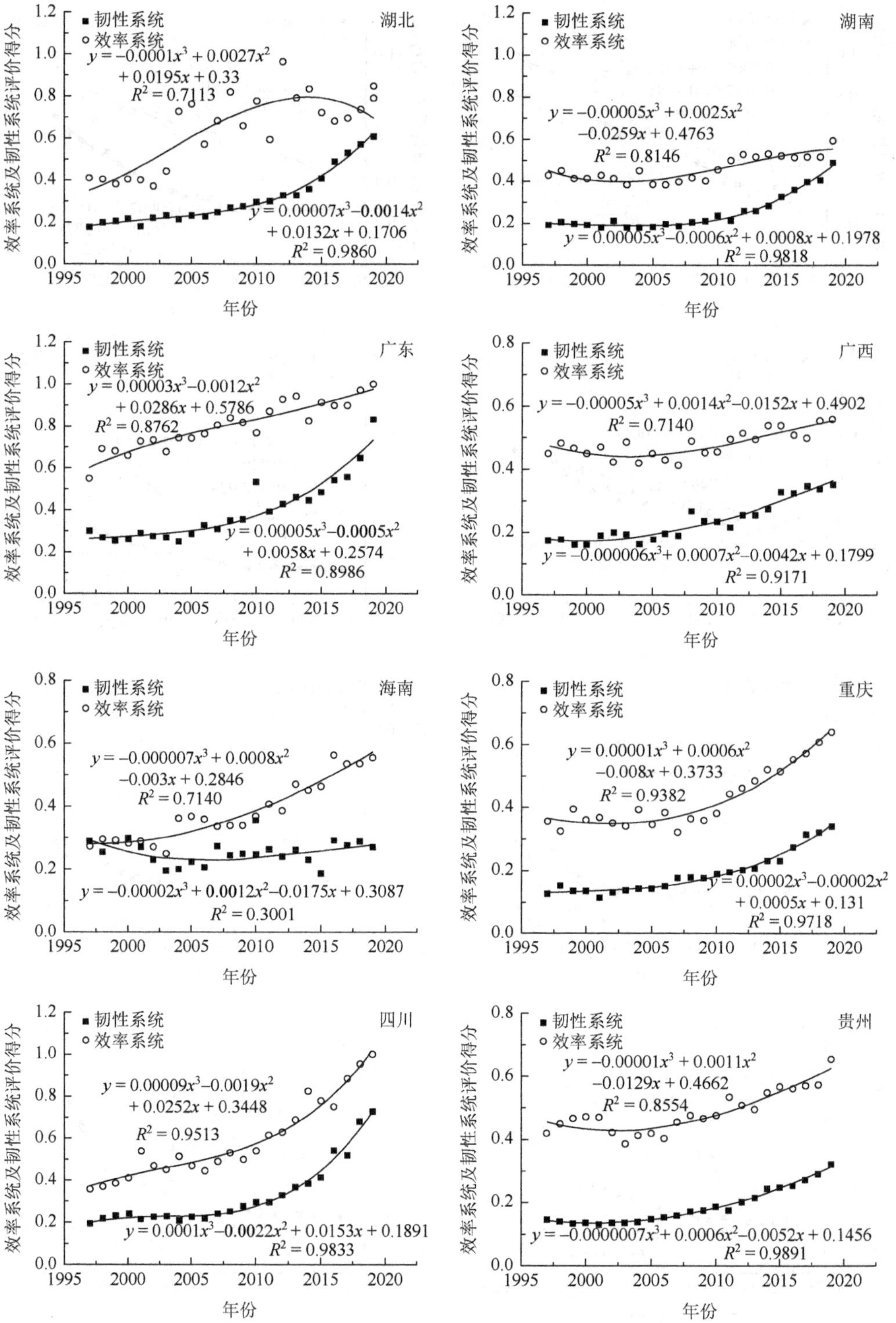
湖北
■ 韧性系统
○ 效率系统
y = −0.0001x³ + 0.0027x² + 0.0195x + 0.33
R² = 0.7113
y = 0.00007x³−0.0014x² + 0.0132x + 0.1706
R² = 0.9860
湖南
y = −0.00005x³ + 0.0025x² −0.0259x + 0.4763
R² = 0.8146
y = 0.00005x³−0.0006x² + 0.0008x + 0.1978
R² = 0.9818
广东
y = 0.00003x³−0.0012x² + 0.0286x + 0.5786
R² = 0.8762
y = 0.00005x³−0.0005x² + 0.0058x + 0.2574
R² = 0.8986
广西
y = −0.00005x³ + 0.0014x²−0.0152x + 0.4902
R² = 0.7140
y = −0.000006x³+ 0.0007x²−0.0042x + 0.1799
R² = 0.9171
海南
y = −0.000007x³ + 0.0008x² −0.003x + 0.2846
R² = 0.7140
y = −0.00002x³ + 0.0012x²−0.0175x + 0.3087
R² = 0.3001
重庆
y = 0.00001x³ + 0.0006x² −0.008x + 0.3733
R² = 0.9382
y = 0.00002x³−0.00002x² + 0.0005x + 0.131
R² = 0.9718
四川
y = 0.00009x³−0.0019x² + 0.0252x + 0.3448
R² = 0.9513
y = 0.0001x³−0.0022x² + 0.0153x + 0.1891
R² = 0.9833
贵州
y = −0.00001x³ + 0.0011x² −0.0129x + 0.4662
R² = 0.8554
y = −0.0000007x³+ 0.0006x²−0.0052x + 0.1456
R² = 0.9891
效率系统及韧性系统评价得分
年份

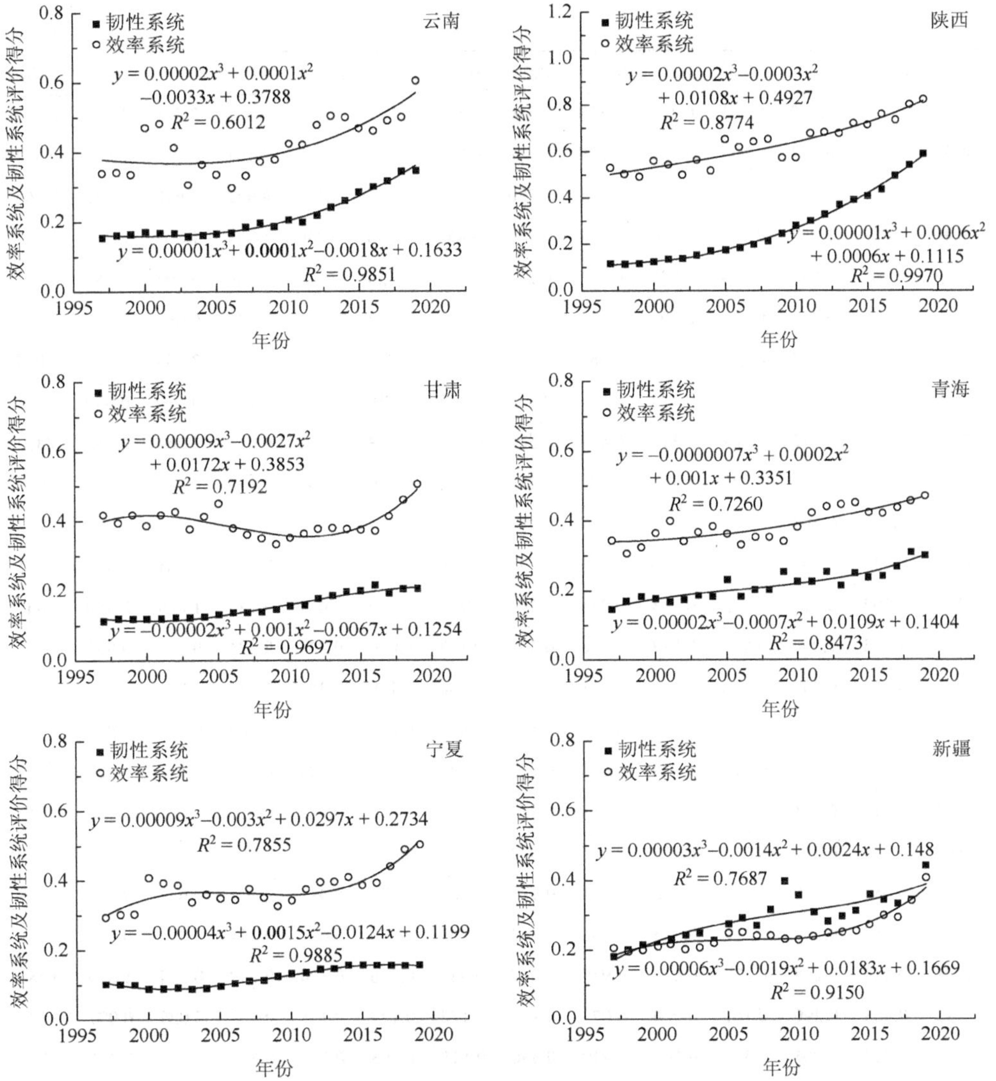

图 8.3　中国水-能源-粮食纽带系统韧性与效率拟合方程

表 8.3　中国水-能源-粮食纽带系统韧性与效率拟合曲线的切线夹角　（单位：°）

地区	1997 年	1999 年	2001 年	2003 年	2005 年	2007 年	2009 年	2011 年	2013 年	2015 年	2017 年	2019 年	平均值
北京	1.214	1.558	1.764	1.832	1.763	1.556	1.212	0.731	0.114	0.639	1.530	2.557	1.349
天津	1.486	0.685	0.049	0.713	1.308	1.834	2.290	2.678	2.997	3.248	3.431	3.547	2.001
河北	2.598	2.658	2.663	2.613	2.508	2.347	2.132	1.862	1.537	1.156	0.721	0.230	1.944
山西	1.735	3.019	4.123	5.047	5.792	6.358	6.747	6.958	6.993	6.851	6.533	6.038	5.598
内蒙古	1.314	0.536	0.037	0.404	0.564	0.518	0.266	0.192	0.857	1.727	2.803	4.081	1.028

续表

地区	1997年	1999年	2001年	2003年	2005年	2007年	2009年	2011年	2013年	2015年	2017年	2019年	平均值
辽宁	0.113	0.265	0.361	0.402	0.338	0.320	0.196	0.017	0.217	0.505	0.849	1.248	0.395
吉林	1.282	0.957	0.673	0.430	0.229	0.068	0.051	0.129	0.166	0.161	0.115	0.028	0.342
黑龙江	0.157	0.853	1.495	2.082	2.613	3.086	3.510	3.876	4.187	4.442	4.640	4.783	3.003
上海	1.738	1.252	0.876	0.610	0.454	0.409	0.473	0.646	0.930	1.324	1.827	2.441	1.031
江苏	2.702	2.052	1.484	0.998	0.595	0.274	0.036	0.120	0.194	0.184	0.093	0.081	0.700
浙江	0.454	0.353	0.266	0.193	0.133	0.088	0.056	0.037	0.033	0.042	0.065	0.101	0.145
安徽	1.214	0.892	0.569	0.244	0.083	0.410	0.739	1.069	1.400	1.733	2.066	2.400	1.003
福建	1.778	1.018	0.367	0.174	0.605	0.926	1.137	1.238	1.228	1.109	0.879	0.540	0.901
江西	0.692	0.272	0.064	0.317	0.486	0.570	0.571	0.488	0.322	0.071	0.264	0.682	0.383
山东	0.691	1.039	1.277	1.406	1.424	1.332	1.130	0.819	0.397	0.134	0.775	1.525	0.989
河南	0.397	0.002	0.249	0.345	0.290	0.084	0.273	0.782	1.442	2.252	3.213	4.322	1.078
湖北	0.733	1.301	1.635	1.736	1.603	1.237	0.636	0.198	1.265	2.567	4.101	5.867	1.841
湖南	1.192	0.619	0.183	0.115	0.275	0.298	0.183	0.069	0.458	0.985	1.649	2.450	0.648
广东	1.225	1.060	0.891	0.717	0.538	0.355	0.167	0.026	0.223	0.424	0.630	0.841	0.571
广西	0.558	0.458	0.418	0.439	0.521	0.663	0.866	1.129	1.452	1.836	2.281	2.786	1.089
海南	0.787	0.713	0.657	0.619	0.599	0.597	0.612	0.646	0.697	0.766	0.853	0.958	0.701
重庆	0.418	0.289	0.175	0.074	0.013	0.087	0.146	0.192	0.224	0.242	0.247	0.238	0.189
四川	0.010	0.011	0.012	0.013	0.013	0.013	0.013	0.012	0.011	0.010	0.009	0.008	0.011
贵州	0.385	0.284	0.195	0.118	0.055	0.004	0.034	0.059	0.071	0.070	0.057	0.031	0.109
云南	0.084	0.070	0.043	0.002	0.053	0.122	0.205	0.301	0.411	0.534	0.672	0.823	0.269
陕西	0.783	0.290	0.112	0.053	0.205	0.342	0.466	0.576	0.672	0.754	0.822	0.877	0.460
甘肃	0.964	0.268	0.278	0.672	0.915	1.007	0.947	0.736	0.374	0.139	0.804	1.619	0.689
青海	0.468	0.290	0.141	0.020	0.073	0.137	0.172	0.179	0.158	0.108	0.029	0.077	0.147
宁夏	1.919	1.066	0.392	0.103	0.419	0.556	0.515	0.295	0.104	0.681	1.437	2.372	0.754
新疆	0.859	0.786	0.753	0.763	0.813	0.905	1.037	1.212	1.427	1.684	1.982	2.321	1.193

由图 8.3 和表 8.3 可知，中国水-能源-粮食纽带系统韧性与效率拟合曲线的切线夹角各地区呈现不同的变化趋势，其中，天津、山西、内蒙古、黑龙江、安徽、河南、湖北、广西、海南、云南、陕西、新疆 12 个地区的切线夹角呈现上升趋势，河北、吉林、江苏、浙江、重庆、四川、贵州七个地区的切线夹角大致呈下降趋势，北京、辽宁、上海、福建、江西、山东、湖南、广东、甘肃、青海、宁夏 11 个地区的切线夹角呈现波动变化态势。就平均值而言，切线角度 α 介于 0°～0.5°的地区有辽宁、吉林、浙江、江西等；介于 0.5°～1.0°的地区有江苏、福建、山东、

湖南、广东、海南、甘肃、宁夏；介于 1.0°～2.0°的地区有北京、河北、内蒙古、上海、安徽、河南、湖北、广西、新疆；2.0°以上的地区有天津、山西及黑龙江，切线角度分别达到 2.001°、5.598°及 3.003°。

8.2.2　中国水-能源-粮食纽带系统韧性与效率演化耦合度分析

根据已获取的数据及相关公式计算得到中国水-能源-粮食纽带系统韧性与效率演化的耦合度，结果如表 8.4 和表 8.5 所示，表中仅列出部分年份。

表 8.4　中国水-能源-粮食纽带系统韧性与效率耦合度及类型特征

地区	夹角 β/(°)					1997～2019 年两个系统耦合类型/次数					
	1997 年	2004 年	2012 年	2019 年	平均值	象限 I	象限 II			象限III	象限IV
						阶段一	阶段二	阶段三	阶段四	阶段五	阶段六
北京	269.73	15.62	40.96	64.89	66.15		12		6	4	1
天津	258.07	64.82	72.08	78.95	107.17	2			19		2
河北	359.10	348.28	311.89	230.55	318.89	19					4
山西	20.16	4.36	3.31	7.76	6.21		23				
内蒙古	195.43	27.66	71.70	179.96	99.35		10		2	8	3
辽宁	231.23	16.52	49.71	134.11	116.30	3	9		4	4	3
吉林	195.62	274.58	38.51	42.51	117.77	4	11		4		4
黑龙江	228.38	286.17	286.30	267.79	275.37	17					6
上海	290.14	53.92	54.74	75.60	79.45	2			21		
江苏	173.03	16.24	48.53	44.17	59.76		9		10	4	
浙江	260.21	38.47	66.06	69.97	116.59	3	2		15		3
安徽	205.40	9.11	32.09	69.84	84.00		12		4	2	5
福建	156.07	181.27	282.69	52.68	196.53	9			6	5	3
江西	189.79	51.53	23.94	20.03	90.80	3	14		3		3
山东	9.49	12.60	35.50	61.98	27.03		18		5		
河南	270.91	21.87	68.00	89.93	72.95	2	9		12		
湖北	65.61	82.87	24.07	324.58	136.72	6	3		14		
湖南	269.32	79.92	38.13	10.51	100.54		9		7	1	6
广东	10.56	15.49	49.31	59.52	33.14		14		9		
广西	257.34	337.69	327.08	301.50	314.31	20					3
海南	264.65	165.80	17.83	14.72	66.24		14			8	1
重庆	355.61	48.79	38.87	41.44	108.13	5	15		3		
四川	62.67	93.32	57.08	47.92	68.66				20	3	
贵州	200.45	56.91	42.64	44.28	95.86	2	12		5		4
云南	207.31	38.79	30.75	29.47	71.15		16		2	5	
陕西	79.89	39.07	31.07	33.11	40.91		17		4	2	

续表

地区	夹角 β/(°)					1997～2019 年两个系统耦合类型/次数					
	1997 年	2004 年	2012 年	2019 年	平均值	象限Ⅰ	象限Ⅱ			象限Ⅲ	象限Ⅳ
						阶段一	阶段二	阶段三	阶段四	阶段五	阶段六
甘肃	158.48	327.95	270.46	11.91	207.30	13	5		2	3	
青海	8.32	48.95	60.64	41.04	45.77		7		16		
宁夏	111.66	345.41	30.02	101.27	156.67	7	3		4	9	
新疆	91.21	182.33	169.52	118.85	155.57					17	6

表 8.5　中国水-能源-粮食纽带系统韧性与效率耦合度

地区	耦合度类型			
	1997 年	2004 年	2012 年	2019 年
北京	阶段六	阶段二	阶段二	阶段四
天津	阶段六	阶段四	阶段四	阶段四
河北	阶段一	阶段一	阶段一	阶段六
山西	阶段二	阶段二	阶段二	阶段二
内蒙古	阶段六	阶段二	阶段四	阶段五
辽宁	阶段六	阶段二	阶段二	阶段五
吉林	阶段六	阶段一	阶段二	阶段二
黑龙江	阶段六	阶段一	阶段一	阶段六
上海	阶段一	阶段四	阶段四	阶段四
江苏	阶段五	阶段二	阶段四	阶段四
浙江	阶段六	阶段二	阶段四	阶段四
安徽	阶段六	阶段二	阶段二	阶段四
福建	阶段五	阶段六	阶段一	阶段四
江西	阶段六	阶段四	阶段二	阶段二
山东	阶段二	阶段二	阶段二	阶段四
河南	阶段一	阶段二	阶段四	阶段四
湖北	阶段四	阶段四	阶段二	阶段一
湖南	阶段六	阶段四	阶段二	阶段二
广东	阶段二	阶段二	阶段四	阶段四
广西	阶段六	阶段一	阶段一	阶段一
海南	阶段六	阶段五	阶段二	阶段二
重庆	阶段一	阶段四	阶段二	阶段二
四川	阶段四	阶段四	阶段四	阶段四
贵州	阶段六	阶段四	阶段二	阶段二
云南	阶段六	阶段二	阶段二	阶段二

续表

地区	耦合度类型			
	1997 年	2004 年	2012 年	2019 年
陕西	阶段五	阶段二	阶段二	阶段二
甘肃	阶段五	阶段一	阶段一	阶段二
青海	阶段二	阶段四	阶段四	阶段四
宁夏	阶段五	阶段一	阶段二	阶段五
新疆	阶段五	阶段六	阶段五	阶段五

由表 8.4 和表 8.5 可知，1997 年，中国水-能源-粮食纽带系统韧性与效率耦合类型处于阶段一的地区主要有河北、河南、上海及重庆，此时上述地区处于低级协调共生阶段，两者的发展均不受彼此的影响；山西、山东、青海、广东四个地区处于阶段二，即初级协调发展阶段，此时，水-能源-粮食纽带系统韧性的发展速度要小于效率的演化速度，韧性系统的提升开始显现出对效率系统的胁迫作用，效率系统也在一定程度上制约了韧性系统的提升；四川、湖北两个地区处于阶段四，即共同发展阶段，此时韧性系统的提升速度较快，韧性系统与效率系统开始出现相互影响，效率系统对韧性系统发展的约束与限制开始显现；新疆、甘肃、宁夏、陕西、江苏、福建六个地区处于阶段五，即极限发展阶段，此时两系统之间出现相互限制作用，整体系统逐渐呈现相互影响、相互限制的状态，韧性与效率难以得到同步提升；北京、天津、辽宁等 14 个地区处于阶段六，即过渡式发展阶段，此时韧性系统与效率系统逐渐由相互胁迫的关系逐渐向相互促进的状态发展。相比 1997 年，2004 年中国水-能源-粮食纽带系统韧性与效率耦合得到了一定的提升，处于阶段五与阶段六的地区个数分别减少至 1 个（海南）、2 个（新疆、福建），天津、上海、青海、四川、重庆、贵州、湖北、湖南及江西九个地区的耦合度处于共同发展阶段，黑龙江、吉林、河北、宁夏、甘肃、广西六个地区的耦合度处于低级协调共生阶段，而辽宁、北京、山东、江苏等 12 个地区的耦合度处于初级协调发展阶段。2012 年，中国水-能源-粮食纽带系统韧性与效率耦合类型处于阶段一的地区有黑龙江、河北、甘肃、福建及广西五个地区，吉林、辽宁、北京、陕西、山西、宁夏等 15 个地区的耦合度处于阶段二，而处于阶段四的地区有内蒙古、青海、四川、河南、江苏、上海、浙江、广东、天津 9 个地区，仅新疆一个地区的耦合度处于阶段五。研究末期，中国水-能源-粮食纽带系统韧性与效率耦合类型处于阶段一的地区有湖北、广西两个地区，耦合度处于阶段二的有吉林、陕西、山西、甘肃、重庆、云南、贵州、湖南、江西、海南 10 个地区，北京、天津、山东、江苏、上海等 12 个地区的耦合度处于阶段四，新疆、内蒙古、辽宁、宁夏的耦合度类型处于阶段五，而河北、黑龙江的耦合度类型处于阶段六。

8.3 中国水-能源-粮食纽带系统韧性与效率协同演化分析

根据已获取的中国水-能源-粮食纽带系统韧性与效率数据，借助系统演化模型，并采用 AGA 对模型参数进行求解，同时得到系统稳定点坐标，结果如表 8.6 和图 8.4 所示。

表 8.6 中国水-能源-粮食纽带系统韧性与效率协同演化类型

地区	α_1	α_2	β_1	β_2	p	q	A_4（xy_1，xy_2）	状态
北京	0.1286	0.0914	−0.4656	−0.6818	−0.5012	−0.0402	（2.1472，4.4640）	协同型
天津	0.0749	0.0655	0.0423	−0.7779	−0.1824	−0.0081	（0.9289，1.7225）	制约型
河北	0.1050	0.0587	0.0232	0.2620	−0.1467	−0.0045	（0.9828，0.7426）	竞争型
山西	0.0834	0.0337	0.6858	−0.9370	−0.0557	−0.0010	（0.1913，1.1792）	制约型
内蒙古	0.2100	0.0446	0.9705	−0.8172	−0.0487	−1.0134	（0.0165，1.0134）	制约型
辽宁	0.0722	0.0364	0.9516	−0.9840	−0.0391	−0.0001	（0.0250，1.0246）	制约型
吉林	0.0721	0.0083	0.9793	0.0183	−0.0098	−0.0001	（0.0211，0.9996）	竞争型
黑龙江	0.1218	0.0010	0.9521	−0.4989	−0.0050	−0.0001	（0.0325，1.0162）	制约型
上海	0.0585	0.0689	−0.8805	−0.1816	−0.2280	−0.0107	（2.2384，1.4065）	协同型
江苏	0.0830	0.0612	−0.2976	−0.8834	−0.3023	−0.0168	（1.7603，2.5551）	协同型
浙江	0.0558	0.0604	−0.5144	−0.5398	−0.2456	−0.0109	（2.0966，2.1317）	协同型
安徽	0.0612	0.0628	0.1132	−0.98867	−0.1611	−0.0061	（0.7977，1.7871）	制约型
福建	0.0634	0.0736	−0.4201	−0.2934	−0.2114	−0.0098	（1.6213，1.4757）	协同型
江西	0.0716	0.0460	0.0670	0.0551	−0.1106	−0.0029	（0.9365，0.9484）	竞争型
山东	0.0713	0.0776	−0.4319	−0.7336	−0.3463	−0.0201	（2.0962，2.5378）	协同型
河南	0.1117	0.3015	−0.0580	−0.5336	−0.1717	−0.0059	（1.0918，1.5826）	协同型
湖北	0.1139	0.0434	0.0051	−0.9616	−0.1974	−0.0096	（0.9901，1.9521）	制约型
湖南	0.0714	0.0295	0.6977	−0.9487	−0.0476	−0.0007	（0.1819，1.1726）	制约型
广东	0.0641	0.1125	−0.9795	−0.1998	−0.3256	−0.0213	（2.4610，1.4916）	协同型
广西	0.0555	0.0235	0.1993	0.1004	−0.0669	−0.0010	（0.8170，0.9180）	竞争型
海南	0.0005	0.0851	0.7663	0.7128	−0.0541	−0.0001	（0.5150，0.6329）	竞争型
重庆	0.0849	0.0543	0.2229	0.0444	−0.1190	−0.0035	（0.7849，0.9652）	竞争型
四川	0.0747	0.0971	−0.8825	−0.4779	−0.4911	−0.0349	（3.2557，2.5559）	协同型
贵州	0.6387	0.0515	0.0105	0.0846	−0.6797	−0.0298	（0.9904，0.9162）	竞争型
云南	0.0641	0.0598	0.1964	0.0085	−0.1110	−0.0031	（0.8050，0.9931）	竞争型
陕西	0.0708	0.0346	0.8082	−0.9289	−0.0459	−0.0005	（0.1095，1.1017）	制约型
甘肃	0.0474	0.0172	0.5932	−0.8517	−0.0340	−0.0004	（0.2702，1.2303）	制约型
青海	0.0760	0.0190	0.8710	−0.6082	−0.0264	−0.0002	（0.0843，1.0513）	制约型
宁夏	0.0310	0.0371	0.6236	−0.6110	−0.0517	−0.0005	（0.2715，1.1665）	制约型
新疆	0.0708	0.0650	0.0227	0.1596	−0.1243	−0.0038	（0.0908，0.8435）	竞争型

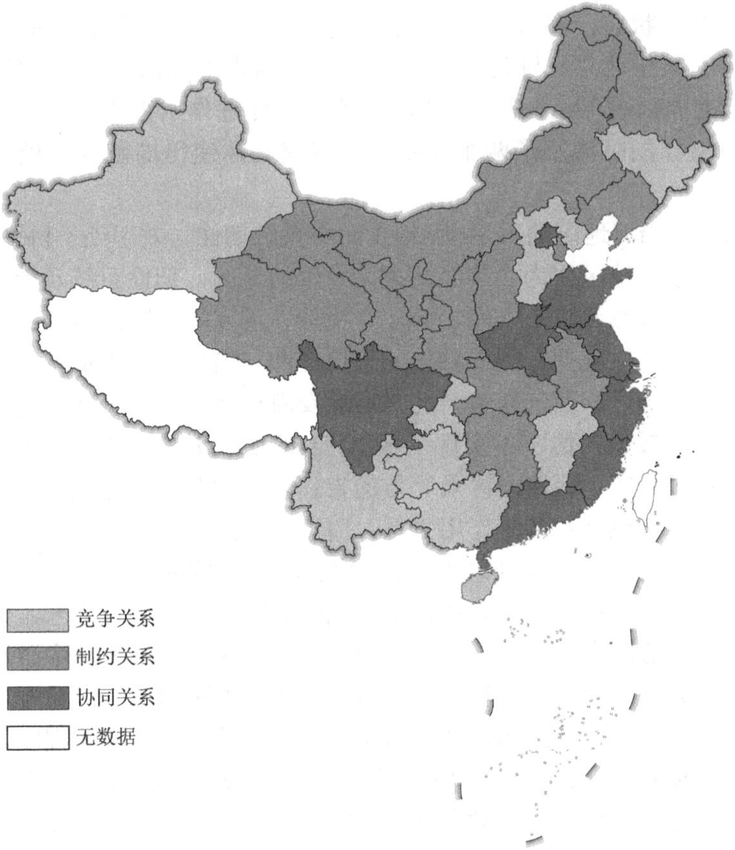

图 8.4　中国水-能源-粮食纽带系统韧性与效率协同演化空间差异

根据表 8.6 和图 8.4，研究期内河北、吉林、江西、广西、海南、贵州、云南、重庆和新疆的水-能源-粮食纽带系统韧性与效率处于竞争关系，参数 β_1、β_2 均大于 0，表明水-能源-粮食纽带系统韧性与效率之间的阻碍作用大于促进作用，其中河北、贵州、新疆的 $\beta_1<\beta_2$，说明该地区的韧性系统对效率系统的阻碍作用大于效率系统对韧性系统的阻碍作用，而吉林、江西、广西、海南、云南、重庆的 $\beta_1>\beta_2$，说明该地区的韧性系统对效率系统的阻碍作用小于效率系统对韧性系统的阻碍作用，当阻碍作用控制在一定程度之内（$0<\beta_1<1$，$0<\beta_2<1$），整个系统可实现均衡发展，但这是一种低水平的发展状态。存在制约关系的有辽宁、黑龙江、天津等 12 个地区，$\beta_1\beta_2<0$，其中 $\beta_1>0$，$\beta_2<0$，韧性系统对效率系统的促进作用大于阻碍作用，但效率系统对韧性系统的阻碍作用大于促进作用，此时整个系统的韧性水平较高，但效率水平较低，进而也限制了系统的充分发展。北京、山东、河南、四川、江苏、上海、浙江、福建、广东九个地

区处于协同发展状态，参数 β_1、β_2 均小于 0，此时，两系统直接的促进作用大于阻碍作用，其中北京、江苏、浙江、山东、河南的 $|\beta_1|$ 小于 $|\beta_2|$，四川、上海、福建、广东的 $|\beta_2|$ 小于 $|\beta_1|$，说明即使两者的相互促进作用很小，也可实现两个系统的均衡发展，同时激发了两个系统的发展空间，使得均衡发展处于一个高水平状态。

整体而言，沿海地区的水-能源-粮食纽带系统韧性与效率处于协同发展状态，原因在于东部沿海地区作为中国经济最为发达的地区，韧性系统及效率系统综合发展水平较高，虽然北京、上海、浙江、福建、广东等地区的能源、粮食生产无法满足自身需求，但其拥有得天独厚的人口资源、高层次人力资源及发达的科技实力，加之西电东送、西气东输、北煤南运及海运业的发展，使得上述地区在自然资源禀赋相对较低的情况下实现了水-能源-粮食纽带系统韧性与效率的协同发展。竞争关系多分布于西南地区及北方的吉林、河北及新疆等地区，该地区韧性系统与效率系统呈现相互抑制作用关系，而黄河中上游地区则主要呈现相互制约的关系，总的来看，中西部地区水-能源-粮食纽带系统的韧性与效率难以得到共同发展，其主要原因在于：一方面，上述地区兼顾能源与粮食生产，但较为脆弱的生态环境及较低的生态环境承载力，使得上述地区尤其是黄河中游地区及西南地区在进行能源、粮食生产过程中面临着较大的生态环境压力；另一方面，上述地区相比东部地区，产业结构、科技水平、管理经验、交通便捷程度及对外开放程度较低，致使水-能源-粮食纽带韧性较低，难以抵抗外部环境带来的压力，与此同时，效率提升速度较慢，致使水-能源-粮食纽带系统冗余度较高，系统呈现不可持续的发展状态。

8.4 结　　论

本章采用系统耦合模型、复合系统协同演化状态动力学模型系统地分析了中国水-能源-粮食纽带系统韧性与效率耦合关系，结果表明：

（1）中国水-能源-粮食纽带系统韧性与效率拟合曲线的切线夹角各地区呈现不同程度的变化趋势；耦合类型处于阶段一的地区相对较少，处于阶段二的地区主要分布在中国西南地区，处于阶段四的地区则主要分布在东部沿海地区，而处于阶段五、阶段六的地区则主要分布在中国北方地区。

（2）研究期内河北、吉林、江西、广西、海南、贵州、云南、重庆、新疆九个地区的水-能源-粮食纽带系统韧性与效率处于竞争关系；存在制约关系的有辽宁、黑龙江等 12 个地区；北京、山东、河南、四川、江苏、上海、浙江、福建、广东九个地区处于协同发展状态。

参 考 文 献

韩瑞玲，佟连军. 佟伟铭，等. 2011. 沈阳经济区经济与环境系统动态耦合协调演化[J]. 应用生态学报，22（10）：2673-2680.

黄金川，方创琳. 2003. 城市化与生态环境交互耦合机制与规律性分析[J]. 地理研究，22（2）：211-220.

李双江，胡亚妮，崔建升，等. 2013. 石家庄经济与人居环境耦合协调演化分析[J]. 干旱区资源与环境，27（4）：8-15.

马亚亚，刘国彬，张超，等. 2019. 陕北安塞县生态与经济系统耦合协调发展[J]. 生态学报，39（18）：6840-6849.

王明全，王金达，刘景双，等. 2009. 吉林省西部生态支撑能力与社会经济发展的动态耦合[J]. 应用生态学报，20（1）：170-176.

熊建新，陈端吕，彭保发，等. 2014. 洞庭湖区生态承载力系统耦合协调度时空分异[J]. 地理科学，34（9）：1108-1116.

第9章 中国与“一带一路”共建国家农产品和能源贸易下的水资源流动研究

9.1 研究区概况

本章“一带一路”共建国家（本章数据为2013年数据）的分类主要依据公丕萍等（2015）和邹嘉龄等（2015）的分类，分为蒙俄（2国）、东南亚（10国）、南亚（7国）、中亚（5国）、西亚和中东（21国）、中东欧（20国）六大区域，主要有65个国家，如表9.1所示。

表9.1 “一带一路”共建国家地理区划

地区	国家
蒙俄	蒙古国、俄罗斯
东南亚	文莱、柬埔寨、印度尼西亚、老挝、马来西亚、缅甸、菲律宾、新加坡、泰国、越南
南亚	孟加拉国、不丹、印度、马尔代夫、尼泊尔、巴基斯坦、斯里兰卡
中亚	哈萨克斯坦、土库曼斯坦、塔吉克斯坦、乌兹别克斯坦、吉尔吉斯斯坦
西亚和中东	阿塞拜疆、格鲁吉亚、亚美尼亚、伊朗、阿富汗、伊拉克、土耳其、叙利亚、约旦、以色列、巴勒斯坦、沙特阿拉伯、巴林、卡塔尔、也门、阿曼、阿拉伯联合酋长国、科威特、黎巴嫩、塞浦路斯、埃及
中东欧	白俄罗斯、保加利亚、捷克、匈牙利、摩尔多瓦、波兰、罗马尼亚、斯洛伐克、乌克兰、爱沙尼亚、拉脱维亚、立陶宛、阿尔巴尼亚、波黑、克罗地亚、马其顿、黑山、希腊、塞尔维亚、斯洛文尼亚

注：阿拉伯联合酋长国简称阿联酋。

蒙俄，包括蒙古国和俄罗斯。蒙古国是一个内陆国家，位于中国和俄罗斯之间，地形以高原为主，地势西高东低。气候属于温带大陆性草原气候，季节变化明显，冬季时间长，多风雪，夏季时间短，昼夜温差大。蒙古国有丰富的铁、铜等矿产资源以及生物资源，主要产业包括采矿业、农牧业、交通运输业等。蒙古国经济对外依存度较高，畜牧业作为国家的传统农业，支撑着国民经济基础，以牛羊肉、奶和皮毛生产经营为主，农作物主要有小麦、大麦、土豆和白菜等（于浩淼，2014；申凯红等，2018）。俄罗斯位于亚欧大陆北部，东临太平洋，西接大西洋，北环北冰洋，是世界上国土面积最大的国家，人口集中分布在西南侧的欧洲部分。俄罗斯地形以平原、高原和山地为主，地势东高西低、南高北低，大部分地区位于北温带，还有小部分地区在北极圈以内，气候以温带大陆性气候为主，冬季寒冷，夏季光照时间长。俄罗斯油气资源储量丰富，还有充足的水能资源和森林资源。农业是俄罗斯的第二大产业，农业发展落后于工业，以种植业和畜牧业为主，主要的粮食作物有小麦、燕麦、玉米和大麦，主要经济作物为甜菜，畜牧业以牛、羊和猪的饲养为主（李旻晶和涂珊珊，2020；付博，2019）。

东南亚，包括新加坡、印度尼西亚、文莱、菲律宾、缅甸、越南、柬埔寨、老挝、泰国、马来西亚10个国家。东南亚位于亚洲大陆东南部的中南半岛和马来群岛上，地形以山地丘陵为主，是沟通亚洲和大洋洲、太平洋和印度洋的重要“十字路口”。中南半岛上气候以热带季风气候为主，全年高温，分旱雨两季；马来群岛被赤道横穿，主要是热带雨林气候，全年高温多雨。东南亚的农业资源极为丰富，主要生产粮食作物和经济作物。东南亚稻谷产量约占全球稻谷产量的30%，越南和泰国是世界上主要的稻米生产国和出口国。东南亚的天然橡胶种植面积约占全球总种植面积的90%，棕榈油和木薯产量位居全球前列，其中马来西亚是世界上最大的棕榈油生产国和出口国，泰国是世界上甘蔗和糖重要生产基地。这些丰富的农业资源决定了东南亚国家的农产品在国际市场上具有强大的竞争力（唐冲等，2015）。

南亚，包括尼泊尔、不丹、斯里兰卡、马尔代夫、印度、巴基斯坦和孟加拉国7个国家，主要位于亚洲南部的印度半岛上，东西面分别邻接孟加拉湾和阿拉伯海，南面是印度洋。地形可划分成北、中、南三大部分，分别是山地、平原和高原三大地形单元。南亚热带季风气候分布范围广，全年可分为热、雨、凉三季，全年高温。南亚各国人口稠密，农村人口数量在国家总人口数中占比高，农业资源丰富，农业历史悠久，粮食作物以小麦、水稻和谷子为主，经济作物主要有棉花、茶叶和黄麻。印度是南亚最大的国家，盛产粮食，是世界上第二大小麦生产国。巴基斯坦被称为东方的“水果王国”。孟加拉国是世界上主要的黄麻出口国。棉花是巴基斯坦和孟加拉国的重要外贸商品。斯里兰卡拥有世界上最大规模的红茶种植面积。可以说，农业是南亚各国家国民经济的重要支柱产业（宗莹莹，2018）。

中亚，包括哈萨克斯坦、乌兹别克斯坦、吉尔吉斯斯坦、塔吉克斯坦和土库曼斯坦5个国家，位于亚欧大陆的中部，是重要的陆上交通要道，被称为亚欧大陆的“心脏”。地势东南高西北低，地形以平原和丘陵为主。地处内陆，距离海洋远，属于典型的温带大陆性气候，降水较少，多内流河和内陆湖。中亚地区地广人稀，有丰富的农业资源，以旱作农业为主，畜牧业分布广，灌溉农业较发达。中亚地区光照充足、光热同期，对于农作物生长期的养分积累十分有益，尤其利于优质粮棉、果品、花卉等的生长，在充足的灌溉条件下农作物基本可以保收。乌兹别克斯坦的棉花产量高、质量好，是世界重要的棉花生产国和出口国。哈萨克斯坦是中亚国土面积最大的国家，其农业用地面积占国土面积的80%。塔吉克斯坦农业人口在总就业人口中所占的比例最高。吉尔吉斯斯坦以农业为主体产业。中亚五国第一产业产值在 GDP 中占据首要地位（张颖，2019）。除农业资源丰富外，中亚的油气资源也极为丰富。哈萨克斯坦石油已探明储量 39 亿 t，占全球石油探明储量的 1.8%，储产比为 49.3；煤炭探明储量 336 亿 t，占全球探明储量的 3.8%，储产比为 316。土库曼斯坦的石油探明储量 1 亿 t，储产比为 7.1；天然气探明储量 17.5 万亿 m^3，占全球探明储量的 9.4%，中亚-里海油气资源能源潜力巨大。

中东欧，可分为中欧 4 国，波兰、捷克、斯洛伐克、匈牙利；东欧 13 国，乌克兰、白俄罗斯、摩尔多瓦、罗马尼亚、保加利亚、塞尔维亚、克罗地亚、斯洛文尼亚、波黑、黑山、马其顿、阿尔巴尼亚、希腊；波罗的海 3 国，爱沙尼亚、拉脱维亚、立陶宛。中东欧位于欧洲大陆中东部，是欧洲地区面向东方的门户，主体处于东欧平原和欧洲的一些半岛上，北面和南面分别被北冰洋和地中海环绕。地貌比较单一，以东欧平原为主，东欧南部地形较为复杂，山地平原交错。气候属于温带海洋性气候和温带大陆性气候间的过渡性气候，东欧距离温暖的北大西洋较远，冬季酷寒，夏季炎热干燥，南部属于地中海气候。中东欧地区具有农业区位优势，其谷物、蔬菜及水果产量高、品质较为优越。乌克兰拥有广阔的黑土地，粮食单产高，被称为“欧洲粮仓”。保加利亚是闻名世界的“玫瑰之邦”。罗马尼亚的葡萄酒产量位居中东欧地区第一名。希腊的橄榄油品质优良，远销世界各地。波兰是欧盟第四大乳制品生产国。总的来说，中东欧在畜牧业和食品加工业方面有着悠久的历史和丰富的经验（杨波，2019）。根据经济互助委员会（简称经互会）编制的一份有关东欧石油和天然气的资产表，阿尔巴尼亚、保加利亚、匈牙利、罗马尼亚、捷克和斯洛伐克都具有依靠本国油气开采或相互供应的能力，拥有至少能保证自身能源需求增长 1/4 乃至一半的实力。

西亚和中东，包括阿富汗、巴林、科威特、黎巴嫩、阿曼、也门、约旦、以色列、巴勒斯坦、亚美尼亚、格鲁吉亚、阿塞拜疆、埃及、土耳其、伊朗、叙利亚、伊拉克、阿联酋、沙特阿拉伯、卡塔尔、塞浦路斯 21 个国家。西亚又称“三洲五海之地”，四周被里海、黑海、地中海、红海、阿拉伯海、波斯湾所包围，沟通着大西洋和印度洋，联系着亚、非、欧三洲，战略位置十分重要。地形以高原为主，平原分布面积小。以热带沙漠性气候为主，全年干燥少雨，水资源短缺。农业以灌溉农业为主，主要粮食作物为小麦和大麦，经济作物有棉花、油料和椰枣等，畜牧业以养羊为主。以色列作为中东地区农业较发达的国家，依靠现代化技术手段，大大提高了水资源和土地利用效率，成为中东的农业强国。截至 2019 年，中东地区石油探明储量 1129 亿 t，占全球石油探明总量的 46.2%；石油产量 12.97 亿 t，占世界总产量的 31.15%；石油出口量 10.97 亿 t，占其产量的 84.58%。中东地区同样有着丰富的天然气资源，天然气探明储量约 75.8 万亿 m^3，占世界总探明储量的 40.31%。总体来讲，中东地区的耕地面积小，气候干旱，不适宜发展耕作业，农产品供给更多地依靠进口（李环宇，2019），而石油和天然气资源储量大，能源行业发展条件更佳。

9.2 研究方法与数据来源

9.2.1 水足迹贸易量测算

水足迹贸易量计算公式为

$$V_{ijc} = T_{ijc} \times F_{ic} \tag{9.1}$$

式中，V_{ijc} 为出口国 i 到进口国 j 的产品 c 的水足迹流动量（m^3/a）；T_{ijc} 为出口国 i 到进口国 j 的产品 c 的贸易量（t/a）；F_{ic} 为出口国 i 的产品 c 的水足迹含量（m^3/t），指的是某个国家生产某产品所需要的水足迹量。

水足迹贸易平衡即一个国家水足迹流动量的平衡，计算公式为

$$S_n = S_j - S_i \tag{9.2}$$

式中，S_i 为一个国家农产品或能源水足迹进口总量（m^3/a）；S_j 为一个国家农产品或能源水足迹出口总量（m^3/a）；S_n 为一个国家在 t 年的水足迹净出口量（m^3/a），其值的正或负代表一个国家水足迹贸易的净出口或净进口。

$$S_i = \sum_c V_{ict} \tag{9.3}$$

$$S_j = \sum_c V_{jct} \tag{9.4}$$

式中，V_{ict}、V_{jct} 分别为产品 c 在 t 年国际贸易中的进口、出口水足迹交易量（m^3/a）。

9.2.2 水足迹测算

1. 农产品水足迹测算

农产品水足迹类型包括农产品水足迹中的蓝水、绿水、灰水足迹。对绿水和蓝水两种类型的农作物用水量的估算，主要基于网格的水量平衡模型和 CropWAT8.0 模型，由于造成地表及地下水体非点源污染的主要原因是农田养分的浸出，所以仅用氮肥对农作物的灰水足迹进行估算（Mekonnen and Hoekstra，2011a；Hoekstra et al.，2009）。农产品水足迹包括农作物水足迹、畜禽产品水足迹和畜牧产品水足迹。其中，农作物的水足迹 WF_a 可以表示为

$$WF_a = WF_{green} + WF_{blue} + WF_{grey} \tag{9.5}$$

式中，WF_{greeen} 为农作物的绿水足迹（m^3/t）；WF_{blue} 为农作物的蓝水足迹（m^3/t）；WF_{grey} 为农作物的灰水足迹（m^3/t）。计算公式如下：

$$WF_{green} = \frac{10 \times ET_{green}}{Y} \tag{9.6}$$

$$\mathrm{WF_{blue}} = \frac{10 \times \mathrm{ET_{blue}}}{Y} \tag{9.7}$$

$$\mathrm{WF_{grey}} = \frac{(\alpha \times \mathrm{AR}) / (C_{\max} - C_{\mathrm{nat}})}{Y} \tag{9.8}$$

其中，$\mathrm{ET_{green}}$ 和 $\mathrm{ET_{blue}}$ 分别为农作物绿水和蓝水的蒸散量（mm），可用 CropWAT 模型计算；α 为淋溶率；AR 为每公顷土地施用的化肥量（$\mathrm{kg/hm^2}$）；$C_{\max}$ 为污染物的最大容许浓度（$\mathrm{kg/m^3}$）；C_{nat} 为污染物的自然本底浓度（$\mathrm{kg/m^3}$）；Y 为农作物的产量（$\mathrm{kg/m^3}$）；乘以常数 10 是为了将深度单位（mm）转化为面积单位（$\mathrm{m^3/hm^2}$）。

根据 Mekonnen 和 Hoekstra（2011a）、Hoekstra 等（2009）的研究，对畜禽产品水足迹的计算如下：

$$\mathrm{WF_b} = \mathrm{WF_{feed}} + \mathrm{WF_{drink}} + \mathrm{WF_{serve}} + \mathrm{WF_{pollute}} \tag{9.9}$$

式中，$\mathrm{WF_b}$ 为畜禽单位质量水足迹（$\mathrm{m^3/kg}$）；$\mathrm{WF_{feed}}$ 为畜禽的饲料水足迹（$\mathrm{m^3/kg}$）；$\mathrm{WF_{drink}}$ 为畜禽日常饮水水足迹（$\mathrm{m^3/kg}$）；$\mathrm{WF_{serve}}$ 为清理畜禽饲舍用水水足迹（$\mathrm{m^3/kg}$）；$\mathrm{WF_{pollute}}$ 为稀释粪便污水用水水足迹（$\mathrm{m^3/kg}$）。计算公式如下：

$$\mathrm{WF_{feed}} = \sum_{n=1}^{e}\sum_{m=1}^{3}\left(\mathrm{WF_{green}^{\mathit{m,n}}} + \mathrm{WF_{blue}^{\mathit{m,n}}} + \mathrm{WF_{grey}^{\mathit{m,n}}}\right) \times Q_{m,n}$$
$$n = 1,2,3,\cdots,e \tag{9.10}$$

$$\mathrm{WF_{drink}} = \sum_{n=1}^{e} W_{\mathrm{drink}}^{n} \qquad n = 1,2,3,\cdots,e \tag{9.11}$$

$$\mathrm{WF_{serve}} = \sum_{n=1}^{e} W_{\mathrm{serve}}^{n} \qquad n = 1,2,3,\cdots,e \tag{9.12}$$

$$\mathrm{WF_{pollute}} = \sum_{n=1}^{e}\left(W_{\mathrm{faeces}}^{n} + W_{\mathrm{sewage}}^{n}\right) \qquad n = 1,2,3,\cdots,e \tag{9.13}$$

其中，$\mathrm{WF_{green}^{\mathit{m,n}}}$、$\mathrm{WF_{blue}^{\mathit{m,n}}}$ 和 $\mathrm{WF_{grey}^{\mathit{m,n}}}$ 分别为第 m 种饲料作物第 n 天的绿水足迹、蓝水足迹和灰水足迹（$\mathrm{m^3/kg}$）；$Q_{m,n}$ 为第 n 天单位质量活体畜禽第 m 种饲料作物的消耗量（kg）；W_{drink}^{n} 和 W_{serve}^{n} 分别为单位质量活体畜禽第 n 天的日常饮水水足迹和清理畜禽饲舍用水水足迹（$\mathrm{m^3/kg}$）；W_{faeces}^{n} 为第 n 天稀释单位质量活体畜禽堆放的干粪便产生的淋失氮的耗水水足迹（$\mathrm{m^3/kg}$）；W_{sewage}^{n} 为第 n 天稀释冲洗饲舍所产生污水中的氮达到标准浓度的用水水足迹（$\mathrm{m^3/kg}$）。

畜牧产品水足迹计算公式如下：

$$W = \sum_{r=1}^{d} \mathrm{WF}_r \times N_{\mathrm{slaughter}}^{r} \times A_{\mathrm{weight}}^{r} \qquad r = 1,2,3,\cdots,d \tag{9.14}$$

式中，W 为畜牧产品水足迹（$\mathrm{m^3/kg}$）；WF_r 为第 r 种畜牧的单位质量水足迹（$\mathrm{m^3/kg}$）；$N_{\mathrm{slaughter}}^{r}$ 为第 r 种畜牧的出栏量（只或头）；A_{weight}^{r} 为第 r 种畜牧出栏时的平均体重（kg/只或 kg/头）。

2. 能源水足迹测算

能源水足迹评价模型基于ISO标准水足迹方法建立，从能源生产生命周期出发，包含采掘、处理、加工转化、使用、废弃等过程。能源水足迹包括生产生命周期过程中的直接水足迹和间接水足迹，由于能源生命周期的间接水足迹计算较复杂，仅计算化石能源（煤炭、石油、天然气）的直接水足迹。能源生产生命周期中造成的水污染数据借鉴灰水足迹的概念来表示（孙才志等，2018）。能源水足迹分为能源蓝水足迹和能源灰水足迹，能源蓝水足迹是指能源生产过程中所消耗的地表水和地下水的总和，能源灰水足迹定义为以自然本底浓度和现有环境水质标准为基准，将一定的污染物负荷吸收同化所需的淡水的体积（Hoekstra et al.，2011）。能源水足迹评价模型为

$$\mathrm{EWF} = \mathrm{EWF}_{\mathrm{blue}} + \mathrm{EWF}_{\mathrm{grey}} \tag{9.15}$$

式中，EWF 为能源单位产量水足迹；$\mathrm{EWF}_{\mathrm{blue}}$ 为能源生产过程的单位产量蓝水足迹；$\mathrm{EWF}_{\mathrm{grey}}$ 为能源生产过程的单位产量灰水足迹。考虑生命周期的所有过程，能源水足迹应为各个生命周期阶段水足迹的总和，公式如下：

$$\mathrm{EWF}_n = \sum_{m=1}^{m}(\mathrm{EWF}_{m,\mathrm{blue}} + \mathrm{EWF}_{m,\mathrm{grey}}) \tag{9.16}$$

式中，EWF_n为第 n 类能源产品单位产量水足迹；m 为第 m 个生产过程；其他变量含义同上。各能源单位产量灰水足迹的计算公式如下：

$$\mathrm{EWF}_{\mathrm{grey}} = \frac{L \times V}{C_{\max} - C_{\mathrm{nat}}} = \frac{G}{C_{\max} - C_{\mathrm{nat}}} \tag{9.17}$$

式中，L 为单位能源生产的废水排放量（$\mathrm{m^3/t}$）；V 为废水中污染物的量（$\mathrm{mg/m^3}$）；$G = L \times V$ 为单位能源生产的污染物排放量（mg/t）；$C_{\max}$ 为受纳水体可接受的污染物最大容许浓度（mg/L）；C_{nat} 为受纳水体的自然本底浓度（mg/L）。

9.2.3 位序-规模法则及分形模型

基于分形的空间结构拟合是研究城市等级规模分布的经典方法（Batty，2008；包富华和何粉鸽，2017；许伟攀等，2018），能够对“流量”“规模量”等空间要素的集聚与分散形态进行清晰的呈现，为空间分布识别提供模型支撑（杨鑫等，2020）。国内外诸多学者将分形理论应用至资源流动、产业贸易、收入分配等多方面的研究中（赵媛等，2010；刘文宇和赵媛，2013；蒋依依等，2018；Bain，1950；Reed，2001；Fujiwara et al.，2003）。其可直观地反映大数据样本的分布特性，阐述水足迹流动的相关问题，反映农产品和能源贸易隐含水足迹流动的空间结构状态。分形理论以分形维数［即Hausdorff（豪斯多夫）维数］作为特征参数，以位序-规模法则研究一个地区的规模与该地区在国家内规模排序关系的规律，公式表示如下：

$$V_i = V_1 r_i^{-q} \tag{9.18}$$

$$N = AV^{-D}(D > 0) \tag{9.19}$$

式中，r_i为中国对 i 国能源水足迹贸易额降序排列的位序；V_i为位序是 r_i的国家能源水足迹贸易规模；V_1为理论的首位国家能源水足迹贸易规模；q 为 Zipf（齐普夫）维数；N 为大于等于门槛能源水足迹贸易规模的国家数量；D 为 Hausdorff 维数；A 为系数；V为中国与 i 国能源水足迹贸易规模。将式（9.18）和式（9.19）两边同时取对数并进行线性回归分析可得系数 q 和 D：

$$\ln V_i = \ln V_1 - q \ln r_i \tag{9.20}$$

$$\ln N = \ln A - D \ln V \tag{9.21}$$

谈明洪和范存会（2004）对 D 与 q 的关系进行了实证分析，结果表明：D 与 q 之积为判定系数 R^2。D 与 q 的大小直接反映了流量等级规模的空间分布结构。当 $q = D = 1$ 时，最大规模与最小规模之比恰好为整个贸易体系数目，系统形态达到最优（陈彦光和刘继生，1999）；当 $q>1$ 且 $D<1$ 时，表示中国对外能源水足迹贸易规模空间分布呈集聚态，各国贸易规模差异较大，位居前列的国家垄断性较强；当 $q<1$ 且 $D>1$ 时，贸易规模空间分布较均匀，等级结构趋于分散，位居前列的国家贸易规模不突出，中间位序数目较多；当 $q \to 0$ 且 $D \to \infty$时，表示中国与各国间的贸易规模一样大，无差别；当 $q \to \infty$且 $D \to 0$ 时，表示只存在一个贸易伙伴。

9.2.4 城市首位度

为了探讨中国与“一带一路”共建国家能源水足迹贸易首位分布的集中程度，引用马克·杰斐逊的城市首位度进行分析。首位度指数包括 2 城市指数 S_2、4 城市指数 S_4和 11 城市指数 S_{11}。按照奥尔巴克位序-规模原理，2 城市指数为 2，4 城市指数和 11 城市指数为 1，是规模结构的理想状态（徐建华，2002），小于这个标准则表明城市首位分布不明显。公式如下：

$$S_2 = V_1 / V_2 \tag{9.22}$$

$$S_4 = V_1 / (V_2 + V_3 + V_4) \tag{9.23}$$

$$S_{11} = 2V_1 / (V_2 + V_3 + \cdots + V_{11}) \tag{9.24}$$

9.2.5 引力模型

1. 经典引力模型

Tinbergen 和 Pyhnen 最早在国际贸易流量的研究中使用引力模型，并得出结论，在引力模型中国家之间的贸易流量与它们的经济规模成正比，与国家之间的距离成反比（Tinbergen，1962；Pyhnen，1963）。最基本表达式为

$$X_{ij} = A(G_i G_j) / D_{ij} \tag{9.25}$$

式中，X_{ij} 为出口国 i 对进口国 j 的贸易流量；A 为常数项；G_i 为出口国 i 的 GDP；G_j 为进口国 j 的 GDP；D_{ij} 为出口国 i 和进口国 j 之间的地理距离。

2. 拓展引力模型

Linnemann（1967）和 Bergstrand（1989）等根据研究的需要对传统的引力模型进行了拓展，为了减少数据中异常点和异方差，采用引力模型的对数形式，结合中国和“一带一路”共建国家农产品虚拟水贸易的特点和需要，在传统的引力模型下，适当地引入新的解释变量，得到拓展引力模型：

$$\begin{aligned}\ln Y_{ijt} = {} & a_0 + a_1\ln(G_{it}\times G_{jt}) + a_2\ln(P_{it}\times P_{jt}) + a_3\ln R_1 + a_4\ln R_2 + a_5\ln R_3 + a_6\ln J_1 + a_7\ln N \\ & + a_8\ln T_1 + a_9\ln S_1 + a_{10}\ln F_1 + a_{11}\ln D_{ij} + a_{12}\ln A_1 + a_{13}\ln Q + a_{14}\ln O + a_{15}\ln B_{ij} + U_{ijt}\end{aligned} \tag{9.26}$$

式中，Y_{ijt} 为 t 年 i（出口）国和 j（进口）国的农产品虚拟水净进口贸易量；G_{it} 为 t 年出口国 i 的国内生产总值；G_{jt} 为 t 年进口国 j 的国内生产总值；P_{it} 为 t 年 i 国的人口数量；P_{jt} 为 t 年 j 国的人口数量；R_1、R_2、R_3 分别为 i 国的耕地资源、水资源、农业劳动力资源；J_1 为 i 国谷物的单位面积产量；N 为 i 国农产品增加值占 GDP 的百分比；T_1、S_1、F_1 分别为 j 国的关税水平、班轮运输联通指数、贸易及运输相关基础设施指数；D_{ij} 为 i 国和 j 国的地理距离；A_1 为 j 国汇率；Q、O 和 B_{ij} 分别为区域性贸易协定（regional trade agreement，RTA）、世界贸易组织成员和边界，都为虚拟变量；U_{ijt} 为随机干扰项；a 为常数项。关于变量的含义，预期符号（“＋”代表解释变量对于被解释变量具有正向作用，“－”代表解释变量对于被解释变量具有逆向作用）及理论说明见表 9.2。

表 9.2　解释变量和被解释变量的说明

变量名称	含义	预期符号	理论说明
Y_{ijt}	t 年 j 国从 i 国进口的农产品虚拟水净进口量	被解释变量	
G_{it}	t 年 i 国的国内生产总值	+	反映出口国供给能力，其经济规模越大，潜在的供给能力就会越大，双边的贸易流量越大
G_{jt}	t 年 j 国的国内生产总值	+	反映进口国需求能力，其经济规模越大，潜在的需求能力就会越大，双边的贸易流量越大
P_{it}	t 年 i 国的人口数量	+	代表出口国的市场规模，出口国的人口越多，潜在的出口规模越大，双边的贸易流量越大
P_{jt}	t 年 j 国的人口数量	+	代表进口国的市场规模，进口国的人口越多，潜在的进口规模越大，双边的贸易流量越大
R_1	i 国的耕地资源	+	代表出口国所具备的耕地资源，有利于出口
R_2	i 国的水资源	+	代表出口国所具备的水资源，有利于出口
R_3	i 国的农业劳动力资源	+	代表出口国所具备的农业劳动力资源，有利于出口
J_1	i 国谷物的单位面积产量	+	代表着农业生产技术的高低，技术水平越高，越有利于农业生产

续表

变量名称	含义	预期符号	理论说明
N	i 国农产品增加值占 GDP 的百分比	+	农产品在国内生产总值中所占的比重越高，说明农产品的产量越高，越有利于出口
T_1	j 国的关税占总税收的比重，表示对进口服务设定的关税壁垒（百分比）	−	进口国提高关税比重会增加进口方关税壁垒，提高进口产品价格，削减出口国产品在进口国的市场占有率
S_1	j 国班轮运输连通指数	+	进口国与全球海运网络链接的紧密程度，衡量进口国海上运输网络的便捷程度
F_1	j 国贸易及运输相关基础设施指数	+	进口国的港口、铁路、道路及信息技术等基础设施情况，有利于进口国产品贸易
D_{ij}	i 国与 j 国之间的地理距离	−	代表进口国和出口国的贸易阻力，会增加贸易成本，减少双边的贸易量
A_1	j 国的汇率	−	进口国汇率越高，越不利于出口，有利于进口
Q	i 国与 j 国两国是否同属于一个自贸区，是否签署了区域贸易协定，是取 1，否取 0	+	同属于一个自贸区或者签署区域贸易协定，减少贸易过程中的阻碍因素，会增加双边贸易量
O	i 国与 j 国是否同属于 WTO 的成员国，是取 1，否取 0	+	同属于世贸组织的成员，将会减少贸易壁垒，增加双边的贸易量
B_{ij}	i 国与 j 国两国是否拥有共同的地理边界，是取 1，否取 0	+	共同的边界会减少进出口国贸易的成本，增加双边的贸易量

9.2.6　对数平均迪氏指数分解分析方法

1. 水足迹出口驱动因素分解

分解分析法作为分析事物变化特征及其作用机理的重要方法，被国内外众多学者广泛采用，其中，指数分解分析（index decomposition analysis，IDA）法是分解分析法中最主要的方法（李江元和丁涛，2020）。指数分解分析法被划分为多类模型，广泛应用于污染物排放的影响因素分析中，也被运用到水资源开发管理领域（Ang，2004）。Ang 等（2000，2004）认为其中的对数平均迪氏指数（logarithmic mean Divisia index，LMDI）法具备消除残差项和完全分解等优点，分解结果最为稳健，更适于进行影响因素的分解研究。日本学者 Kaya（1989）针对碳排放的变化提出 Kaya 恒等式，用于描述社会、经济、能源、排放等宏观总体因子之间的关系。该模型提出后被广泛应用于碳排放、能源消耗等领域的研究。将改进的 Kaya 恒等式引入农产品和能源水足迹贸易流动的研究中，并借鉴 Qian 等（2019）在研究农产品水足迹贸易驱动因素时使用的分解方法，将影响农产品水足迹出口的驱动因素分解如下：

$$\mathrm{VWF}=\sum_{i}\frac{\mathrm{VWF}_i}{V_i}\cdot\frac{V_i}{V}\cdot\frac{V}{\mathrm{GDP}_{农}}\cdot\frac{\mathrm{GDP}_{农}}{P}\cdot P \tag{9.27}$$

$$\Delta\mathrm{VWF}_{\mathrm{total}}=\Delta\mathrm{VWF}_{\mathrm{WI}}+\Delta\mathrm{VWF}_{\mathrm{PS}}+\Delta\mathrm{VWF}_{\mathrm{ES}}+\Delta\mathrm{VWF}_{\mathrm{AP}}+\Delta\mathrm{VWF}_{\mathrm{P}} \tag{9.28}$$

式中，VWF_i为i类产品的出口水足迹；V_i为i类产品的出口额；V为一个国家的总出口额；$\mathrm{GDP}_{农}$为农业GDP增加值；P为人口数量；$\Delta\mathrm{VWF}_{\mathrm{WI}}$为水资源强度效应；$\Delta\mathrm{VWF}_{\mathrm{PS}}$为产品结构效应；$\Delta\mathrm{VWF}_{\mathrm{ES}}$为经济结构效应；$\Delta\mathrm{VWF}_{\mathrm{AP}}$为农业生产力效应；$\Delta\mathrm{VWF}_{\mathrm{P}}$为人口效应。影响能源水足迹出口的因素表示如下：

$$\mathrm{VWF}=\sum_i\sum_i\frac{\mathrm{VWF}_i}{V_i}\cdot\frac{V_i}{V}\cdot\frac{V}{\mathrm{GDP}_{工}}\cdot\frac{\mathrm{GDP}_{工}}{\mathrm{WW}}\cdot\mathrm{WW} \tag{9.29}$$

$$\Delta\mathrm{VWF}_{\mathrm{total}}=\Delta\mathrm{VWF}_{\mathrm{WI}}+\Delta\mathrm{VWF}_{\mathrm{PS}}+\Delta\mathrm{VWF}_{\mathrm{ES}}+\Delta\mathrm{VWF}_{\mathrm{WP}}+\Delta\mathrm{VWF}_{\mathrm{WW}} \tag{9.30}$$

式中，$\mathrm{GDP}_{工}$为工业GDP增加值；WW为工业用水量；$\Delta\mathrm{VWF}_{\mathrm{WP}}$为水资源生产力效应；$\Delta\mathrm{VWF}_{\mathrm{WW}}$为水消耗效应。其他变量含义同上。基于LMDI法，可以将农产品水足迹出口的驱动因素表示为

$$\Delta\mathrm{VWF}_{\mathrm{total}}=\Delta\mathrm{VWF}_t-\Delta\mathrm{VWF}_0 \tag{9.31}$$

$$\Delta\mathrm{VWF}_X=\sum_i\frac{\mathrm{VWF}_{i,t}-\mathrm{VWF}_{i,0}}{\ln\mathrm{VWF}_{i,t}-\ln\mathrm{VWF}_{i,0}}\ln\frac{X_{i,t}}{X_{i,0}} \tag{9.32}$$

式中，$\Delta\mathrm{VWF}_X$为水资源强度效应、产品结构效应、经济结构效应、农业生产力效应和人口效应五种效应；t和0分别为结束年和基准年；i为产品种类；X为以上提到的五种指标。

2. 水足迹贸易不平衡驱动因素分解

为了探索中国与“一带一路”共建国家进口和出口贸易隐含水足迹流动差异的成因，借鉴Chen等（2018）在研究对外贸易中温室气体排放时提出的一种分解测度方法，将农产品和能源水足迹贸易不平衡的驱动因素分解如下：

$$\mathrm{VWF}=\sum_i\sum_j\frac{\mathrm{VWF}_{ij}}{V_{ij}}\cdot\frac{V_{ij}}{V_j}\cdot\frac{V_j}{V}\cdot V=\sum_i\sum_j\mathrm{WI}_{ij}\times\mathrm{PS}_{ij}\times\mathrm{TS}_{tj}\times\mathrm{TS}_{\mathrm{c}} \tag{9.33}$$

$$\Delta\mathrm{VWF}_{\mathrm{total}}=\Delta\mathrm{VWF}_{\mathrm{WI}}+\Delta\mathrm{VWF}_{\mathrm{PS}}+\Delta\mathrm{VWF}_{\mathrm{TS_t}}+\Delta\mathrm{VWF}_{\mathrm{TS_c}} \tag{9.34}$$

式中，i和j分别为产品类型和国家；V为贸易额；VWF_{ij}为国家j产品i的水足迹含量；V_j为国家j的贸易额；WI_{ij}为水足迹强度，表示中国对j国i产品的单位价值商品贸易水足迹含量；PS_{ij}为产品结构，表示中国对j国i产品的贸易额占中国对j国总贸易额的比重；TS_{tj}为贸易结构，表示中国对j国的总贸易额占中国对“一带一路”共建国家总贸易额的比重；$\mathrm{TS_c}$为贸易规模，表示中国对“一带一路”共建国家的贸易总额；$\Delta\mathrm{VWF}_{\mathrm{WI}}$为水足迹强度效应；$\Delta\mathrm{VWF}_{\mathrm{PS}}$为产品结构效应；$\Delta\mathrm{VWF}_{\mathrm{TS_t}}$为贸易结构效应；$\Delta\mathrm{VWF}_{\mathrm{TS_c}}$为贸易规模效应。基于LMDI法，可以将贸易不平衡的驱动因素表示为

$$\Delta\mathrm{VWF}_{\mathrm{total}}=\Delta\mathrm{VWF}_{\mathrm{ex}}-\Delta\mathrm{VWF}_{\mathrm{im}} \tag{9.35}$$

$$\Delta\mathrm{VWF}_x=\sum_i\sum_j\frac{\mathrm{VWF}_{ij,\mathrm{ex}}-\mathrm{VWF}_{ij,\mathrm{im}}}{\ln\mathrm{VWF}_{ij,\mathrm{ex}}-\ln\mathrm{VWF}_{ij,\mathrm{im}}}\ln\frac{x_{ij,\mathrm{ex}}}{x_{ij,\mathrm{im}}} \tag{9.36}$$

式中，ΔVWF_x 代表水足迹强度效应、产品结构效应、贸易结构效应和贸易规模效应四种效应；ex 和 im 分别表示出口和进口。

9.2.7 数据来源

中国与"一带一路"共建国家农产品及能源虚拟水贸易的计算主要包括两个方面的数据：农产品、能源虚拟水贸易数据和相关解释变量数据。

农产品和能源产品贸易数据来源于国际贸易中心，选取 2001～2020 年中国与"一带一路"共建国家在《商品名称及编码协调制度》（HS 编码）6 位编码下的 79 种大宗农产品贸易数据，其可以分为 15 大类（谷物类、肉类、活动物类、油籽类、植物油类、水果类、坚果类、咖啡饮品类、棉麻类、乳蛋类、烟草类、酒类、调料类、蔬菜类、糖类），以及三种化石能源（煤炭、原油和天然气）的贸易数据。对农产品贸易产生的水足迹流动进行量化需要计算出该作物在生长发育期间所消耗的全部水资源量，一般采用学术界普遍认可的联合国粮食及农业组织推荐并修正的标准彭曼公式进行计算。Mekonnen 和 Hoekstra（2011a）、Hoekstra 等（2009）将各个国家的气象观测数据导入彭曼公式中，计算得出每个国家每种农作物的生长水足迹，并撰写了水系列报告（Mekonnen and Hoeskstra，2011b），该报告被国际上公认为"较为科学且准确地估计了作物需水量"。"一带一路"共建各国农业 GDP 增加值、工业 GDP 增加值、工业用水量数据来源于 AQUASTAT 数据库，人口数据来源于世界银行。

化石能源生产生命周期单位产量水足迹值见表 9.3。在计算单位产量灰水足迹时，采用废水排放中的化学需氧量（COD）作为能源灰水足迹的评价标准。受纳水体的自然本底浓度参照《地表水环境质量标准》（GB 3838—2002）Ⅳ类标准 30mg/L。原煤开采和洗选中的蓝水消耗分别定义为 $0.3m^3/t$ 和 $0.15m^3/t$ [《清洁生产标准 煤炭采选业》（HJ 446—2008）]。原煤开采和洗选过程的废水 COD 排放量分别为 300g/t 和 40g/t，COD 最大容许浓度分别为 70mg/L 和 100mg/L [《煤炭工业污染物排放标准》（GB 20426—2006）]。原油开采过程中的蓝水消耗定义为 $7m^3/t$（李何，2003）。石油加工炼制过程中的蓝水消耗和 COD 排放量分别定义为 $2m^3/t$ 和 900g/t [《清洁生产标准 石油炼制业》（HJ/T 125—2003）]。《中国环境统计年鉴 2016》中规定原油和天然气开采行业 COD 排放量为 109.282g/t。根据《污水综合排放标准》（GB 8978—1996），原油和天然气开采行业废水 COD 最大容许浓度为 150mg/L，石油炼制工业废水 COD 最大容许浓度为 120mg/L。由于天然气行业没有明确的行业规范标准，采用四川省用水定额中的规定（四川省天然气产量位居我国四大天然气主产区第一），天然气开采过程中钻井泥浆的用水定额为 $30m^3$/万 m^3，天然气加工净化过程中的用水定额为 $18m^3$/万 m^3 [《用水定额》（DB 51/T 2138—2016）]。

表 9.3 中国化石能源生产生命周期单位产量水足迹值

化石能源类型	生产加工过程	水足迹分类	单位产量水足迹值/(m^3/t)	参考标准
煤炭	原煤开采	蓝水足迹	0.3	HJ 446—2008
		灰水足迹	7.5	GB 20426—2006
	洗选	蓝水足迹	0.15	HJ 446—2008
		灰水足迹	0.571	GB 20426—2006
石油	原油开采	蓝水足迹	7	李何，2003
		灰水足迹	0.91	《中国环境统计年鉴 2016》 GB 8978—1996
	加工炼制	蓝水足迹	2	HJ/T 125—2003
		灰水足迹	10	HJ/T 125—2003、GB 8978—1996
天然气	开采	蓝水足迹	4.182	四川省用水定额（修订稿），2010
		灰水足迹	0.91	《中国环境统计年鉴 2016》 GB 8978—1996
	加工净化	蓝水足迹	2.509	DB 51/T 2138—2016
		灰水足迹	—	—

表 9.3 中相关解释变量数据：G_{ijt}、P_{ijt}、R_1、R_2、R_3、J_1、N、T_1、F_1、A_1 数据来自世界银行公开数据（World Bank Open Data，https://data.worldbank.org.cn/），S_1 数据来自联合国贸发会议发布的海运报告（Review of Maritime Transport），D_{ji} 国家之间的距离数据来自 https://www.timeanddate.com/worldclock/distance.html 网站的距离计算器（distance calculator），B_{ij} 边界数据来自法国国际信息展望研究中心（CEPII）数据库（http://www.cepii.fr/），RTA 数据来自世界贸易组织（World Trade Organization，https://www.wto.org/）。

9.3 中国与“一带一路”共建国家农产品和能源虚拟水贸易格局

9.3.1 “一带一路”倡议背景

随着经济全球化的发展，国内经济也进入新一轮的发展时期，中国传统的经济发展方式和结构不能够完全适应经济全球化的发展需要，金融危机对世界的经济造成了不小的影响，使中国的进出口贸易难度加大。在此背景下，2013 年习近平总书记提出“一带一路”倡议，“一带一路”是“丝绸之路经济带”和“21 世纪海上丝绸之路”的简称。2015 年 3 月，国家发展改革委、外交部、商务部联合发布了《推动共建丝绸之路经济带和 21 世纪海上丝绸之路的愿景与行动》，坚持共商、共建、共享原则，积极推进实施“一带一路”重大倡议；2017 年的 5 月 14～15 日，第一届“一带一路”国际合作高峰论坛在北京举行，论坛的主题为“加强国际合作，共建‘一带一路’，实现共赢发展”，29 位外国元首、政府首脑及联合国秘书长、红十字国际委员会主席等三位重要国际组织负责人出席；2019 年 4 月 25～27 日，第二届“一带一路”国际合作高峰论坛在北京举行，论坛的主题为“共建‘一带一路’、开创美好未来”，目的是推动“一带一路”合作实现高质量发展，38 个国家的元首和政府首脑等领导人以及联合国秘书长和国际货币基金组织总裁出席了该次论坛。从中可以看出，“一带一路”倡议自实施以来，得到许多国家的广泛关注和积极响应。

创新合作模式应加强“五通”，即政策沟通、设施联通、贸易畅通、资金融通、民心相通。贸易畅通在中国和“一带一路”共建国家的经济合作中发挥着重要的作用，贸易畅通促进经济的发展，也会促使经济贸易合作中的农产品贸易焕发新的活力。自古以来，我国与古“丝绸之路”的国家和地区就有着农产品贸易的往来。“一带一路”共建国家有着丰富的耕地资源，耕地资源面积占世界耕地面积总量的 49.13%，《2016 中国农产品贸易发展报告》表明中国与“一带一路”共建国家的农产品贸易有很大的潜力（徐士程，2019），“一带一路”倡议的实施，将促进中国与“一带一路”共建国家的农产品贸易合作。我国与“一带一路”共建国家的农产品贸易不断增长，贸易总额不断增加，农产品贸易额由 2002 年的 100.34 亿美元上升到 2017 年的 702.44 亿美元，年均增长率 13.85%，远高于中国对外农产品进出口贸易的增长率（别诗杰，2019）。“一带一路”倡议是中国向世界贡献的“中国方案”，是对全球治理新模式的积极探索。

9.3.2 中国与“一带一路”共建国家农产品虚拟水贸易格局

1. 中国与“一带一路”共建国家农产品虚拟水贸易时间上的变化

如表 9.4 和图 9.1 所示，2001～2020 年，中国出口虚拟水资源总量为 1552.02 亿 m^3，平均每年出口 77.6 亿 m^3，出口量每年变化不大，较为稳定；中国进口虚拟水资源总量为 10387.86 亿 m^3，平均每年进口 519.39 亿 m^3，进口量呈现波动增大的趋势，由 2001 年的 121.17 亿 m^3 增大至 2020 年的 868.8 亿 m^3；中国净进口虚拟水资源总量为 8835.84 亿 m^3，平均每年净进口 441.79 亿 m^3，净进口量呈现波动增大趋势，由 2001 年的 52.91 亿 m^3 增大至 2020 年的 796.38 亿 m^3。

表 9.4 2001～2020 年中国与“一带一路”共建国家农产品虚拟水贸易总量表（单位：亿 m^3）

项目	2001 年	2002 年	2003 年	2004 年	2005 年	2006 年	2007 年	2008 年	2009 年	2010 年
总进口	121.17	134.65	201.53	264.64	299.75	436.79	429.02	440.82	438.79	557.69
总出口	68.26	111.33	154.68	55.90	73.43	70.82	86.17	69.21	72.00	66.64
净进口	52.91	23.32	46.85	208.74	226.32	365.97	342.85	371.61	366.79	491.05

续表

项目	2011 年	2012 年	2013 年	2014 年	2015 年	2016 年	2017 年	2018 年	2019 年	2020 年
总进口	568.22	773.58	722.34	664.52	678.37	582.89	624.31	677.24	902.74	868.80
总出口	71.08	66.93	63.99	59.04	61.86	68.96	75.55	89.24	94.51	72.42
净进口	497.14	706.65	658.35	605.48	616.51	513.93	548.76	588.00	808.23	796.38

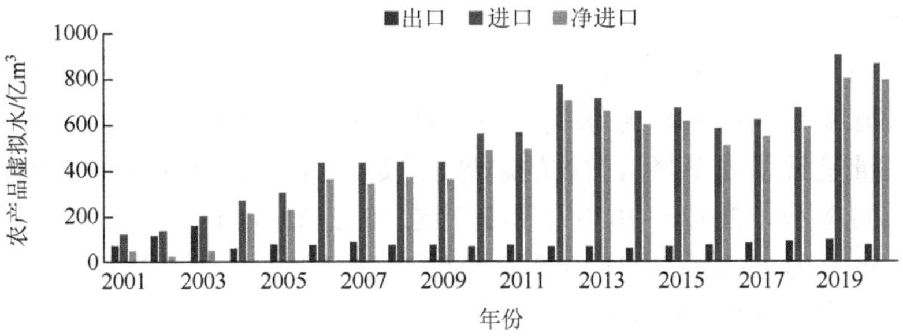

图 9.1 2001～2020 年中国与“一带一路”共建国家农产品虚拟水贸易总量

根据表 9.4，具体来看，在出口方面，2001～2003 年，中国保持稳定增长的趋势，这与中国加入世界贸易组织，促进了各国之间的商品贸易有一定的关系。2004～2020 年，则保持波动变化，历年的出口量均变化不大，这表明在此期间，中国向“一带一路”共建国家出口的农产品呈现稳定态势，一些国际事件等对此影响较小。在进口方面，2001～2006 年，进口量呈现逐步增大的趋势，这与中国在此期间的人口增长、产业转型以及加入世界贸易组织，促进了中国与其他国家的经济往来有一定的关系，在此期间中国人口数量从 2001 年的 12.76 亿人增加至 2006 年的 13.14 亿人，人口数量的增加以及产业转型带来的第一产业比重减少均导致了虚拟水进口量的增加。2006～2009 年，中国进口量基本呈稳定态势，历年间的进口量差距不大，这与 2008 年的经济危机有一定的关系，2008 年经济危机爆发之前，中国与“一带一路”共建国家的农产品虚拟水贸易量呈现出良好的贸易态势。2008 年经济危机爆发，全球经济发展受到严重的创伤，中国的进出口贸易受到一定的冲击，也波及中国与“一带一路”共建国家的农产品虚拟水贸易。2009 年以后全球各个国家纷纷调整国家的贸易方针和策略，为了减少经济危机给本国经济贸易带来的损失，中国与“一带一路”共建国家的农产品贸易合作也逐渐恢复，进口量又实现了大规模增长，由 2009 年的 438.79 亿 m^3 增加至 2010 年的 557.69 亿 m^3，这与经济危机之后，各国调整的国家贸易方针和政策有很大关系。在经历 2010 年、2011 年两年平稳发展后，2012 年开始，进口量又实现了迅猛发展，由 2011 年的 568.22 亿 m^3 增加到 2012 年的 773.58 亿 m^3，增长了 200 多亿立方米。2013 年，习近平总书记提出“一带一路”倡议。共建“一带一路”是我国扩大对外开放的重大战略举措和经济外交的顶层设计，涉及经济、政治、文化、社会等发展的各个方面，经济领域的新变化必然会带动农业的新发展，2013 年中国与“一带一路”共建国家的农产品虚拟水贸易的出口量为 63.99 亿 m^3，农产品虚拟水贸易的进口量为 722.34 亿 m^3，农产品虚拟水贸易的净进口量为 658.35 亿 m^3。在此之后，乘着“一带一路”倡议的顺风车，中国与“一带一路”共建国家的农产品虚拟水贸易得到快速发展，虽然在 2013～2020 年，中国的进口量呈现了先下降后增长的趋势，但是相对于 2012 年全球经济复苏之前，仍为增长的态势，2013～2020 年累计净进口 5135.64 亿 m^3，平均每年净进口 641.96 亿 m^3，远远大于 2001～2012 年的净进口量（累计净进口 3700.2 亿 m^3，平均每年净进口 308.35 亿 m^3）。

随着生活水平的提高，人们日益更新的消费需求刺激农产品基础供应端，农业生产对水资源的需求扩大，加剧了水资源-粮食的供需矛盾，也给其他农业资源的分配带来压力。2001～2020 年，中国与“一带一路”共建国家农产品水足迹贸易处于净进口增长态势，并将会在短期内持续保持这种状态，这有利于缓解国内粮食生产面临的诸多问题，如地域风险性问题、生产结构趋同、产需缺口大以及粮食供给机制脆弱等。虚拟水的大量流入有利于缓解国内水资源供给紧张程度，为其他相关资源赢得合理分配的空间，利用共建国家的农业资源来满足国内需求，同时也带动了共建国家农业经济的繁荣，是一个共赢的局面。

2. 中国进口“一带一路”共建国家农产品虚拟水的国家分布

根据表 9.5，2001～2020 年，中国进口“一带一路”共建国家农产品虚拟水总量在逐渐增加，由 121.26 亿 m^3 增加至 868.8 亿 m^3。出口农产品虚拟水的国家也由 31 个增加到 55 个，出口量较大的地区是东南亚、南亚，其次是中东欧和蒙俄等地区，东南亚区累计出口 6594.35 亿 m^3，占所有共建国家出口至中国的农产品虚拟水量的 63.48%；南亚在 2001～2020 年累计出口 2066.26 亿 m^3，占比 19.89%；中东欧和蒙俄出口量分别占比 8.03%和 3.28%。在出口的虚拟水资源中，绿水为主要的水资源类型，由 112.59 亿 m^3 增长至 783.03 亿 m^3，增长了 670.44 亿 m^3；蓝水由 3.85 亿 m^3 增长至 38.34 亿 m^3，增长了 34.49 亿 m^3；灰水由 4.73 亿 m^3 增长至 47.43 亿 m^3，增长了 42.70 亿 m^3。由图 9.2 和图 9.3 可知，东南亚地区农产品虚拟水输出量由 116.71 亿 m^3 增长至 420.41 亿 m^3，增长了 303.70 亿 m^3，平均每年增长 15.19 亿 m^3。由表 9.5 可知，相比 2001 年，2020 年出口的农产品虚拟水增长量较大的国家为印度尼西亚（180.10 亿 m^3）、马来西亚（68.27亿m^3）、泰国（23.45亿m^3）和越南（10.75亿m^3），其余国家变化不大。中东欧地区农产品虚拟水出口量由2.28亿m^3增长至212.05亿m^3，增长了209.77亿m^3，平均每年增长10.49亿m^3。在中东欧地区出口的虚拟水资源中，绿水为主要的水资源类型，由2.22亿m^3增长至194.19亿m^3，增长了191.97亿m^3；蓝水由0.01亿m^3增长至6.79亿m^3，增长了6.78亿m^3；灰水由0.05亿m^3增长至11.07亿m^3，增长了11.02亿m^3。出口农产品虚拟水的国家也由4个增长至20个，其中，相比2001年，2020年出口的农产品虚拟水增长量较大的国家为乌克兰（199.56亿m^3），其次是白俄罗斯、保加利亚和立陶宛，都增加了3亿m^3以上，其余国家变化不大，增长得较少。蒙俄地区农产品虚拟水输出量由1.22亿m^3增至110.86亿m^3，增长了109.64亿m^3，平均每年增长5.48亿m^3。在蒙俄地区出口的虚拟水资源中，绿水为主要的水资源类型，由1.14亿m^3增长至106.34亿m^3，增长了105.20亿m^3；蓝水由0.03亿m^3增长至1.59亿m^3，增长了1.56亿m^3；灰水由0.05亿m^3增长至2.93亿m^3，增长了2.88亿m^3。其中相比2001年，2020年出口的农产品虚拟水增长量最大的是俄罗斯，为108.51亿m^3。南亚地区农产品虚拟水出口量由0.65亿m^3增长至77.19亿m^3，增长了76.54亿m^3，平均每年增长3.83亿m^3。在南亚地区出口的虚拟水资源中，绿水为主要的水资源类型，由0.57亿m^3增长至58.16亿m^3，增长了57.59亿m^3；蓝水由0.04亿m^3增长至12.14亿m^3，增长了12.10亿m^3；灰水由0.04亿m^3增长至6.89亿m^3，增长了6.85亿m^3，其中相比2001年，2020年出口的农产品虚拟水增长量较大的国家为印度（69.67亿m^3）和斯里兰卡（6.01亿m^3），其余国家变化较小。中亚、西亚和中东地区虽然出口的农产品虚拟水资源增长不够显著，但是各地区的出口国家数量在增加，其中中亚的塔吉克斯坦和乌兹别克斯坦在2002年也开始实现了出口农产品虚拟水资源，而西亚和中东地区则由8个出口国家增长至15个。受2008年经济危机的影响以及之后各国为经济复苏纷纷出台的一系列政策的影响，各国的虚拟水资源出口量也呈现了一定的波动变化，自2013年“一带一路”倡议提出后，很多国家的出口量迅猛增长，其中较为显著的有乌克兰、俄罗斯等。

表9.5 中国进口“一带一路”共建国家农产品虚拟水量排名前18的国家（单位：亿m^3）

国家	2001年	国家	2007年	国家	2013年	国家	2020年
马来西亚	48.49	马来西亚	145.74	印度	230.23	印度尼西亚	210.00
印度尼西亚	29.90	印度	123.62	马来西亚	149.85	乌克兰	199.56
泰国	21.60	印度尼西亚	89.03	印度尼西亚	141.03	马来西亚	116.76
菲律宾	12.26	泰国	29.41	越南	42.59	俄罗斯	109.65

续表

国家	2001 年	国家	2007 年	国家	2013 年	国家	2020 年
越南	3.33	乌兹别克斯坦	18.06	泰国	36.57	印度	70.05
波兰	2.16	菲律宾	4.85	乌克兰	27.32	泰国	45.05
俄罗斯	1.14	缅甸	4.72	乌兹别克斯坦	22.84	哈萨克斯坦	22.44
缅甸	0.88	越南	4.45	巴基斯坦	22.62	阿联酋	20.34
印度	0.38	孟加拉国	2.81	阿联酋	11.65	菲律宾	14.11
新加坡	0.25	阿联酋	1.45	菲律宾	10.37	越南	14.08
埃及	0.23	埃及	0.92	斯里兰卡	6.24	缅甸	9.40
孟加拉国	0.15	土库曼斯坦	0.85	缅甸	3.86	柬埔寨	6.75
匈牙利	0.13	俄罗斯	0.64	哈萨克斯坦	3.23	斯里兰卡	6.04
巴基斯坦	0.09	老挝	0.45	俄罗斯	2.33	立陶宛	4.42
蒙古国	0.09	土耳其	0.35	孟加拉国	2.13	老挝	4.22
土耳其	0.03	哈萨克斯坦	0.28	希腊	1.83	保加利亚	3.81
斯里兰卡	0.03	巴基斯坦	0.23	老挝	1.74	白俄罗斯	3.46
老挝	0.02	以色列	0.21	波兰	1.23	乌兹别克斯坦	1.53
其他	0.1	其他	0.95	其他	4.68	其他	7.13
总计	121.26	总计	429.02	总计	722.34	总计	868.80

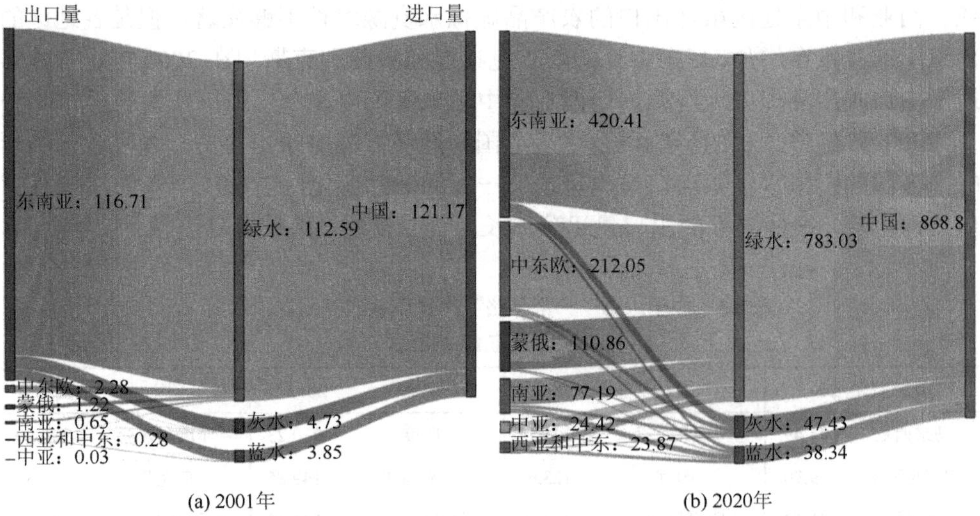

图 9.2 2001 年、2020 年中国进口“一带一路”共建国家农产品虚拟水量桑基图（单位：亿 m^3）

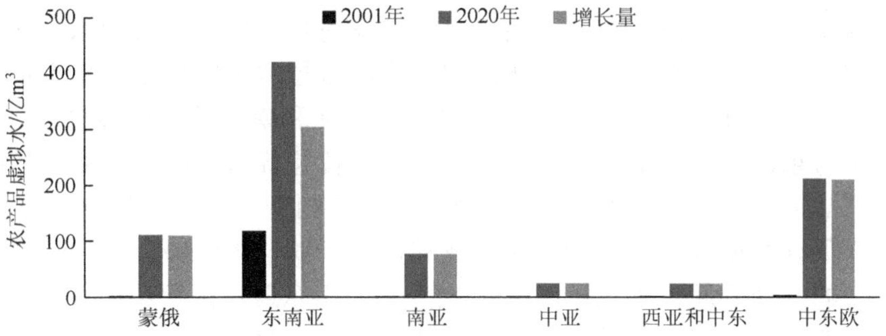

图9.3　2001年、2020年中国进口"一带一路"共建国家农产品虚拟水量

根据表9.5可以得到，2001年、2007年、2013年和2020年中国进口"一带一路"共建国家农产品虚拟水量排名前18的国家的分布情况。2001～2020年，马来西亚、印度尼西亚、印度、泰国、越南及菲律宾占据着重要的出口位置。2001年中国进口印度尼西亚的农产品虚拟水量为29.90亿m^3，排在第二位；2007年进口89.03亿m^3、2013年进口141.03亿m^3，均排在第三位；2020年进口210.00亿m^3，排在第一位。2001年、2007年中国分别进口马来西亚的农产品虚拟水48.49亿m^3、145.74亿m^3，排在第一位；2013年进口149.85亿m^3，排在第二位；2020年进口116.76亿m^3，排在第三位。2001年中国进口印度农产品虚拟水量为0.38亿m^3，排在第九位；2007年进口印度农产品虚拟水量为123.62亿m^3，2013年进口230.23亿m^3，分别排在第二位和第一位；2020年进口了70.05亿m^3，排在了第五位。2001年、2007年、2013年、2020年，中国进口泰国的农产品虚拟水量分别为21.60亿m^3、29.41亿m^3、36.57亿m^3、45.05亿m^3，分别排在第三、第四、第五、第六位。通过以上的叙述不难发现，中国进口的农产品虚拟水资源主要来自东南亚、南亚等地区，这些地区水资源较为丰沛，其与中国开展农产品贸易对于全球水资源平衡发展具有重要的意义。

2001～2020年，从中国进口"一带一路"共建国家农产品虚拟水量来看，可以将出口国家分为以下几类：①迅猛增长型国家，以印度尼西亚、马来西亚、俄罗斯为代表，这些国家虽然在排名上不是一直上升的，但是从向中国出口的农产品虚拟水量上来看，却是持续增加的，在研究期内，出口的农产品虚拟水量一直在持续增长。②波动增长型国家，以印度、越南、乌兹别克斯坦为代表，这些国家向中国出口的农产品虚拟水量呈现波动增加的趋势，主要表现在2013～2020年出口量逐渐减小。③缓慢增长型国家，以泰国、阿联酋为代表，这些国家向中国出口的农产品虚拟水量一直在持续增加，但是增长的速度较慢。④波动减小型国家，以波兰、新加坡等为代表，这些国家主要表现为向中国出口的农产品虚拟水量不大，并随着时间变化，出口的虚拟水量逐渐变小。

根据图 9.3，中国从“一带一路”共建国家进口的农产品虚拟水量在不同的年份和国家有不同的变化，但中国进口农产品虚拟水的国家主要集中在东南亚和南亚。“一带一路”倡议实施以来，得到东南亚和南亚的积极参与、支持和赞美。中国与东南亚、南亚具有陆地和海洋上的位置优势，陆上和海上的距离缩短了农产品运输时间，节约了运输成本，更加有利于开展农产品贸易合作。“一带一路”倡议实施以来，中国与东南亚和南亚借助位置优势，增加了多个机构和组织间的资金融通，建立经济走廊，建立中国-东盟自由贸易区，还积极与南亚和东南亚国家开展农业基础设施建设的合作、农业技术合作，拓宽了与东南亚和南亚国家的农业合作范围。这些积极的合作和交流，促进了中国与东南亚和南亚之间的农产品虚拟水贸易。

从中国与“一带一路”共建国家的农产品虚拟水贸易来看，2001～2020 年中国一直都是一个农产品虚拟水的进口大国。经济结构的调整、城镇化的发展、人们消费结构的改变都会加剧水资源供需矛盾和粮食安全问题。“一带一路”建设为这些问题的解决提供了很好的机会，中国积极地建设六条经济走廊，加快与周边国家签订多边贸易协定，设立专门的丝路基金，加快港口、铁路、航空、管道等基础设施的建设，这些都促使中国与中东欧以及西亚和中东的一些国家农产品贸易联系不断增强。但中国进口的农产品虚拟水量还是主要集中在东南亚、南亚以及与中国陆上相邻的一些国家，主要是中国与这些国家距离较近，海运和航空运输等都比较方便，文化兼容并包，社会环境和平，运输成本低，贸易合作历史悠久，生活习惯和市场需求方面能更好地互补。未来我们在保持与东南亚和南亚等国家良好的农产品虚拟水贸易合作的同时，还要充分地加强与其他国家的合作，发挥与“一带一路”共建国家农产品虚拟水贸易的合作潜力，合理利用“一带一路”共建国家的农业资源，通过贸易协定和技术合作建立中长期的农产品贸易合作关系，更好地解决国家的水资源和粮食安全问题。

3. 中国出口“一带一路”共建国家农产品虚拟水的国家分布

从图 9.1 及表 9.4 可以看出，农产品虚拟水中国出口“一带一路”共建国家农产品虚拟水呈现波动变化，历年之间的变化不大。农产品虚拟水出口最多的年份为 2003 年，出口量 154.68 亿 m^3。农产品虚拟水出口最少的年份为 2004 年，出口量 55.90 亿 m^3。农产品虚拟水进口量较大的为东南亚、西亚和中东以及蒙俄地区，东南亚在 2001～2020 年累计进口 748.96 亿 m^3；西亚和中东在 2001～2020 年累计进口 291.62 亿 m^3，占整个进口总量的 18.79%；蒙俄在 2001～2020 年累计进口 202.54 亿 m^3。为探究出口国家的地区分布规律，根据数据作 2001 年、2020 年中国出口“一带一路”共建国家农产品虚拟水对比图，如图 9.4 和图 9.5 所示。根据图 9.4，2001 年与 2020 年相比，中国农产品虚拟水出口量差距不大，主要出口的地区集中在东南亚、西亚和中东，其他地区无论是 2001 年还是 2020 年所进口的农产品虚拟水均未达到 10 亿 m^3，主要出口的农产品虚拟水以绿水为主，灰水次之，蓝水最少。具体来看，东南亚地区 2001 年从中国进口农产品虚拟水量为 39.74 亿 m^3，2020 年进口 36.28 亿 m^3，虽然与 2001 年相比减少了 3.46 亿 m^3，但也仍然维持在 35 亿 m^3 以上，并且东南亚地区进口量仍然占整个体系的 50%以上。在进口农产品虚拟水中，绿水为主要的水资源类型，进口量排名靠前的国家为马来西亚、印度尼西亚、越南及菲律宾，但其中部分国家 2020 年进口数据与 2001 年相比出现了大幅度下跌。例如，马来西亚 2020 年进口 5.29 亿 m^3，相比下降了 14.18 亿 m^3（2001 年为 19.47 亿 m^3）；印度尼西亚 2020 年进口 3.36 亿 m^3，相比下降了 3.88 亿 m^3（2001 年为 7.24 亿 m^3）。西亚和中东地区进口量增加了 8.66 亿 m^3，主要来源于土耳其和埃及等国，与 2001 年相比，土耳其进口量增加了 2.69 亿 m^3，埃及则增加了 1.28 亿 m^3，其他国家除了叙利亚和也门之外也都实现了不同程度的进口农产品虚拟水量增加；蒙俄、南亚、中亚及中东欧地区进口量历年变化不大，各国之间的差距相对不十分显著，在 2020 年累计进口 20.15 亿 m^3，占共建国家农产品虚拟水进口总量的 27.82%，与 2001 年相比减少了 1.04 亿 m^3，下降了 3.22 个百分点。不难看出，国际贸易形式及新冠疫情对各国贸易产生了不同程度的影响，影响了商品的流动，从而间接地导致了虚拟水资源的跨区域转移。

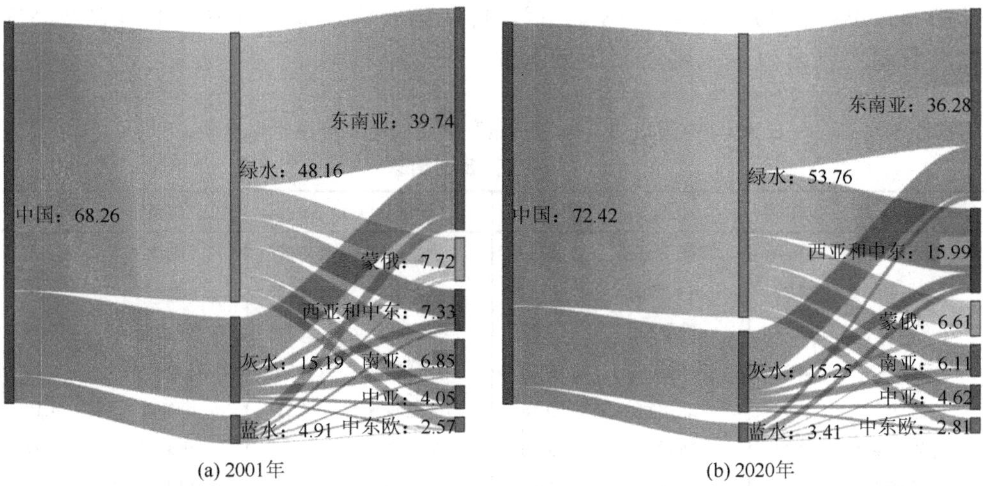

图 9.4　2001 年、2020 年中国出口"一带一路"共建国家农产品虚拟水量桑基图（单位：亿 m^3）

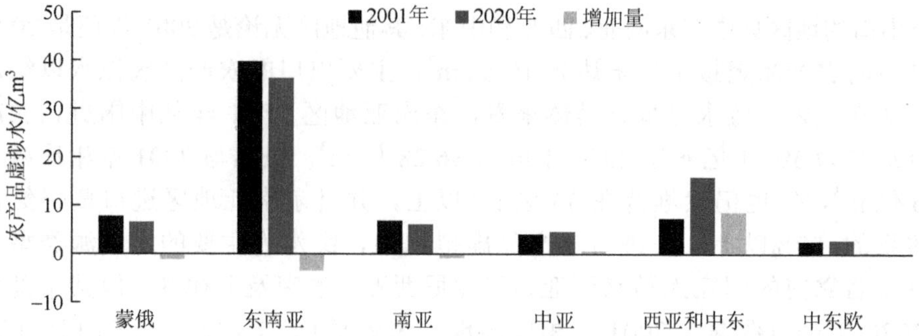

图 9.5　2001 年、2020 年中国出口“一带一路”共建国家农产品虚拟水量

根据表 9.6，2001 年中国出口俄罗斯农产品虚拟水量 7.25 亿 m^3，排在第二位；2007 年出口 9.23 亿 m^3，排在第三位；2013 年出口 8.32 亿 m^3，排在第一位；2020 年出口 5.93 亿 m^3，排在第三位。2001 年中国出口马来西亚农产品虚拟水量 19.46 亿 m^3，排在第一位；2007 年出口 11.21 亿 m^3，排在第二位；2013 年出口 5.89 亿 m^3，排在第三位；2020 年出口 5.29 亿 m^3，排在第四位。2001 年中国出口至越南的虚拟水量为 3.98 亿 m^3，排在第五位；2007 年出口 9.20 亿 m^3，排在第四位；2013 年出口 6.97 亿 m^3，排在第二位；2020 年出口 12.23 亿 m^3，排在第一位。2001 年中国出口至菲律宾的虚拟水量为 4.31 亿 m^3，排在第四位；2007 年出口 9.16 亿 m^3，排在第五位；2013 年出口 3.20 亿 m^3，排在第六位；2020 年出口 4.18 亿 m^3，排在第五位。综上所述，中国农产品虚拟水资源主要出口至东南亚、蒙俄等地。

表 9.6　中国出口“一带一路”共建国家农产品虚拟水量排名前 18 的国家　　（单位：亿 m^3）

国家	2001 年	国家	2007 年	国家	2013 年	国家	2020 年
马来西亚	19.46	印度尼西亚	16.11	俄罗斯	8.32	越南	12.23
俄罗斯	7.25	马来西亚	11.21	越南	6.97	泰国	6.60
印度尼西亚	7.24	俄罗斯	9.23	马来西亚	5.89	俄罗斯	5.93
菲律宾	4.31	越南	9.20	泰国	4.96	马来西亚	5.29
越南	3.98	菲律宾	9.16	印度尼西亚	4.31	菲律宾	4.18
乌兹别克斯坦	2.33	阿联酋	2.60	菲律宾	3.20	土耳其	3.94
巴基斯坦	2.32	泰国	2.53	乌兹别克斯坦	2.72	乌兹别克斯坦	3.44
伊拉克	2.25	乌兹别克斯坦	2.45	埃及	2.62	印度尼西亚	3.36
斯里兰卡	1.90	沙特阿拉伯	1.87	印度	2.61	缅甸	2.67
缅甸	1.88	巴基斯坦	1.77	阿联酋	2.34	埃及	2.66
孟加拉国	1.62	新加坡	1.53	哈萨克斯坦	2.01	孟加拉国	2.58

续表

国家	2001年	国家	2007年	国家	2013年	国家	2020年
新加坡	1.47	哈萨克斯坦	1.47	蒙古国	1.92	伊拉克	2.28
埃及	1.38	印度	1.31	新加坡	1.51	新加坡	1.84
土耳其	1.25	伊朗	1.22	伊朗	1.25	阿联酋	1.38
泰国	1.13	土耳其	1.22	孟加拉国	1.15	印度	1.29
波兰	0.88	斯里兰卡	1.05	沙特阿拉伯	1.14	巴基斯坦	1.26
印度	0.85	吉尔吉斯斯坦	1.02	巴基斯坦	1.11	沙特阿拉伯	1.16
吉尔吉斯斯坦	0.79	孟加拉国	1.00	土耳其	1.06	伊朗	1.00
其他	5.97	其他	10.22	其他	8.90	其他	9.33
总计	68.26	总计	86.17	总计	63.99	总计	72.42

从中国出口“一带一路”共建国家农产品虚拟水量的国家分布情况来看，可将这些国家分为以下几类：①持续增长型国家。以乌兹别克斯坦为代表，进口的农产品虚拟水量呈现持续增长的趋势，由2001年的2.33亿m^3增长至2020年的3.44亿m^3。②波动变化型国家。以俄罗斯、泰国、菲律宾为代表，主要表现为进口的农产品虚拟水量呈现波动变化，无法明确地表现出增长或减小的趋势。例如，俄罗斯2001年进口的农产品虚拟水量为7.25亿m^3，2007年增长至9.23亿m^3，2013年减小至8.32亿m^3，2020年进一步减小至5.93亿m^3。③持续减小型国家。以马来西亚为代表，主要表现为进口的农产品虚拟水量逐渐减小。例如，马来西亚进口的虚拟水量由2001年的19.46亿m^3逐渐减小至2020年的5.29亿m^3。

中国出口到“一带一路”共建国家的农产品虚拟水量在不同的年份和国家有不同的变化，主要集中在东南亚、西亚和中东欧的一些国家，特别是东南亚的一些国家。中国对东南亚国家的农产品虚拟水出口量少于进口量，中国对于资源的消耗量日益增大，给水资源和粮食安全带来了一系列问题。为保证水资源和粮食的可持续，要将国内和国外两个市场结合起来，充分利用国外市场。东南亚在地理位置上与中国邻近，热带气候条件下，东南亚的自然资源丰富，中国与东南亚国家的市场环境好，“一带一路”倡议也得到了东南亚国家的积极响应，在这样的条件下，中国积极进口东南亚国家的农产品虚拟水。“一带一路”倡议的实施促进了中国与“一带一路”共建国家在经济、文化和农业技术方面的交流，还有相关基础设施的建设，这些也使中国与相邻较远的西亚和中东的一些国家农产品虚拟水贸易得到加强。

“一带一路”倡议实施以来，中国出口到西亚和中东的农产品虚拟水量不断增大，中国与西亚和中东国家的农产品贸易市场得到互补，中国的蔬菜、水果等劳动密集型产品在西亚和中东国家市场中占据优势地位，与中国进口“一带一路”

共建国家农产品虚拟水的国家分布类似，中国出口的农产品虚拟水主要还是集中在东南亚地区、陆上邻国乌兹别克斯坦和俄罗斯。中国出口到中东欧、西亚和中东国家的农产品虚拟水量要小于出口到东南亚、南亚、中亚和蒙俄等国家的农产品虚拟水量，主要是中国与东南亚及周边的蒙俄、南亚、中亚等国家的距离近，运输成本小，市场结构互补性强，所以未来要促进中国与“一带一路”共建国家农产品虚拟水贸易的市场多元化，积极推进与中东欧、西亚和中东国家自由贸易区的合作，使中国与“一带一路”共建国家的农产品虚拟水贸易结构更加合理，促进中国与“一带一路”共建国家实现农业资源的优势互补，加快推进中国与“一带一路”共建国家的农产品虚拟水贸易。

4. 中国进口“一带一路”共建国家农产品虚拟水结构

如表 9.7 所示，2001～2020 年中国进口“一带一路”共建国家各类别农产品的虚拟水量，其中排名前三的农产品是植物油类、棉麻类及谷物类，进口总量分别为 5583.44 亿 m^3、2150.76 亿 m^3 及 1423.05 亿 m^3，并且它们的进口总量都在千亿立方米以上；2001～2020 年中国进口“一带一路”共建国家各类别农产品的虚拟水量进口量在 100 亿 m^3 以上的农产品有七大类，除了植物油类、棉麻类、谷物类外，还有水果类、蔬菜类、咖啡饮品类、糖类，蔬菜类、糖类、水果类及咖啡饮品类进口总量分别为 167.11 亿 m^3、102.68 亿 m^3、598.27 亿 m^3 及 149.19 亿 m^3；中国与“一带一路”共建国家农产品虚拟水进口总量超过 10 亿 m^3 但小于 100 亿 m^3 的农产品有坚果类、油籽类、调料类、肉类及活动物类，进口总量分别为 69.55 亿 m^3、98.53 亿 m^3、12.29 亿 m^3、10.08 亿 m^3 及 18.24 亿 m^3；中国与“一带一路”共建国家农产品虚拟水进口总量小于 10 亿 m^3 的农产品主要有烟草类、酒类及乳蛋类，进口总量分别为 1.56 亿 m^3、3.06 亿 m^3 及 0.05 亿 m^3。

表 9.7 2001～2020 年中国进口“一带一路”共建国家各类别农产品的虚拟水量（单位：亿 m^3）

农产品类	2001 年	2002 年	2003 年	2004 年	2005 年	2006 年	2007 年	2008 年	2009 年	2010 年
谷物类	9.89	8.50	9.34	26.94	18.22	25.67	17.61	12.57	14.16	16.74
植物油类	86.14	105.49	157.44	175.01	198.48	232.79	234.36	244.80	301.92	290.99
蔬菜类	2.88	0.37	0.25	0.76	0.62	0.77	1.16	4.14	1.29	3.11
糖类	7.31	3.70	3.52	5.55	3.31	4.33	3.24	2.87	2.69	0.48
坚果类	1.22	1.12	1.35	1.92	1.31	1.46	1.42	1.09	0.91	1.30
油籽类	0.73	0.31	8.20	8.44	2.82	2.73	8.98	17.41	7.72	9.89
水果类	8.39	9.25	9.73	12.43	12.14	13.21	14.80	19.34	28.15	27.65
烟草类	0.01	0.05	0.01	0.04	0.01	0.03	0.02	0.04	0.13	0.18
酒类	0.01	0	0	0	0.01	0.01	0.02	0.03	0.03	0.05

续表

农产品类	2001 年	2002 年	2003 年	2004 年	2005 年	2006 年	2007 年	2008 年	2009 年	2010 年
调料类	0.69	0.69	0.46	0.47	0.13	0.07	0.03	0.21	0.06	0.19
咖啡饮品类	3.42	1.64	2.98	2.57	5.49	5.45	6.10	5.57	3.58	6.90
棉麻类	0.47	3.52	8.25	30.32	57.21	150.26	141.27	132.38	75.45	199.19
肉类	0	0	0	0	0	0	0.01	0	0.01	0
乳蛋类	0.01	0	0	0	0	0.01	0	0	0	0
活动物类	0	0.01	0	0.19	0	0	0	0.37	2.69	1.02
合计	121.17	134.65	201.53	264.64	299.75	436.79	429.02	440.82	438.79	557.69

农产品类	2011 年	2012 年	2013 年	2014 年	2015 年	2016 年	2017 年	2018 年	2019 年	2020 年	合计
谷物类	19.36	78.63	72.57	108.89	172.25	167.01	165.34	158.06	179.16	142.14	1423.05
植物油类	280.61	316.40	324.81	295.76	344.89	293.42	319.02	345.69	512.70	522.72	5583.44
蔬菜类	1.18	3.88	2.86	3.50	12.91	12.89	18.42	30.35	30.49	35.28	167.11
糖类	5.41	18.78	1.43	9.15	4.63	0.89	4.67	6.59	11.70	2.43	102.68
坚果类	2.27	1.64	0.29	3.90	5.76	5.02	6.93	6.31	13.54	10.79	69.55
油籽类	4.28	2.07	2.89	6.27	4.21	2.51	2.78	2.45	1.69	2.15	98.53
水果类	33.59	35.29	36.73	37.01	38.48	33.50	37.45	50.34	68.50	72.29	598.27
烟草类	0.13	0.18	0.13	0.07	0.08	0.06	0.09	0.11	0.15	0.04	1.56
酒类	0.09	0.11	0.13	0.13	0.23	0.34	0.39	0.48	0.53	0.47	3.06
调料类	0.24	0.25	0.14	0.04	0.05	0.04	0.07	0.20	3.87	4.39	12.29
咖啡饮品类	6.47	9.61	10.95	10.03	11.71	13.15	14.93	11.28	11.64	5.72	149.19
棉麻类	213.97	305.93	268.11	188.61	79.53	49.69	50.22	58.92	67.91	69.55	2150.76
肉类	0	0.44	1.20	1.11	1.76	2.37	2.47	0.65	0.05	0.01	10.08
乳蛋类	0.01	0.01	0	0	0.01	0	0	0	0	0	0.05
活动物类	0.61	0.36	0.10	0.05	1.87	2.00	1.53	5.81	0.81	0.82	18.24
合计	568.22	773.58	722.34	664.52	678.37	582.89	624.31	677.24	902.74	868.80	10387.86

如图 9.6 和表 9.7 所示，2001～2020 年中国进口“一带一路”共建国家农产品虚拟水产品结构差异显著，各产品之间差异较大，其中占比最大的是植物油类，其次是棉麻类、谷物类和水果类，其余的产品差异不是十分明显。历年来中国进口的农产品结构中，虚拟水量最多的都是植物油类，2001～2020 年，累计进口 5583.44 亿 m^3（平均每年进口 279.17 亿 m^3），占进口农产品虚拟水总量

的 53.75%，研究期间进口比重趋势呈现波动发展，峰值出现在 2002 年，占比为 78.34%；棉麻类虚拟水量在 2001～2020 年，累计进口 2150.76 亿 m^3（平均每年进口 107.54 亿 m^3），占进口农产品虚拟水总量的 20.70%，研究期间进口比重趋势呈现波动发展，峰值出现在 2012 年，占比为 39.55%；谷物类虚拟水量在 2001～2020 年，累计进口 1423.05 亿 m^3（平均每年进口 71.15 亿 m^3），占进口农产品虚拟水总量的 13.70%，在研究期间内进口比重趋势呈现波动发展，峰值出现在 2016 年，占比为 28.65%；水果类虚拟水量在研究期内，累计进口 598.27 亿 m^3（平均每年进口 29.91 亿 m^3），占比约 5.76%，在研究期间进口比重趋势也呈现波动发展。综上所述，导致产品虚拟水量进口比重趋势出现波动变化的原因主要为不同年份所进口的产品数量不同，同时不同农产品所隐含的虚拟水不同对贸易也有重大影响，植物油类由于隐含的虚拟水量较多，故在贸易量不大的情况下所占据虚拟水贸易比重依然很大，而类似于水果类由于隐含的虚拟水量较少，故在贸易量很大的情况下所占据的虚拟水贸易比重仍相对较小。目前，中国社会发展的现状决定了中国进口“一带一路”共建国家的农产品虚拟水主要集中在植物油类、谷物类、棉麻类、水果类。中国正处于经济转型期，谷物类和棉麻类的农产品需求量不断增加，随着城镇居民生活水平的提高，对于植物油类、水果类的农产品需求也不断增加。在中国与“一带一路”共建国家的农产品贸易中，除了要考虑

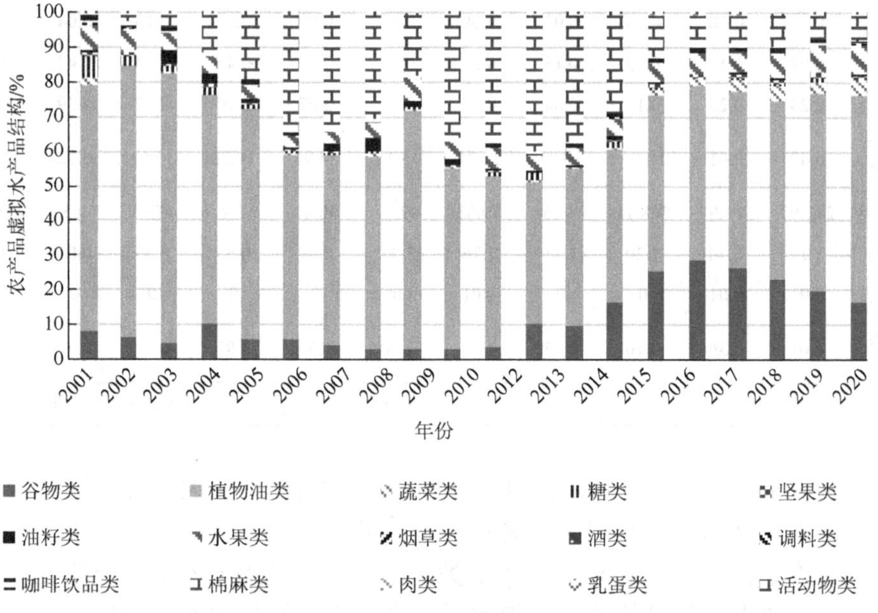

图 9.6　中国进口“一带一路”共建国家农产品虚拟水产品结构

“一带一路”共建国家的社会经济条件之外，农业资源条件也非常重要。各个国家具有不同的农业资源，农业与每个地区的自然环境密切相关。中东欧国家的乳畜业发达，中亚、西亚和中东地区干燥少雨，以灌溉农业为主，俄罗斯多以大陆性气候为主，纬度高，农业不发达，蒙古国的畜牧业历史悠久。这些都会影响中国与“一带一路”共建国家的农产品虚拟水贸易。

5. 中国出口“一带一路”共建国家农产品虚拟水结构

如表 9.8 所示，2001～2020 年中国出口“一带一路”共建国家各类别农产品的虚拟水量，其中，水果类、谷物类、蔬菜类、咖啡饮品类、坚果类居前五位，这五大类农产品出口虚拟水总量分别为 425.24 亿 m^3、342.63 亿 m^3、217.99 亿 m^3、208.45 亿 m^3、157.14 亿 m^3，这些农产品出口量都在 150 亿 m^3 以上；2001～2020 年中国出口“一带一路”共建国家农产品虚拟水总量超过 10 亿 m^3 但小于 150 亿 m^3 的农产品有五大类，分别为植物油类、糖类、烟草类、棉麻类及活动物类，出口的虚拟水总量分别为 25.26 亿 m^3、46.54 亿 m^3、63.32 亿 m^3、21.97 亿 m^3 及 30.00 亿 m^3；中国出口“一带一路”共建国家农产品虚拟水总量不足 10 亿 m^3 的农产品有油籽类、酒类、调料类、肉类及乳蛋类，出口虚拟水总量分别为 1.19 亿 m^3、2.97 亿 m^3、1.31 亿 m^3、5.04 亿 m^3 及 2.97 亿 m^3。

表 9.8　2001～2020 年中国出口“一带一路”共建国家各类别农产品的虚拟水量　（单位：亿 m^3）

农产品类	2001 年	2002 年	2003 年	2004 年	2005 年	2006 年	2007 年	2008 年	2009 年	2010 年
谷物类	29.91	65.89	104.99	12.46	24.79	23.22	34.89	4.49	2.42	2.11
植物油类	0.09	0.14	0.34	0.51	2.63	2.95	1.70	4.89	0.70	0.90
蔬菜类	7.96	10.71	12.47	7.84	9.17	11.17	11.49	13.16	18.29	14.55
糖类	0.04	0.04	0.09	0.03	0.12	0.65	1.20	2.42	2.04	2.93
坚果类	6.14	7.00	6.69	5.34	6.07	4.39	4.05	3.82	4.92	5.27
油籽类	0.12	0.12	0.12	0.04	0.04	0.03	0.01	0.08	0.05	0.02
水果类	5.09	7.37	9.83	12.49	15.09	14.95	19.81	24.65	28.67	26.77
烟草类	3.84	3.50	3.46	3.33	2.75	2.13	2.44	3.17	3.01	3.25
酒类	0.03	0.03	0.04	0.04	0.05	0.08	0.11	0.14	0.11	0.12
调料类	0.02	0.02	0.03	0.04	0.02	0.03	0.07	0.03	0.04	0.05
咖啡饮品类	8.68	9.10	7.92	8.69	9.29	8.54	8.95	10.84	11.03	10.01
棉麻类	0.75	3.60	4.92	0.20	0.14	0.24	0.61	0.72	0.14	0.06
肉类	0.26	0.44	0.27	0.15	0.17	0.17	0.27	0.27	0.12	0.22
乳蛋类	0.10	0.10	0.14	0.19	0.16	0.26	0.21	0.29	0.21	0.18
活动物类	5.23	3.27	3.37	4.55	2.94	2.01	0.36	0.24	0.25	0.20
合计	68.26	111.33	154.68	55.90	73.43	70.82	86.17	69.21	72.00	66.64

续表

农产品类	2011 年	2012 年	2013 年	2014 年	2015 年	2016 年	2017 年	2018 年	2019 年	2020 年	合计
谷物类	2.93	1.59	1.40	1.41	1.14	1.60	3.02	9.24	14.08	1.05	342.63
植物油类	1.43	0.70	0.48	0.51	0.58	0.68	0.88	2.78	1.08	1.29	25.26
蔬菜类	13.71	10.45	9.91	9.81	9.44	9.41	10.40	9.34	9.92	8.79	217.99
糖类	3.49	2.87	3.48	3.16	2.74	3.05	3.37	4.33	5.77	4.72	46.54
坚果类	5.44	6.00	6.45	6.27	8.63	9.68	13.36	16.09	16.26	15.27	157.14
油籽类	0.03	0.02	0.02	0.02	0.04	0.01	0.02	0.17	0.18	0.05	1.19
水果类	26.15	26.44	25.56	23.57	23.16	28.17	26.12	26.37	26.72	28.26	425.24
烟草类	4.01	4.08	3.76	3.10	2.86	3.12	4.06	3.51	3.79	0.15	63.32
酒类	0.17	0.17	0.19	0.19	0.18	0.18	0.22	0.25	0.31	0.36	2.97
调料类	0.06	0.05	0.03	0.02	0.03	0.03	0.04	0.05	0.19	0.46	1.31
咖啡饮品类	9.97	10.89	11.21	9.32	10.97	12.32	11.95	14.08	13.05	11.64	208.45
棉麻类	0.92	0.53	0.21	0.59	1.39	0.31	0.91	2.44	3.02	0.27	21.97
肉类	0.16	0.54	0.05	0.88	0.59	0.22	0.10	0.14	0.01	0.01	5.04
乳蛋类	0.16	0.18	0.13	0.10	0.09	0.11	0.10	0.08	0.09	0.09	2.97
活动物类	2.45	2.42	1.11	0.09	0.02	0.07	1.00	0.37	0.04	0.01	30.00
合计	71.08	66.93	63.99	59.04	61.86	68.96	75.55	89.24	94.51	72.42	1552.02

如图 9.7 和表 9.8 所示，可以看出 2001～2020 年，中国出口“一带一路”共建国家农产品虚拟水产品结构差异显著，各产品之间差异较大，其中占出口总量比重较大的是水果类、谷物类、蔬菜类、咖啡饮品类以及坚果类，其余的产品差距不大。具体来看，历年来中国出口的农产品虚拟水中，水果类虚拟水出口量最大，累计出口 425.24 亿 m^3，占出口总量的 27.40%，平均每年出口 21.26 亿 m^3，在研究期间出口比重呈现波动发展，峰值出现在 2016 年，为 40.85%；谷物类虚拟水累计出口 342.63 亿 m^3，占出口总量的 22.08%，平均每年出口 17.13 亿 m^3，在研究期间出口比重总体上呈现逐渐减小的趋势，最大值出现在 2003 年，为 67.88%，最小值出现在 2020 年，为 1.45%；蔬菜类虚拟水累计出口 217.99 亿 m^3，占出口总量的 14.05%，平均每年出口 10.90 亿 m^3，在研究期间出口比重呈现波动发展，最大值出现在 2009 年，为 25.40%，最小值出现在 2003 年，为 8.06%；咖啡饮品类虚拟水累计出口 208.45 亿 m^3，占出口总量的 13.43%，平均每年出口 10.42 亿 m^3，在研究期间出口比重呈现波动发展，最大值出现在 2016 年，为 17.87%，最小值出现在 2003 年，为 5.12%；坚果类虚拟水累计出口 157.14 亿 m^3，占出口

总量的10.12%，平均每年出口7.86亿m^3，在研究期间出口比重总体上呈现逐渐增大的趋势，最大值出现在2020年，为21.09%，最小值出现在2003年，为4.33%；其余产品虚拟水量历年出口占比均比较小。综上所述，导致产品出口比重出现波动变化的原因主要为不同年份所出口的产品数量不同。同时，与进口农产品虚拟水产品结构相比，不难看出，虚拟水量进口占比较大的植物油类、棉麻类在出口占比中反而比较小，植物油类出口虚拟水量只有25.26亿m^3，只占出口总量的1.63%，而棉麻类出口虚拟水量则只有21.97亿m^3，只占出口总量的1.42%，只有谷物类和水果类出口虚拟水量均保持了比较稳定的占比，这表明当前中国在植物油类及棉麻类等农产品生产上仍有较大的提升空间，对国外的依赖性较强，应努力因地制宜地促进该类农产品的生产，以更合理地实现水资源可持续发展。“一带一路”倡议的实施，促进了中国出口“一带一路”共建国家水果类、蔬菜类和咖啡饮品类的农产品虚拟水量的增加。中国是一个人口大国，农业劳动力资源比较丰富，在蔬菜、水果和茶叶生产等劳动密集型农产品生产领域具有一定的优势，目前，中国向“一带一路”共建国家出口的水果类、蔬菜类和咖啡饮品类农产品虚拟水量不断增加，中国发挥国家的农业劳动力优势，满足“一带一路”共建国家国际农产品贸易市场的需要，积极开展与“一带一路”共建国家的农产品虚拟水贸易合作。中国的农业技术经验丰富，“一带一路”共建国家有丰富的农业资源，随着“一带一路”倡议的实施，中国与“一带一路”共建国家开展多方面和深层次的农业合作，未来中国与“一带一路”共建国家的农产品虚拟水贸易会日益增强。

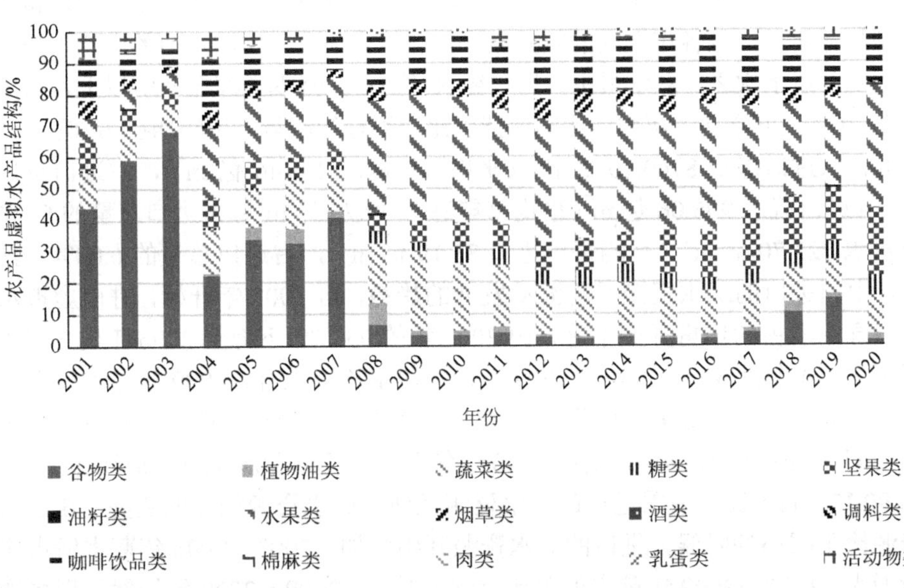

图9.7 中国出口“一带一路”共建国家农产品虚拟水产品结构

6. 中国进口“一带一路”共建国家农产品虚拟水资源类型

农产品贸易隐含的水足迹资源类型，包括蓝水、绿水、灰水足迹，这三个部分是体现水资源的消耗量、水资源的类型、水资源的污染量和污染类型多方面的指标。了解国家层面、产品层面的农产品水足迹类型，将更加有助于国家水资源的合理配置和高效利用，因此根据贸易数据绘制中国进口“一带一路”共建国家农产品虚拟水资源类型，如图 9.8 所示。

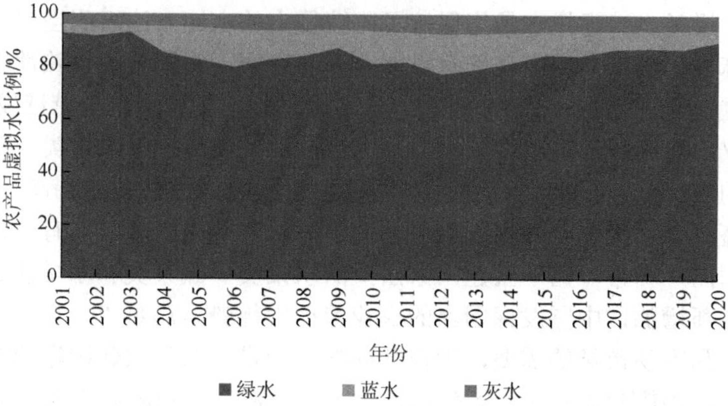

图 9.8 中国进口“一带一路”共建国家农产品虚拟水资源类型

根据图 9.8，2001～2020 年，中国进口“一带一路”共建国家农产品虚拟水资源类型划分明显，且各年之间的差异显著。总体上来看，中国进口的虚拟水资源以绿水为主，蓝水次之，灰水最少，历年绿水进口占比基本上都在 80%以上，蓝水占比则在 10%上下浮动，灰水占比则保持了比较平稳的态势，历年均在 6%左右。研究期间，共进口绿水 8769.10 亿 m^3（平均每年进口 438.46 亿 m^3），占进口总量的 84.42%；进口蓝水 995.06 亿 m^3（平均每年进口 49.75 亿 m^3），占进口总量的 9.58%；进口灰水 623.70 亿 m^3（平均每年进口 31.19 亿 m^3），占进口总量的 6.00%。具体来看，中国进口的绿水资源呈现波动发展的趋势，自 2003 年开始，进口虚拟水资源中，绿水所占的比重开始下降，由 2003 年的 93.17%下降至 2006 年的 80.07%，下降了 13.10 个百分点，2006～2009 年绿水比重逐渐上升，2009 年绿水比重上升至 87.36%，上升了 7.29 个百分点，2009～2012 年，绿水比重再一次下滑，达到研究期间的最低值 77.54%，随后从 2013 年开始，逐渐稳步上升，最终在 2020 年达到 90.13%的占比。中国进口的蓝水资源呈现与绿水资源相反的趋势，在进口绿水资源比重减小的时候，进口的蓝水资源开始增加，2003～2006 年蓝水所占比重逐渐增大，2006～2009 年蓝水所占比重逐渐减小，2009～2020 年依然呈现先增大后减小的趋势，并在 2012 年达到峰值 15.22%。中国进口的灰水资源历年变化不大，均保持了相对稳定状态。中国进口的绿水、蓝水资源之所以会出现这种波动变化，与进口的国家及其农产品所含的虚拟水含量有关系。例如，绿水比重的增加则表明进口绿水含量较高的农产品比重增加。

7. 中国出口“一带一路”共建国家农产品虚拟水资源类型

从图 9.9 可以看出，2001～2020 年，中国出口至“一带一路”共建国家的农产品虚拟水类型以绿水为主，灰水次之，蓝水最少，各年之间的差异不大，变化不明显。总体来看，历年绿水所占出口虚拟水总量比重基本都在 70%左右，灰水占比 20%以上，而蓝水的变动则基本在 10%以内。研究期内，绿水累计出口了 1108.10 亿 m^3（平均每年出口 55.41 亿 m^3），占出口总量的 71.40%；蓝水累计出口了 103.23 亿 m^3（平均每年出口 5.16 亿 m^3），占出口总量的 6.65%；灰水累计出口了 340.70 亿 m^3（平均每年出口 17.04 亿 m^3），占出口总量的 21.95%。2008 年以前，中国出口的绿水、蓝水呈波动变化，而 2008 年之后则基本上保持稳态发展，历年之间的虚拟水资源类型占比趋于稳定，之所以出现这样的情况，主要是 2008 年之前各国在进口农产品时，历年之间的变动较大。通过与图 9.8 对比，可以发现，中国出口的虚拟水资源中绿水占比较低，灰水占比较高，这表明中国生产的农产品在灰水节约方面还有进一步提升空间，如果接下来能够注重灰水节约技术的发展研究，对于水资源可持续发展无疑是非常有益的。

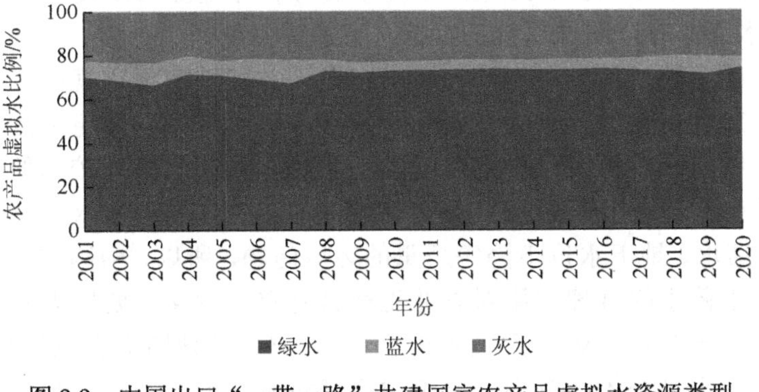

图 9.9　中国出口“一带一路”共建国家农产品虚拟水资源类型

综上所述，结合中国与“一带一路”共建国家农产品虚拟水贸易量桑基图可以得出，中国和“一带一路”共建国家农业生产中绿水占据着非常重要的地位，绿水是中国和“一带一路”共建国家农业生产中主要使用的水资源，绿水也就是我们所说的雨水，雨水一般存储在非饱和土壤层中，就是土壤水。中国主要进口中东欧、南亚和东南亚的农产品绿水足迹，进口西亚和中东的农产品绿水足迹较少；中国主要进口东南亚、南亚、中东欧的农产品蓝水足迹和灰水足迹。中东欧、南亚和东南亚国家气候湿润及自然资源条件要比西亚、中东国家占据优势，这些国家在农产品的生长和生长过程中有效地利用绿水，导致农产品中的绿水足迹所占的百分比要比其他“一带一路”共建国家的农产品绿水足迹所占比例高。农业生产中的蓝水一般称为灌溉水，来自河流、湖泊、水库、池塘和地下含水层，灰水在一定程度上反映了中国和“一带一路”共建国家农业生产技术水平。中东欧经济发展水平高，在农业生产上的投入大，农产品质量较高，注重农业绿色有机生产。而西亚和中东、中亚和蒙俄，气候干旱，水资源短缺，多为灌溉农业，所以农产品生产中使用的蓝水多。西亚和中东、中亚和蒙俄经济发展水平较为落后，农业生产上的科研投入不高，农业生态意识不强，农药化肥使用量大，农产品灰水含量大，所以其农产品蓝水足迹和灰水足迹所占的百分比较大。中国出口农产品绿水和灰水足迹主要集中在西亚和中东、东南亚和蒙俄。出口的农产品蓝水足迹主要分布在中东欧、南亚和中亚，主要与中国出口“一带一路”共建国家的农产品虚拟水国家分布有关，中国出口的农产品蓝水足迹的分布国家主要与中国出口到这些国家的农产品结构有关。

中国进出口“一带一路”共建国家的农产品绿水、蓝水和灰水足迹来自不同的农产品，中国从“一带一路”共建国家进口的农产品绿水足迹和蓝水足迹大于中国出口到“一带一路”共建国家的农产品绿水足迹和蓝水足迹。相对于蓝水来说，绿水具有较低的机会成本，并对环境的负面影响较小，作为整个作物用水的一部分，绿水在农业生产中对水资源和环境影响较大（Zhang et al., 2018）。绿水还具有空间异质性的特征，容易受到气候、土壤、植被和土地管理等多种因素的影响，所以中国和“一带一路”共建国家要重视雨养农业的绿水资源管理，加大绿水的开发力度，让绿水在农业生产中发挥更大的价值。蓝水从其来源来看是一种可替代的高度流动的水资源。蓝水具有较高的机会成本，可用于农业生产以外其他经济效益更高的部门。过度利用蓝水灌溉，会引发土壤盐碱化、渍水、地下水位下降等严重的环境问题，所以，中国和“一带一路”共建国家对于蓝水的合理利用对农业生产具有重要意义，要提高蓝水的利用效率。灰水在一定程度上反映了中国和“一带一路”共建国家农业生产技术水平，本章农产品灰水足迹的计算中主要考虑氮肥对水环境的影响，我国氮肥利用的整体水平要低于其他国家氮肥的利用水平。总的来说，中国需要提升农业生产技术水平，在维持高产的同时，要提高农业生产中氮肥的利用率，减少耗损量，减少化肥对土壤和水环境的影响。中国应该加强与“一带一路”共建国家的农业生产技术合作和科技人员的交流合作，从而减少农业生产中的灰水足迹，实现区域水资源和水环境的可持续发展。

8. 中国与“一带一路”共建国家农产品虚拟水贸易平衡

根据 2001～2020 年中国与“一带一路”共建国家农产品虚拟水贸易数据，可以得到中国净进口“一带一路”共建国家农产品虚拟水数据，为探究净进口及净出口的国家分布规律，根据图 9.3 及图 9.5 作 2001 年、2020 年中国与“一带一路”共建国家农产品虚拟水贸易平衡图，如图 9.10 所示。

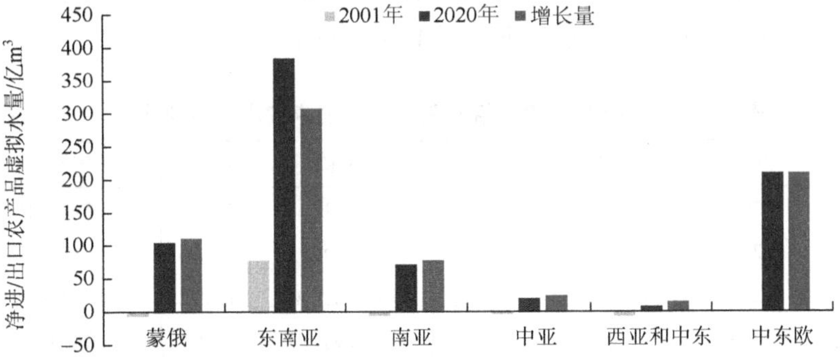

图 9.10 2001 年、2020 年中国与“一带一路”共建国家农产品虚拟水贸易平衡图

由图 9.10 可以看出，2001 年和 2020 年，中国净进口“一带一路”共建国家农产品虚拟水明显。在整个研究期内，针对中国而言，东南亚一直保持净出口的趋势，由 2001 年净出口 76.98 亿 m^3 增加至 2020 年的 384.12 亿 m^3，增长量为 307.14 亿 m^3，平均每年增长 15.36 亿 m^3；而中东欧、蒙俄、南亚、中亚、西亚和中东地区则由 2001 年的净进口地区转变为 2020 年的净出口地区，中东欧由 2001 年的净进口 0.28 亿 m^3 转变为 2020 年净出口 209.23 亿 m^3，增长量为 209.51 亿 m^3，平均每年增长 10.48 亿 m^3；蒙俄由 2001 年的净进口 6.50 亿 m^3 转变为 2020 年净出口 104.25 亿 m^3，增长量为 110.75 亿 m^3，平均每年增长 5.54 亿 m^3；南亚由 2001 年的净进口 6.20 亿 m^3 转变为 2020 年的净出口 71.10 亿 m^3，增长量为 77.30 亿 m^3，平均每年增长 3.87 亿 m^3；中亚由 2001 年的净进口 4.03 亿 m^3 转变为 2020 年净出口 19.80 亿 m^3，增长量为 23.83 亿 m^3，平均每年增长 1.19 亿 m^3；西亚和中东由 2001 年的净进口 7.05 亿 m^3 转变为 2020 年净出口 7.88 亿 m^3，增长量为 14.93 亿 m^3，平均每年增长 0.75 亿 m^3。

表 9.9 为 2001 年、2007 年、2013 年、2020 年中国净进口“一带一路”共建国家农产品虚拟水量前十的国家分布情况。根据表 9.9 中数据可知，中国净进口农产品虚拟水的国家的数量从 2001 年的 7 个增加至 2020 年的 23 个，其中，马来西亚、印度尼西亚、印度占据着重要的位置。马来西亚在 2001 年、2007 年均排在第一位，中国净进口马来西亚农产品虚拟水量分别为 29.03 亿 m^3、134.53 亿 m^3，2013 年以 143.96 亿 m^3 排在第二位，2020 年以 111.47 亿 m^3 排在第三位；印度尼西亚在 2001 年排在第二位，中国净进口印度尼西亚农产品虚拟水量为 22.66 亿 m^3，2007 年、2013 年分别以 72.92 亿 m^3、136.72 亿 m^3 排在第三位，2020 年则以 206.64 亿 m^3 跃升至第一位；印度在 2007 年排在第二位，中国净进口印度农产品虚拟水量为

122.31 亿 m^3，2013 年以 227.62 亿 m^3 排至第一位，2020 年以 68.76 亿 m^3 排在了第五位。综合来看，中国农产品虚拟水净进口量主要来自东南亚地区，其他几个地区虽然实现了农产品虚拟水由净进口转变为净出口，但出口的虚拟水资源量都不大，只有俄罗斯在 2020 年突破了 100 亿 m^3。

表 9.9　中国净进口"一带一路"共建国家农产品虚拟水量　（单位：亿 m^3）

国家	2001 年	国家	2007 年	国家	2013 年	国家	2020 年
马来西亚	29.03	马来西亚	134.53	印度	227.62	印度尼西亚	206.64
印度尼西亚	22.66	印度	122.31	马来西亚	143.96	乌克兰	198.80
泰国	20.47	印度尼西亚	72.92	印度尼西亚	136.72	马来西亚	111.47
菲律宾	7.95	泰国	26.88	越南	35.62	俄罗斯	103.72
越南	3.33	乌兹别克斯坦	15.61	泰国	31.61	印度	68.76
波兰	1.28	缅甸	4.35	乌克兰	26.69	泰国	38.45
匈牙利	0.13	孟加拉国	1.81	巴基斯坦	21.51	哈萨克斯坦	21.90
		土库曼斯坦	0.52	乌兹别克斯坦	20.12	阿联酋	18.96
		埃及	0.50	阿联酋	9.31	菲律宾	9.93
		老挝	0.42	菲律宾	7.17	缅甸	6.73

由表 9.10 可知 2001 年、2007 年、2013 年、2020 年中国净出口"一带一路"共建国家农产品虚拟水量前十的国家，并根据 2001～2020 年农产品虚拟水贸易数据发现中国净出口国家的数量也从 2001 年的 53 个减少至 2020 年的 42 个，其中各净进口国净进口的虚拟水资源差异不大，较为平均，分布的地区也多以西亚和中东地区为主，这些国家由于地理位置所限，水资源相对较为匮乏。"一带一路"倡议的实施，使得中国与"一带一路"共建国家的农产品虚拟水贸易往来更加密切。"一带一路"倡议作为联系中国与"一带一路"共建国家的纽带，未来中国与"一带一路"共建国家陆上和海上相关基础设施的建设，会使得中国与"一带一路"共建国家的农产品虚拟水贸易更加便利；中国与"一带一路"共建国家积极合作建立农业示范园区，开展农业交流会，汲取各个国家先进的农业技术，加大对农业科研的投入，提高对水资源和肥料的利用效率，不断提高农产品的质量；中国与"一带一路"共建的一些国家建立自由贸易区，减少关税贸易壁垒，使中国与"一带一路"共建国家的农产品虚拟水贸易更加便捷；加强与"一带一路"共建国家的农产品虚拟水贸易合作，规避农产品虚拟水贸易市场过于集中带来的风险，更好地利用"一带一路"共建国家的农业资源，缓解当前存在的水资源数量短缺问题，实现水资源和社会经济的可持续发展。

表 9.10 中国净出口“一带一路”共建国家农产品虚拟水量前十的国家（单位：亿 m^3）

国家	2001 年	国家	2007 年	国家	2013 年	国家	2020 年
俄罗斯	6.11	俄罗斯	8.59	俄罗斯	5.99	土耳其	2.76
乌兹别克斯坦	2.33	越南	4.75	蒙古国	1.55	孟加拉国	2.16
伊拉克	2.25	菲律宾	4.31	埃及	1.49	伊拉克	2.08
巴基斯坦	2.23	沙特阿拉伯	1.87	新加坡	1.35	乌兹别克斯坦	1.91
斯里兰卡	1.87	巴基斯坦	1.54	伊朗	1.18	新加坡	1.80
孟加拉国	1.47	新加坡	1.44	沙特阿拉伯	1.12	埃及	1.31
新加坡	1.22	哈萨克斯坦	1.19	也门	0.82	沙特阿拉伯	1.08
土耳其	1.22	阿联酋	1.15	土耳其	0.74	伊朗	0.89
埃及	1.15	伊朗	1.05	黎巴嫩	0.46	波兰	0.85
缅甸	1.00	吉尔吉斯斯坦	1.01	吉尔吉斯斯坦	0.46	约旦	0.84

9.3.3 中国与“一带一路”共建国家能源虚拟水贸易格局

1. 能源贸易隐含水足迹的时空演变

虽然中国是能源贸易大国，但是能源贸易所隐含的虚拟水与农产品虚拟水相比仍然要小得多。不论虚拟水含量还是种类上，能源贸易产品都要比农产品少，因此受数据来源及处理后效果的影响只选取了煤、石油及天然气这三种能源，以 2011～2020 年这 10 年数据为基础展开研究。由图 9.11 可知，2011～2020 年中国向“一带一路”共建国家出口能源水足迹年均为 2 亿 m^3，中国从“一带一路”共建国家进口能源水足迹年均为 67.5 亿 m^3，中国与“一带一路”共建国家的能源水足迹贸易处于逆差状态，中国是能源水足迹净进口大国，2011～2020 年中国从“一带一路”共建国家年均净进口能源水足迹达到 67.3 亿 m^3。研究期内中国出口能源水足迹总量较少，年际变化波动大，整体上处于先增后减的趋势，在 2015 年和 2017 年两次冲顶。中国从“一带一路”共建国家进口能源水足迹总量的年际变化较大，总体呈持续攀升的态势，10 年间进口量增加 48.0 亿 m^3，增长了 99.4%。2015 年中国能源水足迹进口量出现小幅度波动下降，2016～2020 年保持着较快的增速，年均增长率达到 11%。由于我国能源水足迹出口量与进口量相比微乎其微，能源水足迹净进口量的变化趋势与进口量的变化基本保持一致。2020 年国际经济形势严峻，外贸保护主义和新冠疫情对跨国贸易行业打击较大，我国向“一带一路”共建国家能源水足迹出口减少了 204.33 万 m^3，进口几乎没有受到影响，保持着同等增速。

能源供应是维系经济社会发展的关键，中国加速的城镇化进程和“世界工厂”的地位对能源有着巨大的消费需求，加之国内处于能源转型关键时期，我国能源出现结构性短缺，石油和天然气供应主要依赖进口。能源消费构成悄然变化，能源产业结构也随之改变，传统能源行业调整，新能源产业布局深入，能源行业整体进入变革期。2015 年，中国能源行业发生了巨大变化，随着经济增速放缓，煤炭

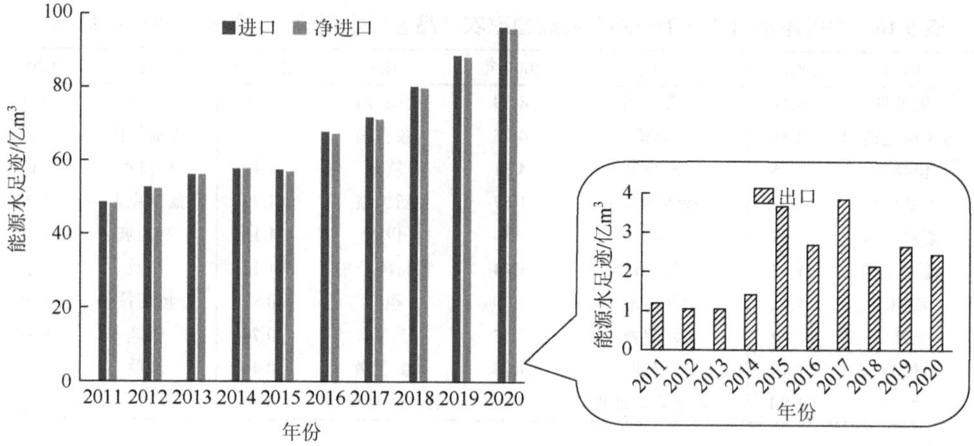

图 9.11 2011～2020 年中国与"一带一路"共建国家能源贸易隐含水足迹量

行业陷入低谷，下游行业需求萎靡直接导致上游煤炭企业产能持续过剩。国家统计局数据显示，截至 2015 年 9 月底，占煤炭需求 80%的火电、水泥、钢铁和合成氨四大行业增速放缓或者负增长。同年，我国煤炭进口数量减少了 9000 万 t，煤炭水足迹进口量减少了 4.70 亿 t。构建绿色低碳循环发展新方式、全面化解产能过剩、发挥市场机制作用，成为未来中国能源行业发展呈现出的三大新趋势。总体来看，2011～2020 年中国与"一带一路"共建国家能源水足迹贸易处于净进口的持续增长态势，这有利于减少本国水资源投入，缓解国内水-能紧张关系，缓解其他部门水资源供给紧张程度，充分利用共建国家的能源资源和水资源来满足国内生产需求，同时也能够为共建国家的经济建设注入资本，是一个互惠互利的局面。

2. 能源贸易隐含水足迹产品结构

中国与"一带一路"共建国家能源贸易隐含水足迹产品结构如图 9.12 所示。综合来看，2011～2020 年，中国能源水足迹贸易结构中石油水足迹占比相对较大，天然气水足迹占比较小。三种能源水足迹的出口结构存在时间上的变化，2011～2014 年，天然气水足迹出口最多，占我国能源水足迹出口总量的一半左右；其次为石油水足迹，占比在 31%～45%波动；煤炭水足迹出口最少，2012 年出口量骤减，占比由前一年的 22.67%降至 2.76%。2013 年适逢国家提出《能源发展"十二五"规划》，推进电力、煤炭、石油、天然气等重点领域改革，大力开发清洁可再生能源，煤炭产量增速下滑，煤炭出口量不足 1000 万 t，煤炭水足迹出口随之减少。2015～2020 年，石油水足迹出口量最大，但年际波动较大，占三种能源总出口的比例在 32%～72%变化；其次为煤炭水足迹，2015 年煤炭水足迹出口量骤然增加，较前一年多出 923.39 万 m^3，2016 年以后又呈减少趋势；天然气水足迹出口略少于煤炭水足迹，在出口结构中占比保持在 17%～29%。

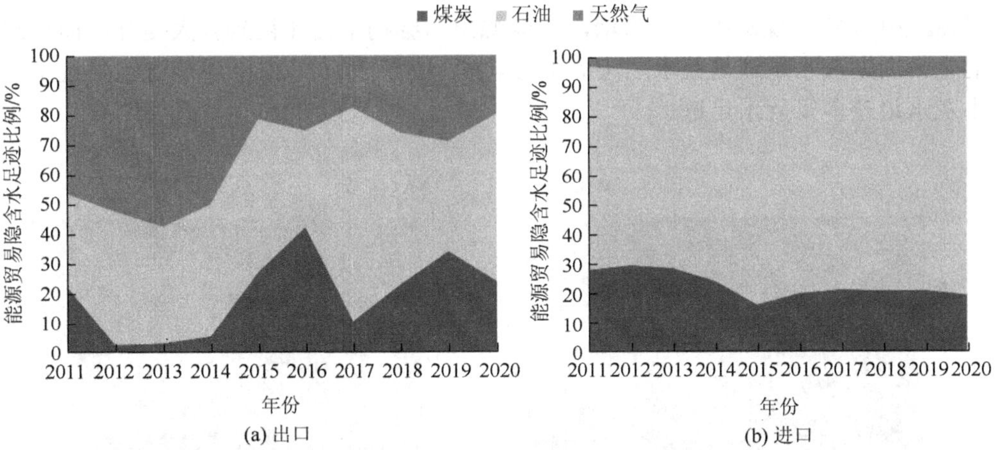

图 9.12　2011～2020 年中国与“一带一路”共建国家能源贸易隐含水足迹产品结构

从进口的产品结构来看，2011～2020 年，三种能源水足迹进口结构基本保持不变，其中进口占比最高的是石油水足迹，2011～2015 年占比由 68.83%增至 78.12%，之后缓慢下降至 2020 年的 74.93%；其次为煤炭水足迹，在进口结构中占比大体呈下降趋势，由 2011 年的 27.90%降至 2020 年的 19.32%；天然气水足迹进口量最少，占比不超过 7%，呈缓慢增长趋势。从三种能源水足迹进口量来看，石油和天然气水足迹进口量增速较快，10 年间分别增长了 2.2 倍和 3.5 倍，煤炭水足迹进口量增长了 38.10%。2015 年是中国能源行业的变革之年，中国能源外贸行业受到显著影响，既有被动的煤炭产能过剩导致的煤炭进口量下跌，也有主动增加的进口石油消费。我国原油生产不足以满足石油消费需求，石油供应存在较大缺口，国际油价低迷大大降低了中国进口石油的成本，逐渐形成了以原油为主的能源进口结构，而石油生产需要较高的水资源投入，石油的生产生命周期耗水量为 19.91m^3/t，分别是煤炭和天然气的 2.3 倍和 2.6 倍，因此我国能源水足迹的进口结构仍以石油水足迹为主。

3. 能源贸易隐含水足迹类型

能源贸易隐含水足迹的类型分为能源蓝水足迹和能源灰水足迹，能够体现能源生产过程中水资源的消耗量、消耗的水资源类型、水资源的污染量多方面指标。图 9.13 为 2011～2020 年中国与“一带一路”共建国家能源贸易隐含水足迹类型。从出口来看，2011～2014 年，中国向“一带一路”共建国家出口的蓝水足迹总量高于灰水足迹总量，占比高出 30 个百分点。该时期我国化石能源出口结构以天然气和石油为主，煤炭出口占比很小，天然气的生产生命周期灰水足迹仅为 0.91m^3/t，蓝水足迹为 6.691m^3/t，因此能源蓝水足迹的出口量相对较大。2015～2020 年，灰水足迹出口量迅速增加，其增长速度超过蓝水足迹出口量的增速，占比在 51%～

61%。2015 年，煤炭出口量骤增，在能源出口结构中占比得到较大提升，而煤炭的生命周期灰水足迹是蓝水足迹的 17.94 倍，使得 2015～2020 年能源水足迹出口中灰水足迹多于蓝水足迹。

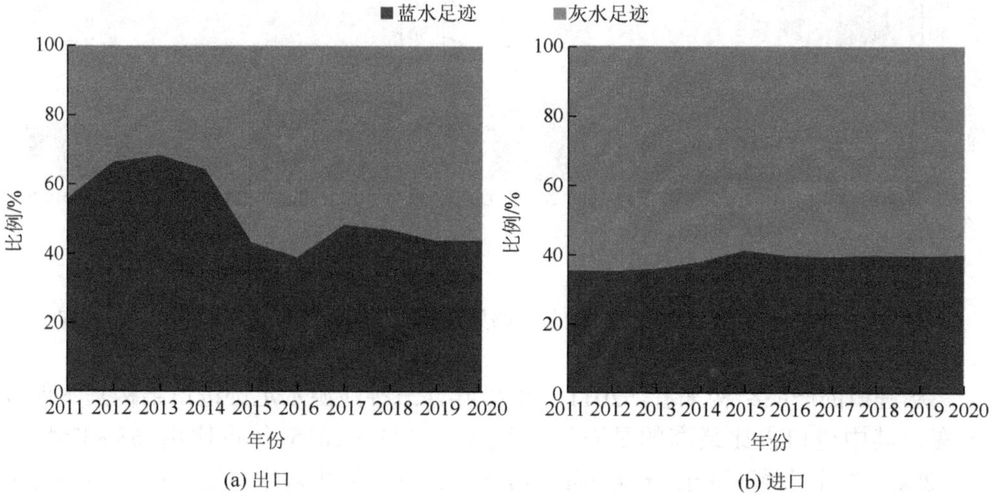

图 9.13　2011～2020 年中国与“一带一路”共建国家能源贸易隐含水足迹类型

从进口来看，2011～2020 年我国从“一带一路”共建国家进口的能源灰水足迹的量始终高于蓝水足迹的量，灰水足迹进口量占总体比重呈下降趋势，由 2011 年的 64.54%降至 2020 年的 60.05%，而蓝水足迹进口量占比呈上升趋势，2011～2020 年提高了 4.5 个百分点。为了维持国内经济发展速度，近年来我国原油和煤炭进口量持续走高，原油和煤炭生产中灰水足迹的投入均高于蓝水足迹，造成我国能源水足迹进口结构中灰水足迹远超蓝水足迹。

9.4　中国与“一带一路”共建国家农产品和能源虚拟水贸易分形特征研究

9.4.1　农产品虚拟水贸易分形特征

1. 首位度分析

为了对比分析我国与“一带一路”共建国家农产品及能源贸易隐含水足迹位序-规模的变化规律，以各国家为单位，分别测算我国与“一带一路”共建国家的农产品虚拟水贸易规模，采用 2011～2020 年的虚拟水贸易数据，将其由大到小排序，并利用城市首位度计算其首位分布情况（表 9.11）。

表 9.11　中国与“一带一路”共建国家农产品贸易隐含水足迹首位度指数

贸易类型	首位度指数	2011 年	2012 年	2013 年	2014 年	2015 年	2016 年	2017 年	2018 年	2019 年	2020 年
出口	S_2	1.090	1.100	1.066	1.198	1.293	1.001	1.420	1.788	1.467	1.940
	S_4	0.368	0.382	0.400	0.441	0.455	0.408	0.544	0.639	0.571	0.665
	S_{11}	0.397	0.386	0.391	0.450	0.414	0.369	0.455	0.481	0.449	0.535
进口	S_2	1.270	1.597	1.534	1.203	2.175	2.447	2.634	2.617	2.671	1.694
	S_4	0.558	0.712	0.636	0.507	0.846	0.899	1.093	1.075	1.003	0.775
	S_{11}	0.946	1.025	0.878	0.705	1.089	1.071	1.281	1.143	1.105	0.843

从出口来看，2011～2020 年，2 城市指数低于 2，4 城市指数和 11 城市指数低于 1，说明中国向“一带一路”共建国家农产品水足迹出口贸易的首位分布总体上不明显。三种首位度指数总体上表现为上升趋势，其中 2 城市指数在 2020 年达到峰值 1.940，非常接近 2，这说明出口的系统形态趋于优化，首位分布逐渐趋向明显，规模顶端的优势渐显。4 城市指数和 11 城市指数的增速低于 2 城市指数，指数值相对较低，说明我国出口“一带一路”共建国家农产品水足迹在高位序级别间存在较强的等级分布，内部贸易规模差距大。

从进口来看，三种首位度指数指示的首位分布均经历了从不显著至显著的变化过程。2 城市指数在 2011～2014 年低于 2，2015～2019 年高于 2；4 城市指数在 2011～2016 年低于 1，2017～2019 年则高于 1；11 城市指数在 2011 年、2013 年和 2014 年低于 1，2012 年以及 2015～2019 年则高于 1。三种首位度指数的变化不同步，说明 2011～2020 年前期，中国从“一带一路”共建国家进口的农产品水足迹不具备首位分布形态，规模顶端的辐射力较弱；到中后期，首位分布逐渐强势，三种指数均高于理想值，规模顶端优势凸显。2020 年首位度指数有小幅下跌，2 城市指数由 2019 年的 2.671 降至 1.694，4 城市指数和 11 城市指数下降了 0.2～0.3，中国农产品水足迹进口规模受到国际形势影响，且对规模顶端（印度尼西亚）的影响尤其显著。

2. 位序-规模规律

为了更清晰地呈现中国与“一带一路”共建国家农产品贸易水足迹流动的地区分布情况，结合中国与“一带一路”共建国家的具体贸易规模和位序，以中国对“一带一路”共建国家农产品贸易隐含水足迹规模为纵坐标，位序为横坐标，作位序-规模分布曲线（图 9.14）。分析可知，中国农产品水足迹进出口位序-规模曲线呈现幂律分布，即少数节点具有很高的贸易规模，多数节点的贸易规模低且差异性不明显，规模等级体系失衡，具有明显的无标度性。对比出口和进口的位序-规模曲线发现，随着时间的推移，进口较出口的等级差异性更强，出口位序较进口多，出口的空间分布更加多元化。为了进一步揭示我国农产品水足迹对外贸易的等级空间分布结构特征，引入位序-规模双对数回归方程对其结构进行解析。

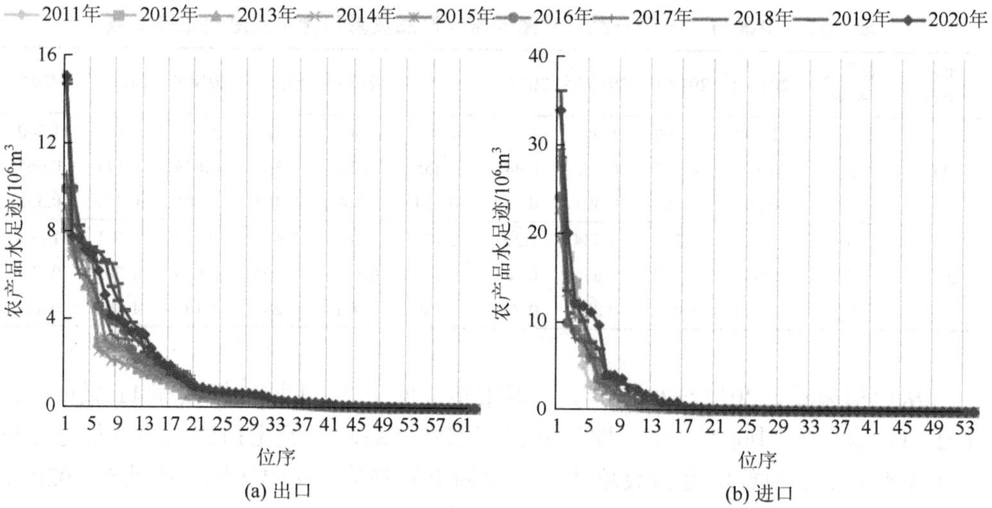

图 9.14　中国与“一带一路”共建国家农产品贸易隐含水足迹位序-规模分布

根据 2011～2020 年中国与“一带一路”共建国家农产品水足迹贸易位序-规模分布，计算双对数回归方程，得出各相关系数（表 9.12 和表 9.13）。结果显示，中国与“一带一路”共建国家农产品水足迹贸易的空间分布出现多个无标度区的状态，即多分形结构。

表 9.12　中国出口“一带一路”共建国家农产品水足迹位序-规模分布无标度区参数

年份	无标度区一	无标度区二	无标度区三
	位序；q；D；R^2	位序；q；D；R^2	位序；q；D；R^2
2011	1～4；0.084；11.024；0.928	5～34；1.575；0.589；0.927	35～63；7.560；0.113；0.856
2012	1～4；0.132；7.341；0.969	5～37；1.804；0.530；0.956	38～63；8.632；0.099；0.853
2013	1～18；0.798；1.136；0.907	19～55；3.187；0.299；0.952	56～63；28.000；0.033；0.924
2014	1～19；0.790；1.183；0.935	20～47；2.888；0.318；0.920	48～62；12.445；0.073；0.904
2015	1～19；0.798；1.134；0.905	20～62；4.281；0.218；0.932	—
2016	1～18；0.752；1.196；0.900	19～62；4.710；0.193；0.908	—
2017	1～20；0.651；1.447；0.942	21～62；4.460；0.202；0.899	—
2018	1～9；0.368；2.380；0.876	10～42；2.139；0.459；0.981	43～62；9.065；0.086；0.781
2019	1～7；0.396；2.419；0.957	8～31；1.826；0.538；0.983	32～62；6.582；0.131；0.864
2020	1～13；0.569；1.652；0.941	14～41；2.293；0.426；0.976	42～63；10.384；0.065；0.670

表 9.13　中国进口“一带一路”共建国家农产品水足迹位序-规模分布无标度区参数

年份	无标度区一	无标度区二	无标度区三
	位序；q；D；R^2	位序；q；D；R^2	位序；q；D；R^2
2011	1～14；2.119；0.434；0.919	15～45；4.983；0.191；0.952	46～54；28.086；0.028；0.774
2012	1～18；2.022；0.463；0.937	19～31；4.745；0.198；0.938	32～52；13.469；0.064；0.867
2013	1～18；1.955；0.466；0.911	19～51；10.646；0.084；0.893	—
2014	1～29；2.328；0.399；0.929	30～50；12.946；0.075；0.974	—
2015	1～29；2.228；0.423；0.942	30～54；14.432；0.059；0.851	—
2016	1～29；2.204；0.420；0.925	30～54；11.482；0.079；0.911	—
2017	1～26；2.078；0.445；0.926	27～53；12.323；0.074；0.915	—
2018	1～6；0.869；1.075；0.934	7～27；3.172；0.309；0.980	28～54；12.818；0.070；0.894
2019	1～6；0.872；1.091；0.952	7～32；3.633；0.265；0.962	33～51；16.544；0.059；0.968
2020	1～6；0.706；1.348；0.952	7～26；3.328；0.287；0.954	27～53；12.011；0.076；0.918

3. 分形特征分析

由中国出口“一带一路”共建国家农产品水足迹位序-规模分布无标度区参数可知，2011～2020 年我国农产品水足迹出口经历了三个发展阶段。

2011～2012 年：三分形、差异化发展阶段。无标度区一 $q<0.2$、$D>7$，呈分散化分布形态，贸易规模差距小。无标度区二 $q>1.5$、$D<1$，呈较弱的集聚形态，规模差距拉大。无标度区三 $q>7$、$D<0.2$，呈较强的集聚形态，规模差距大。在内部次序层面上，高位序级别稳定在印度尼西亚、俄罗斯、越南和马来西亚，中位序级别以东南亚、南亚、中亚、西亚和中东国家为主，低位序级别东欧国家占主体。俄罗斯是中国农产品贸易重点出口地区，东南亚国家地处热带和亚热带地区，俄罗斯处于亚欧大陆最北端，自然条件不同造成的农产品种类差异和比较优势互补是东南亚、俄罗斯与中国贸易合作的基础。从贸易额占比来看，2011 年中国与东南亚国家的农产品贸易额占中国农产品对外总贸易额的比例达到 21.7%，为近年来最高水平。中国向东南亚农产品出口额占中国农产品对外出口总额的比例达到 16.1%，且持续提升。2011～2012 年，中国对俄罗斯农产品出口额年均为 18.5 亿美元，占中国农产品对外出口总额的 3%左右。中国向俄罗斯出口产品集中为园艺农产品（水果蔬菜类）以及纺织品，是俄罗斯市场所急需但由于气候制约很难生产的一些农产品。

2013～2017 年：分形交替、中小规模冲破贸易界限阶段。农产品水足迹出口由三个无标度区演变为两个无标度区，中小规模的贸易界限被突破，出现贸易集中化趋势。无标度区一 $q<1$、$D>1$，空间分布呈分散化，规模差距较小。无标度区二和无标度区三完成整合，$q>2$、$D<0.5$，呈集聚化分布形态，中低位序间规模差距缩小。在内部次序层面上，高位序级别国家数量与上一阶段相比显著提升，以东南

亚、蒙俄地区的国家为主，中东的埃及、沙特阿拉伯、阿联酋、伊朗和伊拉克也进入无标度区一。此外，东欧地区打破了中低位序级别间的界限，与中国的贸易规模明显提升。自 2013 年“一带一路”倡议初步落实后，中国向西拓展了农产品出口贸易版图，这得益于第二条和第三条亚欧大陆桥的建设运营，这两座大陆桥分别沟通着我国西部和南部地区与中亚、中东、南亚以及中东欧等地的贸易联系，为我国西部和南方地区产品开辟了一条经铁路进入欧洲市场的“黄金通道”。通过亚欧大陆桥这一陆上交通捷径，我国进一步深化了中小规模水足迹出口贸易合作。

2018～2020 年：三分形、稳定发展阶段。此阶段我国农产品水足迹出口由双分形演变为三分形结构，无标度区一 q 值较上一阶段变小，D 值相对增大，分散化趋势加强。无标度区二呈弱集聚化。无标度区三 $q>6$、$D<0.2$，呈较强的集聚化分布，中小规模贸易差距再次拉大。从内部次序层面看，高位序级别仍以东南亚国家为主，越南稳定为我国出口农产品水足迹首位国家。此外，还包括蒙古国、俄罗斯以及中东地区的埃及和土耳其。中位序级别以中亚、南亚和中东地区的国家为主，低位序级别包括东欧大部分国家和东南亚的老挝、柬埔寨、文莱。此阶段我国对“一带一路”共建国家的农产品水足迹出口贸易取得了长足发展，整体的空间分布结构趋于稳定，各指数在变化上较为一致。在共建“一带一路”框架下，我国向北、向西、向南三个方向同步发展农产品贸易合作，在农产品水足迹出口的空间分布上形成以东南亚为首，兼顾蒙俄，向西辐射中亚、南亚及中东的贸易局面。

从中国进口“一带一路”共建国家农产品水足迹位序-规模分布无标度区情况来看（表 9.13），2011～2020 年我国农产品水足迹进口经历了三个发展阶段。

2011～2012 年：三分形、高位序支配下的快速发展阶段。三个无标度区均呈现集聚化分布态势，无标度区一 $q>2$、$D<0.5$，国家数量低于 20 个，等级差异性相对较弱。无标度区二 $q>4.5$、$D<0.2$，国家数量有减少趋势，等级差异性强于无标度区一。无标度区三 $q>13$、$D<0.1$，低位序级别分裂化态势明显。在内部次序层面上，高位序级别的核心国包括南亚的印度、巴基斯坦、孟加拉国，东南亚的印度尼西亚、马来西亚、泰国、越南、缅甸，中亚的乌兹别克斯坦、吉尔吉斯斯坦以及东欧的乌克兰和希腊。中位序国家数量缩减，中低位序间的规模差距缩小，结构趋于整合，国家组成以中东、中亚以及东欧国家为主。在“一带一路”倡议所涉及的地区中，东南亚和南亚地区与中国一直保有密切的农产品贸易联系，东南亚和南亚地区不仅是历史上茶马古道和古代南方“丝绸之路”的重要通道，也是当今“21 世纪海上丝绸之路”的重要组成部分。中国与东南亚的农产品贸易长期存在逆差，并在 2011 年达到峰值 200.66 亿美元。除东南亚外，南亚也是中国农产品进口的主要来源地。中国与南亚农产品贸易自 2006 年开始呈现逆差状态，2012 年中国自南亚农产品净进口额达到几年来最高值 35.35 亿美元。除东盟和南亚以外，中国还向西延伸了农产品进口渠道，第三条亚欧大陆桥在本阶

段内的 2012 年正式开通运营，该条线路以广东沿海港口群为起点，以昆明为枢纽，经缅甸、孟加拉国、印度、巴基斯坦、伊朗，从土耳其进入欧洲，最终抵达荷兰鹿特丹港，横贯亚欧 21 个国家。通过第三亚欧大陆桥，中国将影响辐射至东南亚、南亚、西亚乃至北非。

2013～2017 年：双分形、结构稳定化阶段。上一阶段的三个无标度区整合为两个，高位序级别 $q>1.9$、$D<0.5$，国家数量增至 18～29 个，呈弱集聚化分布形态。低位序级别 $q>10$、$D<0.1$，空间等级差异性大，呈较强的集聚化形态。在内部次序层面上，与 2011～2012 年相比，本阶段高位序国家数量显著增加，除东南亚和南亚国家外，东欧的波兰、保加利亚、白俄罗斯、匈牙利，中东的伊朗、土耳其，中亚的土库曼斯坦、塔吉克斯坦，以及蒙俄首次进入无标度区一，蒙俄和部分东欧国家的位序明显提升，印度由首位国家降至第七位。低位序级别基本由中东和东欧国家构成，内部次序较稳定。本阶段东南亚成为中国农产品水足迹进口量最大的地区，2013～2017 年，中国从东南亚年均农产品水足迹进口量为 530 亿 m^3，占中国从“一带一路”共建国家农产品水足迹总进口量的比例超过 60%。“一带一路”倡议提出以后，得到东南亚与南亚国家的积极参与和支持。在此期间，中国新建了多个机构和组织间的资金融通渠道，兴修基建工程，积极组建中国-东盟自由贸易区，并与南亚地区开展农业基础设施建设的深度合作。这些广泛的合作和交流，促进了中国与东南亚和南亚之间的农产品水足迹贸易。

2018～2020 年：三分形、差异化发展阶段。无标度区一 $q<1$、$D>1$，空间分布由上一阶段的集聚态演变为分散态，内部差异变小。无标度区二 $q>3$、$D<0.5$，空间分布呈集聚形态。无标度区三 $q>12$、$D<0.1$，各国间贸易规模差距大。在内部次序层面上，高位序级别国家数量骤减，依次为印度尼西亚、泰国、马来西亚、越南、乌克兰、俄罗斯和印度，其中，乌克兰的位序持续提升，越南和泰国位序有所下降，印度尼西亚稳定为首位贸易国家。中位序级别国家包括东南亚的缅甸、菲律宾、柬埔寨、老挝，南亚的巴基斯坦、孟加拉国、斯里兰卡，中东的阿联酋、土耳其、伊朗、埃及，东欧的白俄罗斯、波兰、希腊、匈牙利等国以及中亚五国，其中中亚国家的位序不断下跌，中东国家的位序有所提升。低位序级别国家基本为中东和东欧国家。目前，中国农产品水足迹进口的空间分布结构以东南亚为首，并向西拓展至中亚、中东和东欧，相关基础设施的不断完善使中国得以从这些地区获取更多的农业资源。

4. 分区位序-规模特征变化

为了对比分析“一带一路”倡议提出前后水足迹流动的变化情况，利用 ArcGIS 10.2 软件，分别制作 2011 年和 2020 年中国与“一带一路”共建国家农产品贸易隐含水足迹的位序-规模分布表（表 9.14），发现：①以印度尼西亚、越南、马来西亚为代表的东南亚地区和俄罗斯一直是中国农产品水足迹出口的高位序-规模地区。②我国与西亚和中东地区的农产品水足迹贸易基本维持在中等位序-规模，其中我国向埃及和土耳其出口的位序-规模呈上升趋势，而我国从该地区进口的位序-规模呈下降趋势。③我国与东欧地区的农产品水足迹贸易处于中低位序-规模，我国对该地区出口的位序-规模整体高于我国从其进口的位序-规模，在“一带一路”倡议提出后贸易合作水平整体提升。④我国对中亚的农产品水足迹出口维持为中位序级别但贸易规模下降，我国从其进口的位序-规模均有所下降。⑤我国对南亚地区农产品水足迹出口的规模下降，其中巴基斯坦和孟加拉国由中位序升至高位序，除印度外，我国从南亚进口的农产品水足迹位序-规模均下降。

表 9.14（a） 中国与“一带一路”共建国家农产品贸易隐含水足迹规模 （单位：m^3）

年份	贸易往来	区间	地区
2011 年	出口	$[4.2\times10^3，3.6\times10^7)$	爱沙尼亚、拉脱维亚、立陶宛、白俄罗斯、捷克、斯洛伐克、摩尔多瓦、匈牙利、斯洛文尼亚、罗马尼亚、塞尔维亚、克罗地亚、保加利亚、马其顿、黑山、阿尔巴尼亚、土库曼斯坦、亚美尼亚、叙利亚、黎巴嫩、阿富汗、伊拉克、老挝、马尔代夫、文莱、巴林、卡塔尔、格鲁吉亚、阿塞拜疆、也门、柬埔寨、塔吉克斯坦、阿曼、约旦
		$[3.6\times10^7，1.2\times10^8)$	波兰、乌克兰、科威特、尼泊尔、以色列、哈萨克斯坦、斯里兰卡、缅甸、土耳其、印度
		$[1.2\times10^8，4.7\times10^8)$	埃及、吉尔吉斯斯坦、蒙古国、伊朗、巴基斯坦、孟加拉国、新加坡、沙特阿拉伯、阿联酋、菲律宾、乌兹别克斯坦、泰国
		$[4.7\times10^8，8.2\times10^8]$	俄罗斯、马来西亚、印度尼西亚、越南
	进口	$[478，1.1\times10^6)$	克罗地亚、塞尔维亚、黑山、阿尔巴尼亚、马其顿、罗马尼亚、保加利亚、黎巴嫩、约旦、沙特阿拉伯、阿塞拜疆、尼泊尔、柬埔寨
		$[1.1\times10^6，1.8\times10^7)$	俄罗斯、立陶宛、斯洛伐克、匈牙利、罗马尼亚、格鲁吉亚、叙利亚、科威特、也门、阿富汗、新加坡、巴林、卡塔尔
		$[1.8\times10^7，1.0\times10^8)$	波兰、白俄罗斯、土耳其、叙利亚、伊拉克、伊朗、土库曼斯坦、塔吉克斯坦、斯里兰卡、老挝、哈萨克斯坦、蒙古国、阿联酋
		$[1.0\times10^8，2.0\times10^{10})$	乌克兰、埃及、乌兹别克斯坦、吉尔吉斯斯坦、巴基斯坦、印度、孟加拉国、缅甸、泰国、越南、马来西亚、印度尼西亚、菲律宾
2020 年	出口	$[2.1\times10^4，9.5\times10^7)$	文莱、柬埔寨、尼泊尔、印度、斯里兰卡、马尔代夫、阿富汗、吉尔吉斯斯坦、塔吉克斯坦、哈萨克斯坦、土库曼斯坦、格鲁尼亚、阿塞拜疆、亚美尼亚、爱沙尼亚、拉脱维亚、立陶宛、波兰、白俄罗斯、摩尔多瓦、罗马尼亚、保加利亚、阿尔巴尼亚、黑山、塞尔维亚、波黑、捷克、斯洛伐克、匈牙利、克罗地亚、叙利亚、约旦、科威特、巴林、卡塔尔、阿曼、也门、以色列、老挝
		$[9.5\times10^7，2.7\times10^8)$	新加坡、缅甸、伊朗、伊拉克、沙特阿拉伯、黎巴嫩、乌克兰

续表

年份	贸易往来	区间	地区
2020 年	出口	$[2.7\times10^8,\ 6.2\times10^8)$	菲律宾、孟加拉国、巴基斯坦、阿联酋、土耳其、乌兹别克斯坦、蒙古国、俄罗斯
		$[6.2\times10^8,\ 1.5\times10^9]$	埃及、泰国、越南、马来西亚、印度尼西亚
	进口	$[2.9\times10^3,\ 2.2\times10^6)$	爱沙尼亚、拉脱维亚、斯洛伐克、斯洛文尼亚、黑山、阿尔巴尼亚、马其顿、阿塞拜疆、亚美尼亚、叙利亚、黎巴嫩、也门、尼泊尔
		$[2.2\times10^6,\ 8.8\times10^7)$	新加坡、吉尔吉斯斯坦、塔吉克斯坦、阿富汗、沙特阿拉伯、伊拉克、以色列、格鲁吉亚、摩尔多瓦、罗马尼亚、塞尔维亚、克罗地亚、匈牙利
		$[8.8\times10^7,\ 1.6\times10^9)$	蒙古国、乌兹别克斯坦、白俄罗斯、波兰、立陶宛、保加利亚、土耳其、埃及、伊朗、孟加拉国、老挝、菲律宾、斯里兰卡
		$[1.6\times10^9,\ 3.4\times10^{10}]$	俄罗斯、乌克兰、哈萨克斯坦、阿联酋、巴基斯坦、印度、缅甸、泰国、柬埔寨、越南、马来西亚、印度尼西亚

表 9.14（b）　中国与“一带一路”共建国家农产品贸易隐含水足迹位序

年份	贸易往来	位序	地区
2011 年	出口	高位序	俄罗斯、马来西亚、印度尼西亚、越南、文莱、新加坡
		中位序	埃及、波兰、罗马尼亚、乌克兰、土库曼斯坦、吉尔吉斯斯坦、黎巴嫩、伊拉克、科威特、尼泊尔、蒙古国、约旦、巴林、卡塔尔、以色列、伊朗、巴基斯坦、斯里兰卡、哈萨克斯坦、塔吉克斯坦、沙特阿拉伯、缅甸、阿联酋、印度、菲律宾、泰国、乌兹别克斯坦、土耳其、也门、马尔代夫
		低位序	爱沙尼亚、拉脱维亚、立陶宛、白俄罗斯、捷克、斯洛伐克、摩尔多瓦、匈牙利、斯洛文尼亚、塞尔维亚、克罗地亚、马其顿、保加利亚、黑山、阿尔巴尼亚、亚美尼亚、叙利亚、黎巴嫩、阿富汗、老挝、格鲁吉亚、阿塞拜疆、柬埔寨、阿曼
	进口	高位序	乌克兰、埃及、乌兹别克斯坦、吉尔吉斯斯坦、巴基斯坦、印度、不丹、孟加拉国、缅甸、越南、新加坡、印度尼西亚、马来西亚、菲律宾、东帝汶、斯里兰卡、泰国
		中位序	俄罗斯、哈萨克斯坦、蒙古国、立陶宛、波兰、马尼亚、保加利亚、马其顿、土耳其、叙利亚、以色列、黎巴嫩、阿富汗、约旦、沙特阿拉伯、也门、阿联酋、科威特、巴林、卡塔尔、老挝、柬埔寨、科威特、塞浦路斯
		低位序	塞尔维亚、克罗地亚、尼泊尔、约旦、阿塞拜疆、黑山、阿尔巴尼亚、马其顿、以色列、叙利亚、阿尔巴尼亚
2020 年	出口	高位序	蒙古国、俄罗斯、越南、泰国、马来西亚、新加坡、文莱、印度尼西亚、菲律宾、孟加拉国、巴基斯坦、乌兹别克斯坦、土耳其、阿拉伯联合酋长国、埃及
		中位序	哈塞克斯坦、吉尔吉斯斯坦、塔吉克斯坦、阿富汗、伊朗、伊拉克、叙利亚、黎巴嫩、以色列、约旦、沙特阿拉伯、阿曼、卡塔尔、巴林、科威特、印度、尼泊尔、斯里兰卡、马尔代夫、缅甸、柬埔寨、立陶宛、白俄罗斯、波兰、乌克兰、罗马尼亚、保加利亚

续表

年份	贸易往来	位序	地区
2020 年	出口	低位序	爱沙尼亚、拉脱维亚、捷克、斯洛伐克、摩尔多瓦、匈牙利、克罗地亚、塞尔维亚、黑山、阿尔巴尼亚、马其顿、格鲁吉亚、亚美尼亚、阿塞拜疆、土库曼斯坦、也门、老挝
	进口	高位序	俄罗斯、乌克兰、印度、泰国、马来西亚、印度尼西亚、柬埔寨、新加坡、斯里兰卡
		中位序	哈萨克斯坦、蒙古国、巴基斯坦、伊朗、土耳其、保加利亚、匈牙利、波兰、白俄罗斯、立陶宛、乌兹别克斯坦、孟加拉国、缅甸、老挝、越南、菲律宾、埃及
		低位序	塔吉克斯坦、吉尔吉斯斯坦、阿富汗、尼泊尔、沙特阿拉伯、也门、阿联酋、伊拉克、叙利亚、以色列、黎巴嫩、格鲁吉亚、亚美尼亚、阿塞拜疆、罗马尼亚、摩尔多瓦、阿尔巴尼亚、马其顿、塞尔维亚、黑山、克罗地亚、斯洛文尼亚、斯洛伐克、拉脱维亚、爱沙尼亚

9.4.2 能源虚拟水贸易分形特征

1. 首位度分析

为探讨我国与“一带一路”共建国家能源贸易隐含水足迹位序-规模的变化规律，以各国家为单位，分别测算我国与“一带一路”共建各国的能源水足迹贸易规模，将其由大至小排序，并利用城市首位度计算其首位度指数（表 9.15）。从出口来看，我国向“一带一路”共建国家能源水足迹出口的首位分布整体表现不明显，其中 2 城市指数仅在 2016 年大于 2，4 城市指数同年大于 1，而 11 城市指数在 2012～2016 年大于 1，其他年份均小于 1。2016 年中国能源水足迹出口的首位国越南贸易规模远超其他高位序国家，纵观研究期内，除首位国外的高位序内部等级差异较小，导致 11 城市指数整体表现高于 4 城市指数。2020 年，首位度指数小幅下跌，中国能源水足迹出口受到国际形势影响，首位国家（缅甸）的贸易规模呈缩减态势。

表 9.15 中国与“一带一路”共建国家能源贸易隐含水足迹首位度指数

贸易类型	首位度指数	2011 年	2012 年	2013 年	2014 年	2015 年	2016 年	2017 年	2018 年	2019 年	2020 年
出口	S_2	1.188	1.570	1.543	1.551	1.390	2.875	1.043	1.292	1.505	1.122
	S_4	0.488	0.707	0.754	0.945	0.710	1.120	0.423	0.552	0.616	0.432
	S_{11}	0.566	1.256	1.431	1.749	1.033	2.012	0.555	0.730	0.749	0.599
进口	S_2	1.127	1.039	1.024	1.065	1.031	1.178	1.366	1.451	1.099	1.215
	S_4	0.519	0.505	0.479	0.413	0.439	0.446	0.518	0.526	0.469	0.495
	S_{11}	0.572	0.566	0.533	0.447	0.454	0.468	0.541	0.562	0.564	0.584

从进口来看，2011～2020 年，2 城市指数低于 2，4 城市指数和 11 城市指数低于 1，我国进口“一带一路”共建国家能源水足迹规模的首位分布不明显。2 城市指数各年内均低于 1.5，说明我国进口能源水足迹的首位国家和第二位国家之间规模差距较小；而 4 城市指数和 11 城市指数均低于 0.6，且变化基本趋同，说明规模顶端优势不明显，辐射能力较弱。中国进口“一带一路”共建国家能源水足迹高位序内部等级差异相对较小，高位序级别整体处于支配地位。

2. 位序-规模规律

以中国与“一带一路”共建国家能源贸易隐含水足迹规模为纵坐标，位序为横坐标，作位序-规模曲线图（图 9.15）。中国能源水足迹进出口位序-规模曲线均呈现幂律分布，规模等级体系失衡，具有明显的无标度性。对比我国能源水足迹进口和出口的位序-规模曲线发现，出口的等级差异性比进口表现更强，进口的位序较出口更多，进口的空间分布更加多元化。为了进一步揭示我国能源水足迹对外贸易的等级空间分布结构特征，引入规模-位序双对数回归方程对其结构进行解析。

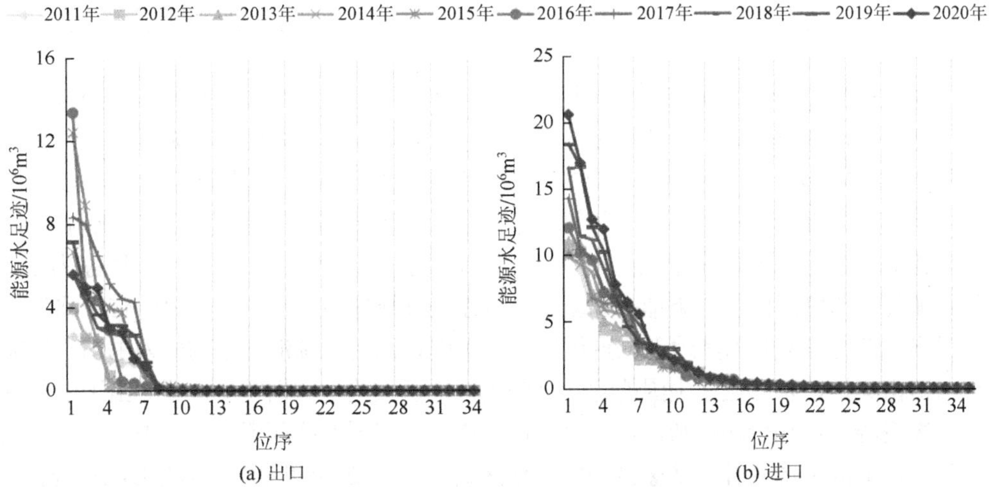

图 9.15　中国与“一带一路”共建国家能源贸易隐含水足迹位序-规模分布

根据 2011～2020 年中国与“一带一路”共建国家能源贸易水足迹位序-规模分布，计算双对数回归方程，得出各相关系数。结果显示，中国与“一带一路”共建国家能源贸易水足迹位序-规模空间分布存在多个无标度区，呈现多分形结构。总体来看，中国与“一带一路”共建国家能源贸易水足迹的位序逐年增加，中国在“一带一路”共建国家开辟了越来越多的能源水足迹贸易渠道。

3. 分形特征分析

由我国出口“一带一路”共建国家能源水足迹位序-规模分布的无标度区可知（表 9.16），2011～2020 年我国能源水足迹的出口经历了三个发展阶段。

表 9.16　中国出口“一带一路”共建国家能源水足迹位序-规模分布无标度区参数

年份	无标度区一	无标度区二
	位序；q；D；R^2	位序；q；D；R^2
2011	1～7；0.473；1.968；0.931	8～26；8.003；0.122；0.974
2012	1～3；0.492；1.906；0.937	4～27；5.078；0.194；0.986
2013	1～3；0.456；2.016；0.918	4～27；5.126；0.182；0.930
2014	1～28；4.301；0.215；0.922	—
2015	1～5；0.812；1.154；0.938	6～29；7.879；0.122；0.964
2016	1～31；4.408；0.208；0.915	—
2017	1～6；0.415；2.143；0.889	7～27；6.716；0.139；0.935
2018	1～5；0.500；1.933；0.966	6～32；6.390；0.151；0.964
2019	1～6；0.535；1.841；0.985	7～32；6.631；0.147；0.975
2020	1～5；0.430；1.729；0.744	6～34；6.266；0.156；0.976

2011～2013 年：双分形、结构稳定阶段。无标度区一 $q<0.5$、$D>1.9$，国家数量少，呈分散化分布形态，内部等级差异性小，贸易规模占总体比例在 85%以上。无标度区二 $q>5$、$D<0.2$，所涵盖的国家较多，呈集聚化分布，各国间贸易规模差距大。从内部次序层面看，高位序和低位序之间有明显的断层，高位序级别以东南亚为核心，马来西亚、越南和菲律宾稳坐前三甲；低位序级别以蒙俄、东南亚和中东国家为主，其中缅甸、印度尼西亚、柬埔寨和新加坡等东南亚国家位居前列。在“一带一路”倡议提出之前，东南亚因其地理位置优势和与中国相似的能源消费结构成为中国一次能源出口密集地，东南亚在中国能源水足迹出口地区结构中占据首要位置。由于中国具有煤炭资源禀赋和价格优势，在与“一带一路”共建国家能源贸易合作中，中国与蒙俄和中东地区资源互补，从蒙俄和中东地区进口油气资源的同时向其输出煤炭资源，煤炭水足迹的出口构成我国对蒙俄和中东出口能源水足迹的主要类型。

2014～2016 年：单双分形交替，波动发展阶段。自 2013 年“一带一路”倡议提出后，中国对“一带一路”共建国家能源水足迹出口量迅速增长，与多个国家打通了贸易渠道，加强了能源贸易合作，无标度区一和无标度区二之间的界限不再清晰，分形结构呈现波动不稳定性，总体表现为集中化的分布态势。在内部次序上，以越南、菲律宾、马来西亚等东南亚国家为首，其次为中东和中亚国家，其中印度、塔吉克斯坦、阿联酋、伊朗、俄罗斯的位序有显著提升。本阶段处于

“一带一路”倡议提出初期，中国对外能源战略逐步调整为适应“一带一路”倡议下的全球布局，中国向“一带一路”共建国家的煤炭和石油出口量迅速增长，深化了与共建国家的能源贸易合作，中国出口“一带一路”共建国家的能源水足迹规模得到整体提升。中国—中亚—西亚经济走廊是中国面向“一带一路”亚洲地区的一个重要能源合作项目，走廊东起新疆，穿越中亚地区，抵达波斯湾、地中海沿岸和阿拉伯半岛，主要涉及中亚和西亚相关 17 个国家和地区。主要项目包括：中国—中亚天然气管道项目、安格连火电厂项目、安伊高铁二期项目、“瓦赫达特—亚湾”铁路项目等。通过这条经济走廊，中国旨在建设以能源合作为主，以基础设施建设、贸易和投资便利化为辅的新型合作经济带，为我国与中亚、西亚地区的能源贸易合作奠定了基础。

2017～2020 年：双分形、高位序主导的贸易阶段。无标度区一 $q<0.6$、$D>1.7$，空间分布较为分散，国家数量稳定在 5～6 个，能源水足迹贸易规模占总体的比例超过 88%。无标度区二 $q>6$、$D<0.2$，呈集中化分布形态，内部等级差异性较大。高位序和低位序间界限清晰，高位序级别的内部组成稳定为缅甸、越南、印度尼西亚、马来西亚、菲律宾、新加坡六个东南亚国家，俄罗斯、印度和伊朗退出高位序；低位序级别以中东和南亚国家为主，东欧国家的贸易规模较小，位序靠后。本阶段我国能源水足迹出口整体呈现萎缩态势，经过能源发展“十二五”“十三五”战略规划的施行，我国能源供给保障能力不断增强，能源消费结构加速调整，非化石能源和天然气消费比重分别提高 6.9 个百分点和 3.5 个百分点，煤炭消费比重下降了 12.5 个百分点，清洁化步伐不断加快，煤炭和石油出口持续减少。由于东欧地区近年来致力于能源结构的调整转型，电力和可再生能源在能源消费结构中的占比持续提升，对煤炭、石油等传统化石能源的需求日益降低，因此中国向东欧地区的化石能源水足迹出口相对较少。

由中国进口“一带一路”共建国家能源水足迹位序-规模分布的无标度区可知（表 9.17），2011～2020 年，我国能源水足迹进口经历了两个发展阶段。

表 9.17　中国进口“一带一路”共建国家能源水足迹位序-规模分布无标度区参数

年份	无标度区一	无标度区二	无标度区三
	位序；q；D；R^2	位序；q；D；R^2	位序；q；D；R^2
2011	1～11；0.876；1.086；0.951	12～31；12.189；0.075；0.919	—
2012	1～11；0.900；1.049；0.944	12～32；13.568；0.064；0.869	—
2013	1～12；0.983；0.925；0.909	13～30；8.810；0.110；0.970	30～33；79.722；0.012；0.980
2014	1～6；0.374；2.194；0.821	7～29；6.377；0.137；0.876	29～32；73.124；0.013；0.959
2015	1～6；0.367；2.401；0.882	7～18；3.091；0.313；0.967	19～35；18.857；0.045；0.849
2016	1～6；0.375；2.457；0.922	7～22；3.423；0.281；0.963	23～32；22.225；0.027；0.608

续表

年份	无标度区一	无标度区二	无标度区三
	位序；q；D；R^2	位序；q；D；R^2	位序；q；D；R^2
2017	1～6；0.492；1.945；0.957	7～22；3.100；0.317；0.982	23～32；26.132；0.033；0.866
2018	1～7；0.615；1.503；0.924	8～26；5.308；0.171；0.906	27～34；35.341；0.026；0.931
2019	1～10；0.946；0.951；0.900	11～31；6.411；0.147；0.943	31～35；59.756；0.016；0.974
2020	1～7；0.686；1.319；0.905	8～22；3.467；0.280；0.970	23～35；25.611；0.033；0.855

2011～2013 年：高位序支配、双分形向三分形过渡阶段。无标度区一 q 值趋于 1、D 由 1.086 降至 0.925，表明系统形态逐渐优化，由略呈分散化转为平均分布。2011～2012 年无标度区二 $q>12$，2013 年无标度区二 $q>8$，无标度区三 $q>79$，中低位序均呈现明显分裂化，等级差异大。在内部次序层面上，高位序级别国家包括中东的沙特阿拉伯、伊朗、阿曼、伊拉克、科威特、阿联酋，东南亚的印度尼西亚、越南，中亚的哈萨克斯坦，蒙俄，贸易规模大，中国从这些国家的能源水足迹进口占“一带一路”共建国家总进口的比例高达 93%以上。中低位序级别以中东和东南亚国家为主，东欧和南亚少数国家贸易规模小，位序低。2011～2013 年中国对外能源战略延续前一阶段“走出去”的方针政策，通过购买国外石油或者石油公司，以市场来换取上游产品的开发，积极参与到经济全球化和区域经济一体化进程中（刘元玲，2010）。通过实施“走出去”战略，中国已经在其能源外交中形成了两个相对集中的地域分布：一是中国周边内陆邻国和沿海地区国家，主要为东南亚、中亚以及蒙俄；二是世界石油主要输出地——中东和波斯湾地区。通过实现能源供应来源的多元化，“走出去”战略为中国发展提供了必需的“血液支持”，国内能源与水安全在一定程度上得到保障。

2014～2020 年：三分形、分裂式发展阶段。无标度区一 $q\in(0.3,1)$，q 值大体呈上升趋势，$D\in(0.9,2.5)$，D 值大体呈下降趋势，分散化分布态势有所减弱，贸易规模空间分布向均衡化发展。无标度区二 $q>3$、$D<0.4$，等级差异性增强，呈集聚化分布。无标度区三 $q>18$，分裂化严重。各位序级别等级差异显著，在内部次序层面上，高位序级别以沙特阿拉伯、印度尼西亚、俄罗斯、阿曼、伊朗和伊拉克六国为核心国，其中俄罗斯稳定为中国能源水足迹进口首位国，2018 年以后科威特、阿联酋、蒙古国和马来西亚相继进入高位序级别。中位序级别的主体是中亚和中东国家，东欧少数国家，如阿塞拜疆、拉脱维亚等也位列中位序，且位次有所抬升。低位序级别除东欧国家外，还包括东南亚和南亚的新加坡、文莱、老挝、印度、巴基斯坦、马尔代夫等国。近年来，中国能源对外依存度持续提升，2014～2020 年，中国能源水足迹进口以煤炭和石油水足迹为主，其中煤炭水足迹主要来源于东南亚，石油水足迹主要来自中东。“一带一路”倡议提出前后，我国陆续建成了中俄原油管道、中俄东线天然气管道、中国—中亚天然气管道、中缅油气管道，构建起连接俄罗斯、中亚、东南亚的陆上油气输送网络。四条油气输送管线的并行运营为我国带来大量油气资源，使中东作为我国传统石油进口地区的地位受到小幅冲击。目前，我国石油年消费量达到 6.6 亿 t，其中 5 亿 t 依赖进口，四条陆上输油管线合计每年进口石油 8700 万 t，这意味着马六甲海峡在建成四条陆上能源通道后依然承担着中国 80%左右的石油进口（谢林阳，2019）。也就是说，我国对中东的石油依赖未得到根本性的缓解，进口途径过度依赖海运，具有极大的脆弱性风险。欧洲板块上，在中欧班列的带动下，我国内陆地区从商贸末端转变为开放前沿，昔日的货运通道成为开放发展的快车道。中欧班列的开通将内陆城市转化为交通枢纽，带动沿线地区基础设施建设，提高了对欧洲国家的开放程度。“一带一路”能源合作全面展开，双边与多边能源交流广泛开展，我国对国际能源事务的影响力逐步增强。

4. 分区位序-规模特征变化

为了对比分析“一带一路”倡议提出前后能源水足迹的流动情况，分别制作 2011 年和 2020 年中国与“一带一路”共建国家能源贸易隐含水足迹的位序-规模分布表（表 9.18），发现：①我国能源水足迹出口的高位序-规模区集中在东南亚，而我国能源水足迹进口的高位序-规模区集中在俄罗斯和中东地区。②虽然中亚和东欧地区与我国进行能源水足迹贸易的国家数量有所增加，但整体合作程度仍处于较低水平，我国从中亚和东欧进口的能源水足迹规模大于出口的规模。③我国对南亚能源水足迹贸易的位序及规模均表现为下降趋势，其中我国从南亚进口的能源水足迹逐年减少，2020 年几乎为 0。④对于能源资源优势地区，如蒙俄、中亚和中东，我国减少了对其的能源水足迹出口，增大了进口规模。⑤以印度尼西亚、马来西亚、越南、新加坡为代表的东南亚国家是我国能源水足迹进出口贸易的重点合作地区，贸易位序及规模均有所提升。从“一带一路”共建国家各分区的位序-规模特征变化上可以窥见中国新时期能源战略的转型，中国重点开发分布式可再生能源，降低国内化石能源生产量以及消费需求，逐步减少化石能源出口，与具有油气资源优势的国家和地区开展深入的贸易合作，意图分散对中东的石油需求，不断开拓新的贸易渠道，促进能源进口多元化发展。

表 9.18（a） 中国与“一带一路”共建国家能源贸易隐含水足迹 （单位：m^3）

年份	贸易往来	区间	地区
2011 年	进口	[613，1.1×10^5）	爱沙尼亚、立陶宛、土耳其、吉尔吉斯斯坦、印度、缅甸、斯里兰卡、新加坡
		[1.1×10^5，2.3×10^7）	拉脱维亚、阿塞拜疆、埃及、巴林、泰国、老挝、菲律宾
		[2.3×10^7，2.1×10^8）	土库曼斯坦、科威特、卡塔尔、阿联酋、也门、越南、马来西亚、蒙古国

续表

年份	贸易往来	区间	地区
2011 年	进口	[2.1×10^8，1.0×10^9]	伊拉克、伊朗、沙特阿拉伯、阿曼、印度尼西亚、哈萨克斯坦、俄罗斯
	出口	[7，32387]	俄罗斯、蒙古国、爱沙尼亚、伊朗、伊拉克、以色列、约旦、科威特、沙特阿拉伯、巴林、卡塔尔、阿联酋、阿曼、巴基斯坦、斯里兰卡、老挝、印度尼西亚
		[32388，1.3×10^5)	缅甸、柬埔寨
		[1.3×10^5，1.7×10^6)	土耳其、印度、泰国、马来西亚、新加坡
		[1.7×10^6，2.6×10^6]	越南、菲律宾
2020 年	进口	[17，7.5×10^5)	爱沙尼亚、立陶宛、波兰、白俄罗斯、吉尔吉斯斯坦、阿塞拜疆、巴基斯坦、老挝、柬埔寨、马尔代夫
		[7.5×10^5，3.6×10^7)	拉脱维亚、乌兹别克斯坦、土耳其、埃及、缅甸、泰国、越南、新加坡
		[3.6×10^7，2.5×10^8)	哈萨克斯坦、蒙古国、土库曼斯坦、伊朗、卡塔尔、也门、菲律宾
		[2.5×10^8，2.1×10^9]	俄罗斯、伊拉克、科威特、沙特阿拉伯、阿联酋、阿曼、马来西亚、印度尼西亚
	出口	[7，1.3×10^5)	俄罗斯、蒙古国、哈萨克斯坦、爱沙尼亚、立陶宛、波兰、乌克兰、土耳其、黎巴嫩、约旦、埃及、以色列、伊拉克、科威特、沙特阿拉伯、阿联酋、阿曼、卡塔尔、巴基斯坦、斯里兰卡、孟加拉国、尼泊尔、老挝、柬埔寨、泰国
		[1.3×10^5，1.5×10^6)	印度、菲律宾
		[1.5×10^6，3.0×10^6)	越南、马来西亚
		[3.0×10^6，5.6×10^6]	缅甸、新加坡、印度尼西亚

表 9.18（b）　中国与“一带一路”共建国家能源贸易隐含水足迹位序

年份	贸易往来	区间	地区
2011 年	进口	低位序	爱沙尼亚、拉脱维亚、立陶宛、土耳其、阿塞拜疆、土库曼斯坦、吉尔吉斯斯坦、埃及、也门、印度、斯里兰卡、缅甸、泰国、老挝、马来西亚、新加坡、菲律宾
		高位序	俄罗斯、蒙古国、哈萨克斯坦、伊朗、伊拉克、科威特、沙特阿拉伯、巴林、卡塔尔、阿联酋、阿曼、越南、印度尼西亚
	出口	低位序	爱沙尼亚、俄罗斯、蒙古国、伊朗、伊拉克、以色列、约旦、沙特阿拉伯、科威特、巴林、卡塔尔、阿联酋、阿曼、巴基斯坦、缅甸、老挝、柬埔寨、印度尼西亚
		高位序	土耳其、印度、泰国、越南、马来西亚、新加坡、菲律宾
2020 年	进口	低位序	老挝、柬埔寨、吉尔吉斯斯坦、巴基斯坦、马尔代夫、波兰、立陶宛、拉脱维亚、爱沙尼亚、白俄罗斯、土耳其
		中位序	菲律宾、马来西亚、新加坡、泰国、越南、缅甸、蒙古国、哈萨克斯坦、乌兹别克斯坦、土库曼斯坦、埃及、也门、伊朗、阿塞拜疆

续表

年份	贸易往来	区间	地区
2020 年	进口	高位序	印度尼西亚、俄罗斯、伊拉克、科威特、沙特阿拉伯、阿联酋、卡塔尔、阿曼
	出口	低位序	波兰、立陶宛、爱沙尼亚、俄罗斯、乌克兰、哈萨克斯坦、蒙古国、土耳其、黎巴嫩、伊拉克、约旦、以色列、埃及、科威特、沙特阿拉伯、阿曼、阿联酋、卡塔尔、巴基斯坦、印度、尼泊尔、孟加拉国、斯里兰卡、老挝、泰国、柬埔寨、菲律宾
		高位序	缅甸、越南、印度尼西亚、马来西亚、新加坡

9.5　中国与“一带一路”共建国家农产品虚拟水贸易的驱动因素

9.5.1　中国与“一带一路”共建国家农产品虚拟水贸易面板数据检验

“一带一路”倡议实施以来，中国与“一带一路”共建国家的农产品虚拟水贸易量逐年增加，中国与“一带一路”共建国家的农产品虚拟水贸易驱动着水资源要素跨区域调配，实现对水资源的优化配置，这对于中国与“一带一路”共建国家水资源安全和粮食安全具有重要作用，但是国家之间的农产品虚拟水贸易的流动通常不会只遵循水资源由富水国流向贫水国，我们要考虑国家水资源禀赋以外的其他相关因素，如中国与“一带一路”共建国家的农产品虚拟水贸易都受到哪些因素的影响，哪些因素的影响是最显著的。结合中国与“一带一路”共建国家的农产品虚拟水贸易情况，选取中国与“一带一路”共建国家自然、社会和经济相关指标，全面系统地分析中国与“一带一路”共建国家的农产品虚拟水贸易的驱动因素。研究结果可以使国家认识到自身的不足，进一步拟定农产品虚拟水贸易战略，积极调整农产品虚拟水贸易方针和政策，完善中国与“一带一路”共建国家粮食安全和水资源安全策略，使中国与“一带一路”共建国家的农产品虚拟水贸易朝着可持续的方向发展。研究结果也为其他国家进行农产品虚拟水贸易驱动因素的研究提供了相关经验，丰富了中国国际农产品虚拟水贸易的内容。在这里以中国与“一带一路”共建国家的农产品虚拟水贸易量作为被解释变量，中国作为进口国对象，“一带一路”共建国家作为出口国对象，选取中国与“一带一路”共建国家的有关经济、人口、资源、技术、国家距离、基础设施、国际贸易组织的相关数据等作为解释变量，构建拓展引力模型，分析这些影响因素对中国与“一带一路”共建国家农产品虚拟水贸易的影响。在面板数据回归之前，为了保证结果的准确性，防止伪回归，需要对面板数据进行单位根检验和面板协整检验。检验结果平稳后，利用 Eviews7.0 软件对面板数据进行回归分析。

1. 面板数据单位根检验

面板数据由时间序列数据和横截面数据共同构成，在对面板数据进行分析之前，为了防止结果出错，发生伪回归的现象，要先对面板数据进行平稳性检验，数据平稳之后再进行面板数据的回归分析。首先要进行面板数据的单位根检验，对于单位根的检验主要有两种情况：一种是对存在相同单位根情况下的检验，具体的检验方法有 LLC（Levin-Lin-Chu）检验法、Hadri 检验法和 Breitung 检验法；另一种是假设面板数据的截面数据存在相同单位根的情况下的检验，具体的检验方法有 IPS（Im-Pesaran-Shin）检验、Fisher-ADF 检验和 Fisher-PP 检验，通过对面板数据中不同的截面数据进行单位根检验，根据检验的结果来判定这个面板数据是否具有相同的单位根。本章对于整个解释变量面板数据的单位根检验主要采取 IPS、Fisher-ADF 和 Fisher-PP 检验方法，结果如表 9.19 所示。

表 9.19 各变量的单位根检验

变量	LLC	IPS	Fisher-ADF	Fisher-PP	结论
$\ln(Y_{ijt})$	-18.759^{***} (0.000)	-2.904^{***} (0.002)	143.611^{***} (0.000)	180.650^{***} (0.000)	平稳
$\ln(R_1)$	-190.902^{***} (0.000)	-15.535^{***} (0.000)	85.600^{***} (0.000)	95.031^{***} (0.000)	平稳
$\ln(R_2)$	-82.274^{***} (0.000)	-27.979^{***} (0.000)	107.163^{***} (0.000)	142.442^{***} (0.000)	平稳
$\ln(R_3)$	-10.400^{***} (0.000)	-1.651^{**} (0.049)	97.323^{***} (0.001)	74.461^{**} (0.050)	平稳
$\ln(J_1)$	-13.880^{***} (0.000)	-2.457^{***} (0.007)	121.470^{***} (0.000)	189.674^{***} (0.000)	平稳
$\text{Dln}(N)$	-28.135^{***} (0.000)	-4.648^{***} (0.000)	171.474^{***} (0.000)	178.635^{***} (0.000)	平稳
$\text{Dln}(T_1)$	-18.969^{***} (0.000)	-2.791^{***} (0.003)	138.021^{***} (0.000)	220.024^{***} (0.000)	平稳
$\text{Dln}(F_1)$	-18.874^{***} (0.000)	-3.536^{***} (0.000)	172.503^{***} (0.000)	331.224^{***} (0.000)	平稳
$\text{Dln}(S_1)$	-34.995^{***} (0.000)	-5.942^{***} (0.000)	245.653^{***} (0.000)	328.090^{***} (0.000)	平稳
$\text{Dln}(A_1)$	-17.128^{***} (0.000)	-1.670^{**} (0.048)	93.385^{***} (0.006)	312.278^{***} (0.000)	平稳
$\ln(G_{it})$	-9.045^{***} (0.000)	-0.262^{***} (0.000)	88.976^{**} (0.014)	143.099^{***} (0.000)	平稳
$\ln(G_{jt})$	-24.537^{***} (0.000)	-11.246^{***} (0.000)	240.693^{***} (0.000)	525.998^{***} (0.000)	平稳
$\ln(P_{it})$	-8.801^{***} (0.000)	-8.444^{***} (0.000)	233.679^{***} (0.000)	233.679^{***} (0.000)	平稳
$\ln(P_{jt})$	-12.585^{***} (0.000)	0.860^{***} (0.000)	35.571^{***} (0.000)	159.188^{***} (0.000)	平稳

注：所有检验的假设 H_0 为存在单位根，检验方法均采用带有截距项和时间趋势项的形式；D 代表一阶差分；括号内是估计量 P 的值；“***”“**”分别表示回归结果在 1%、5%的水平下拒绝原假设。

上述研究表明，大部分的解释变量的单位根检验原序列均在 5%和 1%的水平上拒绝原假设，只有 N、T_1、F_1、S_1、A_1 解释变量原序列的单位根检验不平稳，但对这几个变量进行一阶差分后，单位根检验变为平稳，都在 1%的水平下拒绝原假设。

2. 面板数据协整检验

一般情况下，在对面板数据进行单位根检验时，会对原始序列值出现不平稳的变量进行差分，再将其认定为平稳变量。但经过差分之后，原始序列的变量所对应的经济含义会发生变化，有时候还需要对原始序列进行回归分析。根据单位根检验得出的差分结果，判断各个解释变量之间是否存在协整关系，如果存在，可以对变量进行线性组合，最后得到平稳序列。主要包括两种检验方法：一种检验方法是 EG（Engle-Granger）两步法，主要是 Pedroni 和 Kao 两类检验。Pedroni 检验以回归残差作为检验基础，包括七个面板统计变量，其中包括 Panel v、Panel rho、Panel PP、Panel ADF 四个组内统计量和 Group rho、Group PP、Group ADF 三个组间统计量。检验结果不一致时，以组内统计量 Panel ADF 和组间统计量 Group ADF 作为判别变量之间是否存在协整关系的主要依据，删掉未能通过检验的变量，再对剩余的变量进行回归分析。Kao 检验主要以 ADF 统计量作为基础进行协整检验。另一种检验方法是基于 Johannes 检验的面板协整检验。本章拓展引力模型中所涉及的解释变量较多，所以要对各个解释变量分组进行面板协整检验，这里按照四组进行。第一组是进口国家的相关解释变量，第二组是出口国家代表自然资源的相关解释变量（水、耕地、农业劳动力等），第三组是出口国家除自然资源以外的其他相关解释变量，第四组是进出口国家代表市场和经济规模的相关解释变量。在此基础上采用 Pedroni、Kao 和 Johansen Fisher 三种方法进行面板协整检验。协整结果表明（表 9.20），大部分的协整结果均在 1%的水平上拒绝原假设，所以通过了面板协整检验，可以进行面板回归分析。

表 9.20　各变量间的面板协整检验

检验方法	统计量	$\ln(Y_{ijt})$与 $\ln(R_1)$、$\ln(R_2)$、$\ln(R_3)$	$\ln(Y_{ijt})$与 $\ln(T_1)$、$\ln(F_1)$、$\ln(S_1)$、$\ln(A_1)$	$\ln(Y_{ijt})$与 $\ln(J_1)$、$\ln(N)$	$\ln(Y_{ijt})$与 $\ln(G_{it})$、$\ln(G_{jt})$、$\ln(P_{it})$、$\ln(P_{jt})$
Pedroni	Panel v	−3.007 （0.999）	−4.575 （1.000）	−2.358 （0.999）	−3.989 （0.998）
	Panel rho	1.370 （0.917）	3.522 （1.000）	1.130 （0.999）	2.667 （0.952）
	Panel PP	-5.029^{***} （0.000）	-6.257^{***} （0.000）	-4.148^{***} （0.000）	-5.221^{***} （0.000）
	Panel ADF	-6.771^{***} （0.000）	-8.103^{***} （0.000）	-5.768^{***} （0.000）	-7.975^{***} （0.000）
	Group rho	3.399 （0.910）	5.352 （0.989）	2.254 （1.000）	4.138 （0.899）

续表

检验方法	统计量	$\ln(Y_{ijt})$与$\ln(R_1)$、$\ln(R_2)$、$\ln(R_3)$	$\ln(Y_{ijt})$与$\ln(T_1)$、$\ln(F_1)$、$\ln(S_1)$、$\ln(A_1)$	$\ln(Y_{ijt})$与$\ln(J_1)$、$\ln(N)$	$\ln(Y_{ijt})$与$\ln(G_{it})$、$\ln(G_{jt})$、$\ln(P_{it})$、$\ln(P_{jt})$
Pedroni	Group PP	-9.031^{***}（0.000）	-9.682^{***}（0.000）	-8.260^{***}（0.000）	-9.202^{***}（0.000）
	Group ADF	-5.480^{***}（0.000）	-6.980^{***}（0.000）	-4.329^{***}（0.010）	-6.837^{***}（0.000）
Kao		-2.558^{***}（0.002）	-2.874^{***}（0.003）	-2.568^{**}（0.030）	-2.646^{**}（0.025）
Johansen Fisher		288.900^{***}（0.000）	386.900^{***}（0.000）	268.800^{***}（0.000）	355.600^{***}（0.000）

注：表中 Pedroni 的 7 个统计量、Kao 和 Johansen Fisher 原假设 H_0 为不存在协整关系；括号内的值是估计量 P 的值；“***”“**”分别表示回归结果在 1%、5%的水平下拒绝原假设；Pedroni 检验有时间趋势项，Kao 和 Johansen Fisher 检验没有时间趋势项。

9.5.2 实证结果分析

在对拓展引力模型的面板数据进行回归分析之前，首先要从三大类面板数据模型（混合估计模型、固定效应模型和随机效应模型）中，通过 F 检验和豪斯曼（Hausman）检验选取最合适的模型，之后再进行回归分析。如表 9.21 所示，在 F 检验中，$\alpha=0.05$ 时，$F=2.643>F_{0.05}$（9，281）$=1.913$，拒绝了原假设，所以这里选择固定效应模型，再通过豪斯曼检验区判定是选择随机效应模型还是固定效应模型。根据前文结果，$W=12.832196$，概率为 0.00285，在 1%的显著水平下拒绝了原假设，所以最终应该选择个体固定效应模型，中国与“一带一路”共建国家农产品虚拟水贸易的拓展引力模型的面板数据回归结果如表 9.22 所示。

表 9.21　面板数据模型 Hausman 检验结果

检测结果	卡方统计量	卡方统计量自由度	概率
随机截面	12.832196	3	0.00285

表 9.22　中国与“一带一路”共建国家农产品虚拟水贸易的拓展引力模型回归结果

解释变量	结果	解释变量	结果
$\ln(G_{it})$	1.127^{***}（0.000）	$\ln(R_1)$	1.002^{***}（0.0040）
$\ln(G_{jt})$	1.064^{***}（0.000）	$\ln(R_2)$	0.689^{***}（0.000）
$\ln(P_{it})$	1.040^{***}（0.000）	$\ln(R_3)$	-0.217^{***}（0.005）
$\ln(P_{jt})$	0.821^{***}（0.000）	$\ln(J_1)$	1.613^{***}（0.000）
$\ln(B_{ij})$	2.346^{***}（0.000）	$\ln(N)$	0.631^{***}（0.000）

续表

解释变量	结果	解释变量	结果
$\ln(D_{ij})$	–2.699*** （0.007）	$\ln(T_1)$	–3.980*** （0.001）
$\ln(O)$	4.477*** （0.000）	$\ln(F_1)$	7.334*** （0.000）
$\ln(Q)$	5.991*** （0.000）	$\ln(S_1)$	5.135*** （0.000）
$\ln(A_1)$	3.521*** （0.000）	R^2	0.898

注：结果列中括号内的值为 P 值，“***”表示回归结果在1%的水平下显著。

1. 正向驱动因素

对拓展引力模型的回归结果进一步分析表明：模型中所有相关解释变量的回归系数的符号与前文的预期符号大部分是一致的。

（1）中国和“一带一路”共建国家的国内生产总值、中国和“一带一路”共建国家的人口数量对于中国与“一带一路”共建国家的农产品虚拟水贸易具有促进作用，回归系数符号为正。中国和“一带一路”共建国家的国内生产总值每增加1%就会促进中国和“一带一路”共建国家的农产品虚拟水贸易分别增加1.127%和1.064%，中国和“一带一路”共建国家的人口数量每增加1%就会促进中国与“一带一路”共建国家农产品虚拟水贸易分别增加1.040%和0.821%。这符合预期理论，中国和“一带一路”共建国家的经济和市场规模越大，经济发展和国民社会消费所需要消耗的农产品量就越多，就会导致中国与“一带一路”共建国家农产品虚拟水贸易量越大。从回归结果来看，“一带一路”共建国家的国内生产总值和人口数量相对于中国的国内生产总值和人口数量对中国与“一带一路”共建国家农产品虚拟水贸易的影响要大。说明在“一带一路”倡议的影响下，“一带一路”共建国家在中国农产品贸易的市场中占据着重要的地位，对中国与“一带一路”共建国家的农产品虚拟水贸易的影响也越来越大，中国要多加强与“一带一路”共建国家在经济和贸易方面的合作，扩大国家间的农产品交易市场规模，这有利于促进中国与“一带一路”共建国家农产品虚拟水贸易量的增加。

（2）“一带一路”共建国家的自然资源（水资源、耕地资源）对中国与“一带一路”共建国家农产品虚拟水贸易具有促进作用，呈正相关。“一带一路”共建国家的水资源每增加1%就会促进中国与“一带一路”共建国家农产品虚拟水贸易增加0.689%，“一带一路”共建国家的耕地资源每增加1%就会促进中国与“一带一路”共建国家农产品虚拟水贸易增加1.002%。这样的回归结果符合“虚拟水贸易”理论，农产品虚拟水的流动方向是从水资源和土地资源具有比较优势的国家流向相对劣势国家，“一带一路”共建国家的水资源和耕地资源相对于中国来讲具有比较优势，中国与“一带一路”共建国家的农产品虚拟水贸易有利于缓解中国的水资源危机，提高中国的水资源利用效率，节约的水资源可以用于经济效益更高的工业和服务业，未来要继续加强与“一带一路”共建国家的农产品虚拟水贸易，这既缓解了国家的水资源短缺问题，也可以促进国家的经济发展。

（3）“一带一路”共建国家的谷物单位面积产量对于中国与“一带一路”共建国家的农产品虚拟水贸易具有促进作用，呈正相关。“一带一路”共建国家的谷物单位面积产量每增加 1%就会促进中国与“一带一路”共建国家的农产品虚拟水贸易增加 1.613%，这里谷物的单位面积产量代表农产品的生产技术水平，农产品生产技术水平的高低决定水资源利用效率，农业生产的技术水平越高，生产单位质量的农产品所消耗的水资源就会越少，从而实现水资源的节约，同等体积的水资源生产的农产品就会越多。农产品需求的增加，促进农产品虚拟水在区域间的流动，也就是水资源从农业生产效率高的地区流向农业生产效率低的地区，从而在区域或全球更大范围内实现水资源的节约。由此可见，技术是农产品贸易虚拟水流动的重要影响因素。中国未来要加强在农业生产中的技术投入，提升中国的农业技术水平，不仅要靠国家政策和自主研发，还要通过与其他国家的农产品贸易的农业技术扩散，吸收和借鉴其他国家先进的农业生产技术和优秀的农业生产管理经验。

（4）“一带一路”共建国家的农产品增加值与国内生产总值的比值对中国与“一带一路”共建国家农产品虚拟水贸易具有促进作用，回归系数为正。“一带一路”共建国家的农产品增加值与国内生产总值的比值每增加 1%就会促进中国与“一带一路”共建国家的农产品虚拟水贸易增加 0.631%，农产品增加值代表一个国家农业产业的比重，农产品增加值越大，表明该国的农业越发达，在国内生产总值中所占的比重越高就代表着农业在本国经济结构的组成中占据着越重要的位置。农业越发达的地区通常生产的农产品产量就会越大，进而越有利于促进农产品贸易中的虚拟水量流动。未来中国在发展经济的同时，不能为了发展工业和服务业，而忽视农业的发展，应使农业在整个国民经济中占据合理的比重。

（5）人民币汇率对中国与“一带一路”共建国家的农产品虚拟水贸易具有促进作用，回归系数为正。人民币汇率水平每提高 1%就会促进中国与“一带一路”共建国家的农产品虚拟水贸易增加 3.521%。汇率用于国家间货币的转换，用本国的货币价格来表示与本国有经济贸易往来的其他国家的货币价格，汇率水平高，货币在进行交易的同时就会贬值，从而有利于商品的出口，人民币汇率水平的提高有利于增加中国与“一带一路”共建国家农产品贸易中的进口量，间接促进中国与“一带一路”共建国家农产品虚拟水贸易量。

（6）“一带一路”共建国家基础设施中的班轮运输连通指数和贸易及运输相关基础设施指数对中国与“一带一路”共建国家的农产品虚拟水贸易具有促进作用，回归系数为正。“一带一路”共建国家的班轮运输连通指数每增加 1%就会促进中国与“一带一路”共建国家的农产品虚拟水贸易增加 5.135%，“一带一路”共建国家的贸易及运输相关基础设施指数每增加 1%就会促进中国与

“一带一路”共建国家的农产品虚拟水贸易增加 7.334%。基础设施建设是促进“一带一路”共建国家互联互通的重要环节，完善与“一带一路”共建国家的基础设施建设，可减少中国与“一带一路”共建国家贸易运输成本。全球贸易量大部分是依靠海上运输完成的，大宗农产品要依托海上运输来完成，未来不仅要加快传统陆上运输，如铁路、公路等的建设，还要通过建设港口，增设开放口岸，建设海上航线的方式改善海洋运输条件，可以利用丝路基金和亚太基础设施投资银行的资金，加快海洋和陆地基础设施高效运输网络的建设，提高贸易运输效率，降低农产品贸易中的运输成本，促进中国和“一带一路”共建国家农产品虚拟水贸易的流动。

（7）中国与“一带一路”共建国家同属于一个自贸区，同属于 WTO 的成员，拥有共同地理边界对中国与“一带一路”共建国家的农产品虚拟水贸易具有促进作用，这些虚拟变量的回归系数都为正。中国与“一带一路”共建国家同属于一个自贸区每增加 1%就会促进中国与“一带一路”共建国家的农产品虚拟水贸易增加 5.991%，中国与“一带一路”共建国家同是 WTO 成员每增加 1%就会促进中国与“一带一路”共建国家的农产品虚拟水贸易增加 4.477%，中国与“一带一路”共建国家拥有共同的地理边界每增加 1%就会促进中国与“一带一路”共建国家农产品虚拟水贸易增加 2.346%。中国与“一带一路”共建国家都是 WTO 的成员，都同属于相同的自贸区，拥有一些优惠的政策，同一个贸易区的市场自由度和开放度会大大增加，农产品贸易中的贸易壁垒就会很大限度上最小化，相同的边界会很大限度上减小运输所带来的成本，中国与“一带一路”共建国家农产品贸易的总量增加，会促进中国与“一带一路”共建国家农产品虚拟水贸易。

2. *逆向驱动因素*

（1）中国与“一带一路”共建国家的地理距离对中国与“一带一路”共建国家的农产品贸易虚拟水量具有逆向作用，呈负相关。中国与“一带一路”共建国家的陆上直线距离每增加 1%就会使中国与“一带一路”共建国家的农产品虚拟水贸易减少 2.699%。随着交通运输条件的改善，中国与“一带一路”共建国家的农产品贸易成本会有所减少，但研究结果表明，中国与“一带一路”共建国家的地理距离是中国与“一带一路”共建国家农产品虚拟水贸易的重要逆向因素之一。未来要加快中国与“一带一路”共建国家之间的海陆基础设施建设，提高中国与“一带一路”共建国家间的农产品贸易效率，促进中国与“一带一路”共建国家的农产品虚拟水贸易的流动。

（2）“一带一路”共建国家的农业劳动力资源对中国与“一带一路”共建国家的农产品虚拟水贸易具有逆向作用，呈负相关。“一带一路”共建国家的农业劳动力资源每增加 1%就会使中国与“一带一路”共建国家的农产品虚拟水贸易减少 0.217%。相对于“一带一路”共建国家，中国是一个人口大国，农业劳动力资源比较丰富，农业劳动力资源具有相对优势。未来中国应该加大对农业的技术投入，培育知识型农业劳动力，实现农业劳动力从数量多到质量精的转变，发展新型农业劳动力人才。

（3）中国的关税占总税收的比重对中国与“一带一路”共建国家的农产品虚拟水贸易具有逆向作用，呈负相关。中国的关税占总税收的比重每提高1%就会使中国与“一带一路”共建国家农产品虚拟水贸易减少3.980%。中国关税的设置有利于保护本国的产品和市场，关税水平越高，外国产品对本国产品和市场的冲击和伤害就越小，就会形成贸易壁垒阻碍外国产品进入中国市场，不利于出口商获取农产品出口收益，出口量减少，中国和“一带一路”共建国家的农产品贸易就会减少，不利于农产品虚拟水贸易的流动，所以要形成合理有效的商业环境、良好的市场机制，促进中国与“一带一路”共建国家农产品虚拟水贸易的高效流动。

9.6 中国与“一带一路”共建国家农产品和能源水足迹贸易驱动因素

9.6.1 农产品水足迹贸易驱动因素

“一带一路”倡议实施以来，中国与“一带一路”共建国家在农业和能源领域的贸易合作逐年扩大。中国与“一带一路”共建国家的农产品和能源贸易驱动着隐含水资源要素的跨区域调配，实现对水资源的重新分配，但是国家间的水足迹贸易流动通常不会只遵循由富水国向贫水国的水资源流动原则，水足迹贸易的流动还受社会、经济、国家关系等多种因素的共同影响。我们要考虑除水资源禀赋以外的其他相关因素，这些因素间的相互作用情况，以及哪些因素的影响是最显著的。结合中国与“一带一路”共建国家的农产品和能源水足迹贸易情况，选取中国与“一带一路”共建国家资源、社会和经济方面相关指标，全面系统地分析中国与“一带一路”共建国家农产品和能源水足迹贸易流动的驱动因素。研究结果可以使我国认识到自身的不足，进一步拟定有针对性的农产品和能源贸易战略，积极调整相关贸易方针和政策，让中国与“一带一路”共建国家的农产品和能源水足迹贸易朝着可持续的方向发展。

1. 农产品水足迹贸易出口驱动因素分析

为了对比分析农产品及能源虚拟水驱动因素，选取“一带一路”共建典型的国家进行深层次探究，使用LMDI法进一步分解驱动因素，选取各地理区域中与中国贸易规模较大的具有代表性的国家进行研究，这些国家分别为印度、印度尼西亚、乌克兰、俄罗斯、哈萨克斯坦、阿联酋、埃及，以上七国对中国农产品水足迹出口的驱动因素如图9.16所示。由图可知，水资源强度效应（农产品水足迹与农产品贸易额之比）是农产品水足迹出口量主要的正向驱动因素，产品结构效应（某商品出口额占总体出口额的比重）和经济结构效应（商品总出口额占农业部门生产总值的比重）对不同国家农产品水足迹的出口影响不同。农业生产力效应和人口效应的影响相对较小。

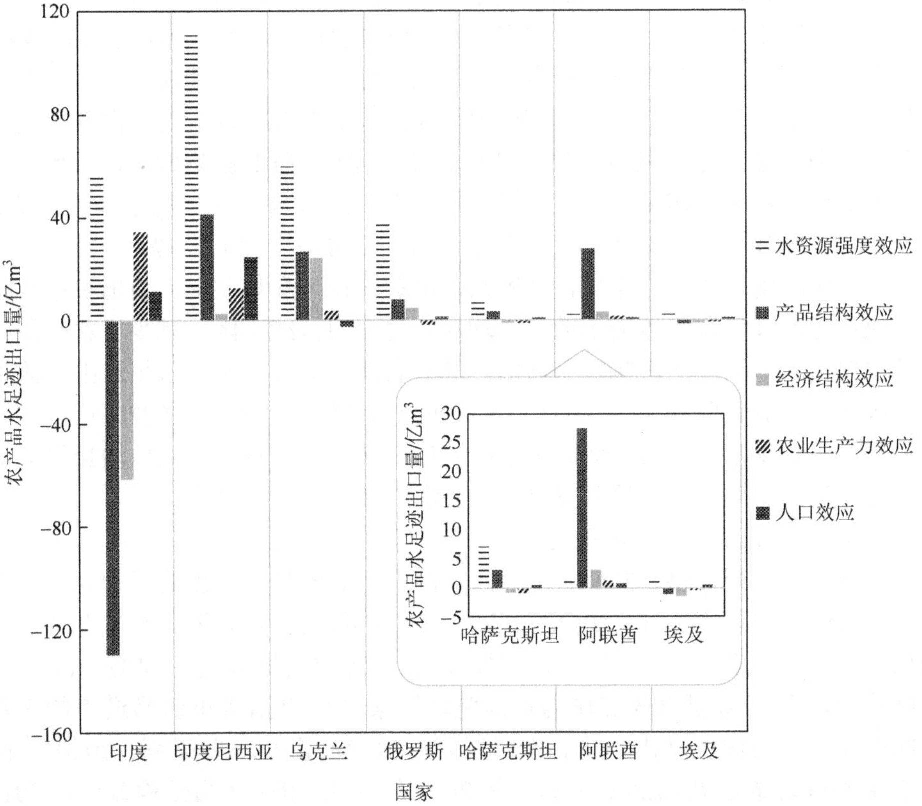

图9.16　2011～2020年七个“一带一路”共建国家对中国农产品水足迹出口驱动因素

水资源强度效应能够衡量单位价值农产品所涵盖的水足迹变化情况，2011～2020年，水资源强度效应在七个出口国全部表现为正向驱动因素，在国际农产品市场价格下跌的背景下，单位价值农产品的水足迹出口量明显提升。该效应对水资源丰富的印度尼西亚的影响最大，而对水资源相对匮乏的哈萨克斯坦、阿联酋和埃及的影响较小。产品结构效应对于印度尼西亚、乌克兰、俄罗斯、哈萨克斯坦和阿联酋是较为重要的正向驱动因素，2011～2020年这五个国家对中国出口的油籽类、植物油类、谷物类、肉类和坚果类水足迹有大规模提升；而对印度而言，产品结构效应是其最大的负向驱动因素，这主要是由于2011～2020年印度向中国出口的皮棉剧减，皮棉出口贸易额减少了22.66亿美元，农产品水足迹出口相应减少。经济结构效应对于印度、哈萨克斯坦和埃及是负向驱动因素，而对于印度尼西亚、乌克兰、俄罗斯和阿联酋是正向驱动因素，其中对乌克兰的出口增加影响显著，这说明中国的农产品净出口对乌克兰国内农业总产值的贡献明显提升。经济结构效应的负向影响在印度表现最为明显，2011～2020年印度国内农业产值提高了44.1%，而印度向中国农产品出口总额降低了54.6%，印度调整了农产品出口策略，减小了出口到中国的农产品的比例，农产品水足迹出口随之减少。

农业生产力效应是指与生产者相关的物质生产力效应，能够代表国内人均农业生产力水平，该效应在印度、印度尼西亚、乌克兰和阿联酋为正向驱动因素，而在俄罗斯、哈萨克斯坦和埃及表现为负向驱动因素且其影响较小，该效应对印度的影响最为显著。印度是农业大国，农业人口占比约70%，充足的农业劳动力创收丰富，其国内人均农业生产力效应在2011～2020年有较大提升，拉动了农产品水足迹出口的增长。近年来，俄罗斯、哈萨克斯坦和埃及的人口增长率不断下跌，农业生产技术水平停滞不前，人均农业生产力持续下降，减少了农产品水足迹的出口。人口效应的影响较为微弱，基本表现为促进农产品水足迹出口的正向驱动因素（乌克兰除外），其中对印度尼西亚影响较大。2011～2020年，乌克兰的人口数量减少了157万，而印度尼西亚人口增长了2841万，人口增长促进了农业生产，进而提高了印度尼西亚对中国的农产品水足迹出口量。

2. 农产品水足迹贸易不平衡驱动因素分析

中国与“一带一路”共建各地区农产品水足迹贸易不平衡的四种驱动因素如图9.17所示。分析可知，2011～2020年，水资源强度效应和产品结构效应是构成中国与“一带一路”共建国家农产品水足迹贸易逆差的主要驱动因素，贸易结构效应和贸易规模效应作为正向驱动因素（这里指减小贸易逆差的因素）影响较小。在负向驱动因素中，水资源强度效应的影响不断增强，2020年农产品水足迹贸易量达到–425.9亿m^3，是2011年的2.5倍；产品结构效应在2011～2014年处于增强趋势，2014年后其影响逐渐减弱。在正向驱动因素中，贸易结构效应在2014～2017年由正向驱动因素转变为双向驱动因素，贸易规模效应在研究期内处于持续上升态势，至2020年农产品水足迹贸易量达到峰值36.8亿m^3。

中国作为农产品水足迹净进口国，在2011～2020年贸易逆差不断扩大，水资源强度效应和产品结构效应共同构成农产品水足迹贸易量不平衡主要影响因素。在“一带一路”共建各区域中，水资源强度效应对东南亚的影响最大，水资源强度效应是中国进口东南亚农产品水足迹的首要驱动因素，东南亚单位价值农产品水足迹含量高于中国4倍以上，这是中国与东南亚农产品水足迹贸易逆差扩大的主要原因。此外，对中亚和东欧来说，水资源强度效应也是其对中国农产品水足

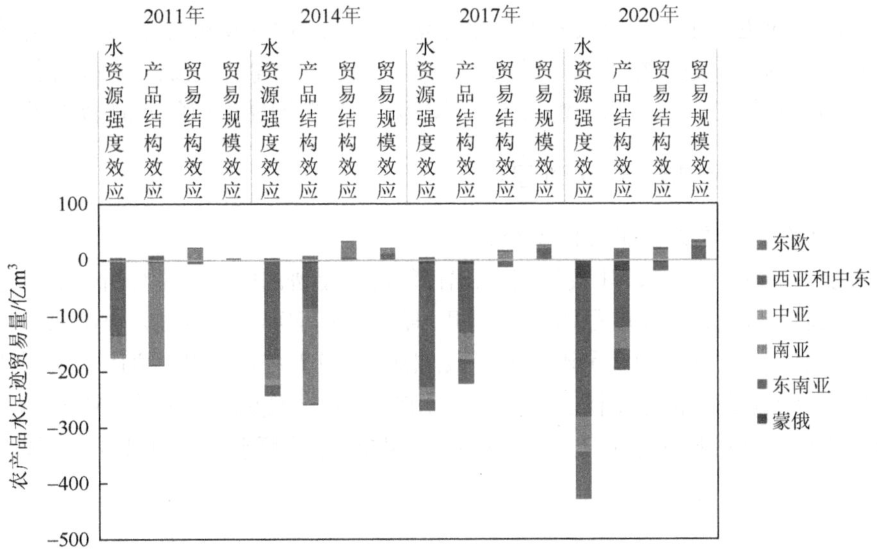

图 9.17　中国与“一带一路”共建各地区农产品水足迹贸易不平衡驱动因素
（扫封底二维码可见彩图）

迹出口的首要驱动因素。2011～2014 年，产品结构效应是形成我国与南亚农产品水足迹贸易逆差的主要因素，构成逆差的农产品种类包括茶类、胡椒、坚果、糖类、水稻、棉麻类以及油籽和植物油类。2017～2020 年，产品结构效应在东南亚的影响超过南亚，我国调整了从南亚进口的农产品结构，转向从东南亚大量进口。在此期间，我国进口南亚棉麻类（皮棉、黄麻）、水果坚果类（葡萄、坚果）水足迹锐减，同时我国进口东南亚水果坚果类（香蕉、坚果）、油籽类（花生、棕榈仁、芝麻籽）、植物油类（棕榈油、椰子油、豆油、菜籽油、花生油）、谷物类（高粱、水稻、玉米）、香料类（丁香、胡椒）、肉类（家禽、内脏）、蔬菜类和烟草类水足迹均有大幅提升。

贸易结构效应和贸易规模效应是我国向“一带一路”共建国家农产品水足迹出口的正向驱动因素，贸易结构效应对南亚影响较显著。长期以来，中国与南亚农产品贸易规模及份额均较小，且南亚在中国农产品出口结构中的份额要高于在进口结构中的份额，差额在 1%左右，这在一定程度上弥补了由产品结构效应造成的中国对南亚农产品水足迹贸易的逆差。贸易规模效应在“一带一路”共建各地区均表现为正向驱动因素，东南亚是对该效应贡献最大的地区。2020 年，东盟成为中国第一大贸易伙伴，中国与东盟国家的农产品贸易总额达到 333.89 亿美元，占中国农产品国际贸易总额的 19.97%。其内在原因是中国与东盟深入、紧密的产业内分工关系和坚韧的生产链、供应链关系。作为东盟国家的主要地区所在地，巨大的农产品贸易规模给东南亚带来大规模的水足迹流入，使中国与东南亚农产品贸易下水足迹流动的逆差程度得到缓解。此外，对蒙俄两国来说，2011～2014 年水资源强度效应主导了中国对其农产品水足迹出口，2017～2020 年水资源强度效应由正转负，变为中国进口蒙俄农产品水足迹的主要驱动因素。这说明中国对蒙俄调整了农产品贸易策略，针对水资源强度较高的农产品在缩减出口的同时增大了进口。

9.6.2　能源水足迹贸易驱动因素

1. 能源水足迹出口驱动因素分析

对于“一带一路”共建国家向中国出口能源水足迹的驱动因素分析，本章选取了沙特阿拉伯、俄罗斯、印度尼西亚、伊朗、哈萨克斯坦和阿塞拜疆六个国家，由于南亚各国对中国出口的能源水足迹微乎其微，因此不计算在内。以上六国对中国能源水足迹出口贸易的驱动因素如图 9.18 所示。由图可知，水资源强度效应是唯一一个在所有国家全部为正向的驱动效应，其他效应对不同国家能源水足迹的出口影响不同。

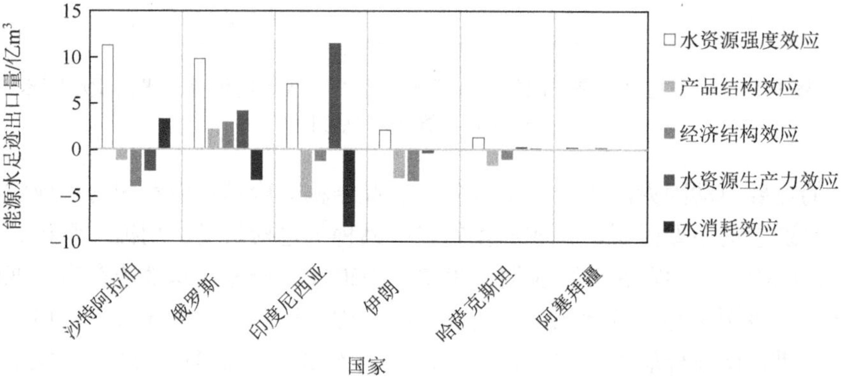

图 9.18　2011～2020 年六个“一带一路”共建国家对中国能源水足迹出口驱动因素

水资源强度效应对沙特阿拉伯、俄罗斯和印度尼西亚的影响较为显著，同时也是沙特阿拉伯和俄罗斯向中国能源水足迹出口的首要驱动因素，在国际油价大跌的背景下，石油输出国组织（Organization of Petroleum Exporting Countries，OPEC）成员国与俄罗斯开启石油价格战，价格战完全改变了石油和天然气的市场前景，使单位价值能源出口量激增，能源水足迹出口量随之显著提升。产品结构效应对俄罗斯和阿塞拜疆是正向驱动因素，其负向影响在印度尼西亚表现最为显著。2011～2020 年，我国从俄罗斯进口的煤炭、石油和天然气水足迹持续增长，进口量分别增加了 2.46 亿 m^3、12.71 亿 m^3 和 0.6 亿 m^3。我国进口印度尼西亚的煤炭和石油水足迹虽呈增长态势，但由于水资源强度较高，贸易额不增反减，煤炭和石油进口在总进口结构中的比例下降。经济结构效应促进了俄罗斯和阿塞拜疆向中国的能源水足迹出口，同时也是沙特阿拉伯和伊朗能源水足迹出口的首要负向驱动因素。2011～2020 年，中国与俄罗斯和东欧地区贸易合作得到深化，俄罗斯和阿塞拜疆向中国的总出口贸易额分别增长了 1.4 倍和 3.5 倍，其中能源领域是合作的重点，能源出口创汇对两国经济发展的贡献提升。中国从中东进口的商品类型集中为油气资源，近年来，中国与周边国家合作修建陆上油气输送管道，同时完善本国能源消费结构，提高可再生能源使用量，逐步分散和降低对中东的石油依赖，经济结构效应成为阻碍中东向中国出口能源水足迹的首要驱动因素。

水资源生产力效应（工业增加值与工业用水量之比）和水消耗效应（工业用水量）能够衡量一国工业生产的水资源利用率，两者常呈负相关关系，在印度尼西亚的表现最为显著。对印度尼西亚而言，水资源生产力效应的正向影响超过了水资源强度效应，同时水消耗效应是其首要负向驱动因素，这说明在 2011～2020 年，印度尼西亚水资源利用率提高，单位工业产值耗水量减少，相关行业生产技术取得进步，尽管工业部门水资源投入减少，但单位工业产值的扩大增加了能源水足迹的出口。此外，俄罗斯的水资源生产力效应也极大地促进了其能源水足迹出口，而以沙特阿拉伯为首的其他国家水资源生产力明显下降，能源水足迹的出口依靠水资源投入总量的增加。俄罗斯作为典型的资源依赖型经济国家，已开始重视提高能源效率及节能，2009 年俄罗斯政府颁发《节约能源和提高能源利用率及对俄罗斯联邦某些立法行为的修正》（黎思佳，2013），明确提出降低水资源、柴油、天然气、电力、煤炭等资源的年消耗量。该法案的实施有效提高了俄罗斯能源生产与利用效率，目前已成为促进俄罗斯向中国能源水足迹出口的第二大驱动因素。

2. 能源水足迹贸易不平衡驱动因素分析

中国与"一带一路"共建各地区能源水足迹贸易不平衡的驱动因素如图 9.19 所示。分析可知，2011～2020 年，贸易规模效应是唯一的正向驱动因素且增长迅速，10 年间增加了 16 倍，达到 2.34 亿 m^3。水资源强度效应和产品结构效应是主要的负向驱动因素，其中水资源强度效应的影响增加了近 2 倍，2020 年达到最大值-17.54 亿 m^3；产品结构效应的负向影响要强于水资源强度效应，处于先增后减再增的变化趋势。贸易结构效应作为负向驱动因素对于能源水足迹贸易不平衡的影响相对较小。

中国是能源水足迹的净进口大国，在 2011～2020 年贸易逆差不断扩大，水资源强度效应、产品结构效应和贸易结构效应共同构成能源水足迹贸易不平衡影响因素。在"一带一路"共建各区域中，水资源强度效应对中东地区的影响最大且逐年提升，该效应是中国进口中东能源水足迹的首要驱动因素。近年来，石油的供需关系变化引起国际油价走低，中国从中东进口的单位价值能源水足迹由 2011 年的 24.77m^3/千美元增至 2020 年的 57.06m^3/千美元，这是中国对中东能源水足迹贸易逆差扩大的首要原因。产品结构效应是中国与东南亚能源水足迹贸易逆差形成的首要驱动因素，中国在东南亚扩大能源进口的同时缩小了对其能源出口。2011～2020 年，中国进口东南亚能源总量增加 4671 万 t，其中煤炭进口量增加了 17.8%，

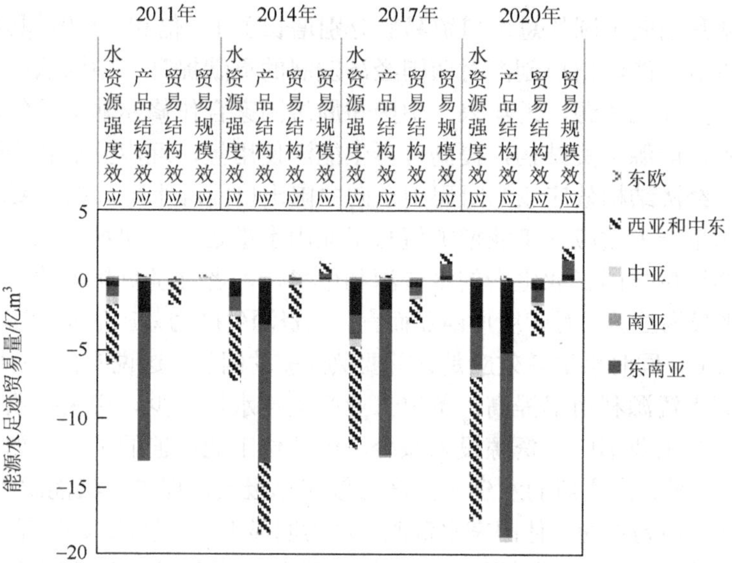

图 9.19　中国与“一带一路”共建各地区能源水足迹贸易不平衡驱动因素

原油和天然气进口量增加了 4 倍左右。贸易结构效应对中国进口西亚和中东地区能源水足迹的影响显著，我国石油供应对中东依赖程度较高，在“一带一路”共建所有地区中我国与中东的能源贸易逆差程度最大。中国能源消费结构中石油、天然气消费量总体呈持续增长态势，2020 年石油、天然气消费占比分别为 18.9%、8.4%，其中 80%左右的石油、天然气资源依靠从中东进口，巨大的能源进口量带来了水足迹的大量流入，增加了我国与中东能源水足迹贸易的逆差程度。

此外，水资源强度效应和产品结构效应也是中国进口蒙俄能源水足迹的主要影响因素，且其影响持续增强。除中东外，蒙俄是我国第二大能源进口地区，我国从俄罗斯进口的能源以原油和天然气为主，从蒙古国进口的能源以煤炭和原油为主。2011～2020 年我国从蒙俄两国进口的单位价值能源水足迹呈增长趋势。目前，中国与俄罗斯合作建成了一线和二线原油管道，合计年净进口原油总量 3000 万 t，相当于我国 2020 年原油年进口量的 5.5%；中俄东线天然气管道自 2019 年投产通气以来，年引进天然气 380 亿 m^3，相当于我国天然气年进口量的 30%左右。随着原油、天然气进口量的不断增加，我国与蒙俄的能源水足迹贸易逆差也显著扩大。

贸易规模效应作为正向驱动因素近年来其影响越来越凸显，代表着中国在与“一带一路”共建国家的总体贸易中顺差优势不断扩大。2018～2020 年，“一带一路”共建国家的对外贸易额占全球贸易总额的比重存在较大规模的提升，2020 年这一比重达到 45.10%。其中，亚太地区的贸易额占“一带一路”共建国家贸易总额的比重显示出持续上升的趋势，这与中国在亚太地区促进“一带一路”共建国家贸易发展密切相关。2020年，中国对“一带一路”共建国家的出口总额较进口多出了14830亿元，相当于我国与共建国家总贸易额的15.83%。这一顺差优势缓解了能源贸易下水足迹向我国净流入的局势，也在全球层面上平衡了水资源收支。

9.7 结　　论

本章基于2001～2020年中国与“一带一路”共建国家农产品虚拟水贸易数据，分析了中国与“一带一路”共建国家农产品虚拟水贸易的时空特征、农产品结构、虚拟水类型和虚拟水贸易平衡，并利用拓展引力模型对影响中国与“一带一路”共建国家的农产品虚拟水贸易的正逆向驱动因素进行分析，得到的结论如下。

（1）2001～2020年中国从“一带一路”共建国家进口的农产品虚拟水贸易量年均为519.39亿m^3，中国向“一带一路”共建国家出口的农产品虚拟水贸易量年均为77.6亿m^3，中国与“一带一路”共建国家的农产品虚拟水贸易量处于逆差状态，中国是农产品虚拟水贸易的净进口大国，2001～2020年中国与“一带一路”共建国家的年均农产品贸易虚拟水的净进口量为441.79亿m^3。中国进口农产品虚拟水量较大的地区是东南亚、南亚、中东欧和蒙俄，2001～2020年中国出口农产品虚拟水量较大的地区是东南亚、西亚、中东与蒙俄。

（2）2001～2020年从中国与“一带一路”共建国家进行农产品虚拟水贸易的15大类农产品来看，中国进口“一带一路”共建国家农产品虚拟水主要集中在植物油类、棉麻类、谷物类和水果类，年均农产品虚拟水进口量分别为279.17亿m^3、107.54亿m^3、71.15亿m^3和29.91亿m^3。中国出口“一带一路”共建国家农产品虚拟水主要集中在水果类、谷物类、蔬菜类、咖啡饮品类和坚果类，年均农产品虚拟水出口量分别是21.26亿m^3、17.13亿m^3、10.90亿m^3、10.42亿m^3和7.86亿m^3。

（3）2001～2020年中国从“一带一路”共建国家进口的农产品绿水、蓝水和灰水足迹占中国进口“一带一路”共建国家农产品水足迹总量的百分比分别是84.42%、9.58%和6.00%；中国出口“一带一路”共建国家的农产品绿水、蓝水和灰水足迹占中国出口“一带一路”共建国家农产品水足迹总量的百分比分别是71.40%、6.65%和21.95%。2001～2020年中国主要进口中东欧、南亚和东南亚的农产品绿水足迹，主要进口东南亚、南亚、中东欧的农产品蓝水足迹和灰水足迹；中国出口“一带一路”共建国家的农产品绿水和灰水足迹主要集中在西亚和中东、东南亚和蒙俄，中国出口“一带一路”共建国家的农产品蓝水足迹主要集中在中东欧、南亚和中亚。

（4）2001～2020年中国与“一带一路”共建国家农产品贸易中，净进口国家由 2001 年的 7 个增加至 2020 年的 23 个，净出口国家由 2001 年的 53 个减少至 2020 年的 42 个。其中，净进口国家主要分布在东南亚、中东欧等地，净出口国家主要分布在西亚和中东等地区；中东欧、蒙俄、南亚、中亚、西亚和中东地区则由 2001 年的净进口地区转变为 2020 年的净出口地区，东南亚一直为净出口地区，且增幅最大。

（5）在能源水足迹贸易方面，2011～2020 年，中国与“一带一路”共建国家的能源水足迹贸易处于逆差状态，中国向“一带一路”共建国家出口能源水足迹年均为 2 亿 m^3，中国从“一带一路”共建国家进口能源水足迹年均为 67.5 亿 m^3，中国从“一带一路”共建国家年均能源水足迹净进口量达到 67.3 亿 m^3。从产品结构来看，2011～2014 年，天然气水足迹出口占总出口的一半左右，其次为石油水足迹，煤炭水足迹出口量最少；2015～2020 年，石油水足迹出口量最大，但年际波动较大（32%～72%），其次为煤炭水足迹，天然气水足迹最少（17%～29%）。2011～2020 年，中国能源水足迹进口的产品结构基本保持不变，石油水足迹占比最大（68.83%～78.12%），其次为煤炭水足迹，天然气水足迹占比不超过 7%。从水足迹类型来看，2011～2014 年，中国向“一带一路”共建国家蓝水足迹出口总量高于灰水足迹，占比高出 30 个百分点；2015～2020 年，灰水足迹出口量超过蓝水足迹。2011～2020 年，我国从“一带一路”共建国家进口的能源灰水足迹量始终高于蓝水足迹量，但灰水足迹进口量呈下降趋势，蓝水足迹进口量呈上升趋势，进口量提高了 4.5 个百分点。

（6）“一带一路”共建国家的国内生产总值、人口数量、自然资源（水资源、耕地资源）、农产品增加值与国内生产总值的比重、谷物单位面积产量，中国与“一带一路”共建国家同属于一个自贸区、是 WTO 的成员、拥有共同地理边界，“一带一路”共建国家的基础设施中的班轮运输连通指数和贸易及运输相关基础设施指数，人民币汇率水平对中国与“一带一路”共建国家农产品虚拟水贸易具有促进作用，呈正相关，其中代表基础设施建设水平的班轮运输连通指数和贸易及运输相关基础设施指数，代表区域和国际贸易组织是属于同一个自贸区、是 WTO 成员以及人民币汇率水平，都是较为显著的正向驱动因素。这说明基础设施的完善和贸易便利化水平的提高，有利于贸易自由度的发展，降低中国与“一带一路”共建国家的农产品贸易成本，促进农产品虚拟水贸易的增加。中国的关税占总税收的比重、中国与“一带一路”共建国家的地理距离、“一带一路”共建国家的农业劳动力资源对中国与“一带一路”共建国家农产品虚拟水贸易具有逆向作用，呈负相关，其中中国与“一带一路”共建国家的地理距离和中国的关税占总税收的比重是中国与“一带一路”共建国家的农产品虚拟水贸易重要的逆向驱动因素。我国在农业劳动力资源上相对于“一带一路”共建国家具有一定的优势。

（7）首位度分析。

农产品水足迹贸易首位度：2011～2020年，中国出口“一带一路”共建国家农产品水足迹总体首位分布不明显，三种首位度指数均表现为上升趋势，整体结构趋于优化，规模顶端优势渐显，高位序级别间存在较强的等级分布，内部贸易规模差距较大。从进口来看，三种首位度指数均经历了从不显著至显著的过程，在研究期前半段，不具备首位分布形态，规模顶端辐射力较弱；到了中后期，首位分布逐渐强势，规模顶端优势凸显。2020年首位度指数小幅下跌，对规模顶端（印度尼西亚）的影响尤为明显。

能源水足迹贸易首位度：从出口来看，我国向“一带一路”共建国家能源水足迹出口的首位分布整体表现不明显，高位序内部等级差异性较小，其中仅2016年首位国越南贸易规模远超其他高位序国家。2020年，首位度指数小幅下跌，首位国缅甸的贸易规模相对缩小。从进口来看，2011～2020年，中国进口“一带一路”共建国家能源水足迹规模的首位分布不明显。首位国家和第二位国家之间规模差距较小，规模顶端辐射能力弱，中国进口“一带一路”共建国家能源水足迹高位序内部等级差异相对较小，高位序级别整体处于支配地位。

（8）水足迹贸易分形特征分析。

农产品水足迹贸易分形特征分析。2011～2020年中国向“一带一路”共建国家农产品水足迹出口经历了三个发展阶段。①2011～2012年：三分形、差异化发展阶段。无标度区一呈分散态，规模差距小，内部组成稳定为印度尼西亚、俄罗斯、越南和马来西亚；无标度区二呈弱集聚态，无标度区三集聚化较强，东欧占主体。②2013～2017年：分形交替、中小规模冲破贸易界限阶段。无标度区一呈分散态，国家数量猛增，以东南亚、蒙俄为主；无标度区二和三完成整合，呈集聚态，东欧贸易规模明显提升。③2018～2020年：三分形、稳定发展阶段。无标度区一分散化趋势加强，以东南亚为核心；无标度区二呈弱集聚态，由中亚、南亚和中东国家构成；无标度区三呈集聚化，仍以东欧为主。中国农产品水足迹进口同样经历了三个发展阶段。①2011～2012年：三分形、高位序支配下的快速发展阶段。三个无标度区均呈集聚态，无标度区一等级差异性较弱，核心国包括印度、巴基斯坦、印度尼西亚、马来西亚、乌兹别克斯坦、乌克兰等国；中低位序等级差异性渐强，由中东、中亚及东欧国家构成。②2013～2017年：双分形、结构稳定化阶段。高位序数量猛增，呈弱集聚态，由东南亚和南亚主导，蒙俄及东欧国家位序明显提升；低位序集聚化强，基本为中东和东欧国家。③2018～2020年：三分形、差异化发展阶段。无标度区一演变为分散态，以东南亚为主，乌克兰位序持续提升，印度尼西亚稳定为首位国；无标度区二和三呈集聚态，中亚位序下跌，中东位序提升，东欧位序变化不大。

能源水足迹贸易分形特征分析。2011～2020年我国出口“一带一路”共建国家能源水足迹经历了三个发展阶段。①2011～2013 年：双分形、结构稳定阶段。无标度区一呈分散化形态，以东南亚为核心，贸易规模占总体比例超过 85%；无标度区二涵盖国家多，呈集聚化分布，以蒙俄、东南亚和中东国家为主。高低位序间有明显断层。②2014～2016 年：单双分形交替，波动发展阶段。无标度区一和区二之间的界限模糊，分形结构呈现波动不稳定性，总体表现为集中分布态势。③2017～2020 年：双分形、高位序主导的贸易阶段。无标度区一呈分散态，内部组成稳定为缅甸、越南、印度尼西亚、马来西亚、菲律宾、新加坡六个东南亚国家，贸易规模占比超过 88%；无标度区二呈集中化分布，由中东和南亚国家主导。中国进口“一带一路”共建国家能源水足迹经历了两个发展阶段。①2011～2013 年：高位序支配、双分形向三分形过渡阶段。无标度区一系统形态趋于优化，由分散化转为平均分布，包括中东、东南亚、中亚以及蒙俄，贸易规模占比高达 93%以上；中低位序呈明显的分裂化，由中东和东南亚主导。②2014～2020 年：三分形、分裂式发展阶段。无标度区一由分散化向均衡化发展，以沙特阿拉伯、印度尼西亚、俄罗斯、阿曼、伊朗和伊拉克六国为核心国；无标度区二呈集聚态，主体是中亚和中东国家；无标度区三分裂化严重，除东欧国家外，还包括东南亚和南亚等国。

（9）水足迹贸易驱动因素分析。

农产品水足迹贸易：水资源强度效应是农产品水足迹出口的主要正向驱动因素，产品结构效应和经济结构效应对不同国家农产品水足迹出口的影响不同。产品结构效应在印度尼西亚、乌克兰、俄罗斯、哈萨克斯坦和阿联酋是重要的正向驱动因素，而对于印度是最大的负向驱动因素。经济结构效应在印度、哈萨克斯坦和埃及是负向驱动因素，而在印度尼西亚、乌克兰、俄罗斯和阿联酋则表现为正向影响。农业生产力效应和人口效应的影响几乎可以忽略不计。在中国与“一带一路”共建各地区农产品水足迹贸易不平衡的驱动因素中，水资源强度效应和产品结构效应是构成中国与“一带一路”共建国家农产品水足迹贸易逆差的主要原因。水资源强度效应的影响不断增强，10 年间增长了 1.5 倍。产品结构效应在前期影响处于增强趋势，2014 年后其影响逐渐减弱。贸易结构效应和贸易规模效应作为正向驱动因素的影响较弱，贸易结构效应在 2014～2017 年由正向驱动因素转变为双向驱动因素，贸易规模效应处于持续上升态势。

能源水足迹贸易：水资源强度效应是在所研究的国家中影响能源水足迹出口的唯一一个正向驱动因素，其他效应对出口的影响存在地区分异。水资源强度效应对沙特阿拉伯、俄罗斯和印度尼西亚的影响较为显著。产品结构效应对俄罗斯和阿塞拜疆是正向驱动因素，在印度尼西亚主要表现为负向影响。经济结构效应促进了俄罗斯和阿塞拜疆向中国的能源水足迹出口，同时也是沙特阿拉伯和伊朗的首要负向驱动因素。水资源生产力效应和水消耗效应可以衡量一国工业生产的水资源利用率，常呈负相关关系，在印度尼西亚的影响最显著。在中国与“一带一路”共建各地区能源水足迹贸易不平衡的驱动因素中，贸易规模效应是唯一的正向驱动因素且增长迅速。水资源强度效应和产品结构效应是主要的负向驱动因素，其中水资源强度效应的影响增加了近 2 倍，产品结构效应的负向影响强于水资源强度效应。贸易结构效应作为负向驱动因素对能源水足迹贸易不平衡的影响相对较弱。

参 考 文 献

包富华，何粉鸽. 2017. “一带一路”重点省区五星级酒店位序规模差异化研究[J]. 世界地理研究，26（4）：107-116.

别诗杰. 2019. 中国与“一带一路”国家农产品贸易网络结构及其影响因素分析[D]. 武汉：华中农业大学.

陈彦光，刘继生. 1999. 城市规模分布的分形与分维[J]. 人文地理，14（2）：43-48.

付博. 2019. 中俄农产品贸易影响因素及潜力研究[D]. 哈尔滨：东北农业大学.

公丕萍，宋周莺，刘卫东. 2015. 中国和沿线国家贸易的商品格局[J]. 地理科学进展，34（5）：571-580.

蒋依依，温晓金，刘焱序. 2018. 2001～2015 年中国出境旅游流位序规模演化特征[J]. 地理学报，73（12）：2468-2480.

黎思佳. 2013. 俄罗斯能源效率与节能现状分析[J]. 科技传播，5（6）：11，32.

李何. 2003. 石油天然气开采业（稠油）清洁生产指标体系的研究[J]. 油气田环境保护，13（1）：16-18.

李环宇. 2019. 以色列现代农业的科学精神及启示[D]. 锦州：渤海大学.

李江元，丁涛. 2020. 我国碳排放增长的驱动因素分解：基于 LMDI 模型[J]. 煤炭经济研究，40（6）：47-56.

李旻晶，涂珊珊. 2020. 中俄农产品贸易的现状及问题研究[J]. 现代商贸工业，41（2）：44.

刘文宇，赵媛. 2013. 中国省际煤炭资源流动的集中程度与位序-规模变化[J]. 资源科学，35（12）：2474-2480.

刘元玲. 2010. 中国能源发展“走出去”战略探析[J]. 国际关系学院学报，1：69-75.

申凯红，赵金鑫，田志宏. 2018. 蒙古农产品对外贸易及中蒙双边贸易分析[J]. 世界农业，4：17-22，195.

孙才志，白天骄，吴永杰，等. 2018. 要素与效率耦合视角下中国人均灰水足迹驱动效应研究[J]. 自然资源学报，33（9）：1490-1502.

谈明洪，范存会. 2004. Zipf 维数和城市规模分布的分维值关系探讨[J]. 地理研究，23（2）：243-248.

唐冲，陈伟忠，申玉铭. 2015. 加强东南亚农业合作开发的战略重点与布局研究[J]. 中国农业资源与区划，36（2）：84-93.

谢林阳. 2019. 地缘政治视角下的中国石油外交战略研究[D]. 南宁：南宁师范大学.

徐建华. 2002. 现代地理学中的数学方法[M]. 北京：高等教育出版社.

徐士程. 2019. 贸易便利化对我国农产品出口的影响研究[D]. 济南：山东大学.

许伟攀，李郇，陈浩辉. 2018. 基于城市夜间灯光数据的中美两国城市位序规模分布对比[J]. 地理科学进展，37（3）：385-396.

杨波. 2019. 中国与中东欧国家农产品贸易特性及影响因素研究[D]. 上海：上海海洋大学.

杨鑫，彭飞，张琦琦，等. 2020. 2000 年来中国边境城市对外贸易位序-规模分布及其影响因素[J]. 世界地理研究，29（6）：1102-1112.

于浩淼. 2014. 加强中蒙农业合作的思路探析[J]. 世界农业：11：73-75，93.

张颖. 2019. 中国与“一带一路”沿线国家贸易现状及影响因素研究[D]. 重庆：四川外国语大学.

赵媛，牛海玲，杨足膺. 2010. 我国石油资源流流量位序-规模分布特征变化[J]. 地理研究，29（12）：2121-2131.

宗莹莹. 2018. 中国与南亚国家农产品贸易增长潜力分析[D]. 济南：山东财经大学.

邹嘉龄，刘春腊，尹国庆，等. 2015. 中国和沿线国家贸易格局及其经济贡献[J]. 地理科学进展，34（5）：598-605.

Ang B W. 2004. Decomposition analysis for policy making in energy：Which is the preferred method? [J]. Energy Policy，32（9）：1131-1139.

Ang B W，Zhang F Q. 2000. A survey of index decomposition analysis in energy and environmental studies[J]. Energy，25（12）：1149-1176.

Bain R B R. 1950. Human behavior and the principle of least effort：An introduction to human ecology[J]. Social Forces，28（3）：340-341.

Batty M. 2008. The size，scale，and shape of cities[J]. Science，319（5864）：769-771.

Bergstrand J H. 1989. The generalized gravity equation，monopolistic competition，and the factor-proportions theory in international trade[J]. Review of Economics & Statistics，71（10）：143-145.

Chen B，Li J S，Zhou S L，et al. 2018. GHG emissions embodied in Macao's internal energy consumption and external trade：Driving forces via decomposition analysis[J]. Renewable and Sustainable Energy Reviews，82：4100-4106.

Fujiwara Y，Di Guilmi C，Aoyama H，et al. 2003. Do Pareto-Zipf and Gibrat laws hold true？An analysis with European Firms[J]. Physica A：Statistical Mechanics & its Applications，335（1）：197-216.

Hoekstra A Y，Chapagain A K，Aldaya M M，et al. 2011. The Water Footprint Assessment Manual：Setting the Global Standard[M]. London：Earthscan.

Hoekstra A Y，Chapagain A K，Martinez-Aldaya M，et al. 2009. Water footprint manual：State of the art 2009[R]. Enschede, the Netherlands：Water Footprint Network.

Kaya Y. 1989. Impact of carbon dioxide emission control on gnp growth：Interpretation of proposed scenarios[R]. Paris：IPCC Energy and Industry Subgroup，Response Strategies Working Group.

Linnemann H. 1967. An econometric stub of international trade flows[J]. Journal of the Royal Statal Society Series A（General），130（1）：633-634.

Mekonnen M M，Hoekstra A Y. 2011a. The green，blue and grey water footprint of crops and derived crop products[J]. Hydrology and Earth System Sciences，15（5）：1577-1600.

Mekonnen M M，Hoekstra A Y. 2011b. National water footprint accounts：The green，blue and grey water footprint of production and consumption[R]. Delft：UNESCO-IHE Institute for Water Education.

Pöyhönen P A. 1963. A tentative model for the volume of trade between countries[J]. Weltwirtschaftliches Archiv，90：93-100.

Qian Y，Tian X，Geng Y，et al. 2019. Driving factors of agricultural virtual water trade between China and the Belt and Road Countries[J]. Environmental Science and Technology，53（10）：5877-5886.

Reed W J. 2001. The Pareto，Zipf and other power laws[J]. Economics Letters，74（1）：15-19.

Tinbergen J. 1962. Shaping the world economy：Suggestions for an international economic policy[R]. New York：The Twentieth Century Fund.

Zhang Y，Zhang J H，Tian Q，et al. 2018. Virtual water trade of agricultural products：A new perspective to explore the Belt and Road[J]. The Science of the Total Environment，5（1）：988-996.

第三篇

实证——区域篇

第10章　基于足迹视角的东北三省水-能源-粮食纽带系统评价

10.1　研究区概况

东北三省地域相连（图10.1），在中国的东北部，位于118°53′E～135°05′E，38°43′N～53°33′N。东北三省陆地面积共计 80.91 万 km^2，约占全国陆地面积的8.43%，大部分是温带季风气候地区，又因为纬度高，且大部分地处大陆内部，受季风和高纬度双重影响，最终形成了夏季温暖但时间较短、冬季低温且持续时间长的特点。大体来说，东北降水较多，蒸发较少，气候比较湿润，且独特气候造成多年冻土层的存在，高纬度低地分布有大量沼泽。东北三省大部分地区属于中温

图10.1　东北三省区域图

带，小部分地区属于暖温带和寒温带。以干湿地区来划分，东北三省大部分地区是湿润区和半湿润区。

按行政区划来看，东北三省包括黑龙江省、吉林省和辽宁省。从地形分布来说，包括西侧的大兴安岭、北侧的小兴安岭、东侧的长白山脉和中间的东北平原四大部分及其他一些小块地形区。具体来说，平原和山地为主要地形，占据该区的大部分面积。

10.1.1 自然资源概况

东北三省分布有黑龙江、乌苏里江、松花江、辽河、鸭绿江等河流，称得上是河湖广布，为农业灌溉、工业发展和日常生活提供了丰富的水资源（张蕾，2010）。东北三省河流多从高大山地出发汇入平原地带，山地地区，尤其是长白山地区河流流量大、流经地区落差高，形成了丰富的水能资源。这些河流地区不仅具有巨大的社会经济价值，更是具有涵养水源、促进区域水循环、维护生物多样性等无与伦比的生态价值（黄蕊，2009）。东北地区土壤类型有黑土、灰化土、暗棕壤、黑钙土等，其中黑土地尤其适合农作物生长，我国拥有世界第三大黑土地带，基本都位于东北三省（于颖，2013）。

东北三省土地辽阔，平原面积广大，拥有我国三大平原中面积最大的东北平原，面积达 35 万 km^2，广大的平原利于农业机械的工作。东北三省能源资源比较丰富，全区探明的石油地质储量为 102 亿 t，探明天然气地质储量 12171 亿 m^3，煤炭资源保有储量 304 亿 t，是我国化石能源蕴藏量比较丰富的地区（黑龙江省发展和改革委员会，2017；吉林省能源局，2017；辽宁省自然资源厅，2017）。东北三省森林覆盖率很高，原始林和用材林都分布广泛，是我国重要的木材基地。这里矿产资源蕴藏量极其丰富，其中油母页岩、铁、硼、菱镁石、金刚石、滑石、玉石、溶剂灰岩等矿产的储量在全国均居首位；主要油田有大庆油田、辽河油田和吉林油田，其中大庆油田一直是我国年产油量最大的油田；主要煤矿有鹤岗煤矿、抚顺煤矿和鸡西煤矿；主要铁矿有鞍山铁矿和本溪铁矿。东北三省的野生动植物资源也很丰富，动物有黑熊、紫貂、丹顶鹤、东北虎等；植物有人参、黄芪等。

10.1.2 社会经济概况

东北三省由哈尔滨市、黑河市、伊春市、鹤岗市、双鸭山市、齐齐哈尔、牡丹江市、佳木斯市、大兴安岭地区、绥化市、鸡西市、七台河市、大庆市、盘锦市、抚顺市、沈阳市、鞍山市、本溪市、大连市、丹东市、铁岭市、阜新市、辽阳市、锦州市、营口市、朝阳市、葫芦岛市、长春市、延边朝鲜族自治州（简称延边州）、吉林市、通化市、白山市、松原市、四平市、辽源市、白城市 36 个地级市（州、地区）组成，拥有大连市、哈尔滨市、沈阳市、长春市四个副省级城市。东北三省人口为 9800 余万，占全国总人口的 6.98%，GDP 为 5.57 万亿元，占全国的 4.87%（中华人民共和国中央人民政府，2019a，2019b，2019c）。

东北三省西接内蒙古，西南与河北毗邻，北面和东面部分与俄罗斯相连，东南与朝鲜接壤，南部隔渤海和黄海分别与河北、天津、山东、韩国、朝鲜隔海相望。所以，从地理位置上来说，东北三省位于整个东北亚的核心位置，是我国与俄罗斯、朝鲜进行陆上贸易的关键节点。其中，丹东、珲春、绥芬河、黑河是东北三省重要的陆上边境外贸城市。拥有以大连港为代表的一系列海港，与全球的 140 多个国家和地区通航。同时，还有着便利的空中交通网络。邮电行业的发展也取得了很大进步，拥有便捷的通信形式、广布的电网系统和密布的公用邮政网络。城镇和农村的水、气供应等日益完善。国家陆续制定了一系列扶持东北地区发展的战略和规划，在政策上给予一定的支持，促进了东北三省的进一步发展。

10.1.3　粮食生产现状

广袤的平原、丰富的水资源、充足的能源和肥沃的黑土地使得东北三省成为我国的粮食主产区，在全国占有重要地位。随着社会经济不断发展，人们对粮食的需求不断变化，粮食的供给也随之变化。农作物的种植结构需做出一定改变以适应需求的变化情况。东北三省的地理位置、气候条件、资源禀赋等因素，使得东北三省有适合于水稻生产的土壤及气候环境，促使东北地区的主要粮食作物由小麦、玉米、大豆逐渐转变为小麦、玉米、水稻。

2019 年东北三省粮食作物播种面积约为 2347.18 万 hm^2，占全国总播种面积的 20.22%；产量达 13810.89 万 t，占全国总产量的 20.80%。按行政区划来说，黑龙江省粮食产量多年位居全国第一，2019 年粮食产量在全国最高，为 7503.01 万 t。吉林省是我国粮食单产最高的省（区、市），2019 年每公顷粮食产量为 7.26t。辽宁省 2019 年粮食产量再创新高，单产水平位居全国第二，对于保障区域粮食安全具有不可或缺的地位。

按自然区划来说，粮食主产区可分为三江平原、松嫩平原和辽河平原，三江平原和松嫩平原是我国九大粮食主产区中的两个，其中，三江平原是我国商品率最高的粮食主产区，松嫩平原是我国产量最大的粮食生产基地。总的来说，东北三省的粮食作物无论是种植面积还是产量在全国都具有举足轻重的地位。

10.1.4　粮食生产的能源和水资源消耗情况

东北三省有丰富的煤炭资源、水力资源和较丰富的石油资源，这为农业生产提供了丰富的能源资源。2019 年东北三省农村用电量为 317.49 亿 kWh，化肥使用量为 590.23 万 t，农业机械总动力为 12366.71 万 kW，农用大中型拖拉机数量达 1095994 台，占全国的 24.69%，充分说明东北农业机械化水平高和研究东北粮食生产碳足迹的重要性。

东北三省具有丰富的水资源，但随着经济的发展，局部区域水资源显现出不足的情况，整体水资源压力趋紧明显。2001～2019 年工农业用水量不断增加，2019 年东北三省农业有效灌溉面积 971.63 万 hm^2。随着全球变化和极端气候的频繁出现，如何提供稳定可持续的水资源，不论是对农业还是对整个社会来说都是一个重要且迫切需要解决的问题，如何改进用水设施、有效节水也是必须要考虑的问题。

10.2 研究方法与数据来源

10.2.1 基于美国橡树岭国家实验室的碳足迹计算方法

粮食作物的种植、生长、收获过程中所使用的柴油、化肥、农药等均会在一定程度上产生碳足迹，其计算公式为

$$\mathrm{CF_S} = \mathrm{DF_S} + GM + TN + SO + PQ + AU \tag{10.1}$$

式中，$\mathrm{CF_S}$ 为粮食生产全过程所产生的碳足迹（kg）；$\mathrm{DF_S}$ 为消耗柴油的碳足迹；G、T、S、P、A 分别为东北三省 36 市（州、地区）在粮食生产过程中化肥使用量（万 t）、农药使用量（万 t）、播种面积（万 hm^2）、机械总动力（万 kW）、农膜使用量（万 hm^2）；M、N、O、Q、U 均为转换系数，其中 M、N 借鉴美国橡树岭国家实验室，分别取值 0.8956、4.9341，O、Q、U 参考南京农业大学农业资源与生产环境研究所的数值，分别取值为 16.47kg/hm^2、0.18kg/kW、5.18kg/hm^2。

消耗柴油的碳足迹计算公式如下：

$$\mathrm{DF_S} = Q_e \times S_e \times D_e \tag{10.2}$$

式中，Q_e 为粮食生产过程中柴油的消耗量；S_e 为柴油折算标准参考系数 1.4571（kg/kg）；D_e 为柴油的碳排放系数 0.5921［参照联合国政府间气候变化专门委员会（Intergovernmental Panel on Climate Change，IPCC）碳排放计算给定值］（黄姣等，2011）。

1. 单位面积碳足迹

单位面积碳足迹是指粮食生产全过程在单位面积土地上产生的碳足迹，其计算公式为

$$\mathrm{CF_P} = \mathrm{CF_S}/H \tag{10.3}$$

式中，$\mathrm{CF_P}$ 为单位面积碳足迹［kg CE/hm^2，CE（carbon emission）为碳排放］；H 为某种粮食作物的种植面积（hm^2）。

2. 碳成本

碳成本是指某种产品或者活动生产碳足迹的成本，其计算公式为

$$CF_C = CF_S / Y \tag{10.4}$$

式中，CF_C 为单位产量水平的碳足迹（kg CE/kg）；Y 为作物的单位面积产量（kg）。

3. 碳效率

碳效率是某种产品或者活动中生产碳足迹的效率，其计算公式为

$$CF_E = Y / CF_S \tag{10.5}$$

式中，CF_E 为单位碳排放投入的农作物产量（kg/kg CE）；Y 为作物的单位面积产量（kg）。

10.2.2　基于彭曼公式和绿水、蓝水足迹计算框架的水足迹计算方法

根据其他学者的研究（王红瑞等，2007；李吉玫等，2007；肖玲等，2007；黄姣等，2011；张秋平等，2007），作物蒸发蒸腾量计算公式为

$$ET_0 = \frac{0.408\varDelta(R_n - G) + \gamma \dfrac{900}{T+273} u_2 (e_s - e_a)}{\varDelta + \gamma(1 + 0.34u_2)} \tag{10.6}$$

式中，ET_0 为参考作物蒸发蒸腾量（mm/d）；G 为土壤热通量（MJ/d）；R_n 为作物冠层净辐射量（MJ/d）；T 为 2m 高处的平均气温（℃）；u_2 为 2m 高处的风速（m/s）；e_s 为饱和水汽压（kPa）；e_a 为实际水汽压（kPa）；$\varDelta$ 为饱和水汽压与温度曲线的斜率（kPa/℃）；γ 为干湿温度计常数（kPa/℃）。

作物水足迹可以表示一地区生产单位农产品所使用的水资源量，主要有雨水资源量和灌溉水资源量，即绿水足迹和蓝水足迹。作物生长过程的绿水足迹和蓝水足迹的计算框架由 Hoekstra 等（2011）年提出，如式（10.7）和式（10.8）所示：

$$WF_{green} = \frac{CWU_{green}}{Y} = 10 \times \frac{ET_{green}}{Y} \tag{10.7}$$

$$WF_{blue} = \frac{CWU_{blue}}{Y} = 10 \times \frac{ET_{blue}}{Y} \tag{10.8}$$

式中，WF_{green} 为绿水足迹（m^3/kg）；WF_{blue} 为蓝水足迹（m^3/kg）；CWU_{green} 和 CWU_{blue} 分别为绿水消耗量和蓝水消耗量（m^3/kg）；Y 为作物的单位面积产量（kg/hm^2）；因子 10 为将深度（mm）转换成面积（m^3/hm^2）的系数；ET_{green}、ET_{blue} 为绿水、蓝水蒸散量。

$$ET_{green} = \min(ET_c, P_{eff}) \tag{10.9}$$

$$\mathrm{ET_{blue}} = \max(0, \mathrm{ET_c} - P_{\mathrm{eff}}) \tag{10.10}$$

式中，$\min(\mathrm{ET_c}, P_{\mathrm{eff}})$为作物蒸散量和有效降水的最小值；$\max(0, \mathrm{ET_c} - P_{\mathrm{eff}})$为作物蒸散量和有效降水之差与 0 的较大值；$P_{\mathrm{eff}}$为作物生长期有效降水（mm）。

10.2.3　自然断点法

自然断点法是一种地图分级方法，类别基于数据固有的自然分组。对分类间隔加以识别，可对相似值进行最恰当的分组，并可使各类之间的差异最大化。要素被划分为多个类，对于这些类，该模型会在数据值的差异相对较大的位置处设置其边界，采用此方法对碳足迹和水足迹进行空间类型划分，识别碳足迹和水足迹的空间格局差异。

10.2.4　相关系数法

基于皮尔逊相关系数法的碳足迹相关性分析，即影响因素分析，分别对碳足迹的构成要素与单位面积碳足迹进行两两分析，最终计算并比较得出单位面积碳足迹的最大影响因素。斯皮尔曼相关系数被定义为等级变量之间的皮尔逊相关系数。相关系数 P 的计算公式是

$$P = \frac{\sum_i (x_i - \bar{x})(y_i - \bar{y})}{\sqrt{\sum_i (x_i - \bar{x})^2 \sum_i (y_i - \bar{y})^2}} \tag{10.11}$$

式中，$-1 \leqslant P \leqslant 1$，当 $P=0$ 时，x 和 y 不具有线性相关关系；当 $P>0$ 时，x 和 y 具有正向线性相关关系；$P<0$ 时，x 和 y 具有负向线性相关关系；P 越趋近于 ±1 时，相关性越高。

10.2.5　空间自相关分析方法

1. 全局空间自相关

全局 Moran I 是反映研究区域间整体相关性及其显著性的指标（马荣华等，2007），对整个研究区域的空间特征进行描述：

$$I = \frac{\sum_{i=1}^{n}\sum_{j=1}^{m} \boldsymbol{W}_{ij}(x_i - \bar{x})(x_j - \bar{x})}{s^2 \sum_{i=1}^{n}\sum_{j=1}^{m} \boldsymbol{W}_{ij}} \tag{10.12}$$

式中，$s^2 = \frac{1}{n}\sum_{i=1}^{n}(x_i - \bar{x})$，$\bar{x} = \frac{1}{n}\sum_{i=1}^{n} x_i$，$n$ 为研究对象总数；i 和 j 分别为第 i 和第 j 个研究对象；$\boldsymbol{W}_{ij}$ 为研究对象的空间权重矩阵，表示空间对象的邻接关系，当区域 i 和区域 j 相邻时，$\boldsymbol{W}_{ij}=1$，反之 $\boldsymbol{W}_{ij}=0$。全局 Moran I 的取值范围为

[−1, 1]，指数越接近 1，空间正相关性越显著；指数越接近−1，空间负相关性越显著；指数为 0，则表明无空间自相关性。对 Moran I 进行显著性检验，一般假设变量服从标准正态分布。因此，用 Z 统计量对研究区域的空间相关性进行判断。

2. 局部空间自相关

相比于全局 Moran I，局部 Moran I 主要用于判断是否存在相似值或相异值的空间集聚现象，每个区域单元的 LISA 是描述该区域单元周围显著相似区域单元之间空间集聚程度的指标，所有区域单元 LISA 总和与全域的空间自相关指数成比例。对空间单元 i 的局部 Moran I 的计算公式如下（马荣华等，2007）：

$$I_i = \left(\frac{x_i - \overline{x}}{m}\right)\sum_{j=1}^{n} W_{ij}(x_i - \overline{x}) \tag{10.13}$$

式中，$m = \sum\limits_{j=1, j\neq 1}^{n} x_j^2 / (n-1) - \overline{x}^2$，局部 Moran I 显著性地图可以直观地反映局部空间自相关的计算结果，具体可将其划分为高-高（HH）、高-低（HL）、低-高（LH）、低-低（LL）四种关联类型。其中，HH 和 LL 代表相似值的空间集聚，即区域 i 及其邻近区域均为高（低）值区，此时局部 Moran I 为正；而 HL 和 LH 代表相异值的空间集聚，即区域 i 为高值区（低值区）且其相邻区域为低值区（高值区），此时局部莫兰指数为负（靳春玉，2021）。

10.2.6　数据来源

本章所用东北三省 36 市 2001～2019 年的气象数据（相对湿度、太阳辐射、最低温度、平均风速、最高温度、降水量、平均气温、日照时数）均来自中国气象数据网国家气象中心。东北三省 36 市（州、地区）作物产量、种植面积、化肥使用量、农药使用量、农膜使用量、柴油使用量、机械总动力等，来自各年《辽宁省统计年鉴》《吉林省统计鉴》《黑龙江省统计年鉴》和 36 个市级行政区的统计年鉴，其中缺失年份数据采用补差法计算取得。

10.3　东北三省 36 市（州、地区）粮食生产的碳足迹分析

10.3.1　粮食生产碳足迹的时空特征分析

根据式（10.1）～式（10.3）计算出东北三省 36 市（州、地区）2001～2019 年的单位面积碳足迹值，并绘制成如图 10.2～图 10.4 所示的演变趋势图。

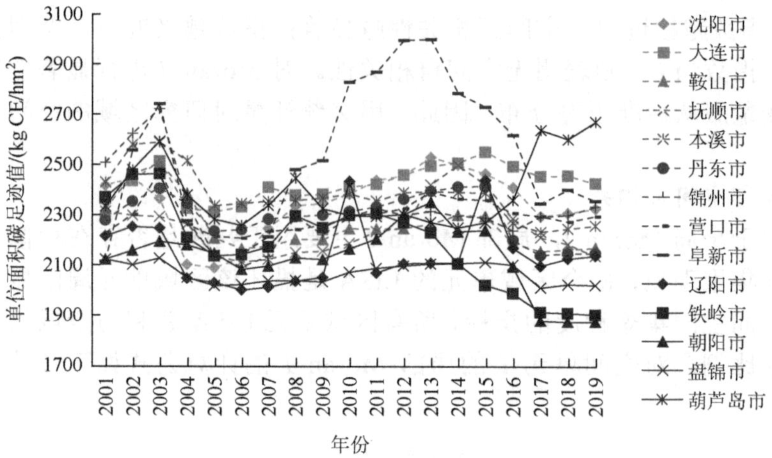

图 10.2　辽宁省粮食生产单位面积碳足迹

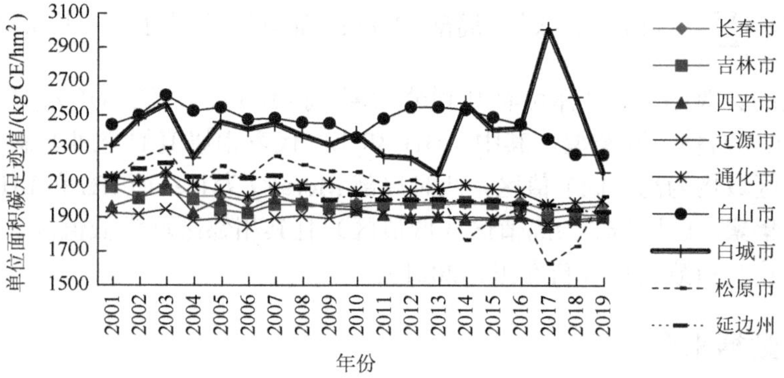

图 10.3　吉林省粮食生产单位面积碳足迹

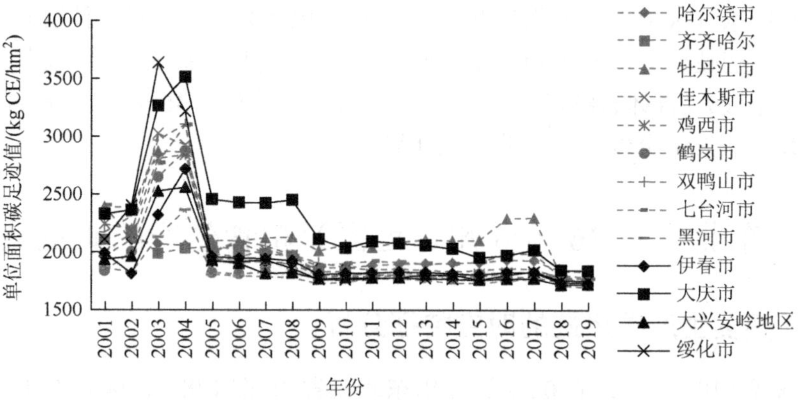

图 10.4　黑龙江省粮食生产单位面积碳足迹

如图 10.2～图 10.4 所示，2001～2019 年东北三省 36 市（州、地区）粮食生产单位面积碳足迹值总体呈现波动下降趋势，但是也有一些地区是上升的。2001～2019 年 36 市（州、地区）单位面积碳足迹平均值为 2134.90kg CE/hm^2，单位面积碳足迹最高值为 3636.22kg CE/hm^2，出现在 2003 年的绥化市，最低值为 1630.75kg CE/hm^2，出现在 2017 年的松原市，不同区域的不同年份波动很大。

如图 10.2 所示，辽宁省 14 个地级市中，2001～2003 年，沈阳市和抚顺市单位面积碳足迹值呈现下降趋势，辽阳市、铁岭市、大连市、朝阳市、鞍山市、锦州市、营口市、盘锦市、葫芦岛市、本溪市、丹东市、阜新市单位面积碳足迹值均呈现上升趋势，均在 2003 年达到阶段最大值。其中，阜新市单位面积碳足迹值从 2001 年的 2114.52kg CE/hm^2 增长到 2003 年的 2742.32kg CE/hm^2，增幅为 29.69%。2003～2017 年，大连市、营口市、阜新市、葫芦岛市的单位面积碳足迹值呈现波动上升趋势，阜新市波动最大，区间年份内呈现先降再增又降的趋势，且在 2013 年达到辽宁省研究年份内的最大值（3001.40kg CE/hm^2）；沈阳市、鞍山市、抚顺市、本溪市、丹东市、锦州市、辽阳市、铁岭市、朝阳市、盘锦市的单位面积碳足迹值在区间年份内均呈现下降趋势，其中铁岭市降幅最大，从 2003 年的 2463.31kg CE/hm^2 下降到 2017 年的 1913.49kg CE/hm^2，降幅达到 22.32%。2017～2019 年，14 个地级市均呈现增减很小的平稳趋势。综上所述，2001～2019 年辽宁省大部分地级市单位面积碳足迹值呈现波动下降趋势。

如图 10.3 所示，吉林省 9 个市级行政区中，2001～2003 年，吉林市单位面积碳足迹值呈现下降趋势；长春市、四平市、辽源市、通化市、白山市、白城市、松原市、延边州单位面积碳足迹值均呈现上升趋势，其中，白城市从 2001 年的 2324.27kg CE/hm^2 增长到 2003 年的 2565.60kg CE/hm^2，增幅达到 10.38%，居各市之首。2003～2019 年，吉林省 9 个市级行政区的单位面积碳足迹值均呈现波动下降趋势。其中，白城市和松原市波动最大，白城市的单位面积碳足迹值在 2017 年达到吉林省最大的 3009.25kg CE/hm^2，松原市单位面积碳足迹值在 2017 年为东北三省 19 年内的最小值（1630.75kg CE/hm^2）。综上所述，2001～2019 年吉林省所有市级行政区单位面积碳足迹值均呈现波动下降趋势。

如图 10.4 所示，黑龙江省 13 个市级行政区中，2001～2004 年，哈尔滨市和齐齐哈尔市单位面积碳足迹值呈现下降趋势；伊春市、七台河市、大庆市、大兴安岭地区、牡丹江市、鸡西市、鹤岗市、佳木斯市、双鸭山市、黑河市、绥化市单位面积碳足迹值均呈现上升趋势，且 2003 年或 2004 年达到本市最大值。其中，绥化市从 2001 年的 2107.86kg CE/hm^2 增长到 2003 年的 3636.22kg CE/hm^2，增幅达到区间最大的 72.51%。2004～2019 年，黑龙江省 13 个市级行政区单位面积碳足迹值均呈现波动下降趋势。其中，大庆市降幅最大，从 2004 年的 3515.21kg CE/hm^2 下降到 2019 年的 1841.47kg CE/hm^2，降幅达 47.61%。综上所述，2001～2019 年黑龙江省所有市级行政区单位面积碳足迹值均呈现波动下降趋势。

10.3.2　粮食生产碳成本时序分析

根据式（10.1）、式（10.2）和式（10.4）计算出东北三省 36 市（州、地区）2001～2019 年的碳成本，并绘制成如图 10.5～图 10.7 所示的演变趋势图。

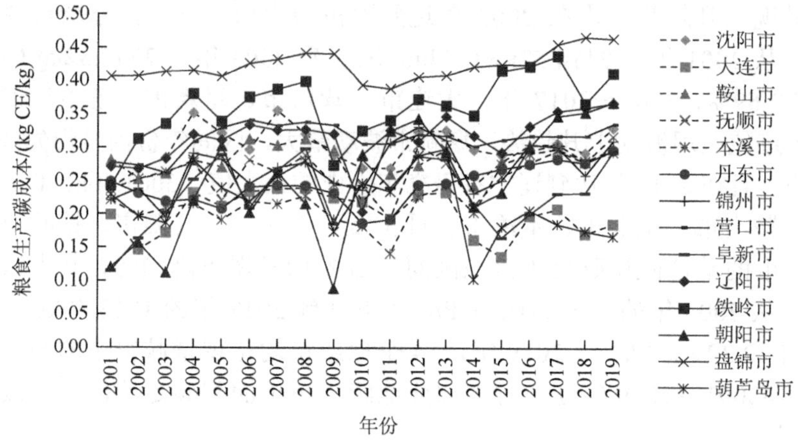

图 10.5　辽宁省粮食生产碳成本

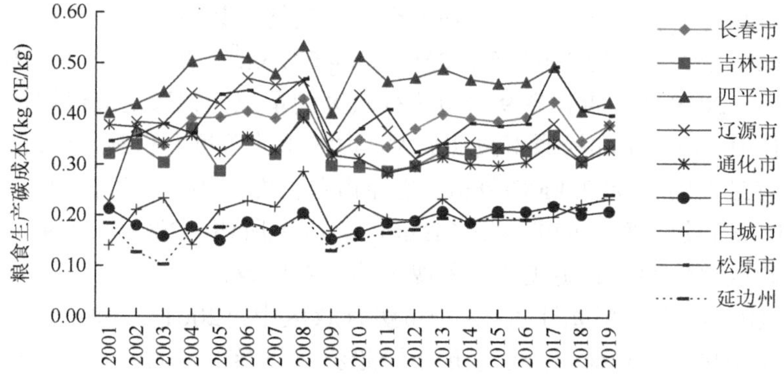

图 10.6　吉林省粮食生产碳成本

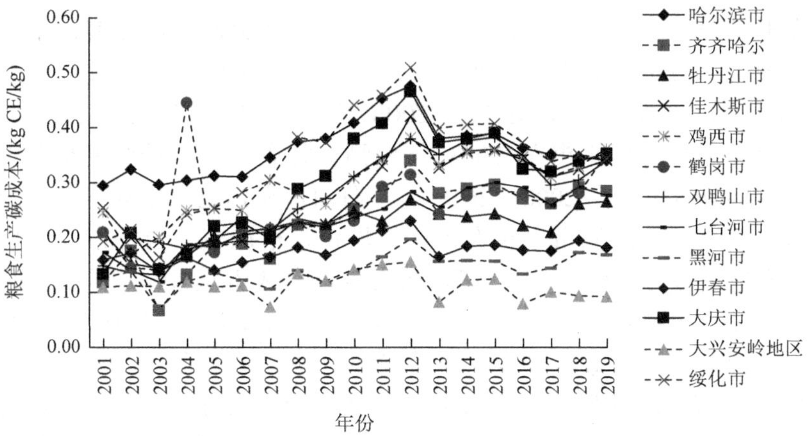

图 10.7 黑龙江省粮食生产碳成本

如图 10.5～图 10.7 所示，2001～2019 年东北三省 36 市（州、地区）粮食生产碳成本部分地区呈现波动上升趋势，部分地区则是下降的。2001～2019 年 36 市（州、地区）平均碳成本为 0.28kg CE/kg，碳成本最高值为 0.54kg CE/kg，出现在 2008 年的四平市，最低值为 0.08kg CE/kg，出现在 2003 年的齐齐哈尔市、黑河市和 2007 年的大兴安岭地区，不同区域的不同年份碳成本变化很大。

如图 10.5 所示，辽宁省 14 个市级行政区中，2001～2004 年，丹东市粮食生产碳成本呈现下降趋势，降幅不明显；鞍山市、本溪市、盘锦市呈现持平状态，沈阳市、大连市、抚顺市、锦州市、营口市、阜新市、辽阳市、铁岭市、朝阳市、葫芦岛市均现呈上升趋势，均在 2004 年达到阶段最大值。其中，铁岭市粮食生产碳成本从 2001 年的 0.24kg CE/kg 增长到 2004 年的 0.38kg CE/kg，增加了 58.33%，为此阶段增长最大城市。2004～2014 年，丹东市、盘锦市粮食生产碳成本呈现波动上升趋势，上升幅度不明显；辽阳市在区间年份内呈现持平状态；沈阳市、本溪市、锦州市、大连市、辽阳市、铁岭市、鞍山市、抚顺市、营口市、阜新市、朝阳市、葫芦岛市粮食生产碳成本呈现波动下降趋势，区间年份内葫芦岛市降幅最大，从 2004 年的 0.28kg CE/kg 下降到 2014 年的 0.10kg CE/kg，降幅为 64.29%；朝阳市粮食生产碳成本波动最大，且在 2009 年达到辽宁省研究年份内的最小值 0.09kg CE/kg。2014～2019 年，14 个市级行政区粮食生产碳成本均呈现波动上升趋势，朝阳市粮食生产碳成本从 2014 年的 0.21kg CE/kg 增长到 2019 年的 0.37kg CE/kg，增加了 76.19%，是此阶段增长最多的城市；盘锦市粮食生产碳成本在 2019 年出现了辽宁省研究年限内的最大值 0.46kg CE/kg。综上所述，2001～2019 年辽宁省大部分市级行政区粮食生产碳成本呈现波动上升趋势。

如图 10.6 所示，吉林省 9 个市级行政区中，2001～2008 年，白山市粮食生产碳成本呈现下降趋势，降幅不大；松原市、延边州、长春市、辽源市、通化市、白城市、吉林市、四平市粮食生产碳成本均呈现上升趋势。其中，辽源市从 2001 年的 0.23kg CE/kg 增长到 2008 年的 0.47kg CE/kg，104.35%的增幅为此阶段增长之最；四平市在 2008 年达到吉林省研究年份内的粮食生产碳成本最大值 0.54kg CE/kg。2008～2019 年，白山市和延边州粮食生产碳成本呈现上升趋势，四平市、辽源市、长春市、白城市、松原市、吉林市、通化市粮食生产碳成本呈现波动下降趋势，四平市粮食生产碳成本从 2008 年的 0.54kg CE/kg 降到 2019 年的 0.42kg CE/kg，降幅 22.22%，为区间最大。综上所述，2001～2019 年吉林省大部分市级行政区粮食生产碳成本呈现波动上升趋势。

如图 10.7 所示，黑龙江省 13 个市级行政区中，2001～2012 年，粮食生产碳成本均呈现波动上升趋势；鹤岗市粮食生产碳成本波动最大；大庆市粮食生产碳成本从 2001 年的 0.13kg CE/kg 增长到 2012 年的 0.47kg CE/kg，增幅 261.54%，达到区间最大。2012～2019 年，鹤岗市粮食生产碳成本呈现波动上升趋势，黑河市、绥化市、鸡西市、双鸭山市、伊春市、七台河市、牡丹江市、哈尔滨市、齐齐哈尔市、佳木斯市、大庆市、大兴安岭地区粮食生产碳成本均呈现波动下降趋势，绥化市粮食生产碳成本从 2012 年 0.51kg CE/kg 降到 2019 年的 0.34kg CE/kg，降幅为 33.33%。综上所述，2001～2019 年黑龙江省市级行政区中除大兴安岭地区外粮食生产碳成本均呈现波动上升趋势。

10.3.3 粮食生产碳效率时序分析

根据式（10.1）、式（10.2）和式（10.5）计算出东北三省 36 市（州、地区）2001～2019 年的碳效率，并绘制成如图 10.8～图 10.10 所示的演变趋势图。

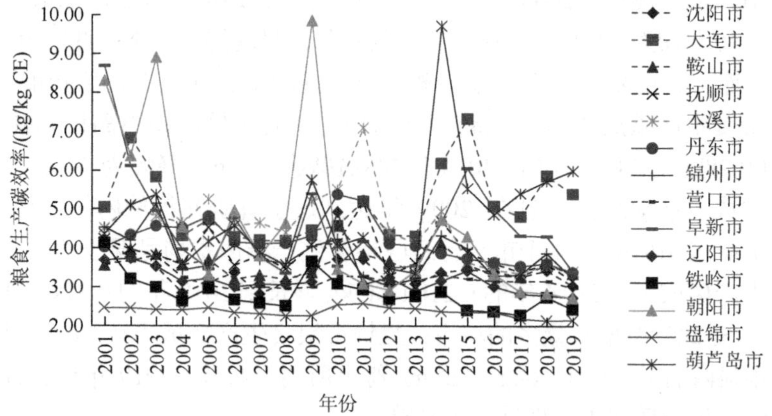

图 10.8 辽宁省粮食生产碳效率

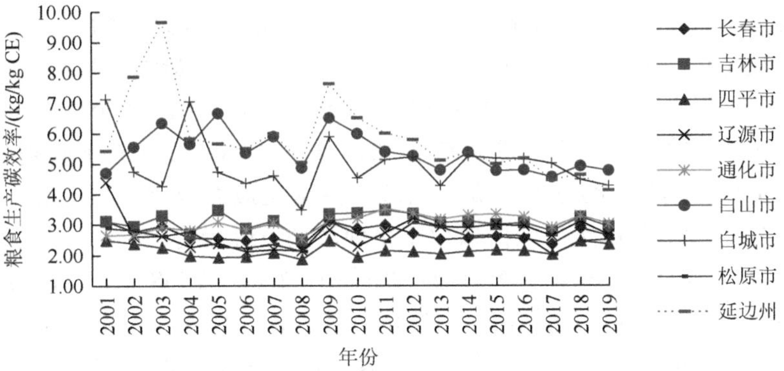

图 10.9 吉林省粮食生产碳效率

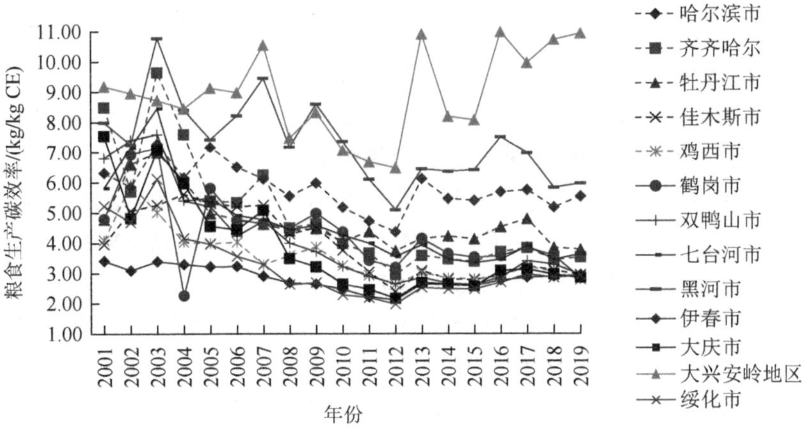

图 10.10 黑龙江省粮食生产碳效率

如图 10.8～图 10.10 所示，2001～2019 年东北三省 36 市（州、地区）粮食生产碳效率大部分呈现波动下降趋势。2001～2019 年 36 市（州、地区）平均碳效率为 4.13kg/kg CE，碳效率最高值为 10.97kg/kg CE，出现在 2016 年的大兴安岭地区，最低值为 1.87kg/kg CE，出现在 2008 年的四平市，不同区域的不同年份碳效率变化很大。

如图 10.8 所示，辽宁省 14 个市级行政区中，2001～2006 年，本溪市、丹东市和葫芦岛市的碳效率呈现上升趋势，升幅不明显；辽阳市、铁岭市、沈阳市、鞍山市、抚顺市、大连市、阜新市、朝阳市、锦州市、营口市、盘锦市的碳效率均现呈下降趋势，均在 2006 年达到阶段最小值。其中，阜新市碳效率从 2001 年的 8.69kg/kg CE 下降到 2006 年的 4.77kg/kg CE，下降了 45.11%，为此阶段下降幅度最大城市。2006～2014 年，锦州市、阜新市、朝阳市的碳效率呈现波动下降趋势；沈阳市在区间年份内呈现持平状态；葫芦岛市、鞍山市、抚顺市、铁岭市、盘锦市、本溪市、大连市、丹东市、营口市、辽阳市的碳效率呈现波动上升趋势，区间年份内葫芦岛市的碳效率升幅最大，从 2006 年的 4.58kg/kg CE 上升到 2014 年的 9.73kg/kg CE，升幅为 112.45%；朝阳市的碳效率波动最大，且在 2009 年达到辽宁省研究年份内的最大值 9.86kg/kg CE。2014～2019 年，14 个地级市碳效率均呈现波动下降趋势，朝阳市的碳效率从 2014 年的 4.73kg/kg CE 下降到 2019 年的 2.73kg/kg CE，下降了 42.28%，是此阶段下降幅度最大城市。综上所述，2001～2019 年辽宁省大部分市级行政区碳效率呈现波动下降趋势。

如图 10.9 所示，吉林省 9 个市级行政区中，2001～2008 年，白山市碳效率呈现上升趋势，升幅不大；通化市、白城市、长春市、松原市、四平市、辽源市、延边州、吉林市碳效率均呈现下降趋势。其中，辽源市从 2001 年的 4.40kg/kg CE 下降到 2008 年的 2.15kg/kg CE，降幅为 51.14%，此阶段最大；四平市在 2008 年达到吉林省研究年份内的碳效率最小值 1.87kg/kg CE。2008～2019 年，白山市和延边州碳效率呈现下降趋势，四平市、长春市、白城市、松原市、吉林市、辽源市、通化市碳效率呈现波动上升趋势，四平市碳效率从 2008 年的 1.87kg/kg CE 上升到 2019 年的 2.36kg/kg CE，升幅为 26.20%。综上所述，2001～2019 年吉林省大部分市级行政区碳效率呈现波动下降趋势。

如图 10.10 所示，黑龙江省 13 个市级行政区中，2001～2012 年，碳效率均呈现波动下降趋势。其中，鹤岗市碳效率波动最大；大庆市的碳效率从 2001 年的 7.54kg/kg CE 下降到 2012 年的 2.15kg/kg CE，降幅为 71.49%，此阶段最大。2012～2019 年，鹤岗市碳效率呈现波动下降趋势，齐齐哈尔市、绥化市、哈尔滨市、七台河市、黑河市、牡丹江市、佳木斯市、伊春市、鸡西市、双鸭山市、大庆市、大兴安岭地区的碳效率均呈现波动上升趋势，绥化市的碳效率从 2012 年的 1.97kg/kg CE 上升到 2019 年的 2.92kg/kg CE，增幅为 48.22%。综上所述，2001～2019 年黑龙江省市级行政区中除大兴安岭地区外其他地区的碳效率均呈现波动上升趋势。

10.3.4 粮食生产碳足迹空间分析

为了更清晰地剖析各市级行政区粮食生产碳足迹的演变趋势，本章选取 2005 年、2012 年、2019 年作为节点年份，基于 ArcGIS 软件的自然断点法，将东北三省 36 个市级行政区的单位面积碳足迹、碳成本和碳效率由低到高划分为低值区、中等值区、次高值区和高值区，并进行可视化处理。

（1）粮食生产单位面积碳足迹的空间分布如表 10.1 所示。2005 年单位面积碳足迹高值区有 5 个，分别为辽宁省的大连市、本溪市和吉林省的白城市、白山市以及黑龙江省的大庆市；次高值区有 12 个，分别为辽宁省的铁岭市、葫芦岛市、抚顺市、丹东市、阜新市、锦州市、朝阳市、鞍山市、营口市和吉林省的松原市、延吉市以及黑龙江省的牡丹江市；中等值区有 10 个，分别为辽宁省的沈阳市、辽阳市、盘锦市和吉林省的长春市、四平市、通化市以及黑龙江省的齐齐哈尔、鸡西市、双鸭山市、七台河市；低值区有 9 个，分别为吉林省的吉林市、辽源市和黑龙江省的哈尔滨市、佳木斯市、黑河市、鹤岗市、伊春市、绥化市、大兴安岭地区。2012 年单位面积碳足迹高值区有 1 个，即辽宁省的阜新市；次高值区有 13 个，分别为辽宁省的沈阳市、本溪市、丹东市、大连市、鞍山市、营口市、铁岭市、抚顺市、锦州市、朝阳市、葫芦岛市和吉林省的白城市、白山市；中等值区有 9 个，分别为辽宁省的辽阳市、盘锦市和吉林省的长春市、吉林市、通化市、松原市、延吉市以及黑龙江省的大庆市、牡丹江市；低值区有 13 个，分别为吉林省的四平市、辽源市和黑龙江省的哈尔滨市、七台河市、黑河市、齐齐哈尔、双鸭山市、鸡西市、鹤岗市、伊春市、佳木斯市、绥化市、大兴安岭地区。2019 年单位面积碳足迹高值区有 8 个，分别为辽宁省的沈阳市、大连市、本溪市、锦州市、营口市、阜新市、葫芦岛市和吉林省的白山市；次高值区有 7 个，分别为辽宁省的抚顺市、鞍山市、丹东市、辽阳市、盘锦市和吉林省的白城市、松原市；中等值区有 10 个，分别为辽宁省的铁岭市、朝阳市和吉林省的长春市、吉林市、四平市、辽源市、通化市、延吉市以及黑龙江省的哈尔滨市、大庆市；低值区有 11 个，分别为黑龙江省的齐齐哈尔、牡丹江市、黑河市、鹤岗市、双鸭山市、七台河市、鸡西市、绥化市、伊春市、佳木斯市、大兴安岭地区。

总体而言，东北三省单位面积碳足迹总体呈南高北低的空间分布。高值区、次高值区主要分布在辽宁省和吉林省，在分布范围上有扩大的趋势，是因为近年来柴油、化肥、农药等使用量逐渐增加；中等值区主要分布在东北三省的中间地区，在分布的区域上有所变化，但在范围上保持稳定；低值区主要分布在黑龙江省，在分布范围上有缩小的趋势，原因是随着机械自动化和节能机械的推广，三江平原和松嫩平原柴油的使用量和机械动力相对减少。

表 10.1　东北三省各地区粮食生产单位面积碳足迹

	年份	区间	地区
碳足迹/（kg CE/hm^2）	2005	[1807，1961]	大兴安岭、黑河、伊春、鹤岗、佳木斯、绥化、哈尔滨、吉林、辽源
		[1962，2088]	齐齐哈尔、双鸭山、七台河、鸡西、长春、四平、通化、沈阳、辽阳、盘锦
		[2089，2282]	松原、牡丹江、延吉、铁岭、抚顺、阜新、锦州、朝阳、葫芦岛、鞍山、营口、丹东
		[2283，2549]	大庆、白城、白山、本溪、大连
	2012	[1776，1913]	大兴安岭、黑河、伊春、鹤岗、佳木斯、齐齐哈尔、绥化、哈尔滨、七台河、鸡西、四平、辽源、双鸭山
		[1914，2121]	大庆、松原、长春、吉林、牡丹江、延吉、通化、辽阳、盘锦

续表

	年份	区间	地区
碳足迹/（kg CE/hm^2）	2012 年	[2122，2549]	白城、白山、铁岭、抚顺、沈阳、锦州、朝阳、葫芦岛、鞍山、营口、丹东、本溪、大连
		[2550，2998]	阜新
	2019 年	[1694，1782]	大兴安岭、黑河、伊春、鹤岗、佳木斯、双鸭山、七台河、鸡西、齐齐哈尔、绥化、牡丹江
		[1783，1997]	大庆、哈尔滨、长春、吉林、延吉、四平、铁岭、通化、朝阳、辽源
		[1998，2169]	白城、松原、抚顺、丹东、辽阳、盘锦、鞍山
		[2170，2672]	白山、阜新、沈阳、锦州、葫芦岛、营口、本溪、大连

（2）粮食生产碳成本的空间分布如表 10.2 所示。2005 年碳成本高值区有 6 个，分别为辽宁省的铁岭市、盘锦市和吉林省的长春市、四平市、辽源市、松原市；次高值区有 10 个，分别为辽宁省的沈阳市、锦州市、营口市、朝阳市、辽阳市、鞍山市、阜新市和吉林省的吉林市、通化市以及黑龙江省的哈尔滨市；中等值区有 15 个，分别为辽宁省的大连市、抚顺市、本溪市、丹东市、葫芦岛市和吉林省的白城市、延吉市以及黑龙江省的齐齐哈尔市、七台河市、牡丹江市、鸡西市、佳木斯市、双鸭山市、大庆市、绥化市；低值区有 5 个，分别为吉林省的白山市和黑龙江省的鹤岗市、伊春市、黑河市、大兴安岭地区。2012 年碳成本高值区有 4 个，分别为吉林省的四平市和黑龙江省的哈尔滨市、大庆市、绥化市；次高值区有 6 个，分别为辽宁省的盘锦市、辽源市和吉林省的长春市以及黑龙江省的佳木斯市、双鸭山市、鸡西市；中等值区有 17 个，分别为辽宁省的辽阳市、锦州市、营口市、沈阳市、鞍山市、抚顺市、朝阳市、葫芦岛市、阜新市、铁岭市和吉林省的吉林市、辽源市、通化市、松原市以及黑龙江省的齐齐哈尔市、鹤岗市、牡丹江市；低值区有 10 个，分别为辽宁省的大连市、本溪市、丹东市和吉林省的白城市、白山市、延吉市以及黑龙江省的伊春市、黑河市、七台河市、大兴安岭地区。2019 年碳成本高值区有 6 个，分别为辽宁省的铁岭市、盘锦市和吉林省的长春市、四平市、辽源市、松原市；次高值区有 15 个，分别为辽宁省的沈阳市、抚顺市、辽阳市、盘锦市、营口市、朝阳市和吉林省的吉林市、通化市以及黑龙江省的哈尔滨市、大庆市、鹤岗市、双鸭山市、佳木斯市、鸡西市、绥化市；中等值区有 9 个，分别为辽宁省的鞍山市、本溪市、丹东市、阜新市和吉林省的白城市、延吉市以及黑龙江省的齐齐哈尔市、七台河市、牡丹江市；低值区有 6 个，分别为辽宁省的大连市、葫芦岛市和吉林省的白山市以及黑龙江省的伊春市、黑河市、大兴安岭地区。

总体而言，东北三省碳成本呈现中间高南北低的空间分布特征。高值区主要分布在中部的松嫩平原地区，不同年份分布区域有所变化；次高值区分布不集中，不同年份分布区域变化较大；中等值区主要分布在大兴安岭和长白山脉附近的地区，在分布区域上有所变化；低值区分布在东北三省地域边缘上的地区。从年际变化来看，高值区和次高值区范围有扩大的趋势，原因是松嫩平原等主要粮食种植区碳成本各构成要素的投入有逐年增加的趋势；中等值区和低值区范围有减小的趋势，在东北三省的边缘区域，随着机械自动化和节能机械的推广，这些区域的碳成本有下降的趋势。

表 10.2　东北三省各地区粮食生产碳成本

	年份	区间	地区
碳成本/（kg CE/kg）	2005 年	[0.110，0.170]	大兴安岭、黑河、伊春、鹤岗、白山
		[0.171，0.250]	齐齐哈尔、绥化、大庆、七台河、白城、佳木斯、双鸭山、鸡西、牡丹江、延吉、抚顺、本溪、丹东、葫芦岛、大连
		[0.251，0.340]	哈尔滨、吉林、通化、朝阳、阜新、锦州、沈阳、辽阳、鞍山、营口
		[0.341，0.520]	松原、长春、四平、铁岭、辽源、盘锦
	2012 年	[0.150，0.240]	大兴安岭、黑河、伊春、七台河、白城、延吉、白山、本溪、丹东、大连
		[0.241，0.340]	齐齐哈尔、鹤岗、牡丹江、松原、吉林、辽源、通化、抚顺、沈阳、阜新、朝阳、葫芦岛、辽阳、鞍山、营口、锦州、铁岭
		[0.341，0.420]	佳木斯、双鸭山、鸡西、长春、辽源、盘锦
		[0.421，0.510]	大庆、绥化、哈尔滨、四平
	2019 年	[0.090，0.210]	大兴安岭、黑河、白山、葫芦岛、大连、伊春
		[0.211，0.300]	齐齐哈尔、白城、七台河、牡丹江、延吉、阜新、鞍山、本溪、丹东
		[0.301，0.370]	大庆、绥化、哈尔滨、鹤岗、佳木斯、双鸭山、鸡西、吉林、通化、抚顺、沈阳、辽阳、营口、盘锦、朝阳
		[0.371，0.460]	松原、长春、四平、铁岭、辽源、盘锦

（3）粮食生产碳效率的空间分布如表 10.3 所示。2005 年碳效率高值区有 4 个，分别为吉林省的白山市和黑龙江省的伊春市、黑河市、大兴安岭地区；次高值区有 13 个，分别为辽宁省的大连市、抚顺市、本溪市、丹东市和吉林省的白城市、延吉市以及黑龙江省的齐齐哈尔、双鸭山市、大庆市、鹤岗市、佳木斯市、七台河市、牡丹江市；中等值区有 14 个，分别为辽宁省的辽阳市、铁岭市、沈阳市、鞍山市、朝阳市、葫芦岛市、锦州市、营口市、阜新市和吉林省的吉林市、通化市以及黑龙江省的哈尔滨市、鸡西市、绥化市；低值区有 5 个，分别为辽宁省的盘锦市和吉林省的长春市、四平市、辽源市、松原市。2012 年碳效率高值区有 5 个，分别为吉林省的白城市、白山市、延吉市和黑龙

江省的黑河市、大兴安岭地区；次高值区有 4 个，分别为辽宁省的大连市、本溪市、丹东市和黑龙江省的伊春市；中等值区有 17 个，分别为辽宁省的抚顺市、锦州市、沈阳市、鞍山市、营口市、阜新市、辽阳市、朝阳市、葫芦岛市和吉林省的吉林市、辽源市、通化市、松原市以及黑龙江省的齐齐哈尔市、伊春市、七台河市、牡丹江市；低值区有 10 个，分别为辽宁省的盘锦市、铁岭市和吉林省的长春市、四平市以及黑龙江省的哈尔滨市、大庆市、鸡西市、双鸭山市、佳木斯市、绥化市。2019 年碳效率高值区有 1 个，为黑龙江省的大兴安岭地区；次高值区有 5 个，分别为辽宁省的大连市、葫芦岛市和吉林省的白山市以及黑龙江省的伊春市、黑河市；中等值区有 10 个，分别为辽宁省的鞍山市、本溪市、丹东市、锦州市、阜新市和吉林省的白城市、延吉市以及黑龙江省的齐齐哈尔市、七台河市、牡丹江市；低值区有 20 个，分别为辽宁省的沈阳市、抚顺市、营口市、辽阳市、盘锦市、铁岭市、朝阳市和吉林省的辽源市、通化市、长春市、吉林市、四平市、松原市，以及黑龙江省的鹤岗市、双鸭山市、哈尔滨市、大庆市、鸡西市、佳木斯市、绥化市。

表 10.3　东北三省各地区粮食生产碳效率

	年份	区间	地区
碳效率/（kg CE/kg）	2005 年	[1.940，2.540]	松原、长春、四平、辽源、盘锦
		[2.541，4.170]	绥化、哈尔滨、鸡西、吉林、通化、铁岭、沈阳、阜新、朝阳、葫芦岛、锦州、鞍山、辽阳、营口
		[4.171，5.800]	鹤岗、佳木斯、七台河、双鸭山、齐齐哈尔、大庆、白城、牡丹江、延吉、抚顺、本溪、丹东、大连
		[5.801，9.120]	大兴安岭、黑河、白山、伊春
	2012 年	[1.970，2.700]	佳木斯、双鸭山、鸡西、绥化、哈尔滨、大庆、长春、四平、铁岭、盘锦
		[2.701，3.730]	伊春、齐齐哈尔、七台河、牡丹江、吉林、松原、辽源、抚顺、通化、沈阳、阜新、锦州、朝阳、葫芦岛、鞍山、营口、辽阳
		[3.371，4.420]	伊春、本溪、丹东、大连
		[4.421，6.470]	白城、延吉、白山、黑河、大兴安岭
	2019 年	[2.160，3.150]	鹤岗、佳木斯、双鸭山、鸡西、绥化、哈尔滨、大庆、松原、长春、吉林、四平、铁岭、辽源、通化、抚顺、辽阳、朝阳、营口、盘锦、沈阳
		[3.151，4.270]	齐齐哈尔、白城、牡丹江、延吉、阜新、锦州、鞍山、丹东、本溪、七台河
		[4.271，6.000]	黑河、伊春、白山、葫芦岛、大连
		[6.001，10.910]	大兴安岭

总体而言，东北三省碳效率呈现四周高中间低的空间分布特征。高值区、次高值区主要分布在东北三省的区域边缘地带，在范围上有缩小的趋势。在东北三省的边缘区域，随着机械自动化和节能机械的推广，这些区域的碳效率有波动下降的趋势。但是，随着近年粮食生产压力的加大，各农资要素的投入也逐渐增加，所以在分布范围上有缩小的趋势。中等值区、低值区分布在东北三省的中间地带，在范围上有扩大的趋势。近年来，随着粮食压力的日益增大，东北三省主要粮食种植区碳效率各构成要素的投入有逐年增加的趋势。

10.4　粮食生产的碳足迹空间自相关分析

10.4.1　全局自相关分析

基于粮食生产耗能概念，并结合式（10.12），选取 2005 年、2012 年、2019 年作为节点年份计算东北三省各个地级市的粮食生产耗能全局莫兰 *I* 数（Moran *I*），计算结果如表 10.4 所示。

表 10.4　东北三省粮食生产耗能的全局莫兰 *I* 数

指标	单位面积碳足迹			碳成本			碳效率		
	2005 年	2012 年	2019 年	2005 年	2012 年	2019 年	2005 年	2012 年	2019 年
Moran *I*	0.19983	0.47099	0.55541	0.26096	0.09512	0.16904	0.41759	0.30849	0.24726
Z	3.47335	7.71843	8.81984	5.29333	1.86842	3.00925	6.85266	6.29557	5.11655
P	0.00051	0.00000	0.00000	0.00000	0.06170	0.00262	0.00000	0.00000	0.00000

东北三省粮食生产耗能全局空间自相关分析结果显示，对于粮食生产的单位面积碳足迹、碳成本、碳效率，在所有节点年份中，*P* 值均小于 0.01，通过了 1% 的显著性水平检验，碳足迹的 Moran *I* 值在各个节点年份均为正，说明东北三省粮食生产耗能具有空间正相关的集聚特征，能源消耗量较高的地区相互接近，能源消耗量较低的地区相互接近。粮食生产单位面积碳足迹的 Moran *I* 呈现显著上升趋势，表明其空间相关性逐渐增大，总体水平在增高。碳成本的 Moran *I* 呈现波动下降的趋势，表明其空间相关性逐渐减小，总体水平相应下降。碳效率的 Moran *I* 呈现明显下降趋势，表明其空间相关性逐渐减小，在空间上显现出一定的集聚效应。

10.4.2　局部自相关分析

全局莫兰指数无法代表区域内各地区间的空间集聚特征，因此使用局部莫兰指数来分析区域内各地区单位面积碳足迹、粮食生产的碳成本、粮食生产的碳效率的空间集聚特征。根据式（10.13）计算结果如表 10.5 所示。对于不同研究节点年份上的粮食生产的单位面积碳足迹、粮食生产的碳成本、粮食生产的碳效率，部分地区出现了相似值和相异值的空间集聚，且相似值聚集区域明显多于相异值聚集区域。

粮食生产的单位面积碳足迹存在高-高集聚区、高-低集聚区、低-低集聚区、不显著集聚区和低-高集聚区。2005 年高-高集聚区出现在辽宁省的朝阳市、丹东市，2012 年高-高集聚区出现在辽宁省的锦州市、营口市、沈阳市、朝阳市、葫芦岛市、大连市、本溪市、丹东市、鞍山市、抚顺市、阜新市、铁岭市，2019 年高-高集聚区出现在吉林省的通化市和辽宁省的阜新市、辽阳市、沈阳市、盘锦市、葫芦岛市、大连市、本溪市、丹东市、鞍山市、抚顺市、锦州市、营口市。由此可见，高-高集聚区表现出集聚的状态，多出现在辽宁省，且随着时间推移，高-高集聚区的个数呈现波动增加，地理空间上的连续性不断增加。2005 年低-低集聚区出现在黑龙江省的鹤岗市、双鸭山市、哈尔滨市、鸡西市、伊春市、佳木斯市、七台河市、牡丹江市、大兴安岭地区，2012 年低-低集聚区出现在黑龙江省的双鸭山市、大庆市、哈尔滨市、绥化市、大兴安岭地区、齐齐哈尔、鸡西市、七台河市、牡丹江市、鹤岗市、伊春市、佳木斯市、黑河市，2019 年低-低集聚区出现在黑龙江省的哈尔滨市、齐齐哈尔、鸡西市、鹤岗市、双鸭山市、伊春市、佳木斯市、七台河市、牡丹江市、黑河市、绥化市、大兴安岭地区，低-低集聚区呈现集聚的状态且仅出现在黑龙江省，且随着时间推移，低-低集聚区的个数呈现波动增加，地理空间上的连续性不断增加。2005 年高-低集聚区出现在黑龙江省的牡丹江市，出现高-低集聚区说明该区域单位面积碳足迹较大，而周边区域则较小。2005 年低-高集聚区出现在辽宁省的辽阳市，2012 年低-高集聚区出现在辽宁省的辽阳市、盘锦市和吉林省的四平市、辽源市、通化市，2019 年低-高集聚区出现在辽宁省的朝阳市、铁岭市和吉林省的辽源市，随着时间推移，低-高集聚区的个数呈现波动增加，低-高集聚区的增加说明邻近区域单位面积碳足迹相对较高的情况越来越多。在研究年份内单位面积碳足迹不显著集聚区呈现波动减少的趋势。

表 10.5 东北三省各地区粮食生产碳足迹空间集聚

年份	空间集聚特征	地区
2005 年	高-高	朝阳、丹东
	高-低	牡丹江
	低-高	辽阳
	低-低	大兴安岭、伊春、鹤岗、七台河、佳木斯、双鸭山、鸡西、哈尔滨、牡丹江

续表

年份	空间集聚特征	地区
2005年	不显著	黑河、齐齐哈尔、白城、大庆、绥化、松原、白城、长春、吉林、延吉、四平、铁岭、辽源、通化、白山、阜新、沈阳、辽阳、本溪、鞍山、盘锦、营口、葫芦岛、锦州、大连
2012年	高-高	沈阳、大连、鞍山、抚顺、本溪、丹东、锦州、营口、阜新、铁岭、朝阳、葫芦岛
	高-低	—
	低-高	辽阳、盘锦、四平、辽源、通化
	低-低	哈尔滨、齐齐哈尔、牡丹江、佳木斯、大庆、鸡西、双鸭山、伊春、七台河、鹤岗、黑河、绥化、大兴安岭
	不显著	白城、松原、长春、吉林、延吉、白山
2019年	高-高	沈阳、大连、鞍山、抚顺、本溪、丹东、锦州、营口、阜新、葫芦岛、通化、辽阳、盘锦
	高-低	—
	低-高	朝阳、铁岭、辽源
	低-低	哈尔滨、齐齐哈尔、牡丹江、佳木斯、鸡西、双鸭山、伊春、七台河、鹤岗、黑河、绥化、大兴安岭
	不显著	白城、大庆、松原、长春、四平、吉林、白山、延吉

粮食生产的碳成本存在高-高集聚区、低-高集聚区、不显著集聚区和低-低集聚区（表10.6）。2005年高-高集聚区出现在吉林省的辽源市、通化市、长春市、四平市、松原市、吉林市和辽宁省的阜新市、铁岭市、沈阳市、锦州市，2012年高-高集聚区出现在吉林省的松原市和黑龙江省的齐齐哈尔市、哈尔滨市，2019年高-高集聚区出现在吉林省的松原市、长春市、四平市、辽源市和辽宁省的铁岭市、沈阳市、锦州市、抚顺市，高-高集聚区的个数呈现波动减少，地理空间上的连续性有所减弱。2005年低-低集聚区出现在黑龙江省的大兴安岭地区、鸡西市、伊春市、佳木斯市、鹤岗市、双鸭山市、七台河市、黑河市，2012年和2019年无低-低集聚区的出现，低-低集聚区的个数明显减少，低-低集聚区有着波动减弱的趋势，地理空间上的连续性有所减弱。2005年低-高集聚区出现在吉林省的白山市、白城市和辽宁省的抚顺市，2012年低-高集聚区出现在吉林省的白城市和黑龙江省的伊春市，2019年低-高集聚区出现在吉林省的白城市和辽宁省的阜新市，低-高集聚区表示邻近区域碳成本相对较高，白城市的情况表明，相比周边区域，该市碳成本一直处在较低水平。三个时期均无碳成本低-高集聚区的出现。在研究年份内碳成本不显著集聚区呈现波动增加的趋势。

表 10.6　东北三省各地区粮食生产碳成本空间集聚

年份	空间集聚特征	地区
2005 年	高-高	松原、长春、吉林、四平、辽源、通化、铁岭、阜新、锦州、沈阳
	高-低	—
	低-高	白城、抚顺、白山
	低-低	大兴安岭、黑河、伊春、鹤岗、佳木斯、双鸭山、七台河、鸡西
	不显著	齐齐哈尔、绥化、大庆、哈尔滨、牡丹江、延吉、朝阳、葫芦岛、盘锦、鞍山、辽阳、本溪、丹东、大连、营口
2012 年	高-高	齐齐哈尔、松原、哈尔滨
	高-低	—
	低-高	白城、伊春
	低-低	—
	不显著	牡丹江、佳木斯、大庆、鸡西、双鸭山、七台河、鹤岗、黑河、绥化、大兴安岭、长春、吉林、四平、通化、白山、辽源、松原、沈阳、大连、鞍山、抚顺、本溪、丹东、锦州、营口、阜新、辽阳、盘锦、铁岭、朝阳、葫芦岛
2019 年	高-高	松原、长春、四平、铁岭、辽源、抚顺、沈阳、锦州
	高-低	—
	低-高	白城、阜新
	低-低	—
	不显著	大连、鞍山、本溪、丹东、营口、辽阳、盘锦、朝阳、葫芦岛、吉林、通化、白山、哈尔滨市、齐齐哈尔、牡丹江、佳木斯、大庆、鸡西、双鸭山、伊春、七台河、鹤岗市、黑河、绥化、大兴安岭

粮食生产的碳效率存在高-高集聚区、不显著集聚区、高-低集聚区和低-低集聚区（表 10.7）。2005 年高-高集聚区出现在黑龙江省的鹤岗市、黑河市、大兴安岭地区和伊春市，2012 年高-高集聚区出现在黑龙江省的大兴安岭地区，2019 年无高-高集聚区的出现，高-高集聚区有着波动减弱的趋势，地理空间上的连续性有所减弱。2005 年低-低集聚区出现在吉林省的四平市、吉林市、辽源市、长春市、通化市、松原市和辽宁省的锦州市、营口市、沈阳市、铁岭市、葫芦岛市、鞍山市、阜新市、辽阳市、盘锦市，2012 年低-低集聚区出现在吉林省的四平市、辽源市、长春市、松原市和辽宁省的锦州市、阜新市、沈阳市、铁岭市、抚顺市，2019 年低-低集聚区出现在吉林省的辽源市、通化市、吉林市、四平市、长春市、松原市和辽宁省的阜新市、沈阳市、抚顺市、铁岭市，低-低集聚区呈现集聚的状态且随着时间推移，低-低集聚区的个数呈现波动减少，低-低集聚区有着波动减弱的趋势，地理空间上的连续性有所减弱。2005 年高-低集聚区出现在吉林省的白城市、白山市和辽宁省的抚顺市、大连市、本溪市，2012 年高-低集

聚区出现在吉林省的白城市，2019 年高-低集聚区出现在吉林省的白山市、白城市，高-低集聚区表示邻近区域碳效率相对较低，白城市的情况表明，相比周边区域，该市碳效率一直处在较高水平。三个时期均无碳成本低-高集聚区出现。在研究年份内碳效率不显著集聚区呈现增加的趋势。

表 10.7　东北三省各地区粮食生产碳效率空间集聚

年份	空间集聚特征	地区
2005 年	高-高	大兴安岭、黑河、伊春、鹤岗
	高-低	白城、白山、抚顺、本溪、大连
	低-高	—
	低-低	松原、长春、吉林、四平、辽源、铁岭、通化、沈阳、阜新、锦州、葫芦岛、盘锦、营口、鞍山、辽阳
	不显著	朝阳、丹东、齐齐哈尔、大庆、绥化、哈尔滨、牡丹江、延吉、佳木斯、双鸭山、七台河、鸡西
2012 年	高-高	大兴安岭
	高-低	白城
	低-高	—
	低-低	松原、长春、四平、铁岭、辽源、抚顺、沈阳、阜新、锦州
	不显著	哈尔滨、齐齐哈尔、牡丹江、佳木斯、大庆、鸡西、双鸭山、伊春、七台河、鹤岗市、黑河、绥化、吉林、通化、白山、沈阳、大连、鞍山、本溪、丹东、营口、辽阳、盘锦、朝阳、葫芦岛
2019 年	高-高	—
	高-低	白城、白山
	低-高	—
	低-低	松原、长春、吉林、四平、辽源、通化、沈阳、铁岭、阜新、抚顺
	不显著	哈尔滨、齐齐哈尔、牡丹江、佳木斯、大庆、鸡西、双鸭山、伊春、七台河、鹤岗、黑河、绥化、大兴安岭、大连、鞍山、本溪、丹东、锦州、营口、辽阳、盘锦、朝阳、葫芦岛

综上所述，粮食生产碳成本、碳效率表现出相反的集聚分布，从单位面积碳足迹和碳成本不显著集聚区明显缩小的情况来看，东北三省能源压力趋紧状况日益显著，节约能源的使用和发展能源节约型农业是必然的发展趋势。

10.5　东北三省省会城市粮食生产碳足迹影响因素分析

考虑研究区域的范围和数量，本章选取辽宁省粮食产量和种植面积最大的沈阳市，吉林省粮食产量和种植面积最大的长春市，黑龙江省粮食产量和种植面积最大的哈尔滨市为代表，根据式（10.11）用相关系数法做主要影响因素分析。

10.5.1 沈阳市粮食生产碳足迹主要影响因素分析

1. 相关性检验

基于碳足迹构成因素，用相关系数法分别对沈阳市粮食生产过程中各种投入量与单位面积碳足迹值的相关性进行检验分析。结果发现：沈阳市粮食生产机械总动力与单位面积碳足迹值在 0.01 显著性水平下的相关系数为 0.608，化肥使用量与单位面积碳足迹值的相关系数为–0.174，播种面积与单位面积碳足迹值的相关系数为 0.390，农膜使用量与单位面积碳足迹值在 0.01 显著性水平下的相关系数为 0.512，农药使用量与单位面积碳足迹值的相关系数为 0.408；柴油使用量与单位面积碳足迹值在 0.01 显著性水平下的相关系数为 0.662，比其他碳足迹构成要素具有更强的正相关性。粮食生产的柴油使用量与单位面积碳足迹相关性检验如表 10.8 所示。

表 10.8 粮食生产的柴油使用量与单位面积碳足迹相关性检验（沈阳市）

项目		单位面积碳足迹	柴油使用量
单位面积碳足迹	皮尔逊相关性	1	0.662**
	sig.（双尾）	—	0.002
	个案数	19	19
柴油使用量	皮尔逊相关性	0.662**	1
	sig.（双尾）	0.002	—
	个案数	19	19

**表示在 0.01 级别（双尾）相关性显著。

从时序特征来看，沈阳市和整个辽宁省的单位面积碳足迹呈现有增有减的趋势，且递增年份较多；从空间特征来看，高值区集中分布且有扩大的趋势。随着时间的变化，柴油的使用量是增加的，因此沈阳市粮食生产的柴油使用量与单位面积碳足迹应是正向相关。另外，本章考虑了沈阳市和整个辽河流域人口、产业分布集中，近些年来资源压力趋紧状况的影响。

2. 影响因素分析

基于图 10.11 所示的柴油使用量与单位面积碳足迹之间的散点分布状态，并综合以上相关系数法分析结果，可知柴油的使用对粮食生产单位面积碳足迹影响程度较大。两变量的趋势线方程为 $CF_S = 2.23x + 1.723$，其中，R^2 约为 0.441，说明数据拟合效果较好，结果有说服力。沈阳市粮食种植每公顷多消耗 1kg 柴油，粮食生产单位面积碳足迹增加 2.23kg CE/hm^2。

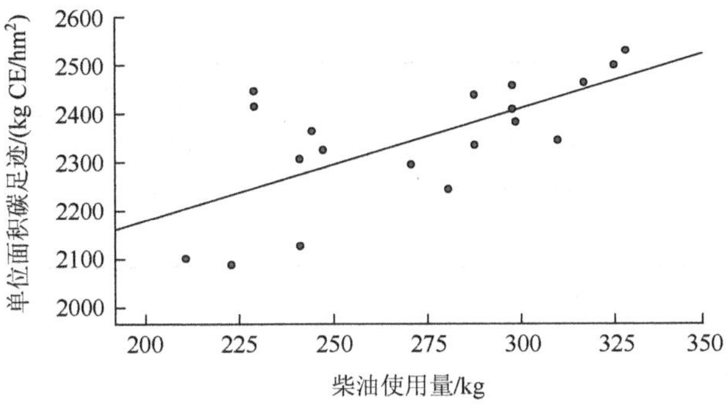

图 10.11　柴油使用量与单位面积碳足迹关系图（沈阳）

10.5.2　长春市粮食生产碳足迹主要影响因素分析

1. 相关性检验

基于碳足迹构成因素，用相关系数法分别对长春市粮食生产过程中各种投入量与单位面积碳足迹值的相关性进行检验分析。结果发现：长春市粮食生产机械总动力与单位面积碳足迹值在 0.01 显著性水平下的相关系数为−0.597，化肥使用量与单位面积碳足迹值在 0.01 显著性水平下的相关系数为−0.612，播种面积与单位面积碳足迹值在 0.01 显著性水平下的相关系数为−0.654，农膜使用量与单位面积碳足迹值的相关系数为−0.496，农药使用量与单位面积碳足迹值在 0.01 显著性水平下的相关系数为−0.607；柴油使用量与单位面积碳足迹值在 0.01 显著性水平下的相关系数为−0.691，比其他碳足迹构成要素具有更强的负相关性。粮食生产的柴油使用量与单位面积碳足迹相关性检验如表 10.9 所示。

从时序特征来看，长春市和整个吉林省的单位面积碳足迹呈现递减的趋势，从空间特征来看，次低值区和中等值区的分布有减小的趋势。随着时间的变化柴油的使用量却是增加的。由此可知，长春市和整个吉林省的碳足迹构成要素与碳足迹的相关性应是负向相关。另外，此处考虑吉林省人口外流、经济增长缓慢，近些年来资源需求趋势变化的情况。

表 10.9　粮食生产的柴油使用量与单位面积碳足迹相关性检验（长春市）

项目		单位面积碳足迹	柴油使用量
单位面积碳足迹	皮尔逊相关性	1	−0.691**
	sig.（双尾）		0.001
	个案数	19	19

续表

项目		单位面积碳足迹	柴油使用量
柴油使用量	皮尔逊相关性	–0.691**	1
	sig.（双尾）	0.001	
	个案数	19	19

**表示在 0.01 级别（双尾）相关性显著。

2. 影响因素分析

基于图 10.12 所示的柴油使用量与单位面积碳足迹之间的散点分布状态，并综合以上相关系数法分析结果，可知柴油的使用对粮食生产单位面积碳足迹影响程度较大。两变量的趋势线方程为 $CF_S = 2.223–1.31x$，其中 R^2 约为 0.437，说明数据拟合效果较好，结果有说服力。长春市粮食作物种植每公顷少消耗 1kg 柴油，粮食生产单位面积碳足迹增加 1.31kg CE/hm^2。

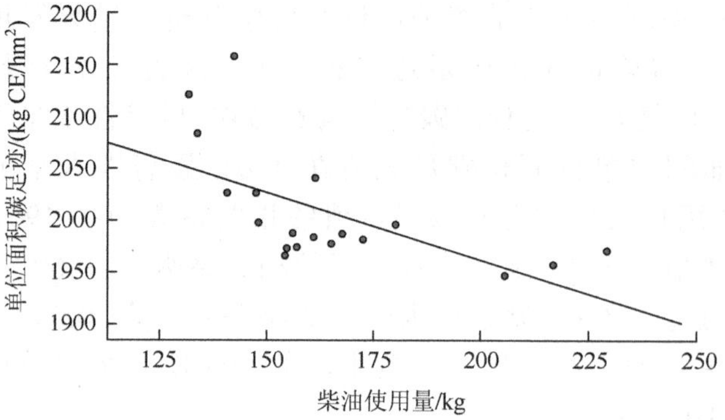

图 10.12　柴油使用量与单位面积碳足迹关系图（长春）

10.5.3　哈尔滨市粮食生产碳足迹主要影响因素分析

1. 相关性检验

基于碳足迹构成因素，用相关系数法分别对哈尔滨市粮食生产过程中各种投入量与单位面积碳足迹值的相关性进行检验分析。结果显示：哈尔滨市粮食生产机械总动力与单位面积碳足迹值的相关系数为–0.487，化肥使用量与单位面积碳足迹值在 0.01 显著性水平下的相关系数为–0.518，播种面积与单位面积碳足迹值的相关系数为–0.480，农膜使用量与单位面积碳足迹值的相关系数为–0.247，农药使用量与单位面积碳足迹值的相关系数为–0.453；柴油使用量与单位面积碳足迹值在 0.01 显著性水平下的相关系数为–0.674，比其他碳足迹构成要素具有更强的负相关性。粮食生产的柴油使用量与单位面积碳足迹相关性检验如表 10.10 所示。

表 10.10　粮食生产的柴油使用量与单位面积碳足迹相关性检验（哈尔滨市）

项目		单位面积碳足迹	柴油使用量
单位面积碳足迹	皮尔逊相关性	1	–0.674**
	sig.（双尾）		0.001
	个案数	19	19
柴油使用量	皮尔逊相关性	–0.674**	1
	sig.（双尾）	0.001	
	个案数	19	19

**表示在 0.01 级别（双尾）相关性显著。

从时序特征来看，哈尔滨市和整个黑龙江省的单位面积碳足迹呈现递减的趋势，从空间特征来看，中等值区和低值区的分布集中且占绝对优势。随着时间的变化柴油的使用量却是增加的。由此可知，哈尔滨市和整个黑龙江省的碳足迹构成要素与碳足迹的相关性应是负向相关。另外，此处考虑哈尔滨市和整个黑龙江省人口外流、经济增长缓慢，近些年来资源需求趋势变化的情况。

2. 影响因素分析

如图 10.13 所示的柴油使用量与单位面积碳足迹之间的散点分布状态，并综合以上相关系数法分析结果，可知柴油的使用对粮食生产单位面积碳足迹影响程度较大。两变量的趋势线方程为 $CF_S = 2.123–0.54x$，其中，R^2 约为 0.428，说明数据拟合效果较好，结果具有说服力。哈尔滨市粮食作物种植每公顷少消耗 1kg 柴油，粮食生产单位面积碳足迹增加 0.54kg CE/hm²。

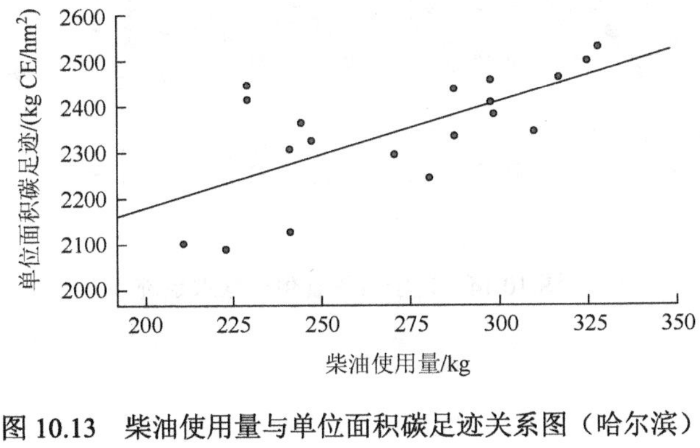

图 10.13　柴油使用量与单位面积碳足迹关系图（哈尔滨）

10.6　东北三省 36 市（州、地区）粮食生产的水足迹分析

粮食生产水足迹是指在粮食作物生长全过程中，单位产量的粮食所要消耗的水资源数量。粮食生产水足迹不仅可以直观显示粮食生产的耗水量，而且能反映出粮食生产过程中绿水和蓝水各自的利用效率。而粮食生产过程中水足迹值的大小会受不同因素的影响，其中主要与粮食作物研究区域的气象条件、水利生产条件、单位面积产量以及农业、地理条件等有关。同时，粮食生产水足迹的时空演变也是粮食生产水资源利用效率变化的一种综合反映。所以，分析粮食生产水足迹的时空演变，可以从水资源角度分析粮食生产过程中的水资源利用真实情况。

10.6.1　东北三省 36 市（州、地区）粮食生产的水足迹时序特征分析

粮食生产水足迹可分为绿水和蓝水足迹。首先根据式（10.6）计算出东北三省 36 市（州、地区）2001～2019 年粮食作物生长的需水量，在此基础上根据式（10.9）、式（10.10）等进一步计算出绿水、蓝水蒸散量，再根据式（10.7）、式（10.8）计算得出粮食生产的绿水、蓝水足迹和总水足迹，并绘制成如图 10.14～图 10.22 所示的演变趋势图。

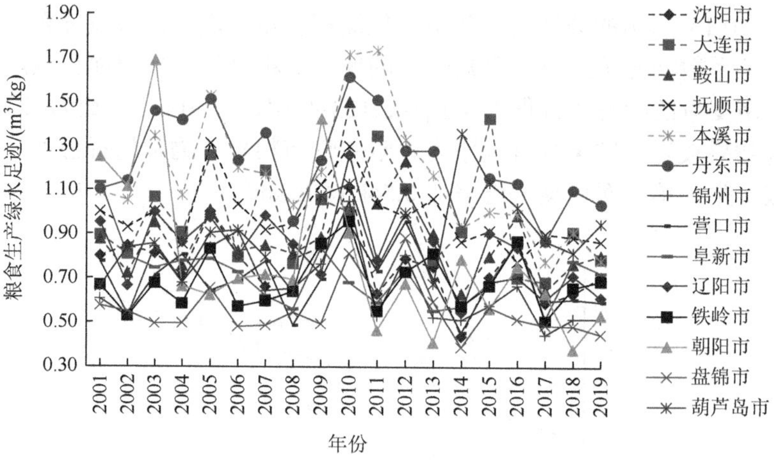

图 10.14　辽宁省粮食生产绿水足迹

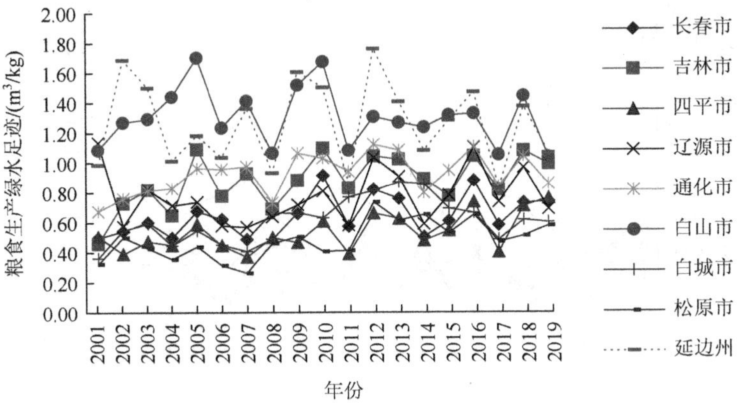

图 10.15　吉林省粮食生产绿水足迹

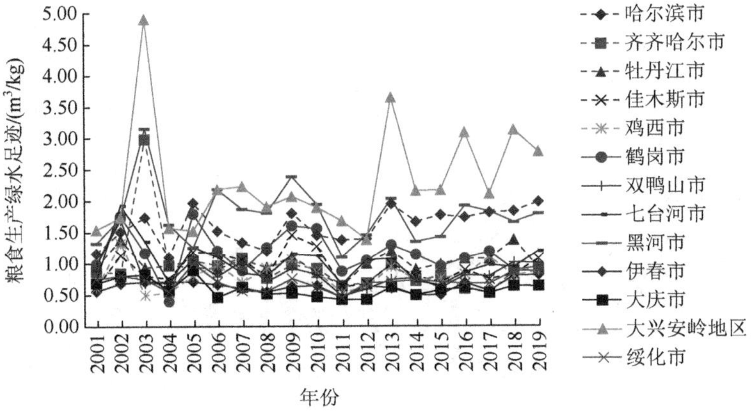

图 10.16　黑龙江省粮食生产绿水足迹

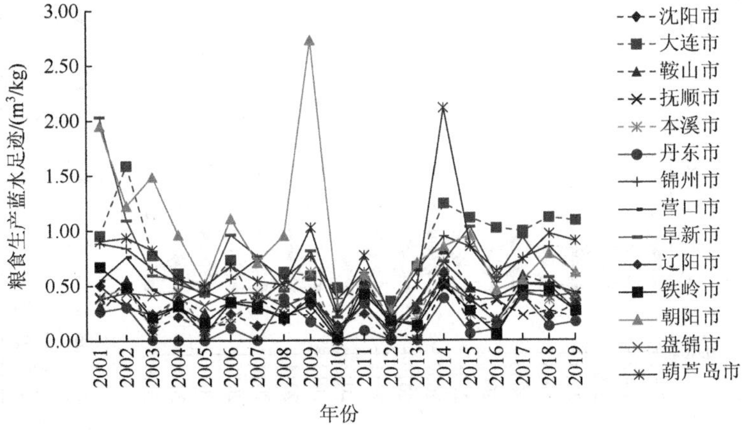

图 10.17　辽宁省粮食生产蓝水足迹

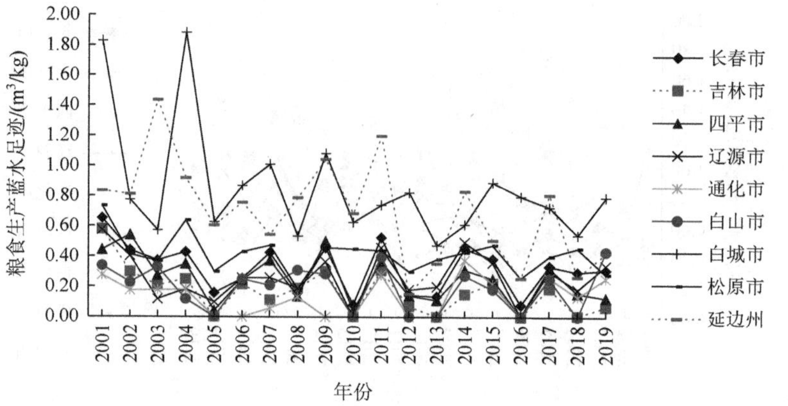

图 10.18　吉林省粮食生产蓝水足迹

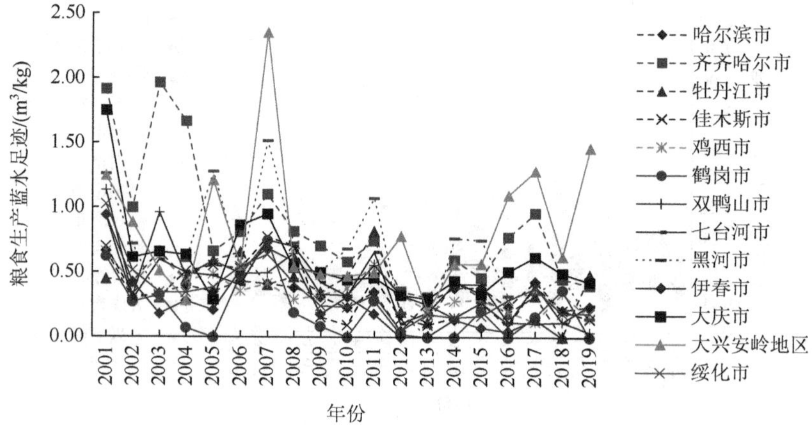

图 10.19　黑龙江省粮食生产蓝水足迹

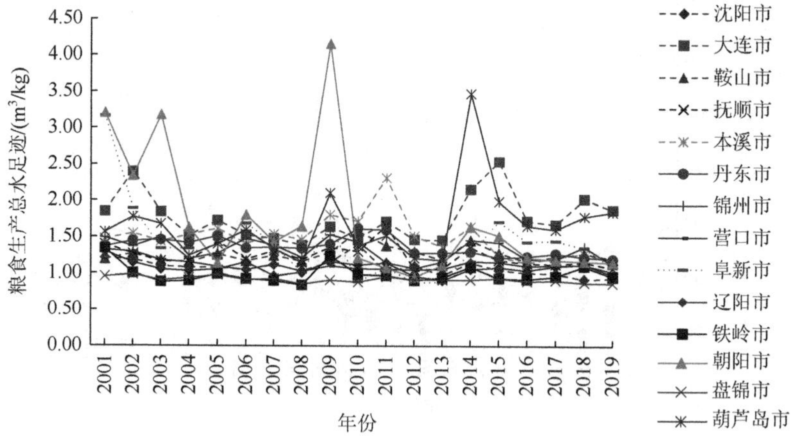

图 10.20　辽宁省粮食生产总水足迹

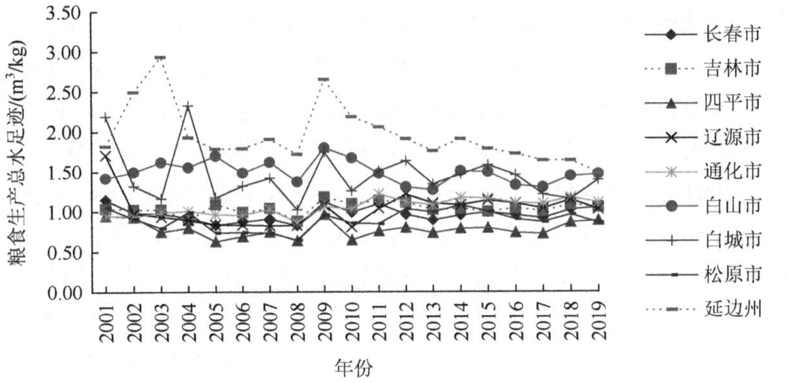

图 10.21 吉林省粮食生产总水足迹

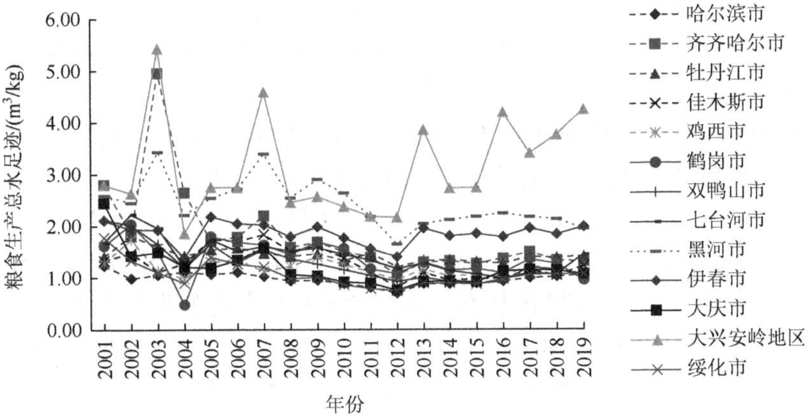

图 10.22 黑龙江省粮食生产总水足迹

1. 粮食生产绿水足迹年际变化分析

如图 10.14～图 10.16 所示，2001～2019 年东北三省 36 市（州、地区）粮食生产绿水足迹总体呈现波动下降趋势，但是也有一些地区是上升的。2001～2019 年 36 市（州、地区）平均绿水足迹为 0.935m³/kg，绿水足迹最高值出现在 2003 年的大兴安岭地区，为 4.913m³/kg，最低值出现在 2007 年的松原市，为 0.264m³/kg，不同区域的不同年份绿水足迹波动很大，绿水足迹的值与当地的蒸发情况和单位面积产量紧密相关。

如图 10.14 所示，2001～2010 年，朝阳市和阜新市绿水足迹呈下降趋势；本溪市、丹东市、沈阳市、盘锦市、葫芦岛市、锦州市、营口市、大连市、鞍山市、抚顺市、辽阳市、铁岭市的绿水足迹均呈上升趋势，在 2010 年达到阶段最大值；其中，鞍山市绿水足迹从 0.876m³/kg 增长到 1.501m³/kg，增幅为 71.35%，为此阶段增加幅度最大的城市。2011～2019 年，阜新市的绿水足迹呈现波动上升趋势，锦州市、营口市、沈阳市、铁岭市、朝阳市、本溪市、丹东市、盘锦市、葫芦岛市、大连市、鞍山市、抚顺市、阜新市、辽阳市的绿水足迹在区间年份内均呈现下降趋势，其中本溪市降幅最大，从 1.715m^3/kg 下降到 0.781m^3/kg，降幅达到区间最大，为 54.46%。综上所述，2001～2019 年辽宁省大部分地级市绿水足迹呈波动下降趋势。

如图 10.15 所示，吉林省 9 个市级行政区中，2001～2012 年，辽源市绿水足迹呈现下降趋势，且起伏较大；四平市、白城市、通化市、长春市、松原市、延边州、吉林市、白山市绿水足迹均呈现上升趋势。其中，松原市从 2001 年的 0.325m^3/kg 增长到 2012 年的 0.736m^3/kg，增幅为 126.46%，为此阶段增幅最大的城市。2012～2019 年，四平市绿水足迹呈现波动上升趋势，白城市、延边州、松原市、长春市、通化市、白山市、吉林市、辽源市绿水足迹呈现波动下降趋势；延边州的绿水足迹从 2012 年的 1.759m^3/kg 下降到 2019 年的 1.066m^3/kg，下降了 39.40%，为此阶段下降幅度最大的城市。综上所述，2001～2019 年吉林省大部分市级行政区绿水足迹均呈现波动上升趋势。

如图 10.16 所示，黑龙江省 13 个市级行政区中，2001～2011 年，伊春市和大兴安岭地区绿水足迹呈现上升趋势；佳木斯市、鸡西市、哈尔滨市、大庆市、鹤岗市、双鸭山市、绥化市、齐齐哈尔市、牡丹江市、七台河市、黑河市绿水足迹呈现下降趋势，51.27%的降幅，为此阶段下降最多的城市。其中，大兴安岭地区绿水足迹呈现极大起伏状态，且在 2003 年达到东北三省 36 市（州、地区）2001～2019 年的最高值 4.9132m^3/kg，主要是当年粮食作物种植面积剧增、单产下降所致。2011～2019 年，黑龙江省 13 个市级行政区绿水足迹均呈现波动上升趋势，鹤岗市从 2011 年的 0.480m^3/kg 增长到 2019 年的 1.012m^3/kg，增幅为 110.83%，为此阶段增幅最大的城市。综上所述，2001～2019 年黑龙江省大部分市级行政区绿水足迹均呈现波动上升趋势。

2. 粮食生产蓝水足迹年际变化分析

如图 10.17～图 10.19 所示，2001～2019 年东北三省 36 市（州、地区）粮食生产蓝水足迹总体呈现波动下降趋势，少数地区呈现上升趋势。2001～2019 年 36 市（州、地区）平均蓝水足迹为 0.440m^3/kg，蓝水足迹最高值出现在 2009 年的朝阳市，为 2.730m^3/kg，原因是 2009 年蒸发正常，但有效降水量却是研究年份内的第二低值，最低值为 0m^3/kg，说明该地区在该年份内作物生长主要依赖于蓝水。不同区域的不同年份蓝水足迹波动很大，蓝水足迹值与当地的降水、蒸发情况和单位面积产量紧密相关。

如图 10.17 所示，辽宁省 14 个市级行政区中，2001～2010 年，14 个地级市蓝水足迹呈现波动下降趋势，沈阳市、抚顺市、本溪市、丹东市的蓝水足迹 2010 年为 0m^3/kg，区间降幅达到 100.00%；阜新市蓝水足迹从 2001 年的 2.034m^3/kg 下降到 2010 年的 0.209m^3/kg，降幅为蓝水足迹为正值的地级市中的区间最大 89.72%。

2010～2019 年，14 个地级市蓝水足迹均呈现波动上升趋势，其中，鞍山市蓝水足迹从 2010 年的 0.081m^3/kg 上升到 2019 年的 0.398m^3/kg，升幅为蓝水足迹为正值的地级市中的区间最大 391.36%。综上所述，2001～2019 年辽宁省部分市级行政区蓝水足迹呈现波动下降趋势，另外一部分呈现波动上升趋势。

如图 10.18 所示，吉林省 9 个市级行政区中，2001～2019 年，蓝水足迹均呈现波动下降趋势。其中，白城市和延边州波动最大，且白城市的蓝水足迹在 2004 年达到吉林省研究年份内的最大值 1.882m^3/kg；四平市、辽源市、长春市、白山市、吉林市、通化市、松原市的蓝水足迹均呈现波动下降趋势，区间年份内，这些市级行政区降水、蒸发比较稳定。

如图 10.19 所示，2001～2002 年，黑龙江省 13 个市级行政区蓝水足迹均呈现下降趋势。2002～2007 年，牡丹江市呈现波动下降趋势，下降幅度不大，鸡西市、鹤岗市、哈尔滨市、伊春市、大庆市、齐齐哈尔市、佳木斯市、黑河市、大兴安岭地区、绥化市、双鸭山市、七台河市蓝水足迹呈上升趋势。2007～2019 年，牡丹江市蓝水足迹呈现上升趋势；佳木斯市、鸡西市、哈尔滨市、大庆市、大兴安岭地区、齐齐哈尔市、鹤岗市、黑河市、伊春市、双鸭山市、七台河市、绥化市蓝水足迹呈现下降趋势，鹤岗市和伊春市 2019 年蓝水足迹均为 0m^3/kg，两地降幅达到区间最大 100.00%。综上所述，2001～2019 年黑龙江省绝大部分市级行政区蓝水足迹呈现波动下降趋势。

3. 粮食生产总水足迹年际变化分析

如图 10.20～图 10.22 所示，2001～2019 年东北三省 36 市（州、地区）粮食生产总水足迹总体呈现波动下降趋势。2001～2019 年 36 市（州、地区）平均总水足迹为 1.3748m^3/kg，绿水足迹最高值出现在 2003 年的大兴安岭地区，为 5.428m^3/kg，最低值出现在 2004 年的鹤岗市，为 0.479m^3/kg，大部分区域的总水足迹呈现出小幅度波动下降趋势。

如图 10.20 所示，辽宁省 14 个地级市中，2001～2004 年，丹东市、盘锦市总水足迹呈现波动上升趋势；锦州市、营口市、沈阳市、朝阳市、葫芦岛市、大连市、阜新市、鞍山市、抚顺市、辽阳市、铁岭市总水足迹呈现下降趋势，朝阳市降幅最大，从 2001 年的 3.204m^3/kg 下降到 2004 年的 1.626m^3/kg，降幅达到区间最大 49.25%。2004～2009 年，丹东市、营口市、盘锦市总水足迹呈现下降趋势；本溪市、锦州市、沈阳市、铁岭市、朝阳市、大连市、辽阳市、鞍山市、抚顺市、阜新市、葫芦岛市总水足迹现呈上升趋势，朝阳市从 2004 年的 1.626m^3/kg 增长到 2009 年的 4.155m^3/kg，增幅达到区间最大 155.54%。2009～2019 年，大连市总水足迹呈现波动上升趋势；朝阳市降幅最大，从 2009 年的 4.155m^3/kg 下降到 2019 年的 1.151m^3/kg，降幅达到区间最大 72.30%。综上所述，2001～2019 年辽宁省大部分市级行政区总水足迹呈现波动下降趋势。

如图 10.21 所示，吉林省 9 个市级行政区中，2001～2009 年，长春市、辽源市、白城市、松原市总水足迹呈现下降趋势；通化市、吉林市、四平市、白山市、延边州总水足迹均呈现上升趋势。其中，延边州从 2001 年的 1.822m^3/kg 增长到 2009 年的 2.650m^3/kg，增幅为 45.44%。2009～2019 年，通化市总水足迹呈现波动上升趋势，辽源市、白山市、长春市、白城市、吉林市、四平市、松原市、延边州总水足迹呈现波动下降趋势；延边州的总水足迹从 2009 年的 2.650m^3/kg 下降到 2019 年的 1.488m^3/kg，降幅达到区间最大 43.85%。综上所述，2001～2019 年吉林省大部分市级行政区总水足迹均呈现波动下降趋势。

如图 10.22 所示，黑龙江省 13 个市级行政区中，2001～2004 年，伊春市、大庆市、哈尔滨市、佳木斯市、鸡西市、七台河市、黑河市、鹤岗市、双鸭山市、大兴安岭地区、绥化市、齐齐哈尔市总水足迹呈现下降趋势，鹤岗市的总水足迹从 2001 年的 1.622m^3/kg 下降到 2004 年的 0.479m^3/kg，降幅达到区间最大 70.47%。其中，大兴安岭地区总水足迹呈现极大起伏状态，且在 2003 年达到东北三省 36 市（州、地区）2001～2019 年的最高值 5.428m^3/kg，主要是由当年粮食作物种植面积剧增、单产下降所致。2004～2007 年，哈尔滨市、齐齐哈尔市总水足迹呈现下降趋势；大庆市、大兴安岭地区、牡丹江市、佳木斯市、双鸭山市、七台河市、鸡西市、鹤岗市、黑河市、伊春市、绥化市总水足迹均呈现上升趋势。其中，鹤岗市从 2004 年的 0.479m^3/kg 增长到 2007 年的 1.642m^3/kg，增幅为区间最大 242.80%。2007～2019 年哈尔滨市总水足迹呈现上升趋势；双鸭山市、七台河市、齐齐哈尔市、牡丹江市、黑河市、伊春市、大庆市、佳木斯市、鸡西市、鹤岗市、大兴安岭地区、绥化市总水足迹呈现下降趋势，齐齐哈尔市的总水足迹从 2007 年的 2.201m^3/kg 下降到 2019 年的 1.310m^3/kg，降幅达到区间最大 40.48%。综上所述，2001～2019 年黑龙江省大部分市级行政区总水足迹均呈现波动下降趋势。

10.6.2 东北三省 36 市（州、地区）粮食生产的水足迹空间特征分析

为更清晰地剖析各市（州、地区）粮食生产水足迹的演变趋势，本章选取 2005 年、2012 年、2019 年作为节点年份，基于自然断点法将东北三省 36 个市级行政区的绿水、蓝水和总水足迹由低到高划分为低值区、中等值区、次高值区和高值区，并进行可视化处理。

粮食生产绿水足迹的空间分布如表 10.11 所示。2005 年绿水足迹高值区有 6 个，分别为辽宁省的丹东市、本溪市和吉林省的白山市以及黑龙江省的伊春市、鹤岗市、大兴安岭地区；次高值区有 8 个，分别为辽宁省的抚顺市、大连市和吉林省的吉林市、延边州以及黑龙江省的佳木斯市、双鸭山市、七台河市、黑河市；中等值区有 13 个，分别为辽宁省的辽阳市、鞍山市、铁岭市、锦州市、沈阳市、葫芦岛市、阜新市和吉林省的通化市以及黑龙江省的绥化市、齐齐哈尔、

大庆市、鸡西市、牡丹江市；低值区有9个，分别为辽宁省的营口市、盘锦市、朝阳市和吉林省的长春市、四平市、辽源市、白城市、松原市以及黑龙江省的哈尔滨市。2012年绿水足迹高值区有8个，分别为辽宁省的鞍山市、本溪市、丹东市和吉林省的白山市、延边州以及黑龙江省的伊春市、黑河市、大兴安岭地区，次高值区有11个，分别为辽宁省的大连市、抚顺市、辽阳市、营口市、葫芦岛市和吉林省的吉林市、辽源市、通化市以及黑龙江省的鹤岗市、七台河市、牡丹江市；中等值区有8个，分别为辽宁省的沈阳市、铁岭市、锦州市、阜新市、盘锦市和吉林省的长春市、白城市、松原市；低值区有9个，分别为辽宁省的朝阳市和吉林省的四平市以及黑龙江省的佳木斯市、大庆市、哈尔滨市、绥化市、齐齐哈尔市、鸡西市、双鸭山市。2019年绿水足迹高值区有3个，分别为黑龙江省的伊春市、鹤岗市、大兴安岭地区；次高值区有11个，分别为辽宁省的丹东市、葫芦岛市和吉林省的吉林市、白山市、延边州以及黑龙江省的双鸭山市、七台河市、佳木斯市、齐齐哈尔市、鹤岗市、牡丹江市；中等值区有14个，分别为辽宁省的鞍山市、阜新市、沈阳市、铁岭市、大连市、抚顺市、本溪市和吉林省的辽源市、长春市、四平市、通化市以及黑龙江省的绥化市、哈尔滨市、鸡西市；低值区有8个，分别为辽宁省的辽阳市、锦州市、盘锦市、营口市、朝阳市和吉林省的白城市、松原市以及黑龙江省的大庆市。

表10.11 东北三省各地区粮食生产绿水足迹

年份	绿水足迹/(m^3/kg)	地区
2005	[0.440，0.737]	白城、哈尔滨、长春、松原、四平、辽源、朝阳、盘锦、营口
	[0.738，1.055]	齐齐哈尔、绥化、大庆、鸡西、牡丹江、铁岭、通化、阜新、沈阳、锦州、葫芦岛、辽阳、鞍山
	[1.056，1.313]	黑河、佳木斯、七台河、吉林、延吉、抚顺、大连
	[1.314，1.974]	大兴安岭、伊春、鹤岗、白山、本溪、丹东
2012	[0.425，0.691]	齐齐哈尔、大庆、绥化、哈尔滨、佳木斯、双鸭山、鸡西、四平、朝阳
	[0.692，0.884]	白城、松原、长春、阜新、锦州、盘锦、沈阳、铁岭
	[0.885，1.121]	鹤岗、七台河、牡丹江、吉林、辽源、通化、抚顺、辽阳、葫芦岛、营口、大连
	[1.122，1.759]	大兴安岭、伊春、延吉、白山、本溪、鞍山、丹东
2019	[0.445，0.638]	大庆、白城、松原、朝阳、锦州、盘锦、营口、辽阳
	[0.639，0.880]	绥化、哈尔滨、鸡西、长春、四平、铁岭、辽源、通化、抚顺、本溪、阜新、鞍山、大连
	[0.881，1.199]	齐齐哈尔、鹤岗、佳木斯、七台河、牡丹江、延吉、吉林、白山、葫芦岛、丹东
	[1.200，2.782]	大兴安岭、黑河、伊春

总体而言，东北三省绿水足迹总体呈现东南、西北高，其他地区低的空间分布特征。高值区、次高值区主要分布在大兴安岭、小兴安岭、长白山脉地区，在分布范围上有波动扩大的趋势。近些年来，随着全球变暖和极端气候的频繁发生，绿水足迹高值区、次高值区所在区域年均温有上升的趋势，蒸发增加，所以范围上有扩大的趋势；中等值区、低值区主要分布在东北三省的平原区域，在分布范围上有波动缩小的趋势，蒸发的增加发生在大范围的地域尺度上，中等值区、低值区也受到了较大影响，所以分布范围上有缩小的趋势。

粮食生产蓝水足迹的空间分布如表 10.12 所示。2005 年蓝水足迹高值区有 2 个，分别为黑龙江省的黑河市、大兴安岭地区；次高值区有 13 个，分别为辽宁省的葫芦岛市、大连市、锦州市、营口市、朝阳市和吉林省的白城市、延边州以及黑龙江省的齐齐哈尔市、佳木斯市、双鸭山市、七台河市、鸡西市、牡丹江市；中等值区有 8 个，分别为辽宁省的鞍山市、盘锦市、阜新市和吉林省的松原市以及黑龙江省的大庆市、哈尔滨市、伊春市、绥化市；低值区有 13 个，分别为辽宁省的丹东市、沈阳市、本溪市、辽阳市、抚顺市、铁岭市和吉林省长春市、吉林市、四平市、辽源市、通化市、白山市和黑龙江省的鹤岗市。2012 年蓝水足迹高值区有 2 个，分别为吉林省的白城市和黑龙江省的大兴安岭地区；次高值区有 8 个，分别为黑龙江省的双鸭山市、鸡西市、齐齐哈尔市、大庆市，吉林省的松原市，辽宁省的朝阳市、锦州市、大连市；中等值区有 13 个，分别为辽宁省的沈阳市、鞍山市、阜新市、铁岭市、葫芦岛市和吉林省的四平市、长春市、辽源市、延边州以及黑龙江省的佳木斯市、七台河市、牡丹江市、黑河市；低值区有 13 个，分别为辽宁省的鞍山市、抚顺市、丹东市、辽阳市、营口市、盘锦市和吉林省的吉林市、白山市、通化市以及黑龙江省的伊春市、哈尔滨市、绥化市、鹤岗市。2019 年蓝水足迹高值区有 4 个，分别为辽宁省的大连市、葫芦岛市和吉林省的白城市以及黑龙江省的大兴安岭地区；次高值区有 12 个，分别为辽宁省的锦州市、盘锦市、鞍山市、本溪市、营口市、朝阳市、阜新市和吉林省的白山市、延边州以及黑龙江省的齐齐哈尔市、大庆市、牡丹江市；中等值区有 11 个，分别为辽宁省的沈阳市、抚顺市、辽阳市、铁岭市和吉林省的辽源市、通化市、长春市、松原市以及黑龙江省的哈尔滨市、七台河市、绥化市；低值区有 9 个，分别为辽宁省的丹东市和吉林省的吉林市、四平市以及黑龙江省的佳木斯市、双鸭山市、伊春市、鹤岗市、鸡西市、黑河市。

表 10.12　东北三省各地区粮食生产蓝水足迹

年份	蓝水足迹/(m^3/kg)	地区
2005 年	[0.000，0.161]	鹤岗、长春、吉林、白山、四平、辽源、通化、铁岭、抚顺、本溪、丹东、辽阳

续表

年份	蓝水足迹/(m^3/kg)	地区
2005 年	[0.162，0.412]	伊春、绥化、大庆、哈尔滨、松原、阜新、盘锦、鞍山
	[0.413，0.665]	齐齐哈尔、白城、佳木斯、双鸭山、七台河、鸡西、牡丹江、延吉、朝阳、葫芦岛、锦州、营口、大连
	[0.666，1.281]	大兴安岭、黑河
2012 年	[0.000，0.088]	伊春、鹤岗、绥化、哈尔滨、吉林、白山、通化、抚顺、辽阳、盘锦、鞍山、丹东、营口
	[0.089，0.210]	黑河、佳木斯、七台河、牡丹江、延吉、长春、四平、辽源、铁岭、沈阳、阜新、葫芦岛、本溪
	[0.211，0.356]	齐齐哈尔、大庆、松原、双鸭山、鸡西、朝阳、锦州、大连
	[0.357，0.822]	大兴安岭、白城
2019 年	[0.000，0.164]	黑河、伊春、鹤岗、佳木斯、双鸭山、鸡西、四平、吉林、丹东
	[0.165，0.339]	绥化、哈尔滨、松原、长春、辽源、铁岭、通化、沈阳、抚顺、辽阳
	[0.340，0.618]	齐齐哈尔、大庆、牡丹江、延吉、白山、朝阳、阜新、锦州、盘锦、鞍山、营口、本溪、
	[0.619，1.465]	大兴安岭、白城、葫芦岛、大连

总体而言，东北三省蓝水足迹呈现西北、南高，其他地区低的空间分布特征。高值区、次高值区主要分布在大兴安岭、长白山脉和辽河流域，不同年份分布区域有所变化，蓝水足迹高值区在大兴安岭地区和长白山脉地区分布的主要原因是该区域粮食种植面积增加，粮食产量增加过少，蓝水足迹次高值区在辽河流域分布是因为该区域工农业和人口分布密集，随着时间推移，需水量中绿水比例逐渐降低，蓝水比例升高；中等值区、低值区主要分布在中间地带，尤其是松嫩流域和黑龙江沿岸的地区，从年际来看，在分布的区域上有所变化，蓝水足迹的中等值区、低值区的分布是因为该区域纬度较高，蒸发相对没那么旺盛，需水量中较大部分为绿水所满足，所以蓝水足迹值较低。

粮食生产总水足迹的空间分布如表 10.13 所示。2005 年总水足迹高值区有 3 个，分别为黑龙江省的伊春市、黑河市、大兴安岭地区；次高值区有 11 个，分别为辽宁省的本溪市、大连市、丹东市和吉林省的白山市、延边州以及黑龙江省的双鸭山市、佳木斯市、齐齐哈尔市、鹤岗市、七台河市、牡丹江市；中等值区有 15 个，分别为辽宁省的营口市、阜新市、沈阳市、鞍山市、抚顺市、锦州市、辽阳市、朝阳市、葫芦岛市和吉林省的吉林市、白城市以及黑龙江省的哈尔滨市、大庆市、绥化市、鸡西市；低值区有 7 个，分别为辽宁省的铁岭市、盘锦市和吉林省的长春市、四平市、辽源市、通化市、松原市。2012 年总水足迹高值区有 4 个，分别为吉林省的白城市、延边州和黑龙江省的黑河市、大兴安岭地区；次高值区有 10 个，分别为辽宁省的大连市、本溪市、丹东市、鞍山市、葫芦岛市和吉林省的辽源市、白山市以及黑龙江省的伊春市、七台河市、牡丹江市；中等值区有 16 个，分别为辽宁省的沈阳市、抚顺市、锦州市、盘锦市、营口市、辽阳市、铁岭市、朝阳市和吉林省的长春市、吉林市、通化市、松原市以及黑龙江省的齐齐哈尔市、鹤岗市、七台河市、鸡西市；低值区有 6 个，分别为辽宁省的阜新市和吉林省的四平市以及黑龙江省的哈尔滨市、大庆市、佳木斯市、绥化市。2019 年总水足迹高值区有 1 个，即黑龙江省的大兴安岭地区；次高值区有 9 个，分别为辽宁省的大连市、葫芦岛市和吉林省的白山市、白城市、延边州以及黑龙江省的伊春市、黑河市、七台河市、牡丹江市；中等值区有 19 个，分别为辽宁省的丹东市、锦州市、鞍山市、抚顺市、本溪市、阜新市、朝阳市、营口市和吉林省的长春市、吉林市、辽源市、通化市以及黑龙江省的绥化市、佳木斯市、哈尔滨市、齐齐哈尔市、大庆市、双鸭山市、鸡西市；低值区有 7 个，分别为辽宁省的沈阳市、辽阳市、盘锦市、铁岭市和吉林省的四平市、松原市以及黑龙江省的鹤岗市。

表 10.13　东北三省各地区粮食生产总水足迹

年份	总水足迹/（m^3/kg）	地区
2005 年	[0.629，0.993]	松原、长春、四平、铁岭、辽源、通化、盘锦
	[0.994，1.437]	白城、大庆、绥化、哈尔滨、鸡西、吉林、朝阳、葫芦岛、锦州、阜新、营口、鞍山、辽阳、沈阳、抚顺
	[1.438，1.799]	齐齐哈尔、鹤岗、佳木斯、双鸭山、七台河
	[1.800，2.747]	大兴安岭、黑河、伊春
2012 年	[0.696，0.876]	大庆、绥化、哈尔滨、佳木斯、四平、阜新
	[0.877，1.121]	齐齐哈尔、鹤岗、双鸭山、鸡西、松原、长春、吉林、铁岭、通化、抚顺、沈阳、辽阳、朝阳、锦州、盘锦、营口
	[1.122，1.510]	伊春、七台河、牡丹江、白山、辽源、葫芦岛、鞍山、本溪、丹东、大连
	[1.511，2.166]	大兴安岭、白城、延吉
2019 年	[0.861，0.980]	鹤岗、大庆、松原、四平、铁岭、沈阳、辽阳、盘锦
	[0.981，1.310]	齐齐哈尔、大庆、绥化、佳木斯、双鸭山、鸡西、哈尔滨、长春、吉林、辽源、通化、抚顺、本溪、丹东、营口、鞍山、朝阳、阜新、锦州
	[1.311，1.983]	黑河、伊春、白城、牡丹江、延吉、白山、葫芦岛、大连
	[1.984，4.247]	大兴安岭

总体而言，东北三省总水足迹总体呈现东北高和西南低的空间分布特征。高值区、次高值区主要分布在小兴安岭和长白山脉地区，不同年份分布区域有所变化，这些区域总水足迹值较高是绿水足迹和蓝水足迹都较高所致；中等值区、低

值区分布在东北三省的中间和西部区域，不同年份分布区域有所变化，这些区域总水足迹值较低是绿水足迹和蓝水足迹都较低所致。

10.7　粮食生产的总水足迹空间自相关分析

10.7.1　全局自相关分析

基于粮食生产耗水概念，并结合式(10.12)，选取 2005 年、2012 年、2019 年作为节点年份计算东北三省各个市级行政区的粮食生产耗水全局 Moran *I*，计算结果如表 10.14 所示。

表 10.14　东北三省粮食生产耗水的全局 Moran *I*

项目	绿水足迹			蓝水足迹			总水足迹		
	2005 年	2012 年	2019 年	2005 年	2012 年	2019 年	2005 年	2012 年	2019 年
Moran *I*	0.214	0.187	0.428	0.415	0.076	0.084	0.493	0.295	0.220
Z	3.679	3.262	7.969	6.934	1.704	1.817	8.036	6.684	5.345
P	0.000	0.001	0.000	0.000	0.088	0.069	0.000	0.000	0.000

东北三省粮食生产耗水全局空间自相关分析结果显示，对于粮食生产的绿水足迹量、蓝水足迹量、总水足迹量，在所有节点年份中，*P* 值均小于 0.1，通过了10%的显著性水平，能够显著地拒绝零假设，水足迹量的 Moran *I* 在各个节点年份均为正，说明具有空间正相关的集聚特征，耗水量较高的地区相互接近，耗水量较低的地区相互接近。粮食生产绿水足迹量的 Moran *I* 呈现波动上升趋势，表明其空间相关性逐渐增大，总体水平在增高。蓝水足迹量的 Moran *I* 呈现明显下降的趋势，表明其空间相关性逐渐减小，总体水平相应下降。总水足迹量受绿水、蓝水足迹的影响，总体呈现下降趋势，在空间上显现出一定的集聚效应。

10.7.2　局部自相关分析

根据式（10.13）计算结果，如表 10.15～表 10.17 显示，对于不同研究节点年份上的粮食生产的绿水足迹、蓝水足迹、总水足迹，多数地区呈现不显著的相关性，部分地区出现了相似值和相异值的空间集聚，且相似值聚集区域明显多于相异值聚集区域。

粮食生产的绿水足迹如表 10.15 所示，存在高-低集聚区、高-高集聚区、不显著集聚区和低-低集聚区，低-低集聚区呈现集聚的状态主要集中在吉林省西部和辽宁省，且随着时间推移，低-低集聚区的数量波动增加。2005 年低-低集聚区出现在辽宁省的阜新市、锦州市和黑龙江省的大庆市以及吉林省的白城市、长春市、四平市、松原市，2012 年低-低集聚区出现在黑龙江省的大庆市和吉林省的白城市、松原市，到 2019 年低-低集聚区扩散到吉林省的辽源市、白城市、长春市、松原市、四平市和辽宁省的抚顺市、本溪市、沈阳市、朝阳市、盘锦市、大连市、鞍山市、阜新市、锦州市、营口市、辽阳市、铁岭市，低-低集聚区有着波动增加的趋势，地理空间上的连续性不断增加。2005 年高-高集聚区出现在黑龙江省的伊春市、鹤岗市和黑河市，2012 年无高-高集聚区的出现，2019 年高-高集聚区出现在黑龙江省的黑河市和鹤岗市，由此可见，绿水足迹的高-高集聚区仅出现在黑龙江省。2005 年和 2012 年无高-低集聚区的出现，2019 年高-低集聚区出现在辽宁省的丹东市和葫芦岛市，出现高-低集聚区说明区域粮食生产绿水足迹较大，而周边区域绿水足迹较小。在研究年份内绿水足迹的不显著集聚区有明显的减小趋势。三个时期均无绿水足迹低-高集聚区的出现。

表 10.15　东北三省各地区粮食生产绿水足迹空间集聚

年份	空间集聚特征	地区
2005 年	高-高	黑河、伊春、鹤岗
	高-低	—
	低-高	—
	低-低	大庆、白城、松原、长春、四平、阜新、锦州
	不显著	哈尔滨、齐齐哈尔、牡丹江、佳木斯、鸡西、双鸭山、七台河、绥化、大兴安岭、吉林、通化、白山、辽源、松原、沈阳、大连、鞍山、抚顺、本溪、丹东、营口、辽阳、盘锦、铁岭、朝阳、葫芦岛
2012 年	高-高	—
	高-低	—
	低-高	—
	低-低	大庆、白城、松原
	不显著	哈尔滨、齐齐哈尔、牡丹江、佳木斯、鸡西、双鸭山、伊春、七台河、鹤岗、黑河、绥化、大兴安岭、长春、吉林、四平、通化、白山、辽源、沈阳、大连、鞍山、抚顺、本溪、丹东、锦州、营口、阜新、辽阳、盘锦、铁岭、朝阳、葫芦岛
2019 年	高-高	黑河、鹤岗
	高-低	葫芦岛、丹东
	低-高	—
	低-低	白城、松原、长春、四平、辽源、沈阳、大连、鞍山、抚顺、本溪、锦州、营口、阜新、辽阳、盘锦、铁岭、朝阳
	不显著	吉林、延吉、白山、通化、哈尔滨、齐齐哈尔、牡丹江、佳木斯、大庆、鸡西、双鸭山、伊春、七台河、绥化、大兴安岭

粮食生产蓝水足迹如表 10.16 所示，研究区存在不显著集聚区、高-高集聚区、高-低集聚区和低-低集聚区，且随着时间推移，低-低集聚区的个数明显减少且区域发生了变化。2005 年粮食生产蓝水足迹的低-低集聚区出现在吉林省的通化市、白山市、长春市、辽源市、松原市、吉林市、四平市和辽宁省的丹东市、辽阳市、沈阳市、抚顺市、鞍山市、本溪市、铁岭市，2012 年的低-低集聚区减少为吉林省的辽源市、通化市、白山市和辽宁省鞍山市、抚顺市、本溪市、丹东市、辽阳市，2019 年的低-低集聚区转移到了黑龙江省的鸡西市、七台河市、鹤岗市、哈尔滨市、佳木斯市、双鸭山市、伊春市。2005 年粮食生产蓝水足迹量的高-高集聚区出现在黑龙江省的大兴安岭地区，该年份该地区灌溉水量大，2012 年无高-高集聚出现，2019 年高-高集聚出现在辽宁省朝阳市和葫芦岛市，这两个地区该年份灌溉水量大。2005 年的高-低集聚出现在辽宁省的阜新市，2012 年无高-低集聚区出现，2019 年高-低集聚区出现在黑龙江省的牡丹江市，这几个地区的对应年份蓝水足迹量高于周边地区。在研究年份内蓝水足迹的不显著集聚区有明显的扩大趋势。三个时期内均未出现蓝水足迹的低-高集聚区。

表 10.16　东北三省各地区粮食生产蓝水足迹空间集聚

年份	空间集聚特征	地区
2005 年	高-高	大兴安岭
	高-低	阜新
	低-高	—
	低-低	松原、长春、吉林、白山、四平、辽源、通化、铁岭、抚顺、本溪、丹东、沈阳、辽阳、鞍山
	不显著	朝阳、葫芦岛、锦州、盘锦、营口、大连、白城、大庆、延吉、哈尔滨、齐齐哈尔、牡丹江、佳木斯、大庆、鸡西、双鸭山、伊春、七台河、鹤岗、黑河、绥化
2012 年	高-高	—
	高-低	—
	低-高	—
	低-低	辽源、通化、白山、抚顺、本溪、丹东、辽阳、鞍山
	不显著	哈尔滨、齐齐哈尔、牡丹江、佳木斯、大庆、鸡西、双鸭山、伊春、七台河、鹤岗、黑河、绥化、大兴安岭、长春、吉林、四平、白城、松原、沈阳、大连、锦州、营口、阜新、盘锦、铁岭、朝阳、葫芦岛
2019 年	高-高	朝阳、葫芦岛
	高-低	牡丹江
	低-高	—
	低-低	伊春、鹤岗、佳木斯、双鸭山、哈尔滨、鸡西、七台河
	不显著	齐齐哈尔、大庆、黑河、绥化、大兴安岭、长春、吉林、四平、通化、白山、辽源、白城、松原、沈阳、大连、鞍山、抚顺、本溪、丹东、锦州、营口、阜新、辽阳、盘锦、铁岭

粮食生产总水足迹如表 10.17 所示，研究区存在高-高集聚区、低-低集聚区、低-高集聚区、高-低集聚区和不显著集聚区。2005 年粮食生产总水足迹量的低-低集聚区主要包括吉林省的辽源市、通化市、长春市、白山市、松原市、吉林市、四平市、白城市和辽宁省的铁岭市、盘锦市、沈阳市、锦州市、鞍山市、辽阳市、阜新市，2012 年的低-低集聚区为吉林省的通化市、长春市、辽源市、吉林市、四平市、松原市和辽宁省铁岭市、锦州市、沈阳市、抚顺市、阜新市，2019 年的低-低集聚区为吉林省的通化市、长春市、松原市、吉林市、四平市、辽源市和辽宁省本溪市、沈阳市、抚顺市、铁岭市、鞍山市、阜新市。2005 年粮食生产总水足迹量的高-高集聚区出现在黑龙江省的伊春市、鹤岗市、黑河市、大兴安岭地区，2012 年高-高集聚区出现在大兴安岭地区，2019 年无高-高集聚区出现。2005 年的高-低集聚区出现在吉林省的白山市和辽宁省的抚顺市、本溪市、丹东市，2012 年的高-低集聚区出现在吉林省的白城市和辽宁省的本溪市，2019 年高-低集聚区出现在吉林省的白城市、白山市，高-低集聚区粮食生产的总水足迹量较大，而周边区域较小。2005 年粮食生产总水足迹量的低-高集聚区出现在黑龙江省的鸡西市，2012 年和 2019 年无低-高集聚区出现，说明 2005 年鸡西市降水量和灌溉水量大于作物蒸发量和需水量。在研究年份内总水足迹的不显著集聚区有增加的趋势。

表 10.17 东北三省各地区粮食生产总水足迹空间集聚

年份	空间集聚特征	地区
2005 年	高-高	大兴安岭、黑河、伊春、鹤岗
	高-低	白山、抚顺、本溪、丹东
	低-高	鸡西
	低-低	白城、松原、长春、吉林、四平、辽源、通化、铁岭、沈阳、阜新、辽阳、盘锦、锦州、鞍山
	不显著	朝阳、葫芦岛、营口、大连、延吉、齐齐哈尔、绥化、大庆、哈尔滨、牡丹江、佳木斯、七台河、双鸭山
2012 年	高-高	大兴安岭
	高-低	白城、本溪
	低-高	—
	低-低	松原、长春、吉林、气瓶、辽源、通化、铁岭、沈阳、抚顺、阜新、锦州
	不显著	朝阳、葫芦岛、盘锦、营口、鞍山、辽阳、丹东、大连、白山、延吉、哈尔滨、齐齐哈尔、牡丹江、佳木斯、大庆、鸡西、双鸭山、伊春、七台河、鹤岗、黑河、绥化

续表

年份	空间集聚特征	地区
2019 年	高-高	—
	高-低	白城、白山
	低-高	—
	低-低	松原、长春、吉林、四平、辽源、通化、铁岭、抚顺、阜新、本溪、鞍山
	不显著	哈尔滨、齐齐哈尔、牡丹江、佳木斯、大庆、鸡西、双鸭山、伊春、七台河、鹤岗、黑河、绥化、大兴安岭、延吉、朝阳、葫芦岛、锦州、盘锦、营口、辽阳、丹东、大连

从以上分析可以看出，粮食生产的绿水足迹、蓝水足迹、总水足迹主要为不显著集聚区，其次为低-低集聚区，低-低集聚区有缩小趋势。说明东北地区虽然水资源丰富，但随着气候变化和用水量增大，水资源压力趋紧，未来节约用水是必然趋势。

10.8　结　　论

本章以东北三省的 36 个地级市（州、地区）为研究对象，根据粮食生产消耗的能源量和水量，采用生命周期核算方法，用碳足迹模型和水足迹模型计算粮食生产的碳足迹和水足迹，分析粮食生产能源消耗和水消耗的时序特征变化情况。然后通过自然断点法和 Moran *I* 分析碳足迹和水足迹的空间变化规律，用相关系数法探究碳足迹的主导影响因素，主要得出以下结论。

（1）2001～2019 年东北三省 36 个市（州、地区）粮食生产单位面积碳足迹平均值为 2134.90kg CE/hm^2，不同区域的不同年份波动较大，研究期间内单位面积碳足迹值总体呈现波动下降趋势。2001～2019 年东北三省 36 个市（州、地区）粮食生产碳成本平均值为 0.28kg CE/kg，不同区域的不同年份碳成本波动较大，研究期间内碳成本总体呈现波动上升趋势。2001～2019 年东北三省 36 个市（州、地区）粮食生产碳效率平均值为 4.13kg/kg CE，不同区域的不同年份碳效率波动较大，研究期间内碳效率总体呈现波动下降趋势。粮食生产单位面积碳足迹总体呈现南高北低的空间分布特征，高值区、次高值区在分布范围上有扩大的趋势，中等值区在范围上保持稳定，低值区在分布范围上有缩小的趋势。粮食生产碳成本总体呈现中间高南北低的空间分布特征，从年际变化来看，高值区和次高值区有扩大的趋势，中等值区和低值区有减小的趋势。粮食生产碳效率总体呈现四周高中间低的空间分布特征，高值区、次高值区在范围上有缩小的趋势，中等值区、低值区在范围上有扩大的趋势。从粮食生产单位面积碳足迹、碳成本、碳效率的时序特征规律和单位面积碳足迹、碳成本在空间上偏高值区范围扩大、偏低值区范围缩小以及碳效率在空间上偏高值区范围缩小、偏低值区范围扩大可以得出东北三省粮食生产的能源压力在加大。

（2）粮食生产单位面积碳足迹的 Moran *I* 呈现显著上升趋势，表明其空间相关性逐渐增大，总体水平在增高；碳成本的 Moran *I* 呈现波动下降的趋势，表明其空间相关性逐渐减小，总体水平相应下降；碳效率的 Moran *I* 数呈现明显下降趋势，表明其空间相关性逐渐减小，在空间上显现出一定的集聚效应。对粮食生产的单位面积碳足迹而言，高-高集聚区和低-低集聚区分布较为广泛且集聚范围明显扩大，说明单位面积碳足迹在这两种集聚乃至整个区域在地理空间上的连续性不断增加。就粮食生产的碳成本而言，高-高集聚区、低-低集聚区和不显著集聚区的分布范围较大，高-高集聚区、低-低集聚区范围明显变小，不显著集聚区范围明显扩大，说明碳成本在地理空间上的连续性不断减小。就粮食生产的碳效率而言，以高-高集聚区、高-低集聚区和不显著集聚区分布为主，高-高集聚区、高-低集聚区范围明显变小，不显著集聚区范围明显扩大，说明碳效率在地理空间上的连续性不断减小。

（3）沈阳市柴油使用量与单位面积碳足迹值在 0.01 显著性水平下的相关系数为 0.662，比其他碳足迹构成要素具有更强的正相关性，柴油的使用对粮食生产单位面积碳足迹影响较大。长春市柴油使用量与单位面积碳足迹值在 0.01 显著性水平下的相关系数为–0.691，比其他碳足迹构成要素具有更强的负相关性，柴油的使用对粮食生产单位面积碳足迹影响较大。哈尔滨市柴油使用量与单位面积碳足迹值在 0.01 显著性水平下的相关系数为–0.674，比其他碳足迹构成要素具有更强的负相关性，柴油的使用对粮食生产单位面积碳足迹影响较大。东北三省 36 市（州、地区）粮食生产碳足迹各构成因素中柴油使用量对其影响最大，因此应该控制柴油用量，降低碳足迹值，促进区域能源节约与粮食作物乃至农业的长久可持续发展。

（4）2001～2019 年东北三省 36 个市（州、地区）粮食生产绿水足迹平均值为 0.935m^3/kg，不同区域的不同年份波动较大，研究期间内单位面积碳足迹值总体呈下降趋势。2001～2019 年东北三省 36 个市（州、地区）粮食生产蓝水足迹平均值为 0.440m^3/kg，不同区域的不同年份蓝水足迹波动较大，研究期间内蓝水足迹总体呈现波动下降趋势。2001～2019 年东北三省 36 个市（州、地区）粮食生产总水足迹平均值为 1.3748m^3/kg，不同区域的不同年份总水足迹波动较大，研究期间内总水足迹总体呈现波动下降趋势。粮食生产绿水足迹总体呈现东南、西北高，其他地区低的空间分布特征，高值区、次高值区分布范围上有波动扩大的趋势；

中等值区、低值区在分布范围上有波动缩小的趋势。粮食生产蓝水足迹总体呈现西北、南高，其他地区低的空间分布特征，高值区、次高值区不同年份分布区域有所变化，中等值区、低值区从年际来看在分布的区域上有所变化。粮食生产总水足迹总体呈现东北高和西南低的空间分布特征，高值区、次高值区不同年份分布区域有所变化；中等值区、低值区不同年份分布区域有所变化。从绿水足迹、蓝水足迹、总水足迹的年际变化规律和绿水足迹空间分布上偏高值区扩大、偏低值区缩小以及蓝水足迹、总水足迹的空间分布来看，东北三省水资源压力有变大的趋势。

（5）粮食生产绿水足迹量的 Moran I 呈现波动上升趋势，表明其空间相关性逐渐增大，总体水平在增高；蓝水足迹量的 Moran I 呈现明显下降的趋势，表明其空间相关性逐渐减小，总体水平相应下降；总水足迹量受绿水、蓝水足迹的影响，总体呈现下降趋势，在空间上显现出一定的集聚效应。对粮食生产的绿水足迹而言，低-低集聚区和不显著集聚区分布较为广泛，且低-低集聚区的集聚范围明显扩大，说明绿水足迹在整个区域地理空间上的连续性不断增加；对粮食生产的蓝水足迹而言，以低-低集聚区和不显著集聚区分布为主，低-低集聚区范围明显变小，不显著集聚区范围明显扩大，说明蓝水足迹在地理空间上的连续性不断减小。对粮食生产的总水足迹而言，以低-低集聚区、高-低集聚区和不显著集聚区分布为主，低-低集聚区、高-低集聚区范围明显变小，不显著集聚区范围明显扩大，说明总水足迹在地理空间上的连续性不断减小。总水足迹低-低集聚区范围的缩小，说明东北地区水资源压力有所增大。随着全球变化和工农业的发展，区域水资源可持续发展成了一个至关重要的问题。节约用水，降低区域水足迹值，促进东北地区粮食作物和整个农业的可持续发展是必然趋势。

参 考 文 献

黑龙江省发展和改革委员会. 2017. 黑龙江省能源发展“十三五”规划[Z].

黄姣，高阳，李双成. 2011. 东北三省主要粮食作物虚拟水变化分析[J]. 北京大学学报（自然科学版），3（47）：505-512.

黄蕊. 2009. 我国生物多样性保护法律制度研究[D]. 咸阳：西北农林科技大学.

吉林省能源局. 2017. 吉林省能源发展“十三五”规划[Z].

靳春玉. 2021. 基于水资源-能源-粮食纽带关系的黄河流域水资源压力研究[D]. 大连：辽宁师范大学.

李吉玫，徐海量，叶茂，等. 2007. 塔里木河流域 2003 年虚拟水计算初探[J]. 水土保持通报，27（3）：8892.

辽宁省自然资源厅. 2017. 辽宁省矿产资源总体规划（2016～2020）[Z].

马荣华，蒲英霞，马晓冬. 2007. GIS 空间关联模式发现[M]. 北京：科学出版社.

王红瑞，王岩，王军红，等. 2007. 北京农业虚拟水结构变化及贸易研究[J]. 环境科学，12（28）：2877-2884.

肖玲，任桂镇，赵先贵，等. 2007. 陕西省农产品虚拟水的时空变异分析[J]. 干旱区资源与环境，10（21）：104-108.

于颖. 2013. 基于 InTEC 模型东北森林碳汇时空分布研究[D]. 哈尔滨：东北林业大学.
张蕾. 2010. 松辽流域省界缓冲区水质主成分分析[D]. 长春：吉林大学.
张秋平，杨晓光，薛昌颖. 2007. 北京地区旱稻作物需水与降水的耦合分析[J]. 农业工程学报，10（23）：51-56.
Hoekstra A Y. 2002. Virtual water trade：Proceedings of the international expert meeting on virtual water trade[R]. Delft，The Netherlands：Value of Water Research Report Series No. 12. IHE.
Hoekstra A Y，Chapagain A K，Aldaya M M，et al. 2011. The Waterfootprint Assessment Manual：Setting the Global Standard[M]. London：Earthscan.

第 11 章　中国西北地区水-能源-粮食纽带系统协同演化研究

11.1　研究区概况

中国西北地区是“丝绸之路”经济带的核心地区，是中国与中亚、欧洲陆上连接的重要纽带，尽管西北地区拥有广阔的地域与大量的人口，却是中国水资源与能源、粮食匹配程度极不协调的地区之一。中国西北地区位于 31.42°N～48.10°N，73.40°E～111.15°E。在行政区划上主要包括陕西、甘肃、宁夏、青海、新疆五省（区）。面积约 307.9 万 km^2，约占中国陆地面积的 32%。地形以高原、盆地为主。东部陕甘宁地区主要由黄土高原、河套平原、宁夏平原、河西走廊等地形区组成，中部青海地区则主要由柴达木盆地以及青藏高原的一部分组成，西部新疆地区则由阿尔泰山、天山、昆仑山以及准噶尔盆地、塔里木盆地组成。西北地区深居内陆，距海遥远，形成了典型的温带大陆性气候。降水自西向东、自南向北递减，东部地区降水在 400mm 左右，向西逐渐递减至 200mm 左右，部分地区甚至低于 50mL。因此，西北地区成为中国资源性缺水的典型地区，平均年水资源总量在 900 亿 m^3 以下，仅为全国年水资源总量的 8%。随着降水资源量的变化，植被自东向西依次为草原、荒漠草原、荒漠。西北地区大部分属于内流河区域，其中塔里木河是我国最大的内流河。东部一部分属于黄河流域，其中渭河流量相对较大。另外，新疆地区额尔齐斯河是我国唯一一条注入北冰洋的外流河。

由于独特的地貌与气候条件，西北地区形成了许多历史悠久的农业区域和极具特色的种植结构，其中，陕西关中地区、甘肃河西地区、宁夏、新疆南部地区等都是我国重要的粮食生产基地。粮食作物以耐旱的青稞、小麦、大豆为主。随着我国东部地区的城镇化水平不断提升，西北地区将会成为我国粮食主产区之一（王玉宝等，2019；赖玉佩，2019）。

西北地区是中国西部大开发战略的关键地区，是中国能源战略布局中的重要能源生产与外输基地（图 11.1）。2018 年，西北地区能源生产量约 88864 万 t，约占全国能源生产总量的 24%。陕西、新疆地区以丰富的能源储备成为我国能源外输的重要源地。其中，陕西省探明含煤总面积 5700km^2，累计探明资源量 1700 亿 t，保有资源量居全国第三位。新疆地区煤炭预计总量超过 2 万亿 t，约占我国煤炭资源总量的四成以上，已探明石油储量和天然气储量分别达到 56 亿 t 和 10 万亿 m^3。随着“西气东输”“北煤南运”等工程的实施，陕甘宁、塔里木盆地、柴达木盆地等地区将成为中国重要的能源生产外输基地。

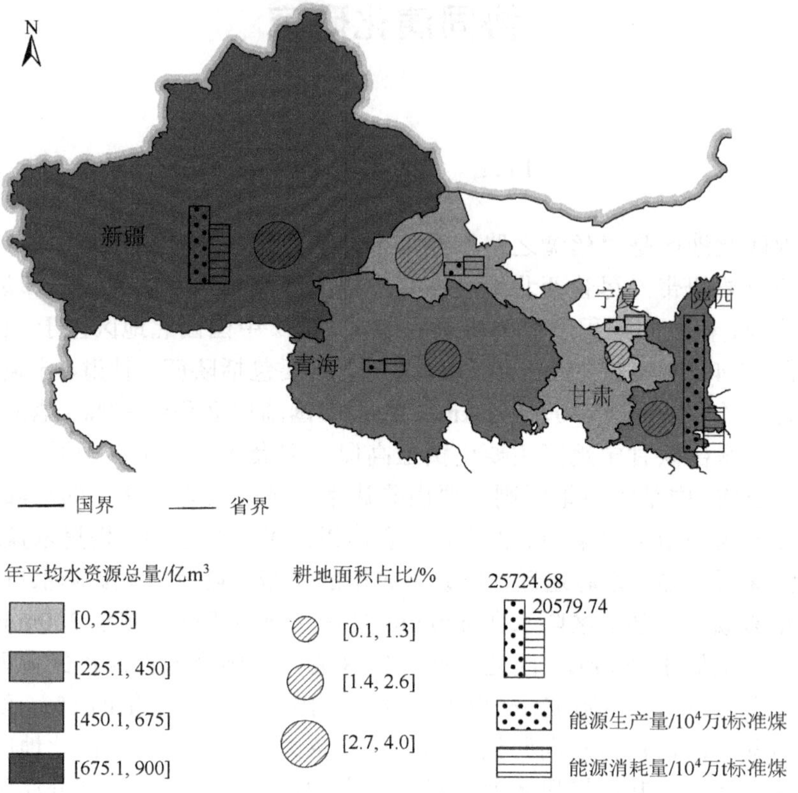

图 11.1　中国西北地区资源概况图

自 21 世纪初开始，在党中央的关怀和领导下，西北地区社会经济得到突飞猛进的发展，整体实力全面提升。2020 年，陕西省 GDP 总量达到 25793.17 亿元，在全国排第 14 位，是西北地区第一个经济总量超过 2 万亿的省（区），新疆是西北第二大经济区，GDP 达 13797.58 亿元，甘肃省 GDP 约为 9017 亿元，宁夏 GDP 约为 3920.55 亿元，青海省 GDP 约为 3005.92 亿元。

11.2　研究方法与数据来源

11.2.1　哈肯模型

哈肯模型是赫尔曼·哈肯提出的用以分析复杂系统有序度的重要模型（李琳

和刘莹，2014；郑玉雯和薛伟贤，2019），主要用来识别系统序参量。哈肯模型（哈肯，1981）先假设两个相互关联的子系统分别为系统的快、慢两种变量，通过构建运动方程，得出两个子系统的阻尼值，然后利用绝热消去法（刘莹，2014）消除快变量，最终得出系统的慢变量，即序参量。

假设 q_1 为某个子系统的状态变量，q_2 被该变量控制，则系统的运动方程可表示为

$$q_1 = -\lambda_1 q_1 - a q_1 q_2 \tag{11.1}$$

$$q_2 = -\lambda_2 q_2 - b q_1^2 \tag{11.2}$$

式中，q_1、q_2 为系统的状态变量；λ_1、λ_2 为两个子系统的阻尼系数，$\lambda \neq 0$；a，b 均为常数。当系统达到一个定态解，即 $q_1 = q_2 = 0$ 时，$|\lambda_2| > |\lambda_1|$，并且 $\lambda_2 > 0$，则表明系统的状态变量 q_2 为快速衰减的快变量。这一过程称之为绝热近似假设。若绝热近似假设成立，突然撤去 q_2，q_1 来不及变化。令 $q_2 = 0$，求得

$$q_2 = \frac{b}{\lambda_2 q_1^2} \tag{11.3}$$

q_1 即为系统的序参量，系统演化方程为

$$q_1 = -\lambda_1 q_1 - \frac{ab}{\lambda_2 q_1^3} \tag{11.4}$$

对 q_1 的相反数求积分可得系统的势函数，通过对势函数求解可以判断系统所处的状态。

$$v = \frac{1}{2}\lambda_1 q_1^2 + \frac{ab}{4\lambda_2 q_1^4} \tag{11.5}$$

由于式（11.1）、式（11.2）是针对连续性随机变量设定的，用其分析水-能源-粮食纽带系统时，需对式（11.1）、式（11.2）进行离散化处理，即

$$q_1(t) = (1-\lambda_1) q_1(t-1) - a q_1(t-1) q_2(t-1) \tag{11.6}$$

$$q_2(t) = (1-\lambda_2) q_2(t-1) - b q_1^2(t-1) \tag{11.7}$$

11.2.2　水-能源-粮食纽带系统协同评价指标体系构建

1. 协同评价指标体系构建原则

1）综合性原则

水-能源-粮食纽带系统是一个由水资源子系统、能源子系统、粮食子系统相互联系、相互作用组成的复杂的开放性系统。评价该系统既要考虑三个子系统内部的资源基本情况，又要考虑三个子系统之间的内在联系，因此指标体系的构建需要遵循综合性原则，保证评价系统客观全面。

2）科学性原则

水-能源-粮食纽带系统评价指标体系的构建应当科学地反映地区的资源基本情况，突出资源环境问题的特征。在指标选取时，应当广泛借鉴以往学者研究成果，确保指标体系的科学性，根据实际情况在客观深入分析的基础上构建科学合理的评价指标体系。

3）真实性原则

水-能源-粮食纽带系统的评价指标体系构建是否具备真实性直接关系评价成果是否能够为科学地政策制定提供直接可行的理论依据。因此，在指标体系的构建中需要确保指标体系真实有效。

4）可操作性原则

考虑部分数据获取途径的限制，需对指标的取舍与指标体系的结构具有充分的理解和把握。因此，在水资源子系统、能源子系统、粮食子系统三者的基础上，进一步划分出九个准则层，以期获得更加系统的评价结构。

2. 水-能源-粮食纽带系统协同评价指标体系含义

对水资源、能源、粮食三种资源安全评价是一个较为复杂的过程，由于水-能源-粮食纽带系统的复杂性以及国内外对水-能源-粮食纽带系统的研究尚处在初级阶段，学术界对水-能源-粮食纽带系统的评价指标还没有完全达成共识。在以往学者研究成果的基础上（孙才志等，2021；王勇和孙瑞欣，2022；李桂君等，2017；姚成胜等，2019；王慧敏等，2019；李桂君等，2016；靳春玉，2021），本章遵循综合性、科学性、真实性、可操作性的原则，从水资源、能源、粮食三个子系统出发，选取了30个指标，共同构建起中国西北地区水-能源-粮食纽带系统协同评价指标体系。结果见表11.1。

表11.1 中国西北地区水-能源-粮食纽带系统协同评价指标体系

目标层	准则层	指标层	指标计算方法或来源	指标性质	权重
水资源子系统	社会安全	人均水资源量（m^3/人）	统计数据	正	0.168
		地区生活用水量占总用水量比（%）	地区生活用水量/总用水量	负	0.039
		有效灌溉面积比例（%）	有效实灌面积/耕地面积	正	0.130
	经济安全	万元工业产值耗水量（m^3）	工业总用水量/工业总产值	负	0.021
		水资源开发利用率（%）	统计数据	负	0.022
		水利建设投资（万元）	统计数据	正	0.137
	生态安全	生态环境补水量（亿m^3）	统计数据	正	0.187
		年平均水资源总量（亿m^3）	统计数据	正	0.021
		天然湿地面积（10^3hm^2）	统计数据	正	0.149
		节水灌溉面积（10^3hm^2）	统计数据	正	0.126

续表

目标层	准则层	指标层	指标计算方法或来源	指标性质	权重
粮食子系统	可供量	农作物受灾面积（10^3hm^2）	统计数据	负	0.043
		粮食产量波动系数	（年粮食总产量–趋势粮食产量）/趋势粮食产量	负	0.040
		人均粮食产量（kg/人）	粮食总产量/地区总人口	正	0.119
		粮食播种面积比例（%）	粮食种植面积/地区总面积	正	0.085
	生产可持续性	耕地实际灌溉亩均用水量（m^3/hm^2）	统计数据	负	0.141
		农用化肥用量（万 t）	统计数据	正	0.198
		农用机械总动力（万 kW）	统计数据	正	0.148
	贸易平衡性	城乡居民消费水平（元）	统计数据	正	0.173
		粮食消费价格指数	t 年粮食消费价格/t–1 年粮食消费价格×100	负	0.029
		粮食生产价格指数	t 年粮食生产价格/t–1 年粮食生产价格×100	负	0.024
能源子系统	供应稳定性	地区能源自给率（%）	地区能源生产量/能源消耗量	正	0.162
		能源消费增长系数	能源消费年增长速度/国民经济发展年增长速度	负	0.019
		水力发电占比（%）	统计数据	正	0.157
		人均能源生产量（t/人）	地区能源生产量/地区总人口	正	0.105
	经济可承受性	单位工业增加值能耗（t/万元）	工业综合能源消费量/工业增加值	负	0.019
		水电燃料消费价格指数	统计数据	负	0.010
		能源工业投资额（亿元）	统计数据	正	0.167
	环境承载力	工业废水排放达标量（万 t）	统计数据	正	0.104
		工业废气排放量（亿 m^3）	统计数据	正	0.025
		森林覆盖率（%）	统计数据	正	0.232

注：趋势粮食产量指粮食产量 5 年移动平均值。

11.2.3　指标权重确定

由于表 11.1 中各指标单位不同，利用 max-min 归一化方法，对原始指标数据做量纲一处理，然后运用熵权法确定各项指标的权重。熵权法是利用数据离散性进行赋权的一种客观方法，具体过程如下。

（1）对于 n 个样本，m 个指标，则 x_{ij} 为第 i 个样本的第 j 个指标的数值（$i=1, \cdots, n$；$j=1, \cdots, m$）。

（2）对指标进行归一化处理。

由于各项指标的计量单位并不统一，在用它们计算综合指标前，先要进行标准化处理，即把指标的绝对值转化为相对值，从而解决各项不同质的指标值同质化问题。另外，正向指标和负向指标数值代表的含义不同（正向指标数值越高越好，负向指标数值越低越好），因此，对于正向负向指标需要采用不同的算法进行数据标准化处理。

其中，正向指标：

$$x_i = (X_i - X_{\min}) / (X_{\max} - X_{\min}) \tag{11.8}$$

负向指标：

$$x_i = (X_{\max} - X_i) / (X_{\max} - X_{\min}) \tag{11.9}$$

为方便起见，归一化后的数据仍记作 x_{ij}。

（3）计算第 j 项指标下的第 i 个样本值占该指标的比重：

$$p_{ij} = \frac{x_{ij}}{\sum_{i=1}^{n} x_{ij}}, \qquad i = 1,2,\cdots,n \tag{11.10}$$

（4）计算第 j 项指标的熵值：

$$e_j = -k\sum_{i=1}^{n} p_{ij} \ln(p_{ij}), \qquad j = 1,2,\cdots,m \tag{11.11}$$

式中，$k = 1/\ln(n) > 0$，满足 $e_j \geqslant 0$。

（5）计算信息熵冗余度：

$$d_j = 1 - e_j, \qquad j = 1,2,\cdots,m \tag{11.12}$$

（6）计算各项指标的权重：

$$w_j = \frac{d_j}{\sum_{j=1}^{m} d_j}, \qquad j = 1,2,\cdots,m \tag{11.13}$$

（7）计算各样本的综合得分：

$$S_j = \sum_{j=1}^{m} w_j x_{ij}, \qquad i = 1,2,\cdots,n \tag{11.14}$$

式中，x_{ij} 为标准化后的数据。

11.2.4 数据来源

本章研究区域主要为中国陕西、甘肃、青海、宁夏、新疆五省（区）。所使用的数据均来源于 2001～2019 年《中国统计年鉴》《中国能源统计年鉴》《中国环境统计年鉴》《中国农村统计年鉴》《中国粮食年鉴》，以及研究区域各省（区）2001～2019 年统计年鉴，部分缺失数据利用均值插补法填补。

11.3　中国西北地区水-能源-粮食纽带系统协同演化结果分析

11.3.1　中国西北地区水-能源-粮食纽带系统协同演化序参量识别（第一阶段）

利用哈肯模型对水资源、能源、粮食三个子系统参量进行两两分析，并根据绝热消去法判断模型假设是否成立，最终得出系统序参量，结果见表 11.2。

表 11.2　第一阶段中国西北地区水-能源-粮食纽带系统协同演化序参量识别结果

序号	模型假设	λ_1	a	λ_2	b	结论
①	$q_1 = \mathrm{w}$ $q_2 = \mathrm{e}$	0.3 （0.000）	0.323 （0.0000）	0.9 （0.0000）	0.59 （0.6902）	a. 运动方程不成立 b. 不满足绝热近似假设 c. 模型假设不成立
②	$q_1 = \mathrm{w}$ $q_2 = \mathrm{f}$	0.1 （0.0151）	–0.917 （0.0064）	1.25 （0.0000）	–0.196 （0.0049）	a. 运动方程成立 b. 满足绝热近似假设 c. 模型假设成立
③	$q_1 = \mathrm{e}$ $q_2 = \mathrm{w}$	0.84 （0.5752）	–0.62 （0.4849）	1.65 （0.0000）	–0.015 （0.8510）	a. 运动方程不成立 b. 不满足绝热近似假设 c. 模型假设不成立
④	$q_1 = \mathrm{e}$ $q_2 = \mathrm{f}$	0.4 （0.0000）	0.56 （0.0197）	0.98 （0.9865）	0.405 （0.0281）	a. 运动方程不成立 b. 不满足绝热近似假设 c. 模型假设不成立
⑤	$q_1 = \mathrm{f}$ $q_2 = \mathrm{w}$	0.8 （0.0585）	–1.89 （0.0000）	0.48 （0.0000）	0.143 （0.0000）	a. 运动方程成立 b. 不满足绝热近似假设 c. 模型假设不成立
⑥	$q_1 = \mathrm{f}$ $q_2 = \mathrm{e}$	0.61 （0.0895）	0.9 （0.0647）	0.6 （0.0205）	0.36 （0.0000）	a. 运动方程成立 b. 不满足绝热近似假设 c. 模型假设不成立

注：选取显著性水平为 10%；w 代表水资源子系统；e 代表能源子系统；f 代表粮食子系统。

利用哈肯模型对第一阶段影响中国西北地区水-能源-粮食纽带系统协同发展的三个子系统进行序参量识别，结果表明：水资源子系统是第一阶段影响水-能源-粮食纽带系统协同发展的序参量。它在系统的整个演化过程中起主导作用，通过支配能源子系统与粮食子系统，促使水-能源-粮食纽带系统不断演进。

11.3.2　中国西北地区水-能源-粮食纽带系统协同得分时空变化规律分析（第一阶段）

表 11.2 中运动方程②显示，$\lambda_1 = 0.1$，$\lambda_2 = 1.25$，$a = -0.917$，$b = -0.196$，系统演化方程为

$$q_1 = -0.19q_1 + 0.14q_1^3 \tag{11.15}$$

系统势函数为

$$v = 0.05q_1^2 - 0.036q_1^4 \tag{11.16}$$

解得势函数的三个解：$q_1^* = 0$，$q_1^{**} = 1.178$，$q_1^{***} = -1.178$。

将势函数的三个解代入系统势函数方程，可得到系统演化的三个稳定点，但是在实际经济分析中，序参量的状态参数都大于 0，因此水-能源-粮食协同系统稳定点为（1.178，0.139）。系统任意状态参量点 A 与稳定点之间的距离决定了系统所处的状态，即系统状态评价函数为

$$S_1 = \sqrt{(q-1.178)^2 + (v(q)-0.139)^2} \tag{11.17}$$

式中，S_1 值越大表明系统的状态点距离稳定点越远，则协同得分越低，反之协同得分越高。为了更加全面直观地反映西北五个省（区）的协同得分变化趋势，便于对各省（区）进行比较，采用极值法对原始协同得分值进行归一化处理。同时为避免出现 0 和 1 的边界问题，在对原始协同得分值归一化处理之前将原始得分值的最大值提升 10%，最小值降低 10%，最终得到西北各省（区）的得分变化趋势，如图 11.2 所示。

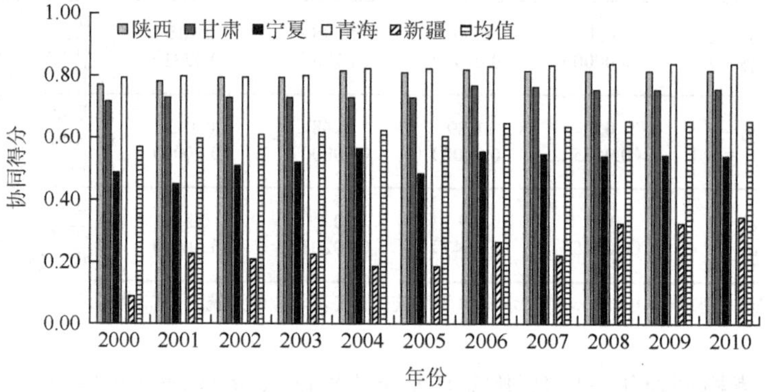

图 11.2　第一阶段西北五省（区）水-能源-粮食纽带系统协同得分变化趋势图

从图 11.2 可以看出，在水资源子系统主导水-能源-粮食纽带系统的初级阶段，西北五省（区）水-能源-粮食纽带系统协同得分整体呈现上升趋势。2010 年，五省（区）的协同得分从高到低依次为青海、陕西、甘肃、宁夏、新疆。从协同得分差距来看，西北各省（区）之间协同得分差距较大，这可能与各省（区）水资源储量、开发利用情况等有很大关系。

青海、陕西、甘肃三省得分趋势趋于平稳上升，并且各年份都高于西北地区

平均得分水平。青海省水资源丰富，人均水资源占有量约是全国平均水平的 5 倍。此外，以柴达木盆地为主的地区富含多种能源矿产。而青海省由于地处高原，气候寒冷，人口密度小，人类社会对水资源、能源、粮食的需求压力也比较小，因此在 2000～2010 年这一阶段青海省水-能源-粮食纽带系统协同得分更趋向于“自然状态”的协同。陕西、甘肃大部分属于半湿润半干旱地区，相对于其他西北省（区）来说，降水较多，并且地表径流众多，其中，陕西省地跨长江、黄河两大水系，拥有黄河、渭河、泾河、汉江等诸多外流河。甘肃省则除了与陕西省共享黄河、渭河等水系以外，还拥有黑河、石羊河等内流河水系，水资源总量在西北五省（区）中处于中等偏上水平。另外在水利建设投资方面，陕甘两省在 2010 年均在 500 亿元以上，极大地提高了地区水资源利用效率。因此，在水资源子系统主导阶段，陕西、甘肃两省协同得分也较高。

宁夏协同得分变化趋势较为曲折，并且各年份均低于西北地区平均水平。这可能是因为宁夏地区地处干旱半干旱区，降水少且集中于夏季，大部分区域降水量在 300mm 以下，且蒸发量大，有暖干化趋势。据统计，2000～2010 年，宁夏平均水资源总量仅 10 亿 m^3，远低于西北地区其他省（区）；人均水资源量仅 148m^3，远低于全国平均水平。此外，宁夏第一产业在产业结构中占据主导地位，农业用水占了总用水资源量的 90.1%，严重阻碍了其他产业的发展，导致宁夏水-能源-粮食纽带系统协同得分处于较低水平，波动也比较大。新疆协同得分增长趋势最为明显，但是新疆在西北五省（区）中协同得分最低，且在 2001～2005 年这一时间段出现下降趋势。由于新疆是我国陆域面积最大的省级行政区，水资源子系统有其自身的特殊性。首先，新疆水资源总量大，2010 年约 882.8 亿 m^3，由于人口较少，人均水资源量约 5125m^3，约是全国平均水平的 2 倍，但是新疆水资源多以冰川形式存在，开发利用难度较大，需要巨额的水利建设投资，对地区财政造成一定压力。其次，新疆是我国重要的农业产区，农业用水占总用水资源量的 94.3%，2001～2005 年，新疆能源消费增长量、耕地灌溉亩均用水资源量等耗水量持续上升，能源、粮食子系统对水资源的消耗远大于三者之间的合作共生。“十一五”开始之后，国家对新疆地区固定资产投资规模达到 12000 亿元，是“十五”时期的两倍多，逐步完善的基础设施和节水技术，使得水-能源-粮食纽带系统协同得分开始大幅度上升，成为西北地区协同得分上升速度最快的地区。

11.3.3　中国西北地区水-能源-粮食纽带系统协同演化序参量识别（第二阶段）

对中国西北地区第二阶段（2011～2018 年）水资源子系统、能源子系统、粮食子系统三个变量进行两两分析，结果见表 11.3。

表 11.3 第二阶段中国西北地区水-能源-粮食纽带系统协同演化序参量识别结果

序号	模型假设	λ_1	a	λ_2	b	结论
①	$q_1 = $ w $q_2 = $ e	0.29 （0.0159）	0.287 （0.8278）	1.24 （0.0006）	−0.448 （0.0000）	a. 运动方程不成立 b. 不满足绝热近似假设 c. 模型假设不成立
②	$q_1 = $ w $q_2 = $ f	0.05 （0.0000）	−0.411 （0.0006）	0.65 （0.0000）	−0.14 （0.0336）	a. 运动方程成立 b. 满足绝热近似假设 c. 模型假设成立
③	$q_1 = $ e $q_2 = $ w	0.62 （0.0000）	0.148 （0.2345）	0.3 （0.0345）	0.219 （0.4626）	a. 运动方程不成立 b. 不满足绝热近似假设 c. 模型假设不成立
④	$q_1 = $ e $q_2 = $ f	0.38 （0.0000）	−0.203 （0.0055）	0.63 （0.0001）	−0.206 （0.0191）	a. 运动方程成立 b. 满足绝热近似假设 c. 模型假设成立
⑤	$q_1 = $ f $q_2 = $ w	0.45 （0.000）	−0.66 （0.0543）	0.16 （0.0001）	0.23 （0.0053）	a. 运动方程成立 b. 不满足绝热近似假设 c. 模型假设不成立
⑥	$q_1 = $ f $q_2 = $ e	0.31 （0.0000）	−0.558 （0.0104）	0.58 （0.0000）	0.015 （0.9303）	a. 运动方程不成立 b. 满足绝热近似假设 c. 模型假设不成立

注：选取显著性水平为 10%；w 代表水资源子系统；e 代表能源子系统；f 代表粮食子系统。

第二阶段（2011～2018 年）序参量识别结果表明，水资源子系统和能源子系统是第二阶段中国西北地区水-能源-粮食纽带系统发展的序参量，共同主导着水-能源-粮食纽带系统的协同演化。这说明，在第二阶段，中国西北地区开始发挥能源富足的比较优势，促进水-能源-粮食纽带系统的协同演化，但粮食子系统仍处于从属地位。

在系统存在多个序参量的情况下，应对加总后的序参量组合重新进行识别并对势函数进行求解。结果见表 11.4。

表 11.4 第二阶段中国西北地区水-能源-粮食纽带系统加总序参量识别结果

模型假设	λ_1	a	λ_2	b	结论
$q_1 = $ w 和 e $q_2 = $ f	0.14 （0.0000）	−0.303 （0.0441）	0.66 （0.0000）	−0.048 （0.0013）	a. 运动方程成立 b. 满足绝热近似假设 c. 模型假设成立

注：选取显著性水平为 10%；w 代表水资源子系统；e 代表能源子系统；f 代表粮食子系统。

11.3.4 中国西北地区水-能源-粮食纽带系统协同得分时空变化规律分析（第二阶段）

由表 11.4 可知，$\lambda_1 = 0.14$，$\lambda_2 = 0.66$，$a = -0.303$，$b = -0.048$，则系统演化方程为

$$q_1 = -0.149q_1 + 0.022q_1^3 \tag{11.18}$$

系统势函数为

$$v = 0.07q_1^2 + 0.002q_1^4 \tag{11.19}$$

解得势函数的三个解为 $q_1^* = 0$，$q_1^{**} = 3.741$，$q_1^{***} = -3.741$。

依据势函数的三个解，得到系统演化方程的稳定点（3.741，1.959），水资源子系统、能源子系统加总后的任意状态参量点 B 与系统稳定点之间的距离决定了系统所处的状态，即系统状态评价函数为

$$S_1 = \sqrt{(q-3.741)^2 + (v(q)-1.959)^2} \tag{11.20}$$

式中，S_1 越大表明系统的状态点距离稳定点越远，则协同得分越低，反之距离越近则协同得分越高。根据第一阶段的方法，计算出西北五省（区）水-能源-粮食纽带系统协同得分值变化趋势，如图 11.3 所示。

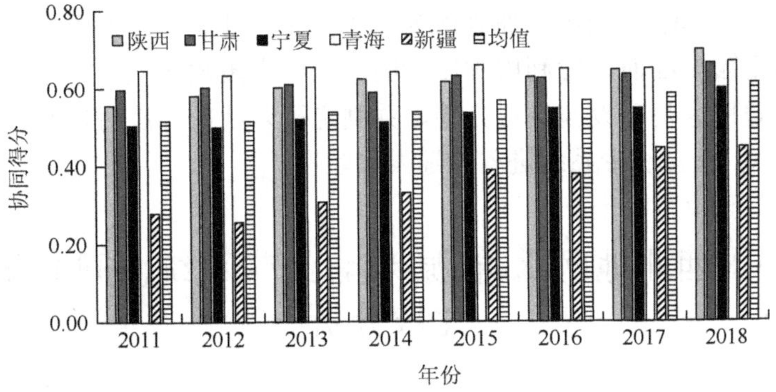

图 11.3　第二阶段西北五省（区）水-能源-粮食纽带系统协同得分变化趋势图

由图 11.3 可知，在水资源子系统、能源子系统共同主导水-能源-粮食纽带系统的新阶段，西北五省（区）水-能源-粮食纽带系统协同得分整体呈上升趋势。2018 年，西北五省（区）协同得分由高到低依次为陕西、青海、甘肃、宁夏、新疆。从协同得分差距来看，西北五省（区）之间差距逐步缩小，这是由于在水资源子系统、能源子系统共同主导的新阶段，西北各省（区）开始充分发挥各自比较优势，能源子系统成为带动水-能源-粮食纽带系统发展演化的主导力量之一。

在五个省（区）中，陕西、甘肃两省能源丰富，其中陕西省是我国主要的煤炭产区之一，煤炭储量居全国第四位，加之人类开发历史悠久，基础设施、工业体系较西北地区其他省区更为完善。甘肃玉门、长庆地区拥有数量可观的石油、天然气资源，是我国“西气东输”等标志性工程的重要通道与供应源地。2011～2018 年，陕甘两省对能源工业投资额度持续上升，极大地提高了地区能源开发力

度与利用效率。此外，陕甘两省依托黄河水系和地形优势，积极发展水能产业。2018年，陕甘两省水力发电占比分别达到7.55%和26.87%。这不仅优化了地区能源产业结构，而且加强了水资源子系统与能源子系统的优化配合。因此在水资源子系统、能源子系统共同主导的新阶段，陕甘两省水-能源-粮食纽带系统协同得分较高。青海省则由于自身水资源、能源储量丰富，经济社会需求压力较小，水-能源-粮食纽带系统协同得分较高，且变化趋势趋于平缓。宁夏协同得分变化显著，各年份得分与西北地区平均值极大缩小。宁夏地域狭小，但是煤炭储量居全国第六位。2011年以来，以“煤制油”等为代表的拥有自主知识产权的技术涌现，逐步突破了能源工业的技术瓶颈，以能源“金三角”地区为核心的现代能源化工产业集群正在形成，极大地推动了宁夏的水-能源-粮食纽带系统协同水平的提升。新疆协同得分上升趋势明显，并且与其他省区差距逐步缩小。新疆除了水资源总量丰富之外，能源储量也十分可观。截至2022年，新疆全区原油预测储量209.2亿t，占全国陆上石油资源的30%；天然气资源储量约13亿m^3，约占全国天然气储量的34%。因此，新疆成为我国能源跨地区调配的重要产出地区。鉴于新疆资源禀赋度高而开发利用难度大的特点，中国政府从“十五”计划开始，不断地对新疆地区基础设施进行完善，并制定了东西部经济对口帮扶策略等，使得新疆水-能源-粮食纽带系统进入加速发展阶段。

11.4 中国西北地区水-能源-粮食纽带系统协同演化两阶段比较分析

从序参量的演变来看，2000～2010年到2011～2018年两个阶段，中国西北地区水-能源-粮食纽带系统协同演化的驱动要素已经由单一的水资源子系统驱动演变为水资源子系统和能源子系统共同驱动，序参量协同驱动效应明显提升。2000～2010年，中国西北地区水-能源-粮食纽带系统尚处在协同发展的初级阶段，水资源子系统凭借着其在水-能源-粮食纽带系统中的重要地位，首先成为序参量起到支配作用。一方面，水资源直接（生产过程中消耗的水资源）或者间接（生产过程中所投入的物质资料，如材料、能源及其他资源所消耗的水资源）投入能源生产中；另一方面，水资源一直是农业生产中必不可缺的重要资源，农作物的生长周期不可避免地需要水资源的不断支持。并且，西北地区作为粮食作物生产蓝水足迹高值区，农业生产用水资源占比较高。因此2000～2010年，水资源子系统成为约束西北地区水-能源-粮食纽带系统协同发展的重要条件。伴随着我国经济迅速发展，能源需求量不断升高，西北地区作为能源供应源地，同时作为连接中亚地区能源供应的重要走廊，能源子系统的作用逐渐凸显。2011～2018年，西北地区各省区政府不断调整水-能源-粮食纽带系统协同发展的安全政策，加强各部门之间的数据信息共享，合理调整产业结构。同时，各行业通过提高能源利用效率，缓解能源消耗压力，使得能源通过技术与机械影响水资源的开发与粮食生产。例如在农田灌溉中，电力的使用既减少了化石能源的消耗，又提高了灌溉效率，大大节省了资源等。

从协同得分评价来看，2011～2018 年水资源子系统、能源子系统共同主导的新阶段，西北五省（区）协同得分仍处于中等水平。这意味着，尽管西北地区水-能源-粮食纽带系统的发展进入了双序参量阶段，但“水-能”“水-粮”“能-粮”冲突依然存在。这主要有以下几个因素：第一，西北地区各资源要素禀赋之间存在矛盾。主要表现为：西北地区水资源较为短缺，整体降水较少、地表径流较少且河流下渗严重，水资源的开发利用难度大。同时西北地区能源丰富，陕西、宁夏煤炭资源丰富，新疆、甘肃富含石油、天然气。西北地区作为我国能源的重要输出地，能源的输出无疑需要高成本的水足迹输出，给西北地区水资源带来巨大压力，直接影响水-能源-粮食纽带系统的协同水平。第二，我国农业用水量规模较大，特别是西北地区以农业经济为主，陕西、甘肃、新疆、宁夏等地农业用水量占总用水量的75%以上，整体呈现高耗水、低产出的状况，对西北地区水-能源-粮食纽带系统的协同发展有着较大阻碍。第三，西北地区水-能源-粮食纽带系统的主要参与者（各级政府与生产部门）还需提升各自的管理水平与生产标准，进一步加强互信机制，增强创新能力，提高资源利用效率，防范经济发展中可能出现的资源危机。

11.5　中国西北地区水-能源-粮食纽带系统资源管理的演化博弈分析

合理地分配水资源子系统、能源子系统、粮食子系统的资源，使得水-能源-粮食纽带系统实现可持续发展，从而更好地保障人类社会的高质量发展，从根本上讲并非完全依靠系统自身的物质能量沟通就能完成。换言之，水-能源-粮食纽带系统能否实现高度协同演化，关键还在于人类社会是否能够在合适的时机采取合理的策略，积极引导水-能源-粮食纽带系统向协同发展的方向演变。水资源、能源、粮食作为人类生存必不可少的条件，其生产过程离不开政府管理部门的统一调配与监管和生产部门的提取、生产、运输过程。那么，政府管理部门与生产部门之间的行为策略不可避免地对水-能源-粮食纽带系统的演化产生各种各样的影响。但在实际社会环境中，相关部门的行为策略对水-能源-粮食纽带系统并非始终保持着有利影响。正如前文所述，在理性的驱使下，为了追求自身利益最大化，政府管理部门与生产部门做到“完全牺牲”是不切实际的。这就需要演化博弈论来探究二者之间的策略选择。本节基于这一视角，通过分析政府部门与生产部门之间行为选择的博弈过程，来探究在不同的条件下，水-能源-粮食纽带系统资源管理的策略演化机制。

11.5.1 模型假设

（1）在水-能源-粮食纽带系统相关博弈局中人的研究中，地方政府管理部门（局中人 A）和水资源、能源、粮食生产部门（局中人 B）是水-能源-粮食纽带系统的主要参与主体，其中，地方政府管理部门是资源安全的直接监管者，对相关生产部门开发利用水资源、能源、粮食等活动进行监督管理。生产部门是该系统中主要的生产经营者，其在生产过程中是否遵从政府部门监管、自觉具备资源安全意识直接影响水资源、能源、粮食的安全，进而影响水-能源-粮食纽带系统的协同演化。在此，我们默认一切政府机构都具备对相关生产企业的监管能力，生产活动中涉及水资源、能源、粮食的一切部门都属于相关生产部门，都应参与到此博弈之中，对政府内部部门、生产部门之间的差异不做区分。

（2）水-能源-粮食纽带系统协同演化活动中的参与者是有限理性的，它们只能通过分析已有信息，为自身提供能够实现利益最大化的策略，并非全能全知。

（3）每个局中人都具有学习、模仿、选择的能力。

（4）每个局中人都分别具有两种策略可供选择，如下。

策略 S_1：实行严厉的监管政策，确保水-能源-粮食纽带系统正常运行。

策略 S_2：不进行监管，任凭生产企业自由运作。

策略 S_3：服从监管且具备资源安全意识。

策略 S_4：不服从监管且不具备资源安全意识。

当局中人选择策略 S_1 或 S_3 时，局中人在考虑自身发展的同时，将其他部门可能造成的影响考虑在内，但同时将会与其他部门共同承担可能带来的风险。当局中人选择策略 S_2 或 S_4 时，局中人致力于自身发展，完全不考虑自身发展对其他部门的影响，即便因此损失了采取联合策略而带来的额外收益。

（5）地方政府管理部门采取策略 S_1 的概率为 x，采取策略 S_2 的概率为 $1-x$，其中，$0\leqslant x\leqslant 1$。生产部门采取策略 S_3 的概率为 y，采取策略 S_4 的概率为 $1-y$，其中 $0\leqslant y\leqslant 1$。

（6）因为积极参与资源安全的治理给地方政府管理部门与生产部门所带来的共同利益为 R，地方政府管理部门与生产部门按照一定比例 $\alpha(\alpha\in[0, 1])$进行利益分配，即地方政府管理部门获得的资源安全利益为 αR，生产部门的资源安全利益为$(1-\alpha)R$。此外，地方政府管理部门即便不参与资源安全的博弈仍旧会获得的利益为 R_1，采取严厉的监管政策付出的成本为 C_1。生产部门即便不参与资源安全博弈仍具有的利益为 R_2，生产固定成本为 C_2，为保障资源安全而进行的资本投入为 C_3。此外，如果地方政府管理部门与相关生产部门都采取不监管、不治理的策略，则会受到中央政府以及公众的惩戒，为此付出的惩戒代价为 L。上述相关指标及其含义见表 11.5。

表 11.5　演化博弈过程中的指标及其含义

指标符号	含义
R	资源安全所带来的经济效益与社会效益
R_1	地方政府日常管理中所获得的税收收入等
R_2	生产部门利用水资源、能源、粮食进行生产所获得的效益
C_1	地方政府监管成本，如投入的人力成本、财政拨款等
C_2	生产部门进行生产所需的水资源、能源、粮食的价值
C_3	生产部门为保障资源安全而付出的成本，如污染治理费用、信息化建设费用等
L	中央政府的惩戒、地方政府部门公信力下降、生产部门缴纳的罚款等

11.5.2　实证分析

1. 水-能源-粮食纽带系统参与方收益矩阵构建

根据以上假设，参与者的支付矩阵如表 11.6 所示。

表 11.6　水-能源-粮食纽带系统治理博弈双方的收益矩阵

局中人 A	局中人 B	
	策略 S_3	策略 S_4
策略 S_1	$\alpha R+R_1-C_1$， （$1-\alpha$）$R+R_2-C_2-C_3$	$\alpha R+R_1-C_1$， R_2-C_2
策略 S_2	R_1， （$1-\alpha$）$R+R_2-C_2-C_3$	R_1-L， R_2-C_2-L

局中人 A 采取策略 S_1 时的期望收益为

$$A_1 = y(\alpha R + R_1 - C_1) + (1-y)(\alpha R + R_1 - C_1) \tag{11.21}$$

局中人 A 采取策略 S_2 时的期望收益为

$$A_2 = yR_1 + (1-y)(R_1 - L) \tag{11.22}$$

局中人 A 的平均收益为

$$\overline{A} = xA_1 + (1-x)A_2 \tag{11.23}$$

复制动态方程是描述一种特定策略在一个种群中被采用的频度和频数的动态微分方程，反映博弈双方的学习速度与方向。根据 Taylor（泰勒）所提出演化博弈的复制动态模型，式（11.23）表示地方政府管理部门选择监管策略数量的增长率，因此，局中人 A 的复制动态方程为

$$F(x)=\frac{\mathrm{d}x}{\mathrm{d}t}=x(A_1-\overline{A})=x(1-x)(\alpha R-C_1+L-yL) \tag{11.24}$$

同理，局中人 B 采取策略 S_3 时的期望收益为

$$B_1=x[(1-\alpha)R+R_2-C_2-C_3]+x(1-x)[(1-\alpha)R+R_2-C_2-C_3] \tag{11.25}$$

局中人 B 采取策略 S_4 时的期望收益为

$$B_2=x(R_2-C_2)+x(1-x)(R_2-C_2-L) \tag{11.26}$$

局中人 B 的平均期望收益为

$$\overline{B}=yB_1+(1-y)B_2 \tag{11.27}$$

局中人 B 采取治理策略的复制动态方程为

$$F(y)=\frac{\mathrm{d}y}{\mathrm{d}t}=y(B_1-\overline{B})=y(1-y)(R-\alpha R-C_3+L-xL) \tag{11.28}$$

2. 地方政府管理部门与生产部门演化博弈动态分析

地方政府管理部门与相关生产部门之间的演化博弈过程可以由式（11.24）、式（11.28）组成的微分方程来描述，复制动态方程反映了博弈方学习的速度与方向，当其为 0 时，博弈达到一种相对稳定的均衡状态。因此，令式（11.28）= 0，即

$$\begin{cases} F(x)=\dfrac{\mathrm{d}x}{\mathrm{d}t}=0 \\ F(y)=\dfrac{\mathrm{d}y}{\mathrm{d}t}=0 \end{cases} \tag{11.29}$$

求得该系统五个可能的均衡点(0, 0)、(0, 1)、(1, 0)、(1, 1)、(x_1, y_1)。其中，$x_1=\dfrac{R-\alpha R-C_3+L}{L}$，$y_1=\dfrac{\alpha R-C_1+L}{L}$。

根据 Friedman（弗里德曼）提出的方法，其均衡点的稳定性应该由该系统的雅可比行列式的局部稳定分析方法来获得，对式（11.24）、式（11.28）依次求关于 x、y 的偏导数，可得出系统的雅可比矩阵：

$$\boldsymbol{J}=\begin{pmatrix} a_{11} & a_{12} \\ a_{21} & a_{22} \end{pmatrix} \tag{11.30}$$

式中，

$$a_{11}=(1-2x)(\alpha R-C_1+L-yL)$$

$$a_{12}=x(1-x)(-L)$$

$$a_{21}=y(1-y)(-L)$$

$$a_{22}=(1-2y)(R-\alpha R-C_3+L-xL)$$

当系统的局部均衡点满足以下两个条件时，则称其为演化稳定策略（evolutionarily stable strategy，ESS）。

条件一：

$$\mathrm{tr}\boldsymbol{J} = a_{11} + a_{12} < 0 \tag{11.31}$$

条件二：

$$\det \boldsymbol{J} = \begin{pmatrix} a_{11} & a_{12} \\ a_{21} & a_{22} \end{pmatrix} = a_{11}a_{22} - a_{12}a_{21} > 0 \tag{11.32}$$

系统的五个局部均衡点的取值如表 11.7 所示。

表 11.7　局部均衡点处取值

局部均衡点	a_{11}	a_{12}	a_{21}	a_{22}
(0, 0)	$\alpha R-C_1+L$	0	0	$R-\alpha R-C_3+L$
(0, 1)	$\alpha R-C_1$	0	0	$-(R-\alpha R-C_3+L)$
(1, 0)	$-(\alpha R-C_1+L)$	0	0	$-(R-\alpha R-C_3)$
(1, 1)	$-(\alpha R-C_1)$	0	0	$-(R-\alpha R-C_3)$
(x, y)	0	M	N	0

在均衡点(x, y)处，因不满足条件一，故舍去。所以只需考虑系统在(0, 0)、(0, 1)、(1, 0)、(1, 1)四个均衡点的情况即可。下面分情况讨论不同初始状态下各均衡点的稳定性。

（1）当 $\alpha R>C_1$ 且 $R-\alpha R<C_3$ 时，各均衡点的稳定性如表 11.8 所示。

表 11.8　情况一局部稳定性分析

局部均衡点	tr$\boldsymbol{J}$	det$\boldsymbol{J}$	结果
(0, 0)	+	+	不稳定点
(0, 1)	无法确定	无法确定	鞍点
(1, 0)	−	+	ESS
(1, 1)	无法确定	−	鞍点

根据表 11.8 可以得到，当 $\alpha R>C_1$ 且 $R-\alpha R<C_3$ 时，地方政府管理部门与生产部门在水-能源-粮食纽带系统管控中的博弈相位图，如图 11.4 所示。当 $\alpha R>C_1$ 且 $R-\alpha R<C_3$ 时，即资源安全给地方政府管理部门带来的收益大于地方政府管理部门的监管成本且资源安全给生产部门带来的收益小于因不注重资源安全而被惩戒的代价时，随着博弈迭代的增加，地方政府管理部门趋向于加强监管而生产部门趋向于不重视资源环境安全，二者的行为演化稳定点为(1, 0)。

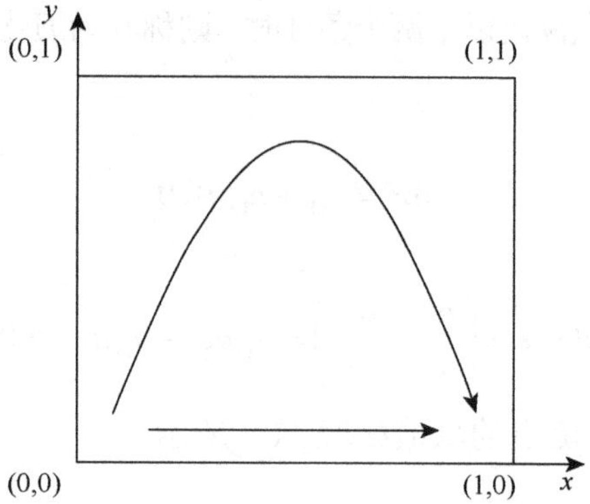

图 11.4　情况一演化博弈相位图

（2）当 $\alpha R > C_1$ 且 $R-\alpha R > C_3$ 时，各均衡点的稳定性如表 11.9 所示。

表 11.9　情况二局部稳定点分析

局部稳定点	tr***J***	det***J***	结果
(0, 0)	+	+	不稳定点
(0, 1)	无法确定	无法确定	鞍点
(1, 0)	无法确定	无法确定	鞍点
(1, 1)	−	+	ESS

根据表 11.9 可以得到，当 $\alpha R > C_1$ 且 $R-\alpha R > C_3$ 时，地方政府管理部门与生产部门在水-能源-粮食纽带系统管控中的博弈相位图，如图 11.5 所示。当 $\alpha R > C_1$ 且 $R-\alpha R > C_3$ 时，即资源安全给地方政府管理部门带来的收益大于地方政府管理

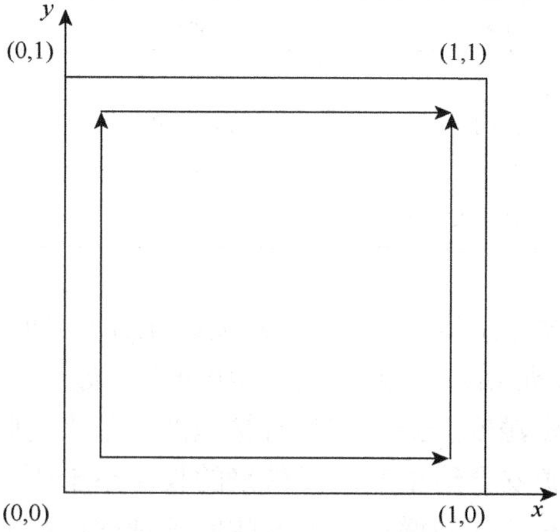

图 11.5　情况二演化博弈相位图

部门的监管成本且资源安全给生产部门带来的收益大于因不注重资源安全而付出的代价时，地方政府管理部门与生产部门分别趋向于加强监管力度、重视资源安全。此时二者的演化稳定点为(1, 1)。

（3）当 $\alpha R < C_1$ 且 $R-\alpha R > C_3$ 时，各均衡点的稳定性如表 11.10 所示。

表 11.10　情况三局部稳定点分析

局部稳定点	tr***J***	drt***J***	结果
(0, 0)	无法确定	+	鞍点
(0, 1)	–	+	ESS
(1, 0)	无法确定	无法确定	鞍点
(1, 1)	+	+	不稳定点

根据表 11.10 可以得到当 $\alpha R < C_1$ 且 $R-\alpha R > C_3$ 时，地方政府管理部门与生产部门在水-能源-粮食纽带系统管控中的博弈相位图，如图 11.6 所示。当 $\alpha R < C_1$ 且 $R-\alpha R > C_3$ 时，即资源安全给地方政府管理部门带来的收益小于地方政府管理部门的监管成本且资源安全给生产部门带来的收益大于因不注重资源安全而付出的代价时，地方政府管理部门将会趋向于不监管的策略，通过降低监管力度以寻求自身利益最大化，而生产企业此时将自觉维护资源安全。两者演化稳定点将趋向于(0, 1)。

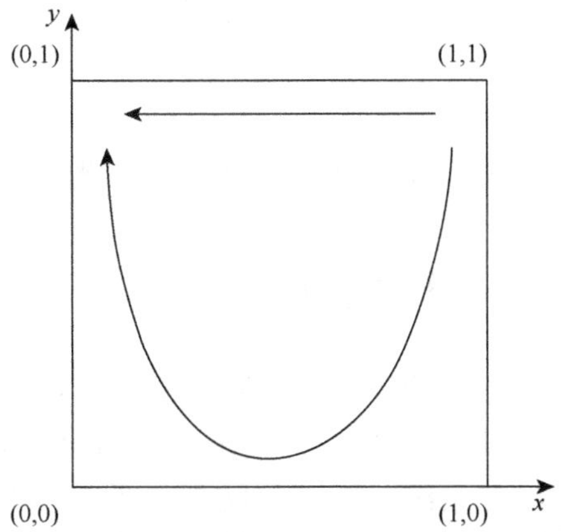

图 11.6　情况三演化博弈相位图

（4）当 $\alpha R < C_1$ 且 $R-\alpha R < C_3$ 时，各均衡点的稳定性如表 11.11 所示。

表 11.11　情况四局部稳定点分析

局部稳定点	tr*J*	drt*J*	结果
(0, 0)	无法确定	+	鞍点
(0, 1)	无法确定	–	鞍点
(1, 0)	无法确定	无法确定	鞍点
(1, 1)	+	+	不稳定点

根据表 11.11 可以得到当 $\alpha R < C_1$ 且 $R-\alpha R < C_3$ 时，地方政府管理部门与生产部门在水-能源-粮食纽带系统管控中的博弈相位图，如图 11.7 所示。当 $\alpha R < C_1$ 且 $R-\alpha R < C_3$ 时，即资源安全所带来的利益既小于地方政府管理部门的监管成本，又小于生产部门的治理成本时，博弈双方互不信任，拒绝合作，双方的博弈策略无法趋于稳定。

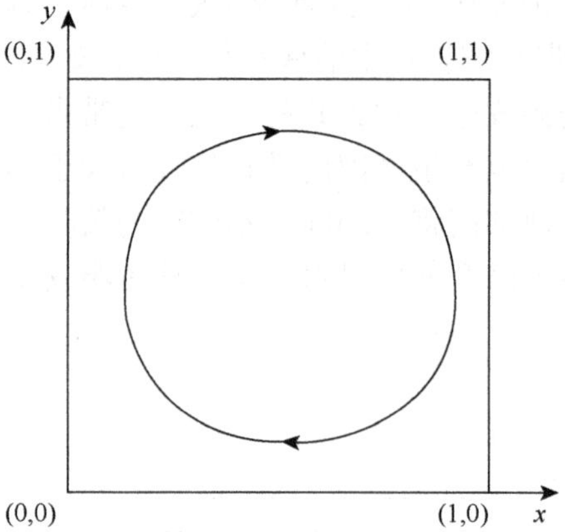

图 11.7　情况四演化博弈相位图

11.6　结　　论

本章以中国西北地区水-能源-粮食纽带系统为研究对象，从水资源、能源、粮食三个子系统出发，在以往学者的研究基础上，选取 30 个指标，构建了中国西北地区水-能源-粮食纽带系统协同评价指标体系，并利用自组织理论与协同学理论，分阶段对中国西北地区水-能源-粮食纽带系统的协同演化机制进行了探索，并对中国西北地区各省（区）水-能源-粮食纽带系统协同得分的时空变化规律进行了分析。与此同时，本章基于演化博弈论，研究了西北地区水-能源-粮食纽带系统中的利益相关者对资源安全的行为选择问题，分析了不同条件下地方政府管理部门与生产部门在水-能源-粮食纽带系统安全监管中的稳定策略，主要结论如下。

（1）2000～2010 年，中国西北地区水-能源-粮食纽带系统协同发展演化的序参量是水资源子系统。这一阶段水资源子系统作为序参量，主导着整个系统的发展演化方向，而能源子系统、粮食子系统处于从属地位。在协同得分的时空变化规律上，西北五省（区）协同得分差距较大，其中，青海、陕西、甘肃三省协同得分均高于西北地区平均水平，但是变化趋势较为平稳；宁夏协同得分低于西北地区平均水平，变化趋势较为曲折；新疆协同得分最低，但增长速度最快，上升趋势最为明显。

（2）2011～2018 年，中国西北地区水-能源-粮食纽带系统协同发展演化的序参量是水资源子系统和能源子系统。两者共同主导着水-能源-粮食纽带系统的协同演化，粮食子系统仍处于从属地位。在协同得分时空变化规律上，西北五省（区）协同得分差距明显缩小，其中，陕西、青海、甘肃三省得分高于西北地区平均水平，且上升趋势较第一阶段更为明显；宁夏水-能源-粮食纽带系统协同变化稳步上升，协同得分逐步趋近于五省（区）平均水平；新疆协同得分增长速度较快，与其他省（区）之间的差距明显缩小。

（3）从序参量的演变来看，2000～2010 年到 2011～2018 年两个阶段，中国西北地区水-能源-粮食纽带系统协同演化的驱动要素已经由单一的水资源子系统演变为水资源子系统和能源子系统共同驱动，序参量协同驱动效应明显提升。从协同得分评价来看，在 2011～2018 年水资源子系统、能源子系统共同主导的新阶段，西北五省（区）协同得分仍处于中等水平，各省（区）依然保持一定差距。这意味着，尽管西北地区水-能源-粮食纽带系统的发展进入了双序参量阶段，但“水-能”“水-粮”“能-粮”冲突依然存在。

（4）在水-能源-粮食纽带系统的安全策略博弈中，地方政府管理部门与生产部门的策略选择取决于各方对利益与成本的核算，当 $\alpha R > C_1$ 且 $R-\alpha R < C_3$ 时，即资源安全给地方政府部门带来的收益大于地方政府部门的监管成本且资源安全给生产部门带来的收益小于因不注重资源安全而被惩戒的代价时，随着博弈迭代的增加，地方政府管理部门趋向于加强监管，而生产部门趋向于不重视资源环境安全；当 $\alpha R > C_1$ 且 $R-\alpha R < C_3$ 时，即资源安全给地方政府管理部门带来的收益大于地方政府管理部门的监管成本且资源安全给生产部门带来的收益大于因不注重资源安全而付出的代价时，地方政府管理部门与生产部门分别趋向于加强监管力度、重视资源安全；当 $\alpha R < C_1$ 且 $R-\alpha R > C_3$ 时，即资源安全给地方政府管理部门带来的收益小于地方政府管理部门的监管成本且资源安全给生产部门带来的收益大于因不注重资源安全而付出的代价时，地方政府管理部门将会趋向于不监管的策略，通过降低监管力度以寻求自身利益最大化，而生产企业此时将自觉维护资源安全；

当 $\alpha R < C_1$ 且 $R-\alpha R < C_3$ 时，即资源安全所带来的利益既小于地方政府管理部门的监管成本，又小于生产部门的治理成本时，博弈双方互不信任，拒绝合作，双方的博弈策略无法趋于稳定。

参 考 文 献

哈肯. 1981. 协同学导论[M]. 张纪岳，郭治安，译. 西安：西北大学科研处.

靳春玉. 2021. 基于水-能源-粮食纽带关系的黄河流域水资源压力研究[D]. 大连：辽宁师范大学.

赖玉佩. 2019. 中国水-能源-粮食协同需求的区域特征研究[J]. 北京规划建设，1：74-77.

李桂君，黄道涵，李玉龙. 2017. 中国不同地区水-能源-粮食投入产出效率评价研究[J]. 经济社会体制比较，(3)：138-148.

李桂君，李玉龙，贾晓菁，等. 2016. 北京市水-能源-粮食可持续发展系统动力学模型构建与仿真[J]. 管理评论，28（10）：11-26.

李琳，刘莹. 2014. 中国区域经济协同发展的驱动因素：基于哈肯模型的分阶段实证研究[J]. 地理研究，33（9）：1603-1616.

刘莹. 2014. 基于哈肯模型的我国区域经济协同发展驱动机制研究[D]. 长沙：湖南大学.

孙才志，郝帅，宋强敏. 2021. 中国能源-粮食生产对水资源竞争的关系：基于水足迹的视角[J]. 地理研究，40（6）：1565-1581.

王慧敏，洪俊，刘钢. 2019. “水-能源-粮食”纽带关系下区域绿色发展政策仿真研究[J]. 中国人口·资源与环境，29（6）：74-84.

王勇，孙瑞欣. 2022. 土地利用变化对区域水-能源-粮食系统耦合协调度的影响：以京津冀城市群为研究对象[J]. 自然资源学报，37（3）：582-599.

王玉宝，刘显，史利洁，等. 2019. 西北地区水资源与食物安全可持续发展研究[J]. 中国工程科学，5：38-44.

姚成胜，殷伟，李政通. 2019. 中国粮食安全系统脆弱性评价及其驱动机制分析[J]. 自然资源学报，34(8)：1720-1734.

郑玉雯，薛伟贤. 2019. 丝绸之路经济带沿线国家协同发展的驱动因素：基于哈肯模型的分阶段研究[J]. 中国软科学，(2)：78-92.

第 12 章　中国西南四省（市）水-能源-粮食纽带系统关系研究

12.1　研究区概况

本章研究区域以行政边界划分，主要包括中国西南地区的四个省（市）（重庆市、四川省、贵州省、云南省），具体位置如图 12.1 所示。

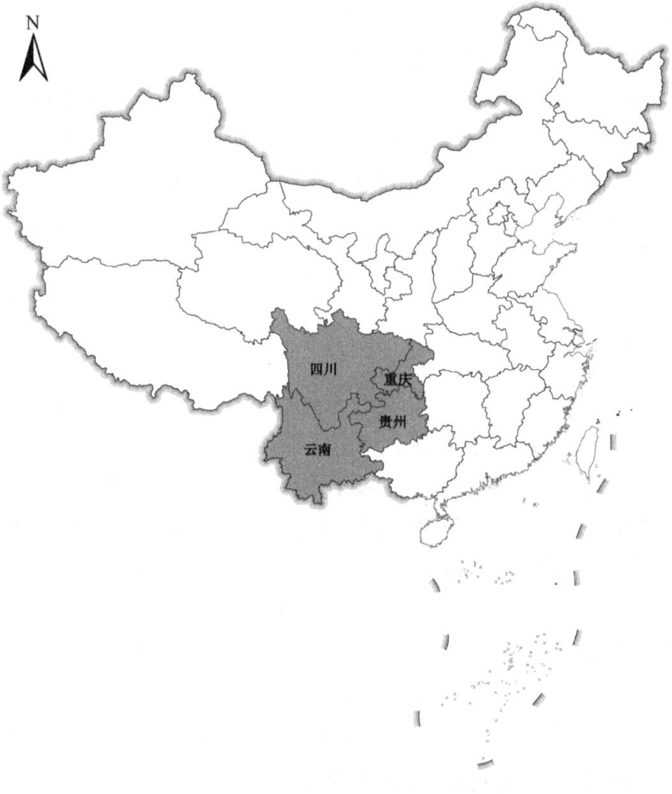

图 12.1　中国西南四省（市）研究区域位置

西南地区（中国地理分区之一）总面积达 235.1 万 km^2，约占中国陆地面积的 24.5%，包括重庆市、四川省、贵州省、云南省、西藏自治区共五个省（区、市）（西藏无数据），毗邻东南亚、南亚等国家。西南地区地形复杂，以高原、山地、盆地为主，地势海拔高；主要位于我国第一级阶梯与第二级阶梯分界线，落差极大，故水能资源丰富。此外，当地的风能和太阳能等清洁能源发展潜力也十分可观。西南地区地势崎岖，平原面积小，自然灾害频繁、严重，导致当地粮食生产不足。此外，当地的水、能源、粮食还受到气候变化、经济发展、耕地面积减少等多种因素影响。

截至 2020 年，重庆市、四川省、贵州省、云南省四省（市）GDP 占全国 GDP 的比重约为 12%，较之前有小幅度提升；得益于经济体量总体较小和国家大规模的西部大开发战略支持，近 10 年西南四省（市）的 GDP 增速均高于全国平均水平。《成渝城市群发展规划》中被定位为起辐射带动作用的成都和重庆不仅位居国家中心城市行列，而且在西部地区具有实力雄厚的教育、科技、文化旅游基础，故以重庆和成都为代表的双城经济圈发展成为该区域的重要经济增长极，极大地推动了西部地区的经济发展水平，缩小了东西部的区域发展差异。

研究期内，经济的快速发展推动城市化水平不断提高，水资源和能源消费总量也呈现递增的趋势。当地丰富的水资源供给促使当地水资源压力一直保持较低状态。能源方面，当地电力供应充足且大量外送，需要调入当地缺乏的石油和煤炭。耕地总面积呈现总体稳定、小幅下降的状态，并且该地区多山地的地貌影响大规模机械化种植，总体上以稻谷、小麦为代表的主粮产量呈下降趋势。气候变化对当地的水资源和粮食生产带来了诸多不确定因素，因此需要通过部门协调、工程技术等措施加强对水-能源-粮食系统的安全性保障。

12.1.1　水资源现状

西南四省（市）年平均降水量超过 1000mm，是中国水资源最丰富的地区，水资源主要集中在金沙江、雅砻江、澜沧江、怒江、大渡河等流域。该地区水资源总量极为丰富但时空分布不均，主要表现在季风气候导致的季节变化大和喀斯特地区的工程性缺水。因此，在重点流域开发大型水坝等水利设施的同时要加强对当地基础水利设施的建设。保障当地的用水需求和用水安全，有助于保障当地的能源开发、居民生产生活和经济稳定发展。

2004～2017 年，全国人均水资源总量近 2000m^3/a，西南地区的人均水资源量均高于全国平均水平。图 12.2 信息显示，西南四省市中，云南省人均水资源量平均可达全国人均水平的 2 倍，贵州省和四川省平均可达全国人均水平的 1.5 倍，这为当地经济社会发展提供了充足的水资源储备。

12.1.2　能源现状

西南四省（市）是国家重要的绿色能源工业基地、“西电东输”基地，是以

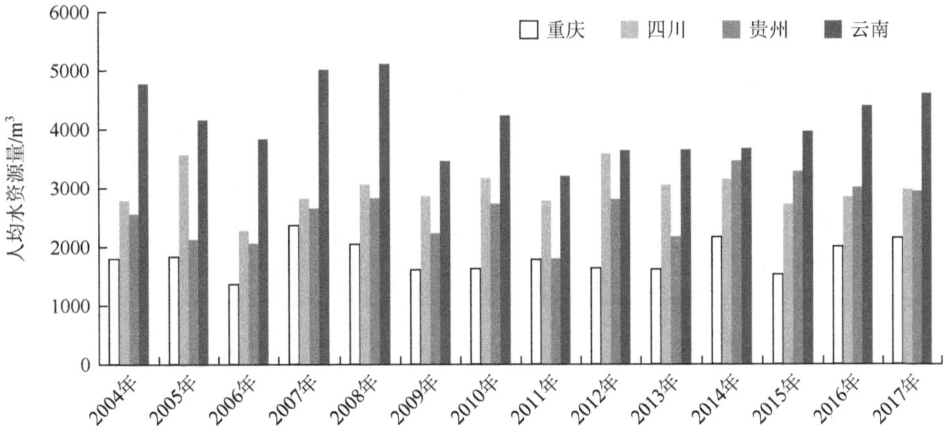

图 12.2　西南地区人均水资源量

水能为代表的清洁能源富集区。其中，四川省、云南省理论水能资源蕴藏量分别居全国第二、三位，可开发水能资源位居全国前两位。虽然我国水电开发成就显著，但西南地区的水电开发程度相比发达国家还较低，开发潜力巨大。

西南地区总发电量、水力发电量在 2004～2015 年均保持较快增长水平，其中，四川、云南两省的总发电量、水力发电量较大，重庆最小，西藏地区仍有很大发展潜力。西南四省（市）水力发电量占总发电量的比重很高，四川和云南合计约占 85%，且水力发电量在 2015 年均超过 2000 亿 kWh，为我国西电东送非常重要的清洁能源基地（图 12.3 和图 12.4）。

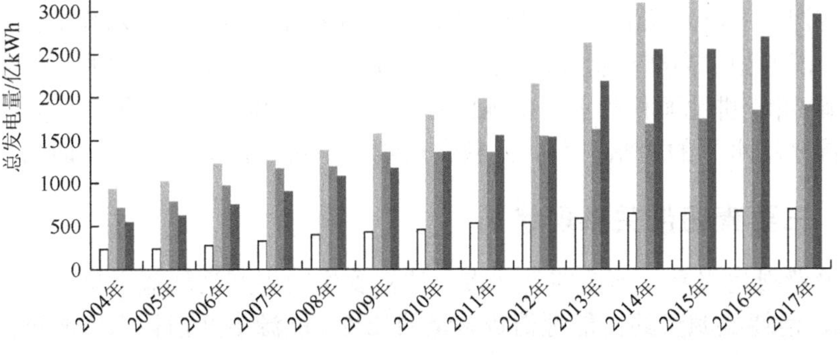

图 12.3　西南四省（市）总发电量

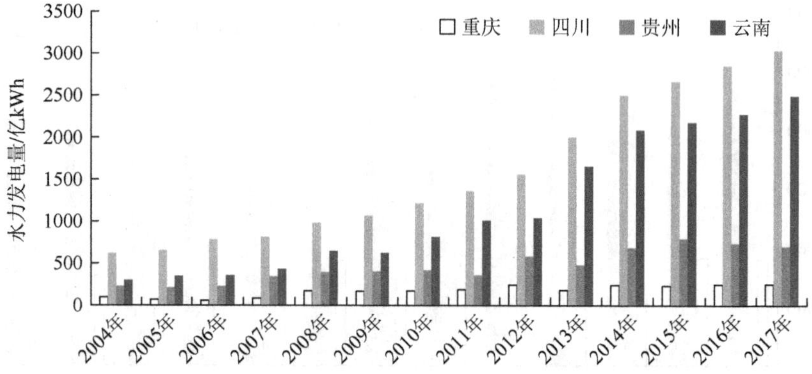

图 12.4　西南四省（市）水力发电量

科学开发西南水电完全符合国家战略规划设计，有利于将该区域的资源优势转变为经济优势，推动民族地区的基础设施建设和产业发展，有效改善居民生活，促进乡村振兴，促进和谐稳定；有利于优化国家能源结构，通过水电的良好调节作用，促进西部风光资源互补一体化开发，形成国家极为重要的巨型清洁能源基地，助力国家完成节能减排和“碳中和”的可持续发展目标；有利于控制与调节长江上游水量，充分合理利用水资源，降低水旱灾害发生频率。

西南地区水电开发主要难点在于：地处生态脆弱区域，生态环境保护压力大；自然环境恶劣，施工工效低，施工人员组织困难；远离城市，对外交通落后，施工供电与电力输出困难；地质条件复杂，边坡陡峻，施工布置困难；地处少数民族地区，移民安置难度高。综合分析，西南地区水电开发需要大力开展科技创新与管理创新，改善移民问题，降低建设成本，促进当地经济发展。

12.1.3　粮食现状

西南四省（市）以山地、高原为主，平原面积小，导致适宜耕作的土地少。除成都平原能够稳定高产粮食外，其余地区的耕作条件受地形制约太大。截至 2017 年西南四省（市）耕地面积约占西南地区总面积的 15.3%，人均粮食生产量（图 12.5）约是全国平均水平的 79%，总体上粮食自给率不足，需要外部粮食调入。

12.1.4　三要素纽带关系现状

从消费视角来看，西南四省（市）的粮食作物生产消耗蓝水量约占用水总量的 56%，消耗能源量约占能源消费总量的 2%；能源生产消耗水资源量占用水总量的 26%；水资源污染处理需要消耗较多资源。为保障当地粮食安全，首先需要在现有耕地资源的基础上加大技术投入提高亩产量。其次，要考虑市场成本因素，加强区外粮食调入。整体上该区域单位面积粮食产量、万元 GDP 能耗、万元 GDP

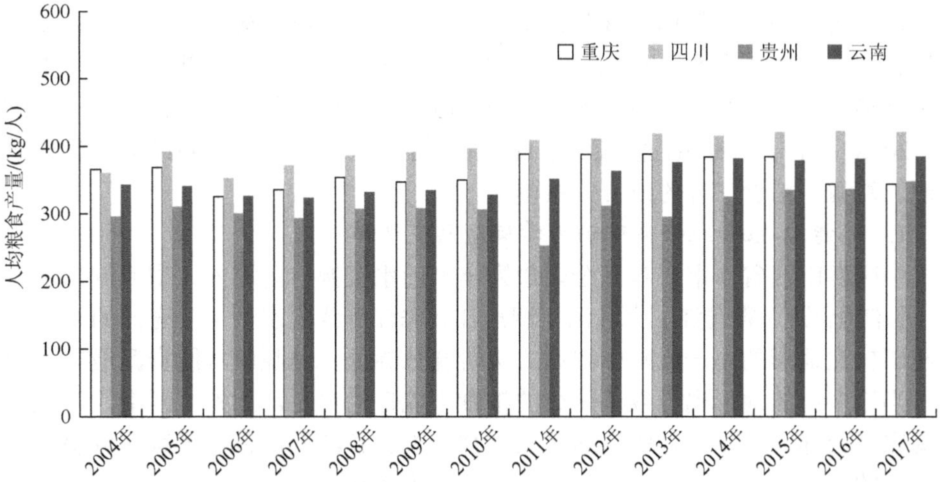

图 12.5　西南四省（市）人均粮食产量

水耗均低于全国平均水平，三要素无论在数量上还是在质量上都呈恶化状态，即三者之间的纽带关系处于弱可持续水平。

现有研究表明，系统中的主导要素对维持系统的协调可持续发展起到核心支撑作用（贾绍凤和梁媛，2020）。因为研究区位于中国水资源最丰富的西南地区，该地区的水-能源-粮食纽带系统中水资源是绝对的主导要素，对整个纽带系统的可持续发展起到核心作用。鉴于西南地区的能源为主要以水电为代表的清洁能源，能源储量与水资源量密切相关，粮食产量主要受限于人均耕地面积，总之水资源对西南四省（市）水-能源-粮食纽带系统具有核心作用。故基于研究区现状，选择水资源要素作为主导要素设置西南四省（市）的不同发展情景，进而做预测对比分析。

12.2　研究方法与数据来源

12.2.1　系统动力学模型

水-能源-粮食纽带系统不仅涵盖自然科学系统的自然水资源、一次能源矿产、土地资源等，还包含了水资源的抽取和运输，能源的开采、加工和运输，以及粮食生产、加工和运输等社会经济系统。所以，水-能源-粮食纽带系统是一个综合性的复杂巨系统，该系统通过多个子系统的反馈回路，呈现出多重反馈、动态变化和复杂的特征。

系统动力学（SD）是 Forrester（福瑞斯特）教授 1956 年创立的，通过建立系统的结构方程式，对各个变量之间的关系进行定量化表征（钟永光等，2011），强调以系统、动态、整体的视角，结合定性与定量分析优势，借助计算机模拟、分析、解决复杂多系统问题（荣绍辉，2009）。系统动力学方法基于定性与定量的双重优势，揭示复杂系统内部各子系统随时间不断变化的动态反馈关系（周雄勇等，2018）。基于水资源、能源、粮食三系统的复杂性，本章以系统动力学构建水资源、能源、粮食三者的纽带关系模型。

1. 水-能源-粮食纽带系统动力学模型研究边界

中国西南四省（市）具有全国最为丰富的水资源，区域内大型河流包括金沙江（长江上游）、雅砻江、大渡河、澜沧江、怒江等我国水量十分充沛的河流且处于我国自然地形的第一级阶梯和第二级阶梯分界处，是我国水能资源最丰富的区域。当地多山的地形也导致该区域的粮食不能自给自足。此外，西南四省（市）在国家“西部大开发”、成渝地区双城都市圈、长江经济带等国家区域协调发展大战略的背景下，经济和社会飞速发展，人民生活水平显著提升，但脆弱的生态环境仍然是当地发展的重要底线和约束条件。综上，以跨省（市）的典型区域作为研究对象，对于缓解我国水资源、能源、粮食三者的不协调局面具有一定的理论和现实意义。

基于中国西南四省（市）的水-能源-粮食纽带系统动力学模型，本研究梳理水资源、能源、粮食三系统之间相互依存的协同关系、相互制约的纽带关系，以及三者之间的反馈关系。该模型以该区域最为丰富的水资源为关键变量，通过核算该区域能源（开采、加工、运输）、粮食（生产、加工、运输）所消耗的实体水和虚拟水，研究三者内部的动态反馈关系，并给予不同的情景设定，预测该系统不同政策条件下的发展趋势，为实际决策提供一定的依据。

因为水-能源-粮食纽带是涵盖自然与社会属性的复杂系统，内部关系复杂，研究系统时必须明确定义研究区的水-能源-粮食研究边界。基于刘鸿明和邓久根（2010）的弱范式理论，选取经济、社会和环境三个维度构建水-能源-粮食纽带可持续发展框架，设置了西南四省（市）的水、能源、粮食子系统之间的网络纽带关系，如图 12.6 所示。

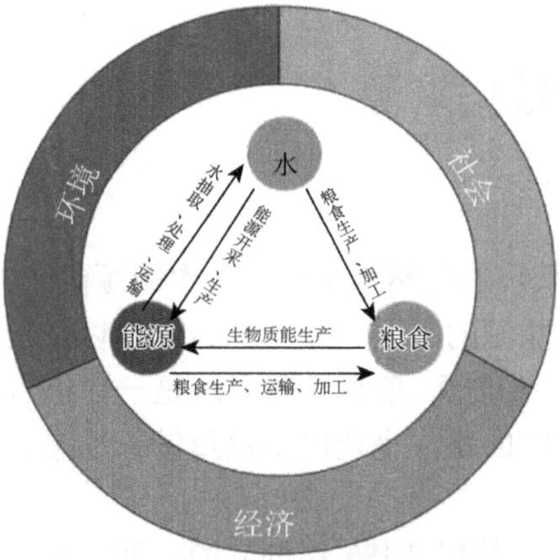

图 12.6 模型子系统纽带网络结构

2. 水-能源-粮食纽带系统动力学模型的设定与假设

根据数据选取时间范围和 SD 模型模拟仿真功能，针对西南四省（市）水-能源-粮食纽带系统时间，设置模型的初始时间为 2004 年，结束时间为 2030 年，时间步长为 1 年。在此基础上，根据西南地区丰富的水能资源与可持续发展要求设置四种情景方案，探究不同发展模式对西南四省（市）水-能源-粮食纽带系统可能带来的影响。

假设条件：

（1）能源之间可以相互替代。

（2）粮食只涵盖五大主粮，即稻谷、玉米、小麦、豆类、薯类，粮食之间可以相互替代。

（3）水能发电只消耗部分水资源，不产生其他污染。

（4）不考虑与区域外部的商品交换。

（5）二次能源只包含水电、火电、风电和太阳能发电。

3. 水-能源-粮食纽带系统动力学模型的反馈结构和因果关系

1）模型的因果关系

系统动力学的反馈指巨系统内部由各子系统或其他的单元、模块实现的传输或回授（钟永光等，2011），反馈系统是有反馈环节与其作用的系统。反馈系统的核心为通过因果回路图的形式反映出系统内部各变量之间的关系（Richardson，1986）。反馈系统按照种类可以分为正反馈和负反馈两种。正负反馈的含义如表 12.1 所示。

表 12.1　正负反馈的含义

符号	解释
	若条件相同，如果变量 A 增加（减少），那么变量 B 增加（减少）到高于（低于）其原来的值。在累加的情况下 A 加入 B
	若条件相同，如果变量 A 增加（减少），那么变量 B 减少（增加）到低于（高于）其原来的值。在累加的情况下将 A 从 B 中移除

本章建立的水-能源-粮食纽带系统动力学模型通过设置水资源系统、能源系统、粮食系统的反馈回路，反映各个变量之间的关系。

如图 12.7 所示，水资源子系统主要由西南四省（市）的水资源供给总量和需水总量构成，两者之间由供水缺口衔接。水资源子系统的水资源供给总量由当地地表水供水量、当地地下水供水量、区域外调水量和可再生水资源总量组成，其中，可再生水资源总量由水体污染物排放总量和可再生水回收系数决定，水体污染物排放总量由农业源水污染当量、工业源水污染当量和生活源水污染当量组成。

需水总量主要由农业需水、工业需水、生活需水和生态需水四部分组成，其中，最主要的农业和工业需水占比较高。基于西南四省（市）的水资源使用情况，农业用水依旧占比最高，其次是工业和服务业，丰富的水资源但利用效率并不高是当地亟须解决的问题。

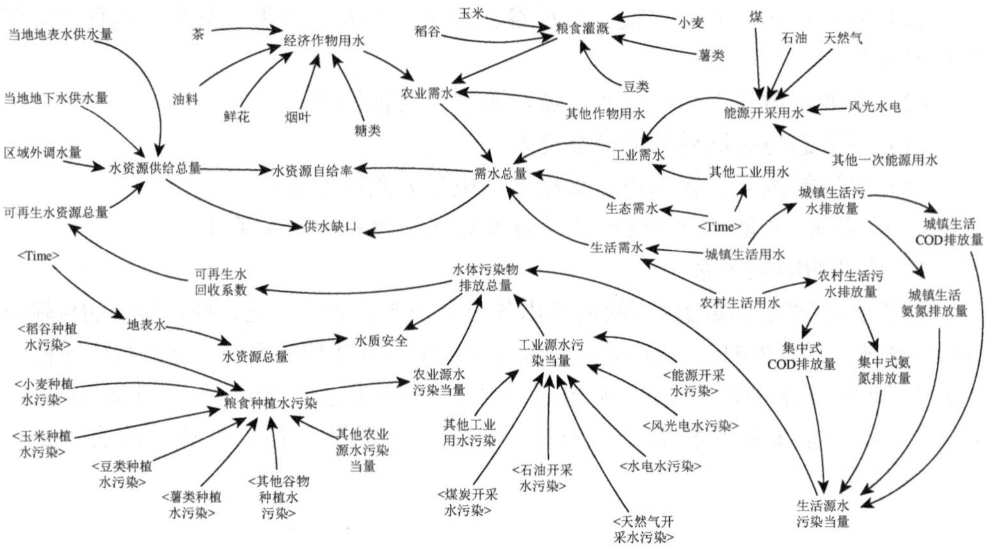

图 12.7　水资源子系统的因果回路图

<Time>表示时间，也可以说是分析步

如图 12.8 所示，能源子系统由西南四省（市）的能源消费总量和能源生产总量构成，两者之间由能源自给率衔接。能源消费总量主要由工业能源消费、农业能源消费、生活能源消费、第三产业能源消费等构成。能源生产总量包括一次能源生产量和二次能源生产量，其中一次能源生产主要由煤炭、石油、天然气、风能、太阳能、生物能生产等构成，二次能源生产以电能为主。基于西南四省（市）的能源生产富集区域，当地丰富的天然气、风能、水电等能源不仅能够完全自给，而且以水电为代表的清洁能源大量输送到我国的重庆、湖北、湖南等华中地区和上海、江苏、浙江等华东地区，以低碳的清洁水电为我国经济发达地区的能源转型与“碳中和”目标实现提供强力支撑。

如图 12.9 所示，粮食子系统由粮食生产量和粮食消费量两部分组成，其中两者由粮食自给率衔接。粮食生产量主要由单位面积产量和农作物播种面积构成，农作物播种面积受耕地面积和复种指数影响。粮食消费量主要由人均粮食消费量、粮食损耗、粮食加工出口、粮食制作生物能等共同影响。基于西南四省（市）的

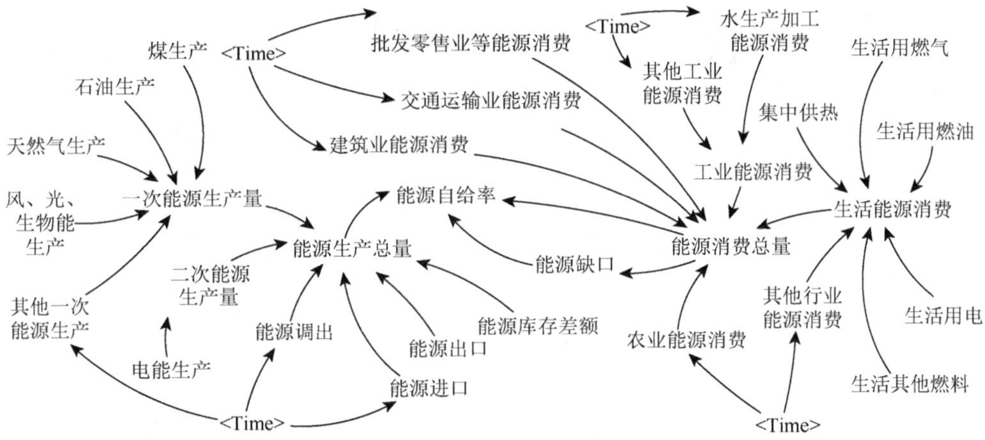

图 12.8　能源子系统的因果回路图

<Time>表示时间，也可以说是分析步

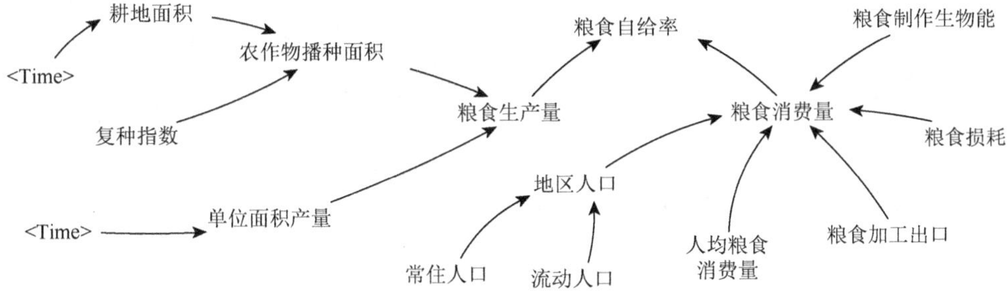

图 12.9　粮食子系统的因果回路图

<Time>表示时间，也可以说是分析步

粮食生产与消费状况，该区域的粮食主要处于缺口状态，不能实现自给，需要从外地调运。

如图 12.10 所示，整个西南四省（市）的水-能源-粮食纽带系统因果回路图由水资源子系统、能源子系统、粮食子系统三部分组成，各个系统之间由能源（开采、加工、运输）、粮食（生产、加工、运输）所消耗的实体水和虚拟水与水资源（抽取、运输）、粮食（生产、加工、运输）消耗的能源形成纽带关系。

2）模型的主要变量

系统动力学模型的建立，主要通过在因果回路图的基础上设定存量流量图的方式，以图中各种变量建立数学关系，来实现整个 SD 模型的反馈关系，实现对包含多个子系统的复杂系统间的情景分析与预测。其中，存量流量图主要由状态变量、速率变量、辅助变量和常量四部分构成。模型主要变量如表 12.2 所示。

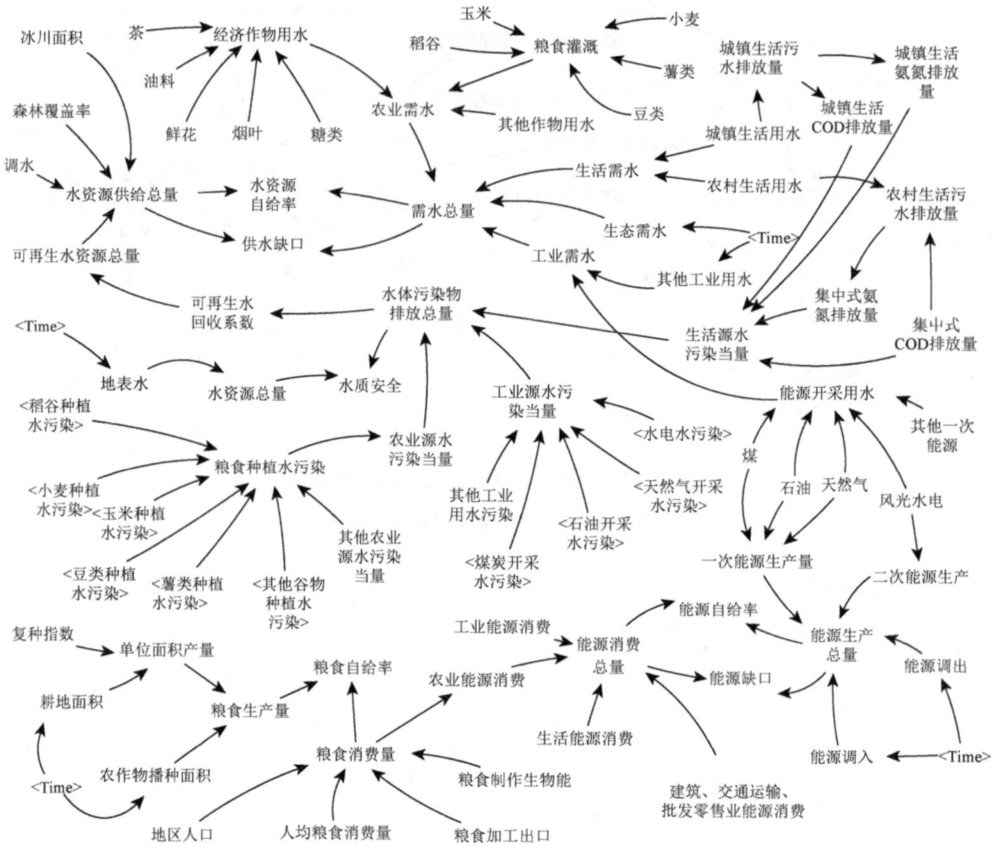

图 12.10　西南四省（市）水-能源-粮食纽带系统的因果回路图

<Time>表示时间，也可以说是分析步

表 12.2　模型主要变量

变量类型	变量名称
状态变量	水资源节约总量（亿 m^3）、能源节约总量（万 t 标准煤）、水力发电量（亿 kWh）、粮食生产量（万 t）、地区生产总值（亿元）、常住人口（万人）
速率变量	年节约水资源量（亿 m^3）、年节约能源量（万 t 标准煤）、年水电增加量（亿 kWh）、年粮食增加量（万 t）、年 GDP 增加值（亿元）、出生人口（万人）、死亡人口（万人）
辅助变量（部分）	万元 GDP 水耗（m^3）、万元 GDP 能耗（t 标准煤）、粮食单位产量（万 t）
常量（部分）	地表水供水量（亿 m^3）、一次能源生产量（万 t 标准煤）、耕地面积（10^3hm^2）

状态变量：表示系统累积效果的变量。根据西南四省（市）水-能源-粮食纽带系统动力学的研究目的和研究边界，本模型设置水资源节约总量、能源节约总量、水力发电量、粮食生产量、地区生产总值、常住人口等主要状态变量。

速率变量：表示累积效果变化快慢的变量。根据对本系统状态变量的研究，确定年节约水资源量、年节约能源量、年水电增加量、年粮食增加量、年 GDP 增加值、出生人口、死亡人口等速率变量。

辅助变量：连接状态变量与速率变量之间的中间变量。本模型包括万元 GDP 水耗、万元 GDP 能耗、粮食单位产量等辅助变量。

常量：在研究时间内变化很少或相对不变化的系统参数。本模型的系统参数包括地表水供水量、一次能源生产量、耕地面积等初始值或表函数等。

4. 水-能源-粮食纽带系统动力学模型的结构方程和系统流量图

基于 SD 模型模拟西南四省（市）水-能源-粮食纽带系统，以水资源子系统、能源子系统、粮食子系统、环境子系统、社会经济子系统共五个子系统之间的因果关系图为基础，以存量流量图来刻画系统之间的逻辑关系并以函数等形式量化，明确复杂系统的反馈形式与控制规律（Daher and Mohtar，2015）。其中，环境和社会经济两大子系统为水-能源-粮食系统的核心输入系统，水资源、能源、粮食三个子系统为输出系统，并且作为政策作用的主要表现内容形式，即通过不同的政策情景调整社会经济、环境等约束调控指标，反映水资源、能源、粮食三个子系统的具体变化状态与影响，评估检验最终的政策目标是否实现。

1）水资源子系统

根据国家及各省（区、市）的统计年鉴数据，水资源消费总量主要分为第一产业用水量、第二产业用水量、生活用水量、生态用水量四大部分。为方便与能源子系统指标的对接，核算过程中将第三产业用水量从工业和农业中剥离出来单独计算。其中，为分析水资源与能源、粮食系统的纽带关系，以生命周期方法核算能源抽取、运输和使用过程中的耗水量，核算粮食生产、加工、运输过程中的蓝水、绿水和灰水消耗量。水资源的需求量受到经济发展，即三次产业增加值、三次产业单位耗水量、环保政策等多因素影响。故基于西南四省（市）水-能源-粮食纽带系统可持续发展建模目标，水资源子系统以年节约水资源量为核心变量构建系统。

2）能源子系统

能源消费总量的统计主要包括第一产业耗能、第二产业耗能、第三产业耗能、生活耗能四个部分。为反映能源系统与水资源、粮食系统之间的纽带关系，以生命周期方法核算水资源抽取、运输、使用过程中的能耗，以及粮食生产、加工、运输过程的能耗。能源是国民经济发展的重要基础。我国作为 GDP 总量位于世界第二的国家对能源的需求和消耗巨大，但在“碳中和”的可持续发展目标和经济高质量发展的要求下，我国能源消费结构也呈现多元化、低碳化的发展趋势。鉴于系统可持续发展的目标，以及该区域以水电为代表性新能源的特征，能源子系统以年节约能源量和年水力发电量为核心变量构建系统。

3）粮食子系统

粮食子系统在西南四省（市）水-能源-粮食纽带系统中呈现弱势地位，当地的粮食生产不足以实现当地的粮食自给，且在系统中粮食作为水资源和能源的主要输入方，对水资源和能源的输出较少。其中，粮食系统只对能源系统形成反馈关系，即部分粮食生产加工成为生物质能。故粮食子系统主要以单方面的输入为主，单位耗水量、单位能耗为主要指标显示。基于该区域的粮食自给现状，粮食子系统以粮食年生产量为核心要素构建系统。

4）社会经济子系统

水资源、能源既有自然属性又包含社会属性，粮食与人类生存密切相关，故三者与社会经济系统密不可分。三次产业的 GDP 增加值作为经济系统的核心变量，对其他子系统产生直接影响。经济的发展需要大量的能源和水资源投入，农业部门是水资源消耗量最大的部门，工业部门是能源消耗的最大部门，经济越发达的地区对粮食（特别是肉类）的需求量越大；反之，随着产业结构的调整和经济的高质量发展，特别是 R&D 经费比例增高，单位 GDP 的用水和耗能效率会提升，从而推动用水总量和耗能总量的稳定甚至降低。系统以第一产业增加值、第二产业增加值、第三产业增加值为水平变量，三次产业的年增加值为速率变量，地区生产总值、财政支出、R&D 经费等为辅助变量。

社会系统以常住人口为核心变量，人口的增长对经济的发展和水、能资源的消耗影响巨大。人口的总量由初始人口量和人口的自然增长率共同决定。此外，人口的增长还受到经济发展水平、城镇化率、人均收入水平、环境水平等多个要素影响和制约。其中，城镇化率导致城镇人口比例提高、农村人口比例降低，两者的变化进而表现在能源、水资源、粮食的生产和消费差异。本系统以常住人口为水平变量，出生人口、死亡人口为速率变量，人均 GDP、城镇化率等为辅助变量构建模型。

5）环境子系统

基于西南四省（市）水-能源-粮食纽带系统协同可持续的建模目标，环境子系统主要作为系统的输出方。能源、水资源、粮食的生产和消费过程中产生大量的空气、水、固体废弃物污染，经济社会的发展带动环境保护可降低污染比例和数量。本系统以废水排放量、SO_2 排放量、未处理废弃物总量等为辅助变量，展示其他系统对环境子系统的影响。

本节主要通过分析各个子系统之间的关系，构建子系统内部和不同子系统之间的存量流量图，以各个变量之间函数关系实现对系统纽带的量化模拟。本模型分别选取水资源子系统、能源子系统、粮食子系统、社会经济子系统、环境子系统五个部分，设置了相应的评测指标进行系统动力学模拟仿真，具体内容如表 12.3 所示。

表 12.3　西南四省（市）水-能源-粮食纽带系统评测指标

主系统	子系统	评测指标
西南四省（市）水-能源-粮食纽带主系统	水资源子系统	水资源供给总量（亿 m^3）、地表水供水量（亿 m^3）、供水缺口（亿 m^3）、地下水供水量（亿 m^3）、人均水资源量（m^3/人）、人均用水量（m^3/人）、单位面积水资源量（万 m^3/km^2）、水资源开发利用率（%）水资源消费总量（亿 m^3）、第一产业用水量（亿 m^3）、第二产业用水量（亿 m^3）、生活用水量（亿 m^3）、生态用水量（亿 m^3）、水力发电耗水量（亿 m^3）、火力发电耗水量（m^3）、万元 GDP 水耗（m^3）、节水目标水耗（m^3/万元）
	能源子系统	能源生产总量（万 t 标准煤）、一次能源生产量（万 t 标准煤）、二次能源生产量（万 t 标准煤）、水力发电量（亿 kWh）、火力发电量（亿 kWh）、能源调出量（万 t 标准煤）、能源自给率（%）、能源消费总量（万 t 标准煤）、第一产业耗能（万 t 标准煤）、第二产业耗能（万 t 标准煤）、第三产业耗能（万 t 标准煤）、生活耗能（万 t 标准煤）、万元 GDP 能耗（t 标准煤）、节能目标能耗（t 标准煤/万元）
	粮食子系统	粮食生产量（万 t）、农作物播种面积（10^3hm^2）、耕地面积（10^3hm^2）、复种指数（%）、单位面积产量（kg/km^2）
	社会经济子系统	GDP（亿元）、人均 GDP（万元）、第一产业增加值（亿元）、城镇化率（%）、第二产业增加值（亿元）、第三产业增加值（亿元）、财政支出（亿元）、教育经费（亿元）、R&D 经费（亿元）、环境保护支出（亿元）、常住人口（万人）、年出生人口（万人）、年死亡人口（万人）、出生率（%）、死亡率（%）
	环境子系统	废水排放总量（万 t）、SO_2 排放量（万 t）、生活垃圾清运量（万 t）、生活垃圾无害化处理率（%）、未处理生活垃圾量（万 t）、未处理废弃物总量（万 t）、森林覆盖率（%）、能源节约总量（万 t）、自然保护区面积占辖区面积比重（%）、农用化肥施用折纯量（万 t）、水资源节约总量（亿 m^3）

5. 水-能源-粮食纽带系统动力学模型的检验和测试

为了确保系统动力学模型模拟效度，参照对比 2004～2017 年常住人口、GDP、水资源消费总量、能源消费总量四个变量的预测值与实际值绝对值的偏差，如检验公式（12.1）所示：

$$\theta = \frac{|\hat{x} - x|}{x} \times 100\% \tag{12.1}$$

式中，θ 为模型误差；$\hat{x}$ 为仿真数值；x 为实际值。

结果如图 12.11 所示，常住人口与 GDP 模拟精度较好，误差控制在 2%左右；水资源消费总量和能源消费总量误差控制在 5%左右，参考李桂君等（2016）的研究，误差值控制在 5%左右可视为有效，即预测结果可供使用。

6. 水-能源-粮食纽带系统动力学模型的政策情景设计

决策变量的选取过程是一个定性与定量相结合的过程，根据已建立模型的试运行，并结合西南水-能源-粮食复合系统的具体情况，选取“节水目标、节能目标、第二产业 GDP 增长率、第三产业 GDP 增长率、水力发电增长率”这五个指标作为决策变量。通过改变决策变量的值来得到不同方案下相关指标的模拟结果（荣绍辉，2009）。

情景一，常规发展：按照《中华人民共和国国民经济和社会发展第十三个五年规划纲要》、西南四省（市）的“十三五”规划、《全国农业现代化规划（2016—

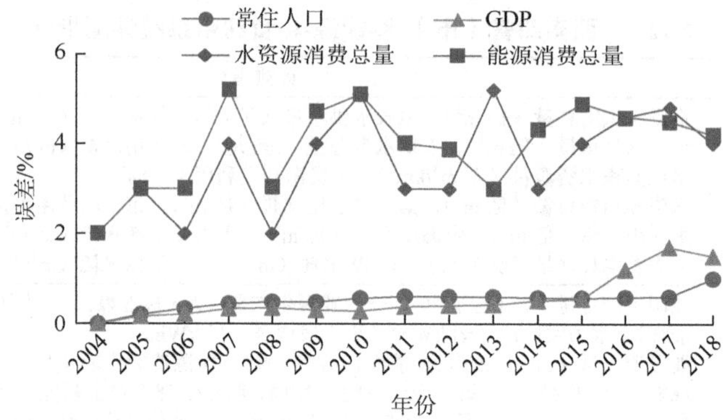

图 12.11　SD 模型检验效果

2020 年)》规定的约束性指标（王红瑞等，2022），确定节水目标、节能目标、第二产业与第三产业 GDP 增长率、水力发电增长率的参数。

情景二，强化节约发展：在保障该区域经济稳定发展的基础上，推动西南四省（市）的生态保护与可持续发展，通过能源与水资源生产与消费环节的节约保护提高资源利用率，推动当地经济高质量绿色发展。故提高节水、节能目标的年变化速率，适度降低水力发电的增长率。

情景三，强化水能发展：根据《水电发展“十三五”规划》以及各省（市）的发展目标，确定常规水电年增长率、强化水电年增长率参数。西南四省（市）作为全国清洁能源生产基地和“西电东送”的主要基地之一，大力发展以水电为代表的清洁能源是西南四省（市）经济规划的重要发展目标，也是保障国家能源安全的重要战略之一。故模拟提高水力发电增长率，适度降低节水、节能目标年变化速率。

情景四，综合节约与水能发展：西南四省（市）调整经济结构以实现高质量发展，必须要求资源高效利用和经济中高速增长同时兼备。所以该方案结合情景二和情景三的优势，即在情景一的基础上提高节水、节能目标的年变化速率与水力发电的增长率。

12.2.2　水资源压力指数模型

为了全面反映各省（市）水资源的空间变化和水资源短缺程度的差异，且纠正增加的有效水资源压力，将变化因子引入计算修改后的取水量（water withdrawal amount，WWA）指标。基于水资源压力（water stress，WS）的概念和 WaterGAP2 全球模型，Pfister 等（2009）通过 0.50 空间分辨率获取不同区域的水资源压力发明了水资源压力指数（WSI）。WSI 遵循 logistic（逻辑斯谛）函数，取值范围在 0.01～1，并且可以作为指标评估计算用水量、可利用水量、水资源提取量。

Francis 等（2015）在 WSI 的定义中，将水资源压力分为四个等级：无压力（0.01～0.09）；中度水资源压力（0.09～0.5）；严重水资源压力（0.5～0.91）；极严重水资源压力（>0.91）。水足迹指数越小，表明当地电力水足迹和可利用水资源量的匹配程度越大。公式如下：

$$\mathrm{WWA}=\frac{\mathrm{WU}-W_{\text{transfer}}}{\mathrm{WA}} \tag{12.2}$$

$$\mathrm{WSI}=\frac{1}{\left(1+\mathrm{e}^{-6.4\mathrm{WWA}\cdot\left(\frac{1}{0.01}-1\right)}\right)} \tag{12.3}$$

式中，WU 为总用水量；W_{transfer} 为虚拟水转移量；WA 为当地可利用水资源量。

12.2.3　数据来源

本章选取 2004～2018 年西南四省（市）水-能源-粮食-经济-社会数据进行 SD 模拟仿真，区域用水量来源于相应年份的《中国统计年鉴》及重庆市、四川省、贵州省、云南省的水资源公报；能源数据来源于相应年份的《中国能源统计年鉴》《中国电力年鉴》《中国电力工业统计资料汇编》；社会、经济数据等来源于相应年份的《中国统计年鉴》。

火电水足迹计算中，火力发电的蓝水足迹主要指冷却系统用水，根据相关研究（Ding et al.，2018），采用 2.45m^3/MWh 作为计算当量；水力发电主要为发电过程中的直接消耗，根据 He 等（2015）的研究，中国水电站平均直接蓝水足迹参数取 6.75m^3/GJ，间接蓝水足迹为 0.00168m^3/GJ（《中华人民共和国国民经济和社会发展第十三个五年规划纲要》）。

风能与太阳能水足迹计算，一般情况下风力发电和太阳能发电过程中不直接消耗水资源。参考相关研究（李何，2003）并借鉴 Gerbens-Leenes 等（2008）的研究成果，计算出风能与太阳能的间接蓝水足迹分别为 0.0005m^3/kWh 和 0.265m^3/GJ（Yang et al.，2015），具体参数如表 12.4 所示。

表 12.4　中国西南四省（市）电力生命周期中单位产量水足迹值

发电类型	电力生产加工过程	各能源单位产量水足迹分类	能源单位产量水足迹值/(m^3/GJ)	参考文献
水电	水库的蒸发和渗漏	水电直接蓝水足迹	6.750	Ding et al.，2018
	水电厂的建设	水电间接蓝水足迹	0.002	李何，2003
火电	冷却系统	火电直接蓝水足迹	0.681	Ding et al.，2018
		火电直接灰水足迹	0.083	Ding et al.，2018
	火电能源投入	火电间接蓝水足迹	0.063	Ding et al.，2018
		火电间接灰水足迹	0.387	Ding et al.，2018
风电	风电厂建设维护	风电间接蓝水足迹	1.8×10^{-6}	Yang et al.，2015；Gerbens-Leenes et al.，2008
太阳能发电	太阳能电厂建设维护	太阳能间接蓝水足迹	0.265	Yang et al.，2015；Gerbens-Leenes et al.，2008

12.3　中国西南四省（市）水-能源-粮食纽带系统协同关系仿真模拟

12.3.1　中国西南四省（市）情景设置

由于西南四省（市）水资源、能源和粮食三者之间的纽带关系处于弱可持续水平，单位面积粮食产量、万元 GDP 能耗、万元 GDP 水耗均低于全国平均水平且发展变化态势较差。根据发展现状，基于系统动力学方法和国家发展规划在西南四省（市）水-能源-粮食纽带系统 SD 模型中分别输入四种发展情景的参数，得到不同发展情景下 2018～2030 年的仿真结果。选取较能代表西南四省（市）水-能源-粮食纽带系统特征的用水总量、能源消费量、粮食生产量、水力发电量的供需平衡比的仿真结果作对比分析。

模型建构过程中，根据历史数据对变量进行调试，在符合精确度的范围内更好地模拟出变量之间的数量关系，较高程度上反映水资源、能源、粮食之间的现实情况，模型中基于研究期从 2004 年开始西南四省（市）部分变量初始值和关键参数如表 12.5 和表 12.6 所示。

表 12.5　模型部分变量初始值［四省（市）总量及平均值］

变量	初始值	单位
常住人口	19202.32	万人
城镇化率	32.34	%
第一产业增加值	1971.50	亿元
第二产业增加值	5411.09	亿元
第三产业增加值	6804.78	亿元
万元 GDP 水耗	397.53	m^3
万元 GDP 能耗	2.04	t 标准煤
水力发电耗水量	245.00	m^3/亿 kWh
火力发电耗水量	2430.00	m^3/亿 kWh
人均用水量	257.89	m^3/人

表 12.6　模型关键参数设置

变量	情景一	情景二	情景三	情景四
人口增长率/‰	5	5	5	5
GDP 年均增长率/%	8	8	8	8
R&D 经费投入比重/%	7	8	7	8
万元 GDP 水耗变化率/%	−5	−8	−4	−8
万元 GDP 能耗变化率/%	−3	−4	−2.6	−4
水力发电量年增长率/%	9	7	10	10

基于中国西南四省（市）水-能源-粮食纽带系统确定系统动力学模型变量和关键参数后，结合水资源子系统、能源子系统、粮食子系统、社会经济子系统、环境子系统共五个子系统的相关作用关系，通过 Vensim 软件绘制出西南四省（市）水-能源-粮食纽带系统存量流量图（图 12.12）。

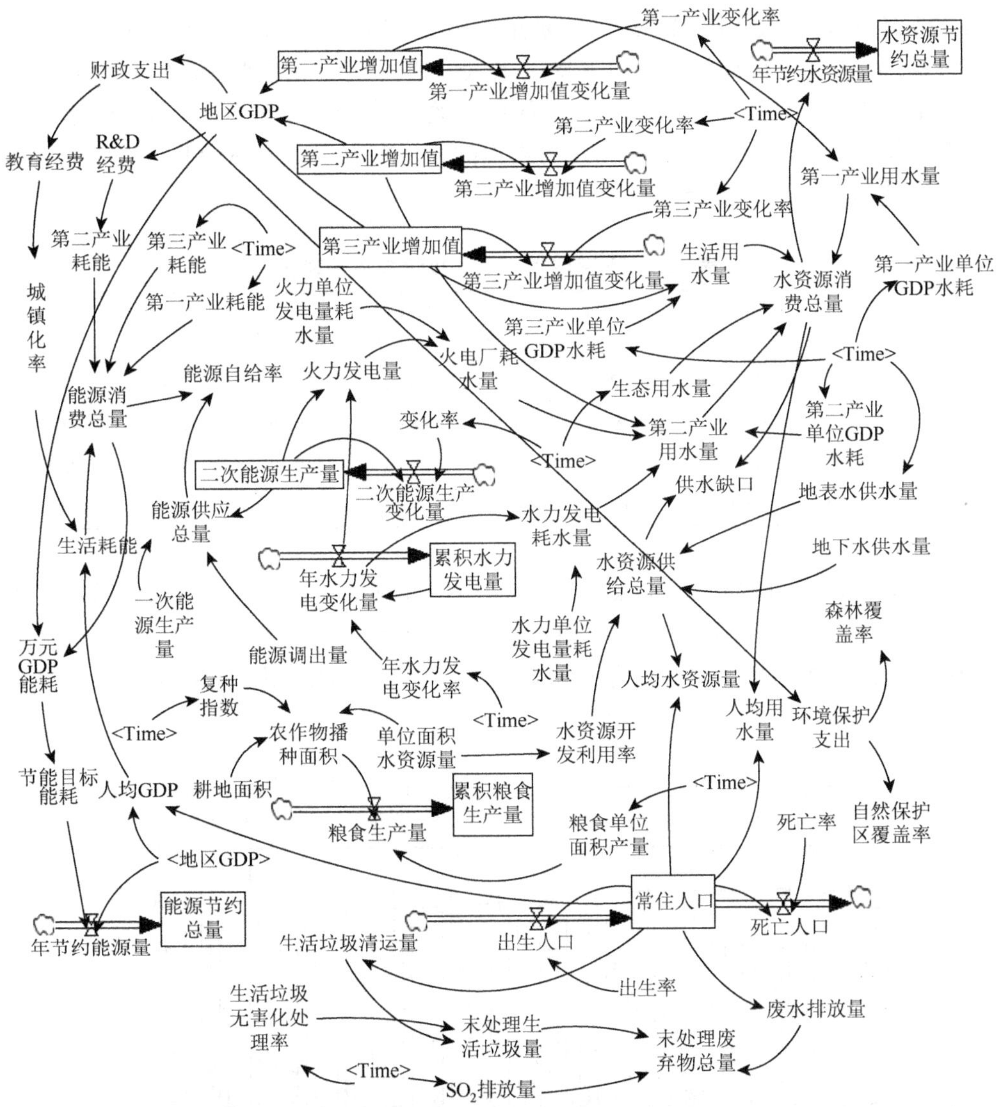

图 12.12　西南四省（市）水-能源-粮食纽带系统存量流量图

<Time>表示时间，也可以说是分析步

12.3.2　中国西南四省（市）水-能源-粮食纽带系统仿真趋势变化

1. 用水总量趋势变化

鉴于四川省作为西南地区人口最多和农业种植面积最大的省份，其用水总量位居首位是毋庸置疑的，但截至 2018 年其人均用水量为 311.4m³/人，低于云南省的 323.35m³/人，人均用水量最低的是重庆市的 250m³/人（表 12.7）。基于人均用水量看，城市化率最高的重庆市人均用水量最低、万元 GDP 水耗最低（37.91m³），表明重庆市作为西南地区最发达的地区用水效率最高。云南省万元 GDP 水耗为 74.57m³，排名四省（市）最后，说明当地的经济发展用水效率最低，需要继续在产业和技术方面加强水资源节约。

表 12.7　西南四省（市）2018 年用水现状

省（市）	用水总量/亿 m³	人均用水量/(m³/人)	水资源开发利用率/%	农业用水总量/亿 m³	工业用水总量/亿 m³	生活用水总量/亿 m³	生态用水总量/亿 m³	万元 GDP 水耗/m³
重庆	77.20	250.00	14.73	25.30	30.20	20.30	1.30	37.91
四川	259.10	311.40	8.78	156.60	48.00	49.00	5.50	63.67
贵州	106.80	297.50	10.91	60.10	24.00	19.30	1.10	72.13
云南	155.70	323.35	7.06	107.20	21.00	23.60	3.90	74.57

图 12.13 显示四种发展情景下 2018～2030 年四省（市）年总用水量以及各省市的年平均用水量。其中，情景一的总用水量呈“先增后减”变化，整体为增加态势；情景二的总用水量呈逐年下降趋势；情景三中的总用水量逐年增长；情景四的总用水量与情景二最为接近。

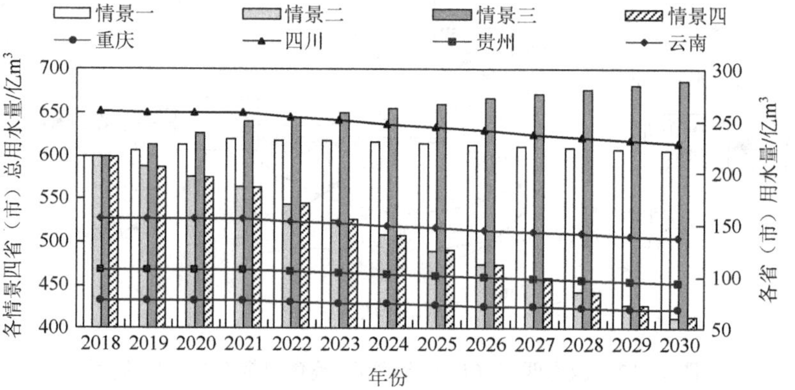

图 12.13　用水量仿真趋势

从仿真的四个情景看，2018～2030 年情景一用水总量呈现先升后降的趋势，在 2021 年到达用水总量的峰值 620 亿 m^3，随后每年呈小幅度下降趋势；情景二与情景四在强节约的模式下，用水总量呈现逐年下降的趋势，预测 2030 年用水总量 413 亿 m^3；情景三在强化水能发展的条件下，用水总量呈现逐年递增的趋势，预测 2030 年用水总量 688 亿 m^3，约为情景一的 1.13 倍、情景二的 1.67 倍，即比情景二节约 81 亿 m^3 用水量，即总体上除情景三外，四省（市）的用水总量呈现下降趋势，表明该区域在国家发展规划的宏观调控下整体用水效率呈改善趋势。作为我国重要的水资源保护和生态脆弱区，西南四省（市）用水效率的提升使我国经济高质量发展和清洁能源基地建设具有极大可持续性，进而为我国经济转型发展奠定重要基础。

从各省（市）角度看，2018～2030 年西南四省（市）的用水量都呈现下降趋势，表明在国家宏观调控与产业转型升级的政策下西南四省（市）经济发展质量稳步提高，水资源环境压力呈现可控的趋势。其中四川作为人口大省，用水量一直位居西南四省（市）首位，预测 2030 年用水量 229 亿 m^3，约为当年重庆市的 3.35 倍、贵州省的 2.43 倍、云南省的 1.66 倍，比 2018 年节约 30 亿 m^3 用水量。此外，各省（市）的用水总量占可利用水资源量均不超过 30%，水资源压力相较于全国其他区域较小。

以上分析表明，基于国家“十三五”规划的情景一与强化节约的情景二利于保护当地水资源生态环境，利于保障长江和西南诸河流域的水资源统筹协调，维护我国西部生态屏障的战略地位。但当地仍需及时引进先进节水技术确保降低单位 GDP 耗水，提升经济发展总体效率，保障水源和水质安全，高质量地实现经济与生态环境协同可持续发展目标。

2. *能源消费量趋势变化*

四川省作为西南四省（市）GDP 总量最大的省份，其能源消耗总量位居西南四省（市）首位，但截至 2017 年其万元 GDP 能耗为 0.56t 标准煤，低于贵州省的 0.77t 标准煤（表 12.8），表明其能源经济效率仅次于重庆，位居第二，但贵州省的单位能耗较高表明其能源经济效率仍有较大提升空间。在四省（市）的能源结构中，云南省和四川省清洁水电比重较高；贵州省肩负“西电东送”能源基地、“水火互济”的调节功能导致其火力发电比重最高，间接提高了其单位能源消耗水平。因此，建议贵州省强化火力发电厂的燃烧效率改进等措施，提升能源经济效率。

表 12.8　西南四省（市）2017 年能源消费状况

省（市）	第一产业耗能 /万 t 标准煤	第二产业耗能 /万 t 标准煤	生活耗能 /万 t 标准煤	第三产业耗能 /万 t 标准煤	电力消费量 /亿 kWh	万元 GDP 能耗 /t 标准煤
重庆	58.38	2909.09	43.54	94.00	996.50	0.49
四川	11.60	3788.34	105.90	87.00	2205.20	0.56

续表

省（市）	第一产业耗能/万 t 标准煤	第二产业耗能/万 t 标准煤	生活耗能/万 t 标准煤	第三产业耗能/万 t 标准煤	电力消费量/亿 kWh	万元 GDP 能耗/t 标准煤
贵州	195.63	2018.66	948.38	2134.67	1384.90	0.77
云南	218.49	3233.46	357.44	172.57	1538.10	0.68

图 12.14 显示了四种发展情景下四省（市）的年能源消费总量，以及各省（市）在四种情景之下的年平均能源消费量。各情景下的能源消耗总量均呈上升态势。其中，情景三的能源消耗总量最多，其次为情景一，情景二的能源消耗总量与情景四的能源消耗总量最为接近。

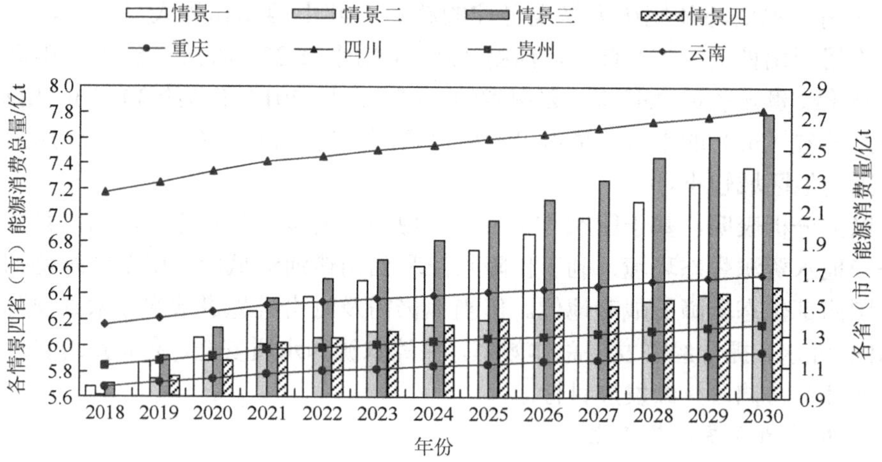

图 12.14　能源消费量仿真趋势

从仿真的四个情景看，2018～2030 年四个情景的能源消费量均呈现上升趋势，维持在 5.6 亿～7.8 亿 t 标准煤，因为西南四省（市）GDP 的增速高于单位 GDP 能耗降幅，并且随着人民生活水平的提高，能源消费总量仍将呈微增趋势。预测 2030 年情景一能源消费总量为 7.39 亿 t 标准煤，为情景二的 1.14 倍，超出其 0.93 亿 t 标准煤，为情景三的 95%，低于其 0.4 亿 t 标准煤，即节约发展比强化发展在当年节约 1.34 亿 t 标准煤，相当于整个贵州省的年能源消费量。

从各省（市）角度看，作为全国能源基地的西南四省（市）2030 年比 2018 年的能源消费总量各增加 24%。以预测的 2030 年能源消费总量为例，重庆作为西南城镇化率最高与经济最发达的直辖市，单位 GDP 能耗最优，为 0.29t 标准煤/万元；四川作为西南经济总量最高的人口大省消费能源 2.75 亿 t 标准煤；贵州作为西南地区的煤炭生产消费大省，单位 GDP 能耗最高，为 0.46t 标准煤/万元；云南省经济总量与能源消耗量排名一致，均位于第二位。

以上分析表明，基于国家“十三五”规划，强化节约的情景二利于当地能源开发与经济可持续发展。西南地区作为国家清洁能源生产基地，当地清洁能源比重进一步提升会促进能源结构更加优化，利于带动当地经济高质量发展并巩固“脱贫攻坚”成果。

3. 粮食生产量趋势变化

图 12.15 显示四种发展情景下四省（市）年粮食生产总量，以及各省（市）在四种情景下的年粮食生产量。根据《全国农业现代化规划（2016—2020 年）》中粮食生产目标，结合西南地区耕地少的实际情况，确定发展目标：即情景一保持每年 1.5%的增长率；情景二强化节约发展，故保持每年 1%的增长率；情景三强化水能发展，在情景一的基础上增加当地财政收入，推动农业现代化发展，故保持每年 2%的增长率；情景四综合节约与水能发展，即增长幅度等于情景三。

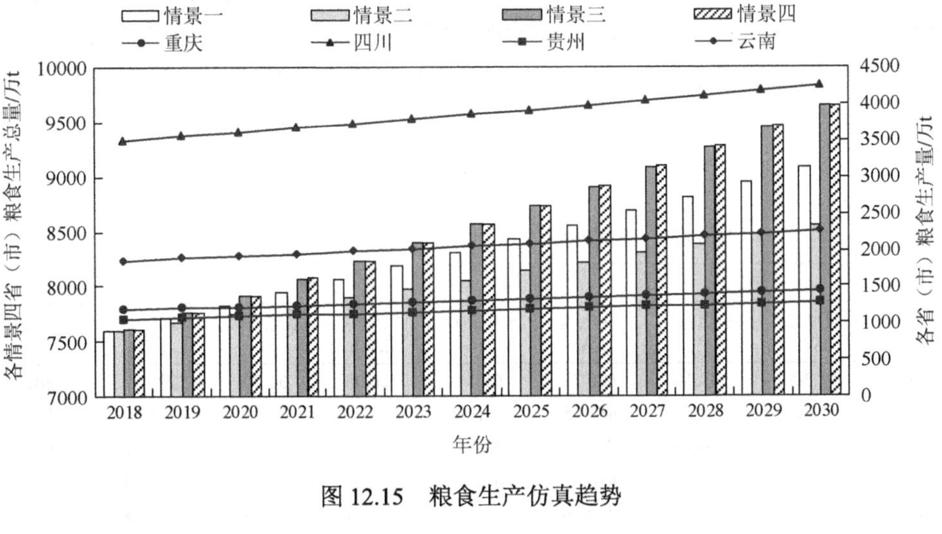

图 12.15 粮食生产仿真趋势

从仿真的四个情景看，2018～2030 年四个情景的粮食生产量均呈现稳步上升趋势，维持在 7455 万 t 以上，但人均粮食产量仍然低于全国平均水平。预测 2030 年情景一粮食生产总量超 9000 万 t，情景二约 8500 万 t，情景三和情景四均超过 9500 万 t，且两个情景下的预测产量相差甚微。由此可知，未来强化发展情景较节约发展情景而言，更有利于粮食增产。

基于各省（市）2030 年粮食预测产量，重庆因为城镇化率最高、耕地面积最少，年粮食产量低且每年需要调入粮食；四川耕地面积在四省（市）最大、质量最好，年粮食生产总量与人均粮食产量均居于首位，分别达 4243 万 t、480kg；贵州与云南粮食产量分别居第三位和第二位，但两省水果、茶叶、烟叶等经济作物产量较高，同样也消耗了大量的水、能源。

以上分析表明，西南四省（市）的短板在于粮食生产，水热条件优越但耕地面积不足的根本矛盾短期无法解决，只能依靠农业技术提高生产效率来提升粮食产量或依赖从东南亚等国家进口粮食。建议西南四省（市）依托优越的水热条件和先进的农业技术，保证当地的主要粮食能够自给自足，为国家粮食安全做出贡献。

4. 水力发电量趋势变化

表 12.9 显示了西南四省（市）在 2004～2017 年的水力发电量和水电在各省（市）的占比。得益于西部大开发战略，四省（市）的水力发电量都呈现快速增长的趋势，其中，重庆在此期间增长近 1.7 倍，但本市的水电占比从 40.16%降低至 36.35%，火电等发电类型占比提升；四川水力发电量增长近 4 倍，由于水电开发较早，其水电占比一直保持较高比例，从 66.44%提升至 87.38%，两项数值均位于西南四省（市）首位，表明四川省作为西南水电开发的领头羊领先优势明显；贵州省的水力发电量增长 2.1 倍，但 2017 年水电占比只有 36.85%，由于其是西南地区少有的煤炭富集区，本地的火力发电规模一直较大，也是保障“西电东送”发电稳定性的重要环节；云南省的水力发电量增速最快，增长约 7 倍，且 2017 年水电占比 84.38%，仅次于四川，依托金沙江、澜沧江、怒江上游的巨大水能蕴藏量，云南省水电仍然有较大的发展潜力。

表 12.9 西南四省（市）2004～2017 年水力发电量

年份	重庆		四川		贵州		云南	
	发电量/kWh	水电占比/%	发电量/kWh	水电占比/%	发电量/kWh	水电占比/%	发电量/kWh	水电占比/%
2004	93.50	40.16	620.57	66.44	226.05	31.70	299.83	54.71
2005	67.32	28.77	653.35	64.12	213.35	27.12	349.19	55.94
2006	56.43	20.49	784.65	63.95	225.96	23.18	355.72	47.20
2007	83.75	25.75	814.13	64.46	340.62	29.20	430.95	47.65
2008	171.61	43.27	980.86	70.92	394.04	33.05	647.28	60.02
2009	165.74	38.70	1065.41	67.47	400.88	29.41	622.80	53.19
2010	169.25	37.06	1213.42	67.60	416.58	30.66	814.12	59.64
2011	184.27	34.80	1364.02	68.86	355.00	26.12	1007.43	64.78
2012	244.75	45.62	1562.46	72.64	582.05	37.59	1038.11	67.68
2013	177.32	30.25	2002.01	76.09	477.80	29.49	1656.34	75.96
2014	240.20	37.27	2501.14	80.81	683.96	40.66	2087.67	81.87
2015	229.44	35.59	2667.64	85.23	789.22	45.33	2177.57	85.29
2016	247.18	36.85	2852.07	87.11	733.73	39.88	2278.15	84.81
2017	250.99	36.35	3041.20	87.38	699.91	36.85	2493.43	84.38

图 12.16 显示了四种发展情景下四省（市）年水力发电总量，以及各省（市）在四种情景下的年平均水力发电量。基于西南四省（市）近五年的水力发电增长率平均数，确定情景一保持年 8%的增长幅度；情景二强化节约发展，即稍微低于情景一，保持年 7%的增长幅度；情景三强化水能发展，故保持每年 10%的增长幅度；情景四综合情景二和情景三，即增长幅度等于情景三。

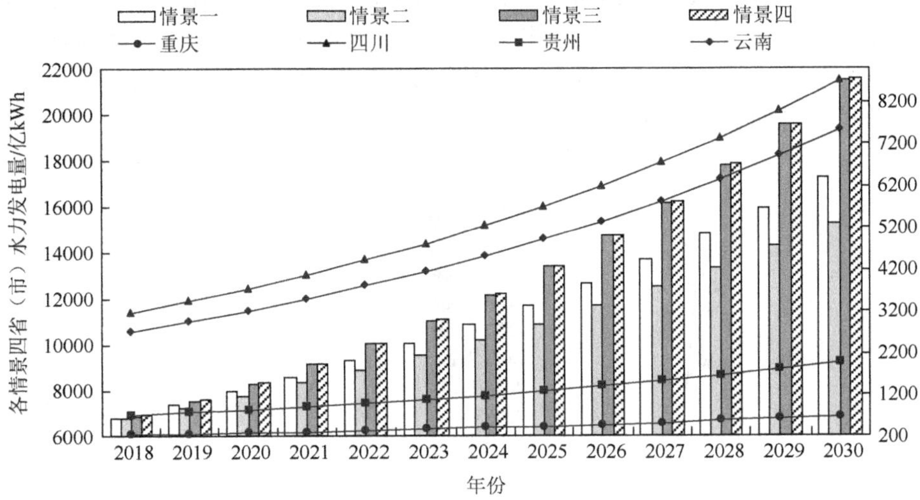

图 12.16　水力发电量仿真趋势

从仿真的四个情景看，2018～2030 年四个情景的水力发电量均呈现较快上升趋势，符合当地作为“西电东送”能源基地的发展方向。预测 2030 年情景一水力发电总量为 1.72 亿 kWh，为情景二的 1.13 倍，超出其 0.2 亿 kWh，为情景三的 80%，低于其 0.43 亿 kWh，即强化水能发展比节约发展在当年水力发电量增加 0.62 亿 kWh，相当于三个贵州省的年水电生产量。

从各省（市）角度看，作为全国水能资源最丰富的西南地区在 2030 年的水力发电量提升至 2018 年的 176%。以预测的 2030 年能源消费总量为例，重庆作为直辖市，水能蕴藏量较小，水力发电量占当地发电量的 31%左右；四川省水能资源理论蕴藏量与可开发量均位于全国首位，水电生产量约占西南四省（市）的一半，且每年为华中、华东等经济发达地区输送大量的清洁水电；贵州省水力发电量占当地发电量的 35%左右，由于当地煤炭资源丰富，火力发电比重很大，“水火互济”对于“西电东送”有很好的调节稳定作用；云南省水能资源理论蕴藏量居全国第三位，可开发装机容量居全国第二位，每年为华南地区输送大量清洁水电。

以上分析表明，建设以水能为代表的西南能源基地对于保障国家能源安全、推动“高质量”发展具有重要意义。水电投资开发对于拉动当地经济发展、促进就业具有积极贡献。此外，还优化了发达地区的能源结构，利于全国经济与生态可持续发展。

12.3.3 中国西南四省（市）水-能源-粮食纽带系统协同趋势变化

基于以上水-能源-粮食三要素仿真结果，参照最优发展方案，即以情景四为代表模拟分析三者在2018～2030年的纽带关系及变化趋势，如图12.17所示。研究区西南四省（市）的水资源极为丰富，且为当地水-能源-粮食纽带系统的主导要素（林志慧等，2021），故以用水总量为自变量，能源消费量和粮食生产量为因变量，分析三者纽带关系的变化趋势。

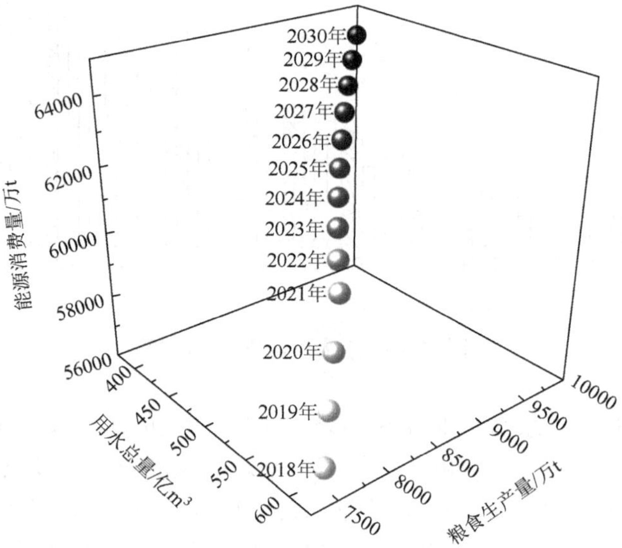

图 12.17 水-能源-粮食纽带变化趋势

西南四省（市）水-能源-粮食三要素回归分析结果显示，R^2值为0.9，即三变量之间呈强相关。用水总量2018～2030年呈逐年下降趋势，自最高峰近600亿m^3降至413亿m^3。与此同时，能源消费量呈上升趋势，与用水总量呈明显的负相关变化，2030年较2018年增幅达15%；粮食生产量与用水总量也呈负相关变化，研究期内增幅近26%。综合来看，基于情景四水-能源-粮食三要素仿真结果，当地水资源利用效率在研究期内有较大提升，单位能源耗水与单位粮食耗水均有显著下降，且粮食生产用水效率有更高提升空间，即当地水-能源-粮食纽带关系向协同优化方向改善。

权衡（trade-offs）是指某些类型生态系统服务的供给，由于其他类型生态系统服务使用的增加而减少的状况（Rodriguez and Beard，2006）；协同（synergies 或 co-benefits）是指两种或多种生态系统服务同时增强的情形（John and Anchony，2012）。情景分析是目前权衡与协同研究最为常见的一种方法，通过设置若干生态保护或社会经济发展优先或兼顾的情景，来分析各种生态系统服务之间的动态变化（李双成等，2013）。

通过对比发现，情景二在情景一的基础上单独加强水资源和能源节约。根据设置的西南四省（市）水-能源-粮食纽带系统五大子系统因果回路图，情景二各个子系统之间的影响如下：水资源、能源的节约—废弃物排放降低—生态环境改善，与此同时，只单独干预的水资源与能源单位消耗导致经济发展缓慢—财政收入降低—科技投入降低—资源利用率低—资源消耗增加—环境破坏—西南四省（市）水-能源-粮食纽带系统不可持续发展。

情景三在情景一的基础上只强化水能资源的开发，各个子系统之间的影响关系如下：水能开发增加—灌溉用水减少—粮食产量降低—化肥等投入增加—环境污染加剧—西南四省（市）水-能源-粮食纽带系统不可持续发展。

情景四结合情景二与情景三的优势，将节约资源与加强水能开发结合，即在保护自然生态环境的基础上开发当地的水能资源以带动当地经济发展。图 12.12 显示，影响效果如下：节约用水—地下水恢复—径流增加—水能增加—水电发电量提升—能源结构优化—煤炭消耗降低—温室气体等污染排放减少—生态环境改善—西南四省（市）可持续发展能力提升。所以情景四依据西南地区的实际情况，权衡当地资源消耗以保持粮食生产稳定，是水能、环境与经济系统较高质量发展的可持续发展路径。

12.4　中国西南四省（市）能源-水资源竞争关系及转移特征

在中国西南四省（市）水-能源-粮食纽带系统协同分析的基础上，研究发现该区域的水资源在三者之间处于主导地位，以水能为代表的“风光水”清洁电能是西南地区的战略资源和推动高质量发展的增长极。因此根据 12.3 节的研究基础，本节主要通过核算西南四省（市）电力的水足迹分析该区域的能源-水资源关系，分析其电力大量外送导致当地的电力虚拟水转移特征，并量化转移后当地的水资源压力状态，为西南地区的可持续发展提供政策建议。

12.4.1　西南四省（市）电力水足迹核算

本节首先根据生命周期方法核算了西南四省（市）电力水足迹，基于 2009～2018 年的发电数据核算出各种发电类型消耗的电力水足迹，最后结合《新中国电力工业统计资料汇编（1949—2019）》量化出省际电力水足迹转移量。

根据各类型发电的水足迹参数，计算出西南四省（市）2009～2018 年的电力水足迹（表 12.10）。已有的研究表明，水力发电的单位耗水量远高于火力发电的单位耗水量，故西南地区大力开发水电和发展“西电东送”项目必然导致耗水量增加和虚拟水的省际转移。水力发电一直是电力能源中的耗水主力，其耗水比重已经从 2009 年的 82.20%增长至 2018 年的 93.07%，远远超过常识中的火力发电耗水量。受到水电水足迹的影响，四省（市）的电力水足迹在 10 年间增长近 2 倍，达到 178.25 亿 m^3，超过云南省 2018 年的用水总量。

表 12.10　西南四省（市）电力水足迹（蓝水足迹和灰水足迹）

年份	水电水足迹/亿 m^3	火电水足迹/亿 m^3	风电水足迹/亿 m^3	太阳能发电水足迹/亿 m^3	电力水足迹/亿 m^3
2009	50.1	10.85	0	0	60.95
2010	60.28	11.52	0	0	71.8
2011	68.28	13.27	0.01	0	81.56
2012	86.41	12.28	0.02	0	98.71
2013	103.40	14.02	0.03	0	117.45
2014	136.94	11.78	0.04	0	148.76
2015	145.83	10.33	0.07	0.01	156.24
2016	151.45	10.65	0.12	0.03	162.25
2017	161.68	10.91	0.15	0.05	172.79
2018	165.90	12.1	0.18	0.07	178.25

12.4.2　西南四省（市）电力外调需求

中国西南四省（市）的总发电量在 2009～2018 年经历了高速增长。如图 12.18 所示，2009～2014 年四省（市）的年发电增长率高达 13.4%，高于国家平均水

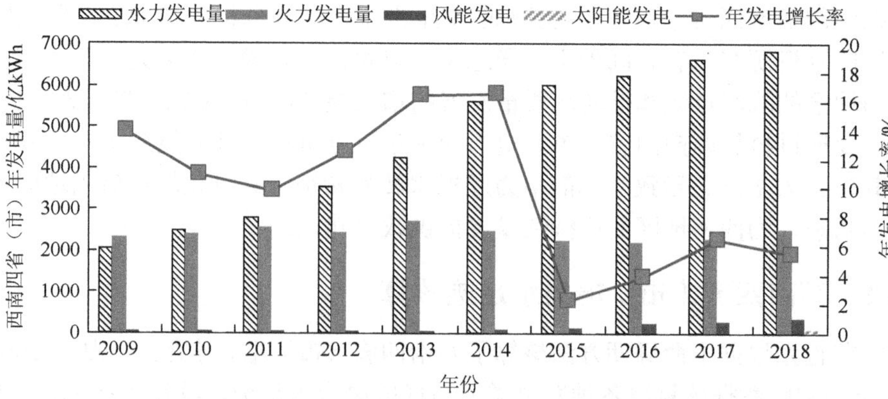

图 12.18　西南四省（市）年发电量及年发电增长率

平；2015～2018 年年发电增长率降低到 4%左右；研究期内，虽两阶段年发电增长率呈现减缓趋势，但 10 年平均增长率仍接近 10%。

表 12.11 显示了西南四省（市）总的水力、火力、风力和太阳能发电量，其中，水力发电量占比优势明显，从 2009 年的 46.85%增长至 2018 年的 69.93%，结合国家发布《关于促进西南地区水电消纳的通知》等政策大力助力发展西南水电，水力发电量比重仍有可观的增长空间。此外，风能和太阳能两种国家大力倡导的清洁能源发展速度迅猛，尤其是风能在 10 年间增长 166 倍，且当地的风能储量仍有极大的发展潜力；火力发电规模呈现稳定的态势，保持在 2400 亿 kWh 左右，占比由 53.1%下滑至 25.7%。综上所述，水力发电、风力发电和太阳能发电等清洁绿色电能已成为西南四省（市）的主力能源，并为中部、东部沿海发达地区提供大量优质的清洁能源。

表 12.11　西南四省（市）2009～2018 年各类型发电量

年份	水力发电量/亿 kWh	火力发电量/亿 kWh	风力发电量/亿 kWh	太阳能发电量/亿 kWh	总发电量/亿 kWh
2009	2061.00	2336.00	2.10	0.17	4399.27
2010	2480.00	2398.00	3.90	0.36	4882.26
2011	2809.00	2541.00	11.80	0.30	5362.10
2012	3555.00	2446.00	33.90	0.30	6035.20
2013	4254.00	2724.00	52.20	0.91	7031.11
2014	5634.00	2473.00	87.00	3.40	8197.40
2015	6000.00	2226.00	140.00	8.80	8374.80
2016	6231.00	2204.00	230.00	35.00	8700.00
2017	6652.00	2271.00	293.00	49.90	9265.90
2018	6831.00	2510.00	352.00	75.00	9768.00

从发电类型的增长情况来看，太阳能发电增长最快，然后依次是风力发电、水力发电、火力发电。太阳能发电由于基数过小，增长了 440 倍，达到 75 亿 kWh，但受气候因素限制，该区域的太阳能规模不大。风力发电量从 2.1 亿 kWh 爆发增长到 352 亿 kWh，增长 166 倍多，且该区域的地形优势利于风力发电继续保持高速增长态势。水力发电量在研究期内从 2061 亿 kWh 增长到 6831 亿 kWh，增长约 2.3 倍；水力发电是西南四省（市）最重要的发电形式，也是“西电东送”的绝对主力。高速增长的清洁能源有力支持了东部发达地区的可持续发展，也优化改善了国家能源结构。火力发电 10 年间增速迟缓，总增长才约 7%。基于国家能源发

展规划，该区域的火电发展受到限制，份额逐步让位于“水光风”等清洁能源。

基于金沙江（长江上游）、雅砻江、大渡河、澜沧江、怒江等大型河流建设水电基地群，西南四省（市）成为我国最大的水力发电生产基地，清洁的水力发电为东部沿海发达地区绿色高质量发展做出了巨大贡献。水力发电也成为“西电东送”的绝对主力。10 年间，水力发电在发电量中的占比从 47%提高到 70%，由不到一半的比例成为绝对主力，并且占比有进一步提升的空间。火力发电量比例由 53%下降至 26%，份额缩小近一半，基于国家清洁能源发展规划和“碳中和”的远景目标，西南火力发电量比重有进一步下降的趋势，但火力发电量的“调峰”作用也至关重要。风能和太阳能等新能源占比超过 5%，发展迅猛且趋势良好。

从供需角度分析，西南四省（市）发电量的高速增长，在于东部沿海发达地区高速增长的能源需求，而连接电力供需两端的主要渠道就是“西电东送”工程。图 12.19 显示，转移量（电力和电力虚拟水转移量）增速高于供给端的发电量，说明电力生产和消费端的供需不匹配。具体来看，电力转移增长率在除 2010 年和 2011 年外均远高于发电量增长率，年均电力转移增长率 21%，约为年均发电增长率的 2 倍。与此同时，在供给端水力发电年均增长率高于发电增长率近 4%，说明水电份额逐步提升，以水电为代表的清洁能源大量输送到东部沿海地区。在需求端，电力虚拟水转移量增长高于电力转移量近 7%，结合能源单位水足迹值可以看出，水电占电力外送的比重逐年增加，水电虚拟水剧增导致该区域耗水量也呈递增趋势。

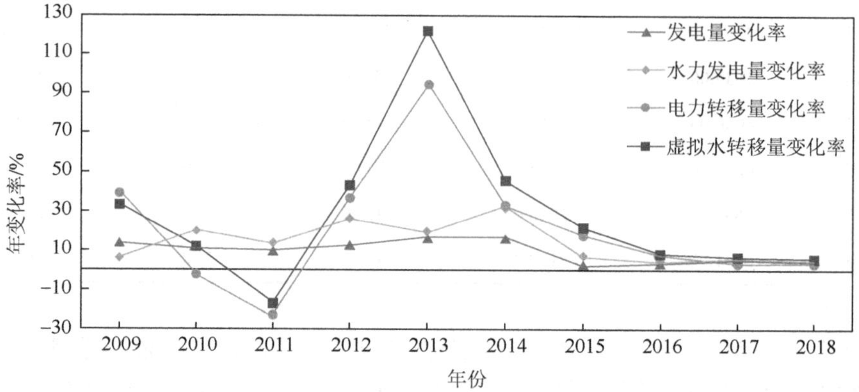

图 12.19　西南四省（市）发电量、水力发电量、电力转移量、虚拟水转移量的年变化率

西南四省（市）内部的电力供需情况也有较大差异（图 12.20）。四省（市）的水力发电增长率在 2009～2014 年为增加态势，贵州增长率最高，其次是重庆、云南、四川。在电力转移增长率上，研究期内四川、云南、贵州三省电力转移增长率均保持高速增长，只有重庆在 2014 年呈现 12%的负增长；其中四川省电力转移增长率最高，在 2009 年高达 131%，其次是云南省，在同年增长率为 43%；重庆市

作为该区域唯一的电力调入区和重要的电力外调中转区，发电和送电规模均最小。综合来看，在研究期内，电力生产方面，除云南外三省（市）的水力发电增长率均逐渐降低，电力转移方面，除重庆外三省的电力转移增长率也呈下降趋势。如图 12.20 所示，即在“西电东送”南部和中部通道中四川是最大的电力外调省份，其次是云南；重庆是唯一的电力调入区；贵州外调电力中水电比重低于四川和云南。

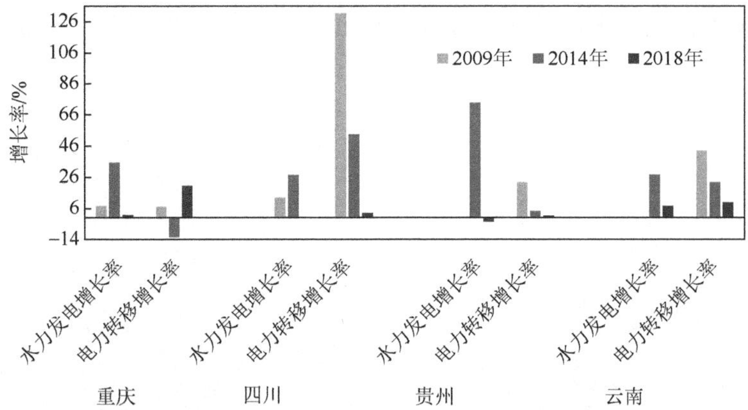

图 12.20　西南各省（市）的水力发电及电力转移增长率

综上，东部地区清洁电力消费需求旺盛，带动了西南地区的清洁能源生产增长。但由于电力消费需求传导的滞后性和国家“碳中和”发展目标的约束性要求，电力消费增长一直高于电力生产，因此西南四省（市）的水电开发、外调仍然有巨大的市场需求和发展潜力。此外，西南地区内部各省（市）电力发展也各不相同。根据现有发展规模和水能蕴藏量，四川和云南两省作为电力供应主力，其水电仍有很大开发潜力和增长空间，水电外调前景依然可观。贵州省煤炭资源丰富，稳步发展火电对于“西电东送”调峰作用意义重大。与此同时，电力的消纳和“弃水”浪费问题仍亟须解决。

12.4.3　省际电力输送中的虚拟水转移

1. 省际电力转移

西南四省（市）作为“西电东送”中部和南部通道基地，承担着将大量以水电为代表的清洁电力转移到东部沿海地区的任务。2009～2018 年，四省（市）电力转移总量从 901 亿 kWh 增长到 3280 亿 kWh，增长约 2.6 倍。电力外送地区从以火电为主的贵州省变为以水电为主的四川省和云南省，清洁能源比重逐步增大，推动区域能源结构持续改善。电力调入区从广东、重庆两大省（市）为主扩展到华东地区的上海、江苏、浙江。

图 12.21 显示，2009 年西南四省（市）的电力外送规模最大的是贵州省，转移电量 630 亿 kWh，接近该区域电力外送的 70%，其以火力发电为主；广东是电力调入最多的省份，约 671 亿 kWh，主要来自贵州和云南。到 2018 年，电力外送最大的省份变为四川，约 1406 亿 kWh，外送规模 10 年间增长 10 倍，为“西电东送”中部通道的主要基地为华东地区（上海、江苏、浙江）输送大量水电清洁能源；广东仍然为最大的电力调入省份，规模达 1874 亿 kWh，10 年间增长约 2 倍，电力仍主要来自云南和贵州，变化在于云南的比重提升至 73%，且以水电为主。

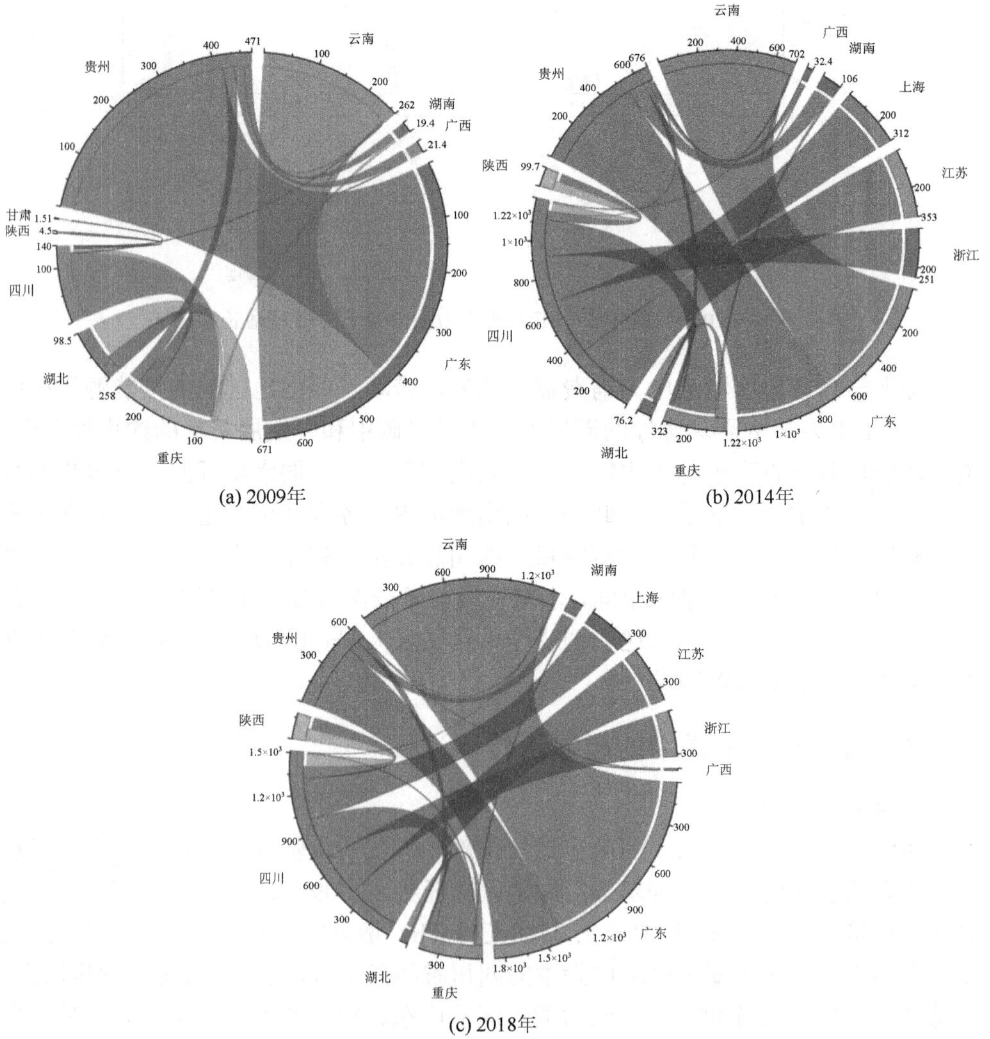

(a) 2009年　　(b) 2014年

(c) 2018年

图 12.21　省际电力转移（扫封底二维码可见彩图）

2. 省际电力虚拟水转移

在省际电力转移的基础上，基于生命周期评价方法核算出西南四省（市）与外部的电力虚拟水流量，并以图 12.22 展示四省（市）的电力虚拟水流格局。表 12.12 显示四种电力类型中，水电水足迹转移量最大，从 2009 年的 8.64 亿 m^3 增长到 68.39 亿 m^3，增长近 7 倍；其他三种电力虚拟水转移量很少，不足 3 亿 m^3，尤其是风电和太阳能发电。

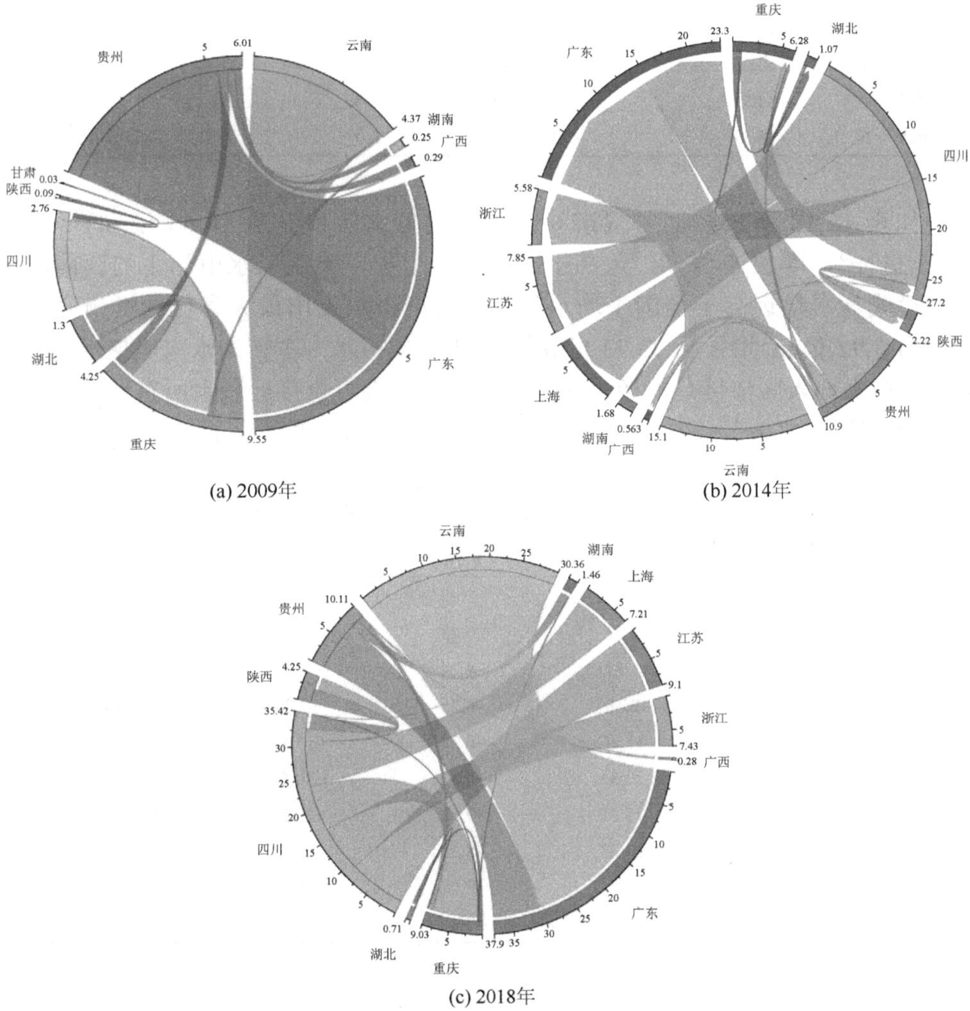

图 12.22　省际电力虚拟水转移（扫封底二维码可见彩图）

表 12.12　各发电类型电力虚拟水（蓝水和灰水）转移量　（单位：亿 m^3）

年份	水电水足迹	火电水足迹	风电水足迹	太阳能发电水足迹
2009	−8.64	−2.47	0.00	0.00
2010	−10.12	−2.30	0.00	0.00
2011	−8.64	−1.68	0.00	0.00
2012	−12.73	−2.05	0.00	0.00
2013	−29.80	−3.02	−0.01	0.00
2014	−45.07	−2.72	−0.02	0.00
2015	−55.63	−2.62	−0.03	0.00
2016	−60.26	−2.76	−0.05	−0.02
2017	−64.76	−2.37	−0.06	−0.02
2018	−68.39	−2.31	−0.07	−0.02

如表 12.13 所示，四省（市）的电力虚拟水转移量从 10.65 亿 m^3 增长到 67.85 亿 m^3，增长 5 倍多，远高于电力转移增长，表明以水电为主的西南电力转移模式耗水量远高于全国平均水平。电力虚拟水调出最大省份由贵州变为云南，由 5.92 亿 m^3 增长至 33.93 亿 m^3，由火电虚拟水为主转为水电虚拟水为主。电力虚拟水调入区依然是能源消费大省广东，其接收量接近剩余所有调入区接收量之和，约 38 亿 m^3，即广东是西南四省（市）清洁能源外送的最大受益者。

表 12.13　西南四省（市）电力虚拟水（蓝水和灰水）转移量　（单位：亿 m^3）

年份	重庆	四川	贵州	云南	电力虚拟水转移量
2009	1.01	−1.98	−5.92	−3.76	−10.65
2010	1.45	−2.62	−5.43	−5.30	−11.90
2011	1.85	−1.82	−4.24	−5.68	−9.89
2012	2.09	−2.18	−6.25	−7.83	−14.17
2013	2.33	−12.80	−5.11	−15.88	−31.46
2014	2.17	−20.53	−6.82	−20.65	−45.83
2015	2.48	−25.25	−9.50	−23.59	−55.86
2016	2.50	−27.08	−8.30	−27.58	−60.46
2017	2.94	−29.21	−7.27	−30.87	−64.41
2018	3.55	−30.11	−7.36	−33.93	−67.85

12.4.4　水资源压力指数时空演变

电力水足迹与水资源的空间匹配程度受到供需两端的影响，表现在区域间的水资源压力指数差异。结合图 12.23 综合分析，西南四省（市）的电力水足迹与水资源匹配程度的特点在于：①四省（市）的水资源压力指数稳定在无压力水平，均保持在 0.09 左右；②四省（市）的水资源压力指数呈现轻微下降趋势，受益于水库蓄水导致的可利用水资源增加和社会节水政策影响；③水电虚拟水比重在各省电力耗水中比重都呈增长趋势；④电力耗水占社会总用水比重增长迅速。

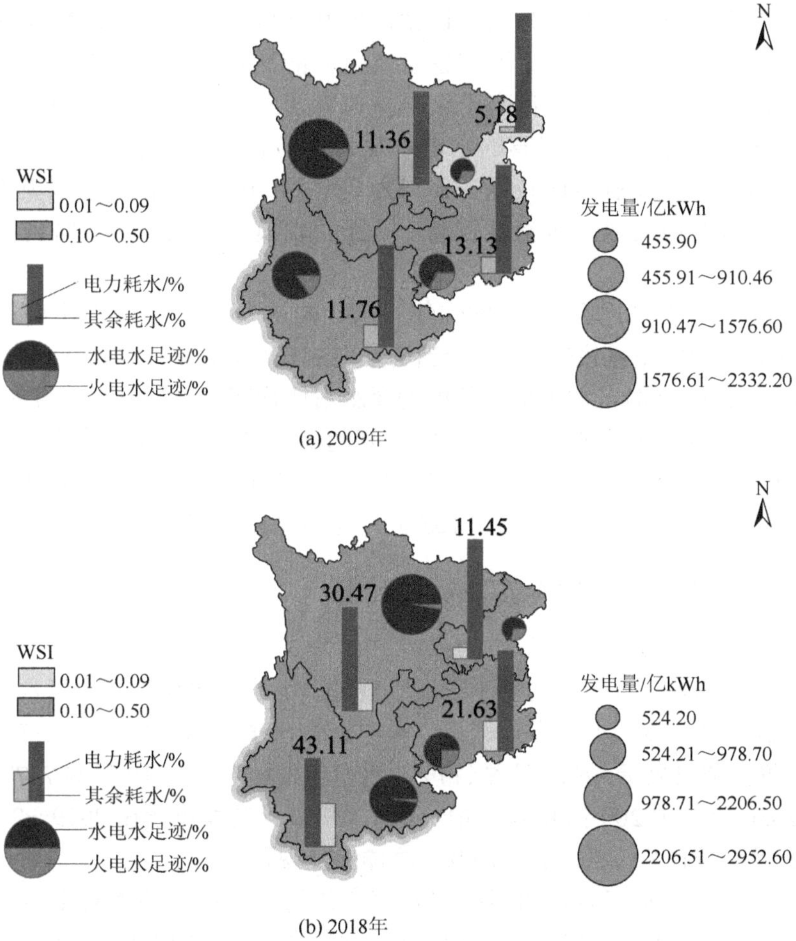

图 12.23　西南四省（市）2009 年和 2018 年电力水足迹与水资源空间匹配程度

在水资源压力指数方面，除重庆外三省水资源压力指数均低于 0.09，在全国一直保持较低水平，后续水资源开发潜力仍然巨大。基于当地的水资源总量较少和高密度人口，重庆市在 2009 年水资源压力指数为区域最高的 0.16 中压力水平，但在 10 年间得益于技术进步推动的节水措施，当地的水资源压力指数逐步降低到无压力水平。其他三省在此期间大量开发水电站，当地的水资源总量稳步递增，导致可利用水资源量不降反增，结合节水措施的作用，三省的水资源基本无压力。该区域优越的水资源条件，为缓解全国水资源压力和发展清洁能源基地提供了极好的自然资源条件。与此同时，在开发水资源的同时加强可持续的保护开发研究仍然刻不容缓。

在各种电力水足迹占比方面，研究期内仍然以水电和火电水足迹为主，虽然风电、太阳能发电等新能源发展迅猛，但其单位电力水足迹消耗和规模微小导致其耗水不明显。水电水足迹在各省（市）的比重甚至高于水电占发电总量的比重，说明水电单位耗水量高于火电单位耗水量，水电水足迹仍然占据主导地位。2018 年云南省和四川省的水电水足迹占比较高，分别达到 97%和 96%，重庆和贵州火电水足迹占比较高，分别为 29%和 26%。结合发电规模来看，云南和四川两省的电力虚拟水消耗较高，但开发规模总体上仍未威胁到当地的水资源压力。

在总电力耗水比重方面，2009 年重庆市电力耗水占总用水比例最低，为 5.18%，因为当地发电规模较小；由于当地发电规模大，贵州省电力耗水占比最高，为 13.13%。2018 年时，四个地区的电力耗水占比均翻倍增加，云南省占比最高，达 43.11%，其次是四川省，为 30.47%，其超高的水电占比是其电力耗水最大的原因；贵州电力耗水占比达 21.63%，当地的火电比重高导致其电力耗水比重增长低。总之，水电对水资源的影响越来越大，尤其是云南和四川两省。

12.4.5 不同情景下电力虚拟水转移预测

1. 情景一常规发展仿真分析

根据国家和各省（市）的“十三五”规划，西南地区作为国家以水电为代表的清洁能源基地，水电开发发展较快，火电作为水电的调剂和补充保持稳定。如图 12.24 仿真结果显示，预测四省（市）的水电年发电量由 2019 年的 7377 亿 kWh 增长到 2030 年的 17200 亿 kWh，增长约 1.3 倍。火电发电量在 2019～2030 年呈现先增长后下降趋势，共增长 23.8%，总体上呈现稳定状态。

从各省（市）角度看，四川省和云南省作为西南能源的绝对主力。以预测的 2030 年各省（市）发电总量为例，四川省发电总量占据四省（市）的 46%，水电生产量约占西南四省（市）的一半，且每年为华中、华东等经济发达地区输送大量的清洁水电。云南省水能资源理论蕴藏量居全国第三位，可开发装机容量居全国第二位，每年为华南地区输送大量清洁水电。贵州省发电总量占据四省（市）发电量的 10.4%，当地煤炭资源丰富导致火力发电比重很大，但“水火互济”对于“西电东送”具有很好的调节稳定作用。重庆作为直辖市，总发电规模较小，发电量占四省（市）发电量的 4%左右，仍然有大量的外调电力需求。

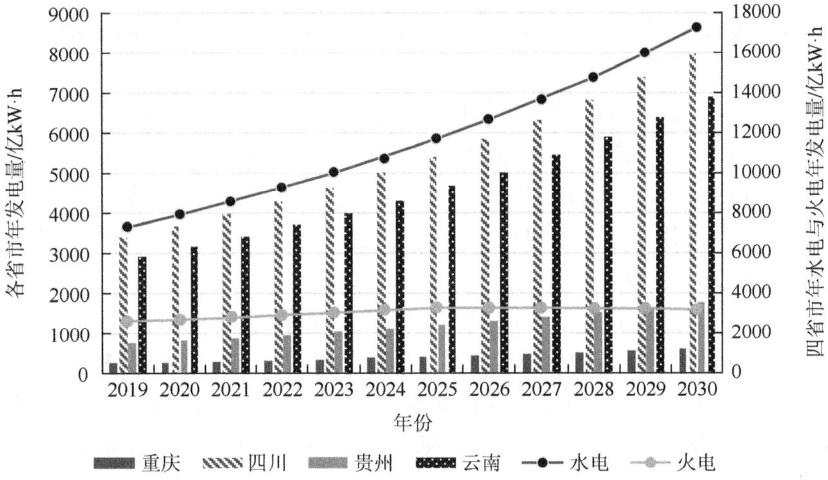

图 12.24 情景一电力常规发展仿真趋势

水资源压力指数方面，结合图 12.24 在情景一常规发展模式下，预计 2030 年四省（市）除贵州省外都处于低水平中压力状态，即均在 0.11 左右。贵州省 WSI 为 0.09，低于其他三省（市），其火电规模最大导致其总电力水足迹消耗低于其他三省（市）。其他三省（市）的 WSI 均为 0.11，即整体上西南地区的水资源生态环境较好。

2. 情景二保守发展仿真分析

结合国家和各省（市）的“十三五”规划节能减排的最高预期指标，较于情景一适度降低发电增长率。如图 12.25 仿真结果显示，预测四省（市）的水电年发电量保持年均 10%上升趋势，由 2019 年的 7309 亿 kWh 增长到 2030 年的 15385 亿 kWh，

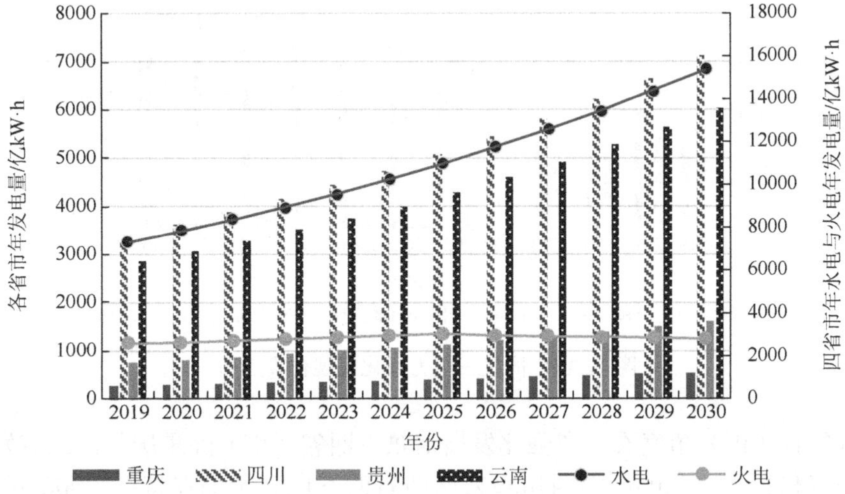

图 12.25 情景二电力保守发展仿真趋势

较情景一减少发电量约 1800 亿 kWh，约减少贵州省在 2030 年的总发电量。火电发电量呈现先增长后下降趋势，仅增长 8%，较情景一减少近 429 亿 kWh。

从各省（市）角度看，四川省和云南省作为西南能源的绝对主力。以预测的 2030 年各省（市）发电总量为例，四川省发电总量占四省（市）的 46%，云南省发电总量占 39%，两省水电之和占比高达 85%，为名副其实的清洁能源基地。贵州省发电量增加了约 841 亿 kWh。重庆发电总量增长较缓，2030 年比 2019 年增加了 291 亿 kWh。

水资源压力指数方面，结合图 12.25 在情景二保守发展模式下，预计 2030 年四省（市）都处于无压力状态，即 WSI 均在 0.09 以下。2030 年云南和四川 WSI 保持在 0.07 左右，高于重庆和贵州，原因是前两省的水电占比高导致的耗水高。综合来看，四省（市）在保守发展状态下，总体上水资源基本无压力，有很大的开发潜力。

3. 情景三强化发展仿真分析

根据《水电发展"十三五"规划》以及各省（市）的发展目标，在 GDP 较高增长的前提下，较于情景一适度提高发电增长率。如图 12.26 仿真结果显示，预测四省（市）的水电年发电量保持年均 17%左右上升趋势，由 2019 年 7514 亿 kWh 增长到 2030 年的 21439 亿 kWh，较情景一增加发电量约 4000 亿 kWh，约增加贵州省在 2030 年发电量的 2 倍。火电发电量呈现先增长后下降趋势，增长约 44%，较情景一增加近 564 亿 kWh。

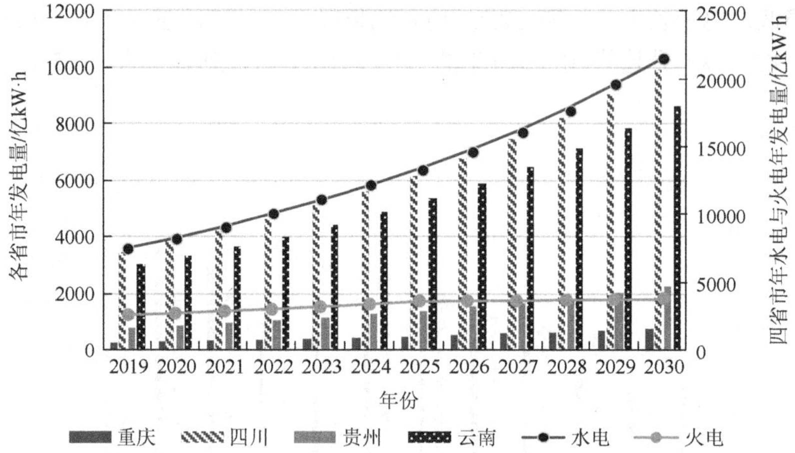

图 12.26　情景三电力强化发展仿真趋势

从各省（市）角度看，在强化发展情景下四省（市）除重庆外，三省发电量均实现翻倍。预计 2030 年四川和云南两省的发电总量均保持在 9000 亿 kWh 以上，较情景一分别增加 1958 亿 kWh 和 1728 亿 kWh。以预测的 2030 年各省

（市）发电总量为例，四川省发电总量首次接近 1 万亿 kWh，云南省发电总量约 8608 亿 kWh，两省发电总量约占四省（市）的 86%，两省的能源优势进一步凸显。贵州省发电量预计超过 2000 亿 kWh，较情景一增长近 25%。重庆市发电总量 773 亿 kWh，较情景一增长近 25%、较情景二增长 39%。

结合图 12.27 在情景三强化发展模式下，预计 2030 年四省（市）都处于中压力状态，但 WSI 不高，均在 0.22 以下。2030 年四川省 WSI 最高，保持在 0.21，

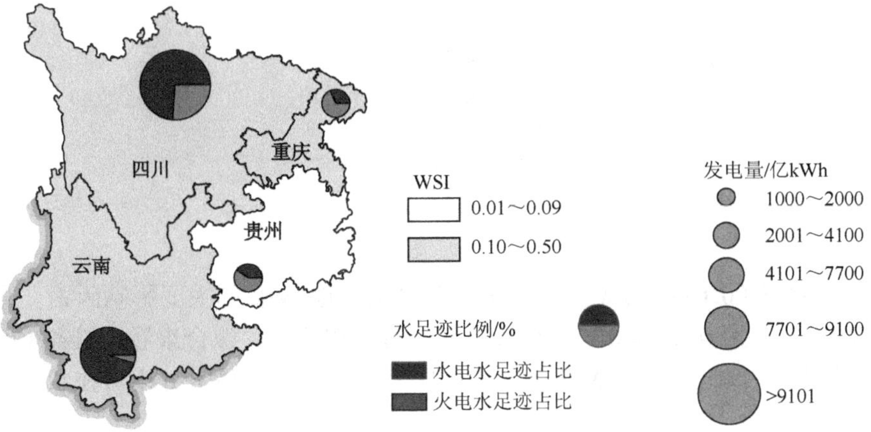

(a) 情景一

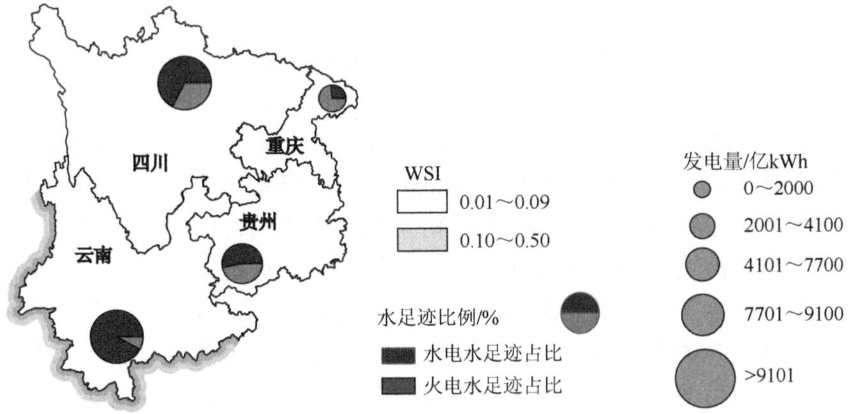

(b) 情景二

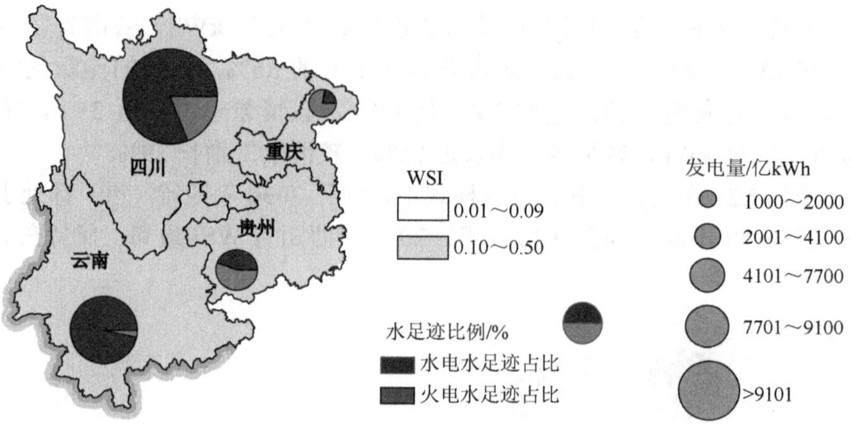

(c) 情景三

图 12.27　水资源压力指数三种情景仿真

其次是云南省（0.16），可见两省的水电开发是当地 WSI 的主要影响因素。重庆和贵州 WSI 分别为 0.15 和 0.13，均较情景一有小幅增长。综合来看，四省（市）在强化发展状态下，总体上 WSI 上升为中压力水平，但总体上处于可控状态。

12.5　结　　论

以中国西南四省（市）（重庆、四川、贵州、云南）的水资源、能源消费数据和粮食生产数据为研究对象，构建了水资源、能源、粮食、社会经济、环境五个子系统的系统动力学模型，旨在分析水资源、能源、粮食三要素之间的因果反馈关系、相互依存的协同关系和相互制约的权衡关系。首先，通过构建的水-能源-粮食纽带系统 SD 模型模拟仿真 2018～2030 年该区域水资源、能源消费量与粮食、水电生产量，通过权衡四种不同的发展情景提出最优的协同发展方案。其次，根据研究发现研究区发展以水电为代表的清洁能源方案最优，故以生命周期评价方法量化当地电力水足迹，并考虑以电力为代表的省际虚拟水流动，分析系统内部与外部的动态反馈关系。最后，模拟仿真水电发展的三种情景对当地水资源压力造成的影响，为当地以水资源为关键要素的生态可持续发展提供建议。

（1）研究期内，西南四省（市）的用水总量分别呈现下降趋势，但单位水耗仍较高；在农业和能源方面仍然有较大的节水潜力，所以西南四省（市）的水资源利用效率仍有较大进步空间。能源消费总量逐年递增，能源消耗量大且单位能耗较高，当地生态环境压力和能源安全压力较大，故需要大力发展以水能为代表的清洁能源来优化当地能源结构、保护脆弱的生态环境。粮食生产总量保持稳步增长态势，但人均粮食产量仍低于全国平均水平。

（2）研究期内，西南四省（市）水-能源-粮食纽带关系向协同优化方向改善，单位能源耗水与单位粮食生产耗水均显著降低，推动当地社会经济效率提升，缓解区域生态环境压力，利于当地水-能源-粮食纽带系统可持续发展，提升当地高质量发展水平。

（3）研究期内，西南四省（市）的电力转移量增长率为电力供给的 2 倍，电力虚拟水转移量增长率高于电力外调 7%，表明西南四省（市）的电力外调需求旺盛，且以水电输送为主。从电力消费角度，西南四省（市）的清洁水电仍有巨大的市场需求，需要逐步加强对华东地区和广东等发达地区的电力输送能力。

（4）研究期内，西南四省（市）水资源压力指数均保持较低水平，常年保持在 0.09 左右，即当地水资源生态环境较好、可持续发展能力较强。与此同时，水电水足迹的比重一直增加，所以在发展水电的同时必须强化单位水电水足迹的节约。

（5）根据 SD 模型设置的三种情景仿真结果，预测 2030 年三种电力发展模式水电均实现翻倍增长，四省（市）的水电发展规模约为全国水力发电量的 2/3，基本成为我国最大的清洁能源生产基地。情景一和情景三的电力高速增长导致当地水资源压力提升至低水平中压力（0.09～0.21），情景二 WSI 低于前两者；总体上三种电力发展模式对当地的水资源压力水平影响有限。

（6）水-能源-粮食纽带系统的复杂性意味着无论采取哪种方案，都无法实现水-能源-粮食的完美协同发展。本章基于不同政策目标设置了四种发展情景，对不同情景的模拟结果分析表明：水资源的可持续利用能力强，各发展情景下对该区域水资源压力影响较小；节约发展情景对于能源使用效率具有较大的提升作用，改进了整个系统的可持续发展水平；不同情景对粮食系统发展影响有限，需要在有限的土地上提高农业科技投入，即不同发展情景下，无法实现三要素的同时协同优化。因此，未来发展中需要同时从生产端和消费端系统，科学地调整发展目标情景，加强水-能源-粮食-生态环境-经济-社会的协同作用，以系统性工程科学地实现三者的良性循环，推动区域高质量可持续发展。

参考文献

贾绍凤，梁媛. 2020. 新形势下黄河流域水资源配置战略调整研究[J]. 资源科学，42（1）：29-36.

李桂君，李玉龙，贾晓菁，等. 2016. 北京市水-能源-粮食可持续发展系统动力学模型构建与仿真[J]. 管理评论，28（10）：11-26.

李何. 2003. 石油天然气开采业（稠油）清洁生产指标体系的研究. 油气田环境保护，13（1）：16-18.

李双成，张才玉，刘金龙，等. 2013. 生态系统服务权衡与协同研究进展及地理学研究议题[J]. 地理研究，32（8）：1379-1390.

林志慧，刘宪锋，陈瑛，等. 2021. 水-粮食-能源纽带关系研究进展与展望[J]. 地理学报，76（7）：1591-1604.

刘鸿明，邓久根. 2010. 可持续发展理论研究的两种范式述评[J]. 经济纵横，26（4）：122-125.

荣绍辉. 2009. 基于 SD 仿真模型的区域水资源承载力研究：以应城市为案例[D]. 武汉：华中科技大学.
王红瑞，赵伟静，邓彩云，等. 2022. 水-能源-粮食纽带关系若干问题解析[J]. 自然资源学报，37（2）：317-319.
钟永光，贾晓菁，钱颖，等. 2011. 系统动力学[M]. 2 版. 北京：科学出版社.
周雄勇，许志端，郗永勤. 2018. 中国节能减排系统动力学模型及政策优化仿真[J]. 系统工程理论与实践，38（6）：1422-1444.
Daher B T，Mohtar R H. 2015. Water-energy-food（WEF）Nexus Tool 2.0：Guiding integrative resource planning and decision-making[J]. Water International，40（5-6）：748-771.
Ding N，Liu J R，Yang J X，et al. 2018. Water footprints of energy sources in China：Exploring options to improve water efficiency[J]. Journal of Cleaner Production，174（10）：1021-1031.
Forrester J W，Mass N J，Ryan C J. 1976. The system dynamics national model：Understanding socio economic behavior and policy alternatives[J]. Technological Forecasting and Social Change，9（1-2）：51-68.
Francis G，Mat L，Matt R，et al. 2015. Aqueduct Global Maps 2.1：Constructing Decision-Relevant Global Water Risk Indicators[R]. Washington，D. C.：World Resources Institute.
Gerbens-Leenes P W，Hoekstra A Y，Meer T H. 2008. Water footprint of bioenergy and other primary energy carriers[R]. Enschede，The Netherlands：Value of water research report series NO. 29，UNESCO-IEH，Institute for Water Education，University of Twente.
He Y，Ji C M，Shi P. 2015. Calculation analysis and discussion of blue water footprint for hydropower station[J]. Water Resources Power，33（2）：37-41.
He Y，Ji C M，Shi P. 2015. Calculation analysis and discussion of blue water footprint for hydropower station[J]. Water Resources Power，33（2）：37-41.
John B，Anthony W. 2012. Recognizing trade-offs in multi-objective land management[J]. The Ecological Society of America，10（4）：210-216.
Pfister S，Koehler A，Hellweg S. 2009. Assessing the environmental impacts of freshwater consumption in LCA[J]. Environmental Science & Technology，43：4098-4104.
Richardson G P. 1986. Problems with causal-loop diagrams[J]. System Dynamics Review，2（2）：158-170.
Rodriguez J P，Beard T D. 2006. Trade-offs across space，time，and ecosystem services[J]. Ecology and Society，11（1）：747-760.
Yang D，Liu J R，Yang J X，et al. 2015. Life-cycle assessment of China's multi-crystalline silicon photovoltaic modules considering international trade[J]. Journal of Cleaner Production，94：35-45.

第 13 章　中国沿海地区水-能源-粮食纽带系统压力和韧性探究

13.1　研究区概况

沿海地区指的是有海岸线（大陆岸线和岛屿岸线）的地理区域（中华人民共和国自然资源部，2012），在实证研究中一般以行政区划为单位选取研究样本。纵观全世界，沿海地区是经济最繁荣、发展前景最好的地区。中国沿海有 14 个省级行政单位，由于数据获取的限制，研究除香港、澳门和台湾之外的 11 个省级行政单位（图 13.1），自南向北分别是海南省、广西壮族自治区、广东省、福建省、浙江省、上海市、江苏省、山东省、天津市、河北省和辽宁省。

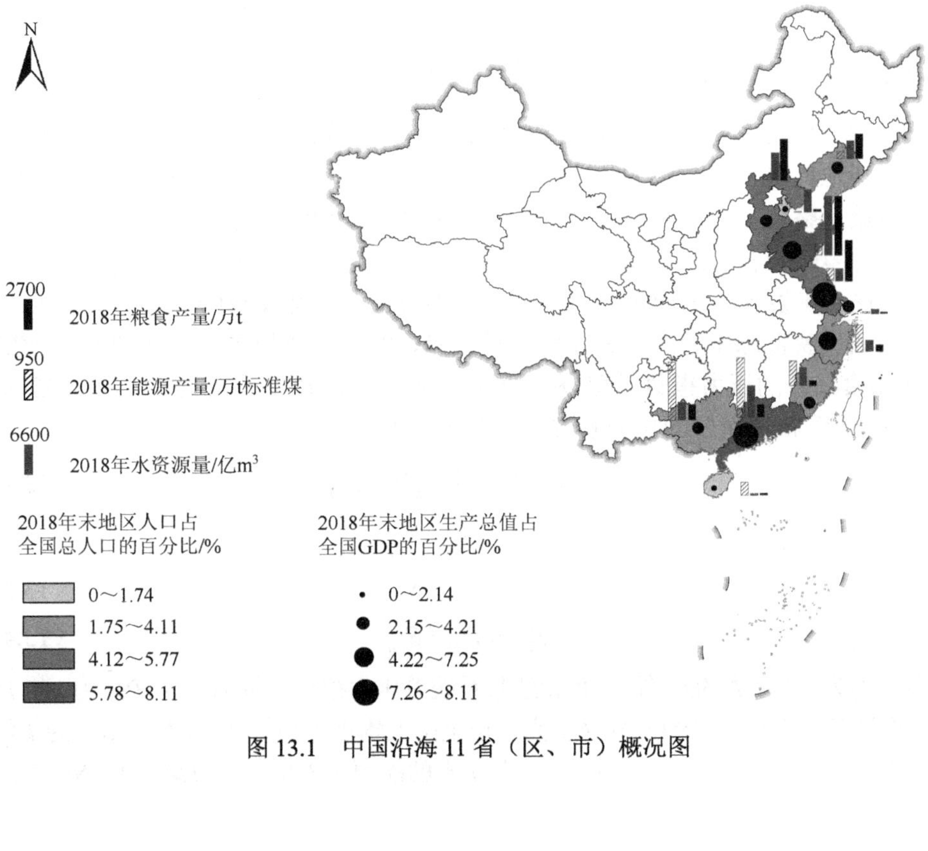

图 13.1　中国沿海 11 省（区、市）概况图

研究区南北纬跨度近 40°，横跨温带、亚热带和热带三个温度带，位于季风气候区，雨热同期，水资源量受气候变化影响较大，粮食作物生长差异大；陆域面积近 130 万 km^2，仅占全国陆地面积的约 14%。同时，交通便利、四通八达，区位条件优越，大陆海岸线长达 1.8 万 km，海域面积约 300 万 km^2，拥有得天独厚的地理优势，海洋生物、能源等资源丰富。

中国沿海 11 省（区、市）向来是经济发展的中心和人口集聚的中心，据《中国统计年鉴》，2020 年我国沿海 11 省（区、市）年末常住人口 63520 万人，占全国总人口的 45%，创造了近乎国内生产总值的 53%，人均 GDP 达 86571.6 元，是全国人均的 1.2 倍。但我国当前资源禀赋与经济社会发展格局不匹配，沿海地区的资源情况不容乐观。近 10 年研究区的平均人均水资源量约为 1633.13m^3，比全国人均水资源量低近三成，淡水资源的短缺情况当前已成为我国沿海地区经济可持续发展的瓶颈（郝艳萍等，2008）；平均人均能源生产量 0.96t 标准煤仅为全国的 38%，但消费量却高达全国人均水平的 1.2 倍；多年平均人均粮食产量 0.27t，不到全国人均粮食产量的 60%。沿海地区是我国是水-能源-粮食纽带系统问题十分复杂的地区。

13.2　研究方法与数据来源

13.2.1　水-能源-粮食纽带系统压力测算

资源的供给量和需求量之间的关系是衡量其压力最简洁的指标，“供不应求”直观地反映了资源压力状况。当前我国实施“以供定需”的水、能源和粮食配置政策，整体呈现出供需平衡的局面。另外，东部沿海地区是我国最发达的地区，资源禀赋与社会经济发展格局不匹配，通过资源的跨区域调配以支持人口和社会的高质量发展，因而仅从供需的角度不再能全面地反映研究区的资源压力。根据相关反映资源压力的研究文献（钟锐等，2014；洪思扬等，2017），构建水-能源-粮食纽带的压力指数模型，从人均资源拥有量的角度反映我国沿海 11 省（区、市）水-能源-粮食纽带的压力状况，计算公式如下：

$$P_{ij} = \frac{1}{3}P_{Wij} + \frac{1}{3}P_{Eij} + \frac{1}{3}P_{Fij} \tag{13.1}$$

$$P_{Wij} = N_{Wi} / S_{Wij} \tag{13.2}$$

$$P_{Eij} = N_{Ei} / S_{Eij} \tag{13.3}$$

$$P_{Fij} = N_{Fi} / S_{Fij} \tag{13.4}$$

式中，P_{ij} 为 i 年 j 省的水-能源-粮食纽带系统总压力指数（量纲一）；P_{Wij} 为 i 年 j 省的水资源压力指数（量纲一）；N_{Wi} 为 i 年全国人均水资源量（m^3/人）；S_{Wij} 为 i 年 j 省的人均水资源量（m^3/人）；P_{Eij} 为 i 年 j 省的能源压力指数（量纲一）；N_{Ei} 为 i 年全国人均能源生产量；S_{Eij} 为 i 年 j 省人均能源生产量；P_{Fij} 为 i 年 j 省的粮食压力指数（量纲一）；N_{Fi} 为 i 年全国人均粮食生产量；S_{Fij} 为 i 年 j 省的人均粮食生产量。

13.2.2　突变理论与突变级数法

突变理论（catastrophe theory）是由法国数学家勒内・托姆（Rene Thom）所创立的一种拓扑学理论，在 1972 年的《结构稳定性和形态发生学》一书中提出（孟凡生和李美莹，2012），是当前唯一研究由渐变而引起系统突变的理论（陈云峰等，2006）。它研究自然或社会中某系统从一种稳定状态跃迁到另一种稳态，其特点是跃迁过程连续但结果却不连续。可以用突变理论来解释和预测系统的复杂行为（仵凤清和李建侠，2010；鲍珂宇等，2021）。依据该理论，自然或社会系统中的诸多不连续事件，都可以表示成一定的几何图形。勒内・托姆证实了当控制变量小于或等于 4 时，有且只有 7 种突变形式（郭健，2004），常见突变模型势函数及归一公式见表 13.1（赵宏波等，2015）。

表 13.1　常见突变模型势函数及归一公式

突变模型	控制变量	势函数	分叉集	归一公式
折叠突变	1	$V(x)=x^3+ux$	$u_1=-3x^2$	$X_{u_1}=u_1^{1/2}$
尖端突变	2	$V(x)=x^4+u_1x^2+u_2x$	$u_1=-6x^2$ $u_2=8x^3$	$X_{u_1}=u_1^{1/2}$ $X_{u_2}=u_2^{1/3}$
燕尾突变	3	$V(x)=x^5+u^1x^3+u^2x^2+u^3x$	$u_1=-6x^2$ $u_2=8x^3$ $u_3=-3x^4$	$X_{u_1}=u_1^{1/2}$ $X_{u_2}=u_2^{1/3}$ $X_{u_3}=u_3^{1/4}$
蝴蝶突变	4	$V(x)=x^6+u^1x^4+u^2x^3+u^3x^2+u^4x$	$u_1=-10x^2$ $u_2=20x^3$ $u_3=-15x^4$ $u_4=4x^5$	$X_{u_1}=u_1^{1/2}$ $X_{u_2}=u_2^{1/3}$ $X_{u_3}=u_3^{1/4}$ $X_{u_4}=u_4^{1/5}$

突变级数法的分析步骤是：首先，将目标对象多层次划分成倒树状结构。其次，结合突变理论和模糊数学方法形成突变模糊隶属函数。然后，根据推导出的归一化公式进行计算，进而得到总的隶属函数。最后，对目标对象进行排序并分析（Thorn，1975；郑力燕等，2018）。

该方法的优点在于不对指标进行赋权，从而减少了主观性，兼顾各项指标的相对重要性（李彩惠等，2015），目前广泛应用于资源环境、生态、城市评价等领域（郑菲和李洪庆，2019；田泽等，2021）。但在进行主要和次要控制变量的选择时，常常由主观判断决定，这在一定程度上又增加了主观干扰。

13.2.3　熵值法

在应用突变级数法的时候，需要对同一层级的指标进行重要性排序。基于其上述特点，为降低主观因素对指标权重的影响，采用改进后的熵值法客观判断各指标的相对重要性，从而进行大小排序。其具体计算步骤见文献（郭显光，1998）。

13.2.4　核密度估计

核密度估计（kernel density estimation，KDE），是一种仅从输入的要素数据集本身出发，来估计整个区域数据的集聚状况，进而产生一个连续的密度表面以准确刻画其分布特征的非参数表面密度计算方法（任平等，2015）。从分布密度函数为 f 的总体中抽取独立同分布样本，设为 $x_1, x_2, \cdots, x_n$，估计 f 在某点 x 处的值，通常使用核密度估计（王远飞和何洪林，2007）：

$$f_n = \frac{1}{nh}\sum_{i=1}^{n} k\left(\frac{x - x_i}{h}\right) \tag{13.5}$$

式中，f_n 为核密度估计值；n 为省（区、市）个数；h 为控制核密度曲线平滑程度的带宽；$k\left(\frac{x - x_i}{h}\right)$ 为核函数。

13.2.5　水-能源-粮食纽带系统突变模型指标体系构建

1. 突变模型的构建

在现有水-能源-粮食纽带研究和系统韧性研究的基础上，结合研究区的沿海性特点，采用突变级数法，按照可获得性、实用性等指标选取的原则，选取水、能源和粮食三大子系统的代表性指标，构建中国沿海 11 省（区、市）水-能源-粮食纽带系统韧性评价指标体系，以期能科学评价研究区的纽带系统韧性现状。

在建模过程中，先对指标进行 Pearson 相关性检验，剔除相关性高的，以降低数据的冗余度，具体方法参考陈洪海和迟国泰（2014）的研究文献；再按照最大、最小归一化方法对各指标数据进行标准化处理；最后用改进的熵权法对指标进行赋权，从而进行各指标层及层内各指标的重要性排序。指标体系见表 13.2。

表 13.2　水-能源-粮食纽带系统突变模型

目标层	准则层	因素层	指标层	属性	单位	权重	突变类型
水-能源-粮食纽带系统	水资源子系统	总量	人均水资源量	正	m^3/人	0.1253	蝴蝶突变
			产水模数	正	万 m^3/km^2	0.0986	
			水资源开发利用率	正	%	0.0869	
			用水总量	负	亿 m^3	0.0790	

续表

目标层	准则层	因素层	指标层	属性	单位	权重	突变类型
水-能源-粮食纽带系统	水资源子系统	结构	生产用水占比	负	%	0.0867	燕尾突变
			生活用水占比	负	%	0.0816	
			生态用水占比	正	%	0.0843	
		效益	万元 GDP 用水	负	m^3	0.0415	尖顶突变
			灰水足迹强度	负	m^3/元	0.0182	
	能源子系统	总量	能源调入量	正	万 t 标准煤	0.1468	蝴蝶突变
			能源消费总量	负	万 t 标准煤	0.1377	
			能源调出量	负	万 t 标准煤	0.1343	
			人均能源生产量	正	万 t 标准煤	0.1238	
		结构	生产多元化指数	负	—	0.1148	折叠突变
		效益	能源强度	负	t 标准煤/万元	0.0477	尖顶突变
			能源消费弹性系数	负	%	0.0465	
	粮食子系统	生产	粮食播种面积比例	正	—	0.1261	蝴蝶突变
			受灾面积	负	10^3hm^2	0.1249	
			粮食单位面积产量	正	万 t	0.1239	
			粮食产量波动系数	负	—	0.0700	
		流通	粮食自给率	正	%	0.1098	尖顶突变
			粮食流动成本	负	—	0.0967	
		消费	城镇恩格尔系数	负	%	0.1238	燕尾突变
			农村恩格尔系数	负	%	0.1225	
			粮食消费价格指数	负	%	0.1024	

注：虽然按照改进的熵权法计算得到的生态用水的权重高于生活用水，但按当前实际生活中的重要度以及现有文献普遍采用的权重排序，本章认为生活用水重要度排在生态用水之前。

2. 指标说明及数据来源

1）水资源子系统

（1）人均水资源量，是地区水资源总量与地区总人口的比值。由于我国水资源总量并不丰富，且地区分布不均，资源禀赋与经济社会发展格局不匹配，个别沿海省（区、市）缺水情况较为严重，因而人均水资源量更能反映研究区水情和资源压力。水资源总量数据来源于《中国水利统计年鉴》（后续计算中用到的水资源量相关数据也来源于此，不再赘述），总人口数来源于《中国统计年鉴》（下同），具体数值由计算得到。

（2）产水模数，是水资源总量与地区总面积的比值。它是直观反映水资源丰富度的指标，它与水资源丰富程度呈正相关。地区总面积来源于《中国统计年鉴》，具体数值由计算得到。

（3）水资源开发利用率，是地表水和地下水供水总量之和与水资源总量的比值。它反映的是水资源开发利用的程度，与水资源的可持续发展密切相关，若其开发利用程度超过一般标准或生态警戒线，则会导致水资源自净能力下降，挤占生态流量，产生可持续利用的相关问题。

（4）用水总量，是水资源总量这一因素层的最直观指标，与上述三个指标一同反映水资源总量概况。

（5）生产用水占比，是工业用水量与农业用水量之和与用水总量的比值。它与生活用水、生态用水两个指标共同构成用水结构的最直观指标，反映水资源配置的社会合理性。

（6）生活用水占比，是生活用水量与用水总量的比值。

（7）生态用水占比，是生态用水量与用水总量的比值。与以上两个反映水资源配置的社会合理性的指标不同，它是正向指标，在一定范围内值越大，用水结构合理性越强。

（8）万元 GDP 用水，是用水总量与地区生产总值（GDP）的比值。GDP 数据来源于沿海 11 省（区、市）的统计年鉴。

（9）灰水足迹强度，是灰水足迹与 GDP 的比值。它是表征水资源利用效率的指标，其值越大，则效率越高。灰水足迹是以自然本底浓度和现有的环境水质标准为基准，吸收和同化一定的污染物所需的淡水体积（张宇等，2015），其计算以《水足迹评价手册》为依据。

2）能源子系统

（1）能源调入量，是从外省（区、市）调入进本省（区、市）的能源量。数据来源于《中国能源统计年鉴》和各省（区、市）统计年鉴。

（2）能源消费总量。能源量相关数据均来源于《中国能源统计年鉴》。

（3）能源调出量，是从本省（区、市）调去外省（区、市）的能源数量。

（4）人均能源生产量，是地区能源生产总量与地区总人口的比值。人口数量对能源量提出刚性需求，我国沿海 11 省（区、市）均不是传统意义上的能源大省，但经济发达，人口众多，只有对个人微观主体的能源量有所保障，才能保障整体能源安全。因而人均能源生产量既能反映能源的总量稳定程度，又能反映随人口增长能源的供给能力。人均能源生产量与以上三个指标共同构成能源子系统的总量评价标准。

（5）生产多元化指数（PDI），该指标反映的是一次能源的供给多样性，均衡的能源供给有助于降低单一能源断供风险，某种能源所占比重越大，其他能源的占比就越小，多元性越差。公式如下：

$$\mathrm{PDI}=\sqrt{\sum\nolimits_i P_i^2} \tag{13.6}$$

式中，P_i 为 P 地区 i 种能源在能源总量中所占的份额。

（6）能源强度，即单位 GDP 能耗，是地区能源消费总量与 GDP 的比值。它反映能源在生产过程中的使用效率，其值越低，能源使用效率越高，对环境的负面影响就越小。该指标也侧面反映地区经济发展对能源系统的扰动。

（7）能源消费弹性系数，是地区能源消费增长率与同期经济增长率的比值。它反映能源消费增长速度与当地经济增长速度的相对水平，同时也是能源发展可持续性的表征。数据来源于各省（区、市）统计年鉴。

3）粮食子系统

（1）粮食播种面积比例，是粮食播种面积与地区总面积的比值。粮食播种面积来源于《中国农业统计资料》（1949～2019 年），指标值由计算得到。

（2）受灾面积。自然灾害是粮食作物所受的最常见的冲击，对粮食产量有很大影响，是侧面反映粮食总量状况的指标。数据来源于《中国农业统计资料（1949—2019）》。

（3）粮食单位面积产量，是粮食总产量与粮食播种面积的比值。该指标从微观上反映粮食的供应水平。同时，其值越高，表明粮食数量安全越有保障。粮食产量的相关数据均来源于《中国农业统计年鉴》。

（4）粮食产量波动系数。粮食生产较容易受到自然和经济社会因素的影响，因此常表现出一定的波动。粮食产量波动系数是表征粮食生产水平的指标，反映粮食生产的稳定性以及抵御自然灾害的能力。计算方法见式（13.7）。

$$\alpha = \left[\left| Y_t - F_t \right| / F_t \right] \times 100\% \tag{13.7}$$

式中，Y_t 为 t 年的粮食实际产量；F_t 为 t 年的粮食趋势产量（由粮食产量时间序列计算得出，取产量的 5 年移动平均值），现阶我国 α 值一般在 3%～6%（马树庆和王琪，2010；曹永强等，2018）。

（5）粮食自给率，是粮食产量与消费量的比值。该指标能反映粮食的本地生产与消费情况，即自我供应水平。自给率越低，越需要靠外来粮食供给。

（6）粮食流动成本，是粮食零售价格指数与生产价格指数的比值。粮食零售价格指数和生产价格指数均来源于《中国农村统计年鉴》，其中，生产价格指数 2000～2002 年的数据为全国总指数，自 2003 年起为各省（区、市）的值。

（7）城镇恩格尔系数，是居民食品支出总额占个人消费支出总额的比重。该指标与下一指标农村恩格尔系数一同反映城、乡居民生活水平的高低，其值越小，意味着粮食安全保障越好。数据来源于《中国统计年鉴》。

（8）农村恩格尔系数。

（9）粮食消费价格指数。数据来源于《中国农村统计年鉴》。

13.2.6　海洋等效粮食

海洋渔业资源的获取方式主要包括海洋捕捞、海水养殖和远洋捕捞这三种。

根据海洋等效粮食的概念，以能量值为中介，将海洋渔业资源捕捞量转换为陆地粮食作物产量，即海洋等效粮食的产量。统计研究期间，按照产量大、占比高的原则选择沿海各省（区、市）的陆地粮食作物（天津、河北和山东为小麦，辽宁为玉米，上海、江苏、浙江和泛珠江三角洲地区四省（市）为稻谷），作为能量转换的基础。海洋等效粮食的计算公式如下：

$$\mathrm{ME}=\sum_{i=1}^{n}\mathrm{MFP}_{ji}\times\mathrm{MFE}_{ji} \tag{13.8}$$

$$\mathrm{MVG}=\mathrm{ME}/\mathrm{GE} \tag{13.9}$$

式中，ME 为海洋渔业资源总能量（kJ）；MFP_{ji} 为 j 省第 i 类海洋渔业资源的产量（t）；MFE_{ji} 为 j 省第 i 类海洋渔业资源的单位质量能量值（kJ/100g）；MVG 为海洋等效粮食作物产量（t）；GE 为单位质量陆地粮食作物能量值（kJ/100g）。

13.2.7　海洋等效能源

中国沿海 11 省（区、市）都建设有海洋风力发电站，并且辽宁、江苏、浙江、福建、广东、广西和海南建有核电站，浙江和山东还建有潮汐电站（山东白沙口潮汐电站 2010 年起停止运行）。统计研究区各省（区、市）的海洋风能、潮汐能和核能发电量，根据《中国能源统计年鉴》中的标准，将其发电量按照 1 万 kWh 电力折算成 1.229t 标准煤的转换标准，得到海洋能源发电为陆域提供的能源补充量，即海洋等效能源产量。

13.2.8　海洋等效水资源

借鉴张梦飞（2019）提出的海洋等效虚拟水的计算方法，海洋等效水资源的计算公式如下：

$$\mathrm{MVW}=\mathrm{MFVW}+\mathrm{MPVW}+\mathrm{MEVW} \tag{13.10}$$

式中，MVW 为海洋等效水资源（m^3）；MFVW 为海洋粮食等效虚拟水（m^3）；MPVW 为海洋能源等效虚拟水（m^3）；MEVW 为海洋环境等效虚拟水（m^3）。

$$\mathrm{GVW}=\mathrm{GW}/\mathrm{GP} \tag{13.11}$$

$$\mathrm{MFVW}=\mathrm{MVG}\times\mathrm{GVW} \tag{13.12}$$

式中，GVW 为选定陆地粮食作物单位质量虚拟水含量（m^3/kg）；GW 为选定粮食作物单位面积需水量（m^3/hm^2）；GP 为选定粮食作物的单位面积产量（kg/hm^2）。

陆地能源的开采和供给过程有大量的水资源消耗，我国沿海地区以火力发电为主，其冷却过程耗水量大。但海洋风能和潮汐能发电在给陆域供电的全环节水耗很少，且我国核能发电站均建于沿海地区，利用海水进行冷却，清洁的海洋能源发电相当于对燃煤火力发电所消耗的淡水资源的补充。海洋等效能源虚拟水的计算公式如下：

$$\mathrm{MWVW} = \mathrm{MVWE} \times (\mathrm{FPC} + \mathrm{FDBH} \times \mathrm{CUW}) \tag{13.13}$$

$$\mathrm{MTVW} = \mathrm{MTE} \times (\mathrm{FPC} + \mathrm{FDBH} \times \mathrm{CUW}) \tag{13.14}$$

$$\mathrm{NVW} = \mathrm{NP} \times \mathrm{NPC} \tag{13.15}$$

$$\mathrm{MPVW} = \mathrm{MWVW} + \mathrm{MTVW} + \mathrm{NVW} \tag{13.16}$$

式中，MWVW 为海洋风电等效虚拟水（m^3）；MVWE 为海洋风电发电量（MWh）；FPC 为煤电单位发电耗水量（m^3/MWh）；FDBH 为发电标准煤耗（g/kWh）；CUW 为采煤和洗煤平均用水定额之和（m^3/t）；MTVW 为潮汐发电等效虚拟水（m^3）；MTE 为潮汐发电量（MWh）；NVW 为核电等效虚拟水（m^3）；NP 为核电发电量（MWh）；NPC 为核电单位发电耗水量（m^3/MWh）。根据相关资料（项潇智和贾绍凤，2016；程国栋，2003），将循环冷却作为长江以北天津、河北、辽宁、江苏和山东的火电主要冷却方式，单位发电耗水量为 1.9m^3/MWh；长江以南六省（区、市）则定为直流冷却，单位发电耗水为 1.2m^3/MWh。煤电约占火力发电的 93.5%，采煤和洗煤的平均用水定额分别为 0.47m^3/t 和 0.27m^3/t。参考相关研究（钟锐等，2014；洪思扬等，2017），核电站的单位发电耗水量定为 0.1m^3/MWh。

根据灰水足迹（Hoekstra and Chapagain，2008）的概念，必须经过水资源稀释并达到一定的环境水质标准的污染物才能向自然界排放。沿海省（区、市）以其得天独厚的地形条件，可以在海洋自净能力的帮助下消纳一部分陆源废水，从而减少对陆域水资源的消耗和浪费。参考相关文献（孙才志和张梦飞，2018），并借鉴灰水足迹的计算方法，海洋环境等效虚拟水的计算公式如下：

$$\mathrm{MEV}_i = L_i / (C_{\max} - C_{\mathrm{nat}}) \tag{13.17}$$

$$\mathrm{MEV}_i = \max(\mathrm{MEVW}_{\mathrm{COD}}, \mathrm{MEVW}_{\mathrm{NH_4^+\text{-}N}}) \tag{13.18}$$

式中，MEV_i 为以第 i 类污染物为标准的海洋环境等效虚拟水（m^3）；L_i 为直排海第 i 类污染物排放负荷（kg/a）；C_{nat} 为陆地受纳水体在自然状态下污染物的本底浓度（假设为 0）（戈华清和蓝楠，2014）；C_{max} 为陆地受纳水体对污染物的最大容许浓度（COD 为 60mg/L，NH_4^+-N 为 15mg/L）[《污水综合排放标准》（GB 8978—1996）]。

13.2.9　数据来源

水资源总量来源于《中国水利统计年鉴》，能源生产总量来源于《中国能源统计年鉴》，粮食生产总量来源于《中国农业统计年鉴》，全国及各省（区、市）总人口数来源于《中国统计年鉴》，人均（水、能源、粮食）资源量为该资源总量与总人口的比值，由计算得到。

海洋等效资源计算过程中使用的数据来源见表 13.3。

表 13.3　指标及相关说明

类别	指标	说明/来源
粮食	粮食生产量（万 t）	《中国农业统计年鉴》
	海洋捕捞、海水养殖、远洋捕捞产量（t）	《中国渔业统计年鉴》
	粮食作物单位面积产量（kg/hm^2）	《中国农村统计年鉴》
	粮食作物单位面积需水量（m^3/hm^2）	（石玉林和卢良恕，2001）
	不同品种海洋渔业和粮食作物能量值（kJ/100g）	中国食物成分表
能源	海洋风能发电量（MWh）	《中国海洋统计年鉴》
	海洋潮汐发电量（MWh）	（吕曰恒，2001；林楚平，1999）
	核能发电量（MWh）	《中国电力年鉴》
水资源	直排海污染物排放量（kg/a）	《中国近岸海域环境质量公报》《中国海洋生态环境状况公报》

13.3　中国沿海 11 省（区、市）水-能源-粮食纽带系统压力时空变化分析

13.3.1　中国沿海 11 省（区、市）水-能源-粮食纽带系统压力时序演进特征分析

根据式（13.1）～式（13.4）计算得到 2000～2018 年水资源、能源、粮食和水-能源-粮食纽带系统压力指数以及多年平均压力指数，限于篇幅仅列出部分数据结果（表 13.4）。水资源压力指数在 2004 年前值很高且波动大（图 13.2），2004～2009 年缓慢波动，2010 年压力陡增，至 2018 年呈周期性波动上升；能源压力指数 2000～2014 年先小幅度的下降再波动上升，自 2014 年开始呈下降趋势，最终趋于稳定；粮食压力指数 2000～2016 年呈现出较稳定的缓慢上升趋势，2017 年开始小幅下降。水-能源-粮食纽带系统总压力指数 2000～2018 年呈现出大幅度的不规律性波动上升趋势，其波动变化主要受到水资源子系统的影响，上升表现则是受到能源和粮食子系统的共同影响。

表 13.4　2000～2018 年沿海 11 省（区、市）水资源、能源和粮食子系统及水-能源-粮食纽带系统压力指数

年份		天津	河北	辽宁	上海	江苏	浙江	福建	山东	广东	广西	海南
2000	W	71.46	10.12	6.57	13.06	3.88	1.10	0.60	8.08	1.16	0.64	0.38
	E	0.89	1.27	0.83	2.18	3.93	11.40	2.21	1.00	2.49	6.10	—
	F	2.95	0.96	1.34	3.39	0.86	1.41	1.46	0.86	1.80	1.14	1.45
	水-能源-粮食纽带系统压力指数	25.10	4.12	2.91	6.21	2.89	4.63	1.42	3.31	1.82	2.62	0.91

续表

年份		天津	河北	辽宁	上海	江苏	浙江	福建	山东	广东	广西	海南
2005	*W*	21.11	10.96	2.41	16.62	3.50	1.06	0.55	4.79	1.13	0.58	0.58
	E	0.65	1.60	1.13	3.07	5.55	6.50	2.37	1.10	3.37	6.33	23.20
	F	2.82	0.98	0.90	6.66	0.99	2.27	1.85	0.88	2.45	1.16	2.01
	水-能源-粮食纽带系统压力指数	8.19	4.51	1.48	8.78	3.35	3.28	1.59	2.25	2.32	2.69	8.60
2010	*W*	32.62	11.97	1.67	14.46	4.74	0.90	0.52	7.17	1.21	0.58	0.42
	E	0.58	1.97	1.43	4.23	6.30	8.12	2.51	1.33	4.77	5.24	16.57
	F	3.38	0.96	1.01	7.29	1.00	3.32	2.64	0.89	3.49	1.40	2.18
	水-能源-粮食纽带系统压力指数	12.19	4.97	1.37	8.66	4.01	4.11	1.89	3.13	3.16	2.41	6.39
2015	*W*	24.65	11.21	4.99	7.68	2.79	0.80	0.59	11.92	1.14	0.40	0.94
	E	0.76	2.76	2.28	6.13	7.27	6.84	2.80	1.77	4.17	3.86	16.13
	F	4.04	0.99	0.97	9.28	1.07	4.57	370	0.92	4.31	1.61	2.84
	水-能源-粮食纽带系统压力指数	9.82	4.99	2.75	7.70	3.71	4.07	2.36	4.87	3.21	1.96	6.64
2018	*W*	17.48	9.08	3.65	12.35	4.20	1.31	1.00	5.77	1.18	0.53	0.44
	E	0.79	3.16	2.75	6.26	7.41	5.99	2.43	1.91	4.03	3.13	6.92
	F	3.51	0.96	0.94	11.04	1.04	4.52	3.73	0.89	4.49	1.70	3.00
	水-能源-粮食纽带系统压力指数	7.26	4.40	2.45	9.88	4.21	3.94	2.39	2.86	3.23	1.79	3.45

注：海南 2000～2004 年无能源产量数据，因此也无能源压力指数值，用“—”表示。*W* 表示水资源子系统压力指数；*E* 表示能源子系统压力指数；*F* 表示粮食子系统压力指数。

本章的压力指数从人均资源持有量的角度考虑，因此除了研究区自身因素的影响外，全国人均资源量对压力指数的变化也会产生一定程度的影响。从数值上来看，研究期间全国人均水资源量也有大幅度的波动，2016 年值最大，达到 2354.92m^3/人，

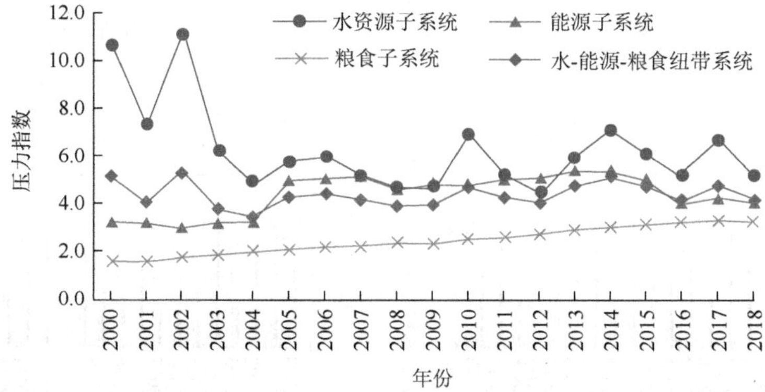

图 13.2　中国沿海 11 省（区、市）2000～2018 年水资源、能源、粮食子系统和水-能源-粮食纽带系统压力指数变化

而最小值仅为 1730.20m^3/人，出现在 2011 年；全国人均能源生产量整体呈上升趋势，2000 年仅为 1.0696t 标准煤/人，到 2018 年达到 2.72t 标准煤/人，增长了 1.5 倍多；全国人均粮食产量在研究期间波动上升，产量最大值在 2015 年，达 0.48t 标准煤/人，此后年份人均粮食产量略有降低。

不同省（区、市）之间的水-能源-粮食纽带系统压力空间差异明显，其各子系统的压力表现也不尽相同。为分析其结构性特征，绘制中国沿海 11 省（区、市）水-能源-粮食纽带系统压力结构演变特征图（图 13.3），并根据水-能源-粮食纽带系统总压力指数的变化规律将其分为以下三种类型。

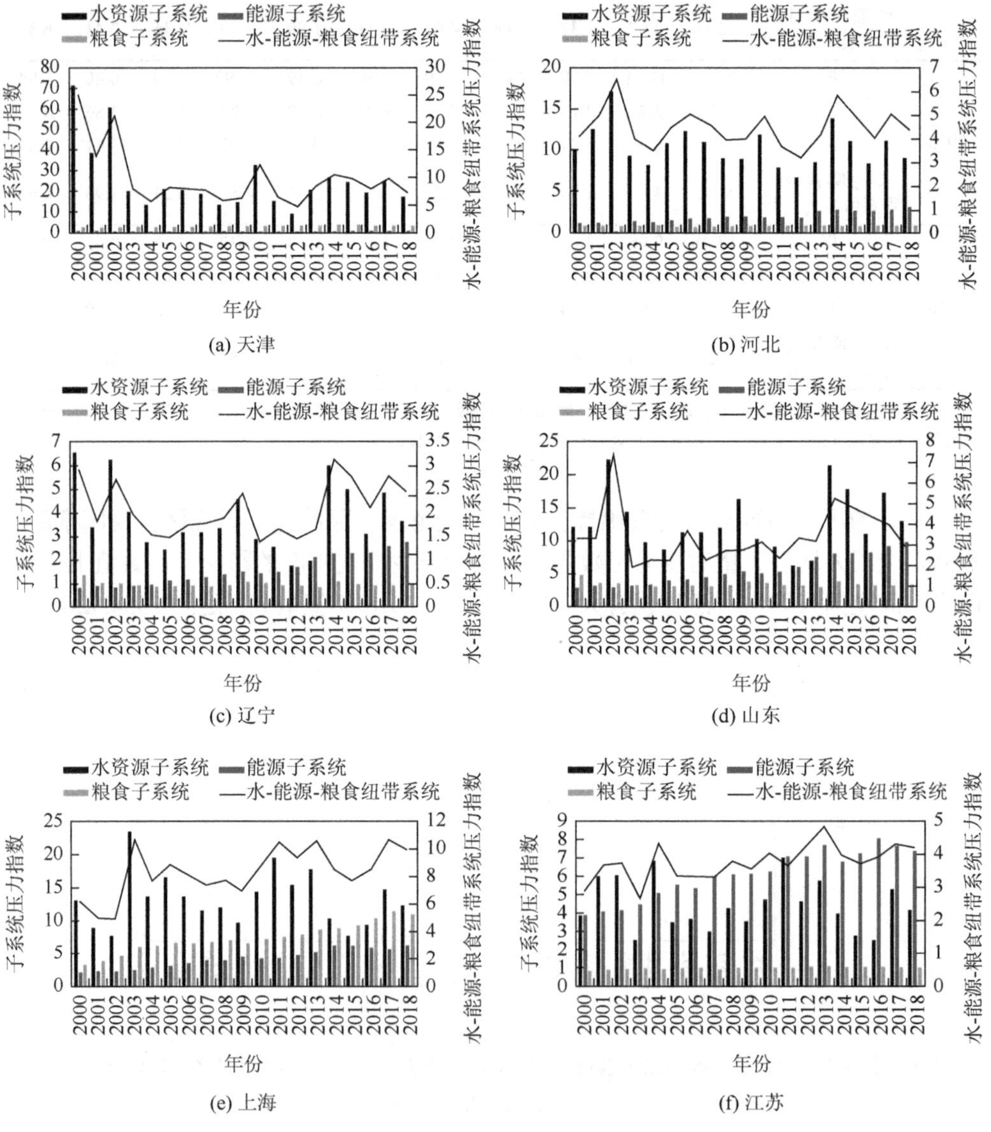

(a) 天津　　(b) 河北

(c) 辽宁　　(d) 山东

(e) 上海　　(f) 江苏

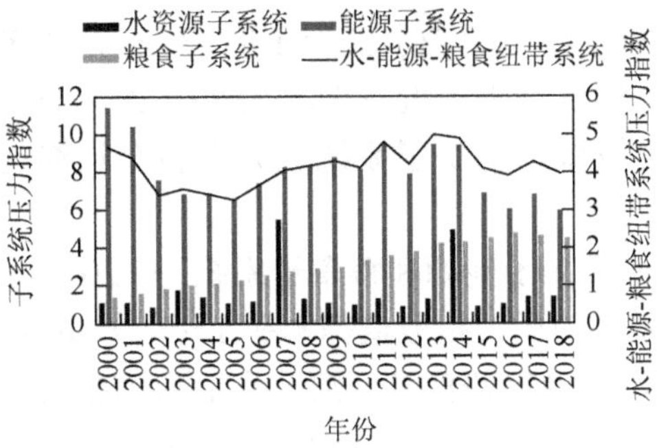

(g) 浙江

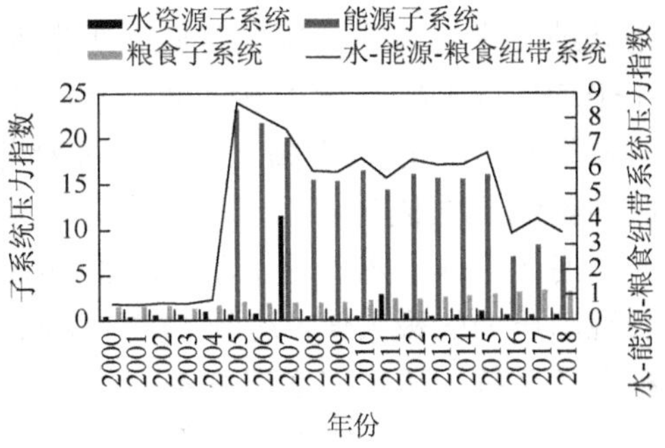

(h) 海南

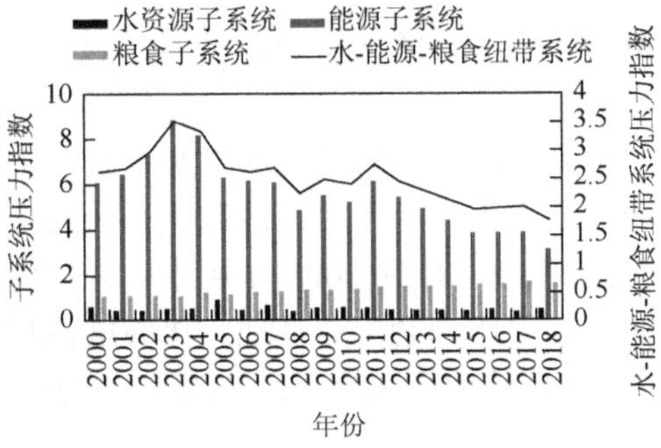

(i) 广西

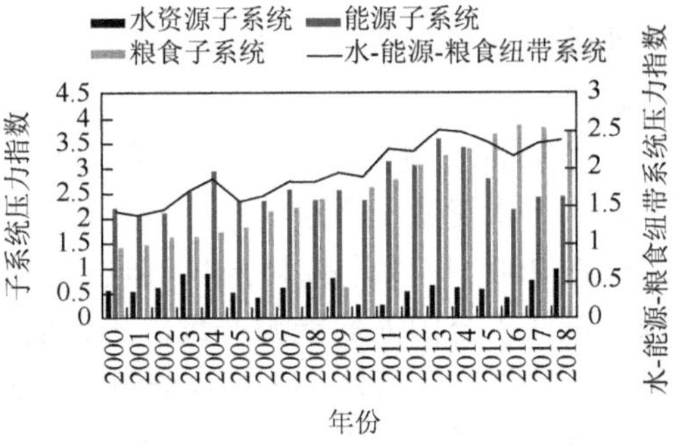

(j) 福建

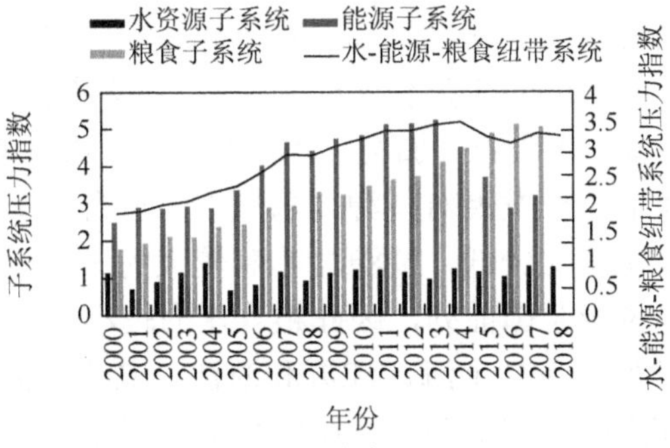

(k) 广东

图 13.3 中国沿海 11 省（区、市）水-能源-粮食纽带系统压力结构演变特征

类型一是明显波动型，包括天津、河北、辽宁和山东。这四省（市）都位于环渤海地区，研究期间其水-能源-粮食纽带系统压力波动起伏变化明显，且其变化都是由水资源子系统主导的，这一定程度上是受我国水资源总量南多北少的自然分布的影响。

天津是北方最大的沿海城市，引滦入津工程为其输送补充了大量的水资源，2000～2002 年水资源子系统压力指数远远高于其他年份，且出现极大值，主要是其地表水径流量的影响导致，尤其是 2002 年的地表水仅为 1.85 亿 m^3，比多年平均值（9.7 亿 m^3）少了近 81%，比上年度减少了近 50%。另外，天津第三产业发达，科技水平高，各产业能耗相对较低，能源子系统压力在整个沿海地区内都属于低值。

河北整体上水资源子系统的压力指数明显高于能源和粮食子系统，在 2002 年表现出压力的极大值，达到 17.3；能源子系统的压力指数值基本在 1～3 波动；而粮食子系统的压力值在研究期间均小于 1，这说明研究期间河北省的人均粮食产量高于全国人均粮食产量，但并不能代表它没有粮食压力。随着近年来京津冀城市群的发展和北京非首都功能的疏解分散，河北整体经济社会发展加速，但耗能产业的增多和人口的集聚也逐步加重了能源和粮食子系统的压力，整体呈现出上升趋势。

辽宁的水-能源-粮食纽带系统总压力指数虽然也是主要受到水资源子系统的影响，但水资源子系统的压力要明显低于同类型的天津和河北；能源子系统的压力值在 2005 年以前都小于 1，但也呈逐年增长趋势，直到 2005 年起本省人均能源产量低于全国人均能源产量，压力值增加。辽宁作为老工业基地，化石能源储量大但消耗高。另外，它作为全国农业大省，产业结构优化合理，产能稳步提升，但受到水热条件的限制，主要粮食作物产量年际波动大。

山东的水资源子系统压力高于能源、粮食子系统的压力，且在研究期间增减幅度较大。能源子系统的压力在研究期间存在小幅波动，但大致为增加态势；粮食子系统的压力小于 5，研究期间总体为下降态势。山东人口众多、工农业发达，需水量较大，同时由于管理不到位，加剧了水资源短缺，山东的水资源压力较大。就能源压力而言，山东的工业发展对能源需求量大，自身能源较难满足经济发展的需求，同时可再生能源占比较低，能源面临着较大的压力。山东作为我国粮食主产区之一，粮食产量位于全国前列，因此粮食压力较小。

类型二是平缓上升型，包括上海、江苏和浙江，其中上海的水-能源-粮食纽带系统总压力变化前期主要受水资源子系统的影响，后期主要是三个子系统的共同作用；江苏和浙江的变化则主要是能源子系统起主导作用。这三个省（市）均位于长江三角洲地区，经济高速发展，人口众多。

上海与其他省（市）相比其各子系统压力和水-能源-粮食纽带系统总压力都偏高，压力指数最高的是水资源子系统，增幅最大的是粮食子系统，从 2000 年的 3.4 增长到了 2018 年的 11.1，增长率高达 226%。上海作为我国的国际经济和科技创新中心，城市化率高，人口密度高，传统制造业发达，但有逐渐向外转移的趋势，这能有效从根源上促进产业转型、减少消耗，以在一定程度上缓解资源压力。但同时它耕地面积占比小，粮食产量相对较低，随着其发展人口密度不断增加，粮食子系统压力也飞速增长。

江苏各子系统中压力水平最高的是能源子系统；水资源子系统的压力在研究期间先增大后减小；粮食子系统的压力相对较低，在 2010 年之前其值都小于 1。江苏是我国综合发展水平最优的省（市）之一，作为我国农业大省，耕地面积广阔，农业发达，粮食产量高，因而粮食子系统压力小。研究期间，江苏的原油和天然气储量较为丰富，但原煤产量有下降趋势。另外，江苏的水电、风电行业发展较好，同时也建立有核电站，通过清洁的新能源供给本省的能源消耗，因此仅从陆地资源的角度来看，人均能源产量较低，能源子系统压力大。

浙江同样是能源子系统的压力最大，但在研究期间其压力指数有降低趋势；水资源子系统的压力指数是最低的，其中，2015～2018 年其值略小于 1，本省人均水资源量大于全国人均水资源量；粮食子系统的压力值呈现出明显的增长趋势。浙江是沿海大省，水资源丰富，同时也是我国的工业基地之一，第二、三产业发达，是社会经济的发展支柱，同时它也是传统能源短缺省，能源储量与经济发展格局不匹配，造成较大的能源压力，但其海洋资源优势明显，海洋风电、核电以及潮汐能发电的逐步发展和成熟，将对此有明显缓解。

类型三是明显升降型，包括海南、广西、福建和广东，其中前两者是明显下降，其变化主要是能源子系统起主导作用；后两者则是明显上升，其变化是能源和粮食子系统的共同作用。这四省（区）都位于长江以南，属于泛珠江三角洲地区，水资源总量丰富，海域面积广阔，海洋开发利用前景好。

海南的水资源子系统的压力指数不稳定，年际波动较大；能源子系统的压力指数在研究期间明显下降，除 2000～2004 年是没有获取到数据的年份，2005 年压力指数 23.2 是最大值，此后明显下降，2018 年为最小值 6.9；粮食子系统的压力波动增长，但涨幅小，增速慢。海南是我国最南端的省份，四面环海，海域面积广阔，水资源丰富，且人均水资源量高于全国平均水平；种植业发展良好，其中种植面积最大、产值最高的就是粮食作物，其资源压力也不大；近年来各产业发展势头良好，科技水平提升，资源利用率不断提升，产业结构优化，尤其是第三产业的发展更是对能耗和污染的降低起到重要影响，同时清洁能源的开发利用也起到了至关重要的作用。

广西的水资源子系统压力状况与福建相似，但其压力值相对更低，人均水资源量更丰富；能源子系统压力是三个子系统中最高的，但呈明显的下降趋势；粮食子系统压力状况稳定。广西是我国西部的唯一沿海省（区），水资源储量丰富，人口相对较少，其人均水资源量同样高于全国平均水平；近年来逐渐承接了部分珠三角，尤其是广东省的产业转移，使得本省的高耗能、高污染产业增多，这就造成其能源压力整体偏高，但随着能源利用效率的提升和技术进步等能耗逐渐降低。

福建整体上各子系统的压力都较低，其中水资源子系统压力指数最低，值一直保持在 1 以下，表明与全国平均值相比，本省的人均水资源量较为充沛，但仅从此方面不能说明福建没有水资源压力；粮食子系统的压力指数是增长最多的，从 2000 年的 1.5 增长到了 2016 年的 3.9，其后两年略有下降。福建是珠江三角洲和长江三角洲的连接桥梁，河流众多，流域面积约为全省面积的 1/2，水资源储量居华东地区首位；第二产业发达，产业结构具有重工业导向，高能耗，生态环境敏感。另外，福建省耕地面积小，人均水平低于全国平均的 1/2，粮食作物产量虽整体呈增长趋势，但总量偏低。

广东的能源子系统压力指数是三个子系统中最高的，但在 2013 年达到极大值 5.2 之后则明显降低；粮食子系统的压力指数基本上可以看作是直线增长。广东是泛珠江三角洲（简称泛珠三角）地区的核心，海岸线位居全国第一，水资源总量丰富，但人均水资源量仍略低于全国平均水平；第二、三产业基础好、发展快、质量高，随着高能耗和高污染产业向周边省（区、市）的转移以及技术的更新换代，能源子系统压力降低趋势明显；粮食总产量呈增长趋势但速度较缓，加上城市化的发展和人口的集聚，人均粮食量呈下降趋势，粮食子系统压力增加。

13.3.2　中国沿海 11 省（区、市）水-能源-粮食纽带系统压力空间特征分析

根据计算结果，还绘制了多年平均压力指数空间分布图（图 13.4），用自然断点法和人工辅助相结合的方法将压力指数分为不同级别。可以明显看出，2000～2018 年平均水资源压力指数的分布较分散（图 13.4），压力最高的是天津和上海，长江以北地区压力明显高于长江以南地区，泛珠三角地区的福建、广西和海南的 P_{Wj} 虽然小于 1，但很大程度是由于这三个省（区）是地广人稀型沿海省（区），人均资源拥有量大，因而并不能认为其没有水资源压力，只是说明其本省（区）的人均水资源量高于全国人均水平，相较而言压力最小，这与我国水资源分布南多北少的格局相一致。

平均能源压力指数最高的省（区、市）是海南，较低的集中在环渤海地区，整体上东南沿海地区的能源压力要高于东北沿海，与中国东南沿海地区能源消费量大而储量不丰富的现状相符合（Yuan and Luo，2019）。这主要是由于东南省（区、市）的城市人口比重大，工业化进程快，人民生活水平高，对能源的需求相对更高，这些因素与能源压力的变化呈正相关。而海南和广西的高能源压力则与其地理结构复杂性和能源技术较落后是分不开的。

平均粮食压力指数最高的是上海，长江以北地区整体上粮食压力较低，长江以南浙江和广东的粮食压力指数处于较高等级，这是由于河北、辽宁和山东都是位于长江以北的我国粮食主产区。适宜的温度以及较少发生的极端天气（Hatfield et al.，2011），会更加利于作物生长，粮食产量高，因此粮食压力也会更小。而随着长江以南地区经济的快速发展，耕地减少、粮食产量下降（Bao and Fang，2012），但人口密集程度增大，因而其粮食压力指数更高。

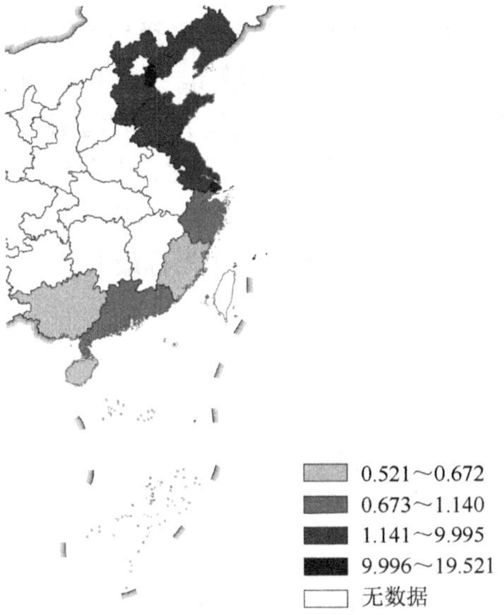

(a) 水资源

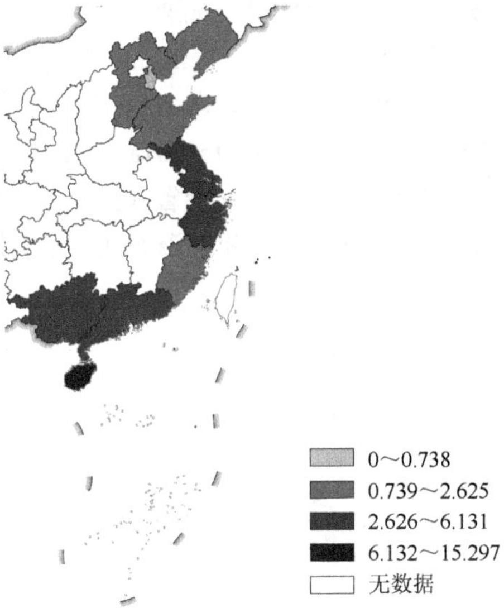

(b) 能源

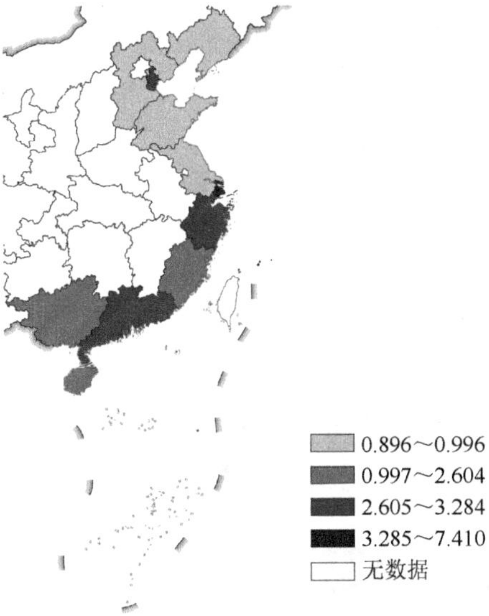

(c) 粮食

图 13.4　2000～2018 年中国沿海 11 省（区、市）平均水资源、能源、粮食压力指数空间分布

计算研究期间各省（区、市）的水-能源-粮食纽带系统始、末压力指数差值，结果为正表示压力增大，结果为负则压力减小，如图 13.5 所示。2000～2018 年沿海地区近一半省（区、市）的水资源压力增大，首先是受亚热带季风性气候影响，研究区降水时空分布不规律，由此导致水资源总量的年际分配不均。同时，最主要的是随

着沿海地区城市化进程加速，经济快速发展以及人口年增长率增高，直接导致城市居民生活用水比例增加（Peng and Deng，2020），水资源的需求显著增加。长江以北地区以及上海市的能源压力在2000～2018年明显增加，长江以南的浙江、广西和海南的能源压力显著降低。2000～2018年仅有辽宁省的粮食压力指数减小，河北、山东和江苏三省的变化不显著，其余省（区、市）的粮食压力有不同程度的增加，尤其是上海、浙江和广东这三个在我国沿海地区经济发展领先的省（市）粮食压力增幅最大。

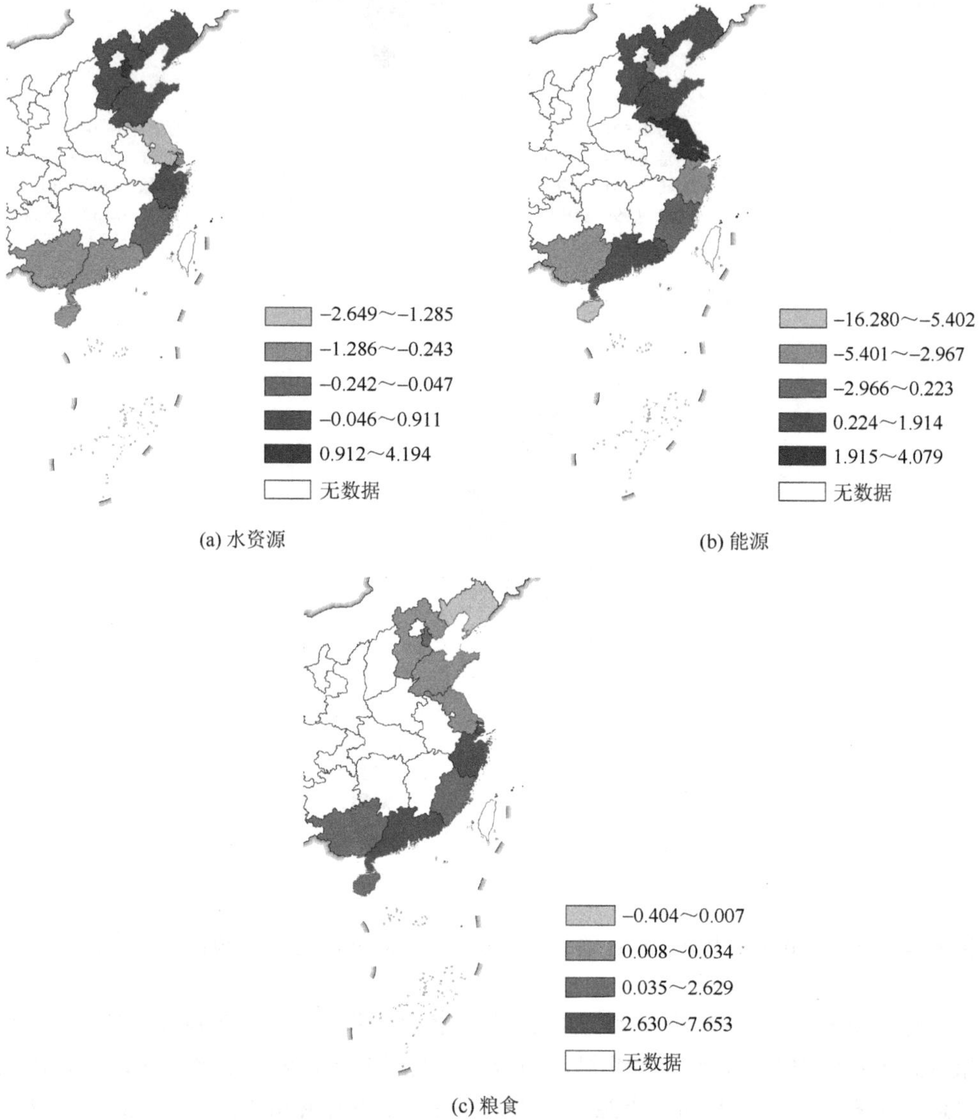

图 13.5　2000～2018年中国沿海11省（区、市）水资源、能源、粮食压力指数变化空间分布

整体来看，研究期间沿海 11 省（区、市）的水-能源-粮食纽带系统总压力指数仅有广西和海南两省呈下降趋势[图 13.6（b）]，但海南省的多年平均压力值数最低[图 13.6（a）]；天津和上海的水-能源-粮食纽带系统总压力指数增幅最大；除海南和江苏以外的省（区、市）的多年平均水-能源-粮食纽带系统总压力指数和其多年变化基本一致，表明水-能源-粮食纽带系统压力状况不容乐观。

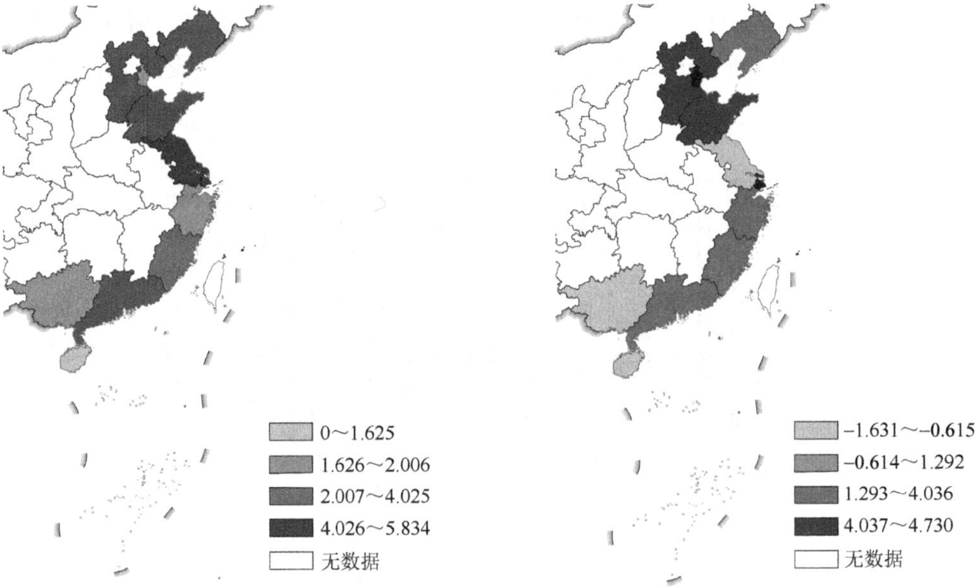

(a) 平均　　(b) 变化

图 13.6　2000～2018 年中国沿海 11 省（区、市）平均水-能源-粮食纽带系统总压力指数及其变化分布

13.4　中国沿海 11 省（区、市）水-能源-粮食纽带系统韧性时空分析

13.4.1　中国沿海 11 省（区、市）水-能源-粮食纽带系统韧性时序演进特征分析

根据已建立的我国沿海 11 省（区、市）水-能源-粮食纽带系统韧性突变级数模型，计算出其系统及各子系统的韧性评价值。受篇幅限制，图 13.7 仅展示部分结果。

从省域角度来看，将 2000～2018 年各省（区、市）水-能源-粮食纽带系统韧性评价均值按从大到小排列依次为浙江、山东、辽宁、江苏、广东、福建、河北、海南、广西、天津和上海。韧性处于领先地位的是浙江，上海较为落后，但各省（区、市）之间差距不大。

从图 13.7 可以看出，总的来说，研究期间我国沿海 11 省（区、市）的水-能源-粮食纽带系统韧性总体呈上升趋势，表明 2000～2018 年我国沿海 11 省（区、市）在资源不断消耗的同时，水-能源-粮食纽带系统韧性增大，其抵御扰动的能力增强。其中，广西的表现最为突出，由相对较低韧性水平向较高水平转变；紧接着是河北和江苏。天津和广西在 2000 年时分别表现出极大值和极小值。浙江的水-能源-粮食纽带系统韧性一直保持较高的水平；广东最为稳定，且处于中高韧性水平，其次是海南；波动最大的是上海，其在 2007 年达到峰值，随后逐渐降低，直至 2018 年又有所回升；相对而言，天津的韧性水平一直处于较低状态，但其韧性多年来总体也呈逐渐增强状态。

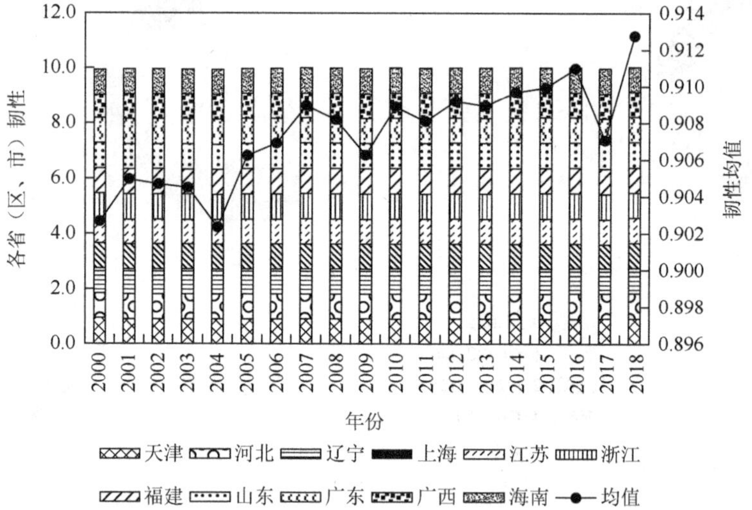

图 13.7　2000～2018 年中国沿海 11 省（区、市）水-能源-粮食纽带系统韧性评价值变化

为进一步分析，选取首末年份及中间年份的水-能源-粮食纽带系统韧性数据，在 Eviews 软件中绘制中国沿海 11 省（区、市）水-能源-粮食纽带系统韧性核密度分布图（图 13.8）。

从图 13.8 可以明显看出，2010 年及 2018 年的核密度函数中心向右移动，表明 2000 年以来沿海地区各省（区、市）的水-能源-粮食纽带系统韧性的提升较为显著。虽然如此，但其韧性平均值仅从 0.9045 上升到 0.9127，韧性仅增长了约 1%。从形态上来看，核密度函数总体呈现出负偏态双峰状，且 2000 年的图线长尾部分有一个明显缺口。这表明我国沿海地区的水-能源-粮食纽带系统韧性分布较为分散，但在中高值段位有一定的集中性。同时，从开口宽度来看，开口整体上呈增大形态，表明其集中程度趋于降低，沿海地区的水-能源-粮食纽带系统韧性差距增大。从峰值的变化来看，核密度函数由明显双峰值向单峰值变化，原有韧性明显相对较低的城市有较大的提升，与其他原有韧性相对较高的城市的差距在缩小；

但曲线高峰有所降低，核密度值下降，这表明水-能源-粮食纽带系统韧性值的分布更为分散，沿海地区的整体韧性差距增大。

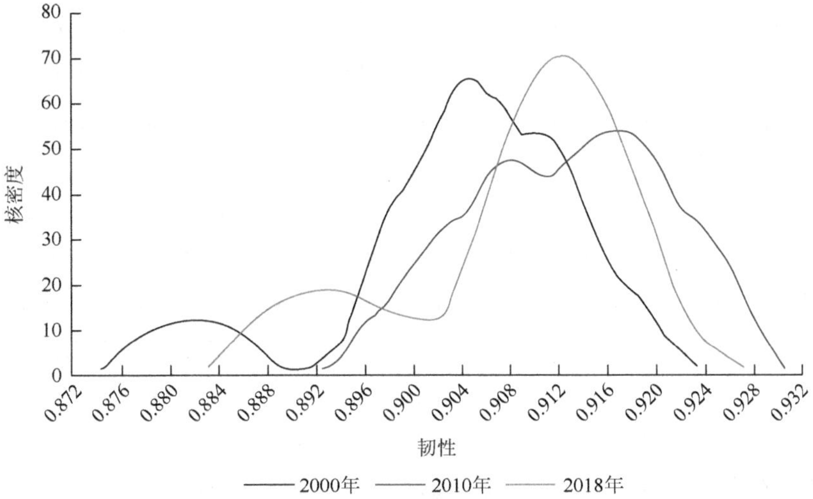

图 13.8　沿海 11 省（区、市）水-能源-粮食纽带系统韧性核密度分布变化

从各子系统的层面来看，结合表 13.5 的具体韧性数值可以发现，广东、广西和海南四省（区）的水资源子系统韧性值虽有提高，但排名降低（表 13.6），表明研究期间泛珠三角地区的水资源子系统韧性增幅较小。同时，长三角地区的三省（市）虽然韧性值稍有降低，但由于其原始韧性值较高，且其他省（区、市）的变化率小，其排名提高。整体上看沿海地区的水资源子系统韧性在研究期间平均提高了 5.54%，是三个子系统中韧性提升最多的子系统。从总量、结构和效益这三个目标层来看，水资源丰富度整体变化不大，但水资源配置的社会合理性增强，生态用水量增加，用水结构更为合理；且随着全社会环保意识的提高、污水处理标准的提高和处理能力的增强，灰水足迹强度逐年降低，水资源的利用效率有明显的增长，对整个子系统的韧性也有较强的正向影响。

表 13.5　2000～2018 年沿海 11 省（区、市）水资源、能源和粮食子系统及水-能源-粮食纽带系统韧性

年份	项目	天津	河北	辽宁	上海	江苏	浙江	福建	山东	广东	广西	海南
2000	水资源	0.84	0.82	0.86	0.88	0.86	0.90	0.89	0.85	0.87	0.56	0.88
	能源	0.80	0.55	0.55	0.50	0.49	0.54	0.53	0.55	0.55	0.52	0.52
	粮食	0.87	0.92	0.90	0.87	0.95	0.92	0.91	0.94	0.90	0.91	0.86
	水-能源-粮食纽带系统	0.94	0.90	0.91	0.90	0.90	0.91	0.91	0.91	0.91	0.84	0.90

续表

年份	项目	天津	河北	辽宁	上海	江苏	浙江	福建	山东	广东	广西	海南
2005	水资源	0.87	0.85	0.87	0.89	0.87	0.91	0.90	0.87	0.88	0.87	0.88
	能源	0.45	0.52	0.55	0.50	0.51	0.56	0.51	0.56	0.56	0.53	0.51
	粮食	0.91	0.93	0.93	0.89	0.94	0.91	0.90	0.96	0.90	0.90	0.84
	水-能源-粮食纽带系统	0.89	0.90	0.91	0.90	0.91	0.92	0.91	0.91	0.91	0.91	0.90
2010	水资源	0.87	0.86	0.88	0.89	0.86	0.91	0.90	0.87	0.89	0.89	0.90
	能源	0.46	0.52	0.54	0.44	0.57	0.56	0.55	0.56	0.55	0.55	0.54
	粮食	0.90	0.95	0.93	0.89	0.95	0.90	0.88	0.96	0.89	0.90	0.88
	水-能源-粮食纽带系统	0.89	0.91	0.91	0.89	0.91	0.92	0.91	0.92	0.91	0.91	0.91
2015	水资源	0.89	0.87	0.87	0.89	0.86	0.90	0.91	0.87	0.88	0.90	0.89
	能源	0.48	0.56	0.56	0.40	0.60	0.57	0.54	0.56	0.57	0.48	0.53
	粮食	0.92	0.95	0.95	0.90	0.97	0.90	0.89	0.97	0.89	0.92	0.89
	水-能源-粮食纽带系统	0.90	0.91	0.92	0.88	0.92	0.92	0.91	0.92	0.91	0.90	0.91
2018	水资源	0.89	0.88	0.88	0.88	0.85	0.88	0.89	0.88	0.88	0.90	0.91
	能源	0.51	0.58	0.58	0.50	0.61	0.57	0.52	0.56	0.57	0.48	0.54
	粮食	0.93	0.97	0.96	0.90	0.97	0.89	0.89	0.98	0.89	0.92	0.89
	水-能源-粮食纽带系统	0.91	0.92	0.92	0.90	0.92	0.91	0.91	0.92	0.91	0.90	0.91
水-能源-粮食纽带系统均值		0.90	0.91	0.91	0.89	0.91	0.92	0.91	0.91	0.91	0.90	0.91

表 13.6　2000～2018 年沿海 11 省（区、市）水资源、能源和粮食子系统及水-能源-粮食纽带系统韧性排名

	水资源		能源		粮食		水-能源-粮食纽带系统	
	2000 年	2018 年	2000 年	2018 年	2000 年	2018 年	2000 年	2018 年
天津	2	4	1	9	10	5	1	8
河北	7	9	5	2	3	3	9	2
辽宁	5	10	3	3	8	4	6	3
上海	3	6	10	10	9	7	10	10
江苏	6	11	11	1	1	2	8	1
浙江	1	5	6	5	4	8	2	6
福建	11	3	7	8	6	10	4	9
山东	4	8	4	6	2	1	5	4
广东	10	7	2	4	7	9	3	7
广西	9	2	8	11	5	6	11	11
海南	8	1	9	7	11	11	7	5

2000～2018 年，上海的能源子系统韧性值不变，天津、福建和广西略有降低。从韧性排名变化的分布情况来看，除天津、山东外，长江以北地区整体呈上升趋势。并且能源子系统的韧性值是三个子系统中最低的，研究期间也呈现出降低趋势，平均降低程度达到了–1.31%。这一方面是由于我国沿海地区能源总量匮乏但消耗量大，即我国能源禀赋的地域分异和社会经济结构不匹配，另一方面，虽然各省（区、市）的能源量呈上升趋势，但其消费量也成倍增长。同时，有超过一半的省（区、市）能源供给多样性变差，其供给趋于不均衡，单一能源断供的风险增强，这对能源子系统的总量和结构层韧性都有较大的负向影响。但从能源子系统的效益层来看，沿海地区的能源强度降低，能源消费弹性系数也降低，这表明其能源效率增加，对环境的负面影响降低，且能源可持续性增强，这些变化都有益于能源子系统的韧性提升。

粮食子系统是三个子系统中韧性最好的子系统，其韧性值和排名大致上呈现出长江以南省（区、市）一致的降低趋势，而以北省（市）则升高。粮食子系统的韧性在研究期间平均提升了 2.41%。整体来看，研究期间，我国沿海 11 省（区、市）的粮食产量波动系数明显降低，表明粮食供应的稳定性增强。同时，城、乡恩格尔系数降低，表明粮食安全保障增强，粮食子系统在生产和消费层的韧性增强。

水-能源-粮食纽带系统韧性是由水、能源和粮食三个子系统韧性的变化共同决定的，沿海地区水-能源-粮食纽带系统韧性在研究期间平均提升了 1.01%。天津、浙江、福建、广东的水-能源-粮食纽带系统排名在研究期间都有一定程度的增长。就其空间结构特征来看，整体上呈现出高低相间、北多南少的偏态特征，但空间差异不显著。

13.4.2　中国沿海 11 省（区、市）水-能源-粮食纽带系统韧性空间分异格局分析

为探究中国沿海 11 省（区、市）水-能源-粮食纽带系统韧性的空间分异格局，绘制了各子系统多年平均韧性值变化图（图 13.9），并借助自然断点法和人工辅助相结合的方法绘制其空间分布图（图 13.10）。

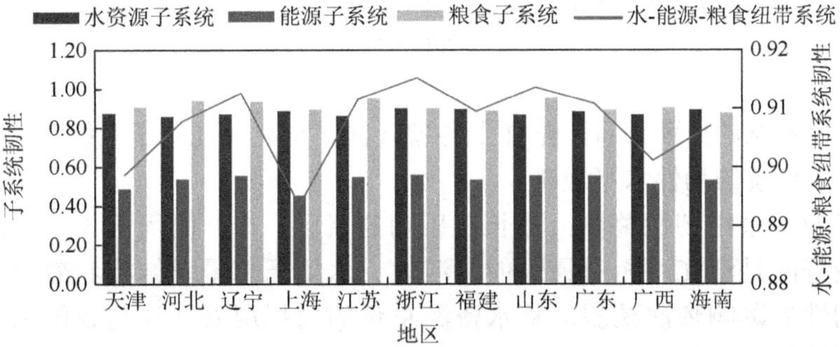

图 13.9　2000～2018 年中国沿海 11 省（区、市）水、能源和粮食子系统及水-能源-粮食纽带系统平均韧性

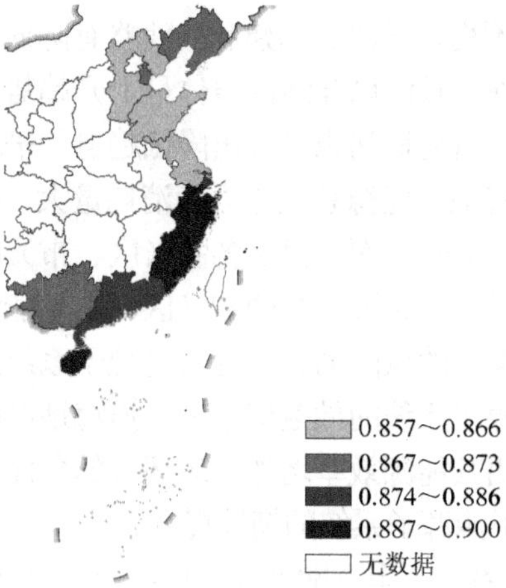

(a) 水资源

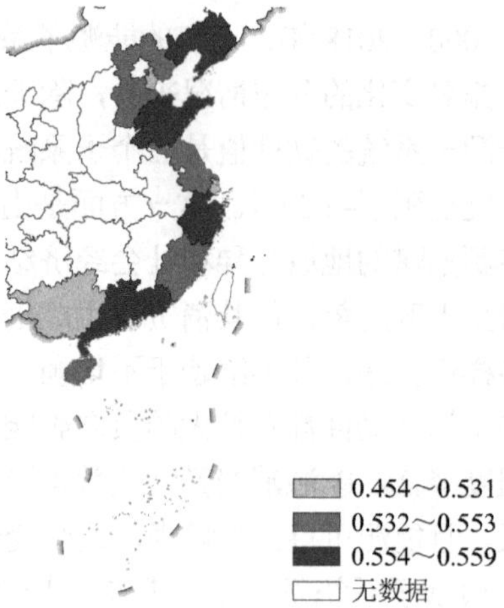

(b) 能源

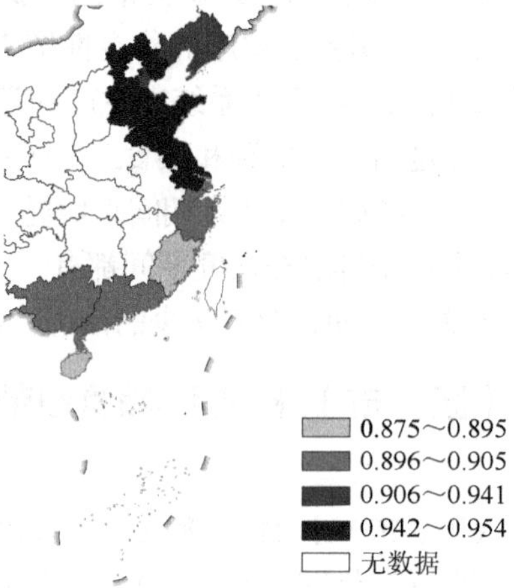

(c) 粮食

图 13.10　2000～2018 年中国沿海 11 省（区、市）水、能源和粮食子系统平均韧性空间分异格局

从各子系统的层面来看，整体上各省（区、市）的能源子系统的韧性水平最低，粮食子系统的韧性水平最高。

水资源子系统韧性整体上是长江以南省（区、市）的优于长江以北的，其中韧性最好的是浙江，相对最弱的是河北。水资源总量、结构和效益对水资源子系统韧性的影响依次减弱。从水资源总量的指标层看，这与我国水资源南多北少的水情现状相符合；从结构指标层看，生态用水量的增加也表明水资源配置的社会合理性提高，对水资源可持续发展的注重增强，对其韧性的影响是正向的；从效益的指标层来看，各省（区、市）的万元 GDP 用水和灰水足迹强度在研究期间都呈明显的降低趋势，水资源开发利用效益明显增强，与水资源子系统韧性的变化正相关。

能源子系统韧性的分布整体上较为分散，高低间隔分布，相对最优的是浙江。我国沿海 11 省（区、市）均不是能源大省，但由于其快速发展的工业和多种经济活动，其能源消耗量远高于全国平均水平，这在很大程度上造成能源子系统韧性水平较低。

粮食子系统韧性的分布与水资源子系统正好相反，长江以北韧性水平优于长江以南省（区、市），其中，韧性最优的是山东，相对最弱的是海南。从各环节来看，对粮食子系统韧性的影响从大到小依次是生产、流通和消费。辽宁、河北、山东和江苏都是我国的粮食主产区，产量大且稳定。同时，由于各种“北粮南运”相关交通网络的建立和政策的不断完善，其在流通等多个环节也具备一定的优势，因而长江以北省（市）的粮食子系统韧性明显高于长江以南。

13.5　中国沿海 11 省（区、市）海洋等效资源结果分析

13.5.1　海洋等效粮食结果分析

根据式（13.10）～式（13.18）计算得到我国沿海 11 省（区、市）2000～2018 年海洋等效粮食作物产量的结果（表 13.7）。由于天津市海水养殖产量最低且上海市 2005 年以后没有通过海水养殖获渔业资源，因而这两地的等效粮食作物产量最低。同时，河北、广西和海南都在一段时间内无远洋捕捞渔业资源，其等效粮食作物产量也较低。除此之外，其他省份的产量都较多，尤其是山东和福建两省，海洋渔业资源产量大且增速快，2018 年福建省的海洋等效粮食作物量占陆地粮食产量的 44%，从粮食为人类生命活动供能的角度来看，这在很大限度上为陆域粮食提供补充。

表 13.7　中国沿海地区海洋等效粮食作物产量　（单位：万 t）

年份	天津	河北	辽宁	上海	江苏	浙江	福建	山东	广东	广西	海南	总量
2000	4.58	33.11	254.82	5.79	27.23	130.43	134.72	168.75	103.03	42.53	23.19	928.18
2001	4.14	36.90	185.91	3.27	22.53	107.50	103.37	123.29	88.59	38.45	21.16	735.11
2002	5.22	36.95	196.28	4.27	22.68	107.60	105.86	125.34	90.54	38.83	24.15	757.72
2003	4.83	35.29	196.05	4.55	22.24	105.56	108.44	125.38	90.61	39.15	28.00	760.10
2004	4.48	37.68	205.79	4.68	24.03	106.86	111.35	125.94	90.96	38.05	30.54	780.36
2005	4.21	39.62	257.06	5.41	25.81	106.51	134.95	146.86	95.77	40.10	36.47	892.77
2006	4.42	42.59	254.29	7.20	26.88	105.42	134.61	144.47	98.21	40.81	39.55	898.45
2007	4.43	41.29	235.16	6.06	31.55	102.45	137.97	159.15	102.53	38.19	35.99	894.77

续表

年份	天津	河北	辽宁	上海	江苏	浙江	福建	山东	广东	广西	海南	总量
2008	3.70	43.02	239.70	6.78	33.14	103.06	142.99	163.59	103.90	38.80	37.43	916.11
2009	3.93	42.18	248.28	5.96	34.43	108.44	149.47	165.34	106.59	39.83	38.31	942.76
2010	3.91	44.06	264.87	4.59	35.57	117.18	155.57	171.36	109.44	40.73	39.54	986.82
2011	3.91	42.23	276.16	4.59	36.75	127.32	159.81	175.66	113.58	42.06	41.63	1023.70
2012	4.32	46.48	296.52	4.96	38.17	133.25	167.90	180.91	117.72	43.35	44.39	1077.97
2013	9.52	48.82	310.58	4.72	38.76	137.32	176.15	182.93	120.49	44.66	45.76	1119.71
2014	9.23	52.26	330.86	6.48	38.52	145.86	185.47	199.66	122.49	45.51	49.61	1185.95
2015	9.12	54.66	329.06	6.53	38.25	152.40	196.88	206.62	124.38	46.69	54.01	1218.60
2016	8.35	57.04	329.47	5.38	37.55	149.85	204.69	210.22	124.45	47.84	55.60	1230.44
2017	5.66	57.80	285.92	0.94	36.79	144.57	204.94	189.66	120.99	49.28	45.49	1142.04
2018	5.69	54.31	271.12	6.43	28.67	144.35	219.32	189.51	122.83	50.88	45.20	1138.31

13.5.2 海洋等效能源结果分析

由于海洋风力发电量数据获取的限制，计算得到沿海 11 省（区、市）2006～2018 年的海洋等效能源产量（表 13.8）。天津、河北和上海三地只有海洋风力发电，其海洋等效能源量在沿海地区中最少。山东和广东并非传统意义上的能源大省，但山东 2006～2009 年有潮汐电站的运作，2015～2017 年的海上风电发电量也十分可观，且广东的核能发电站运转良好、发电量大，因而其海洋等效能源的供给量位居沿海地区前列，尤其是广东 2017 年的海洋能源发电量折算成标准煤（1477.40 万 t）相当于其陆地能源生产量（7037.37 万 t）的 21%，为本省的生产生活提供了巨大的支持。

表 13.8　沿海 11 省（区、市）海洋等效能源产量　　（单位：万 t 标准煤）

年份	天津	河北	辽宁	上海	江苏	浙江	福建	山东	广东	广西	海南	总量
2006	—	—	10.60	2.63	183.69	286.52	9.56	12.75	406.18	—	0.00	911.93
2007	—	—	18.84	2.63	154.53	284.18	25.60	33.95	402.10	—	0.94	922.77
2008	—	12.11	36.60	4.24	220.42	313.12	30.55	60.44	423.85	—	6.27	1107.60
2009	—	21.32	54.12	15.28	290.45	320.27	61.08	131.16	452.11	0.27	21.12	1367.18
2010	—	21.72	88.67	24.76	356.16	347.51	85.75	303.06	511.13	0.27	24.38	1763.41
2011	26.22	22.12	123.22	34.24	412.04	389.51	110.43	474.95	662.33	0.27	27.64	2282.97
2012	29.93	23.74	153.89	37.90	447.31	475.57	138.42	574.97	748.75	0.27	32.80	2663.55
2013	32.84	23.74	262.42	39.83	494.27	489.42	257.20	676.85	771.51	0.27	32.80	3081.15
2014	36.17	23.74	351.12	42.92	541.21	512.08	366.78	777.49	912.24	0.27	32.80	3596.82

续表

年份	天津	河北	辽宁	上海	江苏	浙江	福建	山东	广东	广西	海南	总量
2015	39.71	24.76	463.82	60.40	654.17	706.31	617.17	1203.88	1070.92	8.87	48.00	4898.01
2016	43.64	25.36	597.59	68.59	719.99	739.84	816.16	1526.37	1269.64	126.86	118.98	6053.02
2017	47.89	25.89	718.30	78.61	850.90	777.50	1074.59	1896.70	1477.40	156.42	141.85	7246.05
2018	52.54	26.25	524.52	91.11	769.85	185.12	473.85	2396.04	610.53	0.38	54.62	5184.81

注：①“—”表示无数据；②2018 年数据不包括核电发电量。

13.5.3　海洋等效水资源结果分析

根据等效虚拟水方法的计算公式［式（13.10）～式（13.18）］进行计算，沿海 11 省（区、市）的海洋粮食等效虚拟水（MFVW）量由 2000 年的 60.53 亿 m^3 增加到 2018 年的 107.22 亿 m^3（表 13.9），2006～2016 年波动上升，2017 年和 2018 年这两年稍微有所下降（图 13.11）；由于海洋能源发电数据的获取限制，海洋能源等效虚拟水（MPVW）由 2006 年的 0.70 亿 m^3 增长到 2018 年的 8.10 亿 m^3，增长 10 倍多，上升趋势明显；海洋环境等效虚拟水（MEVW）由 2006 年的 81.08 亿 m^3 下降到 2018 年的 24.55 亿 m^3，但海洋环境等效虚拟水的下降是由于排入海洋的污染物减少，这就意味着海洋环境向好转变。海洋等效虚拟水（MVW）即海洋粮食、能源和环境等效虚拟水三者之和，其总量在研究期间是波动上升的，2006～2009 年主要受到 MEVW 的影响而有所下降，2009～2018 年则是 MFVW 起主导作用。

表 13.9　沿海 11 省（区、市）海洋等效虚拟水　（单位：亿 m^3）

年份	天津	河北	辽宁	上海	江苏	浙江	福建	山东	广东	广西	海南	海洋等效虚拟水总量/用水总量/%
2006	2.79	5.36	36.30	2.99	3.93	29.92	17.06	23.07	18.31	16.96	5.30	6.57
2007	7.14	5.35	33.70	2.49	3.69	24.45	19.74	22.99	16.05	8.29	4.74	5.98
2008	0.60	5.53	35.83	3.06	3.88	24.39	14.37	20.56	17.17	6.48	4.86	5.51
2009	0.88	5.15	28.01	2.11	4.86	24.61	16.69	19.89	14.82	5.38	3.95	5.16
2010	0.81	5.44	32.95	1.78	4.20	24.93	14.33	20.74	12.61	3.40	3.63	5.06
2011	1.03	5.77	38.74	1.67	4.34	24.90	17.00	21.63	11.05	3.83	3.51	5.41
2012	0.88	5.96	43.66	1.55	4.61	25.68	17.78	22.79	11.03	4.42	3.78	5.85
2013	2.18	6.49	49.18	1.20	4.76	26.05	17.52	23.09	10.66	4.56	4.19	6.11
2014	3.09	6.49	36.61	1.89	4.79	26.39	17.97	25.15	11.26	5.17	4.50	5.88
2015	2.75	7.12	42.20	1.92	5.00	26.58	18.82	27.18	10.66	5.41	4.68	6.38
2016	2.50	7.27	48.87	1.59	5.06	24.85	19.22	28.54	10.95	4.10	4.60	6.71
2017	1.20	7.74	41.87	1.23	3.83	25.01	18.64	25.85	11.27	4.23	3.89	6.18
2018	0.89	7.27	36.00	1.54	4.63	22.18	20.19	27.24	11.67	4.06	4.21	6.02

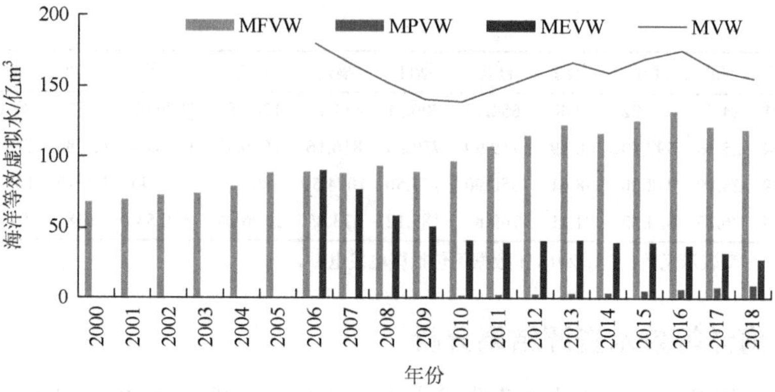

图 13.11　沿海 11 省（区、市）海洋等效虚拟水演变趋势

2006～2018 年，沿海 11 省（区、市）海洋等效虚拟水总量占用水总量的 5.91%，这表明，我国东部沿海地区通过海洋粮食、能源和环境等效虚拟水的供给，为陆域提供了相当于年用水量近 6%的水资源。从地域的角度来看，各省（区、市）的海洋等效虚拟水分布较分散，其中，辽宁省的海洋等效虚拟水量最多，且占用水总量的比重也最大，达到 28.57%，其次是浙江和山东。

13.6　海洋对中国沿海 11 省（区、市）水-能源-粮食纽带系统压力和韧性的影响分析

13.6.1　海洋对中国沿海 11 省（区、市）水-能源-粮食纽带系统压力的影响分析

考虑海洋等效资源，重新计算人均资源拥有量和压力指数，并借助 ArcGIS 软件，结合自然断点法和人工辅助分类，绘制海洋资源对陆域水-能源-粮食纽带系统压力缓解效应的空间分布图（图 13.12）。由于海洋风力发电量和直排海污染物数据获取的限制，仅研究 2006～2018 年考虑海洋资源的水-能源-粮食纽带系统压力和韧性。2006～2018 年沿海 11 省（区、市）的水资源、能源和粮食压力指数都有不同程度的减小。水压力指数降低最多的地区是辽宁、天津和山东，集中在环渤海地区。能源压力指数降低最多的是江苏、浙江和海南，河北、天津由于既没有核能发电也没有潮汐发电，仅靠海洋风力发电为陆域地区供给，因而这两个地区的能源压力缓解程度较低。粮食压力指数减小多的地区集中在长江以南，一方面是因为长江以北地区的陆域粮食压力指数本就不大；另一方面是我国四大渔场中的三个渔场（舟山渔场、南海渔场和北部湾渔场）都位于东南沿海地区，

为东南沿海地区提供丰富的渔业资源。整体上看（图 13.13），海洋资源的供给在很大程度上缓解了沿海地区的水-能源-粮食纽带系统压力，其中，辽宁、山东、浙江、福建均超过 10%。

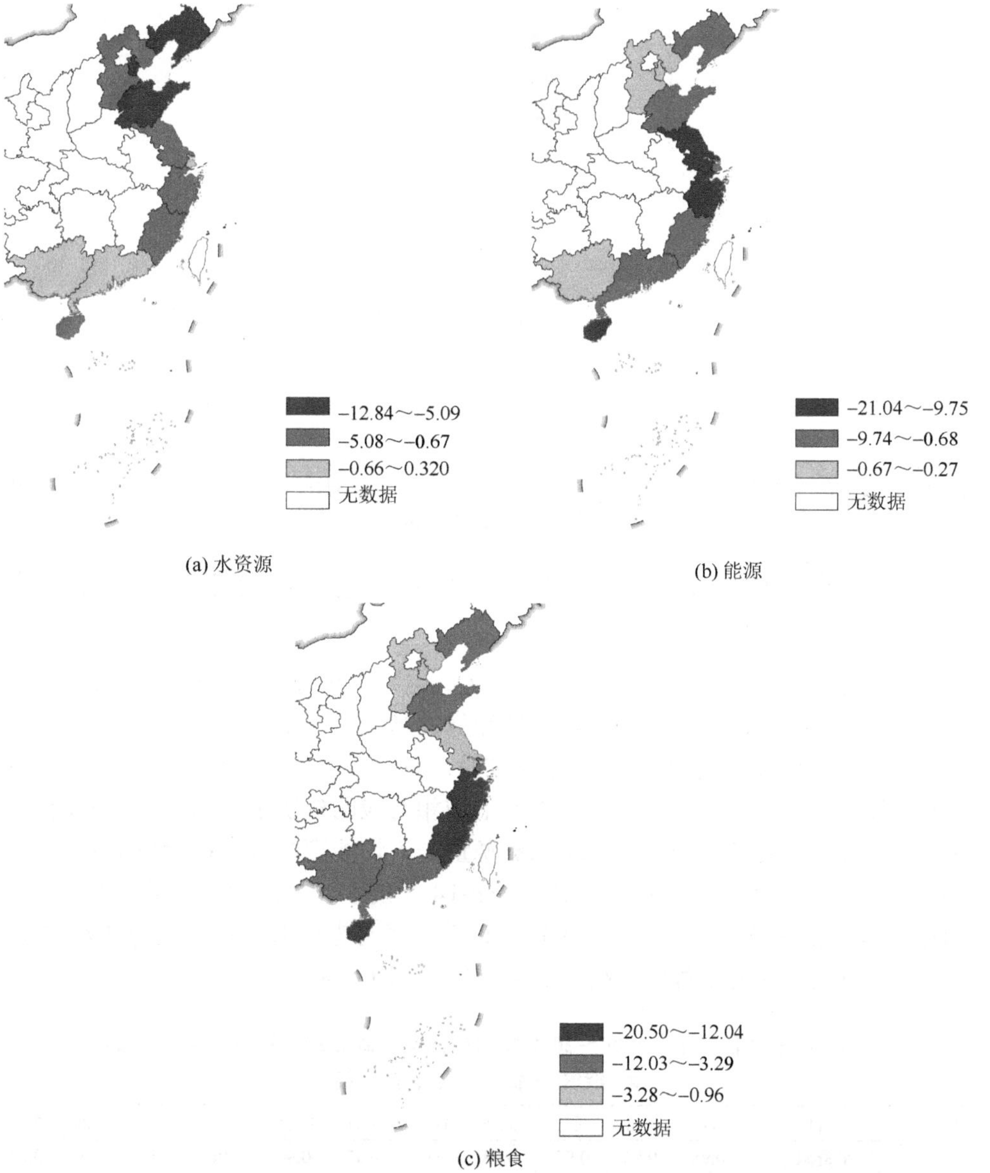

图 13.12　2006～2018 年中国沿海 11 省（区、市）海洋资源对陆域水-能源-粮食压力缓解效应的空间分布

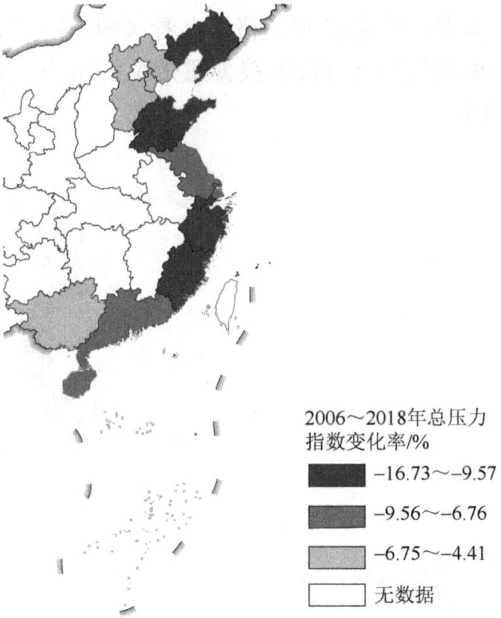

图 13.13　2006～2018 年中国沿海 11 省（区、市）海洋资源对水-能源-粮食纽带系统压力缓解效应的空间分布

13.6.2　海洋对中国沿海 11 省（区、市）水-能源-粮食纽带系统韧性的影响分析

为探究海洋资源对我国沿海 11 省（区、市）的水-能源-粮食纽带系统韧性的影响，在突变级数模型和海洋等效资源测算的基础上，重新计算考虑在有海洋资源供给情况下的水-能源-粮食纽带系统韧性。具体改动如下：将海洋等效水资源、能源和粮食的量分别与本省（区、市）陆域相对应的资源量相加，原突变函数形态不变，所对应的指标分别为人均水资源量、人均能源产量和粮食自给率，并重新按照第 4 章中的研究方法计算 2006～2018 年的水、能源和粮食子系统以及水-能源-粮食纽带系统韧性，见表 13.10。计算结果与考虑海洋资源之前的水-能源-粮食纽带系统韧性值作对比，绘制变化曲线（图 13.14）。

表 13.10　沿海 11 省（区、市）2006～2018 年考虑海洋资源后的水资源、能源和粮食子系统及水-能源-粮食纽带系统韧性值

年份	项目	天津	河北	辽宁	上海	江苏	浙江	福建	山东	广东	广西	海南
2006	水资源	0.98	0.93	0.95	0.98	0.94	0.97	0.94	0.96	0.96	0.76	0.87
	能源	0.45	0.53	0.55	0.48	0.51	0.56	0.54	0.56	0.55	0.52	0.51
	粮食	0.91	0.93	0.94	0.89	0.95	0.91	0.89	0.95	0.89	0.90	0.88
	水-能源-粮食纽带系统	0.91	0.92	0.92	0.92	0.92	0.93	0.92	0.93	0.92	0.88	0.90

续表

年份	项目	天津	河北	辽宁	上海	江苏	浙江	福建	山东	广东	广西	海南
2010	水资源	0.99	0.97	0.97	0.99	0.97	0.99	0.97	0.98	0.98	0.90	0.94
	能源	0.46	0.52	0.54	0.44	0.57	0.56	0.55	0.56	0.55	0.55	0.54
	粮食	0.89	0.94	0.93	0.89	0.94	0.90	0.88	0.96	0.89	0.90	0.88
	水-能源-粮食纽带系统	0.91	0.93	0.93	0.91	0.93	0.93	0.92	0.93	0.93	0.91	0.92
2015	水资源	1.00	0.98	0.98	1.00	0.99	0.99	0.99	0.99	0.99	0.95	0.97
	能源	0.48	0.56	0.56	0.40	0.60	0.57	0.54	0.56	0.57	0.48	0.54
	粮食	0.92	0.95	0.95	0.90	0.97	0.90	0.89	0.97	0.90	0.92	0.90
	水-能源-粮食纽带系统	0.92	0.93	0.93	0.90	0.94	0.93	0.93	0.94	0.93	0.91	0.92
2018	水资源	1.00	0.99	0.99	1.00	0.99	1.00	0.99	1.00	0.99	0.97	0.98
	能源	0.51	0.58	0.58	0.51	0.61	0.57	0.58	0.56	0.57	0.48	0.54
	粮食	0.93	0.97	0.96	0.90	0.97	0.90	0.89	0.97	0.89	0.92	0.89
	水-能源-粮食纽带系统	0.93	0.94	0.94	0.92	0.95	0.93	0.92	0.94	0.93	0.91	0.93

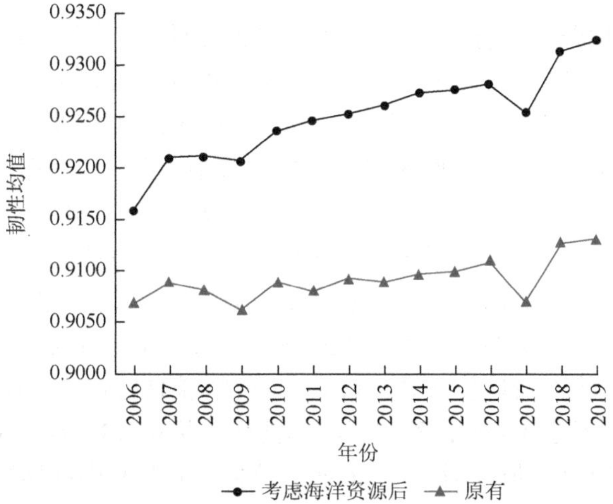

图 13.14　考虑海洋资源前后的我国沿海 11 省（区、市）水-能源-粮食纽带系统韧性均值对比

从图 13.14 可以明显看出，考虑海洋资源为陆域地区的供给后，整体上沿海地区各省（区、市）的水-能源-粮食纽带系统韧性平均值有了显著的增加，且增长率也呈上升趋势，从 2006 年的 0.98%上升到了 2018 年的 2.02%。这表明海洋等效水、能源和粮食的供给，在提升我国沿海地区水-能源-粮食纽带系统韧性方面有一定的正向作用。

同样地，为了更直观地从整体上反映研究区韧性的时序演进特征，选取始末年份的原有及考虑海洋资源后的韧性值（由于数据获取的限制，海洋等效资源从 2006

年开始计算，因而统一选取 2006 年、2018 年分别作为始、末年份），利用 Eviews 软件绘制沿海 11 省（区、市）水-能源-粮食纽带系统韧性核密度分布曲线（图 13.15）。

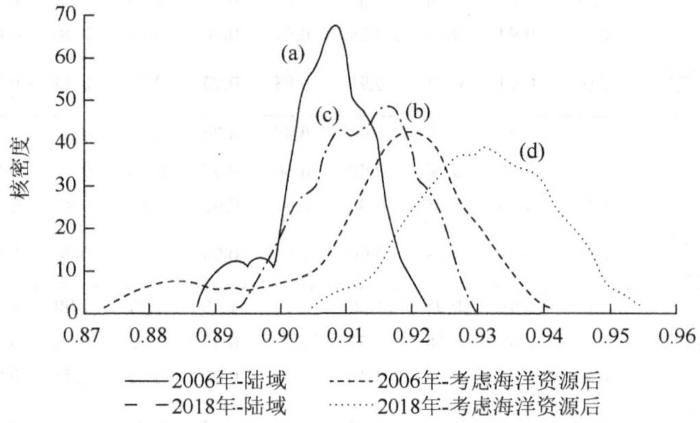

图 13.15　2006 年和 2018 年沿海 11 省（区、市）水-能源-粮食纽带系统韧性核密度分布变化

为便于观察和描述，将四条曲线分为三组进行对比，分别是：第一组，2006 年原有韧性值曲线（a）和 2006 年考虑海洋资源补充的韧性值曲线（c）；第二组，2018 年原有韧性值曲线（b）和 2018 年考虑海洋资源补充的韧性值曲线（d）；第三组，考虑海洋资源补充的 2006 年和 2018 年韧性值。其中，第一组和第二组为考虑海洋资源前后的同一年份横向比较，第三组为考虑海洋资源后的不同年份的纵向比较。

通过图 13.15 曲线的对比可知，其核密度函数中心都明显向右移动，这表明考虑海洋资源后，2006～2018 年沿海地区各省（区、市）的水-能源-粮食纽带系统韧性提升显著，且同一年份的韧性值在加上海洋资源的补充后也有明显的提升。从数值上看，第一组的沿海 11 省（区、市）水-能源-粮食纽带系统韧性均值从 0.9069 提升到 0.9185，增长了 1.28%；第二组的韧性均值从 0.9127 提升到 0.9312，增长了 2.03%，第三组的韧性均值则增长了 1.68%，整体上看是从中低韧性逐渐转换向了中高韧性。从形态上看，曲线（a）和（c）都为负偏态单峰分布，曲线（b）为负偏态双峰，曲线（d）近似正态分布。从第一、二组对比可看出曲线开口宽度增大，而第三组曲线开口减小，这表明同一年份，海洋资源的补充使得原有沿海地区各省（区、市）的水-能源-粮食纽带系统韧性差距增大；但随着时间的推移，其韧性差距趋于不断减小。从峰值变化来看，三组的核密度函数都由尖峰型向宽峰型发展变化，且高峰值都有不同程度的下降。这表明海洋资源的供给使得陆域地区的水-能源-粮食纽带系统韧性值分布更为分散，增大了沿海 11 省（区、市）的水-能源-粮食纽带系统韧性差距，但同时其韧性值也有明显的提升，原有韧性较高的省（区、市）的提升速度较快于韧性低的省（区、市）。

为更细致地对比各省（区、市）各子系统的韧性变化，同样绘制了韧性排名变化表（表 13.11）。分别展示考虑海洋资源前、后的各省（区、市）平均水-能源-粮食纽带系统韧性排名变化及考虑海洋资源后各省（区、市）的各子系统首、末韧性排名变化。

表 13.11　考虑海洋资源后沿海 11 省（区、市）水、能源和粮食子系统及水-能源-粮食纽带系统韧性排名

地区	水资源		能源		粮食		水-能源-粮食纽带系统	
	2006 年	2018 年	2006 年	2018 年	2006 年	2018 年	2006 年	2018 年
天津	1	2	11	9	5	5	9	7
河北	9	8	6	3	4	3	7	2
辽宁	6	9	4	2	3	4	3	3
上海	2	1	10	10	8	8	8	10
江苏	7	7	9	1	2	2	6	1
浙江	3	3	1	5	6	7	2	5
福建	8	6	5	8	9	9	5	9
山东	5	4	2	6	1	1	1	4
广东	4	5	3	4	10	10	4	6
广西	11	11	7	11	7	6	11	11
海南	10	10	8	7	11	11	10	8

研究期间，水资源子系统韧性排名提升的是河北、上海、福建和山东，下降的是天津、辽宁和广东，其余省（区、市）的排名没有变化。但结合研究期间沿海地区韧性的具体数值来看（表 13.12），各省（区、市）水资源子系统的韧性值都是增加的，这表明天津、辽宁和广东这三个省（市）的水资源子系统韧性值增长率较低。

表 13.12　海洋资源对沿海 11 省（区、市）水-能源-粮食纽带系统韧性的影响

地区	未计算海洋资源		计算海洋资源后	
	2006～2018 年韧性均值	韧性排名	2006～2018 年韧性均值	韧性排名
天津	0.8989	10	0.9182	9
河北	0.9098	7	0.9282	5
辽宁	0.9148	4	0.9321	3
上海	0.8895	11	0.9078	11
江苏	0.9164	1	0.9362	1
浙江	0.9158	3	0.9315	4
福建	0.9107	6	0.9242	7

续表

地区	未计算海洋资源		计算海洋资源后	
	2006～2018 年韧性均值	韧性排名	2006～2018 年韧性均值	韧性排名
山东	0.9159	2	0.9356	2
广东	0.9108	5	0.9279	6
广西	0.9056	9	0.9081	10
海南	0.9097	8	0.9185	8

能源子系统韧性排名提升的地区主要集中在长江以北省（市），以南地区则主要是排名降低。结合具体韧性值，广西两省（区）在研究期间的韧性值降低，排名也降低，其能源子系统韧性总体上呈下降趋势。

粮食子系统韧性排名提升的仅有河北和广西，辽宁和浙江的韧性排名有所下降，其余省（区、市）粮食子系统韧性的排名也未发生变化。同时，浙江省的韧性值在研究期间也呈下降趋势。

如表 13.12 所示，超过一半省（区、市）的水-能源-粮食纽带系统韧性排名有不同程度的提升，同时其数值也都有明显的增加。由此可见，原有水-能源-粮食纽带系统韧性值高的地区其增长率也大，这些省（区、市）主要集中在长江以南地区。这个结果也与核密度曲线所展示的信息相同。

通过考虑海洋资源供给后的水-能源-粮食纽带系统多年平均韧性与原陆域资源多年平均韧性的对比可见：一方面是各省（区、市）的水-能源-粮食纽带系统韧性均有提升，这表明海洋资源的供给增强了我国沿海地区水-能源-粮食纽带系统抵抗冲击的抗风险能力以及受到扰动后的自我恢复能力，对其系统韧性有明显的正向的促进作用；另一方面，虽然各省（区、市）的韧性值增加，但仅有天津、河北和辽宁的排名提升，而浙江、福建、广东和广西四省（区）的排名降低。这表明，相较而言，海洋资源对环渤海地区的水-能源-粮食纽带系统韧性影响更大，而受其影响较小的省（区、市）集中在长江以南地区。

13.7　结　　论

（1）就水-能源-粮食纽带系统压力而言，本章从人均资源持有量的角度构建了中国沿海 11 省（区、市）水-能源-粮食纽带系统压力指数模型，计算结果表明，2000～2018 年我国沿海地区整体上压力呈波动上升趋势，其波动变化主要由水资源子系统起主导作用，上升表现则是受到能源和粮食子系统的共同影响。从空间格局来看，水资源压力指数的分布较分散，但长江以北地区压力明显高于长江以南地区，压力最高的是天津和上海；能源子系统和粮食子系统压力则正好相反，都是东南沿海地区高于东北沿海，其中海南的能源压力最大，上海的粮食压力最高。

（2）就水-能源-粮食纽带系统韧性而言，本章基于突变理论和突变级数法构建了中国沿海 11 省（区、市）水-能源-粮食纽带系统突变模型以评价其韧性状况。结果表明，2000～2018 年我国沿海 11 省（区、市）的水-能源-粮食纽带系统韧性不断增强，但其空间分布较为分散，各省（区、市）的韧性差距较大，呈现出高低相间、北多南少的偏态特征。水资源子系统韧性在研究期间平均提高了 5.54%，是三个子系统中韧性提升最多的；能源子系统的韧性值是三个子系统中最低的，研究期间整体上也呈现出降低趋势，呈现出北升南降的空间分异格局；粮食子系统韧性在研究期间整体呈上升趋势，平均提升了 2.45%，同样表现出北升南降的空间分异格局。

（3）就海洋等效资源而言，本章在比较优势理论、资源流动理论和资源替代理论的基础上，结合虚拟水和海洋等效虚拟水的概念，提出海洋等效水资源、能源和粮食的概念及定量计算方法，结果表明，研究期间各省（区、市）的海洋等效水、能源和粮食产量增长明显；2006～2018 年海洋等效虚拟水为陆域地区的水资源补充量相当于年用水量的 6%，其中最多的是辽宁省；海洋等效能源的供给使传统意义上的非能源大省（山东和广东）的能源产量位居沿海地区前列；各省（区、市）的海洋等效粮食产量虽没有明显的逐年增长趋势，但产量基数大，尤其是福建省的海洋等效粮食作物产量占陆地粮食产量的 44%，能为陆域地区的生产生活提供补充和支持。

（4）就海洋对水-能源-粮食纽带系统压力和韧性的影响而言，本章在量化了海洋资源为陆域地区的供给后，再次计算了研究区的压力和韧性，并与未考虑海洋资源时的数值表征进行对比，结果表明，考虑海洋资源供给的情况下，一方面，沿海 11 省（区、市）的水-能源-粮食纽带系统压力指数均有所降低，其中，海洋资源对环渤海地区的水压力缓解最多，对能源和粮食压力缓解程度最好的地区都集中在长江以南。从数值上看，海洋资源为我国沿海地区近一半省（区、市）缓解了水-能源-粮食纽带系统压力。另一方面，沿海 11 省（区、市）的水-能源-粮食食纽带系统韧性都有了显著的增强，研究期间增长率均值高达 2.02%。但与此同时，仅有天津、河北和辽宁的韧性排名上升，表明海洋资源对水-能源-粮食纽带系统韧性影响更强的区域集中在环渤海地区，整体呈现出北强南弱的空间格局。

参考文献

白景锋，张海军. 2018. 中国水-能源-粮食压力时空变动及驱动力分析[J]. 地理科学，38（10）：1653-1660.

鲍珂宇，何刚，金兰，等. 2021. 基于突变级数法的安徽各市相对资源承载力研究[J]. 地域研究与开发，40（4）：39-44.

曹永强，李维佳，袁立婷. 2018. 河北省主要农作物生产时空格局变化特征及安全评价[J]. 地理科学，38（8）：1319-1327.

陈洪海，迟国泰. 2014. 基于信息显著性差异的绿色产业评价指标筛选模型及实证[J]. 运筹与管理，23（6）：193-204.
陈云峰，孙殿义，陆根法. 2006. 突变级数法在生态适宜度评价中的应用：以镇江新区为例[J]. 生态学报，26（8）：2587-2593.
程国栋. 2003. 虚拟水：中国水资源安全战略的新思路[J]. 中国科学院院刊，4：260-265.
戈华清，蓝楠. 2014. 我国海洋陆源污染的产生原因与防治模式[J]. 中国软科学，（2）：22-31.
郭健. 2004. 突变理论在复杂系统脆性理论研究中的应用[D]. 哈尔滨：哈尔滨工程大学.
郭显光. 1998. 改进的熵值法及其在经济效益评价中的应用[J]. 系统工程理论与实践，（12）：98-102.
郝艳萍，刘康，潘树红，等. 2008. 青岛市推进海水淡化商业化应用对策研究[J]. 海洋开发与管理，（11）：16-23.
洪思扬，王红瑞，来文立，等. 2017. 我国能源耗水空间特征及其协调发展脱钩分析[J]. 自然资源学报，32（5）：800-813。
李彩惠，霍海鹰，李雅洁，等. 2015. 基于突变级数模型的城市低碳竞争力评价及障碍因子诊断分析[J]. 资源科学，37（7）：1474-1481.
林楚平. 1999. 海山潮汐能的综合开发利用[J]. 水利水电技术，30（1）：33-34.
吕曰恒. 2001. 山东白沙口潮汐电站综合开发前景广阔[J]. 海洋技术，20（3）：27.
马树庆，王琪. 2010. 区域粮食安全的内涵、评估方法及保障措施[J]. 资源科学，32（1）：35-41.
孟凡生，李美莹，2012.我国能源消费影响因素评价研究：基于突变级数法和改进熵值法的分析[J].系统工程，30（8）：10-15.
任平，洪步庭，周介铭. 2015. 基于空间自相关模型的农村居民点时空演变格局与特征研究[J]. 长江流域资源与环境，24（12）：1993-2002.
石玉林，卢良恕. 2001.中国农业需水与节水高效农业建设[M]. 北京：中国水利水电出版社.
孙才志，张梦飞. 2018. 中国海洋等效虚拟水初步测算及结构性特征分析[J]. 资源科学，40（9）：1843-1854.
田泽，陈柯婧，潘晶晶，等. 2021. 基于突变理论方法的我国黄河流域土地生态安全评价[J]. 水利经济，39（5）：13-19，37，79-80.
王远飞，何洪林. 2007. 空间数据分析方法[M]. 北京：科学出版社.
仵凤清，李建侠. 2010. 基于突变级数法的企业自主创新能力评价及提升路径研究[J]. 科学学与科学技术管理，11：33-39.
项潇智，贾绍凤. 2016. 中国能源产业的现状需水估算与趋势分析[J]. 自然资源学报，31（1）：114-123.
张梦飞. 2019. 中国海洋等效虚拟水初步测算及结构性分析[D]. 大连：辽宁师范大学.
张宇，李云开，欧阳志云，等. 2015. 华北平原冬小麦-夏玉米生产灰水足迹及其县域尺度变化特征[J]. 生态学报，35（20）：6647-6654.
赵宏波，马延吉，苗长虹. 2015. 基于熵值-突变级数法的国家战略经济区环境承载力综合评价及障碍因子：以长吉图开发开放先导区为例[J]. 地理科学，35（12）：1525-1532.
郑菲，李洪庆. 2019. 基于熵权-突变级数法的安徽省资源环境承载力时空演变分析及障碍因子诊断[J]. 江西农业学报，31（4）：131-137.
郑力燕，毕相东，宋伦，等. 2018. 基于熵值-突变级数法的环渤海地区海洋生态环境承载力评价及障碍因子诊断[J]. 海洋通报，37（5）：114-123.
中华人民共和国自然资源部. 2012. 2011 年中国海洋经济统计公报[R].（2012-03-19）[2024-12-01]. http://gc.mnr.gov.cn/201806/t20180619_1798489.html.
钟锐，赵鹏，张宏伟，等. 2014. 国际能源贸易中的能源隐含水流动及其对各国水资源影响[J]. 资源科学，36（1）：103-109.
Bao C，Fang C L. 2012. Water resources flows related to urbanization in China：Challenges and perspectives for water management and urban development[J]. Water Resources Management，26（2）：531-552.

Hatfield J L，Boote K J，Kimball B A，et al. 2011. Climate impacts on agriculture：Implications for crop production[J]. Agronomy Journal，103（2）：351-370.

Hoekstra A Y，Chapagain A K. 2008. Globalization of Water：Sharing the Planet's Freshwater Resources[M]. Oxford：Blackwell Publishing.

Peng T，Deng H W. 2020. Comprehensive evaluation on water resource carrying capacity based on DPESBR framework：a case study in Guiyang，southwest China[J]. Journal of Cleaner Production，268：122235.

Thorn R. 1975. Structural Stability and Morphogenesis[M]. Benjamin：Reading Mass.

Yuan J，Luo X. 2019. Regional energy security performance evaluation in China using MTGS and SPA-TOPSIS[J]. Science of the Total Environment，696：133817.

第 14 章　山西省水-能源-粮食纽带系统效率研究

14.1　研究区概况

14.1.1　自然概况

山西省地处华北地区，东邻河北，北接内蒙古，西部与陕西毗连，南部与河南相望，地理范围为 34°34′N～40°43′N、110°14′E～114°33′E，东西跨越 4 个经度，南北相差 6 个纬度，总面积为 156700km^2（图 14.1）。山西省属典型的温带大陆性季风气候，包括中温带与暖温带两个气候带，从干湿类型上来看，除东南部少部分地区外，大部分地区为半干旱气候。总体而言，山西省气候呈夏季雨热同期，冬季寒冷漫长，气候干燥，春秋季节昼夜温差较大，省内光照充足，各地区气候特点差异明显，由南向北、由盆地到高原山地，气温降低的特点。季风对降水的影响显著，夏季占全年降水量的 50%～60%，春季与秋季占 30%，冬季仅占 2%～3%。同时降水的年际变化相对也较大，西北部变化相较于东南部更明显。

图 14.2 为山西省水系分布图，山西省属于黄河与海河两大流域，两大流域面积分别占全省面积的 62%和 38%，省内共有河流 1000 条左右，汾河是境内最大的河流，干流长度为 694km，汾河、沁河、丹河、涑水河、三川河为黄河流域较大水系，桑干河、滹沱河、浊漳河、清漳河属于海河流域较大水系。虽然山西省河流数量较多，但是河流多季节性水系，受降水量影响较大，水量较多时多为夏季。如图 14.3 所示，山西省水资源总量由地表水资源量和地下水资源量构成，水资源总量随着降水量的变化而波动，水资源主要依靠天然降水的补给。受地貌影响，水资源在空间上分布不均，大体上由东南向西北减少。

14.1.2　社会经济概况

山西省下辖 11 个地级市，117 个县，11 个地级市从北到南分别为大同、朔州、忻州、阳泉、太原、吕梁、晋中、长治、晋城、临汾、运城。

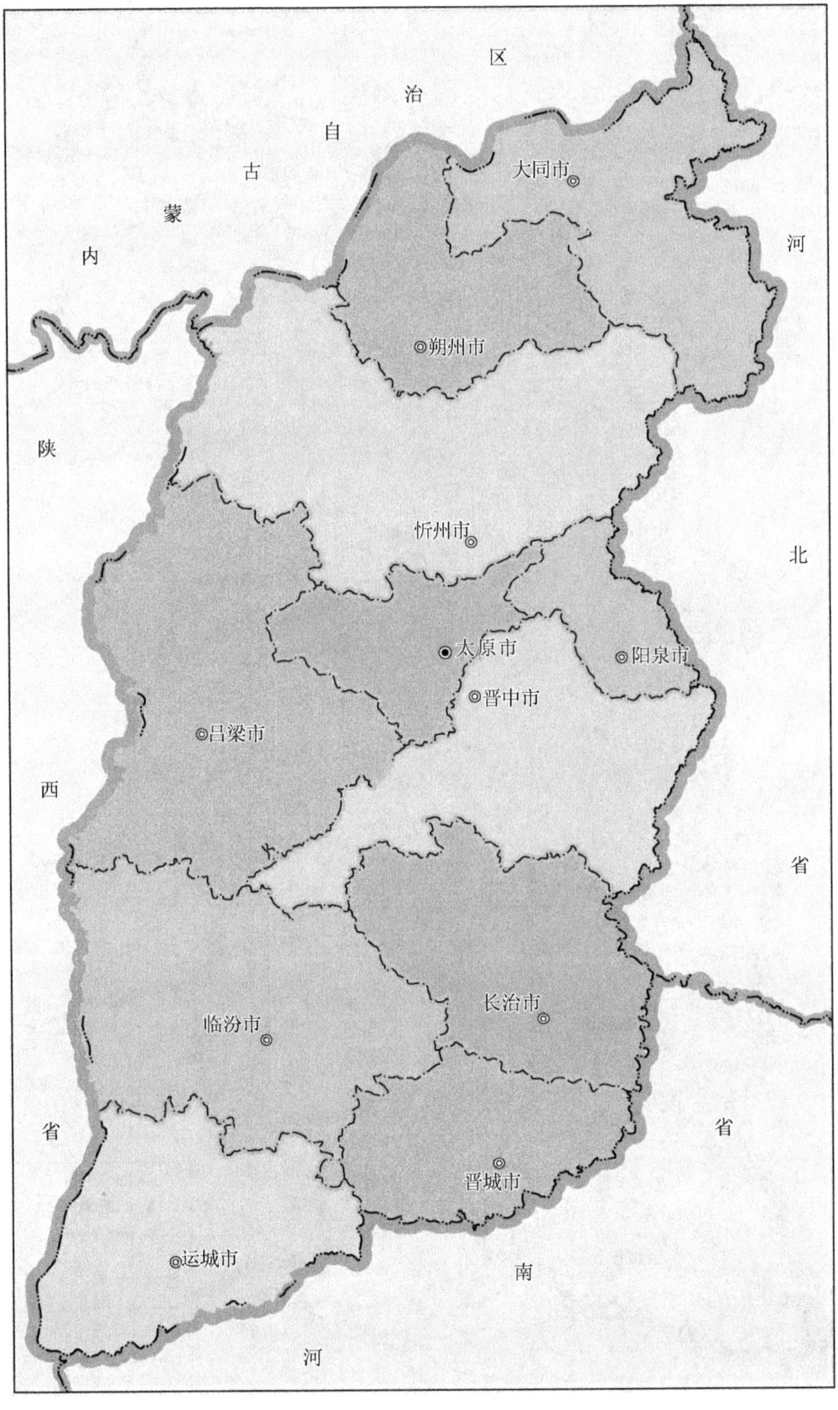

图 14.1　山西省概况

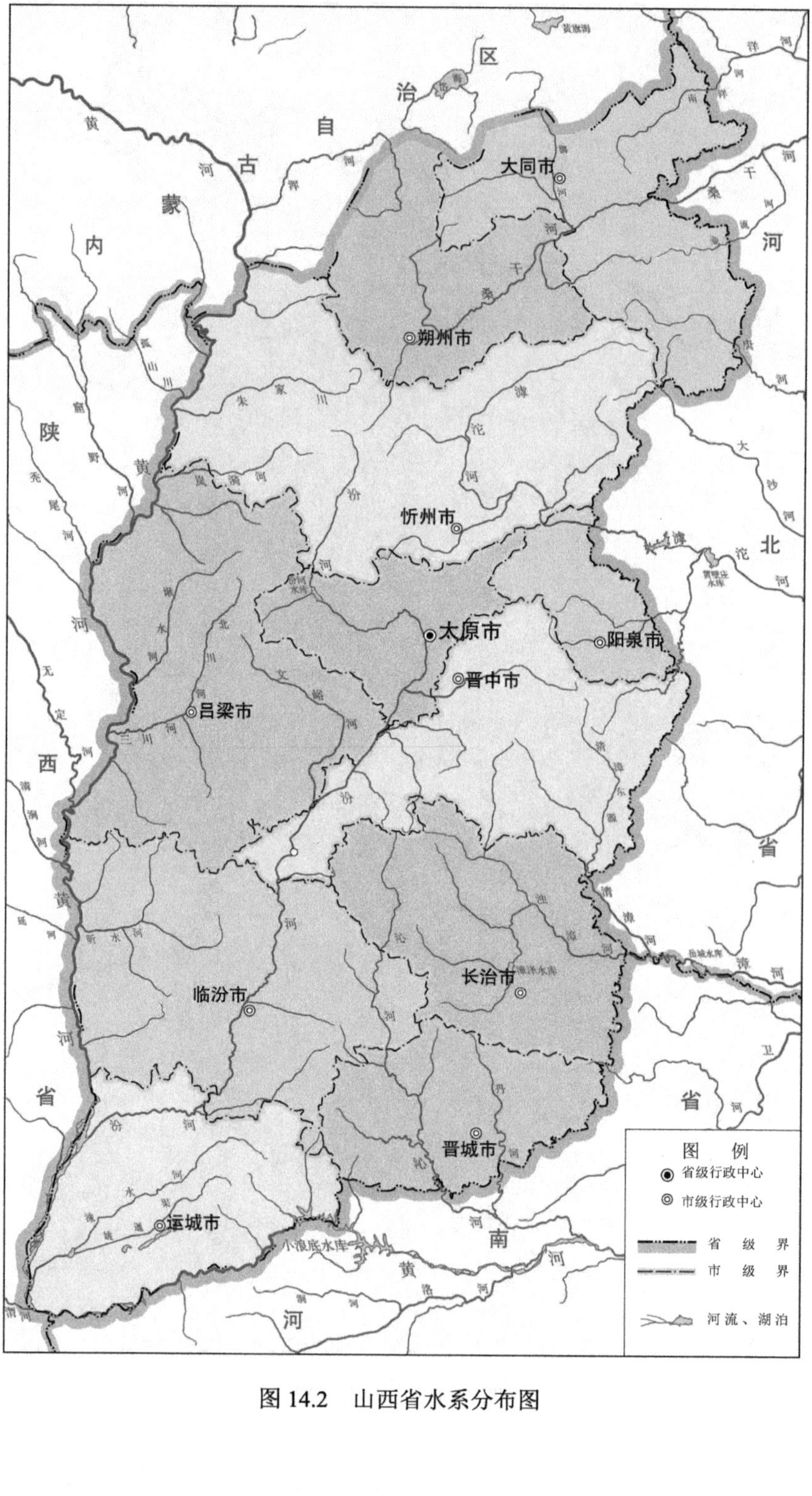

图 14.2　山西省水系分布图

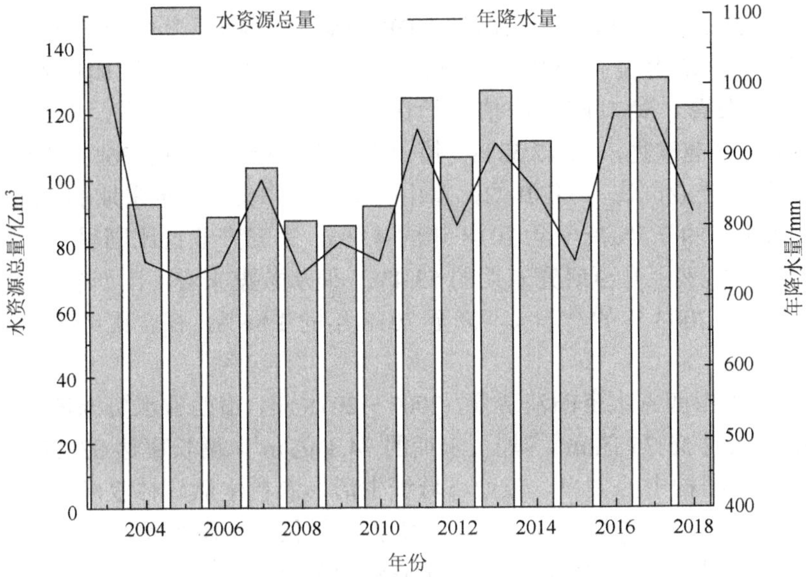

图 14.3　山西省 2003～2018 年水资源总量

图 14.4 为山西省 2003～2018 年 GDP 结构与总人口的变化图，由图可知，研究期内，山西省总人口呈上升趋势，总人口由 2003 年的 3314.29 万人上升至 2018 年的 3718.34 万人，2018 年山西省人口约占全国总人口的 2.4%。从产值上来

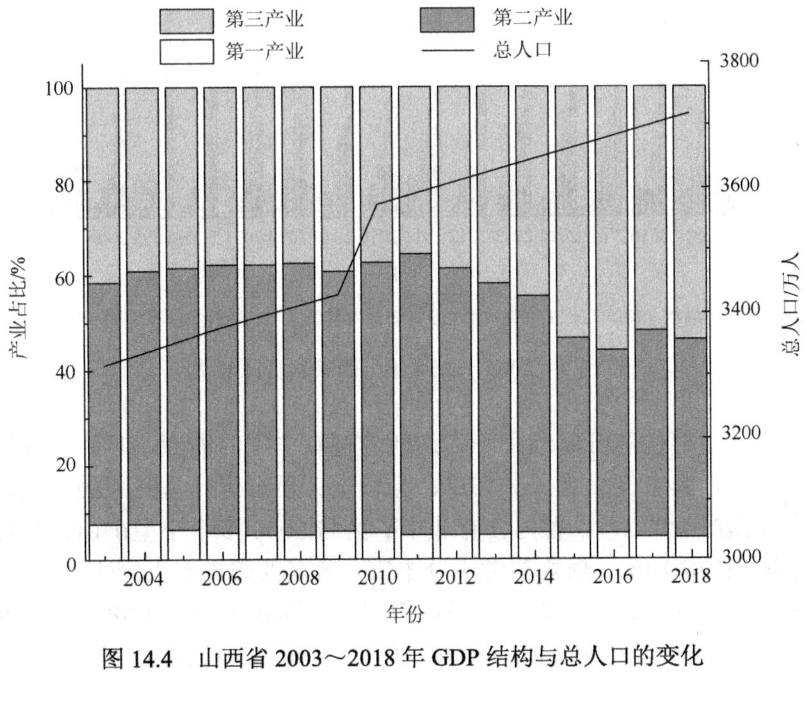

图 14.4　山西省 2003～2018 年 GDP 结构与总人口的变化

看，相比于 2003 年，2018 年山西省 GDP 增加了 589%，其中第一产业、第二产业、第三产业分别增加了 344%、484%、764%，第三产业产值增加趋势最为明显。从产业结构来看，第二产业产值占地区生产总值的比例最高，多年平均占比 51.7%；第三产业次之，为 42.53%；第一产业占比最小，为 5.76%。同时 2003～2018 年，第二产业产值占 GDP 的比重由初期的 51.3%下降至末期的 42.2%，第一产业由 2003 年的 7.5%减少至 2018 年的 4.4%，第三产业占比则呈上升趋势，由研究初期的 41.2%上升至研究末期的 53.4%。但从数据来看，山西省 GDP 占全国 GDP 的比重由 2003 年的 2.44%下降至 2018 年的 1.86%，在全国经济的地位显著下降。

图 14.5 为山西省水资源消费量，2003～2018 年，山西省水资源消费量呈增长趋势，由初期的 55.75 亿 m^3 增加至末期的 74.3 亿 m^3，增长率达 33.27%，农田灌溉一直是用水结构中的大户，工业、城镇生活、农村生活、林牧渔畜所占比重较小。此外，山西省水资源较为缺乏，人均占有量仅为全国平均水平的 17%，亩均占有量仅有全国水平的 11%，水资源矛盾较为突出。

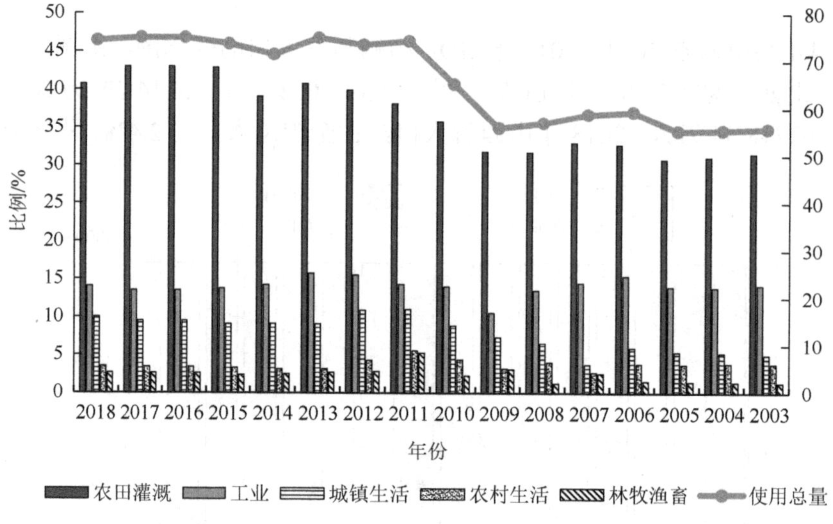

图 14.5　2003～2018 年山西省水资源消费量

作为中国主要的能源基地之一，山西省拥有丰富的能源，其中，煤炭资源的优势得天独厚，具有储量大、分布广、品种全、质量优、易开采的特点，煤炭生产量约占全国产量的 1/4，省内含有 8 个矿区与 3000 多个小型矿山，含煤层面积占全省总面积的 39.1%，煤炭资源十分丰富，著名的煤田有大同煤田、宁武煤田、河东煤田、西山煤田、沁水煤田、霍西煤田，其面积分别为 1800km^2、3500km^2、16900km^2、1600km^2、3900km^2、30000km^2，山西煤炭品种齐全，有九大煤炭品种，分别是气煤、肥煤、焦煤、瘦煤、无烟煤、贫煤、长焰煤、弱黏结煤、褐煤。山西煤炭具有“三低两高一强”的特点，即低硫、低灰、低磷、高发热量、高挥发分、黏结性强（张国英，2007）。

如图 14.6 所示，2003～2018 年，山西省能源生产量呈上升趋势，自 2003 年的 38555.48 万 t 标准煤上升至 2018 年的 70766.55 万 t 标准煤，增长率达 83.54%，在 2012 年达到峰值，为 78182.88 万 t 标准煤，煤炭资源在其中占绝对优势，多年平均占比 99.15%，风、光、水电，煤层气多年平均占比分别为 0.47%，0.37%，同时两者的占比不断提升。如图 14.7 所示，从能源消费结构来看，山西省能源消

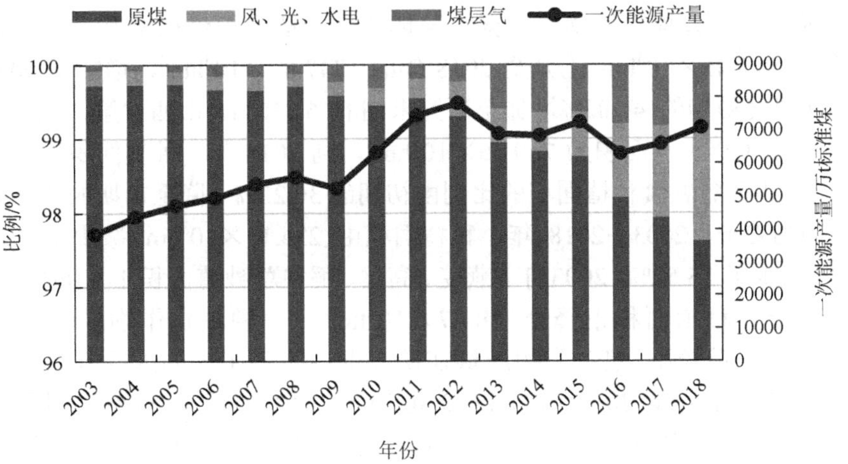

图 14.6　山西省能源生产

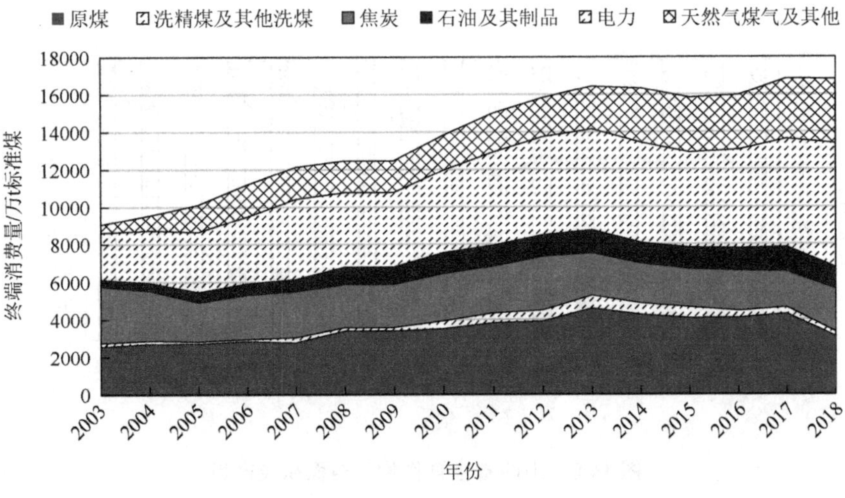

图 14.7　山西省能源消费

费依然以煤为主，其次为石油及其制品，原煤、焦炭、洗精煤及其他洗煤、电力、天然气煤气及其他占能源消费结构的90%以上，同时2003～2018年，其所占比例仍在不断上升，从93.17%上升至96.02%。从山西省的能源生产结构与消费结构来看，煤炭始终在其中占重要地位，山西省的能源结构对煤炭的依赖性极强，这是省内丰富的煤炭资源禀赋决定的，但煤炭资源使用对环境的破坏较大，同时也不利于能源结构的可持续发展。

山西省粮食作物种植面积及产量如图14.8所示。山西省粮食作物主要包括稻谷、燕麦、高粱、谷子、玉米、小麦。2003～2018年，山西省粮食作物种植面积显著提升，由1989.21×10^3hm^2上升至2594.4×10^3hm^2，增长率达30.42%，其中，玉米在山西省粮食作物中占据主导地位且种植面积仍在攀升，种植面积由2003年的915.45×10^3hm^2上升至2018年的1747.67×10^3hm^2，增加了90.91%，占比也从研究初期的46.02%增加至研究末期的67.36%。山西省第二大粮食作物为小麦，2003年种植面积为720.55×10^3hm^2，到2018年，种植面积为560.27×10^3hm^2，占山西省粮食种植面积的比例由初期的36.22%下降至末期的21.59%。排名第三的为谷子，2003～2018年，种植面积由234.15×10^3hm^2减少至197.80×10^3hm^2，减少了15.52%。2003年，燕麦、高粱、稻谷总种植面积119.06×10^3hm^2，至2018年，种植面积下降至88.67×10^3hm^2，三种粮食作物多年平均占比3.87%，所占比重较小。粮食作物产量在研究期内得到了大幅度提升，由2003年的958.87万t上升至2018年的1380.36万t，增长率达43.96%。同时，粮食作物的产量随着山西省降水量的波动而波动，2009年，山西省遭遇旱灾，粮食产量也随之减少。山西省粮食缺口较大，年均粮食缺口在150000t左右，在降

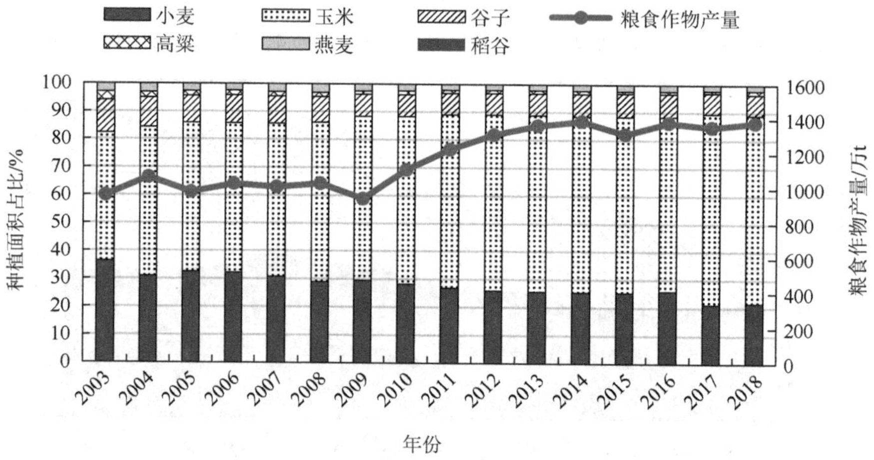

图14.8　山西省粮食作物种植面积及产量

水减少的情况下，粮食缺口还会加剧。同时，山西省面临着粮食品种结构失调的局面，省内种植结构中玉米占据重要比重，而人们日常消费以细粮为主，稻谷基本全部依靠外调，小麦外购数量占据消费量的一半以上（张海波，2013）。

14.2　研究方法与数据来源

14.2.1　超效率 SBM 模型

超效率 SBM 模型是 Tone 针对传统的 DEA 模型无法对相对有效的多个决策单元进行比较及不能考虑非期望产出的问题而提出的（Tone，2002）。其模型如下：

$$
\text{s.t.}\begin{cases}
\min\rho=\dfrac{\dfrac{1}{m}\sum\limits_{i=1}^{m}(\overline{x}/x_{ik})}{\dfrac{1}{r_1+r_2}\left(\sum\limits_{s=1}^{r_1}\overline{y^d}/y_{sk}^d+\sum\limits_{q=1}^{r_2}\overline{y^u}/y_{qk}^u\right)}\infty \\
\overline{x}\geqslant\sum\limits_{j=1,\neq k}^{n}x_{ij}\lambda_j & i=1,\cdots,m \\
\overline{y^d}\leqslant\sum\limits_{j=1,\neq k}^{n}y_{sj}^d\lambda_j & s=1,\cdots,r_1 \\
\overline{y^u}\geqslant\sum\limits_{j=1}^{n}y_{qj}^u\lambda_j & q=1,\cdots,r_2 \\
\lambda_j>0 & j=1,\cdots,n \\
\overline{x}\geqslant x_k & i=1,\cdots,m \\
\overline{y^d}\leqslant y_k^d & s=1,\cdots,r_1 \\
\overline{y^u}\geqslant y_k^u & q=1,\cdots,r_2
\end{cases}
\tag{14.1}
$$

式中，DMU 的个数为 n 个，记作 $\text{DMU}_j(j=1,2,\cdots,m)$，当前要测量的 DMU 记作 DMU_k，DMU_k 有 m 种投入，记作 $x_{ik}(i=1,2,\cdots,m)$；r_1 种期望产出，记作 $y_{sk}^d(\text{s}=1,2,\cdots,r_1)$，$r_2$ 种非期望产出，记作 $y_{qk}^u(q=1,2,\cdots r_2)$；（$\overline{x}$、$\overline{y^d}$、$\overline{y^u}$）为 DMU_k 第 i 种投入在超效率 SBM 的投影值；ρ 为生产单元效率值；λ_j 为第 j 个 DMU 投入要素的权重。

14.2.2　Tobit 模型

采用 Tobit 模型可以有效避免最小二乘法估算结果与实际偏离的情况。具体模型如下：

$$
Y_k=\beta_{1k}x_{1k}+\beta_{2k}x_{2k}+\beta_{3k}x_{3k}+\cdots+\beta_{nk}x_{nk}+c+\varepsilon_k \tag{14.2}
$$

式中，Y_k 为山西省水-能源-粮食纽带系统效率值；$x_{1k}, x_{2k}, x_{3k}, \cdots, x_{nk}$ $(k=1, 2, \cdots, n)$ 为水-能源-粮食纽带系统协调度的影响因素；β_{nk} $(k=1, 2, \cdots, n)$为各影响因素的系数；c 为常数项；ε_k 为随机误差项。

14.2.3 数据来源

本章以山西省 11 个地级市为研究区域，选取 2003～2018 年数据，对山西省水、能源、粮食纽带系统进行综合分析。为确保研究的科学性，研究数据多来自统计年鉴、统计公报。其中，水资源子系统相关数据来源于《中国统计年鉴》、《山西省统计年鉴》、各地级市统计年鉴、《山西省环境公报》、《山西省水资源公报》、各地级市环境公报；能源子系统相关数据来源于《中国统计年鉴》、《中国城市统计年鉴》、《山西省统计年鉴》、各地级市统计年鉴、山西省生态环境厅、各地级市生态环境局；粮食子系统相关数据来源于《中国统计年鉴》、《中国劳动统计年鉴》、《山西省统计年鉴》、各地级市统计年鉴。对缺失值采用插值法进行处理。

14.3 山西省水-能源-粮食纽带系统效率分析

14.3.1 山西省水-能源-粮食纽带系统效率时空分析

1. 水-能源-粮食纽带系统效率评价指标体系

1）指标体系构建

水、能源、粮食三者存在着复杂的关系，已有关于水-能源-粮食纽带系统投入产出的相关文献多将决策单元视为一个“黑箱子”进行综合评价，忽略了系统间内在的关联性（Li et al.，2016；Zhang and Xu，2019；李桂君等，2017）。作为复合系统，水-能源-粮食子系统由水、能源和粮食组成，且子系统之间高度相互关联，存在强烈的依赖性。在此观点的基础上根据网络 DEA 结构框架，同时将非合意产出考虑在内，构建了山西省水-能源-粮食纽带系统效率测算指标体系，如表 14.1 所示。

表 14.1 山西省水-能源-粮食纽带系统效率测算指标体系

类别	指标类型	指标选择
水资源子系统	投入指标	水的生产与水利管理从业人员（人）
		水的生产与水利管理投资（万元）
		生产、生活、生态用水量（亿 m^3）
		水资源生产耗能量（GJ）
	期望产出指标	地区生产总值（万元）
	非期望产出指标	工业废水排放量（万 t）

续表

类别	指标类型	指标选择
能源子系统	投入指标	采矿业、电力、热力、燃气生产与管理从业人员（人）
		采矿业、电力、热力、燃气生产与管理投资（万元）
		能源消费总量（万 t 标准煤）
		能源生产过程中的水资源消耗量（亿 m^3）
	期望产出指标	地区生产总值（万元）
	非期望产出指标	污染指数（量纲一）
粮食子系统	投入指标	农业从业人数（人）
		农业生产投资（万元）
		粮食作物种植面积（万 hm^2）
		农业生产过程的能源消耗（kcal）
		粮食灌溉耗水量（亿 m^3）
	期望产出指标	农业生产总值（万元）
	非期望产出指标	农业灰水足迹（亿 m^3）

2）指标说明

（1）水资源子系统。

水的生产与水利管理从业人员。采用《国民经济行业分类》（GB/T 4754—2017）的电力、燃气及水的生产与供应业中的水的生产与供应业与水利、环境和公共设施管理业中的水利管理业人数相加，前者根据规模以上工业、企业主要经济指标中从业人员平均人数的比例关系进行剥离，后者根据全省比例关系剥离。

水的生产与水利管理投资。以 2003 年为基期使 2003～2018 年各地级市投资额与固定资产投资价格指数相乘使其统一至可比价格。

生产、生活、生态用水量。生产用水主要是用于生产、加工、制造产品所耗用的水；生活用水包括城镇生活用水和农村生活用水，一般都是指人们为生活而需要用水的各个方面；生态用水是指维护或改善组成现有生态系统的植物群落、动物以及非生物部分的平衡所需要的水量。

水资源生产耗能量。对水资源子系统的能源消耗进行评估，水资源子系统中水资源生产过程耗能量计算包含农业用水、工业用水、生活用水在生产与使用过程中对水资源的消耗量，具体的计算方法参考文献（姜珊，2017）。

地区生产总值。以 2003 年为基期使 2003～2018 年各地级市地区生产总值与地区生产总值指数相乘统一至可比价格。

工业废水排放量。报告期内经过企业厂区所有排放口排放到企业外部的工业废水量。

（2）能源子系统。

采矿业、电力、热力、燃气生产与管理从业人员。采用《国民经济行业分类》（GB/T 4754—2017）的采矿业与电力、燃气及水的生产与供应业中的电力、热力生产供应业、燃气生产与供应业相加，后者通过规模以上工业、企业主要经济指标中从业人员平均人数的比例剥离。

采矿业、电力、热力、燃气生产与管理投资。以 2003 年为基期使 2003～2018 年各地级市投资额与固定资产投资价格指数相乘使其统一至可比价格。

能源消费总量。首先将各地级市地区生产总值统一至可比价格，其次将单位地区生产总值能源消耗量与地区生产总值（等价值）相乘获得决策单元的能源消费总量。

能源生产过程中的水资源消耗量。用于衡量能源子系统与水资源子系统的关联关系，由于山西省能源消费结构中原煤与火电所占比重较大，原煤在山西省一次能源消费占比 85%左右，故能源生产过程中的水资源消耗量指标计算煤炭和火力发电在其开采、加工生产过程中对水资源的消耗量，原煤水足迹主要包含洗煤与采选两个过程，其耗水量分别为 0.3m^3/t 与 0.15m^3/t（郝帅等，2021），火力发电水足迹主要包含蓝水足迹与灰水足迹，分别为 3.49kg/kWh 与 10.57kg/kWh（顾加春，2015）。

污染指数。衡量能源子系统的非合意产出，在能源使用过程中会排放一些污染物——工业“三废”，即工业废水排放量、工业废气排放量、工业固体废弃物排放量，工业废气又包含工业二氧化硫与工业烟尘两个指标，采用熵权法对四个污染物指标计算得到污染指数。

（3）粮食子系统。

农业从业人数。此处从业人员指从事种植业的人数，即狭义上的农业从业人数。

农业生产投资。以 2003 年为基期使 2003～2018 年各地级市投资额与固定资产投资价格指数相乘使其统一至可比价格。

粮食作物种植面积。此处粮食作物指小麦与玉米两种农作物。

农业生产过程的能源消耗。衡量粮食子系统对能源子系统的消耗情况，此处能源消耗包括农药使用量、化肥使用量和农村用电量三种。具体的能耗系数来源于《农业技术经济手册》，具体计算方法参考徐键辉（2011）的研究。其中，运城市化肥使用量数据缺失，为全省氮肥、磷肥、钾肥、复合肥使用量减去除运城市外的 10 个地级市各类型化肥使用量。

粮食灌溉耗水量。衡量粮食子系统对水资源子系统的消耗情况。

农业生产总值。衡量粮食子系统的经济产出状况，以 2003 年为基期使 2003～2018 年各地级市农业生产总值与地区生产总值指数相乘统一至可比价格。

农业灰水足迹。衡量粮食子系统的非合意产出，具体的计算方法参考张鑫等（2019）的研究。

2. 水-能源-粮食纽带系统效率时间变化特征

根据相关公式计算得到 2003～2018 年山西省水-能源-粮食各子系统及纽带系统效率，同时根据相关研究将其划分为四个区域，即晋北地区（大同市、朔州市、忻州市）、晋中地区（太原市、晋中市、阳泉市、吕梁市）、晋南地区（临汾市、运城市）、晋东南地区（长治市、晋城市），据此画出山西省及四大地区水-能源-粮食各子系统与纽带系统效率值时间变化趋势图。

水资源子系统效率值。如图 14.9 所示，山西省水资源子系统效率值在不同年份有波动，但波动幅度不大，由研究初期的 0.92 变动至研究末期的 0.95。分时段来看，2011～2018 年的波动幅度较 2003～2010 年小。这主要与技术提升、水资源利用率提高相关。从地区来看，晋中地区 2003～2018 年效率值一直高于全省均值，且呈波动上升趋势，相比于 2003 年，2018 年上升幅度达 15.58%，上升幅度较大，晋中地区经济规模、科技水平在全省范围内处于前列，尤其以省会太原为中心，其带动周围地区发展，经济发展水平、水污染治理投入资金优于省内其他地区。除个别年份外，晋南地区效率值远低于全省均值，年均相差 57.68%，2003～2018 年下降幅度较大，由初期的 1.00 下降至末期的 0.60，降幅达 40%。晋南地区水资源总量较省内其他地区丰富，水的生产与水利管理投资也相应较高，但地区

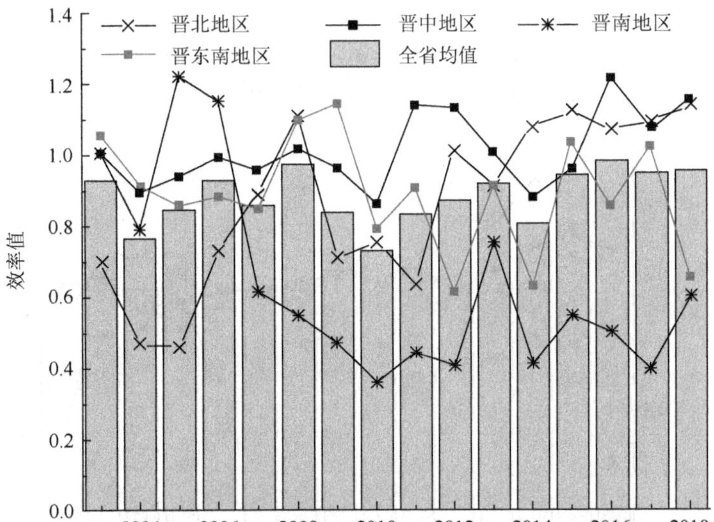

图 14.9　山西省水资源子系统效率值随时间变化趋势

生产总值并不占优势，使其水资源子系统效率值低于全省均值并不断下降。晋东南地区的效率值在研究期间呈波动变化趋势，其中在 2006 年、2012～2014 年、2016 年和 2018 年效率值低于全省均值，其余年份效率值均高于全省均值。晋北地区的效率值在研究期间呈波动变化趋势，整体而言，相比于 2003 年，2018 年效率值为增加态势。具体而言，在 2003～2006 年、2009 年、2011 年和 2013 年晋北地区的效率值低于全省均值，其余年份效率值高于全省均值。其中，2005～2008 年为效率值连续增加年份。

能源子系统效率值。如图 14.10 所示，山西省能源子系统效率值较低，在研究时段内有明显波动，可分为 2003～2005 年的上升期、2006～2013 年的平稳期、2014～2018 年的下降期，这与煤炭在全国的兴衰紧密相连。2003～2013 年，煤炭行业欣欣向荣，处于发展的繁荣期，煤炭行业生产总值一直较高，自 2014 年开始，煤炭行业进入低迷期，受市场需求下降、煤价下行影响，第二产业生产总值下降，能源子系统效率值开始下降。于地区而言，晋南地区在研究时段内均低于全省均值且相差较大，平均相差 60.2%，可划分为波动上升期（2003～2014 年）与下降期（2015～2018 年）。晋南地区包含运城市与临汾市，两市煤炭储量较少，煤炭行业发展受资源储备影响，发展水平低，能源工业地区生产总值较低，能源子系统效率值远低于全省平均水平。晋东南地区 2003～2018 年发展趋势与晋南地区基本一致，只是其效率值除去个别年份低于全省均值外，大部分年份效率值均高于全省均值。晋东南地区能源子系统效率值在全省处于前列。作为山西煤炭开采的

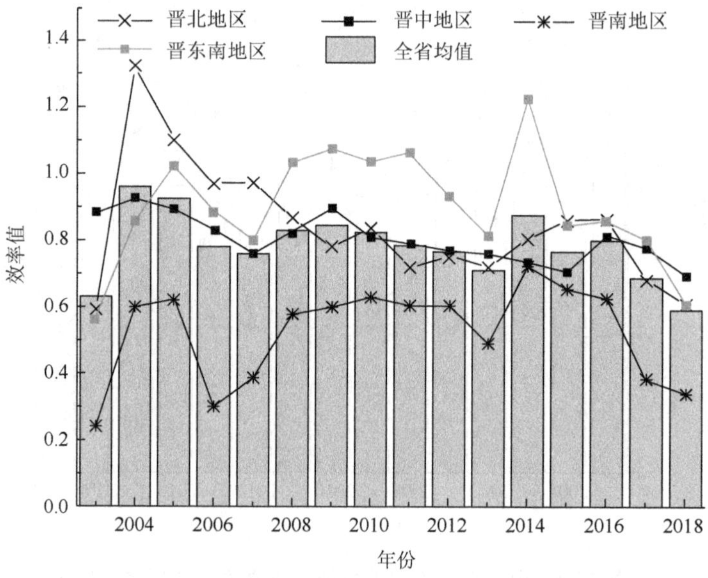

图 14.10　山西省能源子系统效率值随时间变化趋势

主要地区，晋东南地区煤炭储量丰富，煤质优良，开采量大，煤炭产值高，能源子系统效率值高于全省均值，但受煤价下行影响，后期能源子系统效率值降低。除个别年份，晋北地区与晋中地区与全省均值相差较小，晋中地区效率值与全省均值大小更加吻合，晋北地区效率值在研究初期高于全省均值。

粮食子系统效率值。如图 14.11 所示，山西省粮食子系统效率值在研究时段内发展较为平稳，但大体呈下降趋势，降幅 22.8%。这与全国粮食态势基本保持一致，作为投入要素的农业从业人数、粮食作物种植面积、农业生产过程中的能源消耗、粮食灌溉用水量 2003～2018 年变动不大，作为产出要素的农业生产总值、农业灰水足迹也相应增加，但两者的变化较小，对粮食子系统效率影响最大的为农业生产投资，其变动影响粮食子系统效率值的变化。从地区来看，除个别年份外，晋北地区粮食子系统效率值均低于同时间内的全省均值，效率值平均相差 0.19，研究时段内呈波动下降状态。晋南地区 2003～2018 年粮食子系统效率值均高于全省均值，相较于 2003 年，2018 年效率值下降幅度达 12.7%，呈波动下降趋势。晋东南地区效率值在 2003～2009 年和 2017 年高于全省均值，其余年份低于全省均值。晋中地区粮食子系统效率值在研究时段内波动缓慢上升，以 2011 年为界，前期粮食子系统效率值低于全省均值，后期效率值高于全省均值。

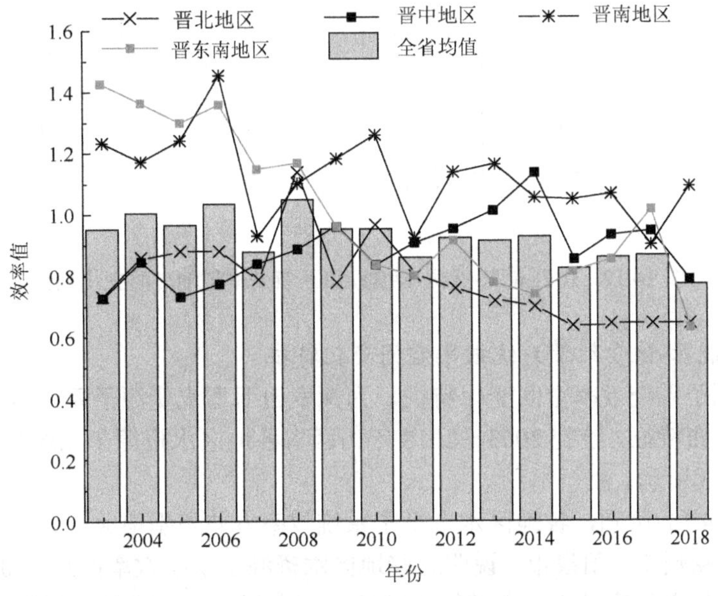

图 14.11　山西省粮食子系统效率值随时间变化趋势

水-能源-粮食纽带系统效率值。如图 14.12 所示，山西省水-能源-粮食纽带系统效率值在研究期内较为稳定，同时相较于水-能源-粮食各子系统，地区间效率值差异缩小，各地区与全省均值的差异缩小。除个别年份外，晋南地区水-能源-粮食纽带系统效率值均低于同时间的全省均值，晋北地区系统效率值与全省均值基本吻合，晋中地区以 2007 年为界，2004～2006 年低于全省均值，2007～2018 年高于全省均值，晋东南地区 2003～2011 年系统效率值高于全省均值，2012～2018 年低于全省均值。晋东南地区与晋南地区均呈现波动下降的趋势，降幅分别为 61.76%和 21.66%；晋北地区系统效率值由 2003 年的 0.67 上升至 2018 年的 0.79，升幅 17.9%；晋中地区系统发展趋势与全省均值发展趋势类似，在研究时段内较为平稳。整体而言，山西省水-能源-粮食各子系统及纽带系统效率值地区差异显著。

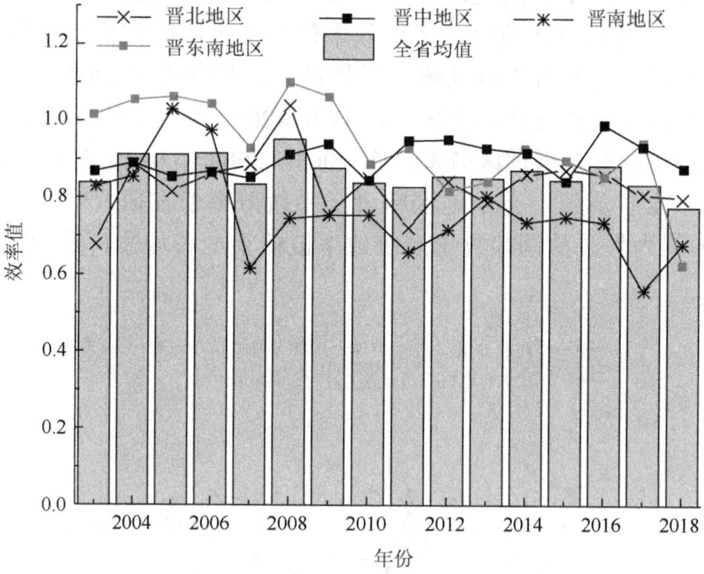

图 14.12　山西省水-能源-粮食纽带系统效率值随时间变化趋势

3. 水-能源-粮食纽带系统效率空间变化特征

水资源子系统效率空间变化特征。为探索山西省水资源子系统效率值空间演变规律及分布特征，绘制 2003～2018 年山西省各地区水资源子系统效率箱图，具体如图 14.13 所示。

由图 14.13 可知，各地区水资源子系统效率方差差别很大，方差较大的区域有忻州市、朔州市、阳泉市，说明这些地区水资源子系统效率值在 2003～2018 年不稳定，各年之间变动大；方差较小的地区有太原市、运城市、大同市、晋城市，其中太原市最小，表明这些地区系统效率值稳定，水资源子系统效率值各年之间变动较小。从数值分布来看，忻州市、太原市、阳泉市、吕梁市水资源子系

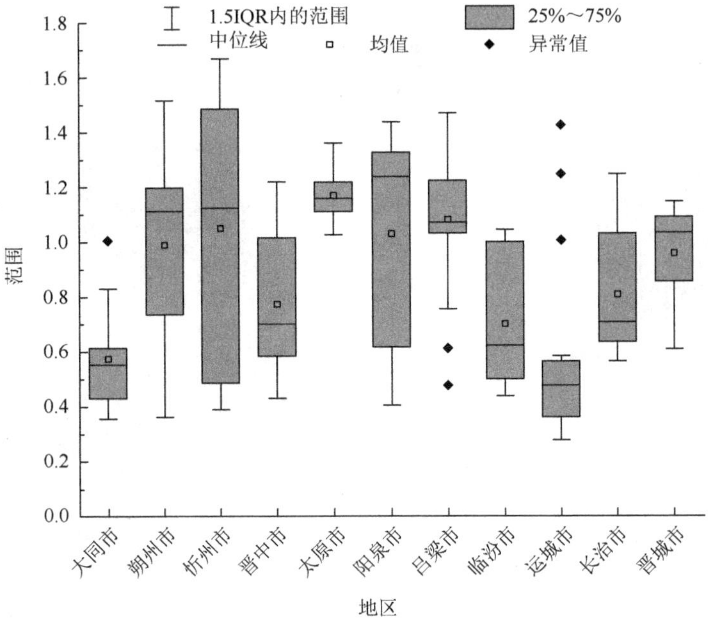

图 14.13　山西省水资源子系统效率箱图

IQR（inter-quartile range）表示四分位差

统效率均值大于 1，这些地区集中在晋北与晋中区域，其余地区纽带效率值均小于 1。为进一步揭示山西省水资源子系统效率空间分布差异，选取几个典型年份（2003 年、2008 年、2013 年、2018 年）使用 ArcGIS 自然断点法对其进行分类，如图 14.14 所示。

由图 14.14 可知，2003 年，山西省水资源子系统效率均值为 0.93，系统效率最低值为 0.4，位于阳泉市，最高值为 1.36，位于太原市。具体来看，处于第一梯队的为大同市、朔州市、阳泉市，处于第二梯队的有运城市、临汾市、长治市，处于第三梯队的有晋中市、晋城市，处于第四梯队的为忻州市、吕梁市，处于第五梯队的为太原市。各梯队表现出明显的空间集聚性，说明水资源子系统受地理环境的影响较大。2008 年，子系统效率值全省均值上升了 0.04，系统效率最大值上升了 0.31，升幅较大。具体而言，第一梯队为运城市，第二梯队为晋中市、大同市与临汾市，第三梯队为阳泉市、长治市、朔州市，第四梯队为太原市、吕梁市、晋城市，系统高值区集中在山西省中部。2013 年，系统效率最高值下降了 0.38。具体而言，处于第一梯队的有运城市、晋中市、大同市，处于第二梯队的为长治市，位于第三梯队的有吕梁市、临汾市，处于第四梯队的为朔州市、忻州市、太原市、晋城市，处于第五梯队的为阳泉市。2018 年，水资源子系统效率全省均值为 0.96，上升 0.04，水资源子系统效率值在空间分布上表现出更明显的集聚性。具体而言，

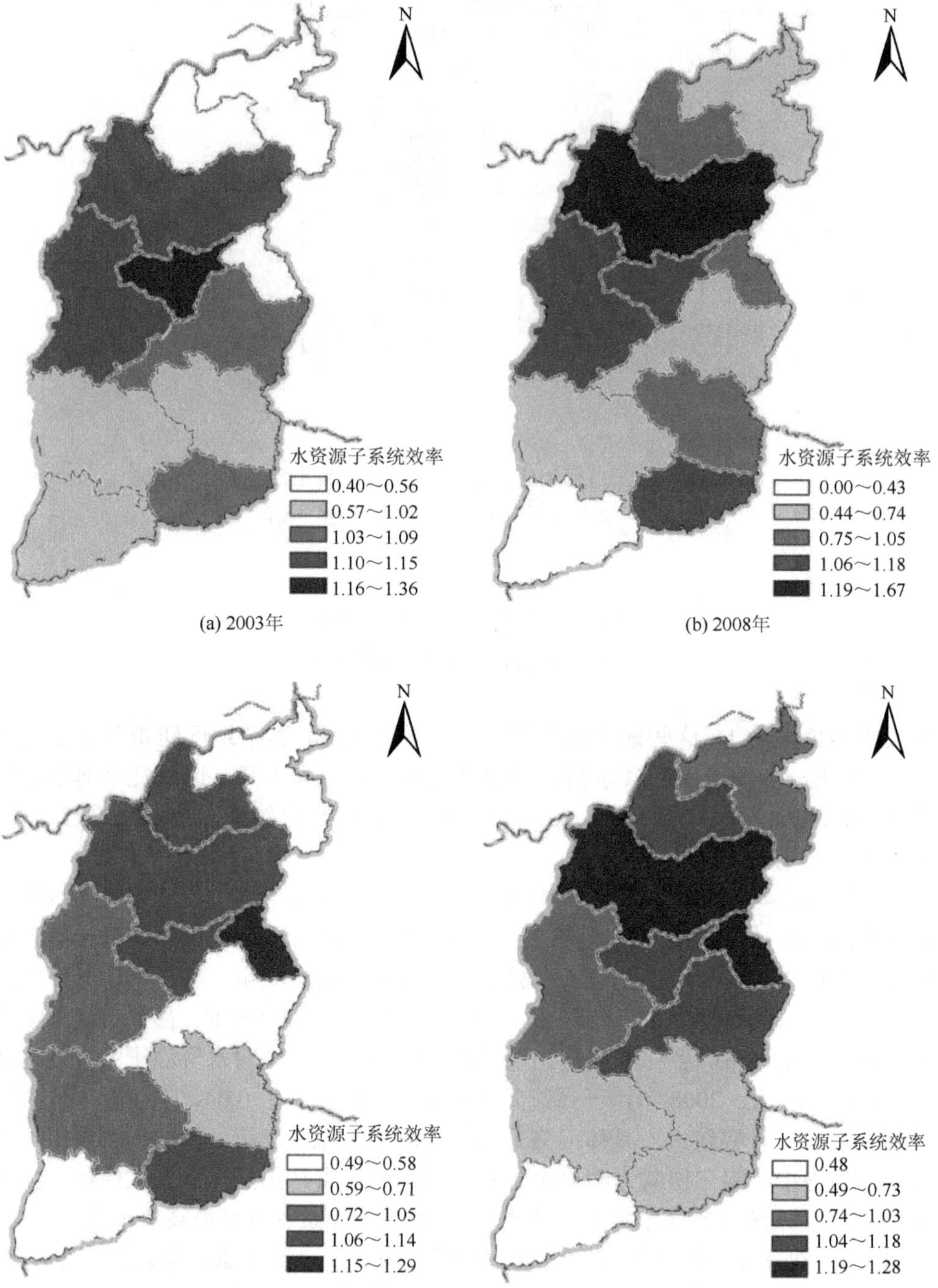

图 14.14　2003～2018 年山西省各地区水资源子系统效率

处于第一梯队的为运城市，位于第二梯队的为临汾市、长治市、晋城市，位于第三梯队的为大同市、吕梁市，位于第四梯队的为太原市、晋中市、朔州市，处于第五梯队的为忻州市、阳泉市。总的来说，山西省水资源子系统效率值全省均值基本平稳，但地区差异显著，晋中地区效率值较高，晋北与晋南地区效率值相对较低，同时，各地区系统效率值的年际变化也较大。

能源子系统效率空间变化特征。绘制 2003～2018 年山西省各地区能源子系统效率箱图，具体如图 14.15 所示。

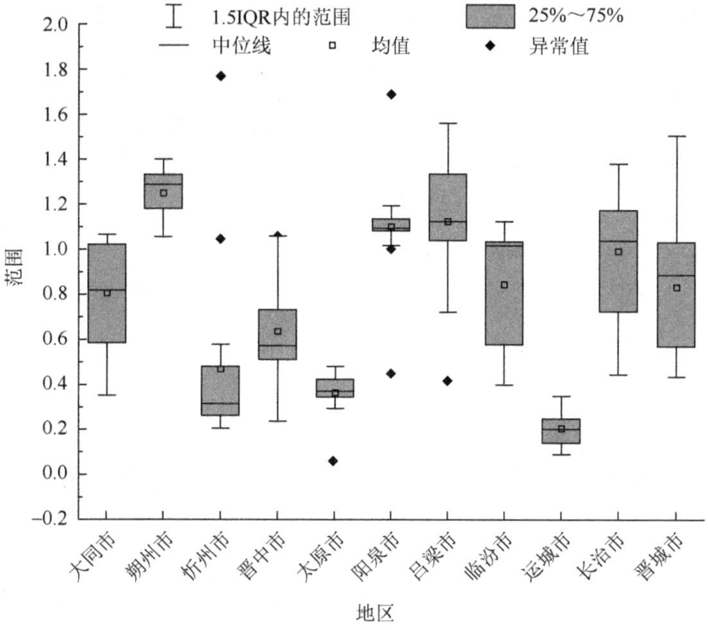

图 14.15 山西省能源子系统效率箱图

由图 14.15 可知，各地区能源子系统效率值方差差别整体上较小，说明山西省 2003～2018 年能源子系统的效率值较为稳定，年际变动小。以阳泉市、太原市、运城市、朔州市的表现最为明显，其中阳泉市最小，表明这些地区的能源子系统效率值非常稳定，能源子系统效率值各年之间变动较小。从数值分布来看，朔州市、阳泉市、吕梁市能源子系统效率均值大于 1，它们集中在省内煤炭禀赋优越的地区，其余地区纽带效率值均小于 1，以运城市最低。总体而言，山西省能源子系统效率值地区差异明显。为进一步揭示山西省能源子系统效率空间分布差异，选取几个典型年份（2003 年、2008 年、2013 年、2018 年），使用 ArcGIS 自然断点法对其进行分类，如图 14.16 所示。

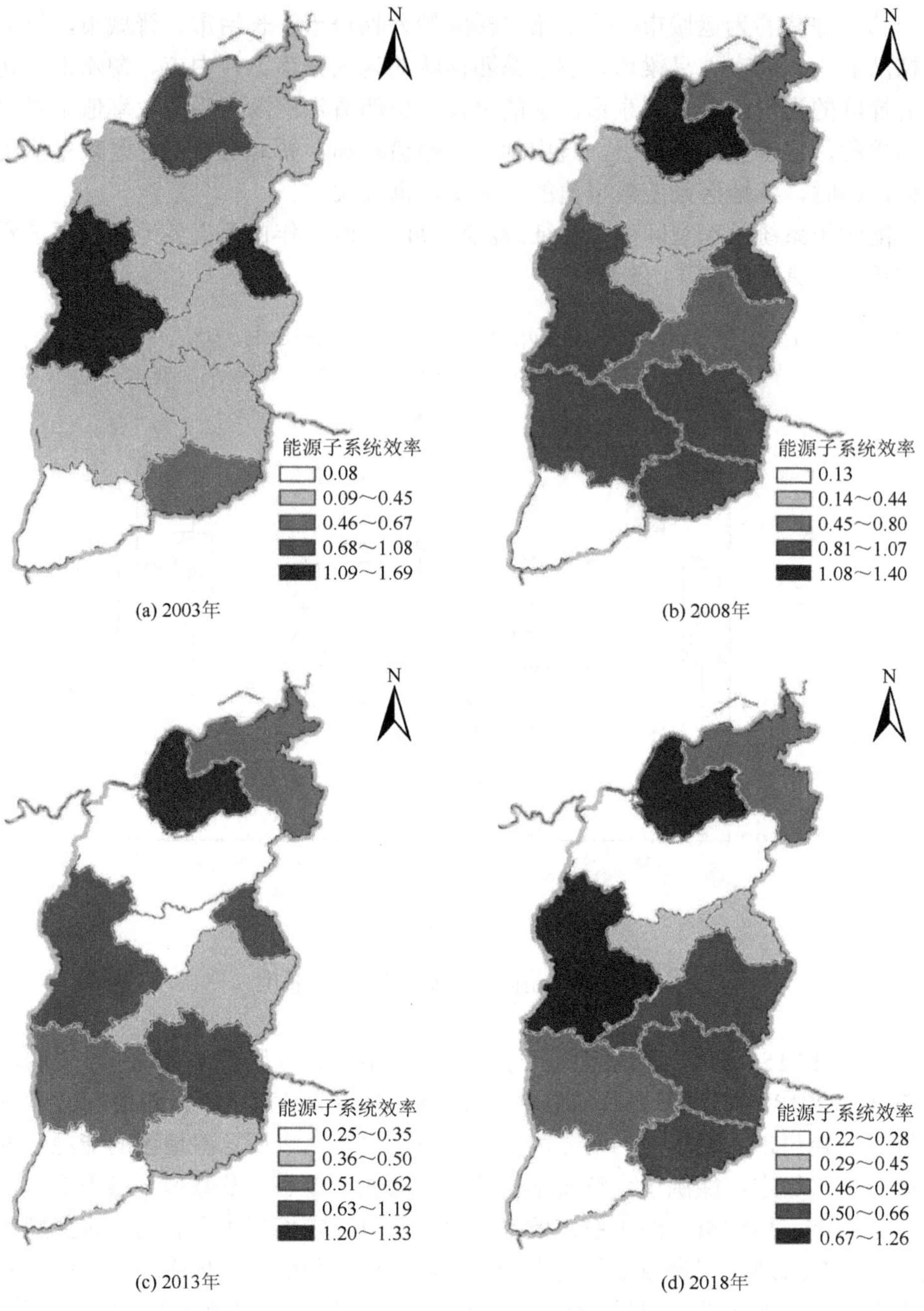

(a) 2003年　(b) 2008年

(c) 2013年　(d) 2018年

图 14.16　2003～2018 年山西省各地区能源子系统效率

2003 年，山西省能源子系统效率均值为 0.66，整体上偏低，最高值为阳泉市，为 1.69，最低值为运城市，效率值仅 0.08，最高值与最低值间相差 1.61，差别极大。由图可知，处于第一梯队的有 1 个，为运城市，处于第二梯队的有 6 个，占到总数的一半以上，分别为大同市、忻州市、太原市、晋中市、长治市、临汾市，处于第三梯队的为晋城市，处于第四梯队的为朔州市，处于第五梯队的为吕梁市和阳泉市，其数值分布格局呈现“中间多，两头少”。2008 年，能源子系统效率值向高值区聚集，系统效率值得到了明显提升，最小值仍处于运城市，但效率值为 0.13，相较于 2003 年，增加了 0.05，最大值为 1.40，位于朔州市。具体而言，处于第一梯队的为运城市，处于第二梯队的为忻州市、太原市，处于第三梯队的为大同市、晋中市，处于第四梯队的为阳泉市、吕梁市、长治市、临汾市、晋城市，处于第五梯队的为朔州市。2013 年，能源子系统最高值与最低值的差值进一步缩小，为 1.08，处于第一梯队的有运城市、太原市、忻州市，处于第二梯队的为晋中市、晋城市，处于第三梯队的为临汾市、大同市，处于第四梯队的为吕梁市、阳泉市、长治市，处于第五梯队的为朔州市。2018 年，山西省能源子系统效率均值为 0.59，系统效率值降低，与 2013 年相比，各地区系统效率值整体下降，第五梯队划分区间范围明显扩大，9 个地区系统效率值在 0.66 以下，第五梯队仅有朔州市与吕梁市两个地区。综上所述，山西省能源子系统效率值较低并且存在显著的地区差异，系统效率高值主要在煤炭资源禀赋条件优越地区间来回移动。

粮食子系统效率空间变化特征。绘制 2003～2018 年山西省各地区粮食子系统效率箱图，具体如图 14.17 所示。

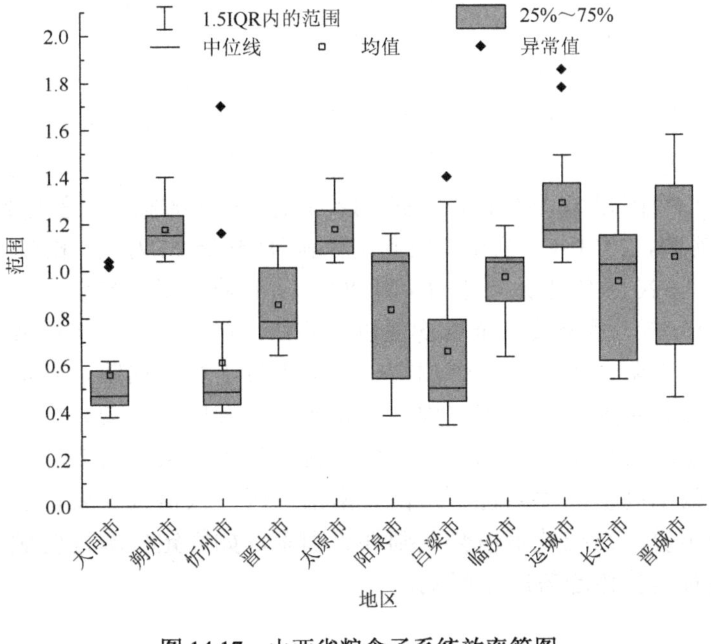

图 14.17　山西省粮食子系统效率箱图

由图 14.17 可知，粮食子系统地区间差异很大，方差较大的区域有晋城市、阳泉市、长治市，说明这些地区粮食子系统效率值在 2003～2018 年不稳定，各年之间变动大；方差较小的地区有大同市、朔州市、忻州市等，其中忻州市最小，表明这些地区系统效率值稳定，粮食子系统效率值各年之间变动较小。从数值分布来看，朔州市、太原市、运城市、晋城市粮食子系统效率均值大于 1，其中运城市最高，这些地区集中在晋中与晋南区域，其余地区纽带效率值均小于 1。为进一步揭示山西省粮食子系统效率空间分布差异，选取几个典型年份（2003 年、2008 年、2013 年、2018 年），使用 ArcGIS 自然断点法对其进行分类，具体如图 14.18 所示。

由图 14.18 可知，2003 年，山西省粮食子系统效率均值为 0.95，最低值为 0.38，位于阳泉市，最高值为 1.57，位于晋城市，最高值与最低值相差 1.19，差距较大。具体而言，处于第一梯队的有忻州市、吕梁市、阳泉市三个地区，处于第二梯队的有大同市与晋中市两个地区，处于第三梯队的有朔州市、临汾市两个地区，处于第四梯队的有太原市、长治市、运城市，处于第五梯队的为晋城市。2008 年，粮食子系统效率全省均值为 1.04，相较于 2003 年，有轻微上升，系统效率最大值与最小值分别提升 0.12 和 0.16，最大值位于忻州市，这主要是 2008 年，忻州市粮食子系统农业生产投资大幅度下降，投入降低，导致系统效率值升高，处于第一梯队的有大同市、吕梁市、晋中市，位于第二梯队的为临汾市，位于第三梯队的为太原市、长治市，位于第四梯队的为运城市、晋城市、阳泉市、朔州市，位于第五梯队的为忻州市。2013 年，粮食子系统效率全省均值为 0.92，有轻微波动，系统最低值与最高值的差值缩小，位于第一梯队的为大同市、忻州市、晋中市、晋城市，位于第二梯队的为临汾市、长治市，位于第三梯队的为太原市、阳泉市，位于第四梯队的为朔州市，位于第五梯队的有运城市与吕梁市两个地区。吕梁市以 1.30 的效率值位居全省第二，这主要受农业固定资本投资的影响，2013 年，吕梁市农业投资额为 25625.34 万元，相较于 2014 年下降 40.39%，与 2015 年相比，下降 401.2%，从而使吕梁市粮食子系统效率值大幅提升。2018 年，系统效率全省均值再次降低，仅为 0.77，系统效率最大值与最小值均有所下降，大同市、忻州市、吕梁市位于第一梯队，长治市位于第二梯队，晋中市、晋城市位于第三梯队，朔州市、太原市、阳泉市、临汾市位于第四梯队，运城市位于第五梯队。总体而言，粮食子系统效率存在显著的地区差异，系统效率高值区主要位于山西省南部地区，低值区主要位于山西省中北部。在某些年份，系统效率值会受到外界因素，如固定资本投资额度变化的影响，但不会对其整体趋势产生影响。

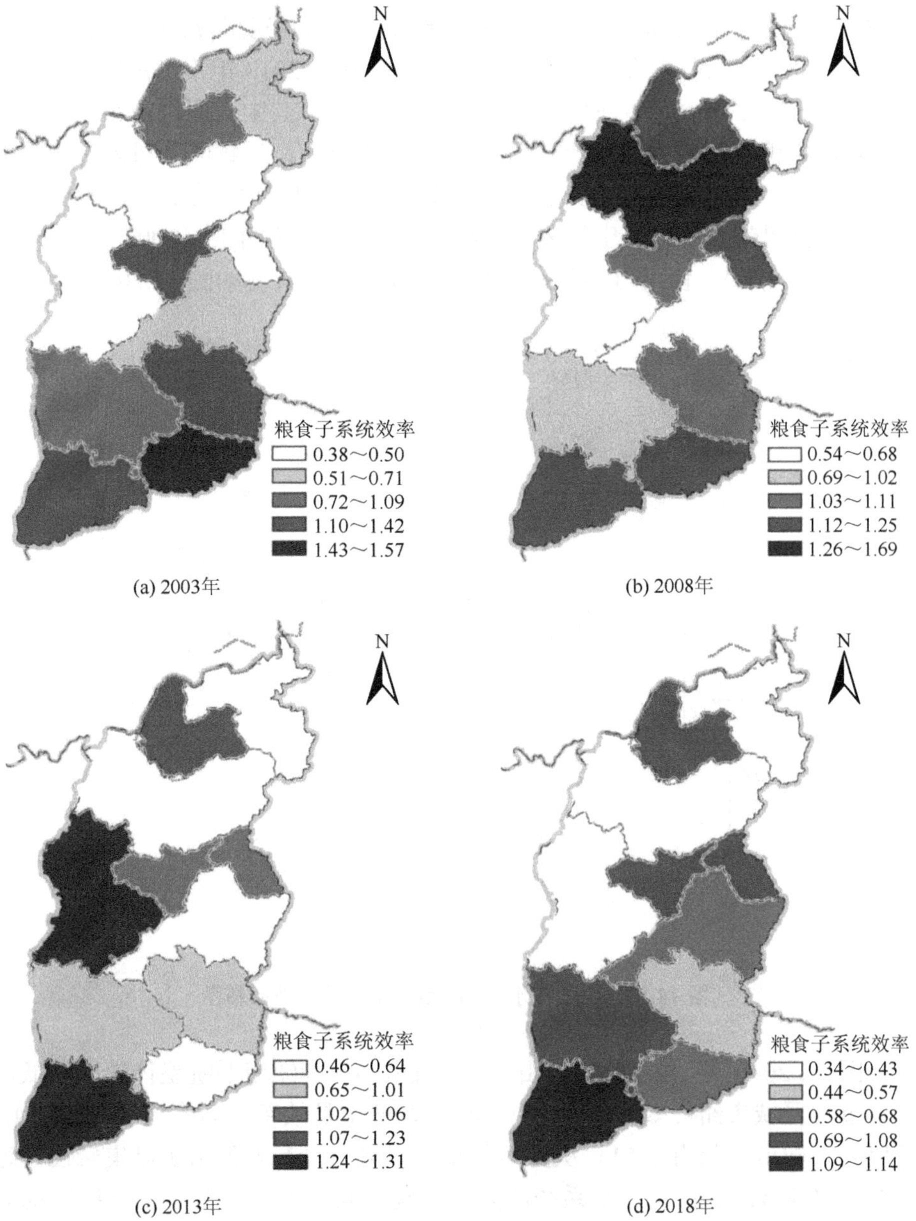

图 14.18　2003～2018 年山西省各地区粮食子系统效率

水-能源-粮食纽带系统效率空间变化特征。为探索山西省水-能源-粮食纽带系统效率值空间演变规律及分布特征，绘制 2003～2018 年山西省各地区水-能源-粮食纽带系统效率箱图，具体如图 14.19 所示。由图可知，各地区水-能源-粮食纽带系统效率值方差差别很大，方差较大的区域有大同市、朔州市、阳泉市、晋城市，说明这些地区水-能源-粮食纽带系统效率值在2003～2018年不稳定，各年之间变动大；方差较小的地区有太原市、临汾市、长治市，其中太原市最小，表明这些地区水-能源-粮食纽带系统效率值各年之间变动较小。从数值分布来看，只有朔州市纽带效率均值大于1，其余地区纽带效率均值均小于1。为进一步揭示山西省水-能源-粮食纽带系统效率空间分布差异，选取几个典型年份（2003年、2008年、2013年、2018年），使用自然断点法对其进行分类，具体如图14.20所示。

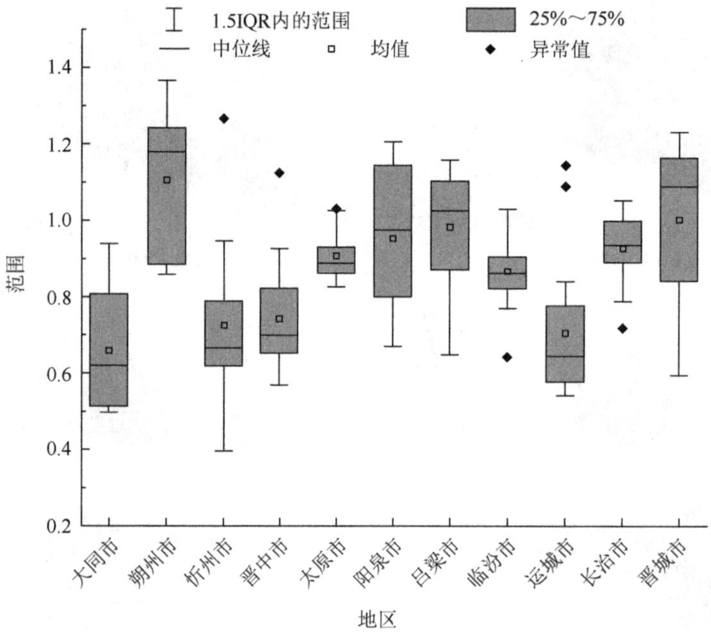

图14.19　山西省水-能源-粮食纽带系统效率箱图

由图14.20可知，2003年，山西省水-能源-粮食纽带系统整体效率较低，只有吕梁市与晋城市纽带效率值大于1，其中晋城市是效率最高的地区，达到1.11，最低值为大同市，仅有0.51。从空间分布上来看，没有表现出明显集聚性，这是纽带系统受水-能源-粮食三个系统的共同影响。具体而言，位于第一梯队的为大同市，位于第二梯队的有忻州市和晋中市，位于第三梯队的有临汾市、阳泉市、运城市、朔州市，位于第四梯队的有太原市、长治市，位于第五梯队的有晋城市与吕梁市。2008年，纽带系统效率全省均值上升了0.11，达到0.94，同时相较于2003年纽带系统最高值与最低值均得到了显著提升。具体而言，位于第一梯队的有运城市、大同市，位于第二梯队的为晋中市，位于第三梯队的有临汾市、吕梁市、太原市，位于第四梯队的有长治市、晋城市，位于第五梯队的有朔州市

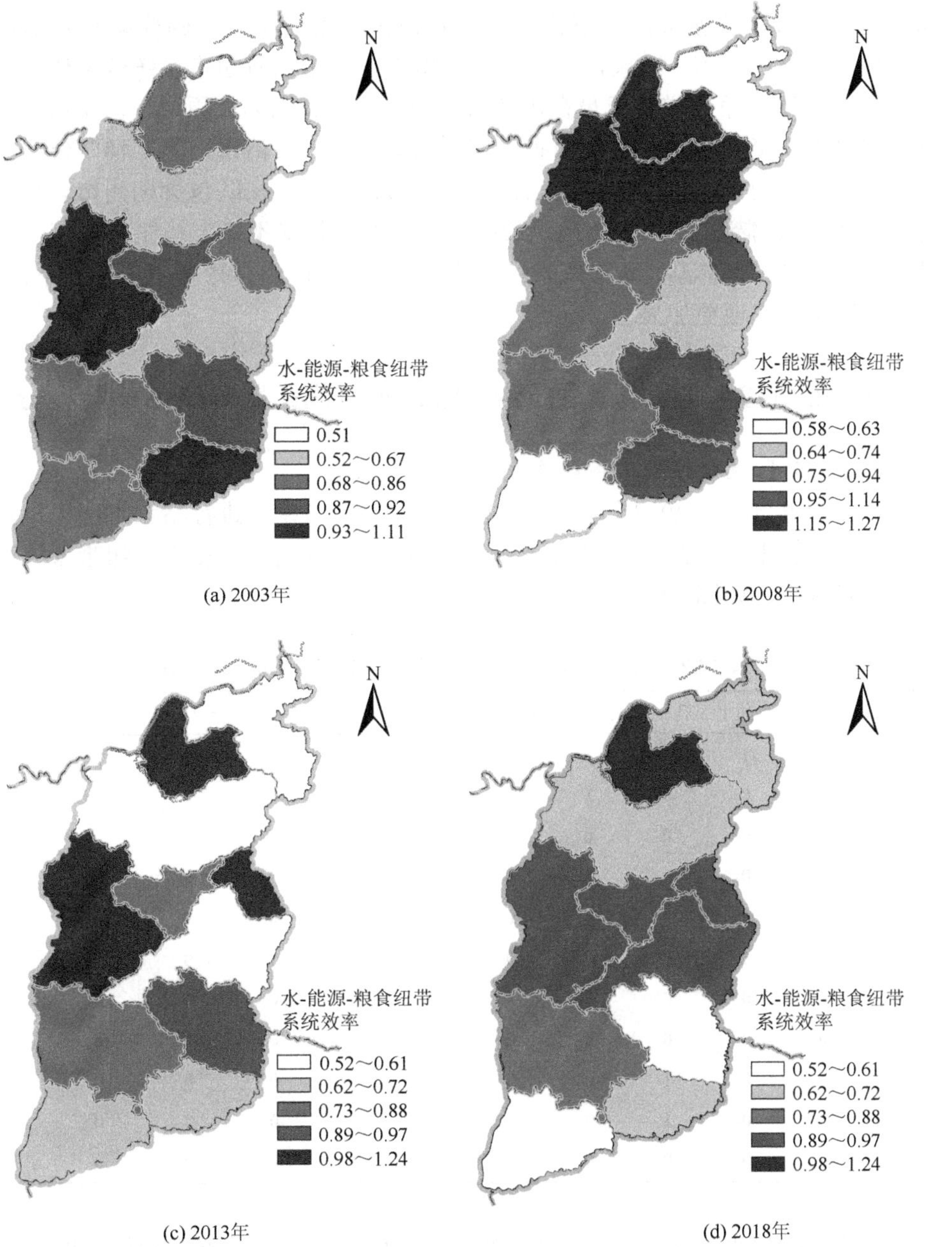

图 14.20　2003～2018 年山西省各地区水-能源-粮食纽带系统效率

与忻州市。纽带系统效率值在 2013 年呈下降趋势，全省均值下降 0.1，且第一梯队成员明显向北移动，分别为大同市、晋中市、忻州市，第二梯队成员向南移动，为运城市、晋城市，第三梯队包含临汾市、太原市，第四梯队有长治市，第五梯队包含吕梁市、阳泉市、朔州市。2018 年，山西省纽带系统效率值再次降低（0.77），同时第四梯队成员在山西省中部聚集，分别为太原市、吕梁市、晋中市、阳泉市，第一梯队位于山西省南部，为运城市、长治市，第二梯队位于山西省北端，为大同市、忻州市，第三梯队为临汾市，第五梯队包含朔州市。总体而言，山西省水-能源-粮食纽带系统效率较低，发展状况不稳定；纽带效率值存在显著的地区差异，能源型城市纽带效率值较高；各地区纽带效率值年际间不稳定，资源型城市的表现更加显著。

14.3.2 山西省水-能源-粮食纽带系统效率空间关联网络结构特征分析

1. 水-能源-粮食纽带系统效率整体结构分析

对山西省 2003～2018 年水-能源-粮食纽带系统效率值进行格兰杰因果检验并构建空间关联矩阵，如表 14.2 所示，据此构建山西省水-能源-粮食纽带系统效率空间关联网络，如图 14.21 所示。

表 14.2 山西省水-能源-粮食纽带系统效率空间关联矩阵

	太原市	大同市	阳泉市	长治市	晋城市	朔州市	晋中市	运城市	忻州市	临汾市	吕梁市
太原市	0	1	0	0	0	1	0	1	0	0	0
大同市	1	0	0	1	0	0	0	0	0	0	0
阳泉市	0	0	0	0	0	0	0	1	0	0	1
长治市	0	0	0	0	0	0	0	0	0	0	0
晋城市	0	0	0	0	0	0	0	0	0	0	1
朔州市	1	1	0	0	0	0	0	1	0	0	0
晋中市	0	0	0	0	0	0	0	0	0	0	0
运城市	0	0	0	0	0	0	0	0	1	0	0
忻州市	0	0	1	0	0	0	0	0	0	0	0
临汾市	0	0	1	0	0	0	0	0	0	0	0
吕梁市	0	0	0	0	0	0	1	0	0	0	0

计算山西省水-能源-粮食纽带系统效率空间关联网络的整体网络密度，山西省水-能源-粮食纽带系统效率空间关联关系总数为 15，整体网络密度为 13.64%，这说明 2003～2018 年，山西省地区间水-能源-粮食纽带系统效率空间关联关系明显，但是从关系数上来看，山西省地区间水-能源-粮食纽带系统效率的空间关联关系并不紧密，山西省 11 个地区间最大关系数为 110（11×10），而通过格兰

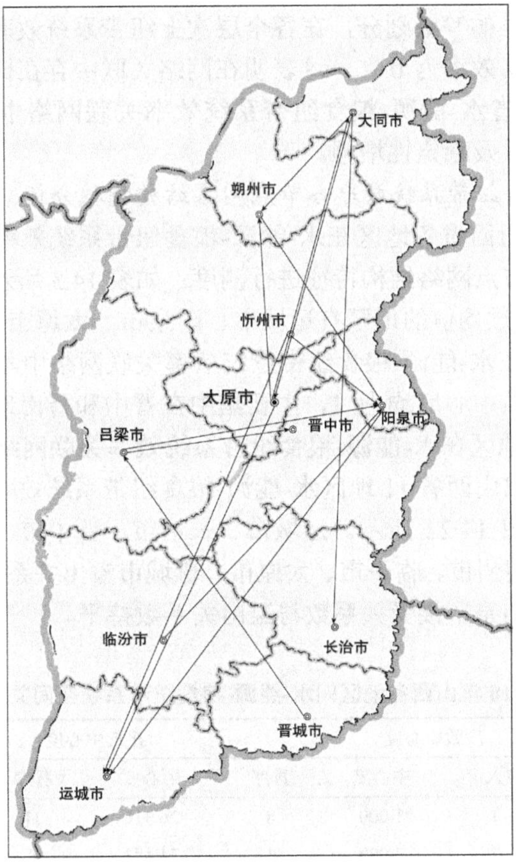

图 14.21　山西省水-能源-粮食纽带系统效率空间关联网络

杰因果检验的关系数目为 15，这与最大关系数有很大的差距，一方面山西省地形不便，东西两侧分别为太行山与吕梁山，交通闭塞，各地区间联系受限；另一方面，资源的过多与过少也限制了地区间的联系。山西省水资源人均占有量仅为全国平均水平的 1/5，水资源优势明显的地区基本没有，粮食资源与其类似，省内种植结构多以玉米为主，细粮较少，口粮自给率低，多依赖其他省份，而非省内地区间的调度。与水资源与粮食资源相反，山西省能源禀赋极其优越，多数地区的能源储量足够自身发展，对其他地区的依赖较低。因此，提高山西省水-能源-粮食纽带系统效率空间关系网络的稳定性仍存在较大空间。

山西省水-能源-粮食纽带系统效率网络关联度为 1，这表明山西省地区间水-能源-粮食纽带系统效率的联系比较密切，存在显著的空间溢出及关联效应，并不存在“孤岛”现象，各个地区均处于空间关联网络之中，说明山西省各地区联系较为密切。网络等级度为 0，这说明山西省水-能源-粮食纽带效率空间关联网络各地区间并不存在明显的等级划分，在各个层次上纽带系统效率均可能对其他地区产生溢出效应。网络效率为 0.76，这表明在网络关联中存在比较多的冗余关系，同时也说明在山西省水-能源-粮食纽带系统效率关联网络中存在较多的溢出现象，使网络的连通性及稳定性增强。

2. 水-能源-粮食纽带系统效率各节点网络结构特征分析

为进一步揭示山西省各地区在水-能源-粮食纽带系统效率空间关联网络的作用，对关联网络各节点网络结构特征进行测度。如表 14.3 所示，度数中心度的全省均值为 2.364，超过均值的地区有运城市、阳泉市、太原市、朔州市、吕梁市、大同市，这些地区在水-能源-粮食纽带系统效率关联网络中与其他地区的关系数较多，其余地区度数中心度均为 1，主要集中在晋中和晋南地区，较低的点出度与点入度表明这些地区在水-能源-粮食纽带系统效率关联网络中与其他地区的联系较少，据此绘制出山西省 11 地区水-能源-粮食纽带系统效率空间关联网络的溢出与接受关系，如图 14.22 所示。运城市、长治市、晋中市、吕梁市溢出关系数小于接受关系数，朔州市、临汾市、太原市、晋城市溢出关系数大于接受关系数，大同市、忻州市、阳泉市接受关系数与溢出关系数持平。

表 14.3 2003～2018 年山西省地区间水-能源-粮食纽带系统空间关联网络中心性分析

地区	度数中心度				接近中心度		中间中心度	
	点出度	点入度	中心度	排序	中心度	排序	中心度	排序
长治市	0	1	1.000	8	26.316	11	0.000	7
大同市	2	2	3.000	3	34.483	8	2.000	6
晋城市	1	0	1.000	8	30.303	9	0.000	7
晋中市	0	1	1.000	8	30.303	9	0.000	7
临汾市	1	0	1.000	8	35.714	7	0.000	7
吕梁市	1	2	3.000	3	41.667	6	8.000	4
朔州市	3	1	3.000	3	43.478	3	0.000	7
太原市	3	2	3.000	3	43.478	3	6.000	5
忻州市	1	1	2.000	7	43.478	3	12.000	3
阳泉市	2	2	4.000	1	52.632	1	15.000	1
运城市	1	3	4.000	1	52.632	1	14.000	2
均值	1.364	1.364	2.364	—	39.499	—	5.182	—

接近中心度的全省均值为 39.499，超过均值的地区有 6 个，分别为运城市、阳泉市、忻州市、太原市、朔州市、吕梁市，其中阳泉市、运城市遥遥领先，表明这些地区在水-能源-粮食纽带系统效率空间关联网络中与其他地区的距离较短，可以快速与其他地区发生关联，在网络关系中处于“领导”地位；临汾市、

大同市、晋中市、晋城市、长治市接近中心度较低，其在空间关联网络中的地位较弱。中间中心度的全省均值为 5.182，高于均值的有 5 个，分别为阳泉市、运城市、忻州市、吕梁市、太原市，其中阳泉市、运城市、忻州市中间中心度大于 10，说明这些地区在水-能源-粮食纽带系统效率空间关联网络中发挥着重要的“中介”作用。同时，排名前五位的地区中间中心度之和占了全省总和的 96.49%，排名前三位的地区中间中心度之和占总值 71.93%，这些地区对其他地区发挥着“控制”与“支配”作用，处于全省的“核心”地位。

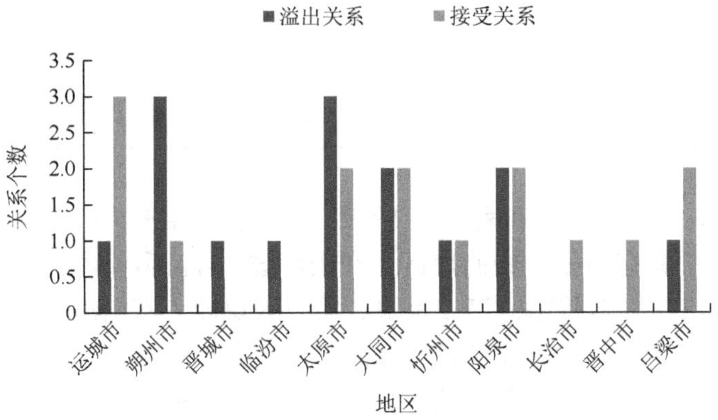

图 14.22　2003～2018 年山西省地区间水-能源-粮食纽带系统空间关联网络的净溢出关系

3. 水-能源-粮食纽带系统效率块模型分析

以切割深度为 2、集中标准为 0.2 把山西省各地区划分为四个板块。结果如表 14.4 所示，处于第一板块的有两个，分别为长治市、太原市；位于第二板块的有三个，分别为大同市、运城市、朔州市；处于第三板块的有四个，分别为晋中市、阳泉市、晋城市、吕梁市；位于第四板块的有两个，分别为临汾市、忻州市。块模型分析结果表明，在山西省水-能源-粮食纽带系统效率空间关联网络中，板块内部之间的关系数有 5 条，占关系总数的 33.33%，板块间的关系数有 10 条，占关系总数的 66.67%，表明地区间纽带效率的空间溢出以地域间的溢出为主。其中，第一板块内部关系数为 0，来自其他板块溢出关系数为 3，向其他板块溢出关系个数也为 3，期望内部关系比例（10%）大于实际内部关系比例（0%），具有“净受益”板块的特征。第二板块内部关系总数为 2，来自其他三个板块溢出关系数为 4，向其他板块溢出关系数也为 4，期望内部关系比例（20%）小于实际内部关系比例（33.33%），为“双向溢出”板块。第三板块内部关系数为 3，来自其他板块的溢出关系数为 1，向其他板块溢出关系数为 2，期望内部关系比例为 30%，实际内部比例关系为 75%，属于“净溢出”板块。第四板块内部关系数为 0，来自其他板块的溢出关系数为 1，向其他板块溢出关系个数为 2，期望内部关系比例为 10%，实际内部关系比例为 0，属于“经纪人”板块。

表 14.4　2003～2018 年山西省水-能源-粮食纽带系统效率板块间溢出效应

板块	接受关系矩阵/个				接受关系数/个		溢出关系数/个		期望内部关系比例/%	实际内部关系比例/%
	第一板块	第二板块	第三板块	第四板块	板块内	板块外	板块内	板块外		
第一板块	0	3	0	0	0	3	0	3	10	0
第二板块	3	2	0	1	2	4	2	4	20	33.33
第三板块	0	1	3	0	3	2	3	1	30	75
第四板块	0	0	2	0	0	1	0	2	10	0

总体而言，如图 14.23 和表 14.5 所示，第一板块主要为经济发展水平、产业结构、科技水平具有明显优势的地区，在山西省水-能源-粮食纽带系统效率空间关联网络中处于净受益状态；第二板块、第三板块即“双向溢出”板块及“净溢出”板块集中在省内煤炭资源禀赋较好的区域，尤以“净溢出”板块的表现更为明显，这表明能源子系统的效率值对山西省水-能源-粮食纽带系统效率的影响更加明显；第四板块的成员水-能源-粮食纽带系统效率多处于中低水平，在山西省水-能源-粮食纽带系统效率关联网络中发挥着“桥梁”作用。

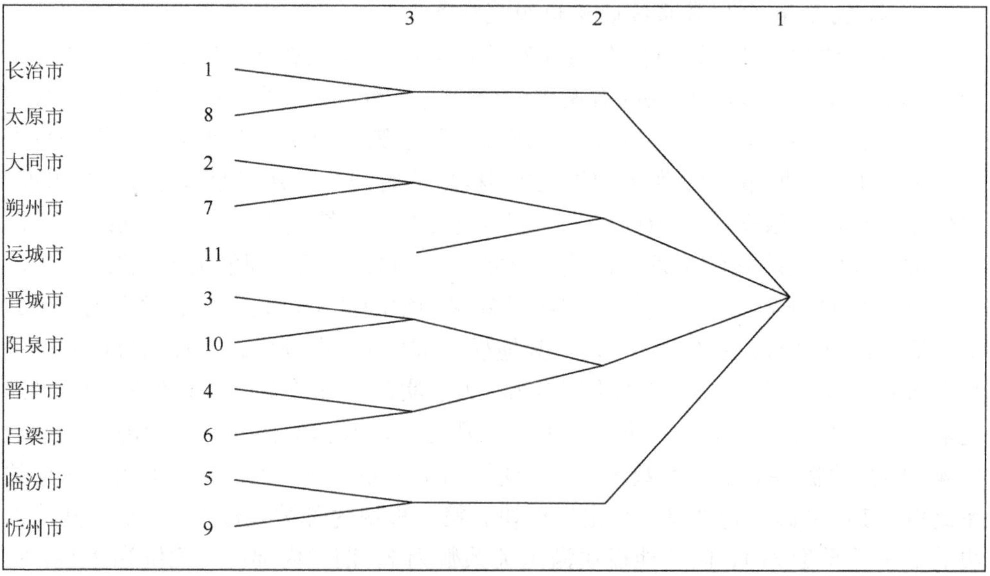

图 14.23　山西省水-能源-粮食纽带系统效率集群图

表 14.5　山西省水-能源-粮食纽带系统效率板块密度矩阵与像矩阵

板块	密度矩阵				像矩阵			
	第一板块	第二板块	第三板块	第四板块	第一板块	第二板块	第三板块	第四板块
第一板块	0.000	0.500	0.000	0.000	0	1	0	0
第二板块	0.500	0.333	0.000	0.167	1	1	0	1
第三板块	0.000	0.083	0.250	0.000	0	1	1	0
第四板块	0.000	0.000	0.250	0.000	0	0	1	0

14.3.3　山西省水-能源-粮食纽带系统效率协调性分析

1. 水-能源-粮食纽带系统效率协调度水平分析

山西省 2003～2018 年水-能源-粮食纽带系统协调度如表 14.6 所示，并绘制山西省各地级市与全省水-能源-粮食纽带系统协调度随时间变化图，如图 14.24 所示。

表 14.6　山西省 2003～2018 年水-能源-粮食纽带系统协调度水平

年份	大同市	朔州市	忻州市	晋中市	太原市	阳泉市	吕梁市	临汾市	运城市	长治市	晋城市	均值
2003	0.20	0.83	0.80	0.79	1.42	1.72	1.29	0.63	1.29	0.73	0.74	0.95
2004	0.66	0.95	1.68	0.42	0.89	1.01	1.24	0.15	1.05	0.49	0.36	0.81
2005	0.59	1.02	0.85	0.12	0.84	0.99	1.24	0.48	1.53	0.54	0.31	0.77
2006	0.46	1.03	0.61	0.32	1.02	0.89	1.28	0.60	1.61	0.49	0.38	0.79
2007	0.79	0.48	0.56	0.34	0.88	0.55	1.10	0.13	0.85	0.51	0.12	0.57
2008	0.34	0.56	1.31	0.25	0.78	0.15	0.70	0.48	1.00	0.12	0.05	0.52
2009	0.56	0.41	0.51	0.51	0.77	0.68	0.19	0.65	1.02	0.73	0.19	0.57
2010	0.87	0.27	0.91	0.54	0.77	0.99	0.84	0.72	1.31	0.73	0.12	0.73
2011	0.26	0.42	0.24	0.32	0.76	0.69	0.54	0.66	0.91	0.96	0.27	0.55
2012	0.32	0.40	1.28	0.43	0.76	0.33	0.47	0.77	0.96	0.92	0.11	0.61
2013	0.22	0.39	0.87	0.05	0.82	0.30	0.23	0.33	0.93	0.62	0.69	0.50
2014	0.57	0.36	1.37	0.71	0.77	0.31	0.92	0.82	0.75	0.87	1.33	0.80
2015	0.80	0.34	1.37	0.14	0.70	0.29	0.40	0.59	0.73	0.74	0.45	0.60
2016	0.73	0.31	0.90	0.17	0.78	0.31	0.63	0.63	0.77	0.59	0.42	0.57
2017	0.24	0.30	1.17	0.32	0.77	0.15	0.86	0.16	0.90	0.17	0.39	0.49
2018	0.61	0.15	1.05	0.51	0.71	0.75	1.08	0.47	0.86	0.15	0.04	0.58
均值	0.51	0.51	0.97	0.37	0.84	0.63	0.81	0.52	1.03	0.59	0.37	0.65

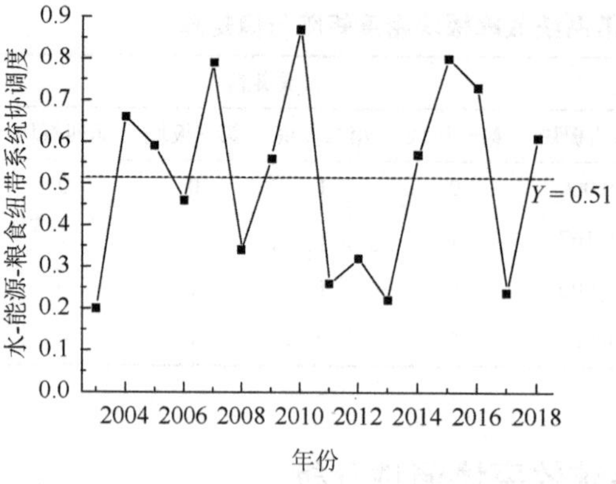

(a) 大同市

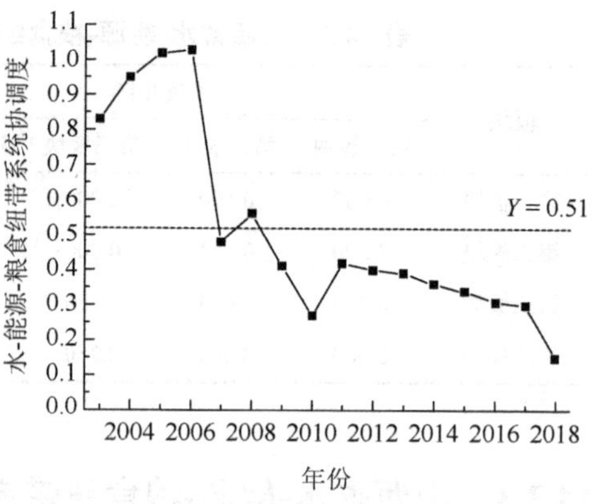

(b) 朔州市

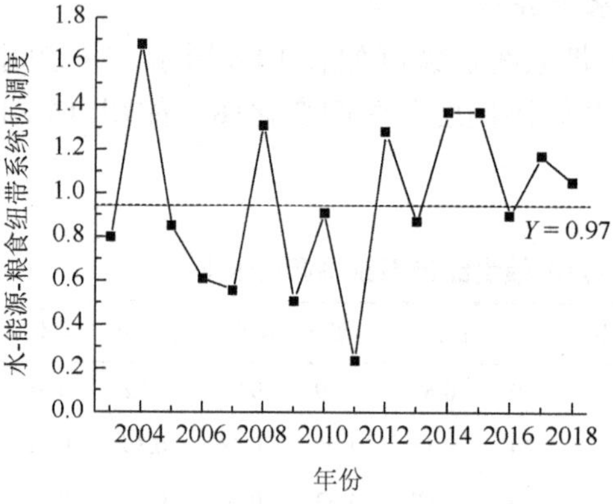

(c) 忻州市

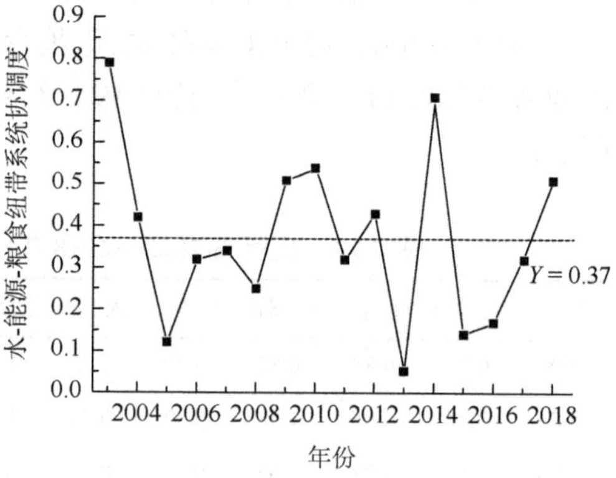

(d) 晋中市

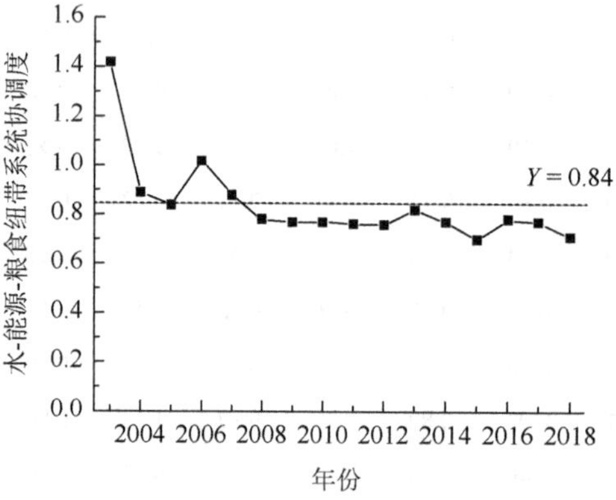

(e) 太原市

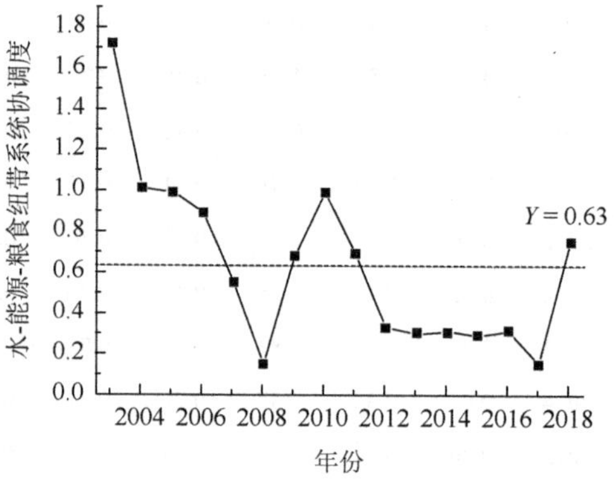

(f) 阳泉市

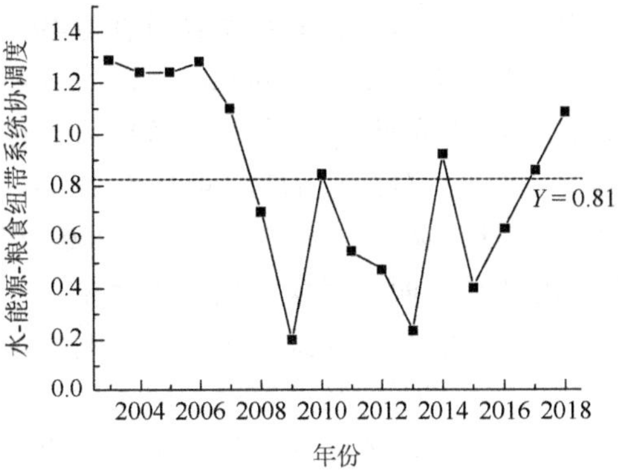

(g) 吕梁市

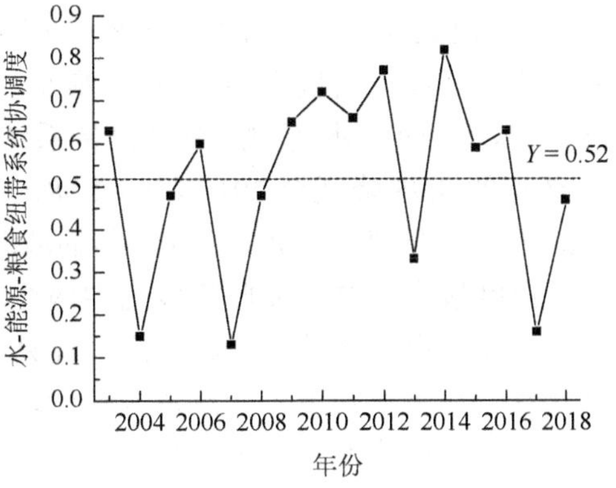

(h) 临汾市

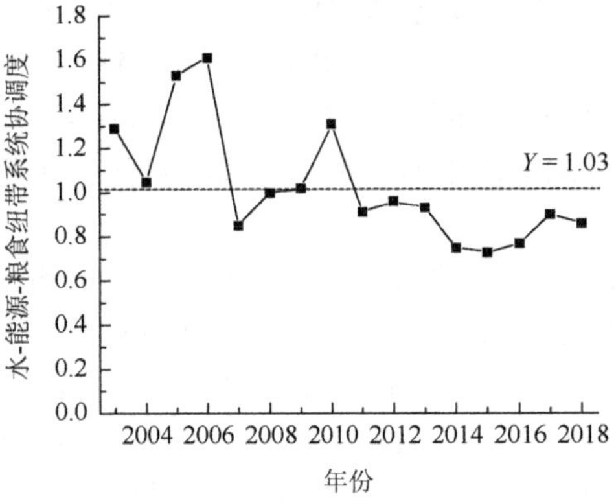

(i) 运城市

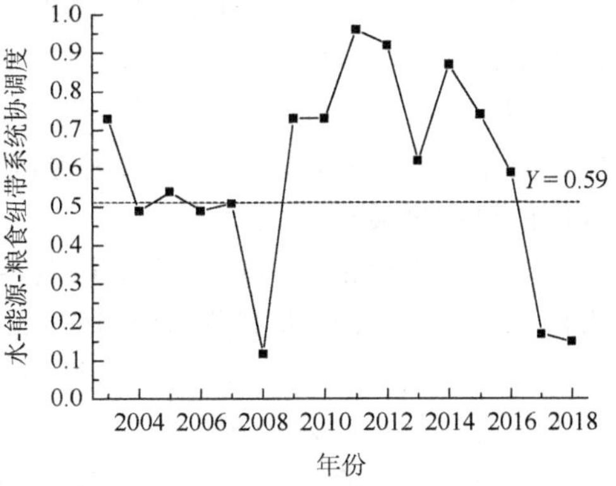

(j) 长治市

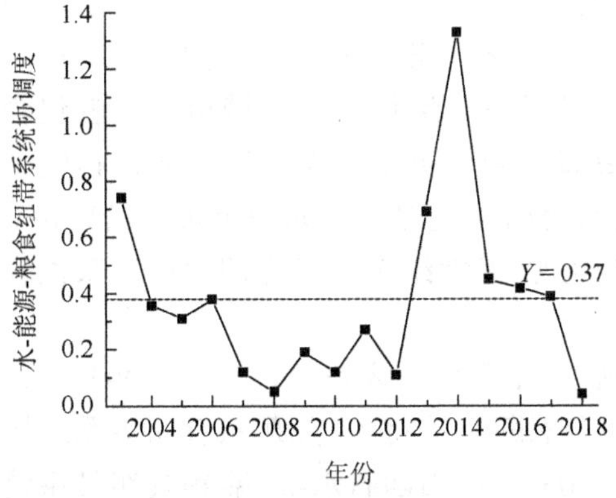

(k) 晋城市

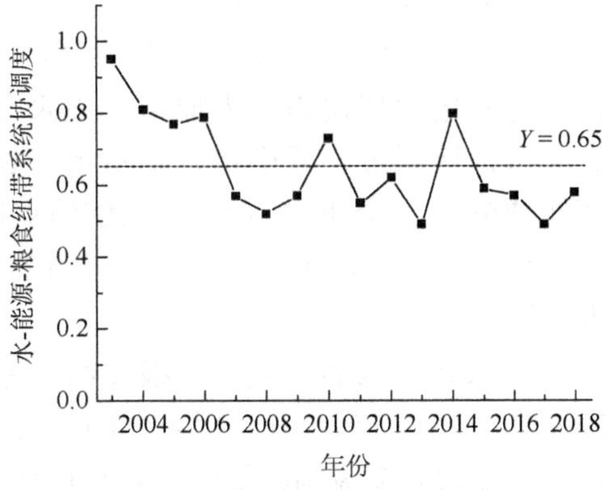

(l) 全省均值

图 14.24　山西省 2003～2018 年各地级市与全省水-能源-粮食纽带系统协调度随时间变化

由图 14.24 可知，2003～2018 年山西省水-能源-粮食纽带系统协调度在 0.49～0.95 浮动，最大值位于 2003 年，最小值位于 2017 年，平均值为 0.65。从发展趋势来看，山西省水-能源-粮食纽带系统协调度在研究期内呈波动下降趋势，由 2003 年的 0.95 降低至 2018 年的 0.58，减少了 38.9%。分阶段而言，可分为 2003～2008 年的下降期与 2009～2018 年的波动期，前期下降率达 82.7%，其中 2007 年下降幅度最大，这主要此阶段为中国经济高速发展时期，对煤炭的需求激增，能源生产与水资源的总量不相匹配。此外，高速发展的经济模式过于粗放，对资源的开发与利用方式不当导致资源浪费现象严重，过度强调经济速度忽略了生态环境使各子系统非期望产出持续上升，水、能源、粮食三者间的协调度降低；重化工业的发展对生态环境带来了巨大的压力，在此背景下，党中央基于环境友好战略，提出一系列措施，如成立环境保护部，审时度势修改《中华人民共和国大气污染防治法》《中华人民共和国水污染防治法》等，使环境质量得到显著性改善。与此同时，山西省能源生产量上下浮动，粮食种植面积缓慢提升。受降水量影响，山西省水资源总量波动变化，多种原因使得此阶段山西省水、能源、粮食三种资源间的协调度波动变化。

如图 14.24（a）～（k）所示，虽然各地区的变化趋势各异，但相较于 2003 年，大部分地区 2018 年水-能源-粮食纽带系统协调度均有所下降，其中阳泉市的下降最大，为 0.97，这主要因为日益增加的能源生产量对水的需求激增，粮食作物种植面积的增加也对水资源的需求上升，三种资源间矛盾更加凸显，水-能源-粮食纽带系统协调性降低。同时，作为典型的能源省份，山西省经济发展过程中高度依赖重化工产业，使三种资源间协调度失衡。伴随着经济的发展，山西省对其他地区持续的能源输出，水、能源、粮食间的协调度进一步降低。从总的发展趋势来看，各地区水-能源-粮食纽带系统协调度总趋势可分为波动下降型与波动型两种。前者包含朔州市、太原市、阳泉市、吕梁市、运城市、晋城市，后者包含大同市、忻州市、晋中市、临汾市、长治市。同时可以发现资源型城市相较于其他城市，水-能源-粮食纽带系统协调度的变动幅度更大，如阳泉市、吕梁市、大同市、长治市，而太原市、运城市的水-能源-粮食纽带系统协调度相对来说较为平稳。

为探索山西省水-能源-粮食纽带系统协调度的地区差异，选取 2003 年、2008 年、2013 年、2018 年四个年份，使用自然断点法将水-能源-粮食纽带系统协调度划分为五个级别，如图 14.25 所示。2003 年，山西省水-能源-粮食纽带系统协调度处于 0.2～1.72，处于第一梯队的为朔州市、长治市、晋城市；处于第二梯队的有晋中市、临汾市；处于第三梯队的有大同市、太原市、阳泉市；处于第四梯队的有运城市、吕梁市；忻州市处于第五梯队。2008 年，水-能源-粮食纽带系统协调度处于 0.05～1.31，相较于 2003 年，区间值有所下降，大同市处于第一梯队；长治市、晋城市、临汾市处于第二梯队；朔州市、忻州市、晋中市处于第三梯队；太原市、吕梁市、运城市处于第四梯队；阳泉市为第五梯队。2013 年，水-能源-粮食纽带系统协调度处于 0.05～0.93，协调度区间进一步降低，晋中市处于第一梯队；大同市和吕梁市处于第二梯队；朔州市、阳泉市、临汾市处于第三梯队；长治市、晋城市处于第四梯队；太原市、忻州市、运城市处于第五梯队。2018 年，水-能源-粮食纽带系统协调度处于 0.04～1.08，第一梯队包含朔州市、长治市、晋城市；第二梯队包含晋中市、临汾市；第三梯队包含大同市、太原市、阳泉市；第四梯队为运城市；第五梯队包含忻州市和吕梁市。总体而言，山西省水-能源-粮食纽带系统协调度区间数值在不断下降，同时协调度高值区域由能源型城市向其他城市转移，后期能源型城市的水-能源-粮食纽带系统的协调度较低。

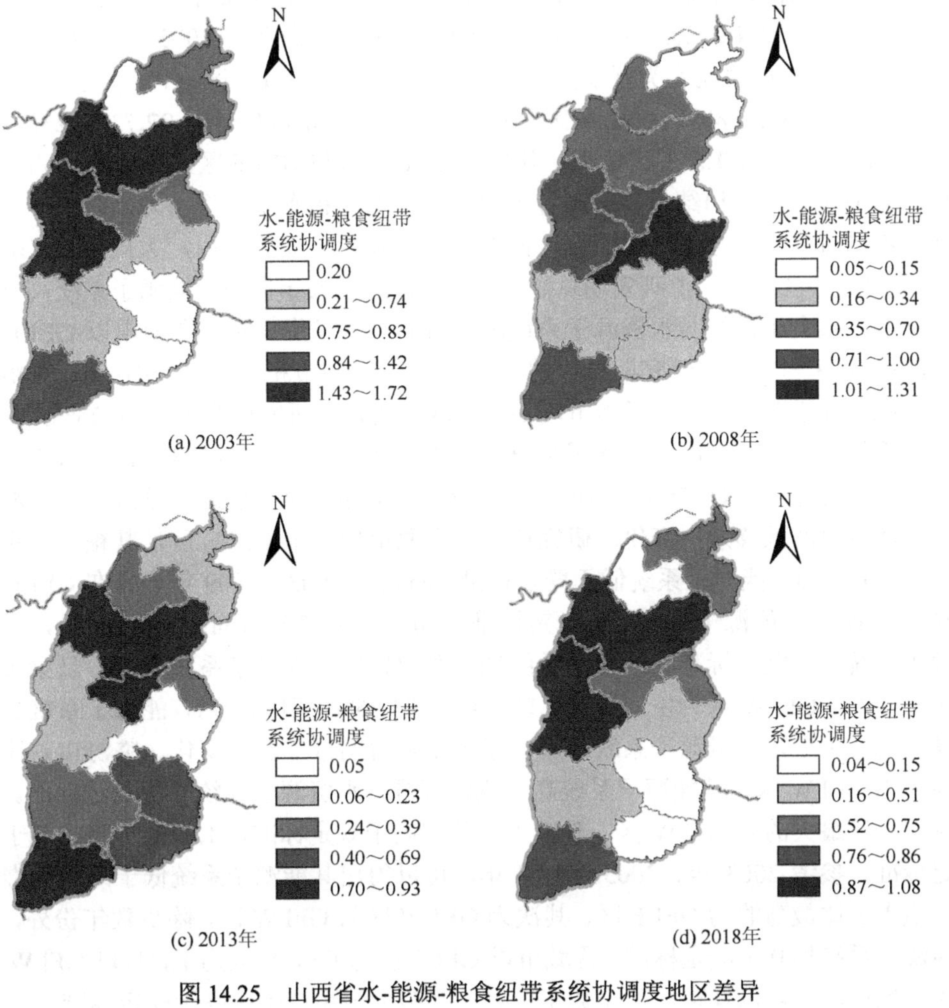

图 14.25　山西省水-能源-粮食纽带系统协调度地区差异

2. 水-能源-粮食纽带系统效率协调度类型判断

依据水、能源、粮食主导作用力方向，将协调度划分为三大类六小类，三大类分别为水资源高值区（第二象限、第三象限）、能源高值区（第四象限、第五象限）、粮食高值区（第一象限、第六象限）；六小类分别为 GFLE 区（粮食子系统高于既定标准、能源子系统低于既定标准；第一象限）、GWLE 区（水资源子系统高于既定标准、能源子系统低于既定标准；第二象限）、GWLF 区（水资源子系统高于既定标准、粮食子系统低于既定标准；第三象限）、GELF 区（能源子系统高于既定标准、粮食子系统低于既定标准；第四象限）、GELW 区（能源子系统高于既定标准、水资源子系统低于既定标准；第五象限）、GFLW 区（粮食子系统高于既定标准、水资源子系统低于既定标准；第六象限）。以 2003～2018 年 11 个地级市为样本绘图，结果如图 14.26 所示。结果表明，水资源高值区占比 9.66%，能源高值区占比 46.02%，粮食高值区占比 44.32%，山西省 2003～2018 年水-能源-粮食纽带系统协调度类型以能源粮食主导区为主。GFLE 区、GWLE 区、GWLF 区、GELF 区、GELW 区、GFLW 区分别占比 26.14%、0%、9.66%、22.73%、23.30%、18.18%。其中，GFLE 占比最大，其次为 GELW 区与 GELF 区，GWLE 区占比最小。以地区和时间相结合，刻画各地区水、能源、粮食主导作用力，以显示各地区在不同时期的主导力作用变化，如图 14.26 所示。研究期内，大同市以 GELF 区与 GELW 区为主，占研究期总数的 87.5%，除少数年份外，能源子系统高于既定标准，粮食子系统与水资源子系统随着时间推移发生变化。朔州市以 GELF 区与 GELW 区为主，占研究期总数的 93.75%，与大同市相似，除 2010 年，其能源子系统均高于既定标准。忻州市以 GFLE 区为主，占研究期总数的 56.25%，其粮食子系统高于既定标准，能源子系统低于既定标准。晋中市以 GFLE 区与 GFLW 区为主，占总数的 68.75%，其粮食子系统高于既定标准，能源子系统与水资源子系统随着时间推移发生变化。研究期内，太原市均处于 GFLE 区，其粮食子系统高于既定标准，能源子系统低于既定标准。阳泉市 2003～2009 年分布在 GELF 区与 GELW 区，能源子系统高于既定标准，2010～2017 年分布在 GWLF 区，水资源子系统高于既定标准、粮食子系统低于既定标准、能源子系统不定。吕梁市以 GELF 区与 GELW 区为主，占研究期总数的 93.75%，研究期内，能源子系统一直高于既定标准，水资源子系统与粮食子系统随时间推移发生变化。临汾市占比最高的为 GELW 区，其能源子系统高于既定标准，水资源子系统低于既定标准。运城市占比最大的为 GFLW 区，其粮食子系统高于既定标准，水资源子系统低于既定标准，参考 2003 年、2005～2007 年，可以得出其能源子系统低于既定标准。长治市占比最高的为 GELF 区，其次为 GELW 区与 GFLW 区，除少数年份外，其能源子系统均高于既定标准。晋城市以 GFLE 区与 GFLW 区为主，且以 GFLW 区的占比更高，可以发现，除少数年份外，其粮食子系统始终高于既定标准。

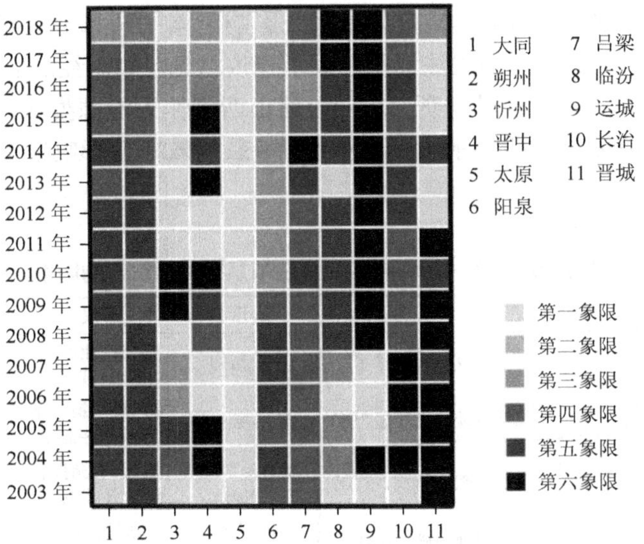

图 14.26　山西省 2003～2018 年水-能源-粮食纽带系统协调度类型（扫封底二维码可见彩图）

14.3.4　山西省水-能源-粮食纽带系统效率协调度影响因素分析

1. 影响因素指标体系

人们逐渐认识到，在一个关联系统中对影响因素的研究可以揭开事物最本质的驱动力，以此实现从理论到实践的转换。目前，对水-能源-粮食纽带系统驱动因素及其影响机制的关注还相对较少（Verhoeven，2015；Shen et al.，2016）。表 14.7 为对水-能源-粮食纽带系统影响因素代表性研究的归纳总结。

表 14.7　水-能源-粮食纽带系统影响因素研究成果

作者	发表年份	水-能源-粮食纽带系统影响因素
李成宇和张士强	2020	经济发展水平；教育；技术进步；经济集聚；人口；农林支持
张静静等	2022	社会因素；经济因素；技术进步；教育因素；饮食结构因素
汪中华和田宇薇	2022	从业人数；固定资产投资额度；人均生产总值；人口数；文盲人口比重；工业污染排放；城镇化
白景锋和张海军	2018	人口密度；人均受教育水平；城市化率；人均 GDP；人均耕地面积；有效灌溉面积；人均肉类产量；人均水产品产量
Li et al.	2019	常住人口；城市化率；教育支出；人均可支配收入；国家政策
Wang et al.	2021	人均 GDP；人口；降水量
Lawford et al.	2013	气候变化；政治和经济变化；区域经济发展；人口；城市化；土地利用变化；流域基础设施

虽然不同学者对水-能源-粮食纽带系统影响因素的选择不尽相同，但不难发现，他们对于某些驱动力的关注似乎达成了一致意见，如对经济因素、人口因素、教育因素等的关注。结合已有研究，同时将山西省作为能源型城市的本质考虑进来，选取以下指标对山西省水-能源-粮食纽带系统效率值影响因素进行分析，如表 14.8 所示。

表 14.8　山西省水-能源-粮食纽带系统协调性影响因素

变量	释义	说明	变量	释义	说明
专利授权数（件）	—	反映科技水平	产业结构	第二产业产值/GDP	反映产业结构
教育支出占比（%）	教育财政支出/财政总支出	反映教育发展程度	能源禀赋（%）	地区煤炭销售量/煤炭销售总量	反映资源禀赋条件
城市化率（%）	城市人口/总人口	反映城市发展状况	水资源禀赋（%）	地区水资源拥有量/水资源总量	反映资源禀赋条件
人均道路铺装面积（m^2）	—	反映基础设施状况	粮食禀赋（m^2）	耕地面积/总人口	反映资源禀赋条件
人均肉产品产量（kg）	—	反映地区生产能力	对外开放度（%）	利用外资数额/GDP	反映对外开放水平
人均水产品产量（kg）	—		财政支出占比（%）	地方财政支出/GDP	反映政府影响力

2. 山西省水-能源-粮食纽带系统效率影响因素

以 2003～2018 年山西省水-能源-粮食纽带系统效率值为被解释变量，以表 14.8 中的指标为解释变量，采用 Tobit 模型对山西省水-能源-粮食纽带系统效率值影响因素进行分析，结果如表 14.9 所示。其中，$R^2=0.802$，拟合效果好，可以通过共线性检验。专利授权数、教育支出占比、人均道路铺装面积、人均水产品产量、水资源禀赋、对外开放度、财政支出占比没有通过 $P<0.05$ 检验，说明科技、教育、基础设施、生产力、水资源禀赋条件、对外开放、政府影响力对山西省水-能源-粮食纽带系统效率值没有明显影响。城市化率、人均肉产品产量、产业结构（第二产业占 GDP 比重）、能源禀赋、粮食禀赋条件（人均耕地资源）通过了 $P<0.05$ 检验，对山西省水-能源-粮食纽带系统效率造成显著影响。

表 14.9　山西省 2003～2018 年水-能源-粮食纽带系统效率 Tobit 模型估计

解释变量	相关系数	标准差	t	$P>\|t\|$
专利授权数	0.0000739	0.0000838	0.88	0.380
教育支出占比	−0.4141736	0.8799864	−0.47	0.639
城市化率	0.217458	0.48799	−0.45	0.046
人均道路铺装面积	−0.000171	0.0101936	−0.02	0.987

续表

解释变量	相关系数	标准差	t	$P>\|t\|$
人均肉产品产量	−0.0050571	0.0026841	−1.88	0.009
人均水产品产量	0.0268052	0.0241358	1.11	0.269
产业结构	0.27153	0.4862314	2.25	0.027
能源禀赋	0.3988441	0.2482713	2.01	0.047
水资源禀赋	0.000088	0.0001934	0.46	0.650
粮食禀赋	0.0002735	0.000918	2.98	0.004
对外开放度	−1.185072	1.958572	−0.61	0.547
财政支出占比	−0.0419588	0.356595	−0.11	0.657
常数项	0.2997568	0.15754048	0.87	0.387

城市化率的回归系数值为 0.217458，并且呈现出 0.046 水平的显著性，意味着城市化率对水-能源-粮食纽带系统效率值产生显著的正向拉动作用，城市化率越高，区域水-能源-粮食纽带系统效率值越大。人均肉产品产量的回归系数为−0.0050571，在 0.01（$P<0.01$）的显著性下对地区水-能源-粮食纽带系统效率值产生作用，说明肉产品生产水平虽然对系统效率值具有负向影响，但影响系数较低，肉产品生产水平在降低 100 的条件下，系统效率值升高 0.5。产业结构（第二产业产值占 GDP 比重）对水-能源-粮食纽带系统效率值具有强正向拉动作用，回归系数达 0.27153，并且呈现出 0.05 水平的显著性，第二产业产值占比越高，地区水-能源-粮食纽带系统效率值越高。能源禀赋煤炭销售占比，为影响水-能源-粮食纽带效率值的最重要因素，回归系数为 0.3988441，在 0.05 的显著性水平下对水-能源-粮食纽带系统效率值产生非常明显的正向影响，长期以来，产生着持续的拉动作用。粮食禀赋（人均耕地资源占有量）的回归系数为 0.0002735，并且呈现出 0.01 水平的显著性，意味着人均耕地资源会对地区水-能源-粮食纽带系统效率值产生正向影响。总的来说，城市化率、人均肉产品产量、产业结构、能源禀赋、粮食禀赋条件会对地区水-能源-粮食纽带系统效率值产生影响，其中人均肉产品产量对区域水-能源-粮食纽带系统效率产生负向影响，其余因素均对其产生正向拉动作用，同时城市化率、产业结构、能源禀赋产生更为显著的作用。这主要由于山西省是全国最重要的能源基地，产业结构以煤炭开采加工为主，为典型的资源型城市，多数地区经济发展主要依赖第二产业的发展。

14.4　结　　论

本章首先以山西省 11 个地级市为研究对象，选取 2003～2018 年相关数据，采用网络 DEA 模型及超效率 SBM 模型测算水-能源-粮食各子系统及其纽带系统效率值，并从时空角度分析其变化特征。其次，在 VAR 模型框架下利用格兰杰因果检验方法识别山西省水-能源-粮食纽带效率的空间关联关系，并以此为基础构建空间关联网络矩阵，借助社会网络分析方法对山西省水-能源-粮食纽带效率空间关联网络的结构特征进行分析。然后，利用力学均衡模型对山西省水-能源-粮食三个系统的协调水平以及类型进行判断与解读。最后，通过 Tobit 模型深挖影响水-能源-粮食纽带效率值的因素。研究得出下列结论。

（1）研究期内，山西省水-能源-粮食各子系统及纽带系统效率值仍处于较低水平且呈现波动状态。将水-能源-粮食纽带系统与各子系统对比可知，能源子系统＜水资源子系统＜粮食子系统，能源子系统是水-能源-粮食纽带系统效率低的关键所在；在空间分布上，水资源子系统效率值空间差异显著，高值区主要集中在晋北与晋中地区；能源子系统效率值较低并且存在显著的地区差异，系统效率高值主要在煤炭资源禀赋条件优越的地区间来回移动；粮食子系统效率值存在显著的地区差异，系统效率高值区主要位于山西省南部地区，低值区主要位于山西省中北部；水-能源-粮食纽带系统效率存在明显的空间差异，水-能源-粮食纽带系统效率高值区主要集中在煤炭资源禀赋富集区，其次为经济发展快、科技水平高的地区。

（2）总体网络结构特征：山西省水-能源-粮食纽带系统效率存在明显的空间关联关系，所有地区都处于关联网络之中，不存在“孤岛”现象，网络稳定性较好。个体网络结构特征：运城市、阳泉市、太原市、朔州市、吕梁市、大同市，度数中心度大于全省均值，运城市、阳泉市、忻州市、太原市、朔州市、吕梁市，接近中心度大于全省均值，阳泉市、运城市、忻州市、吕梁市、太原市中间中心度大于全省均值，其中运城市、阳泉市、太原市、吕梁市度数中心度、接近中心度、中间中心度均大于均值。

（3）块模型分析：由长治市、太原市组成的板块类型为“净受益”板块，由大同市、运城市、朔州市组成的板块为“双向溢出”板块，由晋中市、阳泉市、晋城市、吕梁市组成的板块为“净溢出”板块，临汾市、忻州市组成的板块为“经纪人”板块。“净受益”板块主要集中在经济发展水平高的地区，“双向溢出”板块与“净溢出”板块为能源储量丰富的地区，以“净溢出”板块更为明显，“经纪人”板块为省内水-能源-粮食纽带系统效率较低地区，在山西省水-能源-粮食纽带系统效率关联网络中发挥着“桥梁”作用。

（4）协调度分析：山西省水-能源-粮食纽带系统协调度在研究期内呈波动下降趋势，各地区水-能源-粮食纽带系统协调度总趋势可分为波动下降型与波动型两种，前者包含朔州市、太原市、阳泉市、吕梁市、运城市、晋城市，后者包含大同市、忻州市、晋中市、临汾市、长治市，同时相较于其他城市，资源型城市水-能源-粮食纽带系统协调度的变动幅度更大。协调类型判断：山西省 2003～2018 年水-能源-粮食纽带系统协调度类型水资源高值区占比 9.66%，能源高值区占比 46.02%，粮食高值区占比 44.32%，以能源、粮食主导区为主。

（5）影响因素分析：山西省水-能源-粮食纽带系统效率的影响因素主要有城市化率、人均肉产品产量、产业结构、能源禀赋、粮食禀赋条件。其中，城市化率、产业结构（第二产业产值占 GDP 比重）、能源禀赋条件回归系数分别为 0.217458、0.27153、0.3988441，正向拉动作用显著。

参考文献

白景锋，张海军. 2018. 中国水-能源-粮食压力时空变动及驱动力分析[J]. 地理科学，38（10）：1653-1660.

顾加春. 2015. 基于生命周期分析方法的煤基燃料水足迹研究[D]. 上海：上海交通大学.

郝帅，孙才志，宋强敏. 2021. 中国能源-粮食生产对水资源竞争的关系：基于水足迹的视角[J]. 地理研究，40（6）：1565-1581.

姜珊. 2017. 水-能源纽带关系解析与耦合模拟[D]. 北京：中国水利水电科学研究院.

李成宇，张士强. 2020. 中国省际水-能源-粮食耦合协调度及影响因素研究[J]. 中国人口·资源与环境，30（1）：120-128.

李桂君，黄道涵，李玉龙. 2017. 中国不同地区水-能源-粮食投入产出效率评价研究[J]. 经济社会体制比较，3：138-148.

汪中华，田宇薇. 2022. 我国水-能源-粮食耦合关系及影响因素[J]. 南水北调与水利科技（中英文），20（2）：243-252.

徐键辉. 2011. 粮食生产的能源消耗及其效率研究[D]. 杭州：浙江大学.

张国英. 2007. 区域能源、环境及经济协调发展理论与方法[D]. 天津：天津大学.

张海波. 2013. 山西省粮食安全现状与对策研究[D]. 咸阳：西北农林科技大学.

张静静，汪文生，李杨. 2022. 区域水-能源-粮食绿色效率、地区差异及影响因素[J]. 中国环境科学，42（1）：483-496.

张鑫，李磊，甄志磊，等. 2019. 时空与效率视角下汾河流域农业灰水足迹分析[J]. 中国环境科学，39（4）：1502-1510.

Lawford R，Bogardi J，Marx S，et al. 2013. Basin perspectives on the Water-Energy-Food Security Nexus[J]. Current Opinion in Environmental Sustainability，5（6）：607-616.

Li G J，Huang D H，Li Y L. 2016. China's input-output efficiency of water-energy-food nexus based on the data envelopment analysis（DEA）model[J]. Sustainability，8（9）：927.

Li G J，Huang D H，Sun C S，et al. 2019. Developing interpretive structural modeling based on factor analysis for the water-energy-food nexus conundrum[J]. Science of the Total Environment，651：309-322.

Shen L Y，Shuai C Y，Jiao L D，et al. 2016. A global perspective on the sustainable performance of urbanization[J]. Sustainability，8（8）：783.

Tone K A. 2002. Slacks-based measure of super-efficiency in data envelopment analysis[J]. European Journal of Operational Research，143（1）：32-41.

Verhoeven H. 2015. The nexus as a political commodity：Agricultural development，water policy and elite rivalry in Egypt[J]. International Journal of Water Resources Development，31（3）：360-374.

Wang Y，Zhao Y，Wang Y Y，et al. 2021. Supply-demand risk assessment and multi-scenario simulation of regional water-energy-food nexus：A case study of the Beijing-Tianjin-Hebei region[J]. Resources，Conservation and Recycling，174：105799.

Zhang T M，Xu Y J. 2019. Evaluation on the efficiency of water-energy-food nexus based on data envelopment analysis（DEA）and Malmquist in different regions of China[J]. International Journal of Computational Intelligence Systems，12（2）：1649-1659.

第四篇

政　策　篇

第 15 章　中国水-能源-粮食纽带系统协同安全对策

水、能源和粮食是人类生存和发展的必备基础条件，是经济和社会可持续发展的关键要素，三者相互联系，关系复杂，共同影响着全人类的可持续发展。然而，在全球社会经济快速发展和人口数量持续增长的背景下，水、能源和粮食需求快速增长。我国水资源分布南多北少，东多西少，而我国主要土地、煤炭等矿产资源分布以及生产力布局主要分布在北方，水资源和能源分布并不相匹配。其中，煤炭资源与水资源呈逆向分布，大部分煤炭基地处于水资源供需矛盾比较突出的地区，当前水资源对煤炭基地的建设产生了严重制约。与此同时，我国也是人口大国，对粮食的需求极高。水资源是影响粮食生产的主要因素，由于我国水资源分布不均，加之近年来水土流失严重，工业和城镇用水的增长等因素对粮食用水具有一定影响。由此，目前我国大多数地区的能源和粮食生产用水已经非常紧张，社会经济发展受到制约，水、能源和粮食协同发展难以得到保障，迫切需要通过政策调整以促进水-能源-粮食纽带系统和社会经济的可持续发展。

15.1　水-能源-粮食纽带系统产业协同安全对策

15.1.1　水-能源-粮食纽带系统资源配置优化

水-能源-粮食纽带系统的协同发展需水资源、能源和粮食子系统均安全且高效发展，缺一不可，但我国水资源分布为南多北少，东多西少，且受季节影响较大。我国能源分布为北多南少，东贫西富。我国粮食产量北多南少，主产区主要位于东北平原、华北平原等地区。然而，我国人口主要集中在东南部地区，且东南部社会经济发展优于我国其他地区。由此来看，我国资源配置与人口、社会经济发展不相匹配，资源限制了社会经济发展。因此，为保证水-能源-粮食纽带系统与社会经济协同发展，应对区域水资源、能源和粮食等进行规划。

1. *发挥区域资源优势*

以水-能源-粮食纽带系统协同发展为导向，依据我国各地区的资源优势和区位优势合理调整产业结构，推进产业结构升级优化，保障水-能源-粮食纽带系统协同安全（秦腾和佟金萍，2021）。同时加强水资源、能源、粮食、土地等各部门间的协同合作，如在粮食主产区发展规模化集约农业，提高水资源和能源在农业生产中的利用率，保障农业中的水-能源-粮食纽带系统协同安全（任绪燕等，2021）。

2. 引导资源跨区域流动

由于水-能源-粮食纽带系统间存在多种复杂的联系，基于单资源要素很难实现水-能源-粮食纽带系统的协同发展，因此，有必要从多资源要素、多区域、多角度出发，对水-能源-粮食纽带系统进行协调管理（王勇和孙瑞欣，2022）。

依托我国各地区的资源优势，创新水-能源-粮食纽带系统协同发展方式，积极引导资源跨区域流动，造福多地水-能源-粮食纽带系统与社会经济、环境的协同发展。例如，我国东北地区为粮食基地，西北地区为能源基地，东南地区水资源富足，可依据地区资源优势划定功能区，针对不同功能区的资源禀赋、开发利用率等开展水-能源-粮食纽带系统协同发展，在满足资源富足区发展的前提下将资源向资源匮乏区调动。

3. 引入先进技术、产业

先进的技术有利于提高资源利用率，增加水-能源-粮食纽带系统效率。坚持创新发展，构建水-能源-粮食纽带系统高效发展战略，为水-能源-粮食纽带系统协同安全提供持续动力。加快产业转型发展，推进节水、节能产业，借助先进技术和成功案例对产业进行改革，将先进的技术应用至新型产业结构中，努力打造新型水-能源-粮食纽带系统协同发展模式，将资源效益最大化。

4. 规划区域资源开发利用

我国资源分布与区域发展需求并不相匹配，因此，为了避免因资源短缺而使得社会经济发展受限，有必要针对我国不同地区的资源禀赋，从区域优势、开发技术、资源利用率等多角度去规划资源的开发利用方案。此外，各区域在生态保护、资源短缺、自然灾害、经济发展程度等方面面对的问题不尽相同，应根据各地区的实际情况因地制宜，合理规划资源的开发利用，同时保证区域资源的可持续发展。

15.1.2 产业结构优化

1. 加快产业转型发展

鼓励农业、工业、服务业等各大产业调整产业结构，向低耗水、低耗能、低污染生产方式转变（王玉宝等，2020），加强水资源、能源和粮食的优化整合，促进产业中水-能源-粮食纽带系统协同发展。同时，政府相关部门应制定严格的标准用以规范产业转型改革，加强企业在技术、功能等方面的结构性改革，逐步淘汰高耗水、高耗能、高污染的企业，促进产业结构优化升级（何航，2020）。

2. 优化产业协同环境

以供给侧结构性改革为导向，加强对产业协同环境优化，深度挖掘水资源、能源和粮食等相关产业的政策潜力，着力打造高效、绿色、智能、高端的产业协同发展环境（鹿娟和苏莉鹏，2022）。同时，借助网络平台进行宣传，实现线上、线下产业协同发展。对我国典型地区设立先行试点，并定期评估，对其取得的成果进行经验传授，以充分发挥其带头作用。

15.2 水-能源-粮食纽带系统规划协同安全对策

15.2.1 水-能源-粮食纽带系统协同规划编制

提升水资源、能源和粮食子系统的协同性，降低三大子系统的协调成本，是水-能源-粮食纽带系统协同安全的重要保障。

1. 构建规划协同对策

水资源、能源、粮食等各部门协调配合，共同制定符合区域发展、产业优化布局等方面的政策。由水资源、能源和粮食方面的专家组成专家委员会，提出问题，综合考虑环境承载力、资源安全与可持续发展、风险防控等方面的影响，并协商解决方案，在规划阶段协调各部门利益，降低后期协调成本。对有争议的内容，广泛收集各方意见，相关部门进行讨论，以制定符合民意和发展规划的决策。

2. 明晰规划编制责任制

明确水资源、能源和粮食各级政府在水-能源-粮食协同安全管理中的责任和义务，根据各部门职责范围，层层提出水-能源-粮食纽带系统协同安全的规划方案。同时，设置多层审批制度，避免由某一部门或某一级进行规划。此外，协同推进水-能源-粮食纽带系统的规划审批制度改革，各类规划都要层层审批，明确每一条规划的负责方，出现问题要严格追责。

3. 协调系统关系

强化水资源、能源、粮食等部门的监管，利用大数据手段实现信息化，确保信息共享、协调规划，同时定期对水-能源-粮食协同安全进行评估，并根据评估结果对规划内容进行修改，妥善解决规划中的不合理问题。此外，鼓励、支持专项水-能源-粮食纽带系统协同发展计划，对典型地区、产业等设立先行试点。

15.2.2 水-能源-粮食纽带系统协同安全的有效评估

1. 优化水-能源-粮食纽带系统协同发展的评估手段

科学合理的水-能源-粮食纽带系统协同安全评估是优化路径的重要基础。应鼓励科研人员集中对水资源、能源和粮食三者内在联系的探究，同时尝试将更多科学可量化的自适应优化模型（多目标规划、非线性规划、直觉模糊理论）引入综合管理系统，以使整个系统高效、协同发展。

2. 构建智能评估平台

充分利用遥感、地理信息技术，构建一个集成“监测、评估”于一体的数据库统计平台，实现对区域的水、能源和粮食供需信息的动态监测和评估（彭俊杰，2021a）。同时，平台应共享监测数据和评估结果，为提高各行业的水-能源-粮食纽带系统协调发展提供量化依据，从而为决策者制定政策提供参考。

3. 制订水-能源-粮食纽带系统协同安全评估方案

基于水-能源-粮食纽带系统的复杂性，综合考虑地区的差异性，从以下几个方面对系统的协同安全度进行评估：第一，水-能源-粮食纽带系统在面对自然灾害时的抵御能力；第二，水-能源-粮食纽带系统的生态承载力；第三，水-能源-粮食纽带系统的综合生产能力和效益；第四，水-能源-粮食纽带系统的市场竞争能力；第五，系统环境的防控能力。

15.2.3 水-能源-粮食纽带系统转化效率的提高

水资源、能源和粮食在各行业中关系复杂，水资源-能源、水资源-粮食和能源-粮食间的转化效率与水-能源-粮食纽带系统整体效率密不可分，是水-能源-粮食纽带系统协调发展的重要基础。提高水-能源-粮食纽带系统转化效率可增加资源的有效利用率和效益，从而推动水-能源-粮食纽带系统协同发展（支彦玲等，2020）。

由于我国东部地区经济发展水平、产业结构、技术水平等优于我国西部和中部地区，我国东部地区的水-能源-粮食纽带系统投入产出水平普遍高于中部和西部地区。因此，更应注重我国西部和中部地区水-能源-粮食纽带系统投入产出水平的提升。第一，将水资源、能源和粮食系统紧密联合在一起，增加资源的循环利用率。第二，为我国中、西部地区引进技术人才，将水资源提取、净化等，能源开发、利用等和粮食生产等新型技术普及到我国各地区。第三，加强政府对中、西部地区资源优化的优惠政策，同时引进企业加大在中西部地区的投资。

15.2.4 资源利用效率的提高

大力发展农业和能源科技，降低生产用水需求，优化能源消费结构，是水-能源-粮食纽带系统走向可持续发展的关键一环。从生产端和消费端降低资源消耗量，提高资源利用效率，以达到节水的目的，是可持续发展的内部需求。在农业生产方面，提高农机使用率，合理规划利用地域差异，改善灌溉方式，培育良种，节约农业生产中的水资源投入。在能源消费方面，我国工业的能源消费总量占总量的60%以上，工业能源的利用效率将直接影响能源安全。因此，应将工业能源利用效率的提高作为重点。提高清洁能源和可再生能源在消费结构中的比例，能够弥补化石能源固有的污染环境等弊端。天然气在化石能源中拥有较低的水足迹，我国的天然气消费远低于世界平均水平，提高天然气使用量对于节约水资源意义重大。采用天然气作为能源，可减少煤和石油使用量，降低灰水足迹产生量，进而降低对生态造成的负面影响，大大改善环境质量。除此之外，也可以从居民消费的角度提高某一资源的利用效率。例如，水资源的开采过程中需要消耗能源，城市居民用水所消耗的间接能源占整个水资源系统耗能的 50%以上。因此，从居民消费的角度出发节约用水，也可以间接节约很多能源。从行业资源利用角度，提高某一行业的资源利用效率，将会大大节省资源，也可以间接提高其他资源的利用效率，对三种资源协调发展起到积极的促进作用（魏亚琼，2022）。

此外，结合地区产业结构特点，发挥资源优势。根据地区资源特征，合理调整产业结构布局，及时调整产业结构，提高水和能源的利用效率，对产业结构进行升级，加快节水灌溉的基础设施建设，增加农业的有效灌溉面积，在保证粮食和能源产业结构安全、保障粮食生产的基础上，可以发展生物能源，从而解决能源短缺问题。

15.3　水-能源-粮食纽带系统创新协同安全对策

15.3.1　技术创新

实现水-能源-粮食纽带系统的协同发展，也依赖于科学技术水平的提高。目前，由于区域间 GDP 差距较大，发达地区居民对资源调配依存度不断提高，造成一些地区的资源压力较大（魏亚琼，2022）。因此，应注重技术创新：一方面，对高污染、高消耗的产业进行严格管控，以技术创新为入手点，促进产业升级改造，发展绿色、高效的产业。同时，改变传统能源消费方式，减少一次能源使用，加大清洁能源推广力度。另一方面，鼓励节能环保、生物科技、现代服务业等新兴产业的发展，而新兴产业的发展离不开专业技术和专业化人才的支撑。因此，需要引进专业性人才、技术研究机构，促进战略性新兴产业的发展。

15.3.2　水-能源-粮食纽带系统相关科研创新

水资源、能源和粮食关联关系复杂，任何一个子系统存在风险，都会对其他两个子系统产生负面影响。因此，推进科研进展和科学技术水平对于水-能源-粮食纽带系统协同安全至关重要（张静静等，2022），应对科研人员、科研资金、科研项目等各方面给予鼓励和支持，以全面推进水-能源-粮食纽带系统的协调与可持续发展。

1. *大力支持科研创新*

邓小平同志曾提出：“科学技术是第一生产力”。而科研创新是科学技术提升的重要推动力。水-能源-粮食纽带系统的协同安全不但要保证各子系统的安全，更要确保水资源、能源和粮食子系统之间的高度协调发展。因此，应高度重视并大力支持科研单位的科研项目，设立水-能源-粮食纽带系统协同安全项目专项基金，鼓励各科研单位百花齐放，共同为水-能源-粮食纽带系统协同安全做出努力。同时，鼓励科研单位与企业合作，加快科研成果落地实施进度，解决企业的水-能源-粮食协调发展问题。

2. 改进评估模型与方法

水-能源-粮食纽带系统间互相关联，关系复杂。科学合理的评估模型与方法有利于深入探究水-能源-粮食纽带系统间的定性和定量关联关系。目前学者们对不同领域的水-能源-粮食纽带系统的研究在概念、方法、模型等方面还有待进一步探究。第一，在水-能源-粮食纽带系统边界的问题上尚未达成共识。水-能源-粮食纽带系统与自然、社会、经济和环境系统密不可分，因此，水-能源-粮食纽带系统边界不仅需要考虑系统间的联系，还要考虑系统与外部系统的联系。第二，水-能源-粮食纽带系统需要通过集成模型进行定量分析、预测等，因而，相关行业需要对现有系统评估模型进行改进，以更准确地评价水-能源-粮食纽带系统的安全、可持续性、效率等。

3. 推进水-能源-粮食纽带系统研究

从科研调查的角度，水-能源-粮食纽带系统的研究在国内正逐步进入高潮阶段，特别是 2018 年以来，相关研究的发文量迅速增长，对水-能源-粮食纽带系统的研究方法也逐渐多样化。但目前水、能源、粮食三者部门之间的研究数据不足，导致三者之间关联的研究尚不充分，水-能源-粮食纽带系统内部协同发展的机制和外部影响因素定量化研究较少。因此，应当加深对水-能源-粮食纽带系统的科学研究，鼓励多部门合作，提高创新能力。

在研究区域上，应当重点关注水资源、能源、粮食禀赋不均衡的地区。在研究方向上，应当趋向于多元化发展，在研究水-能源-粮食纽带系统内部发展机制的同时，尝试从多角度分析其与外界的联系。另外在研究目的上，应当注重为保障资源安全提供可供政府和相关单位参考的政策建议，使研究成果更具现实意义（魏亚琼，2022）。

15.4　水-能源-粮食纽带系统改革协同安全对策

随着城镇化的发展，城市人口不断增长，对水资源、能源和粮食的需求量越来越多，采取合适的管理措施对水资源、能源和粮食协调发展至关重要。根据各地区的实际状况，水资源管理保护等工作由水利部门负责，由于农业耗水量较大，应制定相应的农业水资源投入政策。在粮食与能源政策的制定中，能源部门与农业部门在制定政策时应考虑二次能源使用效率、农业机械的投入与管理，以及农业资源禀赋和农业灾害等，农业能源政策受整体的能源消费控制；农业能源政策和农业水资源投入政策制定时要考虑能源开发、农业水利工程与电力灌溉等内容。总之，水-能源-粮食系统协同安全政策制定要根据各部门工作的需求开展，也要根据各地区的资源禀赋不同，制定相应的政策。

15.4.1　水-能源-粮食纽带系统政策协调性优化

水-能源-粮食纽带系统的协调发展离不开政策的宏观调控。水资源、能源和粮食在各行业内均存在复杂的关联关系。因此，各地区应根据不同行业需求制定长期战略，从农业、手工业、制造业、水利工程等多领域制定协调发展政策，以满足当前我国面临的城市化和工业化的快速发展需求，进一步保障水-能源-粮食纽带系统的安全（原雷雷，2021）。同时，在制定协调政策时应综合考虑各地区的气候条件、自然灾害、生态环境等与人类生存发展息息相关的问题，不能降低生态环境质量。

1. 明晰水、能源和粮食主管部门分工

水-能源-粮食纽带系统的协同发展要以水资源、能源、粮食各部门各司其职、分工合作、密切配合为前提。第一，在制定完备的水-能源-粮食纽带系统协同发展政策的同时，明晰各部门的责任，明确各部门应履行的各项制度，并严格执行。此外，在水资源、能源和粮食相关部门有权责交叉的地方，应理清各自的工作权限，严防遇事推诿、执行不力等现象发生。第二，在实践中检验制度与政策的合理性，要求各部门从上到下做出工作总结，并依据实际情况完善制度，以深入落实各部门的权责，从而推进水-能源-粮食纽带系统的协调发展。

2. 建立水、能源和粮食部门间合作平台

水资源、能源和粮食作为基础资源，共同支撑着人类社会的发展，三者之间相互联系、相互制约。由于掌握的数据不足，水资源、能源和粮食各部门在决策管理时，缺少两个或多个部门之间的协同政策，可能导致部分地区水-能源、水-粮食和能源-粮食的保障性失调，或者对其他部门产生负面影响。因此，传统的部门分割管理已不再适用于水-能源-粮食纽带系统的协同发展，需要通过联合行动、联合政策，破解不同部门、区域三者协同安全问题，通过构建“跨界”的合作平台，实时监测资源的供需等信息，为提高资源利用效率、水-能源-粮食纽带系统协同安全提供量化依据（葛文彪和王江江，2021）。

第一，深入了解水-能源-粮食纽带系统的内部联系和外部影响机制的理论基础，并针对典型产业进行深入研究，要根据各地区的实际状况，制定相应的政策。第二，加强科研单位和企业合作，创新水-能源-粮食纽带系统的联动效应，推动水-能源-粮食纽带系统协同合作。第三，鼓励水资源、能源和粮食部门协调合作，积极呼吁相关部门的数据公开、透明，将必要数据和信息共享，方便决策者掌握资源系统实际情况，从而精准地制定相应的政策，为科研工作者提供翔实的科研数据，方便其在对资源评价与管理时，科学地对数据进行量化。第四，水资源、能源和粮食任一部门制定决策时，应充分征求其他部门的意见，必要时选相关专家作为代表，提高决策的科学性、合理性。

3. 构建跨区域协调组织和机制

由于人口流动、市场贸易等，资源是跨区域流动的。当前，各区域借助经济平台加强了区域资源在多方面的互动。跨区域发展应发挥其"互通有无、取长补短"之能。因此，应对当前跨区域合作进行协调，通过联合行动、联合政策，解决不同地区水资源、能源、粮食三者之间的安全问题。

第一，加强水资源、能源和粮食子系统的协调配合，将地区的资源优势最大化，制定合作共赢的政策，进而实现水-能源-粮食纽带系统的协同安全，如京津冀的水-能源-粮食纽带系统协同发展。第二，加强各区域政府间的对话协商，为企业提供交流合作的机会，由上至下促进资源间的交流与发展。同时，地方政府与生产部门之间应当增强互信，强化合作，通过财政补贴、税收减免、人才支持等手段，强化二者之间的协同。

15.4.2　水-能源-粮食纽带系统协同安全监管制度的完善

水-能源-粮食纽带系统协同安全是通过水资源、能源和粮食等部门间的协调配合来实现的。为促进水-能源-粮食纽带系统协调发展的政策机制的实施，应加强对水资源、能源和粮食部门的监管工作，严格落实各级单位的监管责任（汪中华和田宇薇，2022）。同时，转变传统的各自为政的思想，构建水资源、能源和粮食协同监管系统，将独立监管与协同监管相结合，创建互相监督、信息共享的协同安全监管制度，以加强各部门、单位间的协同合作，切实提升各部门职责范围内的监管效率（陈哲轩等，2021）。

1. 健全监测系统

第一，加强组织领导。根据水-能源-粮食协同发展要求，由上而下贯彻水-能源-粮食纽带系统协同发展理念，加强水资源、能源和粮食各级部门间的协同联动，并依据区域资源禀赋有侧重地监管。第二，提升管理水平。创新管理制度，加强各级执行能力，鼓励各行业健全监测系统，并互通信息，以实现水-能源-粮食协同管理。第三，加强法治建设。通过法律手段保障普及相关政策和制度，助力制度约束。第四，落实监管经费。完善监测系统需要人才、技术、经费等多方面的支持，因此，应为水资源、能源和粮食子系统各部门有计划地分拨监管经费。

2. 科学制定水-能源-粮食纽带系统协同安全红线

摒弃"高耗水、高耗能、高污染"的发展模式，提倡集约、节约发展，以"低耗水、低耗能、无污染"式发展为目标。第一，科学制定粮食生产的节水、节能制度，能源生产的节水、低碳制度，水资源开发利用制度。第二，明确农业、工业等行业中水资源、能源、粮食安全红线，保证三者均安全且可持续发展，同时严格实施资源环境承载力红线，如水体受污、空气污染、土壤质量恶化等（盖美和翟羽茜，2021）。第三，完善水-能源-粮食纽带系统协同安全管理体系，定期进行考核，并施行奖惩制度。第四，借助法律手段坚守水-能源-粮食纽带系统协同安全红线。

3. 建立水-能源-粮食纽带系统协同预警制度

当前，我国能源结构仍以一次性能源为主，煤炭开采为主力，煤炭开采消耗了大量的水资源，且使用煤炭对水体、大气环境的污染较为严重。粮食生产过程中机械化率低，灌溉方式粗犷，化肥、农药的过度使用对水体和土壤造成污染。因此，为保障水-能源-粮食纽带系统协同发展、减少资源的浪费、改善生态环境质量，有必要建立及时高效、数据共享的水-能源-粮食纽带系统协同发展的预警制度，记录实时数据，定期对水资源、能源和粮食利用、环境质量等进行评估，及时发现水-能源-粮食纽带系统失衡发展，并予以纠正。

4. 制定区域水-能源-粮食纽带系统失衡发展预案

以水-能源-粮食纽带系统高度协同发展为目标，明晰各产业中水资源、能源和粮食之间的相互关联关系和影响机制，依据地区发展差异、资源特点，充分考虑各地区对资源的供需，以水-能源-粮食纽带系统协同安全红线为底线，制定区域水-能源-粮食纽带系统失衡发展预案。第一，对系统失衡发展预警进行分级，依据不同强度的预警制定不同的预案。第二，构建联动协调制度，将水资源、能源和粮食部门联系在一起，便于在失衡发展时高效处理。第三，健全应急措施，各部门分工合作，定期根据实际情形对预案进行修改和完善。

15.5　水-能源-粮食纽带系统环境协同安全对策

15.5.1　水-能源-粮食纽带系统的正确公众认知的建立

加强企业、学校、社区等部门对水-能源-粮食纽带系统安全重要性的认识，增加大众对资源现状的认识，调动广大人民群众保障水-能源-粮食纽带系统协同安全的积极性，增强公众对资源的保护意识（燕永芳，2021）。

1. 加大水-能源-粮食纽带系统协同发展的宣传力度

水资源、能源和粮食协调发展工作离不开社会公众的参与。文化对人具有循序渐进、潜移默化的影响，各地可以通过电视、广播、短视频、新闻、宣传画等方式，加强对水-能源-粮食纽带系统理念的宣传教育，以增强公众参与保障水资源、能源和粮食安全活动的积极性和主动性。社会各界媒体应该加强对污染水资源、浪费能源、不合理利用土地等行为的曝光，运用舆论的力量督促人们广泛地参与到水资源、能源和粮食安全保护的活动中，为水-能源-粮食纽带系统的协调发展扫清障碍，使保障水资源、能源和粮食安全的相关政策取得更好的效果。

2. 明确水-能源-粮食纽带系统与社会-经济-环境的联系

水-能源-粮食关联关系分为核心和外围关联关系。其中，核心关联关系为水资源、能源和粮食内部的关联关系；外围关联关系为生态环境系统和社会系统与水-能源-粮食纽带系统之间的关联，包括社会、经济和环境子系统，主要通过人口增长、城镇化和全球化、气候变化等方式与水-能源-粮食纽带系统产生复杂的关联关系。水-能源-粮食纽带系统安全是社会-经济-环境可持续发展的重要基础。

3. 认识水-能源-粮食纽带系统协同安全的重要性

水资源、能源和粮食三者相互联系、相互依存、相互制约，三者协同发展可提升整体利用效率，保障区域资源安全，促进区域可持续发展。水-能源-粮食纽带系统协同发展的需求已体现在农业、工业、生态环境等多个方面。

农业生产需要能源和水资源的投入，然而，我国大多数粮食主产区面临着水资源和能源供应不足的问题。我国作为粮食生产大国，粮食安全至关重要。促进农业生产中的水-能源-粮食纽带系统协同发展对保障粮食安全具有重要意义。

工业生产中能源和水资源的投入也必不可少。当前，我国正处于城镇化和工业化迅速发展的重要阶段，能源和水资源协同安全有利于工业化顺利进行，粮食作物可以发展为清洁能源。因此，工业中的水-能源-粮食协同安全意义重大。

水的开发利用、能源生产和粮食生产都直接影响生态环境。水资源、能源和粮食发展不协调将导致生态环境恶化，而生态恶化会影响水-能源-粮食纽带系统的协同发展，从而阻碍水资源、能源和粮食安全。

然而，由于地区间的受教育水平差距较大，民众水-能源-粮食安全意识也有一定的差距。因此，大力提高国民受教育水平，推进科技进步，提高国民生活水平和水-能源-粮食纽带系统协同安全意识已势在必行（魏亚琼，2022）。

4. 树立全民节约和保护资源意识

水资源、能源和粮食是人类赖以生存发展的必要基础资源。节约用水、用能，节约粮食，与每个人息息相关。我国水资源时空分布不均，人均淡水占有量仅为世界平均水平的1/4；煤炭、石油等化石能源在短时间内无法积累，新能源的普及率较低；我国是粮食生产大国，但由于人口基数大，人均粮食占有量仍处于较低水平。由此，全民都应发扬中华传统美德，提高公众节约资源和保护资源的意识。

根据每个地区的实际状况，建立相应的奖惩制度。对于节水节能、粮食安全控制比较好的地区，给予一定的鼓励和奖励。要做到减少食物浪费，增强公众节水节能意识。同时借助于网络的力量，在不同平台开展活动，大力宣传节水节能、粮食安全以及水-能源-粮食安全中的环保问题，使群众充分了解水-能源-粮食纽带系统间的内在联系，增强危机意识，调动全民保护水-能源-粮食纽带系统安全的积极性，从而实现各地区水-能源-粮食纽带系统协调发展。

15.5.2　国内、国际“双循环”发展格局的探索

水-能源-粮食纽带系统相互联系，任一子系统安全受到威胁都会影响至其他子系统。循环经济能够缓解资源与发展之间的关系，同时提高资源的利用效率，进而实现人-地关系的可持续发展（孙虹等，2021）。目前，在全球经济快速增长、人口激增、气候变化等因素的影响下，水资源、能源和粮食等基础资源的需求量持续上升，这给水-能源-粮食纽带系统协同安全带来了严峻的挑战，循环经济为缓解这一难题的有效手段。循环经济能够平衡经济增长、保障资源安全，促进水-能源-粮食纽带系统协同安全，为全球经济发展提供基础平台（孙虹等，2021）。

作为世界上最大的能源生产国和消费国，能源市场稳定交易对我国能源产业具有重要意义。我国石油产量不足，70%以上的石油依赖进口（高小钦，2022），煤炭资源丰富，可满足本国需求，且煤化工产业覆盖面位于世界前列，中国有能力支撑世界能源产业的发展，可作为中心国家构建能源国际循环平台，维护我国能源产业链高效、安全发展。随着城镇化率增加、农业人口老龄化、人民生活质量的提升以及对膳食营养的需求改变等因素的影响，粮食供给不仅限于常规粮食品种，更需要兼顾营养结构等，因此我国粮食供给结构性矛盾凸显。近年来，我国对粮食、副食等进口量不断增加。为增强我国粮食安全，应着力构建以国内为主、国际为辅的粮食供给“双循环”格局（王钢和赵霞，2021）。

当前，应我国经济发展需求，构建了以国内大循环为主体、国内国际双循环相互促进的新发展格局。通过两个循环的双向推动作用，发挥资源间的协同作用，增加资源在面临新冠疫情、紧张的贸易局势等情况下的协同安全（高小钦，2022）。我国水-能源-粮食纽带系统协同安全可以国内、国际“双循环”发展为契机，从以下几个方面进行创新发展。

第一，深化供给侧结构性改革，扩大内需，刺激产业生产技术革新，突破关键技术，推动国内资源调动，构建水-能源-粮食纽带系统协同发展路径，使得能源和粮食生产依托国内市场，充分发挥工业化、城镇化的优势，将符合水-能源-粮食纽带系统协同安全的产业留在国内。通过技术革新，增加产品在国际市场的竞争力，将产能过剩的产品流向国际市场（彭俊杰，2021b）。同时，加强同其他国家在资源贸易方面的合作与交流，共建资源国际循环发展格局。

第二，加快构建水-能源-粮食纽带系统协同发展体系。以绿色、生态文明为切入点，引导产业升级，提高资源利用效率，打造绿色、高效的产业，加快新技

术、新业态、新模式的广泛普及，为水-能源-粮食纽带系统的国内、国际“双循环”发展奠定基础（彭俊杰，2021b）。此外，在黄河流域、长江经济带、粤港澳大湾区等地区打造先行试点、示范试验区等，为我国其他地区的水-能源-粮食纽带系统协同安全提供经验。

第三，创建能源产业安全体系（高小钦，2022）。一方面，提高能源生产效率和供应的稳定性，降低能源对外的依赖性，保障在国际形势的冲击下我国能源供给安全。另一方面，加强国内与国际能源合作，健全能源供给体系，实现互利共赢。同时提升水电、运输、网络等基础设施的安全，保障能源有效利用。

第四，建立高质量的粮食安全体系（王晶，2022）。加快粮食转型发展，提高粮食的国际竞争力。一方面，通过技术改革、加强农田水利设施等途径降低生产成本；另一方面依据市场需求，向高品质、绿色产粮发展。同时，创建多种粮食贸易渠道，弘扬多边主义贸易，降低粮食贸易风险。

15.6 区域水-能源-粮食纽带系统协同安全对策

我国地域辽阔，各地区的水、能源和粮食安全状况及其相互作用不尽相同（贾绍凤等，2017），且由于我国与“一带一路”共建国家贸易和国内区域间经济贸易往来，区域间在水、能源和粮食方面存在一定的关联性（尹伟华等，2017）。基于此背景，对“一带一路”共建国家水-能源-粮食纽带系统协同安全提出政策建议，并将全国（未含港澳台）划分为八大区域①，对各区域的水-能源-粮食纽带系统协同发展情况进行深度分析，提出相应的解决方案。

15.6.1 中国与“一带一路”共建国家贸易中的水-能源-粮食纽带系统协同优化

投资贸易合作是“一带一路”倡议的重点内容，粮食和能源贸易是“一带一路”贸易合作的重要方面，而农产品与能源贸易下的水足迹流动研究为解决全球性水-能源-粮食关系问题提供了新的解决方案。水足迹的流动通过商品贸易实现了空间上资源的互补，并且避免了跨地区长距离运输实体水带来的损耗。水资源匮乏地区通过进口水资源密集型产品，可以达到使用其他地区水资源的目的（刘红梅等，2010）。“一带一路”倡议既能通过资源互补性合作促成我国与“一带一路”共建国家的互利共赢，又能解决我国自身经济发展面临的粮食供给机制脆弱、

① 八大区域为：东北地区（黑龙江、吉林、辽宁）；京津地区（北京、天津）；北部沿海地区（河北、山东）；东部沿海地区（上海、江苏、浙江）；南部沿海地区（福建、广东、海南）；中部地区（山西、河南、安徽、湖北、湖南、江西）；西北地区（内蒙古、陕西、宁夏、甘肃、青海、新疆）；西南地区（四川、重庆、广西、云南、贵州、西藏）。

水资源压力大、产能过剩、能源通道安全性低等问题。根据第 9 章对中国与“一带一路”共建国家能源和粮食贸易下水足迹流动格局的分析，提出以下几点合理建议。

1. 加强政策沟通与基础设施互联互通

“一带一路”共建国家需进一步加强政府间合作力度，积极构建多层次的宏观政策交流平台，深化利益融合，达成国家合作新共识，为地区发展谋求更大福利。相关国家宜着力解决投资贸易便利化问题，消除区域间投资和贸易壁垒，构建区域内与各国间的良好营商环境，不断完善基础设施建设，以基础设施最大限度互联互通为目标，出台相关建设规划，实现技术标准体系对接，共同推进国际骨干通道建设，逐步形成连接亚洲各次级区域以及亚欧非之间的基础设施网络。新亚欧大陆桥作为面向“一带一路”平台的重要经济走廊，是政府间开展基础设施合作的有效成果。新亚欧大陆桥沟通着我国和亚欧大陆西端，为我国西部地区向东西方开放提供了便利，有助于加快我国西部资源开发，将资源优势转化为经济优势。新亚欧大陆桥的发展，为“一带一路”共建国家和亚欧两大洲经济贸易交流提供了一条便捷的大通道，为跨国贸易下的水足迹流动问题解决了后顾之忧，对于政府高层针对“水-能源-粮食”关系问题制定政策具有重要借鉴意义。

2. 加强我国与南亚的农产品贸易合作

南亚地处热带、亚热带气候区，水资源储量丰富，农业生产历史悠久，南亚国家在中国农产品总贸易中占比很小、跌宕起伏，中国与南亚农产品贸易额不足中国与东盟的一成，中国在南亚最大的国家印度的农产品对外总贸易中占比仅为2%～3%（郑国富，2018）。事实上，中国与南亚具有经济上的高度互补性，市场潜力巨大，在经贸合作方面，尤其是农产品贸易上尚存较大发掘空间。南亚盛产茶叶、水稻、棉麻等水资源密集型农产品，中国扩大进口这类产品将有利于节省国内农业生产的水资源投入，缓和水-粮系统关系。此外，宜加快中巴经济走廊建设，进一步加强中巴互联互通，促进中国与南亚贸易联系的紧密性。中巴经济走廊贯通后，能把南亚、中亚、北非、海湾国家等通过经济、能源领域的合作紧密联系在一起，形成经济共振，同时强化巴基斯坦作为桥梁和纽带连接欧亚及非洲大陆的战略地位。

3. 提升俄罗斯和中亚地区在我国能源进口结构中的比例

俄罗斯和中亚地区尽管能源资源丰富，但在中国能源水足迹进口中的总体位序不高，还存在较大的提升空间。中国石油水足迹进口主要集中在中东少数产油国，这间接造成中国每年从中东进口大量水资源。中东产油国以能源产业为主的单一经济结构具有极大的脆弱性风险，给本就不充裕的水资源带来极大压力，能源外贸的水资源流出激化了其他部门的供用水矛盾。如果中国将石油安全寄托于中东地区，进口渠道脆弱性风险将居高不下，进而威胁中国能源供应的稳定程度。分散对于中东的能源依赖，促进进口渠道的多元化，降低对海上能源通道的需求，是中国面临的唯一出路。俄罗斯和中亚地区富集的油气资源给出了极好的解决方案，中亚是全世界最集中的能源密集地，中亚与中国的地理距离具有得天独厚的地缘优势。俄罗斯和中亚的油气资源含有较高的水资源强度，俄罗斯原油加工能力几乎与原油开采能力相当，近年来能源生产效率得到提高。中国拥有俄罗斯亟须的出口市场，俄罗斯则拥有中国紧缺的油气资源，双方能够在战略上互补短板。

4. *深化我国与中东欧地区的农贸和电力贸易合作*

本书研究发现，我国与中东欧地区无论是在农产品还是在能源的贸易合作中均处于较低的位序-规模。中东欧地区农业资源丰厚，小麦、葡萄酒、乳制品等农产品出口居世界前列，该地区产出的农产品水资源强度较高，这也是我国从东欧进口农产品的主要驱动因素。随着亚欧大陆桥各支线陆续建设完善，东欧将是我国除东南亚和南亚外另一农产品贸易合作的优质选择。东欧地区国家有坚实的工业基础，是世界五大工业区之一，钢铁、机械、化工等产业是主要支柱产业，因此对于能源存在刚性需求。近年来其能源消费保持着一定的增速，其中电力消费增速较快，2019 年中东欧地区电力消费总量达到 5707 亿 kWh。随着中国能源转型步伐加快和电力体制的改革推进，新能源、清洁煤电等技术迅速发展，能源总体产量稳中有升。按出口价值计算，2020 年我国电力出口占全球电力出口总量的 5.2%。发展电力行业是我国能源领域高效、节水的新选择，也将是未来的主要发展趋势，中国与东欧在电网、核电、清洁化煤电等领域存在较大合作潜力。中国企业应积极参与中东欧国家能源转型进程，进一步深化投资合作，这有助于提高中国在国际市场上的能源影响力。

5. *加强我国同东南亚地区的贸易合作*

东南亚地区降水丰沛，雨养农业较为发达，因此农产品中的绿水成分相对较高，并且东南亚地区海岛较多，陆地河流流程较短，储水空间有限，导致蓝水和灰水出口量与绿水差距较大。由于东南亚地区发展中国家较多，因此未来可以努力提高节水及污水处理技术，增强人们的环保意识，从而实现水资源可持续发展。在此贸易体系中，部分国家人均水资源相对较低却转变为净出口国，因此在未来的双边贸易中应有效地开展水资源援助。首先，开展水资源相关领域的研究，水资源较匮乏的国家应加强对水资源管理及应用的探究，学习引进先进的管理经验。其次，与用水技术较高的国家展开合作，切实提高农业用水技术及污水、节水处理能力，弱化农业用水的比重。最后，注重人才培养，通过向其他用水技术较高的国家学习，培养相关领域专业技术人才，以此来促进本地的水资源优化发展。

15.6.2　东北地区水-能源-粮食纽带系统协同优化

1. 东北地区的水-能源-粮食纽带系统概况

东北地区水资源量较为丰富，但水资源北多南少，主要集中于吉林和黑龙江（李琛和谢辉，2006），辽宁水资源缺乏，且城市缺水严重，特别是在人口密集地和工业发达的地区（王嘉策，2019；金武和杨薇，2015）。同时存在水资源利用率过低的现象，部分地区用水紧张，难以满足社会经济发展的需求，以辽宁缺水最为严重。东北地区是我国重要的能源基地之一，以一次能源消费为主，如煤炭、石油等，其中煤炭产量丰富，主要分布于黑龙江省东北部地区，但其利用效率较低。辽宁有我国著名的辽河油田，石油资源丰富（原雷雷，2021）。近年来不合理的产业结构和过度开采，导致东北地区的煤炭和石油产量下降，能源安全日益紧张（李品和张金锁，2019）。东北地区地势平坦，黑土肥沃，是我国主要粮仓之一，粮食自给率高，粮食安全得以保障（胡亚玲，2020）。

随着东北振兴、工业化和城镇化的快速发展，水资源供不应求，限制了能源和粮食的发展。同时由于东北地区为粮食生产基地，粮食产量供大于需，由此消耗了大量的水资源，对当地造成了较大的水资源压力（赖玉珮，2019）。此外，能源产量逐渐下降，能源安全受到威胁。因此，水-能源-粮食纽带系统发展并不协调。相比而言，粮食子系统安全优于水资源子系统和能源子系统（任绪燕等，2021）。

2. 东北地区水-能源-粮食纽带系统协同优化对策

东北地区应积极响应“东北振兴”号召，并以此为契机，协调水-能源-粮食纽带系统与社会经济发展间的关系，综合考虑各个区域的优势，合理调配资源，促进粮食的稳定持续生产。在区域发展规划中，综合考虑资源禀赋，兼顾各个要素。加强区域部门之间的协调，保证粮食生产，促进能源、水资源合理利用（范景森，2022）。第一，合理配置水资源，补齐水资源短板。东北地区人口和水资源分布不匹配，人口南多北少、水资源北多南少，尤其是辽河流域，分布了大量的城镇，区域水资源压力越来越大，后续可以考虑建设梯级电站改变水资源的时间分布，开展跨流域调水工程改变水资源的空间分布，从而促进东北地区水资源的长久可持续利用（范景森，2022）。同时，应提高吉林和黑龙江的水资源开发利用率，兴建调水工程，引水入辽。辽宁应提高水资源利用效率、污水处理率，以缓解城市用水压力。此外，东三省应改进农业灌溉方式，降低粮食生产用水。同时，通过提高农业技术水平、土壤质量等方式来保障粮食产量。第二，责令整改或关停高耗水、高污染的工业企业，鼓励绿色低碳的企业发展，同时鼓励生物质能等新能源的开发利用（刘凌燕等，2020）。此外，还应合理调整产业结构，提高能源利用效率。化石能源在东北地区农业能源利用中占据最大的比例，这种来源固然稳定、方便，但是东北地区拥有多条大河，且在大兴安岭、小兴安岭和长白山脉附近有巨大的落差，蕴含着巨大的水能资源，可以尝试开发更多的河流水能资源（范景森，2022）。第三，构建东北都市圈，拉长产业链，使资源合理调配、协同发展。第四，加强能源调入和进口，扩展能源供给方式。辽宁为东北的老工业区，对煤炭的需求量较大，可从山西、内蒙古等煤炭基地调入，缓解东北地区的煤炭短缺问题。石油方面，一方面加强油田储量探测，控制原油开采，稳定石油生产；另一方面，东北地区与俄罗斯接壤，可通过进口石油缓解能源压力。

15.6.3 西北地区水-能源-粮食纽带系统协同优化

1. 西北地区的水-能源-粮食纽带系统概况

西北地区地域辽阔，经济发展较为落后，产业结构不尽合理，科技发展水平较低。因其位于我国西北内陆，年降水量少，是典型的资源型缺水地区。同时，该地区的水资源大部分分布于高寒地区和环境恶劣的地带，与人口和耕地分布不相匹配，且开采难度大，难以加以利用。由此，西北地区的水资源安全难以得到保障，且生态环境脆弱。就能源生产而言，西北地区为我国的能源基地，能源产量丰富，完全自给自足，并向其他地区输出，但大量的能源生产加重了该地区的水资源压力，且挤压了粮食生产用水。此外，农业在西北地区仍占重要地位，由于独特的气候和区位优势，西北地区以耐旱的粮食，如小麦、青稞、大豆等生产为主（孙才志等，2022），其农田灌溉用水占比约70%，部分地区的农业用水量甚至超过90%，以宁夏、甘肃、新疆等地最为突出（王玉宝等，2019；邓铭江，2018）。由此，西北地区的能源和粮食生产对水资源的竞争尤为激烈。

西北地区的水-能源-粮食纽带系统协调发展较低，表现为水资源对能源和粮食生产的制约，以及能源和粮食生产大量用水对水资源造成的压力。同时，由于能源产业突出，能源子系统逐渐发展成为带动水-能源-粮食纽带系统协同发展的主要力量（孙才志等，2022），而粮食子系统仍为从属地位（陈曦等，2017），即西北地区尚未形成三个子系统共同主导演化的局面。在人口不断增长、粮食需求量不断攀升的条件下，长期处于从属地位的粮食子系统将不利于西北地区作为重要商品粮基地的发展，也很有可能导致水-能源-粮食纽带系统出现协同度下降的情况出现（魏亚琼，2022）。

此外，在水资源、能源、粮食的生产管理过程中，政府部门疏于监管，生产部门生产浪费、落实生态环保政策不到位的现象时有发生。只顾自身利益，而忽视了水-能源-粮食纽带系统的可持续发展的情况依旧存在。特别是西北地区水资源、能源和粮食生产管理部门相对独立，导致各地区部门间的沟通合作较差，致使水-能源-粮食的资源管理、使用、调配等方面工作安排存在矛盾，如粮食生产的用水保证和效率之间的矛盾；加大水资源投入可以增加粮食产量，却会导致水资源的可持续利用性减弱，造成水-粮食管理部门之间的管理不协调。特别是对水-能源-粮食各个子系统保障能力较差的地区，管理部门更要厘清监管责任界限，提高各部门的管理效能。

2. 西北地区水-能源-粮食纽带系统协同优化对策

西北地区的产业结构调整应从以下几个方面开展：第一，缓解区域水资源短缺，保障能源和粮食生产。应当提高政府对缺水区的补贴扶持力度，增加植被覆盖，减少水资源蒸发，兴建规模供水、蓄水和调水工程，储存雨季降水，并从水资源富足区调水至水资源匮乏区，解决水资源资源型短缺和开发利用难度大的问题。第二，加快能源转型发展，降低能源生产用水量。当前需加快清洁能源生产，向清洁能源转型发展，减少能源污废水对水生态环境的污染（孙才志等，2022）。同时注重发展新技术，掌握能源工业的关键技术，引进节水能源生产工艺，通过技术革新降低单位能源生产用水量。同时，要根据自身自然资源条件，发展风能、太阳能、天然气等新能源，优化能源结构，将生态保护放在重要位置。第三，调整农业种植结构，减少农业用水量（王玉宝等，2019）。发展耐旱型、节水型农业，提高农业用水效率。同时，综合考虑水土条件，粮食作物的产量、耗水量等因素，力求因地制宜，选择最合适的粮食作物类型。此外，加快对重要农产品生产保护区的建设，积极改造中低产农田，提升粮食子系统在水-能源-粮食纽带系统中的支配能力。在大型农业灌溉区域，合理规划建设一批示范性水源工程，保障灌区的用水安全，推进农业向绿色化、集约化方向发展。第四，加强区域内资源间贸易交流。新疆、宁夏的粮食自给自足，而陕西、内蒙古、青海、西藏和甘肃需要从外部调粮来满足口粮需求，在满足本地区口粮需求的条件下，可加强区域间的资源贸易，促进虚拟水的流动，缓解资源压力，从而为西北地区水-能源-粮食纽带系统协同发展提供助力。第五，以“一带一路”倡议为契机，加强同各国的贸易合作（王玉宝等，2019）。例如，我国西北地区同中亚各国进行粮食贸易，缓解西北地区的水资源压力，同时增强西北地区的粮食安全。此外，加强政策沟通与基础设施互联互通。“一带一路”共建国家需进一步加强政府间合作力度，积极构建多层次的宏观政策交流平台，深化利益融合，达成国家合作新共识，为地区发展谋求更大福利。宜着力解决投资贸易便利化问题，消除区域间投资和贸易壁垒，构建区域内与各国间的良好营商环境，不断完善基础设施建设，以基础设施最大限度的互联互通为目标，出台相关建设规划，实现技术标准体系对接，共同推进国际骨干通道建设，逐步形成连接亚洲各次级区域以及亚欧非之间的基础设施网络。

15.6.4　西南地区水-能源-粮食纽带系统协同优化

1. 西南地区的水-能源-粮食纽带系统概况

西南地区是中国水资源最丰富的地区，水资源主要集中在金沙江、雅砻江、澜沧江、怒江、大渡河等流域。该地区水资源总量极为丰富但时空分布不均，主要表现在季风气候导致的季节变化大和喀斯特地区的工程性缺水（周舟，2022）。

由于西南地区以高原和山地为主，地势海拔高，落差极大，水能资源丰富，储量位于全国前列，是国家重要的绿色能源工业基地、“西电东输”基地，是以水能为代表的清洁能源富集区（周舟，2022）。但因其地处生态脆弱区域，生态环境保护压力大；自然环境恶劣，施工工效低，施工人员组织困难；远离城市，对外交通落后，施工供电与电力输出困难；地质条件复杂，边坡陡峻，施工布置困难；地处少数民族地区，移民安置难度高；技术水平较为落后，水资源利用率较低（徐丽璠，2021）。

西南地区平原面积小，适宜耕作的土地少，除成都平原能够稳定高产粮食外，其余地区的耕作条件受地形制约太大。其中，四川、广西和云南为主要粮食产区，重庆、贵州和西藏依赖外部调入（高世斌等，2019）。

此外，川渝地区为我国天然气主要生产地之一（原雷雷，2021），其能源储量丰富。广西为我国水资源十分丰富的地区，但其能源自给率低，主要依赖外调和进口，粮食以水稻生产为主，基本满足省内需求，但由于外部粮食贸易冲击，逐渐形成了“生产为主、贸易为辅”的粮食平衡格局（钟洁，2021）。贵州水资源丰富，但由于其储地山高谷深，存在工程性缺水的问题。同时贵州山地众多，耕地面积少且质量差，粮食产量低，不足以满足自身口粮需求（钱孟超，2020）。云南水量充足，能源种类丰富，粮食自给率高。西藏水资源丰富，太阳能、风能、地热能等清洁能源富足（田茂德，2015），但由于其处于高寒区，气候和生态环境限制了农业发展，西藏以青稞作物种植为主，且自给率低，依靠外部调入（高利伟等，2017）。

综上所述，西南地区的粮食子系统是水-能源-粮食纽带系统协同发展的短板，特别要协调重庆、贵州和西藏的粮食子系统与水资源子系统和能源子系统的发展。此外，由于西南地区的经济和技术水平等较为落后，资源利用效率和产出效益有待提升。

2. 西南地区水-能源-粮食纽带系统协同优化对策

根据西南地区的区位条件、资源禀赋以及面临的问题，可从以下几方面促进该地区的水-能源-粮食纽带系统协同安全。

第一，推进耕地建设，提高粮食自给率（郭琳钰，2019）。一方面，在不破坏生态环境的前提下，积极发掘可耕地，保证足够的耕地面积，促进粮食系统的快速发展。同时大力推进高标准农田建设、加大农业生产投资、加快农业科技支持以提升单位产量，逐步提高粮食自给率。另一方面，改善粮食种植结构，提升农业技术，补齐粮食短板。例如，广西应调整粮食种植结构，平衡粮食作物与经济作物比例，在农业优势区建设粮食生产模范基地，提升粮食作物产量（钟洁，2021）；

贵州应优化农业结构，打造能够抵御季节性和工程性缺水的农田（钱孟超，2020）；四川应促进粮食产业升级，规模化粮食生产，提升粮食生产效率（王小月，2017）。第二，创新资源发展，提升资源利用效率和产出效益。充分利用西南地区丰富的水资源和能源优势，发挥产业潜力，通过技术、管理、产业等创新，将资源利用效率最大化，同时实现资源效益向社会、经济效益的转化。坚持“以水定城、以水定地、以水定人、以水定产”的绿色可持续发展思路。提升水电的发电效率和单位水资源利用率，在保证水电的可持续增长基础上，推动发电耗水量下降，为流域水资源综合利用提供保障。大力发展水电的同时，需要关注对流域上下游的生态保护，保障流域移民的生产生活。第三，加强西南综合清洁能源基地建设。在电力输送、消纳等方面优化绿色电力的全周期协调，提升能源利用效率。由于西南地区地处内陆，鉴于安全考虑不便发展核电，西南地区作为国家清洁能源基地和“碳中和”目标的重要支撑区，在加大“风光水火储一体化”建设的同时，更需要完善输电网络等配套电力消纳措施。因此，在供给端稳步发展水电的同时，提升风电、太阳能发电在能源消费机构中的占比，提升储电配套设施的建设以增强电力储能调峰能力；在电力贸易端，应继续发展远距离输电技术，优化西电东送三大通道，进而改善中国东部地区的能源结构；在消费端加强水电、风电等新能源电力的消纳研究，促进电力的转化，减少电力资源的浪费（周舟，2022）。第四，优化西南电力输送外调线路，加强对北部重点城市群的绿色电力输送。现有的“西电东送”格局较为成熟，主要将清洁水电调往水资源丰富的东部与东南沿海地区，对于严重缺水的中国北方地区覆盖较少。北方地区以消耗大量煤炭和淡水资源的火电为主，不仅加剧了与农业生产、生态保护的用水竞争，而且冬季环保压力更大。故北方地区亟须优化能源结构比重，增大清洁能源占比。建议开展“南电北送”研究，推动将富余的西南水电替换北方的火电份额，缓解北方的用水压力，改善当地的大气污染。第五，推进西南地区与“一带一路”共建国的贸易交流（高世斌等，2019），加强西南地区与周边国家的贸易联系。积极参与“一带一路”建设，加强与东南亚国家在风电和水电领域的合作。

15.6.5　沿海地区水-能源-粮食纽带系统协同优化

1. 北部沿海地区水-能源-粮食纽带系统协同优化

1）北部沿海地区的水-能源-粮食纽带系统概况

河北和山东同为我国水资源缺乏的省份，其中，河北人均水资源量仅占全国水平的 1/7，山东人均水资源量为全国水平的 1/6，且水污染情况严重（杨风，2015），水资源问题已对河北和山东的国民经济和社会发展形成制约（李璨等，2020）。就能源而言，河北为对能源依赖性较强的粗放式经济发展，虽其能源储量丰富，但由于社会经济发展对能源需求增速快，目前河北能源严重短缺，同时能源利用效率低、环境污染严重等问题突出（田亚亚，2019）。山东的煤、石油、天然气、地热等能源丰富，是我国重要的能源基地。由于山东工业发达，能源开发利用度高，且随着社会经济发展，山东对能源的需求量增加，因此，山东的能源利用情况由自给自足逐渐发展为外部调入。河北和山东为我国粮食主产区，其主产粮为小麦、玉米和水稻，可满足自给自足（王丽川，2021；王慧敏等，2019）。

由此可知，我国北部沿海地区的水-能源-粮食纽带系统协同发展进程中，能源和粮食生产对水资源的竞争关系越来越激烈（王慧敏等，2019）。同时，能源生产对水体污染较为严重，水资源子系统成为水-能源-粮食纽带系统协调发展的短板。

2）北部沿海地区水-能源-粮食纽带系统协同优化对策

山东和河北的水-能源-粮食纽带系统协同发展路径可从以下几方面改进：第一，启动调水、蓄水工程，保障能源和粮食用水安全，通过南水北调、引用黄河水等方式向河北和山东进行规模调水，同时建坝蓄水，植树造林，修复水生态。利用沿海的地理优势，加强对海水及其他非常规水资源的利用，如海水淡化。第二，以水-能源-粮食纽带系统协同安全为目标制定政策，鼓励绿色发展，改善水体污染，提高水资源利用效率。第三，缓解能源和粮食对水资源的竞争强度（王慧敏等，2019）。在保障粮食产量和能源稳定生产的前提下，通过调整粮食作物结构布局、开发生物质能源等方式减少能源和粮食生产对水资源的消耗和污染（张洪芬等，2019）。第四，充分发挥区域优势，继续保持海洋科技和人才优势，发展海洋风电，提高海洋能源产量。

2. 东部沿海地区水-能源-粮食纽带系统协同优化

1）东部沿海地区的水-能源-粮食纽带系统概况

东部沿海地区为我国经济发达地区，受产业结构影响，上海和浙江的工农业对水资源的消耗量较小，产业经济对水资源依赖性小，加之其拥有先进的技术，水资源利用效率较高。江苏水资源丰沛，是我国“南水北调”中东线的起点，其经济发展受水资源的约束较大，且存在对水资源的过度开发利用现象（徐丽璠，2021）。就能源发展状况而言，东部沿海地区的能源储量较少。其中，上海的科技水平高、新兴产业众多，金融业、服务业等第三产业为经济支柱，对能源的需求量小，且能源利用率高。而江苏和浙江的产业发展对能源的需求量大，主要方式为火力发电，能源自给率不足1%（徐丽璠，2021），主要依赖外部调入。江苏为我国粮食主产区，粮食安全度较高，浙江和上海的农业不受重视，且耕地面积小（李冠宇，2021），粮食自给率较低，主要来自黑龙江、江苏、安徽等地区的粮食调入。此外，随着生活质量的改善，人们对食物的需求更精细化，东部沿海地区面临着供需失衡的问题（王大伟，2021）。

东部沿海地区的水-能源-粮食纽带系统协同安全的主要短板为水资源的开发

利用程度大，安全系数低。此外，能源利用率低，水资源净化、中水回用等对能源依赖度大，大量的工业产业对水资源的消耗量大，水资源子系统和能源子系统发展不协调。从区域来看，在水-能源-粮食纽带系统协同发展进程中，上海有粮食短板，江苏和浙江则存在能源短板。

2）东部沿海地区水-能源-粮食纽带系统协同优化对策

第一，健全水资源开发利用法规和条例，严控过度开发，保障水资源安全红线。第二，协调水资源子系统和能源子系统间的关系。通过增加水源、转变能源生产和消费方式促进水资源和能源子系统协同发展，水资源方面可兴修蓄水工程，收集雨水、污水，并净化加以利用，开发利用海水；能源方面可开发风能、水能等清洁能源，减少使用火力发电，降低对一次能源的依赖；创新高耗水、高耗能工业设备，尤其是冷却方式。第三，规模化农业发展。东部沿海区的粮食生产多为个体农户经营，且因城镇化、工业化快速发展，耕地面积一再被占用。因此，应加大耕地保护，综合市场供需，规模化粮食生产，从而增加粮食自给率。

3. 南部沿海地区水-能源-粮食纽带系统协同优化

1）南部沿海地区的水-能源-粮食纽带系统概况

南海沿海地区水资源丰富，但粮食自给率不足 50%（赖玉珮，2019），对外部粮食的依赖性较大。该地区的能源产业比例较大，且会占用农业用水，并对水体造成一定的污染。从各省来看，福建地势西高东低，河流坡降大，水能资源处于全国前列。此外，福建利用区位优势调整能源产业结构布局，大力发展核能、风能、太阳能等清洁能源，为我国清洁能源大省。广东的煤炭等常规资源缺乏，但太阳能、风能、生物质能、气能等丰富（李冰川，2018），目前常规能源仍为广东的主要能源消费种类。海南的太阳能、风能、潮汐能、地热能、可燃冰等能源丰富（马立红和董思远，2018）。

综上所述，南部沿海地区的粮食子系统为水-能源-粮食纽带系统协同安全的短板，同时一次能源对外依赖度较大。因此，南部沿海地区应协调粮食子系统和能源子系统与水资源子系统间的关系。

2）南部沿海地区水-能源-粮食纽带系统协同优化对策

第一，随着城镇化水平的提升，耕地越来越少，应充分考察土地质量和农作物生境，优化农业产业布局。在耕地质量好的地区，通过提升农业技术水平等方式努力提高粮食产量，同时实施惠农政策，增加农民的务农积极性；在不适宜粮食播种的地区，发展经济作物或其他产业。第二，加快水能、太阳能、风能、生物质能等清洁能源的开发利用，减少对一次能源的使用，同时鼓励科技创新，推动海洋能源的开发及其利用率的稳步提高。第三，南部沿海区交通发达，市场贸易基础坚实，可利用区位优势，依靠市场力量，提高资源利用率。

15.6.6 中部地区水-能源-粮食纽带系统协同优化

1. 中部地区的水-能源-粮食纽带系统概况

中部地区雨量丰沛，河流、湖泊较多，水资源丰富，但对水资源过度开发利用严重，水资源承载力下降，资源匮乏和环境污染问题凸显（胡绵好等，2020；高甜和杨肖丽，2022）。山西为中部地区最缺水的省份，其人均水资源占有量低于严重缺水线。煤炭资源丰富，但石油、天然气匮乏（任静，2011），煤炭为中部地区的主要能源，主要以火力发电的形式加以利用。其中，山西煤炭的80%以上被直接燃烧，对环境造成了严重污染。同时，随着中部崛起战略的实施，经济加速发展，能源消费量大幅增加（陈芳，2015），煤炭开采利用率大幅提升，资源和环境间的供需矛盾凸显。此外，我国中部地区主要为粮食生产基地，其中河南、安徽、湖北、湖南、江西均为我国粮食主产区，其粮食产量约占全国粮食总产量的30%以上，在我国粮食安全战略和社会经济发展中占有非常重要的地位（黄国勤，2022）。但随着城镇化、工业化的发展，耕地逐渐减少，粮食生产，如产量、种类难以满足本省需求。

中部地区的水-能源-粮食纽带系统协同安全主要存在以下问题：农业生产灌溉方式粗放，对水资源的消耗高，同时农业能耗与其他地区相比而言偏高，因此农业生产中的水资源和能源利用效率低。此外，以火力发电为主的煤炭能源使用对水资源的消耗量较大，粮食子系统和水资源子系统与能源子系统发展不协调（徐丽璠，2021）。

2. 中部地区水-能源-粮食纽带系统协同优化对策

针对我国中部地区的水-能源-粮食纽带系统协调发展现状，可从以下几方面进行协同优化：第一，发展节水型农业（徐丽璠，2021）。将农田水利设施和节水农业发展相联系，采用微喷灌、滴灌、渗灌等灌溉方式，该方法成本低，既能够提高农业用水效率，又能够缓解粗放型农业发展。农业节水器具的推广也非常必要，应加强宣传节水农业发展，普及节水器具使用方法。同时，政府应施行补偿政策，鼓励农民采用节水器具进行灌溉。此外，可通过兴修水库、堤坝，收集降水，实现农业用水在时空上的调配。第二，优化农业中能源结构（徐丽璠，2021）。农业生产过程中机械动力、化肥、农药等都消耗能源，其中，化肥和农业机械动力消耗了大量的能源。为减少农业生产中的能源投入，提高能源利用效率，可加强对化肥、农药效能的研究，力求使用最少的化肥量达到最优的肥力和防御害虫的功效，并提倡使用农家肥来替代工业化肥。对于减少农业机械能耗，可通过加强对农业器械中柴油的转化率研究、研发新型清洁能源等方式来加以实现。第三，提高资源利用效率，探索新型清洁能源。煤炭一般通过火力发电的形式加以利用，因此应对火电机组进行升级改造，提高煤炭利用效率；增加发电设备冷却用水重复利用率，创新冷却方式，减少工业用水量。由于煤炭资源为不可再生能源，应大力发展风能、水能、生物质能、太阳能等清洁能源，以保障产业经济持续快速发展。第四，调整能源产业结构发展，注重生态环境保护（程云鹤等，2021）。转变粗放式能源利用方式，以生态文明、绿色发展为理念，因地制宜地调整产业结构布局。一方面对传统产业进行升级改造，降低能源的消耗量；另一方面聚焦新能源产业发展，运用信息技术手段推进中部地区产业生态化、绿色发展。

3. 山西省水-能源-粮食纽带系统协同优化对策

（1）在发展过程中，水-能源-粮食纽带系统各子系统及纽带系统效率值偏低，针对此情况，既要完善基础设施，提高系统利用效率，同时可以引进国外先进生产技术、工艺，强化研发能力，以增强系统稳定性。走绿色发展道路，对造成污染的主要源头进行治理，减少污染元素的排放，以生物技术替代化学技术，最大限度上减少污染，实施“谁污染，谁治理”原则。对于各地区系统效率值空间差异大的情况，在顶层设计中应统筹考虑各地区、各系统之间的关系，有针对性地进行安排，针对能源型城市，要充分利用其得天独厚的资源优势，加强重化工各产业协作关系，从整体上优化基础设施，推动行业关键性技术的攻克与研发，持续推进一体化能源管理，加速高耗能、高耗水产业的升级。以自身优势带动其他地区、其他系统乃至整个山西省水-能源-粮食纽带系统的优化发展；山西省水资源、粮食先天优势并不明显，故在后天消费与使用过程中更应注重技术的研发与资源的节约：巩固发展现代农业，改善农田灌溉形式，采取管溉、喷灌、微灌形式，同时引进耐旱作物；合理调整粮食生产与零售价格，实现水-能源-粮食纽带系统效率的良性发展。

（2）优化山西省水-能源-粮食纽带系统效率空间关联结构，实现空间关联网络的创新协同，通过市场管理与宏观调控，增强水-能源-粮食纽带系统效率的跨区域交流。统筹考虑“属性数据”与“关系数据”的双重表现，形成“数量-结构”协同发展思路，推动政策实现由“点”到“面”、由“局部”到“整体”的有效转向。根据山西省水-能源-粮食纽带系统效率空间关联网络的板块结构特征，制定具有区域差异的资源政策。对于具有明显能源优势的“净溢出”板块与“双向溢出”板块，要充分利用自己的先天条件，加速产业结构的升级，提高产业准入门槛，将节能减排作为产业结构优化与升级的核心任务；对于在经济、技术上具有显著优势的“净受益”板块，在保障经济发展的同时更要注重节能减排，制定更为严格的环保规章，倒逼“净溢出”板块的产业升级，同时在资金、技术方面向其他三个板块合理倾斜；对于水-能源-粮食纽带系统效率较低的“经纪人”板块，调整能源消费结构，加强生物能源的应用与布局，加快农田节水灌溉基础设施的发展，充分利用边际土地资源，促进水-能源-粮食纽带系统效率提升。

（3）各地区政府应根据实际情况以及水-能源-粮食纽带系统协调度与区域经

济发展的不同关系，制定不同的资源管理政策。首先，应该更加重视水-能源-粮食纽带系统中的关键脆弱性因素，关键问题的解决对于促进城市水-能源-粮食纽带系统协调性的提高非常重要。其次，水-能源-粮食纽带系统协调度空间分布不平衡表明各地区在决策制定中需要综合考虑区域协调发展制定相关政策，从而引导不同背景的城市在城市群中共享、协调，减轻区域不平衡。同时，将多目标规划、非线性规划、直觉模糊理论等自适应优化模型引入城市管理系统，这可以使整个资源配置更加准确和合理。最后，可以鼓励公民和私营部门通过调整活动和生活方式来应对水、能源和粮食危机。调整经济激励措施，使公民和私营部门的利益保持一致。例如，通过奖励表现最好的社区来激发民众对环境的关注。对于具有较强指导能力的企事业单位和国家行政单位，可以将水资源、能源、食品消费等直接与单位的绩效考核挂钩，强化水能食品安全的政策导向。

15.6.7　京津地区水-能源-粮食纽带系统协同优化

1. 京津地区的水-能源-粮食纽带系统概况

北京水资源极度短缺，且存在地下水超采严重、水生态环境恶化等水资源问题（徐晋轩等，2022）。天津水资源总量少，随着城市化进程的加快和工业的快速发展，水资源过度开采利用，出现了水体污染、水生态环境被破坏等现象（吴昊等，2021）。北京和天津作为我国特大城市，流动人口比例不断增加，能源和粮食消费量处于全国前列，但其自给率低，主要依赖于外部输入，供需矛盾突出。同时，水资源和能源利用效率较低（肖宏伟和魏琪嘉，2015）。

目前，随着京津地区人口和产业集聚、社会经济的快速发展（张洪芬等，2019），水-能源-粮食纽带系统的供需矛盾愈加突出，资源和产业配置问题凸显，资源对发展的积极作用受到阻碍（王勇和孙瑞欣，2022）。同时，水-能源-粮食纽带系统发展的局限性进一步对社会、环境等外部因素产生了负面影响。

2. 京津地区水-能源-粮食纽带系统协同优化对策

京津地区的水-能源-粮食纽带系统协同发展可从以下几方面进一步优化：第一，促进水-能源-粮食纽带系统的协同发展，提高资源利用效率，降低对外部资源的依赖性。可通过管控高耗水、高耗能产业，引进节水型农业等方式减少资源的浪费，提高系统间资源转化效率。第二，充分考虑资源供需，利用区位优势合理调整产业布局。对资源高度紧缺的地区，鼓励发展第三产业、城市外围产业，缓解人口聚集，降低资源压力；对资源相对丰富、人口较少且产业发展落后的地区，通过优惠政策来吸引高质量人才、先进技术、绿色高新产业等，进而达到提高资源效益和缓解资源短缺地区的资源压力的双重目标。第三，加强水资源、能源、粮食部门与环境、经济发展等部门的沟通与合作，尤其是信息交流与决策制定（张洪芬等，2019），避免以牺牲经济发展和生态环境为代价保障水-能源-粮食纽带系统协同安全。基于水-能源-粮食纽带系统对生态环境造成的影响，在提高资源利用效率的同时将负面影响最小化，加大环保力度，倡导节约型绿色发展。

参考文献

陈芳. 2015. 中部六省能源消耗强度实证分析[J]. 特区经济，1：72-74.

陈曦，张锐，曹芳萍. 2017. 西北地区产业结构演变及优化研究[J]. 北京林业大学学报（社会科学版），16（4）：69-78.

陈哲轩，张士强，李成宇. 2021. 中国省际水-能源-粮食综合利用效率研究[J]. 山东科技大学学报（社会科学版），23（2）：84-93.

程云鹤，董洪光，耿纪超，等. 2021. 中部地区崛起的能源需求及碳达峰路径研究[J]. 中国工程科学，23（1）：68-78.

邓铭江. 2018. 中国西北“水三线”空间格局与水资源配置方略[J]. 地理学报，73（7）：1189-1203.

丁童慧，陈军飞. 2022. 水-能源-粮食纽带关系研究综述及前景展望[J]. 资源与产业，24（2）：19-29.

范景森. 2022. 东北三省粮食生产的碳足迹和水足迹评价[D]. 大连：辽宁师范大学.

盖美，翟羽茜. 2021. 中国水资源-能源-粮食-支撑系统安全测度及协调发展[J]. 生态学报，41（12）：4746-4756.

高春阳. 2022. 中国与“一带一路”沿线国家农产品和能源贸易下的水资源流动研究[D]. 大连：辽宁师范大学.

高利伟，徐增让，成升魁，等. 2017. 西藏粮食安全状况及主要粮食供需关系研究[J]. 自然资源学报，32(6)：951-960.

高世斌，杨松，吴开贤，等. 2019. 西南地区食物安全可持续发展的挑战与对策研究[J]. 中国工程科学，21（5）：54-59.

高甜，杨肖丽. 2022. 中部地区水资源利用与经济社会发展关系研究[J]. 中国农村水利水电，1：79-84，92.

高小钦. 2022. 双循环发展格局与我国核心产业链安全体系构建的相关关系研究[J]. 商展经济，2：24-26.

葛文彪，王江江. 2021. 区域水-能源-粮食关联性供需测度及可持续发展综合评估[J]. 电力科学与工程，37（5）：55-63.

郭琳钰. 2019. 基于耕地质量的云南粮食安全问题解决对策分析[J]. 粮食科技与经济，44（6）：50-52，99.

郝帅. 2022. 中国水资源-能源-粮食纽带系统效率及韧性耦合关系研究[D]. 大连：辽宁师范大学.

何航. 2020. 白洋淀水环境承载力与绿色发展协同关系研究[D]. 贵阳：贵州大学.

胡绵好，袁菊红，陈拉. 2020. 多维视角下区域淡水资源可持续利用研究：以中部四省为例[J]. 水利与建筑工程学报，18（4）：7-14.

胡亚玲. 2020. 双循环发展格局下东北三省对国家粮食安全的贡献问题研究[J]. 投资与创业，31（23）：153-156.

黄国勤. 2022. 中国中部地区粮食生产的成就、问题及高质量发展对策[J]. 中国井冈山干部学院学报，15(1)：62-75.

贾绍凤，陈贵锋，姜文来，等. 2017. 对话贾绍凤研究员：寻求水、能源、粮食安全共赢解决方案：以内蒙古自治区鄂尔多斯市为例[J]. 中国水利，11：59-62.

金武，杨薇. 2015. 浅析东北地区水资源的现状及合理利用[J]. 黑龙江科技信息，28：182.

赖玉珮. 2019. 中国水-能源-粮食协同需求的区域特征研究[J]. 北京规划建设，1：74-77.

李冰川. 2018. 我国经济发达省份能源安全评价：以广东省和福建省为例[J]. 煤炭经济研究，38（7）：31-35.

李瓈，王建众，唐克银. 2020. 山东强化水资源最大刚性约束的实践与思考[J]. 中国水利，13：45-48.

李琛，谢辉. 2006. 东北地区资源环境安全评价[J]. 资源科学，1：30-36.

李冠宇. 2021. 基于历次“农普”资料的浙江粮食生产问题分析[J]. 统计科学与实践，9：45-46，28.

李品，张金锁. 2019. 区域能源供给安全水平动态性评价：以西北和东北能源富集区为例[J]. 西安科技大学学报，39（1）：152-159.

林志慧，刘宪锋，陈瑛，等. 2021. 水-粮食-能源纽带关系研究进展与展望[J]. 地理学报，76（7）：1591-1604.

刘红梅，李国军，王克强. 2010. 中国农业虚拟水国际贸易影响因素研究：基于引力模型的分析[J].管理世界，9：76-87.
刘凌燕，王慧敏，刘钢，等. 2020. 供需视角下水-能源-粮食系统风险的驱动机理与政策仿真：面向东北三省的系统动力学分析[J]. 软科学，34（12）：52-60.
鹿娟，苏莉鹏. 2022. 加强京津冀高端产业协同[EB/OL]. 中国企业报，http://epaper.zqcn.com.cn/content/2022-03/15/content_52125.htm.
马立红，董思远. 2018. 海南新能源与分布式能源系统消纳能力分析研究[J]. 电子测试，13：42-44.
彭俊杰. 2021a. 黄河流域“水-能源-粮食”相互作用关系及其优化路径[J]. 中州学刊，8：48-54.
彭俊杰. 2021b. 黄河流域“水-能源-粮食”纽带系统的生成机制、价值体现与路径重塑[J]. 当代经济管理，43（8）：76-81.
钱孟超. 2020. 贵州地区粮食生产效率及影响因素的实证分析[J]. 生产力研究，3：78-81.
秦腾，佟金萍. 2021. 长江经济带水-能源-粮食耦合效率的时空演化及影响因素[J]. 资源科学，43（10）：2068-2080.
任静. 2011. 中部地区能源产业发展研究[D]. 武汉：武汉大学.
任绪燕，任永泰，武方宸，等. 2021. 区域水-能源-粮食关联系统协同发展模型[J]. 水土保持通报，41（5）：218-225.
孙才志，魏亚琼，赵良仕. 2022. 干旱区水-能源-粮食纽带系统协同演化：以中国西北地区为例[J]. 自然资源学报，37（2）：320-333.
孙才志，周舟，赵良仕. 2021. 基于SD模型的中国西南水-能源-粮食纽带系统仿真模拟[J]. 经济地理，41（6）：20-29.
孙虹，于杰，赵又霖. 2021.水资源-能源-粮食纽带关系研究的文献计量分析[J]. 水利经济，39（5）：24-29，80.
孙贞贞. 2022. 山西省水-能源-粮食纽带系统效率研究[D]. 大连：辽宁师范大学.
田茂德. 2015. 基于生态安全视角下新能源在西藏的开发和利用[J]. 西藏发展论坛，3：42-45.
田亚亚. 2019. 基于QPSO算法的河北省能源结构分析与多目标优化研究[D]. 保定：华北电力大学.
汪中华，田宇薇. 2022. 我国水-能源-粮食耦合关系及影响因素[J/OL]. 南水北调与水利科技（中英文），(2)：243-252.
王大伟. 2021. 从统计数据看近十年江苏粮食产需状况[J]. 粮食问题研究，3：28-32.
王钢，赵霞. 2021. 中国粮食安全“双循环”新发展格局的现实逻辑与实现路径研究[J]. 新疆社会科学，5：36-45.
王慧敏，洪俊，刘钢. 2019. “水-能源-粮食”纽带关系下区域绿色发展政策仿真研究[J]. 中国人口·资源与环境，29（6）：74-84.
王嘉策. 2019. 东北地区水资源可持续发展水平测度研究[D]. 长春：吉林财经大学.
王晶. 2022-11-23. 盘活“撂荒地”做强“致富产业”[N]. 青海日报，第4版.
王凯. 2021. 山西省水-能源-粮食耦合协调及协同优化研究[D]. 长沙：湖南师范大学.
王丽川. 2021. 水-能源-粮食耦合指标体系构建及基于水足迹理论评价研究[D]. 南宁：广西大学.
王小月. 2017. 经济新常态下四川粮食安全问题及对策建议[J]. 农村经济与科技，28（11）：8-11.
王勇，孙瑞欣. 2022. 土地利用变化对区域水-能源-粮食系统耦合协调度的影响：以京津冀城市群为研究对象[J]. 自然资源学报，37（3）：582-599.
王玉宝，刘显，史利洁. 等. 2019. 西北地区水资源与食物安全可持续发展研究[J]. 中国工程科学，21（5）：38-44.
王玉宝，蒲傲婷，闫星. 等. 2020. 新疆水-能源-粮食系统安全综合评价[J]. 农业机械学报，51（6）：264-272.
魏亚琼. 2022. 中国西北地区水资源-能源-粮食纽带系统协同演化研究[D]. 大连：辽宁师范大学.
吴昊，杨慧，赵扬. 等. 2021. 天津水务领域遥感监测应用现状分析及前景探讨[J]. 水利信息化，1：44-49.
肖宏伟，魏琪嘉. 2015. 京津冀能源协同发展战略研究[J]. 宏观经济管理，12：53-55.
徐晋轩，杨默远，潘兴瑶，等. 2022. 基于水足迹的北京市水资源开发利用演变特征分析[J]. 水资源保护，(5)：96-104.

徐丽璠. 2021. 长江经济带水-能源-粮食关联系统协同安全研究[D]. 南京：南京林业大学.
燕永芳. 2021. 黄河下游两岸沿线城市水-能源-粮食耦合系统协调性研究[D]. 郑州：华北水利水电大学.
杨风. 2015. 山东水资源可持续利用发展路径[J]. 水利发展研究，15（1）：46-50，65.
尹伟华，张亚雄，李继峰，等. 2017. 基于投入产出表的中国八大区域碳排放强度分析[J]. 资源科学，39（12）：2258-2264.
原雷雷. 2021. 粮食主产区水-能源-粮食耦合协调发展研究[D]. 郑州：华北水利水电大学.
张洪芬，曾静静，曲建升，等. 2019. 资源高强度流动区水、能源和粮食耦合协调发展研究：以京津冀地区为例[J]. 中国农村水利水电，5：17-21，28.
张静静，汪文生，李杨. 2022. 区域水-能源-粮食绿色效率、地区差异及影响因素[J]. 中国环境科学，42（1）：483-496.
赵颖文，许钰莎，刘强. 2021. “双循环”战略背景下我国粮食安全的基本形势辨析及其发展应对[J]. 农业经济与管理，4：39-47.
郑国富. 2018. 中国与南亚国家农产品贸易发展的特征、问题与前景[J]. 世界农业，11：142-150.
郑明慧，王亚飞. 2011. 河北省能源消费现状及节能对策[J]. 中国经贸导刊，18：53-54.
支彦玲，陈军飞，王慧敏，等. 2020. 共生视角下中国区域“水-能源-粮食”复合系统适配性评估[J]. 中国人口·资源与环境，30（1）：129-139.
钟洁. 2021. 广西壮族自治区粮食安全面临的形势及对策[J]. 乡村科技，12（25）：58-60.
周舟. 2022. 中国西南四省市水-能源-粮食纽带关系研究[D]. 大连：辽宁师范大学.
朱晶，臧星月，李天祥. 2021. 新发展格局下中国粮食安全风险及其防范[J]. 中国农村经济，9：2-21.
朱琪钰. 2022. 中国沿海地区水-能源-粮食纽带系统压力和韧性研究[D]. 大连：辽宁师范大学.